# 现代飞行动力学

# Modern Flight Dynamics

[美]戴维·K. 施密特(David K. Schmidt) 著
向 敏 彭 科 王 鹏 刘龙斌 译
张为华 李 健 审校



国防工业出版社
·北京·

# 内容简介

本书系统全面地介绍了飞行器动力学理论，讲解了刚性飞行器和柔性飞行器的运动方程，介绍了升力面空气动力学基础和结构振动基本理论，论述了飞行器所受到的力和力矩的计算方法，以及弹性变形对力和力矩的影响，进一步介绍了线性和非线性飞行仿真数学模型的构建，讲解了飞行器定常与准定常分析、飞行动力学线性分析理论，最后介绍了增强反馈的稳定性理论，并对自动导引与控制和手动驾驶控制特性进行了探讨。

本书可作为刚性飞行器动力学、柔性飞行器动力学、飞行动力学与控制等本科生和研究生课程的教材，也非常适合作为工程师和研究人员的参考书籍。

**著作权合同登记 图字：军-2013-072 号**

**图书在版编目（CIP）数据**

现代飞行动力学/（美）戴维 · K. 施密特（David K. Schmidt）著；向敏等译．—北京：国防工业出版社，2022.1
书名原文：Modern Flight Dynamics
ISBN 978-7-118-11138-5

Ⅰ．①现… Ⅱ．①戴… ②向… Ⅲ．①飞行力学 Ⅳ．①V212

中国版本图书馆 CIP 数据核字（2021）第 221624 号

David K. Schmidt
Modern Flight Dynamics
ISBN9780073398112


※

国防工業出版社 出版发行
（北京市海淀区紫竹院南路 23 号 邮政编码 100048）
三河市天利华印刷装订有限公司印刷
新华书店经售

*

**开本** 787×1092 1/16 **印张** 41 **字数** 1108 千字
2022 年 1 月第 1 版第 1 次印刷 **印数** 1—2000 册 **定价** 286.00 元

**（本书如有印装错误，我社负责调换）**

国防书店：（010）88540777 书店传真：（010）88540776
发行业务：（010）88540717 发行传真：（010）88540762

# 译者序

本书原著作者戴维·施密特曾先后就职于普渡大学、亚利桑那州立大学、马里兰大学帕克分校和科罗拉多大学普林斯分校，从事航空航天领域的教学科研工作，屡获著名教学嘉奖。除大学执教经历外，戴维·施密特还曾加入莱特-帕特森空军基地，NASA 兰利研究中心等多家科研机构开展工作，在航空航天领域具有深厚的理论功底和丰富的工程经验。本书汇集了作者 30 余年在飞行器动力学与控制方面的教学经验，是一本不可多得的好书。

飞行动力学是对整个飞行器的飞行性能进行研究的学科，因此涉及的知识面广，理论深度较高，本书从飞行器总体的角度出发，内容涵盖了飞行动力学相关的空气动力学、结构力学、飞行力学、飞行器控制等领域的基础知识理论，重点突出各学科之间相互支撑关系，内容系统全面，讲解深入浅出。

本书的主要特点是体系完善、层次分明，从升力面空气动力学基础、结构振动等基础理论出发，到飞行器力和力矩的计算，以及刚性和柔性飞行器运动方程的构建，再到飞行仿真和飞行性能分析方法以及飞行器控制，内容涵盖了从基础到应用的多个层级知识点，讲解重点突出，深入透彻；本书包含了当前学科的最新研究成果，适用于刚性和柔性飞行器等多种对象，对于传统和新型飞行器设计均具有重要的参考价值；本书在内容编排上注重理论结合实际，编写了大量的例题，可操纵性强，通俗易懂，可作为刚性飞行器动力学、柔性飞行器动力学、飞行动力学与控制等本科生和研究生课程的参考书籍，也非常适合作为工程师和研究人员的参考书籍。

本书第 1、5、6 章由向敏博士翻译，第 2、3、4、7 章由刘龙斌博士翻译，第 8、9 章由彭科博士翻译，第 10、11、12、13 章由王鹏教授翻译，张为华教授和李健教授对全书进行了审阅和修订。本书的翻译工作还得到了国防科技大学空天科学学院机关和相关专家的支持，在此一并表示感谢。

由于译者水平有限，难免对原著的理解有些偏差和疏漏之处，望读者见谅，并批评指正。

# 关于作者

戴维·施密特(David Schmidt),出生于印第安纳州的拉斐特市,以优异的成绩毕业于普渡大学,获得航空工程学士学位。随后又于南加利佛尼亚大学和普渡大学分别获得航空工程硕士学位和博士学位。研究生学习结束之前,他曾先后在道格拉斯公司以及麦道导弹和太空公司担任技术人员。在为阿波罗计划提供首次技术支持以开发土星助推器之后,他荣升为先进系统和技术部初步飞行器设计小组工程组长。完成研究生学习之后,他进入斯坦福研究学院任职技术人员,重点研究系统分析与空运系统优化。

施密特博士的学术生涯始于加入普渡大学航天航空学院之时,在这里他担任了 14 年的航空航天教授。之后他就职于亚利桑那州立大学,担任了 6 年的机械与航空航天工程教授。随后,他又转入马里兰大学帕克分校,任职为时 6 年的航空航天工程教授。最后,他受邀加入科罗拉多大学斯普林斯分校,协助建立全新的机械与航空航天工程部门。2006 年,他从科罗拉多大学退休,并获“荣誉退休教授”称号。在亚利桑那州立大学任教期间,施密特博士同时也担任工程学院航空航天研究中心的创始主任;而在马里兰大学任教期间,他同时担任航空航天工程学院飞行动力学与控制实验室创始主任。他的教学受到众多教学机构的认可,并屡获著名教学嘉奖。

除早期在工业领域的经验,1978 年施密特博士还受邀加入赖特-帕特森空军基地,担任美国空军飞行动力实验室(USAF Flight Dynamics Laboratory)的暑期教职研究员,并在 1984—1985 年期间,担任 NASA 兰利研究中心的客座教授。

他是多个国家审查小组的受邀成员,包括:为审查美国国家航空航天局(NASA)航空研究十年研究成果而成立的国家工程学院(NAE)国家研究委员会(NRC)审查小组、NAE 成立的 NRC 高级超声速技术委员会以及 NAE 成立的 NRC 高速研究委员会。此外,他还是 USAF 空军科技咨询委员会飞行器与动力科学技术小组的受邀成员。1996 年,他担任美国航空航天学会(AIAA)导引、导航与控制会议大会主席。1991—1993 年,他还任 AIAA 导引、导航与控制国家技术委员会主席。

# 前言

## 关于学科

对于喜欢飞行器的朋友来说,研究飞行动力学的确令人兴奋不已。不管何时向学生介绍该学科,学生都会发现飞行动力学就是航空工程的本质,这是因为飞行动力学涉及的是对飞行器的运动(即飞行)的研究。该运动规定了飞行器的性能,飞行器性能对获得机器的最终成功来说非常重要。由于进行该项学科的研究既充满传奇色彩,又极具实用性,因此会使人十分兴奋和激动。

飞行动力学是对整个飞行器而不是飞行器的某一部件进行研究。因此,从根本上来说,它是对多分量系统及其动力学进行的研究。如图 1 所示,该研究肯定属于多领域学科。初次接触该学科时,学生可能会理解他们以前所需掌握的其他学科是如何相互串联到一起的。因此,该学科还相当于提供了一个整合功能。

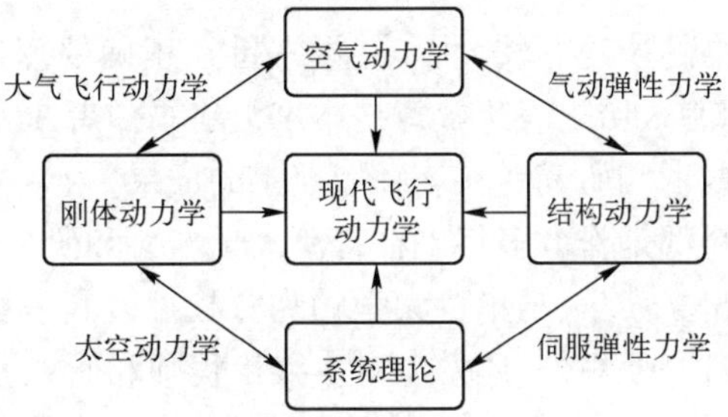


图 1　现代飞行动力学组成部分

虽然飞行动力学属于多领域学科,但它仍是基础航空航天科学。该研究相对来说较新颖,比如与空气动力学相比。但有一点已非常明确,那就是若未对飞行动力学进行彻底研究,航空航天工程研究就不完整。过去几年以来,越来越多的传统本科和研究生航空工程学课程正进行修改就体现了以上事实。

现代飞行动力学中形成的理论和方法论对飞行器设计与开发的许多领域而言都非常重要。其中,最重要的便是飞行器的构型或几何形状确定、动力学调整尤其是操纵特性(即飞行员或自动驾驶仪对飞行器的"可控性"),以及自动驾驶仪设计。

## 关于莱特兄弟

飞行动力学这一学科可以追溯到莱特兄弟时期——他们可以称得上是"飞行器飞行动力学之父"。在莱特兄弟发明其具有革命性意义的飞机之时,往复式发动机已被人成功研制开发,而且人们已熟知翼型空气动力学(升力、阻力)的有关知识(例如,法国和德国研究空气动力学已有一段时日了)。莱特兄弟在如何控制处于飞行状态中的飞行器方面取得了巨大突

破。在莱特兄弟首次进行动力飞行两年前,威尔伯·莱特[①]这样写道:

人们已知道如何制造机翼或飞行器,当机翼和飞行器以足够速度在空中飞行时,不仅可以支撑机翼本身的重量,还可以支撑发动机和飞行员的重量。人们也已经知道如何建造足够轻的发动机和螺丝,以及提供使这些飞机以持续速度飞行的动力。……无法平衡并操纵飞行器仍是学者们面临的飞行难题……若这个难题得以解决,那么人类将会进入飞行器时代,届时其他所有问题都不成问题了。

在莱特兄弟进行首次飞行之前,人们所知道的转动飞行器的唯一方法就是通过使用方向舵(正如操作船一样),或通过移动飞行员的重心来转移飞行器的质量中心,正如利林塔尔操纵他的滑翔机一样。但我们现已知道,若仅使用一个方向舵来试图转动飞行器,飞行器将会向侧边滑行。而且,移动飞行员的重心会大大限制飞行器的尺寸和机动性。后来,莱特兄弟发现要想有效转动飞行器,必须使飞行器倾斜(就好像自行车一样!)。此外,莱特兄弟还发明了扭翘翼(副翼的母材)来产生并控制倾斜作用。

莱特兄弟还证明了一个事实,那就是即使不稳定的飞行器,也可以成功飞行(当然会有一定的困难)。通过使用大型前翼,并将俯仰控制面置于飞行员前方,莱特兄弟得出了俯仰时中性稳定或略不稳定的飞行器。但是莱特兄弟并不担心,因为他们本来就是自行车技师,他们已习惯了处理不稳定的机械——必须手动操作这些机械来使其稳定!人们会想,若莱特兄弟并非自行车技师,仍能在飞机方面取得这么大的成功吗?

## 关于本书

以上所述观点均对本书的撰写有较大影响,本书旨在正确处理现代飞行动力学领域的优点和独特性,并对该学科的悠久历史表达敬意。本书汇集了作者30年来在飞行动力学领域的教学经验和多年来作为实践者和研究者在该领域获得的成果。

本书中出现的多数资料都是作者多年来在普渡大学本科和研究生课程中发现的。有些资料还源于作者在亚利桑那州立大学、马里兰大学帕克分校以及科罗拉多大学斯普林斯分校的教学领悟。本书除作为教科书使用外,还希望对实践工程师和研究者也有参考价值。

由于彻底研究现代飞行动力学要求学生事先已掌握多个领域的知识,本书的适用对象为航空航天或机械工程专业的大四学生或研究生。假设大四学生已完成刚体动力学和空气动力学课程。本书前面几个章节以及其他部分章节中对介绍现代飞行动力学发展的部分必修科目进行了回顾,但仅限于回顾。此外,对于大四学生未足够熟悉的关键知识,在进行相关主题介绍之前将提供适时教学。

关于本书中反馈回路的处理,反馈系统设计方法为以动力学为基础的合成,与以算数为基础的合成正好相反。也就是说,反馈控制律是以熟知飞行器动力学——物理学为基础进行合成的。反馈系统设计用于自然而然地利用和提高这些动力学,并与其相互配合。本书在很大程度上都依靠频域工具,采用的方法用控制论的术语来说,也比较"传统"。

采用这种较传统且以动力学为基础的方法有很多关键原因。首先,现代飞行动力学中存在一个普遍共识,那就是此种方法多年以来都行之有效,并在整个行业中得以运用。事实上,该设计方法几乎是设计每个运行飞行器飞行控制系统的基础。研究项目中也尝试了其他合成方法,但当项目涉及到实体飞行器时,飞行器控制系统的开发总要依靠大量以动力学为基础的

① McFarland, M. W., ed., The Papers of Wilber and Orville Wright, Vol. 1, McGraw-Hill, 1953.

传统控制理念。因此，如果学生想要掌握该学科，那么理解该理念非常重要。其次，尽管他们可能未曾使用过此类工具，但几乎所有工程专业本科生都在以往的课程中对频域工具有所了解。因此，这些工具对他们来说并不陌生。

最后，本书决定采用英语工程单位是基于这些单位如今只在该行业中使用这一事实。对设计十分重要的历史数据库以及用于分析的旧版软件包均是以英语单位创建的，若采用组织级单位换算则会造成巨大损失。所以在该行业会尽量避免采用单位换算。因此，熟练运用这些单位对学生来说大有益处，因为在整个职业生涯中他们会一直用到这些单位。

## 学科回顾

在莱特兄弟进行那次具有历史意义的飞行之后多年，研究者们都纷纷开始发展飞行动力学这一分析理论。正如更经典的航空航天科学起源于空气动力学和结构一样，现代飞行动力学起源于动力学或机械学，并以非线性动力学和多量纲系统为重点。因此，现代飞行动力学属于应用物理学。但是，根据图 1 可知，它还非常依赖于数学系统理论中形成的工具。而且，该学科不仅会对飞行器动力学进行描述，还将介绍以某种特定方式影响这些动力学的方法——即动力学调整的方法。可以通过飞行器构型设计技术或通过引入反馈控制系统来实现。

然而，这一“新式”航空航天科学既不是空气动力学的子集，也不属于反馈控制理论。虽然现代飞行动力学源自这些主题，但它们并未明确规定该学科的定义。有时，该学科定义会令人产生困惑。历史上，当飞行器动力学几乎完全取决于作用在飞行器之上的空气动力时，空气动力学家们便创造出了“空气动力稳定性与控制”这一新词。该课题曾属于应用空气动力学的一方面，几乎完全以估计气动力和力矩为焦点。不存在对系统刚体动力学进行严格处理这一现象，也没有反馈控制或结构变形的说法。

相反，约 1970 年之后制造的大多数空天飞行器都包括一些用于飞行导引和姿态稳定性与控制的主动反馈控制系统。此外，该反馈系统的作用，即使未完全主导，也会大大影响飞行器的动力学。也就是说，飞行器几何形状不再是决定飞行器动力学或其稳定性的唯一因素。因此，在飞行器设计中引进主动反馈系统在很大程度上造成了现代飞行动力学的演变。

现代飞行动力学这一学科不属于应用空气动力学，同样，它也不属于应用控制论。根据该领域中专家们的定义，反馈控制论极少对(如果有)待控制系统的动力学进行定义或建模。此外，在研究现代飞行动力学这一学科的文章中所提出的反馈控制设计问题中，待控制的系统是已知的，因此不可以更改。仅可在其附近添加反馈回路来增强其动力学特性。通常，系统动力学的建模是与反馈回路的设计相分离的。

然而，在现代空天飞行器设计过程中，是对整个系统进行设计，包括待控制的飞行器及其反馈回路。反馈回路的使用扩大了飞行器设计师必须处理的设计空间。因此，在现代飞行动力学中，建模和控制系统设计不可避免地交织在一起。该学科不能以人工方式分离成纯空气动力学、纯动力学、纯振动和纯反馈控制，因为现代飞行动力学属于这些领域的交叉范围。若强行将其分离——如果您坚持的话，只会因小失大。

## 致教师

本书可作为现代飞行动力学两个系列课程的课本，第一个系列为本科课程，第二个为本科或研究生层次课程。但也可用作其他用途。图 2 中给出的流程图中显示了将主题内容分为三类课程的可能性。

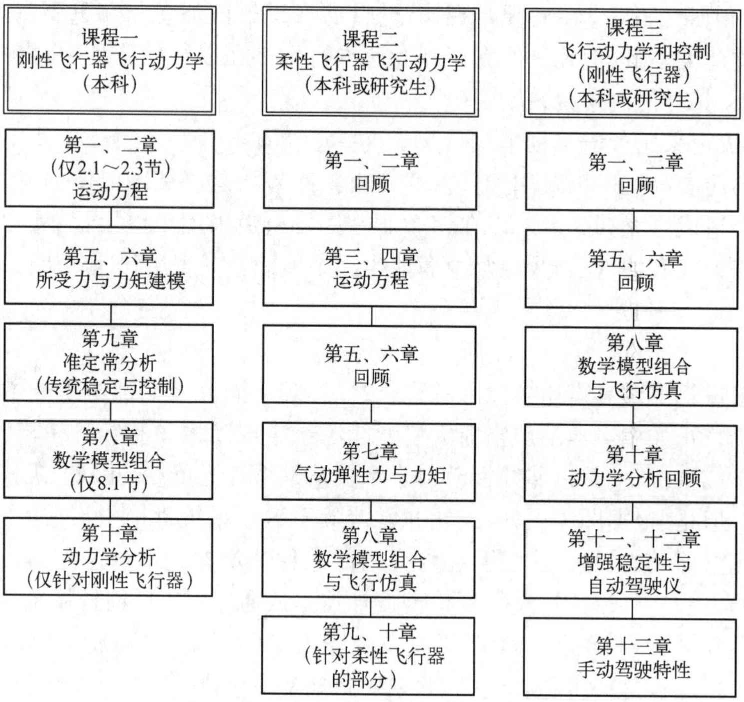


图2　可能的课程内容

另外,每章的开头部分均设有“章节路线图”。该路线图的主要目的在于首次学习飞行动力学中的该课程时,指导学生和教师该章节涵盖了哪些部分。

多年来,作者所展示的课程与本科层次的课程一相似。至于课程一中内容的顺序,是许多教师在给本科生教学时会遇到的难题,本书作者也充分意识到了该问题。该问题对本书的撰写影响很大。难处在于通常情况下,需要在学期伊始就向学生介绍“传统静态稳定性与控制”,以帮助他们学习高级设计课程。然而,以作者30年来在该课程的教授经验来说,若首先向学生介绍这些传统课题,他们通常会不理解这些概念的来源。也就是说,没有一个具体的环境来帮助他们了解飞行动力学是如何运用于逻辑框架中。因此,学生需要了解小扰动分析的概念和平衡条件分析。以上事实决定了本书所采用的书写顺序。

但是,以上提及的打算在学期伊始涉猎传统稳定性与控制的教师也可使用本书。具体来说,如图3所示,可先从第一章(1.1节)开始学习,接着快速跳到第九章——传统稳定性与控制,并在必要时使用第五、六章中的关键内容。然后可运用第二章(2.1~2.3节)、第六章余下部分和第十章来进行动力学分析。

课程二和课程三可参照课程一。课程四与课程三相似,但须将柔性飞行器部分代替飞行仿真。为使学生获得更快的进步,应将此课程在研究生阶段进行教授以发挥其最大作用。

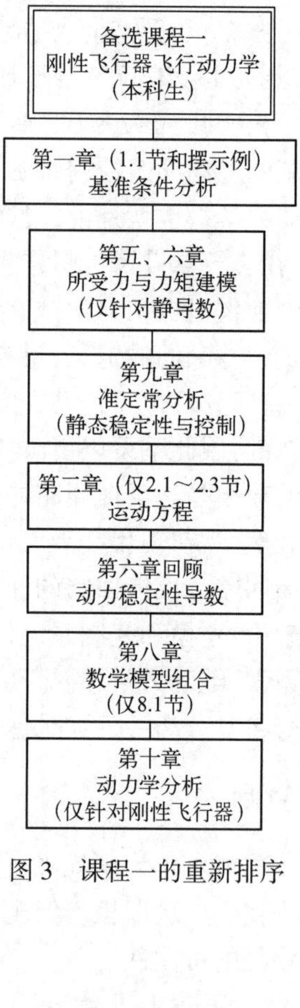


图3　课程一的重新排序

上面多次提到,作者在撰写本书时,假设学生已掌握基本的动力学知识,并在开始本课程之前接触过传统控制理论。之前学习过空气动力学将十分有帮助,但也可以同时学习这两门课程。

## 书中随附软件

为支持本书中的内容,开发了多个以 MATLAB®和 Simulink®语言编程的软件模块,例如书中所举的部分示例。这些例程仅用于教学目的,不支持也不适用于实践中的实际设计。

第一个软件为 MATAERO 模块,该模块是用以评估两个极为贴近的升力面(如机翼和水平尾翼)的气动力特征的例程。该模块中包括一个含有理论背景和使用手册的文档。其他例程包括运用附录 B 中的数据来为多个飞行器合成数学模型的文件,还有一些例程包括本书中多个示例所讨论的控制律推导。上述所有模块均保存在“Read Me”文件中,可登录本书网站 www. mhhe. com/schmidt 查看。

# 致谢

我要感谢许多为完成本书而做出重大贡献的人,原谅我无法在此一一提及。但对于他们所有人,我由衷地表示感谢。首先感谢我在普渡大学的同事和学生,包括研究生和本科生。在普渡大学任职期间,我在飞行动力学方面的知识得到了很大提高。从我的学生身上,我学到了很多,同时我被他们对学习和航空航天工程的奉献精神所鼓舞。其次我要感谢飞行动力学界的所有同事,正是他们才让我不断获得知识上的提高。再次我要感谢小约翰·D. 安德森教授,感谢他第一个鼓励我着手撰写这本书,并不断给予我支持。

接下来,我要感谢麦格劳希尔公司的优秀员工,尤其是担任本书编辑的比尔·斯腾奎斯特和罗琳·布切克,感谢他们的敬业精神和对我的鼓舞。最后,我要感谢对本书做出巨大贡献的以下几位同事,感谢他们抽出宝贵时间对本书原稿章节进行审查并提出宝贵意见:

多米尼克·安德里萨尼教授(Dominic Andrisani),普渡大学

朱尔·巴罗教授(Jewel Barlow),马里兰大学

里卡多·伯纳扎教授(Riccardo Bonazza),威斯康星大学麦迪森分校

戴维·布里奇斯教授(David Bridges),密西西比州立大学

罗恩·赫斯教授(Ron Ress),加利福尼亚大学戴维斯分校

李基东教授(Ki Dong Lee),伊利诺伊州大学香槟分校

本杰明·廖教授(Benjamin Liaw),纽约市立大学

康奈尔·苏尔坦教授(Cornel Sultan),弗吉尼亚理工学院暨州立大学

约翰·弗拉萨克教授(John Valasek),得克萨斯 A&M 大学

汤姆·泽雷尔教授(Tom Zeiler),阿拉巴马大学

泽维·卢萨卡教授(Zvi Rusak),伦斯勒理工学院

布鲁斯·沃克教授(Bruce Walker),辛辛那提大学

最后声明,本书中出现的任何错误都由我个人负责。在使用该书时若发现任何错误或有任何建议都可以通过邮箱 Schmidt. Flight. Dynamics@ gmail. com 告知我。如能得到您的建议,我将十分感激。

# 术语*

| 符　　号 | 定义(典型单位) | 引用章节 |
|---|---|---|
| $\{1\}$ | 单位列向量、振动问题中的刚体振型 | 三 |
| $a$ | 空中声速(fps) | 五 |
| $ac$ | 气动力中心 | 五 |
| $A=b^2/S$ | 升力面展弦比 | 五 |
| $\boldsymbol{A}$ | 系统状态变量描述的系统矩阵 | 八 |
| $b$ | 升力面翼展(ft) | 五 |
| $\boldsymbol{B}$ | 系统状态变量描述的控制分布矩阵 | 八 |
| $c$ | 翼型剖面翼弦长(ft) | 五 |
| $\boldsymbol{C}$ | 向心加速度(矢量)(ft/s$^2$) | 二、九 |
| $\mathbf{C}$ | 约束矩阵振动问题 | 三 |
| $\boldsymbol{C}$ | 系统状态变量描述的响应矩阵 | 八 |
| $\bar{c}$ | 平均气动翼弦长(ft) | 五 |
| $c_d = d/qc$ | 气动二维剖面阻力系数 | 五 |
| $c_p$ | 压力系数 | 五 |
| $C_D = D/q_\infty S$ | 气动阻力系数 | 五 |
| $C_{D_i}$ | 诱导阻力系数 | 五 |
| $C_{D_P}$ | 寄生阻力系数 | 五 |
| $C_{D_\alpha} = \dfrac{\partial C_D}{\partial \alpha}$ | 攻角阻力有效度(/rad) | 五、六 |
| $C_{D_{\delta_E}} = \dfrac{\partial C_D}{\partial \delta_E}$ | 升降舵阻力有效度(/rad) | 五、六 |
| $C_{D_{M_\infty}} = \dfrac{\partial C_D}{\partial M_\infty}$ | 马赫数阻力有效度 | 五、六 |
| $C_{D_q} = \dfrac{\partial C_D}{\partial q}$ | 俯仰角速度阻力有效度(s) | 五、六 |
| $C_{D_u} = \dfrac{\partial C_D}{\partial u}$ | 纵移速度阻力有效度(s/ft) | 五、六 |
| $C_f$ | 气动摩擦系数 | 五 |
| $C_h$ | 控制面铰链力矩系数 | 九 |
| $C_{h_\alpha} = \dfrac{\partial C_h}{\partial \alpha}$ | 攻角铰链力矩有效度(/rad) | 九 |
| $C_{h_\delta} = \dfrac{\partial C_h}{\partial \delta}$ | 控制面偏转铰链力矩有效度(/rad) | 九 |
| $c_l = \dfrac{l}{qc}$ | 气动二维剖面升力系数 | 五 |

* 表示矢量或矩阵数量。

（续）

| 符号 | 定义(典型单位) | 引用章节 |
|---|---|---|
| $c_{l_\alpha}=\dfrac{\partial c_l}{\partial \alpha}$ | 气动二维攻角升力有效度(/rad) | 五 |
| $c_{l_\delta}=\dfrac{\partial c_l}{\partial \delta_{\mathrm{Flap}}}$ | 气动二维襟翼升力有效度(/rad) | 五 |
| $c_{l_0}$ | 零度攻角气动二维剖面升力有效度 | 五 |
| $C_L=L/q_\infty S$ | 气动升力系数 | 五 |
| $C_{L_0}$ | 零度攻角气动升力系数 | 五 |
| $C_{L_\alpha}=\dfrac{\partial C_L}{\partial \alpha}$ | 攻角升力有效度(/rad) | 五、六 |
| $C_{L_{\dot\alpha}}=\dfrac{\partial C_L}{\partial \dot\alpha}$ | 攻角变化率升力有效度(s) | 五、六 |
| $C_{L_{\delta_E}}=\dfrac{\partial C_L}{\partial \delta_E}$ | 升降舵升力有效度(/rad) | 五、六 |
| $C_{L_{M_\infty}}=\dfrac{\partial C_L}{\partial M_\infty}$ | 马赫数升力有效度 | 五、六 |
| $C_{L_q}=\dfrac{\partial C_L}{\partial q}$ | 俯仰角速度升力有效度(s) | 五、六 |
| $C_{L_u}=\dfrac{\partial C_L}{\partial u}$ | 纵移速度升力有效度(s/ft) | 五、六 |
| $C_{L_{\eta_i}}=\dfrac{\partial C_L}{\partial \eta_i}$ | 模态偏转升力有效度 | 七 |
| $C_{L_{\dot\eta_i}}=\dfrac{\partial C_L}{\partial \dot\eta_i}$ | 模态变化率升力有效度(s) | 七 |
| $C_{L\mathrm{roll}}=L_{\mathrm{Roll}}/q_\infty Sb$ | 气动滚转力矩系数 | 五 |
| $C_{L_\beta}=\dfrac{\partial C_{L\mathrm{roll}}}{\partial \beta}$ | 侧滑滚转有效度(/rad) | 五、六 |
| $C_{L_{\delta_A}}=\dfrac{\partial C_{L\mathrm{roll}}}{\partial \delta_A}$ | 副翼滚转有效(/rad) | 五、六 |
| $C_{L_{\delta_R}}=\dfrac{\partial C_{L\mathrm{roll}}}{\partial \delta_R}$ | 方向舵滚转有效度(/rad) | 五、六 |
| $C_{L_p}=\dfrac{\partial C_{L\mathrm{roll}}}{\partial p}$ | 滚转角速度滚转有效度(s) | 五、六 |
| $C_{L_r}=\dfrac{\partial C_{L\mathrm{roll}}}{\partial r}$ | 偏航角速度滚转有效度(s) | 五、六 |
| $C_{L\mathrm{roll}_{\eta_i}}=\dfrac{\partial C_{L\mathrm{roll}}}{\partial \eta_i}$ | 模态位移滚转有效度 | 七 |
| $C_{L\mathrm{roll}_{\dot\eta_i}}=\dfrac{\partial C_{L\mathrm{roll}}}{\partial \dot\eta_i}$ | 模态变化率滚转有效度(s) | 七 |
| c.m. | 质量中心 | 二 |
| c.g. | 重力中心 | 二 |
| $c_m=m/qc^2$ | 二维剖面俯仰力矩系数 | 五 |
| $c_{m_{\mathrm{ac}}}$ | 气动力中心二维剖面俯仰力矩系数 | 五 |
| $c_{m_\alpha}=\dfrac{\partial c_m}{\partial \alpha}$ | 二维攻角力矩有效度(/rad) | 五 |
| $c_{m_\delta}=\dfrac{\partial c_m}{\partial \delta_{\mathrm{Flap}}}$ | 二维后缘襟翼力矩有效度(/rad) | 五 |
| $C_M=M/q_\infty S\bar{c}$ | 气动俯仰力矩系数 | 五 |
| $C_{M_{\mathrm{ac}}}$ | 面或机身气动力中心的气动俯仰力矩系数 | 五、六 |

（续）

| 符　　号 | 定义(典型单位) | 引用章节 |
|---|---|---|
| $C_{M_\alpha}=\dfrac{\partial C_M}{\partial \alpha}$ | 攻角俯仰力矩有效度(/rad) | 五、六 |
| $C_{M_{\dot{\alpha}}}=\dfrac{\partial C_M}{\partial \dot{\alpha}}$ | 攻角变化率俯仰力矩有效度(s) | 五、六 |
| $C_{M_{\delta_E}}=\dfrac{\partial C_M}{\partial \delta_E}$ | 升降舵俯仰力矩有效度(/rad) | 五、六 |
| $C_{M_{M_\infty}}=\dfrac{\partial C_M}{\partial M_\infty}$ | 马赫数俯仰力矩有效度 | 五、六 |
| $C_{M_q}=\dfrac{\partial C_M}{\partial q}$ | 俯仰角速度俯仰力矩有效度(s) | 五、六 |
| $C_{M_u}=\dfrac{\partial C_M}{\partial u}$ | 纵移速度俯仰力矩有效度(s/ft) | 五、六 |
| $C_{M_{\eta_i}}=\dfrac{\partial C_M}{\partial \eta_i}$ | 模态偏转俯仰力矩有效度 | 七 |
| $C_{M_{\dot{\eta}_i}}=\dfrac{\partial C_M}{\partial \dot{\eta}_i}$ | 模态速度俯仰力矩有效度(s) | 七 |
| $C_N=N/q_\infty Sb$ | 气动偏航力矩系数 | 五 |
| $C_{N_\beta}=\dfrac{\partial C_N}{\partial \beta}$ | 侧滑偏航力矩有效度(/rad) | 五、六 |
| $C_{N_{\delta_A}}=\dfrac{\partial C_N}{\partial \delta_A}$ | 副翼偏航力矩有效度(/rad) | 五、六 |
| $C_{N_{\delta_R}}=\dfrac{\partial C_N}{\partial \delta_R}$ | 方向舵偏航力矩有效度(/rad) | 五、六 |
| $C_{N_p}=\dfrac{\partial C_N}{\partial p}$ | 滚转角速度偏航力矩有效度(s) | 五、六 |
| $C_{N_r}=\dfrac{\partial C_N}{\partial r}$ | 偏航角速度偏航力矩有效度(s) | 五、六 |
| $C_{N_{\eta_i}}=\dfrac{\partial C_N}{\partial \eta_i}$ | 模态位移偏航力矩有效度 | 七 |
| $C_{N_{\dot{\eta}_i}}=\dfrac{\partial C_N}{\partial \dot{\eta}_i}$ | 模态速度偏航力矩有效度(s) | 七 |
| $C_{Q_i}=Q_i/q_\infty S\bar{c}$ | 广义力气动系数 | 七 |
| $C_{Q_{i_\alpha}}=\dfrac{\partial C_{Q_i}}{\partial \alpha}$ | 侧滑广义力有效度(/rad) | 七 |
| $C_{Q_{i_\beta}}=\dfrac{\partial C_{Q_i}}{\partial \beta}$ | 攻角广义力有效度(/rad) | 七 |
| $C_{Q_{i_p}}=\dfrac{\partial C_{Q_i}}{\partial p}$ | 滚转角速度广义力有效度(s) | 七 |
| $C_{Q_{i_q}}=\dfrac{\partial C_{Q_i}}{\partial q}$ | 俯仰角速度广义力有效度(s) | 七 |
| $C_{Q_{i_r}}=\dfrac{\partial C_{Q_i}}{\partial r}$ | 偏航角速度广义力有效度(s) | 七 |
| $C_{Q_{i_{i_H}}}=\dfrac{\partial C_{Q_i}}{\partial i_H}$ | 尾翼事故广义力有效度(/rad) | 七 |
| $C_{Q_{i_{\delta_E}}}=\dfrac{\partial C_{Q_i}}{\partial \delta_E}$ | 升降舵广义力有效度(/rad) | 七 |
| $C_{Q_{i_{\delta_A}}}=\dfrac{\partial C_{Q_i}}{\partial \delta_A}$ | 副翼广义力有效度(/rad) | 七 |
| $C_{Q_{i_{\delta_R}}}=\dfrac{\partial C_{Q_i}}{\partial \delta_R}$ | 方向舵广义力有效度(/rad) | 七 |

（续）

| 符　　号 | 定义(典型单位) | 引用章节 |
|---|---|---|
| $C_{Q_{i\eta_j}} = \dfrac{\partial C_{Q_i}}{\partial \eta_j}$ | 模态位移广义力有效度 | 七 |
| $C_S = S/q_\infty S$ | 模态速度广义力有效度(s) | 七 |
| $C_{S_\beta} = \dfrac{\partial C_S}{\partial \beta}$ | 气动侧力系数 | 五 |
| $C_{S_{\delta_A}} = \dfrac{\partial C_S}{\partial \delta_A}$ | 侧滑侧力有效度(/rad) | 六 |
| $C_{S_{\delta_A}} = \dfrac{\partial C_S}{\partial \delta_A}$ | 副翼侧力有效度(/rad) | 六 |
| $C_{S_{\delta_R}} = \dfrac{\partial C_S}{\partial \delta_R}$ | 方向舵侧力有效度(/rad) | 六 |
| $C_{S_p} = \dfrac{\partial C_S}{\partial p}$ | 滚转角速度侧力有效度(s) | 六 |
| $C_{S_r} = \dfrac{\partial C_S}{\partial r}$ | 偏航角速度侧力有效度(s) | 六 |
| $C_{S\eta_i} = \dfrac{\partial C_S}{\partial \eta_i}$ | 模态位移侧力有效度 | 七 |
| $C_{S\dot{\eta}_i} = \dfrac{\partial C_S}{\partial \dot{\eta}_i}$ | 模态速度侧力有效度(s) | 七 |
| $c_r$ | 翼根弦长度(ft) | 五 |
| $c_t$ | 翼梢弦长度(ft) | 五 |
| $C_X$ | 沿飞行器 $X$ 轴气动力系数 | 六 |
| $C_{X\eta_i} = \dfrac{\partial C_X}{\partial \eta_i}$ | 模态位移轴力有效度 | 七 |
| $C_{X\dot{\eta}_i} = \dfrac{\partial C_X}{\partial \dot{\eta}_i}$ | 模态速度轴力有效度(s) | 七 |
| $C_Y$ | 沿飞行器 $Y$ 轴气动力系数 | 六 |
| $C_{Z\eta_i} = \dfrac{\partial C_Z}{\partial \eta_i}$ | 模态位移横向力有效度 | 七 |
| $C_{Y\dot{\eta}_i} = \dfrac{\partial C_Y}{\partial \dot{\eta}_i}$ | 模态速度横向力有效度(s) | 七 |
| $C_Z$ | 沿飞行器 $Z$ 轴气动力系数 | 六 |
| $C_{Z\eta_i} = \dfrac{\partial C_Z}{\partial \eta_i}$ | 模态位移垂直力有效度 | 七 |
| $C_{Z\dot{\eta}_i} = \dfrac{\partial C_Z}{\partial \dot{\eta}_i}$ | 模态速度垂直力有效度(s) | 七 |
| $d$ | 气动二维剖面阻力(lb/ft) | 五 |
| $\boldsymbol{d}_E$ | 飞行器质量元或质点弹性位移矢量 | 四 |
| $D, d$ | 气动阻力、小扰动(lb) | 五 |
| $\boldsymbol{D} = \boldsymbol{M}^{-1}\boldsymbol{K}$ | 动态矩阵振动问题(ft/s$^2$) | 三 |
| $\boldsymbol{D}$ | 状态变量系统描述中的响应控制分布矩阵 | 八 |
| $d\boldsymbol{f}_{\text{ext}}$ | 作用在飞行器上的无穷小外力(lb) | 二 |
| $\delta W$ | 拉格朗日方程虚功(ft-lb) | 三、四 |
| $\delta \boldsymbol{p}$ | 力与力矩的泰勒级数展开小扰动参数矢量 | 六 |
| $\dfrac{d\boldsymbol{a}}{dt}\Big\|_1$ | 关于坐标系 1 矢量 $\boldsymbol{a}$ 的时间变化率 | 一 |
| $e$ | 奥斯瓦尔德阻力效率因子、反馈错误 | 五、十二 |

（续）

| 符　号 | 定义(典型单位) | 引用章节 |
|---|---|---|
| $F, f$ | 力、小扰动(lb) | 二 |
| $\boldsymbol{F}$ | 力矢量(lb) | 二、四 |
| $F_{\cdot}$ | 沿·轴分力(lb) | 二、四 |
| $F_{A\cdot}$、$f_{A\cdot}$ | 沿·轴的气动分力、小扰动(lb) | 二、四 |
| $F_{P\cdot}, f_{P\cdot}$ | 沿·轴的推进分力、小扰动(lb) | 二、四 |
| $F_S$ | 驾驶杆、控制轮、或方向舵踏板力(lb) | 九 |
| $\boldsymbol{g}$ | 地心引力加速度矢量、32.174$\boldsymbol{k}_E$(ft/s$^2$) | 一 |
| $g(s)$ | 动态单元传递函数 | 十 |
| $g(j\omega)$ | 动态单元频率响应或波特图表征 | 十二 |
| $G$ | 控制面传动比 | 九 |
| h、$h$ | 地面上空高度、小扰动(ft) | 二 |
| $h_x$、$h_y$、$h_z$ | 基于旋转机械角动量的三个分量(sl-ft$^2$/s) | 二 |
| $\boldsymbol{H}_V$ | 飞行器 c.m 的角动量(sl-ft$^2$/s) | 二 |
| $\boldsymbol{i}$ | $X$ 轴的定义方向单位矢量 | 一 |
| $i_H$ | 对机身参考线的水平尾翼倾角 | 五、六 |
| $i_W$ | 对机身参考线的机翼倾角 | 五、六 |
| $j$ | 虚数 $\sqrt{-1}$ | 一 |
| $[\boldsymbol{I}]$ | 惯性矩阵 | 二 |
| $I_{xx}$ etc. | 惯性积、$[\boldsymbol{I}]$单元(sl-ft$^2$) | 二 |
| $\boldsymbol{j}$ | $Y$ 轴的定义方向单位矢量 | 一 |
| $J$ | 旋转机械转动惯量(sl-ft$^2$) | 二 |
| $k(s)$ | 反馈控制补偿 | 十二 |
| $\boldsymbol{k}$ | $Z$ 轴的定义方向单位矢量 | 一 |
| $K_i$ | 响应反馈控制增益 | 十一 |
| $\mathbf{K}$ | 刚度矩阵振动问题 | 三、四 |
| $\boldsymbol{\mathcal{K}}$ | 广义刚度矩阵 | 三、四 |
| $l$ | 气动二维剖面升力(lb/ft)、特征长度(ft) | 五 |
| $L$ | 气动升力(lb) | 五 |
| $L_A$、$\mathrm{L}_{A_0}$、$l_A$ | 气动滚转力矩、参考值、小扰动(ft-lb) | 二 |
| $L_P$、$\mathrm{L}_{P_0}$、$l_P$ | 推进滚转力矩、参考值、小扰动(ft-lb) | 二 |
| $L_{\mathrm{Roll}}$ | 升力面或飞行器滚转力矩(ft-lb) | 五、六 |
| $L_\beta = \dfrac{q_\infty Sb}{I_{xx}} C_{L_\beta}$ | 侧滑滚转力矩有量纲导数(/s$^2$) | 八 |
| $L_{\delta_A} = \dfrac{q_\infty Sb}{I_{xx}} C_{L_{\delta_A}}$ | 副翼滚转力矩有量纲导数(/s$^2$) | 八 |
| $L_{\delta_R} = \dfrac{q_\infty Sb}{I_{xx}} C_{L_{\delta_R}}$ | 方向舵滚转力矩有量纲导数(/s$^2$) | 八 |
| $L_p = \dfrac{q_\infty Sb}{I_{xx}} C_{L_p}$ | 滚转角滚转力矩有量纲导数(/s) | 八 |
| $L_r = \dfrac{q_\infty Sb}{I_{xx}} C_{L_r}$ | 偏航角速度滚转力矩有量纲导数(/s) | 八 |

（续）

| 符　号 | 定义(典型单位) | 引用章节 |
|---|---|---|
| $L'_\beta = \left(L_\beta + N_\beta I_{xz}/I_{xx}\right)/\left(1 - I_{xz}^2/(I_{xx}I_{zz})\right)$ | 侧滑滚转力矩主有量纲导数($/s^2$) | 八 |
| $L'_{\delta_A} = \left(L_{\delta_A} + N_{\delta_A} I_{xz}/I_{xx}\right)/\left(1 - I_{xz}^2/(I_{xx}I_{zz})\right)$ | 副翼滚转力矩主有量纲导数($/s^2$) | 八 |
| $L'_{\delta_R} = \left(L_{\delta_R} + N_{\delta_R} I_{xz}/I_{xx}\right)/\left(1 - I_{xz}^2/(I_{xx}I_{zz})\right)$ | 方向舵滚转力矩主有量纲导数($/s^2$) | 八 |
| $L'_p = \left(L_p + N_p I_{xz}/I_{xx}\right)/\left(1 - I_{xz}^2/(I_{xx}I_{zz})\right)$ | 滚转角速度滚转力矩主有量纲导数(/s) | 八 |
| $L'_r = \left(L_r + N_r I_{xz}/I_{xx}\right)/\left(1 - I_{xz}^2/(I_{xx}I_{zz})\right)$ | 偏航角速度滚转力矩主有量纲导数(/s) | 八 |
| $m$ | 质量(sl)、气动二维剖面俯仰力矩(ft-lb/ft) | 二、五 |
| $\dot{m}$、$\ddot{m}$ | 质量变化率、与角速度、变量飞行器(sl/s)、($sl/s^2$) | 二 |
| $M_A$、$M_{A_0}$、$m_A$ | 气动俯仰力矩、参考值、小扰动(ft-lb) | 二 |
| $M_P$、$M_{P_0}$、$m_P$ | 推进俯仰力矩、参考值、小扰动(ft-lb) | 二 |
| $M$ | 升力面或机身俯仰力矩 | 五、六 |
| $M_\infty$ | 自由流马赫数 | 五 |
| $\boldsymbol{M}$ | 力矩矢量(ft-lb) | 二 |
| $\mathbf{M}$ | 质量矩阵振动问题(sl) | 三、四 |
| $\boldsymbol{M}$ | 特征向量模态矩阵 | 十 |
| $\mathcal{M}$ | 广义质量矩阵振动问题(sl) | 三、四 |
| MAC | 平均气动翼弦(ft) | 五 |
| $M_\alpha + M_{P_\alpha} = \dfrac{q_\infty S\bar{c}}{I_{yy}}\left(C_{M_\alpha} + C_{P_{M_\alpha}}\right)$ | 攻角俯仰力矩有量纲导数(/s) | 八 |
| $M_{\dot{\alpha}} = \dfrac{q_\infty S\bar{c}}{I_{yy}} C_{M_{\dot{\alpha}}}$ | 攻角变化率俯仰力矩有量纲导数(/s) | 八 |
| $M_{\delta_E} = \dfrac{q_\infty S\bar{c}}{I_{yy}} C_{M_{\delta_E}}$ | 升降舵俯仰力矩有量纲导数($/s^2$) | 八 |
| $M_{\delta T} = \dfrac{(d_T\cos\phi_T - x_T\sin\phi_T)}{I_{yy}}$ | 推力俯仰力矩有量纲导数($rad/lb\text{-}s^2$) | 八 |
| $M_q = \dfrac{q_\infty S\bar{c}}{I_{yy}} C_{M_q}$ | 俯仰角速度俯仰力矩有量纲导数(/s) | 八 |
| $M_u + M_{P_u} = \dfrac{q_\infty S\bar{c}}{I_{yy}}\left(\left(C_{M_u} + \dfrac{2}{U_0}C_{M_0}\right) + \left(C_{P_{M_u}} + \dfrac{2}{U_0}C_{P_{M_0}}\right)\right)$ | 纵移速度俯仰力矩有量纲导数(rad/ft-s) | 八 |
| $N_A$、$N_{A_0}$、$n_A$ | 气动偏航力矩、参照值、小扰动(ft-lb) | 二 |
| $N_P$、$N_{P_0}$、$n_P$ | 推进偏航力矩、参照值、小扰动(ft-lb) | 二 |
| $N$、$n$ | 偏航力矩、二维气动偏航力矩或小扰动(ft-lb) | 五、六 |
| $N_\beta = \dfrac{q_\infty Sb}{I_{zz}} C_{N_\beta}$ | 侧滑偏航力矩有量纲导数($/s^2$) | 八 |
| $N_{\delta_A} = \dfrac{q_\infty Sb}{I_{zz}} C_{N_{\delta_A}}$ | 副翼偏航力矩有量纲导数($/s^2$) | 八 |
| $N_{\delta_R} = \dfrac{q_\infty Sb}{I_{zz}} C_{N_{\delta_R}}$ | 方向舵偏航力矩有量纲导数($/s^2$) | 八 |
| $N_p = \dfrac{q_\infty Sb}{I_{zz}} C_{N_p}$ | 滚转角速度偏航力矩有量纲导数(/s) | 八 |
| $N_r = \dfrac{q_\infty Sb}{I_{zz}} C_{N_r}$ | 偏航角速度偏航力矩有量纲导数(/s) | 八 |

（续）

| 符　　号 | 定义(典型单位) | 引用章节 |
|---|---|---|
| $N'_{\beta}=\left(N_{\beta}+L_{\beta}I_{xz}/I_{zz}\right)/\left(1-I_{xz}^2/\left(I_{xx}I_{zz}\right)\right)$ | 侧滑偏航力矩主有量纲导数($/s^2$) | 八 |
| $N'_{\delta_A}=\left(N_{\delta_A}+L_{\delta_A}I_{xz}/I_{zz}\right)/\left(1-I_{xz}^2/\left(I_{xx}I_{zz}\right)\right)$ | 副翼偏航力矩主有量纲导数($/s^2$) | 八 |
| $N'_{\delta_R}=\left(N_{\delta_R}+L_{\delta_R}I_{xz}/I_{zz}\right)/\left(1-I_{xz}^2/\left(I_{xx}I_{zz}\right)\right)$ | 方向舵偏航力矩主有量纲导数($/s^2$) | 八 |
| $N'_{p}=\left(N_{p}+L_{p}I_{xz}/I_{zz}\right)/\left(1-I_{xz}^2/\left(I_{xx}I_{zz}\right)\right)$ | 滚转角速度偏航力矩主有量纲导数(/s) | 八 |
| $N'_{r}=\left(N_{r}+L_{r}I_{xz}/I_{zz}\right)/\left(1-I_{xz}^2/\left(I_{xx}I_{zz}\right)\right)$ | 偏航角速度偏航力矩主有量纲导数(/s) | 八 |
| $\boldsymbol{p}$ | 与飞行器 c. m. 相关的质量元定位(矢量) | 二 |
| $\boldsymbol{p}$ | 动力与力矩的泰勒级数展开中的参数矢量 | 六 |
| $\boldsymbol{p}_{RB}$ | 对于未变形飞行器与飞行器 c. m. 相关的质量元定位 | 四 |
| $\boldsymbol{p}_V$ | 飞行器 c. m. 的惯性定位(矢量) | 二 |
| $\boldsymbol{p}'$ | 质量元惯性定位(矢量) | 二 |
| $\boldsymbol{p}_E$ | 对于变质量飞行器与飞行器 c. m. 相关的喷管出口平面位置 | 二 |
| $P$、$P_0$、$p$ | 绕 $X_V$ 轴的滚转率、参照值、小扰动(rad/s) | 二 |
| $\boldsymbol{P}(s)$ | 多项式矩阵系统说明的系统矩阵 | 十 |
| $p_\infty$ | 自由流大气压力(psf) | 五 |
| $Q$、$Q_0$、$q$ | 绕 $Y_V$ 轴的俯仰角速度、参照值、小扰动(rad/s) | 二 |
| $\boldsymbol{Q}(s)$ | 多项式矩阵系统说明的分布控制矩阵 | 十 |
| $Q_i$ | 与弹性自由度相关的拉格朗日方程中的广义力(lb) | 三、四 |
| $Q_{i_\alpha}=\dfrac{\partial Q_i}{\partial\alpha}$ | 攻角广义力有效度(lb/rad) | 七 |
| $Q_{i_\beta}=\dfrac{\partial Q_i}{\partial\beta}$ | 侧滑广义力有效度(lb/rad) | 七 |
| $Q_{i_p}=\dfrac{\partial Q_i}{\partial p}$ | 滚转角广义力有效度(lb-s/rad) | 七 |
| $Q_{i_q}=\dfrac{\partial Q_i}{\partial q}$ | 俯仰角速度广义力有效度(lb-s/rad) | 七 |
| $Q_{i_r}=\dfrac{\partial Q_i}{\partial r}$ | 偏航角速度广义力有效度(lb-s/rad) | 七 |
| $Q_{i_{i_H}}=\dfrac{\partial Q_i}{\partial i_H}$ | 稳定器倾角广义力有效度(lb/rad) | 七 |
| $Q_{i_{\delta_E}}=\dfrac{\partial Q_i}{\partial\delta_E}$ | 升降舵广义力有效度(lb/rad) | 七 |
| $Q_{i_{\delta_A}}=\dfrac{\partial Q_i}{\partial\delta_A}$ | 副翼广义力有效度(lb/rad) | 七 |
| $Q_{i_{\delta_r}}=\dfrac{\partial Q_i}{\partial\delta_R}$ | 方向舵广义力有效度(lb/rad) | 七 |
| $Q_{i_{\eta_j}}=\dfrac{\partial Q_i}{\partial\eta_j}$ | 模态位移广义力有效度(lb) | 七 |
| $Q_{i_{\dot\eta_j}}=\dfrac{\partial Q_i}{\partial\dot\eta_j}$ | 模态速度广义力有效度(lb-s) | 七 |
| $q_\infty=\dfrac{1}{2}\rho_\infty V_\infty^2$ | 动压(psf) | 五 |
| $\boldsymbol{q}$ | 拉格朗日方程中广义坐标系的矢量 | 三、四 |
| $R$、$R_0$、$r$ | 绕 $Z_V$ 轴的偏航角速度、参照值、小扰动(rad/s) | 二 |
| $R_E$ | 地球半径(mi) | 二 |

（续）

| 符　　号 | 定义(典型单位) | 引用章节 |
| --- | --- | --- |
| $R_l$ | 雷诺数 | 五 |
| $S$ | 气动基准面积、升力面平面形状面积($ft^2$) | 五 |
| $SM$ | 静态稳定裕度 | 九 |
| $S_{Wet}$ | 升力面总面积或浸润面积($ft^2$) | 五 |
| $S$ | 气动侧力(lb) | 六 |
| $s$ | 拉普拉斯变换中的复数变量(/s) | 十 |
| $T$ | 拉格朗日方程中的动能(ft-lb) | 三、四 |
| $T$ | 推力(lb)、模态时间常数($=-1/\lambda$、s) | 二、十 |
| $\boldsymbol{T}_{I-II}$ | 坐标系Ⅰ中的单位矢量与坐标系Ⅱ相关的方向余弦矩阵 | 一 |
| $U$、$U_0$、$u$ | 沿 $X_V$ 轴的纵移速度分量、参照值、小扰动(fps) | 二 |
| $U$ | 势能(应变能)(ft-lb) | 三、四 |
| $\boldsymbol{U}$ | 单位转换矩阵 | 十 |
| $\boldsymbol{u}$ | 状态变量或多项式矩阵系统说明中的控制输入矢量 | 八、十 |
| $V$、$V_0$、$v$ | 沿 $Y_V$ 轴的横向速度分量、参照值、小扰动(fps) | 二 |
| $\boldsymbol{V}_V$ | 飞行器速度矢量、$\lvert \boldsymbol{V}_V \rvert = V_V = \sqrt{U^2+V^2+W^2}$ (fps) | 二 |
| $W$、$W_0$、$w$ | 沿 $Z_V$ 轴的升降速度分量、参照值、小扰动(fps) | 二 |
| $w_E(y)$ | 基于弹性变形的翼展 $y$ 轴处的机翼升沉速度(fps) | 七 |
| $\boldsymbol{x}$ | 状态变量说明中的状态矢量 | 八 |
| $x_{ac}(y)$ | 翼展位置 $y$ 处剖面 ac 与前缘的弦向距离(ft) | 五 |
| $X_{ac}$ | 机翼 ac 的弦向位置(ft) | 五 |
| $X_I$ | 惯性定位(北) | 二、四 |
| $X_{LE}(y)$ | 翼展 $y$ 处前缘位于翼展后部的弦向距离(ft) | 五 |
| $X_\alpha = \dfrac{q_\infty S}{m}(-C_{D_\alpha}+C_{L_0})$ | 攻角轴向力有量纲导数(ft/rad-$s^2$) | 八 |
| $X_{\dot{\alpha}} = \dfrac{q_\infty S}{m}(-C_{D_{\dot{\alpha}}})$ | 攻角速度轴向力有量纲导数(ft/rad-s) | 八 |
| $X_{\delta_E} = \dfrac{q_\infty S}{m}(-C_{D_{\delta_E}})$ | 升降舵轴向力有量纲导数(ft/rad-$s^2$) | 八 |
| $X_{\delta T} = \dfrac{\cos\phi_T}{m}$ | 推力轴向力有量纲导数(ft/lb-$s^2$) | 八 |
| $X_q = \dfrac{q_\infty S}{m}(-C_{D_q})$ | 俯仰角速度轴向力有量纲导数(ft/rad-s) | 八 |
| $X_u + X_{P_u} = \dfrac{q_\infty S}{m}\left[-\left(C_{D_u}+\dfrac{2}{U_0}C_{D_0}\right)+\left(C_{P_{X_u}}+\dfrac{2}{U_0}C_{P_{X_0}}\right)\right]$ | 纵移速度轴向力有量纲导数(/s) | 八 |
| $\boldsymbol{y}$ | 状态变量或多项式矩阵系统说明中的响应矢量 | 八、十 |
| $Y_I$ | 惯性定位(东) | 二、四 |
| $Y_{MAC}$ | 自根弦翼平面至 MAC 的展向距离(ft) | 五 |
| $Y_C(j\omega)$ | 飞行员在环反馈系统中的控制单元 | 十三 |
| $Y_P(j\omega)$ | 飞行员在环反馈系统中的飞行员描述函数 | 十三 |
| $Y_\beta = \dfrac{q_\infty S}{m}C_{S_\beta}$ | 侧滑横向力有量纲导数(ft/rad-$s^2$) | 八 |
| $Y_{\delta_A} = \dfrac{q_\infty S}{m}C_{S_{\delta_A}}$ | 副翼横向力有量纲导数(ft/rad-$s^2$) | 八 |

(续)

| 符　　号 | 定义(典型单位) | 引用章节 |
| --- | --- | --- |
| $Y_{\delta_R}=\frac{q_\infty S}{m}C_{S_{\delta_R}}$ | 方向舵横向力有量纲导数(ft/rad-s²) | 八 |
| $Y_p=\frac{q_\infty S}{m}C_{S_p}$ | 滚转角速度横向力有量纲导数(ft/rad-s) | 八 |
| $Y_r=\frac{q_\infty S}{m}C_{S_r}$ | 偏航角速度横向力有量纲导数(ft/rad-s) | 八 |
| $Z_{ac}$ | 垂直尾翼气动力中心的垂直位置(ft) | 六 |
| $z_{ac}(y)$ | 垂直尾翼翼展 $y$ 轴处剖面气动力中心的垂直位(ft) | 六 |
| $Z_I$ | 惯性定位(=$-h$ 地平说) | 二、四 |
| $Z_\alpha=\frac{q_\infty S}{m}(-C_{L_\alpha}+C_{D_0})$ | 攻角纵向力有量纲导数(ft/rad-s²) | 八 |
| $Z_{\dot\alpha}=\frac{q_\infty S}{m}(-C_{L_{\dot\alpha}})$ | 攻角速度纵向力有量纲导数(ft/rad-s) | 八 |
| $Z_{\delta_E}=\frac{q_\infty S}{m}(-C_{L_{\delta_E}})$ | 升降舵纵向力有量纲导数(ft/rad-s²) | 八 |
| $Z_{\delta T}=-\frac{\sin\phi_T}{m}$ | 推力纵向力有量纲导数(ft/lb-s²) | 八 |
| $Z_q=\frac{q_\infty S}{m}(-C_{L_q})$ | 俯仰角速度纵向力有量纲导数(ft/rad-s) | 八 |
| $Z_u+Z_{P_u}=\frac{q_\infty S}{m}\left[-\left(C_{L_u}+\frac{2}{U_0}C_{L_0}\right)+\left(C_{P_{Z_u}}+\frac{2}{U_0}C_{P_{Z_0}}\right)\right]$ | 纵向力速度有量纲导数(/s) | 八 |
| 希腊字母 | | |
| $\alpha$、$\alpha_0$、$\alpha$ | 气动攻角、参照值、小扰动(deg(°)、rad) | 五、六 |
| $\alpha_\delta=C_{L_\delta}/C_{L_\alpha}$ | 襟翼升力有效度 | 五 |
| $\alpha_0$ | 零升力攻角(deg) | 五 |
| $\beta$、$\beta_0$、$\beta$ | 气动侧滑角、参照值、小扰动(deg、rad) | 五、六 |
| $\beta$ | 普朗特-格劳厄特压缩性修正系数 | 五 |
| $\delta$、$\delta_0$、$\delta$ | 控制面或襟翼偏转、参照值、小扰动(deg、rad) | 五 |
| $\delta\bullet$ | 参数小扰动· | 六 |
| $\Delta\bullet$ | 变量变化· | 五 |
| $\varepsilon$ | 下洗角(deg) | 五 |
| $\varepsilon(y)$ | 翼展位置 $y$ 轴处的机翼扭角(deg) | 五 |
| $\phi$、$\Phi_0$、$\phi$ | 欧拉角(绕 $X_V$ 旋转)、"倾斜角"、参照值、小扰动(rad) | 二、八 |
| $\boldsymbol{\Phi}$ | 模态矩阵 | 三、四、十 |
| $\boldsymbol{\Phi}(t-t_0)$ | 状态过度矩阵 | 八 |
| $\phi_T$ | 推力矢量与 $X_F$ 轴之间的夹角(deg) | 六 |
| $\phi_W$ | 速度倾斜角或风轴倾斜角(deg) | 二 |
| $\gamma$、$\gamma_0$、$\gamma$ | 航迹角、参照值、小扰动(deg、rad) | 二 |
| $\Gamma$ | 上反角(deg) | 五 |
| $\eta$、$H_o$、$\eta$ | 与弹性自由度相关的广义坐标系、参照系、小扰动 | 三、四 |
| $\eta_i$ | 襟翼内侧边沿翼展位置(ft) | 五 |

（续）

| 符　　号 | 定义(典型单位) | 引用章节 |
|---|---|---|
| $\eta_o$ | 襟翼外侧边沿翼展位置(ft) | 五 |
| $\lambda$ | 本征值(/s) | 三、四、十 |
| $\boldsymbol{\Lambda}$ | 本征值矩阵 | 三、四、十 |
| $\Lambda_\bullet$ | 翼弦位置处的机翼后掠角(如前沿、翼弦中间点)(deg) | 五 |
| $\lambda_L$ | 局部水平局部垂直坐标系纬度(deg) | 二 |
| $\mu_L$ | 局部水平局部垂直坐标系经度(deg) | 二 |
| $\boldsymbol{\mu}$ | 左本征矢量 | 十 |
| $\boldsymbol{\nu}$ | 本征矢量、振型、右本征矢量 | 三、四、十 |
| $\nu'$ | 振型(位移)斜道(rad) | 七、十 |
| $\theta$、$\Theta_0$、$\theta$ | 欧拉角、(绕中间 $Y$ 轴旋转)、"俯仰姿态角"、参照值、小扰动(rad) | 二、八 |
| $\theta_E(y)$ | 弹性变形力翼展 $y$ 轴处的机翼扭角(deg) | 七 |
| $\Theta_{\mathrm{Ref}}$ | 参照系基准角或刚体角 | 三 |
| $\rho_V$ | 飞行器材料密度(sl/ft$^3$) | 二 |
| $\rho_\infty$ | 空气密度(sl/ft$^3$) | 五 |
| $\sigma$ | 复数的实数部分(/s) | 十 |
| $\tau_E$ | 手动驾驶仪有效时间延迟(s) | 十三 |
| $\tau_{\mathrm{NM}}$ | 手动驾驶仪神经运动时间常数(s) | 十三 |
| $\tau_{\mathrm{IP}}$ | 手动驾驶仪信息处理时间常数(s) | 十三 |
| $\omega$ | 频率(rad/s) | 三、十 |
| $\boldsymbol{\omega}_{\mathrm{I,II}}$ | 坐标系Ⅰ关于坐标系Ⅱ的角速度(矢量)(rad/s) | 一 |
| $\boldsymbol{\omega}_{\mathrm{Earth}}$ | 绕地轴的地球角速度(2πrad/d) | 二 |
| $\psi$、$\Psi_0$、$\psi$ | 欧拉角(绕 $Z_{\mathrm{E}}$ 轴旋转)、"偏向角"、参照值、小扰动(rad) | 二、八 |
| $\dot{\Psi}_0$ | 转弯定常率(deg/s) | 九 |
| $\psi_W$ | 速度偏向角或风轴偏向角(deg) | 二 |
| $\zeta$ | 模态阻尼 | 三、十 |
| $\boldsymbol{\Xi}$ | 约束矩阵振动问题 | 三 |
| $\boldsymbol{\Xi}_i$ | 与弹性自由度相关的有量纲稳定性系数(/s$^2$) | 十 |
| 下标 | | |
| 0 | 基准条件 | 二 |
| A | 副翼、气动 | 五 |
| C | 前翼 | 六 |
| E | 地球固定坐标轴系 | 二 |
| $E$ | 升降舵、弹性 | 五、七 |
| F | 机身参照坐标轴系 | 六 |
| $F$ | 襟翼 | 五 |
| $H$ | 水平尾翼 | 五 |
| I | 惯性 | 二 |

（续）

| 符　　号 | 定义(典型单位) | 引用章节 |
|---|---|---|
| $P$ | 推进力 | 六 |
| $R$ | 方向舵 | 六 |
| $S$ | 稳定性坐标轴系 | 六 |
| $T$ | 推力 | 六 |
| $V$ | 垂直尾翼、飞行器固定坐标轴系 | 二、六 |
| $W$ | 机翼、风轴 | 二、六 |
| $X$ | 沿 $X$ 轴分量 | 二、六 |
| $Y$ | 沿 $Y$ 轴分量 | 二、六 |
| $Z$ | 沿 $Z$ 轴分量 | 二、六 |
| $\infty$ | 自由流流动条件 | 五 |
| 上划线 | | |
| $\bar{\cdot}$ | 距离或长度、被机翼平均气动弦规范化。例如 $\bar{x}_{cg}=\frac{x_{cg}}{\bar{c}_W}$ | 五、六 |

# 目录


第一章　概述与专题评论 …………………… 1

1.1　非线性系统的小扰动理论 ………… 1
1.2　坐标系 ……………………………… 2
1.3　矢量、坐标变换与方向余弦矩阵 …… 3
1.4　矢量微分 …………………………… 8
1.5　牛顿第二定律 …………………… 11
1.6　小扰动分析回顾…………………… 14
1.7　总结 ……………………………… 16
1.8　作业题 …………………………… 16
参考文献 ……………………………… 17

第二章　刚性飞行器的运动方程………… 18

2.1　运动矢量方程——地平说 ………… 18
2.2　运动标量方程——地平说 ………… 23
2.3　参考方程与小扰动方程——地平说 ………………………… 31
2.4　转动质量效应 …………………… 35
2.5　变质量效应 ……………………… 42
2.6　球体或旋转地球效应……………… 48
2.7　质点性能方程 …………………… 55
2.8　总结 ……………………………… 59
2.9　作业题 …………………………… 59
参考文献 ……………………………… 60

第三章　结构振动——即时教程………… 61

3.1　理想化集中质量与拉格朗日方程 ……………………………… 61
3.2　模态分析 ………………………… 63
3.3　振动模式的正交性………………… 65
3.4　刚体自由度 ……………………… 66
3.5　参照系与相关运动………………… 71
3.6　广义本征解的模态分析 ………… 74
3.7　多向运动 ………………………… 78
3.8　运动方程的改进推导……………… 85
3.9　强迫运动与虚功…………………… 87
3.10　无约束梁模型的强迫运动 ……… 89
3.11　总结 …………………………… 91
3.12　作业题 ………………………… 91
参考文献 ……………………………… 92

第四章　柔性飞行器的运动方程………… 93

4.1　拉格朗日方程——动能与势能 …… 93
4.2　飞行器固定坐标系——平均轴系 ……………………………… 95
4.3　利用自由振动模式的模态展开法 ………………………………… 97
4.4　广义坐标系的选择………………… 99
4.5　控制刚体平移的运动方程 ……… 99
4.6　控制刚体旋转的运动方程 ……… 103
4.7　控制弹性变形的运动方程 ……… 106
4.8　柔性飞行器上一些特殊点的运动 …………………………… 108
4.9　小扰动分析的参考方程和小扰动方程组 ………………………… 110
4.10　总结 …………………………… 111
4.11　作业题 ………………………… 111
参考文献 ……………………………… 112

第五章　升力面空气动力学基础 ……… 113

5.1　亚声速翼型剖面特性 …………… 113
5.1.1　翼型剖面升力与阻力 ………… 115
5.1.2　翼型剖面俯仰力矩 …………… 116

5.1.3 翼型剖面数据 …… 117
5.2 襟翼对亚声速翼型剖面特性的影响 …… 121
5.3 机翼平面形状特性 …… 125
5.3.1 机翼升力 …… 127
5.3.2 机翼零升力攻角 …… 131
5.3.3 机翼俯仰力矩与气动力中心 …… 132
5.3.4 机翼滚转力矩 …… 137
5.3.5 机翼阻力 …… 142
5.4 襟翼对机翼气动力特性的影响 …… 147
5.4.1 襟翼与控制面 …… 147
5.4.2 副翼 …… 149
5.5 下洗流 …… 155
5.6 总结 …… 158
5.7 作业题 …… 158
参考文献 …… 158

**第六章 飞行器所受力与力矩建模 …… 159**

6.1 气动力与力矩的泰勒级数展开 …… 160
6.2 作用于飞行器上的气动力与力矩 …… 163
6.2.1 飞行器升力 …… 164
6.2.2 飞行器侧力 …… 167
6.2.3 飞行器阻力 …… 168
6.2.4 飞行器滚转力矩 …… 169
6.2.5 飞行器俯仰力矩 …… 171
6.2.6 飞行器偏航力矩 …… 178
6.3 作用于飞行器上的推进力与力矩 …… 180
6.4 机身参考坐标系和稳定性坐标轴系 …… 183
6.5 基准条件下的气动力与力矩以及推进力与力矩 …… 184
6.6 基于平移速度小扰动的力与力矩 …… 186
6.6.1 纵移速度小扰动($u$) …… 189
6.6.2 升沉速度小扰动($w$) …… 196
6.6.3 侧滑速度小扰动($v$) …… 201
6.7 角速度小扰动对力与力矩的影响 …… 205
6.7.1 俯仰角速度小扰动($q$) …… 206
6.7.2 滚转角速度小扰动($p$) …… 210
6.7.3 偏航角速度小扰动($r$) …… 214
6.7.4 攻角变化率小扰动($\dot{\alpha}$) …… 218
6.8 大气湍流对力与力矩的影响 …… 221
6.9 有量纲导数与无量纲导数 …… 224
6.10 将力与力矩综合进运动方程 …… 227
6.10.1 将力与力矩综合进非线性运动方程 …… 227
6.10.2 将力与力矩综合进线性运动方程 …… 228
6.11 总结 …… 231
6.12 作业题 …… 231
参考文献 …… 233

**第七章 弹性变形对力与力矩的影响 … 234**

7.1 激励性气动弹性变形实例 …… 234
7.2 弹性变形回顾 …… 237
7.3 弹性变形对升力的影响 …… 238
7.3.1 模态位移影响 …… 240
7.3.2 模态速度影响 …… 242
7.4 弹性变形对侧力的影响 …… 247
7.4.1 模态位移的影响 …… 247
7.4.2 模态速度的影响 …… 248
7.5 弹性变形对俯仰力矩的影响 …… 249
7.5.1 模态位移影响 …… 250
7.5.2 模态速度影响 …… 251
7.6 弹性变形对滚转力矩的影响 …… 253
7.6.1 模态位移影响 …… 254
7.6.2 模态速度影响 …… 256
7.7 弹性变形对偏航力矩的影响 …… 258
7.7.1 模态位移影响 …… 259
7.7.2 模态速度影响 …… 259
7.8 作用于弹性自由度的广义力 …… 260
7.9 大型高速飞行器的弹性变形对力

与力矩的影响——案例研究 …… 268
7.10 将弹性变形效应综合进运动方程 …… 271
7.10.1 将弹性变形效应综合进非线性运动方程 …… 271
7.10.2 将弹性变形效应综合进线性化运动方程 …… 273
7.11 静态弹性变形对飞行器空气动力学的影响 …… 277
7.11.1 静态弹性变形 …… 277
7.11.2 静态弹性变形对空气动力学的影响 …… 279
7.12 总结 …… 283
7.13 作业题 …… 283
参考文献 …… 284

**第八章 数学模型组合与飞行仿真 …… 285**

8.1 线性数学模型组合与飞行仿真 … 285
8.1.1 线性运动方程 …… 285
8.1.2 力与力矩的线性模型 …… 289
8.1.3 水平飞行的运动方程解耦 … 294
8.1.4 状态变量格式解耦模型 …… 295
8.1.5 柔性飞行器线性模型 …… 299
8.1.6 反馈控制律在飞行仿真模型的应用 …… 305
8.1.7 大气湍流在飞行仿真模型的应用 …… 308
8.1.8 用于线性模型的数值仿真法——适时教学 …… 311
8.1.9 线性仿真实例 …… 314
8.2 非线性数学模型组合与飞行仿真 …… 324
8.2.1 非线性运动方程 …… 324
8.2.2 气动力与力矩以及推进力与力矩的模型 …… 325
8.2.3 非线性数学模型建模 …… 327
8.2.4 柔性飞行器模型 …… 329
8.2.5 反馈控制律在飞行仿真模型上的应用 …… 331
8.2.6 大气湍流在飞行仿真模型上的应用 …… 332
8.2.7 数值仿真技术——适时教学 …… 332
8.2.8 非线性仿真实例 …… 338
8.3 总结 …… 347
8.4 作业题 …… 347
参考文献 …… 348

**第九章 定常飞行与准定常飞行分析 … 349**

9.1 平衡基准条件 …… 349
9.2 空气动力学静稳定性概念与标准 …… 353
9.2.1 纵向静稳定性 …… 354
9.2.2 横向静稳定性 …… 360
9.3 定常直线飞行分析 …… 363
9.3.1 纵向配平分析 …… 363
9.3.2 控制力 …… 372
9.3.3 发动机停机影响 …… 375
9.4 定常直线飞行分析 …… 378
9.4.1 转弯飞行的运动学分析 …… 379
9.4.2 横向配平分析 …… 381
9.4.3 纵向配平分析 …… 382
9.4.4 控制力与梯度 …… 384
9.5 准定常飞行改出俯冲动作分析 … 389
9.5.1 改出俯冲动作的运动学分析 …… 389
9.5.2 纵向配平分析 …… 390
9.5.3 控制力与梯度 …… 392
9.6 总结 …… 393
9.7 作业题 …… 394
参考文献 …… 396

**第十章 飞行动力学线性分析 …… 397**

10.1 线性飞行系统分析——适时教学(JITT) …… 397
10.1.1 状态变量说明与模态分析 …… 397

10.1.2 传递函数、波特图与余数 … 400
10.1.3 多项式矩阵系统说明 …… 403
10.2 飞行动力学线性摄动方程 …… 407
10.3 纵向线性模型与横向线性模型解耦 …… 409
10.4 纵向传递函数与模态分析 …… 414
10.5 飞行器纵向动力学近似模型 …… 423
10.5.1 短周期近似模型 …… 423
10.5.2 长周期近似模型 …… 426
10.6 横向传递函数与模态分析 …… 432
10.7 飞行器横向动力学近似模型 …… 438
10.7.1 滚转模式近似模型 …… 438
10.7.2 荷兰滚模式近似模型 …… 439
10.7.3 螺旋模式近似模型 …… 442
10.8 为获取理想动态特征的构型设计 …… 443
10.8.1 静态稳定裕度与机尾尺寸对纵向本征值的影响 …… 443
10.8.2 改善螺旋稳定性与荷兰滚稳定性 …… 446
10.9 交叉耦合 …… 447
10.10 柔性飞行器飞行动力学 …… 451
10.11 总结 …… 455
10.12 作业题 …… 456
参考文献 …… 457

**第十一章 增强反馈的稳定性 …… 458**

11.1 框图、反馈与根轨迹图 …… 459
11.2 关于多输入/多输出系统与耦合分子 …… 463
11.3 增强纵向动力学特性 …… 467
11.3.1 增强短周期阻尼 …… 468
11.3.2 增强短周期频率 …… 473
11.3.3 稳定不稳定短周期模式 …… 477
11.3.4 稳定不稳定长周期模式 …… 479
11.4 增强横向稳定性 …… 481
11.4.1 增强荷兰滚阻尼 …… 482
11.4.2 降低副翼荷兰滚激励 …… 485
11.4.3 增强偏航阻尼效应 …… 488
11.4.4 降低滚转模式时间常量 …… 490
11.5 弹性变形影响的评述 …… 491
11.6 总结 …… 491
11.7 作业题 …… 492
参考文献 …… 493

**第十二章 自动导引与控制——自动驾驶仪 …… 494**

12.1 通过回路成形法合成反馈控制律* …… 494
12.1.1 波特图回顾 …… 495
12.1.2 奈奎斯特稳定性理论 …… 496
12.1.3 回路成形法 …… 500
12.2 内部回路和外部回路以及频率分离 …… 505
12.3 飞行动力学频率范围 …… 507
12.4 姿态控制 …… 509
12.4.1 俯仰姿态控制 …… 509
12.4.2 其他俯仰姿态控制方法 …… 518
12.4.3 倾斜角控制 …… 520
12.4.4 转弯协调和转弯补偿 …… 527
12.5 响应保持 …… 529
12.5.1 速度(马赫)保持 …… 529
12.5.2 高度保持 …… 532
12.5.3 航向保持 …… 537
12.6 航迹导引——仪器降落系统(ILS)耦合器与全(多)向导航台(VOR)归航 …… 540
12.6.1 纵向航迹导引 …… 540
12.6.2 横向航迹导引 …… 548
12.7 弹性效应与结构模式控制 …… 553
12.8 总结 …… 564
12.9 作业题 …… 564
参考文献 …… 565

**第十三章 手动驾驶控制特性 …… 566**

13.1 背景 …… 566

13.2 交叉模型 …………………………… 566
13.3 手动驾驶控制特性对飞行动力学的启示 …………………………… 572
13.4 总结 …………………………… 578
13.5 作业题 …………………………… 578
参考文献 …………………………… 578

**附录 A 大气特性** …………………………… 580

参考文献 …………………………… 583

**附录 B 多架飞行器的数据** …………………………… 584

参考文献 …………………………… 600

**附录 C 大气湍流模型** …………………………… 601

C.1 德莱登阵风模型(见参考文献 1-3) …………………………… 601
C.2 随机理论 …………………………… 605
参考文献 …………………………… 609

**附录 D 解联立方程组的克莱姆法则** … 610

**术语表** …………………………… 612

# 第一章 概述与专题评论

**章节路线图**:本章主要帮助初学者回顾飞行动力学一些特别重要的内容。在学习其他章节之前,应先学习 1.1 节和 1.6 节,而在进行运动方程推导(第二章)之前应先学习 1.2~1.5 节。

在开始现代动力学学习之前,回顾一些主要概念对学生来说非常有用。这些概念包括用以学习非线性动力系统的各种坐标系、运动学、方向余弦矩阵、矢量微分、牛顿定律以及尤为重要的小扰动理论。多数情况下,就算学生不熟知理论本身,应该也已熟知这些主题所依赖的基本原理。

虽然对某些人而言,回顾这些概念似乎没什么必要,但多年的事实证明许多学生对支撑这些概念的理论基础存在很大误解。这些误解会造成学生很难真正掌握飞行动力学知识。因此,回顾这些概念的目的在于消除这些误解。

对学生而言,更重要的也许是本章所介绍的概念,尤其是有关小扰动理论的知识,这里提供了一个严谨的总体框架来演绎和阐述现代飞行动力学这一学科。由于飞行动力学涉及多个古典学科的整合,且认真学习飞行动力学还涉及一大堆细节,因此建立这样一个框架对学生而言具有很大的启迪作用。

## 1.1 非线性系统的小扰动理论

学习飞行动力学的整个过程实质上就是研究非线性动力系统——大气层内飞行器的动力学。认识这一事实,以及了解整个研究过程中采用的总体方法非常重要。该方法是以小扰动理论(参考文献 1)为基础,本节将回顾小扰动理论,并将其应用于 1.6 节所举的例证中。

理论上,小扰动理论涉及的是对选定基准条件下非线性系统的动态特性(如稳定性)进行调查研究,该选定基准条件通常作为非线性系统的平衡条件。线性系统只有一个平衡条件。与线性系统不同,非线性系统通常具有多个平衡条件。而且,如果仅对“近似基准条件下”非线性系统的运动进行调查研究,那么可以做出一些简化的假设。

小扰动分析有五大步骤:

(1) 推导出控制系统动态特性的(非线性)方程。

(2) 更改变量的形式,用基准条件表示运动方程所控制的所有自由度及由该基准条件下得出的推导。用这些新的变量表示步骤(1)中得出的控制方程。

(3) 在小扰动假设条件下,从步骤(2)的结果中提取两组运动方程。其中一组(参考方程组)仅以上述规定的参考变量表示,另一组(小扰动方程组)则以参考变量和小扰动变量表示。以小扰动变量表示时,小扰动方程组呈线性。

(4) 运用参考方程组描述相关的基准条件。

(5) 运用小扰动方程组和步骤(4)中选定的基准条件,分析近似基准条件下系统的特性。

在小扰动理论和近似基准条件下,非线性系统的性能与线性小扰动系统相似。以上所述看起来似乎比较抽象,但将其应用于1.6节之后各步骤将变得更加清晰。

为进行步骤(1),即控制系统动力学的方程推导,首先需要回顾一些其他的基本概念,然后再继续程序中的其余步骤。

## 1.2 坐标系

从根本上来说,飞行动力学中需要考虑三种类型的坐标系——惯性坐标系、飞行器固定坐标系和中介坐标系。每个类型的坐标系中,还可能规定了多个变量。但现在主要考虑这三类坐标系的定义。

在既不进行直线加速也不进行旋转时,坐标系或坐标框架处于惯性状态。而真正意义上以实体(如星球)为参照的惯性坐标系很难找到,但在处理不同类别的飞行动力学问题时,可以选择或假定一些特定的坐标系为惯性坐标系。这种情况下,会做出一些关于加速度的假设。这些假设是否成立则取决于所处理的问题。

例如,假设某个常用的坐标系固定于地球表面的某一点(如跑道末端),且三条正交轴中的两条分别朝向正北和正东。在分析飞行器动力学时,通常假定该坐标系为惯性坐标系。当然这并不完全正确,因为在该假设条件下,地球围绕其轴线的自转以及地球在太阳系中的轨道运动都不予考虑。但是,如果与作用于飞行器上的力造成的加速度相比,与自转和轨道运动有关的加速度足够小,或者需考虑的飞行时间足够小,这些假设就成立。

然而,上述假设并非总是成立,比如在处理轨道飞行器时。这种情况下,上述不予考虑的加速度与航天器具有的其他加速度相比,通常并不小,而且所需的飞行时间也比飞行器长得多。因此,在分析航天器时,通常有必要选择另一种坐标系来作为惯性坐标系。对在地球周围运行的航天器的动力学进行研究时,惯性坐标系通常具有以下规定:原点位于地球的几何中心或质心,其中一个轴要么总是指向太阳,要么总是指向另一星球。不论何种情况,指向太阳或其他星球的单位矢量都规定(或假定)为“固定在惯性空间内”。

最后,虽然特定研究中规定了此种惯性坐标系的定义,我们仍可以采用另一种固定于地球表面的参照坐标系。机场、追踪站和发射场是位于地球表面的。因此,通常更加关注于规定飞行器相对于这一坐标系的位置及速度。若该坐标系并未定义为惯性坐标系,那么它便属于中介坐标系,或者说,它既非惯性坐标系,也非飞行器固定坐标系。

飞行器固定坐标系是一种以特定方式固定于飞行器之上的坐标系,因此它会随飞行器的运动而运动。在后面的飞行动力学学习中,我们将对多个飞行器固定坐标系进行解释和运用。

为进一步阐明此类概念,可参考图1.1,该图简要绘制了地球的结构,还显示了三种类别的坐标系。坐标系$S$的原点位于地心,$X_S$轴指向某个特定的星球,如太阳。坐标系$E$的原点位于地球表面上纬度为$\lambda$、经度为$\mu$的坐标上。$X_E$轴指向北方,并与地球子午线$\mu$平行,$Y_E$轴则指向东方。最后,坐标系$V$则固定于飞行器之上,其原点固定在飞行器上某一选定点,$X_V$轴指向飞行器前方。因此,最后所述的这种飞行器固定坐标系是随着飞行器的运动而相应地进行平移和转动。

现在我们已经清楚了这些坐标系的定义,需注意的是坐标系$E$和坐标系$V$通常情况下是

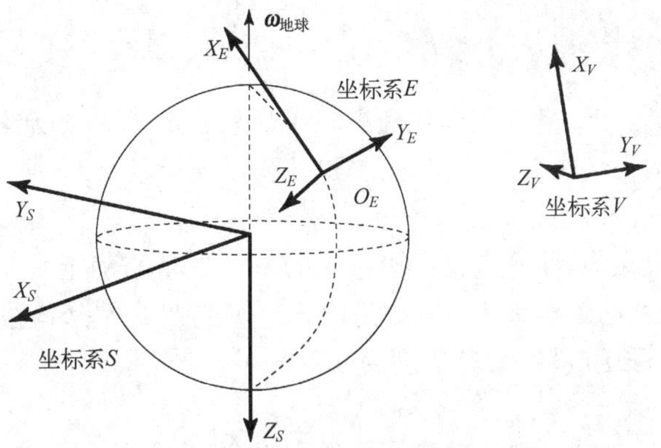


图 1.1　三种典型的坐标系

与坐标系 $S$ 进行相对运动。以坐标系 $E$ 相对于坐标系 $S$ 运动的速度为例。假设地球不会发生变形，那么该相对速度（以 $\boldsymbol{\omega}_{E,S}$ 表示）仅与绕轴 $\boldsymbol{\omega}_{地球}$ 的地球转动有关，即

$$\boldsymbol{\omega}_{E,S} = -\boldsymbol{\omega}_{地球}\boldsymbol{k}_S = -(2\pi\,\mathrm{rad/d})\,\boldsymbol{k}_S \tag{1.1}$$

式中：$\boldsymbol{k}_S$是决定 $Z_S$轴方向的单位矢量。

如果某个坐标系随飞行器以一种明确规定的方式运动，那么该坐标系就是飞行器固定坐标系。例如，坐标系的原点可选择固定在飞行器上的某一点，如飞行器的瞬时质心。飞行器固定坐标系还会以某种特定的方式随飞行器转动。第二、四、六章还会举出多个关于此类坐标系的例子。

中介坐标系可以是惯性坐标系，或飞行器固定坐标系，也可能两者都不是。中介坐标系通常定义为属于某个分析或推导的一部分，从而为该分析提供帮助。例如，原点位于飞行器螺旋桨毂，并伴随螺旋桨而运动的坐标系就属于中介坐标系。

## 1.3　矢量、坐标变换与方向余弦矩阵

毫无疑问，学生已非常熟悉矢量，如作用力、速度和加速度。但是需要严格区分矢量和矢量分量时，学生经常会感到困惑。本节的目的就在于减少或降低学生的困惑。

这里将矢量定义为具有特定幅值或长度的有向线段。它可以表示物理量，如作用力或速度。矢量只是空间中的一条直线，与坐标系无关。仅在使用矢量进行以下两种操作时才须考虑坐标系：①处理矢量分量时；②矢量相对于时间进行微分时。在这两种情况下（分量和微分），必须仔细识别相关的坐标系。

现在已讨论了多个关键坐标系，接下来将讨论矢量分量，以及用不同坐标系表示的矢量分量之间的关系。具体来说，取 $\boldsymbol{a}$ 为任意矢量，假定该矢量是以某个坐标系（如坐标系 $S$）中的坐标来表示。换而言之，若坐标系 $S$ 由 $\boldsymbol{i}_S$、$\boldsymbol{j}_S$和 $\boldsymbol{k}_S$这三个单位矢量决定，那么

$$\boldsymbol{a} = a_x\boldsymbol{i}_S + a_y\boldsymbol{j}_S + a_z\boldsymbol{k}_S$$

式中：$\boldsymbol{a}$ 在坐标系 $S$ 中的坐标为 $a_X$、$a_Y$和 $a_Z$。现在，假设我们想要以一种直接和严谨的方式来确定 $\boldsymbol{a}$ 在另一坐标系中的坐标。首先需要注意的是，在考虑另一坐标系时，矢量 $\boldsymbol{a}$ 本身并不发生改变——$\boldsymbol{a}$ 只是空间中的一条直线。我们只是在求取另一坐标系中 $\boldsymbol{a}$ 的分量。这可以采用方向余弦矩阵（用 $\boldsymbol{T}$ 表示）来实现。

## 学生须知

关于本书中用到的符号,通常用**加粗**的小写字母来表示矢量,而**加粗**的大写字母则用来表示矩阵量。而且重要词或词组首次出现时,都以斜体字表示。

---

方向余弦矩阵的定义为,使确定某个坐标系的单位矢量与确定另一坐标系的单位矢量相关的矩阵。例如,取任意两个坐标系,坐标系 1 和 2,如图 1.2 所示,坐标系 2 围绕 $Z_2$轴(指向页面内部)相对于坐标系 1 旋转,旋转角度为 $\theta_3$。

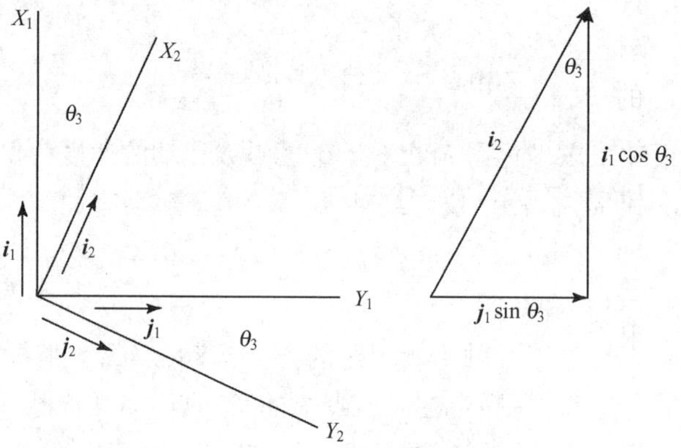


图 1.2　坐标系 1 和 2 及相对角 $\theta_3$

图中所有单位矢量都采用统一长度,很明显,通过观察图 1.2 中右边的图,可以看出两组单位矢量之间必定存在以下关系:

$$\boldsymbol{i}_2 = \cos\theta_3\,\boldsymbol{i}_1 + \sin\theta_3\,\boldsymbol{j}_1 \tag{1.2}$$

通过类似分析,可以证明:

$$\boldsymbol{j}_2 = -\sin\theta_3\,\boldsymbol{i}_1 + \cos\theta_3\,\boldsymbol{j}_1 \tag{1.3}$$

最后,可以得出

$$\boldsymbol{k}_2 = \boldsymbol{k}_1 \tag{1.4}$$

对于这种情况而言,可用矩阵符号表示上述三个表达式从而得出方向余弦矩阵 $\boldsymbol{T}_{1-2}$,即

$$\begin{Bmatrix} \boldsymbol{i}_2 \\ \boldsymbol{j}_2 \\ \boldsymbol{k}_2 \end{Bmatrix} = \begin{bmatrix} \cos\theta_3 & \sin\theta_3 & 0 \\ -\sin\theta_3 & \cos\theta_3 & 0 \\ 0 & 0 & 1 \end{bmatrix} \begin{Bmatrix} \boldsymbol{i}_1 \\ \boldsymbol{j}_1 \\ \boldsymbol{k}_1 \end{Bmatrix} \triangleq \boldsymbol{T}_{1\text{-}2}(\theta_3) \begin{Bmatrix} \boldsymbol{i}_1 \\ \boldsymbol{j}_1 \\ \boldsymbol{k}_1 \end{Bmatrix} \tag{1.5}$$

此处,$\boldsymbol{T}$ 的下标是用来表示通过 $\boldsymbol{T}$ 相联系的两组单位矢量或坐标系。下标的表示顺序非常重要,这在下文中可以得到体现。因此,很明显,坐标系 1 的单位矢量是通过 $\boldsymbol{T}_{1\text{-}2}(\theta_3)$ 与坐标系 2 的单位矢量相关。由于两个坐标系是通过单角 $\theta_3$相关,因此 $\boldsymbol{T}_{1-2}$只是该角的一个函数。

另外还需注意,一般而言,余弦矩阵具有正交性这一特征,换而言之,逆矩阵等于转置矩阵。由于转置运算比逆运算要更加易于操作,因此这一特征有利于进行计算。采用正交性这一特征,由方程(1.5)可以得出

$$\begin{Bmatrix} \boldsymbol{i}_1 \\ \boldsymbol{j}_1 \\ \boldsymbol{k}_1 \end{Bmatrix} = \begin{bmatrix} \cos\theta_3 & -\sin\theta_3 & 0 \\ \sin\theta_3 & \cos\theta_3 & 0 \\ 0 & 0 & 1 \end{bmatrix} \begin{Bmatrix} \boldsymbol{i}_2 \\ \boldsymbol{j}_2 \\ \boldsymbol{k}_2 \end{Bmatrix} = \boldsymbol{T}_{1\text{-}2}^{\mathrm{T}}(\theta_3) \begin{Bmatrix} \boldsymbol{i}_2 \\ \boldsymbol{j}_2 \\ \boldsymbol{k}_2 \end{Bmatrix} \triangleq \boldsymbol{T}_{2\text{-}1} \begin{Bmatrix} \boldsymbol{i}_2 \\ \boldsymbol{j}_2 \\ \boldsymbol{k}_2 \end{Bmatrix} \tag{1.6}$$

该关系式还可通过图 1.2 中的几何图形得以验证。注意 $\boldsymbol{T}_{2-1}=\boldsymbol{T}_{1-2}^{\mathrm{T}}$，并且 $\boldsymbol{T}$ 的下标表示顺序已颠倒。现在，学生应该已经理解了这些下标的含义。

上述实例考虑的是两个坐标系，它们的相对定向是由两个坐标系围绕 $Z$ 轴形成的角 $\theta_3$ 决定。现在引入第三个坐标系，该坐标系相对于坐标系 2 的方向为位于绕 $Y_2$ 轴形成的角 $\theta_2$ 之上（见图 1.3）。通过使用与上述类似的图形分析，可以证明确定坐标系 2 和 3 的单位矢量具有以下关系：

$$\begin{Bmatrix} \boldsymbol{i}_3 \\ \boldsymbol{j}_3 \\ \boldsymbol{k}_3 \end{Bmatrix} = \begin{bmatrix} \cos\theta_2 & 0 & -\sin\theta_2 \\ 0 & 1 & 0 \\ \sin\theta_2 & 0 & \cos\theta_2 \end{bmatrix} \begin{Bmatrix} \boldsymbol{i}_2 \\ \boldsymbol{j}_2 \\ \boldsymbol{k}_2 \end{Bmatrix} \triangleq \boldsymbol{T}_{2\text{-}3}(\theta_2) \begin{Bmatrix} \boldsymbol{i}_2 \\ \boldsymbol{j}_2 \\ \boldsymbol{k}_2 \end{Bmatrix} \tag{1.7}$$

最后，引入第四个坐标系，其相对于坐标系 3 的方向通过以 $X_3$ 轴形成的角 $\theta_1$ 表示。同样，可以证明坐标系 3 和 4 的单位矢量具有以下关系：

$$\begin{Bmatrix} \boldsymbol{i}_4 \\ \boldsymbol{j}_4 \\ \boldsymbol{k}_4 \end{Bmatrix} = \begin{bmatrix} 1 & 0 & 0 \\ 0 & \cos\theta_1 & \sin\theta_1 \\ 0 & -\sin\theta_1 & \cos\theta_1 \end{bmatrix} \begin{Bmatrix} \boldsymbol{i}_3 \\ \boldsymbol{j}_3 \\ \boldsymbol{k}_3 \end{Bmatrix} \triangleq \boldsymbol{T}_{3\text{-}4}(\theta_1) \begin{Bmatrix} \boldsymbol{i}_3 \\ \boldsymbol{j}_3 \\ \boldsymbol{k}_3 \end{Bmatrix} \tag{1.8}$$

以上四个坐标系和三个角（欧拉角）都显示在图 1.3 中。这三个角是按照顺序为“3-2-1 旋转”得来的，参见旋转轴和旋转顺序。

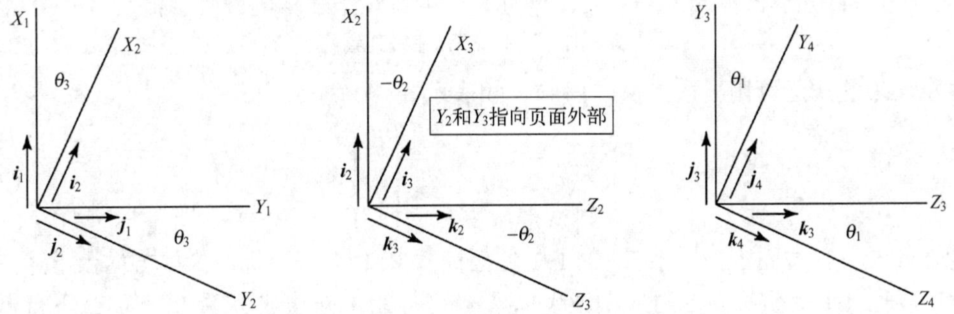


图 1.3　坐标系 1、2、3 和 4 之间的相对定向

进一步调查研究这些方向余弦矩阵可发现，它们可以将这四个坐标系中任意一对坐标系之间的单位矢量相关联。例如，想要了解坐标系 1 和 4 的单位矢量之间的关系，可得出

$$\begin{aligned} \begin{Bmatrix} \boldsymbol{i}_4 \\ \boldsymbol{j}_4 \\ \boldsymbol{k}_4 \end{Bmatrix} &= \boldsymbol{T}_{3\text{-}4}(\theta_1) \begin{Bmatrix} \boldsymbol{i}_3 \\ \boldsymbol{j}_3 \\ \boldsymbol{k}_3 \end{Bmatrix} = \boldsymbol{T}_{3\text{-}4}(\theta_1)\boldsymbol{T}_{2\text{-}3}(\theta_2) \begin{Bmatrix} \boldsymbol{i}_2 \\ \boldsymbol{j}_2 \\ \boldsymbol{k}_2 \end{Bmatrix} \\ &= \boldsymbol{T}_{3\text{-}4}(\theta_1)\boldsymbol{T}_{2\text{-}3}(\theta_2)\boldsymbol{T}_{1\text{-}2}(\theta_3) \begin{Bmatrix} \boldsymbol{i}_1 \\ \boldsymbol{j}_1 \\ \boldsymbol{k}_1 \end{Bmatrix} \end{aligned} \tag{1.9}$$

或者

$$\begin{Bmatrix} \boldsymbol{i}_4 \\ \boldsymbol{j}_4 \\ \boldsymbol{k}_4 \end{Bmatrix} = \boldsymbol{T}_{1\text{-}4}(\theta_1, \theta_2, \theta_3) \begin{Bmatrix} \boldsymbol{i}_1 \\ \boldsymbol{j}_1 \\ \boldsymbol{k}_1 \end{Bmatrix}$$

式中

$$\boldsymbol{T}_{1\text{-}4}(\theta_1, \theta_2, \theta_3) \triangleq \boldsymbol{T}_{3\text{-}4}(\theta_1)\boldsymbol{T}_{2\text{-}3}(\theta_2)\boldsymbol{T}_{1\text{-}2}(\theta_3) \tag{1.10}$$

$$
= \begin{bmatrix} 1 & 0 & 0 \\ 0 & \cos\theta_1 & \sin\theta_1 \\ 0 & -\sin\theta_1 & \cos\theta_1 \end{bmatrix} \begin{bmatrix} \cos\theta_2 & 0 & -\sin\theta_2 \\ 0 & 1 & 0 \\ \sin\theta_2 & 0 & \cos\theta_2 \end{bmatrix} \begin{bmatrix} \cos\theta_3 & \sin\theta_3 & 0 \\ -\sin\theta_3 & \cos\theta_3 & 0 \\ 0 & 0 & 1 \end{bmatrix}
$$

为相对方向余弦矩阵。注意该方向余弦矩阵一定要是上述三个角的函数，而且所有方向余弦矩阵都具有正交性这一特征。

上述推导过程中产生了两个要点。第一点是任意两个坐标系的定向都可以用最多三个角来确定。该要点称为欧拉定理（参考文献 2）。在上述实例中，坐标系 1 和坐标系 4 之间的相对定向是由分别绕 $X_4$（或 $X_3$）、$Y_3$（或 $Y_2$）和 $Z_1$（或 $Z_2$）轴形成的欧拉角 $\theta_1$、$\theta_2$和 $\theta_3$确定的。还需注意的是，用以确定角的轴及旋转顺序都非常重要。上述实例中，为获得坐标系 1 至坐标系 4，旋转顺序设定为 $\theta_3 \rightarrow \theta_2 \rightarrow \theta_1$，相反，为获得坐标系 4 至坐标系 1，则要求分别绕相应的轴按照 $-\theta_1 \rightarrow -\theta_2 \rightarrow -\theta_3$的顺序旋转。

也可使用其他组欧拉角，事实上欧拉角的组合可以有 13 种（参考文献 2）。当然不同组合的角会产生不同的方向余弦矩阵（DCM），因此在给出 DCM 时应特别注意。必须已知用于确定 DCM 的欧拉角组合。

第二个要点就是以下 DCM：$\boldsymbol{T}_{3\text{-}4}(\theta_1)$、$\boldsymbol{T}_{2\text{-}3}(\theta_2)$和 $\boldsymbol{T}_{1\text{-}2}(\theta_3)$为我们提供了获取这四个坐标系中任一坐标系中的矢量分量的方法，其条件为其他任一坐标系中相同的矢量分量已知。例如，之前所考虑的任意矢量 $\boldsymbol{a}$ 就是以某个坐标系 $S$ 的分量来表示的，换而言之：

$$
\boldsymbol{a} = a_{x_S}\,\boldsymbol{i}_S + a_{y_S}\,\boldsymbol{j}_S + a_{z_S}\,\boldsymbol{k}_S
$$

注意该表达式还可用下述矢量（阵列）内积表示。

$$
\boldsymbol{a} = [a_{x_S} \quad a_{y_S} \quad a_{z_S}] \begin{Bmatrix} \boldsymbol{i}_S \\ \boldsymbol{j}_S \\ \boldsymbol{k}_S \end{Bmatrix} \tag{1.11}
$$

现在假设飞行器固定坐标系（图 1.1 中的坐标系 $V$）相对于坐标系 $S$ 的方向由上述三个角 $\theta_1$、$\theta_2$和 $\theta_3$确定（或令坐标系 $S$ 对应上述坐标系 4，坐标系 $V$ 对应坐标系 1）。那么飞行器固定坐标系 $V$ 中矢量 $\boldsymbol{a}$ 的分量如下所示。

运用方程（1.9），可得出

$$
\begin{aligned}
\boldsymbol{a} = [a_{x_S} \quad a_{y_S} \quad a_{z_S}] \begin{Bmatrix} \boldsymbol{i}_S \\ \boldsymbol{j}_S \\ \boldsymbol{k}_S \end{Bmatrix} &= [a_{x_S} \quad a_{y_S} \quad a_{z_S}]\, \boldsymbol{T}_{1\text{-}4}(\theta_1, \theta_2, \theta_3) \begin{Bmatrix} \boldsymbol{i}_V \\ \boldsymbol{j}_V \\ \boldsymbol{k}_V \end{Bmatrix} \\
&\triangleq [a_{x_V} \quad a_{y_V} \quad a_{z_V}] \begin{Bmatrix} \boldsymbol{i}_V \\ \boldsymbol{j}_V \\ \boldsymbol{k}_V \end{Bmatrix}
\end{aligned} \tag{1.12}
$$

同时，还需满足以下条件：

$$
[a_{x_V} \quad a_{y_V} \quad a_{z_V}] = [a_{x_S} \quad a_{y_S} \quad a_{z_S}]\, \boldsymbol{T}_{1\text{-}4}(\theta_1, \theta_2, \theta_3)
$$

或将两边进行转置，得到两个坐标系中矢量 $\boldsymbol{a}$ 的分量之间的关系。

$$
\begin{bmatrix} a_{x_V} \\ a_{y_V} \\ a_{z_V} \end{bmatrix} = \boldsymbol{T}^{\mathrm{T}}_{1\text{-}4}(\theta_1, \theta_2, \theta_3) \begin{bmatrix} a_{x_S} \\ a_{y_S} \\ a_{z_S} \end{bmatrix} = \boldsymbol{T}_{4\text{-}1}(\theta_1, \theta_2, \theta_3) \begin{bmatrix} a_{x_S} \\ a_{y_S} \\ a_{z_S} \end{bmatrix} \tag{1.13}
$$

## 学生须知

上述类似表达式经常用于有关动力学的文章中，但很少（如果有）是由此处单位矢量之间形成的基本表达式推导而来的。

---

在飞行动力学较受关注的特殊案例中，令坐标系 1 对应固定在地球表面的坐标系 $E$，坐标系 4 对应飞行器固定坐标系 $V$。按照惯例，现在这三个角 $\theta_1$、$\theta_2$ 和 $\theta_3$ 表示如下：

$$\phi = \theta_1；\text{“飞行器倾斜角”}$$
$$\theta = \theta_2；\text{“飞行器俯仰角”}$$
$$\psi = \theta_3；\text{“飞行器航向角”}$$

这种情况下，可以得出

$$\boldsymbol{T}_{1\text{-}4}(\theta_1, \theta_2, \theta_3) = \boldsymbol{T}_{E\text{-}V}(\phi, \theta, \psi) \tag{1.14}$$

根据方程（1.10），可以得出与地球固定坐标系和飞行器固定坐标系的单位矢量相关的方向余弦矩阵：

$$\begin{aligned}\boldsymbol{T}_{E\text{-}V}(\phi, \theta, \psi) &= \begin{bmatrix} 1 & 0 & 0 \\ 0 & \cos\phi & \sin\phi \\ 0 & -\sin\phi & \cos\phi \end{bmatrix}\begin{bmatrix} \cos\theta & 0 & -\sin\theta \\ 0 & 1 & 0 \\ \sin\theta & 0 & \cos\theta \end{bmatrix}\begin{bmatrix} \cos\psi & \sin\psi & 0 \\ -\sin\psi & \cos\psi & 0 \\ 0 & 0 & 1 \end{bmatrix} \\ &= \begin{bmatrix} (\cos\theta\cos\psi) & (\cos\theta\sin\psi) & (-\sin\theta) \\ (\sin\phi\sin\theta\cos\psi - \cos\phi\sin\psi) & (\sin\phi\sin\theta\sin\psi + \cos\phi\cos\psi) & (\sin\phi\cos\theta) \\ (\cos\phi\sin\theta\cos\psi + \sin\phi\sin\psi) & (\cos\phi\sin\theta\sin\psi - \sin\phi\cos\psi) & (\cos\phi\cos\theta) \end{bmatrix}\end{aligned} \tag{1.15}$$

## 例 1.1　重力矢量的分量

为有效运用上述方向余弦矩阵，我们将确定飞行器固定坐标系，或坐标系 $V$ 中重力矢量的分量。假设地球为球形，其质心位于几何中心，万有引力的矢量为

$$\boldsymbol{g} = g\boldsymbol{k}_E \tag{1.16}$$

式中：$g$ 为地球表面的引力常数。通常，该项是距地球距离的函数，但对于在大气层范围以内的飞行，采用的数值通常为距离海平面的数值，即 32.174ft/s。

为确定坐标系 $V$ 中矢量的分量，需注意：

$$\boldsymbol{g} = [0 \quad 0 \quad g]\begin{Bmatrix} \boldsymbol{i}_E \\ \boldsymbol{j}_E \\ \boldsymbol{k}_E \end{Bmatrix} = [0 \quad 0 \quad g]\boldsymbol{T}_{E\text{-}V}^{\mathrm{T}}(\phi, \theta, \psi)\begin{Bmatrix} \boldsymbol{i}_V \\ \boldsymbol{j}_V \\ \boldsymbol{k}_V \end{Bmatrix} = [g_{x_V} \quad g_{y_V} \quad g_{z_V}]\begin{Bmatrix} \boldsymbol{i}_V \\ \boldsymbol{j}_V \\ \boldsymbol{k}_V \end{Bmatrix} \tag{1.17}$$

对方程（1.15）进行转置，并采用矢量矩阵乘法，可得出

$$\boldsymbol{g} = [-g\sin\theta \quad g\cos\theta\sin\phi \quad g\cos\theta\cos\phi]\begin{Bmatrix} \boldsymbol{i}_V \\ \boldsymbol{j}_V \\ \boldsymbol{k}_V \end{Bmatrix} \tag{1.18}$$

因此，所求得的飞行器固定坐标系中的分量为

$$\begin{aligned} g_{x_V} &= -g\sin\theta \\ g_{y_V} &= g\cos\theta\sin\phi \\ g_{z_V} &= g\cos\theta\cos\phi \end{aligned} \tag{1.19}$$

第二章运动方程的推演中将用到这些表达式。

## 1.4 矢量微分

接下来我们将回顾并讨论矢量符号和矢量微分。如前所述,矢量是由空间中两点确定的一条直线。例如,任意取一点,用O表示,将其作为某个参考坐标系 $F$ 的原点,在该坐标系中另取任意一点P,其坐标为$(x,y,z)$。那么从点O到点P的矢量就是P相对于O的位置矢量,用 $\boldsymbol{p}$ 表示。当然,从矢量的定义来看,该矢量同时具有幅值和方向。

若要确定某一矢量的变化率,必须首先确定一个参考坐标系来确定方向的改变。在上述讨论中,$\boldsymbol{p}$ 是点P相对于点O(坐标系 $F$ 的原点)的位置矢量。但是也可令 $\boldsymbol{p}$ 相对于某个坐标系(而非坐标系 $F$)随时间变化,因为 $\boldsymbol{p}$ 仅是空间中一条直线。为此,在讨论某个矢量的变化率时,也将确定用以规定方向变化率的坐标系。同时,我们还将使用用于 $\boldsymbol{p}$ 的时间导数的以下符号来确定该坐标系。

$$\frac{\mathrm{d}\boldsymbol{p}}{\mathrm{d}t}\bigg|_F$$

该表达式表明矢量 $\boldsymbol{p}$ 相对于坐标系 $F$ 的变化率。

举一个简单的实例,设地球固定坐标系 $E$ 的原点 $O_E$ 位于华盛顿纪念碑的底座。令 $O_E$ 相对于坐标系 $S$ 的原点(位于地球中心,见图1.1)的位置表示为位置矢量 $\boldsymbol{w}$(适用于华盛顿)。现在回顾可知坐标系 $S$ 是指向太阳的,因此在地球绕轴自转时,它不会随地球的转动而转动,但坐标系 $E$ 则相反。此处,$\boldsymbol{w}$ 相对于坐标系 $E$ 的变化率为零,但 $\boldsymbol{w}$ 相对于坐标系 $S$ 的变化率则不等于零。换而言之,

$$\frac{\mathrm{d}\boldsymbol{w}}{\mathrm{d}t}\bigg|_E=\boldsymbol{0}$$

而

$$\frac{\mathrm{d}\boldsymbol{w}}{\mathrm{d}t}\bigg|_S\neq\boldsymbol{0}$$

当然,上述两个矢量变化率之间的关系就是我们熟知的“链式法则”表达式

$$\frac{\mathrm{d}\boldsymbol{w}}{\mathrm{d}t}\bigg|_S=\frac{\mathrm{d}\boldsymbol{w}}{\mathrm{d}t}\bigg|_E+\boldsymbol{\omega}_{E,S}\times\boldsymbol{w} \tag{1.20}$$

式中,矢量 $\boldsymbol{\omega}_{E,S}$ 是坐标系 $E$ 相对于坐标系 $S$ 的角速度。当然在上述情况中,$\boldsymbol{\omega}_{E,S}=\boldsymbol{\alpha}_{\text{地球}}\boldsymbol{k}_S$。

需要重点强调的是,“链式法则”表达式在评估任一矢量相对于任意两个坐标系的变化率时有效。唯一需要已知的条件是两个坐标系的相对角速度。即,通常取定任一矢量 $\boldsymbol{a}$ 和其他任意两个坐标系1和2时,

$$\frac{\mathrm{d}\boldsymbol{a}}{\mathrm{d}t}\bigg|_1=\frac{\mathrm{d}\boldsymbol{a}}{\mathrm{d}t}\bigg|_2+\boldsymbol{\omega}_{2,1}\times\boldsymbol{a} \tag{1.21}$$

最后,注意 $\boldsymbol{\omega}_{2,1}$ 始终等于 $\boldsymbol{\omega}_{1,2}$。有些时候,学生会认为方程(1.21)仅在某个参考坐标系为惯性坐标系时,或该方程在某种程度上属于惯性坐标系定义的一部分时才成立。这两种情况都是错误的,仅通过几何图形就可直观地证明该方程是成立的。

### 例1.2 飞行器翼尖的惯性速度

参看如图1.4所示的飞行器,其瞬时平移速度表示为 $\boldsymbol{V}$,瞬时旋转角速度表示为 $\boldsymbol{\omega}_{V,E}$。假

设飞行器为刚性。$\boldsymbol{V}$ 和 $\boldsymbol{\omega}_{V,E}$ 是坐标系 $V$ 相对于坐标系 $E$ 的速度，求相对于固定在地球表面的参考坐标系或图 1.1 中坐标系 $E$ 中一个翼尖的速度。

飞行器固定坐标系 $V$ 的原点相对于坐标系 $E$ 的原点的位置是由矢量 $\boldsymbol{R}_V$ 来决定的，而相对于坐标系 $E$ 的原点的翼尖位置则是由矢量 $\boldsymbol{R}_{翼尖}$ 来决定的。相对于飞行器固定坐标系 $V$ 的原点的翼尖位置是由矢量 $\boldsymbol{r}_{翼尖}$ 来决定的。注意到

$$\boldsymbol{R}_{翼尖} = \boldsymbol{R}_V + \boldsymbol{r}_{翼尖}$$

因此所求的翼尖速度为

$$\boldsymbol{V}_{翼尖} = \frac{\mathrm{d}\boldsymbol{R}_{翼尖}}{\mathrm{d}t}\bigg|_E$$

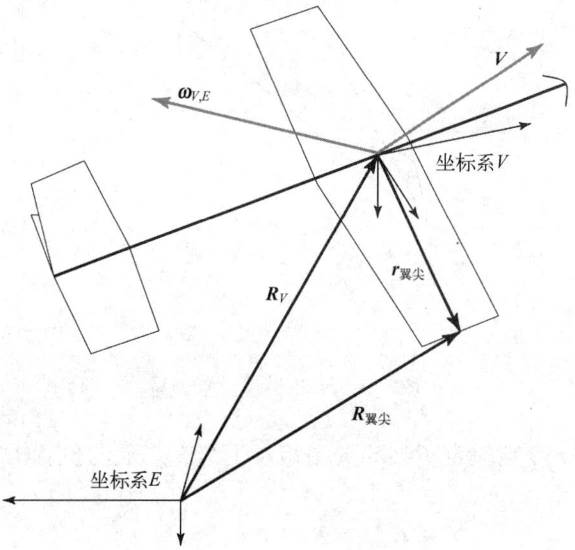


图 1.4　飞行器、参考坐标系和翼尖位置矢量

如下所示，该速度还可用飞行器的平移和旋转速度来表示。

$$\frac{\mathrm{d}\boldsymbol{R}_{翼尖}}{\mathrm{d}t}\bigg|_E = \frac{\mathrm{d}\boldsymbol{R}_V}{\mathrm{d}t}\bigg|_E + \frac{\mathrm{d}\boldsymbol{r}_{翼尖}}{\mathrm{d}t}\bigg|_E$$

$$= \boldsymbol{V} + \left(\frac{\mathrm{d}\boldsymbol{r}_{翼尖}}{\mathrm{d}t}\bigg|_V + \boldsymbol{\omega}_{V,E} \times \boldsymbol{r}_{翼尖}\right) = \boldsymbol{V} + (\boldsymbol{\omega}_{V,E} \times \boldsymbol{r}_{翼尖}),\ \text{适用于刚性飞行器}$$

因此，相对于坐标系 $E$ 的翼尖速度为

$$\frac{\mathrm{d}\boldsymbol{R}_{翼尖}}{\mathrm{d}t}\bigg|_E = \boldsymbol{V} + (\boldsymbol{\omega}_{V,E} \times \boldsymbol{r}_{翼尖}) \tag{1.22}$$

## 例 1.3　飞行器桨叶尖端速度

参看如图 1.5 所示的飞行器，其瞬时平移速度表示为 $\boldsymbol{V}$，瞬时旋转速度表示为 $\boldsymbol{\omega}_{V,E}$（为简化图形，$V$ 和 $\boldsymbol{\omega}_{V,E}$ 未显示出来）。假设飞行器和螺旋桨为刚性。求桨叶尖端相对于固定在地球表面的坐标系或坐标系 $E$ 的速度，$\boldsymbol{V}$ 和 $\boldsymbol{\omega}_{V,E}$ 与坐标系 $E$ 相对。

飞行器固定坐标系 $V$ 的原点相对于坐标系 $E$ 的原点的位置也是由矢量 $\boldsymbol{R}_V$ 来决定的，而相对于坐标系 $E$ 的原点的桨叶尖端位置则是由矢量 $\boldsymbol{R}_{尖端}$ 来决定的。相对于飞行器固定坐标系 $V$ 的原点的桨叶尖端位置是由矢量 $\boldsymbol{r}_{毂}$ 和 $\boldsymbol{r}_{尖端}$ 来决定的。矢量 $\boldsymbol{r}_{毂}$ 决定了螺旋桨毂相对于坐标系

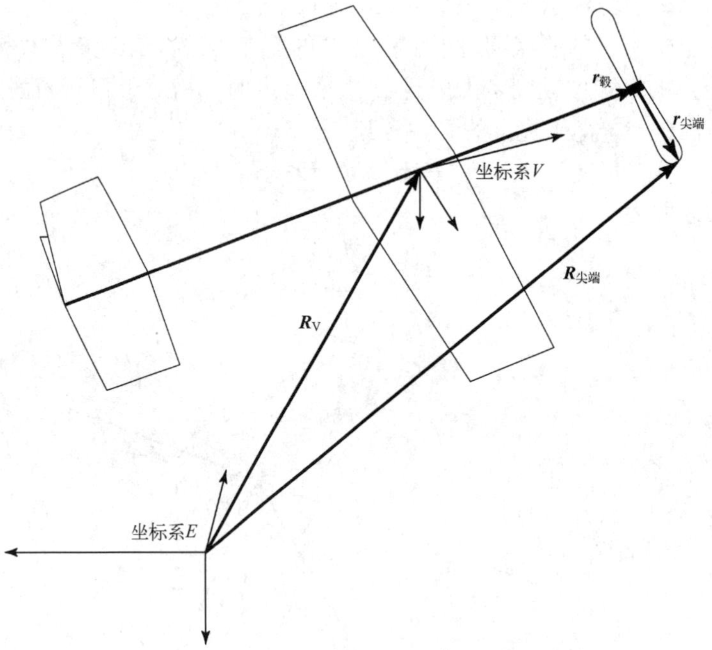


图 1.5　桨叶尖端位置矢量

$V$ 原点的位置,而矢量 $\boldsymbol{r}_{尖端}$ 则决定了桨叶尖端相对于螺旋桨毂的位置,并随螺旋桨的转动而转动。因此

$$\boldsymbol{R}_{尖端}=\boldsymbol{R}_V+\boldsymbol{r}_{毂}+\boldsymbol{r}_{尖端}$$

所求的桨叶尖端速度为

$$\boldsymbol{V}_{尖端}=\frac{\mathrm{d}\boldsymbol{R}_{尖端}}{\mathrm{d}t}\Big|_E$$

在确定该速度之前,采用第三种坐标系——中介坐标系,即坐标系 $P$(未显示)将非常有用。坐标系 $P$ 的原点位于螺旋桨毂,伴随螺旋桨转动,转动时 $\boldsymbol{r}_{尖端}$ 固定在该坐标系之中。坐标系 $P$ 相对于坐标系 $V$ 的相对角速度,或螺旋桨速度以 $\boldsymbol{\omega}_{P,V}$ 表示。如下所示,所求的速度可用此处所示的飞行器和螺旋桨的平移及旋转速度来表示。

$$\begin{aligned}\frac{\mathrm{d}\boldsymbol{R}_{尖端}}{\mathrm{d}t}\Big|_E&=\frac{\mathrm{d}\boldsymbol{R}_V}{\mathrm{d}t}\Big|_E+\frac{\mathrm{d}\boldsymbol{r}_{毂}}{\mathrm{d}t}\Big|_E+\frac{\mathrm{d}\boldsymbol{r}_{尖端}}{\mathrm{d}t}\Big|_E\\&=\boldsymbol{V}+\left(\frac{\mathrm{d}\boldsymbol{r}_{毂}}{\mathrm{d}t}\Big|_V+\boldsymbol{\omega}_{V,E}\times\boldsymbol{r}_{毂}\right)+\left(\frac{\mathrm{d}\boldsymbol{r}_{毂}}{\mathrm{d}t}\Big|_V+\boldsymbol{\omega}_{V,E}\times\boldsymbol{r}_{尖端}\right)\\&=\boldsymbol{V}+(\boldsymbol{\omega}_{V,E}\times\boldsymbol{r}_{毂})+\left(\left(\frac{\mathrm{d}\boldsymbol{r}_{毂}}{\mathrm{d}t}\Big|_P+\boldsymbol{\omega}_{P,V}\times\boldsymbol{r}_{尖端}\right)+\boldsymbol{\omega}_{V,E}\times\boldsymbol{r}_{尖端}\right)\\&=\boldsymbol{V}+(\boldsymbol{\omega}_{V,E}\times\boldsymbol{r}_{毂})+((\boldsymbol{\omega}_{P,V}+\boldsymbol{\omega}_{V,E})\times\boldsymbol{r}_{尖端})\end{aligned}$$

因此,相对于坐标系 $E$ 的桨叶尖端速度为

$$\frac{\mathrm{d}\boldsymbol{R}_{尖端}}{\mathrm{d}t}\Big|_E=\boldsymbol{V}+(\boldsymbol{\omega}_{V,E}+\boldsymbol{r}_{毂})+(\boldsymbol{\omega}_{V,E}+\boldsymbol{\omega}_{P,V})\times\boldsymbol{r}_{尖端}\tag{1.23}$$

## 1.5 牛顿第二定律

回顾牛顿第二定律的有关知识,可知:

$$F = ma$$

即作用力等于质量乘以加速度。但在飞行器动力学中,需要对该定律进行更加确切的表述以完成我们的目标。首先,加速度必须为相对于惯性坐标系的加速度。其次,需以矢量形式表述该定律。

运用矢量导数符号,取 $\boldsymbol{p}$ 为质点 $m$(质量为常数)相对于惯性坐标系 $\boldsymbol{I}$ 的原点的位置矢量。将 $\boldsymbol{F}$ 设定为作用在 $m$ 上的外力矢量。在质量为常数的情况下,可以更加确切地表述牛顿第二定律(适用于恒定质量)为

$$\boldsymbol{F} = m\frac{\mathrm{d}}{\mathrm{d}t}\Big|_I\left(\frac{\mathrm{d}\boldsymbol{p}}{\mathrm{d}t}\Big|_I\right) \tag{1.24}$$

注意

$$\frac{\mathrm{d}\boldsymbol{p}}{\mathrm{d}t}\Big|_I \triangleq \boldsymbol{V}_I \tag{1.25}$$

式中:$\boldsymbol{V}_I$为 $m$ 的惯性速度(矢量)。并且

$$\frac{\mathrm{d}\boldsymbol{V}_I}{\mathrm{d}t}\Big|_I \tag{1.26}$$

为 $m$ 的惯性加速度。最后,$m\boldsymbol{V}_I$为 $m$ 的平移动量。

方程(1.24)是平移形式的牛顿第二定律。可以通过在方程(1.24)两侧乘以位置矢量 $\boldsymbol{p}$ 来推导旋转形式的牛顿第二定律,即

$$\boldsymbol{p}\times\boldsymbol{F} = \boldsymbol{p}\times m\frac{\mathrm{d}}{\mathrm{d}t}\Big|_I\left(\frac{\mathrm{d}\boldsymbol{p}}{\mathrm{d}t}\Big|_I\right) = m\left(\boldsymbol{p}\times\frac{\mathrm{d}}{\mathrm{d}t}\Big|_I\left(\frac{\mathrm{d}\boldsymbol{p}}{\mathrm{d}t}\Big|_I\right)\right) \tag{1.27}$$

但需注意

$$\frac{\mathrm{d}}{\mathrm{d}t}\Big|_I\left(\boldsymbol{p}\times\frac{\mathrm{d}\boldsymbol{p}}{\mathrm{d}t}\Big|_I\right) = \left(\frac{\mathrm{d}\boldsymbol{p}}{\mathrm{d}t}\Big|_I\times\frac{\mathrm{d}\boldsymbol{p}}{\mathrm{d}t}\Big|_I\right) + \left(\boldsymbol{p}\times\frac{\mathrm{d}}{\mathrm{d}t}\Big|_I\left(\frac{\mathrm{d}\boldsymbol{p}}{\mathrm{d}t}\Big|_I\right)\right)$$

且

$$\frac{\mathrm{d}\boldsymbol{p}}{\mathrm{d}t}\Big|_I\times\frac{\mathrm{d}\boldsymbol{p}}{\mathrm{d}t}\Big|_I = \boldsymbol{0}$$

因为任意矢量与自身相乘都等于零。因此,可以将方程(1.27)写成

$$\boldsymbol{p}\times\boldsymbol{F} = m\frac{\mathrm{d}}{\mathrm{d}t}\Big|_I\left(\boldsymbol{p}\times\frac{\mathrm{d}\boldsymbol{p}}{\mathrm{d}t}\Big|_I\right) \tag{1.28}$$

现在,注意 $\boldsymbol{p}\times\boldsymbol{F}=\boldsymbol{M}$,从惯性坐标系的原点所取的外部力矩(矢量)以及在惯性原点所取的角动量$m\left(\boldsymbol{p}\times\frac{\mathrm{d}\boldsymbol{p}}{\mathrm{d}t}\Big|_I\right) = \boldsymbol{H}$,有了以上条件,可以得出旋转形式的牛顿定律。

$$\boldsymbol{M} = \frac{\mathrm{d}\boldsymbol{H}}{\mathrm{d}t}\Big|_I \tag{1.29}$$

即在惯性原点所取的 $m$ 的角动量变化率等于作用在 $m$ 上的外部力矩。

## 例 1.4 单摆运动方程

为在综合性实例中验证上述所有概念,我们将推导出单摆的运动方程。该推导结果将用于 1.6 节中小扰动分析的剩余步骤。

图 1.6 包含一个惯性参考坐标系,即坐标系 $I$ 与一个单摆固定坐标系,即坐标系 $M$,坐标系 $M$ 随单摆质量 $m$ 运动而平移和转动。杆长为 $l$,且杆为刚性,无质量。若杆在没有摩擦的情况下旋转,那么作用在 $m$ 上的力(矢量)就是重力 $m\boldsymbol{g}$,以及杆对 $m$ 施加的内力 $\boldsymbol{C}$。

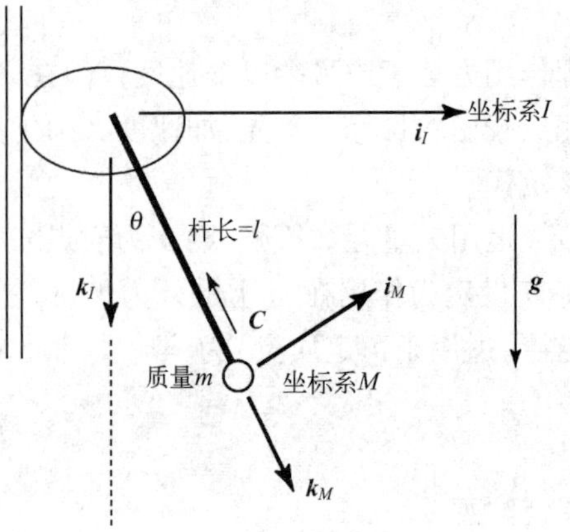


图 1.6 单摆

虽然旋转形式的牛顿定律也可以使用,但我们决定采用平移形式的牛顿定律。将单摆质点 $m$ 相对于惯性坐标系 $I$ 的原点的位置矢量表示为 $\boldsymbol{r}$,可以得到

$$\frac{\mathrm{d}}{\mathrm{d}t}\Big|_I\left(m\frac{\mathrm{d}\boldsymbol{r}}{\mathrm{d}t}\Big|_I\right)=m\boldsymbol{g}+\boldsymbol{C}$$

注意,我们将 $m$ 放置在圆括号里面是为了突出平移动量,但由于 $m$ 为常数,因此可以将 $m$ 移动到方程左侧各项的前面,如方程(1.24)所示。另外,根据三角学相关知识,可以用它们在惯性坐标系中的分量来分别表示 $\boldsymbol{r}$、$\boldsymbol{g}$ 和 $\boldsymbol{C}$,如下所示。

$$\begin{cases}\boldsymbol{r}=l\sin\theta\boldsymbol{i}_I+l\cos\theta\boldsymbol{k}_I=\begin{bmatrix}l\sin\theta & l\cos\theta\end{bmatrix}\begin{Bmatrix}\boldsymbol{i}_I\\ \boldsymbol{k}_I\end{Bmatrix}\\ \boldsymbol{g}=g\boldsymbol{k}_I=\begin{bmatrix}0 & g\end{bmatrix}\begin{Bmatrix}\boldsymbol{i}_I\\ \boldsymbol{k}_I\end{Bmatrix}\\ \boldsymbol{C}=-C\sin\theta\boldsymbol{i}_I-C\cos\theta\boldsymbol{k}_I\end{cases}\tag{1.30}$$

在进行后续操作之前,将先确定与坐标系 $I$ 和 $M$ 有关的方向余弦矩阵。这种情况下,可以证明:

$$\begin{Bmatrix}\boldsymbol{i}_M\\ \boldsymbol{k}_M\end{Bmatrix}=\begin{bmatrix}\cos\theta & -\sin\theta\\ \sin\theta & \cos\theta\end{bmatrix}\begin{Bmatrix}\boldsymbol{i}_I\\ \boldsymbol{k}_I\end{Bmatrix}=\boldsymbol{T}_{I\text{-}M}(\theta)\begin{Bmatrix}\boldsymbol{i}_I\\ \boldsymbol{k}_I\end{Bmatrix}$$

通过方程(1.21),可以轻易地求出惯性速度矢量,即

$$\frac{\mathrm{d}\boldsymbol{r}}{\mathrm{d}t}\Big|_I=\frac{\mathrm{d}\boldsymbol{r}}{\mathrm{d}t}\Big|_M+\boldsymbol{\omega}_{M,I}\times\boldsymbol{r}\tag{1.31}$$

式中

$$\boldsymbol{\omega}_{M,I}=\dot{\theta}\boldsymbol{j}_I=\dot{\theta}\boldsymbol{j}_M\tag{1.32}$$

注意,$\boldsymbol{j}_I$ 和 $\boldsymbol{j}_M$ 为指向页面外部的单位矢量。由于杆为刚性,

$$\frac{\mathrm{d}\boldsymbol{r}}{\mathrm{d}t}\Big|_M=\boldsymbol{0}\tag{1.33}$$

因此,惯性速度矢量为

$$\frac{\mathrm{d}\boldsymbol{r}}{\mathrm{d}t}\Big|_I=\boldsymbol{\omega}_{M,I}\times\boldsymbol{r}=l\dot{\theta}(\cos\theta\boldsymbol{i}_I-\sin\theta\boldsymbol{k}_I)\tag{1.34}$$

$m$ 的惯性加速度为

$$\frac{\mathrm{d}}{\mathrm{d}t}\Big|_I\left(\frac{\mathrm{d}\boldsymbol{r}}{\mathrm{d}t}\Big|_I\right)\triangleq\frac{\mathrm{d}^2\boldsymbol{r}}{\mathrm{d}t^2}\Big|_I=\frac{\mathrm{d}\boldsymbol{\omega}_{M,I}}{\mathrm{d}t}\Big|_I\times\boldsymbol{r}+\boldsymbol{\omega}_{M,I}\times(\boldsymbol{\omega}_{M,I}\times\boldsymbol{r})\tag{1.35}$$

注意，由$\frac{\mathrm{d}\boldsymbol{\omega}_{M,I}}{\mathrm{d}t}|_I = \ddot{\theta}\boldsymbol{j}_I$可以得出

$$\frac{\mathrm{d}^2\boldsymbol{r}}{\mathrm{d}t^2}|_I = l\ddot{\theta}(\cos\theta\boldsymbol{i}_I - \sin\theta\boldsymbol{k}_I) - l\dot{\theta}^2(\sin\theta\boldsymbol{i}_I + \cos\theta\boldsymbol{k}_I) \tag{1.36}$$

现在所有必要的矢量都已求出，并以它们在坐标系 $I$ 中的分量表示，它们可直接代入矢量力方程中。然而，用相同矢量在坐标系 $M$ 中的分量来表示这些矢量，并将其代入矢量力方程中对学生来说非常有益。为完成上述步骤，可以采用方向余弦矩阵。

研究重力矢量时，首先可得出

$$\boldsymbol{g} = g\boldsymbol{k}_I = [0 \quad g]\begin{Bmatrix}\boldsymbol{i}_I\\ \boldsymbol{k}_I\end{Bmatrix} = [0 \quad g]\boldsymbol{T}_{I\text{-}M}^{\mathrm{T}}(\theta)\begin{Bmatrix}\boldsymbol{i}_M\\ \boldsymbol{k}_M\end{Bmatrix} \tag{1.37}$$

因此，矢量 $\boldsymbol{g}$ 可以用其在坐标系 $M$ 中的分量表示为

$$\boldsymbol{g} = [-g\sin\theta \quad g\cos\theta]\begin{Bmatrix}\boldsymbol{i}_M\\ \boldsymbol{k}_M\end{Bmatrix} = -g\sin\theta\boldsymbol{i}_M + g\cos\theta\boldsymbol{k}_M \tag{1.38}$$

同样地，可得出力矢量为

$$\begin{aligned}\boldsymbol{C} &= -C\sin\theta\boldsymbol{i}_I - C\cos\theta\boldsymbol{k}_I = [-C\sin\theta \quad -C\cos\theta]\begin{Bmatrix}\boldsymbol{i}_I\\ \boldsymbol{k}_I\end{Bmatrix}\\ &= [-C\sin\theta \quad -C\cos\theta]\boldsymbol{T}_{I\text{-}M}^{\mathrm{T}}(\theta)\begin{Bmatrix}\boldsymbol{i}_M\\ \boldsymbol{k}_M\end{Bmatrix}\end{aligned} \tag{1.39}$$

或

$$\boldsymbol{C} = [0 \quad -C]\begin{Bmatrix}\boldsymbol{i}_M\\ \boldsymbol{k}_M\end{Bmatrix} = -C\boldsymbol{k}_M \tag{1.40}$$

而对于加速度矢量而言，可得出

$$\begin{aligned}\frac{\mathrm{d}^2\boldsymbol{r}}{\mathrm{d}t^2}|_I &= l(\ddot{\theta}\cos\theta - \dot{\theta}^2\sin\theta)\boldsymbol{i}_I - l(\ddot{\theta}\sin\theta + \dot{\theta}^2\cos\theta)\boldsymbol{k}_I\\ &= [l(\ddot{\theta}\cos\theta - \dot{\theta}^2\sin\theta) \quad -l(\ddot{\theta}\sin\theta + \dot{\theta}^2\cos\theta)]\begin{Bmatrix}\boldsymbol{i}_I\\ \boldsymbol{k}_I\end{Bmatrix}\\ &= [l(\ddot{\theta}\cos\theta - \dot{\theta}^2\sin\theta) \quad -l(\ddot{\theta}\sin\theta + \dot{\theta}^2\cos\theta)]\boldsymbol{T}_{I\text{-}M}^{\mathrm{T}}(\theta)\begin{Bmatrix}\boldsymbol{i}_M\\ \boldsymbol{k}_M\end{Bmatrix}\end{aligned} \tag{1.41}$$

因此

$$\frac{\mathrm{d}^2\boldsymbol{r}}{\mathrm{d}t^2}|_I = l\ddot{\theta}\boldsymbol{i}_M - l\dot{\theta}^2\boldsymbol{k}_M \tag{1.42}$$

当然，随着某点加速度的两个我们所熟悉的分量——切向分量和向心分量——沿圆形路径运动，上述结果很容易得到确认。

现在将加速度矢量，以及 $\boldsymbol{C}$ 和 $\boldsymbol{g}$ 代入矢量力方程中，得到

$$(ml\ddot{\theta}\boldsymbol{i}_M - ml\dot{\theta}^2\boldsymbol{k}_M) = -C\boldsymbol{k}_M + (-mg\sin\theta\boldsymbol{i}_M + mg\cos\theta\boldsymbol{k}_M)$$

列出 $\boldsymbol{i}_M$和 $\boldsymbol{k}_M$分量的方程，可以得到两个微分方程：

$$\ddot{\theta} + (g/l)\sin\theta = 0 \tag{1.43}$$

和

$$C = ml\dot{\theta}^2 + mg\cos\theta \tag{1.44}$$

得到的第一个方程就是要求的运动方程。第二个方程为辅助方程，如有需要，根据该方程可以求出杆所施加的力的大小。

## 1.6 小扰动分析回顾

正如1.1节中所提到的,小扰动分析涉及的是对基准条件下非线性系统的动态特性(稳定性等)进行调查研究。小扰动分析共有五大步骤:

(1) 推导出控制系统特性的(非线性)方程。

(2) 更改变量的形式,用基准条件加上与此基准条件的偏差表示运动方程所控制的所有自由度。用这些新的变量表示步骤(1)中得出的控制方程。

(3) 进行小扰动假设,从步骤(2)的结果中提取两组运动方程。其中一组(参考方程组)仅以参考状态表示,另一组(小扰动方程组)则以参考状态和参考状态偏差的和表示。

(4) 运用参考方程组描述相关的基准条件。

(5) 运用小扰动方程组和步骤(4)中所选定的基准条件,分析近似基准条件下系统小扰动动力学的特性。

现在再假设一个单摆,其运动方程如方程(1.43)所示(步骤(1)已完成)。单摆的单自由度(围绕枢轴的旋转位移)由以下非线性方程决定:

$$\ddot{\theta} + (g/l)\sin\theta = 0$$

继续步骤(2),更改变量,对$\theta$进行重新定义:

$$\theta = \Theta_0 + \theta_p \tag{1.45}$$

式中:$\Theta_0$为某个参考角,稍后待选定;$\theta_p$表示偏离参考角的角度。

将上述更改后的变量正式代入控制方程中,得到

$$(\ddot{\Theta}_0 + \ddot{\theta}_p) + (g/l)\sin(\Theta_0 + \theta_p) = 0 \tag{1.46}$$

对两角之和正弦使用三角恒等式,得到

$$(\ddot{\Theta}_0 + \ddot{\theta}_p) + (g/l)(\sin\Theta_0\cos\theta_p + \cos\Theta_0\sin\theta_p) = 0 \tag{1.47}$$

至此,步骤(2)完成。

在步骤(3)中,进行小扰动假设,即假设(在后面的步骤中要时刻记住我们已完成这一操作)$\theta_p$足够小,这样$\cos\theta_p \cong 1$,且$\sin\theta_p \cong \theta_p$。在该假设条件下,控制方程变为

$$\begin{aligned}&(\ddot{\Theta}_0 + \ddot{\theta}_p) + (g/l)(\sin\Theta_0 + (\cos\Theta_0)\theta_p)\\ &= (\ddot{\Theta}_0 + (g/l)\sin\Theta_0) + (\ddot{\theta}_p + (g/l)(\cos\Theta_0)\theta_p) = 0\end{aligned} \tag{1.48}$$

若运动方程中包含小扰动高阶项,如小扰动量的乘积,那么这些高阶项将假设为很小,并在此处忽略不计。如果需要参考变量或系统基准条件以满足原始控制方程(思考原因),那么

$$\ddot{\Theta}_0 + (g/l)\sin\Theta_0 = 0 \tag{1.49}$$

方程(1.49)为参考方程组(这种情况下,只有一组方程)。注意,按照要求该方程仅涉及参考变量。

现在,若参考方程组得以满足,那么方程(1.48)就变为

$$\ddot{\theta}_p + (g/l)(\cos\Theta_0)\theta_p = 0 \tag{1.50}$$

而方程(1.50)就是步骤(3)中提到的小扰动方程组。该方程决定了偏离参考角的偏角或小扰动角。还需注意的是,$(g/l)\cos\Theta_0$是变量$\theta_p$(由该方程决定)的系数,方程(1.50)在$\theta_p$中呈线性。最后,在使用方程(1.50)时,我们需要记住重要的一点,那就是该方程仅在用以推导该方程的小扰动假设成立的情况下才成立。

继续步骤(4),使用方程(1.49),或参考方程组,来分析和选定相关的基准条件。假如对系统稳定性感兴趣,我们便总会考虑系统的平衡基准条件,这意味着该系统并未处于加速状态下。因此,如果基准条件的平衡状态表示没有加速度,那么 $\ddot{\Theta}_0=0$,而方程(1.49)也直接变成 $\sin\Theta_0=0$。该方程有无数个解,且 $\Theta_0=n\pi$,其中 $n$ 为包括 0 在内的整数。(注意,学生在尝试进行小扰动分析时,经常会假设 $\Theta_0=0$,并忘记去考虑其他平衡条件。仔细进行参考方程组分析可以帮助我们确保已找到所有可能的平衡条件。)

现在进行步骤(5),使用小扰动方程组来分析近似于 $\Theta_0=0$ 以及 $\pi$ 这两组特定平衡基准条件下系统的特性,首先考虑第一种条件,即 $\Theta_0=0$。这种情况下,方程(1.50)变为

$$\ddot{\theta}_p+(g/l)\theta_p=0 \tag{1.51}$$

该方程为二阶方程、呈线性并具有常系数,可采用线性分析技术。

根据常微分方程理论,方程(1.51)的解取决于它的特征根。这两个特征根,或特征多项式 $s^2+(g/l)=0$ 的根比较复杂,因为 $g/l$ 为正数,而且

$$s_{1,2}=\pm\mathrm{j}\sqrt{g/l} \tag{1.52}$$

式中:$\mathrm{j}=\sqrt{-1}$。方程(1.51)的齐次解为

$$\theta(t)=C_1\mathrm{e}^{s_1t}+C_2\mathrm{e}^{s_2t} \tag{1.53}$$

式中:$C_1$ 和 $C_2$ 为积分常数,取决于系统的初始条件。根据特征根 $s_{1,2}$ 较复杂,且实数部分等于零这一事实,可知在近似于 $\Theta_0=0$ 这一平衡条件下系统(摆锤)特性是由自然频率为 $\sqrt{g/l}$ 的无阻尼振荡决定的。但是系统并不会由平衡条件发散,因此该系统不是指数级不稳定。

作为比较,考虑另一种近似于特定平衡条件(即 $\Theta_0=\pi$)下的系统特性。控制该平衡条件中小偏差的方程(1.50)变为

$$\ddot{\theta}_p-(g/l)\theta_p=0 \tag{1.54}$$

由于 $\cos\pi=-1$,该方程的两个特征根,或特征多项式 $s^2-(g/l)=0$ 的根现在为实数,而且

$$s_{1,2}=\pm\sqrt{g/l} \tag{1.55}$$

方程(1.54)的解为

$$\theta_p=C_1\mathrm{e}^{s_1t}+C_2\mathrm{e}^{s_2t} \tag{1.56}$$

因此,由于其中一个特征根 $s_{1,2}$ 为正实数,$\theta_p$ 必定会发散,换言之,系统在近似该平衡条件下不稳定。

总而言之,我们已逐步运用小扰动理论来分析两种近似特定平衡条件下摆锤的动态特性,可发现在约 $\Theta_0=\pi$ 时摆锤不稳定,而在约 $\Theta_0=0$ 时摆锤会振荡但不会偏离平衡条件。注意,小扰动分析并不能帮助我们分析 $\theta$ 所有数值下系统的动态特性,它仅适用于偏离平衡条件的小角位移。对于大的位移,必须借助于完整的非线性系统仿真。这就是为什么需要对飞行器进行非线性、实时驾驶仿真和飞行试验。

在使用小扰动理论学习大气飞行动力学时,要求对上述步骤进行大量分析,而且还可能会出现以下情况:即忘记自己所进行的是哪一步骤。这就是单摆实例有用的原因之一:可以更容易地跟踪进度。作为预览,现将小扰动分析各步骤与飞行动力学主题之间的关系列示如下:

(1) 第二、四章中介绍了非线性运动方程的推导(步骤(1))。

(2) 第二、四章以及第六、七和八章中介绍了参考方程组和小扰动方程组的推演(步骤(2)和步骤(3))。

(3) 第九章关于准定常飞行探讨中介绍了参考方程组的分析和基准条件的特征(步骤(4))。

(4) 第十至十三章中讨论的主题为使用小扰动方程组进行小扰动动力学分析(步骤(5))。

(5) 最后,第八章中讨论了线性和非线性仿真。

## 1.7 总　　结

本章回顾了多个主要概念,包括用以学习非线性动力系统的各种坐标系、运动学、方向余弦矩阵、矢量微分、牛顿定律以及尤为重要的小扰动理论。本章还回顾了矢量微分学,介绍了对矢量微分十分有用的符号。对学生而言尤为重要的是,本章所介绍的概念,尤其是有关小扰动理论的知识,提供了一个严谨的总体框架来演绎和阐述现代飞行动力学这一学科。该框架将在整本书中得以运用。

## 1.8 作　业　题

1.1　参看例 1.2 中讨论的飞行器。假设飞行器的平移速度 $V$ 和旋转速度 $\boldsymbol{\omega}_{V,E}$ 为常数。证明翼尖相对于坐标系 $E$ 的加速度 $\boldsymbol{a}_{翼尖}=\boldsymbol{\omega}_{V,E}\times(\boldsymbol{\omega}_{V,E}\times\boldsymbol{r}_{翼尖})$。

1.2　参看图 1.7 所示的倾转旋翼式飞行器。机翼尾部的发动机和旋翼以速率 $\boldsymbol{\omega}_{倾转}$ 相对于机翼旋转。使用例 1.3 中讨论的飞行器和螺旋桨速度,以及适当定义的位置矢量来证明桨叶尖端速度可用下式表达:

$$\boldsymbol{V}_{尖端}=\boldsymbol{V}+(\boldsymbol{\omega}_{V,E}\times\boldsymbol{r}_{发动机})+(\boldsymbol{\omega}_{V,E}+\boldsymbol{\omega}_{旋转})\times\boldsymbol{r}_{毂}+(\boldsymbol{\omega}_{V,E}+\boldsymbol{\omega}_{倾转}+\boldsymbol{\omega}_{螺旋桨})\times\boldsymbol{r}_{尖端}$$

式中:$\boldsymbol{\omega}_{螺旋桨}$ 为螺旋桨的速度,或相对于毂旋转的速率。

1.3　假设由位于旋转臂(相对于地面旋转,速度为 $\boldsymbol{\omega}(t)$)尾端的球体组成的载人模拟机。球体内部为固定在座位上的试验对象,座位下方为三轴加速计,该加速计用以测量试验对象的加速环境,或座位相对于以地面为基础的坐标系(假设为惯性坐标系)的加速度。简要画出带有相关坐标系、矢量、速度和加速度的模拟机,并确定试验对象的惯性加速度矢量的分量。

1.4　外力 $\boldsymbol{f}$ 和重力 $\boldsymbol{g}$ 作用在某一质点上,该质点的恒质量为 $m$,其相对于惯性坐标系 $I$ 的原点的瞬时位置矢量为 $\boldsymbol{p}$。假设另一坐标系 $M$ 的原点固定在 $m$ 处,相对于惯性坐标系的瞬时方向用本章中介绍的欧拉角 $\phi$、$\theta$ 和 $\psi$ 来表示。将 $m$ 的惯性速度表示为 $\boldsymbol{v}$,且 $\boldsymbol{v}$ 在坐标系 $M$ 中的矢量分量为

$$\frac{\mathrm{d}\boldsymbol{p}}{\mathrm{d}t}\Big|_I=\boldsymbol{v}=\begin{bmatrix}v_{x_M} & v_{y_M} & v_{z_M}\end{bmatrix}\begin{Bmatrix}\boldsymbol{i}_M\\ \boldsymbol{j}_M\\ \boldsymbol{k}_M\end{Bmatrix}$$

同样,假设 $\boldsymbol{f}$ 在坐标系 $M$ 中的分量为 $f_{x_M}$、$f_{y_M}$ 和 $f_{z_M}$。假设坐标系 $M$ 以速度 $\boldsymbol{\omega}_{M,I}$ 相对于坐标系 $I$ 旋转,速度 $\boldsymbol{\omega}_{M,I}$ 在坐标系 $M$ 中的分量用 $\boldsymbol{\omega}_{x_M}$、$\boldsymbol{\omega}_{y_M}$ 和 $\boldsymbol{\omega}_{z_M}$ 表示。运用牛顿第二定律,推导出决定 $v_{x_M}$、$v_{y_M}$ 和 $v_{z_M}$ 的三个标量微分方程。

1.5　参看例 1.4 中讨论的摆锤。在枢轴点加上减振弹簧,从而在枢轴杆上施加力矩 $\boldsymbol{M}_S$,且

图 1.7 NASA XV-15 倾转旋翼式飞行器(由 NASA 德莱登飞行研究中心友情提供图片)

$$\boldsymbol{M}_S = K_{\mathrm{T}}\left(\frac{\pi}{2} - \theta\right)\boldsymbol{j}_I$$

$K_{\mathrm{T}}$ 为减振弹簧常数。

a. 证明非线性运动方程为

$$ml^2\ddot{\theta} + K_{\mathrm{T}}\left(\theta - \frac{\pi}{2}\right) + mgl\sin\theta = 0$$

提示:可以使用任意方法,其中一个方法为求出枢轴的力矩之和并包括作用于质量上的“惯性力”$F=ma$(适当定义加速度)。

b. 使用小扰动理论,推导出与摆锤运动方程有关的参考方程组和小扰动方程组。

c. 求出该摆锤的所有平衡条件。

d. 检验每个平衡条件的稳定性。

1.6 如图 1.8 所示,参看位于小车上的倒立摆,其所受力为 $F(t)$。

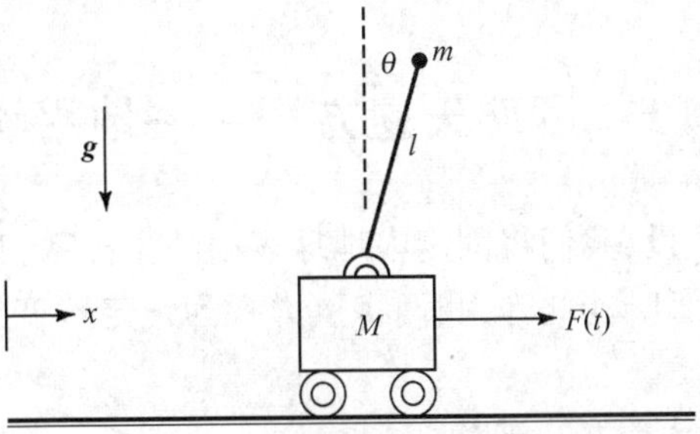


图 1.8 滚动车上的倒立摆

a. 证明在摩擦力忽略不计的情况下,控制该系统的两个运动方程为

$$l\ddot{\theta} + \ddot{x}\cos\theta - g\sin\theta = 0$$

$$(M + m)\ddot{x} + ml(\ddot{\theta}\cos\theta - \dot{\theta}^2\sin\theta) = F(t)$$

b. 确定该系统的平衡条件是否满足:参考力 $F_0=C$($C$ 为常数而不为零)。

## 参考文献


1. Vidyasagar, M.: *Nonlinear Systems Analysis*, Prentice-Hall, Upper Saddle River, NJ, 1978, Section 5.4.
2. Wertz, James, ed.: *Spacecraft Attitude Determination and Control*, Reidel Publishing, Dordrecht, the Netherlands, 1986, Chapter 12.

# 第二章
# 刚性飞行器的运动方程

**章节路线图**：就飞行动力学首门课程而言，无论在(扁平无旋转地球的)运动方程的推演方面，还是在重要符号与术语的引进方面，2.1~2.3 节都是至关重要的。其余各节一般在更高等的课程中予以探讨。然而，对初学者而言，了解更高等学习材料的存在是不无裨益的。

现在来详细介绍刚性飞行器运动微分方程的推导过程。首先，我们假设地球为扁平无旋转地球，尽管这些"扁平地球"运动方程已是众所周知，并且许多课本对此均有记录，了解这些运动方程的推导详情仍然非常重要。如此，学生可更好地领会我们所做的假设，从而做好更充分的准备以探讨本章随后将讨论的那些不太熟悉的情况，例如球形旋转地球的影响。学生还应做好根据需要修改运动方程的准备，以便为将来可能出现的新型飞行器建模。

开始本章学习之前，建议大家首先回顾一下第一章所学内容，因为本章将用到第一章中讨论的所有方法技巧，包括各种坐标系、方向余弦矩阵、矢量微分以及矢量形式的牛顿定律等，以严格推导出运动方程。如果学生对这些方法不够熟悉，继续本章的学习可能会非常困难。

最后要指出的是，本章中推导出的方程并引入了作用于飞行器上的(气动与推进)力的建模，我们将在第六章进行探讨。

## 2.1 运动矢量方程——地平说

根据扁平无旋转地球假设，我们将固定在地球表面的坐标系(因而围绕地球旋转)视为惯性坐标系，从而忽略旋转的影响。此外，我们将重力视为恒定不变，因而不受地球海拔高度或距离的影响。

下面以图 2.1 中的飞行器为例进行分析。令惯性坐标系 $I$ 固定在地球表面，同时令飞行器的坐标系 $V$ 为飞行器固定坐标系(将在后面进行更详细的定义)。设一飞行器材料无穷小量 $\mathrm{d}V$，相对于坐标系 $I$ 的原点 $O_I$ 的位置为 $\boldsymbol{p}'$。如果该处材料密度用 $\rho_V$ 表示，且质量 $\mathrm{d}m=\rho_V\mathrm{d}V$，则可用牛顿第二定律表示该质量。

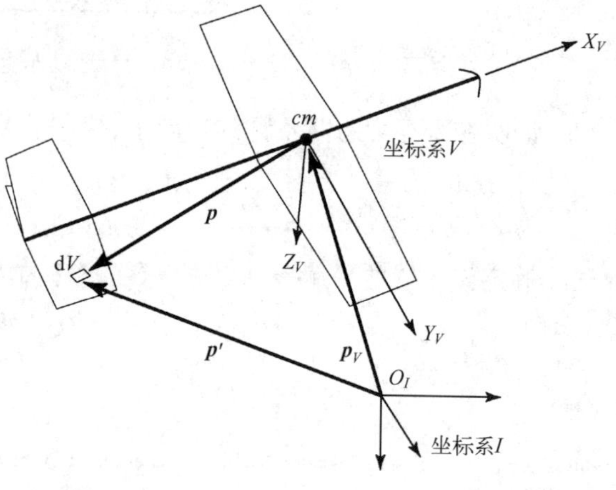


图 2.1 惯性坐标系、飞行器固定坐标系及位置矢量

令作用于质量 $\mathrm{d}m$ 上的力包括重力和其他某个外力 $\mathrm{d}\boldsymbol{f}_{\mathrm{ext}}$，从性质而言，该外力为单纯的机械力，不包含任何类似电磁力的电场效应。因此，我们得出关于质量

d$m$ 的以下两个牛顿第二定律表达式（根据方程（1.24）和方程（1.28））。分别以 d$m$ 的平移动量和旋转动量表达：

$$\frac{\mathrm{d}}{\mathrm{d}t}\Big|_I\left(\rho_V\frac{\mathrm{d}\boldsymbol{p}'}{\mathrm{d}t}\Big|_I\,\mathrm{d}V\right)=\rho_V\boldsymbol{g}\mathrm{d}V+\mathrm{d}\boldsymbol{f}_{\mathrm{ext}}$$

$$\frac{\mathrm{d}}{\mathrm{d}t}\Big|_I\left(\boldsymbol{p}'\times\rho_V\frac{\mathrm{d}\boldsymbol{p}'}{\mathrm{d}t}\Big|_I\,\mathrm{d}V\right)=\boldsymbol{p}'\times\rho_V\boldsymbol{g}\mathrm{d}V+\boldsymbol{p}'\times\mathrm{d}\boldsymbol{f}_{\mathrm{ext}}$$

对飞行器的所有无穷小量 d$V$ 的上述表达式进行积分，可得出

$$\int_{\mathrm{Vol}}\frac{\mathrm{d}}{\mathrm{d}t}\Big|_I\left(\rho_V\frac{\mathrm{d}\boldsymbol{p}'}{\mathrm{d}t}\Big|_I\,\mathrm{d}V\right)=\int_{\mathrm{Vol}}\rho_V\boldsymbol{g}\mathrm{d}V+\int_{\mathrm{Vol}}\mathrm{d}\boldsymbol{f}_{\mathrm{ext}}$$

以及

$$\int_{\mathrm{Vol}}\frac{\mathrm{d}}{\mathrm{d}t}\Big|_I\left(\boldsymbol{p}'\times\rho_V\frac{\mathrm{d}\boldsymbol{p}'}{\mathrm{d}t}\Big|_I\,\mathrm{d}V\right)=\int_{\mathrm{Vol}}\boldsymbol{p}'\times\rho_V\boldsymbol{g}\mathrm{d}V+\int_{\mathrm{Vol}}\boldsymbol{p}'\times\mathrm{d}\boldsymbol{f}_{\mathrm{ext}}$$

现假设飞行器材料的所有内力处于平衡状态，因而飞行器上的唯一净力一定作用在飞行器的表面。如此，上述两个表达式右边最后一项就变成飞行器表面积分，从而产生以下两个基本运动方程。

$$\int_{\mathrm{Vol}}\frac{\mathrm{d}}{\mathrm{d}t}\Big|_I\left(\rho_V\frac{\mathrm{d}\boldsymbol{p}'}{\mathrm{d}t}\Big|_I\,\mathrm{d}V\right)=\int_{\mathrm{Vol}}\rho_V\boldsymbol{g}\mathrm{d}V+\int_{\text{表面}}\mathrm{d}\boldsymbol{f}_{\mathrm{ext}}\tag{2.1}$$

$$\int_{\mathrm{Vol}}\frac{\mathrm{d}}{\mathrm{d}t}\Big|_I\left(\boldsymbol{p}'\times\rho_V\frac{\mathrm{d}\boldsymbol{p}'}{\mathrm{d}t}\Big|_I\,\mathrm{d}V\right)=\int_{\mathrm{Vol}}\boldsymbol{p}'\times\rho_V\boldsymbol{g}\mathrm{d}V+\int_{\text{表面}}\boldsymbol{p}'\times\mathrm{d}\boldsymbol{f}_{\mathrm{ext}}\tag{2.2}$$

但是，当使用相对于惯性坐标系原点的质点位置表示时，这些方程并非最有用的形式。现在来探讨该问题，根据图 2.1 可知：

$$\boldsymbol{p}'=\boldsymbol{p}_V+\boldsymbol{p}\tag{2.3}$$

式中：$\boldsymbol{p}$ 指相对飞行器固定坐标系 $V$ 原点 $O_V$ 的 d$V$ 位置。同时，飞行器瞬时质量为

$$m=\int_{\mathrm{Vol}}\rho_V\mathrm{d}V\tag{2.4}$$

现在，将坐标系 $V$ 定义为原点 $O_V$ 位于飞行器瞬时质心 $cm$（由于假设 $\boldsymbol{g}$ 恒定不变，因此此处亦是重力中心）处，上述方程将呈现更加常见的形式。以质心为参考点，有关飞行器惯性原点的一阶质量矩关系式列为

$$\int_{\mathrm{Vol}}\rho_V\boldsymbol{p}'\mathrm{d}V=\int_{\mathrm{Vol}}\rho_V\boldsymbol{p}_V\mathrm{d}V+\int_{\mathrm{Vol}}\rho_V\boldsymbol{p}\mathrm{d}V=\boldsymbol{p}_V\int_{\mathrm{Vol}}\rho_V\mathrm{d}V+\int_{\mathrm{Vol}}\rho_V\boldsymbol{p}\mathrm{d}V$$

$$=m\boldsymbol{p}_V+\int_{\mathrm{Vol}}\rho_V\boldsymbol{p}\mathrm{d}V$$

再将质心定义为飞行器上一阶质量矩为零的点，即

$$\int_{\mathrm{Vol}}\rho_V\boldsymbol{p}\mathrm{d}V=\boldsymbol{0}\tag{2.5}$$

因此,现在可将质心的惯性位置表示为

$$\boldsymbol{p}_V = \frac{1}{m}\int_{\text{Vol}} \rho_V \boldsymbol{p}' \mathrm{d}V$$

观察方程(2.1)左侧可得出

$$\int_{\text{Vol}} \frac{\mathrm{d}}{\mathrm{d}t}\Big|_I \left(\rho_V \frac{\mathrm{d}\boldsymbol{p}'}{\mathrm{d}t}\Big|_I \mathrm{d}V\right) = \int_{\text{Vol}} \frac{\mathrm{d}}{\mathrm{d}t}\Big|_I \left(\rho_V \frac{\mathrm{d}\boldsymbol{p}_V}{\mathrm{d}t}\Big|_I \mathrm{d}V\right) + \int_{\text{Vol}} \frac{\mathrm{d}}{\mathrm{d}t}\Big|_I \left(\rho_V \frac{\mathrm{d}\boldsymbol{p}}{\mathrm{d}t}\Big|_I \mathrm{d}V\right) \tag{2.6}$$

但

$$\int_{\text{Vol}} \frac{\mathrm{d}}{\mathrm{d}t}\Big|_I \left(\rho_V \frac{\mathrm{d}\boldsymbol{p}_V}{\mathrm{d}t}\Big|_I \mathrm{d}V\right) = \frac{\mathrm{d}}{\mathrm{d}t}\Big|_I \left(\frac{\mathrm{d}\boldsymbol{p}_V}{\mathrm{d}t}\Big|_I \int_{\text{Vol}} \rho_V \mathrm{d}V\right) = \frac{\mathrm{d}}{\mathrm{d}t}\Big|_I \left(m \frac{\mathrm{d}\boldsymbol{p}_V}{\mathrm{d}t}\Big|_I\right)$$

将该式的最后一项视为飞行器平移动量的变化率,并用飞行器质心的位置与速度表示该项。由于该点的速度并非进行积分运算的无穷小量 $\mathrm{d}V$ 的函数,为得出该结果,请注意飞行器质心(或重心)的速度

$$\frac{\mathrm{d}\boldsymbol{p}_V}{\mathrm{d}t}\Big|_I$$

可能超出体积积分范围。换言之,相对于飞行器体积积分运算而言,质心(重心)位置与速度保持恒定不变。

关于方程(2.6)右侧第二项,运用方程(1.21)与矢量导数"链式法则"可得出

$$\frac{\mathrm{d}\boldsymbol{p}}{\mathrm{d}t}\Big|_I = \frac{\mathrm{d}\boldsymbol{p}}{\mathrm{d}t}\Big|_V + \boldsymbol{\omega}_{V,I} \times \boldsymbol{p} \tag{2.7}$$

将该式代入待求积分可得出

$$\int_{\text{Vol}} \frac{\mathrm{d}}{\mathrm{d}t}\Big|_I \left(\rho_V \frac{\mathrm{d}\boldsymbol{p}}{\mathrm{d}t}\Big|_I \mathrm{d}V\right) = \int_{\text{Vol}} \frac{\mathrm{d}}{\mathrm{d}t}\Big|_I \left(\rho_V \frac{\mathrm{d}\boldsymbol{p}}{\mathrm{d}t}\Big|_V \mathrm{d}V\right) + \int_{\text{Vol}} \frac{\mathrm{d}}{\mathrm{d}t}\Big|_I \left(\rho_V (\boldsymbol{\omega}_{V,I} \times \boldsymbol{p}) \mathrm{d}V\right) \tag{2.8}$$

由于假设飞行器为刚性飞行器,那么对飞行器所有质点 $\rho_V \mathrm{d}V$ 而言,右侧第一个积分为零。

$$\frac{\mathrm{d}\boldsymbol{p}}{\mathrm{d}t}\Big|_V = 0$$

此外,可将方程(2.8)的最后一个积分巧妙处理成下式。

$$\int_{\text{Vol}} \frac{\mathrm{d}}{\mathrm{d}t}\Big|_I \left(\rho_V (\boldsymbol{\omega}_{V,I} \times \boldsymbol{p}) \mathrm{d}V\right) = \frac{\mathrm{d}\boldsymbol{\omega}_{V,I}}{\mathrm{d}t}\Big|_I \times \int_{\text{Vol}} \rho_V \boldsymbol{p} \mathrm{d}V + \boldsymbol{\omega}_{V,I} \times \int_{\text{Vol}} \frac{\mathrm{d}}{\mathrm{d}t}\Big|_I \left(\rho_V \boldsymbol{p} \mathrm{d}V\right)$$

$$= \frac{\mathrm{d}\boldsymbol{\omega}_{V,I}}{\mathrm{d}t}\Big|_I \times \int_{\text{Vol}} \rho_V \boldsymbol{p} \mathrm{d}V + \boldsymbol{\omega}_{V,I} \times \left(\int_{\text{Vol}} \frac{\mathrm{d}}{\mathrm{d}t}\Big|_V \left(\rho_V \boldsymbol{p} \mathrm{d}V\right) + \boldsymbol{\omega}_{V,I} \times \int_{\text{Vol}} \rho_V \boldsymbol{p} \mathrm{d}V\right) = 0$$

原因在于:第一,回顾方程(2.5)可知,选择 $O_V$ 是为了与一阶质量矩为零的飞行器质心(或重心)保持一致;第二,如果无穷小量 $\mathrm{d}V$ 的密度 $\rho_V$ 保持恒定不变(因而飞行器质量也恒定不变),假设飞行器为刚性飞行器,且坐标系 $V$ 不会随飞行器改变方向,因而属于飞行器固定坐标系,那么表达式

$$\int_{\text{Vol}} \frac{\mathrm{d}}{\mathrm{d}t}\Big|_V \left(\rho_V \boldsymbol{p} \mathrm{d}V\right) = 0 \tag{2.9}$$

为零,我们可根据飞行器质量元位置相对于飞行器固定坐标系的变化率矢量

$$\frac{\mathrm{d}\boldsymbol{p}}{\mathrm{d}t}|_V = 0$$

的定义直接推断出这一点。换言之,相对于飞行器上任一点而言,坐标系的位置保持恒定不变,反之亦然。最后,请注意由于方程(2.8)等于零,因此方程(2.6)右侧第二个积分也为零。

这就结束了对方程(2.1),即平移形式的牛顿定律的讨论,现在我们可以将其表示为

$$\frac{\mathrm{d}}{\mathrm{d}t}|_I\left(m\frac{\mathrm{d}\boldsymbol{p}_V}{\mathrm{d}t}|_I\right) \triangleq m\frac{\mathrm{d}\boldsymbol{V}_V}{\mathrm{d}t}|_I = \int_{\mathrm{Vol}} \rho_V \boldsymbol{g}\mathrm{d}V + \int_{表面} \mathrm{d}\boldsymbol{f}_{\mathrm{ext}} \tag{2.10}$$

请注意,此处已经引入飞行器的惯性速度(矢量)$\boldsymbol{V}_V$。

现在再来分析方程(2.2),即旋转形式的牛顿定律。注意,由于两个平行矢量的矢量积等于零,因此方程左边可列为

$$\int_{\mathrm{Vol}} \frac{\mathrm{d}}{\mathrm{d}t}|_I\left(\boldsymbol{p}' \times \rho_V \frac{\mathrm{d}\boldsymbol{p}'}{\mathrm{d}t}|_I\,\mathrm{d}V\right) = \cancel{\int_{\mathrm{Vol}} \frac{\mathrm{d}\boldsymbol{p}'}{\mathrm{d}t}|_I \times \rho_V \frac{\mathrm{d}\boldsymbol{p}'}{\mathrm{d}t}|_I\,\mathrm{d}V} + \int_{\mathrm{Vol}} \boldsymbol{p}' \times \frac{\mathrm{d}}{\mathrm{d}t}|_I\left(\rho_V \frac{\mathrm{d}\boldsymbol{p}'}{\mathrm{d}t}|_I\,\mathrm{d}V\right)$$

$$= \int_{\mathrm{Vol}} \boldsymbol{p}' \times \frac{\mathrm{d}}{\mathrm{d}t}|_I\left(\rho_V \frac{\mathrm{d}\boldsymbol{p}'}{\mathrm{d}t}|_I\,\mathrm{d}V\right)$$

下面援引方程(2.3),同时注意矢量 $\boldsymbol{P}_V$ 不受体积积分运算的影响,可将方程(2.2)左侧列为

$$\begin{aligned}
\int_{\mathrm{Vol}} \frac{\mathrm{d}}{\mathrm{d}t}|_I\left(\boldsymbol{p}' \times \rho_V \frac{\mathrm{d}\boldsymbol{p}'}{\mathrm{d}t}|_I\,\mathrm{d}V\right) &= \int_{\mathrm{Vol}} \left(\boldsymbol{p}' \times \frac{\mathrm{d}}{\mathrm{d}t}|_I\left(\rho_V \frac{\mathrm{d}\boldsymbol{p}'}{\mathrm{d}t}|_I\,\mathrm{d}V\right)\right) \\
&= \int_{\mathrm{Vol}} \left((\boldsymbol{p}_V + \boldsymbol{p}) \times \frac{\mathrm{d}}{\mathrm{d}t}|_I\left(\rho_V \frac{\mathrm{d}\boldsymbol{p}'}{\mathrm{d}t}|_I\,\mathrm{d}V\right)\right) \\
&= \boldsymbol{p}_V \times \int_{\mathrm{Vol}} \frac{\mathrm{d}}{\mathrm{d}t}|_I\left(\rho_V \frac{\mathrm{d}\boldsymbol{p}'}{\mathrm{d}t}|_I\,\mathrm{d}V\right) + \int_{\mathrm{Vol}} \left(\boldsymbol{p} \times \frac{\mathrm{d}}{\mathrm{d}t}|_I\left(\rho_V \frac{\mathrm{d}\boldsymbol{p}'}{\mathrm{d}t}|_I\,\mathrm{d}V\right)\right)
\end{aligned} \tag{2.11}$$

而且,可将方程(2.2)右侧列为

$$\begin{aligned}
\int_{\mathrm{Vol}} \boldsymbol{p}' \times \rho_V \boldsymbol{g}\mathrm{d}V + \int_{表面} \boldsymbol{p}' \times \mathrm{d}\boldsymbol{f}_{\mathrm{ext}} &= \int_{\mathrm{Vol}} (\boldsymbol{p}_V + \boldsymbol{p}) \times \rho_V \boldsymbol{g}\mathrm{d}V + \int_{表面} (\boldsymbol{p}_V + \boldsymbol{p}) \times \mathrm{d}\boldsymbol{f}_{\mathrm{ext}} \\
&= \boldsymbol{p}_V \times \left(\int_{\mathrm{Vol}} \rho_V \boldsymbol{g}\mathrm{d}V + \int_{表面} \mathrm{d}\boldsymbol{f}_{\mathrm{ext}}\right) + \int_{\mathrm{Vol}} \boldsymbol{p} \times \rho_V \boldsymbol{g}\mathrm{d}V + \int_{表面} \boldsymbol{p} \times \mathrm{d}\boldsymbol{f}_{\mathrm{ext}}
\end{aligned} \tag{2.12}$$

现在可将方程(2.11)与方程(2.12)方框中的项视为矢量 $\boldsymbol{P}_V$ 与方程(2.1)的乘积,即 $\boldsymbol{P}_V\times$(方程(2.1))。由于方程(2.1)(即牛顿定律)总是满足,因此当方程(2.11)等于方程(2.12)时,方框中的项将变成零。因此,方程(2.2)变成

$$\int_{\mathrm{Vol}} \left(\boldsymbol{p} \times \frac{\mathrm{d}}{\mathrm{d}t}|_I\left(\rho_V \frac{\mathrm{d}\boldsymbol{p}'}{\mathrm{d}t}|_I\,\mathrm{d}V\right)\right) = \int_{\mathrm{Vol}} \boldsymbol{p} \times \rho_V \boldsymbol{g}\mathrm{d}V + \int_{表面} \boldsymbol{p} \times \mathrm{d}\boldsymbol{f}_{\mathrm{ext}} \tag{2.13}$$

现在,根据质心的性质(方程(2.5))以及将重力矢量视为不随飞行器体积积分运算发生变化之一事实,得出

$$\int_{\mathrm{Vol}} \boldsymbol{p} \times \rho_V \boldsymbol{g} \mathrm{d}V = \int_{\mathrm{Vol}} \rho_V \boldsymbol{p} \mathrm{d}V \times \boldsymbol{g} = 0$$

因此,方程(2.2)变成

$$\int_{\mathrm{Vol}} \left(\boldsymbol{p} \times \frac{\mathrm{d}}{\mathrm{d}t}\Big|_I \left(\rho_V \frac{\mathrm{d}\boldsymbol{p}'}{\mathrm{d}t}\Big|_I \mathrm{d}V\right)\right) = \int_{表面} \boldsymbol{p} \times \mathrm{d}\boldsymbol{f}_{\mathrm{ext}} \tag{2.14}$$

再次援引方程(2.3),我们可消去该方程中的$\boldsymbol{p}'$,并将方程(2.14)左侧列为

$$\int_{\mathrm{Vol}} \left(\boldsymbol{p} \times \frac{\mathrm{d}}{\mathrm{d}t}\Big|_I \left(\rho_V \frac{\mathrm{d}\boldsymbol{p}'}{\mathrm{d}t}\Big|_I \mathrm{d}V\right)\right) = \int_{\mathrm{Vol}} \left(\boldsymbol{p} \times \frac{\mathrm{d}}{\mathrm{d}t}\Big|_I \left(\rho_V \frac{\mathrm{d}\boldsymbol{p}_V}{\mathrm{d}t}\Big|_I \mathrm{d}V\right)\right) + \int_{\mathrm{Vol}} \left(\boldsymbol{p} \times \frac{\mathrm{d}}{\mathrm{d}t}\Big|_I \left(\rho_V \frac{\mathrm{d}\boldsymbol{p}}{\mathrm{d}t}\Big|_I \mathrm{d}V\right)\right)$$

但是,如果飞行器材料密度$\rho_V$不是时间的函数,回顾方程(2.5),得出

$$\int_{\mathrm{Vol}} \left(\boldsymbol{p} \times \frac{\mathrm{d}}{\mathrm{d}t}\Big|_I \left(\rho_V \frac{\mathrm{d}\boldsymbol{p}_V}{\mathrm{d}t}\Big|_I \mathrm{d}V\right)\right) = \int_{\mathrm{Vol}} (\rho_V \boldsymbol{p} \mathrm{d}V) \times \frac{\mathrm{d}}{\mathrm{d}t}\Big|_I \left(\frac{\mathrm{d}\boldsymbol{p}_V}{\mathrm{d}t}\Big|_I\right) = 0$$

因此,方程(2.14)最终变成

$$\int_{\mathrm{Vol}} \left(\boldsymbol{p} \times \frac{\mathrm{d}}{\mathrm{d}t}\Big|_I \left(\rho_V \frac{\mathrm{d}\boldsymbol{p}}{\mathrm{d}t}\Big|_I \mathrm{d}V\right)\right) = \int_{表面} \boldsymbol{p} \times \mathrm{d}\boldsymbol{f}_{\mathrm{ext}} \tag{2.15}$$

注意我们刚才已经将旋转形式牛顿定律的表达式转化成了用飞行器固定坐标系原点力矩与动量表示的方程(方程(2.15)),该式最初以惯性坐标系原点力矩与动量表示(方程(2.2))。这是非常重要的,它使质量特性与作用于飞行器上的力矩的表达式更为简单实用。

我们可用以下方式进一步展开方程(2.15)左侧。通过多次援引矢量导数链式法则——方程(2.7)得出

$$\int_{\mathrm{Vol}} \left(\boldsymbol{p} \times \frac{\mathrm{d}}{\mathrm{d}t}\Big|_I \left(\rho_V \frac{\mathrm{d}\boldsymbol{p}}{\mathrm{d}t}\Big|_I \mathrm{d}V\right)\right) = \int_{\mathrm{Vol}} \left(\boldsymbol{p} \times \frac{\mathrm{d}}{\mathrm{d}t}\Big|_I \left(\rho_V \left(\frac{\mathrm{d}\boldsymbol{p}}{\mathrm{d}t}\Big|_V + \boldsymbol{\omega}_{V,I} \times \boldsymbol{p}\right) \mathrm{d}V\right)\right)$$

$$= \int_{\mathrm{Vol}} \boldsymbol{p} \times \left(\rho_V \left(\frac{\mathrm{d}^2 \boldsymbol{p}}{\mathrm{d}t^2}\Big|_V + 2\left(\boldsymbol{\omega}_{V,I} \times \frac{\mathrm{d}\boldsymbol{p}}{\mathrm{d}t}\Big|_V\right) + \left(\frac{\mathrm{d}\boldsymbol{\omega}_{V,I}}{\mathrm{d}t}\Big|_I \times \boldsymbol{p}\right) + \boldsymbol{\omega}_{V,I} \times (\boldsymbol{\omega}_{V,I} \times \boldsymbol{p}\right)\right) \mathrm{d}V\right)$$

再次注意:对于刚性飞行器而言,

$$\frac{\mathrm{d}\boldsymbol{p}}{\mathrm{d}t}\Big|_V = 0$$

方程(2.15)变成以下旋转式牛顿定律方程:

$$\int_{\mathrm{Vol}} \boldsymbol{p} \times \left(\rho_V \left(\left(\frac{\mathrm{d}\boldsymbol{\omega}_{V,I}}{\mathrm{d}t}\Big|_I \times \boldsymbol{p}\right) + \boldsymbol{\omega}_{V,I} \times (\boldsymbol{\omega}_{V,I} \times \boldsymbol{p})\right) \mathrm{d}V\right) = \int_{表面} \boldsymbol{p} \times \mathrm{d}\boldsymbol{f}_{\mathrm{ext}} \tag{2.16}$$

现在将进一步观察方程组(2.10)与(2.16)右侧,它们均包含作用于飞行器的力与力矩。首先,得出

$$\int_{\mathrm{Vol}} \rho_V \boldsymbol{g} \mathrm{d}V = \boldsymbol{g} \int_{\mathrm{Vol}} \rho_V \mathrm{d}V = m\boldsymbol{g}$$

再次指出,我们已假设式中重力矢量相对于飞行器体积积分保持恒定(或者重力完全保持恒定)。接下来,令

$$\int_{\text{表面}} \mathrm{d}\boldsymbol{f}_{\mathrm{ext}} = \boldsymbol{F}_{\text{气动力}} + \boldsymbol{F}_{\text{推动力}}$$

上式表明,由于存在气动力与推进力效应,作用于飞行器上的力由飞行器上的压力分布 $\boldsymbol{f}_{\mathrm{ext}}$ 的积分导致。同样,令

$$\int_{\text{表面}} \boldsymbol{p} \times \mathrm{d}\boldsymbol{f}_{\mathrm{ext}} = \boldsymbol{M}_{\text{气动力}} + \boldsymbol{M}_{\text{推动力}}$$

由于相同的外部压力分布导致产生气动力与推进力,上式描述了以飞行器质心为参考点的力矩表达式。

将所有这些结果合并产生下面给出的密度分布恒定的刚性飞行器运动方程。以飞行器平移动量表示的式(2.17)控制飞行器的平移运动,而以飞行器质心角动量表示的式(2.18)则控制飞行器的旋转运动。

$$\frac{\mathrm{d}}{\mathrm{d}t}\Big|_I \left( m \frac{\mathrm{d}\boldsymbol{p}_V}{\mathrm{d}t}\Big|_I \right) = m \frac{\mathrm{d}\boldsymbol{V}_V}{\mathrm{d}t}\Big|_I = m\boldsymbol{g} + \boldsymbol{F}_{\text{气动力}} + \boldsymbol{F}_{\text{推动力}} \tag{2.17}$$

$$\int_{\mathrm{Vol}} \boldsymbol{p} \times \left( \rho_V \left( \left( \frac{\mathrm{d}\boldsymbol{\omega}_{V,I}}{\mathrm{d}t}\Big|_I \times \boldsymbol{p} \right) + \boldsymbol{\omega}_{V,I} \times \left( \boldsymbol{\omega}_{V,I} \times \boldsymbol{p} \right) \right) \mathrm{d}V \right) = \boldsymbol{M}_{\text{气动力}} + \boldsymbol{M}_{\text{推动力}} \tag{2.18}$$

回顾可知,方程(2.17)利用原点固定在飞行器质心的坐标系推演出,而方程(2.18)也要求所选坐标系——坐标系 $V$ 为飞行器固定坐标系,“飞行器固定”意指飞行器上的每一点均相对于此坐标系固定,即

$$\frac{\mathrm{d}\boldsymbol{p}}{\mathrm{d}t}\Big|_V = 0.$$

## 2.2 运动标量方程——地平说

现在将根据上述两个矢量关系(方程(2.17)与方程(2.18))推导六个运动标量方程。这些运动方程将不会特别包含螺旋桨或涡轮喷气发动机等飞行器旋转机械的动力影响,也不会包含变质量飞行器的影响。在2.4节与2.5节将介绍对运动方程的必要修改,使之包含这些影响。然而,由于本节推演出的方程精确到足以对现有大多数传统飞行器动力学进行建模,因而得到广泛使用。但第一章作业题中提及的倾转旋翼式飞行器、新型微型飞行器(MAVS)、火箭与导弹、与 NASA X-43 相似的未来高超声速飞行器(将在第十章和第十一章进行讨论)例外。

下列方程定义了飞行器固定坐标系 $V$ 中所需矢量的分量,参见图2.1)。

$$
\begin{aligned}
&\frac{\mathrm{d}\boldsymbol{p}_V}{\mathrm{d}t}\Big|_I \triangleq \boldsymbol{V}_V = U\boldsymbol{i}_V + V\boldsymbol{j}_V + W\boldsymbol{k}_V \\
&\boldsymbol{p} = x\boldsymbol{i}_V + y\boldsymbol{j}_V + z\boldsymbol{k}_V \\
&\boldsymbol{g} = g_x\boldsymbol{i}_V + g_y\boldsymbol{j}_V + g_z\boldsymbol{k}_V \\
&\boldsymbol{\omega}_{V,I} = P\boldsymbol{i}_V + Q\boldsymbol{j}_V + R\boldsymbol{k}_V \\
&\boldsymbol{F}_{\text{气动力}} = F_{A_X}\boldsymbol{i}_V + F_{A_Y}\boldsymbol{j}_V + F_{A_Z}\boldsymbol{k}_V \\
&\boldsymbol{F}_{\text{推动力}} = F_{P_X}\boldsymbol{i}_V + F_{P_Y}\boldsymbol{j}_V + F_{P_Z}\boldsymbol{k}_V \\
&\boldsymbol{M}_{\text{气动力}} = L_A\boldsymbol{i}_V + M_A\boldsymbol{j}_V + N_A\boldsymbol{k}_V \\
&\boldsymbol{M}_{\text{推动力}} = L_P\boldsymbol{i}_V + M_P\boldsymbol{j}_V + N_P\boldsymbol{k}_V
\end{aligned}
\tag{2.19}
$$

## 学生须知

有时学生对方程组(2.19)中的式一迷惑不解。该方程定义了飞行器惯性速度矢量(或其质心惯性速度)的分量,我们将该矢量定义为位置矢量相对于惯性坐标系的变化率。但是,此处所给矢量的分量指该矢量在飞行器固定坐标系中的分量。这仅是须仔细规定用于定义矢量变化率的坐标系以及用于定义矢量分量坐标系的一个例子。

---

角速度矢量 $\boldsymbol{\omega}_{V,I}$ 表示坐标系 $V$ 相对于惯性的角速度,同时在上文中已将角速度矢量在飞行器固定坐标系中的分量定义为 $P$、$Q$ 与 $R$。$P$、$Q$ 与 $R$ 分别称为飞行器的滚转角速度、俯仰角速度与偏航角速度。

当质量保持恒定时,可根据下式得出方程(2.17)右侧的项,即飞行器的平移动量。

$$
\frac{\mathrm{d}}{\mathrm{d}t}\Big|_I\left(m\frac{\mathrm{d}\boldsymbol{p}_V}{\mathrm{d}t}\Big|_I\right) = m\left(\frac{\mathrm{d}\boldsymbol{V}_V}{\mathrm{d}t}\Big|_I\right) = m\left(\frac{\mathrm{d}\boldsymbol{V}_V}{\mathrm{d}t}\Big|_V + \boldsymbol{\omega}_{V,I}\times\boldsymbol{V}_V\right) \tag{2.20}
$$

将方程(2.19)代入方程(2.17),援引方程(2.20)进行矢量运算,同时将三个分量 $i_V$、$j_V$与 $k_V$列成等式,可得出以下三个控制飞行器平移的标量方程。

$$
\begin{cases}
m(\dot{U} + QW - VR) = mg_x + F_{A_X} + F_{P_X} \\
m(\dot{V} + RU - PW) = mg_y + F_{A_Y} + F_{P_Y} \\
m(\dot{W} + PV - QU) = mg_z + F_{A_Z} + F_{P_Z}
\end{cases}
\tag{2.21}
$$

(将这些表达式与第一章作业题 1.3 的答案进行比较。)最后,回顾有关坐标系 $V$ 中重力分量的方程(1.19)可知,控制平移运动的三个标量方程变成

$$
\begin{aligned}
m(\dot{U} + QW - VR) &= -mg\sin\theta + F_{A_X} + F_{P_X} \\
m(\dot{V} + RU - PW) &= mg\cos\theta\sin\phi + F_{A_Y} + F_{P_Y} \\
m(\dot{W} + PV - QU) &= mg\cos\theta\cos\phi + F_{A_Z} + F_{P_Z}
\end{aligned}
\tag{2.22}
$$

注意这些方程用三个欧拉角 $\psi$、$\theta$ 与 $\phi$——定义飞行器固定坐标系 $V$ 相对于惯性坐标系 $I$ 的方向的 3-2-1 旋转角表示(参见 1.3 节进行回顾)。

现在将注意力转向控制飞行器旋转的标量方程的推导,首先从方程(2.18)开始,在此再次列出

$$\int_{\text{Vol}} \boldsymbol{p}\times\left(\rho_V\left(\left(\frac{\mathrm{d}\boldsymbol{\omega}_{V,I}}{\mathrm{d}t}\Big|_I\times\boldsymbol{p}\right)+\boldsymbol{\omega}_{V,I}\times(\boldsymbol{\omega}_{V,I}\times\boldsymbol{p})\right)\mathrm{d}V\right)=\boldsymbol{M}_{\text{气动力}}+\boldsymbol{M}_{\text{推动力}}$$

首先,请注意:

$$\frac{\mathrm{d}\boldsymbol{\omega}_{V,I}}{\mathrm{d}t}\Big|_I=\frac{\mathrm{d}\boldsymbol{\omega}_{V,I}}{\mathrm{d}t}\Big|_V+\boldsymbol{\omega}_{V,I}\times\boldsymbol{\omega}_{V,I}=\frac{\mathrm{d}\boldsymbol{\omega}_{V,I}}{\mathrm{d}t}\Big|_V$$

且

$$\frac{\mathrm{d}\boldsymbol{\omega}_{V,I}}{\mathrm{d}t}\Big|_V=\dot{P}\boldsymbol{i}_V+\dot{Q}\boldsymbol{j}_V+\dot{R}\boldsymbol{k}_V$$

然后,根据矢量三重积恒等式①,可列出

$$\begin{aligned}&\boldsymbol{p}\times\left(\left(\frac{\mathrm{d}\boldsymbol{\omega}_{V,I}}{\mathrm{d}t}\Big|_V\times\boldsymbol{p}\right)+(\boldsymbol{\omega}_{V,I}\times(\boldsymbol{\omega}_{V,I}\times\boldsymbol{p}))\right)\\&=\frac{\mathrm{d}\boldsymbol{\omega}_{V,I}}{\mathrm{d}t}\Big|_V(\boldsymbol{p}\cdot\boldsymbol{p})-\boldsymbol{p}\left(\boldsymbol{p}\cdot\frac{\mathrm{d}\boldsymbol{\omega}_{V,I}}{\mathrm{d}t}\Big|_V\right)+\boldsymbol{p}\times\boldsymbol{\omega}_{V,I}(\boldsymbol{\omega}_{V,I}\cdot\boldsymbol{p})-\cancel{\boldsymbol{p}\times\boldsymbol{p}(\boldsymbol{\omega}_{V,I}\cdot\boldsymbol{\omega}_{V,I})}\end{aligned}\tag{2.23}$$

同时注意,由于右侧最后一项是两个平行矢量的矢量积,因此该项等于零。

使用所选矢量的已定义分量得出

$$\begin{cases}\boldsymbol{p}\cdot\boldsymbol{p}=x^2+y^2+z^2\\ \boldsymbol{p}\cdot\boldsymbol{\omega}_{V,I}=Px+Qy+Rz\\ \boldsymbol{p}\cdot\dfrac{\mathrm{d}\boldsymbol{\omega}_{V,I}}{\mathrm{d}t}\Big|_V=\dot{P}x+\dot{Q}y+\dot{R}z\end{cases}\tag{2.24}$$

现在,将下列力矩与惯量积定义为

$$\begin{aligned}I_{xx}&=\int_{\text{Vol}}(y^2+z^2)\rho_V\mathrm{d}V\quad I_{xy}=I_{yx}=\int_{\text{Vol}}xy\rho_V\mathrm{d}V\\ I_{yy}&=\int_{\text{Vol}}(x^2+z^2)\rho_V\mathrm{d}V\quad I_{xz}=I_{zx}=\int_{\text{Vol}}xz\rho_V\mathrm{d}V\\ I_{zz}&=\int_{\text{Vol}}(x^2+y^2)\rho_V\mathrm{d}V\quad I_{yz}=I_{zy}=\int_{\text{Vol}}yz\rho_V\mathrm{d}V\end{aligned}\tag{2.25}$$

注意,如果飞行器上的密度分布 $\rho_V$ 不随时间变化,那么方程(2.25)中的惯量项也保持恒定。定义这些惯量之后,就可证明(可作为学生练习题)方程(2.18)左侧的积分可表示为方程(2.26)中给出的矢量。

---

① 矢量三重积恒等式:$\boldsymbol{a}\times(\boldsymbol{b}\times\boldsymbol{c})=\boldsymbol{b}(\boldsymbol{a}\cdot\boldsymbol{c})-\boldsymbol{c}(\boldsymbol{a}\cdot\boldsymbol{b})$。

$$\int_{Vol} \boldsymbol{p}\times\left(\left(\frac{\mathrm{d}\boldsymbol{\omega}_{V,I}}{\mathrm{d}t}|_I\times\boldsymbol{p}\right)+\boldsymbol{\omega}_{V,I}\times(\boldsymbol{\omega}_{V,I}\times\boldsymbol{p})\right)\rho_V\,\mathrm{d}V$$

$$\begin{aligned}&=\left(I_{xx}\dot{P}-I_{xz}(\dot{R}+PQ)-I_{yz}(Q^2-R^2)-I_{xy}(\dot{Q}-RP)+(I_{zz}-I_{yy})RQ\right)\boldsymbol{i}_V\\&\quad+\left(I_{yy}\dot{Q}+(I_{xx}-I_{zz})PR-I_{xy}(\dot{P}+QR)-I_{yz}(\dot{R}-PQ)+I_{xz}(P^2-R^2)\right)\boldsymbol{j}_V\\&\quad+\left(I_{zz}\dot{R}-I_{xz}(\dot{P}-QR)-I_{xy}(P^2-Q^2)-I_{yz}(\dot{Q}+RP)+(I_{yy}-I_{xx})PQ\right)\boldsymbol{k}_V\end{aligned} \quad (2.26)$$

最后请注意,方程(2.18)右侧的两个力矩矢量在坐标系 $V$ 中有分量,如方程(2.19)所列出的。根据这些定义,可将方程(2.18)与方程(2.16)中的分量 $i_v$、$j_v$与 $k_v$列成等式,以便获得所期望的三个旋转运动标量方程,如下所示。

$$\begin{aligned}&I_{xx}\dot{P}-I_{xz}(\dot{R}+PQ)-I_{yz}(Q^2-R^2)-I_{xy}(\dot{Q}-RP)+(I_{zz}-I_{yy})RQ=L_A+L_P\\&I_{yy}\dot{Q}+(I_{xx}-I_{zz})PR-I_{xy}(\dot{P}+QR)-I_{yz}(\dot{R}-PQ)+I_{xz}(P^2-R^2)=M_A+M_P\\&I_{zz}\dot{R}-I_{xz}(\dot{P}-QR)-I_{xy}(P^2-Q^2)-I_{yz}(\dot{Q}+RP)+(I_{yy}-I_{xx})PQ=N_A+N_P\end{aligned} \quad (2.27)$$

注意,如果飞行器的 $XZ$ 平面是一个对称平面,则 $I_{xy}=I_{yz}=0$,并且上述方程可大大简化。图 2.2 中所示的 NASA 斜翼飞行器无这种对称面。对于这种机翼处于倾斜位置的飞行器而言,所有惯量积均为非零值。

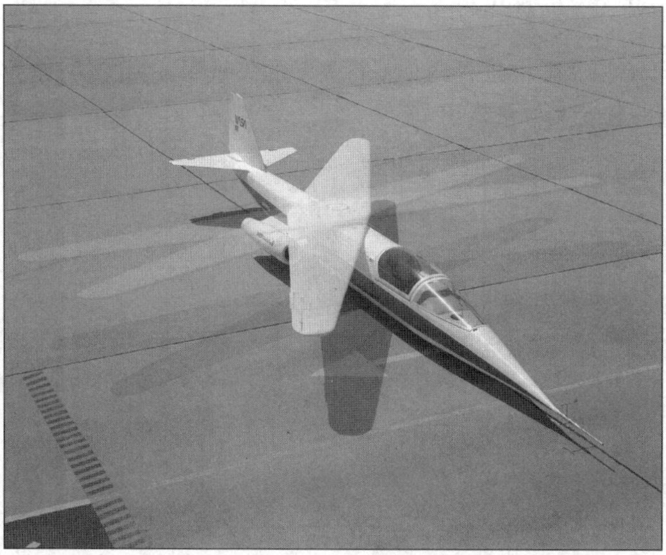

图 2.2 NASA 斜翼侦察机的多重曝光全息图(NASA 友情提供图片)

## 评述

可使用另一种也许更方便的方法获得方程(2.27)。仍然从方程(2.15)开始,在此再次列出

$$\int_{Vol}\left(\boldsymbol{p}\times\frac{\mathrm{d}}{\mathrm{d}t}|_I\left(\rho_V\frac{\mathrm{d}\boldsymbol{p}}{\mathrm{d}t}|_I\,\mathrm{d}V\right)\right)=\int_{表面}\boldsymbol{p}\times\mathrm{d}\boldsymbol{f}_{ext}$$

注意,方程左侧可列为

$$\int_{\text{Vol}} \left(\boldsymbol{p}\times\frac{\mathrm{d}}{\mathrm{d}t}|_I\left(\rho_V\frac{\mathrm{d}\boldsymbol{p}}{\mathrm{d}t}|_I\,\mathrm{d}V\right)\right)=\int_{\text{Vol}}\frac{\mathrm{d}}{\mathrm{d}t}|_I\left(\boldsymbol{p}\times\left(\rho_V\frac{\mathrm{d}\boldsymbol{p}}{\mathrm{d}t}|_I\,\mathrm{d}V\right)\right)$$
$$=\int_{\text{Vol}}\frac{\mathrm{d}}{\mathrm{d}t}|_I\left(\boldsymbol{p}\times(\rho_V(\boldsymbol{\omega}_{V,I}\times\boldsymbol{p})\mathrm{d}V)\right)=-\int_{\text{Vol}}\frac{\mathrm{d}}{\mathrm{d}t}|_I\left(\boldsymbol{p}\times(\rho_V(\boldsymbol{p}\times\boldsymbol{\omega}_{V,I})\mathrm{d}V)\right)\tag{2.28}$$

上述表达式的被积函数表示关于飞行器质心的质量元角动量的惯性变化率。

现在引进矢量积矩阵。通过利用所熟知的行列式运算来估算最里面的矢量积,得出

$$\boldsymbol{p}\times\boldsymbol{\omega}_{V,I}=\begin{vmatrix}\boldsymbol{i}_V & \boldsymbol{j}_V & \boldsymbol{k}_V\\ x & y & z\\ P & Q & R\end{vmatrix}=(yR-zQ)\boldsymbol{i}_V+(zP-xR)\boldsymbol{j}_V+(xQ-yP)\boldsymbol{k}_V$$

然而,也可使用如下矢量积矩阵估算该矢量积:

$$\boldsymbol{p}\times\boldsymbol{\omega}_{V,I}=\left[\begin{bmatrix}0 & -z & y\\ z & 0 & -x\\ -y & x & 0\end{bmatrix}\begin{bmatrix}P\\ Q\\ R\end{bmatrix}\right]^{\mathrm{T}}\begin{Bmatrix}\boldsymbol{i}_V\\ \boldsymbol{j}_V\\ \boldsymbol{k}_V\end{Bmatrix}=\begin{bmatrix}(yR-zQ) & (zP-xR) & (xQ-yP)\end{bmatrix}\begin{Bmatrix}\boldsymbol{i}_V\\ \boldsymbol{j}_V\\ \boldsymbol{k}_V\end{Bmatrix}$$

上式使用了已在 1. 3 节介绍的矢量阵表示法,即

$$\boldsymbol{p}\times\boldsymbol{\omega}_{V,I}=\tilde{\boldsymbol{p}}\otimes\boldsymbol{\omega}_{V,I}\tag{2.29}$$

式中

$$\tilde{\boldsymbol{p}}=\begin{bmatrix}0 & -z & y\\ z & 0 & -x\\ -y & x & 0\end{bmatrix}$$

为一个矢量积矩阵,⊗为矢量积矩阵运算。按照要求,两个矢量的矢量积结果总是等于一个矢量,若进行矢量积运算,则这两个矢量必须分别以其在同一个坐标系中定义的分量表示。

引入矢量积矩阵运算的一个好处在于运算的结合性。例如,可得出

$$\boldsymbol{p}\times(\boldsymbol{p}\times\boldsymbol{\omega}_{V,I})=\tilde{\boldsymbol{p}}\otimes(\tilde{\boldsymbol{p}}\otimes\boldsymbol{\omega}_{V,I})=\left[\begin{bmatrix}0 & -z & y\\ z & 0 & -x\\ -y & x & 0\end{bmatrix}\begin{bmatrix}0 & -z & y\\ z & 0 & -x\\ -y & x & 0\end{bmatrix}\begin{bmatrix}P\\ Q\\ R\end{bmatrix}\right]^{\mathrm{T}}\begin{Bmatrix}\boldsymbol{i}_V\\ \boldsymbol{j}_V\\ \boldsymbol{k}_V\end{Bmatrix}$$

$$=\tilde{\boldsymbol{p}}\tilde{\boldsymbol{p}}\otimes\boldsymbol{\omega}_{V,I}=\begin{bmatrix}-(y^2+z^2) & xy & xz\\ xp & -(x^2+z^2) & yz\\ xz & yz & -(x^2+y^2)\end{bmatrix}\otimes\boldsymbol{\omega}_{V,I}$$

即三重矢量积可用两个矢量积矩阵的乘积表示,且该乘积本身也是一个矢量积矩阵。

因此,可将方程(2. 28)列为

$$\int_{\text{Vol}}\frac{\mathrm{d}}{\mathrm{d}t}|_I\left(\boldsymbol{p}\times\left(\rho_V\frac{\mathrm{d}\boldsymbol{p}}{\mathrm{d}t}|_I\,\mathrm{d}V\right)\right)=-\int_{\text{Vol}}\frac{\mathrm{d}}{\mathrm{d}t}|_I\left(\boldsymbol{p}\times(\rho_V(\boldsymbol{p}\times\boldsymbol{\omega}_{V,I})\mathrm{d}V)\right)$$

$$=-\int_{\text{Vol}}\frac{\mathrm{d}}{\mathrm{d}t}|_I\left(\left(\rho_V\begin{bmatrix}-(y^2+z^2) & xy & xz\\ xp & -(x^2+z^2) & yz\\ xz & yz & -(x^2+y^2)\end{bmatrix}\otimes\boldsymbol{\omega}_{V,I}\,\mathrm{d}V\right)\right)$$

$$=\frac{\mathrm{d}}{\mathrm{d}t}|_I\left[\int_{\text{Vol}}\rho_V\begin{bmatrix}(y^2+z^2) & -xy & -xz\\ -xp & (x^2+z^2) & -yz\\ -xz & -yz & (x^2+y^2)\end{bmatrix}\mathrm{d}V\right]\otimes\boldsymbol{\omega}_{V,I}$$

$$=\frac{\mathrm{d}}{\mathrm{d}t}|_I[\boldsymbol{I}]\otimes\boldsymbol{\omega}_{V,I}=\frac{\mathrm{d}}{\mathrm{d}t}|_I\boldsymbol{H}_V$$

式中：$[\boldsymbol{I}]$为惯性矩阵，也是矢量积矩阵；$\boldsymbol{H}_V$为飞行器质心角动量的矢量表征。注意

$$[\boldsymbol{I}]=\begin{bmatrix} I_{xx} & -I_{xy} & -I_{xz} \\ -I_{yx} & I_{yy} & -I_{yz} \\ -I_{zx} & -I_{zy} & I_{zz} \end{bmatrix} \tag{2.30}$$

各元素与方程(2.25)中给定的相同。

总而言之，如果所施加的力矩仅由气动力与推进力效应产生，则方程(2.27)也可根据下列牛顿定律表达式(等同于方程(2.15))推演出。

$$\frac{\mathrm{d}\boldsymbol{H}_V}{\mathrm{d}t}\bigg|_I=\boldsymbol{M}_{\text{气动力}}+\boldsymbol{M}_{\text{推动力}} \tag{2.31}$$

## 例 2.1　角动量的 MATLAB 计算

使用矢量积矩阵的另一个好处在于可用 *MATLAB* 等软件轻而易举地计算矢量积（参考文献 1）。本例将通过计算正执行演习任务的飞行器的角动量来演示这种计算方法。

令 *A*-4*D* 飞行器的惯量为

$$I_{xx}=8090\ \text{sl-ft}^2 \qquad I_{yy}=25{,}900\ \text{sl-ft}^2$$

$$I_{zz}=29{,}200\ \text{sl-ft}^2 \qquad I_{xz}=1300\ \text{sl-ft}^2$$

在演习过程中的某一瞬间，飞行器经历的角速度如下：

$$P\ (\text{滚转角速度})=0$$

$$Q\ (\text{俯仰角速度})=0.00685\ \text{rad/s}$$

$$R\ (\text{偏航角速度})=0.02950\ \text{rad/s}$$

求这一瞬间飞行器的角动量 $\boldsymbol{H}_V$。

**解**

就给定数据而言，飞行器的惯性矩阵为

$$[\boldsymbol{I}]=\begin{bmatrix} 8090 & 0 & -1300 \\ 0 & 25{,}900 & 0 \\ -1300 & 0 & 29{,}200 \end{bmatrix}$$

角速度矢量为

$$\boldsymbol{\omega}_{V,I}=0\,\boldsymbol{i}_V+0.00685\,\boldsymbol{j}_V+0.02950\,\boldsymbol{k}_V$$

可知角动量为

$$\boldsymbol{H}_V=[\boldsymbol{I}]\otimes\boldsymbol{\omega}_{V,I}=\left[[\boldsymbol{I}]\begin{bmatrix}P\\Q\\R\end{bmatrix}\right]^{\mathrm{T}}\begin{Bmatrix}\boldsymbol{i}_V\\\boldsymbol{j}_V\\\boldsymbol{k}_V\end{Bmatrix}$$

MATLAB 计算遵循：

```
» I = [8090 0 -1300;
    0 25900 0;
    -1300 0 29200]

I = 8090      0     -1300
      0     25900      0
   -1300      0     29200
» omega = [0;0.00685;0.02950]
omega =
```

```
     0
  6.8500e-03
  2.9500e-02
»H=I*omega
H=
  -3.8350e+01
  1.7741e+02
  8.6140e+02
```

因此,飞行器的角动量矢量为

$$\boldsymbol{H}_V = -38.35\,\boldsymbol{i}_V + 177.41\,\boldsymbol{j}_V + 861.40\,\boldsymbol{k}_V \text{ sl-ft}^2/\text{s}$$

---

为了总结本节所阐述内容,方程(2.22)(平移 $U$、$V$、$W$ 以及力)与方程(2.27)(旋转 $P$、$Q$、$R$ 与力矩)给出了刚性飞行器的六个标量运动方程。这六个方程控制刚性飞行器的六个自由度。

由于待推演的最后几组方程并非对角速度与平移角速度之间的动力学关系建模,而是对角速度与平移角速度之间的运动学关系建模,因此我们将这些方程称为运动学方程。首先分析角速度。根据1.3节中三个3-2-1欧拉角 $\psi$、$\theta$ 与 $\phi$ 的定义,显而易见

$$\boldsymbol{\omega}_{V,I} = \dot{\phi}\boldsymbol{i}_V + \dot{\theta}\boldsymbol{j}_2 + \dot{\psi}\boldsymbol{k}_I \tag{2.32}$$

(注意各单位矢量的下标不同。)我们之前已将坐标系 $V$ 中 $\boldsymbol{\omega}_{V,I}$ 的分量定义为

$$\boldsymbol{\omega}_{V,I} = P\boldsymbol{i}_V + Q\boldsymbol{j}_V + R\boldsymbol{k}_V \tag{2.33}$$

可证明坐标系 $V$ 中的单位矢量与欧拉角定义中引进的中间坐标系2中的单位矢量的一个关系式为

$$\boldsymbol{j}_2 = \cos\phi\,\boldsymbol{j}_V - \sin\phi\,\boldsymbol{k}_V \tag{2.34}$$

此外,根据方程(1.15)中的方向余弦矩阵,得出

$$\boldsymbol{k}_I = -\sin\theta\,\boldsymbol{i}_V + \sin\phi\cos\theta\,\boldsymbol{j}_V + \cos\phi\cos\theta\,\boldsymbol{k}_V \tag{2.35}$$

将上述两个表达式代入方程(2.32),将分量 $i_V$、$j_V$ 和 $k_V$ 与方程(2.33)中的分量列成等式,得出所需的有关角速度的运动学方程。

$$\begin{cases} P = \dot{\phi} - \dot{\psi}\sin\theta \\ Q = \dot{\theta}\cos\phi + \dot{\psi}\cos\theta\sin\phi \\ R = \dot{\psi}\cos\theta\cos\phi - \dot{\theta}\sin\phi \end{cases} \tag{2.36}$$

或者,将上组方程倒置,得出非线性仿真中使用的另一种角运动方程。显然,欧拉角速度由这些表达式决定。

$$\begin{cases} \dot{\phi} = P + Q\sin\phi\tan\theta + R\cos\phi\tan\theta \\ \dot{\theta} = Q\cos\phi - R\sin\phi \\ \dot{\psi} = (Q\sin\phi + R\cos\phi)\sec\theta \end{cases} \tag{2.37}$$

现在,为了探讨平移运动学,回顾前面用其在飞行器固定坐标系中的分量表示的飞行器惯性速度矢量:

$$\boldsymbol{V}_V = U\,\boldsymbol{i}_V + V\,\boldsymbol{j}_V + W\,\boldsymbol{k}_V = \begin{bmatrix} U & V & W \end{bmatrix}\begin{Bmatrix} \boldsymbol{i}_V \\ \boldsymbol{j}_V \\ \boldsymbol{k}_V \end{Bmatrix} \tag{2.38}$$

方程（2.38）再次使用了 1.3 节介绍的矢量阵表示法。将惯性坐标系中的同一个矢量的分量定义为

$$\boldsymbol{V}_V=\begin{bmatrix}\dot{X}_I & \dot{Y}_I & -\dot{h}\end{bmatrix}\begin{Bmatrix}\boldsymbol{i}_I\\ \boldsymbol{j}_I\\ \boldsymbol{k}_I\end{Bmatrix} \tag{2.39}$$

式中：$h$ 指飞行器距离地球表面的高度。现在回顾方向余弦矩阵方程(1.15)，在此再次列出

$$\mathbf{T}_{E\text{-}V}(\phi,\theta,\psi)=\begin{bmatrix}1 & 0 & 0\\ 0 & \cos\phi & \sin\phi\\ 0 & -\sin\phi & \cos\phi\end{bmatrix}\begin{bmatrix}\cos\theta & 0 & -\sin\theta\\ 0 & 1 & 0\\ \sin\theta & 0 & \cos\theta\end{bmatrix}\begin{bmatrix}\cos\psi & \sin\psi & 0\\ -\sin\psi & \cos\psi & 0\\ 0 & 0 & 1\end{bmatrix}$$

$$=\begin{bmatrix}(\cos\theta\cos\psi) & (\cos\theta\sin\psi) & (-\sin\theta)\\ (\sin\phi\sin\theta\cos\psi-\cos\phi\sin\psi) & (\sin\phi\sin\theta\sin\psi+\cos\phi\cos\psi) & (\sin\phi\cos\theta)\\ (\cos\phi\sin\theta\cos\psi+\sin\phi\sin\psi) & (\cos\phi\sin\theta\sin\psi-\sin\phi\cos\psi) & (\cos\phi\cos\theta)\end{bmatrix}$$

以及

$$\begin{Bmatrix}\boldsymbol{i}_V\\ \boldsymbol{j}_V\\ \boldsymbol{k}_V\end{Bmatrix}=\boldsymbol{T}_{E\text{-}V}(\phi,\theta,\psi)\begin{Bmatrix}\boldsymbol{i}_E\\ \boldsymbol{j}_E\\ \boldsymbol{k}_E\end{Bmatrix}=\boldsymbol{T}_{I\text{-}V}(\phi,\theta,\psi)\begin{Bmatrix}\boldsymbol{i}_I\\ \boldsymbol{j}_I\\ \boldsymbol{k}_I\end{Bmatrix}$$

上述关系式中，我们利用了将地球表面的坐标系 $E$ 视为惯性坐标系这一事实。

将与单位矢量有关的这些表达式代入方程(2.38)，并与方程(2.39)列成等式，将结果互换，得出

$$\begin{bmatrix}\dot{X}_I\\ \dot{Y}_I\\ -\dot{h}\end{bmatrix}=\boldsymbol{T}_{I\text{-}V}^{\mathrm{T}}(\phi,\theta,\psi)\begin{bmatrix}U\\ V\\ W\end{bmatrix}$$

$$=\begin{bmatrix}\cos\psi & -\sin\psi & 0\\ \sin\psi & \cos\psi & 0\\ 0 & 0 & 1\end{bmatrix}\begin{bmatrix}\cos\theta & 0 & \sin\theta\\ 0 & 1 & 0\\ -\sin\theta & 0 & \cos\theta\end{bmatrix}\begin{bmatrix}1 & 0 & 0\\ 0 & \cos\phi & -\sin\phi\\ 0 & \sin\phi & \cos\phi\end{bmatrix}\begin{bmatrix}U\\ V\\ W\end{bmatrix}$$

因此，所需的有关平移角速度的运动学表达式可通过下列各式得出：

$$\begin{aligned}\dot{X}_I&=U\cos\theta\cos\psi+V(\sin\phi\sin\theta\cos\psi-\cos\phi\sin\psi)\\&\quad+W(\cos\phi\sin\theta\cos\psi+\sin\phi\sin\psi)\\ \dot{Y}_I&=U\cos\theta\sin\psi+V(\sin\phi\sin\theta\sin\psi+\cos\phi\cos\psi)\\&\quad+W(\cos\phi\sin\theta\sin\psi-\sin\phi\cos\psi)\\ \dot{h}&=U\sin\theta-V\sin\phi\cos\theta-W\cos\phi\cos\theta\end{aligned} \tag{2.40}$$

通过汇总本节的重要结果可知，我们已推导出了 12 个控制刚性飞行器六个自由度的非线性运动方程。

（1）方程(2.22)控制平移速度分量 $U$、$V$ 与 $W$ 的大小，这些分量受作用于飞行器上的各种力的驱动。

（2）方程(2.27)控制旋转速度分量 $P$、$Q$ 与 $R$ 的大小，这些分量受作用于飞行器的各力矩的驱动。

(3) 方程(2. 36)(或方程(2. 37))将 $P$、$Q$、$R$ 与$\dot{\phi}$、$\dot{\theta}$、$\dot{\psi}$相关联。

(4) 方程(2. 40)将 $U$、$V$、$W$ 与$\dot{X}_I$、$\dot{Y}_I$、$\dot{h}$相关联。

例如,在一个完整的飞行器非线性仿真中,同时求 12 个微分方程的积分。但是,就本书中有关飞行器动力学的大部分分析而言,通常不采用方程(2. 40)。这是由于(假设重力不受高度的影响)其他九个微分方程没有一个是惯性位置 $X_I$、$Y_I$或 $h$ 的函数。

## 2. 3 参考方程与小扰动方程——地平说

我们刚刚完成了控制飞行器动力学的 12 个非线性运动方程的推演,这也是进行小扰动分析(参见 1. 1 节)的第一步。此处我们将探讨第二步——变量替换、确定参考方程组与小扰动方程组。首先定义涉及参考量与小扰动量的变量替换。然后将该替换变量依次代入控制平移的方程(2. 22)和控制旋转的方程(2. 27),最后代入说明角速度之间的运动学关系的方程(2. 36)(或方程(2. 37))。

对于变量替换,定义如下:

$$
\begin{array}{lll}
U = U_0 + u & V = V_0 + v & W = W_0 + w \\
P = P_0 + p & Q = Q_0 + q & R = R_0 + r \\
\theta = \Theta_0 + \theta & \phi = \Phi_0 + \phi & \psi = \Psi_0 + \psi \\
F_{A_X} = F_{A_{X_0}} + f_{A_X} & F_{A_Y} = F_{A_{Y_0}} + f_{A_Y} & F_{A_Z} = F_{A_{Z_0}} + f_{A_Z} \\
F_{P_X} = F_{P_{X_0}} + f_{P_X} & F_{P_Y} = F_{P_{Y_0}} + f_{P_Y} & F_{P_Z} = F_{P_{Z_0}} + f_{P_Z} \\
L_A = L_{A_0} + l_A & M_A = M_{A_0} + m_A & N_A = N_{A_0} + n_A \\
L_P = L_{P_0} + l_P & M_P = M_{P_0} + m_P & N_P = N_{P_0} + n_P
\end{array}
\tag{2.41}
$$

此处,带有下标零的量指参考变量,而用斜体小写字母表示的量指小扰动量。

根据该变量替换,方程(2. 22)变成

$$
\begin{cases}
m\left((\dot{U}_0 + \dot{u}) + (Q_0 \mathrm{W}_0 + Q_0 w + W_0 q + wq) - (V_0 \mathrm{R}_0 + V_0 r + R_0 v + rv)\right) \\
= -mg\sin(\Theta_0 + \theta) + (F_{A_{X_0}} + f_{A_X}) + (F_{P_{X_0}} + f_{P_X}) \\
m\left((\dot{V}_0 + \dot{v}) + (R_0 U_0 + R_0 u + U_0 r + ru) - (P_0 W_0 + P_0 w + W_0 p + pw)\right) \\
= mg\cos(\Theta_0 + \theta)\sin(\Phi_0 + \phi) + (F_{A_{Y_0}} + f_{A_Y}) + (F_{P_{Y_0}} + f_{P_Y}) \\
m\left((\dot{W}_0 + \dot{w}) + (P_0 \mathrm{V}_0 + P_0 v + V_0 p + pv) - (Q_0 U_0 + Q_0 u + U_0 q + qu)\right) \\
= mg\cos(\Theta_0 + \theta)\cos(\Phi_0 + \phi) + (F_{A_{Z_0}} + f_{A_{Z_0}}) + (F_{P_{Z_0}} + f_{P_Z})
\end{cases}
\tag{2.42}
$$

注意下列两式分别为两角和正弦与余弦的恒等式:

$$\sin(\Theta_0 + \theta) = \sin\Theta_0 \cos\theta + \cos\Theta_0 \sin\theta$$

$$\cos(\Theta_0 + \theta) = \cos\Theta_0 \cos\theta - \sin\Theta_0 \sin\theta$$

($\phi$ 有相似的表达式)方程(2. 42)变成

$$m\left(\left(\dot U_0+\dot u\right)+\left(Q_0W_0+Q_0w+W_0q+wq\right)-\left(V_0R_0+V_0r+R_0v+rv\right)\right)$$
$$=-mg\left(\sin\Theta_0\cos\theta+\cos\Theta_0\sin\theta\right)+\left(F_{A_{X_0}}+f_{A_X}\right)+\left(F_{P_{X_0}}+f_{P_X}\right)$$

$$m\left(\left(\dot V_0+\dot v\right)+\left(R_0U_0+R_0u+U_0r+ru\right)-\left(P_0W_0+P_0w+W_0p+pw\right)\right)$$
$$=mg\left(\cos\Theta_0\cos\theta-\sin\Theta_0\sin\theta\right)\left(\sin\Phi_0\cos\phi+\cos\Phi_0\sin\phi\right)+\left(F_{A_{Y_0}}+f_{A_Y}\right)+\left(F_{P_{Y_0}}+f_{P_Y}\right)$$

$$m\left(\left(\dot W_0+\dot w\right)+\left(P_0V_0+P_0v+V_0p+pv\right)-\left(Q_0U_0+Q_0u+U_0q+qu\right)\right)$$
$$=mg\left(\cos\Theta_0\cos\theta-\sin\Theta_0\sin\theta\right)\left(\cos\Phi_0\cos\phi-\sin\Phi_0\sin\phi\right)+\left(F_{A_{Z_0}}+f_{A_Z}\right)+\left(F_{P_{Z_0}}+f_{P_Z}\right)$$

现援引小扰动假设,该假设暗指

小扰动量乘积~0

sin(小扰动角)~小扰动角

cos(小扰动角)~1

根据这些假设,方程(2.42)最后变成

$$\begin{cases} m\left(\left(\dot U_0+\dot u\right)+\left(Q_0W_0+Q_0w+W_0q\right)-\left(V_0R_0+V_0r+R_0v\right)\right) \\ =-mg\left(\sin\Theta_0+\cos\Theta_0\theta\right)+\left(F_{A_{X_0}}+f_{A_X}\right)+\left(F_{P_{X_0}}+f_{P_X}\right) \\ m\left(\left(\dot V_0+\dot v\right)+\left(R_0U_0+R_0u+U_0r\right)-\left(P_0W_0+P_0w+W_0p\right)\right) \\ =mg\left(\cos\Theta_0-\sin\Theta_0\theta\right)\left(\sin\Phi_0+\cos\Phi_0\phi\right)+\left(F_{A_{Y_0}}+f_{A_Y}\right)+\left(F_{P_{Y_0}}+f_{P_Y}\right) \\ m\left(\left(\dot W_0+\dot w\right)+\left(P_0V_0+P_0v+V_0p\right)-\left(Q_0U_0+Q_0u+U_0q\right)\right) \\ =mg\left(\cos\Theta_0-\sin\Theta_0\theta\right)\left(\cos\Phi_0-\sin\Phi_0\phi\right)+\left(F_{A_{Z_0}}+f_{A_Z}\right)+\left(F_{P_{Z_0}}+f_{P_Z}\right) \end{cases} \tag{2.43}$$

下面进一步探讨带下划线的各项。

现在准备推导两组方程——参考方程组与小扰动方程组。仔细观察上述三个方程,首先注意:带下划线的各项不仅仅是参考变量的函数,事实上还是方程组(2.22)中给出的初始运动方程。由于在基准条件下所有小扰动均为零,所以这一点不足为奇。因此,必须满足下列方程。

$$\begin{aligned} m\left(\dot U_0+Q_0W_0-V_0R_0\right)&=-mg\sin\Theta_0+F_{A_{X_0}}+F_{P_{X_0}} \\ m\left(\dot V_0+R_0U_0-P_0W_0\right)&=mg\cos\Theta_0\sin\Phi_0+F_{A_{Y_0}}+F_{P_{Y_0}} \\ m\left(\dot W_0+P_0V_0-Q_0U_0\right)&=mg\cos\Theta_0\cos\Phi_0+F_{A_{Z_0}}+F_{P_{Z_0}} \end{aligned} \tag{2.44}$$

这构成与方程组(2.22)对应的参考方程组。

再次参考方程组(2.43),从正在讨论中的三个方程中推导出方程组(2.44)并忽略与小扰动量乘积有关的各项之后,获得下列小扰动方程组:

$$\begin{aligned} &m\left(\dot u+\left(Q_0w+W_0q\right)-\left(V_0r+R_0v\right)\right)=-mg\cos\Theta_0\theta+f_{A_X}+f_{P_X} \\ &m\left(\dot v+\left(R_0u+U_0r\right)-\left(P_0w+W_0p\right)\right)=mg\left(\cos\Theta_0\cos\Phi_0\phi\right. \\ &\qquad\qquad\left.-\sin\Theta_0\sin\Phi_0\theta\right)+f_{A_Y}+f_{P_Y} \\ &m\left(\dot w+\left(P_0v+V_0p\right)-\left(Q_0u+U_0q\right)\right)=-mg\left(\cos\Theta_0\sin\Phi_0\phi\right. \\ &\qquad\qquad\left.+\sin\Theta_0\cos\Phi_0\theta\right)+f_{A_Z}+f_{P_Z} \end{aligned} \tag{2.45}$$

这三个方程构成与方程组(2.22)对应的小扰动方程组,控制飞行器平移运动。注意小扰动方程组在小扰动变量中呈线性变化,且这些小扰动变量的系数是参考变量的函数。

将注意力转移到控制旋转运动的方程——方程(2.27)上。正如控制平移运动的方程一样,首先通过变量替换用参考变量与小扰动变量表示旋转方程,然后推导参考方程组与小扰动方程组。

将替换变量(方程(2.41))代入方程(2.27)中得出

$$\left\{\begin{array}{l} I_{xx}(\dot{P}_0+\dot{p})-I_{xz}\left((\dot{R}_0+\dot{r})+(P_0+p)(Q_0+q)\right)+(I_{zz}-I_{yy})(Q_0+q)(R_0+r) \\ =(L_{A_0}+l_A)+(L_{P_0}+l_P) \\ \quad I_{yy}(\dot{Q}_0+\dot{q})+(I_{xx}-I_{zz})(P_0+p)(R_0+r)+I_{xz}\left((P_0+p)^2-(R_0+r)^2\right) \\ =(M_{A_0}+m_A)+(M_{P_0}+m_P) \\ \quad I_{zz}(\dot{R}_0+\dot{r})-I_{xz}\left((\dot{P}_0+\dot{p})-(Q_0+q)(R_0+r)\right)+(I_{yy}-I_{xx})(P_0+p)(Q_0+q) \\ =(N_{A_0}+n_A)+(N_{P_0}+n_P) \end{array}\right. \tag{2.46}$$

(注意此处假设飞行器的 $XZ$ 平面为对称平面,因此 $I_{xy}=I_{yz}=0$。如果情况并非如此,则必须在上述表达式中添加项。)现在将重新排列上述三个方程。将有关小扰动量(小扰动假设)乘积的各项忽略不计,得出

$$\begin{array}{l} I_{xx}(\dot{P}_0+\dot{p})-I_{xz}\left((\dot{R}_0+\dot{r})+(P_0Q_0+Q_0p+P_0q)\right)+(I_{zz}-I_{yy})(Q_0R_0+R_0q+Q_0r) \\ =(L_{A_0}+l_A)+(L_{P_0}+l_P) \\ I_{yy}(\dot{Q}_0+\dot{q})+(I_{xx}-I_{zz})(P_0R_0+R_0p+P_0r)+I_{xz}\left((P_0^2+2P_0p)-(R_0^2+2R_0r)\right) \\ =(M_{A_0}+m_A)+(M_{P_0}+m_P) \\ I_{zz}(\dot{R}_0+\dot{r})-I_{xz}\left((\dot{P}_0+\dot{p})-(Q_0R_0+R_0q+Q_0r)\right)+(I_{yy}-I_{xx})(P_0Q_0+Q_0p+P_0q) \\ =(N_{A_0}+n_A)+(N_{P_0}+n_P) \end{array} \tag{2.47}$$

再次注意我们已对与初始运动方程(方程组(2.27))对应的上述表达式中的各项添加下划线,且这些标有下划线的项仅用参考变量表示。在基准条件下,所有小扰动量均为零,因而得出

$$\begin{array}{l} I_{xx}\dot{P}_0-I_{xz}(\dot{R}_0+P_0Q_0)+(I_{zz}-I_{yy})Q_0R_0=L_{A_0}+L_{P_0} \\ I_{yy}\dot{Q}_0+(I_{xx}-I_{zz})P_0R_0+I_{xz}(P_0^2-R_0^2)=M_{A_0}+M_{P_0} \\ I_{zz}\dot{R}_0-I_{xz}(\dot{P}_0-Q_0R_0)+(I_{yy}-I_{xx})P_0Q_0=N_{A_0}+N_{P_0} \end{array} \tag{2.48}$$

构成与方程组(2.27)对应的参考方程组。

现在,从方程组(2.47)推导出方程组(2.48)(有下划线的项)后,得出

$$\begin{array}{l} I_{xx}\dot{p}-I_{xz}\left(\dot{r}+(Q_0p+P_0q)\right)+(I_{zz}-I_{yy})(R_0q+Q_0r)=l_A+l_P \\ I_{yy}\dot{q}+(I_{xx}-I_{zz})(R_0p+P_0r)+2I_{xz}(P_0p-R_0r)=m_A+m_P \\ I_{zz}\dot{r}-I_{xz}\left(\dot{p}-(R_0q+Q_0r)\right)+(I_{yy}-I_{xx})(Q_0p+P_0q)=n_A+n_P \end{array} \tag{2.49}$$

这三个方程构成与方程组(2.27)对应的小扰动方程组,这些方程控制飞行器的旋转

运动。

最后,探讨三个旋转运动学方程——方程组(2.36)。将替换变量(方程组(2.41))代入这些运动学方程,得出

$$
\begin{aligned}
(P_0+p) &= (\dot{\Phi}_0+\dot{\phi}) - (\dot{\Psi}_0+\dot{\psi})\sin(\Theta_0+\theta) \\
(Q_0+q) &= (\dot{\Theta}_0+\dot{\theta})\cos(\Phi_0+\phi) + (\dot{\Psi}_0+\dot{\psi})\sin(\Phi_0+\phi)\cos(\Theta_0+\theta) \\
(R_0+r) &= -(\dot{\Theta}_0+\dot{\theta})\sin(\Phi_0+\phi) + (\dot{\Psi}_0+\dot{\psi})\cos(\Phi_0+\phi)\cos(\Theta_0+\theta)
\end{aligned}
\tag{2.50}
$$

使用两角和恒等式,同时设

sin(小扰动角)~小扰动角

cos(小扰动角)~1

(亦即进行小扰动假设)得出

$$
\begin{aligned}
(P_0+p) &= (\dot{\Phi}_0+\dot{\phi}) - (\dot{\Psi}_0+\dot{\psi})(\sin\Theta_0+\cos\Theta_0\theta) \\
(Q_0+q) &= (\dot{\Theta}_0+\dot{\theta})(\cos\Phi_0-\sin\Phi_0\phi) \\
&\quad + (\dot{\Psi}_0+\dot{\psi})(\sin\Phi_0+\cos\Phi_0\phi)(\cos\Theta_0-\sin\Theta_0\theta) \\
(\mathrm{R}_0+r) &= -(\dot{\Theta}_0+\dot{\theta})(\sin\Phi_0+\cos\Phi_0\phi) \\
&\quad + (\dot{\Psi}_0+\dot{\psi})(\cos\Phi_0-\sin\Phi_0\phi)(\cos\Theta_0-\sin\Theta_0\theta)
\end{aligned}
$$

重排得出

$$
\begin{cases}
(P_0+p) = (\dot{\Phi}_0+\dot{\phi}) - \dot{\Psi}_0(\sin\Theta_0+\cos\Theta_0\theta) - \sin\Theta_0\dot{\psi} \\
(Q_0+q) = \dot{\Theta}_0(\cos\Phi_0-\sin\Phi_0\phi) + \cos\Phi_0\dot{\theta} \\
\qquad + \dot{\Psi}_0(\sin\Phi_0\cos\Theta_0+\cos\Phi_0\cos\Theta_0\phi-\sin\Phi_0\sin\Theta_0\theta) + \sin\Phi_0\cos\Theta_0\dot{\psi} \\
(R_0+r) = -\dot{\Theta}_0(\sin\Phi_0+\cos\Phi_0\phi) - \sin\Phi_0\dot{\theta} \\
\qquad + \dot{\Psi}_0(\cos\Phi_0\cos\Theta_0-\sin\Phi_0\cos\Theta_0\phi-\cos\Phi_0\sin\Theta_0\theta) + \cos\Phi_0\cos\Theta_0\dot{\psi}
\end{cases}
\tag{2.51}
$$

将带下划线的各项集合,注意这些是目前控制参考变量的初始非线性方程,得出下列参考方程组。

$$
\begin{aligned}
P_0 &= \dot{\Phi}_0 - \dot{\Psi}_0\sin\Theta_0 \\
Q_0 &= \dot{\Theta}_0\cos\Phi_0 + \dot{\Psi}_0\sin\Phi_0\cos\Theta_0 \\
R_0 &= -\dot{\Theta}_0\sin\Phi_0 + \dot{\Psi}_0\cos\Phi_0\cos\Theta_0
\end{aligned}
\tag{2.52}
$$

或者,将上述方程倒置,使之与方程(2.37)一致,还会得出

$$
\begin{aligned}
\dot{\Phi}_0 &= P_0 + Q_0\sin\Phi_0\tan\Theta_0 + R_0\cos\Phi_0\tan\Theta_0 \\
\dot{\Theta}_0 &= Q_0\cos\Phi_0 - R_0\sin\Phi_0 \\
\dot{\Psi}_0 &= (Q_0\sin\Phi_0 + R_0\cos\Phi_0)\sec\Theta_0
\end{aligned}
\tag{2.53}
$$

最后,从方程组(2.51)推导出方程组(2.52),得出下列与方程(2.36)对应的小扰动方程组。

$$
\begin{aligned}
p &= \dot{\phi} - \dot{\Psi}_0\cos\Theta_0\theta - \sin\Theta_0\dot{\psi} \\
q &= \cos\Phi_0\dot{\theta} - \dot{\Theta}_0\sin\Phi_0\phi + \dot{\Psi}_0(\cos\Phi_0\cos\Theta_0\phi - \sin\Phi_0\sin\Theta_0\theta) \\
&\quad + \sin\Phi_0\cos\Theta_0\dot{\psi} \\
r &= \cos\Phi_0\cos\Theta_0\dot{\psi} - \dot{\Theta}_0\cos\Phi_0\phi - \sin\Phi_0\dot{\theta} \\
&\quad - \dot{\Psi}_0(\sin\Phi_0\cos\Theta_0\phi + \cos\Phi_0\sin\Theta_0\theta)
\end{aligned}
\tag{2.54}
$$

如果转而从倒置方程组(2.37)而非方程组(2.36)开始,则可证明最终控制小扰动运动学的小扰动方程组为

$$
\begin{aligned}
\dot{\phi} &= p + \tan\Theta_0(\sin\Phi_0 q + \cos\Phi_0 r + (Q_0\cos\Phi_0 - R_0\sin\Phi_0)\phi) \\
&\quad + (Q_0\sin\Phi_0 + R_0\cos\Phi_0 + (\dot{\Phi}_0 - P_0)\tan\Theta_0)\theta \\
\dot{\theta} &= \cos\Phi_0 q - \sin\Phi_0 r - (Q_0\sin\Phi_0 + R_0\cos\Phi_0)\phi \\
\dot{\psi} &= \dot{\Psi}_0\tan\Theta_0\theta + (\sin\Phi_0 q + \cos\Phi_0 r - (R_0\sin\Phi_0 - Q_0\cos\Phi_0)\phi)/\cos\Theta_0
\end{aligned}
\tag{2.55}
$$

总而言之,通过使用小扰动假设,我们推导出与初始非线性运动方程有关的参考方程组与小扰动方程组。表 2.1 对参考方程组、小扰动方程组以及初始非线性方程进行了概括。按照要求,参考方程组与初始非线性运动方程一致,且仅包含参考变量,而小扰动方程组对小扰动变量呈线性变化。

**表 2.1　参考方程组、小扰动方程组以及初始非线性方程**

| 初始方程组 | 参考方程组 | 小扰动方程组 |
| --- | --- | --- |
| 平移动力学方程组(2.22) | 方程组(2.44) | 方程组(2.45) |
| 旋转动力学方程组(2.27)(满足 $I_{xy}=I_{yz}=0$) | 方程组(2.48) | 方程组(2.49) |
| 旋转运动学方程组(2.36)或方程组(2.37) | 方程组(2.52)或方程组(2.53) | 方程组(2.54)或方程组(2.55) |

正如第 2.2 节末所指出,在对飞行器的动力学进行小扰动分析时(尽管此说明有所例外,例如与高度一起分析时),通常很少对将平移速度 $U$、$V$、$W$ 与飞行器惯性位置相关联的运动学方程感兴趣。因此,在此并不推演与这些运动学方程有关的参考方程组和小扰动方程组,而是将此任务留作学生练习。

分别在第五章与第六章中对空气动力学与推进力进行探讨后,我们将使用本节结论对第九章与第十章中的飞行器进行小扰动分析。

## 2.4　转动质量效应

作为飞行动力学一般兴趣所在的一个特例,现在将推导拥有涡轮喷气发动机或螺旋桨等旋转机械的刚性(即无结构变形的)飞行器的运动方程。对于某些飞行器——如第一章作业题中提及的斜旋翼飞行器而言,这些转动质量效应对飞行器的姿态动力学具有重大影响。我们将通过分析带螺旋桨的飞行器推导出这些方程,但是,正如我们将发现的一样,结论可能直接适用于拥有绕对称轴旋转的机械的飞行器。

观察图 2.3 所示的飞行器图解,该图解与例 1.3 中使用的图 1.5 一样。我们将采用例 1.3 中的方法,例如:用矢量 $\boldsymbol{r}_{\text{hub}}$ 与 $\boldsymbol{r}_{\text{tip}}$ 表示螺旋桨质点 $\rho_V \mathrm{d}V$ 的位置,将飞行器体积积分分解成刚性飞行器积分与螺旋桨积分。然而,由于我们将对螺旋桨质点的所有位置进行探讨,而并非仅仅

局限在桨梢,因此将使用位置矢量 $\boldsymbol{r}_{dV}$ 而非 $\boldsymbol{r}_{tip}$,此处 d$V$ 指螺旋桨材料无穷小量。注意 $\boldsymbol{r}_{dV}$ 定义了旋转(螺旋桨)质点相对于螺旋桨毂的位置,即旋转质量(螺旋桨)的质心(重心)。最后,为了方便起见,我们引进了一个中间坐标系——坐标系 $P$,该坐标系固定于旋转质量(螺旋桨),同时以相对于坐标系 $V$ 的角速度 $\boldsymbol{\omega}_{Prop}$ 随其一起旋转。

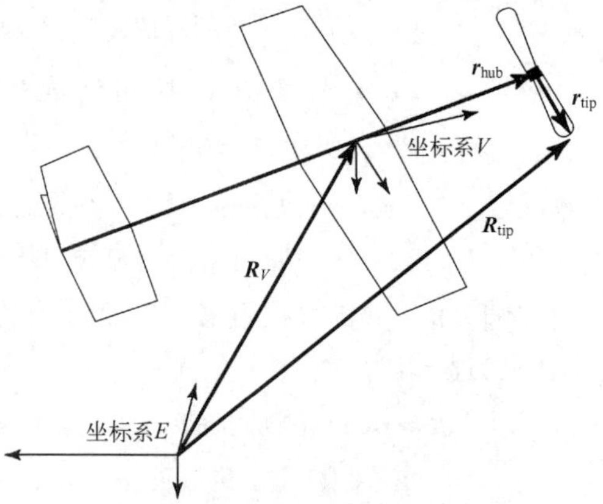

图 2.3 螺旋桨位置矢量

首先从平移形式的牛顿定律,即方程(2.1)开始,在此再次列出:

$$\int_{\text{Vol}} \frac{\mathrm{d}}{\mathrm{d}t}\Big|_I \left(\rho_V \frac{\mathrm{d}\boldsymbol{p}'}{\mathrm{d}t}\Big|_I \mathrm{d}V\right) = \int_{\text{Vol}} \rho_V \boldsymbol{g} \mathrm{d}V + \int_{\text{表面}} \mathrm{d}\boldsymbol{f}_{ext}$$

螺旋桨旋转动力学导致该方程右侧积分表达式保持不变,尽管这种旋转可能影响飞行器上的压力分布 $\boldsymbol{f}_{ext}$。一般来说,必须确定压力分布的哪些方面与气动力效应有关,哪些方面又与推进力效应有关。但是,这必须通过积分表达式运算而非形式实现。

然而,我们必须根据旋转质量仔细观察方程(2.1)左侧。再次重申从方程(2.6)开始,得出

$$\int_{\text{Vol}} \frac{\mathrm{d}}{\mathrm{d}t}\Big|_I \left(\rho_V \frac{\mathrm{d}\boldsymbol{p}'}{\mathrm{d}t}\Big|_I \mathrm{d}V\right) = \int_{\text{Vol}} \frac{\mathrm{d}}{\mathrm{d}t}\Big|_I \left(\rho_V \frac{\mathrm{d}\boldsymbol{p}_V}{\mathrm{d}t}\Big|_I \mathrm{d}V\right) + \int_{\text{Vol}} \frac{\mathrm{d}}{\mathrm{d}t}\Big|_I \left(\rho_V \frac{\mathrm{d}\boldsymbol{p}}{\mathrm{d}t}\Big|_I \mathrm{d}V\right)$$

已在 2.1 节注明,右侧第一个积分变成

$$\int_{\text{Vol}} \frac{\mathrm{d}}{\mathrm{d}t}\Big|_I \left(\rho_V \frac{\mathrm{d}\boldsymbol{p}_V}{\mathrm{d}t}\Big|_I \mathrm{d}V\right) = \frac{\mathrm{d}}{\mathrm{d}t}\Big|_I \left(\frac{\mathrm{d}\boldsymbol{p}_V}{\mathrm{d}t}\Big|_I \int_{\text{Vol}} \rho_V \mathrm{d}V\right) = \frac{\mathrm{d}}{\mathrm{d}t}\Big|_I \left(m \frac{\mathrm{d}\boldsymbol{p}_V}{\mathrm{d}t}\Big|_I\right)$$

由于旋转螺旋桨质量的存在,该结果不变。(然而,我们还将注意到具有惯性位置 $\mathrm{p_v}$ 的飞行器质心可能通过将螺旋桨视为等质量盘状物来定位。)

现在回顾方程(2.7),即

$$\frac{\mathrm{d}\boldsymbol{p}}{\mathrm{d}t}\Big|_I = \frac{\mathrm{d}\boldsymbol{p}}{\mathrm{d}t}\Big|_V + \boldsymbol{\omega}_{V,I} \times \boldsymbol{p}$$

仔细观察方程(2.6)的最后一项,方程(2.8)中将该项列为

$$\int_{\text{Vol}} \frac{\mathrm{d}}{\mathrm{d}t}\Big|_I \left(\rho_V \frac{\mathrm{d}\boldsymbol{p}}{\mathrm{d}t}\Big|_I \mathrm{d}V\right) = \int_{\text{Vol}} \frac{\mathrm{d}}{\mathrm{d}t}\Big|_I \left(\rho_V \frac{\mathrm{d}\boldsymbol{p}}{\mathrm{d}t}\Big|_V \mathrm{d}V\right) + \int_{\text{Vol}} \frac{\mathrm{d}}{\mathrm{d}t}\Big|_I (\rho_V(\boldsymbol{\omega}_{V,I} \times \boldsymbol{p})\mathrm{d}V)$$

先前已证明:对于刚性飞行器而言,方程(2.8)等于零。需确定旋转质量是否仍是这种情况。

首先注意,方程(2.7)对于飞行器任意质量元的位置与惯性速度定义均有效。但对于构成旋转螺旋桨且 $\boldsymbol{p}=\boldsymbol{r}_{hub}+\boldsymbol{r}_{dV}$ 的质量元而言,也可列为

$$\begin{aligned}\frac{\mathrm{d}\boldsymbol{p}}{\mathrm{d}t}\Big|_I &= \left(\frac{\mathrm{d}\boldsymbol{r}_{hub}}{\mathrm{d}t}\Big|_V + \frac{\mathrm{d}\boldsymbol{r}_{dV}}{\mathrm{d}t}\Big|_V\right) + (\boldsymbol{\omega}_{V,I} \times (\boldsymbol{r}_{hub} + \boldsymbol{r}_{dV})) \\ &= \left(\frac{\mathrm{d}\boldsymbol{r}_{hub}}{\mathrm{d}t}\Big|_V + \boldsymbol{\omega}_{V,I} \times \boldsymbol{r}_{hub}\right) + \left(\frac{\mathrm{d}\boldsymbol{r}_{dV}}{\mathrm{d}t}\Big|_P + (\boldsymbol{\omega}_{Prop} + \boldsymbol{\omega}_{V,I}) \times \boldsymbol{r}_{dV}\right)\end{aligned} \tag{2.56}$$

现在将方程(2.8)左侧体积积分分解成刚性飞行器积分与旋转质量(螺旋桨)积分,然后替换方程(2.8)右侧第一项,得出

$$\int_{\text{Vol}} \frac{\mathrm{d}}{\mathrm{d}t}|_I \left(\rho_V \frac{\mathrm{d}\boldsymbol{p}}{\mathrm{d}t}|_V \mathrm{d}V\right) \Rightarrow \int_{\text{Rigid Vol}} \frac{\mathrm{d}}{\mathrm{d}t}|_I \left(\rho_V \frac{\mathrm{d}\boldsymbol{p}}{\mathrm{d}t}|_V \mathrm{d}V\right)$$
$$+ \int_{\text{Prop Vol}} \frac{\mathrm{d}}{\mathrm{d}t}|_I \left(\rho_V \frac{\mathrm{d}\boldsymbol{r}_{\text{hub}}}{\mathrm{d}t}|_V \mathrm{d}V\right) + \int_{\text{Prop Vol}} \frac{\mathrm{d}}{\mathrm{d}t}|_I \left(\rho_V \frac{\mathrm{d}\boldsymbol{r}_{\mathrm{d}V}}{\mathrm{d}t}|_P \mathrm{d}V\right) = 0 \tag{2.57}$$

这三个积分均等于零,因为对于刚性飞行器或刚性螺旋桨的质量元 $\rho_V \mathrm{d}V$ 及刚性飞行器上的螺旋桨毂位置而言:

$$\frac{\mathrm{d}\boldsymbol{p}}{\mathrm{d}t}|_V = \frac{\mathrm{d}\boldsymbol{r}_{\text{hub}}}{\mathrm{d}t}|_V = \frac{\mathrm{d}\boldsymbol{r}_{\mathrm{d}V}}{\mathrm{d}t}|_P = 0$$

替换方程(2.8)右侧最后一项,得出

$$\int_{\text{Vol}} \frac{\mathrm{d}}{\mathrm{d}t}|_I \left(\rho_V (\boldsymbol{\omega}_{V,I} \times \boldsymbol{p}) \mathrm{d}V\right) \Rightarrow \int_{\text{Rigid Vol}} \frac{\mathrm{d}}{\mathrm{d}t}|_I \left(\rho_V (\boldsymbol{\omega}_{V,I} \times \boldsymbol{p}) \mathrm{d}V\right)$$
$$+ \int_{\text{Prop Vol}} \frac{\mathrm{d}}{\mathrm{d}t}|_I \left(\rho_V (\boldsymbol{\omega}_{V,I} \times \boldsymbol{r}_{\text{hub}}) \mathrm{d}V\right) + \int_{\text{Prop Vol}} \frac{\mathrm{d}}{\mathrm{d}t}|_I \left(\rho_V ((\boldsymbol{\omega}_{\text{Prop}} + \boldsymbol{\omega}_{V,I}) \times \boldsymbol{r}_{\mathrm{d}V}) \mathrm{d}V\right) \tag{2.58}$$

方程(2.58)右侧第一项可表示为

$$\int_{\text{Rigid Vol}} \frac{\mathrm{d}}{\mathrm{d}t}|_I \left(\rho_V (\boldsymbol{\omega}_{V,I} \times \boldsymbol{p}) \mathrm{d}V\right) = \frac{\mathrm{d}\boldsymbol{\omega}_{V,I}}{\mathrm{d}t}|_I \times \int_{\text{Rigid Vol}} \rho_V \boldsymbol{p} \mathrm{d}V$$
$$+ \boldsymbol{\omega}_{V,I} \times \left( \int_{\text{Rigid Vol}} \frac{\mathrm{d}}{\mathrm{d}t}|_V \left(\rho_V \boldsymbol{p} \mathrm{d}V\right) + \boldsymbol{\omega}_{V,I} \times \int_{\text{Rigid Vol}} \rho_V \boldsymbol{p} \mathrm{d}V \right) \tag{2.59}$$

由于密度保持恒定,且上述方程刚好涉及刚性飞行器上的积分,因此

$$\frac{\mathrm{d}\boldsymbol{p}}{\mathrm{d}t}|_V = 0 \Rightarrow \int_{\text{Rigid Vol}} \frac{\mathrm{d}}{\mathrm{d}t}|_V \left(\rho_V \boldsymbol{p} \mathrm{d}V\right) = 0 \tag{2.60}$$

因此得出

$$\int_{\text{Rigid Vol}} \frac{\mathrm{d}}{\mathrm{d}t}|_I \left(\rho_V (\boldsymbol{\omega}_{V,I} \times \boldsymbol{p}) \mathrm{d}V\right) = \left(\frac{\mathrm{d}\boldsymbol{\omega}_{V,I}}{\mathrm{d}t}|_I + (\boldsymbol{\omega}_{V,I} \times \boldsymbol{\omega}_{V,I})\right) \times \int_{\text{Rigid Vol}} \rho_V \boldsymbol{p} \mathrm{d}V \tag{2.61}$$

同理,方程(2.58)右侧第二项可列为

$$\int_{\text{Prop Vol}} \frac{\mathrm{d}}{\mathrm{d}t}|_I \left(\rho_V (\boldsymbol{\omega}_{V,I} \times \boldsymbol{r}_{\text{hub}}) \mathrm{d}V\right) = \frac{\mathrm{d}\boldsymbol{\omega}_{V,I}}{\mathrm{d}t}|_I \times \boldsymbol{r}_{\text{hub}} \int_{\text{Prop Vol}} \rho_V \mathrm{d}V$$
$$+ \boldsymbol{\omega}_{V,I} \times \left( \frac{\mathrm{d}}{\mathrm{d}t}|_V \boldsymbol{r}_{\text{hub}} \int_{\text{Prop Vol}} (\rho_V \mathrm{d}V) + \boldsymbol{\omega}_{V,I} \times \boldsymbol{r}_{\text{hub}} \int_{\text{Prop Vol}} \rho_V \mathrm{d}V \right) \tag{2.62}$$

方程(2.62)中,由于 $\boldsymbol{r}_{\text{hub}}$ 相对于体积积分运算保持恒定,因此将其移至积分外。再者,由于螺旋桨质量元的密度保持恒定,且对于刚性飞行器而言,螺旋桨毂位置相对于坐标系 $V$ 保持固定,因此可得出

$$\frac{\mathrm{d}\boldsymbol{r}_{\text{hub}}}{\mathrm{d}t}|_V = 0 \Rightarrow \frac{\mathrm{d}}{\mathrm{d}t}|_V \boldsymbol{r}_{\text{hub}} \int_{\text{Prop Vol}} (\rho_V \mathrm{d}V) = 0 \tag{2.63}$$

从而得出下式:

$$\int_{\text{Prop Vol}} \frac{\mathrm{d}}{\mathrm{d}t}|_I \left(\rho_V (\boldsymbol{\omega}_{V,I} \times \boldsymbol{r}_{\text{hub}}) \mathrm{d}V\right) = \left(\frac{\mathrm{d}\boldsymbol{\omega}_{V,I}}{\mathrm{d}t}|_I + (\boldsymbol{\omega}_{V,I} \times \boldsymbol{\omega}_{V,I})\right) \times \boldsymbol{r}_{\text{hub}} \int_{\text{Prop Vol}} \rho_V \mathrm{d}V \tag{2.64}$$

最后,可证明方程(2.58)右侧第三项等于

$$\int_{\text{Prop Vol}} \frac{\mathrm{d}}{\mathrm{d}t}\Big|_I \left(\rho_V\left((\boldsymbol{\omega}_{\text{Prop}}+\boldsymbol{\omega}_{V,I})\times \boldsymbol{r}_{\mathrm{d}V}\right)\mathrm{d}V\right) = \frac{\mathrm{d}(\boldsymbol{\omega}_{\text{Prop}}+\boldsymbol{\omega}_{V,I})}{\mathrm{d}t}\Big|_I \times \int_{\text{Prop Vol}} \rho_V \boldsymbol{r}_{\mathrm{d}V}\mathrm{d}V$$
$$+ (\boldsymbol{\omega}_{\text{Prop}}+\boldsymbol{\omega}_{V,I})\times\left(\int_{\text{Prop Vol}} \frac{\mathrm{d}}{\mathrm{d}t}\Big|_P(\rho_V\boldsymbol{r}_{\mathrm{d}V}\mathrm{d}V) + (\boldsymbol{\omega}_{\text{Prop}}+\boldsymbol{\omega}_{V,I})\times \int_{\text{Prop Vol}} \rho_V\boldsymbol{r}_{\mathrm{d}V}\mathrm{d}V\right) \tag{2.65}$$

由于螺旋桨质量元的密度保持恒定,螺旋桨为刚性螺旋桨,且螺旋桨毂(即质心)一阶质量矩为零,因此得出

$$\frac{\mathrm{d}\boldsymbol{r}_{\mathrm{d}V}}{\mathrm{d}t}\Big|_P = 0 \Rightarrow \frac{\mathrm{d}}{\mathrm{d}t}\Big|_P \int_{\text{Prop Vol}} (\rho_V\boldsymbol{r}_{\mathrm{d}V}\mathrm{d}V) = 0 \tag{2.66}$$

从而得出以下结果:

$$\int_{\text{Prop Vol}} \frac{\mathrm{d}}{\mathrm{d}t}\Big|_I \left(\rho_V\left((\boldsymbol{\omega}_{\text{Prop}}+\boldsymbol{\omega}_{V,I})\times \boldsymbol{r}_{\mathrm{d}V}\right)\mathrm{d}V\right)$$
$$= \left(\frac{\mathrm{d}(\boldsymbol{\omega}_{\text{Prop}}+\boldsymbol{\omega}_{V,I})}{\mathrm{d}t}\Big|_I + \left((\boldsymbol{\omega}_{\text{Prop}}+\boldsymbol{\omega}_{V,I})\times(\boldsymbol{\omega}_{\text{Prop}}+\boldsymbol{\omega}_{V,I})\right)\right)\times \int_{\text{Prop Vol}} \rho_V\boldsymbol{r}_{\mathrm{d}V}\mathrm{d}V \tag{2.67}$$

注意,由于方程(2.67)的最后积分项为螺旋桨毂周围,即螺旋桨质心一阶质量矩,因此该方程等于零。另注意,方程(2.61)与方程(2.64)的和等于零,因为这两个方程中的两个积分项之和等于零,即

$$\int_{\text{Rigid Vol}} \rho_V\boldsymbol{p}\mathrm{d}V + \boldsymbol{r}_{\text{hub}}\int_{\text{Prop Vol}} \rho_V\mathrm{d}V = \int_{\text{Rigid Vol}} \rho_V\boldsymbol{p}\mathrm{d}V + \boldsymbol{r}_{\text{hub}}m_{\text{Prop}} = 0 \tag{2.68}$$

该结果根据以下事实得出:这两个积分项之和表示飞行器的一阶质量矩,包括旋转螺旋桨质量在内。

如此一来,前面已证明方程(2.58)等于零,因而方程(2.8)也等于零。因此,围绕质心旋转的质量的存在对控制飞行器平移运动的方程(2.1)没有影响。而且,方程组(2.22)——控制平移运动的三个标量方程也将保持不变。

然而,现在将证明旋转质量对控制旋转运动的方程有影响。由于旋转质量影响飞行器的总体角动量,因此这一点也在预料之中。首先从基本旋转运动方程——方程(2.15)开始进行分析,在此再次列出

$$\int_{\text{Vol}}\left(\boldsymbol{p}\times\frac{\mathrm{d}}{\mathrm{d}t}\Big|_I\left(\rho_V\frac{\mathrm{d}\boldsymbol{p}}{\mathrm{d}t}\Big|_I\,\mathrm{d}V\right)\right) = \int_{\text{表面}} \boldsymbol{p}\times\mathrm{d}\boldsymbol{f}_{\text{ext}}$$

由于是在平移运动情况下,故上述方程右侧保持不变。

注意方程左侧表示飞行器质心(重心)总体角动量 $\boldsymbol{H}_V$。然而,与上述方程(2.15)相比,使用2.2节评述中推导的方程(2.31)中给出的运动方程的另一种形式更为方便,在此再次列出

$$\frac{\mathrm{d}\boldsymbol{H}_V}{\mathrm{d}t}\Big|_I = \boldsymbol{M}_{\text{气动力}}+\boldsymbol{M}_{\text{推动力}}$$

现在飞行器的角动量 $\boldsymbol{H}_V$ 由包含螺旋桨质量体(也许将其视为盘状物)但不包含相对于飞行器旋转的质量体的刚性飞行器的角动量及相对于飞行器旋转的质量体的附加动量组成。换言之,令

$$\boldsymbol{H}_V=\boldsymbol{H}_{刚性飞行器}+\boldsymbol{H}_{螺旋桨} \tag{2.69}$$

正如2.2节评述中所阐述的一样,再次使用矢量积矩阵符号,可得出刚性飞行器动量:

$$\boldsymbol{H}_{刚性飞行器}=[\boldsymbol{I}]\otimes\boldsymbol{\omega}_{V,I}=\left[\begin{bmatrix} I_{xx} & -I_{xy} & -I_{xz} \\ -I_{yx} & I_{yy} & -I_{yz} \\ -I_{zx} & -I_{zy} & I_{zz} \end{bmatrix}\begin{bmatrix} P \\ Q \\ R \end{bmatrix}\right]^{\mathrm{T}}\begin{Bmatrix} \boldsymbol{i}_V \\ \boldsymbol{j}_V \\ \boldsymbol{k}_V \end{Bmatrix} \tag{2.70}$$

从而得出相对于飞行器旋转的质量体产生的附加角动量(参见下文中的例2.2):

$$\boldsymbol{H}_{\mathrm{Prop}}=J_{\mathrm{Prop}}\omega_{\mathrm{Prop}}\boldsymbol{i}_{\mathrm{Prop}} \tag{2.71}$$

式中:$\boldsymbol{i}_{\mathrm{Prop}}$指沿螺旋桨旋转轴的单位矢量;$\boldsymbol{J}_{\mathrm{Prop}}$指螺旋桨围绕旋转轴的惯性力矩;$\omega_{\mathrm{Prop}}$指螺旋桨相对飞行器而言的角速度幅值。

螺旋桨旋转引起的这一附加动量在飞行器固定坐标系——坐标系$V$中具有分量,定义为

$$\boldsymbol{H}_{螺旋桨}=\begin{bmatrix} h_x & h_y & h_z \end{bmatrix}\begin{Bmatrix} \boldsymbol{i}_V \\ \boldsymbol{j}_V \\ \boldsymbol{k}_V \end{Bmatrix} \tag{2.72}$$

例如,如果单位矢量$\boldsymbol{i}_{\mathrm{Prop}}$在飞行器$X_V$轴上形成角$\tau$(即围绕飞行器$Y_V$轴正向$\tau$旋转),$\boldsymbol{H}_{\mathrm{Prop}}$可表示为:

$$\boldsymbol{H}_{螺旋桨}=J_{螺旋桨}\omega_{螺旋桨}\begin{bmatrix} \cos\tau & 0 & -\sin\tau \end{bmatrix}\begin{Bmatrix} \boldsymbol{i}_V \\ \boldsymbol{j}_V \\ \boldsymbol{k}_V \end{Bmatrix}=\begin{bmatrix} h_x & h_y & h_z \end{bmatrix}\begin{Bmatrix} \boldsymbol{i}_V \\ \boldsymbol{j}_V \\ \boldsymbol{k}_V \end{Bmatrix} \tag{2.73}$$

从而定义了动量分量$h_x$、$h_y$与$h_z$。

然后,仍使用矢量积矩阵符号,可得出关于飞行器角动量变化率的下列关系式:

$$\begin{aligned}
\frac{\mathrm{d}\boldsymbol{H}_V}{\mathrm{d}t}\Big|_I &= \frac{\mathrm{d}\boldsymbol{H}_V}{\mathrm{d}t}\Big|_V+\boldsymbol{\omega}_{V,I}\times\boldsymbol{H}_V \\
&= \left(\frac{\boldsymbol{H}_{刚性飞行器}}{\mathrm{d}t}\Big|_V+\frac{\boldsymbol{H}_{螺旋桨}}{\mathrm{d}t}\Big|_V\right)+\boldsymbol{\omega}_{V,I}\times\left(\boldsymbol{H}_{刚性飞行器}+\boldsymbol{H}_{螺旋桨}\right) \\
&= \left[\left[\begin{bmatrix} I_{xx} & -I_{xy} & -I_{xz} \\ -I_{yx} & I_{yy} & -I_{yz} \\ -I_{zx} & -I_{zy} & I_{zz} \end{bmatrix}\begin{bmatrix} \dot{P} \\ \dot{Q} \\ \dot{R} \end{bmatrix}+\begin{bmatrix} \dot{h}_x \\ \dot{h}_y \\ \dot{h}_z \end{bmatrix}\right]^{\mathrm{T}}\right. \\
&\quad \left.+\left[\begin{bmatrix} 0 & -R & Q \\ R & 0 & -P \\ -Q & P & 0 \end{bmatrix}\left[\begin{bmatrix} I_{xx} & -I_{xy} & -I_{xz} \\ -I_{yx} & I_{yy} & -I_{yz} \\ -I_{zx} & -I_{zy} & I_{zz} \end{bmatrix}\begin{bmatrix} P \\ Q \\ R \end{bmatrix}+\begin{bmatrix} h_x \\ h_y \\ h_z \end{bmatrix}\right]\right]^{\mathrm{T}}\right]\begin{Bmatrix} \boldsymbol{i}_V \\ \boldsymbol{j}_V \\ \boldsymbol{k}_V \end{Bmatrix} \qquad (2.74) \\
&= \left(I_{xx}\dot{P}-I_{xz}(\dot{R}+PQ)-I_{yz}(Q^2-R^2)-I_{xy}(\dot{Q}-RP)+(I_{zz}-I_{yy})RQ\right. \\
&\quad \left.+\dot{h}_x-Rh_y+Qh_z\right)\mathbf{i}_V \\
&\quad +\left(I_{yy}\dot{Q}+(I_{xx}-I_{zz})PR-I_{xy}(\dot{P}+QR)-I_{yz}(\dot{R}-PQ)+I_{xz}(P^2-R^2)\right. \\
&\quad \left.+\dot{h}_y+Rh_x-Ph_z\right)\mathbf{j}_V \\
&\quad +\left(I_{zz}\dot{R}-I_{xz}(\dot{P}-QR)-I_{xy}(P^2-Q^2)-I_{yz}(\dot{Q}+RP)+(I_{yy}-I_{xx})PQ\right. \\
&\quad \left.+\dot{h}_z-Qh_x+Ph_y\right)\mathbf{k}_V
\end{aligned}$$

与方程(2.72)类似,该式中,$h_x$、$h_y$与$h_z$可由下列方程定义:

$$\frac{\mathrm{d}\boldsymbol{H}_{螺旋桨}}{\mathrm{d}t}|_V = [\dot{h}_x \quad \dot{h}_y \quad \dot{h}_z]\begin{Bmatrix}\boldsymbol{i}_V\\ \boldsymbol{j}_V\\ \boldsymbol{k}_V\end{Bmatrix}$$

这三个分量由螺旋桨旋转速度变化或$\boldsymbol{i}_{\mathrm{Prop}}$方向变化(如倾转旋翼式飞行器)产生。

最后,通过将方程(2.74)中的分量$i_V$、$j_V$与$k_V$与方程(2.31)右侧相同力矩分量列成等式,得出以下三个旋转运动标量方程(不包括飞行器$XZ$平面为对称面这一假设)。

$$\begin{aligned}
&I_{xx}\dot{P} - I_{xz}(\dot{R} + PQ) - I_{yz}(Q^2 - R^2) - I_{xy}(\dot{Q} - RP) + (I_{zz} - I_{yy})RQ\\
&+ \dot{h}_x - Rh_y + Qh_z = L_A + L_P\\
&I_{yy}\dot{Q} + (I_{xx} - I_{zz})PR - I_{xy}(\dot{P} + QR) - I_{yz}(\dot{R} - PQ) + I_{xz}(P^2 - R^2)\\
&+ \dot{h}_y + Rh_x - Ph_z = M_A + M_P\\
&I_{zz}\dot{R} - I_{xz}(\dot{P} - QR) - I_{xy}(P^2 - Q^2) - I_{yz}(\dot{Q} + RP) + (I_{yy} - I_{xx})PQ\\
&+ \dot{h}_z - Qh_x + Ph_y = N_A + N_P
\end{aligned} \tag{2.75}$$

带下划线的各项表示围绕各轴的附加陀螺力矩,由旋转质量体产生。注意,因质量旋转引起的角动量的最大分量一般为$h_x$。因此,俯仰角速度$Q$产生陀螺偏航力矩,而偏航角速度$R$则产生陀螺俯仰力矩。

由于方程组(2.75)中由旋转质量体引起的附加项是飞行器运动方程的唯一变化,因此推演与这些运动方程有关的参考方程组和小扰动方程组的必然变化相对容易。方程组(2.48)与方程组(2.49)为因旋转质量体导致变化的唯一参考方程组和小扰动方程组。添加至这些参考方程组与小扰动方程组中的附加项留作学生练习。

如此,我们推演出旋转运动的标量方程,包括旋转质量体(螺旋桨)的影响。例如,这些方程也将适用于带有涡轮喷气发动机的飞行器。尽管多发动机飞行器的发动机或螺旋桨一般以相反方向旋转以消除陀螺力矩,但仍可采用上述方法推导出带有两个或两个以上旋转质量体的飞行器的相似方程。

## 例 2.2　螺旋桨角动量

证明螺旋桨旋转引起的附加角动量为

$$\boldsymbol{H}_{\mathrm{Prop}} = J_{\mathrm{Prop}}\omega_{\mathrm{Prop}}\boldsymbol{i}_{\mathrm{Prop}}$$

式中:$J_{\mathrm{Prop}}$为螺旋桨毂周围的惯性力矩。

**解**

机身质心周围的角动量表示为

$$\boldsymbol{H}(t) = \int_{\mathrm{Vol}} \boldsymbol{p}(t) \times \rho_V \frac{\mathrm{d}\boldsymbol{p}(t)}{\mathrm{d}t}|_{\mathrm{Ref}}\,\mathrm{d}V$$

式中:$\boldsymbol{p}$指质量元$\rho V\mathrm{d}V$相对于质心的位置,相对于适当的参照坐标系求矢量导数。由于螺旋桨相对飞行器旋转,因此使用该表达式确定螺旋桨质心周围的角动量。

将螺旋桨理想化为一个与它具有相同直径,并且具有与直径相称的径向质量分布的圆盘(可能会想到改变概念性圆盘材料径向密度来实现相称)。如图 2.4 所示,该圆盘质量元位置

矢量为 $\boldsymbol{p}$。注意厚度 $t$ 保持恒定，半径 $p$（$\boldsymbol{p}$ 幅值）的质量元体积 $\mathrm{d}V=tp\mathrm{d}p\mathrm{d}\theta$。

可将此质量元相对于飞行器固定坐标系的速度表示为

$$\frac{\mathrm{d}\boldsymbol{p}}{\mathrm{d}t}\Big|_V=\frac{\mathrm{d}\boldsymbol{p}}{\mathrm{d}t}\Big|_P+(\boldsymbol{\omega}_{P,V}\times\boldsymbol{p})$$

为方便起见，式中引入了一个固定于螺旋桨且与其一起旋转的附加坐标系——坐标系 $P$。假设螺旋桨为刚性螺旋桨，则上述表达式简化为

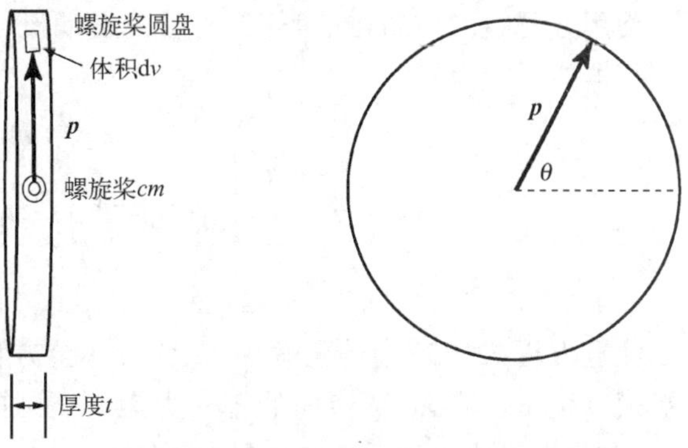


图 2.4　螺旋桨"圆盘"与质量元位置

$$\frac{\mathrm{d}\boldsymbol{p}}{\mathrm{d}t}\Big|_V=(\boldsymbol{\omega}_{P,V}\times\boldsymbol{p})=\omega_{\mathrm{Prop}}p\,\boldsymbol{k}_P$$

在求该结果时，认为矢量 $\boldsymbol{i}_{\mathrm{P}}$ 与螺旋桨旋转轴对齐，径向矢量 $\boldsymbol{p}$ 的方向与 $\boldsymbol{j}_P$ 方向一致。如此限定矢量后，上述积分中的矢量积将变成

$$\boldsymbol{p}\times\frac{\mathrm{d}\boldsymbol{p}}{\mathrm{d}t}\Big|_{\mathrm{Ref}}=\boldsymbol{p}\times\frac{\mathrm{d}\boldsymbol{p}}{\mathrm{d}t}\Big|_V=\omega_{\mathrm{Prop}}p^2\,\boldsymbol{i}_P$$

因此，因螺旋桨相对于飞行器旋转产生的螺旋桨质心角动量可表示为

$$\boldsymbol{H}_{\mathrm{Prop}}=\omega_{\mathrm{Prop}}\left(2\pi t\int_0^R p^3\rho_{\mathrm{Disk}}(p)\mathrm{d}p\right)\boldsymbol{i}_P=\omega_{\mathrm{Prop}}J_{\mathrm{Prop}}\,\boldsymbol{i}_{\mathrm{P}}$$

式中：$R$ 指螺旋桨半径；$\rho_{\mathrm{Disk}}(p)$ 指上文中讨论过的径向螺旋桨材料密度分布；$J_{\mathrm{Prop}}$ 指螺旋桨关于其轮毂（其质心）的惯量。

## 例 2.3　旋转发动机质量

下面以图 2.5 中类似于 NASA KESTRAL 研究机的飞行器为例进行分析。由于该飞行器推重比大且具有强大的推力矢量控制能力，因而能垂直起落。令该飞行器的喷气发动机存在绕旋转轴的惯量 $J_{发动机}=3000\ \mathrm{slug\text{-}ft^2}$，且其运行旋转速度为 20000 r/min。如果飞行器悬停在空中时经历的俯仰角速度为 5°/s，作用于飞行器上的陀螺力矩多大？该力矩作用方向如何？

图 2.5　NASA KESTRAL VTOL 飞行器（NASA 友情提供图片）

**解**

令发动机旋转轴与飞行器 $X_V$ 轴成一条直线，由发动机旋转引起的附加角动量为

$$\boldsymbol{H}_{发动机}=J_{发动机}\omega_{发动机}\boldsymbol{i}_V=h_x\,\boldsymbol{i}_V$$

使用方程组(2.75)中的第三个,假设发动机以恒定速度旋转,由发动机旋转引起的施加于飞行器的力矩为

$$N_{\text{Gyro}} = \omega_{\text{发动机}} J_{\text{发动机}} Q$$

$$= 20{,}000\left(\frac{2\pi}{60}\right) \times 3000 \times 5\left(\frac{2\pi}{360}\right)$$

$$= 5.48 \times 10^5 \text{ ft-lb}$$

注意方程(2.75)中的陀螺项$-h_x Q$可移至方程右侧,因而像作用力矩一样起作用。上述力矩表示绕飞行器$Z_V$轴施加的正向力矩,其往往会产生一个正向偏航角速度(机头向右旋转)。如果发动机以相反方向旋转(负向$X_V$),力矩反向,且将导致负向偏航。同时还应注意$5.48\times10^5$ft=lb 相当大,该发动机旋转效应往往使这种飞行器在悬停时难以操控。

## 2.5 变质量效应

现在来探讨正排出质量的刚性飞行器的运动方程,联系导弹推力生成过程为例。如此可确定由质量变化引起的运动方程的必要修改。对于吸气式飞行器(使用空气作为推进工作液)而言,变质量效应通常并不重要。然而,进行导弹动力学建模时,变质量效应变得很重要,此情形下的变质量包括将被排出的燃料和氧化剂。

下面分析图 2.6 中的略图,该图展示了飞行器瞬时质心的位置矢量$\boldsymbol{p}_V$以及飞行器任意质量元$\rho_V \mathrm{d}V$的位置矢量$\boldsymbol{p}$与$\boldsymbol{p}'$。该图还展示了飞行器质量元$\Delta m$,其从飞行器喷嘴口平面被排出。该质量元的位置矢量为$\boldsymbol{p}_E$与$\boldsymbol{p}_O$。最后,注意$\boldsymbol{p}_V$、$\boldsymbol{p}'$与$\boldsymbol{p}_O$为惯性位置矢量,而$\boldsymbol{p}$与$\boldsymbol{p}_E$则是相对于飞行器瞬时质心而言的位置。

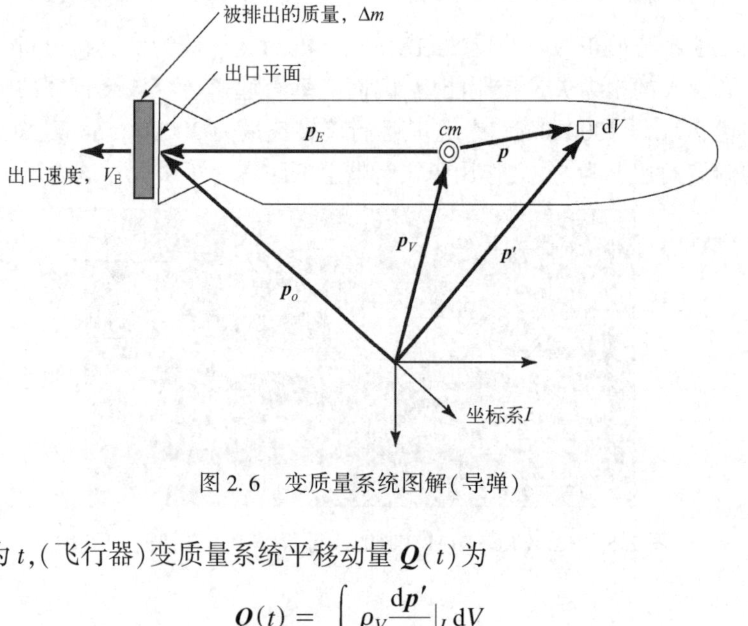


图 2.6 变质量系统图解(导弹)

现在时间为$t$,(飞行器)变质量系统平移动量$\boldsymbol{Q}(t)$为

$$\boldsymbol{Q}(t) = \int_{\text{Vol}} \rho_V \frac{\mathrm{d}\boldsymbol{p}'}{\mathrm{d}t}\Big|_I \mathrm{d}V \tag{2.76}$$

时间为$t+\Delta t$时,系统动量为

$$\boldsymbol{Q}(t+\Delta t)=\int_{\text{Vol}}\left(\rho_V\frac{\mathrm{d}\boldsymbol{p}'}{\mathrm{d}t}\bigg|_I+\Delta\left(\rho_V\frac{\mathrm{d}\boldsymbol{p}'}{\mathrm{d}t}\bigg|_I\right)\right)\mathrm{d}V+\Delta m\left(\frac{\mathrm{d}\boldsymbol{p}_o}{\mathrm{d}t}\bigg|_I+\Delta\frac{\mathrm{d}\boldsymbol{p}_o}{\mathrm{d}t}\bigg|_I\right) \tag{2.77}$$

最后一项表示由质量变化引起的系统动量的变化(若将质量被排出,则 $\Delta m<0$)。选取 $\Delta t$ 趋向零时的极限值会产生动量变化率,即

$$\lim_{\Delta t\to 0}\frac{\Delta\boldsymbol{Q}}{\Delta t}=\frac{\mathrm{d}\boldsymbol{Q}}{\mathrm{d}t}\bigg|_I=\int_{\text{Vol}}\frac{\mathrm{d}}{\mathrm{d}t}\bigg|_I\left(\rho_V\frac{\mathrm{d}\boldsymbol{p}'}{\mathrm{d}t}\bigg|_I\right)\mathrm{d}V+\dot{m}\frac{\mathrm{d}\boldsymbol{p}_o}{\mathrm{d}t}\bigg|_I \tag{2.78}$$

由于

$$\lim_{\Delta t\to 0}\frac{\Delta m\left(\Delta\dfrac{\mathrm{d}\boldsymbol{p}_o}{\mathrm{d}t}\bigg|_I\right)}{\Delta t}\to 0$$

通过比较方程(2.78)与方程(2.1)——牛顿定律中的下划线项,发现平移动量总变化率可表示为

$$\frac{\mathrm{d}\boldsymbol{Q}}{\mathrm{d}t}\bigg|_I=\int_{\text{Vol}}\rho_V\boldsymbol{g}\mathrm{d}V+\int_{\text{Surface}}\mathrm{d}\boldsymbol{f}_{\text{ext}}+\dot{m}\frac{\mathrm{d}\boldsymbol{p}_o}{\mathrm{d}t}\bigg|_I \tag{2.79}$$

同理,根据飞行器质心的定义,在时间为 $t$ 时,可得出

$$m\boldsymbol{p}_V=\int_{\text{Vol}}\rho_V\boldsymbol{p}'\mathrm{d}V \tag{2.80}$$

在时间为 $t+\Delta t$ 时,可得出

$$m\boldsymbol{p}_V+\Delta(m\boldsymbol{p}_V)=\int_{\text{Vol}}\rho_V(\boldsymbol{p}'+\Delta\boldsymbol{p}')\mathrm{d}V+\Delta m(\boldsymbol{p}_o+\Delta\boldsymbol{p}_o) \tag{2.81}$$

再次选取 $\Delta t$ 趋向零时的极限值,可得出

$$\lim_{\Delta t\to 0}\frac{\Delta(m\boldsymbol{p}_V)}{\Delta t}=\frac{\mathrm{d}(m\boldsymbol{p}_V)}{\mathrm{d}t}\bigg|_I=\int_{\text{Vol}}\rho_V\frac{\mathrm{d}\boldsymbol{p}'}{\mathrm{d}t}\bigg|_I\mathrm{d}V+\dot{m}\boldsymbol{p}_o=\boldsymbol{Q}(t)+\dot{m}\boldsymbol{p}_o \tag{2.82}$$

因此,现在动量 $Q$ 可用飞行器质心的速度表示,即由于 $\mathrm{d}(m\boldsymbol{p}_V)/\mathrm{d}t=\dot{m}\boldsymbol{p}_V+m\mathrm{d}\boldsymbol{p}_V/\mathrm{d}t$ 且 $\boldsymbol{p}_O=\boldsymbol{p}_V+\boldsymbol{p}_E$,因此

$$\boldsymbol{Q}(t)=m\frac{\mathrm{d}\boldsymbol{p}_V}{\mathrm{d}t}\bigg|_I-\dot{m}\boldsymbol{p}_E$$

将上述关系式进行微分,可得出

$$\frac{\mathrm{d}\boldsymbol{Q}}{\mathrm{d}t}\bigg|_I=m\frac{\mathrm{d}^2\boldsymbol{p}_V}{\mathrm{d}t^2}\bigg|_I+\dot{m}\left(\frac{\mathrm{d}\boldsymbol{p}_V}{\mathrm{d}t}\bigg|_I-\frac{\mathrm{d}\boldsymbol{p}_E}{\mathrm{d}t}\bigg|_I\right)-\ddot{m}\boldsymbol{p}_E \tag{2.83}$$

同时,注意即使排出的无穷小质量 $dm$ 的惯性位置为

$$\boldsymbol{p}_o=\boldsymbol{p}_V+\boldsymbol{p}_E \tag{2.84}$$

其惯性速度为

$$\begin{aligned}\frac{\mathrm{d}\boldsymbol{p}_o}{\mathrm{d}t}\bigg|_I&=\frac{\mathrm{d}\boldsymbol{p}_V}{\mathrm{d}t}\bigg|_I+\frac{\mathrm{d}\boldsymbol{p}_E}{\mathrm{d}t}\bigg|_I+\boldsymbol{v}_E\\&=\boldsymbol{V}_V+(\boldsymbol{\omega}_{V,I}\times\boldsymbol{p}_E)+\boldsymbol{v}_E\end{aligned} \tag{2.85}$$

式中:$\boldsymbol{v}_E$ 指 $dm$ 相对于飞行器的速度(出口速度);$\boldsymbol{V}_V$ 指飞行器质心的惯性速度。

现在，将方程组(2.79)与(2.83)列成等式，使用上述矢量 $\boldsymbol{p}_O$、$p_V$ 与 $p_E$ 之间的关系，可得出

$$
\begin{aligned}
& m\frac{\mathrm{d}^2\boldsymbol{p}_V}{\mathrm{d}t^2}\Big|_I+\dot{m}\left(\frac{\mathrm{d}\boldsymbol{p}_V}{\mathrm{d}t}\Big|_I-\frac{\mathrm{d}\boldsymbol{p}_E}{\mathrm{d}t}\Big|_I\right)-\ddot{m}\boldsymbol{p}_E \\
&=\int_{\mathrm{Vol}}\rho_V\boldsymbol{g}\mathrm{d}V+\int_{\text{表面}}\mathrm{d}\boldsymbol{f}_{\mathrm{ext}}+\dot{m}\left(\frac{\mathrm{d}(\boldsymbol{p}_V+\boldsymbol{p}_E)}{\mathrm{d}t}\Big|_I+\boldsymbol{v}_E\right)
\end{aligned}
\tag{2.86}
$$

现在假设重力保持恒定，同时注意到由飞行器机身上的压力分布引起的气动力为

$$
\boldsymbol{F}_{\text{气动力}}=\int_{\text{机身表面}}\mathrm{d}\boldsymbol{f}_{\text{气动力}}
\tag{2.87}
$$

将飞行器上正向起作用的推力矢量定义为

$$
\text{推力}=\dot{m}\boldsymbol{v}_E+\int_{\text{出口气动力}}\mathrm{d}\boldsymbol{f}_{\text{出口}}
\tag{2.88}
$$

该推力矢量包含“压力推力”——穿过耗尽质量的喷嘴出口平面的压差积分(此处注意推进剂质量已被排出，$\dot{m}$为负，如果喷嘴出口压力大于大气压，那么 $\mathrm{d}\boldsymbol{f}_{\text{出口}}$ 为负——压力向外，而非飞行器上的压力。因此推力作用方向与 $\boldsymbol{v}_E$和 $\mathrm{d}\boldsymbol{f}_{\text{出口}}$ 相反，或向前)。

将上述所有因素考虑在内，最终得出控制飞行器平移的运动方程，即

$$
\begin{aligned}
m\frac{\mathrm{d}\boldsymbol{V}_V}{\mathrm{d}t}\Big|_I &= m\boldsymbol{g}+\text{推力}+\boldsymbol{f}_{\text{气动}}+2\dot{m}\frac{\mathrm{d}\boldsymbol{p}_E}{\mathrm{d}t}\Big|_I+\ddot{m}\boldsymbol{p}_E \\
&= m\boldsymbol{g}+\text{推力}+\boldsymbol{f}_{\text{气动}}+2\dot{m}\left(\frac{\mathrm{d}\boldsymbol{p}_E}{\mathrm{d}t}\Big|_V+\boldsymbol{\omega}_{V,I}\times\boldsymbol{p}_E\right)+\ddot{m}\boldsymbol{p}_E
\end{aligned}
\tag{2.89}
$$

将方程(2.89)与方程(2.17)进行比较，注意此处 $\boldsymbol{F}_{\text{螺旋桨}}$=推力，发现由变化的质量产生的新项为方程(2.89)中带下划线的项。必须注意，即使飞行器为刚性飞行器，出口平面相对于飞行器质心的运动，即$\frac{\mathrm{d}\boldsymbol{p}_E}{\mathrm{d}t}\Big|_V$ 仍然不等于零。这是因为：当质量被排出时，相对于飞行器而言，$cm$ 的位置不是恒定的，且 $cm$ 为飞行器固定坐标系——坐标系 $V$ 的原点。

事实上，$\dot{m}$一般很小，且 $\boldsymbol{p}_E$(喷嘴出口平面相对飞行器质心的位置)与其惯性变化率～($\boldsymbol{\omega}_{V,I}\times\boldsymbol{p}_E$)相对推进剂出口速度也很小，因此相对推力与气动力而言，这些带下划线的项表示的表观力可能也很小。但变质量对飞行器的旋转动力学有相当大的影响，将在下文进行探讨。

按照上文描述的方法，在时间为 $t$ 时，系统(飞行器)绕惯性原点的角动量 $\boldsymbol{H}_I(t)$ 为

$$
\boldsymbol{H}_I(t)=\int_{\mathrm{Vol}}\boldsymbol{p}'\times\rho_V\frac{\mathrm{d}\boldsymbol{p}'}{\mathrm{d}t}\Big|_I\mathrm{d}V
\tag{2.90}
$$

在时间为 $t+\Delta t$ 时，可将角动量关系式列为

$$
\begin{aligned}
\boldsymbol{H}_I(t+\Delta t) &= \int_{\mathrm{Vol}}\left((\boldsymbol{p}'+\Delta\boldsymbol{p}')\times\rho_V\left(\frac{\mathrm{d}\boldsymbol{p}'}{\mathrm{d}t}\Big|_I+\Delta\frac{\mathrm{d}\boldsymbol{p}'}{\mathrm{d}t}\Big|_I\right)\right)\mathrm{d}V \\
&\quad+(\boldsymbol{p}_O+\Delta\boldsymbol{p}_O)\times\Delta m\left(\frac{\mathrm{d}\boldsymbol{p}_O}{\mathrm{d}t}\Big|_I+\Delta\frac{\mathrm{d}\boldsymbol{p}_O}{\mathrm{d}t}\Big|_I\right)
\end{aligned}
\tag{2.91}
$$

式中：最后一项表示与排出的质量元($\Delta m<0$)相关的动量。再次选取 $\Delta t\to 0$ 的极限值，同时注意二阶与高阶 $\Delta$ 项为零，得出角动量的变化率，即

$$\lim_{\Delta t\to 0}\frac{\Delta \boldsymbol{H}_I}{\Delta t}=\frac{\mathrm{d}\boldsymbol{H}_I}{\mathrm{d}t}|_I=\int_{\mathrm{Vol}}\boldsymbol{p}'\times\rho_V\frac{\mathrm{d}^2\boldsymbol{p}'}{\mathrm{d}t^2}|_I\,\mathrm{d}V+\int_{\mathrm{Vol}}\frac{\mathrm{d}\boldsymbol{p}'}{\mathrm{d}t}|_I\times\rho_V\frac{\mathrm{d}\boldsymbol{p}'}{\mathrm{d}t}|_I\,\mathrm{d}V$$

$$+\left(\boldsymbol{p}_o\times\dot{m}\frac{\mathrm{d}\boldsymbol{p}_o}{\mathrm{d}t}|_I\right)\tag{2.92}$$

$$=\int_{\mathrm{Vol}}\frac{\mathrm{d}}{\mathrm{d}t}|_I\left(\boldsymbol{p}'\times\rho_V\frac{\mathrm{d}\boldsymbol{p}'}{\mathrm{d}t}|_I\right)\mathrm{d}V+\left(\boldsymbol{p}_o\times\dot{m}\frac{\mathrm{d}\boldsymbol{p}_o}{\mathrm{d}t}|_I\right)$$

通过将上式中带下划线的项与方程(2.2)——牛顿定律相比较,可将角动量的变化率关系式列为

$$\frac{\mathrm{d}\boldsymbol{H}_I}{\mathrm{d}t}|_I=\int_{\mathrm{Vol}}\boldsymbol{p}'\times\rho_V\boldsymbol{g}\mathrm{d}V+\int_{\text{表面}}\boldsymbol{p}'\times\mathrm{d}\boldsymbol{f}_{\mathrm{ext}}+\left(\boldsymbol{p}_o\times\dot{m}\frac{\mathrm{d}\boldsymbol{p}_o}{\mathrm{d}t}|_I\right)\tag{2.93}$$

然后,回顾方程(2.90),同时注意

$$\boldsymbol{p}'=\boldsymbol{p}_V+\boldsymbol{p}$$

可用绕飞行器质心的角动量 $\boldsymbol{H}_V$ 表示飞行器的惯性角动量,即

$$\boldsymbol{H}_I=\int_{\mathrm{Vol}}(\boldsymbol{p}_V+\boldsymbol{p})\times\rho_V\left(\frac{\mathrm{d}\boldsymbol{p}_V}{\mathrm{d}t}|_I+\frac{\mathrm{d}\boldsymbol{p}}{\mathrm{d}t}|_I\right)\mathrm{d}V$$

$$=\int_{\mathrm{Vol}}\boldsymbol{p}_V\times\rho_V\left(\frac{\mathrm{d}\boldsymbol{p}_V}{\mathrm{d}t}|_I+\frac{\mathrm{d}\boldsymbol{p}}{\mathrm{d}t}|_I\right)\mathrm{d}V+\int_{\mathrm{Vol}}\boldsymbol{p}\times\rho_V\frac{\mathrm{d}\boldsymbol{p}_V}{\mathrm{d}t}|_I\,\mathrm{d}V+\int_{\mathrm{Vol}}\boldsymbol{p}\times\rho_V\frac{\mathrm{d}\boldsymbol{p}}{\mathrm{d}t}|_I\,\mathrm{d}V\tag{2.94}$$

$$=\boldsymbol{p}_V\times\int_{\mathrm{Vol}}\rho_V\frac{\mathrm{d}\boldsymbol{p}'}{\mathrm{d}t}|_I\,\mathrm{d}V+\int_{\mathrm{Vol}}\boldsymbol{p}\times\rho_V\frac{\mathrm{d}\boldsymbol{p}}{\mathrm{d}t}|_I\,\mathrm{d}V=\boldsymbol{p}_V\times\int_{\mathrm{Vol}}\rho_V\frac{\mathrm{d}\boldsymbol{p}'}{\mathrm{d}t}|_I\,\mathrm{d}V+\boldsymbol{H}_V$$

在求上述结果时,基于以下事实:

$$\int_{\mathrm{Vol}}\boldsymbol{p}\times\rho_V\frac{\mathrm{d}\boldsymbol{p}_V}{\mathrm{d}t}|_I\,\mathrm{d}V=\left(\int_{\mathrm{Vol}}\rho_V\boldsymbol{p}\mathrm{d}V\right)\times\frac{\mathrm{d}\boldsymbol{p}_V}{\mathrm{d}t}|_I=0\tag{2.95}$$

这是因为圆括号内的项指飞行器绕瞬时质心的一阶质量矩。

将与惯性坐标系有关的方程(2.94)进行微分计算,可得出

$$\frac{\mathrm{d}\boldsymbol{H}_I}{\mathrm{d}t}|_I=\frac{\mathrm{d}\boldsymbol{p}_V}{\mathrm{d}t}|_I\times\left(\int_{\mathrm{Vol}}\rho_V\frac{\mathrm{d}\boldsymbol{p}'}{\mathrm{d}t}|_I\,\mathrm{d}V\right)+\boldsymbol{p}_V\times\frac{\mathrm{d}}{\mathrm{d}t}|_I\left(\int_{\mathrm{Vol}}\rho_V\frac{\mathrm{d}\boldsymbol{p}'}{\mathrm{d}t}|_I\,\mathrm{d}V\right)+\frac{\mathrm{d}\boldsymbol{H}_V}{\mathrm{d}t}|_I$$

$$=\frac{\mathrm{d}\boldsymbol{p}_V}{\mathrm{d}t}|_I\times\boldsymbol{Q}+\boldsymbol{p}_V\times\frac{\mathrm{d}\boldsymbol{Q}}{\mathrm{d}t}|_I+\frac{\mathrm{d}\boldsymbol{H}_V}{\mathrm{d}t}|_I\tag{2.96}$$

这是因为已经将平移动量定义为

$$\boldsymbol{Q}(t)=\int_{\mathrm{Vol}}\rho_V\frac{\mathrm{d}\boldsymbol{p}'}{\mathrm{d}t}|_I\,\mathrm{d}V$$

但是,先前已证明平移动量可用下式表示:

$$\boldsymbol{Q}(t)=m\frac{\mathrm{d}\boldsymbol{p}_V}{\mathrm{d}t}|_I-\dot{m}\boldsymbol{p}_E$$

且其变化率可表示为

$$\frac{\mathrm{d}\boldsymbol{Q}}{\mathrm{d}t}\bigg|_I = \int_{\mathrm{Vol}} \rho_V \boldsymbol{g}\mathrm{d}V + \int_{\text{表面}} \mathrm{d}\boldsymbol{f}_{\mathrm{ext}} + \dot{m}\frac{\mathrm{d}\boldsymbol{p}_o}{\mathrm{d}t}\bigg|_I$$

将上述后两个表达式代入方程(2.96),可得出

$$\begin{aligned}\frac{\mathrm{d}\boldsymbol{H}_I}{\mathrm{d}t}\bigg|_I &= \frac{\mathrm{d}\boldsymbol{p}_V}{\mathrm{d}t}\bigg|_I \times \left(m\frac{\mathrm{d}\boldsymbol{p}_V}{\mathrm{d}t}\bigg|_I - \dot{m}\boldsymbol{p}_E\right) \\ &\quad + \boldsymbol{p}_V \times \left(\int_{\mathrm{Vol}} \rho_V \boldsymbol{g}\mathrm{d}V + \int_{\text{表面}} \mathrm{d}\boldsymbol{f}_{\mathrm{ext}} + \dot{m}\frac{\mathrm{d}\boldsymbol{p}_o}{\mathrm{d}t}\bigg|_I\right) + \frac{\mathrm{d}\boldsymbol{H}_V}{\mathrm{d}t}\bigg|_I \\ &= -\frac{\mathrm{d}\boldsymbol{p}_V}{\mathrm{d}t}\bigg|_I \times \dot{m}\boldsymbol{p}_E + \boldsymbol{p}_V \times \left(\int_{\mathrm{Vol}} \rho_V \boldsymbol{g}\mathrm{d}V + \int_{\text{表面}} \mathrm{d}\boldsymbol{f}_{\mathrm{ext}} + \dot{m}\frac{\mathrm{d}\boldsymbol{p}_o}{\mathrm{d}t}\bigg|_I\right) + \frac{\mathrm{d}\boldsymbol{H}_V}{\mathrm{d}t}\bigg|_I\end{aligned} \tag{2.97}$$

现在,将方程组(2.93)与(2.97)列成等式,可得出控制飞行器绕其质心的角动量 $\boldsymbol{H}_V$ 的方程,即

$$\begin{aligned}&\frac{\mathrm{d}\boldsymbol{H}_V}{\mathrm{d}t}\bigg|_I - \frac{\mathrm{d}\boldsymbol{p}_V}{\mathrm{d}t}\bigg|_I \times \dot{m}\boldsymbol{p}_E + \boldsymbol{p}_V \times \left(\int_{\mathrm{Vol}} \rho_V \boldsymbol{g}\mathrm{d}V + \int_{\text{表面}} \mathrm{d}\boldsymbol{f}_{\mathrm{ext}} + \dot{m}\frac{\mathrm{d}\boldsymbol{p}_o}{\mathrm{d}t}\bigg|_I\right) \\ &= \int_{\mathrm{Vol}} \boldsymbol{p}' \times \rho_V \boldsymbol{g}\mathrm{d}V + \int_{\text{表面}} \boldsymbol{p}' \times \mathrm{d}\boldsymbol{f}_{\mathrm{ext}} + \left(\boldsymbol{p}_o \times \dot{m}\frac{\mathrm{d}\boldsymbol{p}_o}{\mathrm{d}t}\bigg|_I\right)\end{aligned} \tag{2.98}$$

但是,回顾下列关系式可知,方程(2.98)可大大简化。

$$\boldsymbol{p}' = \boldsymbol{p}_V + \boldsymbol{p}$$

$$\boldsymbol{p}_o = \boldsymbol{p}_V + \boldsymbol{p}_E$$

$$\frac{\mathrm{d}\boldsymbol{p}_o}{\mathrm{d}t}\bigg|_I = \frac{\mathrm{d}\boldsymbol{p}_V}{\mathrm{d}t}\bigg|_I + \frac{\mathrm{d}\boldsymbol{p}_E}{\mathrm{d}t}\bigg|_I + \boldsymbol{v}_E$$

将这三个关系式代入方程(2.98)中,注意绕瞬时质心的一阶质量矩为零,重组得出

$$\frac{\mathrm{d}\boldsymbol{H}_V}{\mathrm{d}t}\bigg|_I = \int_{\text{表面}} \boldsymbol{p} \times \mathrm{d}\boldsymbol{f}_{\text{出口}} + \boldsymbol{p}_E \times \dot{m}\left(\frac{\mathrm{d}\boldsymbol{p}_E}{\mathrm{d}t}\bigg|_I + \boldsymbol{v}_E\right) \tag{2.99}$$

现在,正如先前有关力的做法一样,必须对作用于飞行器上的力矩加以记载。首先将压力分布的积分 $\boldsymbol{f}_{\text{出口}}$ 分解成两部分,一部分由机身上的压力或气动效应引起,另一部分由排出耗尽质量的出口平面的压差引起。

$$\int_{\text{表面}} \boldsymbol{p} \times \mathrm{d}\boldsymbol{f}_{\text{出口}} = \int_{\text{机身表面}} \boldsymbol{p} \times \mathrm{d}\boldsymbol{f}_{\text{气动}} + \boldsymbol{p}_E \times \int_{\text{出口面积}} \mathrm{d}\boldsymbol{f}_{\text{出口}}$$

由于我们已将推力定义为

$$\text{推力} = \dot{m}\boldsymbol{v}_E + \int_{\text{出口面积}} \mathrm{d}\boldsymbol{f}_{\text{出口}}$$

使用下列表达式表示角动量变化率:

$$\begin{aligned}\frac{\mathrm{d}\boldsymbol{H}_V}{\mathrm{d}t}\bigg|_I &= \boldsymbol{M}_{\text{气动力}} + (\boldsymbol{p}_E \times \text{推力}) + \left(\boldsymbol{p}_E \times \dot{m}\frac{\mathrm{d}\boldsymbol{p}_E}{\mathrm{d}t}\bigg|_I\right) \\ &= \boldsymbol{M}_{\text{气动力}} + \boldsymbol{M}_{\text{推动力}} + \boldsymbol{p}_E \times \dot{m}\left(\frac{\mathrm{d}\boldsymbol{p}_E}{\mathrm{d}t}\bigg|_V + \boldsymbol{\omega}_{V,I} \times \boldsymbol{p}_E\right)\end{aligned} \tag{2.100}$$

这构成了控制飞行器角动量的运动方程,包括变质量效应。这些效应以带下划线的各项表示,有时将矢量三重积称作"喷射阻尼"效应,因为其一般延阻飞行器的角运动,并且与飞行器角速度成正比。注意,该阻尼与推进质量流量及瞬时质心至喷嘴出口距离的平方成正比。因此,阻尼对质量流量大的长飞行器(如导弹)更加重要。

最后还应注意,即使飞行器为刚性飞行器,出口平面相对飞行器质心的运动,即$\left.\frac{\mathrm{d}\boldsymbol{p}_E}{\mathrm{d}t}\right|_V$也不等于零。

## 例 2.4　火箭变质量效应

以长度为 $l$、搭载具有恒定推进剂流量$\dot{m}_{\text{Prop}}$的发动机的火箭为例进行分析。而且,令喷嘴出口位置由矢量 $\boldsymbol{p}_E$ 定义,此处 $\boldsymbol{p}_E=-l/2\boldsymbol{i}_V$,且飞行器角速度 $\boldsymbol{\omega}_{V,I}$定义为

$$\boldsymbol{\omega}_{V,I} = P\,\boldsymbol{i}_V + Q\,\boldsymbol{j}_V + R\,\boldsymbol{k}_V$$

估算由变质量效应引起的方程组(2.89)与(2.100)中的附加项(忽略因质量排出引起的 $cm$ 相对喷嘴出口的运动)。

**解**

首先,就方程(2.89)而言,方程中控制平移动量的变质量项为

$$2\dot{m}\left(\frac{\mathrm{d}\boldsymbol{p}_E}{\mathrm{d}t}\Big|_V + \boldsymbol{\omega}_{V,I}\times\boldsymbol{p}_E\right) + \ddot{m}\boldsymbol{p}_E = -2\dot{m}_{\text{Prop}}(\boldsymbol{\omega}_{V,I}\times\boldsymbol{p}_E)$$

$$= -2\dot{m}_{\text{Prop}}\begin{vmatrix}\boldsymbol{i}_V & \boldsymbol{j}_V & \boldsymbol{k}_V\\ P & Q & R\\ -l/2 & 0 & 0\end{vmatrix} = \dot{m}_{\text{Prop}}l(R\,\boldsymbol{j}_V - Q\,\boldsymbol{k}_V) \tag{2.101}$$

因此,必须通过添加项$\dot{m}_{\text{Prop}}lR$ 与$-\dot{m}_{\text{Prop}}lQ$ 来修改方程组(2.22)中第二、三个方程右侧。这些由变质量效应引起的表观力与飞行器长度、推进剂流量及俯仰角速度和偏航角速度成正比。

接下来,就方程(2.100)而言,变质量项为

$$\boldsymbol{p}_E\times\dot{m}\left(\frac{\mathrm{d}\boldsymbol{p}_E}{\mathrm{d}t}\Big|_V + \boldsymbol{\omega}_{V,I}\times\boldsymbol{p}_E\right) = -\dot{m}_{\text{Prop}}\,(l/2\boldsymbol{i}_V)\times(\boldsymbol{\omega}_{V,I}\times l/2\boldsymbol{i}_V)$$

$$= -\dot{m}_{\text{Prop}}\begin{vmatrix}\boldsymbol{i}_V & \boldsymbol{j}_V & \boldsymbol{k}_V\\ l/2 & 0 & 0\\ 0 & Rl/2 & -Ql/2\end{vmatrix} = -(\dot{m}_{\text{Prop}}l^2/4)(Q\,\boldsymbol{j}_V + R\,\boldsymbol{k}_V) \tag{2.102}$$

因此,必须通过添加项$-\dot{m}_{\text{Prop}}l^2Q/4$ 与$-\dot{m}_{\text{Prop}}l^2R/4$ 来修改方程组(2.27)中第二、三个方程右侧。这些由变质量效应引起的表观俯仰力矩和表观偏航力矩与飞行器长度的平方、推进剂流量及俯仰角速度和偏航角速度成正比。俯仰角速度导致俯仰阻尼效应,而偏航率导致偏航阻尼效应。

---

由于变质量效应,运动方程组(方程组(2.89)与(2.100))中出现的附加项无疑会导致相应参考方程组与小扰动方程组中也出现附加项。我们可按照例 2.4 中论证过的相似方法,精确推演给定飞行器几何体的附加项。然后,可根据这些附加项对参考方程组和小扰动方程组进行必要的修改。

## 2.6 球体或旋转地球效应

在前面各节中,我们忽略了扁平旋转地球的影响。我们假设地面固定参考坐标系具有惯性,且地球没有曲率。正如 2.2 节提到的一样,这些假设对大多数传统飞行器的动力学建模而言是有效的。然而,对于以较高的超声速或高超声速飞行的飞行器(如 SR-71 或类似于 X-43 的飞行器)和长航程飞行器(例如航天飞机)而言,这些假设可能并不完全有效。

本节将分析旋转地球的影响,假设地球是球形的,且其球面质量分布均匀。分析飞行器动力学时,球形地球假设充分有效,但对于其他分析,如精确制导分析而言则不一定。对于精确制导分析,地球扁圆形状的影响可能很重要。

开始探讨之前,首先参照类似于图 1.1 的图 2.7,该图展示了四个坐标系。坐标系 $V$ 为典型飞行器固定坐标系,原定位于飞行器质心,随飞行器一起旋转。坐标系 $I$ 为地心坐标系,$X_I$ 轴的方向总是指向某一选定的恒星,将其视为惯性坐标系。坐标系 $E$ 固定在地球表面一选定参照点,其 $X_E$ 指向北边,$Z_E$ 指向地球中心。最后,引入一个新坐标系——坐标系 $L$。坐标系 $L$ 的原点也位于飞行器质心,但该坐标系总是成一条直线,因而其 $X_L$ 轴指向北边,与地方子午线平行,其 $Y_L$ 轴指向东边,$Z_L$ 轴总是指向地球中心。将坐标系 $L$ 称作局部垂直水平坐标系。由于该坐标系不随飞行器旋转,因此其为飞行器搭载坐标系,而非飞行器固定坐标系。

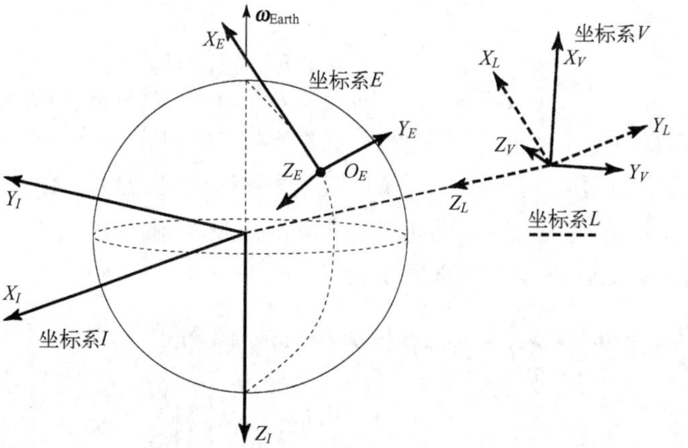


图 2.7　坐标系 $I$、$E$、$L$ 与 $V$

坐标系 $L$ 的位置以及由此而来的飞行器质心可用其(正北)纬度 $\lambda_L$、(正东)经度 $\mu_L$(这两者均为角度)以及相对地球表面的海拔高度 $h$ 进行定义。飞行器的方向,即坐标系 $V$ 通过 1.3 节讨论的常见 3-2-1 欧拉角 $\psi$、$\theta$ 与 $\phi$ 参照坐标系 $L$ 进行定义。

我们在此关注无旋转部件的等质量飞行器运动方程的推导,这些方程控制飞行器相对坐标系 $E$ 原点而言的平移速度和相对坐标系 $I$ 的旋转速度。然后将这些运动方程与 2.2 节中推演的运动方程进行比较,以确定由球形地球旋转效应引起的附加项。该公式需要特别引起注意的方面是记录各种旋转坐标系。

相对坐标系 $E$ 而言的飞行器平移速度非常重要,因为其由雷达场地测得,即飞行器"地面速度"。该速度也与飞行器相对于大气的速度,即"空速"密切相关。然而,由于坐标系 $E$ 不是惯性坐标系,飞行器相对其的速度也非惯性速度。飞行器相对坐标系 $I$ 的旋转速度,即坐标系

$V$ 为惯性速度。该惯性角速度非常重要,因为其由机载惯性导航系统测得。

在定义所有必要的参考坐标系后,现在可定义各种角速度。根据问题的几何特点,我们可发现地球的角速度矢量 $\boldsymbol{\omega}_{\text{Earth}}$,即坐标系 $E$ 相对坐标系 $I$ 的旋转速度为

$$\boldsymbol{\omega}_{\text{Earth}}=\boldsymbol{\omega}_{E,I}=-\omega_{\text{Earth}}\,\boldsymbol{k}_I=\omega_{\text{Earth}}\begin{bmatrix}\cos\lambda_L & 0 & -\sin\lambda_L\end{bmatrix}\begin{Bmatrix}\boldsymbol{i}_L\\ \boldsymbol{j}_L\\ \boldsymbol{k}_L\end{Bmatrix} \tag{2.103}$$

欧拉角定义为与扁平地球情况下的类似,原因在于它们规定了坐标系 $V$ 相对于坐标系 $L$ 的定位。因此,坐标系 $L$ 与坐标系 $V$ 有关单位矢量的方向余弦矩阵相同,即根据方程(1.15):

$$\begin{Bmatrix}\boldsymbol{i}_V\\ \boldsymbol{j}_V\\ \boldsymbol{k}_V\end{Bmatrix}=\boldsymbol{T}_{L\text{-}V}(\phi,\theta,\psi)\begin{Bmatrix}\boldsymbol{i}_L\\ \boldsymbol{j}_L\\ \boldsymbol{k}_L\end{Bmatrix}$$

$$\boldsymbol{T}_{L\text{-}V}(\phi,\theta,\psi)=\begin{bmatrix}1 & 0 & 0\\ 0 & \cos\phi & \sin\phi\\ 0 & -\sin\phi & \cos\phi\end{bmatrix}\begin{bmatrix}\cos\theta & 0 & -\sin\theta\\ 0 & 1 & 0\\ \sin\theta & 0 & \cos\theta\end{bmatrix}\begin{bmatrix}\cos\psi & \sin\psi & 0\\ -\sin\psi & \cos\psi & 0\\ 0 & 0 & 1\end{bmatrix}$$

$$=\begin{bmatrix}(\cos\theta\cos\psi) & (\cos\theta\sin\psi) & (-\sin\theta)\\ (\sin\phi\sin\theta\cos\psi-\cos\phi\sin\psi) & (\sin\phi\sin\theta\sin\psi+\cos\phi\cos\psi) & (\sin\phi\cos\theta)\\ (\cos\phi\sin\theta\cos\psi+\sin\phi\sin\psi) & (\cos\phi\sin\theta\sin\psi-\sin\phi\cos\psi) & (\cos\phi\cos\theta)\end{bmatrix} \tag{2.104}$$

因此,$\boldsymbol{\omega}_{E,I}$ 也表示为

$$\boldsymbol{\omega}_{E,I}\triangleq\begin{bmatrix}P_E & Q_E & R_E\end{bmatrix}\begin{Bmatrix}\boldsymbol{i}_V\\ \boldsymbol{j}_V\\ \boldsymbol{k}_V\end{Bmatrix}=\omega_{\text{Earth}}\begin{bmatrix}\cos\lambda_L & 0 & -\sin\lambda_L\end{bmatrix}\boldsymbol{T}_{L\text{-}V}^{\mathrm{T}}(\phi,\theta,\psi)\begin{Bmatrix}\boldsymbol{i}_V\\ \boldsymbol{j}_V\\ \boldsymbol{k}_V\end{Bmatrix} \tag{2.105}$$

或

$$\begin{bmatrix}P_E\\ Q_E\\ R_E\end{bmatrix}=\boldsymbol{T}_{L\text{-}V}(\phi,\theta,\psi)\begin{bmatrix}\omega_{\text{Earth}}\cos\lambda_L\\ 0\\ -\omega_{\text{Earth}}\sin\lambda_L\end{bmatrix} \tag{2.106}$$

$P_E$、$Q_E$ 与 $R_E$ 也因此用欧拉角和飞行器的纬度进行定义。

坐标系 $V$、$L$ 与 $I$ 的相对角速度通过下式相互关联:

$$\boldsymbol{\omega}_{V,I}=\boldsymbol{\omega}_{V,L}+\boldsymbol{\omega}_{L,I} \tag{2.107}$$

同时可证明坐标系 $L$ 相对坐标系 $I$ 的旋转速度为

$$\omega_{L,I}=\begin{bmatrix}(\omega_{\text{Earth}}+\dot{\mu}_L)\cos\lambda_L & -\dot{\lambda}_L & -(\omega_{\text{Earth}}+\dot{\mu}_L)\sin\lambda_L\end{bmatrix}\begin{Bmatrix}\boldsymbol{i}_L\\ \boldsymbol{j}_L\\ \boldsymbol{k}_L\end{Bmatrix} \tag{2.108}$$

但如果也将其列为下式:

$$\boldsymbol{\omega}_{L,I}\triangleq\begin{bmatrix}P_L & Q_L & R_L\end{bmatrix}\begin{Bmatrix}\boldsymbol{i}_V\\ \boldsymbol{j}_V\\ \boldsymbol{k}_V\end{Bmatrix} \tag{2.109}$$

根据方程(2.108)以及方程(2.104)中的方向余弦矩阵得出

$$\begin{aligned}\boldsymbol{\omega}_{L,I} &= [P_L \quad Q_L \quad R_L]\begin{Bmatrix}\boldsymbol{i}_V\\ \boldsymbol{j}_V\\ \boldsymbol{k}_V\end{Bmatrix}\\ &= [(\omega_{\text{Earth}} + \dot{\mu}_L)\cos\lambda_L \quad -\dot{\lambda}_L \quad -(\omega_{\text{Earth}} + \dot{\mu}_L)\sin\lambda_L]\boldsymbol{T}^{\text{T}}_{L\text{-}V}(\phi, \theta, \psi)\begin{Bmatrix}\boldsymbol{i}_V\\ \boldsymbol{j}_V\\ \boldsymbol{k}_V\end{Bmatrix}\end{aligned} \tag{2.110}$$

因此,接下来可以用欧拉角、纬度与经度将 $P_L$、$Q_L$与 $R_L$定义为

$$\begin{bmatrix}P_L\\ Q_L\\ R_L\end{bmatrix} = \boldsymbol{T}_{L\text{-}V}(\phi, \theta, \psi)\begin{bmatrix}(\omega_{\text{Earth}} + \dot{\mu}_L)\cos\lambda_L\\ -\dot{\lambda}_L\\ -(\omega_{\text{Earth}} + \dot{\mu}_L)\sin\lambda_L\end{bmatrix} \tag{2.111}$$

也可将飞行器或坐标系 $V$ 相对坐标系 $L$ 的角速度定义为

$$\boldsymbol{\omega}_{V,L} \triangleq [P_V \quad Q_V \quad R_V]\begin{Bmatrix}\boldsymbol{i}_V\\ \boldsymbol{j}_V\\ \boldsymbol{k}_V\end{Bmatrix} \tag{2.112}$$

由于正使用的3-2-1欧拉角与扁平地球情况下定义的完全相同,因此得出与之相同的有关角速度的运动学方程,即方程组(2.36)或(2.37),即

$$\begin{aligned}P_V &= \dot{\phi} - \dot{\psi}\sin\theta\\ Q_V &= \dot{\theta}\cos\phi + \dot{\psi}\sin\phi\cos\theta\\ R_V &= \dot{\psi}\cos\phi\cos\theta - \dot{\theta}\sin\phi\end{aligned} \tag{2.113}$$

或通过转化得出

$$\begin{aligned}\dot{\phi} &= P_V + Q_V\sin\phi\tan\theta + R_V\cos\phi\tan\theta\\ \dot{\theta} &= Q_V\cos\phi - R_V\sin\phi\\ \dot{\psi} &= (Q_V\sin\phi + R_V\cos\phi)\sec\phi\end{aligned} \tag{2.114}$$

这些方程控制欧拉角,但现在用 $P_V$、$Q_V$与 $R_V$表示,而非 $P$、$Q$ 与 $R$。

最后,将方程(2.107)列为

$$\boldsymbol{\omega}_{V,I} = \boldsymbol{\omega}_{V,L} + \boldsymbol{\omega}_{L,I} \triangleq [P \quad Q \quad R]\begin{Bmatrix}\boldsymbol{i}_V\\ \boldsymbol{j}_V\\ \boldsymbol{k}_V\end{Bmatrix} \tag{2.115}$$

我们已对 $P$、$Q$ 与 $R$ 进行了定义:表示飞行器或坐标系 $V$ 相对惯性坐标系 $I$ 的惯性旋转速度的矢量分量。由于 $\boldsymbol{\omega}_{V,L}=\boldsymbol{\omega}_{V,I}-\boldsymbol{\omega}_{L,I}$,根据方程(2.115),同时观察方程(2.112),现在可求出 $P_V$、$Q_V$与 $R_V$。而且,我们发现扁平旋转地球与球形旋转地球情况的区别仅在于 $\boldsymbol{\omega}_{L,I}$这一项。在扁平地球情况下,认为该项等于零。

## 例 2.5　地球旋转效应

下面以悬停在经度为0、北纬45°固定位置的直升机为例进行分析。飞行器保持水平姿势,航向保持(向东)90°不变。求飞行器的惯性角速度及其相对坐标系 $L$ 的角速度 $\boldsymbol{\omega}_{V,L}$。

**解**

首先，如果飞行器的飞行姿势与航向保持恒定，那么$\dot{\phi}=\dot{\theta}=\dot{\psi}=0$。根据方程(2.113)，我们发现$P_V$、$Q_V$与$R_V$必须都等于零，因而得出$\boldsymbol{\omega}_{V,L}=\mathbf{0}$。其次，根据方程(2.115)，$\boldsymbol{\omega}_{V,I}$必须等于$\boldsymbol{\omega}_{L,I}$。根据方程(2.111)，我们发现$\boldsymbol{\omega}_{L,I}$的分量为

$$\begin{bmatrix} P_L \\ Q_L \\ R_L \end{bmatrix} = \boldsymbol{T}_{L\text{-}V}(\phi,\theta,\psi)\begin{bmatrix} (\omega_{\text{Earth}}+\dot{\mu}_L)\cos\lambda_L \\ -\dot{\lambda}_L \\ -(\omega_{\text{Earth}}+\dot{\mu}_L)\sin\lambda_L \end{bmatrix}$$

此处由于$\phi=\theta=0$，且$\psi=90°$，因此方向余弦矩阵$\boldsymbol{T}_{L\text{-}V}$为

$$\begin{aligned}
&\boldsymbol{T}_{L\text{-}V}(\phi,\theta,\psi)\\
&=\begin{bmatrix} (\cos\theta\cos\psi) & (\cos\theta\sin\psi) & (-\sin\theta) \\ (\sin\phi\sin\theta\cos\psi-\cos\phi\sin\psi) & (\sin\phi\sin\theta\sin\psi+\cos\phi\cos\psi) & (\sin\phi\cos\theta) \\ (\cos\phi\sin\theta\cos\psi+\sin\phi\sin\psi) & (\cos\phi\sin\theta\sin\psi-\sin\phi\cos\psi) & (\cos\phi\cos\theta) \end{bmatrix}\\
&=\begin{bmatrix} 0 & 1 & 0 \\ -1 & 0 & 0 \\ 0 & 0 & 1 \end{bmatrix}
\end{aligned}$$

由于$\lambda_L=45°$，当飞行器悬停在固定位置$\dot{\lambda}_L=\dot{\mu}_L=0$处时，得出

$$\begin{bmatrix} P_L \\ Q_L \\ R_L \end{bmatrix} = \begin{bmatrix} 0 & 1 & 0 \\ -1 & 0 & 0 \\ 0 & 0 & 1 \end{bmatrix}\begin{bmatrix} \omega_{\text{Earth}}\cos 45° \\ 0 \\ -\omega_{\text{Earth}}\sin 45° \end{bmatrix} = \begin{bmatrix} 0 \\ -\omega_{\text{Earth}}\cos 45° \\ -\omega_{\text{Earth}}\sin 45° \end{bmatrix} = \begin{bmatrix} 0 \\ -2\pi\,(0.707)\,\text{rad/d} \\ -2\pi\,(0.707)\,\text{rad/d} \end{bmatrix}$$

因此，飞行器的惯性角速度为

$$\boldsymbol{\omega}_{V,I} = \begin{bmatrix} 0 \\ -2.9\times10^{-3} \\ -2.9\times10^{-3} \end{bmatrix}°/\text{s}$$

我们发现飞行器正在缓慢地向下俯冲，并相对惯性坐标系向左偏航。在扁平地球情况下，该角速度将等于零。尽管角速度很小，飞行器的惯性俯冲高度与航向均会发生改变——6个小时内变化63°。

---

正如图2.8所示，飞行器的惯性位置(矢量)可用下式表示：

$$\boldsymbol{p}_{V,I} = \boldsymbol{R}_E + \boldsymbol{p}_{V,E}$$

$\boldsymbol{p}_{V,I}$幅值为

$$p_{V,I} = R_E + h$$

式中：$\boldsymbol{R}_E$指坐标系$E$原点的惯性位置；$\boldsymbol{R}_E$指地球半径；$h$(图中未显示)指飞行器距离地球表面的高度。

现在可将$U$、$V$与$W$定义为飞行器相对坐标系$E$的平移速度在坐标系$V$中的分量，即

$$\frac{\mathrm{d}\boldsymbol{p}_{V,E}}{\mathrm{d}t}\Big|_E \triangleq \boldsymbol{V}_{V,E} = \begin{bmatrix} U & V & W \end{bmatrix}\begin{Bmatrix} \boldsymbol{i}_V \\ \boldsymbol{j}_V \\ \boldsymbol{k}_V \end{Bmatrix} \tag{2.116}$$

注意$U$、$V$、$W$的定义方式与在扁平地球情况下的定义方式类似，但不再是惯性速度矢量的分量。用$\boldsymbol{V}_{V,E}$表示的飞行器惯性平移速度为

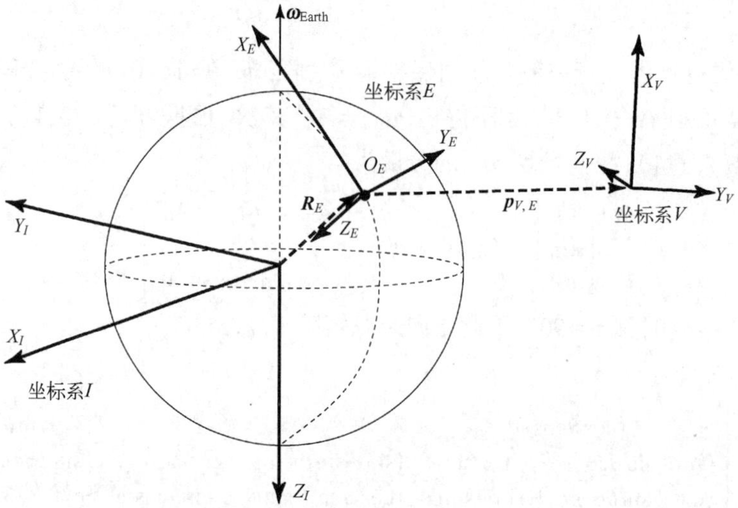


图 2.8　位置矢量 $\boldsymbol{R}_E$ 与 $\boldsymbol{p}_{V,E}$

注意:$R_E$ 与 $\boldsymbol{R}_E$ 的区别,$\boldsymbol{R}_E$ 指地球半径,而 $R_E$(根据方程(2.106)中所给定的)指坐标系 $E$ 的角速度分量 $Z_V$。

$$\frac{\mathrm{d}\boldsymbol{p}_{V,I}}{\mathrm{d}t}\Big|_I \triangleq \boldsymbol{V}_{V,I}=\frac{\mathrm{d}\boldsymbol{R}_E}{\mathrm{d}t}\Big|_I+\frac{\mathrm{d}\boldsymbol{p}_{V,E}}{\mathrm{d}t}\Big|_I=(\boldsymbol{\omega}_{E,I}\times\boldsymbol{R}_E)+\left(\boldsymbol{V}_{V,E}+(\boldsymbol{\omega}_{E,I}\times\boldsymbol{p}_{V,E})\right)$$
$$=\boldsymbol{V}_{V,E}+\boldsymbol{\omega}_{E,I}\times(\boldsymbol{R}_E+\boldsymbol{p}_{V,E}) \tag{2.117}$$

因此,在扁平地球情况下,认为坐标系 $E$ 为惯性坐标系,如此,$\boldsymbol{\omega}_{E,I}$将等于零。在此条件下,正如预期的一样,方程(2.117)揭示 $\boldsymbol{V}_{V,I}=\boldsymbol{V}_{V,E}$。

现在可推导出控制平移运动($U$、$V$ 与 $W$)的方程组,以方程(2.10)即牛顿第二定律开始,在此再次重复:

$$\frac{\mathrm{d}}{\mathrm{d}t}\Big|_I\left(m\frac{\mathrm{d}\boldsymbol{p}_{V,I}}{\mathrm{d}t}\Big|_I\right)=m\frac{\mathrm{d}\boldsymbol{V}_{V,I}}{\mathrm{d}t}\Big|_I=\int_{\text{Vol}}\rho_V\,\boldsymbol{g}\,\mathrm{d}V+\int_{\text{表面}}\mathrm{d}\boldsymbol{f}_{\text{出口}}$$

使用方程(2.117),可得出飞行器的惯性加速度为

$$\frac{\mathrm{d}\boldsymbol{V}_{V,I}}{\mathrm{d}t}\Big|_I=\frac{\mathrm{d}\boldsymbol{V}_{V,E}}{\mathrm{d}t}\Big|_I+\boldsymbol{\omega}_{E,I}\times\left(\frac{\mathrm{d}\boldsymbol{R}_E}{\mathrm{d}t}\Big|_I+\frac{\mathrm{d}\boldsymbol{p}_{V,E}}{\mathrm{d}t}\Big|_I\right)$$
$$=\frac{\mathrm{d}\boldsymbol{V}_{V,E}}{\mathrm{d}t}\Big|_V+(\boldsymbol{\omega}_{V,I}\times\boldsymbol{V}_{V,E})+\boldsymbol{\omega}_{E,I}\times\left(\frac{\mathrm{d}\boldsymbol{p}_{V,E}}{\mathrm{d}t}\Big|_E+\left(\boldsymbol{\omega}_{E,I}\times(\boldsymbol{R}_E+\boldsymbol{p}_{V,E})\right)\right) \tag{2.118}$$
$$=\frac{\mathrm{d}\boldsymbol{V}_{V,E}}{\mathrm{d}t}\Big|_V+(\boldsymbol{\omega}_{V,I}+\boldsymbol{\omega}_{E,I})\times\boldsymbol{V}_{V,E}+\boldsymbol{\omega}_{E,I}\times\left(\boldsymbol{\omega}_{E,I}\times(\boldsymbol{R}_E+\boldsymbol{p}_{V,E})\right)$$

当将 $\boldsymbol{\omega}_{E,I}$视为零时,再次注意其结果。带下划线的项为与旋转地球相关的各个新项。

注意,飞行器惯性位置方程也可列为

$$\boldsymbol{p}_{V,I}=\boldsymbol{R}_E+\boldsymbol{p}_{V,E}=-p_{V,I}\,\boldsymbol{k}_L=-(R_E+h)\,\boldsymbol{k}_L \tag{2.119}$$

使用方程(2.103),可得出向心加速度矢量 $C$ 为

$$\boldsymbol{C}\triangleq\boldsymbol{\omega}_{E,I}\times(\boldsymbol{\omega}_{E,I}\times\boldsymbol{p}_{V,I})=\omega_{\text{Earth}}^2(R_E+h)\cos\lambda_L\left[\sin\lambda_L\ \ 0\ \ \cos\lambda_L\right]\begin{Bmatrix}\boldsymbol{i}_L\\ \boldsymbol{j}_L\\ \boldsymbol{k}_L\end{Bmatrix} \tag{2.120}$$

因而,我们将坐标系 $V$ 中的分量 $C$ 定义为

$$\boldsymbol{C} \triangleq \begin{bmatrix} C_x & C_y & C_z \end{bmatrix} \begin{Bmatrix} \boldsymbol{i}_V \\ \boldsymbol{j}_V \\ \boldsymbol{k}_V \end{Bmatrix} \tag{2.121}$$

得出各个分量为

$$\begin{bmatrix} C_x \\ C_y \\ C_z \end{bmatrix} = \boldsymbol{T}_{L\text{-}V}(\phi, \theta, \psi) \begin{bmatrix} \omega_{\text{Earth}}^2 (R_E + h) \cos\lambda_L \sin\lambda_L \\ 0 \\ \omega_{\text{Earth}}^2 (R_E + h) \cos^2\lambda_L \end{bmatrix}$$

$$\begin{aligned} C_x &= \omega_{\text{Earth}}^2 (R_E + h) \cos\lambda_L (\sin\lambda_L \cos\theta \cos\psi - \cos\lambda_L \sin\theta) \\ C_y &= \omega_{\text{Earth}}^2 (R_E + h) \cos\lambda_L (\sin\lambda_L (\sin\phi \sin\theta \cos\psi - \cos\phi \sin\psi) \\ &\quad + \cos\lambda_L \sin\phi \cos\theta) \\ C_z &= \omega_{\text{Earth}}^2 (R_E + h) \cos\lambda_L (\sin\lambda_L (\cos\phi \sin\theta \cos\psi + \sin\phi \sin\psi) \\ &\quad + \cos\lambda_L \cos\phi \cos\theta) \end{aligned} \tag{2.122}$$

注意方程(2.118)右侧无下划线的各项与方程(2.20)右侧各项类似,且根据方程(2.20)推导出方程组(2.22)——扁平地球情况下的标量运动平移方程。接下来,注意 $\boldsymbol{g}=g\boldsymbol{k}_I$。最后,注意方程组(2.118)与(2.122),我们已根据方程(2.10)得出控制飞行器相对坐标系 $E$ 的平移速度的下列标量运动方程。

$$\begin{aligned} m(\dot{U} + W(Q + Q_E) - V(R + R_E) + C_x) &= -mg\sin\theta + F_{A_X} + F_{P_X} \\ m(\dot{V} + U(R + R_E) - W(P + P_E) + C_y) &= mg\cos\theta\sin\phi + F_{A_Y} + F_{P_Y} \\ m(\dot{W} + V(P + P_E) - U(Q + Q_E) + C_z) &= mg\cos\theta\cos\phi + F_{A_Z} + F_{P_Z} \end{aligned} \tag{2.123}$$

这些方程与方程组(2.22)的差别在于带下划线的各项。

## 例 2.6 表观力

下面以在海平面上以 200fps 朝赤道正东方向水平飞行的飞行器为例进行分析。令飞行器质量等于 500sl,横向速度 $V$ 等于零,求由旋转地球效应引起的以 $Z_V$ 方向作用于飞行器上的表观力。

**解**

“以 $Z_V$ 方向作用的表观力”指方程组(2.123)中 $\dot{W}$ 方程中的附加项,由地球旋转引起。当移至方程右侧时,这些项变成

$$-m(VP_E - UQ_E + C_z)$$

在扁平无旋转地球情况下,这些项等于零。在该问题中,$V=0$,且认为 $U$ 等于对地飞行速度 200fps。同时,注意 $\phi=\theta=0$,$\psi=90°$,因此方向余弦矩阵与例 2.5 中的一样,即

$$\boldsymbol{T}_{L\text{-}V}(\phi, \theta, \psi) = \begin{bmatrix} 0 & 1 & 0 \\ -1 & 0 & 0 \\ 0 & 0 & 1 \end{bmatrix}$$

使用方程(2.106),且根据纬度 $\lambda_L=0$,得出

$$\begin{bmatrix} P_E \\ Q_E \\ R_E \end{bmatrix} = \boldsymbol{T}_{L\text{-}V}(\phi, \theta, \psi) \begin{bmatrix} \omega_{\text{Earth}} \cos\lambda_L \\ 0 \\ -\omega_{\text{Earth}} \sin\lambda_L \end{bmatrix} = \begin{bmatrix} 0 & 1 & 0 \\ -1 & 0 & 0 \\ 0 & 0 & 1 \end{bmatrix} \begin{bmatrix} 2\pi \cos\lambda_L \\ 0 \\ 0 \end{bmatrix}$$

$$= \begin{bmatrix} 0 \\ -2\pi\,\text{rad/d} \\ 0 \end{bmatrix}$$

因此 $P_E=R_E=0$，且 $Q_E=-7.3\times10^{-5}\text{rad/s}$。从而得出表观力为

$$mUQ_E = 7.3\text{lbs}$$

根据方程(2.122)，我们发现：

$$\begin{bmatrix} C_x \\ C_y \\ C_z \end{bmatrix} = \boldsymbol{T}_{L\text{-}V}(\phi, \theta, \psi) \begin{bmatrix} \omega_{\text{Earth}}^2 (R_E + h)\cos\lambda_L \sin\lambda_L \\ 0 \\ \omega_{\text{Earth}}^2 (R_E + h)\cos^2\lambda_L \end{bmatrix}$$

$$= \begin{bmatrix} 0 & 1 & 0 \\ -1 & 0 & 0 \\ 0 & 0 & 1 \end{bmatrix} \begin{bmatrix} 0 \\ 0 \\ (2\pi/\text{d})^2\, 4000\,\text{mi} \end{bmatrix} = \begin{bmatrix} 0 \\ 0 \\ 0.11\text{ft/s}^2 \end{bmatrix}$$

因此向心加速度 $C_z=0.11\text{ft/s}^2$。这对应于表观力

$$mC_z = 55\text{lbs}$$

因此，以 $Z_V$ 方向作用于飞行器上的总表观力为

$$-m(VP_E - UQ_E + C_z) = 7.3 - 55 = -47.7\text{lbs}$$

对于 16,000lb 飞行器而言，该力相当于飞行器重量的 0.3%。在扁平地球情况下，假设该表观力等于零。

现在我们来分析将 $U$、$V$、$W$ 与几何位置变化率相关联的运动学。根据图 2.7 与图 2.8 中定义的几何形状，显然飞行器的瞬时速度，即在地球表面坐标系 $V$ 原点相对坐标系 $E$ 的速度也可用经度、纬度及海拔高度的变化率表示：

$$\boldsymbol{V}_{V,E} = \begin{bmatrix} \dot{\lambda}_L (R_E + h) & \dot{\mu}_L (R_E + h)\cos\lambda_L & -(\dot{R}_E + \dot{h}) \end{bmatrix} \begin{Bmatrix} \boldsymbol{i}_L \\ \boldsymbol{j}_L \\ \boldsymbol{k}_L \end{Bmatrix} \tag{2.124}$$

因此，使用上述表达式及方程组(2.104)与(2.116)，控制飞行器相对地球表面的位置的运动学关系式为

$$\begin{bmatrix} \dot{\lambda}_L (R_E + h) \\ \dot{\mu}_L (R_E + h)\cos\lambda_L \\ -\dot{h} \end{bmatrix} = \boldsymbol{T}_{L\text{-}V}^{\text{T}}(\phi, \theta, \psi) \begin{bmatrix} U \\ V \\ W \end{bmatrix}$$

$$= \begin{bmatrix} (\cos\theta\cos\psi) & (\cos\theta\sin\psi) & (-\sin\theta) \\ (\sin\phi\sin\theta\cos\psi - \cos\phi\sin\psi) & (\sin\phi\sin\theta\sin\psi + \cos\phi\cos\psi) & (\sin\phi\cos\theta) \\ (\cos\phi\sin\theta\cos\psi + \sin\phi\sin\psi) & (\cos\phi\sin\theta\sin\psi - \sin\phi\cos\psi) & (\cos\phi\cos\theta) \end{bmatrix}^{\text{T}} \begin{bmatrix} U \\ V \\ W \end{bmatrix} \tag{2.125}$$

现在将注意力转移至旋转运动。显然，控制飞行器惯性旋转速度的运动方程根据方程(2.18)——旋转形式的牛顿定律推导出，在此再次列出该方程：

$$\int_{\text{Vol}} \boldsymbol{p} \times \left(\rho_V\left(\left(\frac{\mathrm{d}\boldsymbol{\omega}_{V,I}}{\mathrm{d}t}\Big|_I \times \boldsymbol{p}\right) + \boldsymbol{\omega}_{V,I} \times \left(\boldsymbol{\omega}_{V,I} \times \boldsymbol{p}\right)\right)\mathrm{d}V\right) = \boldsymbol{M}_{气动力} + \boldsymbol{M}_{推动力}$$

但是,由于此处将使用相同的位置矢量 $\boldsymbol{p}$ 来定义飞行器质点相对飞行器质心的位置,且我们将飞行器惯性角速度定义为方程(2.115)中给定的 $\boldsymbol{\omega}_{V,I}$,因此推断控制飞行器旋转的运动方程与扁平无旋转地球情况下的一样(假设 $XZ$ 平面为对称平面,因而 $I_{xy} = I_{xz} = 0$),根据方程(2.27)得出

$$I_{xx}\dot{P} - I_{xz}(\dot{R} + PQ) + (I_{zz} - I_{yy})QR = L_A + L_P$$

$$I_{yy}\dot{Q} + (I_{xx} - I_{zz})PR + I_{xz}(P^2 - R^2) = M_A + M_P$$

$$I_{zz}\dot{R} - I_{xz}(\dot{P} - QR) + (I_{yy} - I_{xx})PQ = N_A + N_P$$

本节探讨结果汇总如下:

(1) 方程组(2.27)控制惯性旋转速度,即 $P$、$Q$ 与 $R$。

(2) 方程组(2.123)控制地球参考平移速度,即 $U$、$V$ 与 $R$。

(3) 方程组(2.125)控制几何位置变化率,即 $\dot{\lambda}_L$、$\dot{\mu}_L$ 与 $\dot{h}$。

(4) 方程组(2.114)控制欧拉角速度,即 $\dot{\phi}$、$\dot{\theta}$ 与 $\dot{\psi}$。

(5) 已知 $P$、$Q$ 与 $R$ 以及 $P_L$、$Q_L$ 与 $R_L$(根据方程组(2.111)求出),可根据方程(2.115)求出角速度 $P_V$、$Q_V$ 与 $R_V$。

由此得出一组包含 15 个方程的方程组——12 个非线性微分运动方程和 3 个将 $P_V$、$Q_V$、$R_V$ 与其他角速度以及欧拉角相关联的代数约束模块,我们将通过数值模拟同时求 12 个非线性微分运动方程的积分。因此,即使旋转运动方程(方程组(2.27))与扁平地球情况下的方程相同,现在它对飞行器高度和位置的计算更加重要。例如,在计算高度($\phi$、$\theta$ 与 $\psi$)之前,我们必须先求出 $P$、$Q$、$R$ 与 $P_L$、$Q_L$、$R_L$ 及 $P_V$,$Q_V$、$R_V$ 的值。

最后,通过恰当定义在此(球形旋转地球)情况下引入的新变量的参考变量和小扰动变量,使用 2.3 节中的相同方法,我们可求出与此情况对应的参考方程组和小扰动方程组。运动方程中的许多项与扁平地球情况下的对应方程形式相同,因而这种推导工作虽然冗长,但却简单直接。这项推导工作留作学生练习。

## 2.7 质点性能方程

本节将推演另一组控制刚性飞行器平移运动的非线性方程。正如 2.1 节与 2.2 节中一样,再次假设地球为扁平非旋转地球。同时忽略变质量效应。此处的主要区别在于我们所推演的控制速度矢量分量的方程用特殊的飞行器随航坐标系而非飞行器固定坐标系表示。我们将图 2.9 所示的坐标系——坐标系 $W$ 称作风轴系,其原因将在下文告知。该图还展示了另一个“标准”飞行器固定坐标系,记为坐标系 $V$。我们将在下文讨论这些坐标系之间的差异。

此处将推演的方程对轨迹或性能分析及优化尤其有用。这些方程控制三个平移自由度,而非三个旋转自由度。因此,这些方程也被称为“质点”方程。在下文的扰动分析中,我们不会使用这些方程,但由于它们普遍用于飞行性能分析,因此在本章中分析运动方程时将其纳入非常重要。此举也有助于强调本章中使用的方法论。

观察图 2.9 可知坐标系 $I$ 为惯性坐标系(即固定至地球表面),而坐标系 $W$ 按以下方式随飞行器进行运动。正如运动矢量方程推演要求一样,我们将坐标系的原点固定在飞行器的质心(重心)。然而,坐标系 $W$ 的定位需保证 $X_W$ 轴总是与飞行器的瞬时速度矢量 $\boldsymbol{V}_V$ 成一条直线,或者与飞行器遭遇的相对"风"成一条直线。$Z_W$ 轴总是在飞行器的 $XZ$ 平面,$Y_W$ 轴的方向总是指向右侧机翼。角 $\alpha$ 与 $\beta$ 定义飞行器速度矢量 $\boldsymbol{V}_V$ 相对于 $X_V$ 轴的方向,以及坐标系 $V$ 相对于坐标系 $W$ 的方向。角 $\alpha$ 位于 $X_VZ_V$ 平面,而角 $\beta$ 位于 $X_WY_W$ 平面。

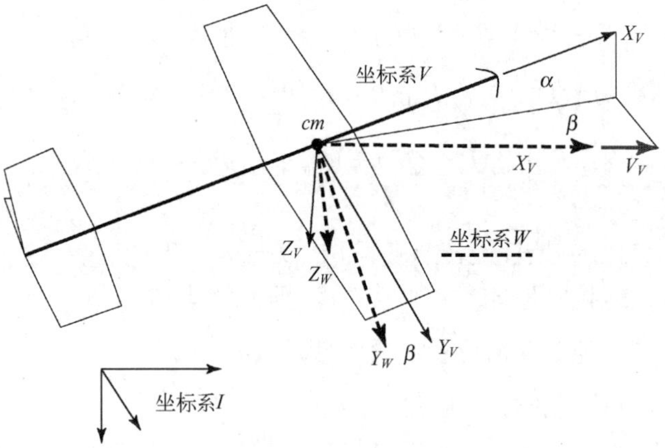


图 2.9　飞行器固定坐标轴系与风轴系——角 $\alpha$ 与 $\beta$

我们用三个欧拉角 $\phi_W$、$\gamma$ 和 $\psi_W$ 定义风轴系相对惯性的方向。这些欧拉角与 1.3 节中定义的三个欧拉角类似,但不完全相同。此处仍然将这三个角定义为从坐标系 $I$ 到达坐标系 $W$(而非坐标系 $V$)的三阶(3-2-1)连续旋度。因此,$\psi_W$ 为绕 $Z_I$ 轴的旋度,$\gamma$ 为绕中间 $Y_2$ 轴的旋度,$\phi_W$ 为绕 $X_W$ 轴的旋度(有关 3-2-1 欧拉角的详情,参见 1.3 节)。对于以此种方式定义的欧拉角,我们将 $\psi_W$ 称作"速度航向角",将 $\gamma$ 称作"航迹角",将 $\phi_W$ 称作"速度倾斜角"。定义坐标系 $I$ 与坐标系 $W$ 的单位矢量通过下列方向余弦矩阵相关联。

$$\begin{Bmatrix} \boldsymbol{i}_W \\ \boldsymbol{j}_W \\ \boldsymbol{k}_W \end{Bmatrix} = \boldsymbol{T}_{I\text{-}W}(\phi_W, \gamma, \psi_W) \begin{Bmatrix} \boldsymbol{i}_I \\ \boldsymbol{j}_I \\ \boldsymbol{k}_I \end{Bmatrix} \tag{2.126}$$

与

$$\boldsymbol{T}_{I\text{-}W}(\phi_W, \gamma, \psi_W) = \begin{bmatrix} 1 & 0 & 0 \\ 0 & \cos\phi_W & \sin\phi_W \\ 0 & -\sin\phi_W & \cos\phi_W \end{bmatrix} \begin{bmatrix} \cos\gamma & 0 & -\sin\gamma \\ 0 & 1 & 0 \\ \sin\gamma & 0 & \cos\gamma \end{bmatrix} \begin{bmatrix} \cos\psi_W & \sin\psi_W & 0 \\ -\sin\psi_W & \cos\psi_W & 0 \\ 0 & 0 & 1 \end{bmatrix}$$

定义了风轴系之后,现在可将方程(2.17)——控制平移的牛顿定律中的必要矢量分量定义如下:

$$\begin{cases} \text{飞行器惯性速度矢量:}\ \boldsymbol{V}_V = V_V\,\boldsymbol{i}_W + 0\,\boldsymbol{j}_W + 0\,\boldsymbol{k}_W \\ \text{气动力矢量:}\ \boldsymbol{F}_{\text{Aero}} = -D\,\boldsymbol{i}_W + S\,\boldsymbol{j}_W - L\,\boldsymbol{k}_W \\ \text{推进力矢量:}\ \boldsymbol{F}_{\text{Prop}} = F'_{P_X}\,\boldsymbol{i}_W + F'_{P_Y}\,\boldsymbol{j}_W + F'_{P_Z}\,\boldsymbol{k}_W \end{cases} \tag{2.127}$$

在上述方程中,某些分量的质数用于区分方程组(2.19)中定义的相似(但却不同)的矢量分量。注意:通过使用风轴系,唯一的速度分量沿 $X_W$ 轴方向。此外,气动力矢量的分量用气动升力 $L$、阻力 $D$ 及侧向力 $S$ 简单表示,我们将在第五章与第六章对此进行更加详细的讨论。事实上,升力、阻力与侧向力用上述方程定义。正如我们将在后续章节中发现的一样,当使用其他飞行器固定坐标系时,气动力分量的表达式更加复杂。上述诸多事实表明在性能分析中使用风轴系方程具有优越性。

现在,在定义所有必要项后,可根据方程(2.17)推导出风轴系标量运动方程。首先从 2.1 节中分析过的该矢量运动方程开始,方便起见,在此再次重复:

$$\frac{\mathrm{d}}{\mathrm{d}t}\Big|_I\left(m\frac{\mathrm{d}\boldsymbol{p}_V}{\mathrm{d}t}\Big|_I\right) = m\frac{\mathrm{d}\boldsymbol{V}_V}{\mathrm{d}t}\Big|_I = m\boldsymbol{g} + \boldsymbol{F}_{\mathrm{Aero}} + \boldsymbol{F}_{\mathrm{Prop}}$$

回顾矢量微分法中的“链式法则”,得出

$$\frac{\mathrm{d}\boldsymbol{V}_V}{\mathrm{d}t}\Big|_I = \frac{\mathrm{d}\boldsymbol{V}_V}{\mathrm{d}t}\Big|_W + \boldsymbol{\omega}_{W,I} \times \boldsymbol{V}_V$$

令角速度分量定义为

$$\boldsymbol{\omega}_{W,I} \triangleq P_W\,\boldsymbol{i}_W + Q_W\,\boldsymbol{j}_W + R_W\,\boldsymbol{k}_W \tag{2.128}$$

进行矢量积运算,得出

$$\frac{\mathrm{d}\boldsymbol{V}_V}{\mathrm{d}t}\Big|_I = \dot{V}_V\boldsymbol{i}_W + \left(V_V R_W \boldsymbol{j}_W - V_V Q_W \boldsymbol{k}_W\right) \tag{2.129}$$

将方程组(2.127)与(2.129)代入初始矢量方程(方程(2.17)),同时将分量 $\boldsymbol{i}_W$、$\boldsymbol{j}_W$与 $\boldsymbol{k}_W$列成等式,可得出下列三个标量运动方程:

$$\begin{aligned} m\dot{V}_V &= mg_{x_W} + F'_{P_X} - D \\ mV_V R_W &= mg_{y_W} + F'_{P_Y} + S \\ -mV_V Q_W &= mg_{z_W} + F'_{P_Z} - L \end{aligned} \tag{2.130}$$

现在必须分析角速度。根据 $\phi_W$、$\gamma$ 与 $\psi_W$ 的定义,显然:

$$\boldsymbol{\omega}_{W,I} = \dot{\phi}_W\,\boldsymbol{i}_W + \dot{\gamma}\,\boldsymbol{j}_2 + \dot{\psi}_W\,\boldsymbol{k}_I \tag{2.131}$$

(注意单位矢量的不同下标。)可证明有关坐标系 $W$ 与中间坐标系 2 的单位矢量的其中一个关系式为

$$\boldsymbol{j}_2 = \cos\phi_W\,\boldsymbol{j}_W + \sin\phi_W\,\boldsymbol{k}_W \tag{2.132}$$

此外,根据方程(2.126)中的方向余弦矩阵得出

$$\boldsymbol{k}_I = -\sin\gamma\,\boldsymbol{i}_W + \sin\phi_W\cos\gamma\,\boldsymbol{j}_W + \cos\phi_W\cos\gamma\,\boldsymbol{k}_W \tag{2.133}$$

将上述两个表达式代入方程(2.131),同时将分量 $\boldsymbol{i}_W$、$\boldsymbol{j}_W$与 $\boldsymbol{k}_W$与方程(2.128)中的对应分量列成等式,可得出下列三个运动学关系式:

$$\begin{aligned} P_W &= \dot{\phi}_W - \dot{\psi}_W\sin\gamma \\ Q_W &= \dot{\gamma}\cos\phi_W + \dot{\psi}_W\sin\phi_W\cos\gamma \\ R_W &= \dot{\psi}_W\cos\phi_W\cos\gamma - \dot{\gamma}\sin\phi_W \end{aligned} \tag{2.134}$$

最后,回顾控制飞行器固定坐标系或飞行器随航坐标系中的重力分量的方程组(1.19),注意该方程组根据一组与此处使用的 $\phi_W$、$\gamma$ 和 $\psi_W$ 类似的 3-2-1 旋转角推导出,得出

$$\begin{cases} g_{x_W} = -g\sin\gamma \\ g_{y_W} = g\sin\phi_W\cos\gamma \\ g_{z_W} = g\cos\phi_W\cos\gamma \end{cases} \tag{2.135}$$

将方程(2.134)与方程(2.135)代入方程(2.130)中,就会得出下列标量运动方程,该方程

是在风轴系中得出,对飞行器平移具有支配作用。

$$
\begin{aligned}
& m\dot{V}_V = -mg\sin\gamma + F'_{P_X} - D \\
& mV_V(\dot{\psi}_W\cos\phi_W\cos\gamma - \dot{\gamma}\sin\phi_W) = mg\sin\phi_W\cos\gamma + F'_{P_Y} + S \\
& mV_V(\dot{\gamma}\cos\phi_W + \dot{\psi}_W\sin\phi_W\cos\gamma) = -mg\cos\phi_W\cos\gamma - F'_{P_Z} + L
\end{aligned}
\tag{2.136}
$$

注意,必须(用 $\alpha$ 和 $\beta$)限定坐标系 $V$ 与坐标系 $W$ 之间的相对方位,以便应用这些方程。该相对方位自然对作用于飞行器上的气动力有直接影响。但同样重要的是,该相对方位决定风轴系($F'P_x$、$P_Y$ 与 $P_Z$)中推进力的分量。

再次参照图 2.9,注意 $\alpha$ 与 $\beta$ 限定坐标系 $V$ 与坐标系 $W$ 之间的相对方位。飞行器固定轴,即坐标系 $V$ 固定于飞行器,仅随飞行器旋转,而风轴系既随速度矢量 $\boldsymbol{V}_V$ 旋转,又随飞行器旋转。换言之,可能认为坐标系 $V$ 与飞行器结构固定,但坐标系 $W$ 仅只有原点固定于飞行器质心。最后,用绕 $Y_V$ 轴的旋度定义 $\alpha$,而用绕 $Z_W$ 轴的旋度定义 $\beta$。

例如,如果现在作用于飞行器上的唯一推进力是推力,此处记为 $T$,且如果该力直接沿飞行器 $X_V$ 轴方向起作用,则坐标系 $W$ 中 $T$ 的分量为

$$
\begin{aligned}
F'_{P_X} &= T\cos\alpha\cos\beta \\
F'_{P_Y} &= T\cos\alpha\sin(-\beta) \\
F'_{P_Z} &= -T\sin\alpha
\end{aligned}
$$

因此,只要 $T$ 直接沿 $X_V$ 轴方向起作用,则控制平移运动的方程变成

$$
\begin{aligned}
& m\dot{V}_V = T\cos\alpha\cos\beta - D - mg\sin\gamma \\
& mV_V(\dot{\psi}_W\cos\phi_W\cos\gamma - \dot{\gamma}\sin\phi_W) = S + T\cos\alpha\sin(-\beta) + mg\sin\phi_W\cos\gamma \\
& mV_V(\dot{\gamma}\cos\phi_W + \dot{\psi}_W\sin\phi_W\cos\gamma) = L + T\sin\alpha - mg\cos\phi_W\cos\gamma
\end{aligned}
\tag{2.137}
$$

接下来,若要确定飞行器的位置,需使用方向余弦矩阵——方程(2.126)推导三个与平移速度有关的运动学方程。令飞行器惯性位置矢量的惯性分量定义为

$$
\boldsymbol{p}_V \triangleq X_I\boldsymbol{i}_I + Y_I\boldsymbol{j}_I - h\ \boldsymbol{k}_I \tag{2.138}
$$

式中:$h$ 为海拔高度。先前已将惯性速度矢量定义为 $\boldsymbol{V}_V$,因而得出

$$
\frac{\mathrm{d}\boldsymbol{p}_V}{\mathrm{d}t}\Big|_I = \boldsymbol{V}_V = V_V\boldsymbol{i}_{\mathrm{w}} = \dot{X}_I\boldsymbol{i}_I + \dot{Y}_I\boldsymbol{j}_I - \dot{h}\boldsymbol{k}_I \tag{2.139}
$$

但是,根据方程(2.126)——方向余弦矩阵,得出

$$
\boldsymbol{i}_W = \cos\gamma\cos\psi_W\boldsymbol{i}_I + \cos\gamma\sin\psi_W\boldsymbol{j}_W - \sin\gamma\boldsymbol{k}_W \tag{2.140}
$$

将方程(2.140)代入方程(2.139),并将系数 $\boldsymbol{i}_I$、$\boldsymbol{j}_I$ 与 $\boldsymbol{k}_I$ 列成等式,即得出期望的运动学方程:

$$
\begin{aligned}
\dot{X}_I &= V_V\cos\gamma\cos\psi_W \\
\dot{Y}_I &= V_V\cos\gamma\sin\psi_W \\
\dot{h} &= V_V\sin\gamma
\end{aligned}
\tag{2.141}
$$

这样推导出风轴系中控制刚性飞行器平移的标量运动方程。这些方程由方程组(2.136)(或方程组(2.137)与(2.141))给出。进行轨迹分析时,通常不会使用这些控制飞行器姿态的方程。此类情况下,将推力幅值 $T$ 与角 $\alpha$、$\beta$ 及 $\phi_W$ 用作方程组(2.136)(或方程组(2.137))的

输入或力函数。当然,这些角确定力的作用方向,以及气动升力、阻力与侧向力的幅值。如上所述,当我们忽略飞行姿态动力学时,就已经假设飞行器可瞬间取得指令飞行姿态。在性能分析中,这种假设通常充分有效。

然而,如果需要姿态方程,即采用 2.2 节阐述的在飞行器固定轴系中表示的方程,因此惯量项(惯量乘积)保持恒定。然而,如果有必要使用这些姿态惯量项,最好采用 2.2 节阐述的完整扁平地球方程(平移与旋转),因为本节阐述的使用风轴系方程的所有优点基本都会失去。

## 2.8 总 结

本章详细推导了几组刚性飞行器的非线性微分运动方程。第一组方程基于扁平非旋转地球这一假设,而另一组方程则颠覆这一假设,认为地球是球形旋转的。我们还对“扁平地球”方程进行了修改,从而产生了另外两组证明旋转质量或变质量效应的方程。

为协助后续章节的小扰动分析,我们也对非线性扁平地球方程进行了巧妙处理,从而产生了对应的参考方程和小扰动方程。在每种情况下,我们均使用了变量变换,包括引入参考方程和小扰动方程。

最后,使用风轴系推演出包含五个方程的方程组。该组方程仅控制飞行器平移,值得注意的是,飞行器性能分析中常使用该组方程。

## 2.9 作 业 题

2.1 使用规定的质量元位置矢量分量、飞行器角速度矢量分量及方程组(2.25)中给出的惯量乘积,证明方程(2.26)。

2.2 假定稳定、水平、右转飞行器在恒定高度以恒定转弯角速度 $\omega_{\text{Turt}}$ 飞行。如果 $P$ 为飞行器的滚转角速度,$Q$ 为俯仰角速度,$R$ 为偏航角速度,假设地球为扁平非旋转地球,证明处于此种稳定水平转弯状态的飞行器的滚转角速度、俯仰角速度与偏航角速度分别等于

$$\begin{cases} P = -\omega_{\text{Turn}} \sin\theta \\ Q = \omega_{\text{Turn}} \sin\phi \cos\theta \\ R = \omega_{\text{Turn}} \cos\phi \cos\theta \end{cases}$$

式中:$\phi$ 为飞行器的倾斜或滚转姿态(欧拉)角;$\theta$ 为飞行器的俯仰姿态(欧拉)角(注意:由于在执行稳定水平转弯时,飞行员通常不能看见挡风玻璃外上下移动的外部视野,因此他们将声称自己没有经历任何俯仰角速度。但很明显,由于 $Q$ 不等于零,飞行器正经历稳定的俯仰角速度。这就是在飞行动力学分析中必须要求数学精度的原因)。

2.3 证明 2.2 节评注中的最后结果。

2.4 通过定义恰当的参考变量和小扰动变量,推导与方程组(2.40)对应的参考方程组和小扰动方程组。

2.5 假设地球为扁平非旋转地球,我们必须添加什么附加项至刚性飞行器的参考方程组和小扰动方程组以解释飞行器上存在旋转机械?

2.6 航空交通管制室声称在地球北纬 45°处上方飞行的飞行器速度为 $\boldsymbol{V}_{V,E}$,众所周知,该速度与飞行器的实际惯性速度 $\boldsymbol{V}_{V,I}$ 并不相同,证明:就球形旋转地球而言,这两种速度之间

的理论差($\boldsymbol{V}_{V,I}-\boldsymbol{V}_{V,E}$)相当于向东方向 740mph(英里/h)处的速度差。

2.7 假设地球为球形旋转地球,推导所有运动方程的完整参考方程组和小扰动方程组。

2.8 用于推导 2.7 节中阐述的平移运动方程的风轴系为"飞行器随航"坐标系,而非"飞行器固定"坐标系。这种说法正确吗？或者实际上飞行器固定坐标系才能正确推演出该方程？为什么？

2.9 如果在飞行器的性能分析中仅考虑在垂直平面飞行,推力仅沿 $X_V$ 轴方向起作用,证明控制飞行器轨迹的方程可表示为

$$\begin{cases} m\dot{V}' = T\cos\alpha\cos\beta - D - mg\sin\gamma \\ mV'\dot{\gamma}\cos\phi_W = L + T\sin\alpha - mg\cos\phi_W\cos\gamma \end{cases}$$

同时必须满足下列限制条件:

$$S + T\cos\alpha\sin\beta + (L + T\sin\alpha)\tan\phi_W = 0$$

注意:满足该限制条件的一个方法是要求 $S$、$\beta$ 与 $\phi_W$ 均等于零。这个条件看起来合理吗？为什么？

## 参考文献


1. MATLAB and Simulink, products of The Mathworks, Natick, MA.
2. Roskam, J.: *Airplane Flight Dynamics and Automatic Flight Controls*, Roskam Aviation and Engineering Corp., Lawrence, KS 1979.
3. Etkin, B.: *Dynamics of Atmospheric Flight*, Wiley, New York 1972.
4. Meriam, J. L.: *Dynamics*, Wiley, New York 1966.

# 第三章
# 结构振动——即时教程

**章节路线图：** 通常本章内容不会包含在飞行动力学的首个课程中，而是包含在之后的课程中。

为了理解柔性飞行器运动方程的推导，如第四章所示，需了解结构振动理论便很重要。因此，本章展示了"即时教程"这一主题。尽管学生熟悉该主题，还是建议他们至少快速回顾教学材料，以熟悉本书中使用的符号和术语及刚体自由度的处理。在结构振动的典型教科书和课程中，尽管刚体自由度对飞行动力学学科而言很重要，但它得到的关注较少。

在集中质量振动的专题评论中，我们将讨论固有模式、振动频率和振型的重要概念及各模式的重要正交性。还会引入广义坐标和广义力概念，这些概念将用于推导第四章所述的柔性飞行器运动方程。

## 3.1 理想化集中质量与拉格朗日方程

在本节讨论中，先观察振动系统的两个一般示例，然后对振动系统的一般属性进行说明。没有这些示例，这些属性看上去相当抽象。

第一个一般示例为类似于机翼的悬臂梁，如图 3.1 左侧所示。控制该梁横向变形 $Z$ 的偏微分方程的一种形式是

$$\frac{\partial^2}{\partial x^2}\left(EI(x)\frac{\partial^2 Z(x,t)}{\partial x^2}\right)+m(x)\frac{\partial^2 Z(x,t)}{\partial t^2}=0 \tag{3.1}$$

式中：$E$ 是梁材料的弹性模量；$I$ 是梁截面关于其中性轴的面积惯性矩，$m(\boldsymbol{x})$ 是梁的质量分布。使用变量分离方法来求该偏微分方程，其解可以用以下形式表示：

$$Z(x,t)=\sum_{i=1}^{\infty}\nu_i(x)\eta_i(t) \tag{3.2}$$

或用项的无穷和表示，各项由完全随时间变化的函数 $\boldsymbol{\eta}_i(t)$ 与完全随空间变化的函数 $v_i(x)$ 的乘积组成。函数 $\boldsymbol{\eta}_i(t)$ 被称为模态坐标，函数 $v_i(x)$ 被称为振型或本征函数。因为该解包含无穷和，所以将梁振动问题称为无限维问题。

实际上，可通过将无穷和截断成有限数量的项来近似求得方程(3.2)中的无穷和或振动问题的解。这种截断类似于将图 3.1 左侧的连续梁理想化为有限数量的质量和弹簧，如图右侧所示。这种近似值称为集中质量近似值，且在柔性飞行器探讨的余下部分中，我们将使用集中质量近似值。我们会进一步注意到，例如，从有限元结构分析得出的振动问题的解得出了集中质量近似值。所以在处理真实、复杂的飞行器结构时一直使用这种近似值。

参看图 3.1 的右侧，梁已经用集中质量 $m_i$ 和弹簧刚度为 $k_i$ 的扭转弹簧进行理想化。集中

质量由长度为 $l_i$ 的无质量刚性杆连接。因梁弹性变形引起的弹簧和杆的角位移由角 $\theta_i$ 表示。在本例中,使用两个质量、两根弹簧和两根杆将梁理想化。使用更多的质量当然可以提高理想化集中质量的精度,但是演示关键概念时无需这么做。

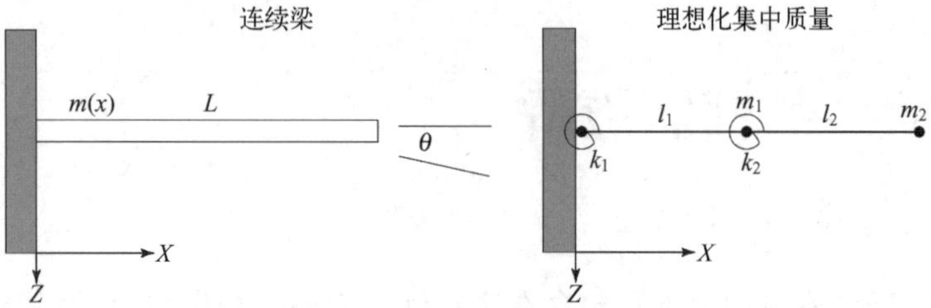


图 3.1　理想化集中质量的悬臂梁模型

现在将运用拉格朗日法来推导该梁的运动方程。第四章中将再次使用该方法来推导柔性飞行器的运动方程。在没有外力作用于梁上时,拉格朗日方程为

$$\frac{\mathrm{d}}{\mathrm{d}t}\left(\frac{\partial T}{\partial \dot{q}_i}\right)-\frac{\partial T}{\partial q_i}+\frac{\partial U}{\partial q_i}=0 \tag{3.3}$$

式中:$T$ 为系统(梁)的动能;$U$ 为系统的势能(或应变能);$q_i$ 为用于描述系统的第 $i$ 个广义坐标。这些坐标被称为广义坐标是因为它们包括物理和非物理坐标,如 3.8 节所示。目前,用于描述该梁运动的可行坐标包括在节点 $\theta_i(t)$ 处的相对角位移或质量 $Z_i(t)$ 的横向位移。

## 例 3.1　梁的运动方程

使用拉格朗日法,求图 3.1 所示的集中质量悬臂梁的运动方程。

**解**

梁的势能或应变能可表示为

$$U=\frac{1}{2}(k_1\theta_1^2+k_2\theta_2^2)=\frac{1}{2}\begin{Bmatrix}\theta_1\\ \theta_2\end{Bmatrix}^{\mathrm{T}}\begin{bmatrix}k_1 & 0\\ 0 & k_2\end{bmatrix}\begin{Bmatrix}\theta_1\\ \theta_2\end{Bmatrix} \tag{3.4}$$

而梁的动能可表示为

$$T=\frac{1}{2}(m_1\dot{Z}_1^2+m_2\dot{Z}_2^2)=\frac{1}{2}\begin{Bmatrix}\dot{Z}_1\\ \dot{Z}_2\end{Bmatrix}^{\mathrm{T}}\begin{bmatrix}m_1 & 0\\ 0 & m_2\end{bmatrix}\begin{Bmatrix}\dot{Z}_1\\ \dot{Z}_2\end{Bmatrix} \tag{3.5}$$

然而,注意垂直位移和角位移不是独立的。事实上,假设线性振动,这就表示小角度近似值是有效的,可得出两组坐标由下式相联系:

$$\begin{Bmatrix}Z_1\\ Z_2\end{Bmatrix}=\begin{bmatrix}l_1 & 0\\ (l_1+l_2) & l_2\end{bmatrix}\begin{Bmatrix}\theta_1\\ \theta_2\end{Bmatrix} \tag{3.6}$$

使用该约束关系,可用角位移改写方程(3.5)中的动能,即

$$T=\frac{1}{2}\left(m_1l_1^2\dot{\theta}_1^2+m_2((l_1+l_2)\dot{\theta}_1+l_2\dot{\theta}_2)^2\right) \tag{3.7}$$

使用角位移作为坐标 $q_i$ 来描述系统,应用拉格朗日方程(即方程(3.3))来求以下控制系统(梁)运动的两个常微分方程。

$$\begin{bmatrix}m_1l_1^2+m_2(l_1+l_2)^2 & m_2l_2(l_1+l_2)\\ m_2l_2(l_1+l_2) & m_2l_2^2\end{bmatrix}\begin{Bmatrix}\ddot{\theta}_1\\ \ddot{\theta}_2\end{Bmatrix}+\begin{bmatrix}k_1 & 0\\ 0 & k_2\end{bmatrix}\begin{Bmatrix}\theta_1\\ \theta_2\end{Bmatrix}=\begin{Bmatrix}0\\ 0\end{Bmatrix} \tag{3.8}$$

或者,用更普遍的形式表示,得出矩阵矢量微分方程:

$$[\boldsymbol{M}]\{\ddot{\boldsymbol{q}}\} + [\boldsymbol{K}]\{\boldsymbol{q}\} = \{\boldsymbol{0}\} \tag{3.9}$$

式中:$\boldsymbol{M}$ 称为质量矩阵;$\boldsymbol{K}$ 称为刚度矩阵。这些矩阵总是实对称矩阵。在悬臂梁情况中,两个矩阵均为正定矩阵,表示逆矩阵总是存在且所有本征值绝对为正。

---

例 3.1 演示了振动梁运动方程可用方程(3.9)所示的形式表示。事实上,所有集中质量振动问题均可用此种一般形式表示(尽管所有集中质量振动问题不会产生正定刚度矩阵)。因此,可完全通过选择系统坐标 $q_i$,已知这些坐标上的初始条件并求出质量和刚度矩阵来描述振动问题。

## 3.2 模态分析

现在继续进行一般的推导,并引入一般集中质量振动问题的模态分析,其形式如方程(3.9)所示。首先注意,因为质量矩阵 $\boldsymbol{M}$ 是正定矩阵,且其存在逆矩阵,因此

$$\{\ddot{\boldsymbol{q}}\} + [\boldsymbol{D}]\{\boldsymbol{q}\} = \{\boldsymbol{0}\} \tag{3.10}$$

式中:动态矩阵为 $\boldsymbol{D}=\boldsymbol{M}^{-1}\boldsymbol{K}$。由于解的形式如方程(3.2)所示,基于这一事实我们引入物理位移坐标(梁的示例中 $\theta_i$)和模态坐标之间的以下线性关系:

$$\{\boldsymbol{q}\} = [\boldsymbol{\Phi}]\{\boldsymbol{\eta}\} \tag{3.11}$$

式中:矩阵 $\boldsymbol{\Phi}$ 和模态坐标 $\eta_i(t)$ 仍待确定。将该关系代入方程(3.10),得出

$$[\boldsymbol{\Phi}]\{\ddot{\boldsymbol{\eta}}\} + [\boldsymbol{D}][\boldsymbol{\Phi}]\{\boldsymbol{\eta}\} = \{\boldsymbol{0}\} \tag{3.12}$$

或

$$\{\ddot{\boldsymbol{\eta}}\} + [\boldsymbol{\Phi}]^{-1}[\boldsymbol{D}][\boldsymbol{\Phi}]\{\boldsymbol{\eta}\} = \{\boldsymbol{0}\} \tag{3.13}$$

现在选定 $\boldsymbol{\Phi}$ 来将动态矩阵 $\boldsymbol{D}$ 对角线化。换而言之,我们选择 $\boldsymbol{\Phi}$,使得

$$[\boldsymbol{\Phi}]^{-1}[\boldsymbol{D}][\boldsymbol{\Phi}] = [\boldsymbol{\Lambda}] = [\mathrm{diag}(\lambda_i)],\ i = 1,\cdots,n \tag{3.14}$$

式中:$\lambda_i$ 是 $\boldsymbol{D}$ 的 $n$ 个本征值,因为

$$\det[\lambda_i[\boldsymbol{I}] - [\boldsymbol{D}]] = 0$$

且本章中$[\boldsymbol{I}]$为单位矩阵。

所需的 $\boldsymbol{\Phi}$ 为 $\boldsymbol{D}$ 的模态矩阵,由 $\boldsymbol{D}$ 的 $n$ 个本征值构成。换而言之,若 $\lambda_i$ 为 $\boldsymbol{D}$ 的本征值,那么对应于 $\lambda_i$ 的本征矢量 $v_i$ 满足以下关系:

$$[\lambda_i[\boldsymbol{I}] - [\boldsymbol{D}]]\{\boldsymbol{v}_i\} = \{\boldsymbol{0}\} \tag{3.15}$$

最后,模态矩阵 $\boldsymbol{\Phi}$ 根据 $\boldsymbol{D}$ 的本征矢量建造出来:

$$[\boldsymbol{\Phi}] = [\boldsymbol{v}_1|\boldsymbol{v}_2|\cdots|\boldsymbol{v}_n] \tag{3.16}$$

即 $\boldsymbol{D}$ 的本征矢量是模态矩阵 $\boldsymbol{\Phi}$ 的矩阵列。

根据上述选定的模态矩阵 $\boldsymbol{\Phi}$,方程(3.13)变为

$$\{\ddot{\boldsymbol{\eta}}\} + [\boldsymbol{\Lambda}]\{\boldsymbol{\eta}\} = \{\boldsymbol{0}\} \tag{3.17}$$

且这 $n$ 个微分方程现在并不耦合。因此,可得到以下形式的 $n$ 个独立常微分方程:

$$\ddot{\eta}_i + \lambda_i\eta_i = 0 \tag{3.18}$$

各解的形式为

$$\eta_i(t) = A_i \cos\left(\sqrt{\lambda_i}t + \Gamma_i\right) \tag{3.19}$$

由初始条件得出常数 $A_i$ 和 $\Gamma_i$。因此,可得到 $n$ 个固有模式,各模式在其固有频率 $\sqrt{\lambda_i}$ 处振动。因此,本征值通常表示为 $\lambda_i=\omega_i^2$。

得出系统的本征值和本征矢量后,现在可确定系统的响应。回顾可知我们已得出系统坐标(在示例中为角 $\theta_i$)和模态坐标的以下关系式:

$$\begin{aligned}\{\boldsymbol{q}(t)\} &= [\boldsymbol{\Phi}]\{\boldsymbol{\eta}(t)\} = [\boldsymbol{v}_1|\cdots|\boldsymbol{v}_n]\{\boldsymbol{\eta}(t)\} \\ &= \sum_{i=1}^{n}\{\boldsymbol{v}_i\}\eta_i(t)\end{aligned} \tag{3.20}$$

因此,可得出

$$\begin{aligned} q_1(t) &= \nu_{1,1}\eta_1(t) + \cdots + \nu_{1,n}\eta_n(t) \\ &\vdots \\ q_n(t) &= \nu_{n,1}\eta_1(t) + \cdots + \nu_{n,n}\eta_n(t) \end{aligned} \tag{3.21}$$

由这些表达式中可看出,本征矢量的各 $i$、$j$ 元素定义了各模态响应 $\eta_j(t)$ 对系统响应 $q_i$(如角位移)的影响量。这些本征矢量 $v_i$ 也被称为振型。

本征矢量元素或振型对应集中质量元的物理位移(如横向位移 $Z_i$ 或角位移 $\theta_i$)。因此,可将它们绘制成与梁 $x$ 上的质量元位置对应(见下述例 3.2)。此外,因为本征矢量具有任意幅值,它们必须以某种方式进行标准化。例如,可以将它们全部标准化为单位长度(如例 3.2 所示),或选定元素的统一位移,或统一广义质量(也在下面讨论)。

最后,已经说明由初始条件(在模态坐标 $\eta_i$ 上)得出积分 $A_i$ 和 $\Gamma_i$ 的 $2n$ 约束。例如,若物理坐标上的初始条件为

$$\begin{cases}\{\boldsymbol{q}(t_1)\} = \{\boldsymbol{C}_1\} \\ \{\dot{\boldsymbol{q}}(t_1)\} = \{\boldsymbol{C}_2\}\end{cases} \tag{3.22}$$

则下列初始条件应用于模态坐标上:

$$\begin{cases}\{\boldsymbol{\eta}(t_1)\} = [\boldsymbol{\Phi}]^{-1}\{\boldsymbol{q}(t_1)\} = [\boldsymbol{\Phi}]^{-1}\{\boldsymbol{C}_1\} \\ \{\dot{\boldsymbol{\eta}}(t_1)\} = [\boldsymbol{\Phi}]^{-1}\{\dot{\boldsymbol{q}}(t_1)\} = [\boldsymbol{\Phi}]^{-1}\{\boldsymbol{C}_2\}\end{cases} \tag{3.23}$$

## MATLAB
## 例 3.2 悬臂梁模型的模态分析

根据模态分析确定例 3.1 中所考虑的悬臂梁振动响应。令 $m_1, m_2, i_1, i_2, k_1$ 和 $k_2$ 都等于 1。

**解**

之前已确定描述集中质量系统的运动方程为

$$\begin{bmatrix} m_1 l_1^2 + m_2(l_1+l_2)^2 & m_2 l_2(l_1+l_2) \\ m_2 l_2(l_1+l_2) & m_2 l_2^2 \end{bmatrix}\begin{Bmatrix}\ddot{\theta}_1 \\ \ddot{\theta}_2\end{Bmatrix} + \begin{bmatrix} k_1 & 0 \\ 0 & k_2\end{bmatrix}\begin{Bmatrix}\theta_1 \\ \theta_2\end{Bmatrix} = \begin{Bmatrix}0 \\ 0\end{Bmatrix} \tag{3.24}$$

或

$$\begin{bmatrix} m_{1,1} & m_{1,2} \\ m_{1,2} & m_{2,2} \end{bmatrix}\begin{Bmatrix} \ddot{q}_1 \\ \ddot{q}_2 \end{Bmatrix} + \begin{bmatrix} k_1 & 0 \\ 0 & k_2 \end{bmatrix}\begin{Bmatrix} q_1 \\ q_2 \end{Bmatrix} = \begin{Bmatrix} 0 \\ 0 \end{Bmatrix}$$

带有质量矩阵 $\boldsymbol{M}$ 和刚度矩阵 $\boldsymbol{K}$ 的元素的明确定义。因此,可得出动态矩阵为

$$\boldsymbol{D} = \boldsymbol{M}^{-1}\boldsymbol{K} = \frac{1}{\det \boldsymbol{M}}\begin{bmatrix} m_{2,2}k_1 & -m_{1,2}k_2 \\ -m_{1,2}k_1 & m_{1,1}k_2 \end{bmatrix} \tag{3.25}$$

注意尽管 $\boldsymbol{M}$ 和 $\boldsymbol{K}$ 是对称的,$\boldsymbol{D}$ 却并非总是对称。代入给定数值,得出

$$\boldsymbol{M} = \begin{bmatrix} 5 & 2 \\ 2 & 1 \end{bmatrix} \qquad \boldsymbol{K} = \begin{bmatrix} 1 & 0 \\ 0 & 1 \end{bmatrix} \qquad \boldsymbol{D} = \begin{bmatrix} 1 & -2 \\ -2 & 5 \end{bmatrix}$$

运用 MATLAB 可发现 $\boldsymbol{D}$ 具有下列两组本征值和本征矢量。

模式 1：$\lambda_1 = 0.1716\ \mathrm{s}^{-2}, \boldsymbol{v}_1 = \begin{Bmatrix} 0.9239 \\ 0.3827 \end{Bmatrix}$ rad

模式 2：$\lambda_2 = 5.8234\ \mathrm{s}^{-2}, \boldsymbol{v}_2 = \begin{Bmatrix} -0.3827 \\ 0.9239 \end{Bmatrix}$ rad

因此,振动响应为

$$\begin{Bmatrix} q_1(t) \\ q_2(t) \end{Bmatrix} = \begin{Bmatrix} \theta_1(t) \\ \theta_2(t) \end{Bmatrix} = \begin{Bmatrix} 0.9239 \\ 0.3827 \end{Bmatrix} A_1 \cos(\sqrt{0.1716}t + \Gamma_1)$$

$$+ \begin{Bmatrix} -0.3827 \\ 0.9239 \end{Bmatrix} A_2 \cos(\sqrt{5.8234}t + \Gamma_2)\ \mathrm{rad}$$

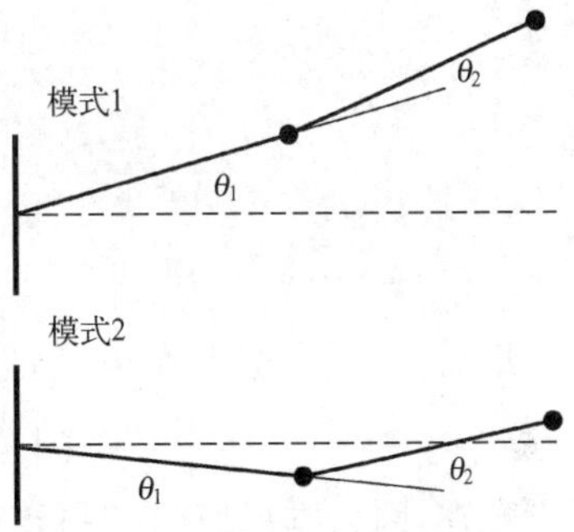

图 3.2　例 3.2 的振型

式中:积分($A$ 和 $I$)的四个常数可由初始条件确定。上述图 3.2 描绘了两种振型(本征矢量)。

## 3.3　振动模式的正交性

现在来探讨振动模式的另一属性,即正交性。根据动态矩阵 $\boldsymbol{D}$ 的本征值和本征矢量定义,可得出

$$[\lambda_i[\boldsymbol{I}] - [\boldsymbol{D}]]\{\boldsymbol{v}_i\} = \{\boldsymbol{0}\} \tag{3.26}$$

因此

$$\lambda_i\{\boldsymbol{v}_i\} = [\boldsymbol{D}]\{\boldsymbol{v}_i\}$$

或

$$\lambda_i[\boldsymbol{M}]\{\boldsymbol{v}_i\} = [\boldsymbol{K}]\{\boldsymbol{v}_i\} \tag{3.27}$$

现令 $\boldsymbol{v}_i$ 和 $\boldsymbol{v}_j$ 为分别与两个本征值 $\lambda_i$ 和 $\lambda_j$ 相关的 $\boldsymbol{D}$ 的本征矢量,每一对本征矢量与本征值都满足方程(3.27)。将与方程(3.27)形式一致的各方程乘以其他本征值转置,得出

$$\begin{aligned} \lambda_i\{\boldsymbol{v}_j\}^{\mathrm{T}}[\boldsymbol{M}]\{\boldsymbol{v}_i\} &= \{\boldsymbol{v}_j\}^{\mathrm{T}}[\boldsymbol{K}]\{\boldsymbol{v}_i\} \\ \lambda_j\{\boldsymbol{v}_i\}^{\mathrm{T}}[\boldsymbol{M}]\{\boldsymbol{v}_j\} &= \{\boldsymbol{v}_i\}^{\mathrm{T}}[\boldsymbol{K}]\{\boldsymbol{v}_j\} \end{aligned} \tag{3.28}$$

注意 $\boldsymbol{M}$ 和 $\boldsymbol{K}$ 均为对称矩阵,且通过转置上述的一个方程,并减去另一方程的结果,可得出

$$(\lambda_i - \lambda_j)\{\boldsymbol{v}_j\}^{\mathrm{T}}[\boldsymbol{M}]\{\boldsymbol{v}_i\} = 0 \tag{3.29}$$

因此,若 $\lambda_i$ 与 $\lambda_j$ 不同(即本征值都是唯一的),则以下正交性必须成立。

$$\{\boldsymbol{v}_j\}^{\mathrm{T}}[\boldsymbol{M}]\{\boldsymbol{v}_i\} = 0, i \neq j \tag{3.30}$$

而且,若方程(3.29)中使用相同的本征值和本征矢量,则

$$\{\boldsymbol{v}_i\}^{\mathrm{T}}[\boldsymbol{M}]\{\boldsymbol{v}_i\} \triangleq \mathscr{M}_i \tag{3.31}$$

式中:$\mathscr{M}_i$ 定义为第 $i$ 个广义质量。

通过类似分析(留作学生的课后练习)可知对于特定的本征值而言,以下正交性仍然成立:

$$\{\boldsymbol{v}_j\}^{\mathrm{T}}[\boldsymbol{K}]\{\boldsymbol{v}_i\} = 0, i \neq j \tag{3.32}$$

且

$$\{\boldsymbol{v}_i\}^{\mathrm{T}}[\boldsymbol{K}]\{\boldsymbol{v}_i\} = \mathscr{K}_i \tag{3.33}$$

式中:$\mathscr{K}_i$ 定义为第 $i$ 个广义刚度。

最后,回顾模态矩阵 $\boldsymbol{\Phi}$ 的定义,并使用方程(3.12),可得出

$$[\boldsymbol{\Phi}]^{-1}[\boldsymbol{M}][\boldsymbol{\Phi}]\{\ddot{\boldsymbol{\eta}}\} + [\boldsymbol{\Phi}]^{-1}[\boldsymbol{K}][\boldsymbol{\Phi}]\{\boldsymbol{\eta}\} = \{\boldsymbol{0}\} \tag{3.34}$$

现在,因为本征值(振型)正交,使用方程(3.31)和(3.33),上述表达式变为

$$[\mathscr{M}]\{\ddot{\boldsymbol{\eta}}\} + [\mathscr{K}]\{\boldsymbol{\eta}\} = \{\boldsymbol{0}\} \tag{3.35}$$

式中:$[\mathscr{M}]$为(对角)广义质量矩阵,$[\mathscr{K}]$为(对角)广义刚度矩阵。继续演算方程(3.35),可得出

$$\{\ddot{\boldsymbol{\eta}}\} + [\mathscr{M}]^{-1}[\mathscr{K}]\{\boldsymbol{\eta}\} = \{\boldsymbol{0}\}$$

因此,与方程(3.17)一致,得出

$$\{\ddot{\boldsymbol{\eta}}\} + [\boldsymbol{\Lambda}]\{\boldsymbol{\eta}\} = \{\boldsymbol{0}\} \tag{3.36}$$

或本征值 $\lambda_i$ 等于$\mathscr{M}_i/\mathscr{K}_i$。

总的说来,$n$ 集中质量振动问题可以用 $n$ 正交模式表示,而各模式用其模态坐标、振型(本征值)和频率(本征值的平方根)描述。而且,对于目前讨论的约束振动问题而言,这些模式与质量和刚度矩阵(方程(3.30)和(3.32))正交。

## 3.4 刚体自由度

现在要将注意力转移到涉及无约束机体,或自由平移或旋转的机体的振动问题,与之前讨论的悬臂梁不同。这种全身运动与刚体自由度有关,且这些自由度显然对描述飞行中的飞行器很重要。

假设无约束梁由三个集中质量表示,如图3.3所示。例如,该梁模型可代表运载火箭。与悬臂梁示例中一样,这里仅讨论横向位移 $Z$。三个质量的位移用 $Z_1$、$Z_2$和 $Z_3$表示,而弹性梁的弯曲位移由相对角 $\theta$ 定义。因为只考虑横向

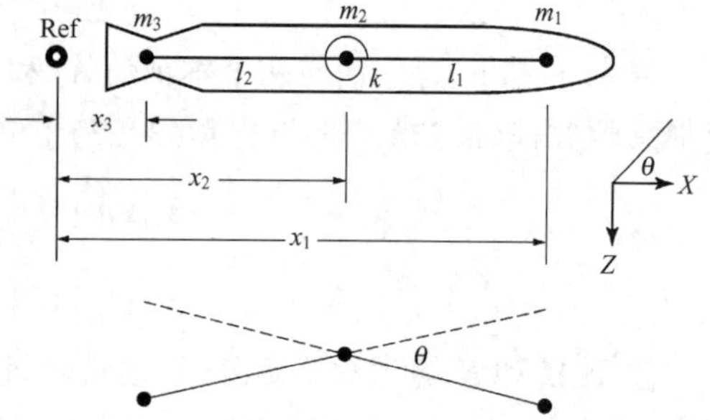

图 3.3　无约束三集中质量的梁模型

位移和三个集中质量,则有三种自由度。

梁的动能为

$$\begin{aligned}T&=\frac{1}{2}\left(m_1\dot{Z}_1^2+m_2\dot{Z}_2^2+m_3\dot{Z}_3^2\right)\\&=\frac{1}{2}\{\dot{\boldsymbol{Z}}\}^{\mathrm{T}}[\boldsymbol{M}]\{\dot{\boldsymbol{Z}}\}\end{aligned}\tag{3.37}$$

式中

$$\{\dot{\boldsymbol{Z}}\}=\begin{Bmatrix}\dot{Z}_1\\\dot{Z}_2\\\dot{Z}_3\end{Bmatrix}\tag{3.38}$$

梁的势能或应变能为

$$U=\frac{1}{2}k\theta^2=\frac{1}{2}\theta^{\mathrm{T}}k\theta\tag{3.39}$$

然而,可再次用横向位移表示偏转角 $\theta$,如下所示。根据几何图形并假设角度较小,可得出

$$\theta=\frac{Z_1-Z_2}{x_1-x_2}-\frac{Z_2-Z_3}{x_2-x_3}$$

或

$$\begin{aligned}\theta&=\left[\frac{1}{x_1-x_2}\quad\left(-\frac{1}{x_1-x_2}-\frac{1}{x_2-x_3}\right)\quad\frac{1}{x_2-x_3}\right]\{\boldsymbol{Z}\}\\&=[\boldsymbol{C}]\{\boldsymbol{Z}\}\end{aligned}\tag{3.40}$$

因此,$\boldsymbol{C}$ 为与梁位移坐标相关的约束矩阵。因此,根据约束刚度矩阵 $\boldsymbol{K}_c$ 的明确定义,势能也可以用横向位移表示,即

$$\begin{aligned}U&=\frac{1}{2}[\boldsymbol{Z}]^{\mathrm{T}}[\boldsymbol{C}]^{\mathrm{T}}k[\boldsymbol{C}][\boldsymbol{Z}]\\&=\frac{1}{2}[\boldsymbol{Z}]^{\mathrm{T}}[\boldsymbol{K}_c][\boldsymbol{Z}]\end{aligned}\tag{3.41}$$

现在动能和势能都用横向位移 $\boldsymbol{Z}$ 和速度 $\dot{\boldsymbol{Z}}$ 定义,再次应用拉格朗日方程(即方程(3.3))来获得梁的运动方程,在此用质量和约束刚度矩阵表示:

$$[\boldsymbol{M}]\{\ddot{\boldsymbol{Z}}\}+[\boldsymbol{K}_c]\{\boldsymbol{Z}\}=\boldsymbol{0}$$

或

$$\begin{aligned}&\{\ddot{\boldsymbol{Z}}\}+[\boldsymbol{M}]^{-1}[\boldsymbol{K}_c]\{\boldsymbol{Z}\}=\boldsymbol{0}\\&\{\ddot{\boldsymbol{Z}}\}+[\boldsymbol{D}_c]\{\boldsymbol{Z}\}=\boldsymbol{0}\end{aligned}\tag{3.42}$$

式中:动态矩阵现在用 $\boldsymbol{D}_c$ 表示,以表明已应用约束矩阵。$\boldsymbol{D}_c$ 的本征值和本征矢量现在可以确定。

若 $\boldsymbol{\lambda}_i$ 和 $v_i$ 是 $\boldsymbol{D}_c$ 的本征值/本征矢量对,那么根据本征值和本征矢量的定义(如悬臂梁示例中所述)得出

$$\lambda_i\boldsymbol{v}_i=\boldsymbol{D}_c\boldsymbol{v}_i$$

或

$$\lambda_i\boldsymbol{M}\boldsymbol{v}_i=\boldsymbol{K}_c\boldsymbol{v}_i$$

而且,对于第二个本征值/本征矢量对($j$ 对)而言,

$$\lambda_j \boldsymbol{M}\boldsymbol{v}_j = \boldsymbol{K}_c \boldsymbol{v}_j$$

因此,与方程(3.29)一致,在此重复,且根据对称的 $\boldsymbol{K}_c$ 得出

$$(\lambda_i - \lambda_j)\{\boldsymbol{v}_j\}^{\mathrm{T}}[\boldsymbol{M}]\{\boldsymbol{v}_i\} = 0$$

在约束悬臂梁情况下,所有本征值都是明确的,所以方程(3.29)确保所有振型相对于质量矩阵互相正交,即

$$\{\boldsymbol{v}_j\}^{\mathrm{T}}[\boldsymbol{M}]\{\boldsymbol{v}_i\} = 0,\ i \neq j \tag{3.43}$$

但是在此所考虑的无约束梁情况下,由于存在两种刚体自由度(即整个梁的垂直平移与旋转),$\boldsymbol{D}_c$ 的两个本征值为零,因此相等。因此,方程(3.29)并不确保与这两个零本征值相关的本征矢量相对于 $\boldsymbol{M}$ 正交。然而,我们会看到因为其他原因,所有振型仍相对于质量矩阵相互正交。因为存在三种自由度,解得两个刚体模式和一个单一振动模式。对于三质量梁而言,单一非零本征值和相关本征矢量对应梁的振动模式。

## 例 3.3　无约束梁的初步模态分析

考虑图 3.3 所示的三质量无约束梁。令弹簧刚度 $k$ 为 1,质量为

$$m_1 = m_2 = 1,\ m_3 = \text{质量单位}$$

且长度为 $l_1 = l_2 = 1$ 长度单位。求出梁的单一振动模式频率和振型,并记录另外两个本征矢量的特征。

**解**

该梁的质量矩阵为

$$[\boldsymbol{M}] = \begin{bmatrix} 1 & 0 & 0 \\ 0 & 1 & 0 \\ 0 & 0 & 2 \end{bmatrix}$$

运用方程组(3.40)和方程(3.41),可得出约束刚度矩阵:

$$[\boldsymbol{K}_c] = \begin{bmatrix} 1 \\ -2 \\ 1 \end{bmatrix} [1] [1\ \ -2\ \ 1] = \begin{bmatrix} 1 & -2 & 1 \\ -2 & 4 & -2 \\ 1 & -2 & 1 \end{bmatrix}$$

约束动态矩阵为 $\boldsymbol{D}_c = \boldsymbol{M}^{-1}\boldsymbol{K}_c$。

用 MATLAB 得出

```
»M=[1 0 0;0 1 0;0 0 2]
M=
  1  0  0
  0  1  0
  0  0  2
»Kc=[1 -2 1;-2 4 -2;1 -2 1]
Kc=
   1  -2   1
  -2   4  -2
   1  -2   1
»Dc=M\Kc
Dc=
   1.0000e+00  -2.0000e+00   1.0000e+00
  -2.0000e+00   4.0000e+00  -2.0000e+00        约束动态矩阵
   5.0000e-01  -1.0000e+00   5.0000e-01
```

```
»[V,lambda]=eig(Dc)
V=
  -9.0914e-01  -4.3644e-01   -2.2454e-01      三个本征矢量(列)
  -4.0406e-01   8.7287e-01    3.4366e-01      (注意 MATLAB 将本征矢量标准化为统
   1.0102e-01  -2.1822e-01    9.1186e-01      一长度)
lambda=
  0        0             0                    对角线上的三个本征值
  0   5.5000e+00         0                    (两个为零)
  0        0        2.9620e-17
```

因此,已经确定有一个频率为 $\sqrt{5.5}$ rad/s 的振动模式,且与刚体自由度(矩阵 $\boldsymbol{V}$ 的列 1 和列 3)有关的两个本征矢量(相对于质量矩阵)与振动振型(矩阵 $\boldsymbol{V}$ 的列 2)正交。然而,注意与两个零本征值有关的两个本征矢量并未相对于质量矩阵相互正交。具体来说,根据 MATLAB:

```
»V(:,1)'*M*V(:,3)
ans=
2.4950e-01
```

---

这时结构动力学家可能停止分析,因为他们通常只对振动频率和振型感兴趣。但是值得注意的是,我们寻求梁的模态表示法,以便梁的完整运动可以用相互正交的模式或正常模式描述。例 3.3 中,尽管与刚体自由度有关的 $\boldsymbol{D}_c$ 的两个本征矢量原来并未相互正交,由 $\boldsymbol{D}_c$ 的初始模态分析可得出两个新的正交本征矢量。

根据线性代数可知,若一个矩阵具有重复的本征值(在此均为零),与重复本征值有关的本征矢量的任何线性组合也是给定矩阵的本征矢量。可基于这一事实来求得无约束梁的三个相互正交模式或正常模式。

很明显,刚体自由度之一是刚体平移,且与该自由度有关的运动模式具有下列振型:

$$\boldsymbol{v}_{平移} = 1/\sqrt{3}\begin{Bmatrix}1\\1\\1\end{Bmatrix} \tag{3.44}$$

式中:该矢量已经标准化为统一长度,与 MATLAB 结果一致。因此,可以通过将与两个重复本征值有关的两个本征矢量进行线性组合得到 $\boldsymbol{v}_{平移}$。最后,还可将与重复本征值有关的两个本征矢量进行线性组合,获得第三个统一长度的本征矢量(与 $\boldsymbol{v}_{平移}$ 正交)。

换而言之,若 $\boldsymbol{v}_1$ 和 $\boldsymbol{v}_3$ 是例 3.3 中与两个零本征值有关的初始本征矢量,那么可以求出系数 $c_1$ 和 $c_2$,使得

$$\{c_1\boldsymbol{v}_1 + c_2\boldsymbol{v}_3\} = \boldsymbol{v}_{平移} \tag{3.45}$$

另外,求系数 $c_3$ 使得下列正交条件得到满足:

$$\{\boldsymbol{v}_1 + c_3\boldsymbol{v}_3\}^{\mathrm{T}}[\boldsymbol{M}]\{\boldsymbol{v}_{平移}\} = 0 \tag{3.46}$$

最后,可求出系数 $c_4$,以将结果本征矢量标准化。即求出 $c_4$,使得

$$c_4\{\boldsymbol{v}_1 + c_3\boldsymbol{v}_3\}^{\mathrm{T}}\{\boldsymbol{v}_1 + c_3\boldsymbol{v}_3\} = 1 \tag{3.47}$$

那么,所求的刚体振型为 $v_{平移}$,且

$$\boldsymbol{v}_{3新} = c_4\{\boldsymbol{v}_1 + c_3\boldsymbol{v}_3\} \tag{3.48}$$

## 例 3.4 求刚体振型

根据例 3.3 中在 MATLAB 求得的约束动态矩阵 $\boldsymbol{D}_c$，求两个相互正交的刚体振型。

**解**

根据 MATLAB，可得出

```
»Dc=M\Kc
Dc=
    1.0000e+00  -2.0000e+00    1.0000e+00
   -2.0000e+00   4.0000e+00  - 2.0000e+00        约束动态矩阵
    5.0000e-01  -1.0000e+00    5.0000e-01
```

且已经确定其本征值和本征矢量为

```
»[V,lambda]=eig(Dc)
V=
  -9.0914e-01  -4.3644e-01  -2.2454e-01
  -4.0406e-01   8.7287e-01   3.4366e-01        本征矢量的初始组(列)
   1.0102e-01  -2.1822e-01   9.1186e-01

lambda=
  0        0            0
  0  5.5000e+00         0                      对角线上的本征值
  0        0       2.9620e-17
```

## 学生须知

注意，这里不同版本的 MATLAB 可产生不同的本征矢量。然而，指定程序仍然会得出所需的结果。

---

接下来，求（等于 $\boldsymbol{v}_{平移}$）的 $\boldsymbol{v}_1$（V(:,1)）与 $\boldsymbol{v}_3$（V(:,3)）线性组合。换而言之，求出 $c_1$ 和 $c_2$，使得

$$c_1\boldsymbol{v}_1 + c_2\boldsymbol{v}_3 = 1/\sqrt{3}\begin{Bmatrix}1\\1\\1\end{Bmatrix} = \boldsymbol{v}_{平移}$$

可通过解两个联立方程求得这些系数：

$$\begin{cases} c_1\boldsymbol{v}_3^{\mathrm{T}}\boldsymbol{v}_1 + c_2(1) = \boldsymbol{v}_3^{\mathrm{T}}\boldsymbol{v}_{平移} \\ c_1(1) + c_2\boldsymbol{v}_1^{\mathrm{T}}\boldsymbol{v}_3 = \boldsymbol{v}_1^{\mathrm{T}}\boldsymbol{v}_{平移} \end{cases} \tag{3.49}$$

根据 MATLAB，令

```
»A=[V(:,3)'*V(:,1) 1;1 V(:,1)'*V(:,3)]
A=
  1.5739e-01  1.0000e+00
  1.0000e+00  1.5739e-01
»B=[V(:,3)'*[1/√3 1/√3 1/√3]';V(:,1)'*[1/√3 1/√3 1/√3]']
B=
    5.9524e-01
   -6.9985e-01
```

```
» CC = A \ B
CC =
  -8.1370e-01                        产生v平移的 c1 和 c2
   7.2330e-01
» CC(1) * V(:,1)+CC(2) * V(:,3)      检查结果
ans =
  5.7735e-01
  5.7735e-01
  5.7735e-01
```

接下来,根据与零本征值有关的两个初始本征矢量的线性组合求与 $\boldsymbol{v}_{平移}$ 正交的第三种振型。或求出 $c_3$,使

$$\{\boldsymbol{v}_1 + c_3\boldsymbol{v}_3\}^{\mathrm{T}}[\boldsymbol{M}]\{\boldsymbol{v}_{平移}\} = 0$$

最后,通过求出 $c_4$ 并将结果标准化,使得

$$c_4\{\boldsymbol{v}_1 + c_3\boldsymbol{v}_3\}^{\mathrm{T}}\{\boldsymbol{v}_1 + c_3\boldsymbol{v}_3\} = 1$$

根据 MATLAB,有

```
» CC3 = -(V(:,1)' * M * [1/√3 1/√3 1/√3 ])'V(:,3)' * M * [1/√3 1/√3 1/√3 ]')
CC3 =
  5.7193e-01                 CC3 是 c3
» V3新 = V(:,1)+.57193 * V(:,3)
V3新 =
  -1.0376e+00
  -2.0751e-01                所需的第二种刚体振型
   6.2253e-01
» CC4 = 1/(V3new' * V3new)
CC4 =
  6.6351e-01                 将第二种刚体振型标准化为统一长度的比例因子
```

最后,检查确认两个新刚体振型都与振动振型正交。根据 MATLAB 可得出

```
» [1/√3 1/√3 1/√3 * M * V(:,2)
ans =
  -7.5191e-17
» V3new' * M * V(:,2)
ans =
  5.9466e-17
```

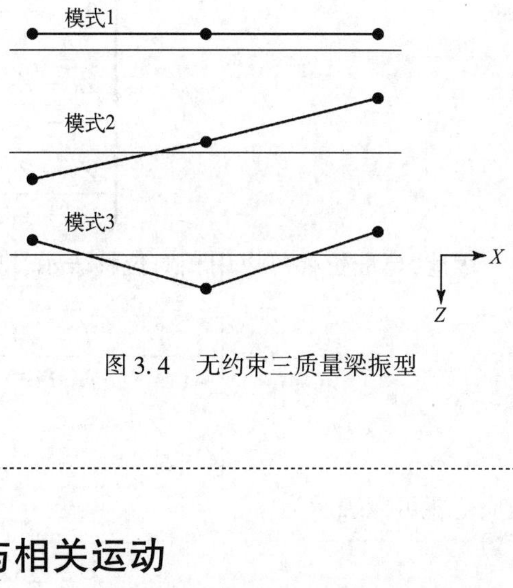


图 3.4 无约束三质量梁振型

图 3.4 绘制了三种振型。第一种代表刚体平移,第二种代表刚体旋转,第三种代表振动模式。

## 3.5 参照系与相关运动

与 3.4 节相反,现在将采用另一种方法更加直接地处理刚体自由度。受 3.4 节结果的启发,令质量的总横向位置或惯性横向位置用其相对于某一参考线或参照系的位移及该参照系的垂直位置和角位置表示。

如图 3.5 所示，质量的总位移为

$$Z_1 = Z_{\text{Ref}} + x_1\Theta_{\text{Ref}} + z_1$$

$$Z_2 = Z_{\text{Ref}} + x_2\Theta_{\text{Ref}} + z_2$$

$$Z_3 = Z_{\text{Ref}} - x_3\Theta_{\text{Ref}} + z_3$$

或

$$\{\boldsymbol{Z}\} = \{\boldsymbol{l}\}Z_{\text{Ref}} + \{\boldsymbol{X}\}\Theta_{\text{Ref}} + \{\boldsymbol{z}\} \quad (3.50)$$

式中：矢量 $\boldsymbol{X}$ 由质量沿梁相对于参照点的位置定义，如同原点转移到了该点。对于三质量梁而言，有

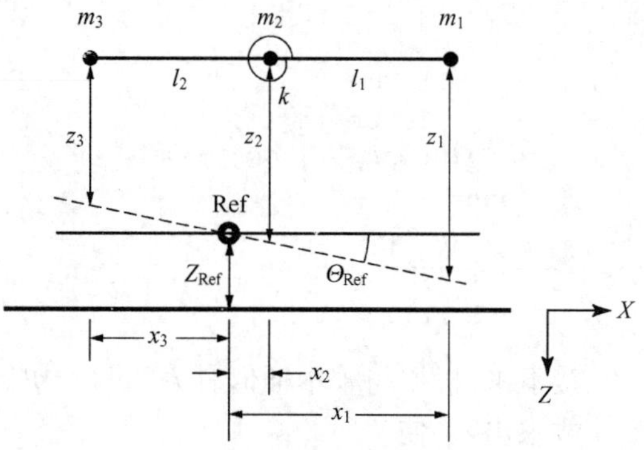


图 3.5　带参照系的无约束三集中质量梁模型

$$\{\boldsymbol{X}\} = \{x_1 \quad x_2 \quad -x_3\}^{\text{T}}$$

且将在下述探讨中进一步定义参照点的位置。

再次使用拉格朗日方程推导梁的运动方程。动能仍然为

$$T = \frac{1}{2}\left(m_1\dot{Z}_1^2 + m_2\dot{Z}_2^2 + m_3\dot{Z}_3^2\right)$$

或

$$T = \frac{1}{2}\{\dot{\boldsymbol{Z}}\}^{\text{T}}[\boldsymbol{M}]\{\dot{\boldsymbol{Z}}\} \quad (3.51)$$

且应变能仍为

$$U = \frac{1}{2}k\theta^2 = \frac{1}{2}\theta^{\text{T}}k\theta \quad (3.52)$$

与之前情况（见方程组(3.40)）相似，位移 $\theta$ 现在用横向相对位移 $z$ 表示。假设位移较小且角度较小，根据方程组(3.40)和方程(3.50)可得出

$$\begin{cases} \theta = \dfrac{Z_1 - Z_2}{x_1 - x_2} - \dfrac{Z_2 - Z_3}{x_2 + x_3} \\ \dfrac{Z_1 - Z_2}{x_1 - x_2} = \dfrac{z_1 - z_2}{x_1 - x_2} + \Theta_{\text{Ref}} \\ \dfrac{Z_2 - Z_3}{x_2 + x_3} = \dfrac{z_2 - z_3}{x_2 + x_3} + \Theta_{\text{Ref}} \end{cases} \quad (3.53)$$

因此，弯曲位移可以用相对位移表示，即

$$\theta = \left[\frac{1}{x_1 - x_2} \quad \left(-\frac{1}{x_1 - x_2} - \frac{1}{x_2 + x_3}\right) \quad \frac{1}{x_2 + x_3}\right]\begin{Bmatrix} z_1 \\ z_2 \\ z_3 \end{Bmatrix} \quad (3.54)$$

$$= [\boldsymbol{C}]\{\boldsymbol{z}\}$$

且应变能可以表示为

$$\begin{aligned} U &= \frac{1}{2}\{\boldsymbol{z}\}^{\text{T}}[\boldsymbol{C}]^{\text{T}}[k][\boldsymbol{C}]\{\boldsymbol{z}\} \\ &= \frac{1}{2}\{\boldsymbol{z}\}^{\text{T}}[\boldsymbol{K}_c]\{\boldsymbol{z}\} \end{aligned} \quad (3.55)$$

式中我们再次使用符号 $\boldsymbol{K}_c$ 表示约束刚度矩阵。注意，此时方程(3.51)中的动能 $T$ 用总

速度或惯性速度定义,而方程(3.55)中的应变能 $\boldsymbol{U}$ 只是相对位移的函数。

现在运用系统变量中的两个附加约束。首先,在梁不受外力或力矩时,梁的平移动量和旋转动量必须为常数。令这两个任意常数为零,这表示梁作为一个整体既不平移也不旋转,根据矢量和矩阵的明确定义,得出下列两个约束。

$$\begin{aligned} \text{C1: 平移动量} = 0 &\Rightarrow m_1\dot{Z}_1 + m_2\dot{Z}_2 + m_3\dot{Z}_3 = 0 \\ &\Rightarrow \{\boldsymbol{l}\}^{\mathrm{T}}[\boldsymbol{M}]\{\dot{\boldsymbol{Z}}\} = 0 \end{aligned} \tag{3.56}$$

$$\begin{aligned} \text{C2: 角动量} = 0 &\Rightarrow m_1x_1\dot{Z}_1 + m_2x_2\dot{Z}_2 - m_3x_3\dot{Z}_3 = 0 \\ &\Rightarrow \{\boldsymbol{X}\}^{\mathrm{T}}[\boldsymbol{M}]\{\dot{\boldsymbol{Z}}\} = 0 \end{aligned} \tag{3.57}$$

这两个约束表示在自由振动时,这一运动必须使矢量 $\dot{\boldsymbol{Z}}$(相对于质量矩阵 $\boldsymbol{M}$)与矢量 $\{\boldsymbol{l}\}$ 和 $\{\boldsymbol{X}\}$ 正交,它们都通过方程(3.50)定义。令受如此约束的 $\dot{\boldsymbol{Z}}$ 矢量为 $\dot{\boldsymbol{Z}}_c$,受如此约束的相对速度为 $\dot{z}_c$。

上述两个约束及方程(3.50)还表明矢量 $\{\boldsymbol{l}\}$ 和 $\{\boldsymbol{X}\}$ 可能是合适的刚体振型。若是这样,那么这两个振型必须相对于质量矩阵相互正交,即

$$\begin{aligned} \text{C3: 刚体模式的正交性} &\Rightarrow m_1x_1 + m_2x_2 - m_3x_3 = 0 \\ &\Rightarrow \{\boldsymbol{l}\}^{\mathrm{T}}[\boldsymbol{M}]\{\boldsymbol{X}\} = 0 \end{aligned} \tag{3.58}$$

但是,这相当于表明图 3.5 中的参照点位于梁的质心位置。最后,梁的总质量 $M_{\mathrm{Tot}}$ 为

$$M_{\mathrm{Tot}} = \{\boldsymbol{l}\}^{\mathrm{T}}[\boldsymbol{M}]\{\boldsymbol{l}\} \tag{3.59}$$

改写方程(3.50),用受 C1-C3 约束的位移表示可得出

$$\{\boldsymbol{Z}_c\} = \{\boldsymbol{l}\}Z_{\mathrm{Ref}} + \{\boldsymbol{X}\}\Theta_{\mathrm{Ref}} + \{z_c\} \tag{3.60}$$

从中可看到,若调用上述约束且用相互正交响应或正常模态响应表示相对运动 $z_c$,可得到振动问题的所需解。

将方程(3.60)对时间求微分,且回顾方程(3.56)可得出

$$\{\boldsymbol{l}\}^{\mathrm{T}}[\boldsymbol{M}]\{\{\boldsymbol{l}\}\dot{Z}_{\mathrm{Ref}} + \{\boldsymbol{X}\}\dot{\Theta}_{\mathrm{Ref}} + \{\dot{z}_c\}\} = 0 \tag{3.61}$$

注意方程(3.58)(质心约束)和方程(3.59)(总质量),上述表达式变为

$$\dot{Z}_{\mathrm{Ref}} = -\frac{1}{M_{\mathrm{Tot}}}\{\boldsymbol{l}\}^{\mathrm{T}}[\boldsymbol{M}]\{\dot{z}_c\} \tag{3.62}$$

再次将方程(3.60)对时间求微分且回顾方程(3.57),可得出

$$\{\boldsymbol{X}\}^{\mathrm{T}}[\boldsymbol{M}]\{\{\boldsymbol{l}\}\dot{Z}_{\mathrm{Ref}} + \{\boldsymbol{X}\}\dot{\Theta}_{\mathrm{Ref}} + \{\dot{z}_c\}\} = 0 \tag{3.63}$$

注意方程(3.58)(方程(3.58)的转置也等于零),上述表达式变为

$$\dot{\Theta}_{\mathrm{Ref}} = -\frac{1}{I}\{\boldsymbol{X}\}^{\mathrm{T}}[\boldsymbol{M}]\{\dot{z}_c\} \tag{3.64}$$

式中

$$I = \{\boldsymbol{X}\}^{\mathrm{T}}[\boldsymbol{M}]\{\boldsymbol{X}\} = \sum_{i=1}^{3} m_i x_i^2 \tag{3.65}$$

它是梁关于其质心的惯性矩。

通过使用上述两个约束(方程(3.62)和方程(3.64)),最后可以用(受约束)相对速度表示(受约束)总速度,即

$$\{\dot{Z}_c\} = \left[[I] - \frac{1}{M_{\text{Tot}}}\{l\}\{l\}^{\text{T}}[M] - \frac{1}{I}\{X\}\{X\}^{\text{T}}[M]\right]\{\dot{z}_c\} \triangleq [\Xi]\{\dot{z}_c\} \tag{3.66}$$

式中$[\boldsymbol{I}]$:为3×3单位矩阵。现在可用受约束相对速度表示动能。或者,根据方程(3.51)和方程(3.66)可得出

$$\begin{aligned} T &= \frac{1}{2}\{\dot{z}_c\}^{\text{T}}[\Xi]^{\text{T}}[M][\Xi]\{\dot{z}_c\} \\ &= \frac{1}{2}\{\dot{z}_c\}^{\text{T}}[M_c]\{\dot{z}_c\} \end{aligned} \tag{3.67}$$

式中:我们已经引入$\boldsymbol{M}_c$来表示受约束质量矩阵。势能用受约束相对位移表示为

$$U = \frac{1}{2}\{z_c\}^{\text{T}}[K_c]\{z_c\} \tag{3.68}$$

有了表示动能和势能的方程(3.67)和方程(3.68),并使用受约束相对位移$\boldsymbol{z}_c$作为广义坐标$\boldsymbol{q}$,现在使用以矢量形式表示的拉格朗日方程

$$\frac{\mathrm{d}}{\mathrm{d}t}\left(\frac{\delta T}{\delta \dot{\boldsymbol{q}}}\right) - \frac{\delta T}{\delta \boldsymbol{q}} + \frac{\delta U}{\delta \boldsymbol{q}} = \{\boldsymbol{0}\}^{\text{T}} \tag{3.69}$$

来求无约束振动梁模型的运动方程。得到的矩阵运动方程为①:

$$[M_c]\{\ddot{z}_c\} + [K_c]\{z_c\} = \{\boldsymbol{0}\} \tag{3.70}$$

与3.4节中讨论的情况不一样,上述受约束质量矩阵即$\boldsymbol{M}_c$现在是不可逆矩阵。因此$\boldsymbol{M}_c$的可逆矩阵不存在,且动态矩阵$\boldsymbol{D}_c$不能形成。且之前我们已经根据该动态矩阵的本征值和本征矢量确定了振动频率和振型。在此情形下,我们转而会根据矩阵对(由$\boldsymbol{M}_c$和$\boldsymbol{K}_c$构成)的广义本征值和本征矢量确定振动频率和振型。换而言之,我们会求出满足下列关系的$n\boldsymbol{\lambda}_i$和$\boldsymbol{v}_i$。

$$\lambda_i \boldsymbol{M}_c \boldsymbol{v}_i = \boldsymbol{K}_c \boldsymbol{v}_i$$

或

$$(\lambda_i \boldsymbol{M}_c - \boldsymbol{K}_c)\boldsymbol{v}_i = \boldsymbol{0}$$

也可以通过使用MATLAB中的eig例程轻松解决该问题。

## 3.6 广义本征解的模态分析

现在可以进行对应方程(3.70)的广义本征解的模态分析。各广义本征值/本征矢量对满足下列表达式:

$$\lambda_i \boldsymbol{M}_c \boldsymbol{v}_i = \boldsymbol{K}_c \boldsymbol{v}_i$$

因此,如前所述,可得到广义本征值和本征矢量的任意两对$i$与$j$:

$$(\lambda_i - \lambda_j)\{\boldsymbol{v}_i\}^{\text{T}}[\boldsymbol{M}_c]\{\boldsymbol{v}_j\} = 0 \tag{3.71}$$

该表达式看来像是与前述讨论一样。然而,当$i \neq j$且两个本征值不同时(如不都等于零),该方程确保两个相关的本征矢量相对于受约束质量矩阵正交,而非相对于质量矩阵$\boldsymbol{M}$正

① 在得到上述结果时,已经利用下列事实:二次型$f = y^{\text{T}}Qx$对矢量$\boldsymbol{x}$的偏导数是$\mathrm{d}f/\mathrm{d}\boldsymbol{x} = \boldsymbol{y}^{\text{T}}\boldsymbol{Q}$。

交,如所需要的一样。

然而,进一步观察方程(3.71),可知根据 $\boldsymbol{M}_c$ 的定义:

$$(\lambda_i - \lambda_j)\{\boldsymbol{v}_i\}^{\mathrm{T}}[\boldsymbol{\Xi}]^{\mathrm{T}}[\boldsymbol{M}][\boldsymbol{\Xi}]\{\boldsymbol{v}_j\} = 0 \tag{3.72}$$

因此,$i \neq j$,且两个本征值不同(如,不都等于零)时,上述方程表示受约束的或转换的本征矢量为

$$\{\boldsymbol{v}_{c_i}\} = [\boldsymbol{\Xi}]\{\boldsymbol{v}_i\} \tag{3.73}$$

它们相对于质量矩阵 $\boldsymbol{M}$ 正交。

注意对于无约束梁而言,两个转换的广义本征矢量将为零,且这种情况是因两个刚体模式而产生的。因此,对于三质量梁而言,只有一种运动模式满足三个正交约束,即单一振动振型 $\boldsymbol{v}_{\mathrm{vib}_1}$。可得到 $n$ 质量梁的相对位移为

$$\{\boldsymbol{z}_c(t)\} = \sum_{i=1}^{n-2}\{\boldsymbol{v}_{\mathrm{vib}_i}\}A_i\cos(\omega_{\mathrm{vib}_i}t + \Gamma_i) \tag{3.74}$$

由 $n-2$ 振动模式组成。

由方程(3.73)求得的所有振动振型会相对于质量矩阵相互正交。为了证明这些振型也与刚体振型 $\boldsymbol{1}$ 和 $\boldsymbol{X}$ 正交,首先用(转换前的)原始本征矢量表示相对运动 $\boldsymbol{z}$,即令

$$\boldsymbol{z}_c(t) = \sum_{i=1}^{n}\boldsymbol{v}_i\eta_i(t) \tag{3.75}$$

现在回顾方程(3.56)和方程(3.57),确定梁的受约束速度 $\dot{\boldsymbol{Z}}_c$ 分别对刚体振型 $\boldsymbol{1}$ 和 $\boldsymbol{X}$ 正交。另外,根据方程(3.66)可得出下列关系:

$$\{\dot{\boldsymbol{Z}}_c\} = [\boldsymbol{\Xi}]\{\dot{\boldsymbol{z}}_c\}$$

因此,根据方程(3.56)得出

$$\{\boldsymbol{1}\}^{\mathrm{T}}[\boldsymbol{M}]\{\dot{\boldsymbol{Z}}_c\} = \{\boldsymbol{1}\}^{\mathrm{T}}[\boldsymbol{M}][\boldsymbol{\Xi}]\{\dot{\boldsymbol{z}}_c\} = \{\boldsymbol{1}\}^{\mathrm{T}}[\boldsymbol{M}][\boldsymbol{\Xi}]\sum_{i=1}^{n}\{\boldsymbol{v}_i\}\dot{\eta}_i(t) = 0 \tag{3.76}$$

且根据方程(3.57)得出

$$\{\boldsymbol{X}\}^{\mathrm{T}}[\boldsymbol{M}]\{\dot{\boldsymbol{Z}}_c\} = \{\boldsymbol{X}\}^{\mathrm{T}}[\boldsymbol{M}][\boldsymbol{\Xi}]\{\dot{\boldsymbol{z}}_c\} = \{\boldsymbol{X}\}^{\mathrm{T}}[\boldsymbol{M}][\boldsymbol{\Xi}]\sum_{i=1}^{n}\{\boldsymbol{v}_i\}\dot{\eta}_i(t) = 0 \tag{3.77}$$

方程(3.76)若成立,则需要

$$\{\boldsymbol{1}\}^{\mathrm{T}}[\boldsymbol{M}][\boldsymbol{\Xi}]\{\boldsymbol{v}_i\} = \{\boldsymbol{1}\}^{\mathrm{T}}[\boldsymbol{M}]\{\boldsymbol{v}_{c_i}\} = 0,\text{适用于所有}i \tag{3.78}$$

或者所有约束本征矢量相对于质量矩阵对 $\boldsymbol{1}$ 正交。同样地,方程(3.77)若成立,便要求

$$\{\boldsymbol{X}\}^{\mathrm{T}}[\boldsymbol{M}][\boldsymbol{\Xi}]\{\boldsymbol{v}_i\} = \{\boldsymbol{X}\}^{\mathrm{T}}[\boldsymbol{M}]\{\boldsymbol{v}_{c_i}\} = 0,\text{适用于所有}i \tag{3.79}$$

或者所有约束本征矢量相对于质量矩阵对 $\boldsymbol{X}$ 正交。因此,这些约束本征矢量一定是我们寻求的正常振动振型,且所有这些本征矢量(包括 $\boldsymbol{1}$ 和 $\boldsymbol{X}$)相对于 $\boldsymbol{M}$ 相互正交。

## 例 3.5 使用参照系的刚体公式化

用参照系表示例 3.3 中所讨论的、图 3.3 中所示的无约束三质量梁模型的横向位移,确定其相互正交性或正常刚体及振型与振动频率,并将所得结果与例 3.4 的结果进行比较。

**解**

总横向位移或惯性横向位移可用方程(3.50)表示,即

$$\{Z\} = \{l\}Z_{Ref} + \{X\}\Theta_{Ref} + \{z\}$$

式中:矢量 $X$ 由沿着梁相对于梁质心的三个质量梁位置组成。因此,首先必须基于关于质心的一阶质量矩为零这一属性找到质心。

令质量相对于某一任意参照的绝对位置为 $X_1$、$X_2$ 和 $X_3$,且质心的绝对位置为 $X_{Ref}$,可得出第一质量矩为

$$\{l\}^T[M]\{X\} = 0 = \{l\}^T[M]\{X' - \{l\}X_{Ref}\}$$

式中

$$\{X'\} = \begin{Bmatrix} X_1 \\ X_2 \\ X_3 \end{Bmatrix}$$

因此,可得出

$$X_{Ref} = \frac{\{l\}^T[M]\{X'\}}{\{l\}^T[M]\{l\}} = \frac{\{l\}^T[M]\{X'\}}{M_{Tot}}$$

对于该梁而言,令绝对位置为 $X_1=2$、$X_2=1$ 且 $X_3=0$,或选定任意参照为梁的左端。另外,回顾可知质量为 $m_1=m_2=1$ 且 $m_3=2$,因此 $M_{Tot}=4$。

根据 MATLAB 得出

```
»Xprime=[2 1 0]
Xprime=
  2  1  0
»(one'*M*Xprime')/Mtot
ans=
  7.5000e-01        此为 X_Ref,梁左端的质心位置
```

由此可知相对于质心的质量距离是 $x_1=1.25$、$x_2=0.25$ 及 $x_3=-0.75$,则矢量 $X$ 为

$$\{X\} = \begin{Bmatrix} 1.25 \\ 0.25 \\ -0.75 \end{Bmatrix}$$

最后,回顾可知刚体振型为 $\{1\}$ 与 $\{X\}$。

现在,约束质量和刚度矩阵已形成。方程(3.54)得出将梁的弯曲位移及其相对横向位移相联系的约束。因此

$$[C] = [1 \quad -2 \quad 1]$$

且受约束刚度矩阵为

$$[K_c] = [C]^T[k][C]$$

其中 $k=1$。

为了求得受约束质量矩阵,可使用梁的总质量 $M_{Tot}$ 及其关于质心的惯性矩 $I$。根据方程(3.59)可得出 $M_{Tot}=4$,且根据方程(3.65)可得出

$$I = \{X\}^T[M]\{X\}$$

根据 MATLAB 可得出

```
»C(1)=1/(x(1)-x(2));
»C(3)=1/(x(2)-x(3));
»C(2)=-C(1)-C(3)
```

```
C =
  1  -2  1
» Kc = C' * k * C k          此处 k = 1
Kc =
   1   -2   1
  -2    4   -2               受约束刚度矩阵
   1   -2   1
» X = [1.25; .25; -.75];
» I = X' * M * X
I =
  2.7500e+00                 惯性矩
```

根据方程(3.67)可得出受约束质量矩阵：

$$[\boldsymbol{M}_c] = [\boldsymbol{\Xi}]^{\mathrm{T}}[\boldsymbol{M}][\boldsymbol{\Xi}]$$

且根据方程(3.66)可得出约束矩阵：

$$[\boldsymbol{\Xi}] = \left[[\boldsymbol{I}] - \frac{1}{M_{\mathrm{Tot}}}\{\boldsymbol{l}\}\{\boldsymbol{l}\}^{\mathrm{T}}[\boldsymbol{M}] - \frac{1}{I}\{\boldsymbol{X}\}\{\boldsymbol{X}\}^{\mathrm{T}}[\boldsymbol{M}]\right]$$

回到 MATLAB，可得出

```
» P = [eye(3) - (1/Mtot) * one * one' * M - (1/I) * X * X' * M]
P =
   1.8182e-01  -3.6364e-01   1.8182e-01
  -3.6364e-01   7.2727e-01  -3.6364e-01        约束矩阵
   9.0909e-02  -1.8182e-01   9.0909e-02
» Mc = P' * M * P
Mc =
   1.8182e-01  -3.6364e-01   1.8182e-01
  -3.6364e-01   7.2727e-01  -3.6364e-01        受约束质量矩阵
   1.8182e-01  -3.6364e-01   1.8182e-01
» [V, lamda] = eig(Kc, Mc)
V =
  1    0.75166        0
  0    0.04689  0.44721                        广义本征矢量(列)
  0   -0.65788  0.89443
lamda =
  5.5000e+00        0      0
       0       9.0407      0                   对角线上的广义本征值
       0            0      0
```

因此振动频率为$\sqrt{5.5}$或$\sqrt{9.04}$ rad/s，且广义本征矢量为上述矩阵 $\boldsymbol{V}$(即 $V$)的三个矩阵列。为了确定振动频率和振型，必须确定由矩阵 $\boldsymbol{V}_c$ 的三列所转换的本征矢量，即

$$[\boldsymbol{V}_c] = [\boldsymbol{\Xi}][\boldsymbol{V}]$$

再次，根据 MATLAB 可得出

```
» Vc = P * V
Vc =
   0.18182   9.8332e-17  -6.3119e-17
  -0.36364  -6.2648e-17  -2.8801e-17        受约束本征矢量
   0.09091   4.9166e-17  -3.1560e-17
```

只有第一列是非空的，单一振动振型是 Vc 的第一列，且振动频率为$\sqrt{5.5}$ rad/s。刚体振

型之前已定为

$$\boldsymbol{v}_{平移}^{\mathrm{T}}=\{1\quad 1\quad 1\}$$

$$\boldsymbol{v}_{旋转}^{\mathrm{T}}=\{1.25\quad 0.25\quad -0.75\}$$

这三种振型(即两个刚体振型和一个振动振型)与图 3.4 所示的振型一样。在此所得出的结果与例 3.4 的结果一致,遵循两个示例中振型的不同之处在于常数因子这一事实,即 $\boldsymbol{v}_{\mathrm{Eg.\,3.4}}=C\boldsymbol{v}_{\mathrm{Eg.\,3.5}}$,式中 $C$ 是常数(在此种情况下,$C$ 大约为-2.4)。由线性代数可知乘以常数的矩阵本征矢量同时也是那个矩阵的本征矢量。

## 3.7 多向运动

在此之前,我们仅考虑了一个方向($Z$ 方向)上的运动。但显而易见,一般振动可涉及所有方向上的运动。正如我们将看到的,研究多向运动的方法基本上与单方向运动的方法相同。但因为振型的每一元素只能对应于一个运动方向,所以矢量和矩阵的尺度会显著扩大。

为了使讨论更加具体,我们将讨论构架的双向运动,即两个方向上的运动($X$ 和 $Z$)。考虑图 3.6 中所示的带集中质量表达式的模型。例如,这种模型可能代表飞机的机身和垂直尾翼。这四个质量在 $X$ 和 $Z$ 方向上都具有自由度,且存在两个理想化的弹簧。质量的位置再次相对于参照位置(构架的质心)定义。

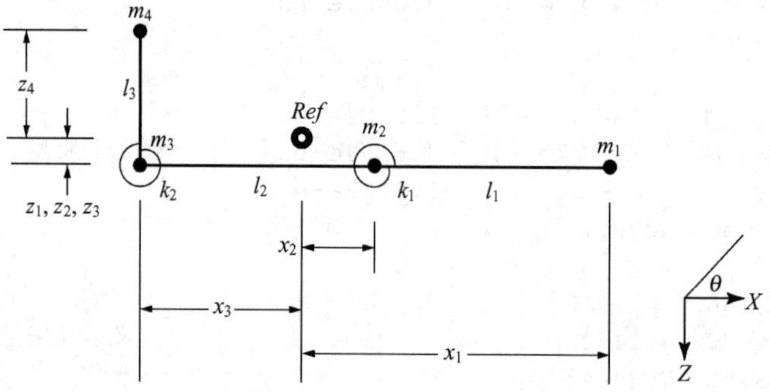


图 3.6 双向构架模型

该模型的动能为

$$\begin{aligned}T&=\frac{1}{2}\left(m_1\dot{X}_1^2+m_2\dot{X}_2^2+m_3\dot{X}_3^2+m_4\dot{X}_4^2\right)+\frac{1}{2}\left(m_1\dot{Z}_1^2+m_2\dot{Z}_2^2+m_3\dot{Z}_3^2+m_4\dot{Z}_4^2\right)\\&=\frac{1}{2}\{\dot{\boldsymbol{X}}'\}^{\mathrm{T}}[\boldsymbol{M}]\{\dot{\boldsymbol{X}}'\}+\frac{1}{2}\{\dot{\boldsymbol{Z}}'\}^{\mathrm{T}}[\boldsymbol{M}]\{\dot{\boldsymbol{Z}}'\}=\frac{1}{2}\{\dot{\boldsymbol{Z}}'^{\mathrm{T}}\quad \dot{\boldsymbol{X}}'^{\mathrm{T}}\}\begin{bmatrix}\boldsymbol{M}&\boldsymbol{0}\\\boldsymbol{0}&\boldsymbol{M}\end{bmatrix}\begin{Bmatrix}\dot{\boldsymbol{Z}}'\\\dot{\boldsymbol{X}}'\end{Bmatrix}\end{aligned}\tag{3.80}$$

式中对角质量矩阵 $\boldsymbol{M}$ 已经介绍过。注意 $\boldsymbol{X}_i$ 和 $\boldsymbol{Z}_i$ 为质量的绝对位置,而 $x_i$ 和 $z_i$(图 3.6 中)为质量相对于指示参照位置的位置。构架的势能(应变能)为

$$U=\frac{1}{2}k_1\theta_1^2+\frac{1}{2}k_2\theta_2^2=\frac{1}{2}\{\theta_1\quad \theta_2\}\begin{bmatrix}k_1&0\\0&k_2\end{bmatrix}\begin{Bmatrix}\theta_1\\\theta_2\end{Bmatrix}\tag{3.81}$$

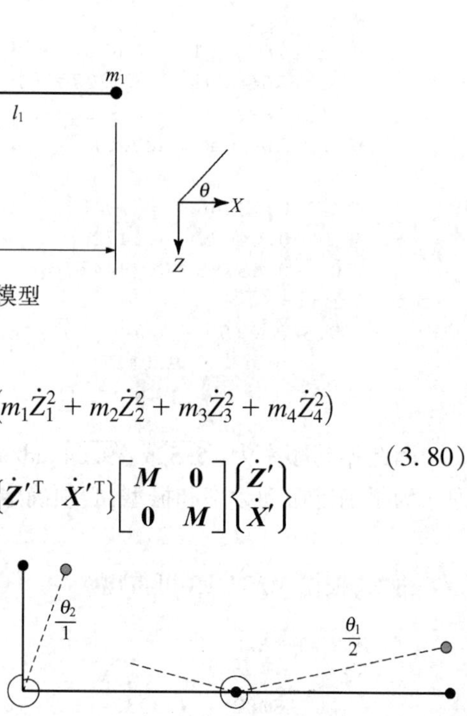


图 3.7 两个梁偏转角

式中两个偏转角如图 3.7 所示。

但是根据几何图形可推演质量元(见图 3.4)之间的以下几何约束:

$$\begin{cases}\theta_1+\dfrac{Z_2-Z_3}{x_2+x_3}=\dfrac{Z_1-Z_2}{x_1-x_2}\\ \theta_2+\dfrac{X_3-X_4}{z_3+z_4}=\dfrac{Z_3-Z_2}{x_2+x_3}\\ X_1=X_2=X_3\ (\text{等于振动位移})\\ Z_3=Z_4(\text{等于振动位移})\end{cases}\tag{3.82}$$

或

$$\begin{aligned}\theta_1&=\left[\left(\frac{1}{x_1-x_2}\right)\ \left(\frac{-1}{x_1-x_2}-\frac{1}{x_2+x_3}\right)\ \left(\frac{1}{x_2+x_3}\right)\ \ 0\right]\begin{Bmatrix}Z_1\\Z_2\\Z_3\\Z_4\end{Bmatrix}\\&=[\boldsymbol{C}_1]\{\boldsymbol{Z}'\}\end{aligned}\tag{3.83}$$

$$\begin{aligned}\theta_2&=\left[0\ \left(\frac{-1}{x_2+x_3}\right)\left(\frac{1}{x_2+x_3}\right)\ 0\right]\begin{Bmatrix}Z_1\\Z_2\\Z_3\\Z_4\end{Bmatrix}+\left[0\ 0\ \left(\frac{-1}{z_3+z_4}\right)\left(\frac{1}{z_3+z_4}\right)\right]\begin{Bmatrix}X_1\\X_2\\X_3\\X_3\end{Bmatrix}\\&=[\boldsymbol{C}_2\ \ \boldsymbol{C}_3]\begin{Bmatrix}\boldsymbol{Z}'\\\boldsymbol{X}'\end{Bmatrix}\end{aligned}$$

用方程组(3.83)所示的约束表示,势能变为

$$\begin{aligned}U&=\frac{1}{2}\{\theta_1\ \ \theta_2\}\begin{bmatrix}k_1&0\\0&k_2\end{bmatrix}\begin{Bmatrix}\theta_1\\\theta_2\end{Bmatrix}=\frac{1}{2}\{\boldsymbol{Z}'^{\mathrm{T}}\ \ \boldsymbol{X}'^{\mathrm{T}}\}\begin{bmatrix}\boldsymbol{C}_1&\boldsymbol{0}\\\boldsymbol{C}_2&\boldsymbol{C}_3\end{bmatrix}^{\mathrm{T}}\begin{bmatrix}k_1&0\\0&k_2\end{bmatrix}\begin{bmatrix}\boldsymbol{C}_1&\boldsymbol{0}\\\boldsymbol{C}_2&\boldsymbol{C}_3\end{bmatrix}\begin{Bmatrix}\boldsymbol{Z}'\\\boldsymbol{X}'\end{Bmatrix}\\&=\frac{1}{2}\{\boldsymbol{Z}'^{\mathrm{T}}\ \ \boldsymbol{X}'^{\mathrm{T}}\}[\boldsymbol{K}_c]\begin{Bmatrix}\boldsymbol{Z}'\\\boldsymbol{X}'\end{Bmatrix}\end{aligned}\tag{3.84}$$

式中引入了受约束刚度矩阵 $\boldsymbol{K}_c$。

方程组(3.82)中余下的两个约束为

$$\begin{Bmatrix}Z_1\\Z_2\\Z_3\\Z_4\end{Bmatrix}=\begin{bmatrix}1&0&0\\0&1&0\\0&0&1\\0&0&1\end{bmatrix}\begin{Bmatrix}Z_1\\Z_2\\Z_3\end{Bmatrix}\qquad\begin{Bmatrix}X_1\\X_2\\X_3\\X_4\end{Bmatrix}=\begin{bmatrix}1&0\\1&0\\1&0\\0&1\end{bmatrix}\begin{Bmatrix}X_3\\X_4\end{Bmatrix}$$

或

$$\begin{Bmatrix}\boldsymbol{Z}'\\\boldsymbol{X}'\end{Bmatrix}=\begin{bmatrix}\boldsymbol{C}'_z&\boldsymbol{0}\\\boldsymbol{0}&\boldsymbol{C}'_x\end{bmatrix}\begin{Bmatrix}\boldsymbol{Z}''\\\boldsymbol{X}''\end{Bmatrix}\tag{3.85}$$

根据方程(3.85)中所示的约束及方程(3.80)中定义的双质量矩阵 $\boldsymbol{MM}$,动能和势能现变为

$$\begin{aligned}T&=\frac{1}{2}\{\dot{\boldsymbol{Z}}'^{\mathrm{T}}\ \ \dot{\boldsymbol{X}}'^{\mathrm{T}}\}[\boldsymbol{MM}]\begin{Bmatrix}\dot{\boldsymbol{Z}}'\\\dot{\boldsymbol{X}}'\end{Bmatrix}=\frac{1}{2}\{\dot{\boldsymbol{Z}}''^{\mathrm{T}}\ \ \dot{\boldsymbol{X}}''^{\mathrm{T}}\}\begin{bmatrix}\boldsymbol{C}'_z&\boldsymbol{0}\\\boldsymbol{0}&\boldsymbol{C}'_x\end{bmatrix}^{T}[\boldsymbol{MM}]\begin{bmatrix}\boldsymbol{C}'_z&\boldsymbol{0}\\\boldsymbol{0}&\boldsymbol{C}'_x\end{bmatrix}\begin{Bmatrix}\dot{\boldsymbol{Z}}''\\\dot{\boldsymbol{X}}''\end{Bmatrix}\\&=\frac{1}{2}\{\dot{\boldsymbol{Z}}''^{\mathrm{T}}\ \ \dot{\boldsymbol{X}}''^{\mathrm{T}}\}[\boldsymbol{MM}']\begin{Bmatrix}\dot{\boldsymbol{Z}}''\\\dot{\boldsymbol{X}}''\end{Bmatrix}\end{aligned}\tag{3.86}$$

$$U=\frac{1}{2}\{\boldsymbol{Z}'^{\mathrm{T}}\quad \boldsymbol{X}'^{\mathrm{T}}\}[\boldsymbol{K}_c]\begin{Bmatrix}\boldsymbol{Z}'\\ \boldsymbol{X}'\end{Bmatrix}=\frac{1}{2}\{\boldsymbol{Z}''^{\mathrm{T}}\quad \boldsymbol{X}''^{\mathrm{T}}\}\begin{bmatrix}\boldsymbol{C}_z' & \boldsymbol{0}\\ \boldsymbol{0} & \boldsymbol{C}_x'\end{bmatrix}^{\mathrm{T}}[\boldsymbol{K}_c]\begin{bmatrix}\boldsymbol{C}_z' & \boldsymbol{0}\\ \boldsymbol{0} & \boldsymbol{C}_x'\end{bmatrix}\begin{Bmatrix}\boldsymbol{Z}''\\ \boldsymbol{X}''\end{Bmatrix}$$

$$=\frac{1}{2}\{\boldsymbol{Z}''^{\mathrm{T}}\quad \boldsymbol{X}''^{\mathrm{T}}\}[\boldsymbol{K}_c']\begin{Bmatrix}\boldsymbol{Z}''\\ \boldsymbol{X}''\end{Bmatrix} \tag{3.87}$$

注意已经引入了受约束质量矩阵 $\boldsymbol{MM}'$ 及经修改的受约束刚度矩阵 $\boldsymbol{K}_c'$。

运用拉格朗日方程可得出控制振动问题的运动方程，即

$$[\boldsymbol{MM}']\begin{Bmatrix}\ddot{\boldsymbol{Z}}''\\ \ddot{\boldsymbol{X}}''\end{Bmatrix}+[\boldsymbol{K}_c']\begin{Bmatrix}\boldsymbol{Z}''\\ \boldsymbol{X}''\end{Bmatrix}=\{\boldsymbol{0}\} \tag{3.88}$$

因此，系统的动态矩阵为

$$\boldsymbol{D}_c'=[\boldsymbol{MM}']^{-1}[\boldsymbol{K}_c'] \tag{3.89}$$

## 例 3.6　双向振动问题

求图 3.6 所示的集中质量模型的振动模态频率和振型，并证明这些振型（相对于质量矩阵）与系统的刚体振型正交。令每个质量等于一个单位，每根杆为一个长度单位，且每个弹簧刚度等于 1（每弧度扭矩单位）。

**解**

使用例 3.3 中的直接公式化来求得振动频率和振型。然后，确定刚体振型并证明它们与振动振型正交。

回到 MATLAB，刚度和质量矩阵为

```
»K=eye(2)
K=
  1  0
  0  1
»M=eye(4)
M=
  1  0  0  0
  0  1  0  0
  0  0  1  0
  0  0  0  1
»MM=[M 0*eye(4);0*eye(4) M]
MM=
  1  0  0  0  0  0  0  0
  0  1  0  0  0  0  0  0
  0  0  1  0  0  0  0  0
  0  0  0  1  0  0  0  0
  0  0  0  0  1  0  0  0
  0  0  0  0  0  1  0  0
  0  0  0  0  0  0  1  0
  0  0  0  0  0  0  0  1
```

根据几何约束，即方程（3.83），得出下列矩阵：

```
»C1=[1 -2 1 0]
C1=
```

```
  1  -2  1  0
» C2 = [0 1 -1 0]
C2 =
  0  1  -1  0
» C2 = -C2
C2 =
  0  -1  1  0
» C3 = [0 0 -1 1]
C3 =
  0  0  -1  1                          方程(3.85)的约束
» Czprime = [eye(3);0 0 1]
Czprime =
  1  0  0
  0  1  0
  0  0  1
  0  0  1
» Cxprime = [1 0;1 0;eye(2)]
Cxprime =
  1  0
  1  0
  1  0
  0  1
» ones = [1 1 1 1]'
ones =
  1
  1
  1
  1
» C13 = [C1 0 * ones';C2 C3]           方程(3.84)中的约束矩阵
C13 =
  1  -2  1  0  0  0   0  0
  0  -1  1  0  0  0  -1  1
```

因此,方程(3.84)中的受约束刚度矩阵为

```
» Kc = C13' * K * C13
Kc =
   1  -2   1  0  0  0   0   0
  -2   5  -3  0  0  0   1  -1
   1  -3   2  0  0  0  -1   1
   0   0   0  0  0  0   0   0
   0   0   0  0  0  0   0   0
   0   0   0  0  0  0   0   0
   0   1  -1  0  0  0   1  -1
   0  -1   1  0  0  0  -1   1
```

附加的几何约束得出

```
» zero42 = [0 * ones 0 * ones]
zero42 =
  0  0
  0  0
  0  0
  0  0
» zero43 = [zero42 0 * ones]
```

```
zero43 =
  0  0  0
  0  0  0
  0  0  0
  0  0  0
» Cprime = [Czprime zero42;zero43 Cxprime]
Cprime =
  1  0  0  0  0
  0  1  0  0  0
  0  0  1  0  0
  0  0  1  0  0
  0  0  0  1  0
  0  0  0  1  0
  0  0  0  1  0
  0  0  0  0  1
```

因此,方程(3.86)中的受约束质量矩阵为

```
» MMPrime = Cprime' * MM * Cprime
MMPrime =
  1  0  0  0  0
  0  1  0  0  0
  0  0  2  0  0
  0  0  0  3  0
  0  0  0  0  1
```

且方程(3.87)中经修改的受约束刚度矩阵为

```
» Kcprime = Cprime' * Kc * Cprime
Kcprime =
   1   -2    1    0    0
  -2    5   -3    1   -1
   1   -3    2   -1    1
   0    1   -1    1   -1
   0   -1    1   -1    1
```

方程(3.89)中的受约束动态矩阵变为

```
» Dcprime = MMPrime \ Kcprime
Dcprime =
   1.0000e+00  -2.0000e+00   1.0000e+00            0            0
  -2.0000e+00   5.0000e+00  -3.0000e+00   1.0000e+00  -1.0000e+00
   5.0000e-01  -1.5000e+00   1.0000e+00  -5.0000e-01   5.0000e-01
            0   3.3333e-01  -3.3333e-01   3.3333e-01  -3.3333e-01
            0  -1.0000e+00   1.0000e+00  -1.0000e+00   1.0000e+00
```

且通过对五自由度系统的受约束动态矩阵进行模态分析可得出下列本征矢量($V$)和本征值($\lambda$)。

```
» [V,Lambda] = eig(Dcprime)
V =
   8.4444e-01   3.3710e-01  -4.8176e-01  -3.5265e-01  -3.3549e-01
   4.1139e-01  -8.7646e-01   1.6059e-01  -1.7180e-01   1.8961e-01
  -2.1652e-02   2.6968e-01   1.6059e-01   9.0424e-03   7.1470e-01
  -1.0826e-01  -6.7420e-02  -2.6764e-01  -5.5366e-01  -5.5913e-02
   3.2478e-01   2.0226e-01   8.0293e-01  -7.3451e-01  -5.8101e-01
```

```
Lambda =
  0        0            0             0            0
  0   7.0000e+00        0             0            0
  0        0       1.3333e+00         0            0
  0        0            0        -1.2326e-32       0
  0        0            0             0       1.2176e-16
```

注意两个振动模式的平方频率为 1.333 和 7.0(rad/s)$^2$。用四个质量的绝对 $Z$ 位移与 $X$ 位移表示的振型为

```
» Vfull = Cprime * V
Vfull =
   8.4444e-01   3.3710e-01  -4.8176e-01  -3.5265e-01  -3.3549e-01
   4.1139e-01  -8.7646e-01   1.6059e-01  -1.7180e-01   1.8961e-01
  -2.1652e-02   2.6968e-01   1.6059e-01   9.0424e-03   7.1470e-01
  -2.1652e-02   2.6968e-01   1.6059e-01   9.0424e-03   7.1470e-01
  -1.0826e-01  -6.7420e-02  -2.6764e-01  -5.5366e-01  -5.5913e-02
  -1.0826e-01  -6.7420e-02  -2.6764e-01  -5.5366e-01  -5.5913e-02
  -1.0826e-01  -6.7420e-02  -2.6764e-01  -5.5366e-01  -5.5913e-02
   3.2478e-01   2.0226e-01   8.0293e-01  -7.3451e-01  -5.8101e-01
```

上述矩阵 Vfull 的第二列和第三列为振动振型。

这里需要回顾的是在公式化中，各振型（本征矢量）的形式为

$$\boldsymbol{v}_i=\begin{Bmatrix}\boldsymbol{v}_{Z_i}\\ \boldsymbol{v}_{X_i}\end{Bmatrix}$$

即本征矢量的头四个元素对应 $i$ 模式四个质量的横向($Z$)位移，且最后四个元素对应该模式四个质量的轴向($X$)位移。

为检查刚体模式和振动模式之间的正交性，我们必须首先确定刚体振型。在本题中，这些振型可通过确定构架的平移与旋转动量表达式来确定。

平移动量可表示为

$$\{\boldsymbol{l}\}^{\mathrm{T}}[\boldsymbol{M}]\{\dot{\boldsymbol{X}}'\}+\{\boldsymbol{l}\}^{\mathrm{T}}[\boldsymbol{M}]\{\dot{\boldsymbol{Z}}'\}=\{\boldsymbol{1}^{\mathrm{T}}\quad \boldsymbol{1}^{\mathrm{T}}\}\begin{bmatrix}\boldsymbol{M} & \boldsymbol{0}\\ \boldsymbol{0} & \boldsymbol{M}\end{bmatrix}\begin{Bmatrix}\dot{\boldsymbol{Z}}'\\ \dot{\boldsymbol{X}}'\end{Bmatrix}$$

式中

$$\{\boldsymbol{l}\}=\begin{Bmatrix}1\\1\\1\\1\end{Bmatrix}$$

因此，其中一种刚体振型可表示为

$$\boldsymbol{v}_{\mathrm{RB}_1}=\begin{Bmatrix}\{\boldsymbol{l}\}\\ \{\boldsymbol{l}\}\end{Bmatrix}$$

构架关于其质心的旋转动量可表示为

$$-\{\boldsymbol{X}\}^{\mathrm{T}}[\boldsymbol{M}]\{\dot{\boldsymbol{Z}}'\}+\{\boldsymbol{Z}\}^{\mathrm{T}}[\boldsymbol{M}]\{\dot{\boldsymbol{X}}'\}=\{-\boldsymbol{X}^{\mathrm{T}}\quad \boldsymbol{Z}^{\mathrm{T}}\}\begin{bmatrix}\boldsymbol{M} & \boldsymbol{0}\\ \boldsymbol{0} & \boldsymbol{M}\end{bmatrix}\begin{Bmatrix}\dot{\boldsymbol{Z}}'\\ \dot{\boldsymbol{X}}'\end{Bmatrix}\tag{3.90}$$

式中

$$\boldsymbol{X}=\begin{Bmatrix}x_1\\x_2\\-x_3\\-x_4\end{Bmatrix}\qquad \boldsymbol{Z}=\begin{Bmatrix}z_1\\z_2\\z_3\\-z_4\end{Bmatrix}$$

参看图 3.6,注意 $x_i$ 和 $z_i$ 相对于构架的质心对应第 $i$ 个质量的 $X$ 和 $Z$ 位置。根据方程(3.90),可将第二种刚体振型表示为

$$\boldsymbol{v}_{\mathrm{RB}_2}=\begin{Bmatrix}-\boldsymbol{X}\\ \boldsymbol{Z}\end{Bmatrix}$$

该振型中出现负号是因为方程(3.90)中正角动量的定义及图 3.6 中定义的其他符号法则。

再次回到 MATLAB,可得出

```
» ones = [ones' ones']'              第一种刚体振型
ones =
  1
  1
  1
  1
  1
  1
  1
  1
» ones' * MM * Vfull(:,2)
ans =
  -2.4980e-16
» ones' * MM * Vfull(:,3)
ans =
  -2.2204e-16
```

因此,可知第一种刚体振型与两个振动都正交。

为了求出第二种刚体振型,必须首先定位质心。

```
» ones = [1 1 1 1]'
ones =
  1
  1
  1
  1
» Mtot = ones' * M * ones          构架总质量
Mtot =
  4
» Mx = 1 * 1+2 * 2                 构架关于其右端(Z 位移)的一阶质量矩
Mx =
  5
» Xcm = Mx/Mtot
Xcm =
  1.2500e+00

» Mz = 1 * 1                       构架关于其右端(X 位移)的一阶质量矩
Mz =
  1
» Zcm = Mz/Mtot
Zcm =
  2.5000e-01
```

因此,质心距质量 $m_1$ 左侧 1.25 个长度单位,且高于质量 $m_1$-$m_3$ 0.25 个长度单位。这表示

两个矢量 $\boldsymbol{X}$ 和 $\boldsymbol{Z}$

```
» X = [1.25 0.25 -0.75 -0.75]'
X =
   1.2500e+00
   2.5000e-01
  -7.5000e-01
  -7.5000e-01
» Z = [0.25 0.25 0.25 -0.75]'
Z =
   2.5000e-01
   2.5000e-01
   2.5000e-01
  -7.5000e-01
```

因此,第二种刚体振型为

```
» XZ = [-X' Z']'
XZ =
  -1.2500e+00
  -2.5000e-01
   7.5000e-01
   7.5000e-01
   2.5000e-01
   2.5000e-01
   2.5000e-01
  -7.5000e-01
» XZ' * MM * Vfull(:,2)
ans =
  0                              与第一种振动振型正交
» XZ' * MM * Vfull(:,3)
ans =
  -6.6613e-16                    与第二种振动振型正交
```

因此,可知两个刚体振型(用平移和旋转动量定义)均(相对于质量矩阵)与两个振动振型正交。

**学生须知**

在例 3.6 中,正如本章的其他示例一样,我们已经证明振动模式与结构的刚体模式正交。因此,在示例中定义的坐标系满足已知的平均轴系约束。在第四章中处理柔性飞行器运动方程的推导时,将进一步探讨平均轴系与平均轴系约束。

## 3.8 运动方程的改进推导

各模式间的正交性的主要成果在于无约束梁的物理响应可用相互正交模式(刚体模式和振动模式)的线性组合表示。具体来说,只考虑例 3.5 中的直梁模型的横向位移。梁的响应可以表示为

$$\begin{aligned}\{\boldsymbol{Z}(t)\} &= \{\boldsymbol{l}\}Z_{\mathrm{Ref}}(t) + \{\boldsymbol{X}\}\Theta_{\mathrm{Ref}}(t) + \{z_{\perp}(t)\} \\ &= \{\boldsymbol{l}\}Z_{\mathrm{Ref}}(t) + \{\boldsymbol{X}\}\Theta_{\mathrm{Ref}}(t) + \sum_{i=1}^{n-2}\{\boldsymbol{v}_{\perp}\}_i\eta_i(t)\end{aligned} \tag{3.91}$$

式中:引入符号 $\boldsymbol{v}_{\perp}$ 是为了说明振型之间(相对于质量矩阵)均相互正交,且它们也与适当定义的刚体振型 $\boldsymbol{I}$ 和 $\boldsymbol{X}$ 正交。

另外,刚体坐标 $Z_{\text{Ref}}$ 和 $\Theta_{\text{Ref}}$ 及振动模态坐标 $\boldsymbol{\eta}_i$ 形成一组完全合理的广义坐标,用于描述飞行器无约束梁模型的运动。因此,势能和动能可以用这些坐标表示,且拉格朗日方程可以直接用于获取柔性梁(飞行器)的运动方程。

改写梁的响应(即方程(3.91)),用模态矩阵和选定的广义坐标表示可得出

$$\begin{aligned}\{\boldsymbol{Z}(t)\} &= \left[\{\boldsymbol{l}\}\ \{\boldsymbol{X}\}\ \{\boldsymbol{v}_{\perp}\}_1\ \cdots\ \{\boldsymbol{v}_{\perp}\}_{n-2}\right]\begin{Bmatrix} Z_{\text{Ref}} \\ \Theta_{\text{Ref}} \\ \eta_1 \\ \vdots \\ \eta_{n-2}\end{Bmatrix} \\ &= [\boldsymbol{\Phi}]\{\boldsymbol{q}\}\end{aligned} \tag{3.92}$$

梁的动能用这些坐标表示为

$$T=\frac{1}{2}\{\dot{\boldsymbol{Z}}\}^{\mathrm{T}}[\boldsymbol{M}]\{\dot{\boldsymbol{Z}}\}=\frac{1}{2}\{\dot{\boldsymbol{q}}\}^{\mathrm{T}}[\boldsymbol{\Phi}]^{\mathrm{T}}[\boldsymbol{M}][\boldsymbol{\Phi}]\{\dot{\boldsymbol{q}}\}=\frac{1}{2}\{\dot{\boldsymbol{q}}\}^{\mathrm{T}}[\boldsymbol{\mathcal{M}}]\{\dot{\boldsymbol{q}}\} \tag{3.93}$$

现在,式中的广义质量矩阵 $[\boldsymbol{m}]$ 包括梁关于质心的总质量和惯量,即

$$[\boldsymbol{\mathcal{M}}]=\begin{bmatrix} M_{\text{Tot}} & 0 & \boldsymbol{0} \\ 0 & I & \boldsymbol{0} \\ \boldsymbol{0} & \boldsymbol{0} & [\boldsymbol{\mathcal{M}}_{\text{Vib}}]\end{bmatrix}$$

注意方程(3.93)中所示动能的一种实用形式为

$$\begin{aligned}\mathrm{T} &= \left(\frac{1}{2}M_{\text{Tot}}\dot{Z}_{\text{Ref}}^2+\frac{1}{2}I\dot{\Theta}_{\text{Ref}}^2\right)+\left(\frac{1}{2}\{\dot{\boldsymbol{\eta}}_{\text{Vib}}\}^T[\boldsymbol{\mathcal{M}}_{\text{Vib}}]\{\dot{\boldsymbol{\eta}}_{\text{Vib}}\}\right) \\ &= (\text{刚体})+(\text{柔性})\end{aligned} \tag{3.94}$$

式中

$$\{\dot{\boldsymbol{\eta}}_{\text{Vib}}\}=\begin{Bmatrix}\dot{\eta}_1 \\ \vdots \\ \dot{\eta}_{n-2}\end{Bmatrix}$$

同样地,势能或应变能为

$$U=\frac{1}{2}\{\boldsymbol{z}_{\perp}\}^{\mathrm{T}}[\boldsymbol{K}_c]\{\boldsymbol{z}_{\perp}\}=\frac{1}{2}\{\boldsymbol{\eta}_{\text{Vib}}\}^{\mathrm{T}}[\boldsymbol{\Phi}_{\text{Vib}}]^{\mathrm{T}}[\boldsymbol{K}_c][\boldsymbol{\Phi}_{\text{Vib}}]\{\boldsymbol{\eta}_{\text{Vib}}\}=\frac{1}{2}\{\boldsymbol{\eta}_{\text{Vib}}\}^{\mathrm{T}}[\boldsymbol{\mathcal{K}}_{\text{Vib}}]\{\boldsymbol{\eta}_{\text{Vib}}\}$$

式中:引入了广义刚度矩阵 $[\boldsymbol{\mathcal{K}}_{\text{Vib}}]$,且振动模态矩阵为

$$[\boldsymbol{\Phi}_{\text{Vib}}]=\left[\{\boldsymbol{v}_{\perp}\}_1\ \cdots\ \{\boldsymbol{v}_{\perp}\}_{n-2}\right]$$

其仅由振动振型(本征矢量)组成。

最后,可以直接将拉格朗日方程应用于上述动能和势能表达式并可获得梁的运动方程。

$$\begin{aligned}&M_{\text{Tot}}\ddot{Z}_{\text{Ref}}=0 \\ &I\ddot{\Theta}_{\text{Ref}}=0 \\ &[\boldsymbol{\mathcal{M}}_{\text{Vib}}]\{\ddot{\boldsymbol{\eta}}_{\text{Vib}}\}+[\boldsymbol{\mathcal{K}}_{\text{Vib}}]\{\boldsymbol{\eta}_{\text{Vib}}\}=\boldsymbol{0}\end{aligned} \tag{3.95}$$

前两个方程是我们所熟悉的运动方程,分别适用于刚体平移与旋转,而第三个方程则对应振动结构。另外,注意所有这些方程均实现了解耦——模态正交性的结果。该公式化对第四章中推导柔性飞行器运动方程而言很重要。

## 3.9 强迫运动与虚功

方程组(3.95)并不与第二章中飞行器的运动方程相似,因为这些方程不包括作用于飞行器上的力和力矩。本节将引入研究这些外力和力矩的所需概念。

与其直接以虚功概念开始,不如首先使用牛顿力学来处理例3.1与例3.2中所述的二质量悬臂梁模型的强迫运动。如图3.8所示,梁受两个力,即$F_1$与$F_2$,分别作用于质量$m_1$和$m_2$的位置。根据牛顿定律可得出下列控制弯曲位移$\theta_1$和$\theta_2$的运动方程。

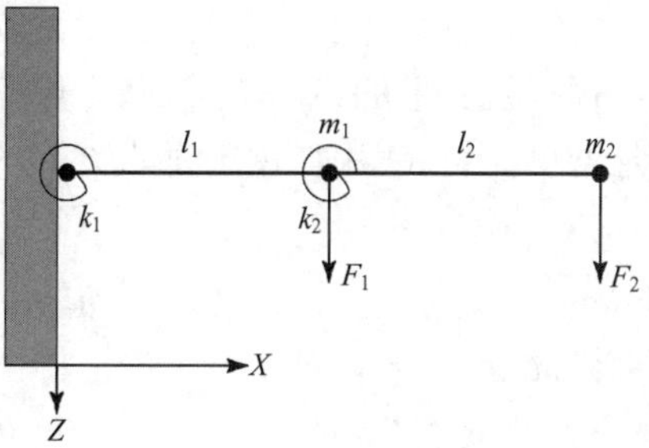

图3.8　作用于悬臂梁模型的力

$$[\boldsymbol{M}]\begin{Bmatrix}\ddot{\theta}_1\\ \ddot{\theta}_2\end{Bmatrix}+[\boldsymbol{K}]\begin{Bmatrix}\theta_1\\ \theta_2\end{Bmatrix}=\{\boldsymbol{F}\} \tag{3.96}$$

式中

$$[\boldsymbol{M}]=\begin{bmatrix}m_1l_1^2+m_2(l_1+l_2)^2 & m_2l_2(l_1+l_2)\\ m_2l_2(l_1+l_2) & m_2l_2^2\end{bmatrix}$$

$$[\boldsymbol{K}]=\begin{bmatrix}k_1 & 0\\ 0 & k_2\end{bmatrix}$$

$$\{\boldsymbol{F}\}=\begin{Bmatrix}F_1l_1+F_2(l_1+l_2)\\ F_2l_2\end{Bmatrix}$$

现在假设可用非强迫振动问题的解,得出了动态矩阵的本征值和模态矩阵$\boldsymbol{\Phi}$并包含(正交)振动振型。将物理位移用振动模态坐标$\eta_i$表示,可得出

$$\{\boldsymbol{\theta}\}=[\boldsymbol{\Phi}]\{\boldsymbol{\eta}\}$$

且现在方程(3.96)可以改写为

$$[\boldsymbol{\Phi}]^{\mathrm{T}}[\boldsymbol{M}][\boldsymbol{\Phi}]\{\ddot{\boldsymbol{\eta}}\}+[\boldsymbol{\Phi}]^{\mathrm{T}}[\boldsymbol{K}][\boldsymbol{\Phi}]\{\boldsymbol{\eta}\}=[\boldsymbol{\Phi}]^{\mathrm{T}}\{\boldsymbol{F}\} \tag{3.97}$$

$\boldsymbol{\Phi}$为模态矩阵,或

$$\begin{aligned}[\boldsymbol{\mathcal{M}}]\{\ddot{\boldsymbol{\eta}}\}+[\boldsymbol{\mathcal{K}}]\{\boldsymbol{\eta}\}&=[\boldsymbol{\Phi}]^{\mathrm{T}}\{\boldsymbol{F}\}\\ \{\ddot{\boldsymbol{\eta}}\}+[\boldsymbol{\Lambda}]\{\boldsymbol{\eta}\}&=[\boldsymbol{\mathcal{M}}]^{-1}[\boldsymbol{\Phi}]^{\mathrm{T}}\{\boldsymbol{F}\}\end{aligned} \tag{3.98}$$

上述表达式为包括外力$\boldsymbol{F}$的振动运动方程。

现在考虑使用拉格朗日方程和虚功的另一推导方法。通过所施加的外力,拉格朗日方程现表示为

$$\frac{\mathrm{d}}{\mathrm{d}t}\left(\frac{\partial T}{\partial \dot{q}_i}\right)-\frac{\partial T}{\partial q_i}+\frac{\partial U}{\partial q_i}=Q_i \tag{3.99}$$

式中:广义力 $Q$ 定义为

$$Q_i = \frac{\partial(\delta W)}{\partial(\delta q_i)}$$

在此,$\delta W$ 是虚功,其定义如下所示,且 $\delta q_i$ 是广义坐标 $q_i$ 的虚位移。

虚功定义为

$$\delta W = \sum_{i=1}^{m} \boldsymbol{F}_i \cdot \delta \boldsymbol{d}_i \tag{3.100}$$

或作用于机身上的各力 $\boldsymbol{F}_i$ 与施力点处虚拟物理位移 $\delta \boldsymbol{d}_t$ 之间矢量点积之和。例如,对于二质量悬臂梁而言,使用作用于垂直方程的单位矢量 $\boldsymbol{k}$,令

$$\boldsymbol{F}_1 = F_1\boldsymbol{k} \qquad \boldsymbol{F}_2 = F_2\boldsymbol{k}$$

$$\delta\boldsymbol{d}_1 = \delta Z_1\boldsymbol{k} \qquad \delta\boldsymbol{d}_2 = \delta Z_2\boldsymbol{k}$$

因此

$$\delta W = F_1\delta Z_1 + F_2\delta Z_2$$

式中

$$\begin{cases}\delta Z_1 = l_1\delta\theta_1 \\ \delta Z_2 = l_2\delta\theta_2 + (l_1 + l_2)\delta\theta_1\end{cases} \tag{3.101}$$

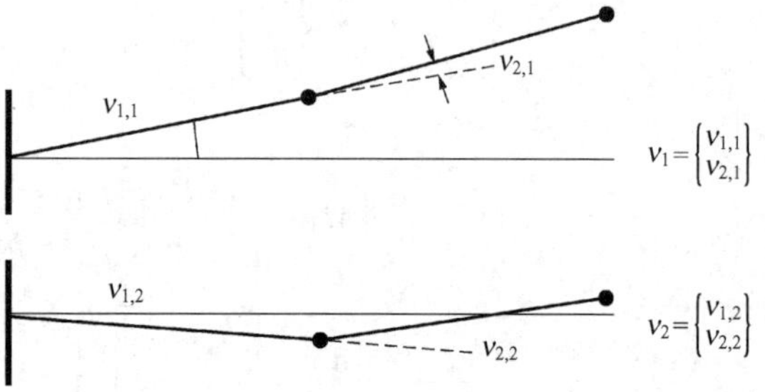


图 3.9 对应角动量的振型

现在,假设非强迫或自由振动问题用角位移 $\theta_1$ 和 $\theta_2$ 公式化并求解。因此,自由振动振型的元素将对应角位移(见图 3.9)。方程组(3.101)中的虚位移 $\delta\theta_1$ 和 $\delta\theta_2$ 可用这些振型与两个振动模态坐标 $\eta_i$ 表示,或

$$\begin{cases}\delta\theta_1 = \nu_{1,1}\delta\eta_1 + \nu_{1,2}\delta\eta_2 \\ \delta\theta_2 = \nu_{2,1}\delta\eta_1 + \nu_{2,2}\delta\eta_2\end{cases} \tag{3.102}$$

或

$$\begin{Bmatrix}\delta\theta_1\\\delta\theta_2\end{Bmatrix} = [\boldsymbol{\Phi}]\begin{Bmatrix}\delta\eta_1\\\delta\eta_2\end{Bmatrix}$$

使用上述结果改写虚功,得到

$$\begin{aligned}\delta W &= \begin{Bmatrix}\nu_{1,1}(F_1l_1 + F_2(l_1 + l_2)) + \nu_{2,1}F_2l_2\\ \nu_{1,2}(F_1l_1 + F_2(l_1 + l_2)) + \nu_{2,2}F_2l_2\end{Bmatrix}^{\mathrm{T}}\begin{Bmatrix}\delta\eta_1\\\delta\eta_2\end{Bmatrix}\\ &= \{\boldsymbol{F}\}^{\mathrm{T}}[\boldsymbol{\Phi}]\begin{Bmatrix}\delta\eta_1\\\delta\eta_2\end{Bmatrix}\end{aligned} \tag{3.103}$$

式中 $\{\boldsymbol{F}\}$ 为方程(3.96)中介绍的作用力排列,且不能与方程(3.100)中介绍的 $\boldsymbol{F}_i$(虚功的一般表达式)相混淆。

最后,可用自由振动模态坐标将动能和势能表示如下:

$$\begin{aligned}T&=\frac{1}{2}\begin{Bmatrix}\dot\theta_1\\\dot\theta_2\end{Bmatrix}^{\mathrm{T}}[\boldsymbol{M}]\begin{Bmatrix}\dot\theta_1\\\dot\theta_2\end{Bmatrix} = \frac{1}{2}\begin{Bmatrix}\dot\eta_1\\\dot\eta_2\end{Bmatrix}^{\mathrm{T}}[\boldsymbol{\Phi}]^{\mathrm{T}}[\boldsymbol{M}][\boldsymbol{\Phi}]\begin{Bmatrix}\dot\eta_1\\\dot\eta_2\end{Bmatrix} = \frac{1}{2}\{\dot{\boldsymbol{\eta}}\}^{\mathrm{T}}[\boldsymbol{\mathcal{M}}]\{\dot{\boldsymbol{\eta}}\}\\ U&=\frac{1}{2}\{\boldsymbol{\theta}\}^{\mathrm{T}}[\mathbf{K}]\{\boldsymbol{\theta}\} = \frac{1}{2}\{\boldsymbol{\eta}\}^{\mathrm{T}}[\boldsymbol{\mathcal{K}}]\{\boldsymbol{\eta}\}\end{aligned} \tag{3.104}$$

应用方程(3.99)(或方程(3.115))中的拉格朗日方程及作为广义坐标 $q_i$ 使用的模态坐标,得出

$$[\mathcal{M}]\{\ddot{\eta}\} + [\mathcal{K}]\{\eta\} = \{Q\} \tag{3.105}$$

式中

$$\{Q\} = [\Phi]^{\mathrm{T}}\{F\}$$

注意该结果与方程(3.98)根据牛顿力学得出的结果完全相同。尽管求虚功的方法似乎造成了不必要的复杂性,但它是研究柔性飞行器的飞行力学时优先使用的系统研究法,其几何图形远比简支梁复杂。

## 3.10 无约束梁模型的强迫运动

现在最后准备推导受外力作用的无约束梁的运动方程(例如,此种情况和导弹的情况之间的类比很明显)。假设三质量梁受三种外力,如图 3.10 所示。再次假设非强迫振动问题的解和模态分析是可用的。如若不能,在进行下一步之前应将其求出。

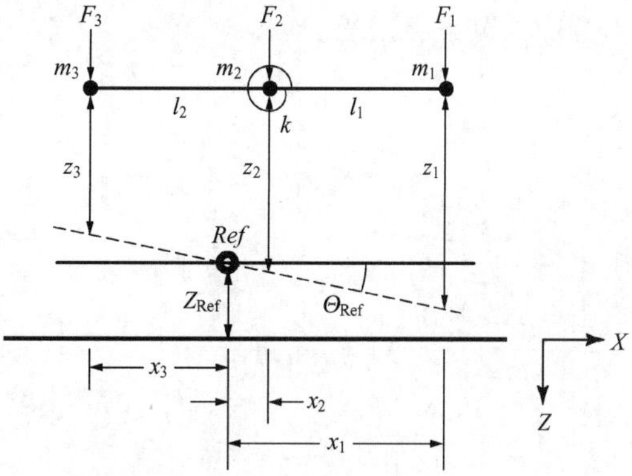


图 3.10 受外力的无约束梁模型

我们知道可以用质心的垂直位置 $Z_{\mathrm{Ref}} = Z_{\mathrm{CM}}$、参照系 $\Theta_{\mathrm{Ret}}$ 的角位置和(受约束的)相对位移 $\boldsymbol{z}_{\perp}$ 表示总位移或惯性位移。或者,根据方程(3.91)可得出

$$\begin{aligned}\{\boldsymbol{Z}(t)\} &= \{\boldsymbol{l}\}Z_{\mathrm{CM}}(t) + \{\boldsymbol{X}\}\Theta_{\mathrm{Ref}}(t) + \{\boldsymbol{z}_{\perp}(t)\} \\ &= \{\boldsymbol{l}\}Z_{\mathrm{CM}}(t) + \{\boldsymbol{X}\}\Theta_{\mathrm{Ref}}(t) + \sum_{i=1}^{n-2}\{\boldsymbol{\nu}_{\perp}\}_i\eta_i(t)\end{aligned} \tag{3.106}$$

相对位移 $\boldsymbol{z}$ 的下标和振动振型 $\boldsymbol{\nu}_i$ 提醒我们,在推导相对位移的该模态表达式时已经调用了方程(3.73)所示的转换。

### 学生须知

必须记住推导时方程组(3.106)中所使用的振型和模态坐标是从非强迫振动问题(没有力作用于梁模型上)中得到的。学生有时会对此感到困惑。这些非强迫振动频率和振型是结构的属性,与作用于结构上的任何力无关。

---

使用方程(3.100),即虚功的定义,可以将虚功表示为

$$\delta W = F_1\delta Z_1 + F_2\delta Z_2 + F_3\delta Z_3 = \{\boldsymbol{F}\}^{\mathrm{T}}\{\delta\boldsymbol{Z}\} \tag{3.107}$$

但是虚拟惯性位移 $\delta Z_1$ 可以用方程(3.106)使用的坐标表示,即

$$\begin{cases}\delta Z_1 = \delta Z_{\mathrm{CM}} + x_1\delta\Theta_{\mathrm{Ref}} + \delta z_{c_{\perp 1}} \\ \delta Z_2 = \delta Z_{\mathrm{CM}} + x_2\delta\Theta_{\mathrm{Ref}} + \delta z_{c_{\perp 2}} \\ \delta Z_3 = \delta Z_{\mathrm{CM}} - x_3\delta\Theta_{\mathrm{Ref}} + \delta z_{c_{\perp 3}}\end{cases} \tag{3.108}$$

此外,可以将动能表示为

$$T=\frac{1}{2}\left(M_{\text{Tot}}\dot{Z}_{\text{CM}}^{2}+I\dot{\Theta}_{\text{Ref}}^{2}+\{\dot{z}_{\perp}\}^{\text{T}}[\boldsymbol{M}]\{\dot{z}_{\perp}\}\right) \tag{3.109}$$

式中:$\boldsymbol{M}$ 是梁的质量矩阵。且可以将势能(应变能)表示为

$$U=\frac{1}{2}\{z_{\perp}\}^{\text{T}}[\boldsymbol{K}_{c}]\{z_{\perp}\} \tag{3.110}$$

式中受约束刚度矩阵 $\boldsymbol{K}_c$ 如方程(3.55)所示。所以推导过程所需要的所有信息均包含在方程(3.107)~方程(3.110)中,且各方程都用刚体坐标和相对位移表示。

相对位移现在可以用(非强迫)振动模态坐标表示,如方程(3.106)所示,即

$$\{z_{\perp}(t)\}=\sum_{i=1}^{n-2}\{\boldsymbol{v}_{\perp}\}_{i}\eta_{i}(t)$$

式中:$n$ 是梁表示法的集中质量数目。我们知道,因为有两个刚体自由度,所以有 $n-2$ 个振动模式。

总位移可以表示为

$$\begin{aligned}\{\boldsymbol{Z}(t)\}&=\left[\{\boldsymbol{l}\}\quad\{\boldsymbol{X}\}\quad\{\boldsymbol{v}_{\perp}\}_{1}\quad\cdots\quad\{\boldsymbol{v}_{\perp}\}_{n-2}\right]\begin{Bmatrix}Z_{\text{CM}}\\ \Theta_{\text{Ref}}\\ \eta_{1}\\ \vdots\\ \eta_{n-2}\end{Bmatrix}\\&=\left[\{\boldsymbol{l}\}\quad\{\boldsymbol{X}\}\quad[\boldsymbol{\Phi}_{\text{Vib}}]\right]\begin{Bmatrix}Z_{\text{CM}}\\ \Theta_{\text{Ref}}\\ \{\boldsymbol{\eta}\}\end{Bmatrix}\\&=[\boldsymbol{\Phi}]\{\boldsymbol{q}\}\end{aligned} \tag{3.111}$$

式中模态矩阵 $\boldsymbol{\Phi}$ 有明确定义。注意振动模态矩阵 $\boldsymbol{\Phi}_{\text{Vib}}$ 在这里不是正方形矩阵而是 $n\times(n-2)$ 矩阵,因为与两个零本征值有关的两个零本征矢量已经移除。最后,(拉格朗日方程中)广义坐标 $\boldsymbol{q}$ 的矢量也在上述方程中定义了。

虚拟位移为

$$\begin{aligned}\{\delta\boldsymbol{Z}\}&=\left[\{\boldsymbol{l}\}\quad\{\boldsymbol{X}\}\quad[\boldsymbol{\Phi}_{\text{Vib}}]\right]\begin{Bmatrix}\delta Z_{\text{CM}}\\ \delta\Theta_{\text{Ref}}\\ \{\delta\boldsymbol{\eta}\}\end{Bmatrix}\\&=[\boldsymbol{\Phi}]\{\delta\boldsymbol{q}\}\end{aligned}$$

上述结果可以代入方程(3.107)求得虚功,即

$$\delta W=\{\boldsymbol{F}\}^{\text{T}}[\boldsymbol{\Phi}]\{\delta\boldsymbol{q}\} \tag{3.112}$$

动能现在变为

$$\begin{aligned}T&=\frac{1}{2}\left(M_{\text{Tot}}\dot{Z}_{\text{CM}}^{2}+I\dot{\Theta}_{\text{Ref}}^{2}+\{\dot{\boldsymbol{\eta}}\}^{\text{T}}[\boldsymbol{\Phi}_{\text{Vib}}]^{\text{T}}[\boldsymbol{M}][\boldsymbol{\Phi}_{\text{Vib}}]\{\dot{\boldsymbol{\eta}}\}\right)\\&=\frac{1}{2}\left(M_{\text{Tot}}\dot{Z}_{\text{CM}}^{2}+I\dot{\Theta}_{\text{Ref}}^{2}+\{\dot{\boldsymbol{\eta}}\}^{\text{T}}[\mathcal{M}_{\text{Vib}}]\{\dot{\boldsymbol{\eta}}\}\right)\\&=\frac{1}{2}\{\dot{\boldsymbol{q}}\}^{\text{T}}\begin{bmatrix}M_{\text{Tot}}&0&\boldsymbol{0}\\0&I&\boldsymbol{0}\\\boldsymbol{0}&\boldsymbol{0}&[\mathcal{M}_{\text{Vib}}]\end{bmatrix}\{\dot{\boldsymbol{q}}\}=\frac{1}{2}\{\dot{\boldsymbol{q}}\}^{\text{T}}[\mathcal{M}]\{\dot{\boldsymbol{q}}\}\end{aligned} \tag{3.113}$$

式中广义质量矩阵[$\mathcal{M}$]与[$\mathcal{M}_{\mathrm{Vib}}$]已有明确定义，且 $n-2$ 次元的方形广义质量矩阵与振动模态表示法有关。最后，势能现在可以表示为

$$\begin{aligned} U &= \frac{1}{2}\{\boldsymbol{\eta}\}^{\mathrm{T}}[\boldsymbol{\Phi}_{\mathrm{Vib}}]^{\mathrm{T}}[\boldsymbol{K}_c][\boldsymbol{\Phi}_{\mathrm{Vib}}]\{\boldsymbol{\eta}\} \\ &= \frac{1}{2}\{\boldsymbol{\eta}\}^{\mathrm{T}}[\boldsymbol{\mathcal{K}}]\{\boldsymbol{\eta}\} = \frac{1}{2}\{q\}^{\mathrm{T}}\begin{bmatrix} \mathbf{0} & \mathbf{0} \\ \mathbf{0} & [\boldsymbol{\mathcal{K}}] \end{bmatrix}\{q\} \end{aligned} \tag{3.114}$$

式中广义刚度矩阵[$\mathcal{K}$]有明确定义。

回顾拉格朗日方程，在此用矢量形式表示为

$$\frac{\mathrm{d}}{\mathrm{d}t}\left(\frac{\partial T}{\partial \dot{\boldsymbol{q}}}\right) - \frac{\partial T}{\partial \boldsymbol{q}} + \frac{\partial U}{\partial \boldsymbol{q}} = \boldsymbol{Q}^{\mathrm{T}} = \frac{\partial(\delta W)}{\partial(\delta \boldsymbol{q})} \tag{3.115}$$

将该方程应用于上述推导的方程(3. 112)～方程(3. 114)中，得出

$$\{\ddot{q}\}^{\mathrm{T}}[\boldsymbol{\mathcal{M}}] + \{q\}^{\mathrm{T}}\begin{bmatrix} \mathbf{0} & \mathbf{0} \\ \mathbf{0} & [\boldsymbol{\mathcal{K}}] \end{bmatrix} = \{\boldsymbol{F}\}^{\mathrm{T}}[\boldsymbol{\Phi}]$$

或者转置上述表达式，得到

$$[\boldsymbol{\mathcal{M}}]\{\ddot{q}\} + \begin{bmatrix} \mathbf{0} & \mathbf{0} \\ \mathbf{0} & [\boldsymbol{\mathcal{K}}] \end{bmatrix}\{q\} = [\boldsymbol{\Phi}]^{\mathrm{T}}\{\boldsymbol{F}\} \tag{3.116}$$

根据方程(3. 116)中矢量和矩阵的定义可发现运动方程可表示为

$$\begin{aligned} &M_{\mathrm{Tot}}\ddot{Z}_{\mathrm{CM}} = F_1 + F_2 + F_3 \\ &I\ddot{\Theta}_{\mathrm{Ref}} = F_1x_1 + F_2x_2 - F_3x_3 \\ &\{\ddot{\boldsymbol{\eta}}\} + [\boldsymbol{\Lambda}_{\mathrm{Vib}}]\{\boldsymbol{\eta}\} = [\boldsymbol{\mathcal{M}}_{\mathrm{Vib}}]^{-1}[\boldsymbol{\Phi}_{\mathrm{Vib}}]^{\mathrm{T}}\{\boldsymbol{F}\} \end{aligned} \tag{3.117}$$

式中：$\boldsymbol{\Lambda}_{\mathrm{Vib}} = [\boldsymbol{\mathcal{M}}_{\mathrm{Vib}}]^{-1}[\boldsymbol{\mathcal{K}}]$。对于例 3. 5 中所探讨的三质量梁模型而言，方程组(3. 117)中的第三个方程为

$$\ddot{\eta} + 5.5\eta = 1/\boldsymbol{\mathcal{M}}_{\mathrm{Vib}}[0.18 \quad -0.36 \quad 0.09]\begin{Bmatrix} F_1 \\ F_2 \\ F_3 \end{Bmatrix}$$

式中

$$\boldsymbol{\mathcal{M}}_{\mathrm{Vib}} = \{\boldsymbol{\nu}_{\mathrm{Vib}}\}^{\mathrm{T}}[\boldsymbol{M}]\{\boldsymbol{\nu}_{\mathrm{Vib}}\} = 0.178\text{ 质量单位}$$

## 3. 11 总　　结

本章介绍了与结构振动有关的基本概念及弹性物体运动方程的推导。关键概念包括振动问题(含刚体模式)的模态分析、模态正交性、虚功、自由度和广义坐标。例如，我们证明了如果非强迫振动问题的解对于无约束弹性物体(飞行器)有用，则非强迫振动模式和振型可以用于推导该物体(飞行器)的运动方程。最后，我们注意到因为刚体和振动模式的正交性，本章所有示例中使用的参照系满足第四章将要介绍的平均轴系约束。

## 3. 12 作　业　题

3. 1　假定受约束非强迫振动问题可以用下列方程表示：

$$[M]\{\ddot{q}\}+[K]\{q\}=\{0\} \Rightarrow \{\ddot{q}\}+[D]\{q\}=\{0\}$$

证明除质量矩阵 $\boldsymbol{M}$ 外,动态矩阵 $\boldsymbol{D}$ 的本征矢量或振动振型相对于刚度矩阵 $\boldsymbol{K}$ 正交。

3.2 考虑图 3.11 所示的集中质量系统,图中小车滚动时没有摩擦力。令势能(应变能)为

$$U=\frac{1}{2}k(x_2-x_1)^2$$

求出系统的动能。注意振型为 $\boldsymbol{v}_{\mathrm{RB}}=\begin{Bmatrix}1\\1\end{Bmatrix}$ 的刚体模式可能是系统的模式之一,用 $k$、$m_1$ 和 $m_2$ 表示系统的振动频率。此外,绘制出振动振型并用其模式表示系统的一般运动。

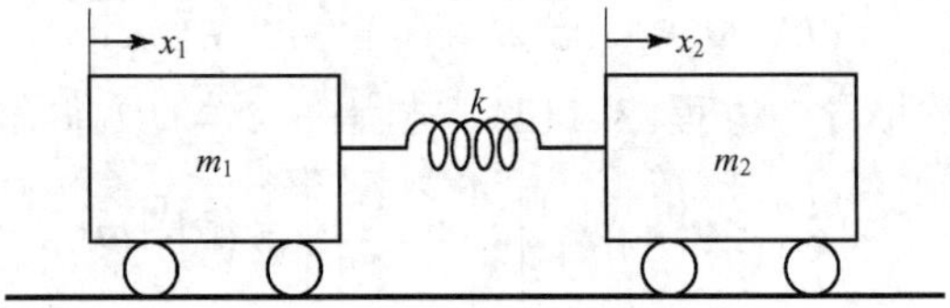


图 3.11 两小车弹性系统

3.3 假设有一四质量无约束直梁,每端有一质量,且余下的两个质量均匀地分布在梁上(例如,每个质量的 $l=1$)。令四个质量为

$$m_1=m_4=1, m_2=m_3=2$$

且令弹簧与质量 2 和 3 位于同一位置,两个弹簧常数都等于 1。只考虑梁的横向振动,使用 3.5 节和 3.6 节中讨论的处理刚体自由度的备用公式化方法,对梁进行模态分析。证明振动模式(相对于质量矩阵)相互正交,且它们还与刚体振型 $\{\boldsymbol{1}\}$ 和 $\{\boldsymbol{X}\}$ 正交。因此,求出系统的正常模式。

3.4 对于第 3.3 题所讨论的梁而言,令四个力 $F_1$-$F_4$ 分别垂直作用于四个质量上。推导出控制弹性梁的刚体平移、旋转及弹性自由度的运动方程。

## 参考文献


1. Meirovitch, L. : *Analytical Methods in Vibrations*, Macmillan. , New York, 1967.
2. Greenwood, D. T. : *Principles of Dynamics*, 2nd ed. , Prentice-Hall, Upper Saddle River, NJ, 1988.

# 第四章
# 柔性飞行器的运动方程

**本章路线图**：与第三章一样，本章材料通常不会包括在飞行动力学的第一课程，而是在后面的课程中。此外，本章材料的大部分内容不会包括在气动力弹性学的典型课程中，这些内容（如有）几乎不会涉及刚体自由度科目。

本章将扩展第一章和第二章中阐述的仅涉及刚性飞行器的概念，并应用第三章中扩展的概念，从而得出柔性飞行器的运动方程。同时，假设地球是扁平的，且不旋转。学生（特别是不太熟悉结构振动的学生）在开始学习本章前可能需要回顾第三章。上一章已讨论了所有概念，如模态正交性、振动模式形状和频率、振动本征值问题、相对运动以及刚体自由度。①

在本书中，将主要介绍有关飞行器飞行动力学的弹性变形效应。对于纯结构/气动弹性现象（如颤振或发散）则不会涉及。因此，通常仅会考虑低频弹性模式，而高频模式将从我们扩展的模式中删除。

由于实际上所有的飞行器均为柔性，因此，必须从根本上解决刚体假设成立的时间问题。通常，只有在获得柔性飞行器模型之后方可得出此问题的答案。目前为止，可以说柔性是较大飞行器在飞行动力学中存在的重要问题，因为此类飞行器的弹性模式频率相对较低。

因此，这些模式很可能会与飞行器的刚体模式结合起来，且/或与飞行控制系统相互作用。我们将在第十章至第十二章进行详细讨论。

牛顿力学为第二章介绍的刚性飞行器运动方程的理论基础。作为对比，本章会再次引用第三章处理弹性体用到的拉格朗日力学与能量概念以及拉格朗日方法。拉格朗日力学中的弹性理论将不再予以验证，感兴趣的同学可查阅大量与基本方程验证有关的优秀教材。

与第二章一样，为并入本章导出的方程，对作用于飞行器上的（气动和推进）力的建模，将在第五章至第七章予以介绍。

## 4.1 拉格朗日方程——动能与势能

如第三章所述，拉格朗日方程为

$$\frac{\mathrm{d}}{\mathrm{d}t}\left(\frac{\partial T}{\partial \dot{\boldsymbol{q}}}\right)-\frac{\partial T}{\partial \boldsymbol{q}}+\frac{\partial U}{\partial \boldsymbol{q}}=\boldsymbol{Q}^{\mathrm{T}}=\frac{\partial(\delta W)}{\partial(\delta \boldsymbol{q})} \tag{4.1}$$

式中：$T$ 为系统或机身的总动能；$U$ 为系统的势能，包括弹性变形机身的应变能；$\boldsymbol{q}$ 为描述系统用广义坐标系的矢量，如飞行器的位置、速度和弹性变形；$\boldsymbol{Q}$ 为作用于机身广义力的矢量；$\delta W$

① 本章以及第七章的大部分材料均基于马蒂·沃斯扎克先生在普渡大学作为研究生助教时进行的研究。

为作用于机身外力所做的虚功；$\delta \boldsymbol{q}$ 为广义坐标系的虚位移矢量。

与第二章一样，我们从假定飞行器的质量元开始本章讨论，如图 2.1 所述以及本书图 4.1 重复内容。图示为惯性（坐标系 $I$）和飞行器固定（坐标系 $V$）坐标系，飞行器固定坐标系的精确定义暂不考虑。注意：飞行器质量元的惯性位置 $\boldsymbol{p}'$ 可表示为飞行器固定坐标系原点的惯性位置 $\boldsymbol{p}_V$，以及质量元相对于飞行器固定坐标系原点的位置 $\boldsymbol{p}$。

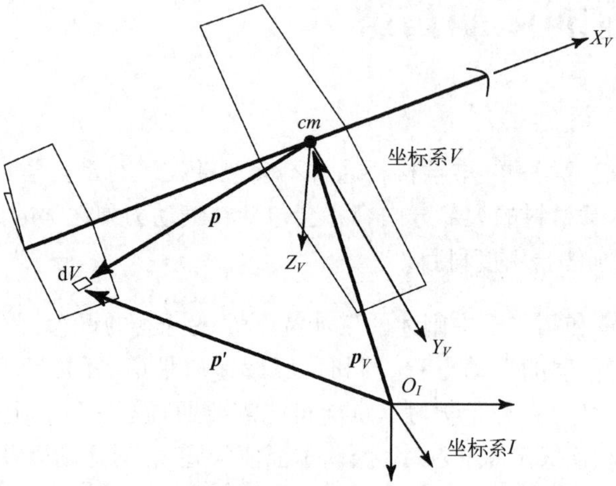


图 4.1　惯性和飞行器固定坐标系及位置矢量

由此，总势能可表示为各质量元势能的体积积分。质量元的惯性速度为

$$\boldsymbol{V}_{\text{元素}} = \frac{\mathrm{d}\boldsymbol{p}'}{\mathrm{d}t}\Big|_I \tag{4.2}$$

因此，元素的动能为

$$T_{\text{element}} = \frac{1}{2}|\boldsymbol{V}_{\text{element}}|^2 \rho_V \mathrm{d}V = \frac{1}{2}\frac{\mathrm{d}\boldsymbol{p}'}{\mathrm{d}t}\Big|_I \cdot \frac{\mathrm{d}\boldsymbol{p}'}{\mathrm{d}t}\Big|_I \rho_V \mathrm{d}V \tag{4.3}$$

式中：与第二章一样，$\rho_V$ 是质量元当体积为 $\mathrm{d}V$ 时的材料密度。对飞行器的所有质量元进行积分，得出飞行器的总动能为

$$T = \frac{1}{2}\int_{\text{Vol}} \frac{\mathrm{d}\boldsymbol{p}'}{\mathrm{d}t}\Big|_I \cdot \frac{\mathrm{d}\boldsymbol{p}'}{\mathrm{d}t}\Big|_I \rho_V \mathrm{d}V \tag{4.4}$$

此时，请注意

$$\boldsymbol{p}' = \boldsymbol{p}_V + \boldsymbol{p} \tag{4.5}$$

坐标系 $V$ 原点的惯性速度为

$$\boldsymbol{V}_V = \frac{\mathrm{d}\boldsymbol{p}_V}{\mathrm{d}t}\Big|_I \tag{4.6}$$

此外

$$\frac{\mathrm{d}\boldsymbol{p}}{\mathrm{d}t}\Big|_I = \frac{\mathrm{d}\boldsymbol{p}}{\mathrm{d}t}\Big|_V + \boldsymbol{\omega}_{V,I} \times \boldsymbol{p} \tag{4.7}$$

式中：$\boldsymbol{\omega}_{V,I}$ 为坐标系 $V$ 相对于坐标系 $I$ 的角速度。因此，动能可为

$$\begin{aligned} T = \frac{1}{2}\int_{\text{Vol}} \Bigg( & \frac{\mathrm{d}\boldsymbol{p}_V}{\mathrm{d}t}\Big|_I \cdot \frac{\mathrm{d}\boldsymbol{p}_V}{\mathrm{d}t}\Big|_I + 2\bigg(\frac{\mathrm{d}\boldsymbol{p}_V}{\mathrm{d}t}\Big|_I \cdot \frac{\mathrm{d}\boldsymbol{p}}{\mathrm{d}t}\Big|_V + \Big(\frac{\mathrm{d}\boldsymbol{p}_V}{\mathrm{d}t}\Big|_I + \frac{\mathrm{d}\boldsymbol{p}}{\mathrm{d}t}\Big|_V\Big) \cdot (\boldsymbol{\omega}_{V,I} \times \boldsymbol{p})\bigg) \\ & + \frac{\mathrm{d}\boldsymbol{p}}{\mathrm{d}t}\Big|_V \cdot \frac{\mathrm{d}\boldsymbol{p}}{\mathrm{d}t}\Big|_V + (\boldsymbol{\omega}_{V,I} \times \boldsymbol{p}) \cdot (\boldsymbol{\omega}_{V,I} \times \boldsymbol{p})\Bigg)\rho_V \mathrm{d}V \end{aligned} \tag{4.8}$$

飞行器的势能包括重力势能 $U_g$ 和飞行器弹性结构的弹性应变能 $U_e$。这里将飞行器的重力势能写为质量元的势能积分,或

$$U_g = -\int_{Vol} (\boldsymbol{g} \cdot \boldsymbol{p}')\rho_V \mathrm{d}V = -\int_{Vol} (\boldsymbol{g} \cdot (\boldsymbol{p}_V + \boldsymbol{p}))\rho_V \mathrm{d}V \tag{4.9}$$

式中:$\boldsymbol{g}$ 为重力加速度。

弹性应变能是因某些外力导致弹性结构变形而在结构中储存的能量。应变能是外力作用于结构上的负数功,功是在一定距离上(位移)所施加的力。现将飞行器质量元相对于坐标系 $V$ 原点的位置 $\boldsymbol{p}$ 表示为其变形或刚体位置 $\boldsymbol{p}_{RB}$ 以及该点在结构上的弹性位移 $\boldsymbol{d}_E(x,y,z,t)$ 之和。或使

$$\boldsymbol{p} = \boldsymbol{p}_{RB} + \boldsymbol{d}_E(x,y,z,t) \tag{4.10}$$

因为矢量 $\boldsymbol{p}_{RB}$ 是相对于坐标系 $V$ 的常量。使用达朗伯原理以元素的质量及其加速度表示质量元上的力,得出弹性应变能为

$$U_e = -\frac{1}{2}\int_{Vol} \left(\frac{\mathrm{d}^2\boldsymbol{d}_E}{\mathrm{d}t^2}\Big|_V \cdot \boldsymbol{d}_E\right)\rho_V \mathrm{d}V \tag{4.12}$$

该表达式符合本章结尾处参考文件中的各表达式。

## 4.2 飞行器固定坐标系——平均轴系

现在专门介绍飞行器固定坐标系 $V$。在处理如第二章所述的刚性飞行器时,可任意选择飞行器固定坐标系,但坐标系的原点必须与飞行器的质心一致。而对于柔性飞行器,则必须考虑更多。第三章中讨论了存在的 $n$ 个相互正交模式以及 $n$ 个自由度无限制弹性体的正常模式。对于这种具有刚体自由度的无限制弹性体,我们用参照系的位置和弹性体相对于该坐标系的位移来定义弹性体的运动。现在以同样的概念处理飞行器。

参考文献 1-2 中指出,弹性机身一直存在一个坐标系叫做“平均轴”,使得机身在非强迫振动下弹性结构变形产生的相对平移力矩和角力矩(围绕质心)都为零。我们将这种性能称作“平均轴向约束”,意思就是如果飞行器固定坐标系 $V$ 是平均轴,则

$$\int_{Vol} \frac{\mathrm{d}\boldsymbol{p}}{\mathrm{d}t}\Big|_V \rho_V \mathrm{d}V = \int_{Vol} \boldsymbol{p} \times \frac{\mathrm{d}\boldsymbol{p}}{\mathrm{d}t}\Big|_V \rho_V \mathrm{d}V = \boldsymbol{0} \tag{4.13}$$

另外,平均轴系的原点必须和飞行器的瞬时质心一致。所以此平均轴系包含一个特殊的“飞行器固定”坐标系,其原点固定为质心,而不是飞行器的其他质点。

回顾方程(4.10)中相对于坐标系 $V$ 的每个质元的位置,可得出

$$\boldsymbol{p} = \boldsymbol{p}_{RB} + \boldsymbol{d}_E$$

参考方程(4.11),可得出

$$\int_{Vol} \frac{\mathrm{d}\boldsymbol{d}_E}{\mathrm{d}t}\Big|_V \rho_V \mathrm{d}V = \int_{Vol} \boldsymbol{p}_{RB} \times \frac{\mathrm{d}\boldsymbol{d}_E}{\mathrm{d}t}\Big|_V \rho_V \mathrm{d}V + \int_{Vol} \boldsymbol{d}_E \times \frac{\mathrm{d}\boldsymbol{d}_E}{\mathrm{d}t}\Big|_V \rho_V \mathrm{d}V = \boldsymbol{0} \tag{4.14}$$

先设弹性位移 $\boldsymbol{d}_E$ 很小只需考虑线性效应,上面的第三个积分可忽略。方程(4.14)中剩下的两个表达式称作“实际平均轴约束”。

因此,方程(4.13)可用于运动方程的理论推导,而方程(4.14)“实际平均轴向约束”,可用

于确认预设轴为平均轴。注意：这两个实际约束是方程(3.56)和方程(3.57)的类推，都是刚体和振动模式之间的正交性条件。在实际操作过程中，通过满足所有模式下的模态正交性要求，来确保达到实际平均轴约束。

为证明此论据，可假设按照 3.4~3.6 节中展示的方法进行了结构自由振动分析，产生了 $n$ 个自由振型和频率，包括刚性和柔性模式。所有的这些模式都是相互正交的。因此，结构弹性位移可通过 $n$ 个自由振动模式的模态展开法表达，即

$$\boldsymbol{d}_E = \sum_{i=1}^{n} \boldsymbol{\nu}_i(x,y,z)\eta_i(t) \tag{4.15}$$

式中：$\boldsymbol{\nu}_i(x,y,z)$ 是振型；$\eta_i(t)$ 是与第 $i$ 个振动模式相关的广义坐标。总之，每个振型 $\boldsymbol{\nu}_i(x,y,z)$ 都是一个由坐标系 $V$ 定义的 $i$、$j$ 和 $k$ 分力的矢量，每个分力对应一个未变形结构$(x,y,z)$位置的函数。因此，方程(4.14)的第一个表达式可写成

$$\int_{\text{Vol}} \frac{\mathrm{d}\boldsymbol{d}_E}{\mathrm{d}t}\Big|_V \rho_V \mathrm{d}V = \int_{\text{Vol}} \sum_{i=1}^{n} \boldsymbol{\nu}_i(x,y,z)\dot{\eta}_i(t)\rho_V \mathrm{d}V = \sum_{i=1}^{n} \dot{\eta}_i(t)\left(\int_{\text{Vol}} \boldsymbol{\nu}_i(x,y,z)\rho_V \mathrm{d}V\right) = \boldsymbol{0} \tag{4.16}$$

与方程(3.56)类似，上面括号中的每个积分项都等于零，因为振动模式与刚体平移模式是正交的(考虑质量分布)。因此，可满足此平均轴向约束。同样，方程(4.14)中第二个积分为

$$\int_{\text{Vol}} \boldsymbol{p}_{\text{RB}} \times \frac{\mathrm{d}\boldsymbol{d}_E}{\mathrm{d}t}\Big|_V \rho_V \mathrm{d}V = \sum_{i=1}^{n} \dot{\eta}_i(t)\left(\int_{\text{Vol}} \boldsymbol{p}_{\text{RB}} \times \boldsymbol{\nu}_i(x,y,z)\rho_V \mathrm{d}V\right) = \boldsymbol{0} \tag{4.17}$$

与方程(3.57)类似，括号中的每个积分项都等于零，因为振动模式与刚体旋转模式是正交的(考虑质量分布)，因此同样满足第二个实际平均轴向约束。

现可将方程(4.13)中的平均轴或正向性约束分别应用至方程(4.8)和方程(4.9)的动能和引力势能中。代表动能的方程(4.8)可简化成

$$\int_{\text{Vol}} \frac{\mathrm{d}\boldsymbol{p}_V}{\mathrm{d}t}\Big|_I \cdot \frac{\mathrm{d}\boldsymbol{p}}{\mathrm{d}t}\Big|_V \rho_V \mathrm{d}V = \frac{\mathrm{d}\boldsymbol{p}_V}{\mathrm{d}t}\Big|_I \cdot \int_{\text{Vol}} \frac{\mathrm{d}\boldsymbol{p}}{\mathrm{d}t}\Big|_V \rho_V \mathrm{d}V = 0 \tag{4.18}$$

$$\int_{\text{Vol}} \frac{\mathrm{d}\boldsymbol{p}}{\mathrm{d}t}\Big|_V \cdot (\boldsymbol{\omega}_{V,I} \times \boldsymbol{p})\rho_V \mathrm{d}V = \int_{\text{Vol}} \boldsymbol{p} \times \frac{\mathrm{d}\boldsymbol{p}}{\mathrm{d}t}\Big|_V \rho_V \mathrm{d}V \cdot \boldsymbol{\omega}_{V,I} = 0 \tag{4.19}$$

如第二章所述，对于容积积分，上面的一些项是不变的，因此可从积分中删除。由此飞行器的动能表达式为

$$\begin{aligned} T = \frac{1}{2}\int_{\text{Vol}} \Bigg(& \frac{\mathrm{d}\boldsymbol{p}_V}{\mathrm{d}t}\Big|_I \cdot \frac{\mathrm{d}\boldsymbol{p}_V}{\mathrm{d}t}\Big|_I + 2\left(\frac{\mathrm{d}\boldsymbol{p}_V}{\mathrm{d}t}\Big|_I \cdot (\boldsymbol{\omega}_{V,I} \times \boldsymbol{p})\right) + \frac{\mathrm{d}\boldsymbol{p}}{\mathrm{d}t}\Big|_V \cdot \frac{\mathrm{d}\boldsymbol{p}}{\mathrm{d}t}\Big|_V \\ & + (\boldsymbol{\omega}_{V,I} \times \boldsymbol{p}) \cdot (\boldsymbol{\omega}_{V,I} \times \boldsymbol{p})\Bigg)\rho_V \mathrm{d}V \end{aligned} \tag{4.20}$$

坐标系 $V$ 的原点位于瞬时质心的条件要求原点的第一个质量矩为零，或者满足

$$\int_{\text{Vol}} \boldsymbol{p}\rho_V \mathrm{d}V = 0 \tag{4.21}$$

注意：此条件同样可解释为另一个正向性约束，与方程(3.58)类似。根据方程(4.20)的第二项，可得出

$$\int_{Vol} \frac{\mathrm{d}\boldsymbol{p}_V}{\mathrm{d}t}\Big|_I \cdot (\boldsymbol{\omega}_{V,I} \times \boldsymbol{p})\rho_V \mathrm{d}V = \frac{\mathrm{d}\boldsymbol{p}_V}{\mathrm{d}t}\Big|_I \cdot \left(\boldsymbol{\omega}_{V,I} \times \int_{Vol} \boldsymbol{p}\rho_V \mathrm{d}V\right) = 0 \tag{4.22}$$

由动能方程(4.20),继续简化成

$$T = \frac{1}{2}\int_{Vol}\left(\frac{\mathrm{d}\boldsymbol{p}_V}{\mathrm{d}t}\Big|_I \cdot \frac{\mathrm{d}\boldsymbol{p}_V}{\mathrm{d}t}\Big|_I + \frac{\mathrm{d}\boldsymbol{p}}{\mathrm{d}t}\Big|_V \cdot \frac{\mathrm{d}\boldsymbol{p}}{\mathrm{d}t}\Big|_V + (\boldsymbol{\omega}_{V,I} \times \boldsymbol{p}) \cdot (\boldsymbol{\omega}_{V,I} \times \boldsymbol{p})\right)\rho_V \mathrm{d}V \tag{4.23}$$

与第二章中的推导一样,此时可转化为

$$\int_{Vol}\left(\frac{\mathrm{d}\boldsymbol{p}_V}{\mathrm{d}t}\Big|_I \cdot \frac{\mathrm{d}\boldsymbol{p}_V}{\mathrm{d}t}\Big|_I\right)\rho_V \mathrm{d}V = \frac{\mathrm{d}\boldsymbol{p}_V}{\mathrm{d}t}\Big|_I \cdot \frac{\mathrm{d}\boldsymbol{p}_V}{\mathrm{d}t}\Big|_I \int_{Vol} \rho_V \mathrm{d}V = m\frac{\mathrm{d}\boldsymbol{p}_V}{\mathrm{d}t}\Big|_I \cdot \frac{\mathrm{d}\boldsymbol{p}_V}{\mathrm{d}t}\Big|_I \tag{4.24}$$

式中:$m$ 是飞行器的总质量。还可以写成

$$\int_{Vol} (\boldsymbol{\omega}_{V,I} \times \boldsymbol{p}) \cdot (\boldsymbol{\omega}_{V,I} \times \boldsymbol{p})\rho_V \mathrm{d}V = \boldsymbol{\omega}_{V,I}^{\mathrm{T}}[\boldsymbol{I}]\boldsymbol{\omega}_{V,I} \tag{4.25}$$

式中:$[\boldsymbol{I}]$是飞行器的惯性矩阵,第二章曾介绍过。总的来说,由于结构的弹性变形 $\boldsymbol{d}_E$,此矩阵有依时性,随时间而变。但假若弹性变形为微变形,则此依时性可以忽略。使用方程(4.24)和方程(4.25),动能最后表达为

$$T = \frac{1}{2}m\frac{\mathrm{d}\boldsymbol{p}_V}{\mathrm{d}t}\Big|_I \cdot \frac{\mathrm{d}\boldsymbol{p}_V}{\mathrm{d}t}\Big|_I + \frac{1}{2}\boldsymbol{\omega}_{V,I}^{\mathrm{T}}[\boldsymbol{I}]\boldsymbol{\omega}_{V,I} + \frac{1}{2}\int_{Vol} \frac{\mathrm{d}\boldsymbol{p}}{\mathrm{d}t}\Big|_V \cdot \frac{\mathrm{d}\boldsymbol{p}}{\mathrm{d}t}\Big|_V \rho_V \mathrm{d}V \tag{4.26}$$

最后,由于坐标系 $V$ 原点(质心)的一阶质量距为零,可根据方程(4.3)得出引力势能的方程:

$$U_g = -\int_{Vol} \boldsymbol{g} \cdot (\boldsymbol{p}_V + \boldsymbol{p})\rho_V \mathrm{d}V = -\boldsymbol{g} \cdot \boldsymbol{p}_V \int_{Vol} \rho_V \mathrm{d}V - \boldsymbol{g} \cdot \int_{Vol} \boldsymbol{p}\rho_V \mathrm{d}V = -\boldsymbol{g} \cdot \boldsymbol{p}_V m \tag{4.27}$$

## 4.3 利用自由振动模式的模态展开法

弹性变形的模态展开法,可用方程(4.15)表示为

$$\boldsymbol{d}_E = \sum_{i=1}^{n} \boldsymbol{v}_i(x,y,z)\eta_i(t)$$

此表达式可用于改写动能方程(4.26)的最后一项,即

$$\begin{aligned}\int_{Vol} \frac{\mathrm{d}\boldsymbol{p}}{\mathrm{d}t}\Big|_V \cdot \frac{\mathrm{d}\boldsymbol{p}}{\mathrm{d}t}\Big|_V \rho_V \mathrm{d}V &= \int_{Vol} \frac{\mathrm{d}\boldsymbol{d}_E}{\mathrm{d}t}\Big|_V \cdot \frac{\mathrm{d}\boldsymbol{d}_E}{\mathrm{d}t}\Big|_V \rho_V \mathrm{d}V \\ &= \int_{Vol}\left(\sum_{i=1}^{n} \boldsymbol{v}_i \frac{\mathrm{d}\eta_i}{\mathrm{d}t} \cdot \sum_{i=1}^{n} \boldsymbol{v}_i \frac{\mathrm{d}\eta_i}{\mathrm{d}t}\right)\rho_V \mathrm{d}V\end{aligned} \tag{4.28}$$

但由于自由振动模式的相互正交性,此表达式可简化为

$$\begin{cases}\displaystyle\int_{Vol} \boldsymbol{v}_i \cdot \boldsymbol{v}_j \rho_V \mathrm{d}V = 0, \quad i \neq j \\ \displaystyle\int_{Vol} \boldsymbol{v}_i \cdot \boldsymbol{v}_i \rho_V \mathrm{d}V = \mathcal{M}_i\end{cases} \tag{4.29}$$

式中:$\mathcal{M}_i$ 是第 $i$ 个振动模式的广义质量,因此可得

$$\int_{Vol} \frac{\mathrm{d}\boldsymbol{p}}{\mathrm{d}t}|_V \cdot \frac{\mathrm{d}\boldsymbol{p}}{\mathrm{d}t}|_V \rho_V \mathrm{d}V = \int_{Vol} \left( \sum_{i=1}^{n} \boldsymbol{\nu}_i \cdot \boldsymbol{\nu}_i \left( \frac{\mathrm{d}\eta_i}{\mathrm{d}t} \right)^2 \right) \rho_V \mathrm{d}V = \sum_{i=1}^{n} \mathcal{M}_i \dot{\eta}_i^2 \tag{4.30}$$

利用以上表达式,动能方程(4.26)可变成

$$T = \frac{1}{2} m \frac{\mathrm{d}\boldsymbol{p}_V}{\mathrm{d}t}|_I \cdot \frac{\mathrm{d}\boldsymbol{p}_V}{\mathrm{d}t}|_I + \frac{1}{2} \boldsymbol{\omega}_{V,I}^{\mathrm{T}} [\boldsymbol{I}] \boldsymbol{\omega}_{V,I} + \frac{1}{2} \sum_{i=1}^{n} \mathcal{M}_i \dot{\eta}_i^2 \tag{4.31}$$

最后,自由振动模式也可用于结构弹性应变能的表达式。再次根据方程(4.12),可得到应变能的方程为

$$U_e = -\frac{1}{2} \int_{Vol} \left( \frac{\mathrm{d}^2 \boldsymbol{d}_E}{\mathrm{d}t^2}|_V \cdot \boldsymbol{d}_E \right) \rho_V \mathrm{d}V$$

但从方程(4.15)注意到

$$\frac{\mathrm{d}^2 \boldsymbol{d}_E}{\mathrm{d}t^2}|_V = \sum_{i=1}^{n} \boldsymbol{\nu}_i(x,y,z) \ddot{\eta}_i(t)$$

因此应变能的表达式可为

$$\begin{aligned} U_e &= -\frac{1}{2} \int_{Vol} \left( \frac{\mathrm{d}^2 \boldsymbol{d}_E}{\mathrm{d}t^2}|_V \cdot \boldsymbol{d}_E \right) \rho_V \mathrm{d}V \\ &= -\frac{1}{2} \int_{Vol} \left( \sum_{i=1}^{n} \boldsymbol{\nu}_i(x,y,z) \ddot{\eta}_i(t) \cdot \sum_{i=1}^{n} \boldsymbol{\nu}_i(x,y,z) \eta_i(t) \right) \rho_V \mathrm{d}V \end{aligned} \tag{4.32}$$

由于振动模式(方程(4.29))的正交性,方程(4.32)可简化。考虑到正交性,则应变能的表达式变为

$$\begin{aligned} U_e &= -\frac{1}{2} \int_{Vol} \left( \sum_{i=1}^{n} \boldsymbol{\nu}_i(x,y,z) \ddot{\eta}_i(t) \cdot \sum_{i=1}^{n} \boldsymbol{\nu}_i(x,y,z) \eta_i(t) \right) \rho_V \mathrm{d}V \\ &= -\frac{1}{2} \int_{Vol} \left( \sum_{i=1}^{n} \boldsymbol{\nu}_i(x,y,z) \cdot \boldsymbol{\nu}_i(x,y,z) \ddot{\eta}_i(t) \eta_i(t) \right) \rho_V \mathrm{d}V \end{aligned} \tag{4.33}$$

回顾在自由振动时,每个广义坐标系的时间反应都可表达为

$$\eta_i(t) = A_i \cos(\omega_i t + \Gamma_i)$$

式中:$A_i$ 和 $\Gamma_i$ 都是积分常数,由此可得

$$\ddot{\eta}_i(t) = -\omega_i^2 A_i \cos(\omega_i t + \Gamma_i) = -\omega_i^2 \eta_i(t) \tag{4.34}$$

所以,如果结构仅经受自由(非强迫)振动时,其弹性应变能为

$$U_e = -\frac{1}{2} \int_{Vol} \left( \sum_{i=1}^{n} \boldsymbol{\nu}_i(x,y,z) \cdot \boldsymbol{\nu}_i(x,y,z) \ddot{\eta}_i(t) \eta_i(t) \right) \rho_V \mathrm{d}V = \frac{1}{2} \sum_{i=1}^{n} \omega_i^2 \eta_i^2(t) \mathcal{M}_i \tag{4.35}$$

其中,第 $i$ 个广义质量由下式给出

$$\mathcal{M}_i = \int_{Vol} \boldsymbol{\nu}_i(x,y,z) \cdot \boldsymbol{\nu}_i(x,y,z) \rho_V \mathrm{d}V \tag{4.36}$$

对于同一结构变形,结构在自由振动时与在强迫振动时的应变能是一致的。

因此,变形的柔性飞行器的应变能必须如方程(4.35)所示。

## 4.4 广义坐标系的选择

因动能和势能用刚体和模态坐标表示，可应用拉格朗日方程推导出飞行器的运动方程。

$$\boldsymbol{p}_V = X_I\,\boldsymbol{i}_I + Y_I\,\boldsymbol{j}_I + Z_I\,\boldsymbol{k}_I \tag{4.37}$$

式中：$\boldsymbol{i}_I$、$\boldsymbol{j}_I$和$\boldsymbol{k}_I$为定义惯性坐标系的单位矢量。注意：对于地平说$Z_I=-h$，（高度）。因此，飞行器的惯性速度矢量简单表示为

$$\frac{\mathrm{d}\boldsymbol{p}_V}{\mathrm{d}t}\Big|_I = \dot{X}_I\,\boldsymbol{i}_I + \dot{Y}_I\,\boldsymbol{j}_I + \dot{Z}_I\,\boldsymbol{k}_I \tag{4.38}$$

同样，按照第二章刚性飞行器的处理方法，可用3-2-1欧拉角$\psi$、$\theta$和$\phi$定义相对于惯性坐标系$I$的坐标系$V$的方向。另外，如第二章一样，假设相对于惯性坐标系$I$的坐标系$V$的角速度为

$$\boldsymbol{\omega}_{V,I} = P\boldsymbol{i}_V + Q\boldsymbol{j}_V + R\boldsymbol{k}_V \tag{4.39}$$

因此，关于角速度的欧拉方程来自于方程（2.36），即

$$\begin{cases} P = \dot{\phi} - \dot{\psi}\sin\theta \\ Q = \dot{\psi}\cos\theta\sin\phi + \dot{\theta}\cos\phi \\ R = \dot{\psi}\cos\theta\cos\phi - \dot{\theta}\sin\phi \end{cases} \tag{4.40}$$

或方程（2.37），即

$$\boldsymbol{q} = \{X_I \quad Y_I \quad Z_I \quad \phi \quad \theta \quad \psi \quad \eta_i, i=1,2,\cdots\}^{\mathrm{T}} \tag{4.41}$$

使用方程（4.38）和方程（4.39）定义的矢量分量，可将动能方程（4.31）写成

$$T = \frac{1}{2}\{\dot{X}_I \quad \dot{Y}_I \quad \dot{Z}_I\}m\begin{Bmatrix}\dot{X}_I\\ \dot{Y}_I\\ \dot{Z}_I\end{Bmatrix} + \frac{1}{2}\{P \quad Q \quad R\}[\boldsymbol{I}]\begin{Bmatrix}P\\ Q\\ R\end{Bmatrix} + \frac{1}{2}\sum_{i=1}^{n}\mathcal{M}_i\dot{\eta}_i^2 \tag{4.42}$$

=（惯性平移）+（惯性旋转）+（弹性位移）

注意：使用正常模式（相互正交）的结果就是，动能仅包含三个解耦项。引力势能简单表达为

$$U_g = -m\boldsymbol{p}_V\cdot\boldsymbol{g} = -mgZ_I = mgh \tag{4.43}$$

而方程（4.35）的应变能为

$$U_e = \frac{1}{2}\sum_{i=1}^{n}\omega_i^2\eta_i^2(t)\mathcal{M}_i \tag{4.44}$$

## 4.5 控制刚体平移的运动方程

使用欧拉方程（4.40），我们可清楚看到动能方程（4.42）可用方程（4.41）定义的广义坐标系表示。现可将拉格朗日方程（4.1）直接用于获得运动方程。

说得更具体一点，对于等质飞行器，这里只需考虑惯性坐标系$X_I$、$Y_I$和$Z_I$及动能。应用拉格朗日方程可得

$$\begin{aligned} \frac{\mathrm{d}}{\mathrm{d}t}\left(\frac{\partial T}{\partial \dot{X}_I}\right) &= \frac{\mathrm{d}}{\mathrm{d}t}(m\dot{X}_I) = m\ddot{X}_I \\ \frac{\mathrm{d}}{\mathrm{d}t}\left(\frac{\partial T}{\partial \dot{Y}_I}\right) &= \frac{\mathrm{d}}{\mathrm{d}t}(m\dot{Y}_I) = m\ddot{Y}_I \\ \frac{\mathrm{d}}{\mathrm{d}t}\left(\frac{\partial T}{\partial \dot{Z}_I}\right) &= \frac{\mathrm{d}}{\mathrm{d}t}(m\dot{Z}_I) = m\ddot{Z}_I \end{aligned} \tag{4.45}$$

考虑引力势能和同一个惯性坐标系 $X_I$、$Y_I$和 $Z_I$可得

$$\frac{\partial U_g}{\partial X_I}=\frac{\partial U_g}{\partial Y_I}=0,\ \ \frac{\partial U_g}{\partial Z_I}=-mg \tag{4.46}$$

因此,包括广义力在内,与刚体平移相关的三个运动方程为

$$\begin{cases} m\ddot{X}_I=Q_X \\ m\ddot{Y}_I=Q_Y \\ m\ddot{Z}_I-mg=Q_Z \end{cases} \tag{4.47}$$

虽然上面的方程有效,但并非都对飞行动力学分析有用。讲解这个问题,需要使用方程(4.45)~方程(4.46)重写方程(4.47)如下:

$$m\frac{\mathrm{d}}{\mathrm{d}t}\{\dot{X}_I\ \ \dot{Y}_I\ \ \dot{Z}_I\}=\{Q_X\ \ Q_Y\ \ Q_Z\}+\{0\ \ 0\ \ mg\}$$

此时,在上面方程左右两边的项后乘以惯性坐标系 $I$ 的单位矢量组可得到下面的运动矢量方程:

$$m\frac{\mathrm{d}}{\mathrm{d}t}\Big|_I\{\dot{X}_I\ \ \dot{Y}_I\ \ \dot{Z}_I\}\begin{Bmatrix}\boldsymbol{i}_I\\ \boldsymbol{j}_I\\ \boldsymbol{k}_I\end{Bmatrix}=\{Q_X\ \ Q_Y\ \ Q_Z\}\begin{Bmatrix}\boldsymbol{i}_I\\ \boldsymbol{j}_I\\ \boldsymbol{k}_I\end{Bmatrix}+\{0\ \ 0\ \ mg\}\begin{Bmatrix}\boldsymbol{i}_I\\ \boldsymbol{j}_I\\ \boldsymbol{k}_I\end{Bmatrix} \tag{4.48}$$

注意:左边的导数仅是惯性坐标系中的惯性速度矢量的时间变化率(对比方程(4.45)),即

$$m\frac{\mathrm{d}}{\mathrm{d}t}\Big|_I\{\dot{X}_I\ \ \dot{Y}_I\ \ \dot{Z}_I\}\begin{Bmatrix}\boldsymbol{i}_I\\ \boldsymbol{j}_I\\ \boldsymbol{k}_I\end{Bmatrix}=m\{\ddot{X}_I\ \ \ddot{Y}_I\ \ \ddot{Z}_I\}\begin{Bmatrix}\boldsymbol{i}_I\\ \boldsymbol{j}_I\\ \boldsymbol{k}_I\end{Bmatrix}=m\frac{\mathrm{d}}{\mathrm{d}t}\Big|_I\left(\frac{\mathrm{d}\boldsymbol{p}_V}{\mathrm{d}t}\Big|_I\right) \tag{4.49}$$

所以现在可用矢量形式表示运动平移方程为

$$m\frac{\mathrm{d}}{\mathrm{d}t}\Big|_I\left(\frac{\mathrm{d}\boldsymbol{p}_V}{\mathrm{d}t}\Big|_I\right)=\{Q_X\ \ Q_Y\ \ Q_Z\}\begin{Bmatrix}\boldsymbol{i}_I\\ \boldsymbol{j}_I\\ \boldsymbol{k}_I\end{Bmatrix}+\{0\ \ 0\ \ mg\}\begin{Bmatrix}\boldsymbol{i}_I\\ \boldsymbol{j}_I\\ \boldsymbol{k}_I\end{Bmatrix} \tag{4.50}$$

要解释方程(4.50)右边的广义力,首先要考虑包含了右边第一项的广义力矢量。飞行动力学和推进效应作用于飞行器的全部合力 $\boldsymbol{F}$ 可表达为

$$\boldsymbol{F}=F_{X_V}\boldsymbol{i}_V+F_{Y_V}\boldsymbol{j}_V+F_{Z_V}\boldsymbol{k}_V \tag{4.51}$$

注意:以上分力都在飞行器固定坐标系 $V$ 中。因此,与此力相关的虚功可表达为

$$\delta W_{\boldsymbol{F}}=F_{X_V}\delta x+F_{Y_V}\delta y+F_{Z_V}\delta z=\{F_{X_V}\ \ F_{Y_V}\ \ F_{Z_V}\}\begin{Bmatrix}\delta x\\ \delta y\\ \delta z\end{Bmatrix} \tag{4.52}$$

式中:$\delta x$、$\delta y$ 和 $\delta z$ 分别是坐标系 $V$ 的 $x$、$y$ 和 $z$ 方向的虚位移。据此与第 $i$ 个广义坐标系相关的广义力可定义为

$$Q_{q_i}=\frac{\partial(\delta W)}{\partial(\delta q_i)}$$

而作用于飞行器的广义力矢量必须为

$$\{Q_{X_V}\ \ Q_{Y_V}\ \ Q_{Z_V}\}\begin{Bmatrix}\boldsymbol{i}_V\\ \boldsymbol{j}_V\\ \boldsymbol{k}_V\end{Bmatrix}=\{F_{X_V}\ \ F_{Y_V}\ \ F_{Z_V}\}\begin{Bmatrix}\boldsymbol{i}_V\\ \boldsymbol{j}_V\\ \boldsymbol{k}_V\end{Bmatrix} \tag{4.53}$$

此广义力矢量的表达式可被方程(4.50)右边的第一项代替。这个推断可通过下面的论证加以确认。第一章中介绍过,用方向余弦矩阵可以建立坐标系 $V$ 的单位矢量和坐标系 $I$ 的单位矢量之间关系式,因此用同一个方向余弦矩阵可以建立飞行器固定方向的虚位移与惯性方向的虚位移之间的关系式。具体表达为

$$\begin{Bmatrix}\delta x\\ \delta y\\ \delta z\end{Bmatrix}=\begin{bmatrix}1 & 0 & 0\\ 0 & \cos\phi & \sin\phi\\ 0 & -\sin\phi & \cos\phi\end{bmatrix}\begin{bmatrix}\cos\theta & 0 & -\sin\theta\\ 0 & 1 & 0\\ \sin\theta & 0 & \cos\theta\end{bmatrix}\begin{bmatrix}\cos\psi & \sin\psi & 0\\ -\sin\psi & \cos\psi & 0\\ 0 & 0 & 1\end{bmatrix}\begin{Bmatrix}\delta X_I\\ \delta Y_I\\ \delta Z_I\end{Bmatrix}$$

$$=\begin{bmatrix}(\cos\theta\cos\psi) & (\cos\theta\sin\psi) & (-\sin\theta)\\ (\sin\phi\sin\theta\cos\psi-\cos\phi\sin\psi) & (\sin\phi\sin\theta\sin\psi+\cos\phi\cos\psi) & (\sin\phi\cos\theta)\\ (\cos\phi\sin\theta\cos\psi+\sin\phi\sin\psi) & (\cos\phi\sin\theta\sin\psi-\sin\phi\cos\psi) & (\cos\phi\cos\theta)\end{bmatrix}\begin{Bmatrix}\delta X_I\\ \delta Y_I\\ \delta Z_I\end{Bmatrix}$$

$$=\boldsymbol{T}_{I\text{-}V}(\phi,\theta,\psi)\begin{Bmatrix}\delta X_I\\ \delta Y_I\\ \delta Z_I\end{Bmatrix}\tag{4.54}$$

因此,将方程(4.54)代入 $\boldsymbol{F}$ 力作用下的虚功表达式,或方程(4.52),可以用惯性方向的虚位移表示虚功表达式:

$$\delta W_{\boldsymbol{F}}=\{F_{X_V}\quad F_{Y_V}\quad F_{Z_V}\}[\boldsymbol{T}_{I\text{-}V}(\phi,\theta,\psi)]\begin{Bmatrix}\delta X_I\\ \delta Y_I\\ \delta Z_I\end{Bmatrix}\tag{4.55}$$

因此,与惯性方向($X_I$、$Y_I$和 $Z_I$)的虚位移相关的广义力可表达为

$$\begin{aligned}Q_X&=F_{X_V}(\cos\theta\cos\psi)+F_{Y_V}(\sin\phi\sin\theta\cos\psi-\cos\phi\sin\psi)\\&\quad+F_{Z_V}(\cos\phi\sin\theta\cos\psi+\sin\phi\sin\psi)\\ Q_Y&=F_{X_V}(\cos\theta\sin\psi)+F_{Y_V}(\sin\phi\sin\theta\sin\psi+\cos\phi\cos\psi)\\&\quad+F_{Z_V}(\cos\phi\sin\theta\sin\psi-\sin\phi\cos\psi)\\ Q_Y&=F_{X_V}(-\sin\theta)+F_{Y_V}(\sin\phi\cos\theta)+F_{Z_V}(\cos\phi\cos\theta)\end{aligned}\tag{4.56}$$

另外,根据第一章,坐标系 $I$ 的单位矢量通过相同方向余弦矩阵和坐标系 $V$ 建立关联,即

$$\begin{Bmatrix}\boldsymbol{i}_I\\ \boldsymbol{j}_I\\ \boldsymbol{k}_I\end{Bmatrix}=\boldsymbol{T}_{I\text{-}V}^{T}(\phi,\theta,\psi)\begin{Bmatrix}\boldsymbol{i}_V\\ \boldsymbol{j}_V\\ \boldsymbol{k}_V\end{Bmatrix}\tag{4.57}$$

式中:$\boldsymbol{T}_{I\text{-}V}(\phi,\theta,\psi)$已经在方程(4.54)中进行了规定。因此方程(4.50)的右边第一项按要求变成

$$\begin{aligned}\{Q_X\quad Q_Y\quad Q_Z\}\begin{Bmatrix}\boldsymbol{i}_I\\ \boldsymbol{j}_I\\ \boldsymbol{k}_I\end{Bmatrix}&=\{F_{X_V}\quad F_{Y_V}\quad F_{Z_V}\}[\boldsymbol{T}_{I\text{-}V}(\phi,\theta,\psi)][\boldsymbol{T}_{I\text{-}V}^{\mathrm{T}}(\phi,\theta,\psi)]\begin{Bmatrix}\boldsymbol{i}_V\\ \boldsymbol{j}_V\\ \boldsymbol{k}_V\end{Bmatrix}\\&=\{F_{X_V}\quad F_{Y_V}\quad F_{Z_V}\}\begin{Bmatrix}\boldsymbol{i}_V\\ \boldsymbol{j}_V\\ \boldsymbol{k}_V\end{Bmatrix}\end{aligned}\tag{4.58}$$

如第一章所述,$\boldsymbol{T}_{I\text{-}V}\boldsymbol{T}_{I\text{-}V}^{\mathrm{T}}$等于单位矩阵,因为 $\boldsymbol{T}_{I\text{-}V}$是正交矩阵,其转置阵等于其倒数。

现在方程(4.50)的最后一项可写成

$$
\{0 \quad 0 \quad mg\}\begin{Bmatrix} \boldsymbol{i}_I \\ \boldsymbol{j}_I \\ \boldsymbol{k}_I \end{Bmatrix} = \{0 \quad 0 \quad mg\}\boldsymbol{T}_{I\text{-}V}^{\mathrm{T}}(\phi, \theta, \psi)\begin{Bmatrix} \boldsymbol{i}_V \\ \boldsymbol{j}_V \\ \boldsymbol{k}_V \end{Bmatrix}
$$

$$
= \{-mg\sin\theta \quad mg\cos\theta\sin\phi \quad mg\cos\theta\cos\phi\}\begin{Bmatrix} \boldsymbol{i}_V \\ \boldsymbol{j}_V \\ \boldsymbol{k}_V \end{Bmatrix} \tag{4.59}
$$

运动矢量方程则变为

$$
m\frac{\mathrm{d}}{\mathrm{d}t}\Big|_I\left(\frac{\mathrm{d}\boldsymbol{p}_V}{\mathrm{d}t}\Big|_I\right) = \{F_{X_V} \quad F_{Y_V} \quad F_{Z_V}\}\begin{Bmatrix} \boldsymbol{i}_V \\ \boldsymbol{j}_V \\ \boldsymbol{k}_V \end{Bmatrix}
$$

$$
+ \{-mg\sin\theta \quad mg\cos\theta\sin\phi \quad mg\cos\theta\cos\phi\}\begin{Bmatrix} \boldsymbol{i}_V \\ \boldsymbol{j}_V \\ \boldsymbol{k}_V \end{Bmatrix} \tag{4.60}
$$

但如果列出

$$
\frac{\mathrm{d}\boldsymbol{p}_V}{\mathrm{d}t}\Big|_I \triangleq \boldsymbol{V}_V = \{U \quad V \quad W\}\begin{Bmatrix} \boldsymbol{i}_V \\ \boldsymbol{j}_V \\ \boldsymbol{k}_V \end{Bmatrix} \tag{4.61}
$$

并注意

$$
\frac{\mathrm{d}\boldsymbol{V}_V}{\mathrm{d}t}\Big|_I = \frac{\mathrm{d}\boldsymbol{V}_V}{\mathrm{d}t}\Big|_V + \boldsymbol{\omega}_{V,I} \times \boldsymbol{V}_V
$$

就可根据方程(4.60)得出下面的运动矢量方程：

$$
m\{(\dot{U} - VR + WQ) \quad (\dot{V} + UR - WP) \quad (\dot{W} - UQ + VP)\}\begin{Bmatrix} \boldsymbol{i}_V \\ \boldsymbol{j}_V \\ \boldsymbol{k}_V \end{Bmatrix}
$$

$$
= \{(F_{X_V} - mg\sin\theta) \quad (F_{Y_V} + mg\cos\theta\sin\phi) \quad (F_{Z_V} + mg\cos\theta\cos\phi)\}\begin{Bmatrix} \boldsymbol{i}_V \\ \boldsymbol{j}_V \\ \boldsymbol{k}_V \end{Bmatrix} \tag{4.62}
$$

最后，让 $\boldsymbol{i}_V$、$\boldsymbol{j}_V$ 和 $\boldsymbol{k}_V$ 分力在上面的矢量方程中相等，可得到控制飞行器位移的所需的运动标量方程。

$$
\begin{cases} m(\dot{U} - VR + WQ) = -mg\sin\theta + F_{X_V} \\ m(\dot{V} + UR - WP) = mg\cos\theta\sin\phi + F_{Y_V} \\ m(\dot{W} - UQ + VP) = mg\cos\theta\cos\phi + F_{Z_V} \end{cases} \tag{4.63}
$$

因力产生于两处，即空气动力和推进力效应，可得出

$$
F_{X_V} = F_{A_X} + F_{P_X},\ F_{Y_V} = F_{A_Y} + F_{P_Y},\ F_{Z_V} = F_{A_Z} + F_{P_Z} \tag{4.64}
$$

将这三个表达式代入方程(4.63)，则控制刚体平移(坐标系 $V$ 的平移)的运动方程为

$$
\begin{aligned} m(\dot{U} - VR + WQ) &= -mg\sin\theta + F_{A_X} + F_{P_X} \\ m(\dot{V} + UR - WP) &= mg\cos\theta\sin\phi + F_{A_Y} + F_{P_Y} \\ m(\dot{W} - UQ + VP) &= mg\cos\theta\cos\phi + F_{A_Z} + F_{P_Z} \end{aligned} \tag{4.65}
$$

当然,这些和控制刚性飞行器平移的方程(2.22)一样。作用于这些方程的任何弹性效应通过影响作用于方程右边的力表现出来。

## 4.6 控制刚体旋转的运动方程

现在考虑另外三个广义坐标系:欧拉角 $\phi$、$\theta$ 和 $\psi$。但是,必须再次谨慎对待,因为这三个角定义为围绕三个不同坐标系内的三个轴进行旋转。

回顾第二章中的方程(2.32),式中与惯性坐标系 $I$ 对照的坐标系 $V$ 的角速度可写成

$$\boldsymbol{\omega}_{V,I} = \dot{\phi}\,\boldsymbol{i}_V + \dot{\theta}\,\boldsymbol{j}_2 + \dot{\psi}\boldsymbol{k}_I \tag{4.66}$$

这里同样规定了旋转轴。中间的坐标系 2 根据指令欧拉角旋转产生。同样,再次引用方程(4.39),可定义坐标系 $V$ 中的角速度矢量分力为

$$\boldsymbol{\omega}_{V,I} = P\boldsymbol{i}_V + Q\boldsymbol{j}_V + R\boldsymbol{k}_V$$

最后回顾方程(2.34)和方程(2.35),推导方向余弦矩阵时,单位矢量的关联式为

$$\boldsymbol{j}_2 = \cos\phi\,\boldsymbol{j}_V - \sin\phi\,\boldsymbol{k}_V$$

$$\boldsymbol{k}_I = -\sin\theta\,\boldsymbol{i}_V + \sin\phi\cos\theta\,\boldsymbol{j}_V + \cos\phi\cos\theta\,\boldsymbol{k}_V$$

根据以上推论,可再次推出与刚体角速度相关的方程(4.40)如下:

$$\begin{cases} P = \dot{\phi} - \dot{\psi}\sin\theta \\ Q = \dot{\psi}\cos\theta\sin\phi + \dot{\theta}\cos\phi \\ R = \dot{\psi}\cos\theta\cos\phi - \dot{\theta}\sin\phi \end{cases}$$

此时引入虚拟角位移,便于接下来用其表达与扭矩和旋转相关的虚功。根据欧拉角,产生了虚拟旋转值 $\delta\phi$、$\delta\theta$ 和 $\delta\psi$,分别沿三个不同坐标系绕轴旋转。另外,将引入围绕固定飞行器坐标系 $V$ 中三个轴的三个旋转值,记作 $\delta\phi_V$、$\delta\theta_V$,和 $\delta\psi_V$。正如刚才建立角速度关联一样,再次引用方程(2.34)和方程(2.35)建立两组虚拟旋转,可得

$$\begin{cases} \delta\phi_V = \delta\phi - \delta\psi\sin\theta \\ \delta\theta_V = \delta\psi\cos\theta\sin\phi + \delta\theta\cos\phi \\ \delta\psi_V = \delta\psi\cos\theta\cos\phi - \delta\theta\sin\phi \end{cases} \tag{4.67}$$

这是可能的,因为如同角速度一样,无穷小的角旋转可以表示成(单位矢量定义的)有方向的向量。这三个额外的虚拟旋转角将在本节后面用于讨论扭矩作用于飞行器上所产生的虚功。

现在可应用拉格朗日方程推导控制坐标系 $V$ 旋转的方程。由于相关的代数学太繁杂,使用矩阵和矢量阵表示法会更简单。具体定义如下

$$\begin{aligned} \{\boldsymbol{C}_\omega\} &= \{P \quad Q \quad R\}^{\mathrm{T}} \\ \{\boldsymbol{q}_{\measuredangle}\} &= \{\phi \quad \theta \quad \psi\}^{\mathrm{T}} \end{aligned} \tag{4.68}$$

式中:$\boldsymbol{C}_W$包含坐标系 $V$ 的矢量 $\boldsymbol{\omega}_{V,I}$的系数,而 $\boldsymbol{q}_{\measuredangle}$ 包含由三个欧拉角组成的广义坐标系。

应用拉格朗日方程须先注意

$$\frac{\partial T}{\partial \boldsymbol{q}_{\measuredangle}} = \frac{\partial T}{\partial \boldsymbol{C}_\omega}\frac{\partial \boldsymbol{C}_\omega}{\partial \boldsymbol{q}_{\measuredangle}} \tag{4.69}$$

根据方程(4.42)可得①

$$\frac{\partial \boldsymbol{T}^{\mathrm{T}}}{\partial \boldsymbol{C}_{\omega}}=\{\boldsymbol{C}_{\omega}\}^{\mathrm{T}}[\boldsymbol{I}]$$

根据方程(4.40)可得

$$\frac{\partial \boldsymbol{C}_{\omega}}{\partial \boldsymbol{q}_{\text{大}}}=\begin{bmatrix} 0 & -\dot{\psi}\cos\theta & 0 \\ \dot{\psi}\cos\theta\cos\phi-\dot{\theta}\sin\phi & -\dot{\psi}\sin\theta\sin\phi & 0 \\ -\dot{\psi}\cos\theta\sin\phi-\dot{\theta}\cos\phi & -\dot{\psi}\sin\theta\cos\phi & 0 \end{bmatrix}=\begin{bmatrix} 0 & -\dot{\psi}\cos\theta & 0 \\ R & -\dot{\psi}\sin\theta\sin\phi & 0 \\ -Q & -\dot{\psi}\sin\theta\cos\phi & 0 \end{bmatrix}$$

假设因结构微变形而惯性矩阵$[\boldsymbol{I}]$不变。同样可得

$$\frac{\partial T}{\partial \dot{\boldsymbol{q}}_{\text{大}}}=\frac{\partial T}{\partial \boldsymbol{C}_{\omega}}\frac{\partial \boldsymbol{C}_{\omega}}{\partial \dot{\boldsymbol{q}}_{\text{大}}} \tag{4.70}$$

和

$$\frac{\partial \boldsymbol{C}_{\omega}}{\partial \dot{\boldsymbol{q}}_{\text{大}}}=\begin{bmatrix} 1 & 0 & -\sin\theta \\ 0 & \cos\phi & \cos\theta\sin\phi \\ 0 & -\sin\phi & \cos\theta\cos\phi \end{bmatrix}$$

现在可计算拉格朗日方程要求的关于动能的项,即

$$\frac{\mathrm{d}}{\mathrm{d}t}\left(\frac{\partial T}{\partial \dot{\boldsymbol{q}}_{\text{大}}}\right)-\frac{\partial T}{\partial \boldsymbol{q}_{\text{大}}} \tag{4.71}$$

通过大量代数运算完成矩阵相乘后可得

$$\begin{cases} \dfrac{\mathrm{d}}{\mathrm{d}t}\left(\dfrac{\partial T}{\partial \dot{\phi}}\right)-\dfrac{\partial T}{\partial \phi}=C_1 \\ \dfrac{\mathrm{d}}{\mathrm{d}t}\left(\dfrac{\partial T}{\partial \dot{\theta}}\right)-\dfrac{\partial T}{\partial \theta}=C_2\cos\phi-C_3\sin\theta \\ \dfrac{\mathrm{d}}{\mathrm{d}t}\left(\dfrac{\partial T}{\partial \dot{\psi}}\right)-\dfrac{\partial T}{\partial \psi}=-C_1\sin\theta+C_2\cos\theta\sin\phi+C_3\cos\theta\cos\phi \end{cases} \tag{4.72}$$

式中

$$\begin{cases} C_1=I_{xx}\dot{P}-(I_{yy}-I_{zz})QR-I_{xy}(\dot{Q}-PR)-I_{yz}(Q^2-R^2)-I_{xz}(\dot{R}+PQ) \\ C_2=I_{yy}\dot{Q}+(I_{xx}-I_{zz})PR-I_{xy}(\dot{P}+QR)-I_{yz}(\dot{R}-PQ)+I_{xz}(P^2-R^2) \\ C_3=I_{zz}\dot{R}+(I_{yy}-I_{xx})PQ+I_{xy}(Q^2-P^2)-I_{yz}(\dot{Q}+PR)-I_{xz}(\dot{P}-QR) \end{cases} \tag{4.73}$$

因此,利用方程(4.71)~方程(4.73),可得出与三个欧拉角相关的方程组

根据拉格朗日方程,或者

$$\frac{\mathrm{d}}{\mathrm{d}t}\left(\frac{\partial T}{\partial \dot{\boldsymbol{q}}_{\text{大}}}\right)-\frac{\partial T}{\partial \boldsymbol{q}_{\text{大}}}+\frac{\partial U}{\partial \boldsymbol{q}_{\text{大}}}=\boldsymbol{Q}_{\text{大}}^{\mathrm{T}}$$

三个控制旋转的运动方程变成

$$\frac{\mathrm{d}}{\mathrm{d}t}\left(\frac{\partial T}{\partial \dot{\phi}}\right)-\frac{\partial T}{\partial \phi}+\cancel{\frac{\partial U}{\partial \phi}}=C_1=Q_{\phi}$$

① 根据线性代数学,设二次式 $S=\boldsymbol{x}^{\mathrm{T}}\boldsymbol{M}\boldsymbol{x}$,式中 $\boldsymbol{X}$ 为 $n$ 矢量,$\boldsymbol{M}$ 为 $n\times n$ 矩阵,则 $\mathrm{d}S/\mathrm{d}\boldsymbol{x}=2\boldsymbol{x}^{\mathrm{T}}\boldsymbol{M}$。

$$
\begin{aligned}
&\frac{\mathrm{d}}{\mathrm{d}t}\left(\frac{\partial T}{\partial \dot{\theta}}\right)-\frac{\partial T}{\partial \theta}+\cancel{\frac{\partial U}{\partial \theta}}=C_2\cos\phi-C_3\sin\theta=Q_\theta \\
&\frac{\mathrm{d}}{\mathrm{d}t}\left(\frac{\partial T}{\partial \dot{\psi}}\right)-\frac{\partial T}{\partial \psi}+\cancel{\frac{\partial U}{\partial \psi}}=-C_1\sin\theta+C_2\cos\theta\sin\phi+C_3\cos\theta\cos\phi=Q_\psi
\end{aligned}
\tag{4.74}
$$

(注意势能 $U$ 独立于欧拉角。)这样方程(4.74)和第二章中控制刚体旋转的方程完全不同。但方程(4.74)可以重新排列和简化。

首先必须建立作用于方程右边的广义力的表达式。

根据围绕飞行器固定坐标系 $V$ 的三个轴的分力,可获得飞行器的外部合力,设

$$
\boldsymbol{M}=L\boldsymbol{i}_V+M\boldsymbol{j}_V+N\boldsymbol{k}_V \tag{4.75}
$$

则与此力矩相关的虚功为

$$
\delta W_{\boldsymbol{M}}=L\delta\phi_V+M\delta\theta_V+N\delta\psi_V \tag{4.76}
$$

这里再次采用了围绕坐标系 $V$ 单位矢量的虚拟角位移。使用4.5节中的方法,代入方程(4.67),注意与欧拉角相关的广义力可定义为

$$
\boldsymbol{Q}_{\measuredangle}^{\mathrm{T}}=\frac{\partial(\delta W_{\boldsymbol{M}})}{\partial(\boldsymbol{q}_{\measuredangle})} \tag{4.77}
$$

就可得到与作用于飞行器的外部力矩相关的广义力的表达式如下:

$$
\begin{cases}
Q_\phi=L \\
Q_\theta=M\cos\phi-N\sin\phi \\
Q_\psi=-L\sin\theta+M\cos\theta\sin\phi+N\cos\theta\cos\phi
\end{cases}
\tag{4.78}
$$

因此,根据方程(4.74)和方程(4.78),可得出运动旋转方程:

$$
\begin{aligned}
&C_1=L \\
&C_2\cos\phi-C_3\sin\theta=M\cos\phi-N\sin\phi \\
&-C_1\sin\theta+C_2\cos\theta\sin\phi+C_3\cos\theta\cos\phi \\
&=-L\sin\theta+M\cos\theta\sin\phi+N\cos\theta\cos\phi
\end{aligned}
\tag{4.79}
$$

式中:方程(4.73)已给出 $C_1$、$C_2$ 和 $C_3$。通过比较以上表达式左右两边三个表达式的形式,观察方程(4.73),可以发现运动方程的另一个表达式为

$$
\begin{cases}
I_{xx}\dot{P}-(I_{yy}-I_{zz})QR-I_{xy}(\dot{Q}-PR)-I_{yz}(Q^2-R^2)-I_{xz}(\dot{R}+PQ)=L \\
I_{yy}\dot{Q}+(I_{xx}-I_{zz})PR-I_{xy}(\dot{P}+QR)-I_{yz}(\dot{R}-PQ)+I_{xz}(P^2-R^2)=M \\
I_{zz}\dot{R}+(I_{yy}-I_{xx})PQ+I_{xy}(Q^2-P^2)-I_{yz}(\dot{Q}+PR)-I_{xz}(\dot{P}-QR)=N
\end{cases}
\tag{4.80}
$$

先设飞行器的合力矩仅由空气动力和推进力效应产生,即

$$
\boldsymbol{M}=\boldsymbol{M}_{\mathrm{Aero}}+\boldsymbol{M}_{\mathrm{Prop}}
$$

如方程(2.19)所示,定义 $\boldsymbol{M}_{\mathrm{Aero}}$ 和 $\boldsymbol{M}_{\mathrm{Prop}}$ 的分力为

$$
\begin{cases}
\boldsymbol{M}_{\mathrm{Aero}}=L_A\boldsymbol{i}_V+M_A\boldsymbol{j}_V+N_A\boldsymbol{k}_V \\
\boldsymbol{M}_{\mathrm{Prop}}=L_P\boldsymbol{i}_V+M_P\boldsymbol{j}_V+N_P\boldsymbol{k}_V
\end{cases}
\tag{4.81}
$$

现在控制坐标系 $V$ 刚体旋转运动的方程为

$$
I_{xx}\dot{P}-(I_{yy}-I_{zz})QR-I_{xy}(\dot{Q}-PR)-I_{yz}(Q^2-R^2)-I_{xz}(\dot{R}+PQ)=L_A+L_P
$$

$$
\begin{aligned}
&I_{yy}\dot{Q} + (I_{xx} - I_{zz})PR - I_{xy}(\dot{P} + QR) - I_{yz}(\dot{R} - PQ) + I_{xz}(P^2 - R^2) = M_A + M_P \\
&I_{zz}\dot{R} + (I_{yy} - I_{xx})PQ + I_{xy}(Q^2 - P^2) - I_{yz}(\dot{Q} + PR) - I_{xz}(\dot{P} - QR) = N_A + N_P
\end{aligned} \tag{4.82}
$$

显然这些方程和第二章建立的刚性飞行器方程(2.27)一致。至于控制平移的方程,弹性效应会通过上面方程右边的力矩变化成为方程的一部分。这些力矩将在第六章、第七章中详细讨论。

## 4.7 控制弹性变形的运动方程

控制弹性变形的运动方程是用最直接的方法建立的,即使用运动模式。回想一下,弹性变形用自由振型和模态坐标表示。或可再次引用方程(4.15):

$$
\boldsymbol{d}_E = \sum_{i=1}^{n} \boldsymbol{v}_i(x,y,z)\eta_i(t)
$$

式中:$\boldsymbol{v}_i$ 是与第 $i$ 个自由振动模式相关的振型。根据方程(4.42)中弹性飞行器的动能和方程(4.44)中弹性(势能)应变能,可再次得到

$$
T = \frac{1}{2}\{\dot{X}_I \quad \dot{Y}_I \quad \dot{Z}_I\} m \begin{Bmatrix} \dot{X}_I \\ \dot{Y}_I \\ \dot{Z}_I \end{Bmatrix} + \frac{1}{2}\{P \quad Q \quad R\}[\boldsymbol{I}]\begin{Bmatrix} P \\ Q \\ R \end{Bmatrix} + \frac{1}{2}\sum_{i=1}^{n} \mathcal{M}_i \dot{\eta}_i^2
$$

和

$$
U_e = \frac{1}{2}\sum_{i=1}^{n} \omega_i^2 \eta_i^2(t) \mathcal{M}_i
$$

使用模态坐标,拉格朗日方程为

$$
\frac{\mathrm{d}}{\mathrm{d}t}\left(\frac{\partial T}{\partial \dot{\eta}_i}\right) - \frac{\partial T}{\partial \eta_i} + \frac{\partial U}{\partial \eta_i} = Q_i = \frac{\partial(\delta W)}{\partial(\delta \eta_i)} \tag{4.83}
$$

可用于获得控制坐标系的 $n$ 方程如下:

$$
\ddot{\eta}_i + \omega_i^2 \eta_i = \frac{Q_i}{\mathcal{M}_i}, \quad i = 1, \cdots, n \tag{4.84}
$$

式中:$\mathcal{M}_i$ 为广义质量(见方程(4.29));$Q_i$ 为广义力。它们都与第 $i$ 个自由振动模式相关。方程(4.84)显示的广义力也是根据虚功推算而得。设作用于飞行器结构表面的外部压力分布表示为

$$
\boldsymbol{P}(x,y,z)
$$

式中:局部压力 $\boldsymbol{P}$ 取决于 $(x,y,z)$ 在坐标系 $V$ 中定义的位置,且 $\boldsymbol{P}$ 同时具有运动幅值和方向的向量。当然,求飞行器表面的压力分布的积分会产生空气动力和推进力及力矩合力(**F**Aero 、**F**Prop、**M**Aero 和 **M**Prop),其分力如方程(4.64)和方程(4.81)所示。

结构的局部弹性虚拟变形可用模态展开法表示为

$$
\delta \boldsymbol{d}_E(x,y,z) = \sum_{i=1}^{n} \boldsymbol{v}_i(x,y,z)\delta\eta_i(t) \tag{4.85}
$$

与方程(4.15)一致。因此,作用于结构上 $(x,y,z)$ 点的压力 $\boldsymbol{P}$ 的无穷小虚功为

$$d(\delta W_{\boldsymbol{P}}) = \boldsymbol{P}(x,y,z)\cdot\sum_{i=1}^{n}\boldsymbol{\nu}_i(x,y,z)\delta\eta_i(t)\mathrm{d}S \tag{4.86}$$

式中：d$S$ 指无穷小的表面积。压力分布作用的总虚功为

$$\begin{aligned}\delta W_{\boldsymbol{P}} &= \int_{\text{Area}}\boldsymbol{P}(x,y,z)\cdot\sum_{i=1}^{n}\boldsymbol{\nu}_i(x,y,z)\delta\eta_i(t)\mathrm{d}S\\ &= \sum_{i=1}^{n}\int_{\text{Area}}\boldsymbol{P}(x,y,z)\cdot\boldsymbol{\nu}_i(x,y,z)\mathrm{d}S\,\delta\eta_i(t)\end{aligned} \tag{4.87}$$

使用方程(4.87)，运动方程(4.84)变为

$$\ddot{\eta}_i + \omega_i^2\eta_i = \frac{1}{\mathcal{M}_i}\int_{\text{Area}}\boldsymbol{P}(x,y,z)\cdot\boldsymbol{\nu}_i(x,y,z)\mathrm{d}S,\ i=1,\cdots,n \tag{4.88}$$

这些方程控制弹性飞行器的变形。方程右边的广义力将在第七章中做详细讨论。

## 例 4.1　柔性导弹的运动方程

设柔性导弹在大气层外运动，其几何学如图 4.2 所示。唯一作用于飞行器的力是推进力 $T$，可以通过喷管偏转产生围绕飞行器 $Y$ 轴的力矩，从而得到其矢量。

$$\nu_z(x) = \sin(\pi x/L) - 0.5$$

此振型的第一个广义质量为 0.27 质量单位。设模型只包括第一个振动模式，可找到控制飞行器在其 $XZ$ 复平面的运动方程。忽略发动机喷管的质量，假设初始倾斜角和滚转角速度为零。

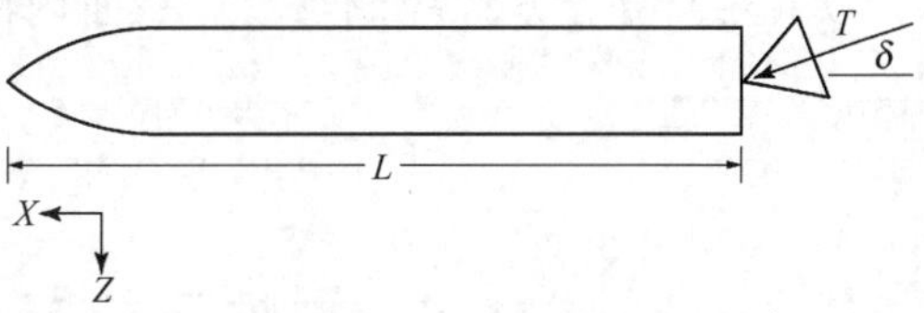

图 4.2　导弹原理图

**解**

围绕其 $Y$ 和 $Z$ 轴的飞行器俯仰惯量为

$$I_{yy} = I_{zz} = \int_0^L mx^2\mathrm{d}x = m\frac{L^3}{3} = \frac{1}{3}$$

而 $I_{xx}$ 很小，其他惯量乘积为零。作用于 $XZ$ 复平面的飞行器的力为

$$F_{P_X} = T\cos\delta = \cos\delta$$

$$F_{P_Z} = T\sin\delta = \sin\delta$$

同样，作用于飞行器的相关力矩为

$$M_{P_X} = 0$$

$$M_{P_Y} = \frac{TL}{2}\sin\delta = \frac{1}{2}\sin\delta$$

替换方程(4.82)中的惯量、力矩和零滚转角速度，可得到控制角速度的刚体方程：

$$I_{xx}\dot{P} = 0$$

$$\frac{1}{3}\dot{Q} = \frac{1}{2}\sin\delta$$

根据方程(4.65)，也可得出控制刚体位移的方程：

$$(\dot{U} + WQ) = -g\sin\theta + \cos\delta$$

$$(\dot{W} - UQ) = g\cos\theta + \sin\delta$$

根据方程(4.40),式中滚转角速度 $P$ 和倾斜角 $\varphi$ 等于零,可得到控制欧拉角的方程:

$$\dot{\phi} = 0$$

$$\dot{\theta} = Q$$

最后,根据方程(4.84)可得到

$$\ddot{\eta}_i + \omega_i^2\eta_i = \frac{Q_i}{\mathcal{M}_i}$$

式中:$Q_i$ 为下面方程算出的第 $i$ 个广义力

$$Q_i = \frac{\partial(\delta W)}{\partial(\delta\eta_i)}$$

由于推力是唯一作用于飞行器的力,虚拟横向弯曲的虚功为

$$\delta W = (T\sin\delta)\delta z = (T\sin\delta)\nu_z(0)\delta\eta = (-0.5\sin\delta)\delta\eta$$

因此,控制弹性自由度的运动方程为

$$\ddot{\eta} + \eta = \frac{-0.5\sin\delta}{0.27} = -1.85\sin\delta$$

以上五个微分方程控制 $XZ$ 复平面内的弹性飞行器的运动,其中两个不甚重要(哪两个?)。

## 4.8 柔性飞行器上一些特殊点的运动

我们注意到在讨论平均轴时,这些轴并不固定于飞行器结构的某个特殊的质点。当然,平均轴的原点正好与飞行器的瞬时质心一致,对于变形结构而言,也不是结构的某个固定点。此论据有时会产生"如何确定或跟踪飞行器结构的特殊点位置(例如飞行员位置或加速度计这样的传感器的位置)"的问题。我们应明白有一种相当直接的方式可以完成此项任务。

设结构上的相关质点位置用其惯性矢量 $\boldsymbol{p}'$ 表示,并和图 4.1 中使用的标记一样,注意 $\boldsymbol{p}'=\boldsymbol{p}_V+\boldsymbol{p}$。回顾 $\boldsymbol{p}_V$ 是坐标系 $V$ 的原点的惯性位置,正好在飞行器的瞬时质心,而 $\boldsymbol{p}$ 是对应坐标系 $V$ 原点的相关结构质心的位置。如 4.1 节所述和方程(4.10)所示,可将相关点的位置表示为

$$\boldsymbol{p} = \boldsymbol{p}_{\mathrm{RB}} + \boldsymbol{d}_E(x,y,z,t)$$

式中:$\boldsymbol{p}_{\mathrm{RB}}$ 指未变形飞行器相关点质心的位置;$\boldsymbol{d}_E$ 代表相关点的弹性位移。最后,根据结构变形的模态变形法方程(4.15)可得出

$$\boldsymbol{d}_E(x,y,z,t) = \sum_{i=1}^{n}\boldsymbol{\nu}_i(x,y,z)\eta_i(t)$$

因此,相关点的弹性变形 $\boldsymbol{d}_E$ 用自由振动模式和模态坐标表示。相关质点的惯性定位则可表达为

$$\boldsymbol{p}' = \boldsymbol{p}_V + \boldsymbol{p}_{\mathrm{RB}} + \sum_{i=1}^{n}\boldsymbol{\nu}_i(x,y,z)\eta_i(t) \tag{4.89}$$

注意:上面表达式右边的每一项都未知,也不能根据本章推导的运动方程的解来确定。首先,通过选定结构的相关质点,$\boldsymbol{p}_{RB}$在未变形结构的定位就可知了。由于本章设定非强迫(自由)振动的问题是可解的,自由振型 $\boldsymbol{v}_i$ 也就可知了。因此,只需确定$\boldsymbol{p}_V$和 $\boldsymbol{\eta}_i(t)$。

但$\boldsymbol{p}_V$是瞬时质心的惯性定位,由刚体平移方程(4.65)以及方程(4.61)产生的运动方程控制。现在可根据方程(4.61)建立运动方程如下:

$$\frac{\mathrm{d}\boldsymbol{p}_V}{\mathrm{d}t}\Big|_I \triangleq \boldsymbol{V}_V = \{U \quad V \quad W\}\begin{Bmatrix}\boldsymbol{i}_V\\ \boldsymbol{j}_V\\ \boldsymbol{k}_V\end{Bmatrix}$$

而$\boldsymbol{V}_V$也可表达为

$$\boldsymbol{V}_V = \{\dot{X}_I \quad \dot{Y}_I \quad \dot{Z}_I\}\begin{Bmatrix}\boldsymbol{i}_I\\ \boldsymbol{j}_I\\ \boldsymbol{k}_I\end{Bmatrix} \tag{4.90}$$

则

$$\{\dot{X}_I \quad \dot{Y}_I \quad \dot{Z}_I\}\begin{Bmatrix}\boldsymbol{i}_I\\ \boldsymbol{j}_I\\ \boldsymbol{k}_I\end{Bmatrix} = \{U \quad V \quad W\}\begin{Bmatrix}\boldsymbol{i}_V\\ \boldsymbol{j}_V\\ \boldsymbol{k}_V\end{Bmatrix} \tag{4.91}$$

但是,根据方程(4.57)可知两个坐标系的单位矢量通过方向余弦矩阵$\boldsymbol{T}_{I\text{-}V}$建立关联,或

$$\begin{Bmatrix}\boldsymbol{i}_I\\ \boldsymbol{j}_I\\ \boldsymbol{k}_I\end{Bmatrix} = \boldsymbol{T}_{I\text{-}V}^{\mathrm{T}}(\phi,\theta,\psi)\begin{Bmatrix}\boldsymbol{i}_V\\ \boldsymbol{j}_V\\ \boldsymbol{k}_V\end{Bmatrix}$$

式中:$\boldsymbol{T}_{I\text{-}V}$方程(4.54)已给出。因此,与平移速度分力相关的所需运动方程为

$$\{\dot{X}_I \quad \dot{Y}_I \quad \dot{Z}_I\}\begin{Bmatrix}\boldsymbol{i}_I\\ \boldsymbol{j}_I\\ \boldsymbol{k}_I\end{Bmatrix} = \{U \quad V \quad W\}\boldsymbol{T}_{I\text{-}V}(\phi,\theta,\psi)\begin{Bmatrix}\boldsymbol{i}_I\\ \boldsymbol{j}_I\\ \boldsymbol{k}_I\end{Bmatrix}$$

或

$$\begin{Bmatrix}\dot{X}_I\\ \dot{Y}_I\\ \dot{Z}_I\end{Bmatrix} = \boldsymbol{T}_{I\text{-}V}^{\mathrm{T}}(\phi,\theta,\psi)\begin{Bmatrix}U\\ V\\ W\end{Bmatrix} \tag{4.92}$$

因此,根据方程(4.65)和方程(4.92)的解,位置矢量$\boldsymbol{p}_V$可确定。注意:求这两组方程的解涉及联立解方程(4.65)、方程(4.82)(控制刚体旋转)和方程(4.40)(控制三个欧拉角)。第八章中处理飞行器动力学仿真时已讨论过求解的方法。

必须确定的方程(4.89)的终值为模态坐标 $\boldsymbol{\eta}_i(t)$。当然,这些是方程(4.88)的解确定的终值,因此飞行器上任意点的瞬时定位(包括弹性变形)都可根据本章推导的运动方程的解确定。而瞬时惯性速度或者飞行器某位置的加速度都同样可确定。

## 例 4.2　控制柔性导弹的局部俯仰角速度的方程

考虑例 4.1 中介绍的柔性导弹。假设在飞行器头部安装一个角速度陀螺仪感应局部俯仰角速度$\dot{\theta}_{\text{Sensed}}=\dot{\theta}+\dot{\theta}_{\text{Elastic}}$,式中$\dot{\theta}$为刚体俯仰角速度,$\dot{\theta}_{\text{Elastic}}$为头部弹性变形引起的局部俯仰角速度。找出控制$\dot{\theta}_{\text{Sensed}}$的方程。

**解**

首先,根据例 4.1,控制刚体俯仰角速度的方程为

$$\frac{1}{3}\dot{Q}=\frac{1}{2}\sin\delta$$

$$\dot{\theta}=Q$$

然后,弹性变形引起的局部俯仰角速度可从方程(4.15)中找到,如只考虑 $z$ 偏转和一个振动模式,可简化成

$$z(x)=\nu_z(x)\eta(t)$$

回顾在例 4.1 中,振型表达为

$$\nu_z(x)=\sin(\pi x/L)-0.5$$

此时应注意:$x$ 位置沿飞行器发生的局部弹性俯仰偏转可用局部斜率表示,如图 4.3 所示,或

$$\theta_{\text{Elastic}}(x)=\frac{\partial z}{\partial x}(x)=\lim_{\delta x\to 0}\frac{\left(z(x+\delta x)-z(x)\right)}{\delta x}=\lim_{\delta x\to 0}\frac{\left(\nu_z(x+\delta x)-\nu_z(x)\right)}{\delta x}\eta(t)=\frac{\partial \nu_z(x)}{\partial x}\eta(t)$$

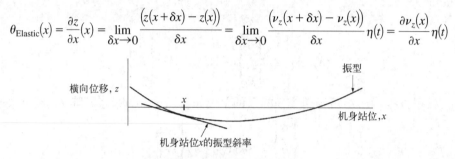

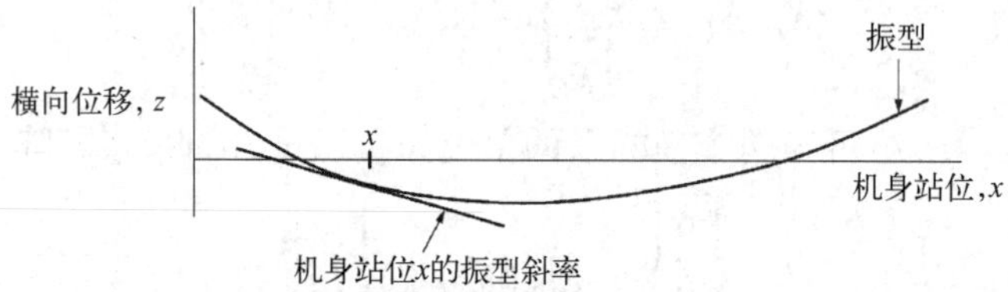


图 4.3　局部振型斜率

因此,飞行器头部弹性变形引起的局部俯仰角速度为

$$\dot{\theta}_{\text{Elastic}}(L)=\frac{\partial \nu_z(L)}{\partial x}\dot{\eta}(t)=\pi\cos\pi\,\dot{\eta}(t)=-\pi\dot{\eta}(t)$$

根据例 4.1,控制模态坐标的方程为

$$\ddot{\eta}+\eta=-1.85\sin\delta$$

$$\dot{\theta}_{\text{Sensed}}=Q-\pi\dot{\eta}$$

和

$$\dot{Q}=\frac{3}{2}\sin\delta$$

$$\ddot{\eta}+\eta=-1.85\sin\delta$$

## 4.9　小扰动分析的参考方程和小扰动方程组

控制弹性飞行器运动的整个非线性方程组包括了方程(4.40)、方程(4.65)、方程(4.82)和方程(4.88)。如果进行小扰动分析,按第一章所述,必须同时获得参考方程组和线性化小扰动方程组。但是此任务相对来说很简单,因为控制刚体位移和旋转的方程(方程(4.40)、方程(4.65)和方程(4.82))同控制刚体飞行器的方程(方程(2.22)、方程(2.27)、方程(2.37))一致。这是使用运动方程平均轴系公式的一个关键优势。

由于第二章中的非线性方程和本章中控制刚体自由度的方程一致,其参考方程组和小扰动方程组与第二章中给出的一致。

表 4.1　控制刚体坐标的参考方程组和小扰动方程组

| 非线性方程 | 参考方程组 | 小扰动方程组 |
| --- | --- | --- |
| 方程(4.40)、方程(4.65)、方程(4.82) | 方程(2.44)、方程(2.48)、方程(2.52)或方程(2.53) | 方程(2.45)、方程(2.49)、方程(2.54)或方程(2.55) |

建立控制弹性飞行器变形的参考方程组和小扰动方程组，首先从方程(4.88)开始。引入模态坐标和压力分布的变量变换，并设

$$\eta_i(t) = H_{0_i}(t) + \eta_i(t), \boldsymbol{P}(x,y,z) = \boldsymbol{P}_0(x,y,z) + \boldsymbol{p}(x,y,z) \tag{4.93}$$

式中：有 0 下标的变量就是与基准条件相关的变量，其他两个没有 0 下标的变量代表对基准条件的小扰动。将此变量变换代入方程(4.88)，可得

$$\begin{aligned}&(\ddot{H}_{0_i} + \ddot{\eta}_i) + \omega_i^2(H_{0_i} + \eta_i)\\&= \frac{1}{\mathcal{M}_i}\int\limits_{\text{Area}} \left(\boldsymbol{P}_0(x,y,z) + \boldsymbol{p}(x,y,z)\right)\cdot \boldsymbol{\nu}_i(x,y,z)\mathrm{d}S,\quad i = 1,\cdots,n\end{aligned} \tag{4.94}$$

检查之后可发现参考方程组为

$$\ddot{H}_{0_i} + \omega_i^2 H_{0_i} = \frac{1}{\mathcal{M}_i}\int\limits_{\text{Area}} \boldsymbol{P}_0(x,y,z)\cdot \boldsymbol{\nu}_i(x,y,z)\mathrm{d}S,\quad i = 1,\cdots,n \tag{4.95}$$

小扰动方程组为

$$\ddot{\eta}_i + \omega_i^2\eta_i = \frac{1}{\mathcal{M}_i}\int\limits_{\text{Area}} \boldsymbol{p}(x,y,z)\cdot \boldsymbol{\nu}_i(x,y,z)\mathrm{d}S,\quad i = 1,\cdots,n \tag{4.96}$$

## 4.10　总　　结

本章建立了控制柔性飞行器运动的方程，包括控制飞行器弹性变形的方程。通过推导，可假设飞行器结构的强迫(自由)振动问题可解。我们使用了自由振动问题解得的模态坐标作为广义坐标描述弹性飞行器的运动。然后我们引入平均轴的概念，并展示通过平均轴的推导，运动方程可解耦成控制刚体自由度和控制弹性自由度的方程。另外，控制刚体自由度的运动方程和控制刚体飞行器的方程一致，其中弹性效应仅对各种力和力矩有影响。

## 4.11　作　业　题

4.1　运用模态正交特性及惯量矩阵定义，说明弹性飞行器的动能可以用方程(4.42)表示。

4.2　推导方程(4.67)。

4.3　进行必要的代数运算推导方程(4.72)。

4.4　假设在柔性飞机的特定位置安装一个加速度计，传感器位置同其在未变形飞行器结构上一样。设此与质心相关的定位标记为矢量 $\boldsymbol{p}_{\text{Accel}}$。从方程(4.89)开始，推导出加速度计位置的惯性加速方程。

# 参考文献

1. Milne, R. D.: "Some Remarks on the Dynamics of Deformable Bodies," *AIAA Journal*, vol. 6, March 1968, p. 556.
2. Milne, R. D.: "Dynamics of the Deformable Airplane," Her Majesty's Stationary Office, Reports and Memoranda No. 3345, September 1962.
3. Waszak, M. R. and D. K. Schmidt: "Flight Dynamics of Aeroelastic Vehicles," *AIAA Journal of Aircraft*, vol. 25, no. 6, June 1988, pp. 563-571.
4. Dusto, A. R. et al.: "A Method for Predicting the Aeroelastic Characteristics of an Elastic Airplane, Vol. 1: FLEXSTAB Theoretical Description," NASA CR-114712, October 1974.
5. Etkin, B.: *Dynamics of Atmospheric Flight*, Wiley, New York, 1972.
6. Meirovitch, L.: *Analytical Methods in Vibrations*, Macmillan, New York, 1967.

# 第五章
# 升力面空气动力学基础

**章节路线图：** 初学飞行动力学的学生必须熟知本章内容，或者通过其他课程了解，或者将本章内容纳入飞行动力学课程中。本书作者采取让学生自学为主、老师仅提供一些建议的方式，效果不错。

从现在开始，在接下来的三章中，我们将注意力转移到作用于飞行器上的气动力与气动力矩的建模。然后，将这些气动力与气动力矩并入前述章节推导出的飞行器运动方程中进行进一步分析。

确定飞行器气动力特性的方式主要有三种——分析、计算与实验。分析方法既包含复杂的理论研究法，又包含以简单实验为基础的分析方法。计算方法包括以计算机为基础、估算压力分布的数值计算法。实验方法包括使用风洞与飞行器飞行试验来测量或推断飞行器上的力、力矩或压力分布。分析、计算与实验这三种方法基本按照成本（与时间）以及精确度或者“表面效度”的递增顺序排列。

然而，基于经验的简单分析方法通常可产生相当精确的结果，并且使用方便快捷，因而也经常使用，尤其是在飞行器的初步设计或者概念设计中。此类方法有助于深入了解飞行器几何特性与其气动力特性之间的复杂关系。本章即以此类经验性或半经验方法为基础。读者可从本书网址 www. mhhe. com/schmidt 获取一种示例计算方法，包括可用于分析机翼与水平尾翼组合的 MATLAB 代码。

本书中用于估计飞行器气动力特性的总体方法有时被称为部件叠加法。即，首先估计机翼或飞行器各部件的关键特性，然后综合这些结果估计整个机翼或飞行器的特性。

本章将介绍空气动力学的基本概念及本书使用的重要符号，旨在对其他课程内容加以补充，提供更多的视角以快速估计对飞行动力学研究至关重要的气动力特性的一些简单方法。然而，学生掌握本章内容并不意味着无需学习其他空气动力学课程。

本章并非囊括了足以对所有飞行器几何构件进行气动力特性分析的所有方法。相反，我们所介绍的方法旨在让学生可初步分析普通飞行器几何构件的气动力特性，使其更好地理解所采取的一般方法，以及获得对飞行动力学而言极为重要的飞行器气动力特性的相关深入定性认识。如需了解更多关于方法论的详情，请参见本章末尾处列出的参考文献 1[①]。

## 5.1 亚声速翼型剖面特性

升力面的基本组成部分是升力面的翼型横截面。它还包括机翼、水平尾翼、垂直尾翼、鸭

① 事实上，本章包含的大多数数据与图解是从参考文献 1 中复制而来，在此作者非常感谢美国空军飞行动力学实验室授权使用参考文献 1。

翼(前翼)等。NASA 的前身国家航空咨询委员会(NACA)在分析翼型的气动力特性方面进行了大量工作,并整理得出大量气动力特性,以二维翼型横截面为例记录成文。这些横截面的几何构件被划分为我们所熟知的 4 位数、5 位数及 6 位数 NACA 翼型系列。波音与空中巴士等主要飞机制造公司已研发出其专用翼型,但一些通用航空飞机制造公司仍沿用 NACA 翼型。不管属于哪种情况,下面讨论的有关翼型剖面的气动力数据类型都是相同的。

图 5.1 所示为任意翼型的重要几何特性。表 5.1 给出了决定几何特性的参数定义。尤其重要的是弦长 $c$、厚度 $t$、中弧线及量化为中弧线与翼弦之间最大距离 $y_{c_{max}}$ 的翼型弯度。如果中弧线位于翼弦线上($y_{c_{max}}=0$),则翼型关于翼弦对称。注意,翼型 $x,y$ 坐标系的原点位于翼弦前缘处,且 $x$ 为正向轴。

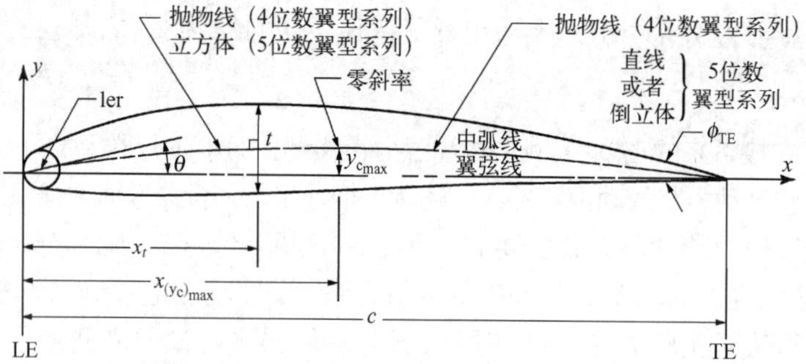


图 5.1　二维翼型横截面几何图形

表 5.1　翼型横截面参数定义

| 基本对称的翼型 | 弯度中弧线 |
|---|---|
| $c$=翼型剖面翼弦 | $y_{cmax}$=中弧线最大纵坐标 |
| $x$=从前缘处开始测量的沿翼弦距离 | $y_c(x)$=中弧线形状 |
| $y$=$x$ 为某值时的对应的纵坐标(从对称翼型翼弦线与有弯度翼型等分线处开始垂直测量) | $x_{yc\,max}$=最大弯度位置 |
| $y(x)$=翼型厚度分布 | $\theta$=与前缘处中弧线斜率相等的整个前缘半径斜率 |
| $t$=翼型最大厚度 | $c_l$=剖面升力系数 |
| $x_t$=最大厚度位置 | $c_{li}$=设计剖面升力系数 |
| ler=前缘半径 | |
| $\phi_{TE}$=后缘角(后缘上下表面切线之间的夹角) | |

通过翼型表面周围的空气产生作用于翼型上下表面的压力分布,如图 5.2 所示。上下表面之间的净压力综合作用于整个翼弦长上时,会产生一个单位翼展力(指向页面内)。如图 5.3所示,该力 $F$ 通常分解成两个分力——升力 $L$ 与阻力 $D$。升力 $L$ 定义为与自由来流速度矢量 $\boldsymbol{V}_\infty$ 垂直的分力,阻力 $D$ 定义为沿自由来流速度方向作用的分力。在该图中,还定义了气动攻角 $\alpha$,其为翼型翼弦线与自由来流速度 $V_\infty$ 之间的角。

方便起见,气动力与气动力矩用无量纲系数表示。使用此类系数可轻松按比例调整全尺寸飞行器与同样形状的小尺寸飞行器模型气动力大小。采用以下关系式定义力系数 $C_F$:

$$F = C_F q_\infty S$$

式中:$F$ 为待求的力;$q_\infty$ 为自由流气流的气动压。该气动压用自由流空气密度 $\rho_\infty$ 表示时,其关系式为

$$q_\infty = \frac{1}{2}\rho_\infty V_\infty^2 \tag{5.1}$$

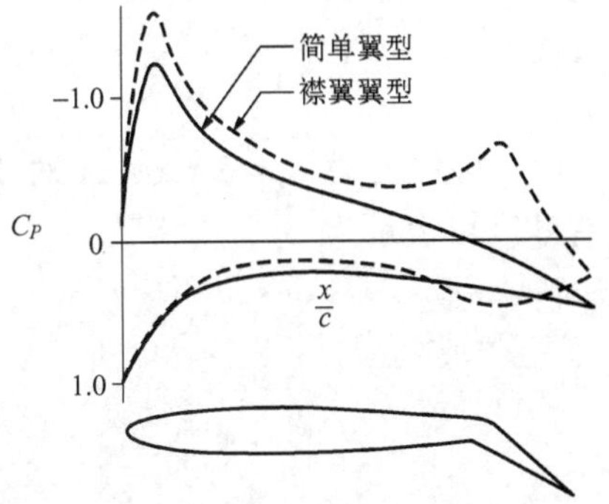


图 5.2　简单翼型与襟翼翼型上的压力分布

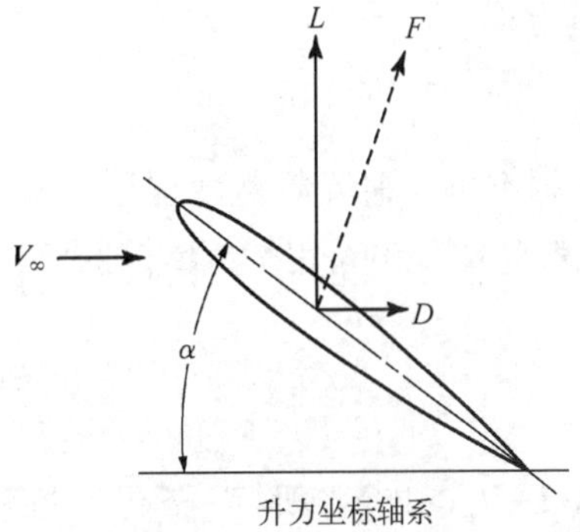


图 5.3　气动合力的升力与阻力分力

式中：$S$ 为无量纲化过程中选择的基准面积。（假设在风洞中测得力，其力系数通过无量纲化得出。）同样，采用以下关系式定义力矩系数 $C_M$：

$$M = C_M q_\infty S l$$

式中：$M$ 为待求力矩；$l$ 也为在无量纲化过程中选择的基准长度。最后，采用以下关系式定义压力系数 $C_p$：

$$C_p = \frac{p - p_\infty}{q_\infty}$$

翼型的临界气动力特性包括所产生的升力、阻力与俯仰力矩，及其气动力中心的位置。正如上文所述，力与力矩通过积分作用于翼型上的压力分布产生。气动力中心 $x_{ac}$ 为沿翼型翼弦方向的一指定点，其气动俯仰力矩不随攻角的变化而变化。相比之下，压力中心 $x_{cp}$ 指沿翼弦方向气动俯仰力矩等于零的一个位置。升力、阻力与俯仰力矩通常表示成关于翼型攻角的曲线图。下面将讨论这一重要图表数据。

## 学生须知

首先要考虑关于符号中的一个重要说明。分析二维剖面气动力特性时，我们将使用小写字母表示力、力矩及所有系数，而将大写字母留给待分析的三维分力特性——如机翼或整个飞行器特性时使用。

### 5.1.1　翼型剖面升力与阻力

现在来分析二维翼型剖面的升力与阻力特性。升力特性如图 5.4 所示，图中展示了剖面升力系数 $c_l$ 关于剖面攻角 $\alpha$ 的曲线图。注意，攻角在非常大的范围内发生变化，最大达到 $\alpha^*$，剖面升力系数随 $\alpha$ 成线性变化，斜率用 $c_{l_\alpha}$ 表示。当攻角为 $\alpha_{c_{l\max}}$ 时，升力系数达到最大值 $c_{l\max}$。最后，攻角为 $\alpha_0$ 时，升力系数为零。已知特定翼型剖面的

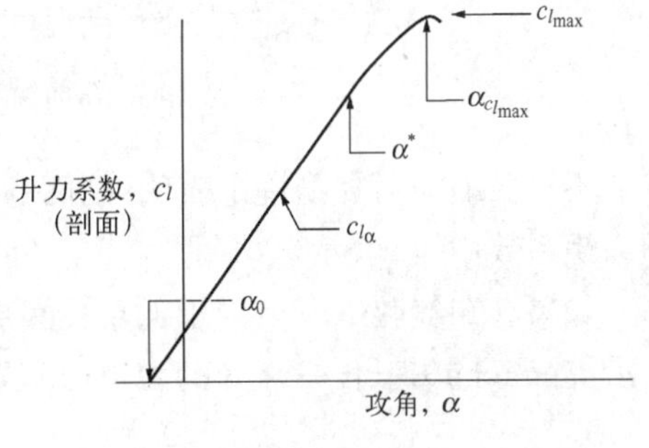


图 5.4　剖面升力系数随攻角变化曲线图

这五个量,可轻而易举地画出升力系数随攻角发生变化的曲线图。

在飞行动力学中,刚才提到的参数中,最重要的是升力曲线的斜率 $c_{l_\alpha}$,即升力有效度,将其定义为:

$$c_{l_\alpha} \triangleq \frac{\partial c_l}{\partial \alpha} \tag{5.2}$$

根据不可压缩流薄翼型理论可知,翼型剖面升力有效度为 $c_{l_\alpha} = 2\pi \mathrm{rad}^{-1}$。对于亚声速流(马赫数 $M\infty <1.0$),包括可压缩效应,剖面升力有效度可表示为

$$c_{l_\alpha}|_{\text{理论值}} = \frac{2\pi}{\sqrt{1 - M_\infty^2}}, M_\infty < 1.0 \tag{5.3}$$

式中:$\sqrt{1-M_\infty^2}$ 项指普朗特-格劳厄特亚声速可压缩因子。超声速($M_\infty >1.0$)时,根据薄翼型理论也可得出

$$c_{l_\alpha}|_{\text{理论值}} = \frac{4}{\sqrt{M_\infty^2 - 1}}, M_\infty > 1.0 \tag{5.4}$$

式中:$\sqrt{M_\infty^2 -1}$ 指普朗特-格劳厄特超声速可压缩因子。

最后,剖面阻力系数 $c_d$ 通常以关于攻角或升力系数的曲线图表示。我们将该曲线称作剖面升阻系数曲线,其形状有时为抛物线。典型的剖面升阻系数曲线如图 5.5 所示。在该图中,最小阻力系数记为 $c_{d\min}$,与最小阻力对应的升力系数记为 $c_{l\min}$。

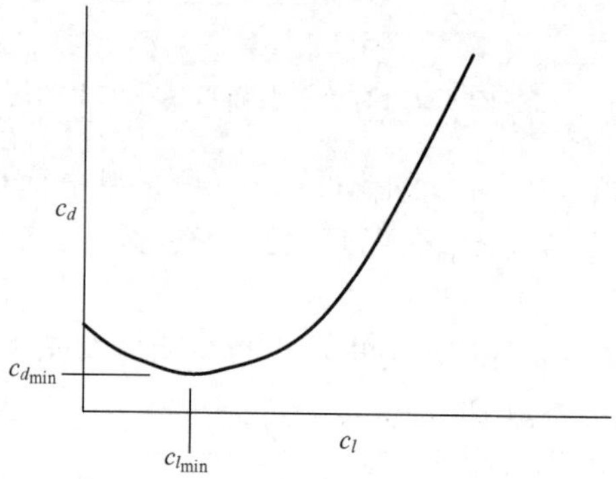

图 5.5 剖面升阻系数曲线

## 5.1.2 翼型剖面俯仰力矩

翼型表面的压力分布引起的俯仰力矩是另一个重要特性。该力矩在翼弦线上某点获取,如图 5.6 所示,可用剖面力矩系数 $c_m$ 表示。该系数随攻角变化的曲线如图 5.7 所示。图中的两条曲线,一条表示在翼型前缘获取的力矩系数,另一条表示在翼型气动力中心获取的力矩系数。翼型剖面的气动力中心在此落于沿翼弦方向某处,其力矩不随攻角变化而变化。

$$\frac{\partial c_m}{\partial \alpha}|_{x_{ac}} = 0 \tag{5.5}$$

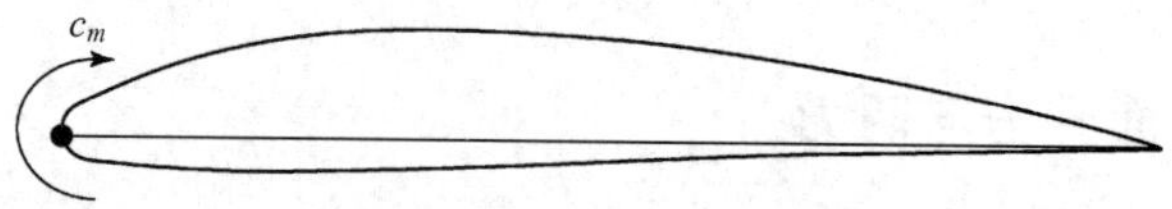

图 5.6 在前缘周围获取的剖面气动俯仰力矩

不可压缩流薄翼型理论表明:剖面的气动力中心位于 1/4 翼弦点处。剖面气动力中心剖面力矩系数用 $C_{m_{ac}}$ 表示。

如果已知翼弦 $x_1$ 某点周围的单位翼展升力(指向页面内)$l$ 与力矩(单位翼展)$m_1$,就可求出沿翼弦 $x_2$ 的另一任一点处的力矩(单位翼展)。根据图 5.8,注意

$$m_2 = m_1 + l(x_2 - x_1)$$

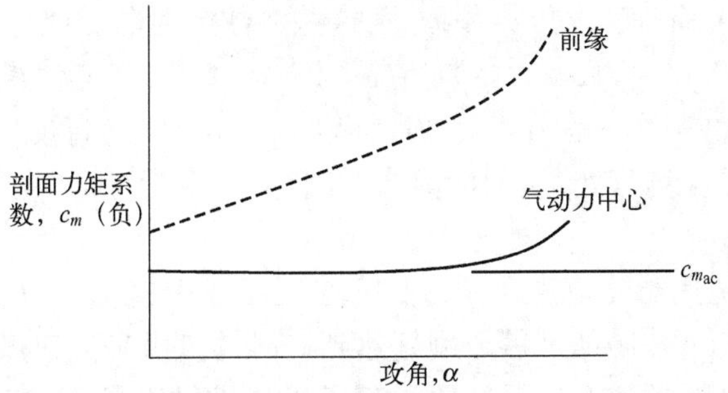


图 5.7　剖面气动俯仰力矩系数

或者

$$c_{m_2} q_\infty cc = c_{m_1} q_\infty cc + c_l q_\infty c(x_2 - x_1)$$

式中：已将剖面基准面积（指向页面内的单位翼展）定义为弦长，同时也将剖面基准长度定义为弦长。（注意：二维剖面升力总是用 $l$ 表示，以便与用于将力矩系数无量纲化的特性长度加以区分。本书将详细阐明这一用法。）

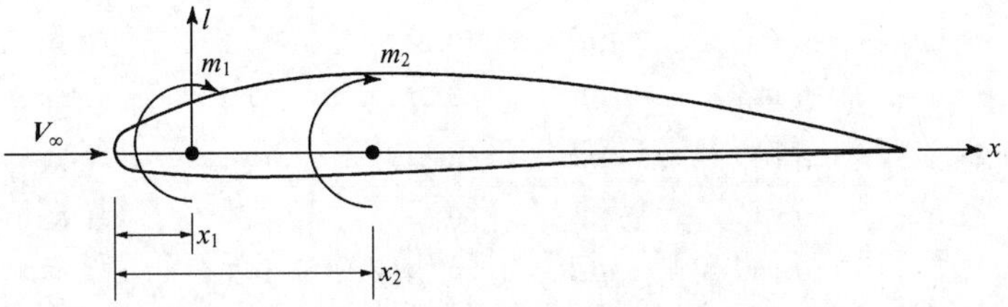


图 5.8　翼弦不同位置的基准剖面力矩

因此，可通过下式求出基准位置 $x_2$ 的力矩系数

$$c_{m_2} = c_{m_1} + c_l \frac{(x_2 - x_1)}{c} = c_{m_1} + c_l(\bar{x}_2 - \bar{x}_1) \tag{5.6}$$

（现在请注意：我们已用 $\bar{X}$ 表示以剖面弦长无量纲化的 $x$ 距离。该无量纲化长度总是用上划线表示。）因此，气动力中心的力矩（系数）$c_{m_{ac}}$、压力中心 $\bar{x}_{cp}$ 及气动力中心 $\bar{x}_{ac}$ 之间的关系可用下式表示：

$$c_{m_{ac}} = -c_l(\bar{x}_{cp} - \bar{x}_{ac}) \tag{5.7}$$

根据该式可导出

$$\frac{\partial c_{m_{ac}}}{\partial c_l} = -(\bar{x}_{cp} - \bar{x}_{ac}) \tag{5.8}$$

另一力矩系数——零升力处力矩（系数）$C_{m_0}$ 也经常用到。该力矩总是在气动力中心获取，根据气动力中心的定义可得出

$$c_{m_0} = c_{m_{ac}}$$

除非另有规定，否则翼型剖面的俯仰力矩始终定义为在剖面气动力中心获取的力矩。

### 5.1.3　翼型剖面数据

表 5.2 概括了数个 NACA4 位数、5 位数及 6 位数系列翼型的二维翼型气动力特性。就对

称翼型而言，$\alpha_0=c_{m0}=0$，而就有弯度翼型而言，这些参数则为非零值。注意：剖面升力系数呈线性增长，最大达8~10°以上，且在大多数情况下，$c_{l_{max}}\approx1.5$。尤其值得注意的是：对于所有这些翼型横截面、升力曲线斜率或者升力有效度而言，$c_{l_\alpha}\approx0.1/(°)$每度（即5.7/rad），且气动力中心的位置大约位于1/4翼弦处（从剖面前缘处测得）。最后，厚弦比$t/c$用翼型名称的最后两位表示。

表5.2中的数据适用于低亚声速马赫数。在更高亚声速（$M_\infty>0.7\sim0.8$）时，翼型表面附近的局部马赫数接近1。局部马赫数刚好达到一时的自由来流速度称作翼型的临界马赫数。普朗特-格劳厄脱压缩性规则很好地涵盖了可压缩性对翼型气动力特性的许多影响。例如：在低于临界马赫数的亚声速时，与方程（5.3）一致，可假设升力曲线斜率符合下列关系式：

表5.2　实验得出的低速翼型剖面气动力特性

| NACA翼型 | $\alpha_0/(°)$ | $c_{m_0}$ | $c_{l_\alpha}/(°)$ | ac | $\alpha_{c_{l\max}}/°$ | $c_{l_{\max}}$ | $\alpha^*/(°)$ |
|---|---|---|---|---|---|---|---|
| 0006 | 0 | 0 | 0.108 | 0.250 | 9.0 | 0.92 | 9.0 |
| 0009 | 0 | 0 | 0.109 | 0.250 | 13.4 | 1.32 | 11.4 |
| 1408 | 0.8 | -0.028 | 0.109 | 0.250 | 14.0 | 1.35 | 10.0 |
| 1410 | -1.0 | -0.020 | 0.108 | 0.247 | 14.2 | 1.50 | 11.0 |
| 1412 | -1.1 | -0.025 | 0.108 | 0.252 | 15.2 | 1.58 | 12.0 |
| 2412 | -2.0 | -0.047 | 0.105 | 0.247 | 16.8 | 1.68 | 9.5 |
| 2415 | -2.0 | -0.049 | 0.106 | 0.248 | 16.4 | 1.62 | 10.0 |
| 2418 | -2.8 | -0.050 | 0.103 | 0.241 | 14.0 | 1.47 | 10.0 |
| 2421 | -1.8 | -0.040 | 0.103 | 0.241 | 16.0 | 1.47 | 8.0 |
| 2424 | -1.8 | -0.040 | 0.098 | 0.281 | 16.0 | 1.29 | 8.4 |
| 4412 | -3.8 | -0.092 | 0.105 | 0.247 | 14.0 | 1.67 | 7.5 |
| 4415 | -4.3 | -0.098 | 0.105 | 0.246 | 15.0 | 1.64 | 8.0 |
| 4418 | -8.8 | -0.088 | 0.105 | 0.242 | 14.0 | 1.52 | 7.2 |
| 4421 | -8.8 | -0.085 | 0.103 | 0.236 | 16.0 | 1.47 | 6.0 |
| 4424 | -8.8 | -0.082 | 0.100 | 0.239 | 16.0 | 1.38 | 4.8 |
| 28012 | -1.4 | -0.014 | 0.107 | 0.247 | 18.0 | 1.79 | 12.0 |
| 28015 | -1.0 | -0.007 | 0.107 | 0.248 | 18.0 | 1.72 | 10.0 |
| 28018 | -1.2 | -0.005 | 0.104 | 0.242 | 14.0 | 1.60 | 11.8 |
| 28021 | -1.2 | 0 | 0.103 | 0.238 | 15.0 | 1.50 | 10.3 |
| 28024 | -0.8 | 0 | 0.097 | 0.231 | 15.0 | 1.40 | 9.7 |
| 63-006 | 0 | 0.005 | 0.112 | 0.253 | 10.0 | .87 | 7.7 |
| -009 | 0 | 0 | 0.111 | 0.252 | 11.0 | 1.15 | 10.7 |
| 63-206 | -1.9 | -0.037 | 0.112 | 0.254 | 10.5 | 1.06 | 6.0 |
| -209 | -1.4 | -0.032 | 0.110 | 0.262 | 13.0 | 1.4 | 10.8 |
| -210 | -1.2 | -0.035 | 0.113 | 0.261 | 14.5 | 1.56 | 9.6 |
| 631-012 | 0 | 0 | 0.116 | 0.265 | 14.0 | 1.45 | 12.8 |
| -212 | -2.0 | -0.035 | 0.114 | 0.263 | 14.5 | 1.08 | 11.4 |
| -412 | -2.8 | -0.075 | 0.117 | 0.271 | 15.0 | 1.77 | 9.6 |

升力系数以翼弦为基础。

定义：

$c_{m_0}$：在气动力中心获取的剖面零升力俯仰力矩

ac：翼弦部分的剖面气动力中心的弦向位置($=x_{ac}/c$)

$$c_{l_\alpha}\big|_{M_\infty \neq 0} = \frac{c_{l_\alpha}\big|_{M_\infty = 0}}{\sqrt{1 - M_\infty^2}} \tag{5.9}$$

式中：$c_{l_\alpha}\big|_{M_\infty=0}$为表5.2中给出的升力有效度，超过临界马赫数时，传统亚声速翼型的升力曲线斜率急剧降低。

气流速度超过临界马赫数或处于超声速时的另一非常重要的影响是导致翼型气动力中心位置发生变化。就亚声速飞行而言，我们注意到其气动力中心接近精心设计的翼型的1/4翼弦处。但是，对于超声速飞行($M_\infty>1.5$)而言，气动力中心在翼弦的40%~45%附近向后移动。正如将在第六章、第九章及第十章看到的，这可使飞行器动力学发生巨大变化，同时这也是在掌握该现象之前早期飞行器飞行试验失败的原因。

为了估计超声速气流中翼型的其他特性，有人指出可根据激波膨胀理论得出相当好的结果。在高超声速范围内，有时会使用牛顿激波理论。感兴趣的读者可阅读参考文献2，其指出了牛顿激波理论已经应用于高超声速飞行器的初步设计。在跨声速范围($0.7<M_\infty<1.5$)内，由于气流对形状的细微变化非常敏感，很难估计翼型的气动特性，因此经验性方法受到限制，因而推荐使用实验法与/或计算法。

## 例 5.1　高超声速升力机身的二维气动力特性

为了证明亚声速翼型剖面特性的讨论，本例将阐述高超声速气流($M_\infty \geqslant 5$)的二维特性。下面以图5.9中所示的带有横截面几何图形的对称楔形高超声速升力机身为例进行分析。使用经修改的牛顿碰撞理论，求马赫数$M_\infty=5$时的二维升力系数、二维阻力系数以及二维俯仰力矩系数，同时绘制它们随攻角变化的曲线图。

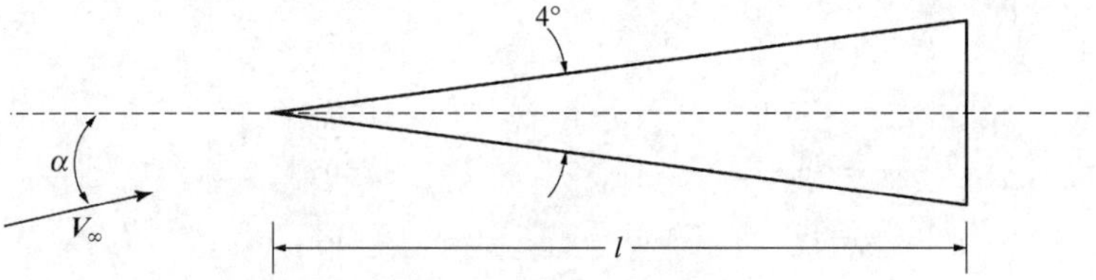


图5.9　高超声速升力机身

**解**

根据经修改的牛顿碰撞理论(参考文献2)，作为局部气流倾角函数的机身表面压力(系数)可简单通过下式得出：

$$c_p = c_{p,\max}\sin^2\theta \tag{5.10}$$

$M_\infty=5$，式中$\theta$指相对机身表面的局部气流倾角，当$M_\infty=5$时，

$$c_{p,\max} \triangleq \frac{2}{\gamma M_\infty^2}\left(\frac{p_{0,2}}{p_\infty} - 1\right) = \frac{2}{1.4(5^2)}(32.65 - 1) = 1.81 \tag{5.11}$$

(此处，$p_{0,2}/p_\infty$指在指定马赫数时穿过正激波的滞止压力比。)因此，上表面与下表面的气流倾角可根据下式得出：

$$\theta_{下表面} = 2 + \alpha°$$

$$\theta_{下表面} = 2 - \alpha°$$

现在,根据定义,可将二维升力系数、二维阻力系数与二维力矩系数定义为

$$c_l = c_{l_{下表面}} + c_{l_{上表面}} = c_{p_{下表面}} \cos\theta_{下表面} - c_{p_{上表面}} \cos\theta_{上表面}$$

$$c_d = c_{d_{下表面}} + c_{d_{上表面}} = c_{p_{下表面}} \sin\theta_{下表面} + c_{p_{上表面}} \sin\theta_{上表面}$$

$$c_m = c_{m_{下表面}} + c_{m_{上表面}} = -\left(c_{p_{下表面}} - c_{p_{上表面}}\right)\frac{1}{2\cos 2°}$$

式中:当 $\theta. \leqslant 0$ 时,$c_p = 0$。注意:俯仰力矩在前缘获取,所用的特性长度为机身长度。

所得结果及曲线图如下所示。(图 5.10 提供了力矩系数负值曲线图,以便采用相同尺度。)

| 攻角 $\alpha$/(°) | 下 表 面 | 上 表 面 | 总 计 |
|---|---|---|---|
| 0 | $c_p = 2.20$ | $c_p = 2.20$ | $c_l = 0$ |
| | $c_l = 2.20$ | $c_l = -2.20$ | $c_d = 0.154$ |
| | $c_d = 0.077$ | $c_d = 0.077$ | $c_m = 0$ |
| | $c_m = -1.10$ | $c_m = 1.10$ | |
| 1 | $c_p = 4.96$ | $c_p = 0.551$ | $c_l = 4.40$ |
| | $c_l = 4.95$ | $c_l = -0.551$ | $c_d = 0.269$ |
| | $c_d = 0.259$ | $c_d = 0.0096$ | $c_m = -2.20$ |
| | $c_m = -2.48$ | $c_m = 0.276$ | |
| 2 | $c_p = 8.81$ | $c_p = 0$ | $c_l = 8.79$ |
| | $c_l = 8.79$ | $c_l = 0$ | $c_d = 0.614$ |
| | $c_d = 0.614$ | $c_d = 0$ | $c_m = -4.40$ |
| | $c_m = -4.40$ | $c_m = 0$ | |
| 3 | $c_p = 13.7$ | $c_p = 0$ | $c_l = 13.7$ |
| | $c_l = 13.7$ | $c_l = 0$ | $c_d = 1.20$ |
| | $c_d = 1.20$ | $c_d = 0$ | $c_m = -6.87$ |
| | $c_m = -6.87$ | $c_m = 0$ | |
| 4 | $c_p = 19.8$ | $c_p = 0$ | $c_l = 19.7$ |
| | $c_l = 19.7$ | $c_l = 0$ | $c_d = 2.07$ |
| | $c_d = 2.07$ | $c_d = 0$ | $c_m = -9.89$ |
| | $c_m = -9.89$ | $c_m = 0$ | |
| 5 | $c_p = 26.9$ | $c_p = 0$ | $c_l = 26.7$ |
| | $c_l = 26.7$ | $c_l = 0$ | $c_d = 3.28$ |
| | $c_d = 3.28$ | $c_d = 0$ | $c_m = -13.4$ |
| | $c_m = -13.4$ | $c_m = 0$ | |

所有数据 $\times 10^{-3}$。

注意:就此情况而言,当气流为高超声速流时,升力系数与攻角正弦的平方(大约)成正比,而不会如亚声速流一样与攻角呈线性变化。

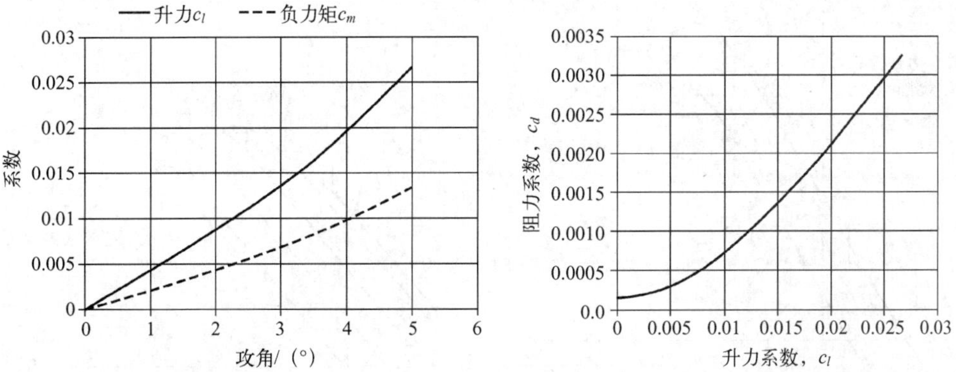


(a) 升力机身的升力与力矩　　(b) 升力机身升阻系数曲线

图 5.10　高超声速升力机身的升力系数、阻力系数与力矩系数

## 5.2　襟翼对亚声速翼型剖面特性的影响

传统气动高升力装置与控制面(如升降舵与副翼)的相似之处在于它们均通过改变翼型的有效弯度或弦长起作用。尽管这两种装置的设计目的可能迥异,但此处并不打算对这些装置的气动特性加以区分。因此,本节将交替使用“襟翼”与“控制面”这两个术语。

图 5.11 各种襟翼的略图。最普通的是简单襟翼。高升力装置包括后缘装置(如襟翼)与前缘装置(如翼缝)。两者对剖面气动力特性具有相似影响。此处仅集中讨论后缘装置,对前缘装置感兴趣的读者可参阅参考文献 1。

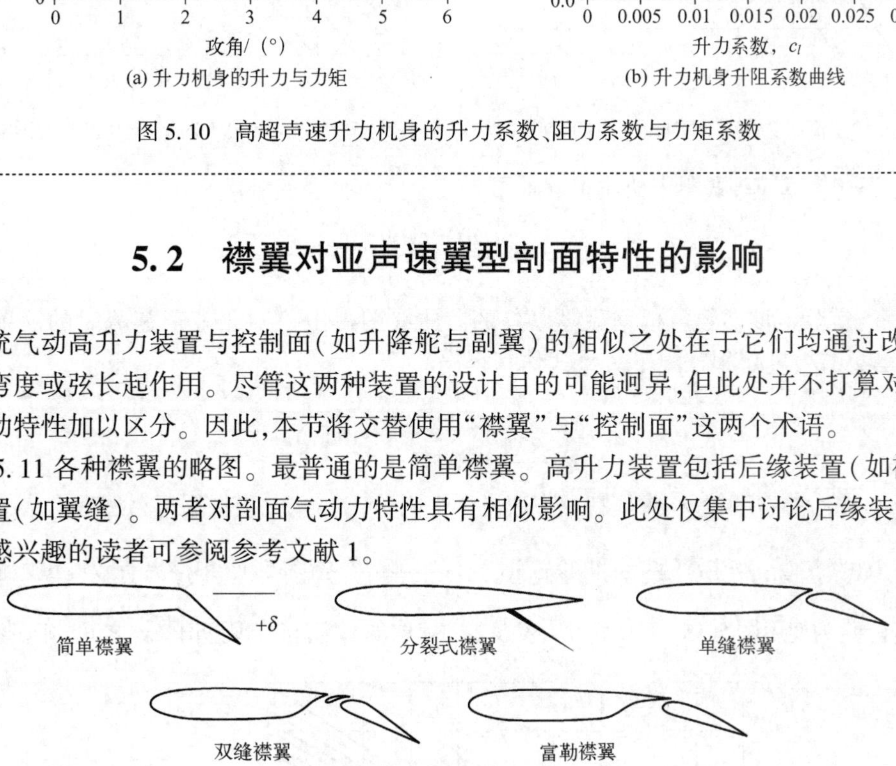


图 5.11　普通襟翼示例

图 5.12 展示了高升力装置对剖面升力的影响。基本上,使用高升力装置使整个升力曲线呈上升趋势,从而既增大给定攻角的升力,又增大最大升力 $c_{l_{\max}}$。线性范围内的升力曲线斜率 $c_{l_\alpha}$ 基本不受襟翼偏转的影响。

如图 5.13 所示,高襟翼偏转角时,高升力装置对升力曲线的影响将消失。当襟翼偏转角更大时,由于翼型上表面上的气流出现失速,最大升力 $c_{l_{\max}}$ 减小,而升力性能线性范围的上限亦减小。

襟翼的气动力有效度可用两个相关参数进行量化。已知其中一个参数,就可确定另一参数,首先,将单位襟翼偏转升力(系数)的变化定义为

$$c_{l_\delta} \triangleq \frac{\partial c_l}{\partial \delta}\Big|_{\alpha=\text{定值}} \tag{5.12}$$

该参数图解如图 5.12 所示。第二个有效度参数是单位襟翼偏转攻角的变化,表示为

$$\alpha_\delta \triangleq \frac{\partial \alpha}{\partial \delta}\Big|_{c_l=\text{常数}} = \frac{c_{l_\delta}\big|_{\alpha=\text{常数}}}{c_{l_\alpha}\big|_{\delta=\text{常数}}} \tag{5.13}$$

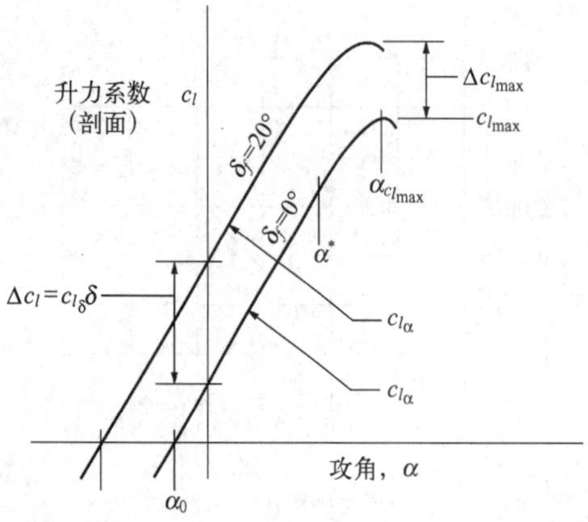


图 5.12　高升力装置对剖面升力的影响

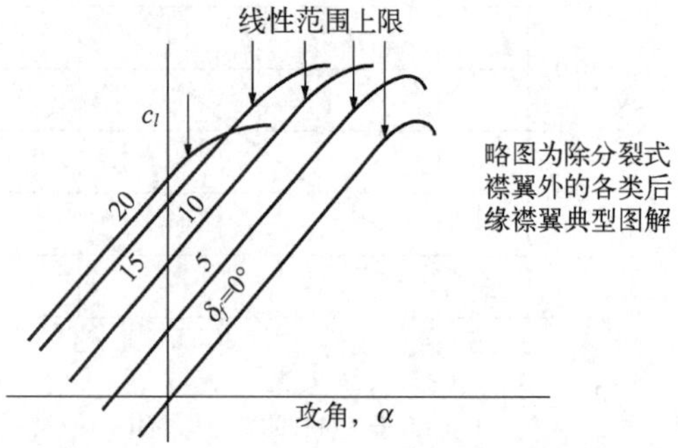


图 5.13　偏转更大时高升力装置的影响

再次参照图 5.12,就图中所示情况而言,

$$\alpha_\delta=\frac{\Delta\alpha_0(^\circ)}{20(^\circ)}$$

(注意:实际上该参数可根据除零以外的 $c_l$ 曲线图得出。)对于亚声速流时的简单襟翼而言,剖面襟翼有效度可根据以下关系式估算得出。

$$c_{l_\delta}=\frac{1}{\beta}\left(\frac{c_{l_\delta}}{c_{l_\delta}|_{理论值}}\right)c_{l_\delta}|_{理论值} \tag{5.14}$$

式中:$\beta=\sqrt{1-M_\infty^2}$ 指普朗特–格劳厄特亚声速可压缩因子;$C_{l\delta}|_{理论值}$ 指根据薄翼型理论从图 5.14 中获取的有效度(注意:$t/c$ 指翼型剖面的厚弦比);$\left(\frac{c_{l\delta}}{C_{l\delta}|_{理论值}}\right)$ 指图 5.15 中襟翼有效度试验值与理论值之比(注意:为使用图 5.15,必须使用从表 5.2 中获取的 $c_{l_a}$ 值与其理论值 2π/之间的比值)。

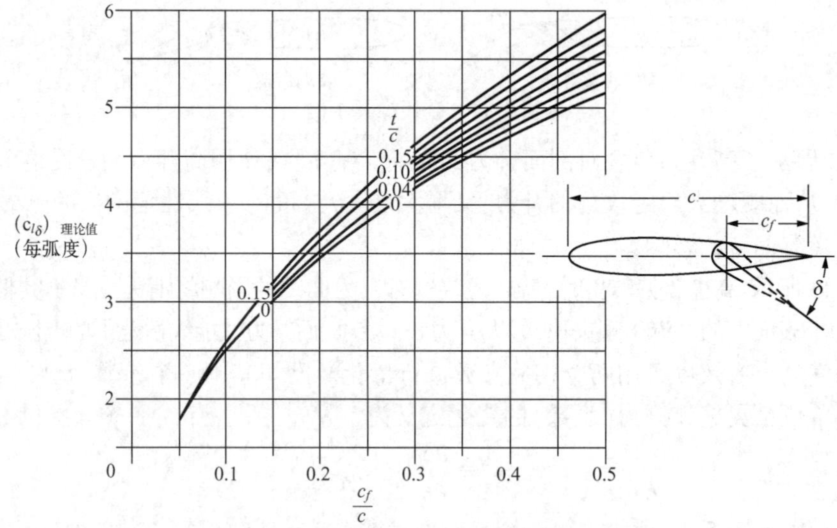


图 5.14　简单襟翼的理论剖面升力有效度

如图 5.16 所示,由于压力分布发生变化,襟翼偏转对翼型剖面的俯仰力矩也会有影响,使力矩前缘向下偏转,或正向襟翼偏转为负。根据薄翼型理论,由简单襟翼偏转引起的力矩变化

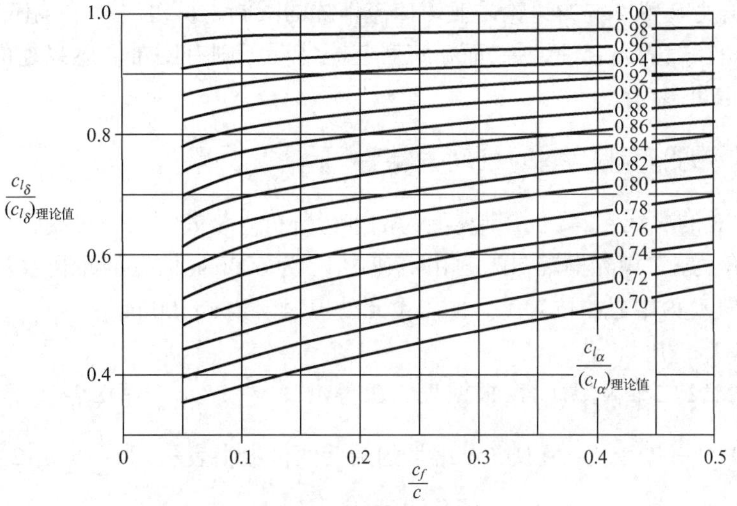


图 5.15　简单襟翼剖面升力有效度经验校正

可通过下式求出。

$$c_{m_\delta} = -2\sqrt{\frac{c_f}{c}\left(1-\frac{c_f}{c}\right)^3}\text{rad}^{-1} \tag{5.15}$$

式中：$c_f$指襟翼剖面的弦长；$c$ 指包含未偏转襟翼的翼型剖面的弦长。该表达式求出了襟翼偏转小于25°的非常精确的结果。尽管力矩的量级受襟翼偏转影响，但有攻角的力矩的斜率 $c_{m_\alpha}$ 却不会受到明显影响。因此，剖面气动力中心的位置 $x_{ac}$ 不会受襟翼偏转的明显影响。

待考虑的最后一个影响是襟翼偏转引起的剖面阻力变化。简单襟翼的这种影响可根据图 5.17估算得出。在 5.3 节分析三维机翼时，我们将对阻力进行进一步讨论。

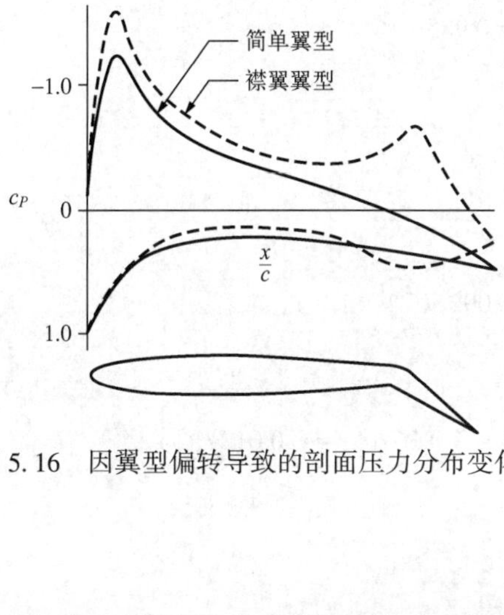


图 5.16　因翼型偏转导致的剖面压力分布变化

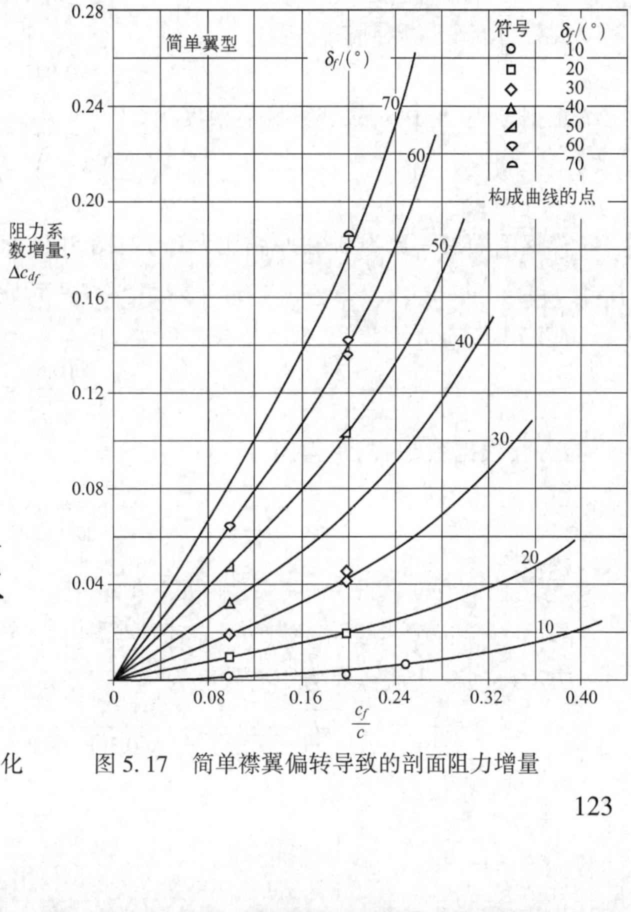


图 5.17　简单襟翼偏转导致的剖面阻力增量

以上对高升力装置影响的讨论受亚声速流情况的限制。再次注意,在超声速流情况下,根据激波膨胀理论一般得出合理结果,而在跨声速流情况下则有困难。感兴趣的读者可参阅参考文献 1-3 获取更多信息。

## 例 5.2　带襟翼亚声速翼型的气动力特性

以弦长为 2ft 的 NACA 2412 二维翼型为例进行分析。该翼型后缘襟翼弦长为 0.6ft。假设翼型剖面的攻角为 3°,襟翼偏转 20°,自由流速度 $V_\infty$ 为 600fps,估算剖面升力系数 $c_l$、剖面力矩系数 $c_m$ 及翼型气动力中心的位置 $x_{ac}$。(假设此处声速 $a$ 为 1,100fps。)

解

就 NACA 2412 二维翼型而言,根据表 5.2 得出 $\alpha_0=-2°$,$c_{m_0}=-0.047$,$c_{l_\alpha}=0.108/°$,$\bar{x}_{ac}=0.247$ 且 $a^*=9.5°$。厚弦比(用 NACA 编号的最后两位数字表示)为 $\frac{t}{c}=0.12$。

因此,注意:当攻角在线性范围内且无襟翼偏转时,可得出

$$c_l = c_{l_\alpha}(\alpha-\alpha_0) \quad c_{l_\alpha}=\frac{c_{l_\alpha}|_{M_\infty=0}}{\beta}$$

式中

$$M_\infty = 600/1{,}100 = 0.55$$

因而

$$\beta=\sqrt{1-M_\infty^2}=\sqrt{1-0.55^2}=\sqrt{0.7}=0.84$$

且

$$c_l = c_{l_\alpha}(\alpha-\alpha_0)=\frac{0.108}{0.84}(3+2)=0.64$$

此外,由于无襟翼偏转,因此

$$c_m=-0.047$$

根据方程(5.14),襟翼升力有效度为

$$c_{l_\delta}=\frac{1}{\beta}\left(\frac{c_{l_\delta}}{c_{l_\delta}|_{\text{理论值}}}\right)c_{l_\delta}|_{\text{理论值}}$$

襟翼剖面展弦比为 0.3,厚弦比为 0.12,图 5.14 表明

$$c_{l_\delta}|_{\text{理论值}}=4.5\,/\text{rad}=0.079\,/(°)$$

对此翼型而言,

$$\frac{c_{l_\alpha}}{c_{l_\alpha}|_{\text{理论值}}}=\frac{0.108}{2\pi/57.3}=0.985$$

因此,根据图 5.15,可得出

$$\frac{c_{l_\delta}}{c_{l_\delta}|_{\text{理论值}}}=0.98$$

因此

$$c_{l_\delta}=\frac{1}{0.84}(0.98)0.079=0.092\,/(°)$$

方程(5.15)表明襟翼力矩有效度为

$$c_{m_\delta}=-2\sqrt{\frac{c_f}{c}\left(1-\frac{c_f}{c}\right)^3}=-2\sqrt{0.3(1-0.3)^3}=-0.66\,/\text{rad}=-0.012\,/(°)$$

因而当攻角为3°、襟翼偏转为20°时,剖面升力系数与俯仰力矩系数分别为

$$c_l = c_l\big|_{襟翼=0} + c_{l_\delta}\delta = 0.64 + 0.092 \times 20 = 2.48$$

$$c_m = c_m\big|_{襟翼=0} + c_{m_\delta}\delta = -0.047 - 0.012 \times 20 = -0.287$$

最后,当弦长为2ft时,剖面气动力中心位于

$$x_{ac} = \bar{x}_{ac} \times c = 0.247 \times 2 = 0.494 \text{ 前缘后部}$$

## 5.3 机翼平面形状特性

尽管该节标题为"机翼平面形状特性",但所有待讨论的概念同样适用于所有三维升力表面,如水平尾翼面、垂直尾翼面及鸭翼(机翼前表面)。同时,尽管此处还将继续用"襟翼"表示后缘高升力装置,但分析高升力装置的方法也适用于后缘控制面,如升降舵、副翼与方向舵。

正如5.2节中讨论翼型剖面特性一样,首先对机翼平面形状进行物理描述。图5.18中的任意机翼平面形状均为俯视图,图中定义了 $x$,$y$ 机翼坐标轴,原点在机翼顶点处。表5.3还定义了关键的几何参数。特别值得注意的是,机翼平面形状或投影面积 $S$、翼展 $b$、展弦比 $A$ 及翼尖 $c_t$ 与翼根或翼根弦 $c_r$ 处的翼弦。该翼根弦指机翼对称平面中心的翼弦。同样重要的是机翼的平均气动翼弦(MAC)(实际指平均几何翼弦),记为 $\bar{c}$(按照惯例,在此使用上划线,但MAC不是无量纲的——它有长度单位。)

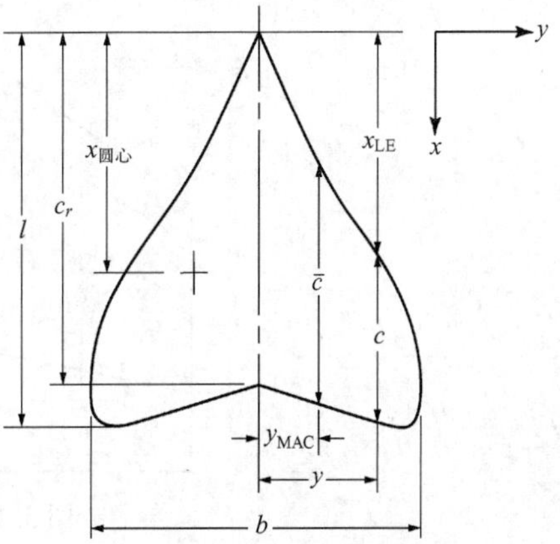

图5.18 任意机翼平面形状

如果机翼的前缘与后缘是直的,则可使用附加参数描述其形状。图5.19展示了该机翼的形状,表5.4定义了它的一些附加几何参数。特别值得一提的是锥度比 $\lambda = c_t/c_r$ 以及各种掠角 $\Lambda$。此外(尽管未显示),机翼扭转角 $\varepsilon(y)$ 也常被用到,扭转范围从翼根到翼尖。换言之,随着翼展位置的增大,翼型剖面翼弦线在翼展坐标轴 $y$ 周围扭转。

表5.3 任意机翼平面形状的几何特性

| 变 量 | 定 义 |
|---|---|
| $A$ | 展弦比 $=b^2/S$ |
| $b$ | 机翼翼展 |
| $b/(2l)$ | 机翼细长比参数 |
| $c$ | 任意给定翼展 $y$ 处的翼弦(与对称轴平行) |
| $\bar{c}$ | 平均气动翼弦(MAC)(或平均几何翼弦)<br>$\bar{c} = \dfrac{2}{S}\int_0^{b12} c^2 \mathrm{d}y$ |
| $c_r$ | 翼根弦 |
| $l$ | 从机翼顶点至大部分后缘尾端的总长 |
| $p$ | 平面形状参数 $=S/(bl)$ |

(续)

| 变　量 | 定　义 |
|---|---|
| $S$ | Wing area $= 2\int_0^{b12} c\mathrm{d}y$ 注意:投影面积或平面形状面积 |
| $x_{\mathrm{LE}}$ | 翼展 $y$ 处前缘的弦向位置 |
| $x_{\mathrm{centroid}}$ | 面心的弦向位置(从顶点至$\bar{c}/2$ 的弦向距离)<br>$x_{\mathrm{centroid}} = \dfrac{2}{S}\int_0^{b12} c\left(x_{\mathrm{LE}} + \dfrac{c}{2}\right)\mathrm{d}y$ |
| $y$ | 垂直于对称平面测得的常规展向位置 |
| $y_{\mathrm{MAC}}$ | 展向的 MAC 位置(相当于展向的面心位置) $y_{\mathrm{MAC}} = \dfrac{2}{S}\int_0^{b12} cy\mathrm{d}y$ |

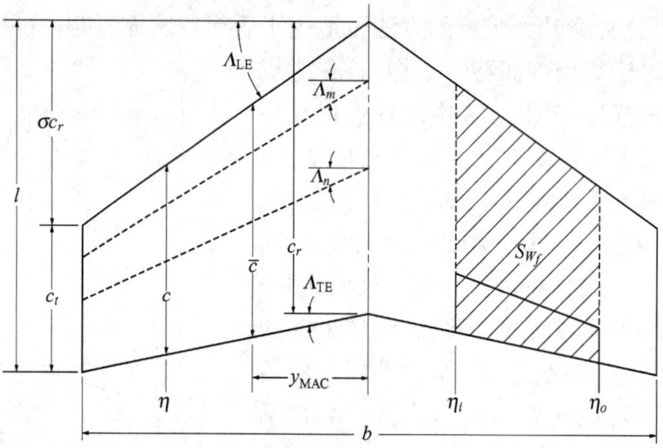


图 5.19　锥形直翼的平面形状

就锥形直翼而言,可认为其平面形状面积为

$$S = \left(\frac{b}{2}\right)c_r(1+\lambda) \tag{5.16}$$

表 5.4　直锥型翼的几何特性

| 变　量 | 定　义 |
|---|---|
| $c_r$ | 翼根弦 |
| $c_t$ | 翼尖弦 |
| $m, n$ | 无量纲翼弦向位置(如 50%翼弦) |
| $S_{W_f}$ | 受后缘偏转影响的机翼面积 |
| $\eta$ | 无量纲展向位置 |
| $\lambda$ | 锥度比$=c_t/c_r$ |
| $\Lambda_{\mathrm{LE}}$ | 前缘掠角 |
| $\Lambda_{m或n}$ | 位于沿翼弦方向 $m$ 或 $n$ 处直线的掠角(如翼弦中点) |
| $\Lambda_{\mathrm{TE}}$ | 后缘掠角 |
| $X_{\mathrm{LE_{MAC}}}$ | 机翼平均气动翼弦(MAC)的轴向位置(如机翼前缘位置),在该处 $X_{\mathrm{LE_{MAC}}} = \dfrac{2}{S}\int_0^{b12} x_{\mathrm{LE}}(y)c(y)\mathrm{d}y$　(5.17) |

且其 MAC 长度满足

$$\bar{c}=\frac{2}{3}c_r\frac{1+\lambda+\lambda^2}{1+\lambda}$$

为了描述三维机翼的气动力特性，我们力图求得以下参数：

机翼升力有效度（升力曲线斜率），$C_{L_\alpha}$

机翼零升力攻角 $\alpha_0$，或 $\alpha=0$ 时的机翼升力系数 $C_{L_0}$

机翼气动力中心的轴向位置 $X_{\mathrm{ac}}$

气动力中心周围的机翼俯仰力矩 $C_{M_{\mathrm{ac}}}$

绕中心线的机翼滚转力矩 $C_{L_{\mathrm{Roll}}}$

确定这些参数的一个方法是使用机翼翼型剖面的气动力特性。因此，此处假设可从 5.2 节或其他地方获得以下信息：

剖面升力有效度 $c_{l_\alpha}(y)$

剖面零升力攻角 $\alpha_0(y)$

沿局部翼弦方向的剖面气动力中心的位置 $x_{\mathrm{ac}}(y)$

气动力中心的剖面俯仰力矩（系数）$c_{m_{\mathrm{ac}}}(y)$

注意：就以上各参数而言，假定已获得该参数的展向（$y$）分布，因为一般而言，翼型剖面可随机翼翼展变化。

### 5.3.1 机翼升力

可根据修正的升力线理论（参考文献 2）确定亚声速流中的机翼升力曲线斜率 $C_{L_\alpha}$，可在大范围展弦比内得出良好攻角升力有效度结果的关系式为

$$C_{L_\alpha}=\frac{2\pi A}{2+\sqrt{\dfrac{A^2\beta^2}{k^2}\left(1+\dfrac{\tan^2\Lambda_{c/2}}{\beta^2}\right)+4}}\text{每弧度} \tag{5.18}$$

式中：$\beta=\sqrt{1-M_\infty^2}$ 指普朗特-格劳厄特亚声速可压缩因子；$k=\dfrac{c_{l_\alpha}}{2\pi}$ 指剖面升力有效度与理论值 $2\pi$ 的比。

从以上关系式注意到，机翼的升力有效度通常随机翼掠角增大而减小，随展弦比的增大而增大，尤其当展弦比较小时更是如此。

**例 5.3　亚声速三维机翼升力**

以展弦比为 4 的非直后掠翼为例进行分析。不随翼展变化的机翼横截面均由 NACA 2412 翼型组成。压缩效应忽略不计（即 $M_\infty=0$），求三维机翼的升力有效度。同时，假设展向升力分布机翼不会扭转，求攻角为 5°时的机翼升力系数。

**解**

使用方程（5.18），我们注意到当 $M_\infty=0$ 时，$\beta=1$，如果机翼不会扫掠，那么 $\Lambda_{c/2}=0$ 且 $\tan\Lambda_{c/2}=0$。就 NACA 2412 翼型而言，剖面升力曲线斜率 $c_{l_\alpha}=0.105/(°)$，且零升力攻角 $\alpha_0=-2/(°)$。从而 $k=0.105\times(180/\pi)/2\pi=0.9575$。根据方程（5.18），我们发现机翼的升力有效度为

$$C_{L_\alpha} = \frac{2\pi(4)}{2+\sqrt{\left(\frac{4\times 1}{.9575}\right)^2(1)+4}} = \frac{2\pi(4)}{2+4.63} = 3.79\,\text{rad}^{-1}$$

注意：就 $2\pi$ 的二维剖面而言，主要由于展弦比很小，该值比理论值低得多。

机翼不沿翼展方向扭转时，所有机翼剖面的攻角均为 5°。因此，三维机翼升力（系数）为

$$C_L\big|_{\alpha=5^\circ} = C_{L_\alpha}(\alpha-\alpha_0) = 3.79(5+2)\left(\frac{\pi}{180}\right) = 0.463$$

---

就超声速流（$M_\infty > 1.4$）而言，可根据超声速薄翼型理论求出升力有效度。前缘很尖的锥形直后掠翼的理论结果如图 5.20(a)~(f)所示。该组图形表明：作为前缘掠角 $\Lambda_{LE}$、锥度比 $\lambda$、展弦比 $A$ 及普朗特-格劳厄特超声速可压缩因子的函数，机翼的法向力系数可根据下式求出：

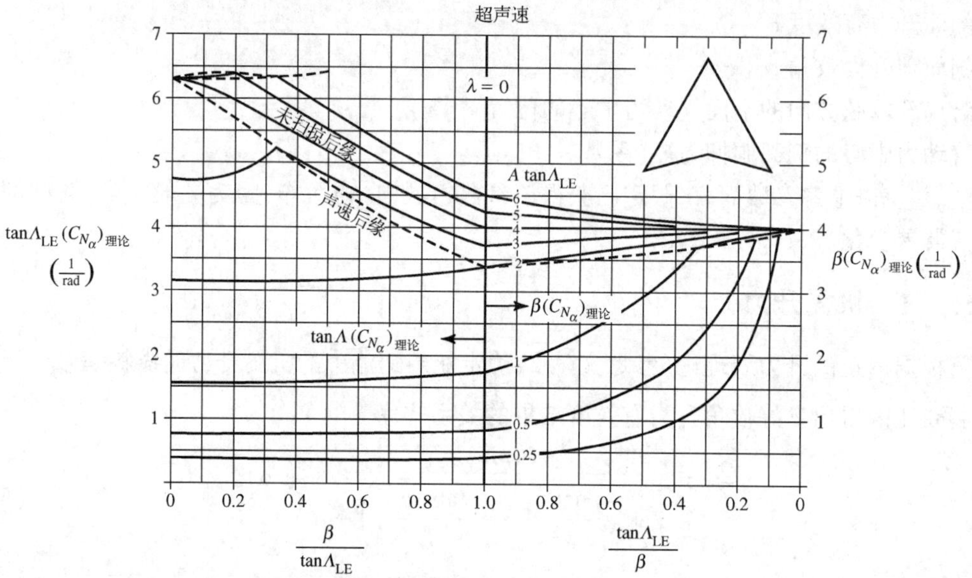


(a)

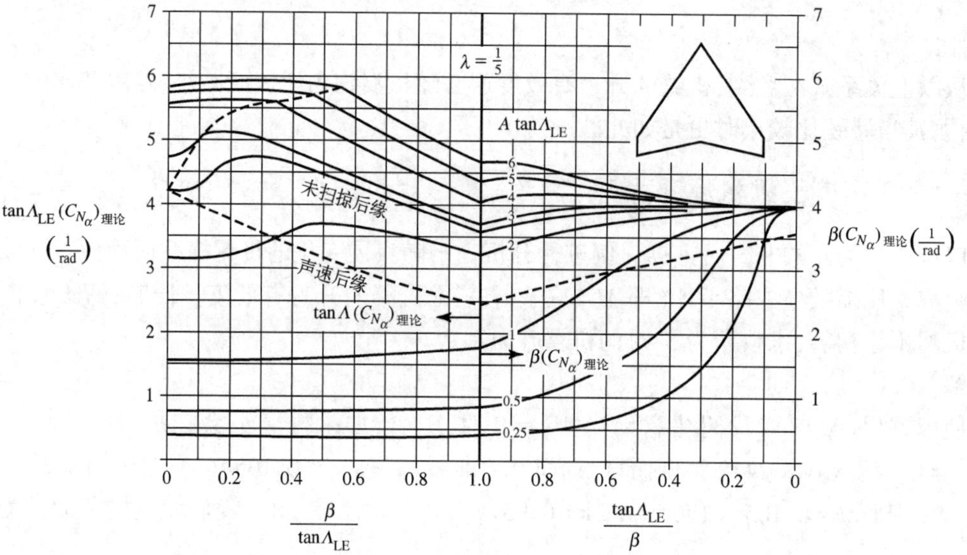


(b)

超声速

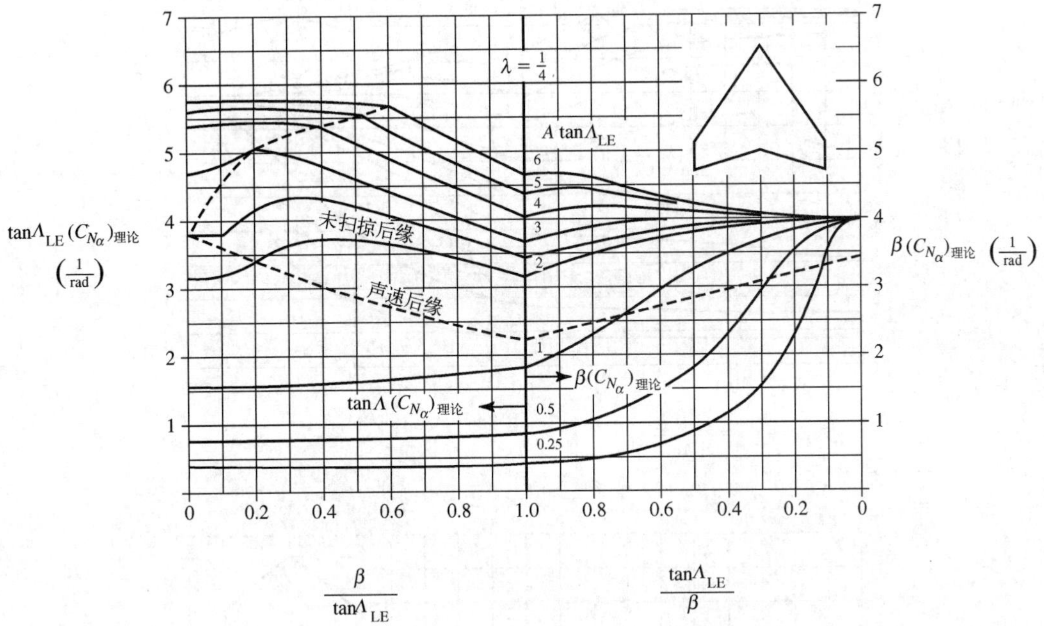

$\lambda=\frac{1}{4}$
$A\tan\Lambda_{LE}$
6
5
4
3
2
1
0.5
0.25
未扫掠后缘
声速后缘
$\tan\Lambda_{LE}(C_{N_\alpha})_{理论}$ $\left(\frac{1}{rad}\right)$
$\beta(C_{N_\alpha})_{理论}$ $\left(\frac{1}{rad}\right)$
$\tan\Lambda(C_{N_\alpha})_{理论}$
$\frac{\beta}{\tan\Lambda_{LE}}$
$\frac{\tan\Lambda_{LE}}{\beta}$


(c)

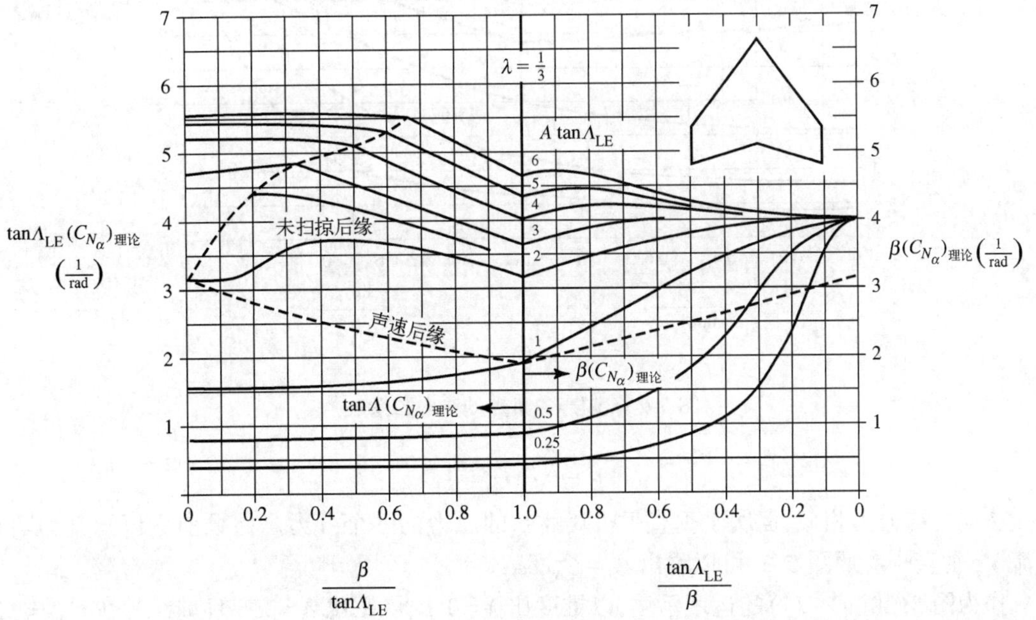

$\lambda=\frac{1}{3}$
$A\tan\Lambda_{LE}$
6
5
4
3
2
1
0.5
0.25
未扫掠后缘
声速后缘
$\tan\Lambda_{LE}(C_{N_\alpha})_{理论}$ $\left(\frac{1}{rad}\right)$
$\beta(C_{N_\alpha})_{理论}$ $\left(\frac{1}{rad}\right)$
$\tan\Lambda(C_{N_\alpha})_{理论}$
$\frac{\beta}{\tan\Lambda_{LE}}$
$\frac{\tan\Lambda_{LE}}{\beta}$


(d)

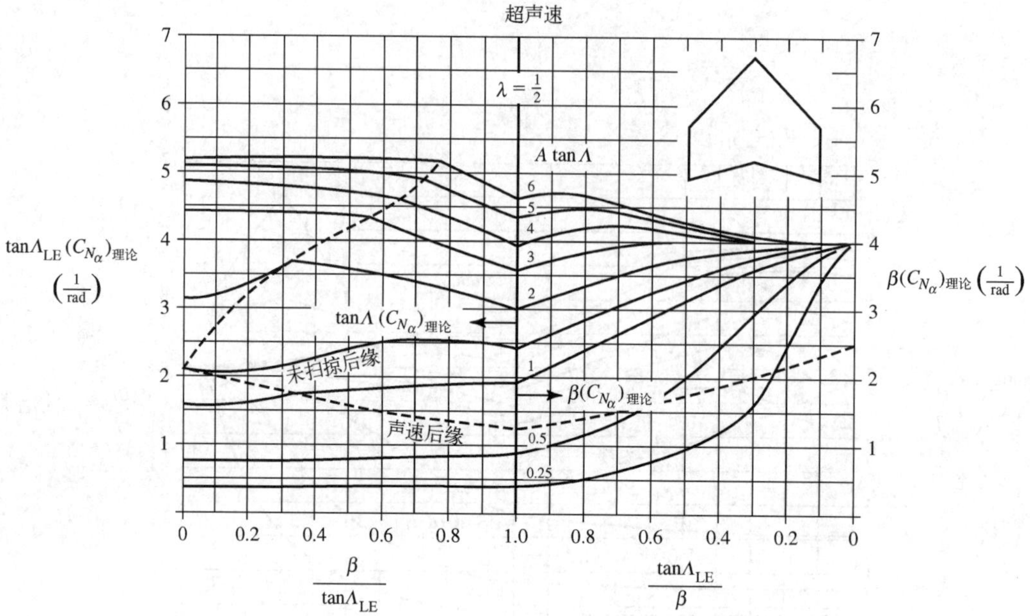


(e)

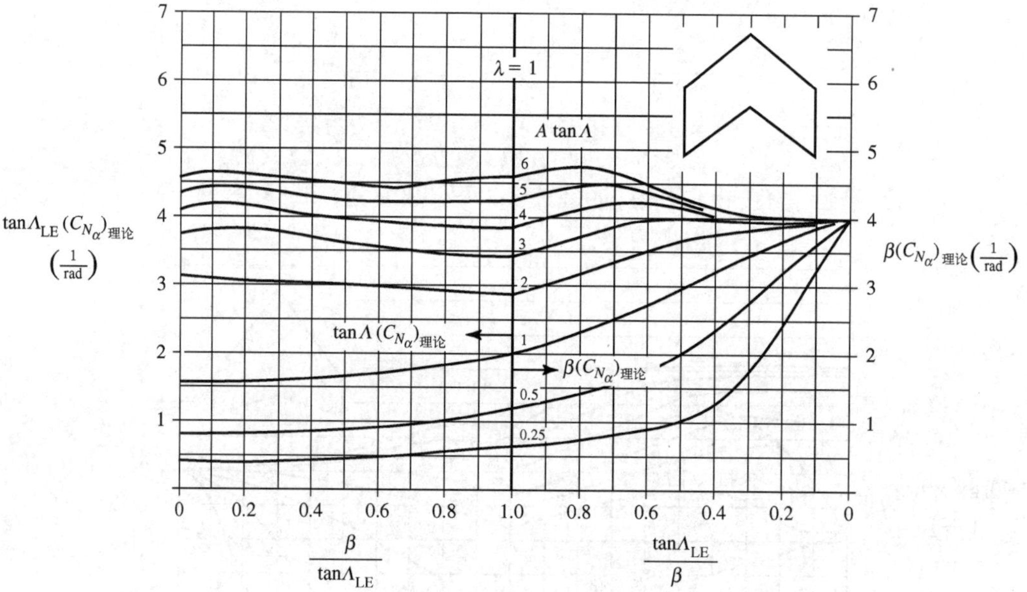


(f)

图 5.20　超声速机翼的法向力系数

$$\beta=\sqrt{M_\infty^2-1}$$

法向力与升力相似,但属于垂直于机翼翼弦的总力的一个分力。回顾前文可知升力与自由流 $\boldsymbol{V}_\infty$ 垂直。参照图 5.3,可以看出 $C_L=C_N\cos\alpha$。

作为图 5.20(a)~(f)的运用示例,以锥度比 $\lambda=0.2$、展弦比 $A=3.5$ 且前缘掠角 $\Lambda_{LE}=52°$ 的直后掠翼为例进行分析。假设马赫数 $M_\infty=2.0$,因此 $\beta=1.73$,$\tan\Lambda_{LE}/\beta=0.73$,且 $A\tan\Lambda_{LE}=4.42$。根据图 5.20(b),可得出 $\beta C_{N_\alpha}=4.24/\text{rad}$,因此 $C_{N_\alpha}=2.45/\text{rad}$。

### 5.3.2 机翼零升力攻角

从根本上说,机翼零升力攻角 $\alpha_0$ 是机翼翼型剖面与机翼展向扭转角 $\varepsilon(y)$ 的函数。使用扭转的作用之一是改善机翼的失速特性。在此情况下,一般来说,使用的扭转角顶点从翼根至翼尖更加向下,从而使离翼尖更近的剖面局部攻角小于接近翼根的局部攻角。因此,内侧剖面失速将早于外侧剖面失速,从而保持位于翼尖附近的任意控制面上附着流均匀。

我们将使用片条理论求零升力攻角。图 5.21 展示了沿展向从翼根至翼尖观察得出的后掠翼右半部分略图,该图采用普通的机翼坐标系,$y$ 坐标沿展向且与机翼对称面垂直,而 $x$ 在翼根弦前缘正后方。该图还展示了厚度为 d$y$ 的机翼无穷小(二维)片条。该片条的翼型横截面平面与机翼对称面平行,该剖面翼弦线可相对于翼根弦沿正向前缘向上扭转角 $\varepsilon(y)$。任何此种扭转将导致片条翼型剖面的局部攻角为 $\alpha(y)$,此处

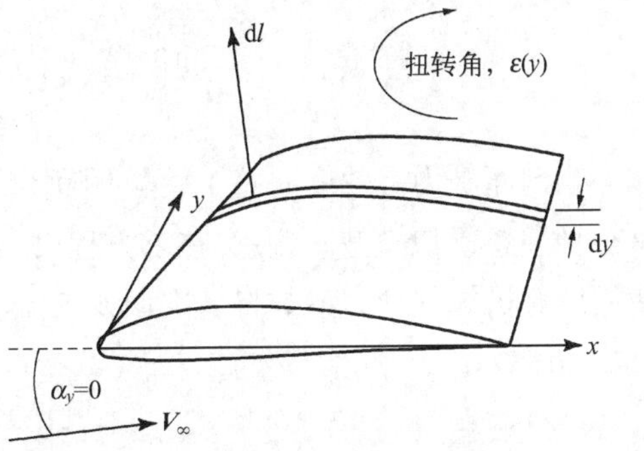


图 5.21 显示出片条的直后掠翼的右半部分

$$\alpha(y) = \alpha_{y=0} + \varepsilon(y) \tag{5.19}$$

机翼片条产生无穷小二维升力 d$l$,此处

$$\begin{aligned} \mathrm{d}l &= c_l(y)q(y)\mathrm{d}S = c_{l_\alpha}(y)\big(\alpha(y) - \alpha_0(y)\big)q(y)\mathrm{d}S \\ &= c_{l_\alpha}(y)\big(\alpha_{y=0} + \varepsilon(y) - \alpha_0(y)\big)q(y)c(y)\mathrm{d}y \end{aligned} \tag{5.20}$$

注意:$c_{l_\alpha}(y)$ 指翼展 $y$ 处片条翼型剖面的升力曲线斜率,而 $\alpha_0(y)$ 指同一翼型剖面的零升力攻角。因此,求整个翼展区上述值的积分可得出机翼的总升力。

$$L = 2\int_0^{b/2} c_{l_\alpha}(y)\big(\alpha_{y=0} + \varepsilon(y) - \alpha_0(y)\big)q(y)c(y)\mathrm{d}y \tag{5.21}$$

**学生须知**

方程(5.21)已经求出了整个右机翼($y>0$)的积分,并将结果乘以 2 得出整个机翼的值。这通常是评估片条理论中出现积分的最简单方法,特别地:就对称机翼而言,当 $y=0$ 时,被积函数通常是不连续的。对于基本看似半个机翼的垂直尾翼而言,获得的积分与方程(5.21)中获得的积分相似,但无需乘以因数 2。

---

现在将机翼攻角定义为翼根弦的攻角,即

$$\alpha_{\text{Wing}} \triangleq \alpha_W \triangleq \alpha_{y=0} \tag{5.22}$$

此外,将零升力攻角 $\alpha_0$ 定义为产生零升力的机翼攻角。因此,当 $L=0$ 时,根据方程(5.21)得出

$$\int_0^{b/2} c_{l_\alpha}(y)\alpha_{0_{机翼}} q(y)c(y)\mathrm{d}y = \int_0^{b/2} c_{l_\alpha}(y)\big(\alpha_0(y) - \varepsilon(y)\big)q(y)c(y)\mathrm{d}y$$

式中：$\alpha_{0机翼}$指机翼的零升力攻角。注意：$\alpha_{0机翼}$不是翼展 $y$ 的函数，假设动压等于不受翼展影响的自由流（$q(y)=q_\infty$），得出满足下式的机翼零升力攻角：

$$\alpha_{0_{机翼}} = \frac{\int_0^{b/2} c_{l_\alpha}(y)\big(\alpha_0(y) - \varepsilon(y)\big)c(y)\mathrm{d}y}{\int_0^{b/2} c_{l_\alpha}(y)c(y)\mathrm{d}y} \approx \frac{2}{S}\int_0^{b/2}\big(\alpha_0(y) - \varepsilon(y)\big)c(y)\mathrm{d}y \tag{5.23}$$

当剖面升力有效度 $c_{l_\alpha}(y)$ 基本不随翼展变化时，方程（5.23）最右端的近似值有效，这通常是一种理想近似模型。注意：在求方程（5.23）时，已经假设机翼关于翼根弦平面对称，并且已使用所有机翼气动力系数将基准面积 $S$ 定义为

$$S = \int_{-b/2}^{b/2} c(y)\mathrm{d}y = 2\int_0^{b/2} c(y)\mathrm{d}y \tag{5.24}$$

该面积为机翼平面形状面积。最后注意：当机翼不发生扭转且剖面保持恒定，即 $\alpha_0(y)=\alpha_0$时，机翼零升力攻角等于剖面的 $\alpha_0$。

### 5.3.3 机翼俯仰力矩与气动力中心

我们还将使用片条理论表示三维机翼气动力中心的俯仰力矩（系数）。与图 5.21 相似，图 5.22 再次展示了沿展向观察到的后掠翼右半部分的略图。

正如讨论机翼零升力攻角时一样，以图中所示宽为 d$y$、位于翼展位置 $y$ 处的机翼片条为例进行分析。该片条在翼弦气动力中心的 $x_{ac}$位置周围产生一个无穷小升力 d$l$ 及一个无穷小俯仰力矩 d$m$。机翼 MAC 上的机翼气动力中心（ac）的位置用 $X_{ac}$ 表示，其位置也待确定。

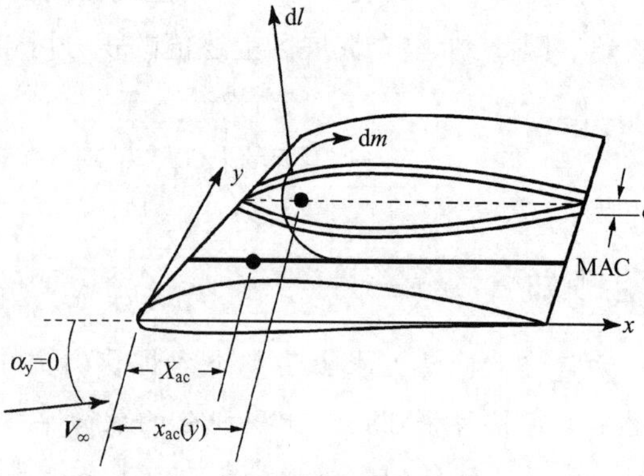

图 5.22　显示出气动力中心的直翼右半部

现在可推导出在机翼气动力中心周围（或在穿过机翼气动力中心并与 $y$ 轴平行的线的周围）获取的机翼俯仰力矩的表达式。我们将使用该结果确定机翼气动力中心的位置及气动力中心的机翼力矩（系数）。

翼展位置 $y$ 处的无穷小片条在穿过机翼气动力中心的线周围产生的力矩为

$$\mathrm{d}m_{ac} = \mathrm{d}m - \mathrm{d}l\big(x_{ac}(y) - X_{ac}\big) \tag{5.25}$$

式中：d$m$ 指气动力中心局部剖面的俯仰力矩，即

$$\mathrm{d}m = c_{m_{\mathrm{ac}}}(y)q(y)\mathrm{d}Sc(y) = c_{m_{\mathrm{ac}}}(y)q(y)c^2(y)\mathrm{d}y$$

根据方程(5.20)可求出局部剖面升力 d$l$。将方程(5.25)求对整个翼展的积分,得出气动力中心的机翼俯仰力矩的表达式,即

$$M_{\mathrm{ac}} = 2\left(\int_0^{b/2} c_{m_{\mathrm{ac}}} q(y)c^2(y)\mathrm{d}y - \int_0^{b/2} c_{l_\alpha}(y)\left(\alpha_{\text{机翼}} + \varepsilon(y) - \alpha_0(y)\right)\left(x_{\mathrm{ac}}(y) - X_{\mathrm{ac}}\right)q(y)c(y)\mathrm{d}y\right) \quad (5.26)$$

$$= C_{M_{\mathrm{ac}}} q_\infty S\bar{c}$$

上述表达式定义了机翼的力矩系数 $C_{M_{\mathrm{ac}}}$,所用的特性长度为机翼的 MAC。

用方程(5.26)除以 $q_\infty S\bar{c}$得出有关机翼力矩系数的下列表达式,该式假定动压等于不受机翼翼展限制的自由流($q(y)=q_\infty$)。

$$C_{M_{\mathrm{ac}}} = \frac{2}{S\bar{c}}\left(\int_0^{b/2} c_{m_{\mathrm{ac}}} c^2(y)\mathrm{d}y - \int_0^{b/2} c_{l_\alpha}(y)\left(\alpha_{\text{机翼}} + \varepsilon(y) - \alpha_0(y)\right)\left(x_{\mathrm{ac}}(y) - X_{\mathrm{ac}}\right)c(y)\mathrm{d}y\right) \quad (5.27)$$

然而,根据定义,由于气动力中心的机翼力矩不随(机翼)攻角变化,因此可选择上述表达式中的机翼攻角作为其零升力攻角 $\alpha_{0_{\text{机翼}}}$。替换后,机翼俯仰力矩系数变成

$$C_{M_{\mathrm{ac}}} = \frac{2}{S\bar{c}}\left(\int_0^{b/2} c_{m_{\mathrm{ac}}}(y) c^2(y)\mathrm{d}y - \int_0^{b/2} c_{l_\alpha}(y)\left(\alpha_{0_{\text{机翼}}} + \varepsilon(y) - \alpha_0(y)\right)\left(x_{\mathrm{ac}}(y) - X_{\mathrm{ac}}\right)c(y)\mathrm{d}y\right) \quad (5.28)$$

显然,若要根据方程(5.28)求力矩系数,必须首先知道机翼的零升力攻角(根据方程(5.23))及机翼的气动力中心位置 $X_{\mathrm{ac}}$。对于带有直前缘与直后缘的后掠翼而言,图 5.23(a)~(f)可用于确定机翼的气动力中心位置。这些图展示了亚声速流与超声速流中气动力中心的位置,该位置是关于展弦比 $A$ 与普朗特–格劳厄特可压缩因子 $\beta$ 的函数。

但使用方程(5.27)来确定机翼气动力中心的位置仍然是有益的。回顾可知,根据气动力中心的定义,可得出机翼的

$$C_{M_\alpha}\big|_{\mathrm{ac}} = \frac{\partial C_{M_{\mathrm{ac}}}}{\partial \alpha_{\text{机翼}}} = 0 \quad (5.29)$$

对方程(5.27)求关于机翼攻角的微分,设定结果为零,得出

$$\frac{\partial C_{M_{\mathrm{ac}}}}{\partial \alpha_{\text{机翼}}} = \frac{2}{S\bar{c}}\int_0^{b/2} c_{l_\alpha}(y)\left(x_{\mathrm{ac}}(y) - X_{\mathrm{ac}}\right)c(y)\mathrm{d}y = 0$$

由于 $X_{\mathrm{ac}}$不随展向积分变化,可不考虑积分而进行求解,得出

$$X_{\mathrm{ac}} = \frac{\int_0^{b/2} c_{l_\alpha}(y)x_{\mathrm{ac}}(y)c(y)\mathrm{d}y}{\int_0^{b/2} c_{l_\alpha}(y)c(y)\mathrm{d}y} \quad (5.30)$$

亚声速与超声速

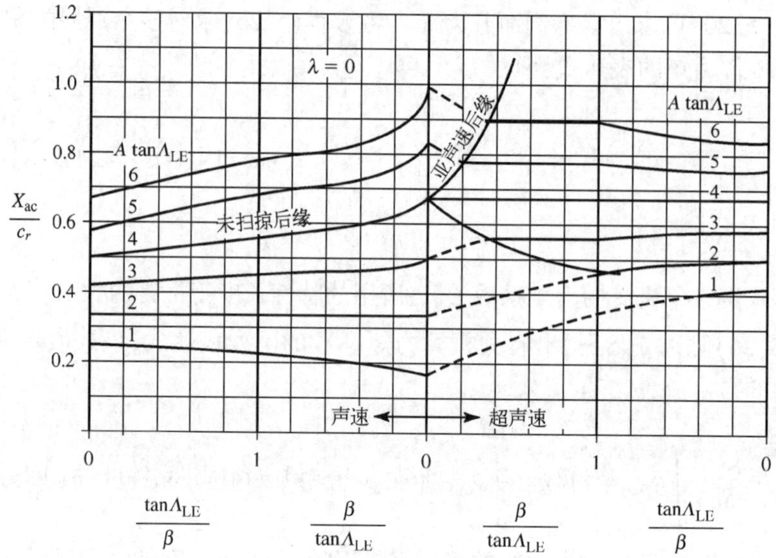

λ = 0
A tanΛLE
6
5
4
3
2
1
亚声速后缘
未扫掠后缘
声速
超声速
Xac/cr
1.2
1.0
0.8
0.6
0.4
0.2
0
1
0
1
0
tanΛLE/β
β/tanΛLE
β/tanΛLE
tanΛLE/β


(a)

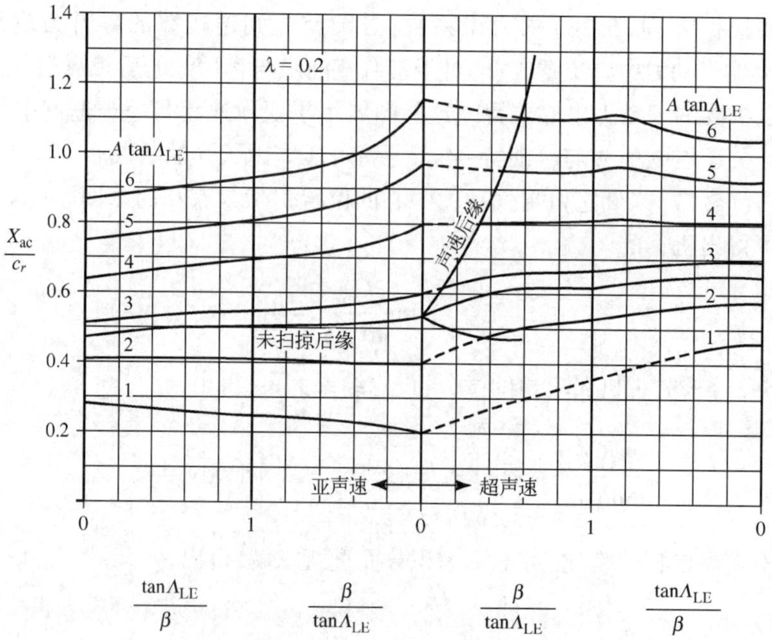

λ= 0.2
A tanΛLE
6
5
4
3
2
1
声速后缘
未扫掠后缘
亚声速
超声速
Xac/cr
1.4
1.2
1.0
0.8
0.6
0.4
0.2
0
1
0
1
0
tanΛLE/β
β/tanΛLE
β/tanΛLE
tanΛLE/β


(b)

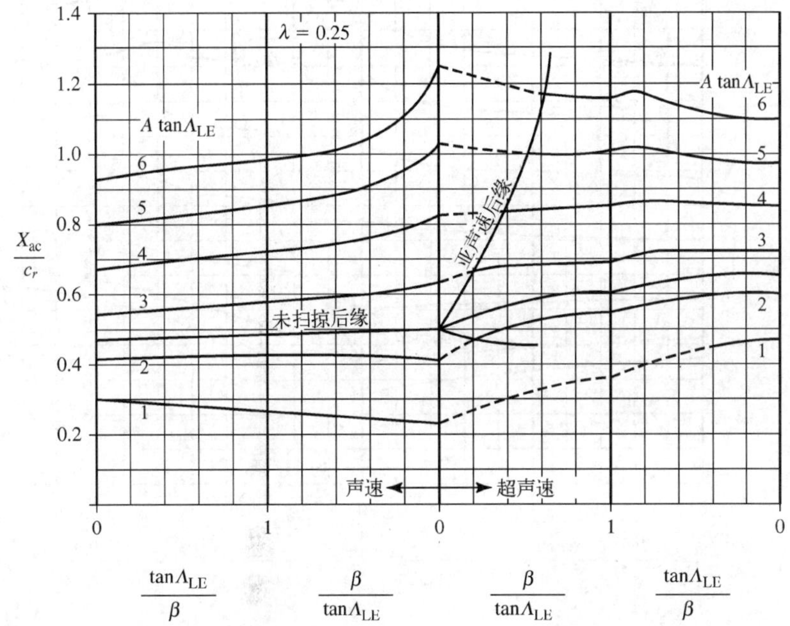
λ = 0.25
A tanΛLE
亚声速后缘
未扫掠后缘
声速
超声速
Xac/cr
tanΛLE/β
β/tanΛLE
β/tanΛLE
tanΛLE/β

(c)

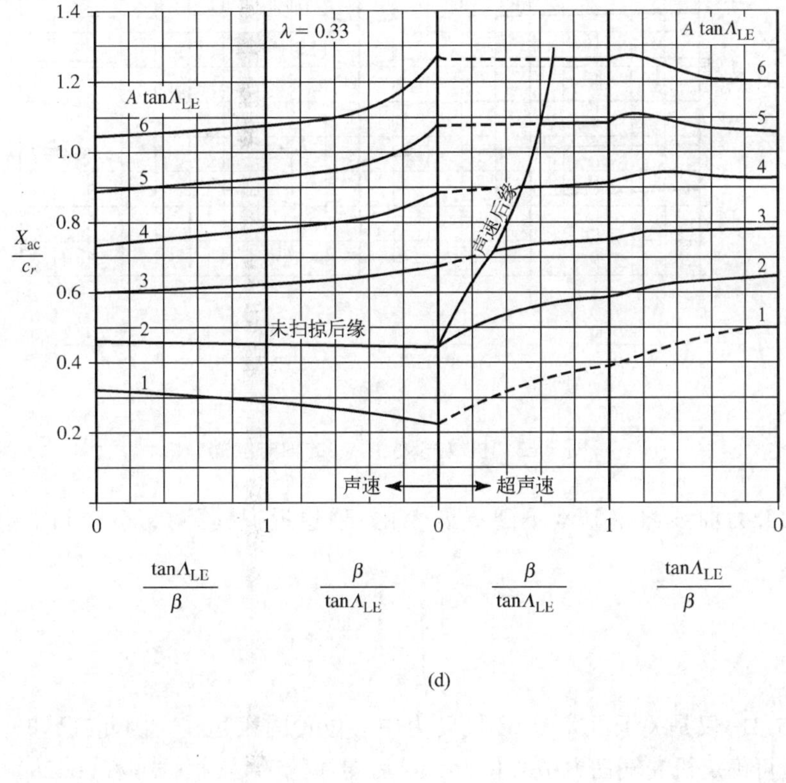
λ = 0.33
A tanΛLE
声速后缘
未扫掠后缘
声速
超声速
Xac/cr
tanΛLE/β
β/tanΛLE
β/tanΛLE
tanΛLE/β

(d)

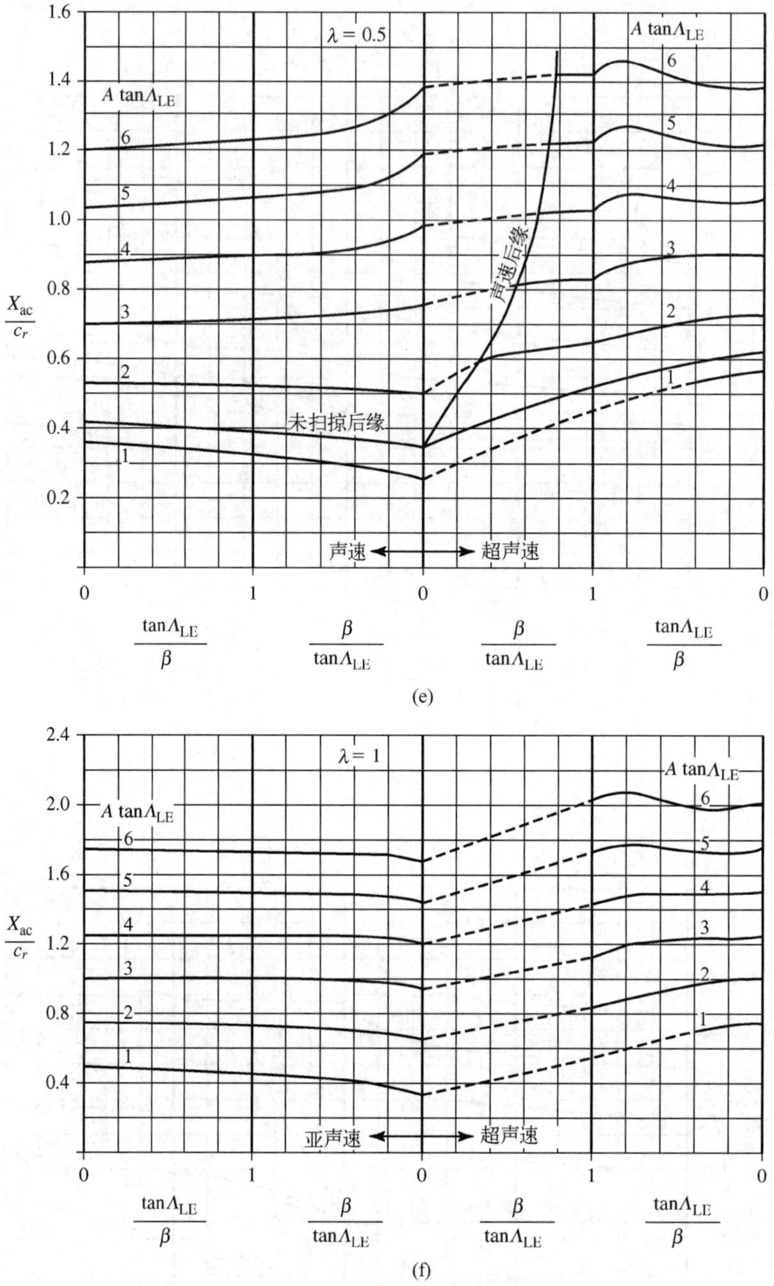


图 5.23　机翼气动力中心的轴向位置

如果剖面升力曲线斜率基本不随翼展变化(理想近似模型),那么可以通过简化方程(5.30)得出

$$X_{ac} = \frac{2}{S}\int_{0}^{b/2} x_{ac}(y)c(y)\mathrm{d}y \tag{5.31}$$

但方程(5.31)仅是关于机翼 MAC 气动力中心位置的表达式。因此,已知 $x$ 的位置及机翼MAC长度就可确定机翼气动力中心位置。最后要注意的是,根据方程(5.28)可知,当机翼

不发生扭转且剖面特性不随翼展变化时,$C_{M_{ac}}=c_{m_{ac}}$,即分别从机翼与机翼剖面气动力中心获取的力矩系数相等。

### 5.3.4 机翼滚转力矩

即使机翼是对称的,仍可能在其翼根(或机翼的 $x$ 轴)周围产生滚转力矩。当机翼经历侧滑——即机翼上方气流有一个如图 5.24 所示的展向分量时,通常会产生滚转力矩。图 5.24 定义了侧滑角 $\beta$,该角与攻角 $\alpha$ 相似。图中所示为正侧滑角。(不要将侧滑角与同样用 $\beta$ 表示的普朗特-格劳厄特可压缩修正因子混为一谈,而应根据上下文语境加以辨别。)

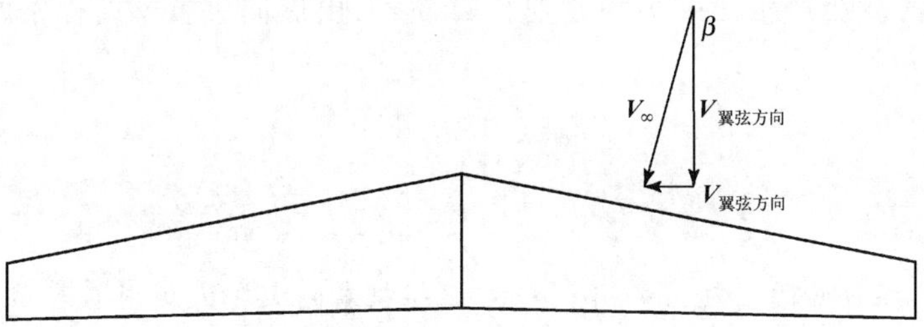


图 5.24 侧滑中的后掠翼

机翼滚转力矩主要由掠角与反角产生。掠角的影响如图 5.25 所示。(有关反角的讨论见下文。)该图描述了两组速度矢量。左侧一组描述的是无侧滑角的情况,而右侧一组描述的是包含侧滑角的情况。无论在何种情况下,自由流速度均分解成两个分量,一个分量与机翼前缘垂直,另一个与前缘平行。

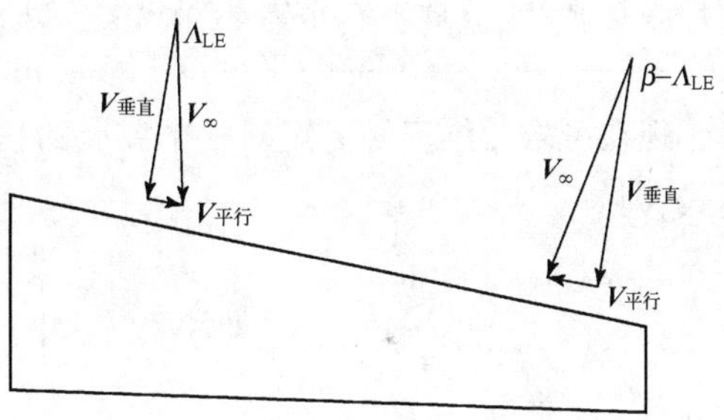


图 5.25 有后掠翼的垂直速度分量

注意:对于图中所示的右机翼而言,垂直速度分量为

$$V_{垂直}=V_\infty\cos(\beta-\Lambda_{LE})=V_\infty\cos(\Lambda_{LE}-\beta) \tag{5.32}$$

平行速度分量为

$$V_{平行}=-V_\infty\sin(\beta-\Lambda_{LE})=V_\infty\sin(\Lambda_{LE}-\beta) \tag{5.33}$$

(负的平行速度指向负的 $y$ 方向。)相反,对于左机翼而言,可证明垂直速度分量为

$$V_{垂直}=V_\infty\cos(\Lambda_{LE}+\beta) \tag{5.34}$$

平行速度分量为

$$V_{平行}=-V_\infty\sin(\Lambda_{LE}+\beta) \tag{5.35}$$

假设机翼翼展位置 $y$ 处片条产生的二维升力与 $V^2$(由动压产生)成正比,且与机翼前缘平行的气流分量不会影响该片条的升力。换言之,令单位翼展的二维升力表示为

$$l=c_l q_{垂直} c \tag{5.36}$$

式中

$$q_{垂直}=\frac{1}{2}\rho_\infty V_{垂直}^2$$

因此,对于右机翼上的片条而言,二维升力为

$$l_{右}=c_l\left(\frac{1}{2}\rho_\infty V_\infty^2\cos^2(\Lambda_{\mathrm{LE}}-\beta)\right)c=c_l q_\infty c\cos^2(\Lambda_{\mathrm{LE}}-\beta) \tag{5.37}$$

即右机翼上的升力与 $\cos^2(\Lambda_{\mathrm{LE}}-\beta)$ 成正比。对于左机翼上的片条而言,二维升力为

$$l_{左侧}=c_l\left(\frac{1}{2}\rho_\infty V_\infty^2\cos^2(\Lambda_{\mathrm{LE}}+\beta)\right)c=c_l q_\infty c\cos^2(\Lambda_{\mathrm{LE}}+\beta) \tag{5.38}$$

因此,左机翼上的升力与 $\cos^2(\Lambda_{\mathrm{LE}}+\beta)$ 成正比。显然,当不发生侧滑($\beta=0$)时,右机翼上的升力等于左机翼上的升力(假设展向位置对称),不会产生滚转力矩。但是,当侧滑 $\beta$ 不等于零时,就会产生滚转力矩。对机翼而言,由展向位置 $y$ 处片条所致的二维滚转力矩为

$$l_{滚转}(y)=-l(y)y \tag{5.39}$$

## 学生须知

按照惯例,二维剖面的滚转力矩用 $l$ 表示,三维机翼的滚转力矩用 $L$ 表示。由于升力也可用 $l$ 与 $L$ 表示,因此这种表示方法可能引起混淆,尽管根据上下文语境可辨识,我们仍将使用下标"滚转"以避免混淆。同样,按照惯例滚转是正右机翼下转,回顾可知机翼坐标系的原点在机翼顶点处。因此,沿左机翼方向 $y$ 为负,左机翼上的升力产生正滚转力矩。

---

现在可求二维滚转力矩对整个翼展的积分,以获取后掠翼引起的三维机翼滚转力矩的表达式,即

$$\begin{aligned}
L_{滚转}&=\int_{-b/2}^{b/2}-l(y)y\mathrm{d}y=\int_{-b/2}^{0}-l_{左侧}(y)y\mathrm{d}y+\int_{0}^{b/2}-l_{右侧}(y)y\mathrm{d}y\\
&=\int_{0}^{b/2}l_{左侧}(y)y\mathrm{d}y-\int_{0}^{b/2}l_{右侧}(y)y\mathrm{d}y\\
&=\int_{0}^{b/2}\left(c_l(y)q(y)c(y)\right)y\mathrm{d}y\cos^2(\Lambda_{\mathrm{LE}}+\beta)\\
&\quad-\int_{0}^{b/2}\left(c_l(y)q(y)c(y)\right)y\mathrm{d}y\cos^2(\Lambda_{\mathrm{LE}}-\beta)\\
&=\left(\int_{0}^{b/2}\left(c_l(y)q(y)c(y)\right)y\mathrm{d}y\right)\left(\cos^2(\Lambda_{\mathrm{LE}}+\beta)-\cos^2(\Lambda_{\mathrm{LE}}-\beta)\right)
\end{aligned} \tag{5.40}$$

注意三角恒等式

$$\cos^2 a=\frac{1}{2}(\cos 2a+1)$$

与

$$\cos(a+b)=\cos a\cos b-\sin a\sin b \tag{5.41}$$

可将方程(5.40)写成

$$L_{滚转}=\left(\int_0^{b/2}\big(c_l(y)q(y)c(y)\big)y\mathrm{d}y\right)\left(-\sin 2\Lambda_{\mathrm{LE}}\sin 2\beta\right)=C_{L_{滚转}}q_\infty Sb \tag{5.42}$$

假设动压 $q(y)=q_\infty$ 不随翼展变化。此处定义了机翼的滚转力矩系数 $C_{L_{滚转}}$,按照惯例,特性长度为机翼翼展 $b$。注意该滚转力矩与前缘掠角两倍的正弦及侧滑角两倍的正弦均成正比。

应将方程(5.42)的积分仅视为由右机翼升力分布引起的滚转力矩。可证明:对于不随翼展变化的恒定剖面特性与动压而言,该积分的合理近似值为

$$\int_0^{b/2}\big(c_l(y)q(y)c(y)\big)y\mathrm{d}y \approx C_{L_\alpha}\left(\alpha_{机翼}-\alpha_{0\,机翼}\right)q_\infty Y_{\mathrm{MAC}}\frac{S}{2} \tag{5.43}$$

式中:$C_{L_\alpha}$ 指三维机翼升力有效度;$Y_{\mathrm{MAC}}$ 指机翼 MAC 翼展位置,从而得出滚转力矩系数等于

$$\begin{aligned}C_{L_{滚转}}&=-C_{L_\alpha}\left(\alpha_{机翼}-\alpha_{0\,机翼}\right)\frac{Y_{\mathrm{MAC}}}{2b}\left(\sin 2\Lambda_{\mathrm{LE}}\sin 2\beta\right)\\&\approx -C_{L_{机翼}}\overline{Y}_{\mathrm{MAC}}\left(\sin 2\Lambda_{\mathrm{LE}}\right)\beta\end{aligned} \tag{5.44}$$

该系数为与后掠翼有关的滚转力矩系数。

图 5.26 定义了机翼反角 $\Gamma$。正反角导致左机翼与右机翼均在翼根周围以角 $\Gamma$ 向上倾斜。在典型的展向位置 $y$,当没有反角时,局部攻角 $\alpha$ 如图 5.27 所示,该图还展示了与机翼平面垂直的速度分量 $V_{与平面垂直}$。该视图沿展向从右侧翼尖处观察得出。显然,与平面垂直的速度分量为

$$V_{与平面垂直}=V_\infty\sin\alpha \tag{5.45}$$

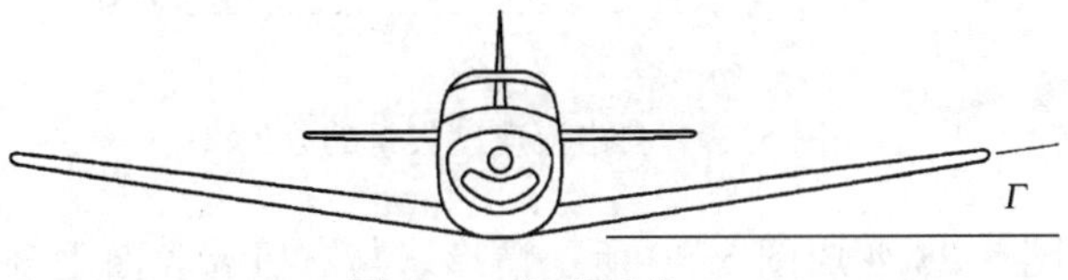


图 5.26　机翼反角 $\Gamma$

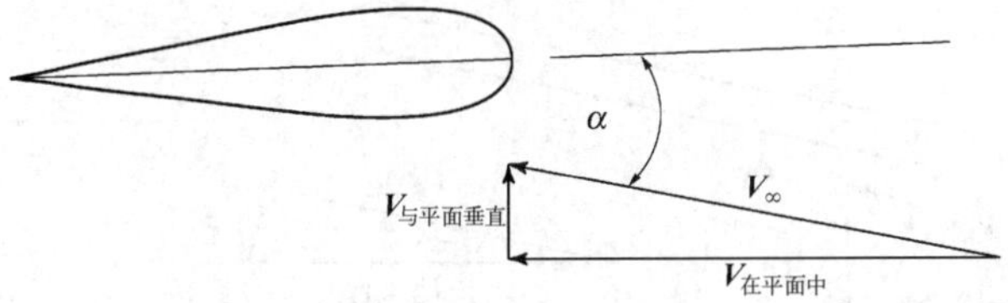


图 5.27　自由流速度矢量的面内分力与垂直分力——无反角

现在,当有反角时,$\boldsymbol{V}_{与平面垂直}$可进一步分解成两个分量,其中一个分量 $\boldsymbol{V}_{垂直}$与机翼垂直,另一个 $\boldsymbol{V}_{翼展}$沿展向,如图 5.28 所示。该视图是部分右机翼的近拍照,从机翼后面向前观察得出。显然,根据该图,与右机翼垂直的局部-气流-速度分量为

$$V_{垂直}=V_{与平面垂直}\cos\Gamma=V_\infty\sin\alpha\cos\Gamma \tag{5.46}$$

相似的分析将表明与左机翼垂直的气流分量等于上式求出的垂直气流分量。

将给定机翼剖面处的有效局部攻角的正弦定义为

$$\sin\alpha_{\text{eff}} \triangleq \frac{V_{垂直}}{V_\infty} = \sin\alpha\cos\Gamma \tag{5.47}$$

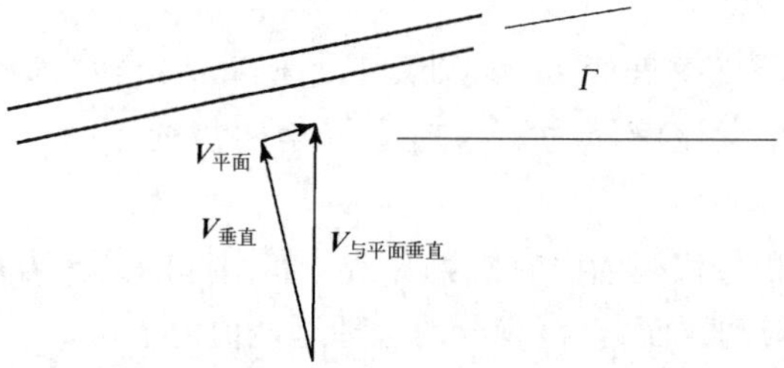


图 5.28　有反角的垂直速度分量——右机翼

我们发现无侧滑时,小反角对局部剖面攻角的影响可忽略不计(因为小角的余弦接近 1)。此外,由于机翼每侧的有效攻角相等,因此升力对称,不会产生滚转力矩。

但是,有侧滑时,情况会发生变化。图 5.29 所示为带有攻角 $\alpha$ 与侧滑角 $\beta$ 的气流速度矢量。现在,自由流速度在水平面方向有两个分量,即 $V_\infty\cos\beta\cos\alpha$ 与 $V_\infty\sin\beta$。正如先前我们讨论的一样,这两个速度分量中的第一个分量可进一步分解,以求得其与机翼表面垂直的分量。而且,我们需要解释第二个分量 $V_\infty\sin\beta$。

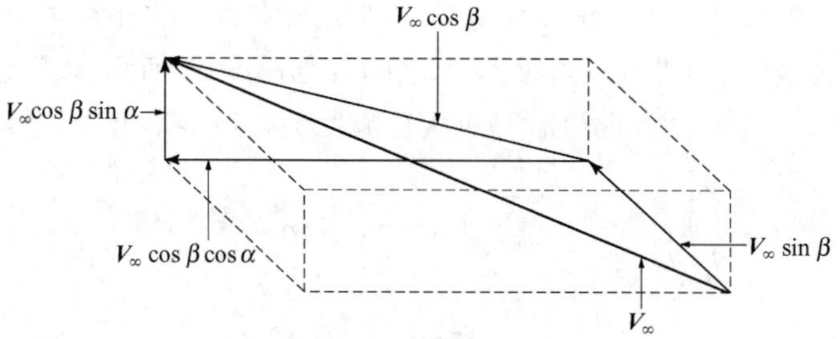


图 5.29　自由流速度矢量的分量

因此,有侧滑时,图 5.28 变成图 5.30 所示情形。与右机翼表面垂直的速度的总分量为

$$V_{垂直右侧} = V_{垂直1} + V_{垂直2} = V_\infty\sin\alpha\cos\beta\cos\Gamma + V_\infty\sin\beta\sin\Gamma \tag{5.48}$$

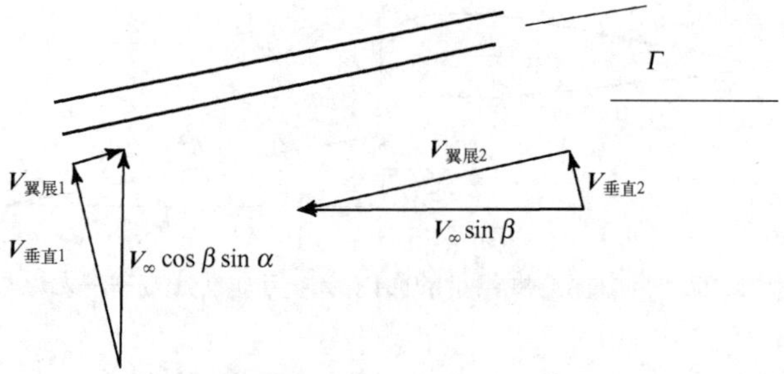


图 5.30　有反角与侧滑角的垂直速度分量——右机翼

但是,与左机翼表面垂直的分量将为

$$V_{垂直左侧} = V_\infty\sin\alpha\cos\beta\cos\Gamma - V_\infty\sin\beta\sin\Gamma \tag{5.49}$$

现在,与无侧滑情况相似,将有效局部攻角的正弦定义为

$$\sin\alpha_{\text{eff}} \triangleq \frac{V_{垂直}}{V_\infty \cos\beta} \tag{5.50}$$

就右机翼而言,可将该式变成

$$\begin{aligned}\sin\alpha_{右侧有效} &\triangleq \frac{V_{垂直}}{V_\infty\cos\beta} = \frac{V_\infty\sin\alpha\cos\beta\cos\Gamma + V_\infty\sin\beta\sin\Gamma}{V_\infty\cos\beta} \\ &= \sin\alpha\cos\Gamma + \tan\beta\sin\Gamma\end{aligned} \tag{5.51}$$

或者,就小角而言

$$\alpha_{右侧有效} \approx \alpha + \beta\Gamma \tag{5.52}$$

对于左机翼而言,得出

$$\begin{aligned}\sin\alpha_{右侧有效} &\triangleq \frac{V_{垂直}}{V_\infty\cos\beta} = \frac{V_\infty\sin\alpha\cos\beta\cos\Gamma - V_\infty\sin\beta\sin\Gamma}{V_\infty\cos\beta} \\ &= \sin\alpha\cos\Gamma - \tan\beta\sin\Gamma\end{aligned} \tag{5.53}$$

或者,对于小角而言

$$\alpha_{左侧有效} = \alpha - \beta\Gamma \tag{5.54}$$

因此,有侧滑时,右侧机翼的有效攻角(正弦)增大 $\tan\beta\sin\Gamma$,而左侧机翼的有效攻角(正弦)减小 $\tan\beta\sin\Gamma$。这样产生反对称升力分布,继而产生滚转力矩。

正如分析后掠翼时的情况一样,可将由机翼展向位置 $y$ 处二维片条引起的滚转力矩写成

$$l_{滚转} = -c_l q(y) y c(y) = -c_{l_\alpha}(\alpha - \alpha_0) q(y) y c(y) \tag{5.55}$$

使用方程(5.40),用恰当的有效攻角替代左右机翼,与反角有关的总滚转力矩可表示为

$$\begin{aligned}L_{滚转} &= \int_0^{b/2} l_{左侧}(y) y\,\mathrm{d}y - \int_0^{b/2} l_{右侧}(y) y\,\mathrm{d}y \\ &= \int_0^{b/2} c_{l_\alpha}(\alpha_{左侧} - \alpha_0) q(y) c(y) y\,\mathrm{d}y - \int_0^{b/2} c_{l_\alpha}(\alpha_{右侧} - \alpha_0) q(y) c(y) y\,\mathrm{d}y \\ &= \int_0^{b/2} c_{l_\alpha}(\alpha - \beta\Gamma - \alpha_0) q(y) c(y) y\,\mathrm{d}y - \int_0^{b/2} c_{l_\alpha}(\alpha + \beta\Gamma - \alpha_0) q(y) c(y) y\,\mathrm{d}y \\ &= \int_0^{b/2} c_{l_\alpha}(-\beta\Gamma) q(y) c(y) y\,\mathrm{d}y - \int_0^{b/2} c_{l_\alpha}(\beta\Gamma) q(y) c(y) y\,\mathrm{d}y \\ &= -2\Gamma \int_0^{b/2} c_{l_\alpha}(\beta) q(y) c(y) y\,\mathrm{d}y\end{aligned} \tag{5.56}$$

现在,假设 $c_{l_\alpha}$、$q(y)(=q_\infty)$ 与 $\beta$ 均沿翼展保持恒定,上述由反角引起的滚转力矩变成

$$\begin{aligned}L_{滚转} &= -2\Gamma c_{l_\alpha}\beta q_\infty \int_0^{b/2} c(y) y\,\mathrm{d}y \approx -2\Gamma C_{L_\alpha}\beta q_\infty \left(Y_{\text{MAC}}\frac{S}{2}\right) \\ &= -\Gamma C_{L_\alpha}\beta q_\infty Y_{\text{MAC}} S = C_{L_{滚转}} q_\infty S b\end{aligned} \tag{5.57}$$

此处,再次注意到积分等于括号内的项,且使用机翼的三维升力有效度替代剖面升力有效度。

如此一来，与反角有关的滚转力矩系数变成

$$C_{L_{滚转}}=-\Gamma C_{L_\alpha}\beta\frac{Y_{\mathrm{MAC}}}{b}=-\Gamma C_{L_\alpha}\beta\bar{Y}_{\mathrm{MAC}} \tag{5.58}$$

最后，如果后掠翼与反角都存在，那么总滚转力矩系数等于方程(5.44)与方程(5.58)的和，即

$$\begin{aligned}C_{L_{滚转}}&=-C_{L_{机翼}}\bar{Y}_{\mathrm{MAC}}(\sin 2\Lambda_{\mathrm{LE}})\beta-\Gamma C_{L_\alpha}\beta\bar{Y}_{\mathrm{MAC}}\\&=-(C_{L_{机翼}}\sin 2\Lambda_{\mathrm{LE}}+\Gamma C_{L_\alpha})\bar{Y}_{\mathrm{MAC}}\beta\end{aligned} \tag{5.59}$$

因此，机翼的上反效应或其侧滑滚转力矩有效度等于

$$C_{L_\beta}\triangleq\frac{\partial C_{L_{滚转}}}{\partial\beta}=-(C_{L_{机翼}}\sin 2\Lambda_{\mathrm{LE}}+\Gamma C_{L_\alpha})\bar{Y}_{\mathrm{MAC}} \tag{5.60}$$

## 学生须知

尽管已经给滚转力矩系数 $C_{L_{滚转}}$ 加了下标“滚转”，以避免与升力系数混淆，但并不会给滚转力矩有效度添加下标，例如 $C_{L_\beta}$。它与侧滑升力有效度混淆的可能性很小，因为这种有效度要少见得多。

---

至此，对由反角引起的滚转力矩的最终评述得到证明。上述分析重点关注与机翼表面垂直的速度分量。但如图 5.30 显示，还存在两个展向的速度分量。我们还可证实这两个分量中的第一个分量 $V_{翼展1}$ 围绕机翼中心线对称，因而不会产生滚转力矩。但是，与侧滑有关的第二个分量 $V_{翼展2}$ 不是对称的。如果某物——如机翼下方伸出的飞行器机身阻碍展向的气流，那么第二个展向的此分量就可产生一个附加滚转力矩。因此，这种阻碍将增大机翼的上反效应。

### 5.3.5 机翼阻力

三维机翼的气动阻力由两个分力组成——寄生(或零升力)阻力与诱导阻力(或升致阻力)，即

$$C_{D_{机翼}}=C_{D_P}+C_{D_I} \tag{5.61}$$

寄生阻力包括摩擦阻力及气流分离引起的压差阻力。通常我们将假设平滑机翼(即没有突出物或开口)上不会出现气流分离。摩擦阻力由与流过机翼表面的气流有关的摩擦力引起，且与机翼浸润面积 $S_{浸润}$(即整个表面面积)成正比。机翼的摩擦阻力系数可根据下列表达式估算得出。

$$C_{D_f}=C_f\left(1+2\left(\frac{t}{c}\right)+100\left(\frac{t}{c}\right)^4\right)\frac{S_{浸润}}{S} \tag{5.62}$$

式中：$C_f$指表面摩擦系数，由气流马赫数与雷诺数 $R_l$决定($R_l=\dfrac{\rho_\infty V_\infty l}{\mu}$，式中 $\rho_\infty$ = 空气密度，$\mu$ = 空气黏度系数，$l$ = 特征长度)，$t/c$ 指机翼翼型剖面的厚弦比。

全湍流下的表面摩擦系数 $C_f$可根据图 5.31 确定，该图描绘了平滑表面(低表面粗糙度)摩擦系数随雷诺数(基于机翼翼弦长度)与马赫数变化的函数曲线图。

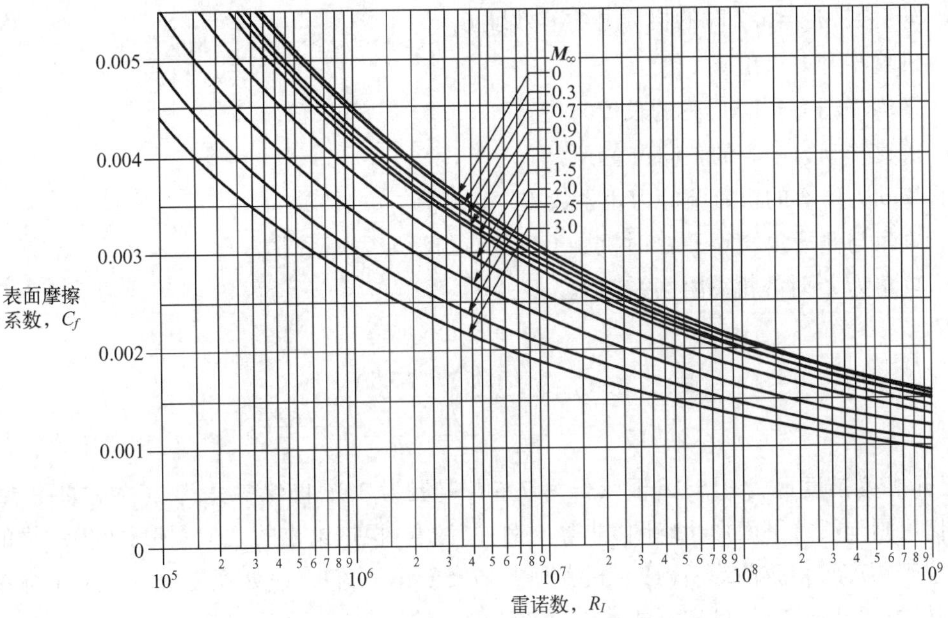


图 5.31 表面摩擦系数随雷诺数与马赫数变化的函数曲线图

从理论上讲，无论在亚声速流还是在超声速流中，机翼的诱导阻力 $C_{D_I}$ 与机翼升力系数 $C_L$ 的平方成正比。亚声速时，机翼的诱导阻力可以根据下式得出：

$$C_{D_I}=\frac{C_L^2}{\pi Ae} \tag{5.63}$$

式中：$e$ 指奥斯瓦德的翼展效率因子（$0<e<1$）。

效率因子 $e$ 是机翼几何体与机翼载荷的函数，对于高展弦比未后掠机翼而言，其代表值大约为 0.8~0.9。对于大后掠翼或者低展弦比机翼而言，$e$ 值可减小到低至 0.4 左右。就超声速阻力估算而言，读者可参照本章末的参考文献 1。

## 例 5.4 机翼三维气动分析

以具有以下特性的后掠翼为例进行分析：

1. 直前缘与直后缘。
2. 前缘掠角 $\Lambda_{LE}=26.6°$。
3. 锥度比 $\lambda=0.5$。
4. 翼根弦长 $c_r=7.5\text{ft}$。
5. 翼展 $b=30\text{ft}$。
6. 有翼展的线性扭曲分布，且 $\varepsilon_{翼尖}=-3°$。
7. 反角 $\Gamma=5°$。
8. 有翼展的恒定翼型剖面——NACA 0009。

画出机翼平面形状略图并确定以下各值：

1. 机翼平面形状面积 $S$ 与展弦比 $A$。
2. 翼弦线中心处掠角 $\Lambda_{\alpha 2}$。

3. 马赫数 $M_\infty=0.2$ 时的机翼升力有效度 $C_{L_\alpha}$。

4. 机翼零升力攻角 $\alpha_{0机翼}$。

5. 平均气动力(几何)弦的长度与位置$\bar{c}$。

6. 机翼气动力中心的轴向位置 $X_{AC_{机翼}}$。

7. 气动力中心的机翼俯仰力矩系数 $C_{m_{AC}}$。

8. 攻角与侧滑角均等于 2°时机翼上反效应与滚转力矩系数。

9. 攻角为 2°时的机翼阻力系数 $C_D$。

**解**

$$\tan\Lambda_{c/2}=\frac{7.5+\left(\dfrac{3.75}{2}\right)-\left(\dfrac{7.5}{2}\right)}{15}=\frac{5.625}{15}$$

已知机翼锥度比为 0.5,翼根弦长为 7.5ft,翼展为 30ft,前缘掠角为 26.6°,如图 5.32 所示,我们可画出机翼平面形状略图(非等比例)。注意:根据给出的几何图形,翼尖前缘的位置 $X_{LE翼尖}$ 位于距离翼根弦前缘后(或者机翼顶点)7.5ft 处,我们将该处视为机翼 $x,y$ 坐标系的原点。同样根据几何图形,可从下式求出翼弦线中心的掠角:

$$\tan\Lambda_{c/2}=\frac{7.5+\left(\dfrac{3.75}{2}\right)-\left(\dfrac{7.5}{2}\right)}{15}=\frac{5.625}{15}$$

因此 $\Lambda_{c/2}\approx 20.5°$。

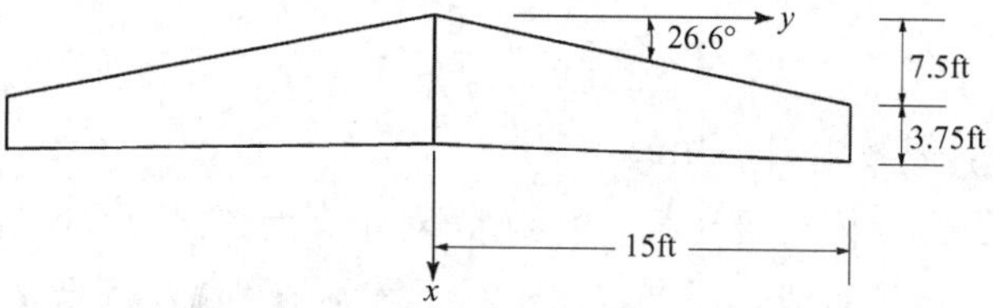


图 5.32 机翼平面形状

当前缘与后缘均为直的时,翼弦长是翼展 $y$ 的线性函数,因此对右机翼而言,翼弦长表示为

$$c(y)=7.5+\frac{(3.75-7.5)}{15}y=\left(7.5-\frac{y}{4}\right)\text{ft}$$

使用表 5.3 中的表达式,发现平面形状面积

$$S=2\int_0^{15}c(y)\mathrm{d}y=2\int_0^{15}\left(7.5-\frac{y}{4}\right)\mathrm{d}y=2\left(7.5y-\frac{y^2}{8}\right)\Bigg|_0^{15}\approx 169\text{ft}^2$$

展弦比等于

$$A=\frac{b^2}{S}=\frac{(30)^2}{169}=5.33$$

平均气动力(几何)弦的长度

$$\bar{c}=\frac{2}{S}\int_0^{15}c^2\mathrm{d}y=\frac{2}{169}\int_0^{15}\left(7.5-\frac{y}{4}\right)^2\mathrm{d}y=\frac{2}{169}\left((7.5)^2y-7.5\frac{y^2}{(2)(2)}+\frac{y^3}{(16)(3)}\right)\Bigg|_0^{15}=5.825\text{ft}$$

使用表 5.3 中的表达式,发现平均气动力弦的 $x$ 与 $y$ 位置分别为

$$X_{\mathrm{LE_{MAC}}} = \frac{2}{S}\int_0^{15} x_{\mathrm{LE}}(y)c(y)\mathrm{d}y = \frac{2}{169}\int_0^{15}\left(\frac{y}{2}\right)\left(7.5 - \frac{y}{4}\right)\mathrm{d}y = \frac{2}{169}\left(7.5\frac{y^2}{4} - \frac{y^3}{24}\right)\Bigg|_0^{15} = 3.33\mathrm{ft}$$

且

$$Y_{\mathrm{MAC}} = \frac{2}{S}\int_0^{15} yc(y)\mathrm{d}y = \frac{2}{169}\int_0^{15} y\left(7.5 - \frac{y}{4}\right)\mathrm{d}y = \frac{2}{169}\left(7.5\frac{y^2}{2} - \frac{y^3}{12}\right)\Bigg|_0^{15} = 6.66\mathrm{ft}$$

机翼气动力中心(ac)位于机翼平均气动力弦(MAC)的气动力中心。根据上述公式,发现 MAC 的前缘位于机翼顶点后 3.33ft 处。根据表 5.2,我们注意到 NACA 0009 翼型的气动力中心位于翼型前缘的翼弦后部 25%处。因此,机翼气动力中心的轴向位置为

$$X_{\mathrm{AC}_{机翼}} = 3.33 + 0.25\bar{c} = 4.79\mathrm{ft}$$

翼根弦前缘后部或者机翼顶点。

正如例 5.3 一样,可通过使用方程(5.18)确定机翼升力有效度的值,即

$$C_{L_\alpha} = \frac{2\pi A}{2 + \sqrt{\frac{A^2\beta^2}{k^2}\left(1 + \frac{\tan^2\Lambda_{c/2}}{\beta^2}\right) + 4}}$$

当 $M_\infty = 0.2$ 时,$\beta = \sqrt{0.96}$,使用表 5.2 中的剖面特性,发现 $k = (0.109)(180\pi)/2\pi = 0.99$。因此,机翼升力有效度

$$C_{L_\alpha} = \frac{2\pi(5.33)}{2 + \sqrt{\frac{(5.33)^2(0.96)}{(0.99)^2}\left(1 + \frac{(5.625/15)^2}{0.96}\right) + 4}} = 2\pi\frac{5.33}{7.99} = 4.19\,/\mathrm{rad}^{-1}$$

可根据方程(5.23)或下式得出机翼零升力攻角值,即

$$\alpha_{0_{机翼}} = \frac{2}{S}\int_0^{b/2}\left(\alpha_0(y) - \varepsilon(y)\right)c(y)\mathrm{d}y = \frac{2}{169}\int_0^{15}\left(\frac{y}{5}\right)\left(7.5 - \frac{y}{4}\right)\mathrm{d}y$$

$$= \frac{2}{169}\left(7.5\frac{y^2}{10} - \frac{y^3}{60}\right)\Bigg|_0^{15} = 1.33^\circ$$

因此,尽管 NACA 0009 翼型横截面的零升力攻角 $\alpha_0 = 0$,但由于存在机翼扭转,机翼的零升力攻角并不等于零。请注意:对于右机翼而言,有翼展的机翼扭转分布为

$$\varepsilon(y) = -\frac{3}{15}y\,(^\circ),\ y > 0$$

对于左机翼而言,由于 $y$ 为负值,因此有翼展的机翼扭转分布的符号应相反。现在可求出在机翼气动力中心获取的机翼俯仰力矩系数。根据方程(5.28),得出

$$C_{M_{\mathrm{ac}}} = \frac{2}{S\bar{c}}\left(\int_0^{b/2} c_{m_{\mathrm{ac}}}(y)c^2(y)\mathrm{d}y - \int_0^{b/2} c_{l_\alpha}(y)\left(\alpha_{0_{机翼}} + \varepsilon(y) - \alpha_0(y)\right)\left(x_{\mathrm{ac}}(y) - X_{\mathrm{ac}}\right)c(y)\mathrm{d}y\right)$$

此处由于 NACA 0009 对称翼型的 $\alpha_0 = c_{m_{\mathrm{ac}}} = 0$,因此该式可大大简化,从而得出

$$C_{M_{\mathrm{ac}}} = \frac{2}{S\bar{c}}\int_0^{b/2} c_{l_\alpha}(y)\left(\alpha_{0_{机翼}} + \varepsilon(y)\right)\left(X_{\mathrm{ac}} - x_{\mathrm{ac}}(y)\right)c(y)\mathrm{d}y$$

除了位于翼型剖面气动力中心的展向函数,即 $x_{\mathrm{ac}}(y)$ 外,可以知道上述表达式中的所有值。此处该函数的关系式为

$$x_{ac}(y) = x_{LE}(y) + 0.25c(y) = \frac{y}{2} + \frac{1}{4}\left(7.5 - \frac{y}{4}\right) = \frac{7.5}{4} + \frac{7}{16}y$$

因此,机翼俯仰力矩系数为

$$C_{M_{ac}} = \frac{2(0.109)}{(169)(5.825)}\int_0^{15}\left(1.33 - \frac{y}{5}\right)\left(4.79 - \left(\frac{7.5}{4} + \frac{7}{16}y\right)\right)\left(7.5 - \frac{y}{4}\right)dy$$

$$= \frac{2(0.109)}{(984.425)}\left(29.077y - 9.741\frac{y^2}{2} + 0.954\frac{y^3}{3} - 0.022\frac{y^4}{4}\right)\Bigg|_0^{15} = 0.03$$

机翼的滚转力矩系数可根据方程(5.44)与方程(5.58)或者下式得出:

$$C_{L_{滚转}} = -0.5C_{L_\alpha}(\alpha_{机翼} - \alpha_{0_{机翼}})\bar{Y}_{MAC}(\sin 2\Lambda_{LE}\sin 2\beta) - C_{L_\alpha}\Gamma\beta\bar{Y}_{MAC}$$

同时根据方程(5.60),可知机翼的上反效应为

$$C_{L_\beta} \triangleq \frac{\partial C_{L_{滚转}}}{\partial\beta} = -(C_{L_{机翼}}\sin 2\Lambda_{LE} + \Gamma C_{L_\alpha})\bar{Y}_{MAC}$$

由于已知上述两个表达式中的所有值,得出滚转力矩系数值为

$$C_{L_{滚转}} = -\frac{4.19}{2}\left(\frac{6.66}{30}\right)\left((2 - 1.33)\left(\frac{\pi}{180}\right)(\sin 53.2^\circ \times \sin 4^\circ) + 5\left(\frac{\pi}{180}\right)2\left(\frac{\pi}{180}\right)\right)$$

$$= -\frac{4.19}{2}\left(\frac{6.66}{30}\right)(0.0007 + 0.0030) = -0.0017$$

上反效应为

$$C_{L_\beta} = -(4.19)\left((2 - 1.33)\sin 53.2^\circ + 5\right)\left(\frac{\pi}{180}\right)\left(\frac{6.66}{30}\right) = -0.09\,\text{rad}^{-1}$$

最后将确定 $M_\infty = 0.2$ 时的机翼阻力系数。假设机翼相当光滑以排除气流分离引起的压差阻力,因此寄生阻力仅仅由摩擦力引起。由于没有规定高度,假设海平面条件。使用标准的大气模型(如附录 A)记录以下值:

大气密度(海平面)$\rho_\infty = 0.002376\text{sl/ft}^3$

声速(海平面)$a = 1,116\text{fps}$

黏度系数(海平面)$\mu = 3.74 \times 10^{-7}\ \text{lb-s/ft}^2$

当机翼 MAC 为 5.825ft 时,得出雷诺数为

$$R_l = \frac{\rho Vl}{\mu} = \frac{(0.002376)(0.2 \times 1\,116)(5.825)}{3.74 \times 10^{-7}} = 8.4 \times 10^6$$

根据图 5.31,我们知道表面摩擦系数为 $C_f = 0.0031$,从而得出寄生(仅有摩擦力)阻力系数为

$$C_{D_p} = C_f\left(1 + 2\left(\frac{t}{c}\right) + 100\left(\frac{t}{c}\right)^4\right)\frac{S_{wet}}{S} = 0.0031(1 + 2(0.09) + 100(0.09)^4)(2) = 0.0074$$

诱导阻力为

$$C_{D_I} = \frac{C_L^2}{\pi Ae}$$

当攻角为 2°时,机翼的升力系数为

$$C_{L_{\alpha=2}} = C_{L_\alpha}(\alpha - \alpha_0) = 4.19(2 - 1.33)\left(\frac{\pi}{180}\right) = 0.049$$

因此机翼的诱导阻力(假设奥斯瓦德有效度因子 $e=0.85$)为

$$C_{D_I}=\frac{C_L^2}{\pi Ae}=\frac{(0.049)^2}{\pi(5.33)(0.85)}=1.7\times10^{-4}$$

因此攻角为 2°时,机翼的总阻力系数为

$$C_D=C_{D_P}+C_{D_I}=0.0074+0.0002=0.0076$$

## 5.4 襟翼对机翼气动力特性的影响

高升力装置,如后缘襟翼或控制面,将影响三维机翼的以下特性:

$\alpha_\delta$——机翼的襟翼升力有效度;

$\alpha_0$——零升力机翼攻角;

$C_{L_{\max}}$——最大机翼升力系数;

$C_{M_{ac}}$——机翼气动力中心的力矩(系数);

$C_D$——机翼阻力。

为了估算这些参数,我们将最大限度地利用构成机翼的二维翼型剖面特性。这些剖面特性可从 5.2 节与 5.3 节或其他地方获得。正如分析襟翼二维剖面时讨论的一样,值得注意的是,根据线性机翼或升力线理论,后缘高升力装置对机翼的升力曲线斜率 $C_{L_\alpha}$ 或机翼气动力中心的位置 $X_{ac}$ 几乎没什么明显的影响。这两个结果均假设襟翼偏转不会导致机翼上表面出现气流分离,即襟翼偏转不会太大。

### 5.4.1 襟翼与控制面

正如我们在分析剖面特性时讨论的一样,控制面指后缘襟翼,因此除了副翼(在 5.4.2 节已进行分析)外,此处不会对襟翼或控制面的影响加以区分。当也可能涉及控制面(如升降舵)分析时,仅指“襟翼”。最后,将频繁使用片条理论或面积加权平均数基于剖面特性确定机翼特性。

为了首先论述襟翼升力有效度 $C_{L_\delta}$,再次回顾展示无穷小机翼剖面 d$l$ 的二维升力的图 5.21。如果该剖面也包含一个后缘襟翼,则可对方程(5.20)进行修改,以解释从襟翼获得的附加剖面升力,从而得出

$$\mathrm{d}l=\left[c_{l_\alpha}(y)(\alpha_{y=0}+\varepsilon(y)-\alpha_0(y))+c_{l_\delta}(y)\delta_{襟翼}\right]q(y)c(y)\mathrm{d}y \tag{5.64}$$

现在可求方程(5.64)对整个机翼翼展的积分,从而得出三维机翼升力的表达式。然而,并非所有展向的翼型剖面均包含后缘襟翼,因此在进行积分运算时必须小心谨慎。参照图 5.19,设机翼每边均有一个襟翼。此处将讨论此襟翼,并运用同样的方法推导每个后缘装置的类似表达式。

注意:襟翼内侧端的翼展位置用 $\eta_i$ 表示,襟翼外侧端的翼展位置用 $\eta_o$ 表示。如此一来,由襟翼偏转引起的机翼附加升力可表示为

$$\Delta L_{襟翼}=2\int_{\eta_i}^{\eta_o}c_{l_\delta}(y)\delta_{襟翼}q(y)c(y)\mathrm{d}y=C_{L_{\delta_F}}\delta_{襟翼}q_\infty S \tag{5.65}$$

当襟翼不发生偏转时,总机翼升力可根据方程(5.21)得出。

注意:在方程(5.65)中,我们也用机翼的总平面形状面积 $S$ 与机翼襟翼有效度 $C_{L_{\delta_F}}$ 表示附加升力,从而对附加升力这一参数进行了定义。假设襟翼偏转 $\delta_{襟翼}$ 与自由流动压不随展向积分变化,则襟翼升力有效度变成

$$C_{L_{\delta_F}} = \frac{2}{S}\int_{\eta_i}^{\eta_o} c_{l_\delta}(y)c(y)\mathrm{d}y \tag{5.66}$$

或者,如果剖面襟翼有效度 $c_{l_\delta}$ 随翼展保持恒定,则方程(5.66)可简化为

$$C_{L_{\delta_F}} = c_{l_\delta}\left(\frac{2S_{W_f}}{S}\right) \tag{5.67}$$

式中:$S_{W_f}$ 如图 5.19 所示,指前缘有襟翼的机翼一侧的平面形状面积。

机翼的另一襟翼有效度参数 $\alpha_{\delta_{机翼}}$ 定义为

$$\alpha_{\delta_{机翼}} \triangleq \frac{C_{L_\delta}}{C_{L_\alpha}} = \frac{\partial \alpha_{机翼}}{\partial \delta_{襟翼}}\Big|_{C_L=常数} \tag{5.68}$$

或 $C_{L_{\delta_F}}$(根据方程(5.67)求得)与机翼升力曲线 $C_{L_\alpha}$(根据方程(5.18)或图 5.20(a)~(f)求得)的比值。方程(5.68)与 5.2 节用于二维翼型剖面的相似定义一致。

已知该机翼襟翼有效度 $\alpha_{\delta_{机翼}}$,可轻易获得襟翼偏转引起的机翼零升力攻角的变化。根据方程(5.68),同时参照图 5.12,发现对于有襟翼机翼而言

$$\Delta\alpha_0 = \alpha_{\delta_{机翼}}\delta_{襟翼} \tag{5.69}$$

由襟翼偏转引起的最大机翼升力的增量可根据下式估算得出(参考文献 1)。

$$\Delta C_{L_{\max}} = \Delta c_{l_{\max}}\frac{2S_{W_f}}{S}K_{扫掠} \tag{5.70}$$

式中:$\Delta c_{l_{\max}}$ 指由襟翼偏转引起的二维翼型剖面最大升力增量;$S_{W_f}$ 指有前缘襟翼机翼一侧部分的平面形状面积;$K_{扫掠}=(1-0.08\cos^2\Lambda_{c/4})\cos^{3/4}\Lambda_{c/4}$ 指掠角修正因子。

由襟翼偏转引起的机翼俯仰力矩变化 $\Delta C_{M_{ac}}$ 还可根据片条理论确定。参照图 5.22,假设图中所示的无穷小二维剖面现在包含后缘襟翼。遵照方程(5.25),可将该二维剖面的机翼气动力中心的俯仰力矩的关系式列为

$$\begin{aligned}\mathrm{d}m &= \left(c_{m_{ac}}(y) + c_{m_\delta}(y)\delta_{襟翼}\right)q(y)c^2(y)\mathrm{d}y \\ &\quad - \left[c_{l_\alpha}(y)\left(\alpha_{机翼} + \varepsilon(y) - \alpha_0(y)\right) + c_{l_\delta}(y)\delta_{襟翼}\right]\left(x_{ac}(y) - X_{ac}\right)q(y)c(y)\mathrm{d}y\end{aligned} \tag{5.71}$$

上述表达式现在包含襟翼偏转 $\delta_{襟翼}$ 对剖面二维升力以及俯仰力矩的影响。

求上述表达式对整个翼展的积分得出气动力中心周围整个机翼的俯仰力矩。然而,我们将求出仅由襟翼偏转引起的力矩增量 $\Delta M$,即

$$\begin{aligned}\Delta \boldsymbol{M}_{襟翼} &= 2\left(\int_{\eta_i}^{\eta_o} c_{m_\delta}(y)\delta_{襟翼}q(y)c^2(y)\mathrm{d}y - \int_{\eta_i}^{\eta_o} c_{l_\delta}(y)\delta_{襟翼}\left(x_{ac}(y) - X_{ac}\right)q(y)c(y)\mathrm{d}y\right) \\ &= C_{M_{\delta_F}}\delta_{襟翼}q_\infty S\bar{c}\end{aligned} \tag{5.72}$$

此处积分再次受襟翼内侧端与外侧端的翼展位置限制。当襟翼不发生偏转时,机翼的俯

仰力矩可由方程(5.26)求出。

在方程(5.72)中,俯仰力矩增量 $\Delta M$ 也用由襟翼引起的机翼力矩系数,即 $C_{M_{\delta_F}}$(从而定义该系数)表示。再次假设动压等于自由流 $q=q_\infty$,且襟翼偏转 $\delta_{襟翼}$ 不随展向积分变化,我们发现机翼的襟翼俯仰力矩系数可由下式求出。

$$C_{M_{\delta_F}}=\frac{2}{S\bar{c}}\left(\int_{\eta_i}^{\eta_o}c_{m_\delta}(y)c^2(y)\mathrm{d}y-\int_{\eta_i}^{\eta_o}c_{l_\delta}(y)(x_{\mathrm{ac}}(y)-X_{\mathrm{ac}})c(y)\mathrm{d}y\right) \tag{5.73}$$

由襟翼偏转引起的剖面阻力系数增量也可根据片条理论估算得出。遵照刚提及的方法,首先参照图5.21,假设二维襟翼剖面的无穷小阻力(图中未显示)记为 $\mathrm{d}d$,回顾可知:根据定义,阻力作用方向与自由流速度矢量平行。仅由襟翼偏转引起的该剖面阻力的分力为

$$\mathrm{d}d=c_{d_\delta}(y)\delta_{襟翼}q(y)c(y)\mathrm{d}y=\frac{\Delta c_{d_{襟翼}}}{\Delta\delta_{襟翼}}(y)\delta_{\mathrm{flap}}q(y)c(y)\mathrm{d}y \tag{5.74}$$

式中:$\Delta c_{d_{襟翼}}$ 指由图5.17中指定襟翼偏转 $\Delta\delta_{襟翼}$ 引起的剖面阻力系数增量。求上述表达式对右机翼的整个襟翼翼展的积分并将结果乘以2,从而得出由襟翼偏转引起的机翼阻力增量,即

$$\Delta D_{襟翼}=2\int_{\eta_i}^{\eta_o}\frac{\Delta c_{d_{襟翼}}}{\Delta\delta_{襟翼}}(y)\delta_{襟翼}q(y)c(y)\mathrm{d}y=C_{D_{\delta_F}}\delta_{襟翼}q_\infty S \tag{5.75}$$

因此,机翼襟翼阻力有效度表示为

$$C_{D_{\delta_F}}=\frac{2}{S}\int_{\eta_i}^{\eta_o}\frac{\Delta c_{d_{襟翼}}}{\Delta\delta_{襟翼}}(y)c(y)\mathrm{d}y=\frac{\Delta c_{d_{襟翼}}}{\Delta\delta_{襟翼}}\frac{2S_{W_f}}{S} \tag{5.76}$$

右侧最后一项假定由襟翼偏转及局部动压引起的剖面阻力与翼展保持恒定。

### 5.4.2 副翼

显然,后缘控制面安装在机翼翼尖附近,以使飞行器上产生滚转力矩。该力矩由称作副翼的控制面发生反对称偏转所致。由于副翼发生反对称偏转,因此此处单独对其进行分析。现在将使用类似于估算襟翼升力有效度时使用的方法(方程(5.66)与方程(5.67))估算副翼的滚转与偏航有效度。

再次参照图5.21,注意由无穷小二维剖面 $\mathrm{d}l$ 引起的升力在平行于自由流速度矢量的机翼翼根($y=0$)处的直线周围产生滚转力矩。(回顾可知升力 $\mathrm{d}l$ 与自由流速度矢量垂直相交。)将该力矩记为 $\mathrm{d}l_{滚转}$,其可表示为

$$\mathrm{d}l_{滚转}=-y\mathrm{d}l \tag{5.77}$$

由于将正滚转力矩定义为右机翼向下,因而此处加了一个负号。

参照方程(5.64),可将仅由"襟翼"偏转引起的剖面升力表示为

$$\mathrm{d}l_{襟翼}=c_{l_\delta}(y)\delta_{襟翼}q(y)c(y)\mathrm{d}y \tag{5.78}$$

因此,与该升力分力有关的滚转力矩为

$$\mathrm{d}l_{滚转}=-c_{l_\delta}(y)\delta_{襟翼}q(y)c(y)y\mathrm{d}y \tag{5.79}$$

(为了尽量区分符号,此处再次添加了下标,使用 $l_{滚转}$ 表示剖面滚转力矩。)但是上述滚转

力矩为由右机翼“襟翼”后缘向下偏转引起的无穷小滚转力矩。与右侧襟翼偏转相反，如果左侧襟翼后缘向上偏转，那么与左机翼二维剖面有关的滚转力矩将为

$$\mathrm{d}l_{\text{滚转}} = -c_{l_\delta}(y)(-\delta_{\text{襟翼}})q(y)c(y)y\mathrm{d}y \tag{5.80}$$

沿左机翼方向翼展位置 $y$ 为负，因此该滚转力矩将为负。但这是由左襟翼在负方向发生偏转（后缘向上）引起。

假设左右机翼剖面与翼根的距离相等，将正副翼偏转定义为右机翼后缘向上，同时将上述两个力矩相加，则可得出由反对称副翼偏转引起的无穷小二维滚转力矩，即

$$\mathrm{d}l_{\text{滚转}} = 2c_{l_\delta}(y)\delta_{\text{副翼}}q(y)c(y)y\mathrm{d}y \tag{5.81}$$

此处记为“副翼”偏转，目的是为了强调两个后缘表面反对称偏转。

现在可分别求上述表达式对副翼内、外侧端翼展位置 $\eta_i$ 与 $\eta_o$ 的积分，从而获得副翼偏转引起的机翼滚转力矩的变化。结果为

$$\Delta L_{\text{滚转副翼}} = 2\int_{\eta_i}^{\eta_o} c_{l_\delta}(y)\delta_{\text{副翼}}q(y)c(y)ydy = C_{L_{\delta_A}}\delta_{\text{副翼}}q_\infty Sb \tag{5.82}$$

式中引入了机翼副翼滚转有效度 $C_{L_{\delta_A}}$。同时注意：用于将系数无量纲化的特性长度指翼展 $b$。如果片条动压 $q(y)$ 等于自由流 $q_\infty$，且副翼偏转不随展向积分变化，那么可根据下式得出副翼滚转力矩有效度。

$$C_{L_{\delta_A}} = \frac{2}{Sb}\int_{\eta_i}^{\eta_o} c_{l_\delta}(y)c(y)y\mathrm{d}y \tag{5.83}$$

副翼偏转时，由于升力发生反对称变化，因而产生滚转力矩。同理，由于此时阻力也会发生反对称变化，因此副翼偏转还会产生偏航力矩。遵照上述方法，再次参照图 5.21，假设二维襟翼剖面的无穷小阻力（图中未显示）用 d$d$ 表示，回顾可知：根据定义，阻力作用方向与自由流速度矢量平行，则仅由（正后缘向下）襟翼偏转引起的该剖面阻力增量可表示为

$$\mathrm{d}d = c_{d_\delta}(y)\delta_{\text{襟翼}}q(y)c(y)\mathrm{d}y = \frac{\Delta c_{d_{\text{襟翼}}}}{\Delta\delta_{\text{襟翼}}}(y)\delta_{\text{襟翼}}q(y)c(y)\mathrm{d}y \tag{5.84}$$

式中：$\Delta c_{d_{\text{襟翼}}}$ 指由图 5.17 中指定襟翼偏转 $\Delta\delta_{\text{襟翼}}$ 引起的剖面阻力系数增量。

右机翼上的该剖面阻力增量 d$d$ 在翼根处某直线周围产生正（机头向右）偏航力矩，此直线与机翼 $y$ 轴及自由流速度矢量相互垂直。此无穷小偏航力矩（正机头向右）可表示为

$$\mathrm{d}n = \frac{\Delta c_{d_{\text{襟翼}}}}{\Delta\delta_{\text{襟翼}}}(y)\delta_{\text{襟翼}}q(y)c(y)y\mathrm{d}y \tag{5.85}$$

（按照惯例，剖面偏航力矩用 $n$ 表示，三维机翼偏航力矩用 $N$ 表示。）

同样，左机翼反对称（负后缘向上）“襟翼”偏转也将使剖面阻力 d$d$ 发生变化，但是阻力的这种变化将使偏航力矩产生以下变化：

$$\mathrm{d}n = \frac{\Delta c_{d_{\text{襟翼}}}}{\Delta\delta_{\text{襟翼}}}(y)(-\delta_{\text{襟翼}})q(y)c(y)y\mathrm{d}y \tag{5.86}$$

此处请注意：对左机翼而言，此处表示的是负（后缘向上）“襟翼”偏转。此外，在左机翼方向，翼展位置 $y$ 为负。因此，在左翼尖附近，襟翼偏转的减小引起剖面阻力减小，而反过来又引

起偏航力矩发生正向(机头向右)变化。

假设上述两个剖面与翼根的距离相等,将正副翼偏转定义为右机翼后缘向上,同时将左右两个机翼剖面的无穷小偏航力矩相加,则可得出与副翼偏转有关的二维剖面总偏航力矩。

$$\mathrm{d}n = -2\frac{\Delta c_{d_{襟翼}}}{\Delta\delta_{襟翼}}(y)\delta_{副翼}q(y)c(y)y\mathrm{d}y \tag{5.87}$$

此处记为“副翼”偏转,旨在强调两个后缘表面为反对称偏转。

求上述剖面偏航力矩变化对副翼内、外侧端翼展位置的积分,得出由副翼偏转引起的偏航力矩总变化(称之为反向偏航)为

$$\Delta N_{副翼} = -2\int_{\eta_i}^{\eta_o}\frac{\Delta c_{d_{襟翼}}}{\Delta\delta_{襟翼}}(y)\delta_{副翼}q(y)c(y)y\mathrm{d}y = C_{N_{\delta_A}}\delta_{副翼}q_\infty Sb \tag{5.88}$$

此处已定义了副翼偏航力矩有效度 $C_{N_{\delta_A}}$。再次假设副翼偏转与动压不随展向积分变化,如此可通过下式求出副翼偏航力矩有效度:

$$C_{N_{\delta_A}} = \frac{-2}{Sb}\int_{\eta_i}^{\eta_o}\frac{\Delta c_{d_{襟翼}}}{\Delta\delta_{襟翼}}(y)c(y)y\mathrm{d}y \tag{5.89}$$

## 例 5.5　襟翼与副翼对机翼气动力特性的影响

下面针对例 5.4 中的机翼进行分析,假设该机翼两侧均已添加简单后缘襟翼,襟翼尺寸如下:

内侧端位于翼展位置 $y=5\mathrm{ft}$ 处;外侧端位于翼展位置 $y=10\mathrm{ft}$ 处。

襟翼翼弦与机翼翼弦比值 $c_f/c$ 为 25%,与翼展保持恒定。

求襟翼升力有效度 $C_{L_{\delta_F}}$ 与 $\alpha_\delta$、俯仰力矩有效度 $C_{m_{\delta_F}}$ 及阻力有效度 $C_{D_{\delta_F}}$。同时假设机翼装有 3ft 翼展副翼,且外剖面在翼尖处。如果这些副翼的翼弦比也是 25%,求机翼副翼的滚转力矩有效度 $C_{L_{\delta_A}}$ 及偏航力矩有效度 $C_{N_{\delta_A}}$。

**解**

就 NACA 0009 翼型与给定襟翼几何图形而言,可使用方程(5.14)、图 5.14 及图 5.15 求剖面襟翼升力有效度 $c_{l_\delta}$。对该翼型剖面而言,

$$\frac{c_{l_\alpha}}{c_{l_\alpha 理论}} = \frac{0.109(180/\pi)}{2\pi} = 0.994$$

因此,如果襟翼翼弦与机翼翼弦比为 25%,图 5.14 与图 5.15 表明 $c_{l_{\delta_{理论}}} = 4\mathrm{rad}^{-1}$,且

$$\frac{c_{l_\delta}}{c_{l_\delta 理论}} = 0.99$$

因此普朗特-格劳厄特因子 $\beta=\sqrt{0.96}$,

$$c_{l_\delta} = \frac{1}{0.98}(4\times0.99) = 4.04\ /\mathrm{rad}^{-1} = 0.071\ /(^\circ)$$

剖面襟翼俯仰力矩有效度可根据方程(5.15)或下式估算得出:

$$c_{m_\delta} = -2\sqrt{\frac{c_f}{c}\left(1-\frac{c_f}{c}\right)^3} = -2\sqrt{0.25(1-0.25)^3} = -0.65\mathrm{rad}^{-1} = -0.0113\ /(^\circ)$$

可使用图 5.17 估算剖面襟翼阻力有效度。根据该图可发现:$\delta_{襟翼}=10°$时,$\Delta_{c_d}=0.007$。因

此，剖面襟翼阻力有效度为

$$c_{d_\delta} \approx \frac{\Delta c_d}{\Delta \delta_{\text{襟翼}}} = \frac{.007}{10} = 0.0007/(^\circ) = 0.040\,\text{rad}^{-1}$$

现在机翼的襟翼升力有效度可通过方程(5.66)或下式估算得出：

$$C_{L_{\delta_F}} = \frac{2}{S}\int_{\eta_i}^{\eta_o} c_{l_\delta}(y)c(y)\text{d}y = c_{l_\delta}\frac{2S_{W_F}}{S}$$

式中：$c_{l_\delta}$为不随翼展变化的定值，且 $S_{W_F}$如图 5.19 所示。根据机翼的几何图形，可列出

$$S_{W_F} = \left(5c(\eta_i) - 0.5(5)(2.5) + 0.5(5)(1.25)\right)\text{ft}^2$$

式中：$c(\eta_i)$指机翼襟翼内侧端的翼弦长。因为对该机翼而言，

$$c(y) = 7.5 - \frac{y}{4}\text{ft}$$

已知 $c(\eta_i) = c(5) = 6.25\text{ft}$，因而

$$S_{W_F} = (31.25 - 6.25 + 3.125) = 28.125\text{ft}^2$$

因此机翼的襟翼升力有效度为

$$C_{L_{\delta_F}} = c_{l_\delta}\frac{2S_{W_F}}{S} = 0.071\frac{56.25}{169} = 0.024/(^\circ) = 1.35\,\text{rad}^{-1}$$

且襟翼升力有效度还可表示为

$$\alpha_\delta \triangleq \frac{C_{L_\delta}}{C_{L_\alpha}} = \frac{0.024(180/\pi)}{4.19} = 0.328$$

襟翼力矩有效度可通过方程(5.73)或下式估算得出：

$$C_{M_{\delta_F}} = \frac{2}{S\bar{c}}\left(\int_{\eta_i}^{\eta_o} c_{m_\delta}(y)c^2(y)\text{d}y - \int_{\eta_i}^{\eta_o} c_{l_\delta}(y)\left(x_{\text{ac}}(y) - X_{\text{ac}}\right)c(y)\text{d}y\right)$$

翼弦已给定为

$$c(y) = 7.5 - \frac{y}{4}\text{ft}$$

在例 5.4 中，得出

$$x_{\text{ac}}(y) = \frac{7.5}{4} + \frac{7}{16}y\,\text{ft}$$

且

$$X_{\text{AC}\,\text{机翼}} = \text{翼尖后}4.79\text{ft}$$

因此，可通过下式求得襟翼俯仰力矩有效度：

$$C_{M_{\delta_F}} = \frac{2}{(169)(5.825)}\left(\int_5^{10} -0.65\left(7.5 - \frac{y}{4}\right)^2\text{d}y - \int_5^{10} 4.04\left(\frac{7.5}{4} + \frac{7}{16}y - 4.79\right)\left(7.5 - \frac{y}{4}\right)\text{d}y\right)$$

$$= \frac{2}{(169)(5.825)}\left(-0.65\left(7.5^2 y - 7.5\frac{y^2}{4} + \frac{y^3}{48}\right)\Bigg|_5^{10}\right.$$

$$\left. + 4.04\left(21.8625y - 4.01\frac{y^2}{2} + 0.109\frac{y^3}{3}\right)\Bigg|_5^{10}\right)$$

$$= 0.00203(-103.26 - 37.46) = -0.286\,\text{rad}^{-1}$$

最后，襟翼阻力有效度可通过方程(5.76)、图5.17或者下式估算得出：

$$C_{D_{\delta_F}}=\frac{2}{S}\int_{\eta_i}^{\eta_o}\frac{\Delta c_{d_{襟翼}}}{\Delta\delta_{襟翼}}(y)c(y)\mathrm{d}y=2\frac{\Delta c_{d_{襟翼}}}{\Delta\delta_{襟翼}}\frac{S_{W_F}}{S}=2(0.04)\frac{56.25}{169}=0.0266\,\mathrm{rad}^{-1}$$

为了求出副翼滚转力矩有效度，可参照方程(5.83)，在此情况下，该方程为

$$C_{L_{\delta_A}}=\frac{2c_{l_\delta}}{Sb}\int_{\eta_i}^{\eta_o}c(y)y\mathrm{d}y=\frac{2(4.04)}{(169)(30)}\int_{12}^{15}c(y)y\mathrm{d}y$$

因为剖面升力有效度随恒定的翼弦比保持恒定。就该机翼而言，可通过下式求得剖面翼弦长：

$$c(y)=7.5-\frac{y}{4}\,\mathrm{ft}$$

因而

$$\int_{12}^{15}c(y)y\mathrm{d}y=\int_{12}^{15}\left(7.5y-\frac{y^2}{4}\right)\mathrm{d}y=\left(3.75y^2-\frac{y^3}{12}\right)\Bigg|_{12}^{15}=(303.75-137.25)=166.5\mathrm{ft}^3$$

因此得出

$$C_{L_{\delta_A}}=\frac{2(4.04)}{(169)(30)}(166.5)=0.265\mathrm{rad}^{-1}$$

为了确定副翼的偏航力矩有效度，参照方程(5.89)得出

$$C_{N_{\delta_A}}=\frac{-2}{Sb}\int_{\eta_i}^{\eta_o}\frac{\Delta c_{d_{襟翼}}}{\Delta\delta_{襟翼}}(y)c(y)y\mathrm{d}y=\frac{-2}{(169)(30)}\int_{12}^{15}(0.04)c(y)y\mathrm{d}y=\frac{-2(0.04)(166.5)}{(169)(30)}$$

$$=-0.0026\,\mathrm{rad}^{-1}$$

## 例 5.6 水平尾翼分析

以与例5.4和例5.5中讨论的机翼具有相同翼型剖面、展弦比、锥度比及前缘掠角的水平尾翼为例进行分析，但比例有所变化，尾翼翼展为15ft。尾翼展向无扭转。假设该尾翼面装有完整的翼展后缘升降舵，且升降舵翼弦比为不随翼展变化的常数 $c_\delta/c_H=0.25$，估算尾翼气动力中心距离顶点的轴向位置 $X_{\mathrm{AC}_H}$ 及该尾翼面的升降舵有效度参数 $C_{L_{\delta_E}}$、$\alpha_{\delta_E}$ 与 $C_{M_{\delta_E}}$。

**解**

尽管比例有所变化，尾翼与例5.5中分析的机翼的平面几何形状和翼型剖面相同，因此，就该翼型剖面而言，再次得出

$$c_{l_\delta}=\frac{1}{0.98}(4\times0.99)=\frac{1}{0.98}3.96=4.04\,/\mathrm{rad}=0.071\,/(^\circ)$$

从而求得剖面的升降舵升力有效度 $\alpha_\delta$ 为

$$\alpha_\delta|_{剖面}\triangleq\frac{c_{l_{\delta_E}}}{c_{l_\alpha}}=\frac{4.04}{0.109(180/\pi)}=0.647$$

此外，剖面襟翼俯仰力矩有效度再次为

$$c_{m_\delta}=-0.65\,/\mathrm{rad}=-0.0113\,/(^\circ)$$

三维水平尾翼与机翼的攻角升力有效度相等，均为 $C_{L_{\alpha_H}}=4.19\mathrm{rad}^{-1}$。同时，方程(5.66)表

明:对于全展长升降舵而言,三维升降舵与二维升降舵的升力有效度相等。因此,我们认为三维升降舵的 $\alpha_{\delta_H}$ 等于剖面的 $\alpha_\delta$,即

$$\alpha_{\delta_H} = 0.647$$

但是,根据

$$\alpha_{\delta_H} \triangleq \frac{C_{L_{\delta_E}}}{C_{L_{\alpha_H}}}$$

得出

$$C_{L_{\delta_E}} = 0.647 \times 4.19 = 2.71\ /\text{rad} = 0.047\ /(^\circ)$$

(注意:使用这种方法往往可更好地估算全展长升降舵的升力有效度,而非仅仅设定三维升降舵升力有效度 $C_{L_{\delta_E}}$ 等于二维剖面升降舵升力有效度 $c_{l_{\delta_E}}$。)

现在可根据翼展与展弦比或下式求出面积:

$$S_H = \frac{b_H^2}{A} = \frac{15^2}{5.33} = 42.2\ \text{ft}^2$$

此外,作为翼展函数的翼弦为

$$c(y) = \frac{7.5}{2} - \frac{y}{4}\ \text{ft}$$

因此,水平尾翼的平均气动力(几何)翼弦变成

$$\bar{c}_H = \frac{2}{S_H}\int_0^{b_H/2} c^2 \mathrm{d}y = \frac{2}{42.2}\int_0^{7.5}\left(\frac{7.5}{2} - \frac{y}{4}\right)^2 \mathrm{d}y = \frac{2}{42.2}\int_0^{7.5}\left(\frac{7.5^2}{4} - \frac{7.5}{4}y + \frac{y^2}{16}\right)\mathrm{d}y$$

$$= \frac{2}{42.2}\left(\frac{7.5^2}{4}y - \frac{7.5}{8}y^2 + \frac{y^3}{48}\right)\Bigg|_0^{7.5} = \frac{2}{42.2}(105.47 - 52.73 + 8.79) = 2.92\ \text{ft}$$

并且,尾翼的剖面气动力中心位于 $0.25c(y) + x_{\text{LE}}(y)$ 处,因此

$$x_{\text{ac}}(y) = \frac{7.5}{8} - \frac{y}{16} + \frac{1}{2}y = \frac{7.5}{8} + \frac{7}{16}y\ \text{ft}$$

尾翼的气动力中心位置可通过方程(5.17)求出,即

$$X_{\text{LE}_{\text{MAC}}} = \frac{2}{S_H}\int_0^{b_H/2} x_{\text{LE}}(y)c(y)\mathrm{d}y = \frac{2}{(42.2)}\int_0^{15/2}(0.5y)\left(\frac{7.5}{2} - \frac{y}{4}\right)\mathrm{d}y$$

$$= \frac{0.5}{(42.2)}\int_0^{15/2}\left(7.5y - \frac{y^2}{2}\right)\mathrm{d}y = \frac{0.5}{(42.2)}\left(7.5\frac{y^2}{2} - \frac{y^3}{6}\right)\Bigg|_0^{7.5}$$

$$= 0.0118(210.94 - 70.31) = 1.659\ \text{ft}$$

因此,尾翼顶点的气动力中心位置为

$$X_{\text{AC}_H} = X_{\text{LE}_{\text{MAC}_H}} + 0.25\bar{c}_H = 1.659 + 0.25(2.92) = 2.39\ \text{ft}$$

升降舵力矩有效度可再次通过方程(5.73)或下式估算得出:

$$C_{M_{\delta_E}} = \frac{2}{S\bar{c}}\left(\int_{\eta_i}^{\eta_o} c_{m_\delta}(y)c^2(y)\mathrm{d}y - \int_{\eta_i}^{\eta_o} c_{l_\delta}(y)(x_{\text{ac}}(y) - X_{\text{ac}})c(y)\mathrm{d}y\right)$$

因此,气动力中心周围尾翼的俯仰力矩有效度可表示为

$$C_{M_{\delta_E}} = \frac{2}{(42.2)(2.92)}\left(\int_0^{15/2} -0.65\left(\frac{7.5}{2}-\frac{y}{4}\right)^2 \mathrm{d}y - \int_0^{15/2} 4.04\left(\frac{7.5}{8}+\frac{7}{16}y-2.39\right)\left(\frac{7.5}{2}-\frac{y}{4}\right)\mathrm{d}y\right)$$

$$= \frac{2}{(42.2)(2.92)}\left(-0.65\left(\frac{7.5^2}{4}y-\frac{7.5}{4}\frac{y^2}{2}+\frac{y^3}{48}\right)\bigg|_0^{7.5}\right.$$

$$\left.+4.04\left(5.447y-2.004\frac{y^2}{2}+0.109\frac{y^3}{3}\right)\bigg|_0^{7.5}\right)$$

$$= 0.0162(-39.99-0.74) = -0.660\ /\mathrm{rad}$$

## 5.5 下 洗 流

所有升力表面均会对其后部的气流产生影响。在亚声速流中,升力表面也会对其前部的气流产生影响。我们将这种影响称作下洗流。在亚声速流中,机翼后面的下洗流由机翼后缘涡流系统引起,如图 5.33 所示。涡流层从上升机翼流出,涡流层两侧翻滚形成翼尖涡流。对大展弦比机翼而言,涡流层相对较平,但对小展弦比和/或大掠角机翼而言,涡流层可以从翼根卷至翼尖。

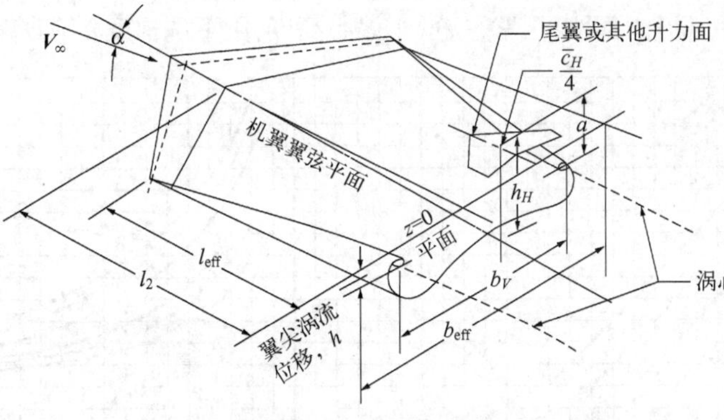


图 5.33　机翼后缘涡流系统与后部升力面

该后缘涡流系统的主要影响是使(机翼后面)气流相对自由流 $\boldsymbol{V}_\infty$ 向下偏转。该气流偏转可减小机翼后面所有升力面的局部攻角,如图 5.33 所示水平稳定面。如图 5.34 所示,下洗角 $\varepsilon$ 可减小后部升力面的局部攻角,反过来,下洗角的大小取决于后部升力面相对机翼的位置,即图 5.33 中的 $h_H$ 与 $l_2$。后部升力面攻角 $\alpha_H$ 用下洗角表示时,可表示为

$$\alpha_H = \alpha_W + \Delta i_H - \varepsilon_H \tag{5.90}$$

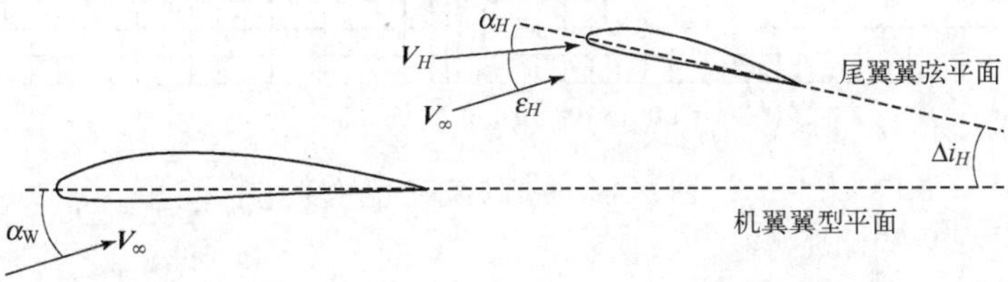


图 5.34　机翼下洗流对尾翼攻角的影响

式中：$\alpha_W$指机翼攻角（=翼根弦攻角）；$\Delta i_H$指尾翼迎角（=机翼与尾翼根弦间夹角）；$\varepsilon_H$ 指后部升力面下洗角。

与下洗角同样重要的是下洗角随机翼攻角发生的变化，即 $d\varepsilon/d\alpha_W$。该参数称为下洗梯度，它也是关于机翼后部位置的函数。从理论上讲，下洗梯度为

$$\frac{d\varepsilon}{d\alpha_W}\Big|_{理论} = \begin{cases} 1 \quad ，机翼后缘处 \\ \dfrac{2C_{L_{\alpha_W}}}{\pi A}，机翼后无穷远处 \end{cases} \tag{5.91}$$

注意：现在后部升力面攻角可用下列线性表达式表示，即

$$\alpha_H = \left(1 - \frac{d\varepsilon}{d\alpha_W}\right)\alpha_W + \Delta i_H + \frac{d\varepsilon}{d\alpha_W}\alpha_{0_W} \tag{5.92}$$

此外，当机翼攻角为 $\alpha_0$时，根据定义可知机翼升力为零。因此，假设下洗角随机翼攻角成直线变化，则可用下式表示机翼后部下洗角。

$$\varepsilon = \frac{d\varepsilon}{d\alpha_W}\left(\alpha_W - \alpha_{0_W}\right) \tag{5.93}$$

在机翼后面的中间位置处，$d\varepsilon/d\alpha_W$ 可根据图 5.35 估算出来。该图展示了机翼对称平面及涡心处的下洗梯度 $d\varepsilon/d\alpha_W$。该梯度给定为 1/2 翼展内机翼后后部升力面位置 $l_2/(b/2)$、有效机翼展弦比 $A_{\rm eff}$（等于 $A_e$）、机翼 1/4 翼弦线处掠角 $\Lambda_{c/4}$及无穷远处下洗梯度（根据方程(5.91)求出）的函数。虚线所示为 $\Lambda_{c/4}=45°$、$A_{\rm eff}=3$、$l_2/(b/2)=0.8$ 且无穷远处下洗梯度为 0.5 的例子。如图 5.33 所示，如果后部升力面刚好超过或低于涡心高度，则下洗梯度将有所减小。

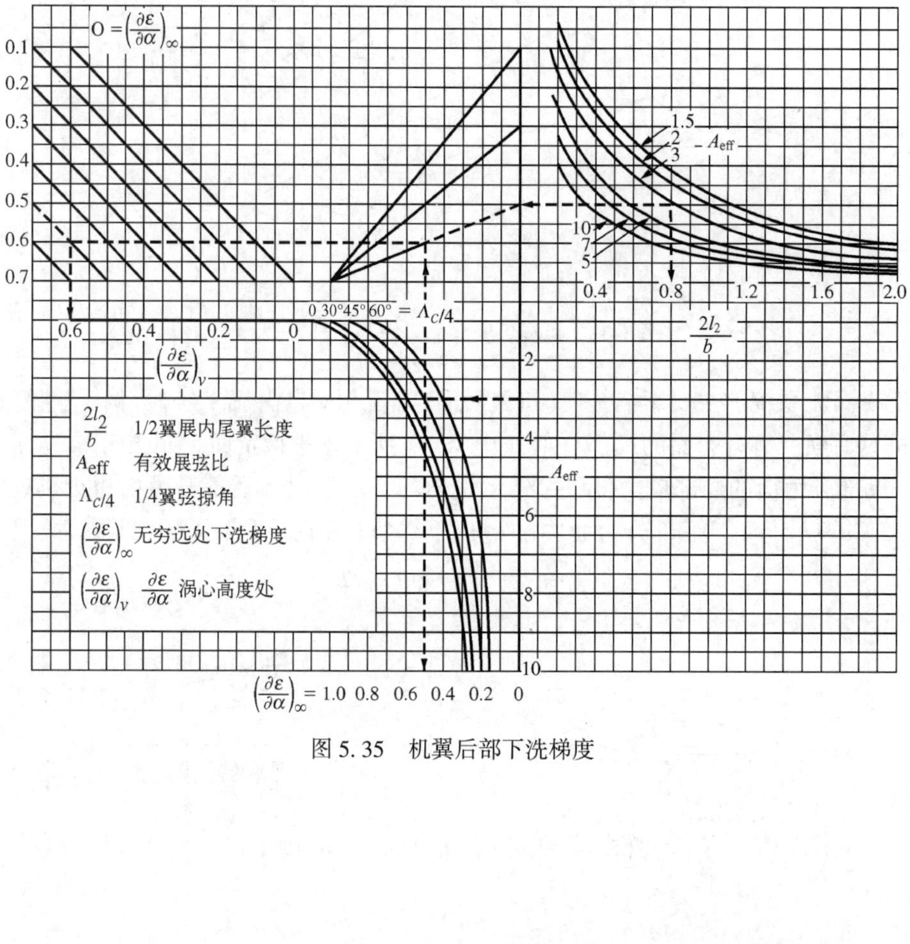


图 5.35 机翼后部下洗梯度

正如先前提到的一样,在亚声速流中的机翼前部,气流相对自由流向上偏转,该向上的偏转角称作上洗角 $\varepsilon_u$。可根据图 5.36 估算有效展弦比为 $A_e$ 的机翼前,不同距离处的该机翼对称平面的上洗梯度 $d\varepsilon_W/d\alpha_W$。下洗流情况与此类似,机翼前部局部攻角可表示为

$$A_{前部}=\left(1+\frac{d\varepsilon_u}{d\alpha_W}\right)\alpha_W+\Delta i_{前部} \tag{5.94}$$

式中:$\Delta i_{前部}$指机翼的翼根弦与位于机翼前部所有升力面的翼根弦之间的倾角(如鸭翼)。

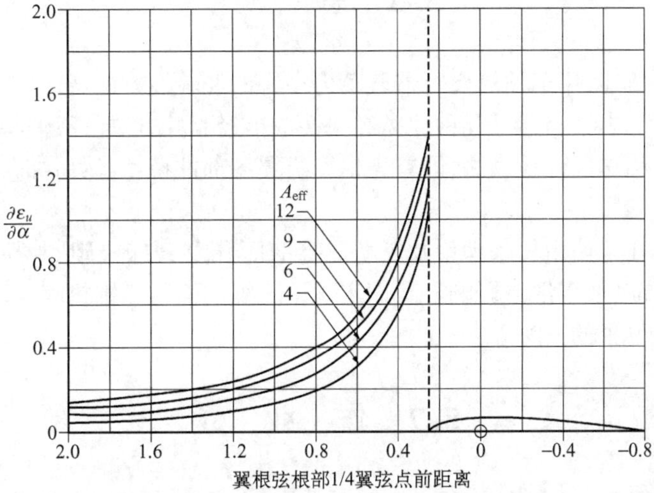


图 5.36　机翼前部上洗梯度

## 例 5.7　机翼后部下洗角

再次以例 5.4 中的机翼为例进行分析。假设机翼攻角为 2°,求位于涡心高度处且机翼顶点后 2.5 翼根弦长处的下洗角。同时,假设水平尾翼的气动力中心位于该点,且尾翼的几何倾角为 $\Delta_{i_H}=2°$,求水平尾翼的局部攻角(参见图 5.34)。

**解**

对于给定机翼,展弦比 $A=5.33$,1/4 翼弦线处的掠角 $\Lambda_{c/4}\approx 25°$,升力有效度 $C_{L_\alpha}=4.19/\text{rad}$。根据方程(5.91),可求出机翼后无穷远处的下洗梯度为

$$\frac{d\varepsilon}{d\alpha_W}\bigg|_\infty=\frac{2C_{L_\alpha}}{\pi A}=\frac{2(4.19)}{\pi(5.33)}=0.5$$

目标点位于机翼顶点后 2.5ft 翼根弦长处。因此,图 5.33 中的距离 $l_2$等于 1.5 倍翼根弦长,无量纲化距离为

$$\frac{2l_2}{b}=\frac{(7.5\times1.5)}{(15)}=0.75$$

根据图 5.35(从四分体的右上方与左下方的底部轴线开始),可知尾翼处的下洗梯度为

$$\frac{d\varepsilon}{d\alpha_W}=0.57$$

机翼后部下洗角可根据方程(5.93)或下式估算得出:

$$\varepsilon=\frac{d\varepsilon}{d\alpha_W}(\alpha_W-\alpha_{0_W})$$

因此,对于所述机翼而言,当机翼攻角为 2°时,尾翼处的下洗角为

$$\varepsilon_H = 0.57(2 - 1.33) = 0.38^\circ$$

对于给定尾翼倾角而言,使用方程(5.90)可求出水平尾翼处的局部攻角为

$$\alpha_H = \alpha_W + \Delta i_H - \varepsilon_H = 2 + 2 - 0.38 = 3.62^\circ$$

## 5.6 总　结

正如本章开头所述,用于估算飞行器气动力中心的经验性方法可产生非常精确的结果,且使用起来快捷方便。本章描述了几种此类经验性或半经验性方法。我们将用于估算这些气动力特性的所有方法称作部件叠加法,即首先估算机翼各部件特性,然后综合这些结果估算整个机翼的特性。

该方法的根本在于使用片条理论及翼型二维剖面升力、力矩与阻力特性。我们分析了襟翼的影响及升力面前、后下洗流影响。我们定义了二维剖面与三维机翼气动力中心,描述确定升力面气动力中心位置的方法。

## 5.7 作 业 题

5.1　使用方程(5.23)与方程(5.28)证明:对于有翼展但无展向扭转的恒定翼型剖面而言,根据片条理论,机翼的零升力攻角与机翼(气动力中心周围处的)俯仰力矩系数分别等于机翼剖面零升力攻角与机翼剖面俯仰力矩系数。

5.2　假设在各种情况下 $k=0.95$,使用 MATLAB 计算机翼翼弦中心点掠角为 10°和 20°、马赫数为 0.25 和 0.5 的三维机翼升力有效度 $C_{L_\alpha}$ 并绘制其关于展弦比 $A$ 的变化曲线。

5.3　计算例 5.4 与例 5.5 中分析的机翼的上反效应,即 $C_{L_\beta}$,将其与副翼滚转力矩有效度 $C_{L_{\delta_A}}$ 相比较。尤其重要的是求在给定侧滑角时克服上反效应所需的副翼偏转近似值。

5.4　额外学分作业:使用本书网站 www.mhhe.com/schmidt 上的 MATAERO 机翼分析代码求例 5.4 与例 5.6 中分析的机翼气动力中心及水平尾翼气动力中心,并将这些数据结果与例子中获得的相应结果进行比较。

### 参 考 文 献

1. "USAF Stability and Control DATCOM," prepared by the Douglas Aircraft Div., McDonnell Douglas Corp., for the USAF Flight Dynamics Laboratory, Wright Patterson AFB, Ohio, October 1960 (revised April 1978).

2. Anderson, John D., Jr.: Fundamentals of Aerodynamics, 5th ed., McGraw-Hill, New York, 2011.

3. Bertin, John J. and Michael L. Smith: Aerodynamics for Engineers, 2nd ed., Prentice-Hall, Upper Saddle River, NJ, 1989.

# 第六章

# 飞行器所受力与力矩建模

**章节路线图:**本章内容通常出现在飞行动力学的首门课程中(特别是与纵向力与力矩相关的内容)。此处定义了建模框架及所有气动力和推进力有效度系数或稳定性导数。此外还介绍了相关方法来估算上述重要参数,以及将力和力矩并入运动方程的模型。

本章将阐述两项重要议题。第一项议题是建立飞行器所受力与力矩的建模框架。此框架基于泰勒级数展开力与力矩的概念。第二项议题是在考虑飞行器几何形状的前提下,推演出用于估算上述泰勒级数展开式表示的参数的方法。上述技术对于完成初步设计和了解飞行器的气动力特性及其动力特性尤为有效。事实上,本章所述概念为学生提供了最终将飞行器几何形状与其动力特性相互联系的方法。

估算力与力矩的方法有多种。如第五章所述,可通过分析、计算和实验方法来得到翼型气动力特性。还可运用上述三种方法来表现整机所受力与力矩。而由上述任何一种方法确定的飞行器的气动力特性都可纳入此处建立的建模框架。例如,由于对气动力特性进行追加估算,可更新模型内的参数,但建模框架依然不变。

例如,考虑图 6.1 所示数据,该图为现代战斗机的升阻系数曲线(阻力与升力系数)。可通过计算方法对系数数据进行初步估算,然后将其与风洞试验和飞行试验结果相比较。该数据可用图形操控,运用于所述建模框架。

如第二章所述,作用于飞行器上的合力矢量 $\boldsymbol{F}$ 和力矩矢量 $\boldsymbol{M}$ 如图 6.2 所示。上述力与力矩矢量来自气动力与推进力效应。目前,我们将该飞行器视为刚性飞行器(弹性效应将在第七章讨论)。图 6.2 所示为飞行器固定参考坐标系,详见 6.4 节。与第二章一致,将气动力与推进力对上述力与力矩的影响表示为矢量和,即

$$\boldsymbol{F} = \boldsymbol{F}_A + \boldsymbol{F}_P \quad 和 \quad \boldsymbol{M} = \boldsymbol{M}_A + \boldsymbol{M}_P \tag{6.1}$$

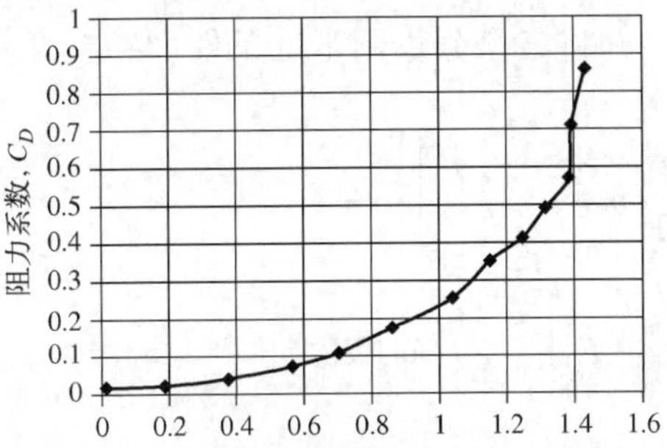


图 6.1　现代战斗机的升阻系数曲线

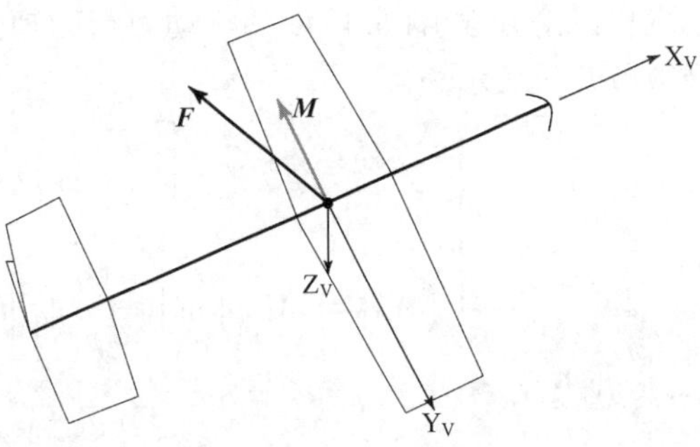


图 6.2　作用于飞行器上的合力与合力矩矢量

上述力与力矩矢量的分量在飞行器固定坐标系可表示为

$$
\begin{aligned}
\boldsymbol{F} &= (F_{A_X} + F_{P_X})\boldsymbol{i}_V + (F_{A_Y} + F_{P_Y})\boldsymbol{j}_V + (F_{A_Z} + F_{P_Z})\boldsymbol{k}_V \\
\boldsymbol{M} &= (L_A + L_P)\boldsymbol{i}_V + (M_A + M_P)\boldsymbol{j}_V + (N_A + N_P)\boldsymbol{k}_V
\end{aligned} \tag{6.2}
$$

式中:分力 $\boldsymbol{F}_A$、$\boldsymbol{F}_P$、$\boldsymbol{M}_A$和 $\boldsymbol{M}_P$的定义非常明确。

如第一章和第二章所述,对飞行器动力学(或动力系统)模型进行小扰动分析。在小扰动分析中,力与力矩应当用与基准条件相关的力与力矩及与基准条件相关的小扰动力与力矩表示。换言之,与方程组(2.41)一致,力与力矩矢量用参照值和小扰动表示,即

$$
\begin{aligned}
\boldsymbol{F}_A &= \boldsymbol{F}_{A_0} + \boldsymbol{f}_A \quad \boldsymbol{M}_A = \boldsymbol{M}_{A_0} + \boldsymbol{m}_A \\
\boldsymbol{F}_P &= \boldsymbol{F}_{P_0} + \boldsymbol{f}_P \quad \boldsymbol{M}_P = \boldsymbol{M}_{P_0} + \boldsymbol{m}_P
\end{aligned} \tag{6.3}
$$

式中:下标为 0 的量与特定的基准飞行条件有关,而标有小写斜体字的量则是小扰动量。

## 6.1 气动力与力矩的泰勒级数展开

众所周知,作用于飞行器上的气动力和力矩是多个变量的函数。其中包括:

- 相对于气团的飞行器速度——$\boldsymbol{V}_\infty$(或 $U$、$V$ 和 $W$)。
- 大气密度 $\rho_\infty$(或高度 $h$)。
- 飞行器的几何形状——例如尾翼倾角 $i_H$,襟翼与控制面偏转 $\delta$。
- 相对于自由流速度的飞行器方向——攻角 $\alpha$ 和侧滑角 $\beta$。
- 飞行器方向的变化率——例如攻角 $\alpha$ 或俯仰角速度 $Q$ 的变化率。

因此,定义一个涵盖上述所有变量的参数矢量 $\boldsymbol{p}$。换言之,令

$$
\boldsymbol{p} = [U \ V \ W \ h \ i_H \ \delta_E \ \cdots \ \alpha \ \beta \ \dot{\alpha} \ Q \ \cdots]^T \tag{6.4}
$$

还应注意,将上述参数内的小扰动用于定义小扰动参数矢量 $\delta\boldsymbol{p}$。

### 学生须知

在某些文献和报告中,$\delta\boldsymbol{p}$ 内的参数为无量纲参数,如 $u/U_0$。本书中不会如此,因为这样会增加符号的复杂性,而且根据作者经验,通常也会产生混淆。此外,无论参数是否为无量纲参数,小扰动力与力矩的最终结果均相同。但切记,本书所使用的元素 $\boldsymbol{p}$ 和 $\delta\boldsymbol{p}$ 并非无量纲元素。在使用本书以外的数据时,这一点尤为重要。有关该问题的进一步探讨参见 6.9 节。

---

现在讨论方程组(6.1)中的气动力与力矩矢量,并将各个分量用基准条件(待定)下的泰勒级数展开。表示为

$$
\begin{cases}
\{\boldsymbol{F}_A\} = \{\boldsymbol{F}_{A_0}\} + \left[\dfrac{\partial \boldsymbol{F}_A}{\partial \boldsymbol{p}}\Big|_0\right]\delta\boldsymbol{p} + \dfrac{1}{2}\delta\boldsymbol{p}^T\left[\dfrac{\partial^2 \boldsymbol{F}_A}{\partial \boldsymbol{p}^2}\Big|_0\right]\delta\boldsymbol{p} + \cdots \\
\{\boldsymbol{M}_A\} = \{\boldsymbol{M}_{A_0}\} + \left[\dfrac{\partial \boldsymbol{M}_A}{\partial \boldsymbol{p}}\Big|_0\right]\delta\boldsymbol{p} + \dfrac{1}{2}\delta\boldsymbol{p}^T\left[\dfrac{\partial^2 \boldsymbol{M}_A}{\partial \boldsymbol{p}^2}\Big|_0\right]\delta\boldsymbol{p} + \cdots
\end{cases} \tag{6.5}
$$

式中:与方程(6.2)一致,有

$$
\{\boldsymbol{F}_A\} \triangleq \begin{Bmatrix} F_{A_X} \\ F_{A_Y} \\ F_{A_Z} \end{Bmatrix} \quad 且 \quad \{\boldsymbol{M}_A\} \triangleq \begin{Bmatrix} L_A \\ M_A \\ N_A \end{Bmatrix}
$$

括号内的项是矩阵元为偏导数的矩阵。注意，上述所有偏导数均取值于基准条件下，如以上表达式所示。然后可将两个类似的泰勒级数展开式用于推进力与力矩矢量 $\boldsymbol{F}_{\mathrm{p}}$ 和 $\boldsymbol{M}_{\mathrm{p}}$ 的建模。

在上述方程组(6.5)中，右侧第一项分别表示选定基准飞行条件下作用于飞行器上的气动力与力矩矢量的分量。且在方程组(6.5)中，矢量 $\delta\boldsymbol{p}$ 包括参数矢量 $\boldsymbol{p}$ 中变量内的小扰动。例如，如果将纵移速度表示为选定基准条件下的纵移速度和纵移速度中的小扰动，即

$$U = U_0 + u$$

则 $u$ 为 $\delta\boldsymbol{p}$ 的元素。

使用泰勒级数展开的概念是建模框架的关键所在，并且应注意的是，此概念与估算力 $\boldsymbol{F}_A$ 或力矩 $\boldsymbol{M}_A$ 的使用方法无关。可通过分析法、计算法或实验法对力和力矩进行估算。例如，假设在风洞试验中测量力与力矩，并考虑根据 $\boldsymbol{p}$ 中的每个变量绘制的所有数据。然后可使用图解(即斜率)，从该数据中提取方程组(6.5)中的一阶偏导数。

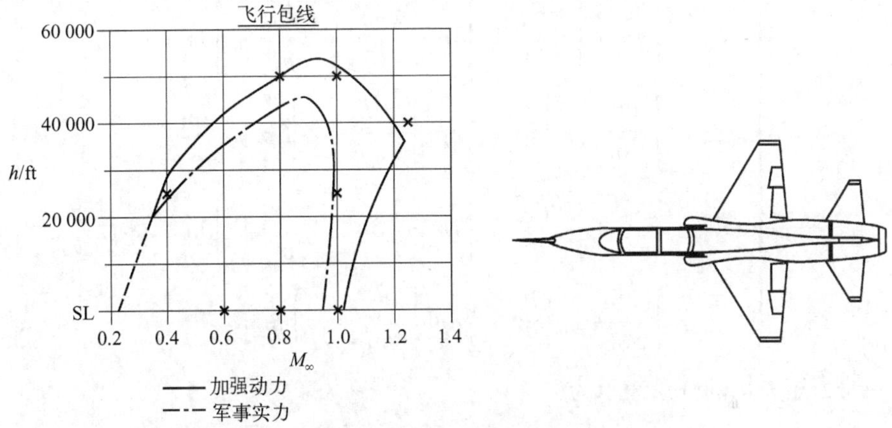


| 参数 | 基准飞行条件（一直保持水平飞行） | | | | | | | |
|---|---|---|---|---|---|---|---|---|
| | 1 | 2 | 3 | 4 | 5 | 6 | 7 | 8 |
| 高度，$h$/ft | 0 | 0 | 0 | 25 000 | 25 000 | 50 000 | 50 000 | 40 000 |
| 马赫数，$M_\infty$ | 0.6 | 0.8 | 1.0 | 0.4 | 1.0 | 0.8 | 1.0 | 1.25 |
| 速度，$V_\infty$/fps | 670 | 893 | 1 117 | 406 | 1 016 | 774 | 969 | 1 210 |
| 动压，$q_\infty$/psf | 535 | 950 | 1 482 | 88 | 550 | 109 | 170 | 424 |

图 6.3　T-38 的某些基准飞行条件(参考文献 1)

上述基准条件相当于飞行器的特定飞行条件(即高度、速度、方向)。例如，图 6.3 中飞行包线内的 X 表示 T-38 涡轮喷气式教练机的 8 个基准飞行条件。飞行包线内的每个点表示飞行器可保持水平飞行的高度—速度(马赫数)组。图中的列表数据为详细信息，规定了上述基准飞行条件。例如，在上述飞行条件下进行的飞行试验可用于检测和提高先前获得的风洞实验数据的精确性。

现在考虑方程组(6.3)和方程(6.5)，回顾可知方程组(6.5)中的两个泰勒级数展开式的第一项分别是选定基准条件下作用于飞行器上的力和力矩矢量。因此，方程组(6.3)中的小扰动量 $\boldsymbol{f}_A$ 和 $\boldsymbol{m}_A$ 对应方程组(6.5)中展开式内的项，不含第一项。换言之，小扰动气动力与力矩矢量可表示为

$$
\begin{cases}
\boldsymbol{f}_A = \left[\dfrac{\partial \boldsymbol{F}_A}{\partial \boldsymbol{p}}\Big|_0\right]\delta\boldsymbol{p} + \dfrac{1}{2}\delta\boldsymbol{p}^{\mathrm{T}}\left[\dfrac{\partial^2 \boldsymbol{F}_A}{\partial \boldsymbol{p}^2}\Big|_0\right]\delta\boldsymbol{p} + \cdots \\
\boldsymbol{m}_A = \left[\dfrac{\partial \boldsymbol{M}_A}{\partial \boldsymbol{p}}\Big|_0\right]\delta\boldsymbol{p} + \dfrac{1}{2}\delta\boldsymbol{p}^{\mathrm{T}}\left[\dfrac{\partial^2 \boldsymbol{M}_A}{\partial \boldsymbol{p}^2}\Big|_0\right]\delta\boldsymbol{p} + \cdots
\end{cases}
\tag{6.6}
$$

两个类似表达式可用于推进效应产生的推进力和力矩矢量,即 $\boldsymbol{f}_P$ 与 $\boldsymbol{m}_P$ 建模。

现在可对方程组(6.2)引入的飞行器固定坐标系中的力和力矩矢量的分量展开讨论。与方程(6.3)一致,将气动力矢量的分量表示为

$$
\begin{cases}
F_{A_X} = F_{A_{X_0}} + \left[\dfrac{\partial F_{A_X}}{\partial \boldsymbol{p}}\Big|_0\right]\delta\boldsymbol{p} + \dfrac{1}{2}\delta\boldsymbol{p}^{\mathrm{T}}\left[\dfrac{\partial^2 F_{A_X}}{\partial \boldsymbol{p}^2}\Big|_0\right]\delta\boldsymbol{p} + \cdots \\
f_{A_X} = \left[\dfrac{\partial F_{A_X}}{\partial \boldsymbol{p}}\Big|_0\right]\delta\boldsymbol{p} + \dfrac{1}{2}\delta\boldsymbol{p}^{\mathrm{T}}\left[\dfrac{\partial^2 F_{A_X}}{\partial \boldsymbol{p}^2}\Big|_0\right]\delta\boldsymbol{p} + \cdots \\
F_{A_Y} = F_{A_{Y_0}} + \left[\dfrac{\partial F_{A_Y}}{\partial \boldsymbol{p}}\Big|_0\right]\delta\boldsymbol{p} + \dfrac{1}{2}\delta\boldsymbol{p}^{\mathrm{T}}\left[\dfrac{\partial^2 F_{A_Y}}{\partial \boldsymbol{p}^2}\Big|_0\right]\delta\boldsymbol{p} + \cdots \\
f_{A_Y} = \left[\dfrac{\partial F_{A_Y}}{\partial \boldsymbol{p}}\Big|_0\right]\delta\boldsymbol{p} + \dfrac{1}{2}\delta\boldsymbol{p}^{\mathrm{T}}\left[\dfrac{\partial^2 F_{A_Y}}{\partial \boldsymbol{p}^2}\Big|_0\right]\delta\boldsymbol{p} + \cdots \\
F_{A_Z} = F_{A_{Z_0}} + \left[\dfrac{\partial F_{A_Z}}{\partial \boldsymbol{p}}\Big|_0\right]\delta\boldsymbol{p} + \dfrac{1}{2}\delta\boldsymbol{p}^{\mathrm{T}}\left[\dfrac{\partial^2 F_{A_Z}}{\partial \boldsymbol{p}^2}\Big|_0\right]\delta\boldsymbol{p} + \cdots \\
f_{A_Z} = \left[\dfrac{\partial F_{A_Z}}{\partial \boldsymbol{p}}\Big|_0\right]\delta\boldsymbol{p} + \dfrac{1}{2}\delta\boldsymbol{p}^{\mathrm{T}}\left[\dfrac{\partial^2 F_{A_Z}}{\partial \boldsymbol{p}^2}\Big|_0\right]\delta\boldsymbol{p} + \cdots
\end{cases}
\tag{6.7}
$$

同样,将气动力矩矢量的分量表示为

$$
\begin{cases}
L_A = L_{A_0} + \left[\dfrac{\partial L_A}{\partial \boldsymbol{p}}\Big|_0\right]\delta\boldsymbol{p} + \dfrac{1}{2}\delta\boldsymbol{p}^{\mathrm{T}}\left[\dfrac{\partial^2 L_A}{\partial \boldsymbol{p}^2}\Big|_0\right]\delta\boldsymbol{p} + \cdots \\
l_A = \left[\dfrac{\partial L_A}{\partial \boldsymbol{p}}\Big|_0\right]\delta\boldsymbol{p} + \dfrac{1}{2}\delta\boldsymbol{p}^{\mathrm{T}}\left[\dfrac{\partial^2 L_A}{\partial \boldsymbol{p}^2}\Big|_0\right]\delta\boldsymbol{p} + \cdots \\
M_A = M_{A_0} + \left[\dfrac{\partial M_A}{\partial \boldsymbol{p}}\Big|_0\right]\delta\boldsymbol{p} + \dfrac{1}{2}\delta\boldsymbol{p}^{\mathrm{T}}\left[\dfrac{\partial^2 M_A}{\partial \boldsymbol{p}^2}\Big|_0\right]\delta\boldsymbol{p} + \cdots \\
m_A = \left[\dfrac{\partial M_A}{\partial \boldsymbol{p}}\Big|_0\right]\delta\boldsymbol{p} + \dfrac{1}{2}\delta\boldsymbol{p}^{\mathrm{T}}\left[\dfrac{\partial^2 M_A}{\partial \boldsymbol{p}^2}\Big|_0\right]\delta\boldsymbol{p} + \cdots
\end{cases}
\tag{6.8}
$$

$$
N_A = N_{A_0} + \left[\dfrac{\partial N_A}{\partial \boldsymbol{p}}\Big|_0\right]\delta\boldsymbol{p} + \dfrac{1}{2}\delta\boldsymbol{p}^{\mathrm{T}}\left[\dfrac{\partial^2 N_A}{\partial \boldsymbol{p}^2}\Big|_0\right]\delta\boldsymbol{p} + \cdots
$$

$$
n_A = \left[\dfrac{\partial N_A}{\partial \boldsymbol{p}}\Big|_0\right]\delta\boldsymbol{p} + \dfrac{1}{2}\delta\boldsymbol{p}^{\mathrm{T}}\left[\dfrac{\partial^2 N_A}{\partial \boldsymbol{p}^2}\Big|_0\right]\delta\boldsymbol{p} + \cdots
$$

此外,可推演推进力和力矩矢量 $\boldsymbol{F}_P$ 和 $\boldsymbol{M}_P$ 分量的类似表达式。

现在回想在小扰动分析中,如第一章所述,我们作出了小扰动假设,得出处理小扰动量的线性方程。根据小扰动假设,由于省略了 $\delta\boldsymbol{p}$ 中的高阶项,因而简化了方程组(6.7)和方程组(6.8)中小扰动力与力矩的表达式,仅留下参数——矢量 $\delta\boldsymbol{p}$ 内的线性项。或者根据小扰动假

设,将气动力和力矩内的小扰动表示为

$$\begin{cases} f_{A_X} = \dfrac{\partial F_{A_X}}{\partial \boldsymbol{p}} \mid_0 \delta \boldsymbol{p} \\ f_{A_Y} = \dfrac{\partial F_{A_Y}}{\partial \boldsymbol{p}} \mid_0 \delta \boldsymbol{p} \\ f_{A_Z} = \dfrac{\partial F_{A_Z}}{\partial \boldsymbol{p}} \mid_0 \delta \boldsymbol{p} \end{cases}, \quad \begin{cases} l_A = \dfrac{\partial L_A}{\partial \boldsymbol{p}} \mid_0 \delta \boldsymbol{p} \\ m_A = \dfrac{\partial M_A}{\partial \boldsymbol{p}} \mid_0 \delta \boldsymbol{p} \\ n_A = \dfrac{\partial N_A}{\partial \boldsymbol{p}} \mid_0 \delta \boldsymbol{p} \end{cases} \tag{6.9}$$

并且可推演出推进力和力矩的类似展开式。注意,上述表达式明显取决于气动力与力矩对 $\boldsymbol{p}$ 中参数(方程(6.4))的偏导数。因此,期望飞行器的力与力矩有效度系数,如攻角升力有效度系数 $C_{L_\alpha}$ 与俯仰力矩有效度 $C_{M_\alpha}$ 在气动力建模中发挥关键作用。而且,事实就是如此。

**学生须知**

方程(6.9)以及推进力与力矩的类似表达式中出现的偏导数以往被称为稳定性导数。由于这些导数也是偏导数,因此该术语也可用于描述有效度系数,如 $C_{L_\alpha}$、$C_{M_\alpha}$ 等。本书暂不使用该术语。

---

本节已建立作用于飞行器上的气动力与力矩及推进力与力矩的建模框架。此框架建立在泰勒级数展开的基础上,特别符合飞行器动力学的小扰动分析,并且同样适用于其他分析。

## 6.2 作用于飞行器上的气动力与力矩

现在试图推导作用于飞行器上的气动力与力矩的解析表达式。然后运用这些解析表达式,推导飞行器的各种力与力矩有效度(如攻角升力有效度 $C_{L_\alpha}$)的表达式。

如第五章所述,可使用各种方法估算上述气动力与力矩。但本章将使用部件叠加法将作用于飞行器各个部件上的力与力矩进行整合,并借鉴第五章的结果。假设传统飞行器(如图 6.3 所示的 T-38 飞行器)的几何形状包括机身、机翼和水平与垂直尾翼表面,并将升降舵、方向舵和副翼用作控制装置。同时假定已知晓飞行器所有升力面的气动升力与阻力特性(例如:根据前文所述技术或实验数据)。对于具有其他几何形状的飞行器,本章所述方法可用于推导与此处表达式相似的表达式。其他飞行器的几何形状参见本章结尾的作业题和附录 B。

作用于飞行器上的总气动力矢量 $\boldsymbol{F}_A$ 的三个常见分力如图 6.4 所示。上述分力为升力 $L$、阻力 $D$ 和侧力 $S$(不得与使气动力系数无量纲化的基准面积 $S$ 混淆)。同时图中还显示了固定在飞行器上与之对齐的机身参考坐标系及飞行器的攻角 $\alpha$ 和侧滑角 $\beta$。作用于飞行器气动力中心的所示力,将在 6.2.5 节中讨论。

根据空气动力学惯例,上述分力取决于自由流速度矢量。阻力 $D$ 定义为与自由流速度矢量平行。升力 $L$ 与自由流速度矢量垂直并位于飞行器的 $XZ$ 面内。侧力 $S$ 与升力和阻力分力正交。因此,阻力始终与飞行器固定坐标系的 $XZ$ 面成 $\beta$ 角,而侧力始终与飞行器固定坐标系

的 $YZ$ 面成 $\beta$ 角。

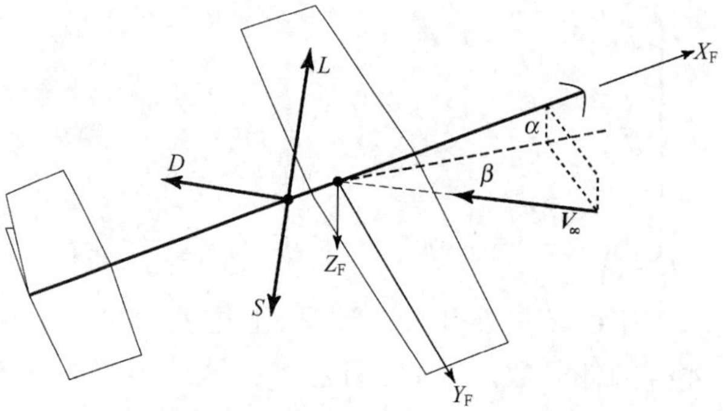


图 6.4　飞行器上的气动力

## 学生须知

除非另作说明，否则应假定飞行器通过的气团相对于地面保持固定。因此，飞行器相对于地面上某个点的速度与飞行器相对于气团的速度相同。此外，气团相对于飞行器的自由流速度 $\boldsymbol{V}_\infty$ 与飞行器相对于此气团的速度 $\boldsymbol{V}_V$ 相等，但方向相反。风的影响（即相对于地面的流动气团）将在 6.8 节中阐述。

### 6.2.1　飞行器升力

此处假定飞行器升力基本由机翼和水平尾翼产生。换言之，假定与机翼和尾翼表面产生的升力相比，机身产生的升力可忽略不计。该假设对于多数传统飞行器有效，但对于无翼飞行器无效（见本章结尾的第 6.2 和 6.3 题）。作用于机翼和尾翼上的升力（与阻力）如图 6.5 所示。注意，此处还展示了飞行器的攻角 $\alpha$，该角用与机身对齐的机身参考坐标系表示，且升力与阻力作用于各个表面的气动力中心。

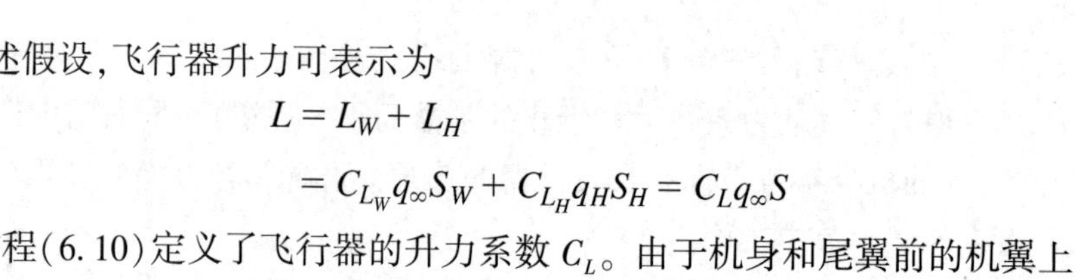

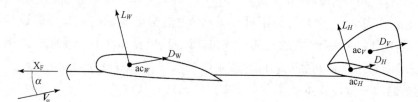

图 6.5　机翼和尾翼的升力与阻力

根据上述假设，飞行器升力可表示为

$$
\begin{aligned}
L &= L_W + L_H \\
&= C_{L_W} q_\infty S_W + C_{L_H} q_H S_H = C_L q_\infty S
\end{aligned}
\tag{6.10}
$$

注意：方程(6.10)定义了飞行器的升力系数 $C_L$。由于机身和尾翼前的机翼上的边界层的黏滞效应，尾翼的动压 $q_H$ 通常与自由流值 $q_\infty$ 不同。根据方程(6.10)并且将飞行器的基准面积 S 定义为机翼平面形状面积，可将飞行器的升力系数 $C_L$ 表示为

$$C_L = C_{L_W} + C_{L_H} \frac{q_H}{q_\infty} \frac{S_H}{S_W} \tag{6.11}$$

## 学生须知

关于符号,通常不使用其他下标来表示飞行器的系数,如上述 $C_L$。这与上述方程中用于表示机翼或水平尾翼系数的下标 $W$ 和 $H$ 正好相反。学生应注意这点,符号应能从上下文中清晰可见。

---

现在假定机翼与机身相连,使机翼翼根弦与机身参考坐标系 $X$ 轴成 $i_W$ 角(正前缘朝上)。因此,机翼翼根弦的攻角(即定为机翼攻角)为

$$\alpha_W = \alpha + i_W \tag{6.12}$$

同样,使水平尾翼的翼根弦与机身参考坐标系 $X$ 轴成 $i_H$ 角(正前缘朝上)。因此,水平尾翼上的局部攻角为

$$\alpha_H = \alpha + i_H - \varepsilon \tag{6.13}$$

式中:$\varepsilon$ 是尾翼上的下洗角。根据第五章所述的下洗梯度,下洗角可表示为

$$\varepsilon = \frac{\mathrm{d}\varepsilon}{\mathrm{d}\alpha}(\alpha_W - \alpha_{0_W}) = \frac{\mathrm{d}\varepsilon}{\mathrm{d}\alpha}(\alpha + i_W - \alpha_{0_W}) \tag{6.14}$$

式中:$\alpha_{0_W}$是机翼的零升力攻角。因此,尾翼上的局部攻角可表示为

$$\alpha_H = \alpha + i_H - \frac{\mathrm{d}\varepsilon}{\mathrm{d}\alpha}(\alpha + i_W - \alpha_{0_W}) = \left(1 - \frac{\mathrm{d}\varepsilon}{\mathrm{d}\alpha}\right)\alpha - \frac{\mathrm{d}\varepsilon}{\mathrm{d}\alpha}(i_W - \alpha_{0_W}) + i_H \tag{6.15}$$

根据上文定义的几何形状,并假定升力系数在其线性范围内,机翼与尾翼升力系数可表示为

$$\begin{aligned} C_{L_W} &= C_{L_{\alpha_W}}(\alpha_W - \alpha_{0_W}) = C_{L_{\alpha_W}}(\alpha + i_W - \alpha_{0_W}) \\ C_{L_H} &= C_{L_{\alpha_H}}(\alpha_H - \alpha_{0_H} + \alpha_\delta \delta_E) \\ &= C_{L_{\alpha_H}}\left(\left(1 - \frac{\mathrm{d}\varepsilon}{\mathrm{d}\alpha}\right)\alpha - \frac{\mathrm{d}\varepsilon}{\mathrm{d}\alpha}(i_W - \alpha_{0_W}) + i_H - \alpha_{0_H} + \alpha_\delta \delta_E\right) \end{aligned} \tag{6.16}$$

上述表达式涵盖了机翼与尾翼零升力攻角 $\alpha_0$ 和升降舵升力有效度 $\alpha_\delta$。第五章对这些参数和下洗梯度 $\mathrm{d}\varepsilon/\mathrm{d}\alpha$ 进行了讨论。(注意:尾翼的零升力攻角 $\alpha_{0_H}$通常为零,因为对称翼型横截面常用于该表面。)

## 学生须知

本节多次提到了线性范围内的气动力系数。但应注意,本章所有的重要力与力矩有效度系数对应偏导数(即局部斜率)。因此,无论气动力是否为线性,只要使用局部斜率,有效度系数的表达式均成立。

例如,考虑图 6.6 所示数据,该图展示了现代战斗机的升力系数对飞行器攻角曲线图。同时还展示了攻角升力有效度 $C_{L_\alpha}$,并用在基准攻角 $\alpha_0$ 下求得的局部斜率表示。注意,此升力系数是基准攻角的函数。

---

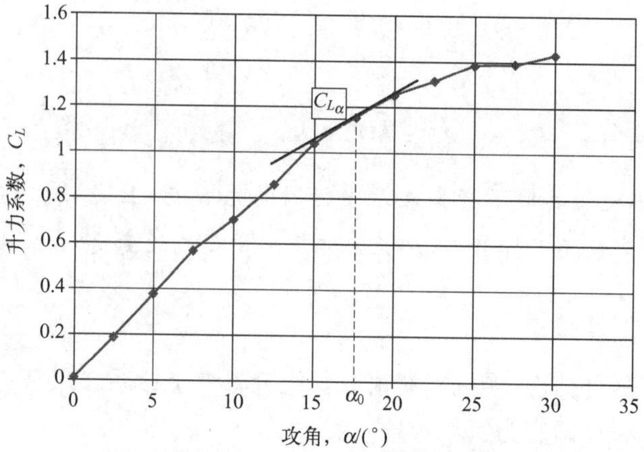


图 6.6　现代战斗机的升力系数

将方程组(6.16)代入方程组(6.10)，使飞行器基准面积 $S$ 等于机翼平面形状面积 $S_W$，因此，飞行器的升力系数表示为

$$\begin{aligned} C_L = & C_{L_{\alpha_W}}(\alpha + i_W - \alpha_{0_W}) \\ & + C_{L_{\alpha_H}} \frac{q_H}{q_\infty} \frac{S_H}{S_W}\left(\left(1 - \frac{\mathrm{d}\varepsilon}{\mathrm{d}\alpha}\right)\alpha - \frac{\mathrm{d}\varepsilon}{\mathrm{d}\alpha}(i_W - \alpha_{0_W}) + i_H - \alpha_{0_H} + \alpha_\delta \delta_E\right) \end{aligned} \tag{6.17}$$

注意，可通过将该表达式对相关参数求微分获得升力有效度系数。具体而言，求该表达式对飞行器攻角 $\alpha$ 的微分，可推导出飞行器攻角升力有效度为

$$C_{L_\alpha} = C_{L_{\alpha_W}} + C_{L_{\alpha_H}} \frac{q_H}{q_\infty} \frac{S_H}{S_W}\left(1 - \frac{\mathrm{d}\varepsilon}{\mathrm{d}\alpha}\right) \tag{6.18}$$

此外，通过将方程(6.17)对升降舵偏转 $\delta_E$ 求微分，可得出飞行器的升降舵升力有效度：

$$C_{L_{\delta_E}} = C_{L_{\alpha_H}} \alpha_\delta \frac{q_H}{q_\infty} \frac{S_H}{S_W} = C_{L_{\delta_H}} \frac{q_H}{q_\infty} \frac{S_H}{S_W} \tag{6.19}$$

最后，通过将方程(6.17)对尾翼倾角 $i_H$ 求微分，可得到飞行器的尾翼倾角升力有效度：

$$C_{L_{i_H}} = C_{L_{\alpha_H}} \frac{q_H}{q_\infty} \frac{S_H}{S_W} \tag{6.20}$$

当尾翼倾角可变以配平飞行员的驾驶杆力时，此尾翼倾角有效度尤为重要。尾翼倾角通常为非变量。

当 $\alpha = \delta_E = i_H = 0$ 时，飞行器的升力系数一般不等于 0。事实上，根据方程(6.17)可知

$$C_L|_{\alpha=\delta_E=i_H=0} = C_{L_{\alpha_W}}(i_W - \alpha_{0_W}) + C_{L_{\alpha_H}} \frac{q_H}{q_\infty} \frac{S_H}{S_W}\left(\frac{\mathrm{d}\varepsilon}{\mathrm{d}\alpha}(\alpha_{0_W} - i_W) - \alpha_{0_H}\right) \tag{6.21}$$

## 例 6.1　飞行器升力分析

设飞行器具有例 5.4 所示的机翼和例 5.6 和例 5.7 所述的水平尾翼。机翼与机身相连，使机翼的翼根弦与机身参考坐标系的夹角为 2°(前缘朝上)。此外，水平尾翼的气动力中心位于翼尖顶点后部 2.5 翼根弦长度处。求飞行器攻角、升降舵与尾翼倾角升力有效度 $C_{L_\alpha}$、$C_{L_{\delta_E}}$

与 $C_{L_{i_H}}$，并求 $\alpha=\delta_E=i_H=0$ 时的飞行器升力系数。

**解**

根据例 5.4，得出机翼的以下数值：$S_W=169\text{ft}^2$，$\bar{c}_W=5.825\text{ft}$，$c_r=7.5\text{ft}$，$C_{L_{\alpha_W}}=4.19/\text{rad}$，$\alpha_{0_W}=1.33°$，$X_{\text{AC}_W}=4.79\text{ft}$（位于机翼顶点后方 4.79ft 处）。根据例 5.6 和例 5.7，得出水平尾翼的以下数值：$S_H=42\text{ft}^2$，$\bar{c}_H=2.92\text{ft}$，$C_{L_{\alpha_H}}=C_{L_{\alpha_W}}=4.19/\text{rad}$，$X_{\text{AC}_H}=2.39\text{ft}$（位于尾翼顶点后方 2.39ft 处），且 $\dfrac{d\varepsilon_H}{d\alpha_W}=0.57$。

根据方程（6.20），将飞行器的尾翼倾角升力有效度表示为

$$C_{L_{i_H}}=C_{L_{\alpha_H}}\frac{q_H}{q_\infty}\frac{S_H}{S_W}=4.19(0.9)\frac{42}{169}=0.94\ /\text{rad}$$

注意，假定动压比 $q_H/q_\infty\approx0.9$，这通常是第一合理近似值。然后根据方程（6.19），飞行器升降舵的升力有效度为

$$C_{L_{\delta_E}}=C_{L_{\alpha_H}}\alpha_\delta\frac{q_H}{q_\infty}\frac{S_H}{S_W}=\alpha_\delta C_{L_{i_H}}=0.65(0.94)=0.61\ /\text{rad}$$

根据方程（6.18），飞行器攻角的升力有效度表示为

$$\begin{aligned}C_{L_\alpha}&=C_{L_{\alpha_W}}+C_{L_{\alpha_H}}\frac{q_H}{q_\infty}\frac{S_H}{S_W}\left(1-\frac{d\varepsilon}{d\alpha}\right)=C_{L_{\alpha_W}}+C_{L_{i_H}}\left(1-\frac{d\varepsilon}{d\alpha}\right)\\&=4.19+0.94(0.43)=4.59\ /\text{rad}\end{aligned}$$

最后，根据方程（6.21），得出

$$\begin{aligned}C_L|_{\alpha=\delta_E=i_H=0}&=C_{L_{\alpha_W}}(i_W-\alpha_{0_W})+C_{L_{\alpha_H}}\frac{q_H}{q_\infty}\frac{S_H}{S_W}\left(\frac{d\varepsilon}{d\alpha}(\alpha_{0_W}-i_W)-\alpha_{0_H}\right)\\&=C_{L_{\alpha_W}}(i_W-\alpha_{0_W})+C_{L_{i_H}}\left(\frac{d\varepsilon}{d\alpha}(\alpha_{0_W}-i_W)-\alpha_{0_H}\right)\end{aligned}$$

由于水平尾翼的翼型剖面对称，且尾翼无沿展向扭转，其零升力攻角 $\alpha_{0_H}$ 为 0。因此

$$C_L|_{\alpha=\delta_E=i_H=0}=4.19(2-1.33)(\pi/180)+0.94(0.57(1.33-2))(\pi/180)=0.072$$

在此例中应注意，与升降舵偏转和尾翼倾角相比，飞行器的攻角对气动升力或升力有效度影响最大。还应注意将机翼升力的大幅值与水平尾翼的大幅值相比（当两者均以同一基准面为参考时）。由于尾翼表面远远小于机翼，因此上述结果具有代表性。

---

### 6.2.2 飞行器侧力

如果飞行器除了攻角 $\alpha$ 外，还具有侧滑角 $\beta$，则飞行器将产生侧力 $S$。同样，当方向舵（垂直尾翼上的控制面）发生偏转或 $\delta_R\neq0$，则也会产生侧力。该侧力主要是由作用于垂直尾翼上的力 $S_V$ 产生的。$S_V$ 类似于由攻角为 $\alpha$ 和/或升降舵偏转为 $\delta_E$ 的水平尾翼产生的升力，可用垂直尾翼的侧滑侧力有效度 $C_{S_{\beta_V}}$ 表示，具体而言，可表示为

$$\mathsf{S}_V=C_{S_V}q_HS_V=C_{S_{\beta_V}}(\beta+\beta_\delta\delta_R)q_HS_V=C_Sq_\infty S_W \tag{6.22}$$

只要侧力有效度 $C_{S_{\beta_V}}$ 在线性范围内，上述表达式即成立。此处引入了飞行器侧力系数 $C_S$

和升降舵侧滑有效度 $\beta_\delta$，并使垂直尾翼上的动压等于水平尾翼上的动压 $q_H$。升降舵侧滑有效度已明确定义，且类似于升降舵攻角有效度 $\alpha_\delta$，表示为

$$\beta_\delta \triangleq \frac{C_{S_{\delta_V}}}{C_{S_{\beta_V}}} \tag{6.23}$$

基于侧滑角和升降舵偏转使用的符号法则，该值为负(正升降舵偏转产生正向 Y 侧力)。对于垂直尾翼而言，假定翼型对称且无沿展向扭转，因此，零侧力侧滑角 $\beta_0$ 为 0。注意，由于正侧滑角 $\beta$ 产生负侧力 S，并且考虑到图 6.4 所示的侧滑正角和侧力的定义，垂直尾翼侧滑侧力有效度 $C_{S_{\beta_V}}$ 为负。

因此，飞行器侧力系数可写成

$$C_S = C_{S_V}\frac{q_H}{q_\infty}\frac{S_V}{S_W} = C_{S_{\beta_V}}(\beta + \beta_\delta\delta_R)\frac{q_H}{q_\infty}\frac{S_V}{S_W} \tag{6.24}$$

将上式对 $\beta$ 求微分，得到飞行器侧滑侧力有效度，即

$$C_{S_\beta} = C_{S_{\beta_V}}\frac{q_H}{q_\infty}\frac{S_V}{S_W} \tag{6.25}$$

同样，将方程(6.24)对方向舵偏转 $\delta_R$ 求微分，得到飞行器方向舵侧力有效度，即

$$C_{S_{\delta_R}} = C_{S_{\beta_V}}\beta_\delta\frac{q_H}{q_\infty}\frac{S_V}{S_W} = C_{S_{\delta_V}}\frac{q_H}{q_\infty}\frac{S_V}{S_W} \tag{6.26}$$

### 6.2.3 飞行器阻力

根据图 6.5，飞行器(包括机身和垂直尾翼)上的总阻力可表示为

$$\begin{aligned} D &= D_W + D_H + D_V + D_F \\ &= C_{D_W}q_\infty S_W + C_{D_H}q_H S_H + C_{D_V}q_H S_V + C_{D_F}q_\infty S_F = C_D q_\infty S \end{aligned} \tag{6.27}$$

此处引入了飞行器的阻力系数 $C_D$ 和机身的阻力系数 $C_{D_F}$。

假设第五章所述的升阻系数曲线可用于三个升力面，即机翼、水平尾翼与垂直尾翼。或者表示为

$$\begin{cases} C_{D_W} = C_{D_{0_W}} + \dfrac{C_{L_W}^2}{\pi A_W e_W} \\ C_{D_H} = C_{D_{0_H}} + \dfrac{C_{L_H}^2}{\pi A_H e_H} \\ C_{D_V} = C_{D_{0_V}} + \dfrac{C_{S_V}^2}{\pi A_V e_V} \end{cases} \tag{6.28}$$

在上述表达式中，包含了三个表面上的寄生阻力和诱导阻力。注意，垂直尾翼上的诱导阻力是尾翼表面的侧力系数 $C_{S_V}$ 的函数。方程(6.22)引入了该系数，而方程(6.28)中的机翼和水平尾翼升力系数如方程组(6.16)所示。

整合所有项并使飞行器基准面积 $S$ 等于机翼平面形状面积 $S_W$，可将飞行器阻力系数表示为

$$C_D = \left(C_{D_{0_W}} + C_{D_F}\frac{S_F}{S} + C_{D_{0_H}}\frac{q_H}{q_\infty}\frac{S_H}{S_W} + C_{D_{0_V}}\frac{q_H}{q_\infty}\frac{S_V}{S_W}\right)$$

$$+ \left(\frac{C_{L_W}^2}{\pi A_W e_W} + \frac{C_{L_H}^2}{\pi A_H e_H}\frac{q_H}{q_\infty}\frac{S_H}{S_W} + \frac{C_{S_V}^2}{\pi A_V e_V}\frac{q_H}{q_\infty}\frac{S_V}{S_W}\right) \tag{6.29}$$

$$\triangleq C_{D_0} + \left(\frac{C_{L_W}^2}{\pi A_W e_W} + \frac{C_{L_H}^2}{\pi A_H e_H}\frac{q_H}{q_\infty}\frac{S_H}{S_W} + \frac{C_{S_V}^2}{\pi A_V e_V}\frac{q_H}{q_\infty}\frac{S_V}{S_W}\right)$$

此处引入了飞行器的寄生阻力系数 $C_{D_0}$ 及其明确定义。如果飞行器(或垂直尾翼)上无侧力,则上述飞行器的阻力系数通常可表示为

$$C_D = C_{D_0} + \frac{1}{\pi A_W e_W}\left(C_{L_W}^2 + C_{L_H}^2\frac{A_W e_W}{A_H e_H}\frac{q_H}{q_\infty}\frac{S_H}{S_W}\right) = C_{D_0} + \frac{C_L^2}{\pi A_W e_{\text{Eff}}} \tag{6.30}$$

此处将飞行器的诱导阻力用飞行器升力系数 $C_L$ 和飞行器的有效奥斯瓦尔德效率因子 $e_{\text{Eff}}$ 表示。该效率因子通常与机翼的效率因子近似。

将方程(6.29)或方程(6.30)对飞行器攻角求微分,得到飞行器攻角阻力系数,即

$$C_{D_\alpha} = \frac{2}{\pi}\left(\frac{C_{L_W}}{A_W e_W}C_{L_{\alpha_W}} + \frac{C_{L_H}}{A_H e_H}C_{L_{\alpha_H}}\frac{q_H}{q_\infty}\frac{S_H}{S_W}\left(1 - \frac{\mathrm{d}\varepsilon}{\mathrm{d}\alpha}\right)\right) \tag{6.31}$$

同样,将方程(6.29)或方程(6.30)对升降舵偏转 $\delta_E$ 求微分,得到飞行器升降舵阻力有效度,即

$$C_{D_{\delta_E}} = \frac{2C_{L_H}}{\pi A_H e_H}C_{L_{\alpha_H}}\alpha_\delta\frac{q_H}{q_\infty}\frac{S_H}{S_W} = \frac{2C_{L_H}}{\pi A_H e_H}C_{L_{\delta_H}}\frac{q_H}{q_\infty}\frac{S_H}{S_W} \tag{6.32}$$

此外,将方程(6.29)或方程(6.30)对水平尾翼倾角 $i_H$ 求微分,得到飞行器尾翼倾角阻力有效度,即

$$C_{D_{i_H}} = \frac{2C_{L_H}}{\pi A_H e_H}C_{L_{\alpha_H}}\frac{q_H}{q_\infty}\frac{S_H}{S_W} \tag{6.33}$$

将方程(6.29)对侧滑角 $\beta$ 求微分,得到飞行器侧滑阻力有效度,即

$$C_{D_\beta} = \frac{2C_{S_V}}{\pi A_V e_V}C_{S_{\beta_V}}\frac{q_H}{q_\infty}\frac{S_V}{S_W} \tag{6.34}$$

最后,将方程(6.29)对升降舵偏转 $\delta_R$ 求微分,得到飞行器升降舵阻力有效度,即

$$C_{D_{\delta_R}} = \frac{2C_{S_V}}{\pi A_V e_V}C_{S_{\beta_V}}\beta_\delta\frac{q_H}{q_\infty}\frac{S_V}{S_W} = \frac{2C_{S_V}}{\pi A_V e_V}C_{S_{\delta_V}}\frac{q_H}{q_\infty}\frac{S_V}{S_W} \tag{6.35}$$

注意,当 $\alpha=\beta=\delta_E=i_H=\delta_R=0$ 时,飞行器阻力系数为

$$C_D\big|_{\alpha=\beta=\delta_E=i_H=\delta_R=0} = C_{D_0} + \frac{1}{\pi A_W e_W}\left(C_{L_W}^2 + C_{L_H}^2\frac{A_W e_W}{A_H e_H}\frac{q_H}{q_\infty}\frac{S_H}{S_W}\right) \tag{6.36}$$

式中:方程组(6.16)给出了 $C_{L_W}$ 和 $C_{L_H}$,且 $\alpha=i_H=0$,$C_{D_0}$ 定义参见方程(6.29)。还应注意的是,当 $\alpha=\beta=\delta_E=i_H=\delta_R=0$ 时,阻力系数不等于方程组(6.29)和方程(6.30)给出的 $C_{D_0}$。根据方程(6.36)可知差别很明显。

### 6.2.4 飞行器滚转力矩

作用于飞行器上的气动力矩矢量 $\boldsymbol{M}_A$ 的三个分量如图 6.7 所示。这三个分量沿飞行器固

定参考坐标系的三个轴发挥作用。按照惯例,气动力矩分量表示为:

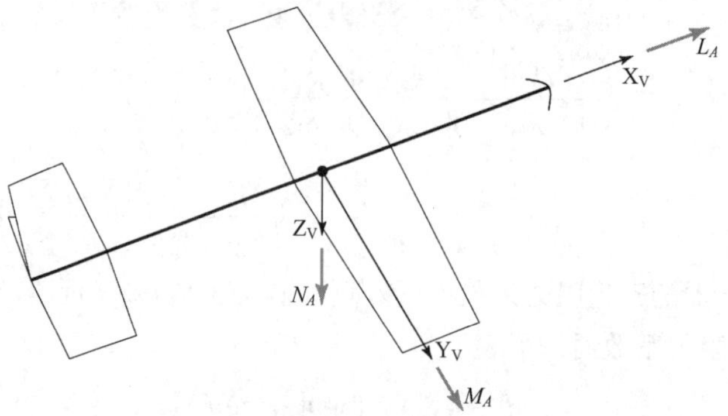


图 6.7 飞行器上的气动力矩分量

$$\boldsymbol{M}_A = L_A\boldsymbol{i}_V + M_A\boldsymbol{j}_V + N_A\boldsymbol{k}_V \tag{6.37}$$

如果飞行器具有侧滑角 $\beta$,或副翼和方向舵偏转,则可能产生滚转力矩 $L_A$。如果上述情况均未出现,则飞行器的对称性通常使得无滚转力矩产生。

所有升力面(如机翼与水平及垂直尾翼)可能产生滚转力矩。因此,将飞行器的气动力滚转力矩表示为

$$L_A = L_{A_W} + L_{A_{H\&V}} = C_{L_{\mathrm{Roll}}} q_\infty S_W b_W \tag{6.38}$$

式中:引入了飞行器的滚转力矩系数 $C_{L_{\mathrm{Roll}}}$,包含下标"滚转"以便将其与升力系数 $C_L$ 区分。翼展 $b_W$ 定义为与该系数相关的特征长度。

在第五章中,我们发现机翼产生的滚转力矩可用机翼的上反效应 $C_{L_{\beta_W}}$ 及副翼的滚转力矩有效度 $C_{L_{\delta_A}}$ 表示,即

$$L_{A_W} = (C_{L_{\beta_W}}\beta + C_{L_{\delta_A}}\delta_A) q_\infty S_W b_W \tag{6.39}$$

同样,假设水平尾翼上的升降舵仅能进行对称偏转,则水平和垂直尾翼产生的滚转力矩可表示为

$$L_{A_{H\&V}} = C_{L_{\beta_H}}\beta q_H S_H b_H + (C_{L_{\beta_V}}\beta + C_{L_{\delta_V}}\delta_R) q_H S_V b_V \tag{6.40}$$

此处引入了水平和垂直尾翼的上反效应 $C_{L_\beta}$,以及垂直尾翼的方向舵滚转力矩有效度 $C_{L_{\delta_V}}$。

垂直尾翼的上反效应和方向舵滚转力矩有效度的产生基于以下原因:垂直尾翼产生的侧力(本章前面提到)为作用于其气动力中心的侧力。由于此气动力中心的展向位置远离飞行器固定坐标系的 $X$ 轴(见图 6.8),因此侧力存在力臂,从而产生滚转力矩。此气动力中心通常位于飞行器的 $X$ 轴上。因此,如果垂直尾翼的气动力中心位于飞行器固定坐标系 $X$ 轴以上的 $Z_{\mathrm{AC}_V}$ 处,则垂直尾翼的上反效应可用垂直尾翼的侧滑侧力有效度表示,即

$$C_{L_{\beta_V}} = C_{S_{\beta_V}} \frac{Z_{\mathrm{AC}_V}}{b_V} \tag{6.41}$$

因此,垂直尾翼的侧力 $S_V$ 产生滚转力矩 $L_{A_V}$。最后应注意的是,基于侧力和侧滑角(见图 6.4)所采用的符号法则,侧滑滚转力矩有效度 $C_{L_{\beta_V}}$ 通常为负值,但当 $Z_{\mathrm{AC}_V}$ 为负值时除外。

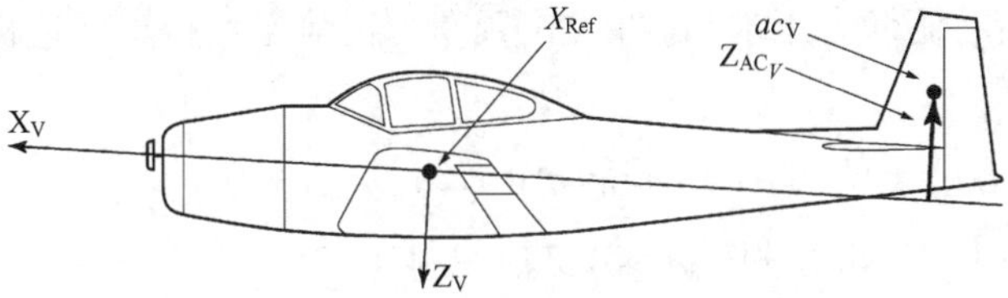


图 6.8　垂直尾翼的气动力中心位置

对于方向舵滚转力矩有效度而言，可将其用作用于上述同一力臂上的方向舵侧力表示。或者当侧力系数用方向舵侧滑有效度 $\beta_\delta$ 表示时，可写成

$$C_{L_{\delta_V}} = C_{S_{\beta_V}} \beta_\delta \frac{Z_{AC_V}}{b_V} \tag{6.42}$$

注意，当 $Z_{AC_V}$（如图 6.8 所示）为正值时，该系数为正，因为 $C_{S_{\beta_V}}$ 和 $\beta_\delta$ 基于上述符号法则将为负值。

根据方程(6.38)~方程(6.40)，同时将机翼平面形状面积定义为飞行器的基准面积，可将飞行器气动力滚转力矩系数表示为

$$C_{L_{\text{Roll}}} = \left( C_{L_{\beta_W}} + C_{L_{\beta_H}} \frac{q_H}{q_\infty} \frac{S_H}{S_W} \frac{b_H}{b_W} + C_{L_{\beta_V}} \frac{q_H}{q_\infty} \frac{S_V}{S_W} \frac{b_V}{b_W} \right) \beta + C_{L_{\delta_A}} \delta_A + C_{L_{\delta_V}} \frac{q_H}{q_\infty} \frac{S_V}{S_W} \frac{b_V}{b_W} \delta_R \tag{6.43}$$

当滚转力矩系数位于其局部线性范围内时，该表达式成立。将方程(6.43)对飞行器侧滑角求微分，得到飞行器侧滑滚转力矩有效度，即

$$C_{L_\beta} = C_{L_{\beta_W}} + C_{L_{\beta_H}} \frac{q_H}{q_\infty} \frac{S_H}{S_W} \frac{b_H}{b_W} + C_{L_{\beta_V}} \frac{q_H}{q_\infty} \frac{S_V}{S_W} \frac{b_V}{b_W} \tag{6.44}$$

将方程(6.43)对方向舵偏转 $\delta_R$，得到飞行器方向舵滚转力矩有效度，即

$$C_{L_{\delta_R}} = C_{L_{\delta_V}} \frac{q_H}{q_\infty} \frac{S_V}{S_W} \frac{b_V}{b_W} \tag{6.45}$$

最后，将方程(6.43)求对副翼偏转 $\delta_A$ 求微分，得到飞行器的副翼滚转力矩有效度等于方程(6.39)所示的机翼副翼滚转力矩有效度 $C_{L_{\delta_A}}$。

## 6.2.5　飞行器俯仰力矩

产生升力的表面（如机翼和水平尾翼）和机身均能形成作用于飞行器上的俯仰力矩。首先讨论机翼和尾翼的效影响。类似于图 6.5，图 6.9 展示了作用于机翼和尾翼上的气动力和俯仰力矩。同时还展示了沿飞行器 $X$ 轴的机翼和尾翼气动力中心的位置以及位于 $X_{\text{Ref}}$ 处的参照点。

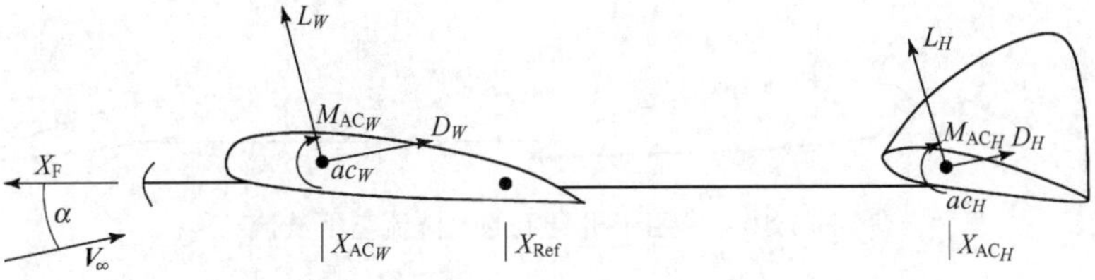


图 6.9　机翼与尾翼的气动力和俯仰力矩

对该参照点的所有俯仰力矩求和(将 $X$ 位置作为正前方),得出下述机翼和水平尾翼产生的俯仰力矩表达式。

$$\begin{aligned}M_{A_{W\&H}} &= M_{AC_W} + (L_W\cos\alpha + D_W\sin\alpha)(X_{AC_W} - X_{Ref}) \\ &\quad + (-L_W\sin\alpha + D_W\cos\alpha)Z_{AC_W} + M_{AC_H} \\ &\quad - (L_H\cos\alpha + D_H\sin\alpha)(X_{Ref} - X_{AC_H}) + (-L_H\sin\alpha + D_H\cos\alpha)Z_{AC_H} \\ &= (M_{AC_W} + M_{AC_H}) + (L_W\cos\alpha + D_W\sin\alpha)\Delta X_W + (-L_W\sin\alpha + D_W\cos\alpha)Z_{AC_W} \\ &\quad - (L_H\cos\alpha + D_H\sin\alpha)\Delta X_H + (-L_H\sin\alpha + D_H\cos\alpha)Z_{AC_H}\end{aligned}$$

式中:$Z_{AC}$(为避免混淆,图 6.9 没有标示)是飞行器的 $X$ 轴上机翼或尾翼气动力中心的垂直距离。$Z_{AC_V}$定义参见图 6.8。

对于具有传统几何形状的飞行器而言,通常 $D. \ll L.$ 且 $|Z_{AC.}| \ll |\Delta X.|$。此外,$\cos\alpha \gg \sin\alpha$,对于对称翼型剖面而言,则 $M_{AC_H} = \alpha_{0_H} = 0$。因此,上述俯仰力矩方程通常可近似表示为下列表达式:

$$M_{A_{W\&H}} = M_{AC_W} + L_W(X_{AC_W} - X_{Ref}) - L_H(X_{Ref} - X_{AC_H}) \tag{6.46}$$

通过方程(6.16),可将机翼和尾翼产生的升力分别表示为

$$L_W = C_{L_W} q_\infty S_W = C_{L_{\alpha_W}}(\alpha + i_W - \alpha_{0_W}) q_\infty S_W \tag{6.47}$$

和

$$L_H = C_{L_H} q_H S_H = C_{L_{\alpha_H}}\left(\left(1 - \frac{d\varepsilon}{d\alpha}\right)\alpha + \frac{d\varepsilon}{d\alpha}(\alpha_{0_W} - i_W) + (i_H - \alpha_{0_H}) + \alpha_\delta\delta_E\right) q_H S_H \tag{6.48}$$

当有效度系数在其局部线性范围内时,上述表达式成立。因此,根据局部线性假设,机翼和水平尾翼产生的俯仰力矩可表示为

$$\begin{aligned}M_{A_{W\&H}} &= C_{M_{AC_W}} q_\infty S_W \bar{c}_W + C_{L_{\alpha_W}}(\alpha + i_W - \alpha_{0_W})(X_{AC_W} - X_{Ref}) q_\infty S_W \\ &\quad - C_{L_{\alpha_H}}\left(\left(1 - \frac{d\varepsilon}{d\alpha}\right)\alpha + \frac{d\varepsilon}{d\alpha}(\alpha_{0_W} - i_W) + (i_H - \alpha_{0_H}) + \alpha_\delta\delta_E\right)(X_{Ref} - X_{AC_H}) q_H S_H\end{aligned} \tag{6.49}$$

尽管机身对升力的影响与传统飞行器构型的机翼产生的影响相比可忽略不计,但基于机翼的上洗流和下洗流,机身会对飞行器的俯仰力矩产生显著影响。具体而言,机身影响机翼-机身组合的俯仰力矩并且改变该组合的气动力中心位置。

与图 6.9 类似,原理图 6.10 展示了机翼前方的上洗流和后部的下洗流。在所示情况下,机翼前方的机身剖面受到上洗流的影响,而机翼后部的机身剖面则受到下洗流的影响。净效应增大了作用于飞行器上的俯仰力矩(机头上仰)。

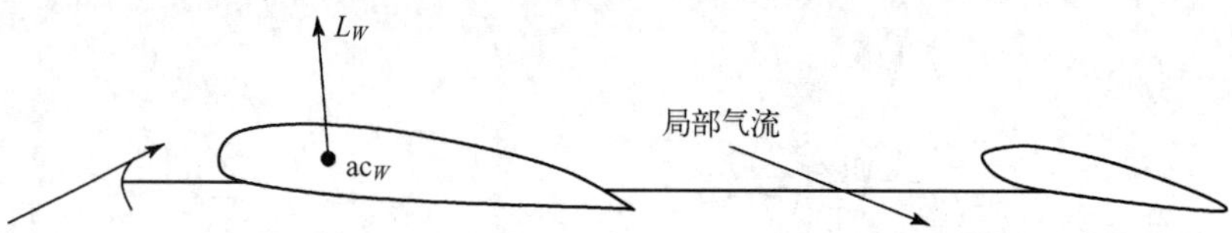


图 6.10 作用于机身上的上洗流与下洗流

基于动量考量，在具有机翼的情况下，对于平直机身上的亚声速流而言，可用方程(6.50)将机身产生的零升力俯仰力矩 $M_{0_F}$ 进行量化，即沿着机身整个长度将其分为若干剖面(参考文献2、3)。具体程序见例6.2。

$$M_{0_F} = C_{M_{0_F}} q_\infty S_W \bar{c}_W = \frac{k q_\infty \alpha_{0_W}}{36.5} \sum_{x_i=0}^{x_i=l_F} w_{F_i}^2 \Delta x_i \tag{6.50}$$

式中：$k$ = Munk 表观质量项(由图6.11可知)；$x_i$ = 机头尾部的第 $i$ 段机身的距离(将机身分成若干段进行求和)；$\Delta x_i$ = 第 $i$ 段机身剖面的长度；$l_F$ = 机身总长；$w_{F_i}$ = 第 $i$ 段机身的平均宽度；$\alpha_{0_W} = \alpha_0 + i_w$ = 根据机身参考坐标系 $X$ 轴(见方程(6.12))测得的机翼零升力攻角(°)。

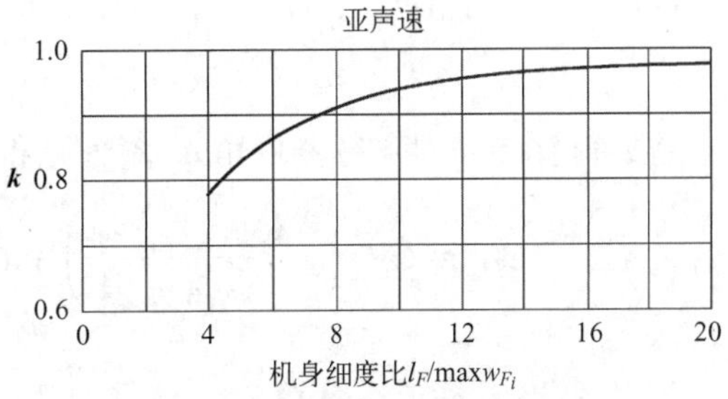

图6.11 Munk 表观质量项

注意，此力矩可正可负，具体情况由符号 $\alpha_{0_W}$ 决定。

此外，机身改变机翼-机身组合的攻角俯仰力矩有效度，即 $C_{M_{\alpha W\&F}}$。与方程(6.50)类似，机身的攻角俯仰力矩有效度的表达式如下(参考文献3)：

$$M_{\alpha_F} = C_{M_{\alpha_F}} q_\infty S_W \bar{c}_W \approx \frac{q_\infty}{36.5} \sum_{x_i=0}^{x_i=l_F} w_{F_i}^2 \frac{\mathrm{d}\alpha_{\mathrm{local}}}{\mathrm{d}\alpha_W}(x_i) \Delta x_i \,/(^\circ) \tag{6.51}$$

式中：$x_i$、$\Delta x_i$ 和 $w_{F_i}$ 通过方程(6.50)进行定义，且 $\frac{\mathrm{d}\alpha_{\mathrm{local}}}{\mathrm{d}\alpha_W}(x_i)$ 等于机身位置 $x_i$ 处的局部气流角梯度，$\alpha_{\mathrm{local}} = \alpha_W \pm \varepsilon$ 等于剖面上的局部气流倾角。

注意：

$$\frac{\mathrm{d}\alpha_{\mathrm{local}}}{\mathrm{d}\alpha_W} = 1 \pm \frac{\mathrm{d}\varepsilon}{\mathrm{d}\alpha_W}$$

式中：$\varepsilon$ 是机翼前方(后部)的上(下)洗流角。可分别根据图5.36和图5.35确定上流和下洗梯度。具体程序参见例6.2。

方程(6.51)中的机身俯仰力矩有效度造成机翼-机身组合的气动力中心位置相对于机翼气动力中心位置的发生移动。该变化可表示为

$$\Delta \bar{X}_{\mathrm{AC}_F} = \frac{C_{M_{\alpha_F}}}{C_{L_{\alpha_W}}} \tag{6.52}$$

因此，机翼-机身组合的气动力中心位置变为

$$X_{\mathrm{AC}_{W\&F}} = X_{\mathrm{AC}_W} + \Delta X_{\mathrm{AC}_F} \tag{6.53}$$

注意，正 $C_{M_{\alpha_F}}$ 造成气动力中心位置的前移。

因此，通过方程(6.49)~方程(6.51)，飞行器机翼、机身和水平尾翼产生的气动俯仰力矩总和为

$$M_A = M_{0_F} + M_{A_{W\&H}} = C_M q_\infty S_W \bar{c}_W \tag{6.54}$$

此处引入了飞行器的俯仰力矩系数 $C_M$，同时将机翼平均气动弦(MAC) $\bar{c}_W$ 定义为与该系数相关的基准长度。

根据方程(6.49)~方程(6.54),可求解飞行器俯仰力矩系数。或根据局部线性假设,得出

$$C_M = (C_{M_{AC_W}} + C_{M_{0_F}}) + C_{L_{\alpha_W}}(\alpha + i_W - \alpha_{0_W})\left(\frac{X_{AC_{W\&F}} - X_{Ref}}{\bar{c}_W}\right)$$
$$- C_{L_{\alpha_H}}\left(\left(1 - \frac{d\varepsilon}{d\alpha}\right)\alpha + \frac{d\varepsilon}{d\alpha}(\alpha_{0_W} - i_W) + (i_H - \alpha_{0_H}) + \alpha_\delta\delta_E\right)\left(\frac{X_{Ref} - X_{AC_H}}{\bar{c}_W}\right)\frac{q_H}{q_\infty}\frac{S_H}{S_W} \tag{6.55}$$

将方程(6.55)对飞行器攻角 $\alpha$ 求微分,得出飞行器攻角俯仰力矩有效度,即

$$\begin{aligned} C_{M_\alpha} &= C_{L_{\alpha_W}}\left(\frac{X_{AC_{W\&F}} - X_{Ref}}{\bar{c}_W}\right) - C_{L_{\alpha_H}}\left(1 - \frac{d\varepsilon}{d\alpha}\right)\left(\frac{X_{Ref} - X_{AC_H}}{\bar{c}_W}\right)\frac{q_H}{q_\infty}\frac{S_H}{S_W} \\ &= C_{L_{\alpha_W}}\Delta\bar{X}_{AC_{W\&F}} - C_{L_{\alpha_H}}\left(1 - \frac{d\varepsilon}{d\alpha}\right)\Delta\bar{X}_{AC_H}\frac{q_H}{q_\infty}\frac{S_H}{S_W} \end{aligned} \tag{6.56}$$

(注意:某些作者定义了尾翼体积系数项 $V_H$,式中

$$V_H = \Delta\bar{X}_{AC_H}\frac{S_H}{S_W} \tag{6.57}$$

但在此不选用此项。)因为在第九章中,方程(6.56)给出的俯仰力矩有效度是飞行器非常重要的设计参数。注意,在上述两个表达式中,引入了符号 $\Delta\bar{X}$,表示机身-机翼或尾翼的气动力中心与定义俯仰力矩的参照点之间的无量纲距离。

## 学生须知

在方程(6.55)的推导以及根据该方程得出的所有其他表达式中(如方程(6.56)),将飞行器上的 $X$ 位置定为正前方。但应注意的是,实际上通常 $X$ 位置测定为位于机翼顶点的后方,该后方位置用机翼平均气动弦(MAC)的百分比表示。因此,在使用方程(6.55)及相关表达式时,必须注意上述 $X$ 位置的符号。在使用上述表达式时,我们会试图提醒读者 $X$ 测定为正前方还是正后方。但快速检查各个方程适用于何种情况方为良策。

此外,将方程(6.55)对升降舵偏转 $\delta_E$ 求微分,得到飞行器的升降舵俯仰力矩有效度,即

$$C_{M_{\delta_E}} = -C_{L_{\alpha_H}}\alpha_\delta\Delta\bar{X}_{AC_H}\frac{q_H}{q_\infty}\frac{S_H}{S_W} = -C_{L_{\delta_H}}\Delta\bar{X}_{AC_H}\frac{q_H}{q_\infty}\frac{S_H}{S_W} \tag{6.58}$$

将方程(6.55)对尾翼倾角 $i_H$ 求微分,得到飞行器的尾翼倾角俯仰力矩有效度,即

$$C_{M_{i_H}} = -C_{L_{\alpha_H}}\Delta\bar{X}_{AC_H}\frac{q_H}{q_\infty}\frac{S_H}{S_W} \tag{6.59}$$

最后应注意的是,当 $\alpha=\delta_E=i_H=0$ 时,俯仰力矩系数为

$$\begin{aligned} C_M\big|_{\alpha=\delta_E=i_H=0} &= (C_{M_{AC_W}} + C_{M_{0_F}}) + C_{L_{\alpha_W}}(i_W - \alpha_{0_W})\Delta\bar{X}_{AC_{W\&F}} \\ &\quad - C_{L_{\alpha_H}}\left(\frac{d\varepsilon}{d\alpha}(\alpha_{0_W} - i_W) - \alpha_{0_H}\right)\Delta\bar{X}_{AC_H}\frac{q_H}{q_\infty}\frac{S_H}{S_W} \end{aligned} \tag{6.60}$$

在方程(6.59)和方程(6.60)中,再次将 $X$ 位置定为飞行器上的正前向。

作为方程(6.56)的重要应用,此时可求解飞行器气动力中心的轴向位置 $X_{AC_{Veh}}$。在此之前,$X_{Ref}$的位置可任意决定。根据定义,气动力中心是俯仰力矩不随攻角变化而变化的点。因此,可通过得到 $C_{M_\alpha}=0$ 时的 $X_{Ref}$,求得气动力中心的位置。使方程(6.56)等于零,求解该情况下的 $X_{Ref}$,得出飞行器气动力中心的位置。

$$\overline{X}_{AC_{Veh}} \triangleq \frac{X_{AC_{Veh}}}{\bar{c}_W} = \frac{C_{L_{\alpha_W}}\overline{X}_{AC_{W\&F}} + C_{L_{\alpha_H}}\left(1-\frac{d\varepsilon}{d\alpha}\right)\overline{X}_{AC_H}\frac{q_H}{q_\infty}\frac{S_H}{S_W}}{C_{L_{\alpha_W}} + C_{L_{\alpha_H}}\left(1-\frac{d\varepsilon}{d\alpha}\right)\frac{q_H}{q_\infty}\frac{S_H}{S_W}} \tag{6.61}$$

## 例 6.2　飞行器俯仰力矩分析

考虑例 6.1 中的飞行器和例 5.7 中分析的尾翼。如图 6.12 所示,将机身用沿着其整个长度划分的若干剖面表示,尺寸见表 6.1。如果参照点 $X_{Ref}$的轴向位置位于机翼顶点后部 0.5 $\bar{c}_W$ 处,则机翼的气动力中心位于 $X_{AC_W}=x_9$ 处(见表 6.1),确定飞行器的俯仰力矩有效度 $C_{M_\alpha}$、$C_{M_{\delta_E}}$和 $C_{M_{i_H}}$。同时,确定飞行器气动力中心的位置和 $\alpha=\delta_E=i_H=0$ 时的俯仰力矩系数。

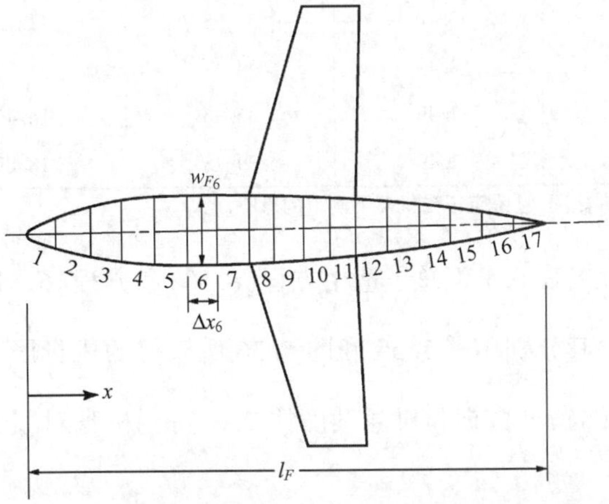


图 6.12　分成若干段的机身(第 6 段的参数具有代表性)

**解**

机翼和尾翼的相关数据如下:

机翼:$C_{M_{AC_W}}=0.03$,$\alpha_{0_W}=1.33°$,$i_W=2°$,$X_{AC_W}=4.79\text{ft}$(位于机翼顶点后方)

$A_W=5.33$,$S_W=169\text{ft}^2$,$\bar{c}_W=5.825\text{ft}$,$c_{r_W}=7.5\text{ft}$,$b_W=30\text{ft}$

$C_{L_{\alpha_W}}=C_{L_{\alpha_H}}=4.19/\text{rad}$,$\left.\frac{d\varepsilon}{d\alpha_W}\right|\infty=0.5$

尾翼:$\alpha_\delta=0.65$,$S_H=42.2\text{ft}^2$,$\bar{c}_H=2.92\text{ft}$,$X_{AC_H}=2.5c_{r_W}$(位于机翼顶点后方)

$\frac{d\varepsilon_H}{d\alpha_W}=0.57$

表 6.1 机身段数据

| 段,$i$ | 平均宽度,$w_{F_i}$/ft | 剖面长度,$\Delta x_i$/ft | 剖面形心的轴向位置,$x_i$/ft | 距 $X_{AC_W}$ 的形心距离 | 局部气流角梯度 $\frac{d\alpha_{local}}{d\alpha_W}(x_i)$ |
|---|---|---|---|---|---|
| 1 | 1.34 | 2.49 | 1.25 | 19.31 | 1.09 |
| 2 | 3.12 | 2.49 | 3.74 | 16.82 | 1.09 |
| 3 | 4.33 | 2.49 | 6.23 | 14.33 | 1.09 |
| 4 | 4.92 | 2.49 | 8.72 | 11.74 | 1.10 |
| 5 | 5.18 | 2.49 | 11.21 | 9.35 | 1.13 |
| 6 | 5.28 | 2.49 | 13.7 | 6.86 | 1.22 |
| 7 | 5.22 | 2.49 | 16.19 | 4.37 | 1.42 |
| 8 | 5.03 | 2.08 | 18.47 | 2.09 | 2.2 |
| 9 | 4.79 | 2.08 | 20.56 | 0 | — |
| 10 | 4.40 | 2.08 | 22.64 | 2.08 | — |
| 11 | 4.12 | 2.08 | 24.72 | 4.16 | — |
| 12 | 3.90 | 2.49 | 27 | 6.44 | 0 |
| 13 | 3.61 | 2.49 | 29.49 | 8.93 | 0.38 |
| 14 | 3.12 | 2.49 | 31.98 | 11.42 | 0.42 |
| 15 | 2.41 | 2.49 | 34.47 | 13.91 | 0.43 |
| 16 | 1.59 | 2.49 | 36.96 | 16.40 | 0.45 |
| 17 | 0.57 | 2.49 | 39.45 | 18.89 | 0.47 |

(注意:第 9~11 段位于机翼之间,且假定不受机翼下洗流的影响。)

为了讨论机身的影响,表 6.1 汇总了适用方程(6.50)和方程(6.51)所需的数据。该表最后一列列出了量 $1\pm\frac{d\varepsilon}{d\alpha_W}$,其分别用图 5.35 和图 5.36 所获得的机身段上的下洗梯度或上洗梯度表示。通过方程(6.50)所列数据和机身细度比 7.6,得到机身对零升力俯仰力矩系数的影响为

$$C_{M_{0_F}}=\frac{k\alpha_{0_W}}{36.5S_W\bar{c}_W}\sum_{x_i=0}^{x_i=l_F}w_{F_i}^2\Delta x_i=\frac{0.9\times1.33+2}{36.5\times169\times5.825}\times631.8=0.053$$

注意,该系数为正值,对应较小的机头上仰力矩。该结果具有代表性。

通过方程(6.51)给出的数据,得出机身对攻角俯仰力矩有效度的影响:

$$C_{M_{\alpha_F}}=\frac{1}{36.5S_W\bar{c}_W}\sum_{x_i=0}^{x_i=l_F}w_{F_i}^2\frac{d\varepsilon}{d\alpha_W}(x_i)\Delta x_i=\frac{552.7}{36.5\times169\times5.825}=0.015\ /(^\circ)$$

因此,机翼和机身组合的气动力中心无量纲位置的伴随变化为

$$\Delta\bar{X}_{AC_F}=\frac{C_{M_{\alpha_F}}}{C_{L_{\alpha_W}}}=\frac{0.015\times57.3}{4.19}=0.205\text{(前移)}$$

对应机翼和机身气动力中心的绝对位置变化为

$$\Delta X_{AC_F}=\Delta\bar{X}_{AC_F}\bar{c}_W=0.205\times5.825=1.19\text{ft (前移)}$$

因此,机身的影响在于使机翼-机身组合的气动力中心位置前移至机翼的气动力中心位置。但根据机翼和/或机身的几何形状,也可能存在后移。

现在可确定飞行器的俯仰力矩有效度。根据方程(6.59),尾翼倾角力矩有效度表示为

$$C_{M_{i_H}} = -C_{L_{\alpha_H}} \Delta\overline{X}_{\mathrm{AC}_H} \frac{q_H}{q_\infty} \frac{S_H}{S_W} = -4.19 \times \frac{2.5\times7.5 - 0.5\times5.825}{5.825} \times 0.9 \times \frac{42.2}{169}$$

$$= -2.54\ /\mathrm{rad}$$

(注意,方程(6.59)是通过假定 $X$ 位置测定为飞行器的正前方而导出的。由于此处将 $X_{\mathrm{Ref}}$ 和 $X_{\mathrm{AC}_H}$ 作为机翼顶点后部的距离,因此其符号与给定方程的符号相反。)

根据方程(6.58),将升降舵力矩有效度表示为

$$C_{M_{\delta_E}} = -C_{L_{\alpha_H}} \alpha_\delta \Delta\overline{X}_{\mathrm{AC}_H} \frac{q_H}{q_\infty} \frac{S_H}{S_W} = \alpha_\delta C_{M_{i_H}} = 0.65\times(-2.54) = -1.65/\mathrm{rad}$$

根据方程(6.56),将飞行器的攻角力矩有效度表示为

$$C_{M_\alpha} = C_{L_{\alpha_W}} \left( \frac{X_{\mathrm{AC}_{W\&F}} - X_{\mathrm{Ref}}}{\bar{c}_W} \right) + C_{M_{i_H}} \left( 1 - \frac{\mathrm{d}\varepsilon}{\mathrm{d}\alpha} \right)$$

$$= 4.19 \left( \frac{-(4.79 - 1.19) + 0.5(5.825)}{5.825} \right) - 2.54\times(1 - 0.57) = -1.59\ /\mathrm{rad}$$

(注意将 $X_{\mathrm{Ref}}$ 和 $X_{\mathrm{AC}_{W\&F}}$ 的符号反向。)注意,该系数为负值,因为由第九章和第十章可知该值对飞行器的稳定性具有重大影响。还应注意的是,机翼和尾翼对该系数的相对影响。

通过方程(6.61)可将飞行器气动力中心位于机翼翼尖后方的无量纲位置表示为

$$\overline{X}_{\mathrm{AC}_{\mathrm{Veh}}} \triangleq \frac{X_{\mathrm{AC}_{\mathrm{Veh}}}}{\bar{c}_W} = \frac{C_{L_{\alpha_W}} \overline{X}_{\mathrm{AC}_{W\&F}} + C_{L_{\alpha_H}} \left(1 - \frac{\mathrm{d}\varepsilon}{\mathrm{d}\alpha}\right) \overline{X}_{\mathrm{AC}_H} \frac{q_H}{q_\infty} \frac{S_H}{S_W}}{C_{L_{\alpha_W}} + C_{L_{\alpha_H}} \left(1 - \frac{\mathrm{d}\varepsilon}{\mathrm{d}\alpha}\right) \frac{q_H}{q_\infty} \frac{S_H}{S_W}}$$

$$= \frac{4.19\left(\frac{4.79 - 1.19}{5.825}\right) + 4.19(1 - 0.57)\times\frac{2.5\times7.5}{5.825} \times 0.9 \times \frac{42}{169}}{4.19 + 4.19(1 - 0.57)\times0.9\times\frac{42}{169}} = 0.846$$

因此,气动力中心位于机翼翼尖后方 0.846(5.825)= 4.928ft 处。还应注意,不出所料,飞行器的气动力中心位于机翼和机身的气动力中心后方,即机翼翼尖后方 4.79-1.19 = 3.6ft 处。

最后,根据方程(6.60),当 $\alpha=\delta=i_H=0$ 时,飞行器俯仰力矩系数表示为

$$C_M|_{\alpha=\delta_E=i_H=0} = (C_{M_{\mathrm{AC}_W}} + C_{M_{0_F}}) + C_{L_{\alpha_W}}(i_W - \alpha_{0_W})\Delta\overline{X}_{\mathrm{AC}_{W\&F}} + C_{M_{i_H}}\left(\frac{\mathrm{d}\varepsilon}{\mathrm{d}\alpha}(\alpha_{0_W} - i_W) - \alpha_{0_H}\right)$$

$$= (0.03 + 0.053) + 4.19\times\frac{2 - 1.33}{57.3}\times(-0.118) - 2.54\times\left(0.57\times\frac{1.33 - 2}{57.3} - 0\right)$$

$$= 0.083 - 0.006 - 2.54\times(-0.007) = 0.095$$

该力矩很小,且为正值,并具有代表性。

### 6.2.6 飞行器偏航力矩

任何会产生侧力的表面都可能使飞行器产生偏航力矩,如侧滑中的垂直尾翼或其方向舵偏转。此外,如第五章中所述,因为副翼偏转将产生反对称阻力,同时,也会产生一个偏航力矩。因此,将飞行器气动偏航力矩 $N_A$ 表示为

$$N_A = N_V + N_{\delta_A} \tag{6.62}$$

式中:垂直尾翼产生的偏航力矩为

$$N_V = N_{\beta_V} + N_{\delta_V} \tag{6.63}$$

将方向舵气动力中心的 $X$ 位置表示为 $X_{AC_V}$,将侧力用(局部线性)侧滑和方向舵有效度表示,并参考图 6.9,对 $X_{Ref}$ 偏航力矩进行求和运算,可以得到

$$\begin{cases} N_{\beta_V} = -C_{S_{\beta_V}}\beta(X_{Ref} - X_{AC_V})q_H S_V \\ N_{\delta_V} = -C_{S_{\delta_V}}\delta_R(X_{Ref} - X_{AC_V})q_H S_V \end{cases} \tag{6.64}$$

式中负号是基于以下事实:机尾垂直尾翼后方的一个正侧力(正 $Y$ 方向)将产生一个负偏航力矩。最后,与第五章一致,通过下列方程得到副翼偏转产生的偏航力矩:

$$N_{\delta_A} = C_{N_{\delta_{A_W}}}\delta_A q_\infty S_W b_W \tag{6.65}$$

式中:$C_{N_{\delta_{A_W}}}$ 是第五章中确定的机翼的副翼偏航力矩有效度。

整合各项可以得到飞行器气动偏航力矩的表达式,即

$$N_A = -(C_{S_{\beta_V}}\beta + C_{S_{\delta_V}}\delta_R)(X_{Ref} - X_{AC_V})q_H S_V + C_{N_{\delta_{A_W}}}\delta_A q_\infty S_W b_W = C_N q_\infty S_W b_W \tag{6.66}$$

这里引入了飞行器的偏航力矩系数 $C_N$,翼展 $b_W$ 定义为基准长度,而机翼平面形状面积定义为飞行器的基准面积。

求解飞行器偏航力矩系数,可以得到

$$\begin{aligned} C_N &= C_{N_{\delta_{A_W}}}\delta_A - (C_{S_{\beta_V}}\beta + C_{S_{\delta_V}}\delta_R)\left(\frac{X_{Ref} - X_{AC_V}}{b_W}\right)\frac{q_H}{q_\infty}\frac{S_V}{S_W} \\ &= C_{N_{\delta_{A_W}}}\delta_A - (C_{S_{\beta_V}}\beta + C_{S_{\delta_V}}\delta_R)\Delta\bar{X}_{AC_V}\frac{q_H}{q_\infty}\frac{S_V}{S_W} \end{aligned} \tag{6.67}$$

将方程(6.67)对侧滑角 $\beta$ 求微分,可以得到飞行器的侧滑偏航力矩有效度,即

$$C_{N_\beta} = -C_{S_{\beta_V}}\Delta\bar{X}_{AC_V}\frac{q_H}{q_\infty}\frac{S_V}{S_W} \tag{6.68}$$

将方程(6.67)对方向舵偏转 $\delta_R$ 求微分,可以得到飞行器方向舵偏航力矩的有效度,即

$$C_{N_{\delta_R}} = -C_{S_{\delta_V}}\Delta\bar{X}_{AC_V}\frac{q_H}{q_\infty}\frac{S_V}{S_W} \tag{6.69}$$

将方程(6.67)对副翼偏转 $\delta_A$ 求微分,可知飞行器的副翼偏航力矩有效度与机翼的有效度相同,即

$$C_{N_{\delta_A}} = C_{N_{\delta_{A_W}}} \tag{6.70}$$

**例 6.3 飞行器侧力、滚转与偏航力矩分析**

再次考虑在例 6.1 和例 6.2 中讨论的飞行器,并假设飞行器的垂直尾翼与水平尾翼的 1/2

具有相同的几何形状(掠角、翼展、锥度等)。此外,假设垂直尾翼的气动力中心也位于机翼顶点后 2.5 翼根弦长度处,令垂直尾翼具有一个全翼展方向舵,方向舵尾翼比 $c_R/c_v$ 为 0.25,与翼展保持恒定。此外,假设水平尾翼没有上反角。攻角为零,求该飞行器的以下各项:

(1) 上反效应,$C_{L_\beta}$。

(2) 副翼滚转力矩有效度 $C_{L_{\delta_A}}$ 与方向舵滚转力矩有效度 $C_{L_{\delta_R}}$。

(3) 侧滑侧力有效度 $C_{S_\beta}$ 与侧滑偏航力矩有效度 $C_{N_\beta}$。

(4) 方向舵侧力有效度 $C_{S_{\delta_R}}$、副翼偏航力矩有效度 $C_{N_{\delta_A}}$ 和方向舵偏航力矩有效度 $C_{N_{\delta_R}}$。

**解**

根据已知信息,基于水平和垂直尾翼几何形状之间的相似性,可发现,对于垂直尾翼来说,$S_V=521.1\text{ft}^2$、$\bar{c}_V=2.92\text{ft}$、$C_{L_{\alpha_V}}=4.19/\text{rad}$、$\beta_\delta=-0.65X_{\text{AC}_V}=2.5c_{r_W}$(机翼顶点后方)。另外,根据例 5.6 可得出垂直尾翼弦长为

$$c(z)=\frac{7.5}{2}-\frac{z}{4}\text{ft},\quad \text{沿垂直尾翼},\ z\ \text{为正}$$

所以,垂直尾翼 MAC 的展向位置为

$$Z_{\text{MAC}_V}=\frac{1}{S_V}\int_0^{b_V} zc(z)\text{d}z=\frac{1}{21.1}\int_0^{7.5}\left(\frac{7.5z}{2}-\frac{z^2}{4}\right)\text{d}z=\frac{1}{21.1}\left(\frac{7.5z^2}{4}-\frac{z^3}{12}\right)\Bigg|_0^{7.5}$$

$$=\frac{1}{21.1}\times(105.5-35.16)=3.33\text{ft}$$

由例 5.5 中可知单独机翼的副翼滚转力矩与偏航力矩有效度分别为 $C_{L_{\delta_A}}=0.265/\text{rad}$ 和 $C_{N_{\delta_A}}=-0.0026/\text{rad}$。由例 5.4 可知机翼的上反效应 $C_{l\beta_W}=-0.09/\text{rad}$。

现在,根据方程(6.44),可得出飞行器的上反效应:

$$C_{L_\beta}=C_{L_{\beta_W}}+C_{L_{\beta_H}}\frac{q_H}{q_\infty}\frac{S_H}{S_W}\frac{b_H}{b_W}+C_{L_{\beta_V}}\frac{q_H}{q_\infty}\frac{S_V}{S_W}\frac{b_V}{b_W}$$

由于上反角是零,并且前缘掠角对于水平尾翼而言较小,取 $C_{L_{\beta_H}}$ 约等于 0。根据方程(6.41),可以得到

$$C_{L_{\beta_V}}=C_{S_{\beta_V}}\frac{Z_{\text{AC}_V}}{b_V}=-C_{L_{\alpha_V}}\frac{Z_{\text{AC}_V}}{b_V}=-4.19\times\frac{3.33}{7.5}=-1.86\ /\text{rad}$$

式中:$Z_{\text{AC}_V}$是飞行器 $X$ 轴以上尾翼的气动力中心的垂直位置。由于飞行器的攻角被给定为 0,自由流速度平行于机身参考坐标系 $X$ 轴,所以 $Z_{\text{AC}_V}=Z_{\text{MAC}_V}=3.33\text{ft}$。因此,飞行器的上反效应为

$$C_{L_\beta}=-0.09+0-1.86\times(0.9)\times\left(\frac{21.1}{169}\right)\times\left(\frac{7.5}{30}\right)=-0.142\ /\text{rad}$$

注意,大约 1/3 的上反效应是由于垂直尾翼所导致的,并且此参数通常为负。

在先前关于滚转力矩的讨论中,曾指出飞行器副翼滚转力矩有效度与机翼的有效度相同。而且,如上所述,这种机翼的副翼滚转力矩有效度为 $C_{L_{\delta_{A_W}}}=0.265/\text{rad}$。因此,对于飞行器而言,可以得到

$$C_{L_{\delta_A}}=0.265\ /\text{rad}$$

由于约定的正副翼偏转和正滚转,此参数通常为正。

由方程(6.45)可知飞行器方向舵滚转力矩的有效度为

$$C_{L_{\delta_R}} = C_{L_{\delta_V}} \frac{q_H}{q_\infty} \frac{S_V}{S_W} \frac{b_V}{b_W}$$

式中,根据方程(6.42)可知垂直尾翼的方向舵滚转力矩有效度为

$$C_{L_{\delta_V}} = C_{S_{\beta_V}} \beta_\delta \frac{Z_{\mathrm{AC}_V}}{b_V}$$

因此,该飞行器方向舵的滚转力矩有效度为

$$C_{L_{\delta_R}} = \left(C_{S_{\beta_V}} \beta_\delta \frac{Z_{\mathrm{AC}_V}}{b_V}\right) \frac{q_H}{q_\infty} \frac{S_V}{S_W} \frac{b_V}{b_W} = \left(-4.19\times(-0.65)\times\left(\frac{3.33}{7.5}\right)\right)\times(0.9)\times\left(\frac{21.1}{169}\right)\times\left(\frac{7.5}{30}\right) = 0.034\ /\mathrm{rad}$$

注意,同样由于约定的正滚转和正方向舵偏转,此参数通常为正。

由方程(6.25)可知飞行器侧滑侧力有效度为

$$C_{S_\beta} = C_{S_{\beta_V}} \frac{q_H}{q_\infty} \frac{S_V}{S_W} = -C_{L_{\alpha_V}} \frac{q_H}{q_\infty} \frac{S_V}{S_W} = -4.19\times(0.9)\times\left(\frac{21.1}{169}\right) = -0.471\ /\mathrm{rad}$$

同样由于侧力和侧滑的符号法则,此参数通常为正。根据方程(6.68),可知飞行器的侧滑偏航力矩有效度为

$$C_{N_\beta} = -C_{S_{\beta_V}} \Delta\bar{X}_{\mathrm{AC}_V} \frac{q_H}{q_\infty} \frac{S_V}{S_W} = 4.19\times\left(\frac{2.5(7.5)-0.5(5.825)}{5.825}\right)\times(0.9)\times\left(\frac{21.1}{169}\right) = 1.28\ /\mathrm{rad}$$

此参数通常为正(为什么?)。根据方程(6.26),可知飞行器方向舵的侧力有效度为

$$C_{S_{\delta_R}} = C_{S_{\beta_V}} \beta_\delta \frac{q_H}{q_\infty} \frac{S_V}{S_W} = (-4.19)\times(-0.65)\times(0.9)\times\left(\frac{21.1}{169}\right) = 0.306\ /\mathrm{rad}$$

由于符号法则,此参数通常也为正。根据方程(6.69),我们可以通过以下方程计算飞行器方向舵的偏航力矩有效度:

$$C_{N_{\delta_R}} = -C_{S_{\delta_V}} \Delta\bar{X}_{\mathrm{AC}_V} \frac{q_H}{q_\infty} \frac{S_V}{S_W} = -C_{S_{\beta_V}} \beta_\delta \Delta\bar{X}_{\mathrm{AC}_V} \frac{q_H}{q_\infty} \frac{S_V}{S_W}$$

$$= -(-4.19)\times(-0.65)\times\left(\frac{2.5\times7.5-0.5\times5.825}{5.825}\right)\times(0.9)\times\left(\frac{21.1}{169}\right) = -0.832\ /\mathrm{rad}$$

根据方向舵偏转的符号法则,对于垂直尾翼后部上的方向舵而言,此参数始终为负。最后,根据方程(6.70),可知飞行器的副翼偏航力矩有效度为

$$C_{N_{\delta_A}} = C_{N_{\delta_{A_W}}} = -0.0026\ /\mathrm{rad}$$

由于该参数为负,副翼将产生逆偏航。如果副翼产生正偏转使飞行器将向右倾斜(正滚转),开始右转,将产生负偏航力矩,与转弯的方向相反。

## 6.3 作用于飞行器上的推进力与力矩

所有飞行器的推进系统通过加速一定体积(质量)的空气产生推力。螺旋桨驱动系统,包括旋翼机,通过机械加速空气,涡轮喷气发动机按照热力学原理加速空气。不管空气是如何被加速的,推进系统将产生作用于飞行器上的推力。

为了说明推进力和力矩,考虑图6.13所示的原理图。(如果有多个推进装置,这里提出的分析可以应用到每个装置。)我们将假定,推进装置和总推力 $T$ 关于飞行器的 $XZ$ 面对称。根

据推进装置安装在飞行器上的方式，推力可能以一个相对于飞行器的角度 $\Phi_T$（正上）作用在飞行器的（机身参考坐标系）$X$ 轴上。因此，有可能具有轴向（$X$）和垂直（$Z$）推力分量。

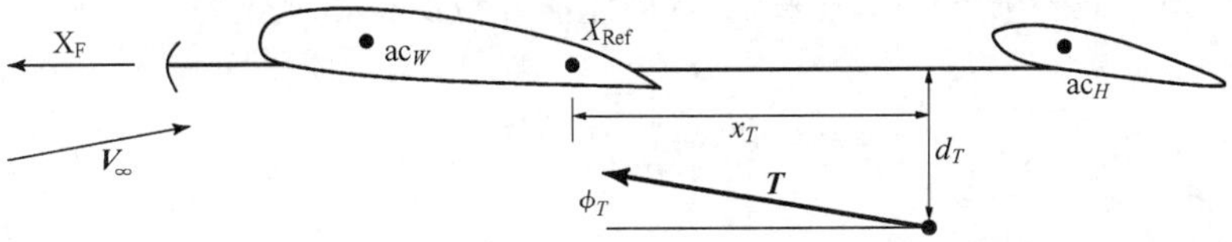


图 6.13 推进力的位置与作用线

如果推力受控，带有油门设定值 $\pi$，则推力的幅值表达式可以采取以下形式。

$$T = T(V_\infty, h, \pi) \tag{6.71}$$

通常可从发动机模型或表格数据中获得在特定飞行速度和高度下的推力。

假定 $T$ 的作用点位于（机身参考坐标系）$X$ 轴以下距离 $d_T$ 处，以及所选择基准位置 $X_{\mathrm{Ref}}$ 后部距离 $X_T$ 处。因此，该推力 $T$ 同样产生一个关于 $X_{\mathrm{Ref}}$ 的推进俯仰力矩 $M_P$，即

$$M_P = T(V_\infty, h, \pi)(d_T \cos\phi_T - x_T \sin\phi_T) \tag{6.72}$$

如果飞行器具有多个推进装置并且推力关于飞行器的 $XZ$ 面不对称，则那些推力也会产生一个偏航力矩，可以按照类似于方程（6.72）的方式进行表示。

## 学生须知

如果 $T$ 的作用线接近 $X_{\mathrm{Ref}}$，则

$$(d_T \cos\phi_T - x_T \sin\phi_T) \approx 0 \tag{6.73}$$

在这种情况下，$M_P$ 约等于 0。在后面对推进俯仰力矩的讨论中，必须牢记这个事实。

---

作用在飞行器上的推进力和力矩将受到工作流体的轴向和横向进气流速度的影响，虽然，涡轮喷气发动机的入口设计会尽量减少这些影响。图 6.14 中的草图代表涡轮喷气发动机和螺旋桨推进装置，包括装置正在加速的工作流体。装置的推力轴名义上与工作流体的液柱中心线对准。同时，图中还描述了工作流体来流速度上叠加的轴向和横向流速变化。轴向流速的变化将影响推力，而横向流体引起垂直于工作流体液柱中心线的力。最后，还列出了计算两种类型设备的推力方程，其中，$\dot{m}_P$ 是通过涡轮喷气发动机的质量流速，$SHP$ 是传递到螺旋桨轴上的功率，$\eta_P$ 是螺旋桨效率，$K$ 是合适的单位转换系数。

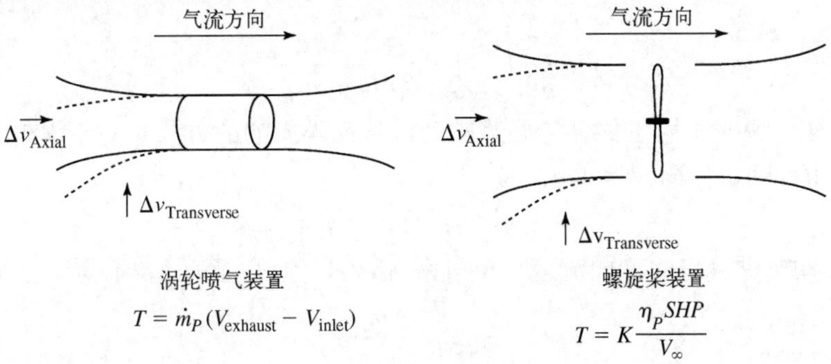


图 6.14 来流速度变化

首先考虑轴向流速 $\Delta v_{\text{Axial}}$变化的影响；对于涡轮喷气发动机来说，这种影响可以使用由自由流轴向马赫数的变化（即 $\partial T/\partial M_\infty$，其必须从发动机试验数据中获得）导致的推力变化来进行量化。因此，对于涡轮喷气发动机来说，轴向流速导致的推力变化为

$$\frac{\partial T}{\partial v_{\text{Axial}}}=\frac{1}{a}\frac{\partial T}{\partial M_\infty} \tag{6.74}$$

式中：$a$ 是来流的声速。

对于定距螺旋桨来说，轴向速度的变化通常会影响螺旋桨效率 $\eta_P$，从而影响推力。轴向速度一个小变化 $\Delta v_{\text{Axial}}$所导致的有效度 $\Delta\eta_P$的变化，必须根据螺旋桨数据进行确定（即螺旋桨图），并且将取决于被研究的特定飞行条件。此外，螺旋桨驱动推进装置的推力方程是标称轴向速度 $V_\infty$ 的显函数。因此，定距螺旋桨装置轴向流速的变化所导致的推力变化可以表示为

$$\frac{\partial T}{\partial v_{\text{Axial}}}=-K\frac{SHP\eta_P}{V_\infty^2}+K\frac{SHP}{V_\infty}\frac{\Delta\eta_P}{\Delta v_{\text{Axial}}}=-\frac{T}{V_\infty}+\frac{T}{\eta_P}\frac{\partial\eta_P}{\partial v_{\text{Axial}}} \tag{6.75}$$

这里，假设油门设置固定，从而轴功率为常数。

然而，对于带变距螺旋桨驱动的推进装置而言，螺旋桨效率近似于常数，从而，推力功率也近似为常数。在这种情况下：

$$T\left(V_\infty+\Delta v_{\text{Axial}}\right)=\text{常数} \tag{6.76}$$

将上式对 $\Delta v_{\text{Axial}}$求微分可以得到变距螺旋桨装置轴向速度变化所引起的推力的变化，即

$$\frac{\partial T}{\partial v_{\text{Axial}}}=-T \tag{6.77}$$

接下来，我们将考虑横向速度变化 $\Delta v_{\text{Transverse}}$ 对推进装置所产生的法向力的影响。如图 6.14 所示，当其经过发动机或螺旋桨盘时，来流中出现的任何横向速度将包括流向的变化（或气流动量）。当然，动量的这种变化，将产生一个横向或法向力 $F_N$，作用在发动机或螺旋桨轴的横向速度方向 $\Delta v_{\text{Transverse}}$上。

通常情况下，该法向力的变化可以用流向的转向角 $\alpha_P$ 表示，即

$$\frac{\partial F_N}{\partial\alpha_P}$$

式中

$$\tan\alpha_P\approx\alpha_P=\frac{\Delta v_{\text{Transverse}}}{V_\infty} \tag{6.78}$$

注意

$$\frac{\partial F_N}{\partial v_{\text{Transverse}}}=\frac{1}{v_{\text{Axial}}}\frac{\partial F_N}{\partial\alpha_P} \tag{6.79}$$

参考文献 4 中说明了用于估算螺旋桨驱动设备此类影响的方法。对于涡轮喷气发动机而言，法向力 $F_N$由发动机横向速度表示，即

$$F_N=\dot{m}_P v_{\text{Axial}}\sin\alpha_P\approx\dot{m}_P v_{\text{Axial}}\alpha_P \tag{6.80}$$

式中：$v_{\text{Axial}}$是发动机进气口的轴向流速。反过来，该入口速度也可以表示为

$$v_{\text{Axial}}=\frac{\dot{m}_P}{\rho_\infty A_{\text{in}}} \tag{6.81}$$

式中：$A_{\text{in}}$为发动机进气口的截面面积

因此，作用于发动机上的法向力为

$$F_N = \frac{\dot{m}_P^2}{\rho_\infty A_{\text{in}}}\alpha_P \tag{6.82}$$

涡轮喷气发动机横向速度变化而产生的法向力变化可以表示为

$$\frac{\partial F_N}{\partial v_{\text{Transverse}}} = \frac{1}{V_\infty}\frac{\partial F_N}{\partial \alpha_P} = \frac{1}{V_\infty}\frac{\dot{m}_P^2}{\rho_\infty A_{\text{in}}} \tag{6.83}$$

再次,必须根据发动机数据获得质量流速。

基于上面的讨论,现在可以将作用于飞行器上的推进力和力矩用飞行器攻角和侧滑角表示。注意,根据这些角度:

$$\begin{cases} \Delta v_{\text{Axial}} = V_\infty(\cos\alpha - 1) + V_\infty(\cos\beta - 1) \approx 0 \\ \Delta v_{Z_{\text{Transverse}}} = -V_\infty \sin\alpha \\ \Delta v_{Y_{\text{Transverse}}} = -V_\infty \sin\beta \end{cases} \tag{6.84}$$

假设的推力 $T$ 和推进法向力 $F_N$ 关于飞行器的 $XZ$ 面对称,现在,可以用如图 6.13 所示的机身参考坐标系表示推进力的分力,例如:

$$\begin{aligned} F_{P_X} &= T\cos\phi_T - \frac{\partial F_N}{\partial v_{\text{Transverse}}}V_\infty \sin\alpha \sin\phi_T \\ F_{P_Y} &= -\frac{\partial F_N}{\partial v_{\text{Transverse}}}V_\infty \sin\beta \\ F_{P_Z} &= -T\sin\phi_T - \frac{\partial F_N}{\partial v_{\text{Transverse}}}V_\infty \sin\alpha \cos\phi_T \end{aligned} \tag{6.85}$$

在相同的坐标轴系内,关于 $X_{\text{Ref}}$ 的推进力矩分量为

$$\begin{aligned} L_P &= \frac{\partial F_N}{\partial v_{\text{Transverse}}}V_\infty d_T \sin\beta \\ M_P &= T(d_T\cos\phi_T - x_T\sin\phi_T) - \frac{\partial F_N}{\partial v_{\text{Transverse}}}V_\infty \sin\alpha(x_T\cos\phi_T - d_T\sin\phi_T) \\ N_P &= \frac{\partial F_N}{\partial v_{\text{Transverse}}}V_\infty x_T \sin\beta \end{aligned} \tag{6.86}$$

## 6.4 机身参考坐标系和稳定性坐标轴系

在进一步对力和力矩进行建模之前,必须更精确地定义经常使用的两个飞行器固定坐标系统。事实上,任何飞行器固定坐标系均可以用于刚性飞行器。对于柔性飞行器而言,任何满足平均轴向约束(方程(4.13)和方程(4.14))的飞行器固定坐标系都将有效。所以,实际中为方便起见,选择飞行器固定坐标系以便尽可能简化分析。

有时,会使用飞行器结构的参考坐标系,并将坐标系的 $X$ 轴与机身的基准线对齐,比如其中心线。我们将此类坐标系称为机身参考坐标系;先前在没有准确对其进行定义的情况下,我们使用了该坐标系。机身参考坐标系经常用于分析柔性飞行器,也常用于非线性仿真。

但通常情况下,选择被称为稳定性坐标轴系的坐标系用于小扰动分析,因为,其简化了气动力和力矩的表达式。在本章的其余部分,我们也将使用稳定性坐标轴系,力和力矩的分量将

会经常使用这些轴系进行表示。但是,如果由于某种原因,分析人员选择使用其他的轴系,在本章中推导的力和力矩在稳定性坐标轴系上的分量将通过坐标变换和方向余弦矩阵转换为使用新坐标系表示的分量(见第一章)。

稳定性坐标轴系是特殊的飞行器固定坐标系,与特殊的基准飞行条件关联,如:定常水平飞行,并且与此飞行条件对应的基准自由流速度矢量 $\boldsymbol{V}_{\infty_0}$ 相关。从某种意义上说,该坐标轴系为飞行器固定坐标系的原因在于一旦所选择的参考飞行条件确定了稳定性坐标轴系,则飞行器具有固定的坐标轴系,并当飞行器从基准条件发生小扰动时①,与该坐标轴系随飞行器一起平移及旋转。

考虑图 6.15 所示的飞行器。该图中所示的是基准自由流速度矢量 $\boldsymbol{V}_{\infty_0}$,机身参考坐标系定义为 $X_F$、$Y_F$ 和 $Z_F$,而稳定性坐标轴系由为 $X_S$、$Y_S$ 和 $Z_S$ 表示。当然,这两套轴系的原点都位于飞行器的质量中心(重力中心)上。同时,还描述了飞行器在所选定基准条件下的气动攻角 $\alpha_0$ 和侧滑角 $\beta_0$。

这些气动角使用如图 6.15 所示的机身参考坐标系和基准自由流速度矢量进行表示。侧滑角 $\beta_0$ 位于 $X_SY_S$ 面上,并且是 $\boldsymbol{V}_{\infty_0}$ 和 $X_S$ 轴之间的夹角。攻角 $\alpha_0$ 位于 $X_SZ_S$ 面以及 $X_FZ_F$ 面,并且是 $X_F$ 和 $X_S$ 轴之间的夹角(以及 $Z_F$ 和 $Z_S$ 轴之间的夹角)。

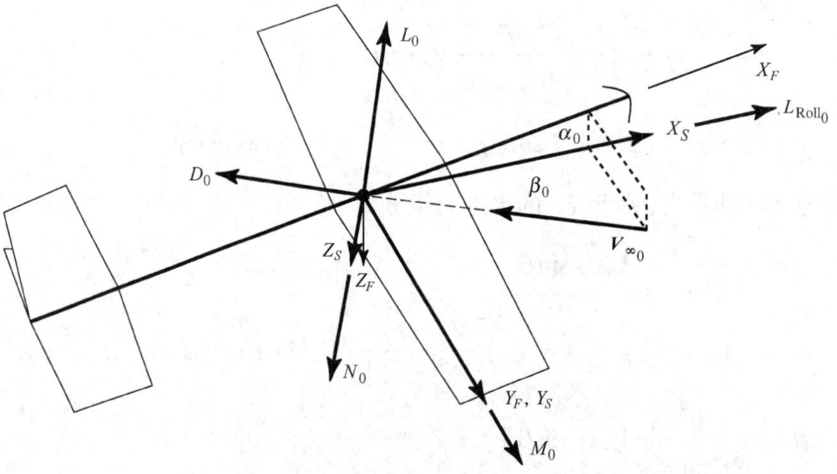


图 6.15　稳定性坐标轴系

现在,请注意一旦稳定性坐标轴系使用基准飞行条件进行表示,那么它就将固定至某个飞行器,并允许当飞行器在该基准条件发生小扰动时,与飞行器一起旋转。

## 6.5　基准条件下的气动力与力矩以及推进力与力矩

如图 6.15 所示,作用于该飞行器上的三个气动力中的两个力为参照值,即升力 $L_0$ 和阻力 $D_0$。(为清楚起见,未显示参照气动侧力 $S_0$ 和参照推进力 $T_0$。)根据图 6.15,回顾升力、阻力和侧力的定义,以及方程组(6.1)和方程组(6.2),可以推断出,在所选择的基准条件下,气动力在稳定性坐标轴系中的分量为

---

① 这与第二章中介绍的风轴形成对比,$X_W$ 轴相对于瞬时自由流速度矢量 $\boldsymbol{V}_\infty$ 固定。

$$
\begin{aligned}
F_{A_{X_0}} &= -D_0\cos\beta_0 - S_0\sin\beta_0 \\
F_{A_{Y_0}} &= -D_0\sin\beta_0 + S_0\cos\beta_0 \\
F_{A_{Z_0}} &= -L_0
\end{aligned}
\tag{6.87}
$$

在这些方程中的升力、阻力和侧力也可以使用6.2节中的表达式进行确定。

图6.15还描述了在基准条件下作用于飞行器上的总(气动力加推进力)力矩在稳定性坐标轴系中的分量。气动力矩矢量为

$$
\boldsymbol{M}_A = L_A\boldsymbol{i}_S + M_A\boldsymbol{j}_S + N_A\boldsymbol{k}_S \tag{6.88}
$$

其与方程组(6.1)和方程组(6.2)相一致。在所选择的基准条件下,在稳定性坐标轴系中的气动力矩的参照值的分量仅为$L_{A_0}$、$M_{A_0}$和$N_{A_0}$,其中滚转、俯仰和偏航力矩也可以通过6.2节中推导的表达式进行确定。在推导6.2节中的表达式时,请注意,我们只是规定了在某些飞行器固定坐标系上的分量。这里指定稳定性坐标轴系为正在使用的飞行器固定坐标系。

根据图6.13中规定的几何形状,以及所使用的机身参考坐标系与稳定性坐标轴系的定义,推进力在稳定性坐标轴系中的分量参照值:

$$
\begin{aligned}
F_{P_{X_0}} &= T_0\cos(\phi_T + \alpha_0) \\
F_{P_{Y_0}} &= 0 \\
F_{P_{Z_0}} &= -T_0\sin(\phi_T + \alpha_0)
\end{aligned}
\tag{6.89}
$$

最后,将推进力矩$\boldsymbol{M}_{P_0}$在稳定性坐标轴系上的参照值分量表示为

$$
\boldsymbol{M}_{P_0} = L_{P_0}\boldsymbol{i}_S + M_{P_0}\boldsymbol{j}_S + N_{P_0}\boldsymbol{k}_S \tag{6.90}
$$

因此,对于图6.15所示的概念性飞行器构型而言,根据稳定性坐标轴系的定义,在稳定性坐标轴系上的推进力矩参照值的分量为

$$
\begin{aligned}
L_{P_0} &= 0 \\
M_{P_0} &= T_0(d_T\cos\phi_T - x_T\sin\phi_T) \\
N_{P_0} &= 0
\end{aligned}
\tag{6.91}
$$

## 例6.4 力和力矩的参照值

再次考虑例6.1~例6.3所述的飞行器。假设飞行器配备两台涡轮喷气发动机,安装在机身两侧水平尾翼的前方。这里可以假定水平尾翼为"T型尾翼",连接到垂直尾翼的顶部。让发动机产生相等的推力$T/2$,推力轴与机身参考坐标系$X$轴对齐,并且,发动机沿(机身)$X$轴安装,位于基准位置$X_{\mathrm{Ref}}$后方$2\bar{c}_W$处。如果飞行器定常未加速水平飞行,攻角$\alpha_0 = 2°$且没有侧滑,计算作用于飞行器上的气动力、推进力及其力矩的参照值。

**解**

注意基准飞行条件为无侧滑角定常水平飞行。因此,根据方程组(6.87),可以得到稳定性坐标轴系上气动力的参照值为

$$
\begin{aligned}
F_{A_{X_0}} &= -D_0\cos\beta_0 - S_0\sin\beta_0 = -D_0 = -C_{D_0}q_\infty S \\
F_{A_{Y_0}} &= -D_0\sin\beta_0 + S_0\cos\beta_0 = S_0 = C_{S_0}q_\infty S \\
F_{A_{Z_0}} &= -L_0 = -C_{L_0}q_\infty S
\end{aligned}
$$

(注意,上式中第一个表达式的$C_{D_0}$指的是阻力系数而非寄生阻力系数的参照值。)

对于给定的数据，参考图 6.13，根据方程组(6.89)，可以得到 $d_T=\phi_T=0$，且 $\alpha_0=2°$，由此可知稳定性坐标轴系上的推进力参照值为

$$F_{P_{X_0}} = T_0\cos(\phi_T+\alpha_0) \approx T_0$$

$$F_{P_{Y_0}} = 0$$

$$F_{P_{Z_0}} = -T_0\sin(\phi_T+\alpha_0) = -0.03T_0$$

然后，根据方程组(6.91)，可以得到推进力矩的参照值：

$$L_{P_0} = 0$$

$$M_{P_0} = T_0(d_T\cos\phi_T - x_T\sin\phi_T) = 0$$

$$N_{P_0} = 0$$

注意 $T$ 的作用线通过 $X_{\text{Ref}}$ 位置，因此

$$(d_T\cos\phi_T - x_T\sin\phi_T) = 0$$

与方程组(6.2)一致，基准条件下，稳定性坐标轴系上的气动力矩分量为

$$L_{A_0} = C_{L\text{roll}_0}q_\infty S_W b_W$$

$$M_{A_0} = C_{M_0}q_\infty S_W \bar{c}_W$$

$$N_{A_0} = C_{N_0}q_\infty S_W b_W$$

因此，对于稳定未加速飞行的基准飞行条件而言，下列条件必须成立。

$$F_{A_{X_0}} + F_{P_{X_0}} = 0 \Rightarrow C_{D_0} = \frac{T_0}{q_\infty S_W}$$

$$F_{A_{Y_0}} + F_{P_{Y_0}} = 0 \Rightarrow C_{S_0} = 0$$

$$F_{A_{Z_0}} + F_{P_{Z_0}} + mg = 0 \Rightarrow C_{L_0} = \frac{mg - 0.03T_0}{q_\infty S_W}$$

$$L_{A_0} + L_{P_0} = 0 \Rightarrow C_{L\text{roll}_0} = 0$$

$$M_{A_0} + M_{P_0} = 0 \Rightarrow C_{M_0} = 0$$

$$N_{A_0} + N_{P_0} = 0 \Rightarrow C_{N_0} = 0$$

此处，$mg$ 为飞行器的重量，并且 $S_W = 169\text{ft}^2$。注意，因为推进力矩的参照值为零，则气动力矩的参照值必须也是零。因此，所有气动力矩(和侧力)的参照值都为零。如果推进力矩为零，这是正常的水平直线飞行结果。

---

## 6.6 基于平移速度小扰动的力与力矩

当飞行器在飞行时，作用在飞行器上的力和力矩将受到影响。换言之，飞行器相对于气团的平移和旋转速度的变化将会影响气动力与力矩及推进力与力矩。在 6.6 节和 6.7 节中，我们将讨论三种平移和三种旋转的影响，以及攻角的变化率。在每一种情况下，分析程序将涉及：

(1) 描述运动影响力和力矩所凭借的机制。

(2) 使用适当的项表示力和力矩及其无量纲系数。

（3）推导说明特定运动对这些力和力矩影响的表达式。

（4）确定运动变量相关的力和力矩偏导数。

在一般情况下，首先探讨小扰动对平移速度的影响。图 6.16 有助于理解这些运动小扰动的影响，它描绘了飞行器的稳定性坐标轴系和机身参考坐标系，以及基准和瞬时自由流速度矢量 $\boldsymbol{V}_{\infty_0}$和 $\boldsymbol{V}_{\infty}$。还展示了在小扰动飞行状态下的升力 $L$ 和阻力 $D$。为清楚起见，未标出侧力 $S$。

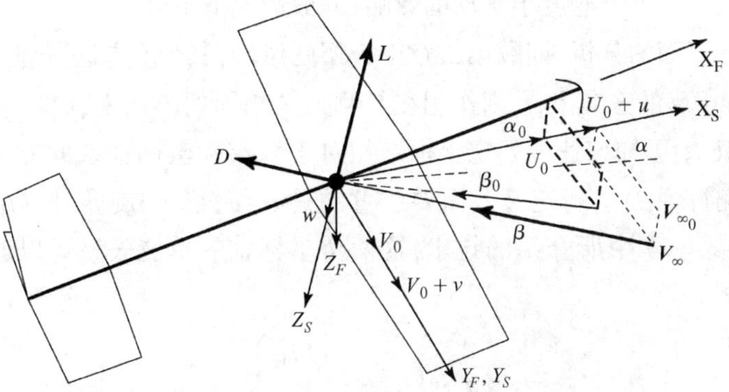


图 6.16 平移速度小扰动

前面介绍的稳定性坐标轴系中的分量 $\boldsymbol{V}_{\infty_0}$为

$$\boldsymbol{V}_{\infty_0} = U_0\boldsymbol{i}_S + V_0\boldsymbol{j}_S + W_0\boldsymbol{k}_S = U_0\boldsymbol{i}_S + V_0\boldsymbol{j}_S \tag{6.92}$$

根据稳定性坐标轴系的定义，$W_0$将始终为零。如果没有侧滑，$V_0$也将是零，那么

$$V_{\infty_0} = U_0 \tag{6.93}$$

此外，在同一轴系中的小扰动速度矢量 $\boldsymbol{V}_{\infty_0}$的分量定义为

$$\boldsymbol{V}_{\infty} = (U_0 + u)\boldsymbol{i}_S + (V_0 + v)\boldsymbol{j}_S + (W_0 + w)\boldsymbol{k}_S \tag{6.94}$$

在小扰动飞行条件下，飞行器的攻角为 $\alpha_0+\alpha$，而侧滑角为 $\beta_0+\beta$。

从图 6.16 可知，攻角 $\alpha$ 的小扰动可以用小扰动升降速度 $w$ 表示，即

$$\tan\alpha = \frac{w}{U_0 + u} \tag{6.95}$$

假设 $\alpha$ 足够小，并且 $u$ 比 $U_0$小，上式可以近似表示为

$$\alpha \approx \frac{w}{U_0} \tag{6.96}$$

同样地，侧滑角可用速度的横向分量表示，即

$$\tan(\beta_0 + \beta) = \frac{V_0 + v}{U_0 + u} \tag{6.97}$$

再次假设 $\beta_0+\beta$ 足够小，并且 $u$ 比 $U_0$小，可以得到

$$\beta_0 + \beta \approx \frac{V_0 + v}{U_0} \tag{6.98}$$

从而，基准和小扰动侧滑角可用横向速度表示：

$$\beta_0 \approx \frac{V_0}{U_0},\ \beta \approx \frac{v}{U_0} \tag{6.99}$$

自由流速度的小扰动大小将影响动压 $q_\infty$，从而影响气动力和力矩的大小。动压用基准速度和小扰动速度表示为

$$q_\infty = \frac{1}{2}\rho_\infty V_\infty^2 = \frac{1}{2}\rho_\infty\left((U_0+u)^2 + (V_0+v)^2 + (W_0+w)^2\right) \tag{6.100}$$

在自由流速度矢量方向上的小扰动，即小扰动 $\alpha$ 和 $\beta$ 将会同时影响升力、阻力和侧力的大小以及相对于稳定性坐标轴系的方向。回想一下，升力总是被定义为垂直作用于自由流速度矢量上并位于飞行器的 $XZ$ 面上（因而也位于 $X_SZ_S$ 面）。同样，阻力总是作用在自由流速度矢量上，侧力则与升力和阻力相互正交。虽然图 6.16 所示的升力和阻力看上去可能会作用在相同的方向 $L_0$ 和 $D_0$ 上，但由于速度小扰动的影响，一般情况下不会出现。

为了帮助进行下面的分析，回顾第二章中介绍的风轴，其带有单位矢量 $i_W$、$j_W$ 和 $k_W$。并且让 $i_W$ 作用在与 $\boldsymbol{V}_\infty$ 相反的方向上，$j_W$ 则作用在与侧力 $S$ 相同的方向上，$k_W$ 则在与升力 $L$ 相反的方向上。由图 6.16 中可知该速度固定坐标系相对于稳定性坐标轴系的方向可以通过小扰动攻角 $\alpha$ 和总侧滑角 $(\beta_0+\beta)$ 进行定义。需要注意的是 $\alpha$ 将绕 $j_s$ 轴旋转，而 $(\beta_0+\beta)$ 则绕 $k_W$ 轴旋转。因此，按照在第一章中所介绍的技术，这两个坐标轴的单位矢量可以通过方向余弦矩阵 $\boldsymbol{T}_{W,S}$ 进行关联，即

$$\begin{Bmatrix} \boldsymbol{i}_S \\ \boldsymbol{j}_S \\ \boldsymbol{k}_S \end{Bmatrix} = \boldsymbol{T}_{W,S} \begin{Bmatrix} \boldsymbol{i}_W \\ \boldsymbol{j}_W \\ \boldsymbol{k}_W \end{Bmatrix} \tag{6.101}$$

式中

$$\begin{aligned} \boldsymbol{T}_{W,S} &= \begin{bmatrix} \cos(\beta_0+\beta) & \sin(\beta_0+\beta) & 0 \\ -\sin(\beta_0+\beta) & \cos(\beta_0+\beta) & 0 \\ 0 & 0 & 1 \end{bmatrix} \begin{bmatrix} \cos\alpha & 0 & \sin\alpha \\ 0 & 1 & 0 \\ -\sin\alpha & 0 & \cos\alpha \end{bmatrix} \\ &= \begin{bmatrix} \cos\alpha\cos(\beta_0+\beta) & \sin(\beta_0+\beta) & \sin\alpha\cos(\beta_0+\beta) \\ -\cos\alpha\sin(\beta_0+\beta) & \cos(\beta_0+\beta) & -\sin\alpha\sin(\beta_0+\beta) \\ -\sin\alpha & 0 & \cos\alpha \end{bmatrix} \end{aligned} \tag{6.102}$$

现在，作用在飞行器上的总气动力矢量 $\boldsymbol{F}_\mathrm{A}$ 可以表示为

$$\boldsymbol{F}_\mathbf{A} = F_{A_X}\boldsymbol{i}_S + F_{A_Y}\boldsymbol{j}_S + F_{A_Z}\boldsymbol{k}_S = -D\boldsymbol{i}_W + \mathsf{S}\boldsymbol{j}_W - L\boldsymbol{k}_W \tag{6.103}$$

或

$$\begin{bmatrix} F_{A_X} & F_{A_Y} & F_{A_Z} \end{bmatrix} \begin{Bmatrix} \boldsymbol{i}_S \\ \boldsymbol{j}_S \\ \boldsymbol{k}_S \end{Bmatrix} = \begin{bmatrix} -D & S & -L \end{bmatrix} \begin{Bmatrix} \boldsymbol{i}_W \\ \boldsymbol{j}_W \\ \boldsymbol{k}_W \end{Bmatrix} \tag{6.104}$$

使用方程（6.101）可得到

$$\begin{bmatrix} F_{A_X} & F_{A_Y} & F_{A_Z} \end{bmatrix} \begin{Bmatrix} \boldsymbol{i}_S \\ \boldsymbol{j}_S \\ \boldsymbol{k}_S \end{Bmatrix} = \begin{bmatrix} -D & S & -L \end{bmatrix} \boldsymbol{T}_{W,S}^{\mathrm{T}} \begin{Bmatrix} \boldsymbol{i}_S \\ \boldsymbol{j}_S \\ \boldsymbol{k}_S \end{Bmatrix} \tag{6.105}$$

因此

$$\begin{Bmatrix} F_{A_X} \\ F_{A_Y} \\ F_{A_Z} \end{Bmatrix} = \boldsymbol{T}_{W,S} \begin{Bmatrix} -D \\ S \\ -L \end{Bmatrix} \tag{6.106}$$

并且，稳定性坐标轴系上的总气动力分力为

$$F_{A_X} = C_X q_\infty S = -D\cos\alpha\cos(\beta_0 + \beta) - S\cos\alpha\sin(\beta_0 + \beta) + L\sin\alpha$$
$$F_{A_Y} = C_Y q_\infty S = -D\sin(\beta_0 + \beta) + S\cos(\beta_0 + \beta) \tag{6.107}$$
$$F_{A_Z} = C_Z q_\infty S = -D\sin\alpha\cos(\beta_0 + \beta) - S\sin\alpha\sin(\beta_0 + \beta) - L\cos\alpha$$

总力为基准力加小扰动力之和。例如,对于总阻力,我们可以得到 $D=D_0+\delta D$。另外请注意,通过使用适当的方向余弦矩阵,可以通过上述类似的分析确定任何坐标系中的气动力分力。

方程组(6.107)也用系数的形式表达了这些力的分力,引入了系数 $C_X$、$C_Y$和 $C_Z$。以下的章节将更多用到方程组(6.107)。还应注意,把这些方程中的小扰动角 $\alpha$ 和 $\beta$ 同时设置为零,将得到方程组(6.87)中给出的力分力在基准条件下的结果。

平移速度的小扰动也可能会影响作用在飞行器上的推进力和力矩。回顾 6.3 节和图 6.14 中的草图,可知轴向速度小扰动导致的涡轮喷气发动机推力的变化为

$$\frac{\partial T}{\partial v_{\text{Axial}}} = \frac{1}{a}\frac{\partial T}{\partial M_\infty} \tag{6.108}$$

式中:$a$ 是来流的声速。我们还发现,轴向速度小扰动导致的定距螺旋桨装置的推力变化可以表示为

$$\frac{\partial T}{\partial v_{\text{Axial}}} = -K\frac{SHP\eta_P}{V_\infty^2} + K\frac{SHP}{V_\infty}\frac{\Delta\eta_P}{\Delta v_{\text{Axial}}} = -\frac{T}{V_\infty} + \frac{T}{\eta_P}\frac{\partial\eta_P}{\partial v_{\text{Axial}}} \tag{6.109}$$

式中:假设油门设定是固定的,因此轴功率保持恒定。最后,可发现轴向速度小扰动导致的变距螺旋桨装置的推力变化可以表示为

$$\frac{\partial T}{\partial v_{\text{Axial}}} = -T \tag{6.110}$$

考虑到横向速度 $\Delta v_{\text{Transverse}}$ 小扰动的影响,注意到可以将其用气流旋转角 $\alpha_P$ 表示:

$$\frac{\partial F_N}{\partial v_{\text{Transverse}}} = \frac{1}{v_{\text{Axial}}}\frac{\partial F_N}{\partial \alpha_P} \tag{6.111}$$

参考文献 4 中介绍了估算螺旋桨驱动设备该影响的方法。涡喷发动机横向速度变化导致法向力变化,可以表示为

$$\frac{\partial F_N}{\partial v_{\text{Transverse}}} = \frac{1}{V_\infty}\frac{\partial F_N}{\partial \alpha_P} = \frac{1}{V_\infty}\frac{\dot{m}_P^2}{\rho_\infty A_{\text{in}}} \tag{6.112}$$

其中,必须从发动机数据中获得质量流速。下面的章节将使用方程(6.108)~方程(6.112)。

### 6.6.1 纵移速度小扰动($u$)

纵移速度小扰动 $u$ 将影响动压 $q_\infty$ 以及飞行马赫数 $M_\infty$,而这两者都将影响气动力和力矩。

由方程组(6.107)可得到

$$\begin{cases} F_{A_X} = C_X q_\infty S \\ F_{A_Y} = C_Y q_\infty S \\ F_{A_Z} = C_Z q_\infty S \end{cases} \tag{6.113}$$

式中

$$\begin{cases} C_X = -C_D\cos\alpha\cos(\beta_0+\beta) - C_S\cos\alpha\sin(\beta_0+\beta) + C_L\sin\alpha \\ C_Y = -C_D\sin(\beta_0+\beta) + C_S\cos(\beta_0+\beta) \\ C_Z = -C_D\sin\alpha\cos(\beta_0+\beta) - C_S\sin\alpha\sin(\beta_0+\beta) - C_L\cos\alpha \end{cases} \tag{6.114}$$

现在,将纵移小扰动对这三个分力的影响用偏导数 $\partial F_{A.}/\partial u$ 进行量化,并在基准条件下进行求值。那么,可以得到

$$\frac{\partial F_{A\bullet}}{\partial u}\Big|_0 = \left(\frac{\partial C_\bullet}{\partial u}q_\infty S_W + C_\bullet S_W\frac{\partial q_\infty}{\partial u}\right)\Big|_0, \bullet = X, Y\text{或}Z \tag{6.115}$$

由方程(6.100)可以得到

$$\frac{\partial q_\infty}{\partial u}\Big|_0 = \rho_\infty(U_0+u)\big|_0 = \rho_\infty U_0 \tag{6.116}$$

注意,也可以将 $\partial C./\partial u$,即纵移速度对三个力系数的影响,用马赫数 $M_\infty$ 对这些系数的影响表示。也就是说,可以列出下式:

$$\frac{\partial C_\bullet}{\partial u} = \frac{1}{a}\frac{\partial C_\bullet}{\partial\left(\frac{u}{a}\right)} = \frac{1}{a}\frac{\partial C_\bullet}{\partial m_\infty} = \frac{1}{a}\frac{\partial C_\bullet}{\partial M_\infty}, \bullet = X, Y\text{或}Z \tag{6.117}$$

式中:$a$ 是在空气中的声速;$m_\infty$ 为纵移速度小扰动导致的马赫数小扰动。上述等式中的最后一个等式说明了导数通过变量的无穷小变化进行定义。

以下分析证明将 $u/a$ 解释为方程(6.117)中的小扰动马赫数 $m_\infty$ 是有道理的。首先,将马赫数用其参照值与小扰动表示,即

$$M_\infty = M_{\infty_0} + m_\infty$$

然后,用泰勒级数展开,可以将小扰动马赫数表示为

$$m_\infty = \frac{\partial M_\infty}{\partial u}\Big|_0 u + \frac{\partial M_\infty}{\partial v}\Big|_0 v + \frac{\partial M_\infty}{\partial w}\Big|_0 w$$

式中,马赫数定义为

$$M_\infty \triangleq \frac{V_\infty}{a} = \frac{1}{a}\sqrt{(U_0+u)^2+(V_0+v)^2+(W_0+w)^2} \tag{6.118}$$

因此,可得出纵移速度小扰动导致的马赫数小扰动为

$$\frac{\partial M_\infty}{\partial u}\Big|_0 u = \left(\frac{1}{a}\frac{U_0+u}{V_\infty}\right)\Big|_0 u = \frac{1}{a}\frac{U_0}{V_\infty}u \approx \frac{u}{a} \tag{6.119}$$

从而证明了原来的推断。还应注意的是,通过类似分析可得出

$$\frac{\partial M_\infty}{\partial v}\Big|_0 v \approx \beta_0\frac{v}{a} \tag{6.120}$$

且

$$\frac{\partial M_\infty}{\partial w}\Big|_0 w = 0$$

因为 $W_0$ 在稳定性坐标轴系中始终为零。

因此,可得出纵移速度小扰动对气动力分力的影响为

$$\begin{aligned} \frac{\partial F_{A\bullet}}{\partial u}\Big|_0 &= \left(\frac{1}{a}\frac{\partial C_\bullet}{\partial M_\infty}q_\infty S_W + C_\bullet S_W\rho_\infty(U_0+u)\right)\Big|_0 \\ &= C_{\bullet_u}q_\infty S_W + C_{\bullet_0}S_W\rho_\infty U_0, \bullet = X, Y\text{或}Z \end{aligned} \tag{6.121}$$

如果$\beta_0$等于零，则$V_0$也等于零，则该表达式简化为

$$\frac{\partial F_{A\bullet}}{\partial u}\Big|_0 = \left(\frac{1}{a}\frac{\partial C_\bullet}{\partial M_\infty}\Big|_0 + \frac{2C_{\bullet_0}}{U_0}\right)q_\infty S_W = \left(C_{\bullet_u} + \frac{2C_{\bullet_0}}{U_0}\right)q_\infty S_W,\ \bullet = X, Y \text{或} Z \tag{6.122}$$

为了计算方程(6.121)，可以再次回顾方程(6.114)，由此可得出

$$\begin{aligned} C_{X_0} &= -C_{D_0}\cos\beta_0 - C_{S_0}\sin\beta_0 \\ C_{Y_0} &= -C_{D_0}\sin\beta_0 + C_{S_0}\cos\beta_0 \\ C_{Z_0} &= -C_{L_0} \end{aligned} \tag{6.123}$$

以及

$$\begin{aligned} \frac{\partial C_X}{\partial M_\infty}\Big|_0 &= -C_{D_{M_\infty}}\cos\beta_0 - C_{S_{M_\infty}}\sin\beta_0 \\ \frac{\partial C_Y}{\partial M_\infty}\Big|_0 &= -C_{D_{M_\infty}}\sin\beta_0 + C_{S_{M_\infty}}\cos\beta_0 \\ \frac{\partial C_Z}{\partial M_\infty}\Big|_0 &= -C_{L_{M_\infty}} \end{aligned} \tag{6.124}$$

式中

$$C_{\bullet_{M_\infty}} \triangleq \frac{\partial C_\bullet}{\partial M_\infty}\Big|_0 = a\frac{\partial C_\bullet}{\partial U}\Big|_0 \triangleq aC_{\bullet_u},\ C_\bullet = C_L, C_D, C_S, C_X, C_Y \text{或} C_Z \tag{6.125}$$

注意，所有这些偏导数均在基准条件下进行计算，其中小扰动$\alpha$和$\beta$为零。因此，方程(6.121)~方程(6.125)量化了纵移速度小扰动($u$)对气动力的影响。

值得一提的是，由于纵移速度对力系数的影响与声速$a$成反比，除非马赫数对升力、阻力或侧力系数的影响较大，否则这种影响会较小。但实际上，马赫数的影响在跨声速范围内可能会相当大，特别是在有阻力的情况下。图6.17中草图所示为马赫数对飞行器阻力系数的定性影响。很显然，当基准马赫数$M_{\infty_0}$接近1时，$C_{D_{M_\infty}}$的幅值较大，同时，如果基准马赫数只是稍微变化，$C_{D_{M_\infty}}$的符号也可迅速变化。

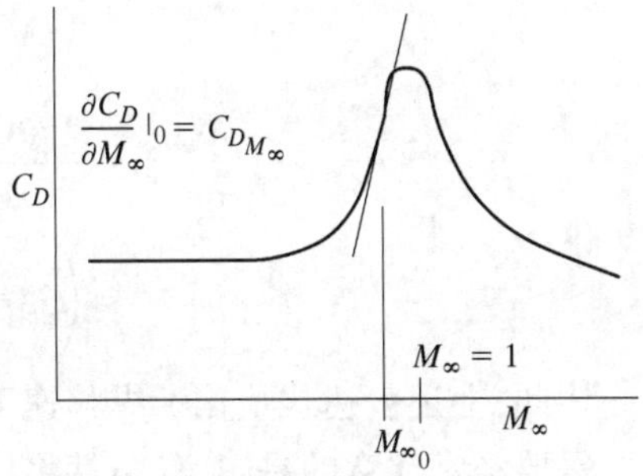


图6.17　马赫数对飞行器阻力系数的定性影响

在理想的情况下，风洞数据可以用来计算马赫数对升力、阻力与侧力系数的影响。但是，如果此类数据不可用，则可以使用第五章中的普朗特-格劳厄特可压缩因子对马赫数的影响进行简单估算。该因子反映了压缩性对二维翼型上压力分布的影响。将这一因子应用到飞行器升力系数上，可以表示为

$$C_L = \frac{C_L|_{M_\infty=0}}{\sqrt{1-M_\infty^2}},\ M_\infty < 1 \tag{6.126}$$

因此，对于亚声速自由流速度，可以得到

$$\frac{\partial C_L}{\partial M_\infty}\Big|_0 = \frac{M_{\infty_0}}{1-M_{\infty_0}^2}C_{L_0} \tag{6.127}$$

式中：$C_{L_0}$为飞行器升力系数的参照值。对于飞行器的阻力和侧力系数而言，同样可以使用(适用于亚声速)

$$\frac{\partial C_S}{\partial M_\infty}|_0 = \frac{M_{\infty_0}}{1-M_{\infty_0}^2}C_{S_0}\ ,\ \frac{\partial C_D}{\partial M_\infty}|_0 = \frac{M_{\infty_0}}{1-M_{\infty_0}^2}C_{D_0} \tag{6.128}$$

现在,应该注意小扰动纵移速度对作用在飞行器上的气动力矩的影响。总气动力矩 $\boldsymbol{M}_{\mathrm{A}}$ 在稳定性坐标轴系上的分量可以通过方程(6.88)定义,即

$$\boldsymbol{M}_A = L_A\boldsymbol{i}_S + M_A\boldsymbol{j}_S + N_A\boldsymbol{k}_S$$

用无量纲系数表示,可以得到

$$\begin{cases} L_A = C_{L_{\mathrm{Roll}}}q_\infty S_W b_W \\ M_A = C_M q_\infty S_W \bar{c}_W \\ N_A = C_N q_\infty S_W b_W \end{cases} \tag{6.129}$$

纵移速度小扰动 $u$ 对这些力矩的影响通过偏导数量化为

$$\frac{\partial L_A}{\partial u}|_0, \frac{\partial M_A}{\partial u}|_0, \frac{\partial N_A}{\partial u}|_0$$

所有系数都在基准飞行条件下求值。就像气动力的情况一样,纵移速度小扰动 $u$ 对动压的影响以及马赫数对无量纲力矩系数的影响将导致纵移速度小扰动 $u$ 对力矩产生影响。因此,根据先前处理气动力的方法,可得出

$$\begin{aligned} \frac{\partial L_A}{\partial u}|_0 &= \frac{1}{a}\frac{\partial C_{L_{\mathrm{Roll}}}}{\partial M_\infty}|_0\, q_\infty S_W b_W + C_{L\mathrm{roll}_0} S_W b_W \rho_\infty U_0 \\ &\triangleq \left(C_{L\mathrm{roll}_u} + \frac{2C_{L\mathrm{roll}_0}}{U_0}\right) q_\infty S_W b_W \approx 0 \\ \frac{\partial M_A}{\partial u}|_0 &= \frac{1}{a}\frac{\partial C_M}{\partial M_\infty}|_0\, q_\infty S_W \bar{c}_W + C_{M_0} S_W \bar{c}_W \rho_\infty U_0 \\ &\triangleq \left(C_{M_u} + \frac{2C_{M_0}}{U_0}\right) q_\infty S_W \bar{c}_W \\ \frac{\partial N_A}{\partial u}|_0 &= \frac{1}{a}\frac{\partial C_N}{\partial M_\infty}|_0\, q_\infty S_W b_W + C_{N_0} S_W b_W \rho_\infty U_0 \\ &\triangleq \left(C_{N_u} + \frac{2C_{N_0}}{U_0}\right) q_\infty S_W b_W \approx 0 \end{aligned} \tag{6.130}$$

因此,上述表达式量化了纵移速度小扰动 $u$ 对作用在飞行器上气动力矩的影响。

需要经常注意的是,基准条件将导致滚转、俯仰和偏航力矩系数的参照值等于零。在这种情况下,方程组(6.130)右侧括号中的第二项将变成零。另外,由于纵移速度 $u$ 对力矩系数的影响(方程组(6.130)右侧括号中的第一项)与声速 $a$ 成反比,除非力矩系数对于马赫数非常敏感,否则此类第一项将很小。当基准飞行速度位于跨声速范围内,将可能出现这种情况。发生这种情况的原因是升力面气动力中心位置的移动,从而导致飞行器气动力中心位置的移动。如第五章中所讨论,当自由流速度从亚声速增加到超声速时,翼型的气动力中心从1/4弦附近移动到1/2弦附近。从而导致在跨声速范围内难以估算俯仰力矩随马赫数的变化,即 $C_{M_{M_\infty}}$ 将会非常大,并且既可为正亦可为负。当出现较大的负值时,由于飞行器可能向下俯,被称为马赫下俯条件。

现在,应该注意纵移速度小扰动对推进力和力矩的影响。与方程组(6.2)一致,推进力矢

量在稳定性坐标轴系上的分量可以通过下式定义：

$$\boldsymbol{F}_P = F_{P_X}\boldsymbol{i}_S + F_{P_Y}\boldsymbol{j}_S + F_{P_Z}\boldsymbol{k}_S \tag{6.131}$$

而且，与气动力一致，我们可以使用此处定义的无量纲力系数表示这些力。

$$\begin{cases} F_{P_X} = C_{P_X} q_\infty S_W \\ F_{P_Y} = C_{P_Y} q_\infty S_W \\ F_{P_Z} = C_{P_Z} q_\infty S_W \end{cases} \tag{6.132}$$

与方程(6.115)和方程(6.116)一致，纵移速度对这些推进力的影响可以表示为

$$\begin{aligned} \frac{\partial F_{P\bullet}}{\partial u}\Big|_0 &= \left(\frac{\partial C_{P\bullet}}{\partial u} q_\infty S_W + C_{P\bullet} S_W \rho_\infty U\right)\Big|_0 \\ &\triangleq \left(C_{P\bullet_u} + \frac{2C_{P\bullet_0}}{U_0}\right) q_\infty S_W, \bullet = X, Y \text{ 或 } Z \end{aligned} \tag{6.133}$$

现在，参照图 6.13，并注意假定推力关于飞行器的 $XZ$ 面对称，我们可以将总推进力的分力（方程(6.131)用其参照值和纵移速度小扰动 $u$、推进力 $\delta T$ 和发动机上的法向力 $\delta F_N$ 表示，即

$$\begin{cases} F_{P_X} = F_{P_{X_0}} + C_{P_{X_0}} S_W \dfrac{\partial q_\infty}{\partial u}\Big|_0 u + \delta T\cos(\phi_T + \alpha_0) - \delta F_N \sin(\phi_T + \alpha_0) \\ F_{P_Y} = 0 \\ F_{P_Z} = F_{P_{Z_0}} + C_{P_{Z_0}} S_W \dfrac{\partial q_\infty}{\partial u}\Big|_0 u - \delta T\sin(\phi_T + \alpha_0) - \delta F_N \cos(\phi_T + \alpha_0) \end{cases} \tag{6.134}$$

注意，由于要考虑纵移速度小扰动，任何推进法向力 $F_N$ 将位于飞行器的 $XZ$ 面上，因此，侧力 $F_{P_Y}$ 将保持为零。

方程组(6.134)中的力小扰动 $\delta T$ 和 $\delta F_N$ 可以表示为

$$\begin{cases} \delta T = \dfrac{\partial T}{\partial u} u = \dfrac{\partial T}{\partial v_{\text{Axial}}} \dfrac{\partial v_{\text{Axial}}}{\partial u} u \\ \delta F_N = \dfrac{\partial F_N}{\partial u} u = \dfrac{\partial F_N}{\partial v_{\text{Transverse}}} \dfrac{\partial v_{\text{Transverse}}}{\partial u} u \end{cases} \tag{6.135}$$

为了确定上述方程中的推力及法向力的偏导数，可以参考先前讨论的轴向和横向流速变动对推进装置相关的推力及法向力的影响。然后，必须处理气流的几何形状，纵移小扰动导致的轴向和横向流小扰动的方向。

根据图 6.14 和图 6.16，可以列出以下表达式：

$$\begin{cases} \Delta v_{\text{Axial}} = u\cos(\phi_T + \alpha_0) \\ \Delta v_{\text{Transverse}} = u\sin(\phi_T + \alpha_0) \end{cases} \tag{6.136}$$

因此

$$\begin{cases} \delta T = \dfrac{\partial T}{\partial v_{\text{Axial}}} \cos(\phi_T + \alpha_0) u \\ \delta F_N = \dfrac{\partial F_N}{\partial v_{\text{Transverse}}} \sin(\phi_T + \alpha_0) u \end{cases} \tag{6.137}$$

因此，推进力分力对纵移速度的偏导数为

$$
\begin{aligned}
\frac{\partial F_{P_X}}{\partial u}\bigg|_0 &= C_{P_{X_0}}\rho_\infty U_0 S_W + \frac{\partial T}{\partial v_{\text{Axial}}}\bigg|_0 \cos^2(\phi_T+\alpha_0) \\
&\quad - \frac{\partial F_N}{\partial v_{\text{Transverse}}}\bigg|_0 \sin^2(\phi_T+\alpha_0) \\
\frac{\partial F_{P_Y}}{\partial u}\bigg|_0 &= 0 \\
\frac{\partial F_{P_Z}}{\partial u}\bigg|_0 &= C_{P_{Z_0}}\rho_\infty U_0 S_W - \frac{\partial T}{\partial v_{\text{Axial}}}\bigg|_0 \cos(\phi_T+\alpha_0)\sin(\phi_T+\alpha_0) \\
&\quad - \frac{\partial F_N}{\partial v_{\text{Transverse}}}\bigg|_0 \sin(\phi_T+\alpha_0)\cos(\phi_T+\alpha_0)
\end{aligned} \tag{6.138}
$$

通常情况下,角($\phi_T+\alpha_0$)非常小且上述方程可以相应地进行简化。

根据飞行器上安装的推进系统的类型,上述表达式中的推力和法向力的偏导数可以使用方程(6.108)~方程(6.112)进行计算。此外,通过比较方程组(6.133)与方程组(6.138),并假设角($\phi_T+\alpha_0$)足够小,关于各系数,可以得到

$$
\begin{aligned}
C_{P_{X_u}} &= \frac{1}{q_\infty S_W}\frac{\partial T}{\partial v_{\text{Axial}}}\bigg|_0 \\
C_{P_{Y_u}} &= 0 \\
C_{P_{Z_u}} &= -\frac{1}{q_\infty S_W}\left(\frac{\partial T}{\partial v_{\text{Axial}}}\bigg|_0 + \frac{\partial F_N}{\partial v_{\text{Transverse}}}\bigg|_0\right)(\phi_T+\alpha_0)
\end{aligned} \tag{6.139}
$$

如果发动机安装在飞行器的前部或后部,速度小扰动导致的推进俯仰力矩的变化将非常重要。如果推力和推进法向力关于飞行器的 $XZ$ 面对称且在此假定发动机安装的几何形状,则推进滚转与偏航力矩的变化可以忽略不计。

为了解决俯仰力矩,根据方程组(6.134)和图 6.13,将推进力矩 $M_P$ 表示为

$$
\begin{aligned}
M_P &= M_{P_0} + C_{P_{M_0}} S_W \bar{c}_W \frac{\partial q_\infty}{\partial u}\bigg|_0 u + \delta T(d_T\cos\phi_T - x_T\sin\phi_T) \\
&\quad - \delta F_N(x_T\cos\phi_T + d_T\sin\phi_T) \\
&= C_{P_M} q_\infty S_W \bar{c}_W
\end{aligned} \tag{6.140}
$$

因此,与方程组(6.130)一致,可以将纵移速度小扰动对推进俯仰力矩的影响表示为

$$
\frac{\partial M_P}{\partial u}\bigg|_0 = \frac{1}{a}\frac{\partial C_{P_M}}{\partial M_\infty}\bigg|_0 q_\infty S_W \bar{c}_W + C_{P_{M_0}} S_W \bar{c}_W \rho_\infty U_0 \triangleq \left(C_{P_{M_u}} + \frac{2C_{P_{M_0}}}{U_0}\right) q_\infty S_W \bar{c}_W \tag{6.141}
$$

再次,所有零下标表示相应参数的参照值。

根据上述方法分析小扰动推进力,可知纵移速度小扰动对推进俯仰力矩的影响也可以表示为

$$
\begin{aligned}
\frac{\partial M_P}{\partial u}\bigg|_0 &= C_{P_{M_0}} S_W \bar{c}_W \frac{\partial q_\infty}{\partial u}\bigg|_0 + (d_T\cos\phi_T - x_T\sin\phi_T)\frac{\partial T}{\partial u}\bigg|_0 \\
&\quad - (x_T\cos\phi_T + d_T\sin\phi_T)\frac{\partial F_N}{\partial u}\bigg|_0 \\
&= C_{P_{M_0}} S_W \bar{c}_W \rho_\infty U_0 + (d_T\cos\phi_T - x_T\sin\phi_T)\frac{\partial T}{\partial v_{\text{Axial}}}\bigg|_0 \cos(\phi_T+\alpha_0) \\
&\quad - (x_T\cos\phi_T + d_T\sin\phi_T)\frac{\partial F_N}{\partial v_{\text{Transverse}}}\bigg|_0 \sin(\phi_T+\alpha_0)
\end{aligned} \tag{6.142}
$$

通常情况下，角$(\phi_T+\alpha_0)$很小，而且推进俯仰力矩系数的参照值也很小或为零。因此，方程(6.142)通常可以进行极大的简化。同样，根据飞行器上安装的推进系统的类型，方程(6.142)中推力和法向力的偏导数可以使用方程(6.108)~方程(6.112)进行计算。通过比较方程(6.141)和方程(6.142)，并假设$\phi_T$和$(\phi_T+\alpha_0)$足够小，可知关于推进力矩系数，可以得到

$$C_{P_{M_u}}=\frac{1}{q_\infty S_W \bar{c}_W}\left((d_T-x_T\phi_T)\frac{\partial T}{\partial v_{\text{Axial}}}|_0-(x_T+d_T\phi_T)\frac{\partial F_N}{\partial v_{\text{Transverse}}}|_0(\phi_T+\alpha_0)\right)\quad(6.143)$$

## 例 6.5　纵移速度小扰动对力和力矩的影响

再次考虑在例6.1~例6.4中所述的飞行器。确定纵移速度小扰动作用在飞行器上的气动力与力矩和推进力与力矩的影响。与前述示例相同，假设飞行马赫数$M_\infty=0.2$。

**解**

根据方程组(6.121)，且没有侧滑，可以得到

$$\frac{\partial F_{A\bullet}}{\partial u}|_0=\left(\frac{1}{a}\frac{\partial C_\bullet}{\partial M_\infty}|_0+\frac{2C_{\bullet_0}}{U_0}\right)q_\infty S_W=\left(C_{\bullet_u}+\frac{2C_{\bullet_0}}{U_0}\right)q_\infty S_W,\ \bullet=X,Y\text{或}Z$$

根据例6.4和方程组(6.123)，可知力系数的参照值为

$$C_{X_0}=-C_{D_0}=-\frac{T_0}{q_\infty S_W},\ C_{Y_0}=C_{S_0}=0,\ \text{且}\ C_{Z_0}=-C_{L_0}=\frac{-mg+T_0\sin 2^\circ}{q_\infty S_W}$$

根据方程组(6.124)，且没有侧滑角，可以得到

$$\frac{\partial C_X}{\partial M_\infty}|_0=-C_{D_{M_\infty}}\cos\beta_0-C_{S_{M_\infty}}\sin\beta_0=-C_{D_{M_\infty}}$$

$$\frac{\partial C_Y}{\partial M_\infty}|_0=-C_{D_{M_\infty}}\sin\beta_0+C_{S_{M_\infty}}\cos\beta_0=C_{S_{M_\infty}}\approx 0$$

$$\frac{\partial C_Z}{\partial M_\infty}|_0=-C_{L_{M_\infty}}$$

但是，根据方程(6.127)和方程(6.128)，可以得到

$$\frac{\partial C_L}{\partial M_\infty}|_0\triangleq C_{L_{M_\infty}}=\frac{\mathrm{M}_{\infty_0}}{1-\mathrm{M}_{\infty_0}^2}C_{L_0}=\frac{0.2}{1-0.2^2}C_{L_0}=0.21C_{L_0}$$

$$\frac{\partial C_D}{\partial M_\infty}|_0\triangleq C_{D_{M_\infty}}=\frac{\mathrm{M}_{\infty_0}}{1-\mathrm{M}_{\infty_0}^2}C_{D_0}=\frac{0.2}{1-0.2^2}C_{D_0}=0.21C_{D_0}$$

因此，当$U_0=0.2a$时，纵移速度小扰动对气动力的影响由下式确定：

$$\frac{\partial F_{A_X}}{\partial u}|_0=\left(\frac{1}{a}\frac{\partial C_X}{\partial M_\infty}|_0+\frac{2C_{X_0}}{U_0}\right)q_\infty S_W=-\frac{1}{a}(0.21+10)C_{D_0}q_\infty S_W=-\frac{10.21}{a}C_{D_0}q_\infty S_W$$

$$\frac{\partial F_{A_Y}}{\partial u}|_0=\left(\frac{1}{a}\frac{\partial C_Y}{\partial M_\infty}|_0+\frac{2C_{Y_0}}{U_0}\right)q_\infty S_W=0$$

$$\frac{\partial F_{A_Z}}{\partial u}|_0=\left(\frac{1}{a}\frac{\partial C_Z}{\partial M_\infty}|_0+\frac{2C_{Z_0}}{U_0}\right)q_\infty S_W=-\frac{10.21}{a}C_{L_0}q_\infty S_W$$

式中：$C_{L_0}$和$C_{D_0}$确定为例6.4中推力和重量的函数。

关于对气动力矩的影响，方程组(6.130)表述为

$$\frac{\partial M_A}{\partial u}|_0 = \frac{1}{a}\frac{\partial C_M}{\partial M_\infty}|_0\, q_\infty S_W \bar{c}_W + C_{M_0} S_W \bar{c}_W \rho_\infty U_0 = \left(C_{M_u} + \frac{2C_{M_0}}{U_0}\right) q_\infty S_W \bar{c}_W$$

且

$$\frac{\partial L_A}{\partial u}|_0 \approx 0 \text{ 且 } \frac{\partial N_A}{\partial u}|_0 \approx 0$$

此外，由于飞行马赫数为0.2，很可能远低于升力面的临界马赫数，则预计气动力中心稍稍移动或没有移动。因此

$$C_{M_{M_\infty}} \approx 0$$

因此，可以将纵移速度小扰动对气动俯仰力矩的影响表示为

$$\frac{\partial M_A}{\partial u}|_0 = \frac{10}{a} C_{M_0} q_\infty S_W \bar{c}_W = 0$$

式中：$C_{M_0}$在例6.4中已求得为零。

纵移速度小扰动对推进力的影响由方程(6.138)给定，或包括更重要的项，可以得到

$$\frac{\partial F_{P_X}}{\partial u}|_0 = \frac{\partial T}{\partial v_{\text{Axial}}}|_0$$

$$\frac{\partial F_{P_Y}}{\partial u}|_0 = 0 \quad \text{且} \quad \frac{\partial F_{P_Z}}{\partial u}|_0 \approx 0$$

但是，根据方程(6.108)，可以得到

$$\frac{\partial T}{\partial v_{\text{Axial}}}|_0 = \frac{1}{a}\frac{\partial T}{\partial M_\infty}|_0$$

其中，发动机推力相对于飞行马赫数的变化，将根据发动机试验数据进行计算。

最后，纵移速度小扰动对推进俯仰力矩的影响由方程(6.141)表示为

$$\frac{\partial M_P}{\partial u}|_0 = \left(C_{P_{M_u}} + \frac{2C_{P_{M_0}}}{U_0}\right) q_\infty S_W \bar{c}_W$$

而对推进滚转和偏航力矩的影响可以忽略不计。根据方程(6.143)，可以得到

$$C_{P_{M_u}} = \frac{1}{q_\infty S_W \bar{c}_W}\left((d_T - x_T\phi_T)\frac{\partial T}{\partial v_{\text{Axial}}}|_0 - (x_T + d_T\phi_T)\frac{\partial F_N}{\partial v_{\text{Transverse}}}|_0 (\phi_T + \alpha_0)\right)$$

当$\phi_T = d_T = 0$，$\alpha_0 = 2\text{deg}$，并且$x_T = 2\bar{c}_W$，其可以简化为

$$C_{P_{M_u}} = \frac{-2}{q_\infty S_W}\left(\frac{\partial F_N}{\partial v_{\text{Transverse}}}|_0 (2/57.3)\right)$$

由例6.4可知$C_{P_{M_0}} = 0$，纵移速度对推进俯仰力矩的影响由下式确定：

$$\frac{\partial M_P}{\partial u}|_0 = -2\bar{c}\frac{\partial F_N}{\partial v_{\text{Transverse}}}|_0 (2/57.3)$$

### 6.6.2 升降速度小扰动($w$)

升降速度小扰动$w$对气动力与力矩及推进力与力矩的影响由飞行器小扰动攻角$\alpha$的伴随变化产生(见方程(6.96))。

与前述纵移速度$u$的分析一致，将升沉速度小扰动对气动力的影响量化为偏导数$\partial F_A/\partial w$，并在基准飞行条件下进行计算。根据方程(6.96)，可将小扰动攻角表示为

$$\alpha \approx \frac{w}{U_0}$$

根据方程组(6.113),可将气动力分力表示为

$$F_{A_X} = C_X q_\infty S$$

$$F_{A_Y} = C_Y q_\infty S$$

$$F_{A_Z} = C_Z q_\infty S$$

此时,根据方程组(6.114),可将稳定性坐标轴系中的力系数表示为

$$C_X = -C_D \cos\alpha \cos(\beta_0 + \beta) - C_S \cos\alpha \sin(\beta_0 + \beta) + C_L \sin\alpha$$

$$C_Y = -C_D \sin(\beta_0 + \beta) + C_S \cos(\beta_0 + \beta)$$

$$C_Z = -C_D \sin\alpha \cos(\beta_0 + \beta) - C_S \sin\alpha \sin(\beta_0 + \beta) - C_L \cos\alpha$$

因此,对于方程组(6.13)中的三个分量而言,可将升降小扰动的影响表示为

$$\frac{\partial F_{A\bullet}}{\partial w}\Big|_0 = \frac{\partial C_\bullet}{\partial w}\Big|_0 q_\infty S_W + C_{\bullet_0} S_W \frac{\partial q_\infty}{\partial w}\Big|_0, \bullet = X, Y \text{或} Z \tag{6.144}$$

根据方程(6.100),得出

$$\frac{\partial q}{\partial w}\Big|_0 = \rho_\infty (W_0 + w)\Big|_0 = 0 \tag{6.145}$$

该结果符合以下事实:稳定性坐标轴系中 $W_0 = 0$,且在基准条件下所有小扰动消失。因此,方程(6.144)简化为

$$\frac{\partial F_{A\bullet}}{\partial w}\Big|_0 = \frac{\partial C_\bullet}{\partial w}\Big|_0 q_\infty S_W = C_{\bullet_w} q_\infty S_W = \frac{1}{U_0} C_{\bullet_\alpha} q_\infty S_W, \bullet = X, Y \text{或} Z \tag{6.146}$$

此时,根据方程(6.114),可得出

$$\begin{aligned}
\frac{\partial C_X}{\partial \alpha}\Big|_0 &= -\frac{\partial C_D}{\partial \alpha}\Big|_0 \cos\beta_0 + C_L\Big|_0 = -C_{D_\alpha} \cos\beta_0 + C_{L_0} \\
\frac{\partial C_Y}{\partial \alpha}\Big|_0 &= -\frac{\partial C_D}{\partial \alpha}\Big|_0 \sin\beta_0 = -C_{D_\alpha} \sin\beta_0 \\
\frac{\partial C_Z}{\partial \alpha}\Big|_0 &= -\frac{\partial C_L}{\partial \alpha}\Big|_0 - C_D\Big|_0 \cos\beta_0 = -C_{L_\alpha} - C_{D_0} \cos\beta_0
\end{aligned} \tag{6.147}$$

此处应注意,假定 $\partial C_S / \partial \alpha = 0$。因此方程组(6.146)~(6.147)将量化升降速度小扰动对稳定性坐标轴系中气动力分力的影响。可使用方程(6.18)和方程(6.31)分别对 $C_{L_\alpha}$ 和 $C_{D_\alpha}$ 进行计算。

采用类似的方法,将升降速度小扰动对作用于飞行器上的气动力矩的影响进行量化。气动力矩 $\boldsymbol{M}_A$ 的分量再次由方程(6.88)定义,即

$$\boldsymbol{M}_A = L_A \boldsymbol{i}_S + M_A \boldsymbol{j}_S + N_A \boldsymbol{k}_S$$

根据无量纲系数,由方程(6.129)得出

$$L_A = C_{L_{\text{Roll}}} q_\infty S_W b_W$$

$$M_A = C_M q_\infty S_W \bar{c}_W$$

$$N_A = C_N q_\infty S_W b_W$$

升降速度小扰动 $w$ 对气动力矩的影响量化为在基准飞行条件下计算的偏导数。

$$\frac{\partial L_A}{\partial w}\Big|_0, \frac{\partial M_A}{\partial w}\Big|_0, \frac{\partial N_A}{\partial w}\Big|_0$$

正如有关气动力的情况所示,升降速度小扰动 $w$ 对力矩的影响因攻角 $\alpha$ 的变化而产生。

一般而言,由于飞行器关于 $XZ$ 面对称,且飞行器攻角的变化对其滚转或偏航力矩的影响甚微。因此,可着重计算攻角对俯仰力矩的影响。根据俯仰力矩系数,可将升沉速度小扰动对俯仰力矩的影响表示为

$$\frac{\partial M_A}{\partial w}\Big|_0=\frac{1}{U_0}\frac{\partial M_A}{\partial \alpha}\Big|_0=\frac{1}{U_0}C_{M_\alpha}q_\infty S_W\bar{c}_W \tag{6.148}$$

此时,可使用方程(6.56)计算飞行器攻角俯仰力矩有效度 $C_{M_\alpha}$。

现在重点讨论升降速度小扰动对推进力与力矩的影响。回顾可知总推进力可用方程(6.131)所示的稳定性坐标轴系中的分力表示。参照图6.13,注意假设推力关于飞行器的 $XZ$ 面对称,将总推进力分力用其参照值及推力小扰动 $\delta T$ 与发动机上的法向力小扰动 $\delta F_N$ 表示。或者根据方程(6.134),得出

$$\begin{cases}F_{P_X}=F_{P_{X_0}}+\delta T\cos(\phi_T+\alpha_0)-\delta F_N\sin(\phi_T+\alpha_0)\\ F_{P_Y}=0\\ F_{P_Z}=F_{P_{X_0}}-\delta T\sin(\phi_T+\alpha_0)-\delta F_N\cos(\phi_T+\alpha_0)\end{cases} \tag{6.149}$$

注意,由于现在只考虑升降速度小扰动,且任何推进法向力 $F_N$ 也位于 $XZ$ 面内;因此侧力 $F_{P_T}$ 仍然为零。根据方程(6.146),将升降速度对上述分力的影响表示为

$$\frac{\partial F_{P\cdot}}{\partial w}\Big|_0=\frac{\partial C_{P\cdot}}{\partial w}\Big|_0 q_\infty S_W=C_{P\cdot_w}q_\infty S_W=\frac{1}{U_0}C_{P\cdot_\alpha}q_\infty S_W,\ \bullet=X,Y\text{或}Z \tag{6.150}$$

方程(6.149)中的力小扰动 $\delta T$ 和 $\delta F_N$ 可表示为

$$\begin{cases}\delta T=\dfrac{\partial T}{\partial w}w=\dfrac{\partial T}{\partial v_{\text{Axial}}}\dfrac{\partial v_{\text{Axial}}}{\partial w}w\\ \delta F_N=\dfrac{\partial F_N}{\partial w}w=\dfrac{\partial F_N}{\partial v_{\text{Transverse}}}\dfrac{\partial v_{\text{Transverse}}}{\partial w}w\end{cases} \tag{6.151}$$

为了处理方程(6.151)中的推力与法向力的偏导数,可参照方程(6.108)~方程(6.112)。此时,只需考虑气流的几何形状,即基于升降速度小扰动的轴向与横向气流的方向。

根据图6.14和图6.16,加上发动机进气道或传动轴上的机翼上洗流或下洗流对局部升降速度的影响,得出

$$\begin{cases}\Delta v_{\text{Axial}}=-w_{\text{inlet}}\sin(\phi_T+\alpha_0)=-w\left(1\pm\dfrac{d\varepsilon_{\text{inlet}}}{d\alpha_W}\right)\sin(\phi_T+\alpha_0)\\ \Delta v_{\text{Transverse}}=w_{\text{inlet}}\cos(\phi_T+\alpha_0)=w\left(1\pm\dfrac{d\varepsilon_{\text{inlet}}}{d\alpha_W}\right)\cos(\phi_T+\alpha_0)\end{cases} \tag{6.152}$$

在方程(6.152)中,如果推进装置位于机器前部,则使用下洗梯度上的正号,如果位于机翼后部,则使用负号。因此,可将小扰动力表示为

$$\begin{cases}\delta T=-\dfrac{\partial T}{\partial v_{\text{Axial}}}\sin(\phi_T+\alpha_0)\left(1\pm\dfrac{d\varepsilon_{\text{inlet}}}{d\alpha}\right)w\\ \delta F_N=\dfrac{\partial F_N}{\partial v_{\text{Transverse}}}\cos(\phi_T+\alpha_0)\left(1\pm\dfrac{d\varepsilon_{\text{inlet}}}{d\alpha}\right)w\end{cases} \tag{6.153}$$

因此,将升降速度对推进力分力的影响表示为下列偏导数,并在基准飞行条件下进行评估。

$$\frac{\partial F_{P_X}}{\partial w}|_0 = -\left(\frac{\partial T}{\partial v_{\text{Axial}}}|_0 + \frac{\partial F_N}{\partial v_{\text{Transverse}}}|_0\right)\cos(\phi_T + \alpha_0)\sin(\phi_T + \alpha_0)\left(1 \pm \frac{\mathrm{d}\varepsilon_{\text{inlet}}}{\mathrm{d}\alpha}\right)$$

$$\frac{\partial F_{P_Y}}{\partial w}|_0 = 0 \tag{6.154}$$

$$\frac{\partial F_{P_Z}}{\partial w}|_0 = \left(\frac{\partial T}{\partial v_{\text{Axial}}}|_0 \sin^2(\phi_T + \alpha_0) - \frac{\partial F_N}{\partial v_{\text{Transverse}}}|_0 \cos^2(\phi_T + \alpha_0)\right)\left(1 \pm \frac{\mathrm{d}\varepsilon_{\text{inlet}}}{\mathrm{d}\alpha}\right)$$

注意,角($\phi_T+\alpha_0$)通常很小,且上述表达式可相应简化。最后,通过比较方程(6.150)和方程(6.154),同时假设角($\phi_T+\alpha_0$)足够小,得出

$$C_{P_{X_w}} = -\frac{1}{q_\infty S_W}\left(\frac{\partial T}{\partial v_{\text{Axial}}}|_0 + \frac{\partial F_N}{\partial v_{\text{Transverse}}}|_0\right)\left(1 \pm \frac{\mathrm{d}\varepsilon_{\text{inlet}}}{\mathrm{d}\alpha}\right)(\phi_T + \alpha_0)$$

$$C_{P_{Y_w}} = 0 \tag{6.155}$$

$$C_{P_{Z_w}} \approx -\frac{1}{q_\infty S_W}\frac{\partial F_N}{\partial v_{\text{Transverse}}}|_0\left(1 \pm \frac{\mathrm{d}\varepsilon_{\text{inlet}}}{\mathrm{d}\alpha}\right)$$

一般而言,升降速度小扰动对推进力的影响不大。但如果推进力装置位于飞行器上,使其相对于力矩—参照点具有足够大的力臂,则基于上述力的俯仰力矩变化可能很大。

根据假设推进装置的几何形状,并且只考虑升降速度小扰动,小扰动力 $\delta T$ 和 $\delta F_N$ 均位于飞行器的 $XZ$ 面内。因此它们不会产生偏航或滚转力矩。为了处理俯仰力矩,应根据图 6.13,同时应注意推进俯仰力矩方程,依据方程(6.142)得出

$$\begin{aligned} M_P &= M_{P_0} + \delta T(d_T\cos\phi_T - x_T\sin\phi_T) - \delta F_N(x_T\cos\phi_T + d_T\sin\phi_T) \\ &= C_{P_M} q_\infty S_W \bar{c}_W \end{aligned} \tag{6.156}$$

因此,根据方程(6.18),得出升沉速度小扰动对推进俯仰力矩的影响为

$$\frac{\partial M_P}{\partial w}|_0 = \frac{1}{U_0} C_{P_{M_\alpha}} q_\infty S_W \bar{c}_W \tag{6.157}$$

此外,根据分析推进力时所使用的方法,可将升降速度小扰动对推进俯仰力矩的影响表示为

$$\begin{aligned} \frac{\partial M_P}{\partial w}|_0 &= \left((d_T\cos\phi_T - x_T\sin\phi_T)\frac{\partial T}{\partial w}|_0 - (x_T\cos\phi_T + d_T\sin\phi_T)\frac{\partial F_N}{\partial w}|_0\right) \\ &= -\begin{pmatrix} (d_T\cos\phi_T - x_T\sin\phi_T)\dfrac{\partial T}{\partial v_{\text{Axial}}}|_0 \sin(\phi_T + \alpha_0) \\ +(x_T\cos\phi_T + d_T\sin\phi_T)\dfrac{\partial F_N}{\partial v_{\text{Transverse}}}|_0 \cos(\phi_T + \alpha_0) \end{pmatrix}\left(1 \pm \frac{\mathrm{d}\varepsilon_{\text{inlet}}}{\mathrm{d}\alpha}\right) \end{aligned} \tag{6.158}$$

可通过方程(6.108)~方程(6.112),根据飞行器上安装的推进系统类型,评估方程(6.18)中的推力和法向力的偏导数。同时,回顾一下当推力作用线靠近 $X_{\text{Ref}}$时,则

$$(d_T\cos\phi_T - x_T\sin\phi_T) \approx 0$$

最后,通过比较方程(6.157)和方程(6.158),并假设 $\phi_T$ 与 $\alpha_0$ 足够小,得出

$$C_{P_{M_w}} = -\frac{1}{q_{\infty_0} S_W \bar{c}_W}\left(\left(d_T - x_T\phi_T\right)\frac{\partial T}{\partial v_{\text{Axial}}}|_0(\phi_T + \alpha_0)\right.$$
$$\left. + \left(x_T + d_T\phi_T\right)\frac{\partial F_N}{\partial v_{\text{Transverse}}}|_0\right)\left(1 \pm \frac{d\varepsilon_{\text{inlet}}}{d\alpha}\right) \tag{6.159}$$

## 例 6.6　升降速度小扰动对力与力矩的影响

讨论例 6.1~例 6.5 所述飞行器。确定升降速度小扰动对作用于飞行器上的气动力与力矩及推进力与力矩的影响。

**解**

根据方程组(6.146),将气动力受到的影响表示为

$$\frac{\partial F_{A_\bullet}}{\partial w}|_0 = \frac{\partial C_\bullet}{\partial w}|_0\, q_\infty S_W = C_{\bullet_w} q_\infty S_W = \frac{1}{U_0} C_{\bullet_\alpha} q_\infty S_W,\ \bullet = X, Y\text{或}Z$$

此时,根据方程组(6.147),在无侧滑角的情况下得出

$$\frac{\partial C_X}{\partial \alpha}|_0 = -\frac{\partial C_D}{\partial \alpha}|_0 \cos\beta_0 + C_L|_0 = -C_{D_\alpha} + C_{L_0}$$
$$\frac{\partial C_Y}{\partial \alpha}|_0 = -\frac{\partial C_D}{\partial \alpha}|_0 \sin\beta_0 = 0$$
$$\frac{\partial C_Z}{\partial \alpha}|_0 = -\frac{\partial C_L}{\partial \alpha}|_0 - C_D|_0 \cos\beta_0 = -C_{L_\alpha} - C_{D_0}$$

在例 6.4 中,将飞行器的基准升力与阻力系数 $C_{L_0}$和 $C_{D_0}$用参考推进力和飞行器重量表示,而在例 6.16 中,将飞行器攻角升力有效度确定为 $C_{L_\alpha}$=4.59/rad。根据方程(6.31),飞行器攻角阻力有效度表示为

$$C_{D_\alpha} = \frac{2}{\pi}\left(\frac{C_{L_{W_0}}}{A_W e_W} C_{L_{\alpha_W}} + \frac{C_{L_{H_0}}}{A_H e_H} C_{L_{\alpha_H}} \frac{q_H}{q_\infty}\frac{S_H}{S_W}\left(1 - \frac{d\varepsilon}{d\alpha}\right)\right)$$
$$= \frac{2\times(4.19)}{\pi\times(5.33)\times(0.85)}\left(C_{L_{W_0}} + C_{L_{H_0}}(0.9)\frac{42}{169}(0.43)\right)/\text{rad}$$

至于机翼与水平尾翼,可表示为

$$C_{L_W} = C_{L_{\alpha_W}}(\alpha_W - \alpha_{0_W})$$
$$C_{L_H} = C_{L_{\alpha_H}}\left(\left(1 - \frac{d\varepsilon}{d\alpha}\right)\alpha - \frac{d\varepsilon}{d\alpha}(i_W - \alpha_{0_W}) + i_H - \alpha_{0_H}\right)$$

如果基准攻角等于 2°,则机翼 $i_W$=2°,机翼零升力攻角 $\alpha_0$=1.33°,得出

$$C_{L_{W_0}} = 4.19\left(\frac{2 + 2 - 1.33}{57.3}\right) = 0.195$$

当尾翼零升力攻角 $\alpha_0$=0 时,得出:

(注意,此处假设尾翼倾角 $i_H$=0。)

$$C_{D_\alpha} = \frac{2\times(4.19)}{\pi\times(5.33)\times(0.85)}\left(0.195 + 0.035\times(0.9)\times\left(\frac{42}{169}\right)\times(0.43)\right) = 0.117\ /\text{rad}$$

因此,根据方程组(6.146)可知升沉速度小扰动对气动力的影响为

$$\frac{\partial F_{A_X}}{\partial w}|_0=\frac{1}{U_0}C_{X_\alpha}q_\infty S_W=-\frac{5}{a}(C_{D_\alpha}-C_{L_0})q_\infty S_W=-\frac{5}{a}\left(0.117-\frac{mg-0.03T_0}{q_\infty S_W}\right)q_\infty S_W$$

$$\frac{\partial F_{A_Y}}{\partial w}|_0=\frac{1}{U_0}C_{Y_\alpha}q_\infty S_W=0$$

$$\frac{\partial F_{A_Z}}{\partial w}|_0=\frac{1}{U_0}C_{Z_\alpha}q_\infty S_W=-\frac{1}{U_0}(C_{L_\alpha}+C_{D_0})q_\infty S_W=-\frac{5}{a}\left(4.59+\frac{T_0}{q_\infty S_W}\right)q_\infty S_W$$

有关升沉速度小扰动对气动俯仰力矩的影响,方程(6.148)表示为

$$\frac{\partial M_A}{\partial w}|_0=\frac{1}{U_0}\frac{\partial M_A}{\partial \alpha}|_0=\frac{1}{U_0}C_{M_\alpha}q_\infty S_W\bar{c}_W$$

而滚转与偏航力矩受到的影响可忽略不计。根据例 6.2 可得出飞行器攻角俯仰力矩有效度为 $C_{M_\alpha}=-1.59/\mathrm{rad}$。因此,升沉速度对气动俯仰力矩的影响为

$$\frac{\partial M_A}{\partial w}|_0=\frac{1}{U_0}C_{M_\alpha}q_\infty S_W\bar{c}_W=-\frac{5}{a}(1.59)q_\infty S_W\bar{c}_W$$

升沉速度小扰动对推进力的影响如方程组(6.154)所示,对于该飞行器而言,则变为

$$\frac{\partial F_{P_X}}{\partial w}|_0\approx 0,\ \frac{\partial F_{P_Y}}{\partial w}|_0=0$$

$$\frac{\partial F_{P_Z}}{\partial w}|_0=-\frac{\partial F_N}{\partial v_{\mathrm{Transverse}}}|_0\left(1-\frac{\mathrm{d}\varepsilon_{\mathrm{inlet}}}{\mathrm{d}\alpha}\right)$$

如果发动机安装在 $X_{\mathrm{Ref}}$ 的后部 $2\bar{c}_W$ 处且 $X_{\mathrm{Ref}}$ 在机翼翼尖后部 $0.5\bar{c}_W$ 处,则发动机进气道约在机翼后缘后方 $2.5\bar{c}_W-c_r$ 处。图 5.35 所示为位于机翼后缘后部的归一化距离 $l/(b/2)$ 处的下洗梯度。此时

$$\frac{l}{b/2}=\frac{2.5\bar{c}_W-c_r}{15}=\frac{2.5(5.825)-7.5}{15}=0.47$$

根据图 5.35,得出

$$\frac{\mathrm{d}\varepsilon_{\mathrm{inlet}}}{\mathrm{d}\alpha}\approx 0.62$$

根据方程(6.112),得出

$$\frac{\partial F_N}{\partial v_{\mathrm{Transverse}}}=\frac{1}{U_0}\frac{\dot{m}_P^2}{\rho_\infty A_{\mathrm{in}}}$$

式中:进气区域与质量流率须根据发动机数据得出。因此,升降速度小扰动对推进力的影响为

$$\frac{\partial F_{P_X}}{\partial w}|_0\approx 0,\ \frac{\partial F_{P_Y}}{\partial w}|_0=0$$

$$\frac{\partial F_{P_Z}}{\partial w}|_0=-\frac{5}{a}\frac{\dot{m}_P^2}{\rho_\infty A_{\mathrm{in}}}(1-0.62)=-\frac{1.9}{a}\frac{\dot{m}_P^2}{\rho_\infty A_{\mathrm{in}}}$$

升降速度小扰动对推进俯仰力矩的影响如方程(6.158)所示,而推进滚转与偏航力矩受到的影响可忽略不计。此时,方程(6.158)变为

$$\frac{\partial M_P}{\partial w}|_0=-x_T\frac{\partial F_N}{\partial v_{\mathrm{Transverse}}}|_0\left(1-\frac{\mathrm{d}\varepsilon_{\mathrm{inlet}}}{\mathrm{d}\alpha}\right)=-2\bar{c}_W\left(\frac{1.9}{a}\frac{\dot{m}_P^2}{\rho_\infty A_{\mathrm{in}}}\right)$$

---

### 6.6.3 侧滑速度小扰动($v$)

侧滑速度小扰动 $v$ 对气动力与力矩及推进力与力矩的影响因飞行器小扰动侧滑角 $\beta$ 的变

化而产生。

与前文类似，将侧滑速度小扰动对气动力的影响量化为偏导数 $\partial F_{A\cdot}/\partial v$，并在基准飞行条件下进行计算。根据方程(6.99)，得出

$$\beta \approx \frac{v}{U_0}$$

根据方程组(6.113)，将稳定性坐标轴系上的气动力分力表示为

$$F_{A_X} = C_X q_\infty S$$
$$F_{A_Y} = C_Y q_\infty S$$
$$F_{A_Z} = C_Z q_\infty S$$

此时，根据方程组(6.114)，可得出气动力系数为

$$C_X = -C_D \cos\alpha \cos(\beta_0 + \beta) - C_S \cos\alpha \sin(\beta_0 + \beta) + C_L \sin\alpha$$
$$C_Y = -C_D \sin(\beta_0 + \beta) + C_S \cos(\beta_0 + \beta)$$
$$C_Z = -C_D \sin\alpha \cos(\beta_0 + \beta) - C_S \sin\alpha \sin(\beta_0 + \beta) - C_L \cos\alpha$$

因此，对于方程组(6.113)中的三个分力而言，横向速度小扰动的影响为

$$\begin{aligned} \frac{\partial F_{A\bullet}}{\partial v}\Big|_0 &= \frac{\partial C_\bullet}{\partial v}\Big|_0 q_\infty S_W + C_{\bullet_0} S_W \frac{\partial q_\infty}{\partial v}\Big|_0 \\ &= \frac{1}{U_0} C_{\bullet_\beta} q_\infty S_W + C_{\bullet_0} S_W \frac{\partial q_\infty}{\partial v}\Big|_0, \bullet = X, Y \text{或} Z \end{aligned} \tag{6.160}$$

此时，根据方程(6.100)，得出

$$\frac{\partial q_\infty}{\partial v}\Big|_0 = \rho_\infty (V_0 + v)\big|_0 = \rho_\infty V_0 = \rho_\infty U_0 \beta_0 \tag{6.161}$$

同时根据方程组(6.114)，可得出侧滑有效度为

$$\begin{aligned} C_{X_\beta} &\triangleq \frac{\partial C_X}{\partial \beta}\Big|_0 = -\frac{\partial C_S}{\partial \beta}\Big|_0 \sin\beta_0 = -C_{S_\beta} \sin\beta_0 \\ C_{Y_\beta} &\triangleq \frac{\partial C_Y}{\partial \beta}\Big|_0 = C_{S_\beta} \cos\beta_0 \\ C_{Z_\beta} &\triangleq \frac{\partial C_Z}{\partial \beta}\Big|_0 = 0 \end{aligned} \tag{6.162}$$

在导出上述三个表达式时，假设小扰动侧滑角对升力或阻力系数无影响。因此，方程(6.160)～方程(6.162)将侧滑速度小扰动对稳定性坐标轴系上的气动力分力的影响进行了量化。最后，可通过方程(6.25)计算 $C_{S_\beta}$，通过方程组(6.123)计算 $C_{X_0}$、$C_{Y_0}$ 和 $C_{Z_0}$。

同样，可将侧滑速度小扰动对作用于飞行器上的气动力矩的影响进行量化。总气动力矩 $\boldsymbol{M}_A$ 的分量定义如方程(6.88)所示。根据无量纲系数和方程组(6.129)，上述分量为

$$L_A = C_{L_{\text{Roll}}} q_\infty S_W b_W$$
$$M_A = C_M q_\infty S_W \bar{c}_W$$
$$N_A = C_N q_\infty S_W b_W$$

将侧滑速度小扰动 $v$ 对上述力矩的影响量化为在基准条件下求得的偏导数。

$$\frac{\partial L_A}{\partial v}|_0,\ \frac{\partial M_A}{\partial v}|_0,\ \frac{\partial N_A}{\partial v}|_0$$

正如有关气动力的情况所示,侧滑速度小扰动 $v$ 对上述力矩的影响因侧滑角 $\beta$ 的变化而产生。

一般而言,飞行器侧滑角的变化对其俯仰力矩的影响甚微。因此,可重点评估侧滑角对滚转与偏航力矩的影响。根据力矩系数,表示为

$$\frac{\partial L_A}{\partial v}|_0 = \frac{\partial C_{L_{\mathrm{Roll}}}}{\partial v}|_0\, q_\infty S_W b_W + C_{L\mathrm{roll}_0} S_W b_W \frac{\partial q_\infty}{\partial v}|_0 = \frac{1}{U_0} C_{L_\beta} q_\infty S_W b_W + C_{L\mathrm{roll}_0} S_W b_W \frac{\partial q_\infty}{\partial v}|_0 \quad (6.163)$$

与

$$\frac{\partial N_A}{\partial v}|_0 = \frac{\partial C_N}{\partial v}|_0\, q_\infty S_W b_W + C_{N_0} S_W b_W \frac{\partial q_\infty}{\partial v}|_0 = \frac{1}{U_0} C_{N_\beta} q_\infty S_W b_W + C_{N_0} S_W b_W \frac{\partial q_\infty}{\partial v}|_0$$

此前由方程(6.161)已确定:

$$\frac{\partial q_\infty}{\partial v}|_0 = \rho_\infty (V_0 + v)|_0 = \rho_\infty V_0 = \rho_\infty U_0 \beta_0$$

因此,得出

且

$$\begin{aligned} \frac{\partial L_A}{\partial v}|_0 &= \frac{1}{U_0}(C_{L_\beta} + 2C_{L\mathrm{roll}_0}\beta_0) q_\infty S_W b_W \\ \frac{\partial N_A}{\partial v}|_0 &= \frac{1}{U_0}(C_{N_\beta} + 2C_{N_0}\beta_0) q_\infty S_W b_W \end{aligned} \quad (6.164)$$

此外,可用方程(6.44)和方程(6.68)分别计算 $C_{L_\beta}$ 和 $C_{N_\beta}$。

因此方程组(6.163)和方程(6.164)将侧滑速度小扰动 $v$ 对气动力滚转与偏航力矩的影响进行了量化,而该速度小扰动对俯仰力矩的影响通常可忽略不计。注意,方程组(6.164)右侧的第二项通常比其他项要小,因为 $\beta_0$ 很小且/或滚转与偏航力矩系数的参照值为零。

现在重点讨论横向速度小扰动对推进力与力矩的影响。回顾可知,方程(6.131)给出了用稳定性坐标轴系上的推进力分力所表示的总推进力。根据图 6.14,同时注意假设推进力关于飞行器的 $XZ$ 面对称,将总推进力的分力用其参照值及发动机上的法向力小扰动 $\delta F_N$ 表示。由于此时只考虑横向速度小扰动而不考虑方程(6.134)给出的结果,由此得出

$$\begin{cases} F_{P_X} = F_{P_{X_0}} + C_{P_{X_0}} S_W \dfrac{\partial q_\infty}{\partial v}|_0\, v \\ F_{P_Y} = C_{P_{Y_0}} S_W \dfrac{\partial q_\infty}{\partial v}|_0\, v - \delta F_N \\ F_{P_Z} = F_{P_{Z_0}} + C_{P_{Z_0}} S_W \dfrac{\partial q_\infty}{\partial v}|_0\, v \end{cases} \quad (6.165)$$

式中:法向力小扰动可表示为

$$\delta F_N = \frac{\partial F_N}{\partial v} v = \frac{\partial F_N}{\partial v_{\mathrm{Transverse}}} \frac{\partial v_{\mathrm{Transverse}}}{\partial v} v \quad (6.166)$$

注意,该法向力 $F_N$ 横向而非垂直作用于飞行器上。

如需处理方程(6.166)中推进法向力的偏导数,可参照方程(6.111)或方程(6.112),具体情况由推进系统的类型而定。此外,根据图 6.14 和图 6.16 可得出

$$\Delta v_{\mathrm{Transeverse}} \approx v \quad (6.167)$$

式中忽略了侧洗流(类似于下洗流)的影响。因此

$$\delta F_N = \frac{\partial F_N}{\partial v_{\text{Transverse}}} v \tag{6.168}$$

与方程组(6.160)一致,横向速度小扰动对推进力的影响可表示为

$$\begin{aligned}
&\frac{\partial F_{P_X}}{\partial v}|_0 = C_{P_{X_0}} S_W \frac{\partial q_\infty}{\partial v}|_0 = C_{P_{X_0}} \rho_\infty S_W U_0 \beta_0 \\
&\frac{\partial F_{P_Y}}{\partial v}|_0 = \frac{\partial C_{P_Y}}{\partial v}|_0 \, q_\infty S_W + C_{P_{Y_0}} S_W \frac{\partial q_\infty}{\partial v}|_0 = \frac{1}{U_0}\left(C_{P_{Y_\beta}} + 2C_{P_{Y_0}} \beta_0\right) q_\infty S_W \\
&\frac{\partial F_{P_Z}}{\partial v}|_0 = C_{P_{Z_0}} S_W \frac{\partial q_\infty}{\partial v}|_0 = C_{P_{Z_0}} \rho_\infty S_W U_0 \beta_0
\end{aligned} \tag{6.169}$$

最后,通过方程组(6.165)、方程(6.168)和方程组(6.169)可得出

$$C_{P_{Y_\beta}} = -\frac{U_0}{q_\infty S_W} \frac{\partial F_N}{\partial v_{\text{Transverse}}}|_0 \tag{6.170}$$

侧滑速度小扰动对推进力的影响通常不大。但如果推进装置的位置使其相对于力矩参照点具有较大的力臂,则由该力引起的推进滚转或偏航力矩变化会非常大。根据假设的推进装置几何形状,并且由于此处只考虑横向速度小扰动,因此小扰动力 $\delta F_N$ 沿着飞行器的负 $Y$ 轴进行正向侧滑,不产生俯仰力矩。

在处理滚转与偏航推进力矩时,根据方程组(6.165)和图 6.13 可列出关于稳定性坐标轴系 $X_S$ 和 $Z_S$ 轴的推进滚转与偏航力矩的小扰动方程。

$$\begin{aligned}
&\delta L_P = C_{P_{L\text{roll}_0}} S_W \bar{c}_W \frac{\partial q_\infty}{\partial v}|_0 \, v + (d_T \cos\alpha_0 + x_T \sin\alpha_0)\delta F_N \\
&\delta N_P = C_{P_{N_0}} S_W \bar{c}_W \frac{\partial q_\infty}{\partial v}|_0 \, v + (x_T \cos\alpha_0 - d_T \sin\alpha_0)\delta F_N
\end{aligned} \tag{6.171}$$

根据无量纲系数,上述力矩可表示为

$$\begin{cases} L_P = C_{P_{L_{\text{Roll}}}} q_\infty S_W b_W \\ N_P = C_{P_N} q_\infty S_W b_W \end{cases} \tag{6.172}$$

根据方程组(6.164),可将横向速度小扰动对推进力矩的影响表示为

$$\begin{aligned}
&\frac{\partial L_P}{\partial v}|_0 = \frac{1}{U_0}\left(C_{P_{L_\beta}} + 2C_{P_{L\text{roll}_0}} \beta_0\right) q_\infty S_W b_W \\
&\frac{\partial N_P}{\partial v}|_0 = \frac{1}{U_0}\left(C_{P_{N_\beta}} + 2C_{P_{N_0}} \beta_0\right) q_\infty S_W b_W
\end{aligned} \tag{6.173}$$

根据分析推进力时使用的方法,可得出横向速度小扰动对推进力矩的影响为

$$\begin{aligned}
\frac{\partial L_P}{\partial v} &= C_{P_{L\text{roll}_0}} S_W b_W \frac{\partial q_\infty}{\partial v}|_0 + (d_T \cos\alpha_0 + x_T \sin\alpha_0)\frac{\partial F_N}{\partial v} \\
&= C_{P_{L\text{roll}_0}} \rho_\infty U_0 \beta_0 S_W b_W + (d_T \cos\alpha_0 + x_T \sin\alpha_0)\frac{\partial F_N}{\partial v_{\text{Transverse}}} \\
\frac{\partial N_P}{\partial v} &= C_{P_{N_0}} S_W b_W \frac{\partial q_\infty}{\partial v}|_0 + (x_T \cos\alpha_0 - d_T \sin\alpha_0)\frac{\partial F_N}{\partial v} \\
&= C_{P_{N_0}} \rho_\infty U_0 \beta_0 S_W b_W + (x_T \cos\alpha_0 - d_T \sin\alpha_0)\frac{\partial F_N}{\partial v_{\text{Transverse}}}
\end{aligned} \tag{6.174}$$

注意,如果基准侧滑角 $\beta_0$ 很小,则参考推进滚转与偏航力矩通常均为零,在此情况下,方

程组(6.174)右侧的第一项均为零。可通过方程(6.111)或方程(6.112)来计算方程(6.174)中法向力的偏导数。最后,通过比较方程组(6.173)和方程组(6.174),同时假设 $\alpha_0$ 足够小,可得出侧滑有效度系数为

$$C_{P_{L_\beta}} = \frac{U_0}{q_\infty S_W b_W}(d_T + x_T \alpha_0)\frac{\partial F_N}{\partial v_{\text{Transverse}}}$$
$$C_{P_{N_\beta}} = \frac{U_0}{q_\infty S_W b_W}(x_T - d_T \alpha_0)\frac{\partial F_N}{\partial v_{\text{Transverse}}} \tag{6.175}$$

## 6.7 角速度小扰动对力与力矩的影响

如第6.6节开头所述,飞行器相对于气团的平移速度与旋转速度均影响气动力与力矩及推进力与力矩。现在讨论飞行器角速度小扰动对上述力与力矩的影响。

角速度影响气动力和力矩,因为飞行器的转动影响局部攻角与各个升力面的侧滑角。图6.18所示为俯仰角速度 $q$ 的小扰动如何产生水平尾翼局部攻角的小扰动,即 $\Delta\alpha_H$。很明显,如果沿飞行器的 $X$ 位置为正前方,则局部攻角的变化为

$$\Delta\alpha_H \approx \frac{w_H}{U_0} = \frac{q}{U_0}(X_{\text{Ref}} - X_{\text{AC}_H}) \tag{6.176}$$

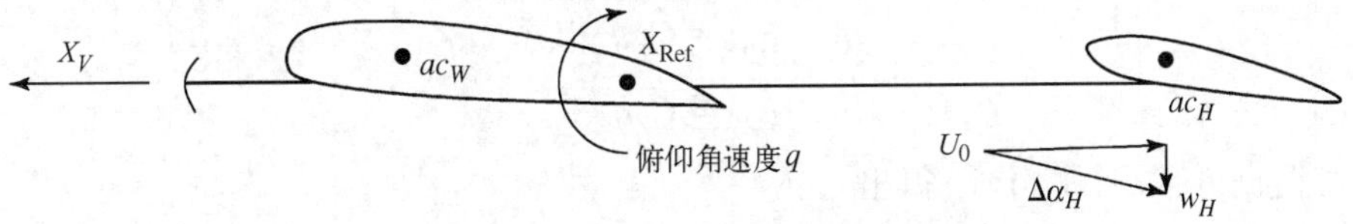


图6.18 基于俯仰角速度的诱导攻角

注意,正俯仰角速度产生了一个后尾翼表面的向下速度 $w_H$,进而引起该表面局部攻角的正向变化。

同样,如图6.19所示,飞行器偏航角速度 $r$(绕 $Z_S$ 轴转动)的小扰动将产生后部垂直尾翼的局部攻角小扰动量 $\Delta\alpha_V$,此时

$$\Delta\alpha_V \approx \frac{r}{U_0}(X_{\text{Ref}} - X_{\text{AC}_V}) \tag{6.177}$$

回顾可知,我们探讨的是当 $X$ 位置沿机身参考坐标系 $X$ 轴进行取值时,绕飞行器稳定性坐标轴系的俯仰角速度(见图6.13)。注意,正向 $\Delta\alpha_V$ 等同于垂直尾翼产生的气动"升力",其作用方向为 $Y_S$ 向。

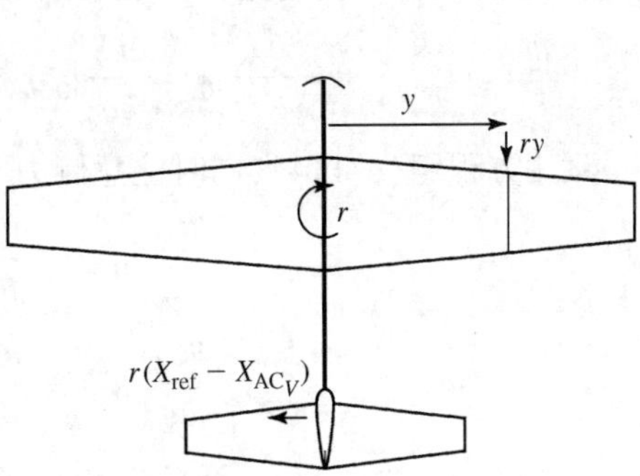


图6.19 基于偏航角速度的诱导局部速度

此外,偏航角速度小扰动引起机翼与水平尾翼上既定翼展位置处的局部纵移速度小扰动$\Delta u(y)$。局部速度的变化可表示为

$$\Delta u(y) = -ry \tag{6.178}$$

对于正向偏航角速度而言,该速度变化沿右侧翼展为负向,沿左侧翼展为正向。

最后,围绕 $X_S$ 轴的飞行器滚转角速度 $p$ 将引起机翼或水平尾翼平面的翼展位置 $y$ 处翼型

剖面的局部攻角小扰动 $\Delta\alpha(y)$，相当于

$$\Delta\alpha_{W\,\mathrm{or}\,H}(y)=p\frac{y}{U_0} \tag{6.179}$$

注意，将翼展 $y$ 定义为沿右侧机翼或水平尾翼的正向。因此，在沿左侧机翼或左侧水平尾翼的情况下，$y$ 为负向，正滚转角速度使局部攻角减小。

小扰动滚转角速度也影响垂直尾翼的翼型剖面的局部攻角。由于我们考虑的是有关稳定性坐标轴系的滚转角速度，因此关键尺寸是 $X_S$ 轴与垂直尾翼上的某一翼型剖面的气动力中心之间的垂直距离（见图 6.8）。将该距离表示为 $z_V$，基于滚转角速度的局部攻角变化为

$$\Delta\alpha_V(z)=-p\frac{z_V}{U_0} \tag{6.180}$$

### 6.7.1 俯仰角速度小扰动($q$)

如上所述，俯仰角速度小扰动会引起旋转点（即 $X_{\mathrm{Ref}}$）以外的任何升力面的局部攻角的变化。这通常相当于水平尾翼与/或前翼（前表面）。俯仰角速度对机翼攻角的影响通常很小，因为机翼通常靠近 $X_{\mathrm{Ref}}$。此时，假设飞行器具有水平尾翼而无前翼。

将气动力的分力用无量纲系数表示，如方程(6.113)所示，在此重述：

$$F_{A_X}=C_Xq_\infty S$$

$$F_{A_Y}=C_Yq_\infty S$$

$$F_{A_Z}=C_Zq_\infty S$$

此时，根据方程组(6.114)，得出

$$C_X=-C_D\cos\alpha\cos(\beta_0+\beta)-C_S\cos\alpha\sin(\beta_0+\beta)+C_L\sin\alpha$$

$$C_Y=-C_D\sin(\beta_0+\beta)+C_S\cos(\beta_0+\beta)$$

$$C_Z=-C_D\sin\alpha\cos(\beta_0+\beta)-C_S\sin\alpha\sin(\beta_0+\beta)-C_L\cos\alpha$$

如前述操作一样，将俯仰角速度小扰动 $q$ 对上述力的影响量化为偏导数，表示为

$$\frac{\partial F_{A\bullet}}{\partial q}\Big|_0=\frac{\partial C_\bullet}{\partial q}\Big|_0 q_\infty S_W\triangleq C_{\bullet_q}q_\infty S_W,\ C_\bullet=C_X,C_Y,C_Z \tag{6.181}$$

运用方程组(6.114)，同时注意侧力不会受到俯仰角速度的显著影响，得出

$$\begin{aligned}\frac{\partial C_X}{\partial q}\Big|_0&=-\frac{\partial C_D}{\partial q}\Big|_0\cos\beta_0\triangleq-C_{D_q}\cos\beta_0\\ \frac{\partial C_Y}{\partial q}\Big|_0&=-\frac{\partial C_D}{\partial q}\Big|_0\sin\beta_0\triangleq-C_{D_q}\sin\beta_0\\ \frac{\partial C_Z}{\partial q}\Big|_0&=-\frac{\partial C_L}{\partial q}\Big|_0\triangleq-C_{L_q}\end{aligned} \tag{6.182}$$

根据图 6.18，基于局部攻角变化 $\Delta\alpha_H$ 的作用于水平尾翼上的升力与阻力变化可表示为

$$\begin{cases}\Delta L_H=\Delta C_{L_H}q_HS_H=C_{L_{\alpha_H}}\Delta\alpha_Hq_HS_H\\ \Delta D_H=\Delta C_{D_H}q_HS_H=\left(\dfrac{\partial C_{D_H}}{\partial C_{L_H}}\Delta C_{L_H}\right)q_HS_H=\left(\dfrac{2C_{L_H}}{\pi A_He_H}\right)\Delta C_{L_H}q_HS_H\end{cases} \tag{6.183}$$

假设飞行器的升力与阻力变化仅由尾翼上的升力与阻力变化构成，则可得出

$$\begin{aligned}\Delta L &= \Delta C_L q_\infty S_W = \Delta L_H \\ \Delta D &= \Delta C_D q_\infty S_W = \Delta D_H\end{aligned} \tag{6.184}$$

因此，根据方程(6.176)、方程(6.183)和方程(6.184)，得出

$$\begin{aligned}C_{L_q} &= C_{L_{\alpha_H}} \frac{q_H}{q_\infty}\frac{S_H}{S_W}\frac{\partial \alpha_H}{\partial q} = C_{L_{\alpha_H}} \frac{q_H}{q_\infty}\frac{S_H}{S_W}\frac{(X_{\text{Ref}} - X_{\text{AC}_H})}{U_0} \\ C_{D_q} &= \left(\frac{2C_{L_{H_0}}}{\pi A_H e_H}\right) C_{L_{\alpha_H}} \frac{q_H}{q_\infty}\frac{S_H}{S_W}\frac{\partial \alpha_H}{\partial q} = \left(\frac{2C_{L_{H_0}}}{\pi A_H e_H}\right) C_{L_q}\end{aligned} \tag{6.185}$$

将方程组(6.185)代入方程组(6.182)中，并运用方程组(6.181)，得出俯仰角速度小扰动对气动力的影响。最后应注意的是，俯仰角速度阻力有效度通常比升力有效度小，可忽略不计。

相较于俯仰角速度小扰动对气动力矩的影响，小扰动俯仰角速度对滚转与偏航力矩的影响通常可忽略不计。俯仰角速度小扰动对俯仰力矩的影响量化为偏导数：

$$\frac{\partial M_A}{\partial q}\bigg|_0 = \frac{\partial C_M}{\partial q}\bigg|_0 q_\infty S_W \bar{c}_W \triangleq C_{M_q} q_\infty S_W \bar{c}_W \tag{6.186}$$

根据方程组(6.183)和图6.18，基于水平尾翼上局部攻角小扰动 $\Delta\alpha_H$ 的飞行器气动俯仰力矩 $M_A$ 的变化可表示为

$$\Delta M_A = -(\Delta L_H \cos\alpha_0 + \Delta D_H \sin\alpha_0)(X_{\text{Ref}} - X_{\text{AC}_H}) = \Delta C_M q_\infty S_W \bar{c}_W \tag{6.187}$$

注意，也可将俯仰力矩的变化表示为飞行器俯仰力矩系数的变化 $\Delta C_M$。因此，通过方程(6.176)、方程(6.183)和方程(6.187)，得到

$$\begin{aligned}C_{M_q} &= -\left(\cos\alpha_0 + \left(\frac{2C_{L_{H_0}}}{\pi A_H e_H}\right)\sin\alpha_0\right) C_{L_{\alpha_H}} \frac{(X_{\text{Ref}} - X_{\text{AC}_H})^2}{U_0 \bar{c}_W}\frac{q_H}{q_\infty}\frac{S_H}{S_W} \\ &\approx -C_{L_{\alpha_H}} \frac{(X_{\text{Ref}} - X_{\text{AC}_H})^2}{U_0 \bar{c}_W}\frac{q_H}{q_\infty}\frac{S_H}{S_W}\end{aligned} \tag{6.188}$$

方程(6.186)和方程(6.188)将俯仰角速度小扰动对飞行器气动俯仰力矩的影响进行了量化。注意，$C_{M_q}$ 始终为负且称为俯仰阻尼系数。在第十章中，我们会发现该系数也是飞行器动力学中的重要参数。

俯仰角速度小扰动也会影响推进力与力矩，因为俯仰角速度影响 $X_{\text{Ref}}$ 后部或前部的局部气流角。局部攻角的轻微改变对推进力幅值的影响甚微，但会改变涡轮喷气式发动机或螺旋桨桨毂上产生的法向力 $F_N$。如果推进装置位于飞行器非常靠前或靠后的位置，则法向力的这种变化相当可观。此处呈述将遵循升降速度 $w$ 对推进力与力矩影响的探讨。

为了研究推进力，根据方程(6.149)，得出

$$\begin{aligned}F_{P_X} &= F_{P_{X_0}} + \delta T \cos(\phi_T + \alpha_0) - \delta F_N \sin(\phi_T + \alpha_0) = C_{P_X} q_\infty S_W \\ F_{P_Y} &= 0 = C_{P_Y} q_\infty S_W \\ F_{P_Z} &= F_{P_{X_0}} - \delta T \sin(\phi_T + \alpha_0) - \delta F_N \cos(\phi_T + \alpha_0) = C_{P_Z} q_\infty S_W\end{aligned}$$

注意，由于只考虑与俯仰角速度小扰动有关的局部攻角变化，则任何推进法向力 $F_N$ 将位

于 $XZ$ 面内，因此侧力 $F_{P_T}$ 依然为零。

与方程(6.18)一致，俯仰角速度小扰动对推进力的影响用偏导数表示，即

$$\frac{\partial F_{P\bullet}}{\partial q}|_0=\frac{\partial C_{P\bullet}}{\partial q}|_0\, q_\infty S_W\triangleq C_{P_{\bullet q}}q_\infty S_W,\ \bullet=X,\ Y\text{或}Z \tag{6.189}$$

同样，方程组(6.149)中的推进力小扰动 $\delta T$ 和 $\delta F_N$ 可用俯仰角速度小扰动表示，即

$$\begin{cases}\delta T=\dfrac{\partial T}{\partial q}q=\dfrac{\partial T}{\partial v_{\text{Axial}}}\dfrac{\partial v_{\text{Axial}}}{\partial w_{\text{inlet}}}\dfrac{\partial w_{\text{inlet}}}{\partial q}q\\ \delta F_N=\dfrac{\partial F_N}{\partial q}q=\dfrac{\partial F_N}{\partial v_{\text{Transverse}}}\dfrac{\partial v_{\text{Transverse}}}{\partial w_{\text{inlet}}}\dfrac{\partial w_{\text{inlet}}}{\partial q}q\end{cases} \tag{6.190}$$

根据图 6.14、图 6.16 和图 6.18，得出

$$\begin{cases}\Delta v_{\text{Axial}}=-w_{\text{inlet}}\sin(\phi_T+\alpha_0)=-x_T q\sin(\phi_T+\alpha_0)\\ \Delta v_{\text{Transverse}}=w_{\text{inlet}}\cos(\phi_T+\alpha_0)=x_T q\cos(\phi_T+\alpha_0)\end{cases} \tag{6.191}$$

因此，俯仰角速度小扰动对推进力分力的影响用下列偏导数表示，且均在基准飞行条件下进行计算。

$$\begin{aligned}&\frac{\partial F_{P_X}}{\partial q}|_0=-\left(\frac{\partial T}{\partial v_{\text{Axial}}}|_0+\frac{\partial F_N}{\partial v_{\text{Transverse}}}|_0\right)x_T\cos(\phi_T+\alpha_0)\sin(\phi_T+\alpha_0)\\ &\frac{\partial F_{P_Y}}{\partial q}|_0=0\\ &\frac{\partial F_{P_Z}}{\partial q}|_0=x_T\left(\frac{\partial T}{\partial v_{\text{Axial}}}|_0\sin^2(\phi_T+\alpha_0)-\frac{\partial F_N}{\partial v_{\text{Transverse}}}|_0\cos^2(\phi_T+\alpha_0)\right)\end{aligned} \tag{6.192}$$

角$(\phi_T+\alpha_0)$通常很小，且上述表达式可适当简化。可使用方程(6.108)~方程(6.112)对方程组(6.192)中的推力与法向力的偏导数进行计算，具体情况视飞行器推进系统的类型而定。最后，通过比较方程组(6.189)和方程组(6.192)，同时假设$(\phi_T+\alpha_0)$足够小，得出

$$\begin{aligned}&C_{P_{X_q}}\approx-\frac{x_T}{q_\infty S_W}\left(\frac{\partial T}{\partial v_{\text{Axial}}}|_0+\frac{\partial F_N}{\partial v_{\text{Transverse}}}|_0\right)(\phi_T+\alpha_0)\\ &C_{P_{Z_q}}\approx-\frac{x_T}{q_\infty S_W}\frac{\partial F_N}{\partial v_{\text{Transverse}}}|_0\end{aligned} \tag{6.193}$$

俯仰角速度小扰动对上述推进力的影响通常不大。但如果推进装置的安装位置使其相对于力矩参照点具有较大的力臂，则基于上述力的的俯仰力矩的变化可能很大。根据本章假设的推进装置的几何形状，只考虑与俯仰角速度小扰动有关的局部升沉速度，且小扰动力 $\delta T$ 和 $\delta F_N$ 均位于飞行器的 $XZ$ 面内。因此，上述小扰动力不会产生偏航或滚转力矩。

为了处理俯仰力矩受到的影响，应借助方程组(6.149)和图 6.13 与 6.16，同时应注意方程(6.156)给出了推进俯仰力矩的方程，在此重述：

$$M_P=\mathrm{M}_{P_0}+\delta T(d_T\cos\phi_T-x_T\sin\phi_T)-\delta F_N(x_T\cos\phi_T+d_T\sin\phi_T)=C_{P_M}q_\infty S_W\bar{c}_W$$

注意，再次使用无量纲推进俯仰力矩系数 $C_{P_M}$。

与方程(6.186)一致，俯仰角速度小扰动对推进俯仰力矩的影响可表示为

$$\frac{\partial M_P}{\partial q}\bigg|_0 = \frac{\partial C_{P_M}}{\partial q}\bigg|_0 q_\infty S_W \bar{c}_W \triangleq C_{P_{M_q}} q_\infty S_W \bar{c}_W \tag{6.194}$$

根据分析小扰动推进力时使用的方法，将俯仰角速度小扰动对推进俯仰力矩的影响表示为

$$\begin{aligned}\frac{\partial M_P}{\partial q}\bigg|_0 &= \left((d_T\cos\phi_T - x_T\sin\phi_T)\frac{\partial T}{\partial q}\bigg|_0 - (x_T\cos\phi_T + d_T\sin\phi_T)\frac{\partial F_N}{\partial q}\bigg|_0\right)\\ &= -x_T\begin{pmatrix}(d_T\cos\phi_T - x_T\sin\phi_T)\dfrac{\partial T}{\partial v_{\text{Axial}}}\bigg|_0 \sin(\phi_T+\alpha_0)\\ +(x_T\cos\phi_T + d_T\sin\phi_T)\dfrac{\partial F_N}{\partial v_{\text{Transverse}}}\bigg|_0 \cos(\phi_T+\alpha_0)\end{pmatrix}\end{aligned} \tag{6.195}$$

推力角 $\phi_T$ 和基准攻角 $\alpha_0$ 通常很小，因此，通常可简化上述表达式。可通过方程（6.108）~方程（6.112）计算方程（6.195）中的推力与法向力的偏导数，具体情况视飞行器上安装的推进系统类型而定。最后，通过比较方程（6.194）和方程（6.195），同时假设角 $\phi_T$ 和 $\alpha_0$ 足够小，得出

$$C_{P_{M_q}} \approx -\frac{x_T}{q_\infty S_W \bar{c}_W}\left(\frac{\partial T}{\partial v_{\text{Axial}}}\bigg|_0 d_T(\phi_T+\alpha_0) + \frac{\partial F_N}{\partial v_{\text{Transverse}}}\bigg|_0 (x_T + d_T\phi_T)\right) \tag{6.196}$$

### 例 6.7　俯仰角速度小扰动对飞行器所受力与力矩的影响

再次讨论例 6.1~例 6.6 中分析的飞行器。确定俯仰角速度小扰动对作用于飞行器上的气动力与力矩及推进力与力矩的影响。

**解**

根据方程组（6.181），将俯仰角速度小扰动对气动力的影响表示为

$$\frac{\partial F_{A\bullet}}{\partial q}\bigg|_0 = \frac{\partial C_\bullet}{\partial q}\bigg|_0 q_\infty S_W \triangleq C_{\bullet_q} q_\infty S_W,\ \bullet = X, Y, Z$$

根据方程组（6.182），且 $\beta_0=0$，可得出

$$\frac{\partial C_X}{\partial q}\bigg|_0 = -\frac{\partial C_D}{\partial q}\bigg|_0 \cos\beta_0 = -C_{D_q}$$

$$\frac{\partial C_Y}{\partial q}\bigg|_0 = -\frac{\partial C_D}{\partial q}\bigg|_0 \sin\beta_0 = 0$$

$$\frac{\partial C_Z}{\partial q}\bigg|_0 = -\frac{\partial C_L}{\partial q}\bigg|_0 = -C_{L_q}$$

根据方程组（6.185），得出

$$C_{L_q} = C_{L_{\alpha_H}}\frac{q_H}{q_\infty}\frac{S_H}{S_W}\frac{(X_{\text{Ref}} - X_{\text{AC}_H})}{\text{U}_0} = 4.19\times(0.9)\times\left(\frac{42}{169}\right)\times\frac{(2.5\times7.5 - 0.5\times5.825)}{0.2a} = \frac{74.2}{a}$$

$$C_{D_q} = \left(\frac{2C_{L_{H_0}}}{\pi A_H e_H}\right)C_{L_q} \approx 0$$

（再次注意，在上述表达式中，$X$ 位置定义为正前方，由于 $X_{\text{Ref}}$ 和 $X_{\text{AC}_H}$ 在先前示例中视为与机翼翼尖后部相隔的距离，因此其符号反向。）因此，俯仰角速度小扰动对气动力的影响为

$$\frac{\partial F_{A_X}}{\partial q}|_0 = C_{X_q} q_\infty S_W \approx 0, \quad \frac{\partial F_{A_Y}}{\partial q}|_0 = C_{Y_q} q_\infty S_W = 0$$

$$\frac{\partial F_{A_Z}}{\partial q}|_0 = C_{Z_q} q_\infty S_W = -C_{L_q} q_\infty S_W = -\frac{74.2}{a} q_\infty S_W$$

关于俯仰角速度对气动俯仰力矩的影响,方程(6.186)表述为

$$\frac{\partial M_A}{\partial q}|_0 = \frac{\partial C_M}{\partial q}|_0 q_\infty S_W \bar{c}_W \stackrel{\Delta}{=} C_{M_q} q_\infty S_W \bar{c}_W$$

滚转与偏航力矩受到的影响可忽略不计。但根据方程(6.188),得出

$$\begin{aligned} C_{M_q} &= -C_{L_{\alpha_H}} \frac{(X_{\text{Ref}} - X_{\text{AC}_H})^2}{U_0 \bar{c}_W} \frac{q_H}{q_\infty} \frac{S_H}{S_W} \\ &\approx -(4.19) \frac{(2.5 \times 7.5 - 0.5 \times 5.825)^2}{0.2a(5.825)} \times (0.9) \times \left(\frac{42}{169}\right) \\ &= -(1.02) \times (4.19) \times \frac{250.8}{1.17a} \times (0.9) \times \left(\frac{42}{169}\right) = -\frac{204.9}{a} \end{aligned}$$

(再次注意,$X_{\text{Ref}}$和 $X_{\text{AC}_H}$的符号反向。)因此,俯仰角速度小扰动对气动俯仰力矩的影响为

$$\frac{\partial M_A}{\partial q}|_0 = C_{M_q} q_\infty S_W \bar{c}_W = -\frac{204.9}{a} q_\infty S_W \bar{c}_W$$

注意,小扰动 $q$ 对俯仰力矩或俯仰阻尼的影响明显大于对垂直力的影响。

现在讨论俯仰角速度小扰动对推进力的影响,根据方程组(6.192)及 $\phi_T = d_T = 0$ 与 $\alpha_0 = 2°$,得出

$$\frac{\partial F_{P_X}}{\partial q}|_0 \approx 0, \quad \frac{\partial F_{P_Y}}{\partial q}|_0 = 0$$

$$\frac{\partial F_{P_Z}}{\partial q}|_0 \approx -\frac{\partial F_N}{\partial v_{\text{Transverse}}}|_0 x_T$$

式中只包括最重要的项。此时,$x_T$ 为 2 $\bar{c}_W$,且应根据发动机测试数据确定有关横向流速度的推进法向力梯度。

最后,关于推进力矩,俯仰角速度小扰动对俯仰力矩的影响如方程(6.195)所示,即

$$\frac{\partial M_P}{\partial q}|_0 \approx -\frac{\partial F_N}{\partial v_{\text{Transverse}}}|_0 x_T^2 = x_T \frac{\partial F_{P_Z}}{\partial q}|_0 = 2\bar{c}_W \frac{\partial F_{P_Z}}{\partial q}|_0$$

因此,俯仰角速度小扰动对推进俯仰力矩的影响明显大于其对推进力的影响(约为一个数量级)。假设飞行器关于 $XZ$ 面对称,则俯仰角速度对滚转与偏航力矩的影响可忽略不计。

---

### 6.7.2 滚转角速度小扰动($p$)

如6.7节所述,飞行器滚转角速度小扰动使所有升力面上的既定翼展位置处的二维翼型剖面的局部攻角发生变化。局部攻角的这种变化因原理图6.20所示的局部速度变化而产生。图中展示了从后方观测的机翼或水平尾翼,并且展示了正滚转角速度。该诱导局部速度沿右翼展的局部攻角增大,如方程(6.179)所示,在此重述:

$$\Delta\alpha(y) = p \frac{y}{U_0}$$

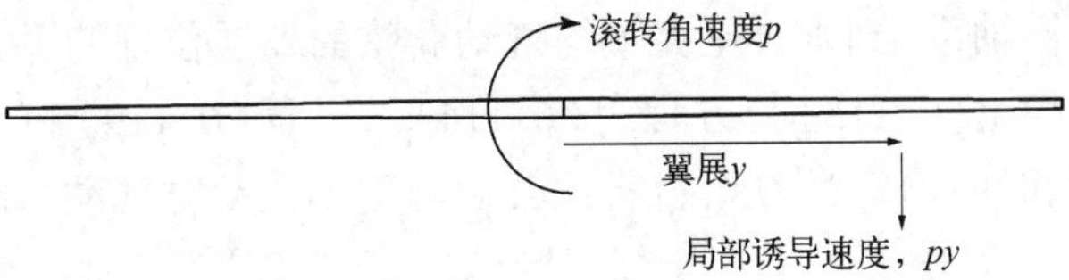


图 6.20　基于滚转角速度的沿机翼的诱导局部速度

沿左翼展的局部攻角将减小。对于垂直尾翼而言,方程(6.180)给出了剖面的局部攻角变化,在此重述:

$$\Delta\alpha(z) = -p\frac{z_V}{U_0}$$

方程(6.179)或方程(6.180)所示的局部攻角变化使机翼或水平尾翼的翼展位置 $y$ 处或垂直尾翼的翼展位置 $z_V$ 处的二维剖面升力发生变化。升力的这种变化用局部攻角二维升力有效度 $c_{l_\alpha}$ 表示为

$$\Delta c_l(\bullet) = c_{l_\alpha}(\bullet)\Delta\alpha(\bullet)q(\bullet)c(\bullet),\ \bullet = y \text{ 或 } z_V \tag{6.197}$$

分别将机翼、水平尾翼与垂直尾翼二维剖面的升力变化表示为:

$$\begin{cases} \Delta c_{l_W}(y) = c_{l_{\alpha_W}}(y)\Delta\alpha(y)q_W c_W(y) = \dfrac{py}{U_0}c_{l_{\alpha_W}}(y)q_\infty c_W(y) \\ \Delta c_{l_H}(y) = c_{l_{\alpha_H}}(y)\Delta\alpha(y)q_H c_H(y) = \dfrac{py}{U_0}c_{l_{\alpha_H}}(y)q_H c_H(y) \\ \Delta c_{l_V}(z_V) = c_{l_{\alpha_V}}(z_V)\Delta\alpha(z_V)q_H c_V(z_V) = -\dfrac{pz_V}{U_0}c_{l_{\alpha_V}}(z_V)q_H c_V(z_V) \end{cases} \tag{6.198}$$

式中:已使用自由流动压表示机翼剖面升力的变化。在上述第三个方程中,令“升力”等于侧力。

由于飞行器关于其 $XZ$ 面对称,因此整个机翼或水平尾翼的升力净变量实际上等于零。但机翼与两个尾翼上的升力变化会使气动力滚转力矩产生变化,而垂直尾翼也会产生侧力。可将方程组(6.198)所示的基于升力变化的力或力矩对机翼与尾翼翼展求积分,以估算上述力与力矩。

由垂直尾翼产生的侧力可表示为

$$\begin{aligned} \Delta S_V &= \int_{z_{V_{\text{Root}}}}^{z_{V_b}} c_{l_{\alpha_V}}(z_V)\Delta\alpha(z_V)q_H c_V(z_V)\mathrm{d}z_V \\ &= -\frac{q_H p}{U_0}\int_{z_{V_{\text{Root}}}}^{z_{V_b}} c_{l_{\alpha_V}}(z_V)z_V c_V(z_V)\mathrm{d}z_V = \Delta C_S q_H S_V \end{aligned} \tag{6.199}$$

但将最后一个积分项表示为

$$\int_{z_{V_{\text{Root}}}}^{z_{V_b}} c_{l_{\alpha_V}}(z_V)z_V c_V(z_V)\mathrm{d}z_V \approx C_{L_{\alpha_V}}\int_{z_{V_{\text{Root}}}}^{z_{V_b}} z_V c_V(z_V)\mathrm{d}z_V = C_{L_{\alpha_V}}Z_{S_{\text{MAC}}}S_V \tag{6.200}$$

式中

$$Z_{S_{\text{MAC}}} \triangleq \frac{1}{S_V}\int_{z_{V_{\text{Root}}}}^{z_{V_b}} z_V c_V(z_V)\mathrm{d}z_V$$

是从 $X_S$ 轴（稳定性坐标轴系）到垂直尾翼平均气动翼弦的翼展位置的垂直距离（处于 $Z_S$ 的反方向）。因此，运用方程组（6.113）与方程组（6.114）及方程（6.119）和方程（6.200），假设较小的基准侧滑角 $\beta_0$，同时明确定义 $C_{S_p}$，可将滚转角速度小扰动对气动力的影响表示为

$$\begin{aligned}
&\frac{\partial F_{A_X}}{\partial p}\Big|_0 = \frac{\partial C_X}{\partial p}\Big|_0 q_\infty S_W = -\frac{\partial C_S}{\partial p}\Big|_0 \sin\beta_0 q_\infty S_W \triangleq -C_{S_p}\sin\beta_0 q_\infty S_W \approx 0 \\
&\frac{\partial F_{A_Y}}{\partial p}\Big|_0 = \frac{\partial C_Y}{\partial p}\Big|_0 q_\infty S_W = \frac{\partial C_S}{\partial p}\Big|_0 \cos\beta_0 q_\infty S_W \triangleq C_{S_p}\cos\beta_0 q_\infty S_W \\
&\qquad \approx -\left(C_{L_{\alpha_V}}\frac{Z_{S_{\text{MAC}}}}{U_0}\frac{q_H}{q_\infty}\frac{S_V}{S_W}\right)q_\infty S_W
\end{aligned} \tag{6.201}$$

就滚转角速度对飞行器气动力滚转与偏航力矩的影响而言，将由三个升力面产生的滚转角速度引起的力矩变化表示为 $\Delta L_{A_W}$、$\Delta L_{A_H}$、$\Delta L_{A_V}$ 和 $\Delta N_{A_V}$。运用方程组（6.198），同时将由剖面升力产生的力矩对每个升力面上的翼展求积分，得出

$$\begin{cases}
\Delta L_{A_W} = -\displaystyle\int_{-b_W/2}^{b_W/2} c_{l_{\alpha_W}}(y)\Delta\alpha_W(y)q_\infty c_W(y)y\mathrm{d}y = -\frac{q_\infty p}{U_0}\int_{-b_W/2}^{b_W/2} c_{l_{\alpha_W}}(y)y^2 c_W(y)\mathrm{d}y \\
\Delta L_{A_H} = -\displaystyle\int_{-b_H/2}^{b_H/2} c_{l_{\alpha_H}}(y)\Delta\alpha_H(y)q_H c_H(y)y\mathrm{d}y = -\frac{q_H p}{U_0}\int_{-b_H/2}^{b_H/2} c_{l_{\alpha_H}}(y)y^2 c_H(y)\mathrm{d}y \\
\Delta L_{A_V} = \displaystyle\int_{z_{V_{\text{Root}}}}^{z_{V_b}} c_{l_{\alpha_V}}(z_V)\Delta\alpha_V(z_V)q_H c_V(z_V)z_V\mathrm{d}z_V = -\frac{q_H p}{U_0}\int_{z_{V_{\text{Root}}}}^{z_{V_b}} c_{l_{\alpha_V}}(z_V)z_V^2 c_V(z_V)\mathrm{d}z_V \\
\Delta N_{A_V} = -\displaystyle\int_{z_{V_{\text{Root}}}}^{z_{b_V}} c_{l_{\alpha_V}}(z_V)\Delta\alpha_V(z_V)q_H c_V(z_V)\left(X_{\text{Ref}} - x_{\text{AC}_V}(z_V)\right)\mathrm{d}z_V \\
\qquad \approx \dfrac{q_H p}{U_0}\left(X_{\text{Ref}} - X_{\text{AC}_V}\right)\displaystyle\int_{z_{V_{\text{Root}}}}^{z_{b_V}} c_{l_{\alpha_V}}(z_V)z_V c_V(z_V)\mathrm{d}z_V
\end{cases} \tag{6.202}$$

因此，飞行器的滚转与偏航力矩的总变化为

$$\begin{cases}
\Delta L_A = \Delta L_{A_W} + \Delta L_{A_H} + \Delta L_{A_V} = \Delta C_{L_{\text{Roll}}} q_\infty S_W b_W \\
\Delta N_A = \Delta N_{A_V} = \Delta C_N q_\infty S_W b_W
\end{cases} \tag{6.203}$$

式中引入了滚转力矩系数 $\Delta C_{L_{\text{Roll}}}$ 与偏航力矩系数 $\Delta C_N$ 的变化。

注意，对于机翼与水平尾翼表面而言，方程（6.202）中的积分项可表示为

$$\int_{-b_\bullet/2}^{b_\bullet/2} c_{l_{\alpha_\bullet}}(y)y^2 c_\bullet(y)\mathrm{d}y \approx C_{L_{\alpha_\bullet}}\int_{-b_\bullet/2}^{b_\bullet/2} y^2 c_\bullet(y)\mathrm{d}y = C_{L_{\alpha_\bullet}}\tilde{Y}_\bullet S_\bullet,\ \bullet = W\text{或}H \tag{6.204}$$

且

$$\tilde{Y}_\bullet \triangleq \frac{1}{S_\bullet}\int_{-b_\bullet/2}^{b_\bullet/2} y^2 c_\bullet(y)\mathrm{d}y = \frac{2}{S_\bullet}\int_0^{b_\bullet/2} y^2 c_\bullet(y)\mathrm{d}y$$

此外，$C_{L_\alpha}$ 是三维攻角升力有效度而 $c.(y)$ 是沿机翼或尾翼的展向翼弦分布。同样，对于垂直尾翼而言，可表示为

$$\int_{z_{V_{\text{Root}}}}^{z_{V_b}} c_{l_{\alpha_V}}(z_V) z_v^2 c_V(z_V) \mathrm{d}z_V \approx C_{L_{\alpha_V}} \int_{z_{V_{\text{Root}}}}^{z_{V_b}} z_v^2 c_V(z_V) \mathrm{d}z_V = C_{L_{\alpha_V}} \widetilde{Z}_S S_V \tag{6.205}$$

且

$$\widetilde{Z}_S \triangleq \frac{1}{S_V} \int_{z_{V_{\text{Root}}}}^{z_{V_b}} z_v^2 c_V(z_V) \mathrm{d}z_V$$

此处应注意，$\widetilde{Z}_S$ 项是 $X_S$ 轴上垂直尾翼剖面高度的函数。当飞行器的基准飞行条件涉及较大的基准攻角 $\alpha_0$ 时，在尾翼翼根弦附近的剖面，此高度可变为负值。

基于上述事实，同时将方程(6.200)和方程组(6.202)代入方程组(6.203)，求解基于滚转角速度的系数变化，得出

$$\begin{aligned}
\Delta C_{L_{\text{Roll}}} &= -\left(C_{L_{\alpha_W}} \widetilde{Y}_{\text{MAC}_W} + C_{L_{\alpha_H}} \widetilde{Y}_{\text{MAC}_H} \frac{q_H}{q_\infty} \frac{S_H}{S_W} + C_{L_{\alpha_V}} \widetilde{Z}_{S_{\text{MAC}}} \frac{q_H}{q_\infty} \frac{S_V}{S_W}\right) \frac{p}{U_0 b_w} \\
\Delta C_N &= \frac{p}{U_0} \frac{\left(X_{\text{Ref}} - X_{\text{AC}_V}\right)}{b_W} C_{L_{\alpha_V}} Z_{S_{\text{MAC}}} \frac{q_H}{q_\infty} \frac{S_V}{S_W}
\end{aligned} \tag{6.206}$$

因此，滚转角速度小扰动对气动滚转与偏航力矩的影响可用以下偏导数表示：

$$\begin{aligned}
\frac{\partial L_A}{\partial p}\Big|_0 &= \frac{\partial C_{L_{\text{Roll}}}}{\partial p}\Big|_0 q_\infty S_W b_W \triangleq C_{L_p} q_\infty S_W b_W \\
&= \left(-\frac{1}{U_0 b_W}\left(C_{L_{\alpha_W}} \widetilde{Y}_{\text{MAC}_W} + C_{L_{\alpha_H}} \widetilde{Y}_{\text{MAC}_H} \frac{q_H}{q_\infty} \frac{S_H}{S_W}\right.\right. \\
&\qquad \left.\left. + C_{L_{\alpha_V}} \widetilde{Z}_{S_{\text{MAC}}} \frac{q_H}{q_\infty} \frac{S_V}{S_W}\right)\right) q_\infty S_W b_W \\
\frac{\partial N_A}{\partial p}\Big|_0 &= \frac{\partial C_N}{\partial p}\Big|_0 q_\infty S_W b_W \triangleq C_{N_p} q_\infty S_W b_W \\
&= \left(\frac{\left(X_{\text{Ref}} - X_{\text{AC}_V}\right)}{U_0 b_W} C_{L_{\alpha_V}} Z_{S_{\text{MAC}}} \frac{q_H}{q_\infty} \frac{S_V}{S_W}\right) q_\infty S_W b_W
\end{aligned} \tag{6.207}$$

同时已明确定义 $C_{L_p}$ 和 $C_{N_p}$。与俯仰力矩的情况类似，$C_{L_p}$ 称为滚转阻尼系数。我们将在第十一章中发现，该系数也是与飞行器动力学有关的重要参数。

如果上述装置不在飞行器的 $XZ$ 面附近，则滚转角速度小扰动也可能会影响由推进装置产生的滚转力矩。由于假设所安装的推进装置关于 $XZ$ 面对称，因此推进力与其他力矩不会受到显著影响。此时只考虑飞行器发动机位于飞行器 $XY$ 面以外的展向位置 $y$ 处，且只考虑滚转角速度小扰动对推进滚转力矩的影响。

再次根据方程组(6.149)和图 6.13~图 6.15，可将推进滚转力矩表示为

$$L_P = -\sum_{i=1}^{n_P} y_i \left(F_{N_i} \cos\left(\phi_{T_i} + \alpha_0\right) + T_i \sin\left(\phi_{T_i} + \alpha_0\right)\right) = C_{P_{L_{\text{Roll}}}} q_\infty S_W b_W \tag{6.208}$$

式中：$n_P$ 为安装的推进装置数量；$y_i$ 为第 $i$ 个推进装置与 $XZ$ 面的距离(沿右机翼为正向)。

与方程(6.207)一致，可将滚转角速度小扰动对推进滚转力矩的影响表示为

$$\frac{\partial L_P}{\partial p}\Big|_0 = \frac{\partial C_{P_{L_{\text{Roll}}}}}{\partial p}\Big|_0 q_\infty S_W b_W \triangleq C_{P_{L_p}} q_\infty S_W b_W \tag{6.209}$$

此时根据方程(6.179),基于滚转角速度的局部攻角变化表示为

$$\Delta\alpha(y) = p\frac{y}{U_0}$$

局部攻角的变化促使推进-进气流速度与方向产生如下变化:

$$\begin{cases} \Delta v_{\text{Axial}}(y) = -\Delta\alpha(y)\text{U}_0\sin(\phi_T + \alpha_0) = -py\sin(\phi_T + \alpha_0) \\ \Delta v_{\text{Transverse}}(y) = \Delta\alpha(y)\text{U}_0\cos(\phi_T + \alpha_0) = py\cos(\phi_T + \alpha_0) \end{cases} \tag{6.210}$$

根据方程(6.208),可知基于滚转角速度的推进滚转力矩的变化为

$$\frac{\partial L_P}{\partial p} = -\sum_{i=1}^{n_P} y_i\left(\frac{\partial F_{N_i}}{\partial p}\cos(\phi_{T_i} + \alpha_0) + \frac{\partial T_i}{\partial p}\sin(\phi_{T_i} + \alpha_0)\right) \tag{6.211}$$

但是,根据方程(6.210)可知

$$\begin{cases} \dfrac{\partial F_{N_i}}{\partial p} = \dfrac{\partial F_{N_i}}{\partial v_{\text{Transverse}}}\dfrac{\partial v_{\text{Transverse}}}{\partial p} = \dfrac{\partial F_{N_i}}{\partial v_{\text{Transverse}}} y_i\cos(\phi_{T_i} + \alpha_0) \\ \dfrac{\partial T_i}{\partial p} = \dfrac{\partial T_i}{\partial v_{\text{Axial}}}\dfrac{\partial v_{\text{Axial}}}{\partial p} = -\dfrac{\partial T_i}{\partial v_{\text{Axial}}} y_i\sin(\phi_{T_i} + \alpha_0) \end{cases} \tag{6.212}$$

因此,可将滚转角速度对推进滚转力矩的影响表示为

$$\begin{aligned} \frac{\partial L_P}{\partial p} &= -\sum_{i=1}^{n_P} y_i^2\left(\frac{\partial F_{N_i}}{\partial v_{\text{Transverse}}}\cos^2(\phi_{T_i} + \alpha_0) - \frac{\partial T_i}{\partial v_{\text{Axial}}}\sin^2(\phi_{T_i} + \alpha_0)\right) \\ &\approx -\sum_{i=1}^{n_P} y_i^2\frac{\partial F_{N_i}}{\partial v_{\text{Transverse}}} \end{aligned} \tag{6.213}$$

可通过方程(6.108)~方程(6.112)计算上式中法向力的偏导数,具体情况视安装在飞行器上的推进系统而定。最后,将方程(6.209)与方程(6.213)进行比较,并假设角($\phi_T+\alpha_0$)足够小,可得出

$$C_{P_{L_p}} \approx -\frac{1}{q_\infty S_W b_W}\sum_{i=1}^{n_P}\frac{\partial F_{N_i}}{\partial v_{\text{Transverse}}} y_i^2 \tag{6.214}$$

### 6.7.3 偏航角速度小扰动($r$)

如6.7节所述,飞行器偏航角速度小扰动会导致飞行器尾翼的局部攻角以及机翼和水平尾翼的局部动压发生变化。如原理图6.19所示的局部速度的变化会引起垂直尾翼的局部攻角改变。该攻角变化由方程(6.177)表示,在此重述:

$$\Delta\alpha_V \approx \frac{r}{U_0}(X_{\text{Ref}} - X_{\text{AC}_V})$$

此外,偏航角速度也会导致翼展 $y$ 处的机翼或水平尾翼的二维翼型剖面的局部纵移速度发生变化。偏航角速度为正时,沿右翼展的纵移速度变化将为负,沿左翼展的该速度变化将为正,采用方程(6.178)表示:

$$\Delta u_{W\text{ or }H}(y) = -ry$$

当然,该速度变化将导致局部动压变化,其关系采用下式表示:

$$\Delta q(y)=\frac{\partial q_\infty}{\partial u}|_0\,\Delta u(y)=-\rho_\infty U_0 ry \tag{6.215}$$

按照类似于处理滚转角速度时所用的方法,因偏航角速度导致的垂直尾翼侧力变化可表示为

$$\Delta S_V=C_{L_{\alpha_V}}\Delta\alpha_V q_H S_V=C_{L_{\alpha_V}}\frac{r}{U_0}\left(X_{\text{Ref}}-X_{\text{AC}_V}\right)q_H S_V \tag{6.216}$$

因此,$C_{S_r}$定义明确且$\beta_0$较小时,偏航角速度对气动力的影响可表示为

$$\begin{aligned}\frac{\partial F_{A_X}}{\partial r}|_0&=\frac{\partial C_X}{\partial r}|_0\,q_\infty S_W=-\frac{\partial C_S}{\partial r}|_0\sin\beta_0 q_\infty S_W\triangleq-C_{S_r}\sin\beta_0 q_\infty S_W\approx 0\\ \frac{\partial F_{A_Y}}{\partial r}|_0&=\frac{\partial C_Y}{\partial r}|_0\,q_\infty S_W=C_{S_r}\cos\beta_0 q_\infty S_W\approx\left(C_{L_{\alpha_V}}\frac{\left(X_{\text{Ref}}-X_{\text{AC}_V}\right)}{U_0}\frac{q_H}{q_\infty}\frac{S_V}{S_W}\right)q_\infty S_W\end{aligned} \tag{6.217}$$

由垂直尾翼产生的侧力的变化(见上文)也会导致偏航力矩的变化。该偏航力矩变化可表示为

$$\Delta N_V=-\Delta S_V\left(X_{\text{Ref}}-X_{\text{AC}_V}\right)=-C_{L_{\alpha_V}}\frac{r}{U_0}\left(X_{\text{Ref}}-X_{\text{AC}_V}\right)^2 q_H S_V \tag{6.218}$$

然后,可得出$C_{N_r}$定义明确时偏航角速度对飞行器气动偏航力矩的影响为

$$\begin{aligned}\frac{\partial N_A}{\partial r}|_0&=\frac{\partial C_N}{\partial r}|_0\,q_\infty S_W b_W\triangleq C_{N_r}q_\infty S_W b_W\\ &=\left(-C_{L_{\alpha_V}}\frac{\left(X_{\text{Ref}}-X_{\text{AC}_V}\right)^2}{U_0 b_W}\frac{q_H}{q_\infty}\frac{S_V}{S_W}\right)q_\infty S_W b_W\end{aligned} \tag{6.219}$$

该系数称为偏航阻尼系数。与俯仰阻尼系数和滚转阻尼系数一样,偏航阻尼系数也是与飞行器动力学有关的一个重要参数。

另外,因偏航角速度小扰动导致的沿机翼和水平尾翼翼展方向的局部动压的非对称变化将导致各二维剖面局部升力和阻力的变化。升力的非对称变化将产生飞行器滚转力矩,而阻力变化将产生偏航力矩。但是,本书将假设此偏航力矩与垂直尾翼产生的偏航力矩(方程(6.218))相比非常小,将忽略不计。

用二维剖面局部升力表示滚转力矩变化,然后对机翼和尾翼的翼展进行积分。这样,机翼和水平尾翼的表达式如下:

$$\begin{aligned}\Delta L_{A\bullet}&=-\int_{-b_\bullet/2}^{b_\bullet/2}c_l(y)\Delta q(y)c_\bullet(y)y\,\mathrm{d}y\\ &=\rho_\infty U_0 r\int_{-b_\bullet/2}^{b_\bullet/2}c_{l_a}(y)\left(\alpha_\bullet+\varepsilon_{T\bullet}(y)-\alpha_{0\bullet}(y)\right)c_\bullet(y)y^2\mathrm{d}y\\ &\approx\rho_\infty U_0 rC_{L_{\alpha\bullet}}\left(\alpha_\bullet\int_{-b_\bullet/2}^{b_\bullet/2}c_\bullet(y)y^2\mathrm{d}y+\int_{-b_\bullet/2}^{b_\bullet/2}\left(\varepsilon_{T\bullet}(y)-\alpha_{0\bullet}(y)\right)c_\bullet(y)y^2\mathrm{d}y\right)\\ &=\rho_\infty U_0 rC_{L_{\alpha\bullet}}\left(\alpha_\bullet\widetilde{Y}_\bullet+\widetilde{E}_\bullet\right)S_\bullet=\frac{\rho_\infty U_0}{q_\infty}rC_{L_{\alpha\bullet}}\frac{\left(\alpha_\bullet\widetilde{Y}_\bullet+\widetilde{E}_\bullet\right)}{b_\bullet}q_\infty S_\bullet b_\bullet,\ \bullet=W\text{或}H\end{aligned} \tag{6.220}$$

式中

$$\widetilde{\mathrm{E}}_{\bullet} \triangleq \frac{1}{S_{\bullet}} \int_{-b_{\bullet}/2}^{b_{\bullet}/2} \left(\varepsilon_{T_{\bullet}}(y) - \alpha_{0_{\bullet}}(y)\right) c_{\bullet}(y) y^2 \mathrm{d}y, \bullet = W \text{或} H$$

$\widetilde{Y}_{\bullet}$ 定义见方程(6.204)。

现在,采用以下求和式表示飞行器气动滚转力矩的变化:

$$\Delta L_A = \Delta L_{A_W} + \Delta L_{A_H} = \Delta C_{L_{\mathrm{Roll}}} q_{\infty} S_W b_W \tag{6.221}$$

并假设水平尾翼无展向扭转以及 $\alpha_{0_H}(y)=0$,则得出 $C_{L_r}$ 定义明确时偏航角速度小扰动对飞行器气动滚转力矩的影响为

$$\frac{\partial L_A}{\partial r}\Big|_0 = \frac{\partial C_{L_{\mathrm{Roll}}}}{\partial r}\Big|_0 q_{\infty} S_W b_W \triangleq C_{L_r} q_{\infty} S_W b_W$$

$$= \frac{\rho_{\infty} U_0}{q_{\infty}} \left( C_{L_{\alpha_W}} \frac{(\alpha_0 + i_W)\widetilde{Y}_W + \widetilde{\mathrm{E}}_W}{b_W} + C_{L_{\alpha_H}} \frac{\left(\alpha_0\left(1 - \frac{\mathrm{d}\varepsilon}{\mathrm{d}\alpha}\right) + i_H - \frac{\mathrm{d}\varepsilon}{\mathrm{d}\alpha}\left(i_W - \alpha_{0_W}\right)\right)\widetilde{Y}_H}{b_W} \frac{S_H}{S_W} \right) q_{\infty} S_W b_W \tag{6.222}$$

式中:$\alpha_0$是指基准条件下飞行器的攻角。

再来讨论偏航角速度小扰动对推进力和推进力矩的影响。回顾可知方程(6.131)给出了用稳定性坐标轴系中各个分力表示的总推进力。根据图 6.13,注意已假设推进装置关于飞行器的 $XZ$ 面对称。那么按照 6.6.3 节“横向速度小扰动 $v$”所述,可以将总推进力的各个分力用其参照值及推力小扰动 $\delta T$ 与作用于发动机上的法向力小扰动 $\delta F_N$ 表示。

如果发动机安装在远离飞行器 $XZ$ 面的位置,比如沿机翼安装,则偏航角速度也可能影响发动机的轴向流速度,进而影响推力。但是,由于该影响关于飞行器 $XZ$ 面对称,因此对作用于飞行器的推进力的净影响将忽略不计。

既然只考虑偏航角速度,因此根据方程组(6.165)可得出

$$F_{P_X} = F_{P_{X_0}}$$

$$F_{P_Y} = -\delta F_N = C_{P_Y} q_{\infty} S_W$$

$$F_{P_Z} = F_{P_{X_0}}$$

因此,偏航角速度小扰动对横向推进力的影响可表示为

$$\frac{\partial F_{P_Y}}{\partial r}\Big|_0 = \frac{\partial C_{P_Y}}{\partial r}\Big|_0 q_{\infty} S_W \triangleq C_{P_{Y_r}} q_{\infty} S_W \tag{6.223}$$

现在,可使用偏航角速度来表示推进力小扰动,表达式如下:

$$\begin{cases} \delta F_N = \dfrac{\partial F_N}{\partial r} r = \dfrac{\partial F_N}{\partial v_{\mathrm{Transverse}}} \dfrac{\partial v_{\mathrm{Transverse}}}{\partial r} r \\ \delta T = \dfrac{\partial T}{\partial r} r = \dfrac{\partial T}{\partial v_{\mathrm{Axial}}} \dfrac{\partial v_{\mathrm{Axial}}}{\partial r} r \end{cases} \tag{6.224}$$

稍后讨论推进力矩时,将用到小扰动推力。根据图 6.14 和图 6.19,得出

$$\Delta v_{\mathrm{Transverse}} = r x_T \cos\alpha_0$$

因此

$$\frac{\partial v_{\text{Transverse}}}{\partial r} = x_T \cos\alpha_0 \tag{6.225}$$

另外,如果发动机安装在距飞行器 $XZ$ 面翼展距离 $y_T$ 的位置,则

$$\Delta v_{\text{Axial}} = -r y_T$$

因此

$$\frac{\partial v_{\text{Axial}}}{\partial r} = -y_T \tag{6.226}$$

因而,得出偏航角速度对横向推进力的影响为

$$\frac{\partial F_{P_Y}}{\partial r}\Big|_0 = \frac{\partial F_N}{\partial v_{\text{Transverse}}}\Big|_0 x_T \cos\alpha_0 \tag{6.227}$$

根据飞行器推进系统的类型,可使用方程(6.111)或方程(6.112)计算上述法向力的偏导数。最后,通过比较方程(6.223)和方程(6.227)并假设 $\alpha_0$ 足够小,得出

$$C_{P_{Y_r}} = \frac{x_T}{q_\infty S_W} \frac{\partial F_N}{\partial v_{\text{Transverse}}}\Big|_0 \tag{6.228}$$

一般来说,偏航角速度小扰动对横向推进力的影响并不大。但是,如果推进装置的力臂大或者如果发动机安装在距离飞行器 $XZ$ 面较远的位置,则因横向推进力导致的力矩变化将会增大。在假定推进装置几何形状的情形下,正偏航角速度小扰动将沿飞行器正向 $Y_S$ 轴产生一个小扰动法向力 $\delta F_N$。另外,小扰动推力 $\delta T$ 将围绕飞行器 $XZ$ 面实现对称作用。因此,$\delta T$ 可产生偏航力矩,但很少或不会产生俯仰力矩。

为探讨推进滚转力矩和偏航力矩,我们再次使用方程组(6.149)和图 6.13 分别得出沿稳定性坐标轴系 $X_S$ 和 $Z_S$ 轴的推进滚转力矩和偏航力矩方程。或者,类似于方程(6.171)所示,得出

$$\begin{cases} L_P = -(d_T \cos\alpha_0 + x_T \sin\alpha_0) F_N = C_{P_{L_{\text{Roll}}}} q_\infty S_W b_W \\ N_P = -(x_T \cos\alpha_0 - d_T \sin\alpha_0) F_N - \sum\limits_{i=1}^{n_P} y_{T_i} \delta T_i = C_{P_N} q_\infty S_W b_W \end{cases} \tag{6.229}$$

式中:$i$ 是指远离飞行器 $XZ$ 面安装的第 $i$ 台推进装置;$n_P$ 是指远离飞行器 $XZ$ 面安装在飞行器上的推进装置的数量;$y_{T_i}$ 是指第 $i$ 台推进装置的展向位置。

与方程(6.219)与方程(6.222)一致,现在可将偏航角速度小扰动对推进滚转力矩和偏航力矩的影响表示为

$$\begin{aligned} \frac{\partial L_P}{\partial r}\Big|_0 &= \frac{\partial C_{P_{L_{\text{Roll}}}}}{\partial r}\Big|_0 q_\infty S_W b_W \triangleq C_{P_{L_r}} q_\infty S_W b_W \\ \frac{\partial N_P}{\partial r}\Big|_0 &= \frac{\partial C_{P_N}}{\partial r}\Big|_0 q_\infty S_W b_W \triangleq C_{P_{N_r}} q_\infty S_W b_W \end{aligned} \tag{6.230}$$

按照之前分析推进力所采用的方法,得出偏航角速度小扰动对推进力矩的影响可表示为

$$
\begin{aligned}
\frac{\partial L_P}{\partial r}\Big|_0 &= -\left(d_T\cos\alpha_0 + x_T\sin\alpha_0\right)\frac{\partial F_N}{\partial r}\Big|_0 \\
&= -\left(d_T\cos\alpha_0 + x_T\sin\alpha_0\right)\frac{\partial F_N}{\partial v_{\text{Transverse}}}x_T\cos\alpha_0 \\
\frac{\partial N_P}{\partial r}\Big|_0 &= -\left(x_T\cos\alpha_0 - d_T\sin\alpha_0\right)\frac{\partial F_N}{\partial r}\Big|_0 - \sum_{i=1}^{n_P} y_{T_i}\frac{\partial T_i}{\partial r} \\
&= -\left(x_T\cos\alpha_0 - d_T\sin\alpha_0\right)\frac{\partial F_N}{\partial v_{\text{Transverse}}}x_T\cos\alpha_0 + \sum_{i=1}^{n_P} y_{T_i}^2\frac{\partial T_i}{\partial v_{\text{Axial}}}
\end{aligned}
\tag{6.231}
$$

一般来说,基准攻角 $\alpha_0$ 较小,因此方程组(6.231)给出的表达式可进行相应的简化。而且,如果发动机靠近飞行器 $XY$ 面安装,方程组(6.231)中第二式的求和可以忽略。根据安装在飞行器上的推进系统的类型,方程组(6.231)中的推力和法向力的偏导数可使用方程(6.108)~方程(6.112)计算。最后,通过比较方程组(6.230)和方程组(6.231)并假设 $\alpha_0$ 足够小,得出偏航角速度推进力矩有效度为

$$
\begin{aligned}
C_{P_{L_r}} &= -\frac{x_T\left(d_T + x_T\alpha_0\right)}{q_\infty S_W b_W}\frac{\partial F_N}{\partial v_{\text{Transverse}}} \\
C_{P_{N_r}} &= -\frac{1}{q_\infty S_W b_W}\left(x_T\left(x_T - d_T\alpha_0\right)\frac{\partial F_N}{\partial v_{\text{Transverse}}} + \sum_{i=1}^{n_P} y_{T_i}^2\frac{\partial T_i}{\partial v_{\text{Axial}}}\right)
\end{aligned}
\tag{6.232}
$$

### 6.7.4 攻角变化率小扰动($\dot{\alpha}$)

接下来将考虑自由流流向变化率的影响,这些影响可用攻角和侧滑角变化率(分别为 $\dot{\alpha}$ 和 $\dot{\beta}$)表示。这些影响通常与俯仰角速度和偏航角速度的影响有关,但与其又有本质差别。即使飞行器最初不存在角速度,但流向仍可能改变。例如,想象一下突然发生的垂直或横向阵风对正在水平直线飞行的飞行器的影响。这样的阵风将改变整个飞行器升力面上的局部流向。

如果与升力面压力分布稳定率相比,攻角变化率低,则流向产生的主要影响是由于下洗流 $\varepsilon$ 滞后所致。(由于侧洗流影响过小,故在本章不予考虑,因此此处将只讨论下洗流。)前升力面(如机翼)攻角发生变化时,将发生下洗滞后现象。升力的改变将导致机翼后缘下洗流的变化。但是,当来自机翼的气流到达尾翼表面时,下洗流的这种变化对后升力面(如水平尾翼)的影响将在时间间隔 $\Delta t$ 后才出现。

机翼攻角变化与水平尾翼遇到的相应下洗流变化之间的时滞 $\Delta t$ 可使用机翼与尾翼之间的距离以及飞行器相对于气团的速度表示。或者,假设 $X$ 位置在飞行器上为正前方,则得出

$$
\Delta t \approx \frac{\left(X_{\text{AC}_W} - X_{\text{AC}_H}\right)}{U_0} \tag{6.233}
$$

由于尾翼下洗流的这种变化,得出时间为($t+\Delta t$)时尾翼的攻角为

$$
\begin{aligned}
\alpha_H(t+\Delta t) &= \alpha(t+\Delta t) + i_H - \varepsilon_H(t) \\
&= \alpha(t+\Delta t) + i_H - \left(\varepsilon_H(t+\Delta t) - \left(\varepsilon_H(t+\Delta t) - \varepsilon_H(t)\right)\right) \\
&= \alpha(t+\Delta t) + i_H - \left(\varepsilon_H(t+\Delta t) - \Delta\varepsilon_H\right)
\end{aligned}
\tag{6.234}
$$

或

$$\alpha_H = \alpha + i_H - \varepsilon_H + \Delta\varepsilon_H$$

式中：$\varepsilon_H(t)$表示受机翼攻角变化影响之前的尾翼下洗流。但是，方程(6.234)中的下洗流变化 $\Delta\varepsilon_H$ 可以表示为

$$\Delta\varepsilon_H \approx \frac{d\varepsilon_H}{d\alpha_W}\Delta\alpha_W = \frac{d\varepsilon_H}{d\alpha_W}\dot{\alpha}\Delta t = \frac{d\varepsilon_H}{d\alpha_W}\dot{\alpha}\frac{(X_{AC_W} - X_{AC_H})}{U_0} \tag{6.235}$$

因此，因下洗滞后导致的尾翼攻角变化 $\Delta\alpha_H$ 可通过方程(6.235)表示。另外，根据方程(6.234)，正 $\Delta\varepsilon_H$ 对应$(t+\Delta t)$时水平尾翼的攻角增大。

因此，对应于下洗流此种变化的水平尾翼升力变化为

$$\begin{aligned}\Delta L_H &= \Delta C_{L_H} q_H S_H = C_{L_{\alpha_H}} \Delta\alpha_H q_H S_H \\ &= C_{L_{\alpha_H}} \Delta\varepsilon_H q_H S_H = C_{L_{\alpha_H}} \frac{d\varepsilon_H}{d\alpha_W}\dot{\alpha}\frac{(X_{AC_W} - X_{AC_H})}{U_0} q_H S_H\end{aligned} \tag{6.236}$$

$C_{L_{\dot{\alpha}}}$ 定义明确时，假设 $\Delta L = \Delta L_H$，飞行器升力变化为

$$\Delta L = \frac{\partial C_L}{\partial\dot{\alpha}}\dot{\alpha}q_\infty S_W \triangleq C_{L_{\dot{\alpha}}}\dot{\alpha}q_\infty S_W = \left(C_{L_{\alpha_H}}\frac{d\varepsilon_H}{d\alpha_W}\frac{(X_{AC_W} - X_{AC_H})}{U_0}\frac{q_H}{q_\infty}\frac{S_H}{S_W}\right)\dot{\alpha}q_\infty S_W \tag{6.237}$$

利用方程组(6.113)和方程组(6.114)，假设$\dot{\alpha}$对阻力和侧力的影响均可忽略不计，则得出攻角变化率对气动力的影响为

$$\begin{aligned}&\frac{\partial F_{A_X}}{\partial\dot{\alpha}}\Big|_0 = 0, \quad \frac{\partial F_{A_Y}}{\partial\dot{\alpha}}\Big|_0 = 0 \\ &\frac{\partial F_{A_Z}}{\partial\dot{\alpha}}\Big|_0 = -\frac{\partial L}{\partial\dot{\alpha}}\Big|_0 = -C_{L_{\dot{\alpha}}}q_\infty S_W \\ &\qquad = -\left(C_{L_{\alpha_H}}\frac{d\varepsilon_H}{d\alpha_W}\frac{(X_{AC_W} - X_{AC_H})}{U_0}\frac{q_H}{q_\infty}\frac{S_H}{S_W}\right)q_\infty S_W\end{aligned} \tag{6.238}$$

更重要的是，下洗滞后还将影响飞行器的气动俯仰力矩。利用方程式(6.236)，即水平尾翼产生的升力的变化，并假设 $X$ 位置为正前方，得出因下洗滞后导致的飞行器俯仰力矩变化为

$$\begin{aligned}\Delta M_A &= \Delta C_m q_\infty S_W \bar{c}_W = -\Delta L_H(X_{Ref} - X_{AC_H}) \\ &= -\left(C_{L_{\alpha_H}}\frac{d\varepsilon_H}{d\alpha_W}\dot{\alpha}\frac{(X_{AC_W} - X_{AC_H})(X_{Ref} - X_{AC_H})}{U_0\bar{c}_W}\frac{q_H}{q_\infty}\frac{S_H}{S_W}\right)q_\infty S_W\bar{c}_W\end{aligned} \tag{6.239}$$

因此，$C_{M_{\dot{\alpha}}}$ 定义明确时攻角变化率对飞行器气动俯仰力矩的影响为

$$\begin{aligned}\frac{\partial M_A}{\partial\dot{\alpha}}\Big|_0 &= \frac{\partial C_M}{\partial\dot{\alpha}}\Big|_0 q_\infty S_W\bar{c}_W \triangleq C_{M_{\dot{\alpha}}}q_\infty S_W\bar{c}_W \\ &= -\left(C_{L_{\alpha_H}}\frac{d\varepsilon_H}{d\alpha_W}\frac{(X_{AC_W} - X_{AC_H})(X_{Ref} - X_{AC_H})}{U_0\bar{c}_W}\frac{q_H}{q_\infty}\frac{S_H}{S_W}\right)q_\infty S_W\bar{c}_W\end{aligned} \tag{6.240}$$

对于具有后尾翼的飞行器而言，该有效度通常忽略不计。另外，如前所述，攻角变化率对滚转力矩和偏航力矩的影响也予以忽略。

由于进气流的幅值和流向受到影响，因此下洗滞后还能影响推进力和力矩。之前提到根

据方程(6.235)可知因下洗滞后导致的局部攻角变化可通过下洗流变化 $\Delta\varepsilon(x)$ 计算得出，而该式中 $x=X_{AC_H}$，因此，得出推进装置进气口局部攻角变化为

$$\Delta\alpha_{\text{inlet}} \approx \frac{d\varepsilon_{\text{inlet}}}{d\alpha_W}\dot{\alpha}\frac{(X_{AC_W}-X_{\text{Ref}}+x_T)}{U_0} \tag{6.241}$$

根据方程组(6.149)，得出推进力为

$$\begin{aligned}
&F_{P_X}=F_{P_{X_0}}+\delta T\cos(\phi_T+\alpha_0)-\delta F_N\sin(\phi_T+\alpha_0)=C_{P_X}q_\infty S_W\\
&F_{P_Y}=0\\
&F_{P_Z}=F_{P_{X_0}}-\delta T\sin(\phi_T+\alpha_0)-\delta F_N\cos(\phi_T+\alpha_0)=C_{P_Z}q_\infty S_W
\end{aligned}$$

式中：小扰动力 $\delta T$ 和 $\delta F_N$ 关于飞行器 $XZ$ 面对称。

与方程(6.238)一致，可将攻角变化率小扰动对推进力的影响用各系数表示为

$$\begin{aligned}
&\frac{\partial F_{P_X}}{\partial\dot{\alpha}}\Big|_0=C_{P_{X_{\dot{\alpha}}}}q_\infty S_W\\
&\frac{\partial F_{P_Z}}{\partial\dot{\alpha}}\Big|_0=C_{P_{Z_{\dot{\alpha}}}}q_\infty S_W
\end{aligned} \tag{6.242}$$

还可使用攻角变化率表示推力与法向力的变化，即

$$\begin{cases}
\delta T=\dfrac{\partial T}{\partial\dot{\alpha}}\dot{\alpha}=\dfrac{\partial T}{\partial v_{\text{Axial}}}\dfrac{\partial v_{\text{Axial}}}{\partial\dot{\alpha}}\dot{\alpha}\\[2ex]
\delta F_N=\dfrac{\partial F_N}{\partial\dot{\alpha}}\dot{\alpha}=\dfrac{\partial F_N}{\partial v_{\text{Transverse}}}\dfrac{\partial v_{\text{Transverse}}}{\partial\dot{\alpha}}\dot{\alpha}
\end{cases} \tag{6.243}$$

根据方程(6.241)和图6.13、图6.14、图6.16以及6.18，得出进气流流速的变化为

$$\begin{cases}
\Delta v_{\text{Axial}}=-\Delta\alpha_{\text{inlet}}U_0\sin(\phi_T+\alpha_0)\\
\qquad=-\dfrac{d\varepsilon_{\text{inlet}}}{d\alpha_W}\dot{\alpha}(X_{AC_W}-X_{\text{Ref}}+x_T)\sin(\phi_T+\alpha_0)\\
\Delta v_{\text{Transverse}}=\Delta\alpha_{\text{inlet}}U_0\cos(\phi_T+\alpha_0)\\
\qquad=\dfrac{d\varepsilon_{\text{inlet}}}{d\alpha_W}\dot{\alpha}(X_{AC_W}-X_{\text{Ref}}+x_T)\cos(\phi_T+\alpha_0)
\end{cases} \tag{6.244}$$

因此，攻角变化率小扰动对推进力的影响为

$$\begin{aligned}
\frac{\partial F_{P_X}}{\partial\dot{\alpha}}&=\frac{\partial T}{\partial\dot{\alpha}}\cos(\phi_T+\alpha_0)-\frac{\partial F_N}{\partial\dot{\alpha}}\sin(\phi_T+\alpha_0)\\
&=-\left(\frac{\partial T}{\partial v_{\text{Axial}}}+\frac{\partial F_N}{\partial v_{\text{Transverse}}}\right)\frac{d\varepsilon_{\text{inlet}}}{d\alpha_W}(X_{AC_W}-X_{\text{Ref}}+x_T)\cos(\phi_T+\alpha_0)\sin(\phi_T+\alpha_0)\\
\frac{\partial F_{P_Y}}{\partial\dot{\alpha}}&=0\\
\frac{\partial F_{P_Z}}{\partial\dot{\alpha}}&=-\frac{\partial T}{\partial\dot{\alpha}}\sin(\phi_T+\alpha_0)-\frac{\partial F_N}{\partial\dot{\alpha}}\cos(\phi_T+\alpha_0)\\
&=\left(\frac{\partial T}{\partial v_{\text{Axial}}}\sin^2(\phi_T+\alpha_0)-\frac{\partial F_N}{\partial v_{\text{Transverse}}}\cos^2(\phi_T+\alpha_0)\right)\frac{d\varepsilon_{\text{inlet}}}{d\alpha_W}(X_{AC_W}-X_{\text{Ref}}+x_T)
\end{aligned} \tag{6.245}$$

一般来说，角$(\phi_T+\alpha_0)$较小，因此上述表达式可进行相应的简化。根据安装在飞行器上的推进系统的类型，方程组(6.245)中的推力和法向力的偏导数可使用方程(6.108)~方程(6.112)进行计算。最后，通过比较方程组(6.242)和方程组(6.245)，得出

$$C_{P_{X_{\dot\alpha}}} \approx -\frac{1}{q_\infty S_W}\left(\frac{\partial T}{\partial v_{\text{Axial}}}+\frac{\partial F_N}{\partial v_{\text{Transverse}}}\right)\frac{d\varepsilon_{\text{inlet}}}{d\alpha_W}(X_{\text{AC}_W}-X_{\text{Ref}}+x_T)(\phi_T+\alpha_0)\approx 0$$

$$C_{P_{Z_{\dot\alpha}}} \approx -\frac{1}{q_\infty S_W}\frac{\partial F_N}{\partial v_{\text{Transverse}}}\frac{d\varepsilon_{\text{inlet}}}{d\alpha_W}(X_{\text{AC}_W}-X_{\text{Ref}}+x_T) \tag{6.246}$$

对于一般的飞行器几何形状而言，攻角变化率小扰动对上述推进力的影响并不大。但是，如果推进装置的安装方式使得其相对于力矩参照点而言具有较大的力臂，则因推进力导致的俯仰力矩变化将十分明显。在假定的推进装置几何形状下，由于只讨论局部攻角变化，所以小扰动力$\delta T$和$\delta F_N$关于飞行器$XZ$面对称，因此不会产生偏航力矩或滚转力矩。

探讨推进俯仰力矩的变化时，根据方程组(6.149)和图6.13、图6.14、图6.16以及图6.18，得出俯仰力矩表达式如下，之前已在式(6.156)中给出。

$$M_P = C_{P_M}q_\infty S_W\bar{c}_W = M_{P_0}+\delta T(d_T\cos\phi_T - x_T\sin\phi_T)-\delta F_N(x_T\cos\phi_T + d_T\sin\phi_T)$$

与方程(6.240)一致，攻角变化率对推进俯仰力矩的影响可表示为

$$\frac{\partial M_P}{\partial\dot\alpha}\Big|_0 = C_{P_{M_{\dot\alpha}}}q_\infty S_W\bar{c}_W \tag{6.247}$$

按照之前分析推进力时所采用的方法，得出攻角变化率小扰动对推进俯仰力矩的影响为

$$\begin{aligned}\frac{\partial M_P}{\partial\dot\alpha}\Big|_0 &= \frac{\partial T}{\partial\dot\alpha}\Big|_0(d_T\cos\phi_T - x_T\sin\phi_T)-\frac{\partial F_N}{\partial\dot\alpha}\Big|_0(x_T\cos\phi_T + d_T\sin\phi_T)\\ &= -\begin{pmatrix}(d_T\cos\phi_T - x_T\sin\phi_T)\dfrac{\partial T}{\partial v_{\text{Axial}}}\Big|_0\sin(\phi_T+\alpha_0)\\ +(x_T\cos\phi_T + d_T\sin\phi_T)\dfrac{\partial F_N}{\partial v_{\text{Transverse}}}\Big|_0\cos(\phi_T+\alpha_0)\end{pmatrix}\frac{d\varepsilon_{\text{inlet}}}{d\alpha_W}(X_{\text{AC}_W}-X_{\text{Ref}}+x_T)\end{aligned} \tag{6.248}$$

一般来说，推力角$\phi_T$以及基准攻角$\alpha_0$较小，因此上述表达式可进行相应的简化。根据安装在飞行器上的推进系统的类型，方程(6.248)中的推力和法向力的偏导数可使用方程(6.108)~方程(6.112)计算。最后，通过比较方程(6.247)和方程(6.248)，并假设$\phi_T$和$\alpha_0$都足够小，得出

$$\begin{aligned}C_{P_{M_{\dot\alpha}}} \approx -\frac{1}{q_\infty S_W\bar{c}_W}\Bigg(&\frac{\partial T}{\partial v_{\text{Axial}}}\Big|_0 d_T(\phi_T+\alpha_0)\\ &+\frac{\partial F_N}{\partial v_{\text{Transverse}}}\Big|_0(x_T + d_T\phi_T)\Bigg)\frac{\mathrm{d}\varepsilon_{\text{inlet}}}{\mathrm{d}\alpha_W}(X_{\text{AC}_W}-X_{\text{Ref}}+x_T)\end{aligned} \tag{6.249}$$

## 6.8 大气湍流对力与力矩的影响

尽管附录C中对大气湍流模型进行了介绍，但本节将介绍用于建模阵风对作用于飞行器的气动力与气动力矩影响的方法。展示气动力、攻角以及侧滑角的原理图6.4和图6.5仍然

适用。但是,阵风将影响飞行器升力面的总攻角以及自由流的轴向速度。

为对概念进行解释,设想飞行器以相对于地面的速度 $U_0$ 飞行,假设飞行器通过的气团相对于地面静止不动。因此,图 6.4 和图 6.5 所示的空气自由流速度 $V_\infty$ 即等于 $U_0$。

接下来,将阵风定义为相对于地面某一点的空气局部运动。明确上述概念后,首先考虑地面相对速度为 $w_g$ 的垂直阵风(正向向上)。该阵风导致飞行器升力面的自由流速度发生小扰动。例如,以图 6.21 中所示水平升力面为例,遇到垂直阵风时,升力面攻角小扰动量为

$$\alpha_g = \frac{w_g}{U_0} \tag{6.250}$$

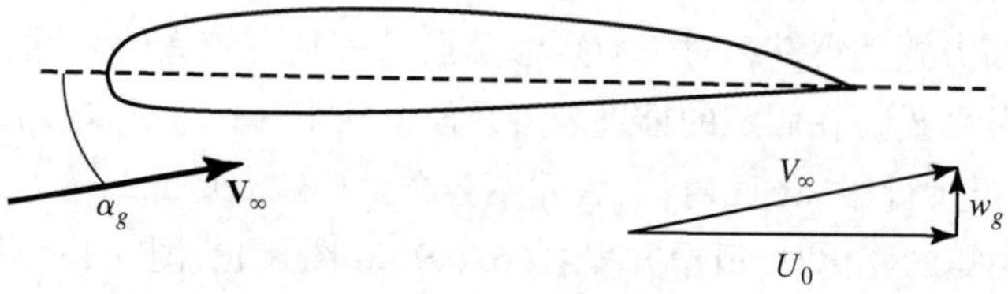


图 6.21 垂直阵风对总攻角的影响

如果飞行器以相对于地面的小扰动升沉速度 $w$ 运行(正向向下),总小扰动攻角为以下两攻角之和,即

$$\alpha_{\text{total}} = \alpha + \alpha_g \approx \frac{w}{U_0} + \frac{w_g}{U_0} \tag{6.251}$$

式中:$\alpha$ 表示方程(6.96)中所示的静止空气(无阵风)中的小扰动攻角。

一般情况下,阵风不仅有垂直或升沉分量 $w_g$,而且还有轴向分量 $u_g$ 和横向分量 $v_g$。飞行器稳定性坐标轴系中的阵风速度的分量可用下式表达:

$$\boldsymbol{v}_g = -\begin{bmatrix} u_g & v_g & w_g \end{bmatrix}\begin{Bmatrix} \boldsymbol{i}_S \\ \boldsymbol{j}_S \\ \boldsymbol{k}_S \end{Bmatrix} \tag{6.252}$$

与垂直阵风的影响相似,横向阵风将导致垂直升力面总攻角发生小扰动或侧滑角 $\beta$ 发生小扰动。而轴向阵风将仅导致自由流速度纵移分量 $u$ 产生小扰动。换言之,如果飞行器遇到横向阵风,则(与方程(6.99)一致)可列出下式:

$$\beta_{\text{total}} = \beta + \beta_g \approx \frac{v}{U_0} + \frac{v_g}{U_0} \tag{6.253}$$

而

$$u_{\text{total}} = u + u_g \tag{6.254}$$

除了对纵移速度、攻角及侧滑角产生影响外,阵风还可能影响攻角变化率 $\dot{\alpha}_{\text{total}}$。(只有在阵风速度具有关于时间的有限一阶导数时该影响才明确。)这种情况下,可得出

$$\dot{\alpha}_{\text{total}} = \dot{\alpha} + \dot{\alpha}_g \approx \dot{\alpha} + \frac{\dot{w}_g}{U_0} \tag{6.255}$$

通过简化假设,阵风分量影响的建模就非常简单了。假设轴向和横向阵风速度相对于地面某点可能临时发生变化(即这些方向的风可能并不均匀),但其变化在空间上不会超出飞行器的尺寸范围。换言之,与阵风的全局变化相比,飞行器上的轴向和横向阵风的空间变化就非常小了。该假设未对垂直阵风作出说明。

回顾6.6节可知,我们针对飞行器平移速度(相对于静止气团)对作用于飞行器的气动力和气动力矩的影响进行了建模。另外,如上所述,阵风被建模为与空气有关的飞行器速度小扰动。而且,6.7.4节针对攻角变化率对相同力和力矩的影响进行了建模。

例如,与方程组(6.9)一致,列出仅与平移速度和攻角变化率小扰动有关的气动力的小扰动(无阵风影响)为

$$\boldsymbol{f}_A=\left[f_{A_x}\quad f_{A_Y}\quad f_{A_Z}\right]\begin{Bmatrix}\boldsymbol{i}_S\\ \boldsymbol{j}_S\\ \boldsymbol{k}_S\end{Bmatrix}=\left[\frac{\partial \boldsymbol{F}_A}{\partial u}\quad \frac{\partial \boldsymbol{F}_A}{\partial v}\quad \frac{\partial \boldsymbol{F}_A}{\partial w}\quad \frac{\partial \boldsymbol{F}_A}{\partial \dot{\alpha}}\right]\begin{Bmatrix}u\\ v\\ w\\ \dot{\alpha}\left(=\dfrac{\dot{w}}{\mathrm{U}_0}\right)\end{Bmatrix} \tag{6.256}$$

回顾可知:

$$\boldsymbol{F}_A=\left[F_{A_X}\quad F_{A_Y}\quad F_{A_Z}\right]\begin{Bmatrix}\boldsymbol{i}_S\\ \boldsymbol{j}_S\\ \boldsymbol{k}_S\end{Bmatrix}$$

而6.6节中,根据方程(6.121)、方程(6.160)和方程(6.146)得出

$$\begin{aligned}\frac{\partial F_{A\bullet}}{\partial u}\Big|_0&=\left(\frac{1}{a}\frac{\partial C_\bullet}{\partial M_\infty}q_\infty S_W+C_{\bullet_0}S_W\rho_\infty(\mathrm{U}_0+u)\right)\Big|_0\\&=\frac{1}{a}\frac{\partial C_\bullet}{\partial M_\infty}\Big|_0\, q_\infty S_W+C_{\bullet_0}S_W\rho_\infty\mathrm{U}_0,\ \bullet=X,Y\text{或}Z\end{aligned}$$

$$\begin{aligned}\frac{\partial F_{A\bullet}}{\partial v}\Big|_0&=\frac{\partial C_\bullet}{\partial v}\Big|_0\, q_\infty S_W+C_{\bullet_0}S_W\frac{\partial q_\infty}{\partial v}\Big|_0\\&=\frac{1}{U_0}C_{\bullet_\beta}q_\infty S_W+C_{\bullet_0}S_W\frac{\partial q_\infty}{\partial v}\Big|_0,\ \bullet=X,Y\text{或}Z\end{aligned}$$

$$\frac{\partial F_{A\bullet}}{\partial w}\Big|_0=\frac{\partial C_\bullet}{\partial w}\Big|_0\, q_\infty S_W=\frac{1}{U_0}\frac{\partial C_\bullet}{\partial \alpha}\Big|_0\, q_\infty S_W,\ \bullet=X,Y\text{或}Z$$

另外,根据6.7节方程组(6.238),得出

$$\frac{\partial F_{A_X}}{\partial \dot{\alpha}}\Big|_0=0,\qquad \frac{\partial F_{A_Y}}{\partial \dot{\alpha}}\Big|_0=0$$

$$\frac{\partial F_{A_Z}}{\partial \dot{\alpha}}\Big|_0=-\frac{\partial L}{\partial \dot{\alpha}}\Big|_0=-C_{L_{\dot{\alpha}}}q_\infty S_W=-\left(C_{L_{\alpha_H}}\frac{\mathrm{d}\varepsilon_H}{\mathrm{d}\alpha_W}\frac{(X_{\mathrm{AC}_W}-X_{\mathrm{AC}_H})}{U_0}\frac{q_H}{q_\infty}\frac{S_H}{S_W}\right)q_\infty S_W$$

因此,出现阵风时,可将方程组(6.256)中的气动力小扰动表示为

$$\boldsymbol{f}_A=\left[f_{A_X}\quad f_{A_Y}\quad f_{A_Z}\right]\begin{Bmatrix}\boldsymbol{i}_S\\ \boldsymbol{j}_S\\ \boldsymbol{k}_S\end{Bmatrix}=\left[\frac{\partial \boldsymbol{F}_A}{\partial u}\quad \frac{\partial \boldsymbol{F}_A}{\partial v}\quad \frac{\partial \boldsymbol{F}_A}{\partial w}\quad \frac{\partial \boldsymbol{F}_A}{\partial \dot{\alpha}}\right]\begin{Bmatrix}u_{\mathrm{total}}\\ v_{\mathrm{total}}\\ w_{\mathrm{total}}\\ \dot{\alpha}_{\mathrm{total}}\end{Bmatrix} \tag{6.257}$$

根据方程(6.251)和方程(6.253)~方程(6.255),得出

$$u_{\mathrm{total}}=u+u_g$$

$$v_{\text{total}} = v + v_g$$

$$w_{\text{total}} = w + w_g$$

$$\dot{\alpha}_{\text{total}} = \dot{\alpha} + \dot{\alpha}_g$$

也可以使用方程(6.121)、方程(6.146)、方程(6.160)和方程(6.238)来建模平移速度和攻角变化率小扰动对这些力的影响。由此可知,产生小扰动力的机制是相同的,除了平移速度和攻角变化率的总小扰动(包括阵风项)被无阵风的情况下的对应项所替代。

上述方法也可用于建模阵风对气动力矩(例如本章结尾处的作业题第6.9题)以及推进力和力矩的影响,其应用已在6.6节和6.7节中无阵风的情况下进行了讨论。

## 6.9 有量纲导数与无量纲导数

现在,可以将本章得出的结果与使用无量纲参数得出的结果进行比较,如方程(6.4)下方的学生须知中所述。前文已经提到作用于飞行器的小扰动力和力矩是利用泰勒级数展开式得出,其中一阶项如下:

$$\begin{aligned} f_{\bullet_{A\,\text{or}\,P}} &= \left[\frac{\partial F_{\bullet_{A\,\text{or}\,P}}}{\partial \boldsymbol{p}}\right]\delta \boldsymbol{p},\quad \bullet = X, Y\text{或}Z \\ m_{\bullet_{A\,\text{or}\,P}} &= \left[\frac{\partial M_{\bullet_{A\,\text{or}\,P}}}{\partial \boldsymbol{p}}\right]\delta \boldsymbol{p},\quad \bullet = X, Y\text{或}Z \end{aligned} \tag{6.258}$$

式中:参数矢量 $\boldsymbol{p}$ 包括平移速度、旋转速度、攻角变化率以及控制面偏转的分量。因此,本模型的关键部分包括展开式中的偏导数。

气动升力、阻力以及侧力和俯仰力矩、滚转力矩和偏航力矩也使用类似偏导数表示。因此,可通过列出所有偏导数的表格简单地对本章得出的结果进行汇总。在下文给出的表格中,请注意,为简洁起见,采用了以下符号表示。

$$\overline{qS_H} \triangleq \frac{q_H}{q_\infty}\frac{S_H}{S_W},\quad \overline{qS_V} \triangleq \frac{q_H}{q_\infty}\frac{S_V}{S_W},\quad \bar{\varepsilon} \triangleq \left(1 - \frac{\mathrm{d}\varepsilon}{\mathrm{d}\alpha}\right) \tag{6.259}$$

最后,除非另有说明,本章均假设飞行器几何形状为传统的飞行器几何形状。这样的飞行器由机翼、水平尾翼、垂直尾翼以及升降舵、副翼、方向舵控制面组成。但是,使用本章所述方法也有可能推导出适用于非传统飞行器的类似偏导数表达。(例如,本章结尾处作业题的第6.2题和第6.3题,特别是参考文献5中对超声速飞行器的建模和分析。)

表6.2中汇总了与升力系数、阻力系数和俯仰力矩系数有关的偏导数。表6.3中汇总了与侧力系数和滚转力矩系数以及偏航力矩系数有关的偏导数以及与阻力系数有关的其他导数。为帮助理解这两个表格中的内容,我们以表6.2中的升力系数为例进行说明。无平移速度小扰动或旋转速度小扰动的情况下,使用一阶泰勒级数将升力系数表示为

$$C_L = C_{L_{\alpha=\delta_e=i_H=0}} + C_{L_\alpha}\alpha + C_{L_{\delta_E}}\delta_E + C_{L_{i_H}} i_H \tag{6.260}$$

该表达式右侧四个系数的表达在表格标题下方第一行中列出。如果假设攻角、升降舵偏转以及尾翼倾角的单位均为弧度,则所有四个系数均为每弧度或无量纲值。最后,表格各条目下方列出了确定的表达式编号。

表 6.2　飞行器升力、阻力以及俯仰力矩汇总表

| | $\alpha=\delta_E=l_H=0$<br>（且 $\beta=\delta_R=$（阻力）） | 攻角 $\alpha$ | 升降舵偏转 $\delta_E$ | 尾翼倾角 $t_H$ |
|---|---|---|---|---|
| 升力 $C_L$ | $C_{L_{\alpha_W}}(i_W-\alpha_{0_W})+$<br>$C_{L_{\alpha_H}}\overline{q}S_H\left(\frac{\mathrm{d}\varepsilon}{\mathrm{d}\alpha}(\alpha_{0_W}-i_W)-\alpha_{0_H}\right)$<br>方程（6.21） | $C_{L_{\alpha_W}}+C_{L_{\alpha_H}}\overline{q}S_H\bar{\varepsilon}$<br>方程（6.18） | $C_{L_{\alpha_H}}\alpha_\delta\overline{q}S_H$<br>$=C_{L_{\delta_H}}\overline{q}S_H$<br>方程（6.19） | $C_{L_{\alpha_H}}\overline{q}S_H$<br>方程（6.20） |
| 阻力 $C_D$ | $C_{D_0}+\frac{1}{\pi A_W e_W}\left(C_{L_W}^2+C_{L_H}^2\frac{A_W e_W}{A_H e_H}\overline{q}S_H\right)$<br>方程（6.36） | $\frac{2C_{L_W}C_{L_{\alpha_W}}}{\pi A_W e_W}\left(1+\frac{C_{L_H}C_{L_{\alpha_H}}}{C_{L_W}C_{L_{\alpha_W}}}\frac{A_W e_W}{A_H e_H}\overline{q}S_H\bar{\varepsilon}\right)$<br>方程（6.31） | $C_{L_{\alpha_H}}\alpha_\delta\frac{2C_{L_H}}{\pi A_H e_H}\overline{q}S_H$<br>$=C_{L_{\delta_H}}\frac{2C_{L_H}}{\pi A_H e_H}\overline{q}S_H$<br>方程（6.32） | $C_{L_{\alpha_H}}\frac{2C_{L_H}}{\pi A_H e_H}\overline{q}S_H$<br>方程（6.33） |
| 俯仰力矩 $C_W$ | $C_{M_{AC_W}}+C_{M_{0_F}}+C_{L_{\alpha_W}}(i_W-\alpha_{0_W})\Delta\bar{X}_{AC_{W\&F}}$<br>$-C_{L_{\alpha_H}}\left(\frac{\mathrm{d}\varepsilon}{\mathrm{d}\alpha}(\alpha_{0_W}-i_W)-\alpha_{0_H}\right)\Delta\bar{X}_{AC_H}\overline{q}S_H$<br>方程（6.60） | $C_{L_{\alpha_W}}\Delta\bar{X}_{AC_{W\&F}}$<br>$-C_{L_{\alpha_H}}\bar{\varepsilon}\Delta\bar{X}_{AC_H}\overline{q}S_H$<br>方程（6.56） | $-C_{L_{\alpha_H}}\alpha_\delta\Delta\bar{X}_{AC_H}\overline{q}S_H$<br>$=-C_{L_{\delta_H}}\Delta\bar{X}_{AC_H}\overline{q}S_H$<br>方程（6.58） | $-C_{L_{\alpha_H}}\Delta\bar{X}_{AC_H}\overline{q}S_H$<br>方程（6.59） |

表 6.3　飞行器侧力、滚转力矩和偏航力矩以及阻力汇总表

| 系　数 | 侧滑角 $\beta$ | 方向舵偏转 $\delta_R$ | 副翼偏转 $\delta_A$ |
|---|---|---|---|
| 侧力 $C_S$ | $C_{S_{\beta_V}}\overline{q}S_V$<br>方程（6.25） | $C_{S_{\beta_V}}\beta_\delta\overline{q}S_V=C_{S_{\delta_V}}\overline{q}S_V$<br>方程（6.26） | $\approx 0$ |
| 滚转力矩 $C_{L_{\mathrm{Roll}}}$ | $C_{L_{\beta_W}}+C_{L_{\beta_H}}\overline{q}S_H\frac{b_H}{b_W}+C_{L_{\beta_V}}\overline{q}S_V\frac{b_V}{b_W}$<br>方程（6.44） | $C_{L_{\delta_V}}\overline{q}S_V\frac{b_V}{b_W}$<br>方程（6.45） | $C_{L_{\delta_{A_{\mathrm{Wing}}}}}$<br>方程（6.39） |
| 偏航力矩 $C_N$ | $-C_{S_{\beta_V}}\Delta\bar{X}_{AC_V}\overline{q}S_V$<br>方程（6.68） | $-C_{S_{\delta_V}}\Delta\bar{X}_{AC_V}\overline{q}S_V$<br>方程（6.69） | $C_{N_{\delta_{A_{\mathrm{Wing}}}}}$<br>方程（6.65） |
| 阻力 $C_D$ | $\frac{2C_{S_V}}{\pi A_V e_V}C_{S_{\beta_V}}\overline{q}S_V$<br>方程（6.34） | $C_{S_{\beta_V}}\beta_\delta\frac{2C_{S_V}}{\pi A_V e_V}\overline{q}S_V=C_{S_{\delta_V}}\frac{2C_{S_V}}{\pi A_V e_V}\overline{q}S_V$<br>方程（6.35） | $\approx 0$ |

表 6.4 汇总了与气动力和推进力有关的其他偏导数（气动力和推进力的导数形式相同）。这些导数与速度小扰动相关。第二列列出的是本章推导出的导数。第三列和第四列分别列出了伴随无量纲导数并定义了方程组（6.258）中参数矢量 $\delta\boldsymbol{p}$ 的无量纲参数。第三列还列出了量纲导数和无量纲导数之间的关系。

表 6.4　有量纲与无量纲气动力和推进力导数

| 偏导数<br>（$\cdot=X,Y,Z$） | 有量纲导数 | 无量纲导数 | 无量纲参数 |
|---|---|---|---|
| $\frac{\partial F_{A\text{ or }P_\bullet}}{\partial u}\Big\|_0$ | $\left(C_{\bullet_u}+\frac{2C_{\bullet_0}}{U_0}\right)q_\infty S_W$<br>方程（6.122）与方程（6.133） | $(C_{\bullet_{u'}}+2C_{\bullet_0})q_\infty S_W$<br>$C_{\bullet_{u'}}=U_0C_{\bullet_u}$ | $\left(\frac{u}{U_0}=u'\right)$ |
| $\frac{\partial F_{A\text{ or }P_\bullet}}{\partial w}\Big\|_0$ | $\frac{1}{U_0}C_{\bullet_\alpha}q_\infty S_W$<br>方程（6.146）与方程（6.150） | $C_{\bullet_\alpha}q_\infty S_W$<br>$C_{\bullet_\alpha}=U_0C_{\bullet_w}$ | $\left(\frac{w}{U_0}=\alpha\right)$ |

（续）

| 偏导数<br>（·=X,Y,Z） | 有量纲导数 | 无量纲导数 | 无量纲参数 |
| --- | --- | --- | --- |
| $\frac{\partial F_{A\text{ or }P\bullet}}{\partial v}\big\vert_0$ | $\frac{1}{U_0}(C_{\bullet_\beta}+2C_{\bullet_0}\beta_0)q_\infty S_W$<br>方程(6.160)与方程(6.169) | $(C_{\bullet_\beta}+2C_{\bullet_0}\beta_0)q_\infty S_W$<br>$C_{\bullet_\beta}=U_0C_{\bullet_v}$ | $\left(\frac{v}{U_0}=\beta\right)$ |
| $\frac{\partial F_{A\text{ or }P\bullet}}{\partial q}\big\vert_0$ | $C_{\bullet_q}q_\infty S_W$<br>方程(6.181)或方程(6.189) | $C_{\bullet_{q'}}q_\infty S_W$<br>$C_{\bullet_{q'}}=\frac{2U_0}{\bar{c}_W}C_{\bullet_q}$ | $\left(\frac{q\bar{c}_W}{2U_0}=q'\right)$ |
| $\frac{\partial F_{A_Y}}{\partial p}\big\vert_0\left(\frac{\partial F_{P_Y}}{\partial p}\big\vert_0\approx 0\right)$ | $C_{Y_p}q_\infty S_W$<br>方程(6.201) | $C_{Y_{p'}}q_\infty S_W$<br>$C_{Y_{p'}}=\frac{2U_0}{b_W}C_{Y_p}$ | $\left(\frac{pb_W}{2U_0}=p'\right)$ |
| $\frac{\partial F_{A\text{ or }P\bullet}}{\partial r}\big\vert_0$ | $\frac{\partial F_{A\text{ or }P\bullet}}{\partial u}\big\vert_0$<br>方程(6.217)或方程(6.223) | $C_{\bullet_{r'}}q_\infty S_W$<br>$C_{\bullet_{r'}}=\frac{2U_0}{b_W}C_{\bullet_r}$ | $\left(\frac{rb_W}{2U_0}=r'\right)$ |
| $\frac{\partial F_{A\text{ or }P\bullet}}{\partial\dot{\alpha}}\big\vert_0$ | $C_{\bullet_{\dot{\alpha}}}q_\infty S_W$<br>方程(6.238)或方程(6.245) | $C_{\bullet_{\dot{\alpha}'}}q_\infty S_W$<br>$C_{\bullet_{\dot{\alpha}'}}=\frac{2U_0}{\bar{c}_W}C_{\bullet_{\dot{\alpha}}}$ | $\left(\frac{\dot{\alpha}\bar{c}_W}{2U_0}=\dot{\alpha}'\right)$ |

作为一个重要的示例，与速度小扰动有关的小扰动力 $f_{A_x}$ 使用本章所述的量纲导数表示为

$$f_{A_X}=\frac{\partial F_{A_X}}{\partial u}u+\frac{\partial F_{A_X}}{\partial v}v+\frac{\partial F_{A_X}}{\partial w}w+\frac{\partial F_{A_X}}{\partial q}q \tag{6.261}$$

但是，该小扰动力使用无量纲导数表示为

$$f_{A_X}=\frac{\partial F_{A_X}}{\partial u'}u'+\frac{\partial F_{A_X}}{\partial \beta}\beta+\frac{\partial F_{A_X}}{\partial \alpha}\alpha+\frac{\partial F_{A_X}}{\partial q'}q' \tag{6.262}$$

代数演算表明根据方程(6.261)和方程(6.262)得出的最终结果（即 $f_{A_X}$）相同，但是偏导数本身却不同！因此，使用其他来源的数值结果时，必须阐明所用导数的定义。

最后，表6.5汇总了与气动力矩和推进力矩有关的偏导数。与表6.4一样，表6.5第二列列出了本章推导出的量纲导数。第三列和第四列分别列出了伴随无量纲导数并定义了 $\delta\boldsymbol{p}$ 的无量纲参数。

表6.5　有量纲和无量纲气动力矩导数和推进力矩导数

| 偏导数<br>（·=L,M,N） | 有量纲导数 | 无量纲导数 | 无量纲参数 |
| --- | --- | --- | --- |
| $\frac{\partial\bullet_{A\text{ or }P}}{\partial u}\big\vert_0$ | $\left(C_{\bullet_u}+\frac{2C_{\bullet_0}}{U_0}\right)q_\infty S_W(\bar{c}_W$或$b_W)$<br>方程(6.130)或方程(6.141) | $(C_{\bullet_{u'}}+2C_{\bullet_0})q_\infty S_W(\bar{c}_W$或$b_W)$<br>$C_{\bullet_{u'}}=U_0C_{\bullet_u}$ | $\left(\frac{u}{U_0}=u'\right)$ |
| $\frac{\partial M_{A\text{ or }P}}{\partial w}\big\vert_0$ | $\frac{1}{U_0}C_{M_\alpha}q_\infty S_W\bar{c}_W$<br>方程(6.148)或方程(6.157) | $C_{M_\alpha}q_\infty S_W\bar{c}_W$<br>$C_{M_\alpha}=U_0C_{M_w}$ | $\left(\frac{w}{U_0}=\alpha\right)$ |
| $\frac{\partial\bullet_{A\text{ or }P}}{\partial v}\big\vert_0$ | $\frac{1}{U_0}(C_{\bullet_\beta}+2C_{\bullet_0}\beta_0)q_\infty S_W b_W$<br>方程(6.164)或方程(6.173) | $(C_{\bullet_\beta}+2C_{\bullet_0}\beta_0)q_\infty S_W b_W$<br>$C_{\bullet_\beta}=U_0C_{\bullet_v}$ | $\left(\frac{v}{U_0}=\beta\right)$ |
| $\frac{\partial M_{A\text{ or }P}}{\partial q}\big\vert_0$ | $C_{M_q}q_\infty S_W\bar{c}_W$<br>方程(6.186)或方程(6.194) | $C_{M_{q'}}q_\infty S_W\bar{c}_W$<br>$C_{M_{q'}}=\frac{2U_0}{\bar{c}_W}C_{M_q}$ | $\left(\frac{q\bar{c}_W}{2U_0}=q'\right)$ |

（续）

| 偏导数（·=L,M,N） | 有量纲导数 | 无量纲导数 | 无量纲参数 |
| --- | --- | --- | --- |
| $\frac{\partial L_{A\text{ or }P}}{\partial p}\Big\|_0$ | $C_{L_p}q_\infty S_W b_W$<br>方程(6.207)或方程(6.209) | $C_{L_{p'}}q_\infty S_W b_W$<br>$C_{L_{p'}}=\frac{2U_0}{b_W}C_{L_p}$ | $\left(\frac{pb_W}{2U_0}=p'\right)$ |
| $\frac{\partial N_{A\text{ or }P}}{\partial r}\Big\|_0$ | $C_{N_r}q_\infty S_W b_W$<br>方程(6.219)或方程(6.230) | $C_{N_{r'}}q_\infty S_W b_W$<br>$C_{N_{r'}}=\frac{2U_0}{b_W}C_{N_r}$ | $\left(\frac{rb_W}{2U_0}=r'\right)$ |
| $\frac{\partial L_{A\text{ or }P}}{\partial r}\Big\|_0$ | $C_{L_r}q_\infty S_W b_W$<br>方程(6.222)或方程(6.230) | $C_{L_{r'}}q_\infty S_W b_W$<br>$C_{L_{r'}}=\frac{2U_0}{b_W}C_{L_r}$ | $\left(\frac{rb_W}{2U_0}=r'\right)$ |
| $\frac{\partial M_{A\text{ or }P}}{\partial \dot\alpha}\Big\|_0$ | $C_{M_{\dot\alpha}}q_\infty S_W \bar{c}_W$<br>方程(6.240)或方程(6.247) | $C_{M_{\dot\alpha'}}q_\infty S_W \bar{c}_W$<br>$C_{M_{\dot\alpha'}}=\frac{2U_0}{\bar{c}_W}C_{M_{\dot\alpha}}$ | $\left(\frac{\dot\alpha\bar{c}_W}{2U_0}=\dot\alpha'\right)$ |

## 6.10 将力与力矩综合进运动方程

第八章将详细探讨将力与力矩综合进非线性运动方程(方程组(2.22)和方程组(2.27)，假设地球扁平且不转动)，第八章主要探讨仿真问题。因此，本节将仅重点讨论几个关键点。但是，对于将力与力矩综合进线性运动方程(方程组(2.45)和方程组(2.49))的情况将进行详细说明。

### 6.10.1 将力与力矩综合进非线性运动方程

非线性方程组(2.22)中的力包括在飞行器固定坐标系内解得的气动力和推进力合力的分力，即

$$\boldsymbol{F}_A+\boldsymbol{F}_P=\left(F_{A_X}+F_{P_X}\right)\boldsymbol{i}_V+\left(F_{A_Y}+F_{P_Y}\right)\boldsymbol{j}_V+\left(F_{A_Z}+F_{P_Z}\right)\boldsymbol{k}_V \tag{6.263}$$

使用非线性运动方程时，通常使用机身参考坐标系作为飞行器固定坐标系。现在，与方程组(6.107)一致，机身参考坐标系中的三个气动力分力使用升力、阻力和侧力表示为

$$\begin{aligned}F_{A_X}&=C_Xq_\infty S_W=-D\cos\alpha\cos\beta-S\cos\alpha\sin\beta+L\sin\alpha\\F_{A_Y}&=C_Yq_\infty S_W=-D\sin\beta+S\cos\beta\\F_{A_Z}&=C_Zq_\infty S_W=-D\sin\alpha\cos\beta-S\sin\alpha\sin\beta-L\cos\alpha\end{aligned} \tag{6.264}$$

式中：$\alpha$ 和 $\beta$ 分别为机身参考坐标系的总攻角和总侧滑角(即参照值加小扰动)；$D$、$L$ 和 $S$ 分别为总阻力、总升力和总侧力。升力、阻力和侧力及其无量纲系数已经在6.2.1节~6.2.3节中进行了讨论，并给出了对应的表达式。

6.3节对推进力进行了讨论。基于6.3节所作的假设，根据图6.13，可将方程(6.263)所示的推进力分力表示为

$$\begin{aligned}F_{P_X}&=C_{P_X}q_\infty S_W=T\left(V_{\text{inlet}},h,\pi\right)\cos\phi_T\\F_{P_Y}&=C_{P_Y}q_\infty S_W=F_{N_Y}\\F_{P_Z}&=C_{P_Z}q_\infty S_W=-T\left(V_{\text{inlet}},h,\pi\right)\sin\phi_T+F_{N_Z}\end{aligned} \tag{6.265}$$

式中同样假设使用机身参考坐标系。因此,如果根据发动机模型已知推力和法向力为进气流速度 $V_{\text{inlet}}$、高度 $h$ 以及功率设定 $\pi$ 的函数,上述三个分力或其相关力系数也为已知。

非线性方程组(2.27)中出现的力矩包括飞行器固定坐标系(此处假设为机身参考坐标系)内的气动力矩和推进力矩合力矩的分量,即

$$\boldsymbol{M}_A + \boldsymbol{M}_P = (L_A + L_P)\boldsymbol{i}_V + (M_A + M_P)\boldsymbol{j}_V + (N_A + N_P)\boldsymbol{k}_V \tag{6.266}$$

与方程(6.37)一致,得出

$$\begin{aligned} L_A &= C_{L_{\text{Roll}}} q_\infty S_W b_W \quad \text{气动滚转力矩} \\ M_A &= C_M q_\infty S_W \bar{c}_W \quad \text{气动俯仰力矩} \\ N_A &= C_N q_\infty S_W b_W \quad \text{气动偏航力矩} \end{aligned} \tag{6.267}$$

式中的三个气动力矩及其系数已经在6.2.4节~6.2.6节中进行了讨论,并给出了对应的表达式。这些表达式可用于计算方程组(6.267)中的三个力矩。

关于推进力矩,得出

$$\begin{aligned} L_P &= C_{P_{L_{\text{Roll}}}} q_\infty S_W b_W \quad \text{推进滚转力矩} \\ M_P &= C_{P_M} q_\infty S_W \bar{c}_W \quad \text{推进俯仰力矩} \\ N_P &= C_{P_N} q_\infty S_W b_W \quad \text{推进偏航力矩} \end{aligned} \tag{6.268}$$

根据方程(6.156)、方程(6.208)和方程(6.229),得出

$$L_P = \sum_{i=1}^{n_P} \left( y_{T_i} \left( F_{N_{Z_i}} \cos\phi_{T_i} - T_i(V_{\text{inlet}}, \text{h}, \pi) \sin\phi_{T_i} \right) - d_{T_i} F_{N_{Y_i}} \right)$$

$$M_P = \sum_{i=1}^{n_P} \left( T_i(V_{\text{inlet}}, h, \pi)(d_{T_i} \cos\phi_{T_i} - x_{T_i} \sin\phi_{T_i}) - F_{N_{Z_i}}(x_{T_i} \cos\phi_{T_i} + d_{T_i} \sin\phi_{T_i}) \right)$$

$$N_P = -\sum_{i=1}^{n_P} \left( y_{T_i} T_i(V_{\text{inlet}}, h, \pi) \cos\phi_{T_i} + x_{T_i} F_{N_{Y_i}} \right)$$

根据发动机模型和飞行器几何形状,可知晓上述力矩。

### 6.10.2 将力与力矩综合进线性运动方程

方程组(2.45)和方程组(2.49)中所示为(地平说情形下的)线性运动方程。方程组(2.45)中出现的小扰动力包括小扰动气动力和推进力的三个分量,在飞行器固定稳定性坐标轴系中其表达如下:

$$\boldsymbol{f}_A + \boldsymbol{f}_P = (f_{A_X} + f_{P_X})\boldsymbol{i}_S + (f_{A_Y} + f_{P_Y})\boldsymbol{j}_S + (f_{A_Z} + f_{P_Z})\boldsymbol{k}_S \tag{6.269}$$

小扰动气动力是由泰勒级数展开式中的线性项产生的,即

$$f_{A\bullet} = \frac{\partial F_{A\bullet}}{\partial \delta \boldsymbol{p}}\Big|_0 \delta \boldsymbol{p}, \bullet = X, Y \text{或} Z$$

根据本章的分析,假设飞行器几何形状为传统的飞行器几何形状,得出决定小扰动气动力的适当小扰动参数矢量为

$$\delta \boldsymbol{p}^{\mathrm{T}} = [u \quad v \quad w \quad p \quad q \quad r \quad \dot{\alpha} \quad \delta_E \quad \delta_A \quad \delta_R]$$

或者,相当于

$$\delta \boldsymbol{p}^{\mathrm{T}}=\begin{bmatrix}u & \beta & \alpha & p & q & r & \dot{\alpha} & \delta_E & \delta_A & \delta_R\end{bmatrix}$$

因为

$$\alpha \approx \frac{w}{U_0}$$

且

$$\beta \approx \frac{v}{U_0}$$

所以,与 6.6 节~6.8 节的推导一致,得出

$$\begin{aligned}
f_{A_Z} &= \frac{\partial F_{A_Z}}{\partial u}|_0\, u+\frac{\partial F_{A_Z}}{\partial \alpha}|_0\, \alpha+\frac{\partial F_{A_Z}}{\partial \dot{\alpha}}|_0\, \dot{\alpha}+\frac{\partial F_{A_Z}}{\partial q}|_0\, q+\frac{\partial F_{A_Z}}{\partial \delta_E}|_0\, \delta_E \\
f_{A_X} &= \frac{\partial F_{A_X}}{\partial u}|_0\, u+\frac{\partial F_{A_X}}{\partial \alpha}|_0\, \alpha+\frac{\partial F_{A_X}}{\partial \dot{\alpha}}|_0\, \dot{\alpha}+\frac{\partial F_{A_X}}{\partial q}|_0\, q+\frac{\partial F_{A_X}}{\partial \delta_E}|_0\, \delta_E \\
f_{A_Y} &= \frac{\partial F_{A_Y}}{\partial \beta}|_0\, \beta+\frac{\partial F_{A_Y}}{\partial p}|_0\, p+\frac{\partial F_{A_Y}}{\partial r}|_0\, r+\frac{\partial F_{A_Y}}{\partial \delta_A}|_0\, \delta_A+\frac{\partial F_{A_Y}}{\partial \delta_R}|_0\, \delta_R
\end{aligned} \tag{6.270}$$

没有出现在上述表达式中的其他项产生的影响一般忽略不计。方程组(6.107)中使用升力、阻力和侧力表示气动力分力,因此方程组(6.270)中的偏导数也可使用升力、阻力和侧力的偏导数表示。本章对这些导数一一进行了讨论。

通过利用方程组(6.107)以及分析各种信息,也可推导出表 6.6 列出的气动力和力矩的偏导数,且所得结果与 6.6 节~6.8 节给出的结果一致。

以偏导数 $\left.\frac{\partial F_{A_Z}}{\partial \alpha}\right|_0$ 为例进行说明。

$$\begin{aligned}
\frac{\partial F_{A_Z}}{\partial \alpha}|_0 &= \frac{\partial}{\partial \alpha}|_0\left(-D\sin\alpha\cos(\beta_0+\beta)-\mathrm{S}\sin\alpha\sin(\beta_0+\beta)-L\cos\alpha\right) \\
&= -\left(\left(\frac{\partial D}{\partial \alpha}\sin\alpha+D\cos\alpha\right)\cos(\beta_0+\beta)-\mathrm{S}\cos\alpha\sin(\beta_0+\beta)\right. \\
&\qquad \left.+\frac{\partial L}{\partial \alpha}\cos\alpha-L\sin\alpha\right)|_0 \\
&= -\mathrm{D}_0\cos\beta_0-\mathrm{S}_0\sin\beta_0-\frac{\partial L}{\partial \alpha}\approx -D_0-\frac{\partial L}{\partial \alpha}=-(C_{D_0}+C_{L_\alpha})q_\infty S_W
\end{aligned} \tag{6.271}$$

计算上述结果时,首先需注意方程组(6.107)中的 $\alpha$ 和 $\beta$ 分别是小扰动攻角和小扰动侧滑角,在基准条件下均为 0。其次需注意侧滑角参照值 $\beta_0$ 假设很小或等于零。

表 6.6 气动力与力矩的偏导数

| | $u$ | $\alpha$ | $q$ | $\dot{\alpha}$ | $\delta_E$ |
|---|---|---|---|---|---|
| $\frac{1}{q_\infty S_W}\frac{\partial F_{A_X}}{\partial \bullet}$ | $-\left(C_{D_u}+\frac{2}{U_0}C_{D_0}\right)$ | $(-C_{D_\alpha}+C_{L_0})$ | $-C_{D_q}\approx 0$ | $-C_{D_{\dot{\alpha}}}\approx 0$ | $-C_{D_{\delta_E}}$ |
| $\frac{1}{q_\infty S_W}\frac{\partial F_{A_Z}}{\partial \bullet}$ | $-\left(C_{L_u}+\frac{2}{U_0}C_{L_0}\right)$ | $(-C_{L_\alpha}-C_{D_0})$ | $-C_{L_q}$ | $-C_{L_{\dot{\alpha}}}$ | $-C_{L_{\delta_E}}$ |
| $\frac{1}{q_\infty S_W \bar{c}_W}\frac{\partial M_A}{\partial \bullet}$ | $\left(C_{M_u}+\frac{2}{U_0}C_{M_0}\right)$ | $C_{M_\alpha}$ | $C_{M_q}$ | $C_{M_{\dot{\alpha}}}$ | $C_{M_{\delta_E}}$ |

（续）

| | $\beta$ | $p$ | $r$ | $\delta_A$ | $\delta_R$ |
|---|---|---|---|---|---|
| $\frac{1}{q_\infty S_W}\frac{\partial F_{A_Y}}{\partial \bullet}$ | $C_{S_\beta}$ | $C_{S_p}$ | $C_{S_r}$ | $C_{S_{\delta_A}}$ | $C_{S_{\delta_R}}$ |
| $\frac{1}{q_\infty S_W b_W}\frac{\partial L_A}{\partial \bullet}$ | $C_{L_\beta}$ | $C_{L_p}$ | $C_{L_r}$ | $C_{L_{\delta_A}}$ | $C_{L_{\delta_R}}$ |
| $\frac{1}{q_\infty S_W b_W}\frac{\partial N_A}{\partial \bullet}$ | $C_{N_\beta}$ | $C_{N_p}$ | $C_{N_r}$ | $C_{N_{\delta_A}}$ | $C_{N_r}$ |

根据上述分析,小扰动气动力可表示为

$$
\begin{aligned}
f_{A_X} &= q_\infty S_W\left(-\left(C_{D_u}+\frac{2}{U_0}C_{D_0}\right)u+(-C_{D_\alpha}+C_{L_0})\alpha-C_{D_{\dot\alpha}}\dot\alpha-C_{D_q}q-C_{D_{\delta_E}}\delta_E\right)\\
f_{A_Y} &= q_\infty S_W(C_{S_\beta}\beta+C_{S_p}p+C_{S_r}r+C_{S_{\delta_A}}\delta_A+C_{S_{\delta_R}}\delta_R)\\
f_{A_Z} &= q_\infty S_W\left(-\left(C_{L_u}+\frac{2}{U_0}C_{L_0}\right)u-(C_{L_\alpha}+C_{D_0})\alpha-C_{L_{\dot\alpha}}\dot\alpha-C_{L_q}q-C_{L_{\delta_E}}\delta_E\right)
\end{aligned}
\tag{6.272}
$$

式中所有系数本章均已进行讨论,$C_{D_{\dot\alpha}}$ 与 $C_{D_q}$除外,因为这两项一般可以忽略不计。

气动力矩和推进力矩将被综合进方程组(2.49)中。小扰动气动力矩的表达式变得更加简单,为

$$
\begin{aligned}
l_A &= q_\infty S_W b_W(C_{L_\beta}\beta+C_{L_p}p+C_{L_r}r+C_{L_{\delta_A}}\delta_A+C_{L_{\delta_R}}\delta_R)\\
m_A &= q_\infty S_W\bar c_W\left(\left(C_{M_u}+\frac{2}{U_0}C_{M_0}\right)u+C_{M_\alpha}\alpha+C_{M_{\dot\alpha}}\dot\alpha+C_{M_q}q+C_{M_{\delta_E}}\delta_E\right)\\
n_A &= q_\infty S_W b_W(C_{N_\beta}\beta+C_{N_p}p+C_{N_r}r+C_{N_{\delta_A}}\delta_A+C_{N_{\delta_R}}\delta_R)
\end{aligned}
\tag{6.273}
$$

类似地,可得出小扰动推进力和力矩的表达为

$$
\begin{aligned}
f_{P_X} &= q_\infty S_W\left(C_{P_{X_u}}+\frac{2}{U_0}C_{P_{X_0}}\right)u+\delta T\cos(\phi_T+\alpha_0)\\
f_{P_Z} &= q_\infty S_W\left(C_{P_{Z_u}}+\frac{2}{U_0}C_{P_{Z_0}}\right)u-\delta T\sin(\phi_T+\alpha_0)\\
m_P &= q_\infty S_W\bar c_W\left(\left(C_{P_{M_u}}+\frac{2}{U_0}C_{P_{M_0}}\right)u+C_{P_{M_\alpha}}\alpha\right)+\delta T(d_T\cos\phi_T-x_T\sin\phi_T)
\end{aligned}
\tag{6.274}
$$

式中:$\delta T$ 是指因油门设定 $\pi$ 的小扰动导致的推力小扰动,即

$$\delta T=\left.\frac{\partial T}{\partial \pi}\right|_0\delta\pi$$

本章对方程组(6.273)和方程组(6.274)中的所有系数均已进行讨论。

在上述推导过程中,假设大气密度为常数,这种假设通常适用于传统飞行器的线性模型。但是,如果没有假设大气密度相对高度而言保持恒定,则方程组(6.272)中必须加上附加高度依赖的小扰动力。密度变化对超声速飞行器而言具有重要影响,这是因为由于速度快,所以即使是攻角和航迹角都非常小时,飞行器也能够越过大的高度差。

因密度变化导致的附加气动力为

$$f_{A_{X_h}} \triangleq \frac{\partial F_{A_X}}{\partial h}\Big|_0 h = C_{X_0}\frac{q_\infty S_W}{\rho_\infty}\frac{\partial \rho_\infty}{\partial h}\Big|_0 = -(C_{D_0}\cos\beta_0 + C_{S_0}\sin\beta_0)\frac{q_\infty S_W}{\rho_\infty}\frac{\partial \rho_\infty}{\partial h}\Big|_0$$

$$f_{A_{Y_h}} \triangleq \frac{\partial F_{A_Y}}{\partial h}\Big|_0 h = C_{Y_0}\frac{q_\infty S_W}{\rho_\infty}\frac{\partial \rho_\infty}{\partial h}\Big|_0 = (C_{S_0}\cos\beta_0 - C_{D_0}\sin\beta_0)\frac{q_\infty S_W}{\rho_\infty}\frac{\partial \rho_\infty}{\partial h}\Big|_0 \quad (6.275)$$

$$f_{A_{Z_h}} \triangleq \frac{\partial F_{A_Z}}{\partial h}\Big|_0 h = C_{Z_0}\frac{q_\infty S_W}{\rho_\infty}\frac{\partial \rho_\infty}{\partial h}\Big|_0 = -C_{L_0}\frac{q_\infty S_W}{\rho_\infty}\frac{\partial \rho_\infty}{\partial h}\Big|_0$$

式中:密度-高度梯度 $\partial\rho_\infty/\partial h$ 根据附录 A 中给出的大气模型得出。请注意,上述小扰动力是力系数 $C_{X_0}$、$C_{Y_0}$和 $C_{Z_0}$的函数。$C_{X_0}$、$C_{Y_0}$和 $C_{Z_0}$为基准飞行条件下计算出的力系数。由于该条件下计算出的气动力矩系数一般很小或者为零,因此通常不存在与密度变化有关的小扰动力矩。

## 6.11 总　结

本章已经介绍了很多内容,包括最开始易混淆的符号。但是,正如刚才提到的,第九章和第十章将研究本章定义的有效度系数或稳定性导数是如何影响飞行器动力学的,包括其稳定性。因此,是否能够计算出这些系数对指定飞行器而言非常重要。

本章采用了第五章介绍的基本气动力概念并创建了适用于作用在飞行器上的气动力和推进力的模型,并指出如有新增的气动力数据可用时,无需更改模型的整体结构即可对这些模型进行更新。随后,还展示了如何将这些力和力矩综合进运动方程。

本章还介绍了几个重要概念,包括稳定性坐标轴系和机身参考坐标系的定义与运用、飞行器气动力中心的确定以及对大气湍流对力和力矩影响的建模。第八章至第十章将进一步用到这些概念。

## 6.12 作 业 题

6.1　设飞行器的几何形状与图 6.9 类似,但其具有前俯仰控制面或前翼。前翼为安装在机翼前方的水平升力面,其局部攻角有时候可通过将整个表面偏离机身参考坐标系进行控制。将该前翼俯仰偏转用 $\delta_c$ 表示。绘出类似于图 6.9 所示的飞行器几何形状,并注明所有相关的气动力和力矩。然后,使用类似于 6.2.5 节所用的方法推导出包括前翼影响在内的飞行器俯仰力矩系数表达式。最后,计算出该飞行器的前翼偏转俯仰力矩有效度 $C_{M_{\delta_C}}$,并将其与升降舵偏转俯仰力矩有效度进行比较。(忽略前翼下洗流的影响。)

6.2　考虑如图 6.22 所示的无翼导弹,且飞行器气动升力的大部分是由弹头产生。假设该力作用于弹头压力中心的轴向位置 $X_{AC_N}$,该位置同时也是气动中心的位置。绘出类似于图 6.9 所示的飞行器几何形状,并注明所有相关气动力和力矩的分量。然后,使用类似于 6.2.5 所用的方法推导出与方程(6.55)相似的飞行器俯仰力矩系数表达式。假设尾翼具有对称的翼型剖面,并能够相对于机身参考坐标系 $X$ 轴偏转(用 $\delta_F$ 表示)。按照惯例,在进行气动力和力矩的无量纲化时,使用弹体横截面面积 $A$ 作为基准面积,使用弹体直径 $d$ 作为基准长度。忽略除弹头升力外的其他弹体升力以及任何下洗流影响。

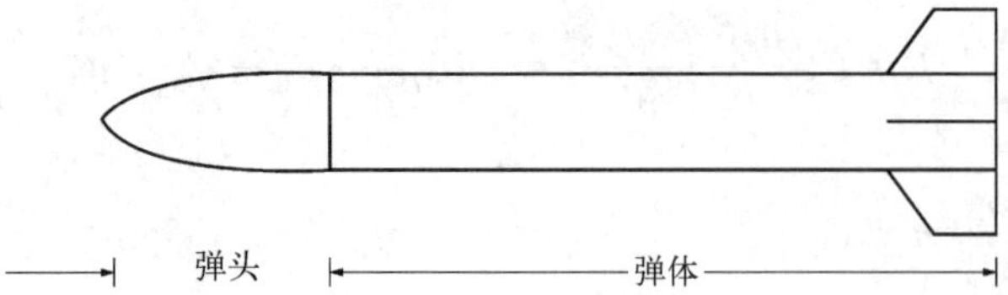


图 6.22　无翼导弹

6.3　设超声速飞行器类似于 NASA 的 Hyper-X 或 X-43 飞机，其原理图如图 6.23 所示。机身前部产生气动法向力 $F$，在空气进入悬挂式 SCRAMjet 推进系统前将空气进行压缩。发动机产生推力 $T$，但是由于吸入空气的转向，导致合力 $T$ 作用于距离飞行器 $X$ 轴 $-\phi_T$ 的位置。发动机排气尾流在后方外部喷管上形成了压力分布，产生合力 $N$，如图所示。假设力 $F$ 和 $N$ 的作用点位于穿过图中所示参照点的水平线上，但是 $T$ 作用于参照点下方的 $d_T$ 点处（与图 6.13 一致）。同时假设全动式水平尾翼具有对称的翼型剖面，并能够相对于飞行器发生偏转，偏转角采用 $\delta_H$ 表示。

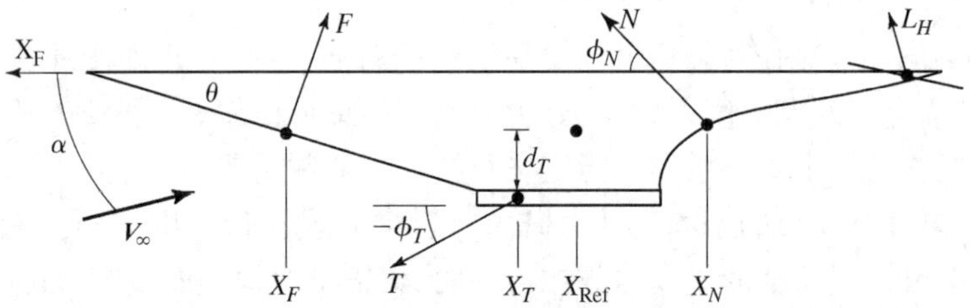


图 6.23　超声速飞行器

使用类似于 6.2.5 节所用的方法推导出基准位置的飞行器俯仰力矩表达式，然后得出与方程（6.55）相似的飞行器俯仰力矩系数表达式。在进行气动力和力矩的无量纲化时，使用 $S_{Ref}$ 作为基准面积，使用 $l_{Ref}$ 作为基准长度。假设气动升力仅由机身前部以及水平尾翼产生，忽略下洗流的影响。

6.4　考虑通过延长机身长度来延长商用运输机的长度。这将导致水平尾翼的气动中心向后偏移 $2\bar{c}_W$，$X_{Ref}$ 的位置（用于确定俯仰力矩的基准位置）将向机翼的气动中心后方偏移 $0.25\bar{c}_W$。机翼和尾翼的几何形状不变。如果原设计的风洞试验和飞行试验表明原飞行器的攻角升力和俯仰力矩有效度为 $C'_{L_\alpha}$ 和 $C'_{M_\alpha}$。使用 $C'_{L_\alpha}$ 和 $C'_{M_\alpha}$ 得出用于预测由于加长机身导致的上述系数变化 $\Delta C_{L_\alpha}$ 和 $\Delta C_{M_\alpha}$ 的表达式。

6.5　考虑例 6.1～例 6.6 所述的飞行器。测定横向速度小扰动对该飞行器气动力和力矩以及推进力和力矩的影响。

6.6　考虑例 6.1～例 6.7 所述的飞行器。测定滚转角速度小扰动对该飞行器气动力和力矩以及推进力和力矩的影响。

6.7　考虑例 6.1～例 6.7 所述的飞行器。测定偏航角速度小扰动对该飞行器气动力和力矩以及推进力和力矩的影响。

6.8　考虑例 6.1～例 6.7 所述的飞行器。确定攻角变化率小扰动对该飞行器气动力和力矩以及推进力和力矩的影响。将所得结果与俯仰角速度小扰动对上述力和力矩的影响进行比较。

6.9　使用 6.8 节中用于推导出方程（6.257）的方法推导出表示阵风对飞行器气动力矩

影响的表达式。

6.10　由方程组(6.107)开始,验证表6.6中$\frac{\partial F_{A_x}}{\partial u}$和$\frac{\partial F_{A_x}}{\partial \alpha}$的各项。

## 参考文献


1. Teper, Gary L.: "Aircraft Stability and Control Data," STI TR-176-1, Systems Technology, Inc., Hawthorne, CA, April 1969.
2. "USAF Stability and Control DATCOM," prepared by the Douglas Aircraft Div., McDonnell Douglas Corp. for the USAF Flight Dynamics Laboratory, Wright Patterson AFB, Ohio, October 1960 (revised April 1978).
3. Multhopp, H.: "Aerodynamics of the Fuselage," NACA TM-1036, 1942.
4. Perkins, C. D. and R. E. Hage: *Airplane Performance Stability and Control*, Wiley, New York, 1949.
5. Chavez, F. R. and D. K. Schmidt: "An Analytical Model and Dynamic Analysis of an Aeropropulsive/Aeroelastic Hypersonic Vehicle," *Journal of Guidance, Control, and Dynamics*, vol. 17, no. 6, 1994.

# 第七章
# 弹性变形对力与力矩的影响

**章节路线图**:本章内容通常不会包括在飞行动力学的首门课程中,而是包含在后续的课程中。在学习本章之前,学生应对第三章~第六章的内容非常熟悉。

本章将继续探讨第六章开始进行的飞行器所受气动力与力矩建模,但现在将重点讨论飞行器结构的弹性变形对这些力与力矩的影响。我们将继续借鉴第五章和第六章所展示的方法,包括部件叠加法和片条理论,它们一直成功地应用于气动弹性建模(参考文献 1)。假定飞行器几何形状为传统结构——飞行器由机身、机翼和后部水平尾翼与垂直尾翼构成——尽管使用在此所介绍的方法也可能处理其他几何形状。

考虑到主要讨论的是大气飞行动力学而非单纯的结构动力学,我们对柔性结构和"刚体"运动(即刚体自由度)之间的可能存在的相互作用特别感兴趣。我们感兴趣的是确定刚体自由度动力学是否明显地受到弹性运动或结构静态弹性变形的影响。例如,我们不会专注于颤振,因为它包含两种或更多弹性自由度的相互作用。因此,结构的低频弹性模式是我们的主要兴趣所在,因而不会考虑不稳定气动效应,它是在弹性模态周期比升力面上压力分布变化率长的时候须考虑的。

## 7.1 激励性气动弹性变形实例

为了促进研究弹性变形对气动力与力矩的影响,考虑如图 7.1 所示的理想化二维翼型。翼型和控制面如例 5.2 中所述。图中,翼型由两根弹簧悬挂起来,一根平移,一根旋转,就如在风洞中一样。图中还显示了该剖面的质心(重力中心)、气动力中心(ac)、后缘控制面及气动力中心 $m_{ac}$的力矩与二维升力 $l$。该剖面可以随位移俯仰和升降(分别由 $\theta$ 和 $z_{cm}$ 表示)。使用例 5.2 中的翼型数据及以下附加数据,将作用于弹性翼型的升力和力矩与刚性翼型上的进行比较。

$$V_\infty = 75\text{fps},\ c\,(\text{弦长}) = 2\text{ft},\ \Delta x = 0.2\text{ft}$$

$$m\,(\text{质量}) = 1\text{sl/ft},\ I_{cm}\,(\text{惯量}) = 1\text{sl-ft}^2/\text{ft}$$

$$k_p\,(\text{弹簧刚度}) = 35\text{lb/ft},\ k_t\,(\text{弹簧刚度}) = 144\text{ft-lb/ft}$$

首先,注意没有气动力和力矩时,控制悬浮翼型剖面自由振动的方程为

$$m\ddot{z}_{cm} + k_p z_{cm} = 0$$

$$I_{cm}\ddot{\theta} + k_t\theta = 0$$

或者使用第三章引入的质量矩阵与刚度矩阵 $\boldsymbol{M}$ 和 $\boldsymbol{K}$,用矩阵符号表示可得出

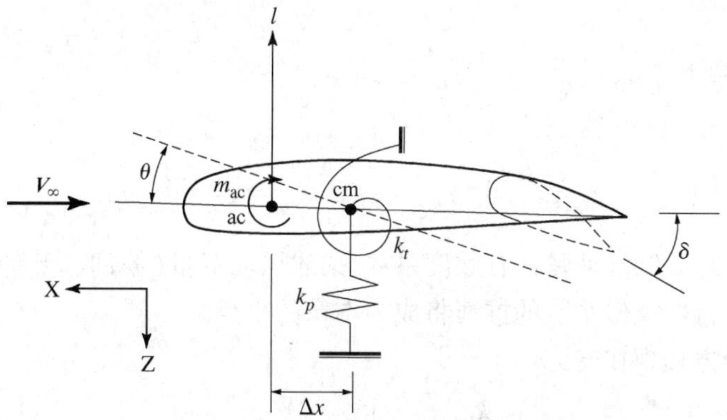

图 7.1 气动弹性二维翼型原理图

$$\begin{bmatrix} m & 0 \\ 0 & I_{cm} \end{bmatrix} \begin{Bmatrix} \ddot{z}_{cm} \\ \ddot{\theta} \end{Bmatrix} + \begin{bmatrix} k_p & 0 \\ 0 & k_t \end{bmatrix} \begin{Bmatrix} z_{cm} \\ \theta \end{Bmatrix} = \begin{Bmatrix} 0 \\ 0 \end{Bmatrix}$$

$$[\boldsymbol{M}]\{\ddot{\boldsymbol{q}}\} + [\boldsymbol{K}]\{\boldsymbol{q}\} = \{\boldsymbol{0}\}$$

这些方程进行解耦后,两个振动频率变为

$$\omega_1 = \sqrt{\frac{k_p}{m}} = \sqrt{35}\,\text{rad/s} \qquad \omega_2 = \sqrt{\frac{k_t}{I_{cm}}} = \sqrt{144}\,\text{rad/s}$$

现在得到了(关于 cm 的)气动升力和力矩,且加上结构黏性阻尼 $\zeta$,运动方程简单表示为

$$\ddot{z}_{cm} + \left(2\zeta\sqrt{\frac{k_p}{m}}\right)\dot{z}_{cm} + (k_p/m)z_{cm} + l/m = 0$$

$$\ddot{\theta} + \left(2\zeta\sqrt{\frac{k_t}{I_{cm}}}\right)\dot{\theta} + (k_t/I_{cm})\theta - m_{cm}/I_{cm} = 0$$

式中:(每单位展长)升力和力矩可用翼型二维气动系数表示为

$$l = \left(c_{l_\alpha}(\alpha - \alpha_0) + c_{l_\delta}\delta\right)q_\infty c$$

$$m_{cm} = m_{ac} + l\Delta x = \left((c_{m_{ac}} + c_{m_\delta}\delta) + c_{l_\alpha}(\alpha - \alpha_0)\frac{\Delta x}{c}\right)q_\infty c^2$$

且由例 5.2 可得出

$$\alpha_0 = -2(^\circ)\ (-0.035\ \text{rad}),\ c_{l_\alpha} = 0.108\,/(^\circ)\ (6.19\,/\text{rad}),\ c_{l_\delta} = 0.092\,/(^\circ)\ (5.27\,/\text{rad}),$$

$$c_{m_{ac}} = -0.047,\ c_{m_\delta} = -0.012\,/\text{deg}\ (-0.688\,/\text{rad})$$

但是请注意翼型剖面攻角可以用运动变量表示,即

$$\alpha = \theta + \frac{\dot{z}_{cm}}{V_\infty}$$

因此,升力和力矩也可以用运动变量表示,即

$$l = \left(c_{l_\alpha}\left(\theta + \frac{\dot{z}_{cm}}{V_\infty} - \alpha_0\right) + c_{l_\delta}\delta\right)q_\infty c \triangleq (c_{l_0} + c_{l_\theta}\theta + c_{l_{\dot{z}_{cm}}}\dot{z}_{cm} + c_{l_\delta}\delta)q_\infty c$$

$$m_{cm} = \left((c_{m_{ac}} + c_{m_\delta}\delta) + c_{l_\alpha}\left(\theta + \frac{\dot{z}_{cm}}{V_\infty} - \alpha_0\right)\frac{\Delta x}{c}\right)q_\infty c^2 \triangleq (c_{m_0} + c_{m_\theta}\theta + c_{m_{\dot{z}_{cm}}}\dot{z}_{cm} + c_{m_\delta}\delta)q_\infty c^2$$

式中

$$c_{l_0}=-c_{l_\alpha}\alpha_0,\ c_{l_\theta}=c_{l_\alpha},\ c_{l_\delta}=c_{l_\delta},\ c_{l_{\dot{z}_{\mathrm{cm}}}}=\frac{c_{l_\alpha}}{V_\infty}$$

$$c_{m_0}=\left(c_{m_{\mathrm{ac}}}-c_{l_\alpha}\alpha_0\frac{\Delta x}{c}\right),\ c_{m_\delta}=c_{m_\delta},\ c_{m_\theta}=c_{l_\alpha}\frac{\Delta x}{c},\ c_{m_{\dot{z}_{\mathrm{cm}}}}=\frac{c_{l_\alpha}}{V_\infty}\frac{\Delta x}{c}$$

上述 8 个系数是二维气动弹性有效度系数,描述运动变量(俯仰和升降)如何影响剖面上的升力和力矩。飞行器类似系数的推演将成为本章的重点。

翼型剖面运动方程现在变为

$$\ddot{z}_{\mathrm{cm}}+\left(2\zeta\sqrt{\frac{k_p}{m}}+\frac{1}{m}c_{l_{\dot{z}_{\mathrm{cm}}}}q_\infty c\right)\dot{z}_{\mathrm{cm}}+\frac{k_p}{m}z_{\mathrm{cm}}+\frac{1}{m}(c_{l_\theta}q_\infty c)\theta=-\frac{1}{m}(c_{l_0}q_\infty c)-\frac{1}{m}(c_{l_\delta}q_\infty c)\delta$$

$$\ddot{\theta}+\left(2\zeta\sqrt{\frac{k_t}{I_{\mathrm{cm}}}}\right)\dot{\theta}+\frac{1}{I_{\mathrm{cm}}}(k_t-c_{m_\theta}q_\infty c^2)\theta-\frac{1}{I_{\mathrm{cm}}}(c_{m_{\dot{z}_{\mathrm{cm}}}}q_\infty c^2)\dot{z}_{\mathrm{cm}}=\frac{1}{I_{\mathrm{cm}}}(c_{m_0}q_\infty c^2)+\frac{1}{I_{\mathrm{cm}}}(c_{m_\delta}q_\infty c^2)\delta$$

给定动压的运动方程可以通过第八章讨论的仿真技术求解。在计算动压 $q_\infty$ 时,令大气密度 $\rho_\infty$ 为海平面值或 0.002377sl/ft$^3$,令结构黏性阻尼为标称值 $\zeta=0.02$,图 7.2 所示为 1°的控制面阶跃输入剖面俯仰和升降位移的时间关系曲线图。

为了比较刚性剖面和弹性剖面的升力和力矩,使用下列方程表示刚性剖面的升力和力矩:

$$l=\left(c_{l_\alpha}(-\alpha_0)+c_{l_\delta}\delta\right)q_\infty c=4.12\mathrm{lb/ft}$$

$$m_{\mathrm{cm}}=\left((c_{m_{\mathrm{ac}}}+c_{m_\delta}\delta)+c_{l_\alpha}(-\alpha_0)\frac{\Delta x}{c}\right)q_\infty c^2=-1.00\mathrm{ft\text{-}lb/ft}$$

图中攻角为零。对于弹性剖面而言,其位移如图 7.2 所示,升力和力矩如图 7.3 和图 7.4 所示。显然,刚性剖面和弹性剖面的结果有很大不同,因此表明弹性变形对气动力和力矩的影响十分重要。弹性剖面上的升力稳态值约为 3.5lb/ft,对应升力减少 15%。而且,弹性剖面俯仰力矩的稳态值约为 1.13ft-lb/ft,对应力矩增加 13%。升力和力矩的峰值差异更大。力和力矩这样的差异反过来会极大地影响飞行器动力学特性。

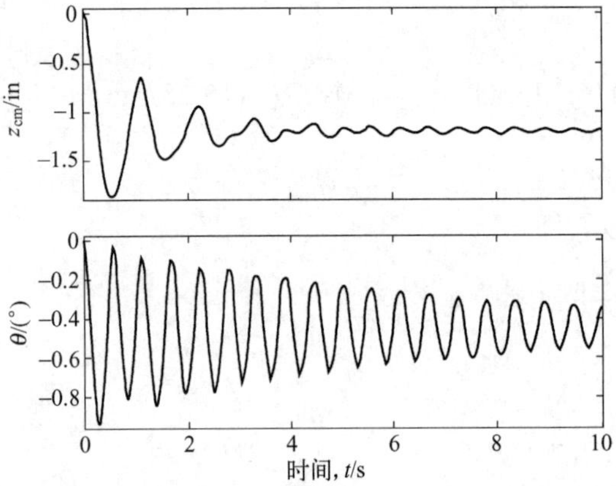


图 7.2 气动弹性翼剖面的时间关系曲线图

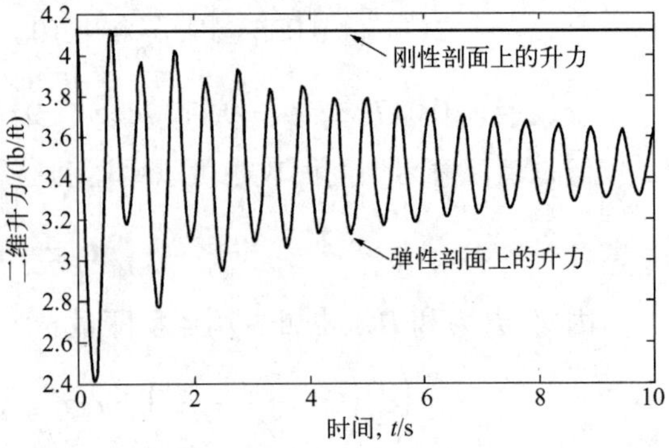


图 7.3 刚性翼型剖面与弹性翼型剖面上的升力

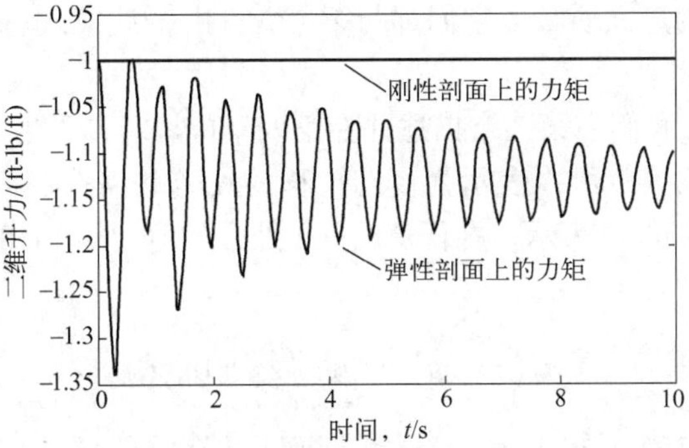


图 7.4　刚性翼型剖面和弹性翼型剖面上的俯仰力矩

## 7.2　弹性变形回顾

在第六章中我们注意到，作用在飞行器上的总气动力与力矩矢量用飞行器固定坐标系上的分量表示为

$$\begin{cases} \boldsymbol{F}_A = F_{A_X}\boldsymbol{i}_V + F_{A_Y}\boldsymbol{j}_V + F_{A_Z}\boldsymbol{k}_V \\ \boldsymbol{M}_A = L_A\boldsymbol{i}_V + M_A\boldsymbol{j}_V + N_A\boldsymbol{k}_V \end{cases} \tag{7.1}$$

本章将确定弹性变形如何影响这两个矢量的分量。与第六章的方法一致，我们会运用这些以参数矢量 $\boldsymbol{p}$ 表示的力和力矩的泰勒级数展开，即

$$\boldsymbol{F}_A = \boldsymbol{F}_A(\boldsymbol{p})$$

$$\boldsymbol{M}_A = \boldsymbol{M}_A(\boldsymbol{p})$$

在第六章中，$\boldsymbol{p}$ 仅包括与刚体运动相关的变量（如 $U$、$\alpha$、$\beta$、$P$、$Q$、$R$、$\delta_E$、$i_H$、$\delta_A$、$\delta_R$）。在此，我们会扩展 $\boldsymbol{p}$，使其包括与弹性变形相关的变量。具体来说，将模态坐标 $\boldsymbol{\eta}_i$ 的影响包括在内。注意与符号法则一致，总模态坐标位移也可以用参考值及从参考值处获得的小扰动表示，即

$$\eta_i(t) = H_{i_0}(t) + \eta_i(t) \tag{7.2}$$

而且在第六章已证明飞行器固定坐标系上的分力可以写成

$$\begin{cases} F_{A_X} = C_X q_\infty S_W = -D\cos\alpha\cos\beta - S\cos\alpha\sin\beta + L\sin\alpha \\ F_{A_Y} = C_Y q_\infty S_W = -D\sin\beta + S\cos\beta \\ F_{A_Z} = C_Z q_\infty S_W = -D\sin\alpha\cos\beta - S\sin\alpha\sin\beta - L\cos\alpha \end{cases} \tag{7.3}$$

式中：$L$ 为总飞行器升力；$D$ 为总阻力；$S$ 为总侧力；$\alpha$ 和 $\beta$ 定义自由流速度矢量 $\boldsymbol{V}_\infty$ 相对于选定飞行器固定坐标系的方向。可通过升力和侧力来确定弹性变形对这些分力的影响。假定弹性变形对阻力的影响可以忽略，弹性变形相对整个飞行器尺寸比较小时，这是一个较好的近似法。

至于方程组(7.1)中出现的力矩分量，$L_A$ 为作用于飞行器上的气动滚转力矩，$M_A$ 为气动俯仰力矩，$N_A$ 为气动偏航力矩。我们也会求出弹性变形对这些力矩的影响。

最后，第四章的方程(4.84)确定了控制弹性自由度的运动方程形式为

$$\ddot{\eta}_i + \omega_i^2\eta_i = \frac{Q_i}{\mathcal{M}_i},\ i = 1, 2, \cdots, n \tag{7.4}$$

式中：$Q_i$为广义力；$\mathscr{M}_i$ 为广义质量。它们都与第 $i$ 个自由振动模式有关。现在来推导用于估算这些广义力的表达式。

至于弹性运动本身，我们在第三章描述并在第四章应用了以下情形：结构上因弹性变形引起的任何点的位移 $\boldsymbol{d}_E(x,y,z)$ 可以表示为模态位移的无穷和，各位移都用结构振动模式的振型 $\boldsymbol{v}_i(x,y,z)$ 和模态坐标 $\boldsymbol{\eta}_i(t)$ 表示。在任意时间 $t$ 处，未变形结构上的任何点$(x,y,z)$ 的弹性位移（矢量）$\boldsymbol{d}_E$可以写成

$$\boldsymbol{d}_E(x,y,z,t)=\sum_{i=1}^{\infty}\boldsymbol{v}_i(x,y,z)\eta_i(t)_i \tag{7.5}$$

而且，回顾方程（4.15）可知 $V_i(x,y,z)$ 是与模式 $i$ 有关的振型（矢量）值，由结构上位置$(x,y,z)$处估算得出，且 $\boldsymbol{\eta}_i(t)$ 为时间 $t$ 处的第 $i$ 阶模态坐标值。与第四章一致，本章假设振型可从前述的结构自由振动分析（如有限元分析）获得。

振型 $\boldsymbol{v}_i$包括在选定飞行器固定坐标系上 $X$、$Y$ 和 $Z$ 方向上各自的位移，即

$$\boldsymbol{v}_i=\begin{bmatrix}\nu_{X_i} & \nu_{Y_i} & \nu_{Z_i}\end{bmatrix}\begin{Bmatrix}\boldsymbol{i}_V\\ \boldsymbol{j}_V\\ \boldsymbol{k}_V\end{Bmatrix} \tag{7.6}$$

式中：$\boldsymbol{i}_V$、$\boldsymbol{j}_V$和 $\boldsymbol{k}_V$为选定坐标系（如机身参考坐标系）上的单位矢量。对于关于 $XZ$ 面对称的飞行器而言，弹性模式可以分为对称模式与反对称模式。顾名思义，例如，对称振型相对于对称平面对称，且这些模式包含关于 $X_V$轴的对称机翼弯曲及关于 $Y_V$轴的机身弯曲。例如，反对称模式具有相对于对称平面非对称的模式，且会包含关于 $Z_V$轴的非对称机翼弯曲和机身弯曲。在本章中会一直运用这种模态分类。

在接下来的 7.3 节～7.8 节中，在建模弹性变形对力和力矩影响时会重复利用同样的基本方法。该方法由 4 步构成：

（1）描述机制的特征，弹性变形通过这些机制影响所有相关升力面上的局部二维翼型剖面升力和力矩。

（2）用结构振动模式的振型和模态坐标表示弹性变形。

（3）将相关升力面翼展上生成的表达式求积分。

（4）提取力和力矩相对于振动模式模态坐标的偏导数闭合解表达式。

## 7.3 弹性变形对升力的影响

在 6.2.1 节中，假设飞行器的升力本质上是由机翼和水平尾翼的升力产生，则可将飞行器升力表示为

$$L=L_W+L_H$$

继续用机翼剖面和尾翼剖面局部攻角表示机翼升力与尾翼升力。

但是弹性变形影响这些局部攻角，也因此影响了升力。为了给这种影响建模，考虑如图 7.5 所示的机翼或尾翼二维剖面。令剖面相对于其未变形位置的弹性运动，包括弦翼的气动力中心的局部向下的速度 $w_E(y)$ 和局部的扭转角 $\theta_E(y)$ 的局部俯仰速度，其中 $y$ 为剖面翼展位置。（注意第五章中，将刚性机翼的展向扭角表示为 $\varepsilon_E(y)$。这里的弹性扭角在几何学上与其相似，但是我们将其表示为 $\theta_E(y)$。）因此，将由向下的速度产生的攻角表示为 $w_E(y)/V_\infty$，其中 $V_\infty$ 为来流速度，可以将翼剖面的局部攻角表示为

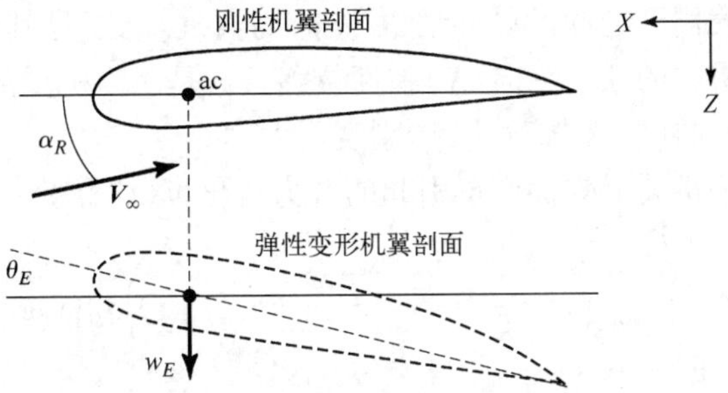


图 7.5 刚性机翼剖面和变形机翼剖面

$$\alpha_W(y) = \alpha_{R_W}(y) + \alpha_{E_W}(y) = \alpha_{R_W}(y) + \left(\theta_E(y) + \frac{w_E(y)}{V_\infty}\right) \tag{7.7}$$

式中:$\alpha_{R_W}$为未变形或刚性机翼的攻角;$\alpha_{E_W}$为弹性变形引起的对剖面攻角的影响。注意刚性机翼攻角 $\alpha_{R_W}$包括飞行器刚体升降速度 $W$、刚体滚转角速度 $P$ 和刚性机翼扭转角 $\varepsilon(y)$ 等的影响。

尾翼剖面的局部攻角可以表示为

$$\alpha_H(y) = \alpha_{R_H}(y) + \alpha_{E_H}(y) = \alpha_{R_H}(y) + \left(\theta_{E_H}(y) + \frac{w_{E_H}(y)}{V_\infty} - \varepsilon_{E_H}(y)\right) \tag{7.8}$$

在此包括了尾翼处因机翼弹性变形引起的附加下洗角 $\varepsilon_{E_H}$。注意,$\alpha_{R_H}$包括尾翼处与刚性机翼攻角 $\alpha_{R_W}$有关的下洗角。

忽略因弹性变形引起的剖面弯度变化,并假设局部线性空气动力学特性,二维剖面机翼或尾翼剖面升力可以表示为

$$l(y) = c_{l_\alpha}(y)\big(\alpha(y) - \alpha_0(y)\big)q(y)c(y) \tag{7.9}$$

式中:攻角 $\alpha$ 由方程(7.7)或方程(7.8)给出。将该剖面升力分别沿着翼展 $b_W$和尾翼翼展 $b_H$求积分,并假设机翼和尾翼关于其翼根弦平面对称,求出机翼和尾翼上升力的表达式如下:

$$\begin{cases} L_W = 2\displaystyle\int_0^{b_W/2} c_{l_{\alpha_W}}(y)\big(\alpha_W(y) - \alpha_{0_W}(y)\big)q_W(y)c_W(y)\,\mathrm{d}y \\ L_H = 2\displaystyle\int_0^{b_H/2} c_{l_{\alpha_H}}(y)\big(\alpha_H(y) - \alpha_{0_H}(y)\big)q_H(y)c_H(y)\,\mathrm{d}y \end{cases} \tag{7.10}$$

但是,将方程(7.7)和方程(7.8)代入上述表达式,只可只提取出与弹性变形有关的那部分机翼和尾翼升力。因此,因弹性变形引起的机翼升力变化简化为

$$\begin{aligned} L_{E_W} &= 2\int_0^{b_W/2} c_{l_{\alpha_W}}(y)\left(\theta_E(y) + \frac{w_E(y)}{V_\infty}\right)q_W(y)c_W(y)\,\mathrm{d}y \\ &\approx 2q_\infty\int_0^{b_W/2} c_{l_{\alpha_W}}(y)\left(\theta_E(y) + \frac{w_E(y)}{V_\infty}\right)c_W(y)\,\mathrm{d}y \end{aligned} \tag{7.11}$$

得到这个结果时，我们已经假设局部动压 $q(y)$ 与翼展一致，且其等于来流动压。做这种假设时，实际上忽略了机翼的任何纵向($X$)弹性位移。这是因为机翼剖面通常在纵向弯曲(绕 $Z$ 轴弯曲)中比在上下弯曲(绕 $X$ 轴弯曲)中刚度更大。

跟机翼一样，因水平机翼上弹性变形引起的升力变化可以写成

$$
\begin{aligned}
L_{E_H} &= 2\int_0^{b_H/2} c_{l_{\alpha_H}}(y)\left(\theta_{E_H}(y)+\frac{w_{E_H}(y)}{V_\infty}-\varepsilon_{E_H}(y)\right)q_H(y)c_H(y)\mathrm{d}y \\
&\approx 2q_H\int_0^{b_H/2} c_{l_{\alpha_H}}(y)\left(\theta_{E_H}(y)+\frac{w_{E_H}(y)}{V_\infty}-\varepsilon_{E_H}(y)\right)c_H(y)\mathrm{d}y
\end{aligned}
\tag{7.12}
$$

式中：尾翼处因弹性变形引起的附加下洗角 $\varepsilon_{E_H}$ 可根据如下计算得出。因为

$$
\begin{aligned}
\varepsilon_H &\triangleq \varepsilon_{R_H}+\varepsilon_{E_H}=\frac{\mathrm{d}\varepsilon_H}{\mathrm{d}\alpha_W}(\alpha_W-\alpha_{0_W}) \\
&=\frac{\mathrm{d}\varepsilon_H}{\mathrm{d}\alpha_W}(\alpha_{R_W}+\alpha_{E_W}-\alpha_{0_W})=\frac{\mathrm{d}\varepsilon_H}{\mathrm{d}\alpha_W}\left((\alpha_{R_W}-\alpha_{0_W})+\alpha_{E_W}\right)
\end{aligned}
\tag{7.13}
$$

可得出

$$
\varepsilon_{E_H}=\frac{\mathrm{d}\varepsilon_H}{\mathrm{d}\alpha_W}\alpha_{E_W}=\frac{\mathrm{d}\varepsilon_H}{\mathrm{d}\alpha_W}\left(\theta_{E_W}(y)+\frac{w_{E_W}(y)}{V_\infty}\right)
\tag{7.14}
$$

因此，弹性变形引起的尾翼升力变化可以表示为

$$
L_{E_H}\approx 2q_H\int_0^{b_H/2} c_{l_{\alpha_H}}(y)\left(\left(\theta_{E_H}(y)+\frac{w_{E_H}(y)}{V_\infty}\right)-\frac{\mathrm{d}\varepsilon_H}{\mathrm{d}\alpha_W}\left(\theta_{E_W}(y)+\frac{w_{E_W}(y)}{V_\infty}\right)\right)c_H(y)\mathrm{d}y
\tag{7.15}
$$

注意，这里由于存在下洗角，弹性变形对机翼升力的影响是机翼弹性变形的函数，且6.7.4节的讨论中已忽略了下洗滞后的时滞影响。

### 7.3.1 模态位移影响

得到分别由方程(7.11)和方程(7.15)给出的与弹性变形有关的机翼升力和尾翼升力后，现在开始求模态位移对升力的影响。回顾方程(7.5)可知未变形结构$(x,y,z)$上一点的弹性位移 $\boldsymbol{d}_E$ 可以用振型和模态坐标来表示，即

$$
\boldsymbol{d}_E(x,y,z,t)=\sum_{i=1}^{\infty}\boldsymbol{\nu}_i(x,y,z)\eta_i(t)
$$

因此，可以用模态参数来表示相关弹性变形。而且，因飞行器的对称性，只有对称的振动模式才对飞行器升力造成重大影响，因此在此只考虑此类模式。

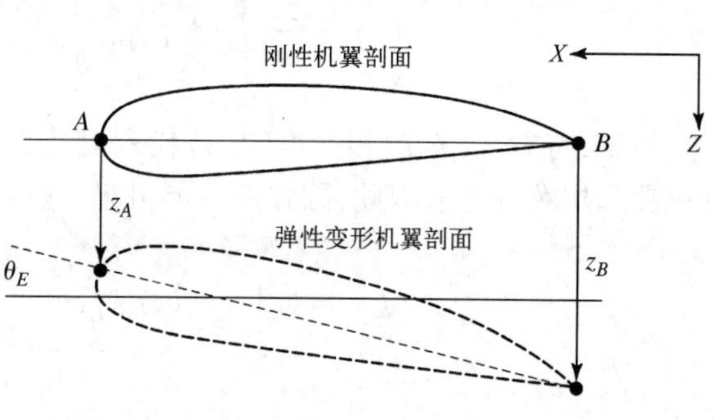

图 7.6 用向下的位移表示的弹性机翼扭角

现在可以用机翼振动振型的局部斜率表示弹性机翼扭转角 $\theta_E(y)$。考虑图7.6所示的二维剖面弹性变形，其与图7.5相似。回顾可知忽略翼型剖面的任何变形，如弯度的变化。注意翼型剖面上两点 $A$ 和 $B$ 的向下

的($Z$)位移及位置($x_A,y,z_A$)与($x_B,y,z_B$),可列为

$$\begin{cases} z_A(y,t)=\sum\limits_{i=1}^{\infty}\nu_{Z_i}(x_A,y,z_A)\eta_i(t) \\ z_B(y,t)=\sum\limits_{i=1}^{\infty}\nu_{Z_i}(x_B,y,z_B)\eta_i(t) \end{cases} \tag{7.16}$$

式中:$v_{Z_i}(x,y,z)$为在(未变形)结构的位置($x,y,z$)处求得的第$i$阶振型的$Z$(向下的)分量。

现在注意剖面的弹性机翼扭转角$\theta_E(y)$可以用点$A$和点$B$的向下的位移表示。或在时间$t$处可得出

$$\theta_E(y,t)\approx\tan\theta_E(y,t)=\frac{1}{x_A-x_B}\sum_{i=1}^{\infty}\left(\nu_{Z_i}(x_B,y,z_B)-\nu_{Z_i}(x_A,y,z_A)\right)\eta_i(t) \tag{7.17}$$

但是,也应注意

$$\lim_{(x_A-x_B)\to 0}\left(\frac{\nu_{Z_i}(x_B,y,z_B)-\nu_{Z_i}(x_A,y,z_A)}{x_A-x_B}\right)\triangleq\nu'_{Z_i}(y) \tag{7.18}$$

方程(7.18)只是在翼展位置$y$处求得的第$i$阶振型的斜率(前缘向上),如图7.7所示。因此,可以将翼展$y$处的弹性机翼或尾翼扭角表示为

$$\theta_E(y,t)=\sum_{i=1}^{\infty}\nu'_{Z_i}(y)\eta_i(t) \tag{7.19}$$

式中:$v'_{Z_i}(y)$为在机翼或尾翼的翼展$y$处求得的第$i$阶振型斜率。

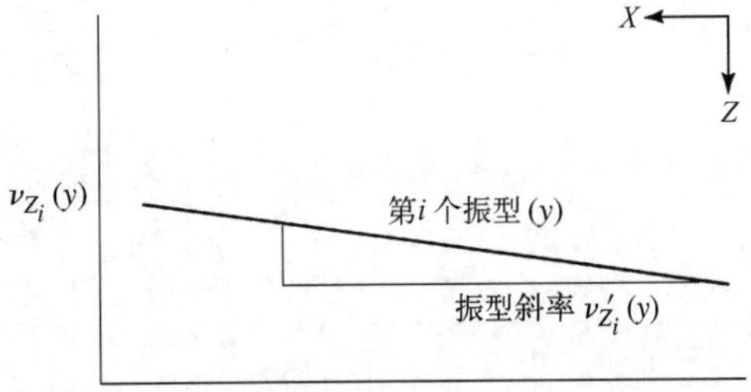

图7.7 翼展$y$处的振型斜率

用模态参数表示弹性扭转角后,可以确定模态位移对飞行器升力的影响。或者,与第六章一致,我们为了确定升力相对于模态参数的偏导数$\dfrac{\partial L}{\partial\eta_i}$。将方程(7.19)代入方程(7.11)和方程(7.15)中,可以分别将弹性变形引起的机翼和尾翼升力变化表示为

$$\begin{aligned} L_{E_W}&=2q_\infty\int_0^{b_W/2}c_{l_{\alpha_W}}(y)\left(\sum_{i=1}^{\infty}\nu'_{Z_{i_W}}(y)\eta_i(t)+\frac{w_E(y)}{V_\infty}\right)c_W(y)\mathrm{d}y \\ &=2q_\infty\left(\sum_{i=1}^{\infty}\left(\int_0^{b_W/2}c_{l_{\alpha_W}}(y)\nu'_{Z_{i_W}}(y)c_W(y)\mathrm{d}y\right)\eta_i(t)\right. \\ &\quad\left.+\frac{1}{V_\infty}\int_0^{b_W/2}c_{l_{\alpha_W}}(y)w_E(y)c_W(y)\mathrm{d}y\right) \end{aligned} \tag{7.20}$$

$$\begin{aligned} L_{E_H}=2q_H\int_0^{b_H/2}c_{l_{\alpha_H}}(y)&\left(\left(\sum_{i=1}^{\infty}\nu'_{Z_{i_H}}(y)\eta_i(t)+\frac{w_{E_H}(y)}{V_\infty}\right)\right. \\ &\left.-\frac{\mathrm{d}\varepsilon_H}{\mathrm{d}\alpha_W}\left(\sum_{i=1}^{\infty}\nu'_{Z_{i_W}}(y)\eta_i(t)+\frac{w_{E_W}(y)}{V_\infty}\right)\right)c_H(y)\mathrm{d}y \end{aligned}$$

$$= 2q_H\left(\sum_{i=1}^{\infty}\left(\int_0^{b_H/2} c_{l_{\alpha_H}}(y)\left(\nu'_{Z_{i_H}}(y) - \frac{\mathrm{d}\varepsilon_H}{\mathrm{d}\alpha_W}\nu'_{Z_{i_W}}(y)\right)c_H(y)\mathrm{d}y\right)\eta_i(t)\right.$$

$$\left.+ \frac{1}{V_\infty}\int_0^{b_H/2} c_{l_{\alpha_H}}(y)\left(w_{E_H}(y) - \frac{\mathrm{d}\varepsilon_H}{\mathrm{d}\alpha_W}w_{E_W}(y)\right)c_H(y)\mathrm{d}y\right)$$

在求方程组(7.20)中机翼和尾翼两个表达式时,已经用积分总和代替了总和的积分。还要注意总和中加下划线的项不是时间的显函数,因为弹性位移随时间的变化仅包含在模态坐标 $\eta_i(t)$ 中。

因此忽略任何机身升力,方程组(7.20)明确地包括模态位移 $\eta_i$ 对飞行器升力的影响。现在我们希望找到飞行器升力相对于模态位移的偏导数。合并机翼和尾翼上的升力,将方程组(7.20)求微分得出

$$\begin{aligned}\frac{\partial L}{\partial \eta_i} &\triangleq C_{L_{\eta_i}} q_\infty S_W = \frac{\partial L_{E_W}}{\partial \eta_i} + \frac{\partial L_{E_H}}{\partial \eta_i} \\ &= 2q_\infty \int_0^{b_W/2} c_{l_{\alpha_W}}(y)\nu'_{Z_{i_W}}(y)c_W(y)\mathrm{d}y \\ &\quad + 2q_H \int_0^{b_H/2} c_{l_{\alpha_H}}(y)\left(\nu'_{Z_{i_H}}(y) - \frac{\mathrm{d}\varepsilon_H}{\mathrm{d}\alpha_W}\nu'_{Z_{i_W}}(y)\right)c_H(y)\mathrm{d}y\end{aligned} \tag{7.21}$$

在此,我们还引入了模态位移升力有效系数 $C_{L_{\eta_i}}$,由上述表达式可知其为

$$\begin{aligned}C_{L_{\eta_i}} = \frac{2}{S_W}\Bigg[&\int_0^{b_W/2} c_{l_{\alpha_W}}(y)\nu'_{Z_{i_W}}(y)c_W(y)\mathrm{d}y \\ &+ \frac{q_H}{q_\infty}\int_0^{b_H/2} c_{l_{\alpha_H}}(y)\left(\nu'_{Z_{i_H}}(y) - \frac{\mathrm{d}\varepsilon_H}{\mathrm{d}\alpha_W}\nu'_{Z_{i_W}}(y)\right)c_H(y)\mathrm{d}y\Bigg]\end{aligned} \tag{7.22}$$

注意该系数是机翼与尾翼几何形状、剖面升力线斜率和振动振型斜率的函数。通常可由振型数据表求得积分项的数值,且仅需考虑对称模式。例如,该有效系数类似于飞行器的攻角升力有效系数 $C_{L_\alpha}$。

### 7.3.2 模态速度影响

本节将介绍飞行器升力如何成为模态速度或$\dot{\eta}_i(t)$的函数,并确定升力相对于该速度的偏导数,即$\dfrac{\partial L}{\partial \dot{\eta}_i}$。

从方程(7.11)和方程(7.15)可知机翼和尾翼升力取决于局部弹性向下速度 $w_{E_w}(y)$ 和 $w_{E_H}(y)$。但是这些速度可用模态参数表示。实际上,根据图 7.5、图 7.6 及方程组(7.16),可将机翼剖面或尾翼剖面的局部向下的速度表示为

$$w_E(y,t) = \dot{z}_{ac}(y,t) = \sum_{i=1}^{\infty} \nu_{Z_i}(x_{ac},y,z_{ac})\dot{\eta}_i(t) \triangleq \sum_{i=1}^{\infty} \nu_{Z_i}(y)\dot{\eta}_i(t) \tag{7.23}$$

并且,可以分别将机翼与尾翼的方程(7.11)和方程(7.15)列为

$$\begin{aligned}
L_{E_W} &= 2q_\infty \int_0^{b_W/2} c_{l_{\alpha_W}}(y)\left(\theta_E(y) + \frac{1}{V_\infty}\sum_{i=1}^{\infty}\nu_{Z_{i_W}}(y)\dot{\eta}_i(t)\right)c_W(y)\mathrm{d}y \\
&= 2q_\infty\left(\int_0^{b_W/2} c_{l_{\alpha_W}}(y)\theta_E(y)c_W(y)\mathrm{d}y + \frac{1}{V_\infty}\sum_{i=1}^{\infty}\left(\int_0^{b_W/2} c_{l_{\alpha_W}}(y)\nu_{Z_{i_W}}(y)c_W(y)\mathrm{d}y\right)\dot{\eta}_i(t)\right) \\
L_{E_H} &= 2q_H \int_0^{b_H/2} c_{l_{\alpha_H}}(y)\left(\begin{aligned}&\left(\theta_{E_H}(y) + \frac{1}{V_\infty}\sum_{i=1}^{\infty}\nu_{Z_{i_H}}(y)\dot{\eta}_i(t)\right)\\ &-\frac{\mathrm{d}\varepsilon_H}{\mathrm{d}\alpha_W}\left(\theta_{E_W}(y) + \frac{1}{V_\infty}\sum_{i=1}^{\infty}\nu_{Z_{i_W}}(y)\dot{\eta}_i(t)\right)\end{aligned}\right)c_H(y)\mathrm{d}y \\
&= 2q_H\left(\int_0^{b_H/2} c_{l_{\alpha_H}}(y)\left(\theta_{E_H}(y) - \frac{\mathrm{d}\varepsilon_H}{\mathrm{d}\alpha_W}\theta_{E_W}(y)\right)c_H(y)\mathrm{d}y\right. \\
&\quad \left. + \frac{1}{V_\infty}\sum_{i=1}^{\infty}\left(\int_0^{b_H/2} c_{l_{\alpha_H}}\left(\nu_{Z_{i_H}}(y) - \frac{\mathrm{d}\varepsilon_H}{\mathrm{d}\alpha_W}\nu_{Z_{i_W}}(y)\right)c_H(y)\mathrm{d}y\right)\dot{\eta}_i(t)\right)
\end{aligned} \tag{7.24}$$

在方程组(7.24)中,再次用积分的总和代替总和的积分。注意加下划线的项不是时间的显函数。因而这两个方程表示模态速度对飞行器升力的影响,忽略了任何机身升力。

将方程组(7.24)对模态速度求微分,并结合机翼和尾翼的影响,得出飞行器升力对模态速度的偏导数,即

$$\begin{aligned}
\frac{\partial L}{\partial \dot{\eta}_i} &\triangleq C_{L_{\dot{\eta}_i}} q_\infty S_W = \frac{\partial L_{E_W}}{\partial \dot{\eta}_i} + \frac{\partial L_{E_H}}{\partial \dot{\eta}_i} \\
&= \frac{2q_\infty}{V_\infty}\left(\int_0^{b_W/2} c_{l_{\alpha_W}}(y)\nu_{Z_{i_W}}(y)c_W(y)\mathrm{d}y\right. \\
&\quad \left. + \frac{q_H}{q_\infty}\int_0^{b_H/2} c_{l_{\alpha_H}}\left(\nu_{Z_{i_H}}(y) - \frac{\mathrm{d}\varepsilon_H}{\mathrm{d}\alpha_W}\nu_{Z_{i_W}}(y)\right)c_H(y)\mathrm{d}y\right)
\end{aligned} \tag{7.25}$$

由该表达式可知第 $i$ 阶模式的模态速度升力系数为

$$\begin{aligned}
C_{L_{\dot{\eta}_i}} &= \frac{2}{V_\infty S_W}\left(\int_0^{b_W/2} c_{l_{\alpha_W}}(y)\nu_{Z_{i_W}}(y)c_W(y)\mathrm{d}y\right. \\
&\quad \left. + \frac{q_H}{q_\infty}\int_0^{b_H/2} c_{l_{\alpha_H}}\left(\nu_{Z_{i_H}}(y) - \frac{\mathrm{d}\varepsilon_H}{\mathrm{d}\alpha_W}\nu_{Z_{i_W}}(y)\right)c_H(y)\mathrm{d}y\right)
\end{aligned} \tag{7.26}$$

再次注意这里只要考虑对称模式。除了在上述两个积分和方程(7.22)中使用的振型数据外,这两个方程非常相似。

## 例 7.1 弹性变形对飞行器升力的影响

设想带机翼和水平尾翼的飞行器,如例 6.1 中的分析所示。飞行器结构振动的分析得出机翼和水平尾翼(对称)弯曲与扭转(模式斜率)振型如图 7.8 和图 7.9 所示。求飞行器升力对第一模式的位移和速度的偏导数,即求$\dfrac{\partial L}{\partial \eta_1}$、$\dfrac{\partial L}{\partial \dot{\eta}_1}$及相关系数。

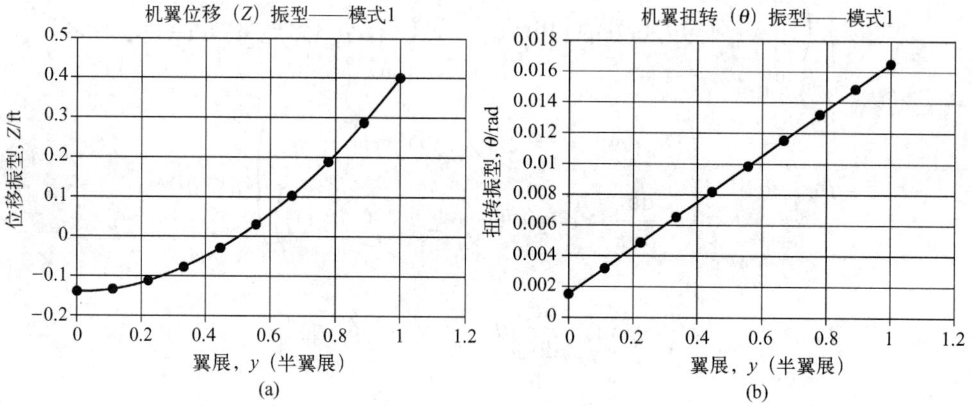


图 7.8 (沿 1/4 弦)机翼振型

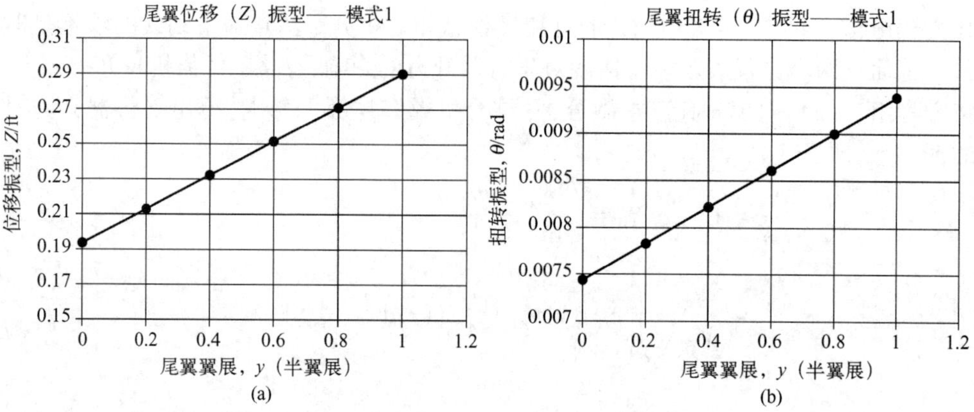


图 7.9 (沿 1/4 弦)水平尾翼振型

**解**

机翼表面与尾翼表面的相关数据表示如下:

机翼:$S_W = 169\ \text{ft}^2, \bar{c}_W = 5.825, b_W = 30\ \text{ft}, c_{l_\alpha} = 0.107\ /(°), c(y) = \left(7.5 - \dfrac{y}{4}\right)\text{ft}$

尾翼:$S_H = 42\ \text{ft}^2, \bar{c}_H = 2.92\ \text{ft}, b_H = 15\ \text{ft}, c_{l_{\alpha_H}} = 0.107\ /(°), c_H(y) = \dfrac{7.5}{2} - \dfrac{y}{4}\ \text{ft},$

$\dfrac{d\varepsilon_H}{d\alpha_W} = 0.57$

将多项式拟合至振型数据涉及求积分项的解析解,尽管也可对其进行数值求解。$y$ 用机翼半翼展(即 $y/(b/2)$)表示,则适用于机翼振型多项式为

$$
\begin{cases}
\nu_{Z_{1_W}}(y) = \left(0.5265\times\left(\dfrac{y}{15}\right)^2 + 0.0135\times\left(\dfrac{y}{15}\right) - 0.14\right)\text{ft} \\
\nu'_{Z_{1_W}}(y) = \left(0.015\times\left(\dfrac{y}{15}\right) + 0.00156\right)
\end{cases}
\tag{7.27}
$$

对于尾翼振型而言,多项式为

$$
\begin{cases}
\nu_{Z_{1_H}}(y) = \left(0.09625\times\left(\dfrac{y}{7.5}\right) + 0.194\right)\text{ft} \\
\nu'_{Z_{1_H}}(y) = \left(0.00195\times\left(\dfrac{y}{7.5}\right) + 0.00744\right)
\end{cases}
\tag{7.28}
$$

由方程(7.21)可知升力对模态位移的偏导数:

$$
\begin{aligned}
\frac{\partial L}{\partial \eta_1} &= C_{L_{\eta_1}} q_\infty S_W = \frac{\partial L_W}{\partial \eta_1} + \frac{\partial L_H}{\partial \eta_1} \\
&= 2q_\infty \int_0^{b_W/2} c_{l_{\alpha_W}}(y)\nu'_{Z_{1_W}}(y)c_W(y)\mathrm{d}y \\
&\quad + 2q_H \int_0^{b_H/2} c_{l_{\alpha_H}}(y)\left(\nu'_{Z_{1_H}}(y) - \frac{\mathrm{d}\varepsilon_H}{\mathrm{d}\alpha_W}\nu'_{Z_{1_W}}(y)\right)c_H(y)\mathrm{d}y
\end{aligned}
$$

上述表达式中第一个积分变为

$$
\begin{aligned}
\int_0^{b_W/2} c_{l_{\alpha_W}}(y)\nu'_{Z_{1_W}}(y)c_W(y)\mathrm{d}y &= \int_0^{15}(0.107\times 57.3)(0.015(y/15) + 0.00156)\left(7.5 - \frac{y}{4}\right)\mathrm{d}y \\
&= (0.107\times 57.3)(0.001)\int_0^{15}(y + 1.56)\left(7.5 - \frac{y}{4}\right)\mathrm{d}y = 4.256\ \text{ft}^2
\end{aligned}
$$

而第二个积分为

$$
\begin{aligned}
&\int_0^{b_H/2} c_{l_{\alpha_H}}(y)\left(\nu'_{Z_{1_H}}(y) - \frac{\mathrm{d}\varepsilon_H}{\mathrm{d}\alpha_W}\nu'_{Z_{1_W}}(y)\right)c_H(y)\mathrm{d}y \\
&= \int_0^{7.5}(0.107\times 57.3)\Big((0.00195(y/7.5) + 0.00744) \\
&\qquad - 0.57(0.015(y/15) + 0.00156)\Big)\left(\frac{7.5}{2} - \frac{y}{4}\right)\mathrm{d}y \\
&= (0.107\times 57.3)\times(0.001)\int_0^{7.5}(-0.31y + 6.55)\left(\frac{7.5}{2} - \frac{y}{4}\right)\mathrm{d}y = 0.713\ \text{ft}^2
\end{aligned}
$$

因此,假设$\dfrac{q_H}{q_\infty}=0.9$,升力对模态位移的偏导数为

$$
\frac{\partial L}{\partial \eta_1} = 2q_\infty\left(4.256 + \frac{q_H}{q_\infty}0.713\right) = 9.8q_\infty\ \text{lb}
$$

且第一种模式的模态位移升力系数变为

$$C_{L_{\eta_1}} = \frac{9.8}{S_W} = 0.058$$

注意在此模态坐标 $\eta_1$ 是无量纲量，如上述有效度系数一样。该系数也为正，表明正模态位移 $\eta_1(t)$ 导致升力增大。

根据方程(7.25)可知升力对模态速度的偏导数为

$$\frac{\partial L}{\partial \dot{\eta}_1} = C_{L_{\dot{\eta}_1}} q_\infty S_W = \frac{\partial L_{E_W}}{\partial \dot{\eta}_1} + \frac{\partial L_{E_H}}{\partial \dot{\eta}_1}$$

$$= \frac{2q_\infty}{V_\infty}\left( \int_0^{b_W/2} c_{l_{\alpha_W}}(y) \nu_{Z_{1_W}}(y) c_W(y) \mathrm{d}y + \frac{q_H}{q_\infty} \int_0^{b_H/2} c_{l_{\alpha_H}}\left(\nu_{Z_{1_H}}(y) - \frac{\mathrm{d}\varepsilon_H}{\mathrm{d}\alpha_W}\nu_{Z_{1_W}}(y)\right) c_H(y)\mathrm{d}y \right)$$

上述第一个积分现在变为

$$\int_0^{b_W/2} c_{l_{\alpha_W}}(y)\nu_{Z_{1_W}}(y) c_W(y)\mathrm{d}y = \int_0^{15} (0.107\times 57.3)\left(0.5265\left(\frac{y}{15}\right)^2 + 0.0135\left(\frac{y}{15}\right) - 0.14\right)\left(7.5 - \frac{y}{4}\right)\mathrm{d}y$$

$$= (0.107 \times 57.3)\times(0.00234)\int_0^{15}(y^2 + 0.385y - 59.83)\left(7.5 - \frac{y}{4}\right)\mathrm{d}y = 6.34\mathrm{ft}^3$$

且第二个积分为

$$\int_0^{b_H/2} c_{l_{\alpha_H}}\left(\nu_{Z_{1_H}}(y) - \frac{\mathrm{d}\varepsilon_H}{\mathrm{d}\alpha_W}\nu_{Z_{1_W}}(y)\right) c_H(y)\mathrm{d}y$$

$$= \int_0^{7.5} (0.107\times 57.3)\left(\left(0.09625\left(\frac{y}{7.5}\right) + 0.194\right) - 0.57\left(0.5265\left(\frac{y}{15}\right)^2 + 0.0135\left(\frac{y}{15}\right) - 0.14\right)\right)\left(\frac{7.5}{2} - \frac{y}{4}\right)\mathrm{d}y$$

$$= (0.107\times 57.3)\times(0.00133)\int_0^{7.5}(-y^2 + 9.235y + 205.9)\left(\frac{7.5}{2} - \frac{y}{4}\right)\mathrm{d}y = 38.0\mathrm{ft}^3$$

因此，假设$\frac{q_H}{q_\infty}=0.9$，所求的偏导数为

$$\frac{\partial L}{\partial \dot{\eta}_1} = \frac{2q_\infty}{V_\infty}\left(6.34 + \frac{q_H}{q_\infty}38.0\right) = 81.1\frac{q_\infty}{V_\infty}\ \mathrm{lb\text{-}sec}$$

且第一种模式的模态速度升力系数为

$$C_{L_{\dot{\eta}_1}} = \frac{81.1}{V_\infty S_W} = \frac{0.480}{V_\infty}\mathrm{s}$$

注意在此系数不是无量纲量。该系数也为正，表明正模态变化率$\dot{\eta}_1(t)$导致升力增大。

**学生须知**

在对各种振动模式间的有效度系数进行比较时要特别注意。系数量级是振动模式广义质量的隐函数,而该质量反过来又是使振动振型标准化的方法的函数。一些振型标准化为统一广义质量,另一些标准化为最大振型位移,还有一些标准化为振型的统一规范。此时说这些可能有点难懂,但是只需在比较与不同模式相关的模态有效度系数时小心一点即可。

## 7.4 弹性变形对侧力的影响

既然我们已经详细地呈述了处理升力的方法,便可以更快地进行剩下的分析。我们要求出弹性变形对飞行器侧力的影响。假设侧力只由飞行器垂直尾翼产生,且只需考虑反对称振动模式。

对于翼展位置 $z$ 处的垂直尾翼上的翼型剖面而言,忽略任何侧洗效应,局部攻角可以用其刚性与弹性分量表示为

$$\alpha_V(z)=\alpha_{R_V}(z)+\alpha_{E_V}(z)=\alpha_{R_V}(z)+\left(\theta_{E_V}(z)-\frac{v_E(z)}{V_\infty}\right) \tag{7.29}$$

式中:$v_E$是剖面气动力中心的弹性横向速度;$\theta_{E_V}$是剖面的弹性扭转角。这两个量与7.3节中讨论的机翼剖面的 $w_E$ 和 $\theta_E$ 类似。刚体攻角 $\alpha_{R_V}$是刚性飞行器的攻角,且在此定义的攻角和弹性扭转角在正 $Y$ 方向(朝右翼尖方向)产生气动力时为正。该符号法则导致方程(7.29)中出现负号。

由尾翼剖面产生的二维侧力现在可以表示为

$$S(z)=c_{l_{\alpha_V}}\left(\alpha_V-\alpha_{0_V}\right)q_H(z)c_V(z) \tag{7.30}$$

将该表达式对尾翼翼展求积分得出由垂直尾翼产生的侧力,即

$$S_V=\int_0^{b_V}c_{l_{\alpha_V}}(z)\left(\alpha_V(z)-\alpha_{0_V}(z)\right)q_H(z)c_V(z)\mathrm{d}z \tag{7.31}$$

将方程(7.29)代入上述表达式,可只提取出与弹性变形有关的那部分侧力。所以,弹性变形引起的由垂直尾翼产生的侧力(假设其为飞行器上唯一的侧力)变化表示为

$$S_{E_V}=\int_0^{b_V}c_{l_{\alpha_V}}(z)\left(\theta_{E_V}(z)-\frac{v_E(z)}{V_\infty}\right)q_H(z)c_V(z)\mathrm{d}z \tag{7.32}$$

### 7.4.1 模态位移的影响

方程(7.32)中的弹性变形现在可以用模态参数表示。具体来说,与机翼一样,尾翼剖面弹性扭转角 $\theta_{E_V}(y)$ 可以用尾翼处振动振型的斜率表示。若第 $i$ 阶反对称振型在尾翼上的位置 $(x,y,z)$ 处的横向分量为 $\nu_{Y_i}(x,y,z)$,那么弹性扭转角为:

$$\theta_{E_V}(z,t)\approx\tan\theta_{E_V}(z,t)=\frac{1}{x_A-x_B}\sum_{i=1}^{\infty}\left(\nu_{Y_i}(x_A,y_A,z)-\nu_{Y_i}(x_B,y_B,z)\right)\eta_i(t) \tag{7.33}$$

式中:与图7.6相似,考虑尾翼剖面上的两点 $A$ 和 $B$(如前缘与后缘)。但是方程(7.33)的总

和中 $\eta_i(t)$ 的各系数只是振型 $\nu'_{Y_i}(z)$ 的局部斜率近似值,这与图 7.7 相似,

$$\nu'_{Y_i}(z) \triangleq \lim_{(x_A - x_B)\to 0} \frac{\nu_{Y_i}(x_A,y_A,z) - \nu_{Y_i}(x_B,y_B,z)}{x_A - x_B} \tag{7.34}$$

因此,弹性机翼扭转角可以表示为

$$\theta_{E_V}(z,t) \approx \tan\theta_{E_V}(z,t) = \sum_{i=1}^{\infty} \nu'_{Y_i}(z)\eta_i(t) \tag{7.35}$$

将方程(7.35)代入方程(7.32)中,弹性变形引起的垂直尾翼的侧力变化可以表示为

$$\begin{aligned} S_{E_V} &= \int_0^{b_V} c_{l_{\alpha_V}}(z)\left(\sum_{i=1}^{\infty}\nu'_{Y_i}(z)\eta_i(t) - \frac{v_E(z)}{V_\infty}\right)q_H(z)c_V(z)\mathrm{d}z \\ &\approx q_H\left(\sum_{i=1}^{\infty}\left(\int_0^{b_V} c_{l_{\alpha_V}}(z)\nu'_{Y_i}(z)c_V(z)\mathrm{d}z\right)\eta_i(t) - \int_0^{b_V} c_{l_{\alpha_V}}(z)\frac{v_E(z)}{V_\infty}c_V(z)\mathrm{d}z\right) \end{aligned} \tag{7.36}$$

式中:再次假设动压与翼展来保持相对恒定,且已经用积分总和代替了总和的积分。

现在可以直接确定模态位移 $\eta_i(t)$ 对侧力的影响,即$\dfrac{\partial S}{\partial \eta_i}$。仍然假设飞行器侧力仅由垂直尾翼产生,并对方程(7.36)求偏导数,可发现模态位移对飞行器侧力的影响为

$$\frac{\partial S}{\partial \eta_i} \triangleq C_{S_{\eta_i}} q_\infty S_W = \frac{\partial S_{E_V}}{\partial \eta_i} = q_H \int_0^{b_V} c_{l_{\alpha_V}}(z)\nu'_{Y_i}(z)c_V(z)\mathrm{d}z \tag{7.37}$$

此处引入了模态位移侧力系数 $C_{S_{\eta_i}}$,且从上述方程可知其可表示为

$$C_{S_{\eta_i}} = \frac{1}{S_W}\frac{q_H}{q_\infty}\int_0^{b_V} c_{l_{\alpha_V}}(z)\nu'_{Y_i}(z)c_V(z)\mathrm{d}z \tag{7.38}$$

与升力结果一样,该系数是垂直尾翼平面几何形状、气动力特性和第 $i$ 阶振动模式的振动振型的函数。再次注意在此只考虑反对称模式。

### 7.4.2 模态速度的影响

弹性变形引起的飞行器侧力也是模态速度$\dot{\eta}_i(t)$的函数。在此,我们要确定偏导数$\dfrac{\partial S}{\partial \dot{\eta}_i}$。如7.4.1节中一样,假设侧力基本上由垂直尾翼产生,且只由弹性变形引起的尾翼侧力如方程(7.32)所示。

但是与7.3.2节中求得的弹性向下的速度一样,与翼展 $z$ 处尾翼剖面气动力中心的弹性变形相关的横向速度,即 $v_E(z)$,可以用模态参数表示。换而言之,可以用振型和坐标的变化率表示该速度,即

$$v_E(z,t) = \sum_{i=1}^{\infty} \nu_{Y_i}(x_{\mathrm{AC}},y_{\mathrm{AC}},z)\dot{\eta}_i(t) \triangleq \sum_{i=1}^{\infty}\nu_{Y_i}(z)\dot{\eta}_i(t) \tag{7.39}$$

因此,方程(7.32)现在可以表示为

$$S_{E_V} = \int_0^{b_V} c_{l_{\alpha_V}}(z)\left(\theta_{E_V}(z) - \frac{1}{V_\infty}\sum_{i=1}^{\infty}\nu_{Y_i}(z)\dot{\eta}_i(t)\right)q_H(z)c_V(z)\mathrm{d}z$$

$$= \int_0^{b_V} c_{l_{\alpha_V}}(z)\theta_{E_V}(z)q_H(z)c_V(z)\mathrm{d}z \tag{7.40}$$

$$- \frac{1}{V_\infty}\sum_{i=1}^{\infty}\left(\int_0^{b_V} c_{l_{\alpha_V}}(z)\nu_{Y_i}(z)q_H(z)c_V(z)\mathrm{d}z\right)\dot{\eta}_i(t)$$

再次注意加下划线的项不是时间的显函数,且已经用积分总和代替了总和的积分。

将方程(7.40)对速度$\dot{\eta}_i$求微分,且回顾可知已假设飞行器侧力只由垂直尾翼产生,则模态变化率对飞行器侧力的影响表示为

$$\frac{\partial S}{\partial \dot{\eta}_i} \triangleq C_{S_{\dot{\eta}_i}} q_\infty S_W = \frac{\partial S_{E_V}}{\partial \dot{\eta}_i} \approx -\frac{q_H}{V_\infty}\int_0^{b_V} c_{l_{\alpha_V}}(z)\nu_{Y_i}(z)c_V(z)\mathrm{d}z \tag{7.41}$$

已经假设尾翼上的动压$q_H$相对于展向积分来说保持恒定。还引入了模态变化率侧力系数$C_{S_{\dot{\eta}_i}}$,则由方程(7.41)可得出

$$C_{S_{\dot{\eta}_i}} = -\frac{1}{V_\infty S_W}\frac{q_H}{q_\infty}\int_0^{b_V} c_{l_{\alpha_V}}(z)\nu_{Y_i}(z)c_V(z)\mathrm{d}z \tag{7.42}$$

注意该结果与方程(7.38)所示的结果之间的类似之处。主要区别在于积分中出现的具体振型数据和上述表达式中的负号。最后值得注意的是,在此只考虑反对称模式。

## 7.5 弹性变形对俯仰力矩的影响

现在转而讨论弹性变形对作用于飞行器上的力矩的影响。本节会主要讨论俯仰力矩,且假设其由机翼和水平尾翼上的升力产生。当然,除了机翼和尾翼根的位移之外,通常忽略机身弯曲对该力矩的直接影响。

考虑图7.10所示的几何形状,图中展示了机翼半翼展。假设$X$维度测定为从正前方,由该图可知,由作用于翼展$y$处机翼剖面气动力中心的二维升力$l(y)$引起的俯仰力矩可以表示为

$$m_W(y) = l(y)\cos\alpha\left(x_{\mathrm{AC}}(y) - X_{\mathrm{Ref}}\right) \approx l(y)\left(x_{\mathrm{AC}}(y) - X_{\mathrm{Ref}}\right) \tag{7.43}$$

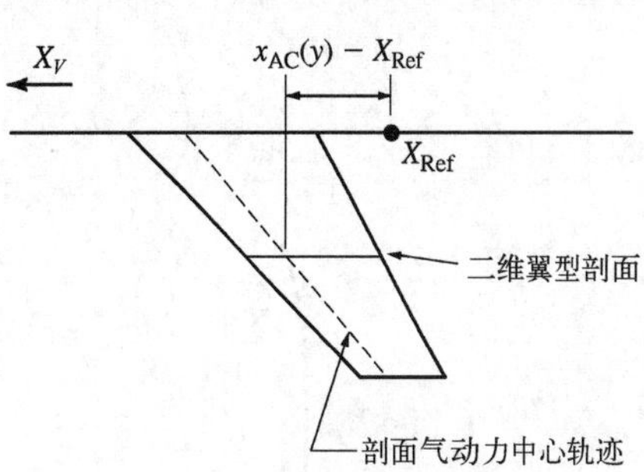

图7.10 机翼几何形状与剖面力矩臂

式中:升力$l(y)$如方程(7.9)所示,方便起见在此再次复述,即

$$l(y) = c_{l_{\alpha_W}}(y)\left(\alpha(y) - \alpha_{0_W}(y)\right)q(y)c_W(y)$$

同时回顾可知剖面攻角可以用刚性和弹性分量表示,如在表示机翼的方程(7.7)和表示水平尾翼的

方程(7.8)所示。因此,忽略剖面阻力和下洗时滞的影响,可以将只受弹性变形影响的机翼剖面俯仰力矩与尾翼剖面俯仰力矩分别表示为

$$\begin{cases} m_{E_W}(y) = c_{l_{\alpha_W}}(y)\left(\theta_{E_W}(y) + \dfrac{w_{E_W}(y)}{V_\infty}\right)(x_{\mathrm{AC}_W}(y) - X_{\mathrm{Ref}})q_W(y)c_W(y) \\ m_{E_H}(y) = -c_{l_{\alpha_H}}(y)\left(\left(\theta_{E_H}(y) + \dfrac{w_{E_H}(y)}{V_\infty}\right)\right. \\ \qquad \left. - \dfrac{\mathrm{d}\varepsilon_H}{\mathrm{d}\alpha_W}\left(\theta_{E_W}(y) + \dfrac{w_{E_W}(y)}{V_\infty}\right)\right)(X_{\mathrm{Ref}} - x_{\mathrm{AC}_H}(y))q_H(y)c_H(y) \end{cases} \tag{7.44}$$

将上述两个表达式分别对机翼翼展和尾翼翼展求积分,得出飞行器上因机翼和尾翼弹性变形产生的俯仰力矩。或者,假设飞行器关于其 $XZ$ 面对称,可得到

$$\begin{aligned} M_{E_W} &= 2\int_0^{b_W/2} c_{l_{\alpha_W}}(y)\left(\theta_{E_W}(y) + \frac{w_{E_W}(y)}{V_\infty}\right)(x_{\mathrm{AC}_W}(y) - X_{\mathrm{Ref}})q_W(y)c_W(y)\mathrm{d}y \\ M_{E_H} &= -2\int_0^{b_H/2} c_{l_{\alpha_H}}(y)\left(\left(\theta_{E_H}(y) + \frac{w_{E_H}(y)}{V_\infty}\right)\right. \\ &\qquad \left. - \frac{\mathrm{d}\varepsilon_H}{\mathrm{d}\alpha_W}\left(\theta_{E_W}(y) + \frac{w_{E_W}(y)}{V_\infty}\right)\right)(X_{\mathrm{Ref}} - x_{\mathrm{AC}_H}(y))q_H(y)c_H(y)\mathrm{d}y \end{aligned} \tag{7.45}$$

最后,得出飞行器因弹性变形引起的俯仰力矩变化为上述两个表达式之和。

### 7.5.1 模态位移影响

在 7.3.1 节中,用模态参数(即振型与模态坐标)表示了机翼和尾翼的弹性变形。特别是在方程(7.19)中,将机翼和尾翼弹性扭转角表示为

$$\theta_E(y,t) \approx \tan\theta_E(y,t) = \sum_{i=1}^{\infty} \nu'_{Z_i}(y)\eta_i(t)$$

式中:$\nu'_{Z_i}(y)$ 为在机翼或尾翼翼展位置($y$)处求得的振型向下分量的斜率;$\eta_i(t)$ 为第 $i$ 阶模态坐标。

因此,将方程(7.45)(即因弹性变形引起的力矩变化)表示为

$$\begin{aligned} M_{E_W} &= 2\int_0^{b_W/2} c_{l_{\alpha_W}}(y)\left(\sum_{i=1}^{\infty} \nu'_{Z_{i_W}}(y)\eta_i(t) + \frac{w_{E_W}(y)}{V_\infty}\right)(x_{\mathrm{AC}_W}(y) - X_{\mathrm{Ref}})q_W(y)c_W(y)\mathrm{d}y \\ &\approx 2q_\infty\left(\begin{aligned} &\sum_{i=1}^{\infty}\left(\int_0^{b_W/2} c_{l_{\alpha_W}}(y)\,\nu'_{Z_{i_W}}(y)(x_{\mathrm{AC}_W}(y) - X_{\mathrm{Ref}})c_W(y)\mathrm{d}y\right)\eta_i(t) \\ &+ \int_0^{b_W/2} c_{l_{\alpha_W}}(y)\left(\frac{w_{E_W}(y)}{V_\infty}\right)(x_{\mathrm{AC}_W}(y) - X_{\mathrm{Ref}})c_W(y)\mathrm{d}y \end{aligned}\right) \end{aligned} \tag{7.46}$$

$$
\begin{aligned}
M_{E_H} = & -2\int_0^{b_H/2} c_{l_{\alpha_H}}(y)\Bigg(\Bigg(\sum_{i=1}^{\infty}\nu'_{Z_{i_H}}(y)\eta_i(t)+\frac{w_{E_H}(y)}{V_\infty}\Bigg) \\
& -\frac{\mathrm{d}\varepsilon_H}{\mathrm{d}\alpha_W}\Bigg(\sum_{i=1}^{\infty}\nu'_{Z_{i_W}}(y)\eta_i(t)+\frac{w_{E_W}(y)}{V_\infty}\Bigg)\Bigg)(X_{\mathrm{Ref}}-x_{\mathrm{AC}_H}(y))q_H(y)c_H(y)\mathrm{d}y \\
\approx & -2q_H\left(\begin{array}{l}\displaystyle\sum_{i=1}^{\infty}\Bigg(\int_0^{b_H/2}c_{l_{\alpha_H}}(y)\Bigg(\nu'_{Z_{i_H}}(y)-\frac{\mathrm{d}\varepsilon_H}{\mathrm{d}\alpha_W}\nu'_{Z_{i_W}}(y)\Bigg)(X_{\mathrm{Ref}}-x_{\mathrm{AC}_H}(y))c_H(y)\mathrm{d}y\Bigg)\eta_i(t) \\ \hline \displaystyle +\frac{1}{V_\infty}\int_0^{b_H/2}c_{l_{\alpha_H}}(y)\Bigg(w_{E_H}(y)-\frac{\mathrm{d}\varepsilon_H}{\mathrm{d}\alpha_W}w_{E_W}(y)\Bigg)(X_{\mathrm{Ref}}-x_{\mathrm{AC}_H}(y))c_H(y)\mathrm{d}y\end{array}\right)
\end{aligned}
$$

在求方程组(7.46)的两个表达式时,再次注意我们用积分总和代替了总和的积分。还要注意,加下划线的项不是时间的显函数,因为模态位移随时间的变化只包含在模态坐标 $\eta_i(t)$ 中。

将两个表达式求和,并将结果定义为弹性变形引起的飞行器俯仰力矩变化,便可确定模态位移的影响。通过加上上述机翼和尾翼力矩,并将其对模态位移 $\eta_i(t)$ 求微分,可得到模态位移对飞行器俯仰力矩的影响为

$$
\begin{aligned}
\frac{\partial M}{\partial \eta_i} & \triangleq C_{M_{\eta_i}} q_\infty S_W \bar{c}_W = \frac{\partial M_{E_W}}{\partial \eta_i}+\frac{\partial M_{E_H}}{\partial \eta_i} \\
& = 2\Bigg(q_\infty\int_0^{b_W/2}c_{l_{\alpha_W}}(y)\nu'_{Z_{i_W}}(y)(x_{\mathrm{AC}_W}(y)-X_{\mathrm{Ref}})c_W(y)\mathrm{d}y \\
& \quad -q_H\int_0^{b_H/2}c_{l_{\alpha_H}}(y)\Bigg(\nu'_{Z_{i_H}}(y)-\frac{\mathrm{d}\varepsilon_H}{\mathrm{d}\alpha_W}\nu'_{Z_{i_W}}(y)\Bigg)(X_{\mathrm{Ref}}-x_{\mathrm{AC}_H}(y))c_H(y)\mathrm{d}y\Bigg)
\end{aligned}
\tag{7.47}
$$

注意方程(7.47)与方程(7.21)中积分项之间的相似之处。上述积分只包含剖面力矩臂。另外,已经引入了模态位移俯仰力矩系数 $C_{M_{\eta_i}}$。由上述表达式可知该系数为

$$
\begin{aligned}
C_{M_{\eta_i}} = \frac{2}{S_W\bar{c}_W}\Bigg( & \int_0^{b_W/2}c_{l_{\alpha_W}}(y)\nu'_{Z_{i_W}}(y)(x_{\mathrm{AC}_W}(y)-X_{\mathrm{Ref}})c_W(y)\mathrm{d}y \\
& -\frac{q_H}{q_\infty}\int_0^{b_H/2}c_{l_{\alpha_H}}(y)\Bigg(\nu'_{Z_{i_H}}(y)-\frac{\mathrm{d}\varepsilon_H}{\mathrm{d}\alpha_W}\nu'_{Z_{i_W}}(y)\Bigg)(X_{\mathrm{Ref}}-x_{\mathrm{AC}_H}(y))c_H(y)\mathrm{d}y\Bigg)
\end{aligned}
\tag{7.48}
$$

该系数被视为机翼、位移和飞行器几何形状、剖面升力线斜率和振型斜率的函数。积分项的数值通常根据振型数据表求得,且在此只需考虑对称模式。

### 7.5.2 模态速度影响

与7.3.2节中讨论的弹性变形对飞行器升力的影响相似,弹性变形引起的俯仰力矩变化也是模态坐标变化率(或模态速度)的函数。

由方程(7.23)可得出用模态参数表示的二维机翼或尾翼剖面向下的速度,即

$$w_E(y,t)=\dot{Z}_{\mathrm{AC}}(y,t)=\sum_{i=1}^{\infty}\nu_{Z_i}(x_{\mathrm{AC}},y,z_{\mathrm{AC}})\dot{\eta}_i(t)\triangleq\sum_{i=1}^{\infty}\nu_{Z_i}(y)\dot{\eta}_i(t)$$

因此,将上式代入方程(7.45),可得出弹性变形引起的机翼和尾翼俯仰力矩变化为

$$\begin{aligned}
M_{E_W}&=2\int_0^{b_W/2}c_{l_{\alpha_W}}(y)\left(\theta_{E_W}(y)+\frac{1}{V_\infty}\sum_{i=1}^{\infty}\nu_{Z_{i_W}}(y)\dot{\eta}_i(t)\right)\left(x_{\mathrm{AC}_W}(y)-X_{\mathrm{Ref}}\right)q_W(y)c_W(y)\mathrm{d}y\\
&\approx 2q_\infty\left(\begin{aligned}&\frac{1}{V_\infty}\sum_{i=1}^{\infty}\left(\int_0^{b_W/2}c_{l_{\alpha_W}}(y)\nu_{Z_{i_W}}(y)\left(x_{\mathrm{AC}_W}(y)-X_{\mathrm{Ref}}\right)c_W(y)\mathrm{d}y\right)\dot{\eta}_i(t)\\&+\int_0^{b_W/2}c_{l_{\alpha_W}}(y)\theta_{E_W}(y)\left(x_{\mathrm{AC}_W}(y)-X_{\mathrm{Ref}}\right)c_W(y)\mathrm{d}y\end{aligned}\right)\\
M_{E_H}&=-2\int_0^{b_H/2}c_{l_{\alpha_H}}(y)\left(\left(\theta_{E_H}(y)+\frac{1}{V_\infty}\sum_{i=1}^{\infty}\nu_{Z_{i_H}}(y)\dot{\eta}_i(t)\right)-\frac{\mathrm{d}\varepsilon_H}{\mathrm{d}\alpha_W}\left(\theta_{E_W}(y)+\frac{1}{V_\infty}\sum_{i=1}^{\infty}\nu_{Z_{i_W}}(y)\dot{\eta}_i(t)\right)\right)\\
&\qquad\left(X_{\mathrm{Ref}}-x_{\mathrm{AC}_H}(y)\right)q_H(y)c_H(y)\mathrm{d}y\\
&\approx -2q_H\left(\begin{aligned}&\frac{1}{V_\infty}\sum_{i=1}^{\infty}\left(\int_0^{b_H/2}c_{l_{\alpha_H}}(y)\left(\nu_{Z_{i_H}}(y)-\frac{\mathrm{d}\varepsilon_H}{\mathrm{d}\alpha_W}\nu_{Z_{i_W}}(y)\right)\left(X_{\mathrm{Ref}}-x_{\mathrm{AC}_H}(y)\right)c_H(y)\mathrm{d}y\right)\dot{\eta}_i(t)\\&+\int_0^{b_H/2}c_{l_{\alpha_H}}(y)\left(\theta_{E_H}(y)-\frac{\mathrm{d}\varepsilon_H}{\mathrm{d}\alpha_W}\theta_{E_W}(y)\right)\left(X_{\mathrm{Ref}}-x_{\mathrm{AC}_H}(y)\right)c_H(y)\mathrm{d}y\end{aligned}\right)
\end{aligned}\tag{7.49}$$

因此,通过将方程组(7.49)中的两个表达式求和,并对模态速度$\dot{\eta}_i(t)$求偏导数,可得出第$i$阶模态速度对飞行器俯仰力矩的影响为

$$\begin{aligned}
\frac{\partial M}{\partial\dot{\eta}_i}&\triangleq C_{M_{\dot{\eta}_i}}q_\infty S_W\bar{c}_W=\frac{\partial M_{E_W}}{\partial\dot{\eta}_i}+\frac{\partial M_{E_H}}{\partial\dot{\eta}_i}\\
&=\frac{2q_\infty}{V_\infty}\left[\int_0^{b_W/2}c_{l_{\alpha_W}}(y)\nu_{Z_{i_W}}(y)\left(x_{\mathrm{AC}_W}(y)-X_{\mathrm{Ref}}\right)c_W(y)\mathrm{d}y\right.\\
&\qquad\left.-\frac{q_H}{q_\infty}\int_0^{b_H/2}c_{l_{\alpha_H}}(y)\left(\nu_{Z_{i_H}}(y)-\frac{\mathrm{d}\varepsilon_H}{\mathrm{d}\alpha_W}\nu_{Z_{i_W}}(y)\right)\left(X_{\mathrm{Ref}}-x_{\mathrm{AC}_H}(y)\right)c_H(y)\mathrm{d}y\right]
\end{aligned}\tag{7.50}$$

在此已经引入了模态速度俯仰力矩系数$C_{M_{\dot{\eta}_i}}$,由方程(7.50)可得出该值为

$$\begin{aligned}
C_{M_{\dot{\eta}_i}}=\frac{2}{V_\infty S_W\bar{c}_W}&\left(\int_0^{b_W/2}c_{l_{\alpha_W}}(y)\nu_{Z_{i_W}}(y)\left(x_{\mathrm{AC}_W}(y)-X_{\mathrm{Ref}}\right)c_W(y)\mathrm{d}y\right.\\
&\left.-\frac{q_H}{q_\infty}\int_0^{b_H/2}c_{l_{\alpha_H}}(y)\left(\nu_{Z_{i_H}}(y)-\frac{\mathrm{d}\varepsilon_H}{\mathrm{d}\alpha_W}\nu_{Z_{i_W}}(y)\right)\left(X_{\mathrm{Ref}}-x_{\mathrm{AC}_H}(y)\right)c_H(y)\mathrm{d}y\right)
\end{aligned}\tag{7.51}$$

再次注意上述积分与方程(7.26)中所示升力系数积分之间的相似之处。唯一区别在于上述积分中出现了二维剖面力矩臂。最后,在求该系数时只需考虑对称模式。

## 7.6 弹性变形对滚转力矩的影响

垂直尾翼上任何侧力或机翼或水平尾翼上任何反对称升力引起了飞行器上的滚转力矩。我们将首先求弹性变形对机翼和水平尾翼的影响,然后求其对垂直尾翼的影响。

由机翼或水平尾翼上的翼型剖面产生的二维剖面升力如方程(7.9)所示:

$$l(y) = c_{l_\alpha}(y)\big(\alpha(y) - \alpha_0(y)\big)q(y)c(y)$$

式中:$\alpha(y)$为剖面的局部攻角。机翼和尾翼的攻角分别如方程(7.7)与方程(7.8)所示,即

$$\alpha_W(y) = \alpha_{R_W}(y) + \alpha_{E_W}(y) = \alpha_{R_W}(y) + \left(\theta_E(y) + \frac{w_E(y)}{V_\infty}\right)$$

$$\alpha_H(y) = \alpha_{R_H}(y) + \alpha_{E_H}(y) = \alpha_{R_H}(y) + \left(\theta_{E_H}(y) + \frac{w_{E_H}(y)}{V_\infty} - \varepsilon_{E_H}(y)\right)$$

再次注意这些攻角是用刚性和弹性变形量表示。因此,弹性变形对剖面升力的影响可以单独表示。另外,弹性变形对尾翼处下洗角 $\varepsilon_{E_H}(y)$ 的影响如方程(7.14)所示。

参考图 7.11,可知二维剖面升力 $l(y)$ 产生的滚转力矩可以表示为

$$l_{滚转}(y) = -yl(y) \tag{7.52}$$

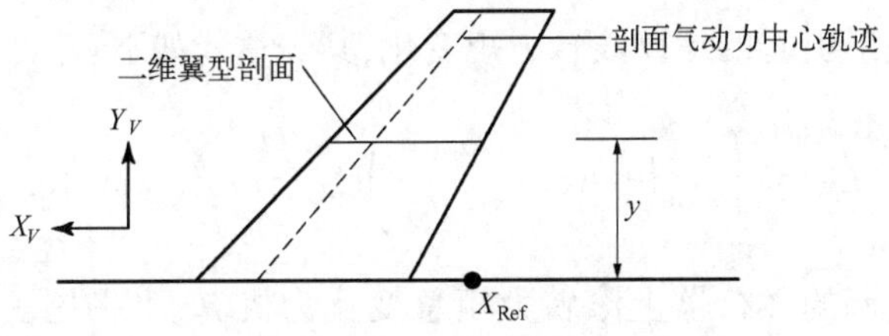

图 7.11 机翼几何形状与滚转力矩臂

式中:$y$ 沿右翼或尾翼为正,沿左翼为负。因此,通过将方程(7.52)对翼展求积分,可得到由机翼和尾翼弹性变形引起的滚转力矩变化分别为

$$L_{滚转_{E_W}} \approx -q_\infty \int_{-b_W/2}^{b_W/2} c_{l_{\alpha_W}}(y)\left(\theta_{E_W}(y) + \frac{w_{E_W}(y)}{V_\infty}\right)c_W(y)y\mathrm{d}y$$

$$L_{滚转_{E_H}} \approx -q_H \int_{-b_H/2}^{b_H/2} c_{l_{\alpha_H}}(y)\left(\left(\theta_{E_H}(y) + \frac{w_{E_H}(y)}{V_\infty}\right) - \frac{\mathrm{d}\varepsilon_H}{\mathrm{d}\alpha_W}\left(\theta_{E_W}(y) + \frac{w_{E_W}(y)}{V_\infty}\right)\right)c_H(y)y\mathrm{d}y \tag{7.53}$$

注意,在此是对整个翼展求积分。若弹性变形关于飞行器的 $XZ$ 面对称,则积分将等于零。因此只需考虑反对称弹性变形。

现在来求垂直尾翼的弹性变形所产生的滚转力矩,回顾可知翼展位置 $z$ 处剖面产生的二维气动侧力如方程(7.30)所示,即

$$S(z) = c_{l_{\alpha_V}}(\alpha_V - \alpha_{0_V})q_H(z)c_V(z)$$

且剖面局部攻角如方程(7.29)所示,即

$$\alpha_V(z) = \alpha_{R_V}(z) + \alpha_{E_V}(z) = \alpha_{R_V}(z) + \left(\theta_{E_V}(z) - \frac{v_E(z)}{V_\infty}\right)$$

式中:攻角也是由刚性和弹性分量组成。与其他升力面一样,攻角的弹性分量包括弹性扭转角和横向位移的影响,且可以确定仅与弹性变形有关的侧力变化 $S_E(z)$。

参考图 7.12 可知,仅由弹性变形引起的二维剖面侧力所产生的滚转力矩为

$$l_{滚转_{E_V}}(z) = S_E(z)z_{\mathrm{AC}}(z) \tag{7.54}$$

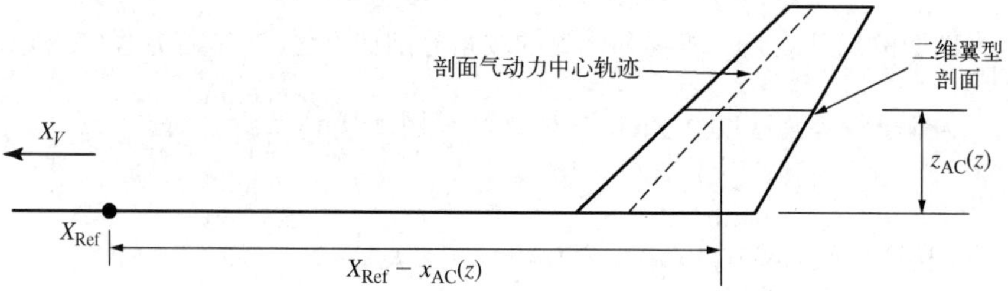


图 7.12 垂直尾翼几何形状与滚转力矩臂

式中:$z_{AC}(z)$为剖面气动力中心在选定飞行器固定 $X_V$轴上的高度。例如,若选定机身参考坐标系,则 $z_{AC}(z)=z+z_{翼根}$,但是若选定稳定性坐标轴系,则

$$z_{\mathrm{AC}}(z) = (z + z_{翼根})\cos\alpha_0 - (X_{\mathrm{Ref}} - x_{\mathrm{AC}}(z))\sin\alpha_0 \tag{7.55}$$

式中:$z$ 为从尾翼根平面开始测量的翼型剖面翼展位置。最后,将方程(7.54)对垂直尾翼的翼展求积分,得到弹性变形引起的尾翼滚转力矩变化,其表达式如下:

$$L_{E_V} = \int_0^{b_V} c_{l_{\alpha_V}}\left(\theta_{E_V}(z) - \frac{v_E(z)}{V_\infty}\right)z_{\mathrm{AC}}(z)q_H(z)c_V(z)\,\mathrm{d}z \tag{7.56}$$

因此,弹性变形引起的飞行器上滚转力矩总变化为机翼、水平尾翼与垂直尾翼的影响之和,即方程(7.53)与方程(7.56)之和。

### 7.6.1 模态位移影响

与其他力和力矩上的气动弹性效应一样,弹性变形引起的滚转力矩变化当然可用模态参数表示。具体来说,各升力面的弹性扭转角 $\theta_E$可以用模态位移 $\eta_i(t)$ 表示,如方程(7.19)所示的机翼与水平尾翼的扭转角及方程(7.35)所示的垂直尾翼的扭转角,即

$$\theta_{E_{W\,\mathrm{or}\,H}}(y,t) = \sum_{i=1}^{\infty} \nu'_{Z_{i_{W\,\mathrm{or}\,H}}}(y)\eta_i(t)$$

$$\theta_{E_V}(z,t) = \sum_{i=1}^{\infty} \nu'_{Y_{i_V}}(z)\eta_i(t)$$

如前所述,$\nu'_{Z_i}(y)$为机翼或水平尾翼上翼展位置 $y$ 处求得的 $Z$ 位移振型的局部斜率,且 $\nu'_{Y_{i_V}}(z)$为在垂直尾翼翼展位置 $z$ 处求得的 $Y$ 位移振型的局部斜率。

因此,由方程(7.53)和方程(7.56)可知由机翼与尾翼弹性变形引起的滚转力矩变化可以分别表示为

$$
\begin{cases}
L_{\text{滚转}_{E_W}} \approx -q_\infty \displaystyle\int_{-b_W/2}^{b_W/2} c_{l_{\alpha_W}}(y)\left(\sum_{i=1}^{\infty} \nu'_{Z_{i_W}}(y)\,\eta_i(t) + \frac{w_{E_W}(y)}{V_\infty}\right) c_W(y)\,y\,\mathrm{d}y \\
L_{\text{滚转}_{E_H}} \approx -q_H \displaystyle\int_{-b_H/2}^{b_H/2} c_{l_{\alpha_H}}(y)\left(\left(\sum_{i=1}^{\infty} \nu'_{Z_{i_H}}(y)\,\eta_i(t) + \frac{w_{E_H}(y)}{V_\infty}\right)\right. \\
\qquad\qquad \left. - \dfrac{\mathrm{d}\varepsilon_H}{\mathrm{d}\alpha_W}\left(\sum_{i=1}^{\infty} \nu'_{Z_{i_W}}(y)\,\eta_i(t) + \frac{w_{E_W}(y)}{V_\infty}\right)\right) c_H(y)\,y\,\mathrm{d}y \\
L_{E_V} = q_H \displaystyle\int_{0}^{b_V} c_{l_{\alpha_V}}\left(\sum_{i=1}^{\infty} \nu'_{Y_{i_V}}(z)\,\eta_i(t) - \frac{v_{E_V}(z)}{V_\infty}\right) z_{AC}(z)\,c_V(z)\,\mathrm{d}z
\end{cases}
\tag{7.57}
$$

将总和的积分改写为积分的总和并对其进行重新排列,则滚转力矩变化可表示为

$$
\begin{cases}
L_{\text{滚转}_{E_W}} \approx -q_\infty\left(\displaystyle\sum_{i=1}^{\infty}\left(\int_{-b_W/2}^{b_W/2} c_{l_{\alpha_W}}(y)\,\nu'_{Z_{i_W}}(y)\,c_W(y)\,y\,\mathrm{d}y\right)\eta_i(t)\right. \\
\qquad\qquad \left. + \displaystyle\int_{-b_W/2}^{b_W/2} c_{l_\alpha}(y)\left(\frac{w_{E_W}(y)}{V_\infty}\right) c_W(y)\,y\,\mathrm{d}y\right) \\
L_{\text{滚转}_{E_H}} \approx -q_H\left(\displaystyle\sum_{i=1}^{\infty}\left(\int_{-b_H/2}^{b_H/2} c_{l_{\alpha_H}}(y)\left(\nu'_{Z_{i_H}}(y) - \frac{\mathrm{d}\varepsilon_H}{\mathrm{d}\alpha_W}\nu'_{Z_{i_W}}(y)\right) c_H(y)\,y\,\mathrm{d}y\right)\eta_i(t)\right. \\
\qquad\qquad \left. + \displaystyle\int_{-b_H/2}^{b_H/2} c_{l_{\alpha_H}}(y)\left(\frac{w_{E_H}(y)}{V_\infty} - \frac{\mathrm{d}\varepsilon_H}{\mathrm{d}\alpha_W}\frac{w_{E_W}(y)}{V_\infty}\right) c_H(y)\,y\,\mathrm{d}y\right) \\
L_{E_V} = q_H\left(\displaystyle\sum_{i=1}^{\infty}\left(\int_{0}^{b_V} c_{l_{\alpha_V}}(z)\,\nu'_{Y_{i_V}}(z)\,z_{AC}(z)\,c_V(z)\,\mathrm{d}z\right)\eta_i(t)\right. \\
\qquad\qquad \left. - \displaystyle\int_{0}^{b_V} c_{l_{\alpha_V}}(z)\left(\frac{v_E(z)}{V_\infty}\right) z_{AC}(z)\,c_V(z)\,\mathrm{d}z\right)
\end{cases}
\tag{7.58}
$$

通过将方程组(7.58)中的三个表达式对模态坐标 $\eta_i(t)$ 求微分,得出模态位移对滚转力矩的影响表示为

$$
\frac{\partial L_{\text{滚转}_{E_W}}}{\partial \eta_i} = -q_\infty \int_{-b_W/2}^{b_W/2} c_{l_{\alpha_W}}(y)\,\nu'_{Z_{i_W}}(y)\,c_W(y)\,y\,\mathrm{d}y
$$

$$\frac{\partial L_{滚转_{E_H}}}{\partial \eta_i}=-q_H\int_{-b_H/2}^{b_H/2} c_{l_{\alpha_H}}(y)\left(\nu'_{Z_{i_H}}(y)-\frac{\mathrm{d}\varepsilon_H}{\mathrm{d}\alpha_W}\nu'_{Z_{i_W}}(y)\right)c_H(y)y\mathrm{d}y$$

$$\frac{\partial L_{E_V}}{\partial \eta_i}=q_H\int_0^{b_V} c_{l_{\alpha_V}}(z)\nu'_{Y_{i_V}}(z)z_{\mathrm{AC}}(z)c_V(z)\mathrm{d}z \tag{7.59}$$

因此,模态位移对飞行器滚转力矩的影响为方程(7.59)所示的机翼与尾翼影响之和,即

$$\frac{\partial L_{滚转}}{\partial \eta_i}\triangleq C_{L滚转_{\eta_i}}q_\infty S_W b_W=\frac{\partial L_{滚转_{E_W}}}{\partial \eta_i}+\frac{\partial L_{滚转_{E_H}}}{\partial \eta_i}+\frac{\partial L_{E_V}}{\partial \eta_i} \tag{7.60}$$

方程(7.60)中已引入了飞行器的模态位移滚转力矩系数 $C_{L滚转_{\eta i}}$,且该系数为

$$C_{L滚转_{\eta_i}}=-\frac{1}{S_W b_W}\left(\int_{-b_W/2}^{b_W/2} c_{l_{\alpha_W}}(y)\nu'_{Z_{i_W}}(y)c_W(y)y\mathrm{d}y+\frac{q_H}{q_\infty}\int_{-b_H/2}^{b_H/2} c_{l_{\alpha_H}}(y)\left(\nu'_{Z_{i_H}}(y)-\frac{\mathrm{d}\varepsilon_H}{\mathrm{d}\alpha_W}\nu'_{Z_{i_W}}(y)\right)c_H(y)y\mathrm{d}y\right.$$
$$\left.-\frac{q_H}{q_\infty}\int_0^{b_V} c_{l_{\alpha_V}}(z)\nu'_{Y_{i_V}}(z)z_{\mathrm{AC}}(z)c_V(z)\mathrm{d}z\right) \tag{7.61}$$

由于飞行器关于其 $XZ$ 面的对称性,该系数在对称模式时为零,所以在此仅需考虑反对称模式。①

### 7.6.2 模态速度影响

弹性滚转力矩也是模态坐标变化率$\dot{\eta}_i$,即模态速度的函数。由方程(7.23)可得出机翼或尾翼上二维剖面气动力中心的(弹性)向下速度为

$$w_E(y,t)=\sum_{i=1}^{\infty}\nu_{Z_i}(x_{\mathrm{AC}},y,z_{\mathrm{AC}})\dot{\eta}_i(t)\triangleq\sum_{i=1}^{\infty}\nu_{Z_i}(y)\dot{\eta}_i(t)$$

由方程(7.39)可知垂直尾翼上二维剖面气动力中心的(弹性)横向速度为

$$v_E(z,t)=\sum_{i=1}^{\infty}\nu_{Y_i}(x_{\mathrm{AC}},y_{\mathrm{AC}},z)\dot{\eta}_i(t)\triangleq\sum_{i=1}^{\infty}\nu_{Y_i}(z)\dot{\eta}_i(t)$$

因此,可以将方程组(7.53),即由机翼或水平尾翼的弹性变形引起的滚转力矩变化分别表示为

$$L_{滚转_{E_W}}\approx-q_\infty\int_{-b_W/2}^{b_W/2} c_{l_{\alpha_W}}(y)\left(\theta_{E_W}(y)+\frac{1}{V_\infty}\sum_{i=1}^{\infty}\nu_{Z_{i_W}}(y)\dot{\eta}_i(t)\right)c_W(y)y\mathrm{d}y$$

$$L_{滚转_{E_H}}\approx-q_H\int_{-b_H/2}^{b_H/2} c_{l_{\alpha_H}}(y)\left(\begin{array}{l}\left(\theta_{E_H}(y)+\frac{1}{V_\infty}\sum_{i=1}^{\infty}\nu_{Z_{i_H}}(y)\dot{\eta}_i(t)\right)\\-\frac{\mathrm{d}\varepsilon_H}{\mathrm{d}\alpha_W}\left(\theta_{E_W}(y)+\frac{1}{V_\infty}\sum_{i=1}^{\infty}\nu_{Z_{i_W}}(y)\dot{\eta}_i(t)\right)\end{array}\right)c_H(y)y\mathrm{d}y \tag{7.62}$$

① 在求机翼和水平尾翼的上述积分时,仅考虑从翼根到翼尖的积分,并将结果加一倍,仅使用反对称模式。

且方程(7.56),即由垂直尾翼弹性变形引起的滚转力矩变化表示为

$$L_{E_V} = q_H \int_0^{b_V} c_{l_{\alpha_V}} \left( \theta_{E_V}(z) - \frac{1}{V_\infty} \sum_{i=1}^{\infty} \nu_{Y_{i_V}}(z) \dot{\eta}_i(t) \right) z_{AC}(z) c_V(z) \mathrm{d}z \tag{7.63}$$

通常情况下,将上述三个表达式改写为

$$L_{滚转_{E_W}} \approx -q_\infty \left( \frac{1}{V_\infty} \sum_{i=1}^{\infty} \left( \int_{-b_W/2}^{b_W/2} c_{l_{\alpha_W}}(y) \nu_{Z_{i_W}}(y) c_W(y) y \mathrm{d}y \right) \dot{\eta}_i(t) + \int_{-b_W/2}^{b_W/2} c_{l_{\alpha_W}}(y) \theta_E(y) c_W(y) y \mathrm{d}y \right)$$

$$L_{滚转_{E_H}} \approx -q_H \left( \begin{aligned} & \frac{1}{V_\infty} \sum_{i=1}^{\infty} \left( \int_{-b_H/2}^{b_H/2} c_{l_{\alpha_H}}(y) \left( \nu_{Z_{i_H}}(y) - \frac{\mathrm{d}\varepsilon_H}{\mathrm{d}\alpha_W} \nu_{Z_{i_W}}(y) \right) c_H(y) y \mathrm{d}y \right) \dot{\eta}_i(t) \\ & + \int_{-b_H/2}^{b_H/2} c_{l_{\alpha_H}}(y) \left( \theta_{E_H}(y) - \frac{\mathrm{d}\varepsilon_H}{\mathrm{d}\alpha_W} \theta_{E_W}(y) \right) c_H(y) y \mathrm{d}y \end{aligned} \right)$$

$$L_{E_V} = -q_H \left( \begin{aligned} & \frac{1}{V_\infty} \sum_{i=1}^{\infty} \left( \int_0^{b_V} c_{l_{\alpha_V}}(z) \nu_{Y_{i_V}}(z) z_{AC}(z) c_V(z) \mathrm{d}z \right) \dot{\eta}_i(t) \\ & - \int_0^{b_V} c_{l_{\alpha_V}}(z) \theta_{E_V}(z) z_{AC}(z) c_V(z) \mathrm{d}z \end{aligned} \right) \tag{7.64}$$

式中加划线的项不是时间的显函数。将方程组(7.64)对模态速度求微分,可得出模态速度对来自机翼和尾翼的滚转力矩的影响,即

$$\begin{aligned} \frac{\partial L_{滚转_{E_W}}}{\partial \dot{\eta}_i} &= -\frac{q_\infty}{V_\infty} \int_{-b_W/2}^{b_W/2} c_{l_{\alpha_W}}(y) \nu_{Z_{i_W}}(y) c_W(y) y \mathrm{d}y \\ \frac{\partial L_{滚转_{E_H}}}{\partial \dot{\eta}_i} &= -\frac{q_H}{V_\infty} \int_{-b_H/2}^{b_H/2} c_{l_{\alpha_H}}(y) \left( \nu_{Z_{i_H}}(y) - \frac{\mathrm{d}\varepsilon_H}{\mathrm{d}\alpha_W} \nu_{Z_{i_W}}(y) \right) c_H(y) y \mathrm{d}y \\ \frac{\partial L_{E_V}}{\partial \dot{\eta}_i} &= -\frac{q_H}{V_\infty} \int_0^{b_V} c_{l_{\alpha_V}}(z) \nu_{Y_{i_V}}(z) z_{AC}(z) c_V(z) \mathrm{d}z \end{aligned} \tag{7.65}$$

因此,模态速度对飞行器滚转力矩的影响用来自机翼和尾翼的力矩表示为

$$\frac{\partial L_{滚转}}{\partial \dot{\eta}_i} \triangleq C_{L滚转_{\dot{\eta}i}} q_\infty S_W b_W = \frac{\partial L_{滚转_{E_W}}}{\partial \dot{\eta}_i} + \frac{\partial L_{滚转_{E_H}}}{\partial \dot{\eta}_i} + \frac{\partial L_{E_V}}{\partial \dot{\eta}_i} \tag{7.66}$$

最后,上述表达式中已经引入了飞行器模态变化率滚转力矩系数 $C_{L滚转_{\dot{\eta}i}}$,且该系数可表示为

$$C_{L滚转 \dot{\eta}_i} = -\frac{1}{V_\infty S_W b_W}\left(\int_{-b_W/2}^{b_W/2} c_{l_{\alpha_W}}(y)\nu_{Z_{i_W}}(y)c_W(y)y\mathrm{d}y\right.$$

$$+\frac{q_H}{q_\infty}\int_{-b_H/2}^{b_H/2} c_{l_{\alpha_H}}(y)\left(\nu_{Z_{i_H}}(y)-\frac{\mathrm{d}\varepsilon_H}{\mathrm{d}\alpha_W}\nu_{Z_{i_W}}(y)\right)c_H(y)y\mathrm{d}y \qquad (7.67)$$

$$\left.+\frac{q_H}{q_\infty}\int_0^{b_V} c_{l_{\alpha_V}}(z)\nu_{Y_{i_V}}(z)z_{AC}(z)c_V(z)\mathrm{d}z\right)$$

由于飞行器关于其 $XZ$ 面对称,方程(7.67)中的所有系数在对称模式下为零,因此在此仅需考虑反对称模式。①

## 7.7 弹性变形对偏航力矩的影响

7.4 节讨论了弹性变形对飞行器侧力的影响,只考虑垂直尾翼上的侧力。该侧力也产生飞行器上的偏航力矩,且该力矩是现在要考虑的因素。

由方程(7.30)可得出翼展 $z$ 处垂直尾翼上的二维气动剖面产生的侧力为

$$S(z) = c_{l_{\alpha_V}}\left(\alpha_V(z) - \alpha_{0_V}\right)q_H(z)c_V(z)$$

且剖面的局部攻角如方程(7.29)所示,即

$$\alpha_V(z) = \alpha_{R_V}(z) + \alpha_{E_V}(z) = \alpha_{R_V}(z) + \left(\theta_{E_V}(z) - \frac{v_E(z)}{V_\infty}\right)$$

再次注意,该攻角用两种分量——刚性和弹性分量表示。因此,可以确定仅由弹性变形引起的侧力 $S_E(z)$。

假设 $X$ 方向为正前方,根据图 7.13 可知,与上述二维弹性侧力有关的偏航力矩(基本上在稳定性坐标轴系或机身参考坐标系中)可以表示为

$$n_E(z) = -S_E(z)\left(X_{\mathrm{Ref}} - x_{\mathrm{AC}_V}(z)\right)\cos\alpha_0 \approx -S_E(z)\left(X_{\mathrm{Ref}} - x_{\mathrm{AC}_V}(z)\right) \qquad (7.68)$$

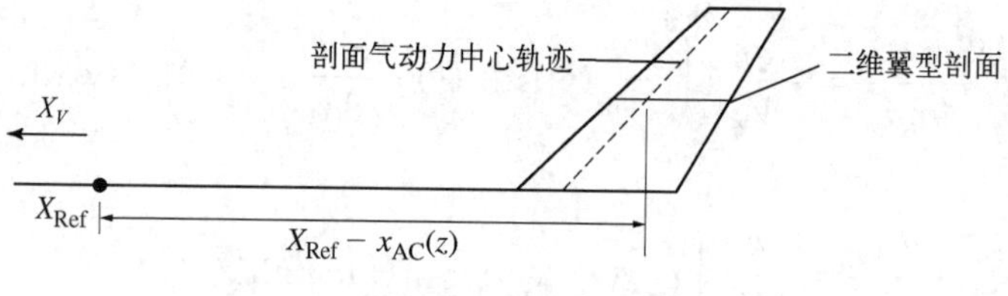


图 7.13 垂直尾翼几何形状与剖面偏航力矩臂

负号反映了尾翼上的正 $Y$ 向侧力引起了负(机头向左)偏航力矩。通过将方程(7.68)对垂直尾翼的翼展求积分,可得到弹性变形引起的飞行器偏航力矩变化为

① 在求机翼和水平尾翼的上述积分时,仅考虑从翼根到翼尖的积分,并将结果加一倍,仅使用反对称模式。

$$N_E = N_{E_V} = -\int_0^{b_V} c_{l_{\alpha_V}}\left(\theta_{E_V}(z) - \frac{v_E(z)}{V_\infty}\right)\left(X_{\text{Ref}} - x_{\text{AC}_V}(z)\right)q_H(z)c_V(z)\text{d}z \tag{7.69}$$

### 7.7.1 模态位移影响

方程(7.69)中所示的弹性偏航力矩可以用模态参数或振型与模态坐标表示。具体来说，由方程(7.35)可知弹性尾翼扭转角 $\theta_{E_V}(z)$ 可以表示为

$$\theta_{E_V}(z,t) \approx \tan\theta_{E_V}(z,t) = \sum_{i=1}^{\infty}\nu'_{Y_{i_V}}(z)\eta_i(t)$$

式中：$\nu'_{Y_{i_V}}(z)$ 为在垂直尾翼翼展位置 $z$ 处求得的第 $i$ 阶振型 $Y$ 位移分量的局部斜率。将上述表达式代入方程(7.69)得出飞行器的偏航力矩变化如下：

$$\begin{aligned} N_E &= -\int_0^{b_V} c_{l_{\alpha_V}}\left(\sum_{i=1}^{\infty}\nu'_{Y_{i_V}}(z)\eta_i(t) - \frac{v_E(z)}{V_\infty}\right)\left(X_{\text{Ref}} - x_{\text{AC}_V}(z)\right)q_H(z)c_V(z)\text{d}z \\ &= -\sum_{i=1}^{\infty}\left(\int_0^{b_V} c_{l_{\alpha_V}}\nu'_{Y_{i_V}}(z)\left(X_{\text{Ref}} - x_{\text{AC}_V}(z)\right)q_H(z)c_V(z)\text{d}z\right)\eta_i(t) \\ &\quad + \int_0^{b_V} c_{l_{\alpha_V}}\left(\frac{v_E(z)}{V_\infty}\right)\left(X_{\text{Ref}} - x_{\text{AC}_V}(z)\right)q_H(z)c_V(z)\text{d}z \end{aligned} \tag{7.70}$$

再次注意加下划线的项不是时间的函数。

取上述表达式对模态坐标 $\eta_i(z)$ 的偏导数，得到模态位移对飞行器偏航力矩的影响，即

$$\frac{\partial N}{\partial \eta_i} \triangleq C_{N_{\eta_i}}q_\infty S_W b_W = \frac{\partial N_E}{\partial \eta_i} = -q_H\int_0^{b_V} c_{l_{\alpha_V}}\nu'_{Y_{i_V}}(z)\left(X_{\text{Ref}} - x_{\text{AC}_V}(z)\right)c_V(z)\text{d}z \tag{7.71}$$

方程(7.71)引入了模态位移偏航力矩系数 $C_{N_{\eta_i}}$ 且由该方程可知该系数为

$$C_{N_{\eta_i}} = -\frac{1}{S_W b_W}\frac{q_H}{q_\infty}\int_0^{b_V} c_{l_{\alpha_V}}\nu'_{Y_{i_V}}(z)\left(X_{\text{Ref}} - x_{\text{AC}_V}(z)\right)c_V(z)\text{d}z \tag{7.72}$$

注意该结果与方程(7.38)所示的侧力系数之间的相似之处。在求上述系数时仅需考虑反对称模式。

### 7.7.2 模态速度影响

方程(7.69)给出的弹性变形对飞行器偏航力矩的影响，也可以用模态速度或模态坐标 $\dot{\eta}_i(t)$ 的变化率表示。具体来说，由方程(7.39)可得出弹性变形引起的尾翼剖面横向速度

$$v_E(z,t) = \sum_{i=1}^{\infty}\nu_{Y_{i_V}}(x_{\text{AC}}, y_{\text{AC}}, z)\dot{\eta}_i(t) \triangleq \sum_{i=1}^{\infty}\nu_{Y_i}(z)\dot{\eta}_i(t)$$

因此，弹性变形引起的偏航力矩变化可以表示为

$$N_E = -\int_0^{b_V} c_{l_{\alpha_V}}\left(\theta_{E_V}(z) - \frac{1}{V_\infty}\sum_{i=1}^{\infty}\nu_{Y_{i_V}}(z)\dot{\eta}_i(t)\right)\left(X_{\text{Ref}} - x_{\text{AC}_V}(z)\right)q_H(z)c_V(z)\text{d}z$$

$$= \frac{1}{V_\infty}\sum_{i=1}^{\infty}\left(\int_0^{b_V} c_{l_{\alpha_V}}\nu_{Y_{i_V}}(z)\left(X_{\text{Ref}} - x_{\text{AC}_V}(z)\right)q_H(z)c_V(z)\text{d}z\right)\dot{\eta}_i(t) \tag{7.73}$$

$$-\int_0^{b_V} c_{l_{\alpha_V}}\theta_{E_V}(z)\left(X_{\text{Ref}} - x_{\text{AC}_V}(z)\right)q_H(z)c_V(z)\text{d}z$$

式中加划线的项不是时间的函数。

通过将上述表达式对模态速度$\dot{\eta}_i$求微分得出模态速度对飞行器偏航力矩的影响可以表示为

$$\frac{\partial N}{\partial \dot{\eta}_i} \triangleq C_{N_{\dot{\eta}_i}} q_\infty S_W b_W \approx \frac{\partial N_E}{\partial \dot{\eta}_i} = \frac{1}{V_\infty}\int_0^{b_V} c_{l_{\alpha_V}}\nu_{Y_{i_V}}(z)\left(X_{\text{Ref}} - x_{\text{AC}_V}(z)\right)q_H(z)c_V(z)\text{d}z \tag{7.74}$$

上述方程引入了模态速度偏航力矩系数$C_{N\dot{\eta}_i}$,且由该方程可知该系数可以表示为

$$C_{N_{\dot{\eta}_i}} = \frac{1}{V_\infty S_W b_W}\frac{q_H}{q_\infty}\int_0^{b_V} c_{l_{\alpha_V}}\nu_{Y_{i_V}}(z)\left(X_{\text{Ref}} - x_{\text{AC}_V}(z)\right)c_V(z)\text{d}z \tag{7.75}$$

注意上述结果与方程(7.42)所示侧力系数之间的相似之处。在求上述系数时仅需考虑反对称模式。

## 7.8 作用于弹性自由度的广义力

在本节中,我们将讨论弹性自由度上作为外力函数的广义力$Q_i$。注意在本章开头,弹性自由度的受迫振动响应由方程组(7.4)决定,即

$$\ddot{\eta}_i + \omega_i^2\eta_i = \frac{Q_i}{\mathcal{M}_i}, i = 1, \cdots, n$$

式中:$Q_i$为作用于第$i$个弹性自由度上的广义力,且$\mathcal{M}_i$为第$i$个广义质量。与振型$\boldsymbol{\nu}_i$及振动频率$\omega_i$类似,假设广义质量可从结构自由振动分析中得到。

由第四章可知广义力可以用虚功$\delta W$表示,即

$$Q_i = \frac{\partial(\delta W)}{\partial \eta_i} \tag{7.76}$$

在第四章中还运用了作用于结构上的压力分布表面积分表示与虚拟弹性变形有关的虚功,即

$$\delta W_E = \int_S \boldsymbol{P}(x,y,z)\cdot\sum_{i=1}^{\infty}\boldsymbol{\nu}_i(x,y,z)\delta\eta_i\text{d}S \tag{7.77}$$

但是该积分现在用升力面翼型剖面的二维升力和俯仰力矩表示更方便。

考虑图 7.14 所示的二维力和力矩，注意因虚拟弹性尾翼引起的每单位翼展虚功 $\delta w_E$，可以用(每单位翼展的)虚拟平移位移与力及(每单位翼展的)旋转位移与力矩表示。

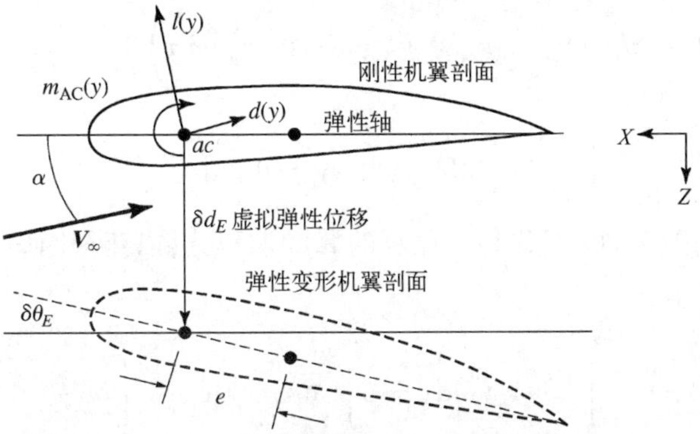


图 7.14　二维翼型剖面的力、力矩与位移

即因机翼或水平尾翼的翼型剖面虚拟弹性变形而做的虚功可以表示为

$$\begin{aligned}\delta w_{E_{W\,\mathrm{or}\,H}}(y) = &-\big(l(y)\cos\alpha + d(y)\sin\alpha\big)\sum_{i=1}^{\infty}\nu_{Z_i}(y)\delta\eta_i \\ &+\big(l(y)\sin\alpha - d(y)\cos\alpha\big)\sum_{i=1}^{\infty}\nu_{X_i}(y)\delta\eta_i \\ &+\Big(m_{\mathrm{AC}}(y) + e(y)\big(l(y)\cos\alpha + d(y)\sin\alpha\big)\Big)\sum_{i=1}^{\infty}\nu'_{Z_i}(y)\delta\eta_i\end{aligned} \tag{7.78}$$

式中：$e(y)$为剖面气动力中心与机翼弹性轴之间的距离。弹性轴是沿翼展各点构成的轨迹，在翼展处施加给机翼的横向(即，弯曲)负载不会产生弹性扭转角(参考文献 3)。

同样关于垂直尾翼的二维剖面，可以将其虚功表示为

$$\begin{aligned}\delta w_{E_V}(z) = &\big(s(z)\cos\beta - d(z)\sin\beta\big)\sum_{i=1}^{\infty}\nu_{Y_{i_V}}(z)\delta\eta_i \\ &-\big(s(z)\sin\beta + d(z)\cos\beta\big)\sum_{i=1}^{\infty}\nu_{X_{i_V}}(z)\delta\eta_i \\ &+\Big(m_{\mathrm{AC}}(z) + e(z)\big(s(z)\cos\beta - d(z)\sin\beta\big)\Big)\sum_{i=1}^{\infty}\nu'_{Y_{i_V}}(z)\delta\eta_i\end{aligned} \tag{7.79}$$

注意在方程(7.78)和方程(7.79)中，$\nu_{X_i}$、$\nu_{Y_i}$和 $\nu_{Z_i}$是在相应二维剖面处求得的第 $i$ 个位移振型分量，且 $\nu'_{Z_i\mathrm{or}Y_i}$为分别在机翼或尾翼的剖面气动力中心翼展位置 $y$ 或 $z$ 处求得的 $Z$ 或 $Y$ 位移振型斜率。

通常，如果做出一些合理假设，方程(7.78)和方程(7.79)可以大大简化。这些假设包括：

(1) $\alpha$ 和 $\beta$ 很小。

(2) 机翼和水平尾翼上的阻力 $d(y) \ll l(y)$(升力)，且垂直尾翼上 $d(z) \ll s(z)$(侧力)。

(3) 机翼和尾翼“纵向刚度”远远大于升降或横向刚度。因此，对于机翼和水平尾翼而言，$\nu_{Z_i}(y) \gg \nu_{X_i}(y)$，且对于垂直尾翼而言，不论 $i$，$y$ 和 $z$ 的值如何，$\nu_{Y_i}(z) \gg \nu_{X_i}(z)$。

(4) 尾翼剖面由对称翼型组成，因此 $\alpha_{0_H}(y) = \alpha_{0_V}(z=0)$，且 $m_{AC_R}(y) = m_{AC_V}(z) = 0$。

根据这些假设，方程(7.78)和方程(7.79)直接变为

$$
\begin{cases}
\delta w_{E_W}(y) \approx -l_W(y) \sum\limits_{i=1}^{\infty} \nu_{Z_{i_W}}(y) \delta\eta_i + \left(m_{\mathrm{AC}_W}(y) + e_W(y) l_W(y)\right) \sum\limits_{i=1}^{\infty} \nu'_{Z_{i_W}}(y) \delta\eta_i \\
\delta w_{E_H}(y) \approx -l_H(y) \left( \sum\limits_{i=1}^{\infty} \left(\nu_{Z_{i_H}}(y) + e_H(y) \nu'_{Z_{i_H}}(y)\right) \delta\eta_i \right) \\
\delta w_{E_V}(z) \approx s(z) \left( \sum\limits_{i=1}^{\infty} \left(\nu_{Y_{i_V}}(z) + e_V(z) \nu'_{Y_{i_V}}(z)\right) \delta\eta_i \right)
\end{cases}
\tag{7.80}
$$

现在可以将方程组(7.80)对机翼与尾翼的翼展求积分，以获得因虚拟弹性变形所做的总虚功，即

$$
\delta W_E \approx \int_{-b_W/2}^{b_W/2} \delta w_{E_W}(y) \mathrm{d}y + \int_{-b_H/2}^{b_H/2} \delta w_{E_H}(y) \mathrm{d}y + \int_{0}^{b_V} \delta w_{E_V}(z) \mathrm{d}z \tag{7.81}
$$

通过将方程组(7.80)代入方程(7.81)，并将结果对虚拟模态位移$\delta\eta_i$求微分，得到广义力为

$$
\begin{aligned}
Q_i = & \int_{-b_W/2}^{b_W/2} \left(-l_W(y) \nu_{Z_{i_W}}(y) + \left(m_{\mathrm{AC}_W}(y) + e_W(y) l_W(y)\right) \nu'_{Z_{i_W}}(y)\right) \mathrm{d}y \\
& - \int_{-b_H/2}^{b_H/2} l_H(y) \left(\nu_{Z_{i_H}}(y) + e_H(y) \nu'_{Z_{i_H}}(y)\right) \mathrm{d}y \\
& + \int_{0}^{b_V} \mathrm{s}(z) \left(\nu_{Y_{i_V}}(z) + e_V(z) \nu'_{Yi_V}(z)\right) \mathrm{d}z
\end{aligned}
\tag{7.82}
$$

注意积分的范围限制。若考虑反对称模式和对称模式，则要求对整个翼展求积分。

现在要强调的是方程(7.82)中的剖面升力和侧力为翼型平面总运动及任何控制面参数的函数。例如，使用第五章得出的我们所熟悉的表达式，机翼或水平尾翼的剖面升力可表示为

$$
l(y) = c_{l_\alpha}(y) \left(\alpha(y) - \alpha_0(y) + \alpha_\delta(y) \delta(y)\right) q(y) c(y) \tag{7.83}
$$

式中：$\delta$ 对应控制面或襟翼参数，且 $\alpha_0$ 为零升力攻角。而且，方程(7.83)中的局部剖面攻角 $\alpha(y)$ 为剖面刚体运动和弹性运动的函数。或者，假设 $X$ 方向为正前方，那么机翼剖面的局部攻角为

$$
\begin{aligned}
\alpha_W(y) &= \alpha_{R_W}(y) + \alpha_{E_W}(y) \\
&= \frac{1}{V_\infty}\left(W + Py - Q\left(x_{\mathrm{AC}_W}(y) - X_{\mathrm{Ref}}\right)\right) + \left(i_W + \varepsilon_{\mathrm{Twist}}(y)\right) + \left(\theta_{E_W}(y) + \frac{w_{E_W}(y)}{V_\infty}\right)
\end{aligned}
\tag{7.84}
$$

如第二章中所定义，式中 $P$ 和 $Q$ 分别为刚体滚转角速度与俯仰角速度，而 $W$ 为刚体向下速度。弹性运动由扭转角 $\theta_E(y)$ 和向下 $w_E(y)$ 构成，如 7.3 节所述。

水平尾翼剖面的局部攻角为

$$
\begin{aligned}
\alpha_H(y) = & \frac{1}{V_\infty}\left(W + Py + Q\left(X_{\mathrm{Ref}} - x_{\mathrm{AC}_H}(y)\right)\right) + \left(i_H + \varepsilon_{\mathrm{Twist}}(y) - \varepsilon_H(y)\right) \\
& + \left(\theta_{E_H}(y) + \frac{w_{E_H}(y)}{V_\infty}\right)
\end{aligned}
\tag{7.85}
$$

式中：$\varepsilon_H$为局部下洗角，可以表示为

$$\varepsilon_H = \frac{d\varepsilon_H}{d\alpha_W}(\alpha_W - \alpha_{0_W}) \tag{7.86}$$

因此,机翼攻角和尾翼攻角是耦合的。

最后,可以将垂直尾翼的局部攻角表示为

$$\alpha_V(z) = \frac{-1}{V_\infty}\left(V + Pz_{AC}(z) - R\left(X_{Ref} - x_{AC_V}(z)\right)\right) + \left(\theta_{E_V}(z) - \frac{v_{E_V}(z)}{V_\infty}\right) \tag{7.87}$$

正如 7.6 节所述,$z_{AC}$为剖面气动力中心在选定飞行器固定参照坐标系中 $X_V$轴上方的高度。由此可知,方程(7.82)中的广义力实际上是所有运动变量和控制参数的函数。

现在将广义力(方程(7.82)用泰勒级数①展开。或令

$$Q_i = Q_{i_{\mathbf{p}=\mathbf{0}}} + \frac{\partial Q_i}{\partial \boldsymbol{p}}\boldsymbol{p} \tag{7.88}$$

式中:参数矢量 $\boldsymbol{p}$ 包括模态位移与速度,即

$$\boldsymbol{p}^{T} = \left[U \;\; V \;\; W \;\; P \;\; Q \;\; R \;\; \eta_i \; (i=1,2,\cdots,n) \; \dot{\eta}_i \; (i=1,2,\cdots,n) \; i_H \;\; \delta_E \;\; \delta_A \;\; \delta_R\right] \tag{7.89}$$

另外,从以下表达式定义第 $i$ 个广义力系数 $C_{Q_i}$:

$$Q_i \triangleq C_{Q_i} q_\infty S_W \bar{c}_W \tag{7.90}$$

且与上述对广义力的处理一致,用泰勒级数展开广义力系数,即

$$C_{Q_i} = C_{Q_{i_{\mathbf{p}=\mathbf{0}}}} + \frac{\partial C_{Q_i}}{\partial \boldsymbol{p}}\boldsymbol{p} \tag{7.91}$$

例如

$$C_{Q_{i_{\mathbf{p}=\mathbf{0}}}} = \frac{1}{q_\infty S_W \bar{c}_W} Q_{i_0} \tag{7.92}$$

且对于 $\boldsymbol{p}$ 中的第 $k$ 个参数而言,有

$$C_{Q_{i_{p_k}}} \triangleq \frac{\partial C_{Q_i}}{\partial p_k} = \frac{1}{q_\infty S_W \bar{c}_W} Q_{i_{p_k}} \tag{7.93}$$

现在可以推演方程(7.88)中偏导数的表达式及广义力系数的表达式。设想一架带水平尾翼和垂直尾翼的飞行器,并假设尾翼翼型是对称的,且所有机翼和尾翼剖面的气动力中心与弹性轴之间的距离,即 $e$,可忽略不计。那么关于对刚体自由度和控制面的偏导数,以及相应的广义力系数,可以推导(见第 7.2 题)为:

$$\begin{aligned}
Q_{i_{\mathbf{p}=\mathbf{0}}} = C_{Q_{i_0}} q_\infty S_W \bar{c}_W = q_\infty \int_{-b_W/2}^{b_W/2} &\begin{pmatrix} -c_{l_{\alpha_W}}(y)\left(i_W + \varepsilon_{\mathrm{Twist}_W}(y) - a_{0_W}(y)\right)\nu_{Z_{i_W}}(y) \\ +c_{m_{AC_W}}(y) c_W(y) \nu'_{Z_{i_W}}(y) \end{pmatrix} c_W(y)\,dy \\
&+ q_H \int_{-b_H/2}^{b_H/2} c_{l_{\alpha_H}}(y) \frac{d\varepsilon_H}{d\alpha_W}\left(i_W + \varepsilon_{\mathrm{Twist}_W}(y) - \alpha_{0_W}(y)\right)\nu_{Z_{i_H}}(y) c_H(y)\,dy
\end{aligned}$$

$$Q_{i_u} = C_{Q_{i_u}} q_\infty S_W \bar{c}_W = \frac{2q_\infty}{V_\infty}\frac{\partial Q_i}{\partial q_\infty} = \frac{2q_\infty}{V_\infty} C_{Q_i} S_W \bar{c}_W$$

---

① 注意此泰勒级数是在 $\boldsymbol{p}=\mathbf{0}$ 的条件下而不是在飞行基准条件下展开的。

$$
\begin{aligned}
Q_{i_\alpha} = V_\infty Q_{i_w} = C_{Q_{i_\alpha}} q_\infty S_W \bar{c}_W = & -q_\infty \int_{-b_W/2}^{b_W/2} c_{l_{\alpha_W}}(y)\nu_{Z_{i_W}}(y) c_W(y)\mathrm{d}y \\
& -q_H \int_{-b_H/2}^{b_H/2} c_{l_{\alpha_H}}(y)\left(1-\frac{\mathrm{d}\varepsilon_H}{\mathrm{d}\alpha_W}\right)\nu_{Z_{i_H}}(y) c_H(y)\mathrm{d}y
\end{aligned}
$$

$$
Q_{i_\beta} = V_\infty Q_{i_v} = C_{Q_{i_\beta}} q_\infty S_W \bar{c}_W = -q_H \int_0^{b_V} c_{l_{\alpha_V}}(z)\nu_{Y_{i_V}}(z) c_V(z)\mathrm{d}z
$$

$$
\begin{aligned}
Q_{i_p} = C_{Q_{i_p}} q_\infty S_W \bar{c}_W = & -\frac{q_\infty}{V_\infty} \int_{-b_W/2} c_{l_{\alpha_W}}(y)\nu_{Z_{i_W}}(y) c_W(y) y\mathrm{d}y \\
& -\frac{q_H}{V_\infty} \int_{-b_H/2}^{b_H/2} c_{l_{\alpha_H}}(y)\left(1-\frac{\mathrm{d}\varepsilon_H}{\mathrm{d}\alpha_W}\right)\nu_{Z_{i_H}}(y) c_H(y) y\mathrm{d}y \\
& -\frac{q_H}{V_\infty} \int_0^{b_V} c_{l_{\alpha_V}}(z) z_{\mathrm{AC}}(z)\nu_{Y_{i_V}}(z) c_V(z)\mathrm{d}z
\end{aligned}
$$

$$
\begin{aligned}
Q_{i_q} = C_{Q_{i_q}} q_\infty S_W \bar{c}_W = & \frac{q_\infty}{V_\infty} \int_{-b_W/2}^{b_W/2} c_{l_{\alpha_W}}(y)\big(x_{\mathrm{AC}_W}(y) - X_{\mathrm{Ref}}\big)\nu_{Z_{i_W}}(y) c_W(y)\mathrm{d}y \\
& +\frac{q_H}{V_\infty} \int_{-b_H/2}^{b_H/2} c_{l_{\alpha_H}}(y)\left(\big(X_{\mathrm{Ref}} - x_{\mathrm{AC}_H}(y)\big) - \frac{\mathrm{d}\varepsilon_H}{\mathrm{d}\alpha_W}\big(x_{\mathrm{AC}_W}(y) - X_{\mathrm{Ref}}\big)\right)\nu_{Z_{i_H}}(y) c_H(y)\mathrm{d}y
\end{aligned}
$$

$$
Q_{i_r} = C_{Q_{i_r}} q_\infty S_W \bar{c}_W = \frac{q_H}{V_\infty} \int_0^{b_V} c_{l_{\alpha_V}}(z)\big(X_{\mathrm{Ref}} - x_{\mathrm{AC}_V}(z)\big)\nu_{Y_{i_V}}(z) c_V(z)\mathrm{d}z
$$

$$
Q_{i_{i_H}} = C_{Q_{i_{i_H}}} q_\infty S_W \bar{c}_W = -q_H \int_{-b_H/2}^{b_H/2} c_{l_{\alpha_H}}(y)\nu_{Z_{i_H}}(y) c_H(y)\mathrm{d}y
$$

$$
Q_{i_{\delta_E}} = C_{Q_{i_{\delta_E}}} q_\infty S_W \bar{c}_W = -q_H \int_{-b_H/2}^{b_H/2} c_{l_{\alpha_H}}(y)\alpha_{\delta_E}(y)\nu_{Z_{i_H}}(y) c_H(y)\mathrm{d}y
$$

$$
Q_{i_{\delta_R}} = C_{Q_{i_{\delta_R}}} q_\infty S_W \bar{c}_W = q_H \int_0^{b_V} c_{l_{\alpha_V}}(z)\alpha_{\delta_R}(z)\nu_{Y_{i_V}}(z) c_V(z)\mathrm{d}z
$$

$$
Q_{i_{\delta_A}} = C_{Q_{i_{\delta_A}}} q_\infty S_W \bar{c}_W = q_\infty\left(\int_{-b_o/2}^{-b_i/2} c_{l_{\alpha_W}}(y)\alpha_{\delta_A}(y)\nu_{Z_{i_W}}(y) c_W(y)\mathrm{d}y - \int_{b_i/2}^{b_o/2} c_{l_{\alpha_W}}(y)\alpha_{\delta_A}(y)\nu_{Z_{i_W}}(y) c_W(y)\mathrm{d}y\right) \tag{7.94}
$$

注意方程组(7.94)最后一个涉及副翼 $Q_{i_{\delta_A}}$ 的方程中,两个积分分别对应左翼和右翼,且积分的限值 $b_i$ 和 $b_o$ 分别对应副翼的内侧翼展与外侧翼展。

## 例 7.2　计算广义力系数

再次考虑例 7.1 中分析的飞行器。求该飞行器的广义力系数 $C_{Q1_\alpha}$、$C_{Q1_q}$ 与 $C_{Q1_{\delta_E}}$。

**解**

机翼和水平尾翼数据如例 7.1 所示,包括一阶对称振动模式的升降与扭转振型。适用于升降位移振型的多项式为

$$\nu_{Z1_W}(y) = 0.5265\left(\frac{y}{15}\right)^2 + 0.0135\left(\frac{y}{15}\right) - 0.14$$

$$\nu_{Z1_H}(y) = 0.09625\left(\frac{y}{7.5}\right) + 0.194$$

另外,在例 6.2 中,已知尾翼的气动力中心位置为机翼顶点后部 $X_{\mathrm{AC}_H} = 2.5c_{r_W}$ 处,且用于定义俯仰力矩 $X_{\mathrm{Ref}}$ 的参照点也位于顶点 0.5MAC 后部。对于该机翼,$S_W = 169\mathrm{ft}^2$ 且 $\mathrm{MAX} = \bar{c}_W = 5.825\mathrm{ft}$。最后,从例 5.6 得到机翼的恒定剖面升降舵系数 $\alpha_{\delta_E}(y) = 0.65$。

根据方程组(7.94),可得到

$$C_{Q_{i_\alpha}} q_\infty S_W \bar{c}_W = -q_\infty \int_{-b_W/2}^{b_W/2} c_{l_{\alpha_W}}(y)\nu_{Z_{i_W}}(y)c_W(y)\mathrm{d}y - q_H \int_{-b_H/2}^{b_H/2} c_{l_{\alpha_H}}(y)\left(1 - \frac{\mathrm{d}\varepsilon_H}{\mathrm{d}\alpha_W}\right)\nu_{Z_{i_H}}(y)c_H(y)\mathrm{d}y$$

$$C_{Q_{i_q}} q_\infty S_W \bar{c}_W = \frac{q_\infty}{V_\infty}\int_{-b_W/2}^{b_W/2} c_{l_{\alpha_W}}(y)\left(x_{\mathrm{AC}_W}(y) - X_{\mathrm{Ref}}\right)\nu_{Z_{i_W}}(y)c_W(y)\mathrm{d}y + \frac{q_H}{V_\infty}\int_{-b_H/2}^{b_H/2} c_{l_{\alpha_H}}(y)\left(\left(X_{\mathrm{Ref}} - x_{\mathrm{AC}_H}(y)\right) - \frac{\mathrm{d}\varepsilon_H}{\mathrm{d}\alpha_W}\left(x_{\mathrm{AC}_W}(y) - X_{\mathrm{Ref}}\right)\right)\nu_{Z_{i_H}}(y)c_H(y)\mathrm{d}y$$

$$C_{Q_{i_{\delta_E}}} q_\infty S_W \bar{c}_W = -q_H \int_{-b_H/2}^{b_H/2} c_{l_{\alpha_H}}(y)\alpha_{\delta_E}(y)\nu_{Z_{i_H}}(y)c_H(y)\mathrm{d}y$$

因此,该解取决于上述三个方程中的五个积分表达式。

为求得这些积分,首先回顾例 7.1 可知:

$$\int_0^{b_W/2} c_{l_{\alpha_W}}(y)\nu_{Z1_W}(y)c_W(y)\mathrm{d}y = 6.34\mathrm{ft}^3$$

且因此机翼与该振型对称,由此可得出第一个积分为

$$\int_{-b_W/2}^{b_W/2} c_{l_{\alpha_W}}(y)\nu_{Z1_W}(y)c_W(y)\mathrm{d}y = 2\times 6.34 = 12.68\mathrm{ft}^3$$

因为水平尾翼与振型对称,所以第二个积分为

$$\int_{-b_H/2}^{b_H/2} c_{l_{\alpha_H}}(y)\left(1-\frac{\mathrm{d}\varepsilon_H}{\mathrm{d}\alpha_W}\right)\nu_{Z_{i_H}}(y)c_H(y)\mathrm{d}y$$

$$=2\int_0^{7.5}(0.107\times 57.3)\times(1-0.57)\left(0.09625\left(\frac{y}{7.5}\right)+0.194\right)\left(\frac{7.5}{2}-\frac{y}{4}\right)\mathrm{d}y$$

$$=2(0.107\times 57.3)\times(0.43)\times(0.0128)\int_0^{7.5}(y+15.16)\left(\frac{7.5}{2}-\frac{y}{4}\right)\mathrm{d}y=26.4\mathrm{ft}^3$$

第五个积分与第二个相似,为

$$\int_{-b_H/2}^{b_H/2} c_{l_{\alpha_H}}(y)\alpha_{\delta_E}(y)\nu_{Z_{1_H}}(y)c_H(y)\mathrm{d}y$$

$$=2\int_0^{7.5}(0.107\times 57.3)\times(0.65)\left(0.09625\left(\frac{y}{7.5}\right)+0.194\right)\left(\frac{7.5}{2}-\frac{y}{4}\right)\mathrm{d}y=39.91\mathrm{ft}^3$$

为求得第三个积分,我们注意到,从机翼顶点后部开始测量,剖面气动力中心位于

$$x_{\mathrm{AC}_W}(y)=x_{\mathrm{LE}_W}(y)+0.25c_W(y)=y\tan\Lambda_{\mathrm{LE}}+0.25c_W(y)$$

那么若 $X$ 位置测量为正前方,且前缘后掠角为 26.6°,则

$$x_{\mathrm{AC}_W}(y)-X_{\mathrm{Ref}}=0.5\bar{c}_W-\left(y\tan 26.6^\circ+0.25\left(-\frac{y}{4}+7.5\right)\right)=-0.438y+1.0375\mathrm{ft}$$

第三个积分变为

$$\int_{-b_W/2}^{b_W/2} c_{l_{\alpha_W}}(y)\left(x_{\mathrm{AC}_W}(y)-X_{\mathrm{Ref}}\right)\nu_{Z_{1_W}}(y)c_W(y)\mathrm{d}y$$

$$=2\int_0^{15}(0.107\times 57.3)(-0.438y+1.0375)$$

$$\left(0.5265\left(\frac{y}{15}\right)^2+0.0135\left(\frac{y}{15}\right)-0.14\right)\left(-\frac{y}{4}+7.5\right)\mathrm{d}y=-282.75\mathrm{ft}^4$$

最后,为求得第四个积分,根据例 5.6 和例 5.7 中测量的机翼顶点后部,尾翼顶点位置为

$$x_{\mathrm{Apex}_H}=2.5c_{r_W}-2.39=16.36\mathrm{ft}$$

且经测量,尾翼顶点后部带 26.6°的前缘后掠角,尾翼气动力中心位于

$$x_{\mathrm{AC}_H}(y)=x_{\mathrm{LE}_H}(y)+0.25c_H(y)=y\tan 26.6^\circ+0.25\left(-\frac{y}{4}+\frac{7.5}{2}\right)$$

所以,若 $X$ 位置测定为正前方,则

$$X_{\mathrm{Ref}}-x_{\mathrm{AC}_H}(y)=16.36+y\tan 26.6^\circ+0.25\left(-\frac{y}{4}+\frac{7.5}{2}\right)-0.5\bar{c}_W$$

$$=0.438y+14.385\mathrm{ft}$$

且第四个积分变为

$$\int_{-b_H/2}^{b_H/2} c_{l_{\alpha_H}}(y)\left(\left(X_{\text{Ref}} - x_{\text{AC}_H}(y)\right) - \frac{\mathrm{d}\varepsilon_H}{\mathrm{d}\alpha_W}\left(x_{\text{AC}_W}(y) - X_{\text{Ref}}\right)\right)\nu_{Z_{1_H}}(y)c_H(y)\mathrm{d}y$$

$$= 2\int_0^{7.5}(0.107\times57.3)\left((0.438y + 14.385) - 0.57(-0.438y + 1.0375)\right)$$

$$\left(0.09625\left(\frac{y}{7.5}\right) + 0.194\right)\left(\frac{7.5}{2} - \frac{y}{4}\right)\mathrm{d}y$$

$$= 2(0.107\times57.3\times0.0128)\int_0^{7.5}(0.688y + 13.79)(y + 15.16)\left(\frac{7.5}{2} - \frac{y}{4}\right)\mathrm{d}y$$

$$= 972.68\text{ft}^4$$

将各项汇总,并假设 $q_H/q_\infty = 0.9$,可得到所需的系数为

$$C_{Q_{i_\alpha}} = \frac{1}{S_W\bar{c}_W}\left(-12.68 - \frac{q_H}{q_\infty}(26.4)\right) = \frac{-1}{(169)\times(5.825)}\times(12.68 + 0.9(26.4)) = -0.037$$

$$C_{Q_{i_q}} = \frac{1}{S_W\bar{c}_W V_\infty}\left(-282.75 + \frac{q_H}{q_\infty}(972.68)\right)$$

$$= \frac{1}{(169)(5.825)V_\infty}(-282.75 + 0.9\times972.68) = \frac{0.602}{V_\infty}\text{s}$$

$$C_{Q_{i_{\delta_E}}} = -\frac{1}{S_W\bar{c}_W}\frac{q_H}{q_\infty}\times39.91 = -\frac{0.9}{169\times5.825}\times39.91 = 0.036$$

注意,以上所有系数并非都是无量纲系数。

---

用于确定广义力对弹性自由度或模态位移与角速度的偏导数的步骤,与 7.3~7.7 节中所述的一样,但是其与代数有更密切的关系。首先回顾可知翼型剖面弹性扭转角 $\theta_E$ 可以用振型斜率表示。或者,对于机翼和水平尾翼而言,可将弹性扭角表示为如方程(7.19)所示,即

$$\theta_{E_{W\text{ or }H}}(y,t) = \sum_{i=1}^{\infty}\nu'_{Z_{i_{W\text{ or }H}}}(y)\eta_i(t)$$

且对于已得到的垂直尾翼而言,可由方程(7.35)得出

$$\theta_{E_V}(z,t) = \sum_{i=1}^{\infty}\nu'_{Y_{i_V}}(z)\eta_i(t)$$

另外,机翼和尾翼翼型剖面气动力中心的升降和横向速度可以用模态速度表示。或者,机翼或水平尾翼剖面的升降速度,如方程组(7.23)所示,即

$$w_{E_{W\text{ or }H}}(y,t) = \sum_{i=1}^{\infty}\nu_{Z_{i_{W\text{ or }H}}}(y)\dot{\eta}_i(t)$$

且垂直尾翼剖面的横向速度,如方程组(7.39)所示,即

$$v_{E_V}(z,t) = \sum_{i=1}^{\infty}\nu_{Y_{i_V}}(z)\dot{\eta}_i(t)$$

最后,可以将上述四个方程代入剖面攻角方程组,即方程组(7.84)~方程组(7.87)。

上述代入步骤完成后,可得到广义力对模态位移和速度的偏导数及其相关广义力系数:

$$Q_{i_{\eta_j}} = C_{Q_{i_{\eta_j}}} q_\infty S_W \bar{c}_W = -q_\infty \int_{-b_W/2}^{b_W/2} c_{l_{\alpha_W}}(y) \nu'_{Z_{j_W}}(y) \nu_{Z_{i_W}}(y) c_W(y) \mathrm{d}y$$

$$-q_H \int_{-b_H/2}^{b_H/2} c_{l_{\alpha_H}}(y) c_H(y) \left( \nu'_{Z_{j_H}}(y) - \frac{\mathrm{d}\varepsilon_H}{\mathrm{d}\alpha_W} \nu'_{Z_{j_W}}(y) \right) \nu_{Z_{i_H}}(y) \mathrm{d}y$$

$$+q_H \int_0^{b_V} c_{l_{\alpha_V}}(z) \nu'_{Y_{j_V}}(z) \nu_{Y_{i_V}}(z) c_V(z) \mathrm{d}z$$

$$Q_{i_{\dot{\eta}_j}} = C_{Q_{i_{\dot{\eta}_j}}} q_\infty S_W \bar{c}_W = -\frac{q_\infty}{V_\infty} \int_{-b_W/2}^{b_W/2} c_{l_{\alpha_W}}(y) \nu_{Z_{j_W}}(y) \nu_{Z_{i_W}}(y) c_W(y) \mathrm{d}y$$

$$-\frac{q_H}{V_\infty} \int_{-b_H/2}^{b_H/2} c_{l_{\alpha_H}}(y) \left( \nu_{Z_{j_H}}(y) - \frac{\mathrm{d}\varepsilon_H}{\mathrm{d}\alpha_W} \nu_{Z_{j_W}}(y) \right) \nu_{Z_{i_H}}(y) c_H(y) \mathrm{d}y$$

$$-\frac{q_H}{V_\infty} \int_0^{b_V} c_{l_{\alpha_V}}(z) \nu_{Y_{j_V}}(z) \nu_{Y_{i_V}}(z) c_V(z) \mathrm{d}z \tag{7.95}$$

注意上述两个表达式包含两组振型，第 $i$ 个对应第 $i$ 个模式和广义力，且第 $j$ 个对应（取偏导数的）模态坐标。

## 7.9 大型高速飞行器的弹性变形对力与力矩的影响——案例研究

现假设一架大型高速飞行器，其几何形状如图 7.15 所示（参考文献 2）。该飞行器代表大型军用飞行器或可能为超声速运输机。（注意在靠近驾驶舱处增加的小操纵片用于控制飞行员所感受的振动。）建模的关键在于弹性变形对飞行器飞行动力学的影响，且假设刚性飞行器动力学模型可用。以上情形适用于以下情况：例如，开发刚性飞行器仿真模型时及修改该模型以获得弹性变形时。这就是参考文献 4 中报告的调查情况。

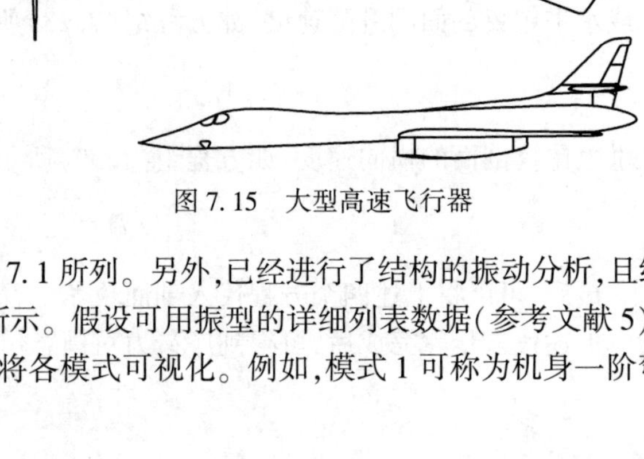

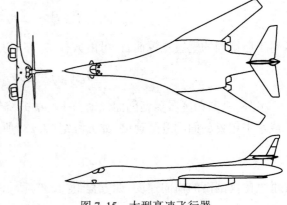

图 7.15　大型高速飞行器

飞行器的主要几何数据和质量特性如表 7.1 所列。另外，已经进行了结构的振动分析，且结构的前四个对称振动模式的振型如图 7.16 所示。假设可用振型的详细列表数据（参考文献 5），所以将图 7.16 中的各图包含在内只是为了将各模式可视化。例如，模式 1 可称为机身一阶弯曲模式,而模式 2 可称为机翼一阶弯曲模式。

表 7.1　所研究飞行器的数据

| | | | |
|---|---|---|---|
| 机翼几何形状 | $S_W=1950\text{ft}^2$<br>$\bar{c}_W=15.3\text{ft}$<br>$b_W=70\text{ft}$<br>$\Lambda_{LE}=65°$ | 惯量 | $I_{xx}=9.5\times10^5\text{sl-ft}^2$<br>$I_{yy}=6.4\times10^6\text{sl-ft}^2$<br>$I_{zz}=7.1\times10^6\text{sl-ft}^2$<br>$I_{xz}=-52,700\text{sl-ft}^2$ |
| 重量 | $W=288000\text{lb}$ | 飞行器长度 | 143ft |
| 模态广义质量 | $\mathcal{M}_1=184\text{sl-ft}^2$<br>$\mathcal{M}_2=9587\text{sl-ft}^2$<br>$\mathcal{M}_3=1334\text{sl-ft}^2$<br>$\mathcal{M}_4=436000\text{sl-ft}^2$ | 模态频率 | $\omega_1=12.6\text{rad/s}$<br>$\omega_2=14.1\text{rad/s}$<br>$\omega_3=21.2\text{rad/s}$<br>$\omega_4=22.1\text{rad/s}$ |

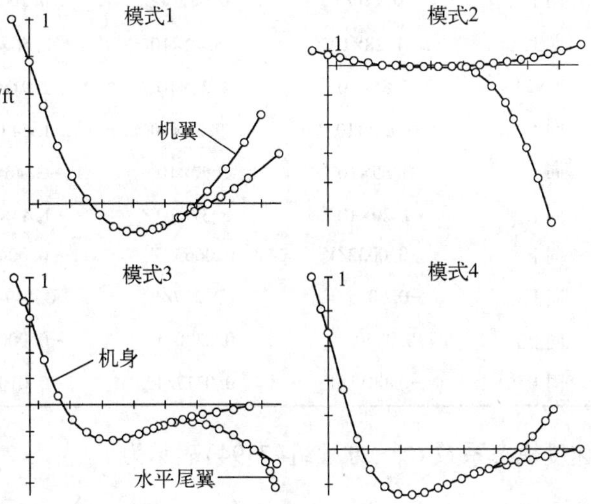


图 7.16　振型图

所有四个振型都已经标准化,使得振型的幅值为飞行器机头 1ft 处。为实现这一标准化,模态广义质量已列在表 7.1 中。注意,这些质量的大小因标准化而存在很大不同。

这四种振动模式的固有频率列在表 7.1 中。尽管在建立气动模型时不使用这些频率,但它们有助于选定包含至模型中的模式数量。例如,若我们对因飞行员输入而引起的飞行器运动感兴趣,则不需要包括模态频率大于 20rad/s 的模式,因为飞行员不能激起高于此频率的模式。

在该研究中,我们会建立弹性变形对气动力 $F_{A_Z}$ 与俯仰力矩 $M_A$ 影响的模型,以及建立与四个模态坐标 $\eta_{1-4}$ 有关的广义力模型。与本章中示例相似,且注意翼根弦位于飞行器的中心线上,可通过图解法求得方程中对应该系数的积分来确定各系数。结果列于表 7.2 和表 7.3 中。(所有角的单位都是弧度。)表中还列出了使用的方程。例如,使用方程(7.22)可求得 $C_{L_{\eta_1}}=0.029$, $C_{L_{\eta_2}}=-0.306$, $C_{L_{\eta_3}}=-0.015$ 且 $C_{L_{\eta_4}}=0.014$。获得这些结果时,我们已假设机翼和水平尾翼 $c_{l_\alpha}(y)=5.73/\text{rad}$, $m_{AC}(y)=0$,且 $\dfrac{d\varepsilon_H}{d\alpha_W}=0.5$。

表 7.2 升力与俯仰力矩的弹性系数

| | 系数 | 方程 | 模式 1 | 模式 2 | 模式 3 | 模式 4 |
|---|---|---|---|---|---|---|
| 升力 | $C_{L_{\eta i}}$ | (7.22) | 0.029 | -0.306 | -0.015 | 0.014 |
| | $C_{L_{\dot{\eta}_i}}$/s | (7.26) | $0.658/V_\infty$ | $-7.896/V_\infty$ | $-0.461/V_\infty$ | $0.132/V_\infty$ |
| 俯仰力矩 | $C_{M_{\eta i}}$ | (7.48) | -0.032 | -0.025 | 0.041 | -0.018 |
| | $C_{M_{\dot{\eta}_i}}$/s | (7.51) | $-1.184/V_\infty$ | $9.409/V_\infty$ | $1.316/V_\infty$ | $-0.395/V_\infty$ |

表 7.3 模态广义力的系数

| 系数 | 方程 | 模式 1 | 模式 2 | 模式 3 | 模式 4 |
|---|---|---|---|---|---|
| $C_{Q_{i_u}}$ | (7.94) | 0 | 0 | 0 | 0 |
| $C_{Q_{i_\alpha}}$ | 同上 | $-1.49\times10^{-2}$ | $2.58\times10^{-2}$ | $1.49\times10^{-2}$ | $3.35\times10^{-5}$ |
| $C_{Q_{i_q}}$/s | 同上 | $-0.726/V_\infty$ | $0.089/V_\infty$ | $0.304/V_\infty$ | ~0 |
| $C_{Q_{i_{\delta_E}}}$ | 同上 | $-1.28\times10^{-2}$ | $-6.42\times10^{-2}$ | $2.56\times10^{-2}$ | $1.50\times10^{-4}$ |
| $C_{Q_{i\eta_1}}$ | (7.95) | $5.85\times10^{-5}$ | $4.21\times10^{-3}$ | $2.91\times10^{-4}$ | $2.21\times10^{-5}$ |
| $C_{Q_{i\eta_2}}$ | 同上 | $-9.0\times10^{-5}$ | $-9.22\times10^{-2}$ | $1.44\times10^{-3}$ | $-1.32\times10^{-4}$ |
| $C_{Q_{i\eta_3}}$ | 同上 | $3.55\times10^{-4}$ | $1.97\times10^{-3}$ | $-3.46\times10^{-4}$ | $9.68\times10^{-6}$ |
| $C_{Q_{i\eta_4}}$ | 同上 | $1.20\times10^{-4}$ | $3.37\times10^{-3}$ | $1.44\times10^{-4}$ | $1.77\times10^{-3}$ |
| $C_{Q_{i\dot{\eta}_1}}$/s | 同上 | $-0.0032/V_\infty$ | $0.0665/V_\infty$ | $-0.0048/V_\infty$ | $-0.0004/V_\infty$ |
| $C_{Q_{i\dot{\eta}_2}}$/s | 同上 | $-0.0015/V_\infty$ | $-2.277/V_\infty$ | $0.1494/V_\infty$ | $0.0031/V_\infty$ |
| $C_{Q_{i\dot{\eta}_3}}$/s | 同上 | $0.0050/V_\infty$ | $0.0320/V_\infty$ | $-0.0001/V_\infty$ | $-0.0004/V_\infty$ |
| $C_{Q_{i\dot{\eta}_4}}$/s | 同上 | $-0.0011/V_\infty$ | $0.0317/V_\infty$ | $-0.0100/V_\infty$ | $0.6112/V_\infty$ |

现在关于纵向速度模态系数 $C_{Q_{i_u}}$，方程组(7.94)表示为

$$C_{Q_{i_u}} = \frac{2}{V_\infty}C_{Q_i} = \frac{2}{V_\infty}\left(C_{Q_{i_0}} + \frac{\partial C_{Q_i}}{\partial \boldsymbol{p}}\boldsymbol{p}\right)$$

式中：$C_{Q_i}$为总广义力系数。上述表达式中相对于 $\boldsymbol{p}(=\alpha、Q、\delta_E$等)中各种参数的偏导数对应方程(7.94)和方程(7.95)所示的有效度系数。然而，$C_{Q_{i_u}}$ 求得的值相当小，因此可以忽略不计。

现在可以使用表 7.1~表 7.3 中的结果来完成该模型。具体来说，先为弹性变形对气动力 $F_{A_Z}$或 $F_{A_{Z_E}}$、俯仰力矩 $M_E$及四个广义力 $Q_i(i=1\sim4)$的影响建立一个模型。假设 $\alpha_0$很小，可得到以下因弹性变形引起气动力与俯仰力矩上变化的模型：

$$\begin{cases} F_{A_{Z_E}} = q_\infty S_W\Big(-0.029\eta_1 + 0.306\eta_2 + 0.015\eta_3 - 0.014\eta_4 \\ \qquad - \dfrac{0.658}{V_\infty}\dot{\eta}_1 + \dfrac{7.896}{V_\infty}\dot{\eta}_2 + \dfrac{0.461}{V_\infty}\dot{\eta}_3 - \dfrac{0.132}{V_\infty}\dot{\eta}_4\Big) \\ M_{A_E} = q_\infty S_W \bar{c}_W\Big(-0.032\eta_1 - 0.025\eta_2 + 0.041\eta_3 - 0.018\eta_4 \\ \qquad - \dfrac{1.184}{V_\infty}\dot{\eta}_1 + \dfrac{9.409}{V_\infty}\dot{\eta}_2 + \dfrac{1.316}{V_\infty}\dot{\eta}_3 - \dfrac{0.395}{V_\infty}\dot{\eta}_4\Big) \end{cases} \tag{7.96}$$

此外，可得出四个广义力 $Q_i(i=1\sim4)$的模型为

$$Q_1 = q_\infty S_W \bar{c}_W \left( \begin{aligned} &-0.0149\alpha - \frac{0.726}{V_\infty}Q - 0.0128\delta_E + 5.85\times10^{-5}\eta_1 - 9.0\times10^{-5}\eta_2 + 3.55\times10^{-4}\eta_3 \\ &+1.2\times10^{-4}\eta_4 - \frac{0.0032}{V_\infty}\dot{\eta}_1 - \frac{0.0015}{V_\infty}\dot{\eta}_2 + \frac{0.0050}{V_\infty}\dot{\eta}_3 - \frac{0.0011}{V_\infty}\dot{\eta}_4 \end{aligned} \right)$$

$$Q_2 = q_\infty S_W \bar{c}_W \left( \begin{aligned} &0.0258\alpha + \frac{0.089}{V_\infty}Q - 0.0642\delta_E + 4.21\times10^{-3}\eta_1 - 9.22\times10^{-2}\eta_2 + 1.97\times10^{-3}\eta_3 \\ &+ 3.37\times10^{-3}\eta_4 + \frac{0.0665}{V_\infty}\dot{\eta}_1 - \frac{2.277}{V_\infty}\dot{\eta}_2 + \frac{0.0320}{V_\infty}\dot{\eta}_3 + \frac{0.0317}{V_\infty}\dot{\eta}_4 \end{aligned} \right)$$

$$Q_3 = q_\infty S_W \bar{c}_W \left( \begin{aligned} &0.0149\alpha + \frac{0.304}{V_\infty}Q + 0.0256\delta_E + 2.91\times10^{-4}\eta_1 + 1.44\times10^{-3}\eta_2 - 3.46\times10^{-4}\eta_3 \\ &+1.44\times10^{-4}\eta_4 - \frac{0.0048}{V_\infty}\dot{\eta}_1 + \frac{0.1494}{V_\infty}\dot{\eta}_2 - \frac{0.0001}{V_\infty}\dot{\eta}_3 - \frac{0.0100}{V_\infty}\dot{\eta}_4 \end{aligned} \right)$$

$$Q_4 = q_\infty S_W \bar{c}_W \left( \begin{aligned} &3.35\times10^{-5}\alpha + 0.0Q + 1.5\times10^{-4}\delta_E + 2.21\times10^{-5}\eta_1 - 1.32\times10^{-4}\eta_2 \\ &+ 9.68\times10^{-6}\eta_3 + 1.77\times10^{-3}\eta_4 - \frac{0.0004}{V_\infty}\dot{\eta}_1 + \frac{0.0031}{V_\infty}\dot{\eta}_2 - \frac{0.0004}{V_\infty}\dot{\eta}_3 + \frac{0.6112}{V_\infty}\dot{\eta}_4 \end{aligned} \right) \tag{7.97}$$

注意，上述广义力是刚体模态坐标与弹性模态坐标的函数。

## 7.10 将弹性变形效应综合进运动方程

我们已经确定了模态位移和速度对飞行器升力、侧力、力矩和模态广义力的影响，现在讨论如何将这些弹性变形效应综合进运动方程。完整的非线性运动方程将在第八章讨论仿真时进行详细说明。所以在此仅涉及某些重点。然而，我们会更加彻底地探讨将弹性变形效应综合进线性运动方程。

### 7.10.1 将弹性变形效应综合进非线性运动方程

在假设地球扁平且不旋转，弹性飞行器的非线性运动方程在方程组(4.65)(与方程组(2.22)一样)、方程组(4.82)(与方程组(2.27)一样)及方程组(4.84)中已给出。与方程组(4.65)一致，控制刚体平动自由度的方程组为

$$\begin{cases} m(\dot{U} - VR + WQ) = -mg\sin\theta + \left(F_{A_{X_R}} + F_{A_{X_E}}\right) + F_{P_X} \\ m(\dot{V} + UR - WP) = mg\cos\theta\sin\phi + \left(F_{A_{Y_R}} + F_{A_{Y_E}}\right) + F_{P_Y} \\ m(\dot{W} - UQ + VP) = mg\cos\theta\cos\phi + \left(F_{A_{Z_R}} + F_{A_{Z_E}}\right) + F_{P_Z} \end{cases} \tag{7.98}$$

作用于飞行器的气动力出现在这里，且这些分量现在用刚体及弹性变形量表示。

由方程组(7.3)可知飞行器固定坐标系上的气动力分量为

$$\begin{aligned} F_{A_X} &= C_X q_\infty S_W = -D\cos\alpha\cos\beta - S\cos\alpha\sin\beta + L\sin\alpha \\ F_{A_Y} &= C_Y q_\infty S_W = -D\sin\beta + S\cos\beta \\ F_{A_Z} &= C_Z q_\infty S_W = -D\sin\alpha\cos\beta - S\sin\alpha\sin\beta - L\cos\alpha \end{aligned}$$

(如 6.10.1 节可所述,在此通常使用机身参考坐标系。)现在根据方程(7.11)和方程(7.15)可得到弹性变形引起的飞行器上升力 $L$ 变化的表达式。同样,方程(7.32)是弹性变形对飞行器侧力 $S$ 影响的表达式。升力和侧力的这些变化应该添加到第六章所建立的力的模型中。因此,使用升力和侧力变化的这些结果以及方程组(7.3),可以简明地求出弹性变形对 $F_{A_X}$、$F_{A_Y}$ 和 $F_{A_Z}$ 的影响。

而且,若现在将弹性变形对这些力的影响表示为

$$\begin{aligned}
F_{A_{X_E}} &= \sum_{i=1}^{n}\left(\frac{\partial F_{A_X}}{\partial \eta_i}\eta_i + \frac{\partial F_{A_X}}{\partial \dot{\eta}_i}\dot{\eta}_i\right) \\
F_{A_{Y_E}} &= \sum_{i=1}^{n}\left(\frac{\partial F_{A_Y}}{\partial \eta_i}\eta_i + \frac{\partial F_{A_Y}}{\partial \dot{\eta}_i}\dot{\eta}_i\right) \\
F_{A_{Z_E}} &= \sum_{i=1}^{n}\left(\frac{\partial F_{A_Z}}{\partial \eta_i}\eta_i + \frac{\partial F_{A_Z}}{\partial \dot{\eta}_i}\dot{\eta}_i\right)
\end{aligned} \tag{7.99}$$

可以使用方程(7.21)和方程(7.37)求出对模态位移的偏导数,且可使用方程(7.25)和方程(7.41)求出对模态速度的偏导数。假设 6.10.1 节中这些力用机身参考坐标系表示,方程组(7.99)给出的三个表达式则可以直接添加至 6.10.1 节所述的力上,且它们都会出现在控制刚体平移的三个方程(即方程组(7.98))右侧。

至于飞行器上的力矩,与方程组(4.82)一致,可得出

$$\begin{cases}
I_{xx}\dot{P} - (I_{yy} - I_{zz})QR - I_{xy}(\dot{Q} - PR) \\
\qquad - I_{yz}(Q^2 - R^2) - I_{xz}(\dot{R} + PQ) = (L_{A_R} + L_{A_E}) + L_P \\
I_{yy}\dot{Q} + (I_{xx} - I_{zz})PR - I_{xy}(\dot{P} + QR) \\
\qquad - I_{yz}(\dot{R} - PQ) + I_{xz}(P^2 - R^2) = (M_{A_R} + M_{A_E}) + M_P \\
I_{zz}\dot{R} + (I_{yy} - I_{xx})PQ + I_{xy}(Q^2 - P^2) \\
\qquad - I_{yz}(\dot{Q} + PR) - I_{xz}(\dot{P} - QR) = (N_{A_R} + N_{A_E}) + N_P
\end{cases} \tag{7.100}$$

式中:气动滚转力矩 $L_A$、俯仰力矩 $M_A$ 和偏航力矩 $N_A$ 现在用刚体与弹性变形量表示。

方程组(7.45)、(7.53)、(7.56)和(7.69)的推导分别用于确定弹性变形对气动俯仰力矩 $M_A$、滚转力矩 $L_A$ 和偏航力矩 $N_A$ 的影响。然后方程(7.47)、方程(7.60)和方程(7.71)的推演用于表示模态速度的影响,且方程(7.50)、方程(7.66)和方程(7.74)用于表示模态速度对这些力矩的影响。这后六个方程还可用于获得下式中表示弹性变形对力矩影响的偏导数。

$$\begin{aligned}
L_{A_E} &= \sum_{i=1}^{n}\left(\frac{\partial L_A}{\partial \eta_i}\eta_i + \frac{\partial L_A}{\partial \dot{\eta}_i}\dot{\eta}_i\right) \\
M_{A_E} &= \sum_{i=1}^{n}\left(\frac{\partial M_A}{\partial \eta_i}\eta_i + \frac{\partial M_A}{\partial \dot{\eta}_i}\dot{\eta}_i\right) \\
N_{A_E} &= \sum_{i=1}^{n}\left(\frac{\partial N_A}{\partial \eta_i}\eta_i + \frac{\partial N_A}{\partial \dot{\eta}_i}\dot{\eta}_i\right)
\end{aligned} \tag{7.101}$$

再次假设 6.10.1 节求得的力矩用机身参考坐标系表示,上述三个关于弹性变形对力矩影响的表达式则可直接加入到 6.10.1 节讨论的刚体对力矩的影响中,且它们都会出现在控制刚体旋转的三个运动方程(即方程组(7.100))的右侧。

为了完成弹性变形影响的模型，方程组(4.84)控制着与弹性自由度相关的广义坐标。改写这些方程可得到

$$\ddot{\eta}_i + \omega_i^2 \eta_i = \frac{1}{\mathcal{M}_i}\left(Q_{i_R} + Q_{i_E}\right),\ i = 1, 2, \cdots, n \tag{7.102}$$

式中：广义力 $Q_i$ 可以用刚体与弹性变形量表示。作用于弹性自由度的这些广义力本身也在本章中推导。这些广义力的模型由方程组(7.88)、(7.94)与(7.95)组成。但是与方程组(7.102)一致，现在可以将这些力用下列形式表示：

$$Q_i = \left(Q_{i_{p=0}} + \frac{\partial Q_i}{\partial \boldsymbol{p}_{刚体}} \boldsymbol{p}_{刚体}\right) + \sum_{j=1}^{n}\left(\frac{\partial Q_i}{\partial \eta_j}\eta_j + \frac{\partial Q_i}{\partial \dot{\eta}_j}\dot{\eta}_j\right) \tag{7.103}$$

式中

$$\boldsymbol{p}_{刚体}^{\mathrm{T}} = \left[U\ \ \beta\left(\approx \frac{V}{U}\right)\ \ \alpha\left(\approx \frac{W}{U}\right)\ \ P\ \ Q\ \ R\ \ i_H\ \ \delta_E\ \ \delta_A\ \ \delta_R\right]$$

且 $n$ 为模型中包括的弹性模式数目。那么方程组(7.94)对应方程(7.103)右侧第一个括号中的偏导数，且方程组(7.95)对应于第二个括号中的偏导数。且方程组(7.103)给出的 $n$ 个广义力 $Q_i$ 会出现在相应控制弹性自由度的 $n$ 个运动方程(即方程组(7.102))的右侧。

### 7.10.2 将弹性变形效应综合进线性化运动方程

现在需要解决将小扰动力和力矩变化综合进线性小扰动运动方程(方程组(2.45)和方程组(2.49))。在讨论刚性飞行器时，如6.10.2节所述，使用稳定性坐标轴系作为选定飞行器固定坐标系十分方便。在讨论柔性飞行器时也可以使用稳定性坐标轴系并假设这些轴满足平均轴向约束。然而，通常选择机身参考坐标系。在两种情况下，都必须小心推导力和力矩，且使用与选定飞行器固定坐标系一致的力和力矩分量。这里将使用机身参考坐标系，因为在本章中这些坐标系通常用于推导有效度系数。

至于各力，根据方程组(7.3)可知作用于飞行器的总气动力的三个分量为

$$\begin{aligned}
F_{A_X} &= C_X q_\infty S_W = -D\cos\alpha\cos\beta - S\cos\alpha\sin\beta + L\sin\alpha \\
F_{A_Y} &= C_Y q_\infty S_W = -D\sin\beta + S\cos\beta \\
F_{A_Z} &= C_Z q_\infty S_W = -D\sin\alpha\cos\beta - S\sin\alpha\sin\beta - L\cos\alpha
\end{aligned}$$

式中：$\alpha$ 和 $\beta$ 是飞行器的总攻角和侧滑角(参照加上小扰动)。但是与方程组(2.45)一致，控制刚体平动自由度的小扰动的方程可以表示为

$$\begin{cases}
m\left(\dot{u} + (Q_0 w + W_0 q) - (V_0 r + R_0 v)\right) = -mg\cos\Theta_0\theta + \left(f_{A_{X_R}} + f_{A_{X_E}}\right) + f_{P_X} \\
m\left(\dot{v} + (R_0 u + U_0 r) - (P_0 w + W_0 p)\right) = mg\left(\cos\Theta_0\cos\Phi_0\phi - \sin\Theta_0\sin\Phi_0\theta\right) \\
\qquad + \left(f_{A_{Y_R}} + f_{A_{Y_E}}\right) + f_{P_Y} \\
m\left(\dot{w} + (P_0 v + V_0 p) - (Q_0 u + U_0 q)\right) = -mg\left(\cos\Theta_0\sin\Phi_0\phi + \sin\Theta_0\cos\Phi_0\theta\right) \\
\qquad + \left(f_{A_{Z_R}} + f_{A_{Z_E}}\right) + f_{P_Z}
\end{cases} \tag{7.104}$$

式中：小扰动气动力分量用刚体与弹性变形影响表示。例如，将 $Z$ 方向的小扰动力分量表示为

$$f_{A_Z} \triangleq \frac{\partial F_{A_Z}}{\partial \delta \boldsymbol{p}}\Big|_0 \delta\boldsymbol{p} = f_{A_{Z_R}} + f_{A_{Z_E}} = \left(\frac{\partial F_{A_Z}}{\partial \delta \boldsymbol{p}_{刚体}}\Big|_0 \delta\boldsymbol{p}_{刚体}\right) + \sum_{i=1}^{n}\left(\frac{\partial F_{A_Z}}{\partial \eta_i}\Big|_0 \eta_i + \frac{\partial F_{A_Z}}{\partial \dot{\eta}_i}\Big|_0 \dot{\eta}_i\right) \tag{7.105}$$

式中：与方程(6.9)一致，该力的小扰动参数矢量为

$$\delta \boldsymbol{p}_{\text{刚体}}^{\mathrm{T}} = \begin{bmatrix} u & \alpha & \dot{\alpha} & q & \delta_E \end{bmatrix} \tag{7.106}$$

注意，小扰动力的表达式方程(7.105)包括与刚体自由度有关的项及与弹性自由度有关的项。

然后，延续该示例，用系数表示方程(7.105)，可得到

$$f_{A_Z} = q_\infty S_W \left( \left( C_{Z_u} u + C_{Z_\alpha} \alpha + C_{Z_{\dot{\alpha}}} \dot{\alpha} + C_{Z_q} q + C_{Z_{\delta_E}} \delta_E \right) + \left( \sum_{i=1}^{n} \left( C_{Z_{\eta_i}} \eta_i + C_{Z_{\dot{\eta}_i}} \dot{\eta}_i \right) \right) \right) \tag{7.107}$$

所以弹性变形对该力的影响为

$$f_{A_{Z_E}} = q_\infty S_W \sum_{i=1}^{n} \left( C_{Z_{\eta_i}} \eta_i + C_{Z_{\dot{\eta}_i}} \dot{\eta}_i \right) \tag{7.108}$$

上述表达式中的系数可以用上述方程组(7.3)求得，即

$$C_{Z_\bullet} = \left( -C_{D_\bullet} \sin\alpha_0 \cos\beta_0 - C_{S_\bullet} \sin\alpha_0 \sin\beta_0 - C_{L_\bullet} \cos\alpha_0 \right), \bullet = \eta_i \text{ 或 } \dot{\eta}_i \tag{7.109}$$

因此，与方程(7.105)和方程(7.108)一致，弹性变形对三个小扰动力分量的影响可表示为

$$\begin{aligned} f_{A_{X_E}} &= q_\infty S_W \sum_{i=1}^{n} \left( C_{X_{\eta_i}} \eta_i + C_{X_{\dot{\eta}_i}} \dot{\eta}_i \right) \\ f_{A_{Y_E}} &= q_\infty S_W \sum_{i=1}^{n} \left( C_{Y_{\eta_i}} \eta_i + C_{Y_{\dot{\eta}_i}} \dot{\eta}_i \right) \\ f_{A_{Z_E}} &= q_\infty S_W \sum_{i=1}^{n} \left( C_{Z_{\eta_i}} \eta_i + C_{Z_{\dot{\eta}_i}} \dot{\eta}_i \right) \end{aligned} \tag{7.110}$$

上述表达式中六个系数如表7.4所列。在求表7.4的结果时，我们忽略了任何弹性变形对飞行器阻力的影响，且作为表中条目的四个系数与7.3节和7.4节中讨论的系数一样，只有一个例外。该特例涉及用参考条件下的速度 $\boldsymbol{V}_{\infty_0}$ 代替模态变化率有效度系数中的 $\boldsymbol{V}_\infty$。

你可能认为方程组(7.110)中的三个表达式可直接增加至控制刚体平动方程(即方程组(7.104))右侧的力(如6.10.2节中所述)上。若这里使用同一机身参考坐标系推演6.10.2节中的系数，这种情况便是可行的。但是6.10.2节中使用的是稳定性坐标轴系。因此必须调整6.10.2节中推演的表达式，以解释不同的飞行器固定坐标系。现在将花一些时间探讨这些必要的调整。

定义稳定性和机身参考坐标系的三个单位矢量是通过方向余弦矩阵关联起来的，即

$$\begin{Bmatrix} \boldsymbol{i}_S \\ \boldsymbol{j}_S \\ \boldsymbol{k}_S \end{Bmatrix} = \begin{bmatrix} \cos\alpha_0 & 0 & \sin\alpha_0 \\ 0 & 1 & 0 \\ -\sin\alpha_0 & 0 & \cos\alpha_0 \end{bmatrix} \begin{Bmatrix} \boldsymbol{i}_F \\ \boldsymbol{j}_F \\ \boldsymbol{k}_F \end{Bmatrix} \tag{7.111}$$

因此，两个坐标系中的气动力加推进力矢量分量通过下式联系：

$$\begin{aligned} \boldsymbol{F}_A + \boldsymbol{F}_P &= \begin{bmatrix} F_{X_S} & F_{Y_S} & F_{Z_S} \end{bmatrix} \begin{Bmatrix} \boldsymbol{i}_S \\ \boldsymbol{j}_S \\ \boldsymbol{k}_S \end{Bmatrix} = \begin{bmatrix} F_{X_S} & F_{Y_S} & F_{Z_S} \end{bmatrix} \begin{bmatrix} \cos\alpha_0 & 0 & \sin\alpha_0 \\ 0 & 1 & 0 \\ -\sin\alpha_0 & 0 & \cos\alpha_0 \end{bmatrix} \begin{Bmatrix} \boldsymbol{i}_F \\ \boldsymbol{j}_F \\ \boldsymbol{k}_F \end{Bmatrix} \\ &= \begin{bmatrix} \left( F_{X_S} \cos\alpha_0 - F_{Z_S} \sin\alpha_0 \right) & F_{Y_S} & \left( F_{X_S} \sin\alpha_0 + F_{Z_S} \cos\alpha_0 \right) \end{bmatrix} \begin{Bmatrix} \boldsymbol{i}_F \\ \boldsymbol{j}_F \\ \boldsymbol{k}_F \end{Bmatrix} \end{aligned} \tag{7.112}$$

表 7.4　力的系数

| | $C_{X.}$ | $C_{Y.}$ | $C_{Z.}$ |
|---|---|---|---|
| $\eta_i$ | $-C_{s_{\eta i}}\cos\alpha_0\sin\beta_0+C_{L_{\eta j}}\sin\alpha_0$ | $C_{s_{\eta i}}\cos\beta_0$ | $-(C_{s_{\eta i}}\sin\alpha_0\sin\beta_0+C_{L_{\eta j}}\cos\alpha_0)$ |
| $\dot{\eta}_i$ | $-C_{s_i}\cos\alpha_0\sin\beta_0+C_{L_{\dot{\eta} i}}\sin\alpha_0$ | $C_{s_{\dot{\eta} i}}\cos\beta_0$ | $-(C_{s_{\dot{\eta} i}}\sin\alpha_0\sin\beta_0+C_{L_{\dot{\eta} i}}\cos\alpha_0)$ |

而且,例如,因为稳定性坐标轴系中气动力矢量分量为

$$F_{A_{X_S}} = -D\cos\beta_0 - S\sin\beta_0$$

$$F_{A_{Y_S}} = -D\sin\beta_0 + S\cos\beta_0$$

$$F_{A_{Z_S}} = -L$$

那么机身参考坐标系中该矢量的分量为

$$\begin{cases} F_{A_{X_F}} = -D\cos\alpha_0\cos\beta_0 - S\cos\alpha_0\sin\beta_0 + L\sin\alpha_0 \\ F_{A_{Y_F}} = -D\sin\beta_0 + S\cos\beta_0 \\ F_{A_{Z_F}} = -D\sin\alpha_0\cos\beta_0 - S\sin\alpha_0\sin\beta_0 - L\cos\alpha_0 \end{cases} \tag{7.113}$$

很明显,若 $\alpha_0$ 很小,稳定性坐标轴系中分力大小和机身参考坐标系中分力大小之间的差别不大。但是,它们并不完全一样。

因此,假设使用以稳定性坐标轴系表示的小扰动力来推导这些力(如方程(7.105)中的 $f_{A_{Z_R}}$)的刚体模型,则机身参考坐标系中的刚体模型分量为

$$\begin{aligned} (f_{A_{X_{R_F}}} + f_{P_{X_{R_F}}}) &= (f_{A_{X_R}} + f_{P_{X_R}})\cos\alpha_0 - (f_{A_{Z_R}} + f_{P_{Z_R}})\sin\alpha_0 \\ (f_{A_{Y_{R_F}}} + f_{P_{Y_{R_F}}}) &= (f_{A_{Y_R}} + f_{P_{Y_R}}) \\ (f_{A_{Z_{R_F}}} + f_{P_{Z_{R_F}}}) &= (f_{A_{X_R}} + f_{P_{X_R}})\sin\alpha_0 + (f_{A_{Z_R}} + f_{P_{Z_R}})\cos\alpha_0 \end{aligned} \tag{7.114}$$

因此,方程组(7.104)右侧控制刚体平移的小扰动力矢量的三个分量为方程组(7.114)中的三个表达式加上方程组(7.110)中的三个表达式。

假设飞行器关于其 $XZ$ 面对称,刚体旋转自由度中的小扰动由方程组(2.49)决定,现在可表示为

$$\begin{cases} I_{xx}\dot{p} - I_{xz}\big(\dot{r} + (Q_0p + P_0q)\big) + (I_{zz} - I_{yy})(R_0q + Q_0r) = (l_{A_R} + l_{A_E}) + l_P \\ I_{yy}\dot{q} + (I_{xx} - I_{zz})(R_0p + P_0r) + 2I_{xz}(P_0p - R_0r) = (m_{A_R} + m_{A_E}) + m_p \\ I_{zz}\dot{r} - I_{xz}\big(\dot{p} - (R_0q + Q_0r)\big) + (I_{yy} - I_{xx})(Q_0p + P_0q) = (n_{A_R} + n_{A_E}) + n_P \end{cases} \tag{7.115}$$

气动力矩或 $l_A$(滚转力矩)、$m_A$(俯仰力矩)和 $n_A$(偏航力矩)的分量用刚体与弹性变形量表示。

类似于用刚体与弹性变形量表示小扰动力的方程(7.105),例如,可以用下列形式表示小扰动气动俯仰力矩:

$$\begin{aligned} m_A &\triangleq \frac{\partial M_A}{\partial \delta \boldsymbol{p}}\Big|_0 \delta\boldsymbol{p} = m_{A_R} + m_{A_E} \\ &= \left(\frac{\partial M_A}{\partial \delta \boldsymbol{p}_{刚体}}\Big|_0 \delta\boldsymbol{p}_{刚体}\right) + \sum_{i=1}^{n}\left(\frac{\partial M_A}{\partial \eta_i}\Big|_0 \eta_i + \frac{\partial M_A}{\partial \dot{\eta}_i}\Big|_0 \dot{\eta}_i\right) \end{aligned} \tag{7.116}$$

再次发现小扰动力矩由刚体项(这里为 $m_{A_R}$)和弹性项(这里为 $m_{A_E}$)组成,且因此弹性变形对三个小扰动力矩的影响可以表示为

$$
\begin{aligned}
l_{A_E} &= \sum_{i=1}^{n}\left(\frac{\partial L_A}{\partial \eta_i}\Big|_0 \eta_i + \frac{\partial L_A}{\partial \dot{\eta}_i}\Big|_0 \dot{\eta}_i\right) = q_\infty S_W b_W \sum_{i=1}^{n}\left(C_{L\mathrm{roll}_{\eta_i}}\eta_i + C_{L\mathrm{roll}_{\dot{\eta}_i}}\dot{\eta}_i\right) \\
m_{A_E} &= \sum_{i=1}^{n}\left(\frac{\partial M_A}{\partial \eta_i}\Big|_0 \eta_i + \frac{\partial M_A}{\partial \dot{\eta}_i}\Big|_0 \dot{\eta}_i\right) = q_\infty S_W \bar{c}_W \sum_{i=1}^{n}\left(C_{M_{\eta_i}}\eta_i + C_{M_{\dot{\eta}_i}}\dot{\eta}_i\right) \qquad (7.117) \\
n_{A_E} &= \sum_{i=1}^{n}\left(\frac{\partial N_A}{\partial \eta_i}\Big|_0 \eta_i + \frac{\partial N_A}{\partial \dot{\eta}_i}\Big|_0 \dot{\eta}_i\right) = q_\infty S_W b_W \sum_{i=1}^{n}\left(C_{N_{\eta_i}}\eta_i + C_{N_{\dot{\eta}_i}}\dot{\eta}_i\right)
\end{aligned}
$$

出现在上述表达式中的所有六个气动弹性系数与 7.5 节~7.7 节讨论的一样,也有一个特例。在模态变化率系数方程中,必须用参考速度 $\boldsymbol{V}_{\infty_0}$ 代替速度 $\boldsymbol{V}_\infty$。

因为 6.10.2 节中讨论的刚体自由度小扰动力矩或 $l_{A_g}$、$m_{A_g}$ 和 $n_{A_g}$ 是在稳定性坐标轴系中推导的,那么与小扰动力一样,这些刚体影响必须转换为对应机身参考坐标系的力矩,所以机身参考坐标系中刚体对三个力矩的影响为

$$
\begin{aligned}
l_{A_{R_F}} &= l_{A_R}\cos\alpha_0 - n_{A_R}\sin\alpha_0 \\
m_{A_{R_F}} &= m_{A_R} \qquad (7.118) \\
n_{A_{R_F}} &= l_{A_R}\sin\alpha_0 + n_{A_R}\cos\alpha_0
\end{aligned}
$$

控制刚体旋转自由度的方程组(7.115)右侧由方程组(7.118)中三个表达式及方程组(7.117)右侧各项组成。

为了将力和力矩综合进线性化运动方程,必须考虑作用于小扰动模态坐标 $\boldsymbol{\eta}_i$ 上的小扰动广义力。方程组(4.84)给出了控制(总)模态坐标 $\boldsymbol{\eta}_i$ 的运动方程,即

$$
\ddot{\eta}_i + \omega_i^2\eta_i = \frac{Q_i}{\mathcal{M}_i}
$$

因为该方程是线性的,控制小扰动模态坐标的运动方程可表示为

$$
\ddot{\eta}_i + \omega_i^2\eta_i = \frac{1}{\mathcal{M}_i}(q_{i_R} + q_{i_E}) \qquad (7.119)
$$

式中:$\boldsymbol{\eta}_i$ 为小扰动模态坐标,且小扰动广义力 $q_i$ 用刚体及弹性变形量表示。

再次参看方程(7.103),总广义力 $Q_i$ 的表达式在此重复为

$$
Q_i = \left(Q_{i_{\mathbf{p}=\mathbf{0}}} + \frac{\partial Q_i}{\partial \boldsymbol{p}_{\text{刚体}}}\boldsymbol{p}_{\text{刚体}}\right) + \sum_{i=1}^{n}\left(\frac{\partial Q_i}{\partial \eta_j}\eta_j + \frac{\partial Q_i}{\partial \dot{\eta}_j}\dot{\eta}_j\right)
$$

且

$$
\boldsymbol{p}_{\text{刚体}}^{\mathrm{T}} = \left[U \quad \beta\left(\approx\frac{V}{U}\right) \quad \alpha\left(\approx\frac{W}{U}\right) \quad P \quad Q \quad R \quad i_H \quad \delta_E \quad \delta_A \quad \delta_R\right]
$$

因为上述表达式给出了总广义力,则小扰动广义力必须为

$$
q_i \triangleq \frac{\partial Q_i}{\partial \delta\boldsymbol{p}}\Big|_0 \delta\boldsymbol{p} = q_{i_R} + q_{i_E} \qquad (7.120)
$$

且

$$
\delta\boldsymbol{p}^{\mathrm{T}} = \left[\delta\boldsymbol{p}_{\text{刚体}}^{\mathrm{T}} \quad \delta\boldsymbol{\eta}^{\mathrm{T}} \quad \delta\dot{\boldsymbol{\eta}}^{\mathrm{T}}\right]
$$

而且,与 6.10.2 节中的推导一致,有

$$
\delta\boldsymbol{p}_{\text{刚体}}^{\mathrm{T}} = \left[u \ \ \beta\left(\approx\frac{v}{U_0}\right) \ \ \alpha\left(\approx\frac{w}{U_0}\right) \ \ \dot{\alpha} \ \ p \ \ q \ \ r \ \ \delta_E \ \ \delta_A \ \ \delta_R\right] \qquad (7.121)
$$

因此,刚体对小扰动广义力的影响为

$$q_{i_R} = \frac{\partial Q_i}{\partial \delta \boldsymbol{p}_{\text{刚体}}}\Big|_0 \delta \boldsymbol{p}_{\text{刚体}} \tag{7.122}$$

且弹性变形的影响为

$$q_{i_E} = q_\infty S_W \bar{c}_W \sum_{j=1}^{n} \left( C_{Q_{i_{\eta_j}}} \eta_j + C_{Q_{i_{\dot{\eta}_j}}} \dot{\eta}_j \right) \tag{7.123}$$

注意展开方程(7.122)时出现的广义力系数将与方程组(7.94)中的系数一样,而除一个特例之外,方程组(7.123)中的广义力系数与方程组(7.95)中的系数一样。特例涉及用 $\boldsymbol{V}_{\infty_0}$ 代替 $\boldsymbol{V}_\infty$。最后,方程组(7.119)右侧的小扰动广义力会由方程组(7.112)给出的表达式加上方程组(7.123)给出的表达式组成。

## 7.11 静态弹性变形对飞行器空气动力学的影响

弹性飞行器动力学数学模型有两种——动态模型和静态模型。7.10 节讨论了动态弹性模型的组建,弹性自由度动力学和刚体自由度动力学都包括在模型中。第二种模型即静态弹性模型,只包括刚体自由度动力学,但带有静态弹性变形对气动力和力矩的影响。

这些静态弹性变形效应可以用来解释风洞试验,例如,使用基于飞行器飞行中形状的风洞模型,与其制造形状或"夹具形状"形成对照。当然,这要求预测飞行中的形状,包括弹性变形,这是本节呈述内容的一个关键方面。第二个方面是静态弹性变形对刚体空气动力学影响的实际预测。

### 7.11.1 静态弹性变形

为了探索飞行器结构的静态弹性变形,回顾可知在本章中,之前已推导了表示弹性变形对作用于刚体自由度上的力和力矩影响的表达式。用刚体及弹性变形量影响表示这些力和力矩,即使用方程组(7.99)和方程组(7.101),可得出

$$\begin{cases} F_{A_X} = F_{A_{X_R}} + F_{A_{X_E}} = F_{A_{X_R}} + \sum\limits_{i=1}^{n} \left( \dfrac{\partial F_{A_X}}{\partial \eta_i} \eta_i + \dfrac{\partial F_{A_X}}{\partial \dot{\eta}_i} \dot{\eta}_i \right) \\ F_{A_Y} = F_{A_{Y_R}} + F_{A_{Y_E}} = F_{A_{Y_R}} + \sum\limits_{i=1}^{n} \left( \dfrac{\partial F_{A_Y}}{\partial \eta_i} \eta_i + \dfrac{\partial F_{A_Y}}{\partial \dot{\eta}_i} \dot{\eta}_i \right) \\ F_{A_Z} = F_{A_{Z_R}} + F_{A_{Z_E}} = F_{A_{Z_R}} + \sum\limits_{i=1}^{n} \left( \dfrac{\partial F_{A_Z}}{\partial \eta_i} \eta_i + \dfrac{\partial F_{A_Z}}{\partial \dot{\eta}_i} \dot{\eta}_i \right) \\ L_A = L_{A_R} + L_{A_E} = L_{A_R} + \sum\limits_{i=1}^{n} \left( \dfrac{\partial L_A}{\partial \eta_i} \eta_i + \dfrac{\partial L_A}{\partial \dot{\eta}_i} \dot{\eta}_i \right) \\ M_A = M_{A_R} + M_{A_E} = M_{A_R} + \sum\limits_{i=1}^{n} \left( \dfrac{\partial M_A}{\partial \eta_i} \eta_i + \dfrac{\partial M_A}{\partial \dot{\eta}_i} \dot{\eta}_i \right) \\ N_A = N_{A_R} + N_{A_E} = N_{A_R} + \sum\limits_{i=1}^{n} \left( \dfrac{\partial N_A}{\partial \eta_i} \eta_i + \dfrac{\partial N_A}{\partial \dot{\eta}_i} \dot{\eta}_i \right) \end{cases} \tag{7.124}$$

当然,对这些力和力矩的刚体影响均为刚体运动和控制面参数的函数,如 $U$、$\beta$、$\alpha$、$P$、$Q$、$R$、$\dot{\alpha}$、$i_H$、$\delta_E$、$\delta_A$与 $\delta_R$,如第六章推导的一样。

同样,还推导了作用于弹性自由度上的广义力表达式。这些广义力也是刚体运动、控制参数和与弹性自由度(包括在模型 $\eta_i, i=1,\cdots,n$ 中)有关的模态坐标的函数,即根据方程组(7.103),这些广义力可表示为

$$Q_i=\left(Q_{i_{\mathrm{p}=0}}+\frac{\partial Q_i}{\partial \boldsymbol{p}_{\text{刚体}}}\boldsymbol{p}_{\text{刚体}}\right)+\sum_{j=1}^{n}\left(\frac{\partial Q_i}{\partial \eta_j}\eta_j+\frac{\partial Q_i}{\partial \dot{\eta}_j}\dot{\eta}_j\right) \tag{7.125}$$

式中:刚体变量矢量 $\boldsymbol{p}_{\text{刚体}}$包括 $U$、$\beta$、$\alpha$、$P$、$Q$、$R$、$\dot{\alpha}$、$i_H$、$\delta_E$、$\delta_A$与 $\delta_R$。

为了便于讲解,假设出现在方程组(7.124)和方程(7.125)中的所有力和力矩在刚体变量、弹性自由度和控制参数中是线性的。因此,控制这些刚体和弹性自由度的非线性运动方程,即方程组(7.98)、方程(7.100)和方程(7.102),可以用下列一般状态变量格式表示。(在以下的探讨中会对其进行说明。)

$$\begin{aligned}\boldsymbol{M}\dot{\boldsymbol{x}}_R&=\boldsymbol{f}_R(\boldsymbol{x}_R,T)+\boldsymbol{A}_R\boldsymbol{x}_R+\begin{bmatrix}\boldsymbol{A}_{R\eta} & \boldsymbol{A}_{R\dot{\eta}}\end{bmatrix}\boldsymbol{x}_E+\boldsymbol{B}_R\boldsymbol{u}\\ \dot{\boldsymbol{x}}_E&=\begin{bmatrix}\boldsymbol{0}\\ \boldsymbol{A}_{ER}\end{bmatrix}\boldsymbol{x}_R+\begin{bmatrix}\boldsymbol{0} & \boldsymbol{I}\\ \boldsymbol{A}_{\eta} & \boldsymbol{A}_{\dot{\eta}}\end{bmatrix}\boldsymbol{x}_E+\begin{bmatrix}\boldsymbol{0}\\ \boldsymbol{B}_E\end{bmatrix}\boldsymbol{u}\end{aligned} \tag{7.126}$$

式中

$$\boldsymbol{x}_R^{\mathrm{T}}=\begin{bmatrix}U & \alpha & Q & \beta & P & R\end{bmatrix}$$

$$\boldsymbol{x}_E^{\mathrm{T}}=\begin{bmatrix}\eta_1 & \cdots & \eta_n & \dot{\eta}_1 & \cdots & \dot{\eta}_n\end{bmatrix}$$

$$\boldsymbol{u}^{\mathrm{T}}=\begin{bmatrix}i_H & \delta_E & \delta_A & \delta_R\end{bmatrix}$$

且 $\boldsymbol{M}$ 为包括质量和惯量的矩阵,且还包含由气动力和力矩中$\dot{\alpha}$项产生的任何项(可以移到矩阵方程左侧)。矩阵 $\boldsymbol{A}$ 和 $\boldsymbol{B}$ 被视为包括有量纲稳定性导数,如 $M_\alpha$和 $Q_{i_\alpha}$等。

方程组(7.126)中的函数 $\boldsymbol{f}_R(\boldsymbol{x}_R,T)$ 包括运动方程中所有非线性项,但是不包括气动力和力矩的(线性)模型。例如,若只考虑方程组(7.98)的第一个方程,可得出

$$f_R(\boldsymbol{x}_R,T)=m(VR-WQ)-mg\sin\theta+T\cos\phi_T$$

因为我们对静态弹性变形效应感兴趣,设方程组(7.126)中第二个方程的所有$\dot{\eta}_i$与$\ddot{\eta}_i=0$,并求解含用刚体变量 $\boldsymbol{x}_R$和控制面参数 $\boldsymbol{u}$ 表示的静态模态位移的矢量($\boldsymbol{\eta}_0$),可得出

$$\boldsymbol{\eta}_0=-\boldsymbol{A}_\eta^{-1}(\boldsymbol{A}_{ER}\boldsymbol{x}_R+\boldsymbol{B}_E\boldsymbol{u}) \tag{7.127}$$

该结果为静态弹性约束。将该结果代回方程组(7.126)的第一个方程,可发现只表示柔性飞行器刚体自由度的方程组现在变为

$$\begin{aligned}\boldsymbol{M}\dot{\boldsymbol{x}}_R&=\boldsymbol{f}_R(\boldsymbol{x}_R,T)+\boldsymbol{A}_R\boldsymbol{x}_R-\boldsymbol{A}_{R\eta}\boldsymbol{A}_\eta^{-1}(\boldsymbol{A}_{ER}\boldsymbol{x}_R+\boldsymbol{B}_E\boldsymbol{u})+\boldsymbol{B}_R\boldsymbol{u}\\ &=\boldsymbol{f}_R(\boldsymbol{x}_R,T)+(\boldsymbol{A}_R-\boldsymbol{A}_{R\eta}\boldsymbol{A}_\eta^{-1}\boldsymbol{A}_{ER})\boldsymbol{x}_R+(\boldsymbol{B}_R-\boldsymbol{A}_{R\eta}\boldsymbol{A}_\eta^{-1}\boldsymbol{B}_E)\boldsymbol{u}\end{aligned} \tag{7.128}$$

上述过程被称为弹性自由度剩余化,且包括静态弹性变形效应的气动力和力矩模型为

$$(\boldsymbol{A}_R-\boldsymbol{A}_{R\eta}\boldsymbol{A}_\eta^{-1}\boldsymbol{A}_{ER})\boldsymbol{x}_R+(\boldsymbol{B}_R-\boldsymbol{A}_{R\eta}\boldsymbol{A}_\eta^{-1}\boldsymbol{B}_E)\boldsymbol{u} \tag{7.129}$$

系数矩阵 $\boldsymbol{A}_R$和 $\boldsymbol{B}_R$将变为静态弹性变形的结果。

方程组(7.128)则构成了飞行器刚体动力学静态弹性模型,且已知推力和控制面输入 $\boldsymbol{u}(t)$,其解即刚体状态关系曲线 $\boldsymbol{x}_R(t)$,可被代入方程(7.127)中以确定结构的静态弹性变形。

注意一般这些静态弹性变形不是恒定的,而是随着飞行状态影响结构上的负载而变化。最后,若气动力和力矩在刚体和弹性变量和控制参数中是线性的,正如原来假设的一样,那么必须采用计算技术求静态弹性参数。

### 7.11.2 静态弹性变形对空气动力学的影响

继续假设气动力和力矩在刚体及弹性自由度与控制面参数中是线性的,以致非线性运动方程可以用方程组(7.126)所示的形式表示。回顾可知,非线性函数 $\boldsymbol{f}_R(\boldsymbol{x}_R, T)$ 包含除气动力和力矩线性模型之外的运动方程右侧部分。

为了便于讲解,探讨中只使用纵向运动方程,忽略$\dot{\alpha}$效应。这里采取的方法经过稍稍调整可以直接应用于横向方程。与方程组(7.124)一致,可将气动轴向力和垂直力及俯仰力矩表示为

$$\begin{cases} F_{A_X} = \Big(C_{X_{\alpha=\delta=i_H=\eta=0}} + C_{X_u}U + C_{X_\alpha}\alpha + C_{X_q}Q + C_{X_{\delta_E}}\delta_E + C_{X_{i_H}}i_H \\ \qquad + \sum\limits_i \left(C_{X_{\eta_i}}\eta_i + C_{X_{\dot{\eta}_i}}\dot{\eta}_i\right)\Big)q_\infty S_W \\ F_{A_Z} = \Big(C_{Z_{\alpha=\delta=i_H=\eta=0}} + C_{Z_u}U + C_{Z_\alpha}\alpha + C_{Z_q}Q + C_{Z_{\delta_E}}\delta_E + C_{Z_{i_H}}i_H \\ \qquad + \sum\limits_i \left(C_{Z_{\eta_i}}\eta_i + C_{Z_{\dot{\eta}_i}}\dot{\eta}_i\right)\Big)q_\infty S_W \\ M_A = \Big(C_{M_0} + C_{M_u}U + C_{M_\alpha}\alpha + C_{M_q}Q + C_{M_{\delta_E}}\delta_E + C_{M_{i_H}}i_H \\ \qquad + \sum\limits_i \left(C_{M_{\eta_i}}\eta_i + C_{M_{\dot{\eta}_i}}\dot{\eta}_i\right)\Big)q_\infty S_W \bar{c}_W \end{cases} \tag{7.130}$$

因 $\boldsymbol{x}_R = [U\ \alpha\ Q]^{\mathrm{T}}$ 且 $\boldsymbol{u} = [i_H\ \delta_E]^{\mathrm{T}}$,也可以将下列矢量(排列)定义为

$$\begin{cases} \boldsymbol{C}_{X_R} = \begin{bmatrix} C_{X_u} & C_{X_\alpha} & C_{X_q} \end{bmatrix} & \boldsymbol{C}_{X_\eta} = \begin{bmatrix} C_{X_{\eta_1}} & \cdots & C_{X_{\eta_n}} \end{bmatrix} \\ \boldsymbol{C}_{Z_R} = \begin{bmatrix} C_{Z_u} & C_{Z_\alpha} & C_{Z_q} \end{bmatrix} & \boldsymbol{C}_{Z_\eta} = \begin{bmatrix} C_{Z_{\eta_1}} & \cdots & C_{Z_{\eta_n}} \end{bmatrix} \\ \boldsymbol{C}_{M_R} = \begin{bmatrix} C_{M_u} & C_{M_\alpha} & C_{M_q} \end{bmatrix} & \boldsymbol{C}_{M_\eta} = \begin{bmatrix} C_{M_{\eta_1}} & \cdots & C_{M_{\eta_n}} \end{bmatrix} \end{cases} \tag{7.131}$$

且

$$\begin{cases} \boldsymbol{C}_{X_{\dot{\eta}}} = \begin{bmatrix} C_{X_{\dot{\eta}_1}} & \cdots & C_{X_{\dot{\eta}_n}} \end{bmatrix} & \boldsymbol{C}_{X_u} = \begin{bmatrix} C_{X_{i_H}} & C_{X_{\delta_E}} \end{bmatrix} \\ \boldsymbol{C}_{Z_{\dot{\eta}}} = \begin{bmatrix} C_{Z_{\dot{\eta}_1}} & \cdots & C_{Z_{\dot{\eta}_n}} \end{bmatrix} & \boldsymbol{C}_{Z_u} = \begin{bmatrix} C_{Z_{i_H}} & C_{Z_{\delta_E}} \end{bmatrix} \\ \boldsymbol{C}_{M_{\dot{\eta}}} = \begin{bmatrix} C_{M_{\dot{\eta}_1}} & \cdots & C_{M_{\dot{\eta}_n}} \end{bmatrix} & \boldsymbol{C}_{M_u} = \begin{bmatrix} C_{M_{i_H}} & C_{M_{\delta_E}} \end{bmatrix} \end{cases} \tag{7.132}$$

这些矩阵的元素都由气动系数组成,且这些系数是静态弹性修正所需要的系数。

根据 $F_{A_{X_0}}$、$F_{A_{Z_0}}$ 和 $M_{A_0}$ 的明确定义,方程组(7.130)现在可以表示为

$$\begin{cases} F_{A_X} = F_{A_{X_0}} + \left(\boldsymbol{C}_{X_R}\boldsymbol{x}_R + \begin{bmatrix} \boldsymbol{C}_{X_\eta} & \boldsymbol{C}_{X_{\dot{\eta}}} \end{bmatrix}\boldsymbol{x}_E + \boldsymbol{C}_{X_u}\boldsymbol{u}\right)q_\infty S_W \\ F_{A_Z} = F_{A_{Z_0}} + \left(\boldsymbol{C}_{Z_R}\boldsymbol{x}_R + \begin{bmatrix} \boldsymbol{C}_{Z_\eta} & \boldsymbol{C}_{Z_{\dot{\eta}}} \end{bmatrix}\boldsymbol{x}_E + \boldsymbol{C}_{Z_u}\boldsymbol{u}\right)q_\infty S_W \\ M_A = M_{A_0} + \left(\boldsymbol{C}_{M_R}\boldsymbol{x}_R + \begin{bmatrix} \boldsymbol{C}_{M_\eta} & \boldsymbol{C}_{M_{\dot{\eta}}} \end{bmatrix}\boldsymbol{x}_E + \boldsymbol{C}_{M_u}\boldsymbol{u}\right)q_\infty S_W \bar{c}_W \end{cases} \tag{7.133}$$

因此,根据方程组(7.98)和方程组(7.100),控制刚体自由度的纵向方程可以表示为

$$\begin{bmatrix} m & 0 & 0 \\ 0 & mU & 0 \\ 0 & 0 & I_{yy} \end{bmatrix} \dot{\boldsymbol{x}}_R = \begin{Bmatrix} -mWQ - mg\sin\theta + F_{A_{X_0}} + T\cos\phi_T \\ mUQ + mg\cos\theta + F_{A_{Z_0}} - T\sin\phi_T \\ M_{A_0} + T(d_T\cos\phi_T - x_T\sin\phi_T) \end{Bmatrix} + \begin{bmatrix} q_\infty S_W \boldsymbol{C}_{X_R} \\ q_\infty S_W \boldsymbol{C}_{Z_R} \\ q_\infty S_W \bar{c}_W \boldsymbol{C}_{M_R} \end{bmatrix} \boldsymbol{x}_R$$
$$+ \begin{bmatrix} q_\infty S_W \boldsymbol{C}_{X_\eta} & q_\infty S_W \boldsymbol{C}_{X_{\dot\eta}} \\ q_\infty S_W \boldsymbol{C}_{Z_\eta} & q_\infty S_W \boldsymbol{C}_{Z_{\dot\eta}} \\ q_\infty S_W \bar{c}_W \boldsymbol{C}_{M_\eta} & q_\infty S_W \bar{c}_W \boldsymbol{C}_{M_{\dot\eta}} \end{bmatrix} \boldsymbol{x}_E + \begin{bmatrix} q_\infty S_W \boldsymbol{C}_{X_u} \\ q_\infty S_W \boldsymbol{C}_{Z_u} \\ q_\infty S_W \bar{c}_W \boldsymbol{C}_{M_u} \end{bmatrix} \boldsymbol{u} \tag{7.134}$$

将上述表达式与方程组(7.126)比较,可知

$$\boldsymbol{f}_R(\boldsymbol{x}_R, T) = \begin{Bmatrix} -mWQ - mg\sin\theta + F_{A_{X_0}} + T\cos\phi_T \\ mUQ + mg\cos\theta + F_{A_{Z_0}} - T\sin\phi_T \\ M_{A_0} + T(d_T\cos\phi_T - x_T\sin\phi_T) \end{Bmatrix}, \quad \boldsymbol{A}_R = \begin{bmatrix} q_\infty S_W \boldsymbol{C}_{X_R} \\ q_\infty S_W \boldsymbol{C}_{Z_R} \\ q_\infty S_W \bar{c}_W \boldsymbol{C}_{M_R} \end{bmatrix}$$
$$\boldsymbol{A}_{R_\eta} = \begin{bmatrix} q_\infty S_W \boldsymbol{C}_{X_\eta} \\ q_\infty S_W \boldsymbol{C}_{Z_\eta} \\ q_\infty S_W \bar{c}_W \boldsymbol{C}_{M_\eta} \end{bmatrix}, \quad \boldsymbol{A}_{R_{\dot\eta}} = \begin{bmatrix} q_\infty S_W \boldsymbol{C}_{X_{\dot\eta}} \\ q_\infty S_W \boldsymbol{C}_{Z_{\dot\eta}} \\ q_\infty S_W \bar{c}_W \boldsymbol{C}_{M_{\dot\eta}} \end{bmatrix}, \quad \boldsymbol{B}_R = \begin{bmatrix} q_\infty S_W \boldsymbol{C}_{X_u} \\ q_\infty S_W \boldsymbol{C}_{Z_u} \\ q_\infty S_W \bar{c}_W \boldsymbol{C}_{M_u} \end{bmatrix} \tag{7.135}$$

推导三个横向运动方程可以得到类似的表达式。

同样地,使用方程(7.103)、方程组(7.94)和方程组(7.95),可以将作用于弹性自由度上的广义力表示为

$$Q_i = \Big(C_{Q_{i_0}} + C_{Q_{i_u}}U + C_{Q_{i_\alpha}}\alpha + C_{Q_{i_q}}Q + C_{Q_{i_{i_H}}}i_H + C_{Q_{i_{\delta_E}}}\delta_E$$
$$+ \sum_j \left(C_{Q_{i_{\eta_j}}}\eta_j + C_{Q_{i_{\dot\eta_j}}}\dot\eta_j\right)\Big) q_\infty S_W \bar{c}_W \tag{7.136}$$

因此,通过将气动弹性系数矩阵定义为

$$\boldsymbol{C}_{Q_R} = \begin{bmatrix} C_{Q_{i_u}} & C_{Q_{i_\alpha}} & C_{Q_{i_q}} \end{bmatrix} \quad \boldsymbol{C}_{Q_{\dot{\boldsymbol{\eta}}}} = \begin{bmatrix} C_{Q i_{\dot\eta_j}} \end{bmatrix}, \; j = 1, 2, \cdots, n$$
$$\boldsymbol{C}_{Q_{\boldsymbol{\eta}}} = \begin{bmatrix} C_{Q_{i\eta_j}} \end{bmatrix}, \; j = 1, \cdots, n \quad \boldsymbol{C}_{Q_{\mathbf{u}}} = \begin{bmatrix} C_{Q_{i_{u_j}}} \end{bmatrix}, \; j = 1, 2, \cdots, m \tag{7.137}$$

且

$$\boldsymbol{\Omega} = \mathrm{diag}[\omega_i^2], \quad [\mathcal{M}] = \mathrm{diag}[\mathcal{M}_i] \tag{7.138}$$

表示弹性自由度的运动方程表示为

$$\dot{\boldsymbol{x}}_E = \begin{bmatrix} \mathbf{0}_n \\ q_\infty S_W \bar{c}_W [\mathcal{M}]^{-1} \boldsymbol{C}_{Q_R} \end{bmatrix} \boldsymbol{x}_R + \begin{bmatrix} \mathbf{0}_n & \mathbf{I}_n \\ (q_\infty S_W \bar{c}_W [\mathcal{M}]^{-1} \boldsymbol{C}_{Q_\eta} - \boldsymbol{\Omega}) & q_\infty S_W \bar{c}_W [\mathcal{M}]^{-1} \boldsymbol{C}_{Q_{\dot\eta}} \end{bmatrix} \boldsymbol{x}_E$$
$$+ \begin{bmatrix} \mathbf{0}_n \\ q_\infty S_W \bar{c}_W [\mathcal{M}]^{-1} \boldsymbol{C}_{Q_u} \end{bmatrix} \boldsymbol{u} \tag{7.139}$$

式中:$\mathbf{0}_n$ 和 $\boldsymbol{I}_n$ 分别是 $n \times n$ 零矩阵和单位矩阵。

将该方程与方程组(7.126)的第二个方程比较得出

$$A_{ER} = q_\infty S_W \bar{c}_W [\boldsymbol{\mathcal{M}}]^{-1} \boldsymbol{C}_{Q_R} \qquad A_{\dot{\eta}} = q_\infty S_W \bar{c}_W [\boldsymbol{\mathcal{M}}]^{-1} \boldsymbol{C}_{Q_{\dot{\eta}}}$$
$$A_\eta = \left(q_\infty S_W \bar{c}_W [\boldsymbol{\mathcal{M}}]^{-1} \boldsymbol{C}_{Q_\eta} - \boldsymbol{\Omega}\right) \quad \boldsymbol{B}_E = q_\infty S_W \bar{c}_W [\boldsymbol{\mathcal{M}}]^{-1} \boldsymbol{C}_{Q_u} \tag{7.140}$$

因此,根据方程(7.127),静态弹性约束变为

$$\begin{aligned}\boldsymbol{\eta}_0 &= -\boldsymbol{A}_\eta^{-1}\left(\boldsymbol{A}_{ER}\boldsymbol{x}_R + \boldsymbol{B}_E\boldsymbol{u}\right) \\ &= -\left[q_\infty S_W \bar{c}_W [\boldsymbol{\mathcal{M}}]^{-1} \boldsymbol{C}_{Q_{\boldsymbol{\eta}}} - \boldsymbol{\Omega}\right]^{-1}\Big(\left[q_\infty S_W \bar{c}_W [\boldsymbol{\mathcal{M}}]^{-1} \boldsymbol{C}_{Q_R}\right]\boldsymbol{x}_R \\ &\qquad + \left[q_\infty S_W \bar{c}_W [\boldsymbol{\mathcal{M}}]^{-1} \boldsymbol{C}_{Q_u}\right]\boldsymbol{u}\Big)\end{aligned} \tag{7.141}$$

最后,方程(7.129)中给出了刚体运动方程中气动力和力矩模型:

$$\left(\boldsymbol{A}_R - \boldsymbol{A}_{R\eta}\boldsymbol{A}_\eta^{-1}\boldsymbol{A}_{ER}\right)\boldsymbol{x}_R + \left(\boldsymbol{B}_R - \boldsymbol{A}_{R\eta}\boldsymbol{A}_\eta^{-1}\boldsymbol{B}_E\right)\boldsymbol{u}$$

因此,对应刚体变量 $\boldsymbol{x}_R$ 的经修正的气动系数矩阵为

$$\begin{aligned}&\boldsymbol{A}_R - \boldsymbol{A}_{R\eta}\boldsymbol{A}_\eta^{-1}\boldsymbol{A}_{ER} \\ &= \begin{bmatrix} q_\infty S_W \boldsymbol{C}_{X_R} \\ q_\infty S_W \boldsymbol{C}_{Z_R} \\ q_\infty S_W \bar{c}_W \boldsymbol{C}_{M_R} \end{bmatrix} - \begin{bmatrix} q_\infty S_W \boldsymbol{C}_{X_\eta} \\ q_\infty S_W \boldsymbol{C}_{Z_\eta} \\ q_\infty S_W \bar{c}_W \boldsymbol{C}_{M_\eta} \end{bmatrix} \left[q_\infty S_W \bar{c}_W [\boldsymbol{\mathcal{M}}]^{-1} \boldsymbol{C}_{Q_\eta} - \boldsymbol{\Omega}\right]^{-1} \left[q_\infty S_W \bar{c}_W [\boldsymbol{\mathcal{M}}]^{-1} \boldsymbol{C}_{Q_R}\right]\end{aligned} \tag{7.142}$$

而对应控制面参数的经修正的气动系数矩阵为

$$\begin{aligned}&\boldsymbol{B}_R - \boldsymbol{A}_{R\eta}\boldsymbol{A}_\eta^{-1}\boldsymbol{B}_E \\ &= \begin{bmatrix} q_\infty S_W \boldsymbol{C}_{X_u} \\ q_\infty S_W \boldsymbol{C}_{Z_u} \\ q_\infty S_W \bar{c}_W \boldsymbol{C}_{M_u} \end{bmatrix} - \begin{bmatrix} q_\infty S_W \boldsymbol{C}_{X_\eta} \\ q_\infty S_W \boldsymbol{C}_{Z_\eta} \\ q_\infty S_W \bar{c}_W \boldsymbol{C}_{M_\eta} \end{bmatrix} \left[q_\infty S_W \bar{c}_W [\boldsymbol{\mathcal{M}}]^{-1} \boldsymbol{C}_{Q_\eta} - \boldsymbol{\Omega}\right]^{-1} \left[q_\infty S_W \bar{c}_W [\boldsymbol{\mathcal{M}}]^{-1} \boldsymbol{C}_{Q_u}\right]\end{aligned} \tag{7.143}$$

最后,参看方程组(7.142),可得到与方程组(7.137)类似的经修正的气动系数矩阵,在这里用角分符号表示为

$$\begin{bmatrix} \boldsymbol{C}'_{X_R} \\ \boldsymbol{C}'_{Z_R} \\ \boldsymbol{C}'_{M_R} \end{bmatrix} = \begin{bmatrix} \boldsymbol{C}_{X_R} \\ \boldsymbol{C}_{Z_R} \\ \boldsymbol{C}_{M_R} \end{bmatrix} - \begin{bmatrix} \boldsymbol{C}_{X_\eta} \\ \boldsymbol{C}_{Z_\eta} \\ \boldsymbol{C}_{M_\eta} \end{bmatrix} \left[q_\infty S_W \bar{c}_W [\boldsymbol{\mathcal{M}}]^{-1} \boldsymbol{C}_{Q_{\boldsymbol{\eta}}} - \boldsymbol{\Omega}\right]^{-1} \left[q_\infty S_W \bar{c}_W [\boldsymbol{\mathcal{M}}]^{-1} \boldsymbol{C}_{Q_R}\right] \tag{7.144}$$

[经修正的系数] = [原始系数]
+ [静态弹性修正]

参看方程组(7.143),可得到与方程组(7.132)类似的经修正的气动系数,也用角分符号表示为

$$\begin{bmatrix} \boldsymbol{C}'_{X_u} \\ \boldsymbol{C}'_{Z_u} \\ \boldsymbol{C}'_{M_u} \end{bmatrix} = \begin{bmatrix} \boldsymbol{C}_{X_u} \\ \boldsymbol{C}_{Z_u} \\ \boldsymbol{C}_{M_u} \end{bmatrix} - \begin{bmatrix} \boldsymbol{C}_{X_\eta} \\ \boldsymbol{C}_{Z_\eta} \\ \boldsymbol{C}_{M_\eta} \end{bmatrix} \left[q_\infty S_W \bar{c}_W [\boldsymbol{\mathcal{M}}]^{-1} \boldsymbol{C}_{Q_\eta} - \boldsymbol{\Omega}\right]^{-1} \left[q_\infty S_W \bar{c}_W [\boldsymbol{\mathcal{M}}]^{-1} \boldsymbol{C}_{Q_u}\right] \tag{7.145}$$

[经修正的系数] = [原始系数]
+ [静态弹性修正]

注意,这些静态弹性修正都与振动频率(在 $\boldsymbol{\Omega}$ 中)的平方成反比。因此,若这些频率高,与预期一样,对应刚性结构的修正值则较小。而且,注意这些修正值一般为飞行动压的

函数。

## 例 7.3　大型高速飞行器的静态弹性修正

确定 7.9 节案例研究中大型高速飞行器系数 $C_{M_u}$、$C_{M_\alpha}$ 和 $C_{M_q}$ 的静态弹性修正值。假设飞行条件为在 5000 ft 高度以马赫数 0.6 水平飞行。只使用一种弹性模式确定这些修正值,并将其与使用所有四种弹性模式得到的结果比较。

**解**

由方程组(7.131)可知 $C_{M_u}$、$C_{M_\alpha}$ 和 $C_{M_q}$ 是系数矩阵 $C_{M_g}$ 的元素,即

$$\boldsymbol{C}_{M_R} = \begin{bmatrix} C_{M_u} & C_{M_\alpha} & C_{M_q} \end{bmatrix}$$

且由方程(7.144)可知该系数矩阵元素的静态弹性修正为

$$\Delta \boldsymbol{C}_{M_R} = -\boldsymbol{C}_{M_{\boldsymbol{\eta}}}\left[q_\infty S_W \bar{c}_W [\boldsymbol{\mathcal{M}}]^{-1} \boldsymbol{C}_{Q_{\boldsymbol{\eta}}} - \boldsymbol{\Omega}\right]^{-1}\left[q_\infty S_W \bar{c}_W [\boldsymbol{\mathcal{M}}]^{-1} \boldsymbol{C}_{Q_R}\right] \tag{7.146}$$

因此,需要整合上述表达式中的矩阵,以计算修正值。

根据表 7.2 中案例研究得到的结果可得出

$$\begin{aligned} \boldsymbol{C}_{M\eta} &= \begin{bmatrix} C_{M_{\eta_1}} & \cdots & C_{M_{\eta_n}} \end{bmatrix} \\ &= \begin{bmatrix} -0.032 & -0.025 & 0.041 & -0.018 \end{bmatrix} \end{aligned}$$

且根据表 7.3(案例研究)得出

$$\boldsymbol{C}_{Q_R} = \begin{bmatrix} C_{Q_{i_u}} & C_{Q_{i_\alpha}} & C_{Q_{i_q}} \end{bmatrix} = \begin{bmatrix} 0 & -0.0149 & -0.726/V_\infty \\ 0 & 0.0258 & 0.089/V_\infty \\ 0 & 0.0149 & 0.304/V_\infty \\ 0 & \sim 0 & \sim 0 \end{bmatrix}$$

$$\boldsymbol{C}_{Q_{\boldsymbol{\eta}}} = \begin{bmatrix} C_{Q_{i_{\eta_j}}} \end{bmatrix} = \begin{bmatrix} 5.85\times10^{-5} & -9.00\times10^{-5} & 3.55\times10^{-4} & 1.20\times10^{-4} \\ 4.21\times10^{-3} & -9.22\times10^{-2} & 1.97\times10^{-3} & 3.37\times10^{-3} \\ 2.91\times10^{-4} & 1.44\times10^{-3} & -3.46\times10^{-4} & 1.44\times10^{-4} \\ 2.21\times10^{-5} & -1.32\times10^{-4} & 9.68\times10^{-6} & 1.77\times10^{-3} \end{bmatrix}$$

而且

$$\begin{aligned} \boldsymbol{\Omega} &= \mathrm{diag}\left[(12.6)^2 \quad (14.1)^2 \quad (21.2)^2 \quad (22.1)^2\right](\mathrm{rad/s})^2 \\ [\boldsymbol{\mathcal{M}}] &= \mathrm{diag}\left[184 \quad 9{,}587 \quad 1{,}334 \quad 436{,}000\right]\ \text{sl-ft}^2 \end{aligned}$$

最后,可得出

$$\begin{aligned} q_\infty &= \frac{1}{2}\rho_\infty V_\infty^2 = \frac{1}{2}(0.002048)(0.6\times1097)^2 = 444\mathrm{psf} \\ S_W &= 1{,}950\mathrm{ft}^2 \\ \bar{c}_W &= 15.3\mathrm{ft} \end{aligned}$$

使用 MATLAB,根据方程(7.146)可知使用所有四种模式得到的静态弹性修正为

$$\Delta \boldsymbol{C}_{M_R} = \begin{bmatrix} 0 & 0.2325 & 0.0169 \end{bmatrix}$$

或

$$\begin{aligned} \Delta C_{M_u} &= 0 \\ \Delta C_{M_\alpha} &= 0.2325/\mathrm{rad} \\ \Delta C_{M_q} &= 0.0169\mathrm{s} \end{aligned}$$

仅重复使用第一种弹性模式($i=1$)的过程,可得到静态弹性修正为

$$\Delta C_{M_u}=0$$

$$\Delta C_{M_\alpha}=0.2221\,/\text{rad}$$

$$\Delta C_{M_q}=0.0164\ \text{s}$$

因此,第一种弹性模式是静态弹性修正的主要影响因素。修正值与振动频率的平方成反比,这种情形十分典型。

上述 $C_{M_\alpha}$ 和 $C_{M_q}$ 的静态弹性修正在与这些系数——尤其是 $C_{M_\alpha}$ 范值进行比较时很重要。例如,对于该飞行器而言,$C_{M_q}$ 大约为-0.4s,$CM_\alpha$ 大约为-1.5/rad。但是比修正幅值更重要的是符号。这两个修正均为正,但系数本身均为负。因此,两个系数在进行修正后负值会减小。第九章和第十章将探讨飞行器的稳定性所需的 $C_{M_\alpha}$ 和 $C_{M_q}$ 负值。因此,该例中静态弹性变形效应为减少飞行器稳定性。

---

## 7.12 总　　结

本章继续讨论了作用于飞行器上的气动力和力矩建模问题,主要关注于这些力和力矩因飞行器结构弹性变形产生的变化。片条理论和部件叠加法是基本工具,且本章中所有分析都假设飞行器为传统几何形状。但是,本章展示的方法明显可以用于其他飞行器几何形状。

本章为弹性变形对作用于飞行器上的三个气动力分量及三个气动力矩分量的影响推导了闭合表达式,且还推导了适用于作用于弹性自由度上的广义力的类似表达式。我们忽略了不稳定气动效应,因为在此假设只考虑较低频率振动模式。

本章定义了广义力系数,或模态位移与模态速度有效度系数,并为所有这些系数推导了表达式。然后,用这些系数表示了弹性变形对力和力矩的影响,并展示了一个关于大型高速飞行器的案例研究,以加强对概念的理解。

最后,本章研究了静态弹性偏转对飞行器气动力和力矩的影响,推导了使得弹性模态坐标的静态参数作为刚体坐标和控制面参数函数的静态弹性约束。还得到了"刚体"气动系数的静态弹性修正,并用示例论证了这种修正的重要性。

## 7.13 作　业　题

7.1　使用电子表格,使用图解法(如梯形积分法)重新计算例 7.1,以求出积分项。(可以使用振型的多项式拟合来得到振型"数据"图。)

7.2　证明方程组(7.94)。

7.3　假设飞行器前部具有鸭翼控制面。求出结构的弹性变形引起的飞行器俯仰力矩变化表达式,用模态位移 $\eta_i$ 和模态速度 $\dot{\eta}_p$ 表示,即求出 $M_E$ 的表达式。

7.4　考虑 7.9 节中的案例研究。假设只有模式 1 包括弹性变形对 $F_{A_Z}$、$M_A$ 和广义力 $Q_i$ 影响的模型中。为该例中的这些影响建立模型。

# 参考文献


1. Yates, E. C. : "Calculation of Flutter Characteristics for Finite-Span Swept or Unswept Wings at Subsonic and Supersonic Speeds by a Modified Strip Analysis," NACA RM L57L10, March 1958.
2. Waszak, M. R. , and D. K. Schmidt: "Flight Dynamics of Aeroelastic Vehicles," *Journal of Aircraft*, Vol. 25, no. 6, June 1988.
3. Curtis, Howard D. : *Fundamentals of Aircraft Structural Analysis*, McGraw-Hill, New York, 1996.
4. Waszak, M. R. and D. K. Schmidt: "Analysis of Flexible Aircraft Longitudinal Dynamics and Handling Qualities," vols. I and II, NASA Contractor Report 177943, School of Aeronautics and Astronautics, Purdue University, West Lafayette, IN, June 1985.
5. Freeman, R. C. and T. I. Rozsa: "Basic Modal Data Package for -55B Mid-Penetration Weight 65 Degree Wing Sweep," North American Rockwell Corp. , VDD-71-4, November 1971.
6. Bisplinghoff, R. L. , H. Ashley, and H. Halfman: *Aeroelasticity*, Dover Science, Mineola, NY, 1996.

# 第八章 数学模型组合与飞行仿真

**章节路线图：**8.1.1 节~8.1.4 节所述内容应包含在飞行动力学首门本科课程中，因为在此组合了适用于飞行器动力学的线性模型。由于时间限制，本章的余下部分通常未包含在首个课程中。那些仅希望获得最基本主题的读者可以略过探讨柔性飞行器的8.1.5 节与 8.2.4 节、探讨大气湍流的 8.1.7 节与 8.2.6 节及探讨实时教学的 8.1.8 节与 8.2.7 节。

本章标志着本书重点的转变——由建构飞行器动力学的数学模型转变为运用该模型分析动力学。计算机仿真是一种研究飞行器飞行动力学的强大工具。此类仿真通常被称为飞行仿真，因为它们仿真飞行器的运动或飞行。

所有的飞行仿真可划分成两种类型：实时飞行仿真与非实时飞行仿真。实时仿真运用仿真计算机中的时钟使仿真时间与实际时间同步，使得仿真飞行器（模型）的输入及其响应能实时发生。若仿真将与试验实体相互作用，例如飞行控制计算机或飞行员，则需要实时仿真。有人驾驶实时仿真类型从简单的大学实验室仿真到带实时仿真视觉场景与驾驶舱运动的复杂系统（参考文献 1）。非实时仿真的实际时间与仿真时间不具同步性，通常用于工程分析。

依据仿真中动力学数学模型是线性的还是非线性的，飞行仿真也可划分成两种其他的类型，即线性飞行仿真与非线性飞行仿真。根据此类仿真的应用，实时仿真通常是非线性的。但是依据仿真的预定用途，非实时仿真既可以是线性的，也可以是非线性的。

本章将探讨进行飞行仿真所需工具并集中关注非实时仿真。我们将重点强调飞行器动力学数学模型的组合、数值积分及 MATLAB 中使用仿真工具的范例。但是，本章中所探讨的几乎所有内容也适用于实时仿真及其他软件仿真环境。

## 8.1 线性数学模型组合与飞行仿真

首先探讨线性仿真，部分原因在于它是工程分析中频繁进行的首个仿真。我们将组合飞行器动力学的线性模型并探讨各种线性仿真技巧与工具。

### 8.1.1 线性运动方程

前述章节已经探讨了飞行器动力学数学模型的主要组成部分。现在将探讨如何组合这些部分。模型的核心内容包括第二章所推演的适用于刚性飞行器的小扰动运动方程及第四章中适用于柔性飞行器的小扰动运动方程。

我们力图用状态变量格式这一最普遍形式表示线性模型。首先考虑第二章中所推演的方程并考虑特定的地平情形。假定飞行器具有恒定质量,关于 $XZ$ 面对称,且忽略旋转机械的任何影响。(在此呈现的程序可直接用于以第二章的相关运动方程为开始的其他情形。)

由方程组(2.45)可得出控制刚体平移小扰动的三个线性方程,即

$$
\begin{aligned}
&m\Big(\dot{u} + \big(Q_0 w + W_0 q\big) - \big(V_0 r + R_0 v\big)\Big) = -mg\cos\Theta_0\theta + f_{A_X} + f_{P_X} \\
&m\Big(\dot{v} + \big(R_0 u + U_0 r\big) - \big(P_0 w + W_0 p\big)\Big) = mg\big(\cos\Theta_0\cos\Phi_0\phi - \sin\Theta_0\sin\Phi_0\theta\big) \\
&\qquad + f_{A_Y} + f_{P_Y} \\
&m\Big(\dot{w} + \big(P_0 v + V_0 p\big) - \big(Q_0 u + U_0 q\big)\Big) = -mg\big(\cos\Theta_0\sin\Phi_0\phi + \sin\Theta_0\cos\Phi_0\theta\big) \\
&\qquad + f_{A_Z} + f_{P_Z}
\end{aligned}
$$

将以上方程除以飞行器的质量 $m$ 并重新对其进行整理,得出

$$
\begin{aligned}
\dot{u} &= \big(V_0 r + R_0 v\big) - \big(Q_0 w + W_0 q\big) - g\cos\Theta_0\theta + \big(f_{A_X} + f_{P_X}\big)/m \\
\dot{v} &= \big(P_0 w + W_0 p\big) - \big(R_0 u + U_0 r\big) \\
&\quad + g\big(\cos\Theta_0\cos\Phi_0\phi - \sin\Theta_0\sin\Phi_0\theta\big) + \big(f_{A_Y} + f_{P_Y}\big)/m \\
\dot{w} &= \big(Q_0 u + U_0 q\big) - \big(P_0 v + V_0 p\big) \\
&\quad - g\big(\cos\Theta_0\sin\Phi_0\phi + \sin\Theta_0\cos\Phi_0\theta\big) + \big(f_{A_Z} + f_{P_Z}\big)/m
\end{aligned}
\tag{8.1}
$$

回顾可知,$u$、$v$ 与 $w$ 为在选定的飞行器固定坐标轴系中表示的飞行器小扰动平动速度的三个分量(下标为零的变量对应基准飞行条件),即

$$
\delta\boldsymbol{V}_V = u\boldsymbol{i}_V + v\boldsymbol{j}_V + w\boldsymbol{k}_V = \begin{bmatrix} u & v & w \end{bmatrix}\begin{Bmatrix} \boldsymbol{i}_V \\ \boldsymbol{j}_V \\ \boldsymbol{k}_V \end{Bmatrix}
\tag{8.2}
$$

则由方程组(2.49)可知控制刚体旋转小扰动的三个线性方程为

$$
\begin{cases}
\dot{p} - \dfrac{I_{xz}}{I_{xx}}\dot{r} = \dfrac{1}{I_{xx}}\Big(I_{xz}\big(Q_0 p + P_0 q\big) + \big(I_{yy} - I_{zz}\big)\big(R_0 q + Q_0 r\big) + \big(l_A + l_P\big)\Big) \\[2ex]
\dot{q} = \dfrac{1}{I_{yy}}\Big(\big(I_{zz} - I_{xx}\big)\big(R_0 p + P_0 r\big) + 2I_{xz}\big(R_0 r - P_0 p\big) + \big(m_A + m_p\big)\Big) \\[2ex]
\dot{r} - \dfrac{I_{xz}}{I_{zz}}\dot{p} = \dfrac{1}{I_{zz}}\Big(-I_{xz}\big(R_0 q + Q_0 r\big) + \big(I_{xx} - I_{yy}\big)\big(Q_0 p + P_0 q\big) + \big(n_A + n_P\big)\Big)
\end{cases}
\tag{8.3}
$$

重新排列以上方程并将以上各方程除以适当的惯性力矩。式中 $p$、$q$ 与 $r$ 为用同一飞行器固定坐标轴系所表示的飞行器小扰动旋转速度的三个分量,即

$$
\delta\boldsymbol{\omega}_{V,I} = p\boldsymbol{i}_V + q\boldsymbol{j}_V + r\boldsymbol{k}_V = \begin{bmatrix} p & q & r \end{bmatrix}\begin{Bmatrix} \boldsymbol{i}_V \\ \boldsymbol{j}_V \\ \boldsymbol{k}_V \end{Bmatrix}
\tag{8.4}
$$

此外,$m$ 为飞行器的质量,且 $I_{..}$ 为飞行器惯性张量的分量,包含惯性矩与惯性积。同时回顾可知推演方程组(2.49)的过程中,已假定飞行器关于 $XZ$ 面对称,因此惯性积 $I_{xy} = I_{yz} = 0$。如情况并非如此,则应重新进行方程组(2.49)的推导。最后,小扰动力与力矩出现在方程组(8.1)与方程组(8.3)的右侧。

注意方程组(8.3)中第一个方程与第三个方程通过惯性矩阵耦合。以矩阵形式重新列出以上两个耦合方程,得出

$$\begin{bmatrix} 1 & -\frac{I_{xz}}{I_{xx}} \\ -\frac{I_{xz}}{I_{zz}} & 1 \end{bmatrix} \begin{Bmatrix} \dot{p} \\ \dot{r} \end{Bmatrix} = \begin{Bmatrix} \frac{1}{I_{xx}}\left(I_{xz}(Q_0 p + P_0 q) + (I_{yy} - I_{zz})(R_0 q + Q_0 r) + (l_A + l_P)\right) \\ \frac{1}{I_{zz}}\left(-I_{xz}(R_0 q + Q_0 r) + (I_{xx} - I_{yy})(Q_0 p + P_0 q) + (n_A + n_P)\right) \end{Bmatrix} \tag{8.5}$$

通过转化方程(8.5)中的主要系数矩阵及方程组(8.3)中的余下方程,可得出控制旋转的解耦方程:

$$\dot{q} = \frac{1}{I_{yy}}\left((I_{zz} - I_{xx})(R_0 p + P_0 r) + 2I_{xz}(R_0 r - P_0 p) + (m_A + m_p)\right)$$

$$\begin{Bmatrix} \dot{p} \\ \dot{r} \end{Bmatrix} = \frac{1}{1 - \left(\frac{I_{xz}^2}{I_{xx} I_{zz}}\right)} \begin{bmatrix} 1 & \frac{I_{xz}}{I_{xx}} \\ \frac{I_{xz}}{I_{zz}} & 1 \end{bmatrix} \begin{Bmatrix} \frac{1}{I_{xx}}\left(I_{xz}(Q_0 p + P_0 q) + (I_{yy} - I_{zz})(R_0 q + Q_0 r) + (l_A + l_P)\right) \\ \frac{1}{I_{zz}}\left(-I_{xz}(R_0 q + Q_0 r) + (I_{xx} - I_{yy})(Q_0 p + P_0 q) + (n_A + n_P)\right) \end{Bmatrix} \tag{8.6}$$

除了以上控制平动与旋转的六个方程,还可得出控制角速度之间运动学关系的三个方程,即与方程组(2.55)一致,得出

$$\begin{aligned} \dot{\phi} &= p + \tan\Theta_0\left(\sin\Phi_0 q + \cos\Phi_0 r + (Q_0\cos\Phi_0 - R_0\sin\Phi_0)\phi\right) \\ &\quad + (Q_0\sin\Phi_0 + R_0\cos\Phi_0 + \dot{\Psi}_0\sin\Theta_0\tan\Theta_0)\theta \\ \dot{\theta} &= \cos\Phi_0 q - \sin\Phi_0 r - (Q_0\sin\Phi_0 + R_0\cos\Phi_0)\phi \\ \dot{\psi} &= \dot{\Psi}_0\tan\Theta_0\theta + \left(\sin\Phi_0 q + \cos\Phi_0 r - (R_0\sin\Phi_0 - Q_0\cos\Phi_0)\phi\right)/\cos\Theta_0 \end{aligned} \tag{8.7}$$

式中:$\psi$、$\theta$ 与 $\varphi$ 为 3-2-1 欧拉角中的小扰动,决定了飞行器固定坐标系相对于惯性坐标系的方向。考虑特定的基准条件时,以上三个方程可大大化简。

最后,如果要追踪飞行器在地球固定参照坐标系中的位置,可得出控制飞行器位置与飞行器速度之间运动学关系的另外三个方程。假定第二章中所介绍的地平情形,方程组(2.40)给出了非线性(无小扰动)运动学关系,即

$$\begin{aligned} \dot{X}_E &= U\cos\theta\cos\psi + V(\sin\phi\sin\theta\cos\psi - \cos\phi\sin\psi) \\ &\quad + W(\cos\phi\sin\theta\cos\psi + \sin\phi\sin\psi) \\ \dot{Y}_E &= U\cos\theta\sin\psi + V(\sin\phi\sin\theta\sin\psi + \cos\phi\cos\psi) \\ &\quad + W(\cos\phi\sin\theta\sin\psi - \sin\phi\cos\psi) \\ \dot{h} &= U\sin\theta - V\sin\phi\cos\theta - W\cos\phi\cos\theta \end{aligned}$$

用方向余弦矩阵表示,以上表达式也可以列为

$$\begin{Bmatrix} \dot{X}_E \\ \dot{Y}_E \\ -\dot{h} \end{Bmatrix} = \begin{bmatrix} \cos\psi & -\sin\psi & 0 \\ \sin\psi & \cos\psi & 0 \\ 0 & 0 & 1 \end{bmatrix} \begin{bmatrix} \cos\theta & 0 & \sin\theta \\ 0 & 1 & 0 \\ -\sin\theta & 0 & \cos\theta \end{bmatrix} \begin{bmatrix} 1 & 0 & 0 \\ 0 & \cos\phi & -\sin\phi \\ 0 & \sin\phi & \cos\phi \end{bmatrix} \begin{Bmatrix} U \\ V \\ W \end{Bmatrix} \tag{8.8}$$

式中:$X_E$ 与 $Y_E$ 分别为飞行器的北向坐标与东向坐标;$h$ 为飞行器的高度。为得出线性关系,必须对方程组(8.8)进行小扰动分析。

进行必要的替换,运用三角恒等式来求两角之和并进行小扰动假设,可得出线性小扰动运动学方程为

$$
\begin{Bmatrix}\dot{x}_E\\ \dot{y}_E\\ -\dot{h}\end{Bmatrix}=\left(\begin{bmatrix}-S_{\Psi_0}\psi & -C_{\Psi_0}\psi & 0\\ C_{\Psi_0}\psi & -S_{\Psi_0}\psi & 0\\ 0 & 0 & 0\end{bmatrix}\begin{bmatrix}C_{\Theta_0} & 0 & S_{\Theta_0}\\ 0 & 1 & 0\\ -S_{\Theta_0} & 0 & C_{\Theta_0}\end{bmatrix}\begin{bmatrix}1 & 0 & 0\\ 0 & C_{\Phi_0} & -S_{\Phi_0}\\ 0 & S_{\Phi_0} & C_{\Phi_0}\end{bmatrix}\right.
$$

$$
+\begin{bmatrix}C_{\Psi_0} & -S_{\Psi_0} & 0\\ S_{\Psi_0} & C_{\Psi_0} & 0\\ 0 & 0 & 1\end{bmatrix}\begin{bmatrix}-S_{\Theta_0}\theta & 0 & C_{\Theta_0}\theta\\ 0 & 0 & 0\\ -C_{\Theta_0}\theta & 0 & -S_{\Theta_0}\theta\end{bmatrix}\begin{bmatrix}1 & 0 & 0\\ 0 & C_{\Phi_0} & -S_{\Phi_0}\\ 0 & S_{\Phi_0} & C_{\Phi_0}\end{bmatrix}
$$

$$
\left.+\begin{bmatrix}C_{\Psi_0} & -S_{\Psi_0} & 0\\ S_{\Psi_0} & C_{\Psi_0} & 0\\ 0 & 0 & 1\end{bmatrix}\begin{bmatrix}C_{\Theta_0} & 0 & S_{\Theta_0}\\ 0 & 1 & 0\\ -S_{\Theta_0} & 0 & C_{\Theta_0}\end{bmatrix}\begin{bmatrix}0 & 0 & 0\\ 0 & -S_{\Phi_0}\phi & -C_{\Phi_0}\phi\\ 0 & C_{\Phi_0}\phi & -S_{\Phi_0}\phi\end{bmatrix}\right)\begin{Bmatrix}U_0\\ V_0\\ W_0\end{Bmatrix}
$$

$$
+\begin{bmatrix}C_{\Psi_0} & -S_{\Psi_0} & 0\\ S_{\Psi_0} & C_{\Psi_0} & 0\\ 0 & 0 & 1\end{bmatrix}\begin{bmatrix}C_{\Theta_0} & 0 & S_{\Theta_0}\\ 0 & 1 & 0\\ -S_{\Theta_0} & 0 & C_{\Theta_0}\end{bmatrix}\begin{bmatrix}1 & 0 & 0\\ 0 & C_{\Phi_0} & -S_{\Phi_0}\\ 0 & S_{\Phi_0} & C_{\Phi_0}\end{bmatrix}\begin{Bmatrix}u\\ v\\ w\end{Bmatrix} \tag{8.9}
$$

注意以上方程中引入了简化符号 $S.=\sin(\cdot)$，$C.=\cos(\cdot)$。在给定的基准条件下，以上方程组可大大化简。

## 学生须知

以上矩阵小扰动方程及前述的九个运动方程在小扰动变量中均为线性，尽管乍一看并非如此。但是，仔细观察可知所有小扰动变量的系数涉及飞行器的质量、惯性及在基准飞行条件下所测定的各项。因此，由于我们使用了飞行器固定坐标系并进行了质量恒定的假设，以上系数仅在基准飞行条件下才为常数！

刚刚组合的 12 个线性运动方程构成了完整的方程组。但在大多数情况下，我们将得出更少且简单得多的方程。在以下示例中将论证这一事实。

## 例 8.1　直线水平飞行的线性运动方程

假定相关的基准飞行条件为向东直线水平飞行，倾斜角与侧滑角均为零。运用适合该飞行条件的稳定性坐标轴系来确定线性运动方程。

**解**

由于基准飞行条件包含零倾斜角与零侧滑角，则 $\Phi_0=\beta_0=0$。且若飞行条件还涉及直线水平飞行，则稳定性坐标轴系中 $\Theta_0=0$。回顾可知稳定性坐标轴系中 $W_0=0$ 且 $\alpha_0=0$，所以 $X_S$ 轴总是与参照速度矢量 $\boldsymbol{V}_{\infty 0}$ 位于同一个面内。且若 $\beta_0=0$（因此 $V_0=0$），则 $X_S$ 轴与参照速度矢量共线且 $U_0=|\boldsymbol{V}_{\infty 0}|$。此外，直线水平飞行意味着基准条件下的所有角速度均为零，即 $P_0=Q_0=R_0=0$。最后，为实现向东飞行，$\Psi_0=90°$。

基于上述条件，控制平动与旋转的方程组（方程组(8.1)与方程组(8.6)）直接变为

$$\dot{u} = -g\theta + (f_{A_X} + f_{P_X})/m$$
$$\dot{v} = -U_0 r + g\phi + (f_{A_Y} + f_{P_Y})/m \qquad (8.10)$$
$$\dot{w} = U_0 q + (f_{A_Z} + f_{P_Z})/m$$

与

$$\dot{q} = (m_A + m_p)/I_{yy}$$
$$\begin{Bmatrix} \dot{p} \\ \dot{r} \end{Bmatrix} = \frac{1}{I_{xx}I_{zz} - I_{xz}^2}\begin{bmatrix} I_{zz} & I_{xz} \\ I_{xz} & I_{xx} \end{bmatrix}\begin{Bmatrix} (l_A + l_P) \\ (n_A + n_P) \end{Bmatrix} \qquad (8.11)$$

此外,与角速度相关的运动学方程组(方程组(8.7))直接变为

$$\dot{\phi} = p$$
$$\dot{\theta} = q \qquad (8.12)$$
$$\dot{\psi} = r$$

(注意,学生通常认为以上三个方程一直有效,但是情况并非如此!)最后,与平动速度相关的运动学方程组(方程(8.9))直接变为

$$\dot{x}_E = -v - U_0\psi$$
$$\dot{y}_E = u \qquad (8.13)$$
$$\dot{h} = -w + U_0\theta$$

以上方程组的前两个方程乍一看可能有些古怪,但回顾可知 $x_E$与 $y_E$分别定义为北向惯性位置与东向惯性位置,就不觉得奇怪了。

表 8.1 平动运动方程与旋转运动方程的线性模型

| 情　形 | 平动方程 | 旋转方程 |
|---|---|---|
| 旋转机械 | 方程组(2.45)(不变,与方程组(8.1)一样) | 方程组(2.49)加上方程组(2.75)中补充的加下划线的项 |
| 变质量 | 方程组(2.45)加上由方程组(2.89)中下划线项得出的线性结果(见例 2.4) | 方程组(2.49)加上由方程组(2.100)中下划线项得出的线性结果(见例 2.4) |
| 旋转球形地面 | 方程组(2.45)加上由方程组(2.123)中下划线项得出的线性结果 | 方程组(2.49)　注:同时还需要作为新运动学方程的方程组(2.114)、(2.115)与(2.125)所得出的线性结果 |

到目前为止,我们仅考虑了符合地平情形的线性模型,忽略了任何旋转机构对飞行器的影响。但是,若需要考虑旋转机械、旋转球面或变质量的影响,就必须以控制平动与旋转的适当方程组开始探讨。表 8.1 中列出了以上三种情形及相应线性运动方程的方程编号。在确定了适当的线性方程组后,就可按照类似于 8.1 节余下内容所述的方式开始进行探讨。

### 8.1.2 力与力矩的线性模型

第六章已经推演了适用于刚性飞行器气动力与力矩和推进力与力矩的局部线性方程。随后,第七章开发了适用于弹性变形所产生的力与力矩改变的模型。现在,我们将组合刚性飞行器的模型;8.1.5 节将对柔性飞行器模型进行探讨。

重申一下,由方程组(6.272)可得出以下作用于飞行器上的小扰动气动力的局部线性

模型。

$$f_{A_X}=q_\infty S_W\left(-\left(C_{D_u}+\frac{2}{U_0}C_{D_0}\right)u+(-C_{D_\alpha}+C_{L_0})\alpha-C_{D_{\dot\alpha}}\dot\alpha-C_{D_q}q-C_{D_{\delta_E}}\delta_E\right)$$

$$f_{A_Y}=q_\infty S_W(C_{S_\beta}\beta+C_{S_p}p+C_{S_r}r+C_{S_{\delta_A}}\delta_A+C_{S_{\delta_R}}\delta_R)$$

$$f_{A_Z}=q_\infty S_W\left(-\left(C_{L_u}+\frac{2}{U_0}C_{L_0}\right)u-(C_{L_\alpha}+C_{D_0})\alpha-C_{L_{\dot\alpha}}\dot\alpha-C_{L_q}q-C_{L_{\delta_E}}\delta_E\right)$$

同时,由方程组(6.274)可知小扰动推进力给定为

$$f_{P_X}=q_\infty S_W\left(C_{P_{X_u}}+\frac{2}{U_0}C_{P_{X_0}}\right)u+\delta T\cos(\phi_T+\alpha_0)$$

$$f_{P_Y}=0$$

$$f_{P_Z}=q_\infty S_W\left(C_{P_{Z_u}}+\frac{2}{U_0}C_{P_{Z_0}}\right)u-\delta T\sin(\phi_T+\alpha_0)$$

以上两组小扰动力合并在一起变为

$$\begin{cases}f_{A_X}+f_{P_X}=q_\infty S_W\left(\begin{aligned}&\left(-\left(C_{D_u}+\frac{2}{U_0}C_{D_0}\right)+\left(C_{P_{X_u}}+\frac{2}{U_0}C_{P_{X_0}}\right)\right)u\\&+(-C_{D_\alpha}+C_{L_0})\alpha-C_{D_{\dot\alpha}}\dot\alpha-C_{D_q}q-C_{D_{\delta_E}}\delta_E\end{aligned}\right)+\delta T\cos(\phi_T+\alpha_0)\\ f_{A_Y}+f_{P_Y}=q_\infty S_W(C_{S_\beta}\beta+C_{S_p}p+C_{S_r}+C_{S_{\delta_A}}\delta_A+C_{S_{\delta_R}}\delta_R)\\ f_{A_Z}+f_{P_Z}=q_\infty S_W\left(\begin{aligned}&\left(-\left(C_{L_u}+\frac{2}{U_0}C_{L_0}\right)+\left(C_{P_{Z_u}}+\frac{2}{U_0}C_{P_{Z_0}}\right)\right)u\\&-(C_{L_\alpha}+C_{D_0})\alpha-C_{L_{\dot\alpha}}\dot\alpha-C_{L_q}q-C_{L_{\delta_E}}\delta_E\end{aligned}\right)-\delta T\sin(\phi_T+\alpha_0)\end{cases}\tag{8.14}$$

注意以上三组力将分别除以运动方程中飞行器的质量 $m$。单位质量的力或加速度可表示为

$$\frac{f_{A_X}+f_{P_X}}{m}=\frac{q_\infty S_W}{m}\left(\begin{aligned}&\left(-\left(C_{D_u}+\frac{2}{U_0}C_{D_0}\right)+\left(C_{P_{X_u}}+\frac{2}{U_0}C_{P_{X_0}}\right)\right)u\\&+(-C_{D_\alpha}+C_{L_0})\alpha-C_{D_{\dot\alpha}}\dot\alpha-C_{D_q}q-C_{D_{\delta_E}}\delta_E\end{aligned}\right)+\frac{\delta T\cos(\phi_T+\alpha_0)}{m}$$

$$\frac{f_{A_Y}+f_{P_Y}}{m}=\frac{q_\infty S_W}{m}(C_{S_\beta}\beta+C_{S_p}p+C_{S_r}r+C_{S_{\delta_A}}\delta_A+C_{S_{\delta_R}}\delta_R)$$

$$\frac{f_{A_Z}+f_{P_Z}}{m}=\frac{q_\infty S_W}{m}\left(\begin{aligned}&\left(-\left(C_{L_u}+\frac{2}{U_0}C_{L_0}\right)+\left(C_{P_{Z_u}}+\frac{2}{U_0}C_{P_{Z_0}}\right)\right)u\\&-(C_{L_\alpha}+C_{D_0})\alpha-C_{L_{\dot\alpha}}\dot\alpha-C_{L_q}q-C_{L_{\delta_E}}\delta_E\end{aligned}\right)-\frac{\delta T\sin(\phi_T+\alpha_0)}{m}\tag{8.15}$$

或用标准简化符号表示为

$$
\begin{aligned}
&(f_{A_X}+f_{P_X})/m = X_u u + X_{P_u} u + X_\alpha \alpha + X_{\dot\alpha}\dot\alpha + X_q q + X_{\delta_E}\delta_E + X_T \delta T\\
&(f_{A_Y}+f_{P_Y})/m = Y_\beta \beta + Y_p p + Y_r r + Y_{\delta_A}\delta_A + Y_{\delta_R}\delta_R\\
&(f_{A_Z}+f_{P_Z})/m = Z_u u + Z_{P_u} u + Z_\alpha \alpha + Z_{\dot\alpha}\dot\alpha + Z_q q + Z_{\delta_E}\delta_E + Z_T \delta T
\end{aligned}
\tag{8.16}
$$

方程组(8.16)中的系数称为有量纲稳定性导数,通过比较方程组(8.15)与方程组(8.16)可清楚得知它们的定义。最后,当方程组(8.16)并入方程组(8.1)时,就得出了完整的平动方程。

值得注意的是,关于 $u$ 的系数是有序的。注意,$X_u$ 与 $X_{P_u}$ 包含涉及参考阻力系数与参考推力系数(即 $C_{D_0}$ 与 $C_{P_{X_0}}$)的两个相似项。当传统飞行器没有进行轴向加速时,推力等于阻力,且这两项相互抵消。同样的,$Z_u$ 与 $Z_{Pu}$ 也包含涉及参照升力系数与参照推进法向推力系数(即 $C_{L_0}$ 与 $C_{P_{Z_0}}$)的两个相似项。若传统飞行器处于水平飞行,则这两个力之和将等于飞行器的重量,即

$$
mg = q_\infty S_W\left(-C_{L_0} + C_{P_{Z_0}}\right) \tag{8.17}
$$

同时,以上推演过程假定大气密度恒定不变,这是传统飞行器线性仿真中典型的假设。但是,若不假定大气密度与高度保持不变,则必须将取决于高度的附加小扰动力添加到以上模型中。由方程组(6.275)可知这些由于密度变化所造成的附加力可表示为

$$
\begin{aligned}
f_{A_{X_h}} &\triangleq \frac{\partial F_{A_X}}{\partial h}\Big|_0 h = C_{X_0}\frac{q_\infty S_W}{\rho_\infty}\frac{\partial \rho_\infty}{\partial h}\Big|_0 h\\
&= -\left(C_{D_0}\cos\beta_0 + C_{S_0}\sin\beta_0\right)\frac{q_\infty S_W}{\rho_\infty}\frac{\partial \rho_\infty}{\partial h}\Big|_0 h\\
f_{A_{Y_h}} &\triangleq \frac{\partial F_{A_Y}}{\partial h}\Big|_0 h = C_{Y_0}\frac{q_\infty S_W}{\rho_\infty}\frac{\partial \rho_\infty}{\partial h}\Big|_0 h\\
&= \left(C_{S_0}\cos\beta_0 - C_{D_0}\sin\beta_0\right)\frac{q_\infty S_W}{\rho_\infty}\frac{\partial \rho_\infty}{\partial h}\Big|_0 h\\
f_{A_{Z_h}} &\triangleq \frac{\partial F_{A_Z}}{\partial h}\Big|_0 h = C_{Z_0}\frac{q_\infty S_W}{\rho_\infty}\frac{\partial \rho_\infty}{\partial h}\Big|_0 h = -C_{L_0}\frac{q_\infty S_W}{\rho_\infty}\frac{\partial \rho_\infty}{\partial h}\Big|_0 h
\end{aligned}
\tag{8.18}
$$

式中:密度-高度梯度 $\partial \rho_\infty/\partial h$ 可由大气模型获得,如附录 A 中所示。将以上各力增加至方程组(8.15)中,就得出了方程组(8.16)中的附加有量纲导数 $X_h$、$Y_h$ 与 $Z_h$。

由方程组(6.273)可知小扰动气动力矩的局部线性模型为

$$
\begin{aligned}
l_A &= q_\infty S_W b_W\left(C_{L_\beta}\beta + C_{L_p}p + C_{L_r}r + C_{L_{\delta_A}}\delta_A + C_{L_{\delta_R}}\delta_R\right)\\
m_A &= q_\infty S_W \bar{c}_W\left(\left(C_{M_u} + \frac{2}{U_0}C_{M_0}\right)u + C_{M_\alpha}\alpha + C_{M_{\dot\alpha}}\dot\alpha + C_{M_q}q + C_{M_{\delta_E}}\delta_E\right)\\
n_A &= q_\infty S_W b_W\left(C_{N_\beta}\beta + C_{N_p}p + C_{N_r}r + C_{N_{\delta_A}}\delta_A + C_{N_{\delta_R}}\delta_R\right)
\end{aligned}
$$

由方程组(6.274)可知小扰动推进俯仰力矩的线性模型为

$$
m_P = q_\infty S_W \bar{c}_W\left(\left(C_{P_{M_u}} + \frac{2}{U_0}C_{P_{M_0}}\right)u + C_{M_{P_\alpha}}\alpha\right) + \delta T\left(d_T\cos\phi_T - x_T\sin\phi_T\right)
$$

合并以上力矩,得出

$$l_A + l_P = q_\infty S_W b_W (C_{L_\beta}\beta + C_{L_p}p + C_{L_r}r + C_{L_{\delta_A}}\delta_A + C_{L_{\delta_R}}\delta_R)$$

$$\begin{aligned} m_A + m_P &= q_\infty S_W \bar{c}_W \left( \begin{aligned} &\left(\left(C_{M_u} + \frac{2}{U_0}C_{M_0}\right) + \left(C_{P_{M_u}} + \frac{2}{U_0}C_{P_{M_0}}\right)\right)u \\ &+ (C_{M_\alpha} + C_{M_{P_\alpha}})\alpha + C_{M_{\dot\alpha}}\dot\alpha + C_{M_q}q + C_{M_{\delta_E}}\delta_E \end{aligned} \right) \\ &\quad + \delta T(d_T\cos\phi_T - x_T\sin\phi_T) \end{aligned} \tag{8.19}$$

$$n_A + n_P = q_\infty S_W b_W (C_{N_\beta}\beta + C_{N_p}p + C_{N_r}r + C_{N_{\delta_A}}\delta_A + C_{N_{\delta_R}}\delta_R)$$

若以上涉及滚转力矩的方程除以 $I_{xx}$,涉及俯仰力矩的方程除以 $I_{yy}$,涉及偏航力矩的方程除以 $I_{zz}$,则以上三个方程变为

$$\frac{l_A + l_P}{I_{xx}} = \frac{q_\infty S_W b_W}{I_{xx}}(C_{L_\beta}\beta + C_{L_p}p + C_{L_r}r + C_{L_{\delta_A}}\delta_A + C_{L_{\delta_R}}\delta_R)$$

$$\begin{aligned} \frac{m_A + m_P}{I_{yy}} &= \frac{q_\infty S_W \bar{c}_W}{I_{yy}} \left( \begin{aligned} &\left(\left(C_{M_u} + \frac{2}{U_0}C_{M_0}\right) + \left(C_{P_{M_u}} + \frac{2}{U_0}C_{P_{M_0}}\right)\right)u \\ &+ (C_{M_\alpha} + C_{M_{P_\alpha}})\alpha + C_{M_{\dot\alpha}}\dot\alpha + C_{M_q}q + C_{M_{\delta_E}}\delta_E \end{aligned} \right) \\ &\quad + \delta T \frac{(d_T\cos\phi_T - x_T\sin\phi_T)}{I_{yy}} \end{aligned} \tag{8.20}$$

$$\frac{n_A + n_P}{I_{zz}} = \frac{q_\infty S_W b_W}{I_{zz}}(C_{N_\beta}\beta + C_{N_p}p + C_{N_r}r + C_{N_{\delta_A}}\delta_A + C_{N_{\delta_R}}\delta_R)$$

再次通过引入涉及有量纲稳定性导数的标准简化符号,可以将以上方程用更简洁的形式表示出来。因此,小扰动力矩模型的方程组(8.20)变为

$$\begin{aligned} (l_A + l_P)/I_{xx} &= L_\beta\beta + L_p p + L_r r + L_{\delta_A}\delta_A + L_{\delta_R}\delta_R \\ (m_A + m_P)/I_{yy} &= M_u u + M_{P_u}u + M_\alpha\alpha + M_{P_\alpha}\alpha + M_{\dot\alpha}\dot\alpha + M_q q + M_{\delta_E}\delta_E + M_T\delta T \\ (n_A + n_P)/I_{zz} &= N_\beta\beta + N_p p + N_r r + N_{\delta_A}\delta_A + N_{\delta_R}\delta_R \end{aligned} \tag{8.21}$$

通过比较方程组(8.20)与方程组(8.21)可以清楚得知这些有量纲导数的定义。最后,将方程组(8.21)代入方程组(8.3)来完善控制小扰动角速度的模型。然而,正如之前所提及的,方程组(8.3)中的第一个与第三个方程通过惯性矩阵耦合。因此,若不将方程组(8.21)代入,而是将方程组(8.19)代入解耦方程或方程组(8.6)中,则小扰动滚转力矩与偏航力矩的模型现可用另一组有量纲稳定性导数表示,即

$$\begin{aligned} (m_A + m_P)/I_{yy} &= M_u u + M_{P_u}u + M_\alpha\alpha + M_{P_\alpha}\alpha \\ &\quad + M_{\dot\alpha}\dot\alpha + M_q q + M_{\delta_E}\delta_E + M_T\delta T \\ \left(\frac{1}{1 - I_{xz}^2/(I_{xx}I_{zz})}\right) &\begin{bmatrix} 1 & I_{xz}/I_{xx} \\ I_{xz}/I_{zz} & 1 \end{bmatrix} \begin{Bmatrix} (l_A + l_P)/I_{xx} \\ (n_A + n_P)/I_{zz} \end{Bmatrix} \\ &\triangleq \begin{Bmatrix} L'_\beta\beta + L'_p p + L'_r r + L'_{\delta_A}\delta_A + L'_{\delta_R}\delta_R \\ N'_\beta\beta + N'_p p + N'_r r + N'_{\delta_A}\delta_A + N'_{\delta_R}\delta_R \end{Bmatrix} \end{aligned} \tag{8.22}$$

同时,由于

$$\begin{Bmatrix} L'_\beta\beta + L'_p p + L'_r r + L'_{\delta_A}\delta_A + L'_{\delta_R}\delta_R \\ N'_\beta\beta + N'_p p + N'_r r + N'_{\delta_A}\delta_A + N'_{\delta_R}\delta_R \end{Bmatrix}$$
$$= \left(\frac{1}{1 - I_{xz}^2/(I_{xx}I_{zz})}\right)\begin{bmatrix} 1 & I_{xz}/I_{xx} \\ I_{xz}/I_{zz} & 1 \end{bmatrix}\begin{Bmatrix} L_\beta\beta + L_p p + L_r r + L_{\delta_A}\delta_A + L_{\delta_R}\delta_R \\ N_\beta\beta + N_p p + N_r r + N_{\delta_A}\delta_A + N_{\delta_R}\delta_R \end{Bmatrix} \tag{8.23}$$

仅通过观察可知:

$$\begin{aligned} L'_\beta &= (L_\beta + N_\beta I_{xz}/I_{xx})D & \quad N'_\beta &= (N_\beta + L_\beta I_{xz}/I_{zz})D \\ L'_p &= (L_p + N_p I_{xz}/I_{xx})D & \quad N'_p &= (N_p + L_p I_{xz}/I_{zz})D \\ L'_r &= (L_r + N_r I_{xz}/I_{xx})D \quad \text{且} & \quad N'_r &= (N_r + L_r I_{xz}/I_{zz})D \\ L'_{\delta_A} &= (L_{\delta_A} + N_{\delta_A} I_{xz}/I_{xx})D & \quad N'_{\delta_A} &= (N_{\delta_A} + L_{\delta_A} I_{xz}/I_{zz})D \\ L'_{\delta_R} &= (L_{\delta_R} + N_{\delta_R} I_{xz}/I_{xx})D & \quad N'_{\delta_R} &= (N_{\delta_R} + L_{\delta_R} I_{xz}/I_{zz})D \end{aligned} \tag{8.24}$$

且

$$D = \frac{1}{1 - I_{xz}^2/(I_{xx}I_{zz})}$$

现在,方程组(8.6)与方程组(8.22)构成了控制小扰动角速度的所需线性模型。

## 学生须知

若方程组(8.6)中惯性矩与惯性积的数值是基于机身参考坐标系而非稳定性坐标轴系进行推演的,严格来讲,这些数值应调整为与稳定性坐标轴系一致的惯性矩与惯性积。

---

关于线性仿真模型,最后需要添加的是飞行器特定位置上所受的加速度。令该点以与飞行器质心相关的矢量 $\boldsymbol{p}$ 定义,稳定性坐标轴系中的各分量给定为$(x,y,z)$。则 $\boldsymbol{p}$ 点的加速度为刚体运动所产生的惯性加速度,与例 1.2 中的结果相一致:

$$\boldsymbol{a}_R(x,y,z,t) = \boldsymbol{a}_R(\boldsymbol{p},t) = \frac{\mathrm{d}\boldsymbol{V}_V}{\mathrm{d}t}\bigg|_V + (\boldsymbol{\omega}_{V,I} \times \boldsymbol{V}_V) + (\boldsymbol{\omega}_{V,I} \times (\boldsymbol{\omega}_{V,I} \times \boldsymbol{p})) + \left(\frac{\mathrm{d}\boldsymbol{\omega}_{V,I}}{\mathrm{d}t}\bigg|_V \times \boldsymbol{p}\right) \tag{8.25}$$

式中

$$\frac{\mathrm{d}\boldsymbol{V}_V}{\mathrm{d}t}\bigg|_V = \dot{U}\boldsymbol{i}_V + \dot{V}\boldsymbol{j}_V + \dot{W}\boldsymbol{k}_V$$

且

$$\frac{\mathrm{d}\boldsymbol{\omega}_{V,I}}{\mathrm{d}t}\bigg|_V = \dot{P}\boldsymbol{i}_V + \dot{Q}\boldsymbol{j}_V + \dot{R}\boldsymbol{k}_V$$

通过展开方程组(8.25)并采用小扰动假设来使这些结果线性化,可求得小扰动加速度的分量(见 8.2.3 节及作业题第 8.4 题)。尽管在一般情况下,以上表达式相当复杂,但在定常直线飞行且倾斜角与侧滑角均为零的基准条件下,这些表达式可直接变为

$$
\begin{aligned}
a_{X_R}(x,y,z) &= \dot{u} + W_0 q + z\dot{q} - y\dot{r} \\
a_{Y_R}(x,y,z) &= \dot{v} + U_0 r - W_0 p + x\dot{r} - z\dot{p} \\
a_{Z_R}(x,y,z) &= \dot{w} - U_0 q + y\dot{p} - x\dot{q}
\end{aligned} \tag{8.26}
$$

飞行器上特定位置的三个加速度分量通常被包含在仿真线性模型的附加响应中。

### 8.1.3 水平飞行的运动方程解耦

考虑例 8.1 中所研究的情形,基准飞行条件为:直线水平飞行,倾斜角与侧滑角均为零。同时假设大气密度为常数。现在将展示在这种情形下运动方程如何解耦成两个独立的方程组。

由例 8.1(方程组(8.10))可知,在定常水平飞行的基准飞行条件下,控制平动的线性方程为

$$
\begin{aligned}
\dot{u} &= -g\theta + (f_{A_X} + f_{P_X})/m \\
\dot{v} &= -U_0 r + g\phi + (f_{A_Y} + f_{P_Y})/m \\
\dot{w} &= U_0 q + (f_{A_Z} + f_{P_Z})/m
\end{aligned}
$$

将方程组(8.16)代入以上方程,得出平动运动方程:

$$
\begin{aligned}
\dot{u} &= -g\theta + X_u u + X_{P_u} u + X_\alpha \alpha + X_{\dot{\alpha}} \dot{\alpha} + X_q q + X_{\delta_E} \delta_E + X_T \delta T \\
\dot{v} &= g\phi + Y_\beta \beta + Y_p p + (Y_r - U_0) r + Y_{\delta_A} \delta_A + Y_{\delta_R} \delta_R \\
\dot{w} &= Z_u u + Z_{P_u} u + Z_\alpha \alpha + Z_{\dot{\alpha}} \dot{\alpha} + (Z_q + U_0) q + Z_{\delta_E} \delta_E + Z_T \delta T
\end{aligned} \tag{8.27}
$$

同时由例 8.1(方程组(8.11))可知控制旋转自由度的方程:

$$
\dot{q} = (m_A + m_p)/I_{yy}
$$

$$
\begin{Bmatrix} \dot{p} \\ \dot{r} \end{Bmatrix} = \frac{1}{I_{xx} I_{zz} - I_{xz}^2} \begin{bmatrix} I_{zz} & I_{xz} \\ I_{xz} & I_{xx} \end{bmatrix} \begin{Bmatrix} (l_A + l_P) \\ (n_A + n_P) \end{Bmatrix}
$$

由方程组(8.22)及以上方程可得出以下控制飞行器旋转的运动方程。

$$
\begin{aligned}
\dot{p} &= L'_\beta \beta + L'_p p + L'_r r + L'_{\delta_A} \delta_A + L'_{\delta_R} \delta_R \\
\dot{q} &= M_u u + M_{P_u} u + M_\alpha \alpha + M_{P_\alpha} \alpha + M_{\dot{\alpha}} \dot{\alpha} + M_q q + M_{\delta_E} \delta_E + M_T \delta T \\
\dot{r} &= N'_\beta \beta + N'_p p + N'_r r + N'_{\delta_A} \delta_A + N'_{\delta_R} \delta_R
\end{aligned} \tag{8.28}
$$

观察可知方程组(8.27)、方程组(8.28)与方程组(8.12)现可进行重新组合:

$$
\begin{aligned}
\dot{u} &= -g\theta + X_u u + X_{P_u} u + X_\alpha \alpha + X_{\dot{\alpha}} \dot{\alpha} + X_q q + X_{\delta_E} \delta_E + X_T \delta T \\
\dot{w} &= Z_u u + Z_{P_u} u + Z_\alpha \alpha + Z_{\dot{\alpha}} \dot{\alpha} + (Z_q + \mathrm{U}_0) q + Z_{\delta_E} \delta_E + Z_T \delta T \\
\dot{q} &= M_u u + M_{P_u} u + M_\alpha \alpha + M_{P_\alpha} \alpha + M_{\dot{\alpha}} \dot{\alpha} + M_q q + M_{\delta_E} \delta_E + M_T \delta T \\
\dot{\theta} &= q
\end{aligned} \tag{8.29}
$$

且

$$
\begin{aligned}
\dot{v} &= g\phi + Y_\beta \beta + Y_p p + (Y_r - U_0) r + Y_{\delta_A}\delta_A + Y_{\delta_R}\delta_R \\
\dot{p} &= L'_\beta \beta + L'_p p + L'_r r + L'_{\delta_A}\delta_A + L'_{\delta_R}\delta_R \\
\dot{r} &= N'_\beta \beta + N'_p p + N'_r r + N'_{\delta_A}\delta_A + N'_{\delta_R}\delta_R \\
\dot{\phi} &= p
\end{aligned}
\tag{8.30}
$$

注意现在 $\alpha = w/U_0$ 且 $\beta = v/U_0$，且观察可知以上后两组方程实现了解耦。第一组方程，即方程组(8.29)被称为纵向线性运动方程，而第二组方程，即方程组(8.30)被称为横向线性运动方程。但注意，仅在零位基准倾斜角与零位基准侧滑角条件下，解耦才有效！

但是，通常并不允许将方程组(8.9)分组成纵向方程组与横向方程组。这一分组可能完美适用于特定基准飞行条件，但并不适用于其他飞行条件。通常，这不算是一个难题，因为仔细观察方程组(8.29)与(8.30)，可发现方程组右侧的所有项均不依赖惯性位置 $x_E$ 与 $y_E$(或 $\psi$)，因此控制这些变量的方程组通常被认为是独立的。然而高度变化率 $\dot{h}$ 的方程通常被保留并被编入纵向方程组内。(如有需要，$\psi$ 的方程可编入横向方程组。)

### 8.1.4 状态变量格式解耦模型

假定例 8.1 中所考虑的相同基准飞行条件(包括恒定大气密度)，现在将用状态变量格式来组合飞行器的纵向动力学模型与横向动力学模型。换言之，我们将用以下形式列出动力学模型：

$$
\dot{\boldsymbol{x}} = \boldsymbol{A}\boldsymbol{x} + \boldsymbol{B}\boldsymbol{u}
$$

$$
\boldsymbol{y} = \boldsymbol{C}\boldsymbol{x} + \boldsymbol{D}\boldsymbol{u}
$$

式中：$\boldsymbol{x}$ 为选定的状态矢量；$\boldsymbol{u}$ 为控制输入变量的矢量；$\boldsymbol{y}$ 为响应变量的矢量，我们将确定矩阵 $\boldsymbol{A}$、$\boldsymbol{B}$、$\boldsymbol{C}$ 与 $\boldsymbol{D}$。

首先，对于纵向组而言，前三个运动方程如方程组(8.29)中所示，即

$$
\begin{aligned}
\dot{u} &= -g\theta + X_u u + X_{P_u} u + X_\alpha \alpha + X_{\dot{\alpha}}\dot{\alpha} + X_q q + X_{\delta_E}\delta_E + X_T \delta T \\
\dot{w} &= Z_u u + Z_{P_u} u + Z_\alpha \alpha + Z_{\dot{\alpha}}\dot{\alpha} + (Z_q + \mathrm{U}_0) q + Z_{\delta_E}\delta_E + Z_T \delta T \\
\dot{q} &= M_u u + M_{P_u} u + M_\alpha \alpha + M_{P_\alpha}\alpha + M_{\dot{\alpha}}\dot{\alpha} + M_q q + M_{\delta_E}\delta_E + M_T \delta T
\end{aligned}
$$

为求得所需结果，必须首先消去方程组(8.29)右侧的 $\dot{\alpha}$。将方程组中的第二个方程除以 $U_0$，将得出控制攻角变化率(即 $\dot{\alpha}$)的方程。或者由于

$$
\dot{\alpha} = \frac{\dot{w}}{U_0} = \frac{1}{U_0}\left[Z_u u + Z_{P_u} u + Z_\alpha \alpha + Z_{\dot{\alpha}}\dot{\alpha} + (Z_q + U_0) q + Z_{\delta_E}\delta_E + Z_T \delta T\right]
$$

得出

$$
\dot{\alpha} = \left(\frac{1}{U_0 - Z_{\dot{\alpha}}}\right)\left[Z_u u + Z_{P_u} u + Z_\alpha \alpha + (Z_q + U_0) q + Z_{\delta_E}\delta_E + Z_T \delta T\right]
\tag{8.31}
$$

现将 $\dot{\alpha}$ 的方程(8.31)代入方程组(8.29)中的第一个与第三个方程，得出

$$\dot{u} = \left(X_u + X_{P_u} + \frac{X_{\dot{\alpha}}(Z_u + Z_{P_u})}{U_0 - Z_{\dot{\alpha}}}\right)u + \left(X_\alpha + \frac{X_{\dot{\alpha}}Z_\alpha}{U_0 - Z_{\dot{\alpha}}}\right)\alpha - g\theta$$

$$+ \left(X_q + X_{\dot{\alpha}}\left(\frac{U_0 + Z_q}{U_0 - Z_{\dot{\alpha}}}\right)\right)q + \left(X_{\delta_E} + \frac{X_{\dot{\alpha}}Z_{\delta_E}}{U_0 - Z_{\dot{\alpha}}}\right)\delta_E + \left(X_T + \frac{X_{\dot{\alpha}}Z_T}{U_0 - Z_{\dot{\alpha}}}\right)\delta T$$

$$\dot{\alpha} = \left(\frac{1}{U_0 - Z_{\dot{\alpha}}}\right)(Z_u u + Z_{P_u}u + Z_\alpha \alpha + (Z_q + U_0)q + Z_{\delta_E}\delta_E + Z_T\delta T) \tag{8.32}$$

$$\dot{q} = \left(M_u + M_{P_u} + \frac{M_{\dot{\alpha}}(Z_u + Z_{P_u})}{U_0 - Z_{\dot{\alpha}}}\right)u + \left(M_\alpha + M_{P_\alpha} + \frac{M_{\dot{\alpha}}Z_\alpha}{U_0 - Z_{\dot{\alpha}}}\right)\alpha$$

$$+ \left(M_q + M_{\dot{\alpha}}\left(\frac{U_0 + Z_q}{U_0 - Z_{\dot{\alpha}}}\right)\right)q + \left(M_{\delta_E} + \frac{M_{\dot{\alpha}}Z_{\delta_E}}{U_0 - Z_{\dot{\alpha}}}\right)\delta_E + \left(M_T + \frac{M_{\dot{\alpha}}Z_T}{U_0 - Z_{\dot{\alpha}}}\right)\delta T$$

(注意,通常情况下,当 $X_{\dot{\alpha}} = Z_{\dot{\alpha}} = 0$ 时,以上方程组可大大化简。)同时,由方程组(8.29)与方程组(8.13)可得出两个运动学方程:

$$\begin{aligned} \dot{\theta} &= q \\ \dot{h} &= -w + U_0\theta \ (\text{且 } w = U_0\alpha) \end{aligned} \tag{8.33}$$

因此,纵向模型由以上五个微分方程构成。

对应该模型的五种相关响应通常包括小扰动纵向速度 $u$、攻角 $\alpha$、俯仰姿态角 $\theta$、俯仰角速度 $q$ 与高度 $h$。且典型的控制输入矢量包括小扰动升降舵偏转 $\delta_E$ 与小扰动推力 $\delta T$。因此将状态变量模型中的响应矢量 $\boldsymbol{y}$ 与控制输入矢量 $\boldsymbol{u}$ 表示为

$$\boldsymbol{y} = \begin{Bmatrix} u \\ \alpha \\ \theta \\ q \\ h \end{Bmatrix} \quad \text{且 } \boldsymbol{u} = \begin{Bmatrix} \delta_E \\ \delta T \end{Bmatrix} \tag{8.34}$$

大概来说,状态变量即运动方程所控制的变量,但是从数学上来说,状态矢量 $\boldsymbol{x}$ 的选择并不是唯一的,因为有多种选择。在假设恒定大气密度的条件下,方程并不依赖高度,但若想让高度成为响应矢量之一,则必须将其包括在状态矢量中。所以,可仅选择等于响应矢量的状态矢量,即

$$\boldsymbol{x} = \boldsymbol{y} = \begin{Bmatrix} u \\ \alpha \\ \theta \\ q \\ h \end{Bmatrix} \tag{8.35}$$

这样来选定状态矢量、响应矢量与输入矢量,则纵向动力学的状态变量模型中的四个矩阵变为

$$
\boldsymbol{A}=\begin{bmatrix}
\left(X_u+X_{P_u}+\dfrac{X_{\dot{\alpha}}(Z_u+Z_{P_u})}{U_0-Z_{\dot{\alpha}}}\right) & \left(X_\alpha+\dfrac{X_{\dot{\alpha}}Z_\alpha}{U_0-Z_{\dot{\alpha}}}\right) & -g & \left(X_q+X_{\dot{\alpha}}\left(\dfrac{U_0+Z_q}{U_0-Z_{\dot{\alpha}}}\right)\right) & 0\\
\left(\dfrac{Z_u+Z_{P_u}}{U_0-Z_{\dot{\alpha}}}\right) & \left(\dfrac{Z_\alpha}{U_0-Z_{\dot{\alpha}}}\right) & 0 & \left(\dfrac{U_0+Z_q}{U_0-Z_{\dot{\alpha}}}\right) & 0\\
0 & 0 & 0 & 1 & 0\\
\left(M_u+M_{P_u}+\dfrac{M_{\dot{\alpha}}(Z_u+Z_{P_u})}{U_0-Z_{\dot{\alpha}}}\right) & \left(M_\alpha+M_{P_\alpha}+\dfrac{M_{\dot{\alpha}}Z_\alpha}{U_0-Z_{\dot{\alpha}}}\right) & 0 & \left(M_q+M_{\dot{\alpha}}\left(\dfrac{U_0+Z_q}{U_0-Z_{\dot{\alpha}}}\right)\right) & 0\\
0 & -U_0 & U_0 & 0 & 0
\end{bmatrix}
$$

$$
\boldsymbol{B}=\begin{bmatrix}
\left(X_{\delta_E}+\dfrac{X_{\dot{\alpha}}Z_{\delta_E}}{U_0-Z_{\dot{\alpha}}}\right) & \left(X_T+\dfrac{X_{\dot{\alpha}}Z_T}{U_0-Z_{\dot{\alpha}}}\right)\\
\left(\dfrac{Z_{\delta_E}}{U_0-Z_{\dot{\alpha}}}\right) & \left(\dfrac{Z_T}{U_0-Z_{\dot{\alpha}}}\right)\\
0 & 0\\
\left(M_{\delta_E}+\dfrac{M_{\dot{\alpha}}Z_{\delta_E}}{U_0-Z_{\dot{\alpha}}}\right) & \left(M_T+\dfrac{M_{\dot{\alpha}}Z_T}{U_0-Z_{\dot{\alpha}}}\right)\\
0 & 0
\end{bmatrix},\ 
\boldsymbol{C}=\begin{bmatrix}1&0&0&0&0\\0&1&0&0&0\\0&0&1&0&0\\0&0&0&1&0\\0&0&0&0&1\end{bmatrix},\ 
\boldsymbol{D}=\begin{bmatrix}0&0\\0&0\\0&0\\0&0\\0&0\end{bmatrix}
\tag{8.36}
$$

注意矩阵 $\boldsymbol{A}$ 中最后一列仅包含零值。这符合我们所假定的恒定大气密度这一事实,因此这些运动方程均不依赖高度。若我们选择在响应矢量 $\boldsymbol{y}$ 中不包括高度 $h$,则可仅选择方程(8.35)中的前四种响应矢量作为状态矢量。此种情形下,矩阵 $\boldsymbol{A}$ 与矩阵 $\boldsymbol{C}$ 可简化为4×4矩阵,矩阵 $\boldsymbol{B}$ 与矩阵 $\boldsymbol{C}$ 可简化为4×2矩阵。

## 例 8.2 “纳维昂”飞机纵向动力学的状态变量模型

考虑图 8.1 所示的“纳维昂”常规航空飞行器。使用附录 B 中关于该飞行器的数据,组合飞行器小扰动纵向动力学的状态变量模型。模型响应矢量中包括高度 $h$。(在接下来的其他例题中将处理这些动力学仿真。)

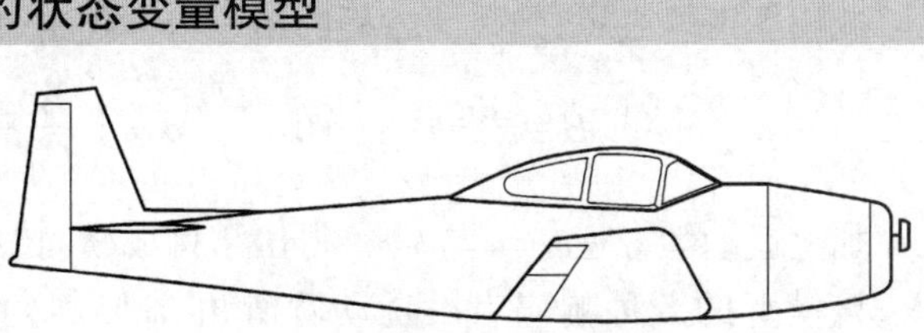

图 8.1 “纳维昂”飞机略图

**解**

由于模型响应中将包含高度,则状态变量模型的形式如方程组(8.34)~方程组(8.36)所示(且 $w=U_0\alpha$)。附录 B 中关于“纳维昂”飞机的数据定义适用于对应以下基准飞行条件的飞行器固定稳定性坐标轴系。

$$U_0=176\ \text{fps},\ \Theta_0=0,\ \text{h}_0=0\ \text{ft},\ \alpha_0=0.6^\circ,\ \text{且}\ \Phi_0=0(\text{隐含})$$

且由附录B 可知表 8.2 给出了适用于该飞行条件的纵向有量纲导数。根据所提供的数据可计算出导数 $X_T(=1/\text{m})$。所有角均用弧度表示,力用磅表示,速度用英尺每秒表示。

现由表 8.2 可知 $X_{\dot{\alpha}}=Z_{\dot{\alpha}}=0$,因此方程组(8.36)中许多矩阵元可大大简化。将表中的数据代入方程,可得出所需矩阵。

表 8.2 "纳维昂"飞机的纵向有量纲导数

| 稳定性导数 | $u$ | $\alpha$ | $\dot{\alpha}$ | $q$ | $\delta_E$ | $\delta T$ |
|---|---|---|---|---|---|---|
| $X.$ | -0.0451 | 6.348 | 0 | 0 | 0 | 0.0117 |
| $Z.$ | -0.3697 | -356.29 | 0 | 0 | -28.17 | 0 |
| $M.$ | 0 | -8.80 | -0.9090 | -2.0767 | -11.189 | 0 |

$$\boldsymbol{A}=\begin{bmatrix}-0.0451 & 6.348 & -32.2 & 0 & 0\\ -0.0021 & -2.0244 & 0 & 1 & 0\\ 0 & 0 & 0 & 1 & 0\\ 0.0021 & -6.958 & 0 & -3.0757 & 0\\ 0 & -176 & 176 & 0 & 0\end{bmatrix},\boldsymbol{B}=\begin{bmatrix}0 & 0.0117\\ -0.160 & 0\\ 0 & 0\\ -11.029 & 0\\ 0 & 0\end{bmatrix}$$

$$\boldsymbol{C}=\begin{bmatrix}1 & 0 & 0 & 0 & 0\\ 0 & 1 & 0 & 0 & 0\\ 0 & 0 & 1 & 0 & 0\\ 0 & 0 & 0 & 1 & 0\\ 0 & 0 & 0 & 0 & 1\end{bmatrix},\boldsymbol{D}=\begin{bmatrix}0 & 0\\ 0 & 0\\ 0 & 0\\ 0 & 0\\ 0 & 0\end{bmatrix} \tag{8.37}$$

方程组(8.34)与方程组(8.35)给出了模型的状态矢量、响应矢量与控制输入矢量。

现回顾横向方程组,方程组(8.30)给出了假定大气密度恒定时的运动方程。前三个运动方程为

$$\begin{aligned}\dot{v}&=g\phi+Y_\beta\beta+Y_pp+(Y_r-U_0)r+Y_{\delta_A}\delta_A+Y_{\delta_R}\delta_R\\ \dot{p}&=L'_\beta\beta+L'_pp+L'_rr+L'_{\delta_A}\delta_A+L'_{\delta_R}\delta_R\\ \dot{r}&=N'_\beta\beta+N'_pp+N'_rr+N'_{\delta_A}\delta_A+N'_{\delta_R}\delta_R\end{aligned}$$

或用侧滑角表示,则以上方程的第一个方程也可列为

$$\dot{\beta}=\frac{g}{U_0}\phi+\frac{Y_\beta}{U_0}\beta+\frac{Y_p}{U_0}p+\left(\frac{Y_r}{U_0}-1\right)r+\frac{Y_{\delta_A}}{U_0}\delta_A+\frac{Y_{\delta_R}}{U_0}\delta_R \tag{8.38}$$

加上运动学方程$\dot{\phi}=p$与$\dot{\psi}=r$,得出了构成横向线性模型的五个方程。

该模型的五种响应为小扰动侧滑角$\beta$、倾斜角$\varphi$、滚转角速度$p$、偏航角速度$r$与航向角$\psi$,而控制输入为小扰动副翼偏转角$\delta_A$与方向舵偏转角$\delta_R$。因此,可使响应矢量$\boldsymbol{y}$与输入矢量$\boldsymbol{u}$变为

$$\boldsymbol{y}=\begin{Bmatrix}\beta\\ \phi\\ p\\ r\\ \psi\end{Bmatrix}\text{ 且 }\boldsymbol{u}=\begin{Bmatrix}\delta_A\\ \delta_R\end{Bmatrix} \tag{8.39}$$

再次申明状态矢量不是唯一的,但我们通常将该状态矢量选定为与响应矢量相同,即

$$
\boldsymbol{x}=\boldsymbol{y}=\begin{Bmatrix}\beta\\ \phi\\ p\\ r\\ \psi\end{Bmatrix} \tag{8.40}
$$

选定以上状态矢量、响应矢量与输入矢量后，完善横向线性动力学模型的四个矩阵则为

$$
\boldsymbol{A}=\begin{bmatrix}\dfrac{Y_\beta}{U_0} & \dfrac{g}{U_0} & \dfrac{Y_p}{U_0} & \left(\dfrac{Y_r}{U_0}-1\right) & 0\\ 0 & 0 & 1 & 0 & 0\\ L'_\beta & 0 & L'_p & L'_r & 0\\ N'_\beta & 0 & N'_p & N'_r & 0\\ 0 & 0 & 0 & 1 & 0\end{bmatrix}
$$

$$
\boldsymbol{B}=\begin{bmatrix}\dfrac{Y_{\delta_A}}{U_0} & \dfrac{Y_{\delta_R}}{U_0}\\ 0 & 0\\ L'_{\delta_A} & L'_{\delta_R}\\ N'_{\delta_A} & N'_{\delta_R}\\ 0 & 0\end{bmatrix},\ \boldsymbol{C}=\begin{bmatrix}1&0&0&0&0\\0&1&0&0&0\\0&0&1&0&0\\0&0&0&1&0\\0&0&0&0&1\end{bmatrix},\ \boldsymbol{D}=\begin{bmatrix}0&0\\0&0\\0&0\\0&0\\0&0\end{bmatrix} \tag{8.41}
$$

注意矩阵 $\boldsymbol{A}$ 的最后一列全部为零值。这符合所有运动方程均不依赖航向角 $\psi$ 这一事实。同样，在纵向动力学情形下，若选择不将 $\psi$ 包含在模型的响应矢量中，则它也不需要包含在状态矢量中。在此情形下，矩阵 $\boldsymbol{A}$ 与矩阵 $\boldsymbol{C}$ 可简化为 4×4 矩阵，矩阵 $\boldsymbol{B}$ 与矩阵 $\boldsymbol{C}$ 可简化为 4×2 矩阵。

最后，如前所述，仅在涉及零基准倾斜角与零基准侧滑角的基准飞行条件下，方程才能实现解耦。因此，若研究其他飞行条件，则应使用完整的耦合方程组。该耦合方程组也可用状态变量格式表示，尽管其可能明显具有更大的尺寸。

### 8.1.5 柔性飞行器线性模型

当进行柔性飞行器仿真时，我们必须在飞行器动力学数学模型中包含控制弹性自由度的运动方程。第四章已推演了这些方程。

除对作用于飞行器上的力与力矩进行必要调整外，控制刚体平移与旋转的方程保持不变。第七章已构建了适用于此类力与力矩的模型。

**学生须知**

在推导运动方程的过程中，我们已确定所选定的飞行器固定坐标轴系满足第三章与第四章所述的平均轴向约束，所以模型具有良好的特性：控制刚体自由度的方程与那些用于刚性飞行器的方程相同。换言之，柔性飞行器也可使用方程组(8.1)、方程组(8.6)、方程组(8.7)与方程组(8.9)，且所有方程形式保持不变。

与方程组(4.84)一致,控制弹性自由度小扰动动力学的方程为

$$\ddot{\eta}_i + \omega_i^2 \eta_i = \frac{q_i}{\mathcal{M}_i}, i = 1, 2, \cdots, n \tag{8.42}$$

回顾可知,$\eta_i$为与模型中所包含的第 $i$ 个振动模式相关的小扰动模态坐标,$q_i$为与该自由度相关的小扰动广义力,$\omega_i$为振动模式的真空振动频率,$\mathcal{M}_i$为模态广义质量。假定后两个量可由前述飞行器结构的自由振动分析中获得。

注意,通常给方程组(8.42)的每个方程加上约 0.02 的小模态阻尼 $\zeta_i$,以增强振动分析的解析结果与实验结果之间的一致性。将阻尼考虑在内,方程组(8.42)变为

$$\ddot{\eta}_i + 2\zeta_i \omega_i \dot{\eta}_i + \omega_i^2 \eta_i = \frac{q_i}{\mathcal{M}_i}, i = 1, 2, \cdots, n \tag{8.43}$$

第七章已经为作用于柔性飞行器上的力与力矩建模,且由于振动振型根据机身参考坐标系定义,这些轴系在构建力与力矩模型过程中通常用作飞行器固定坐标轴系。但作用于刚性飞行器上的分力通过假定稳定性坐标轴系来推演,如方程组(8.14)所示。因此,若使用机身参考坐标系,那我们应运用方程组(7.114)并从此类轴系中获得作用于刚体自由度的力与力矩,即

$$\begin{cases} \left(f_{A_{X_{R_F}}} + f_{P_{X_{R_F}}}\right) = \left(f_{A_{X_R}} + f_{P_{X_R}}\right)\cos\alpha_0 - \left(f_{A_{Z_R}} + f_{P_{Z_R}}\right)\sin\alpha_0 \\ \left(f_{A_{Y_{R_F}}} + f_{P_{Y_{R_F}}}\right) = \left(f_{A_{Y_R}} + f_{P_{Y_R}}\right) \\ \left(f_{A_{Z_{R_F}}} + f_{P_{Z_{R_F}}}\right) = \left(f_{A_{X_R}} + f_{P_{X_R}}\right)\sin\alpha_0 + \left(f_{A_{Z_R}} + f_{P_{Z_R}}\right)\cos\alpha_0 \end{cases} \tag{8.44}$$

最后,注意通常基准飞行条件下的攻角 $a_0$ 足够小,使得稳定性坐标轴系与机身参考坐标系之间的分力差异极小。

考虑弹性变形对力的影响,即方程组(7.110):

$$f_{A_{X_E}} = q_\infty S_W \sum_{i=1}^{n} \left(C_{X_{\eta_i}} \eta_i + C_{X_{\dot{\eta}_i}} \dot{\eta}_i\right)$$

$$f_{A_{Y_E}} = q_\infty S_W \sum_{i=1}^{n} \left(C_{Y_{\eta_i}} \eta_i + C_{Y_{\dot{\eta}_i}} \dot{\eta}_i\right)$$

$$f_{A_{Z_E}} = q_\infty S_W \sum_{i=1}^{n} \left(C_{Z_{\eta_i}} \eta_i + C_{Z_{\dot{\eta}_i}} \dot{\eta}_i\right)$$

根据表 7.4,构建弹性变形对方程组(7.104)中三个气动力分力的影响模型。因此,并入控制刚体平动的线性运动方程(方程组(8.1))的分力为“刚体”所受分力与弹性变形对这些分力影响之和。换言之,即并入方程组(8.1)的各项为

$$\begin{aligned} \left(f_{A_X} + f_{P_X}\right) &= \left(f_{A_{X_{R_F}}} + f_{P_{X_{R_F}}}\right) + f_{A_{X_E}} \\ \left(f_{A_Y} + f_{P_Y}\right) &= \left(f_{A_{Y_{R_F}}} + f_{P_{Y_{R_F}}}\right) + f_{A_{Y_E}} \\ \left(f_{A_Z} + f_{P_Z}\right) &= \left(f_{A_{Z_{R_F}}} + f_{P_{Z_{R_F}}}\right) + f_{A_{Z_E}} \end{aligned} \tag{8.45}$$

因而,假定恒定大气密度,用有量纲稳定性导数表示,方程组(8.16)现变为

$$
\begin{aligned}
(f_{A_X}+f_{P_X})/m &= X_{u_F}u + X_{P_{u_F}}u + X_{\alpha_F}\alpha + X_{\dot{\alpha}_F}\dot{\alpha} + X_{q_F}q + X_{\delta_{E_F}}\delta_E + X_{T_F}\delta T \\
&\quad + \sum_{i=1}^{n}\left(X_{\eta_i}\eta_i + X_{\dot{\eta}_i}\dot{\eta}_i\right) \\
(f_{A_Y}+f_{P_Y})/m &= Y_{\beta_F}\beta + Y_{p_F}p + Y_{r_F}r + Y_{\delta_{A_F}}\delta_A + Y_{\delta_{R_F}}\delta_R + \sum_{i=1}^{n}\left(Y_{\eta_i}\eta_i + Y_{\dot{\eta}_i}\dot{\eta}_i\right) \qquad (8.46) \\
(f_{A_Z}+f_{P_Z})/m &= Z_{u_F}u + Z_{P_{u_F}}u + Z_{\alpha_F}\alpha + Z_{\dot{\alpha}_F}\dot{\alpha} + Z_{q_F}q + Z_{\delta_{E_F}}\delta_E + Z_{T_F}\delta T \\
&\quad + \sum_{i=1}^{n}\left(Z_{\eta_i}\eta_i + Z_{\dot{\eta}_i}\dot{\eta}_i\right)
\end{aligned}
$$

式中:增加下标 $F$ 是为了提醒我们必须使用机身参考坐标系推演有量纲稳定性导数(见附录B)。此外,可得出与振动模态坐标系相关的有量纲稳定性导数:

$$
\begin{aligned}
X_{\eta_i} &\triangleq \frac{q_\infty S_W}{m}C_{X_{\eta_i}} \qquad X_{\dot{\eta}_i} \triangleq \frac{q_\infty S_W}{m}C_{X_{\dot{\eta}_i}} \\
Y_{\eta_i} &\triangleq \frac{q_\infty S_W}{m}C_{Y_{\eta_i}} \qquad Y_{\dot{\eta}_i} \triangleq \frac{q_\infty S_W}{m}C_{Y_{\dot{\eta}_i}} \qquad (8.47) \\
Z_{\eta_i} &\triangleq \frac{q_\infty S_W}{m}C_{Z_{\eta_i}} \qquad Z_{\dot{\eta}_i} \triangleq \frac{q_\infty S_W}{m}C_{Z_{\dot{\eta}_i}}
\end{aligned}
$$

表7.4已定义系数 $C_{X\cdot}$、$C_{Y\cdot}$ 与 $C_{Z\cdot}$。现在,方程组(8.46)可并入方程组(8.1)以完善控制刚体平动小扰动的方程。

至于影响刚体旋转的力矩分量,必须再次使用选定的机身参考坐标系的分量。换言之,若方程组(8.19)中力矩分量是在稳定性坐标轴系中推演的,则应用方程组(7.118)确定机身参考坐标系中的力矩分量,即

$$
\begin{cases}
l_{A_{R_F}} = l_{A_R}\cos\alpha_0 - n_{A_R}\sin\alpha_0 \\
m_{A_{R_F}} = m_{A_R} \\
n_{A_{R_F}} = l_{A_R}\sin\alpha_0 + n_{A_R}\cos\alpha_0
\end{cases} \qquad (8.48)
$$

此外,方程组(7.117),即弹性变形对这些力矩的影响必须增加至以上结果中,因而方程组(7.117)变为

$$
\begin{aligned}
l_{A_E} &= \sum_{i=1}^{n}\left(\frac{\partial L_A}{\partial \eta_i}\Big|_0 \eta_i + \frac{\partial L_A}{\partial \dot{\eta}_i}\Big|_0 \dot{\eta}_i\right) = q_\infty S_W b_W \sum_{i=1}^{n}\left(C_{L\mathrm{roll}_{\eta_i}}\eta_i + C_{L\mathrm{roll}_{\dot{\eta}_i}}\dot{\eta}_i\right) \\
m_{A_E} &= \sum_{i=1}^{n}\left(\frac{\partial M_A}{\partial \eta_i}\Big|_0 \eta_i + \frac{\partial M_A}{\partial \dot{\eta}_i}\Big|_0 \dot{\eta}_i\right) = q_\infty S_W \bar{c}_W \sum_{i=1}^{n}\left(C_{M_{\eta_i}}\eta_i + C_{M_{\dot{\eta}_i}}\dot{\eta}_i\right) \\
n_{A_E} &= \sum_{i=1}^{n}\left(\frac{\partial N_A}{\partial \eta_i}\Big|_0 \eta_i + \frac{\partial N_A}{\partial \dot{\eta}_i}\Big|_0 \dot{\eta}_i\right) = q_\infty S_W b_W \sum_{i=1}^{n}\left(C_{N_{\eta_i}}\eta_i + C_{N_{\dot{\eta}_i}}\dot{\eta}_i\right)
\end{aligned}
$$

因此,将各力矩除以适当的惯性矩,方程组(8.21)现变为

$$
\begin{aligned}
(l_A + l_P)/I_{xx} &= L_{\beta_F}\beta + L_{p_F}p + L_{r_F}r + L_{\delta_{A_F}}\delta_A + L_{\delta_{R_F}}\delta_R + \sum_{i=1}^{n}\left(L_{A_{\eta_i}}\eta_i + L_{A_{\dot{\eta}_i}}\dot{\eta}_i\right) \\
(m_A + m_P)/I_{yy} &= M_{u_F}u + M_{P_{u_F}}u + M_{\alpha_F}\alpha + M_{P_{\alpha_F}}\alpha + M_{\dot{\alpha}_F}\dot{\alpha} + M_{q_F}q + M_{\delta_{E_F}}\delta_E + M_{T_F}\delta T
\end{aligned}
$$

$$+\sum_{i=1}^{n}\left(M_{A_{\eta_i}}\eta_i+M_{A_{\dot{\eta}_i}}\dot{\eta}_i\right)$$

$$(n_A+n_P)/I_{zz}=N_{\beta_F}\beta+N_{p_F}p+N_{r_F}r+N_{\delta_{A_F}}\delta_A+N_{\delta_{R_F}}\delta_R+\sum_{i=1}^{n}\left(N_{A_{\eta_i}}\eta_i+N_{A_{\dot{\eta}_i}}\dot{\eta}_i\right) \tag{8.49}$$

再次注意,增加下标 $F$ 是为了提醒我们使用机身参考坐标系所推演的有量纲导数(见附录 B)。方程组(8.49)中的三个表达式现可并入方程组(8.6)中以完善控制刚体角速度小扰动的方程。

为完成动态模型所增加的最后一组方程如方程组(8.43)所示。且由方程组(7.120)可知用广义力表示的小扰动表达式为:

$$q_i\triangleq\frac{\partial Q_i}{\partial\delta\boldsymbol{p}}|_0\,\delta\boldsymbol{p}=q_{i_R}+q_{i_E}$$

式中

$$q_{i_R}=\frac{\partial Q_i}{\partial\delta\boldsymbol{p}_{刚体}}|_0\,\delta\boldsymbol{p}_{刚体}$$

且

$$q_{i_E}=q_\infty S_W\bar{c}_W\sum_{j=1}^{n}\left(C_{Q_{i_{\eta_j}}}\eta_j+C_{Q_{i_{\dot{\eta}_j}}}\dot{\eta}_j\right)$$

此外,刚体小扰动矢量定义为

$$\delta\boldsymbol{p}_{刚体}^{\mathrm{T}}=\begin{bmatrix}u & \beta\left(\approx\dfrac{v}{U_0}\right) & \alpha\left(\approx\dfrac{w}{U_0}\right) & \dot{\alpha} & p & q & r & \delta_E & \delta_A & \delta_R\end{bmatrix},$$

方程组(7.94)已给出偏导数$\dfrac{\partial\,Q_i}{\partial\,\delta\boldsymbol{p}_{刚体}l_0}$,方程组(7.95)已给出系数 $C_{Q_{i_{\eta_i}}}$ 与 $C_{Q_{i_{\eta\cdot j}}}$。用有量纲稳定性导数表示,现可将方程组(8.43)的右侧列为

$$\frac{q_i}{\mathcal{M}_i}=\Xi_{i_u}u+\Xi_{i_\beta}\beta+\Xi_{i_\alpha}\alpha+\Xi_{i_{\dot{\alpha}}}\dot{\alpha}+\Xi_{i_p}p+\Xi_{i_q}q+\Xi_{i_r}r$$
$$+\Xi_{i_{\delta_E}}\delta_E+\Xi_{i_{\delta_A}}\delta_A+\Xi_{i_{\delta_R}}\delta_R+\sum_{j=1}^{n}\left(\Xi_{i_{\eta_j}}\eta_j+\Xi_{i_{\dot{\eta}_j}}\dot{\eta}_j\right) \tag{8.50}$$

以上表达式中的有量纲稳定性导数 $\Xi_{i.}$ 定义为

$$\Xi_{i_\bullet}=C_{Q_{i_\bullet}}q_\infty S_W\bar{c}_W/\mathcal{M}_i,\ \bullet=u,\beta,\alpha,\dot{\alpha},p,q,r,\delta_E,\delta_A,\delta_R,\eta_j,\dot{\eta}_j \tag{8.51}$$

式中:有效度系数 $C_{Q_i\cdot}$ 在第七章已探讨。

已假定方程(8.50)中与推力相关的导数(即 $\Xi_{i_T}$)可忽略不计。这一假设根据以下依据得到证实。首先,推力方向的位移振型分量通常很小(如 $\nu_{X_r}$),因而与推力影响所造成的结构变形相关的虚功很小。其次,发动机响应远慢于气动表面的响应,因而难以激起带推力的高频振动模式。

若假定大气密度并非恒定,则必须给方程组(8.50)的每个方程增加一个取决于高度的附加项。各附加项的形式为

$$\Xi_{i_h}=C_{Q_{i_0}}\frac{q_\infty S_w\bar{c}_W}{\mathcal{M}_i\rho_\infty}\frac{\partial\rho_\infty}{\partial h} \tag{8.52}$$

式中：$C_{Q_{i0}}$为基准飞行条件下所测定的第 $i$ 个气动弹性变形系数 $C_{Q_i}$的值，且由大气模型可得出密度-高度梯度$\partial \rho_\infty / \partial h$，如附录 A 所示。

将方程组(8.50)并入方程组(8.43)后，柔性飞行器动力学的线性模型现在几乎完整了。最后仅需将弹性变形影响并入飞行器的动态响应中(即响应矢量 $\boldsymbol{y}$)。

例如，刚性飞行器的响应包括(刚体)俯仰角速度 $q$。刚性飞行器的这一俯仰角速度为由位于飞行器机身中心线的角速度陀螺仪所检测的响应。但对于柔性飞行器而言，角速度陀螺仪将检测总局部俯仰角速度，其将包括机身特定位置处局部弹性变形(如弯曲)的影响。图 8.2 描绘了由弹性变形引起的这一局部影响，用第 $i$ 个振型 $\nu'_{Zi}(x)$ 的 $Z$ 分量的局部斜率表示，其中

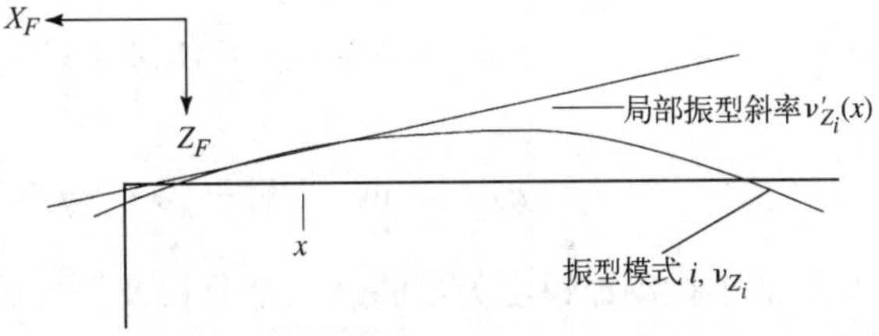

图 8.2　振动模式对局部俯仰姿态的影响

$$\nu'_{Z_i}(x) \triangleq \frac{\partial \nu_{Z_i}(x)}{\partial x}$$

或者说，该图描绘了第 $i$ 个振动模式对局部俯仰姿态的影响。因而，沿机身 $x$ 处的局部俯仰角速度 $q_{局部}(x,t)$ 可表示为

$$q_{局部}(x,t) = q(t) + \sum_{i=1}^{n} \nu'_{Z_i}(x)\dot{\eta}_i(t) \tag{8.53}$$

或刚体俯仰角速度与弹性模式的影响之和。同样地，局部偏航角速度(即 $r_{局部}(x,t)$)可表示为

$$r_{局部}(x,t) = r(t) + \sum_{i=1}^{n} \nu'_{Y_i}(x)\eta_i(t) \tag{8.54}$$

此外，局部加速度将受到弹性变形的影响。令相关的点位于未变形飞行器的坐标 $(x,y,z)$ 处，且该处相对于飞行器质心的位置给定为 $\boldsymbol{p}$。用 $\boldsymbol{a}_R(x,y,z,t)$ 表示该处由刚体自由度所产生的惯性加速度(矢量)，且根据适当的假设，总(未受小扰动)局部加速度矢量可表示为

$$\boldsymbol{a}_{局部}(x,y,z,t) = \boldsymbol{a}_R(x,y,z,t) + \sum_{i=1}^{n} \boldsymbol{\nu}_i(x,y,z)\ddot{\eta}_i(t) \tag{8.55}$$

式中位于传感器位置 $\boldsymbol{p}$ 处的刚体加速度矢量由方程(8.25)给出，即

$$\boldsymbol{a}_R(x,y,z,t) = \boldsymbol{a}_R(\boldsymbol{p},t) = \frac{\mathrm{d}\boldsymbol{V}_V}{\mathrm{d}t}\Big|_V + (\boldsymbol{\omega}_{V,I} \times \boldsymbol{V}_V) + (\boldsymbol{\omega}_{V,I} \times (\boldsymbol{\omega}_{V,I} \times \boldsymbol{p})) + \left(\frac{\mathrm{d}\boldsymbol{\omega}_{V,I}}{\mathrm{d}t}\Big|_V \times \boldsymbol{p}\right)$$

基于小扰动假设(见 8.2.3 节与第 8.4 题)，对以上加速度的分量进行线性化表示后，$\boldsymbol{a}_{局部}$的三个(小扰动)分量可表示为

$$\begin{cases} a_{X_{局部}}(x,y,z,t) = a_{X_R}(x,y,z,t) + \sum_{i=1}^{n} \nu_{X_i}(x,y,z)\ddot{\eta}_i(t) \\ a_{Y_{局部}}(x,y,z,t) = a_{Y_R}(x,y,z,t) + \sum_{i=1}^{n} \nu_{Y_i}(x,y,z)\ddot{\eta}_i(t) \\ a_{Z_{局部}}(x,y,z,t) = a_{Z_R}(x,y,z,t) + \sum_{i=1}^{n} \nu_{Z_i}(x,y,z)\ddot{\eta}_i(t) \end{cases} \tag{8.56}$$

（注意以上方程现在均用小扰动变量表示。）尽管通常情况下，以上三个方程相当复杂，但在稳定水平飞行的基准飞行条件下，方程组(8.56)直接变为

$$
\begin{aligned}
a_{X_{局部}} &= \dot{u} + W_0 q + z\dot{q} - y\dot{r} + \sum_{i=1}^{n} \nu_{X_i}(x,y,z)\ddot{\eta}_i(t) \\
a_{Y_{局部}} &= \dot{v} + U_0 r - W_0 p + x\dot{r} - z\dot{p} + \sum_{i=1}^{n} \nu_{Y_i}(x,y,z)\ddot{\eta}_i(t) \\
a_{Z_{局部}} &= \dot{w} - U_0 q + y\dot{p} - x\dot{q} + \sum_{i=1}^{n} \nu_{Z_i}(x,y,z)\ddot{\eta}_i(t)
\end{aligned}
\tag{8.57}
$$

局部小扰动加速度矢量的这三个分量及局部俯仰角速度与局部偏航角速度通常为包含在柔性飞行器模型中的附加响应。此外，这些附加响应可用刚体与弹性自由度的线性组合或状态变量的线性组合表示。因此，它们很容易用状态变量格式表示。

现在来概述一下如何组合柔性飞行器动力学的状态变量模型。我们从适用于刚体自由度的模型开始，其类似于 8.1.4 节所示的方程组(8.1)、方程组(8.16)与方程组(8.6)、方程组(8.22)，可表示为

$$
\begin{cases}
\dot{\boldsymbol{x}}_R = \boldsymbol{A}_R \boldsymbol{x}_R + \boldsymbol{B}_R \boldsymbol{u}_R \\
\boldsymbol{y}_R = \boldsymbol{C}_R \boldsymbol{x}_R + \boldsymbol{D}_R \boldsymbol{u}_R
\end{cases}
\tag{8.58}
$$

若将方程组(8.46)与方程组(8.49)中的气动弹性有量纲稳定性导数增加至以上状态变量模型的刚体运动方程中，则新的模型将具有以下形式：

$$
\begin{cases}
\dot{\boldsymbol{x}}_R = \boldsymbol{A}_R \boldsymbol{x}_R + \boldsymbol{B}_R \boldsymbol{u}_R + \boldsymbol{A}_{ER} \boldsymbol{x}_E \\
\boldsymbol{y}_R = \boldsymbol{C}_R \boldsymbol{x}_R + \boldsymbol{D}_R \boldsymbol{u}_R
\end{cases}
\tag{8.59}
$$

式中：$\boldsymbol{x}_E$为模型中所包含的振动模态坐标系与角速度的矢量，即

$$
\boldsymbol{x}_E = \begin{Bmatrix} \eta_1 \\ \dot{\eta}_1 \\ \vdots \\ \eta_n \\ \dot{\eta}_n \end{Bmatrix}
\tag{8.60}
$$

且矩阵元$\boldsymbol{A}_{ER}$包含方程组(8.46)与方程组(8.49)中的气动弹性稳定性导数。（注意，若在此仅考虑纵向动力学，则仅需要在建模时包含对称振动模式。若仅考虑横向动力学，则仅需要包含反对称模式。）

现在将控制弹性自由度的运动方程（方程组(8.43)与方程组(8.50)）并入以上模型中，则状态变量表达式变为

$$
\begin{cases}
\begin{Bmatrix} \dot{\boldsymbol{x}}_R \\ \dot{\boldsymbol{x}}_E \end{Bmatrix} = \begin{bmatrix} \boldsymbol{A}_R & \boldsymbol{A}_{ER} \\ \boldsymbol{A}_{RE} & \boldsymbol{A}_E \end{bmatrix} \begin{Bmatrix} \boldsymbol{x}_R \\ \boldsymbol{x}_E \end{Bmatrix} + \begin{bmatrix} \boldsymbol{B}_R \\ \boldsymbol{B}_E \end{bmatrix} \boldsymbol{u}_R \\
\boldsymbol{y}_R = \begin{bmatrix} \boldsymbol{C}_R & \boldsymbol{0} \end{bmatrix} \boldsymbol{x}_R + \boldsymbol{D}_R \boldsymbol{u}_R
\end{cases}
\tag{8.61}
$$

最后，加上所有已测定的响应，包括局部弹性变形的影响，例如方程组(8.53)~方程组(8.57)，可得出弹性飞行器状态变量模型的最终形式，即

$$
\begin{Bmatrix} \dot{\boldsymbol{x}}_R \\ \dot{\boldsymbol{x}}_E \end{Bmatrix} = \begin{bmatrix} \boldsymbol{A}_R & \boldsymbol{A}_{ER} \\ \boldsymbol{A}_{RE} & \boldsymbol{A}_E \end{bmatrix} \begin{Bmatrix} \boldsymbol{x}_R \\ \boldsymbol{x}_E \end{Bmatrix} + \begin{bmatrix} \boldsymbol{B}_R \\ \boldsymbol{B}_E \end{bmatrix} \boldsymbol{u}_R
$$

$$
\begin{Bmatrix} \boldsymbol{y}_R \\ \boldsymbol{y}_{\text{局部}} \end{Bmatrix} = \begin{bmatrix} \boldsymbol{C}_R & \boldsymbol{0} \\ \boldsymbol{C}_{RE} & \boldsymbol{C}_E \end{bmatrix} \begin{Bmatrix} \boldsymbol{x}_R \\ \boldsymbol{x}_E \end{Bmatrix} + \begin{bmatrix} \boldsymbol{D}_R \\ \boldsymbol{D}_{\text{局部}} \end{bmatrix} \boldsymbol{u}_R \tag{8.62}
$$

注意以上模型中,矩阵 $\boldsymbol{A}_{ER}$ 反映了动力学中弹性至刚性的气动耦合,而矩阵 $\boldsymbol{A}_{RE}$ 则反映了刚性至弹性的气动耦合。若这些矩阵均为零矩阵,则刚体自由度与弹性自由度将动态解耦,正如航天器一样。

### 8.1.6 反馈控制律在飞行仿真模型的应用

我们往往对包含一条或多条反馈控制律的飞行器动力学仿真感兴趣。实现这一任务的方法有几种,方法之一就是运用 MATLAB 软件包中的 Simulink 工具。但要强调的是,也可通过直接将它们并入状态变量模型来轻松实现线性反馈控制律的仿真,因为线性控制律同时也是线性动力系统。换言之,任何线性控制律都可用状态变量格式建模。

如某种控制器的控制律 A 反馈飞行器的响应 $\boldsymbol{y}$ 来产生反馈控制输入 $\boldsymbol{u}_c$,可表示为

$$
\begin{cases} \dot{\boldsymbol{x}}_c = \boldsymbol{A}_c \boldsymbol{x}_c + \boldsymbol{B}_c \boldsymbol{y} \\ \boldsymbol{u}_c = \boldsymbol{C}_c \boldsymbol{x}_c + \boldsymbol{D}_c \boldsymbol{y} \end{cases} \tag{8.63}
$$

式中:$\boldsymbol{x}_c$ 为控制律状态变量的矢量。(注意该系统的输入为飞行器响应矢量 $\boldsymbol{y}$,且该系统的响应为飞行器的控制输入矢量 $\boldsymbol{u}_c$。)另一种控制器的控制律 B 处理响应的误差矢量 $\boldsymbol{e}=\boldsymbol{y}_c-\boldsymbol{y}$,式中 $\boldsymbol{y}_c$ 为外部指令的矢量,其可表示为

$$
\begin{cases} \dot{\boldsymbol{x}}_c = \boldsymbol{A}_c \boldsymbol{x}_c + \boldsymbol{B}_c \boldsymbol{e} \\ \boldsymbol{u}_c = \boldsymbol{C}_c \boldsymbol{x}_c + \boldsymbol{D}_c \boldsymbol{e} \end{cases} \tag{8.64}
$$

因此,如运用控制律 A,令飞行器的总控制输入矢量定义为

$$
\boldsymbol{u} = \boldsymbol{u}_i - \boldsymbol{u}_c \tag{8.65}
$$

且令飞行器的动力学模型给定为

$$
\begin{cases} \dot{\boldsymbol{x}}_v = \boldsymbol{A}_v \boldsymbol{x}_v + \boldsymbol{B}_v \boldsymbol{u} \\ \boldsymbol{y} = \boldsymbol{C}_v \boldsymbol{x}_v + \boldsymbol{D}_v \boldsymbol{u} \end{cases} \tag{8.66}
$$

则包含控制律 A 影响的飞行器动力学状态变量模型为

$$
\begin{aligned}
\begin{Bmatrix} \dot{\boldsymbol{x}}_v \\ \dot{\boldsymbol{x}}_c \end{Bmatrix} &= \begin{bmatrix} (\boldsymbol{A}_v - \boldsymbol{B}_v \boldsymbol{M}^{-1} \boldsymbol{D}_c \boldsymbol{C}_v) & -\boldsymbol{B}_v \boldsymbol{M}^{-1} \boldsymbol{C}_c \\ \boldsymbol{B}_c (\boldsymbol{I} - \boldsymbol{D}_v \boldsymbol{M}^{-1} \boldsymbol{D}_c) \boldsymbol{C}_v & (\boldsymbol{A}_c - \boldsymbol{B}_c \boldsymbol{D}_v \boldsymbol{M}^{-1} \boldsymbol{C}_c) \end{bmatrix} \begin{Bmatrix} \boldsymbol{x}_v \\ \boldsymbol{x}_c \end{Bmatrix} \\
&\quad + \begin{bmatrix} \boldsymbol{B}_v (\boldsymbol{I} - \boldsymbol{M}^{-1} \boldsymbol{D}_c \boldsymbol{D}_v) \\ \boldsymbol{B}_c (\boldsymbol{I} - \boldsymbol{D}_v \boldsymbol{M}^{-1} \boldsymbol{D}_c) \boldsymbol{D}_v \end{bmatrix} \boldsymbol{u}_i \\
\boldsymbol{y} &= [(\boldsymbol{I} - \boldsymbol{D}_v \boldsymbol{M}^{-1} \boldsymbol{D}_c) \boldsymbol{C}_v \quad -\boldsymbol{D}_v \boldsymbol{M}^{-1} \boldsymbol{C}_c] \begin{Bmatrix} \boldsymbol{x}_v \\ \boldsymbol{x}_c \end{Bmatrix} + (\boldsymbol{I} - \boldsymbol{D}_v \boldsymbol{M}^{-1} \boldsymbol{D}_c) \boldsymbol{D}_v \boldsymbol{u}_i \\
\boldsymbol{M} &= \boldsymbol{I} + \boldsymbol{D}_c \boldsymbol{D}_v
\end{aligned} \tag{8.67}
$$

但是,以上仅为另一种状态变量系统。可使用控制律 B 推演出类似的状态变量模型(见第 8.6 题)。可通过 8.1.8 节所探讨的技巧来仿真这些复合模型。

通常，控制律包括用传递函数表示的动态单元。在下例中，我们将展示三种普通的动态单元如何转换成状态变量形式。以下程序也适用于其他动态单元。此外，MATLAB 的控件工具箱包括将传递函数转换为状态变量模型的例程。例 8.4 将演示某些 MATLAB 例程的运用。

## 例 8.3　动态控制单元转换为状态变量形式

设三种动态单元为：比例与积分（PI）单元、一阶滞后单元（或低通滤波器）与高通单元（高通滤波器）。以定义各单元的传递函数开始，求各自的状态变量表达式。

**解**

我们将从传递函数定义的一阶滞后单元开始单独处理各单元

$$\frac{u_L(s)}{y_L(s)}=\frac{K_L}{s+p_L} \tag{8.68}$$

该传递函数对应的微分方程为

$$\dot{u}_L+p_L u_L=K_L y_L(t) \tag{8.69}$$

因而，问题在于求得该微分方程的状态变量表达式，有几种方法可供使用。其中之一是定义一个状态变量 $x_L$，并令控制器输出给定为

$$u_L=cx_L+dy_L$$

式中常数 $c$ 与 $d$ 尚未定义。现令控制 $x_L$ 的方程表示为

$$\dot{x}_L=ax_L+by_L$$

式中 $a$ 与 $b$ 也尚未定义。因此，得出

$$\begin{aligned}\dot{u}_L&=c\dot{x}_L+d\dot{y}_L=c(ax_L+by_L)+d\dot{y}_L=c\left(\frac{a}{c}(u_L-dy_L)+by_L\right)+d\dot{y}_L\\&=au_L-(ad-cb)y_L+d\dot{y}_L\end{aligned}$$

因而，若令 $c=1,d=0,a=-p_L$ 且 $b=K_L$，则可使该方程与方程（8.69）一致。因此，所给定的一阶滞后的状态变量表达式为

$$\begin{aligned}\dot{x}_L&=-p_L x_L+K_L y_L\\u_L&=x_L\end{aligned} \tag{8.70}$$

现令高通单元的传递函数给定为

$$\frac{u_w(s)}{y_w(s)}=\frac{K_w s}{s+p_w} \tag{8.71}$$

该传递函数相关的微分方程为

$$\dot{u}_w+p_w u_w=K_w\dot{y}_w(t) \tag{8.72}$$

因此，定义状态变量 $x_w$，并再次令控制器输出为

$$u_w=cx_w+dy_w$$

式中常数 $c$ 与 $d$ 尚未定义。与之前一样，令状态变量 $x_w$ 由下式决定：

$$\dot{x}_w=ax_w+by_w$$

式中 $a$ 与 $b$ 也尚未定义。因此，再次得出

$$\dot{u}_w=c\dot{x}_w+d\dot{y}_w=c(ax_w+by_w)+d\dot{y}_w=au_w-(ad-cb)y_w+d\dot{y}_w$$

若令 $d=K_w,c=1,a=-p_y$，且 $b=-p_w K_w$，则可使以上方程与方程（8.72）一致。因此，所给定的高通单元的状态变量表达式为

$$\dot{x}_w = -p_w x_w - p_w K_w y_w$$
$$u_w = x_w + K_w y_w \tag{8.73}$$

最后,令 PI 控制单元的传递函数给定为

$$\frac{u_{PI}(s)}{y_{PI}(s)} = \frac{K_{PI}(s + z_{PI})}{s} \tag{8.74}$$

与该单元相关的微分方程为

$$\dot{u}_{PI} = K_{PI}(\dot{y}_{PI} + z_{PI} y_{PI}) \tag{8.75}$$

定义状态变量 $x_{PI}$ 并再次令控制输出为

$$u_{PI} = c x_{PI} + d y_{PI}$$

式中常数 $c$ 与 $d$ 尚未定义。与之前一样,令状态变量由下式决定:

$$\dot{x}_{PI} = a x_{PI} + b y_{PI}$$

式中 $a$ 与 $b$ 也尚未定义。因此,再次得出

$$\dot{u}_{PI} = c\dot{x}_{PI} + d\dot{y}_{PI} = c(a x_{PI} + b y_{PI}) + d\dot{y}_{PI} = a u_{PI} + (cb - ad) y_{PI} + d\dot{y}_{PI}$$

若令 $d = K_{PI}$,$c = 1$,$b = K_{PI} z_{PI}$,且 $a = 0$,则可使以上方程与方程(8.75)一致。因此,所给定的 PI 单元的状态变量表达式为

$$\dot{x}_{PI} = (K_{PI} z_{PI}) y_{PI}$$
$$u_{PI} = x_{PI} + K_{PI} y_{PI} \tag{8.76}$$

## MATLAB
## 例 8.4 控制单元数值转换为状态变量形式

运用 MATLAB 中的控件工具箱,将以下单元转换为状态变量形式:

$$\text{(a)}\ \frac{u_L(s)}{y_L(s)} = \frac{2}{s+1},\quad \text{(b)}\ \frac{u_w(s)}{y_w(s)} = \frac{2s}{s+1},\quad \text{(c)}\ \frac{u_{PI}(s)}{y_{PI}(s)} = \frac{2(s+0.5)}{s}$$

**解**

我们将运用例程 **zpk** 来指定传递函数,并运用例程 **ss** 来求得单元的状态变量表达式。

```
(a) » lagtf = zpk([],- 1,2)
      Zero/pole/gain:
        2
      ------
      (s+1)
      » lagss = ss(lagtf)
      a =
               x1
          x1   -1
      b =
                u1
          x1  1.4142
      c =
                x1
          y1  1.4142
      d =
```

```
      u1
  y1   0
  连续时间系统
```

将以上结果与例 8.3 中所得结果相比较,可知这一状态变量表达式与之前所得结果不同。但是两种状态变量模型均得出相同的传递函数。这就论证了前述的状态变量模型不是唯一的事实。

```
(b) »washtf=zpk(0,-1,2)
      Zero/pole/gain:
      2s
      ------
      (s+1)
      »washss=ss(washtf)
      a=
               x1
          x1  -1
      b=
                 u1
          x1  1.4142
      c=
                  x1
          y1  -1.4142
      d=
               u1
          y1   2
      连续时间系统
(c) »ptf=zpk(-0.5,0,2)
      Zero/pole/gain:
      2(s+0.5)
      ---------
        s
      »pss=ss(ptf)
      a=
               x1
          x1   0
      b=
                 u1
          x1  1.4142
      c=
                  x1
          y1  0.70711
      d=
               u1
          y1   2
      连续时间系统
```

---

### 8.1.7 大气湍流在飞行仿真模型的应用

6.8 节已探讨了大气湍流对作用于飞行器上的力与力矩的影响。已知影响飞行器速度的阵风与气团相关,且通过进行以下运动方程的替换可在飞行器的动力学模型中反映出此类影响。

$$\begin{cases} u_{总} = u + u_g \\ v_{总} = v + v_g (或\beta_{总} = \beta + \beta_g) \\ w_{总} = w + w_g (或\alpha_{总} = \alpha + \alpha_g) \\ \dot{\alpha}_{总} = \dot{\alpha} + \dot{\alpha}_g \end{cases} \tag{8.77}$$

换言之,飞行器相对于气团的速度为飞行器相对于地球的速度与气团相对于地球的速度之和。

假定基准飞行条件为直线水平飞行且大气密度不变,现在来演示将阵风并入线性模型的过程。因此,8.1.4 节中所开发的状态变量解耦模型是合适的。考虑方程组(8.34)~方程组(8.36)中给出的第一个纵向模型,且注意它们是以方程组(8.29)开始推演的。从同一起点开始,我们现可进行方程组(8.77)所示的替换,得出

$$\begin{cases} \dot{u} = -g\theta + (X_u + X_{P_u})(u + u_g) + X_\alpha(\alpha + \alpha_g) + X_{\dot{\alpha}}(\dot{\alpha} + \dot{\alpha}_g) \\ \qquad + X_q q + X_{\delta_E}\delta_E + X_T\delta T \\ \dot{w} = (Z_u + Z_{P_u})(u + u_g) + Z_\alpha(\alpha + \alpha_g) + Z_{\dot{\alpha}}(\dot{\alpha} + \dot{\alpha}_g) + (Z_q + U_0)q \\ \qquad + Z_{\delta_E}\delta_E + Z_T\delta T \\ \dot{q} = (M_u + M_{P_u})(u + u_g) + (M_\alpha + M_{P_\alpha})(\alpha + \alpha_g) + M_{\dot{\alpha}}(\dot{\alpha} + \dot{\alpha}_g) + M_q q \\ \qquad + M_{\delta_E}\delta_E + M_T\delta T \end{cases} \tag{8.78}$$

注意$\dot{\alpha}=\dot{w}/U_0$,则以上第二个方程变为

$$\dot{\alpha} = \left(\frac{1}{U_0 - Z_{\dot{\alpha}}}\right)((Z_u + Z_{P_u})(u + u_g) + Z_\alpha(\alpha + \alpha_g) + Z_{\dot{\alpha}}(\dot{\alpha}_g) + (Z_q + U_0)q + Z_{\delta_E}\delta_E + Z_T\delta T) \tag{8.79}$$

而不是变为方程(8.31)。将上式代入方程组(8.78)中的另两个方程中,并假定 $Z_{P_u}=0$,则可得出

$$\begin{cases} \dot{u} = \left(X_u + X_{P_u} + \dfrac{X_{\dot{\alpha}}Z_u}{U_0 - Z_{\dot{\alpha}}}\right)(u + u_g) + \left(X_\alpha + \dfrac{X_{\dot{\alpha}}Z_\alpha}{U_0 - Z_{\dot{\alpha}}}\right)(\alpha + \alpha_g) + X_{\dot{\alpha}}\left(1 + \dfrac{Z_{\dot{\alpha}}}{U_0 - Z_{\dot{\alpha}}}\right)\dot{\alpha}_g - g\theta \\ \qquad + \left(X_q + X_{\dot{\alpha}}\left(\dfrac{U_0 + Z_q}{U_0 - Z_{\dot{\alpha}}}\right)\right)q + \left(X_{\delta_E} + \dfrac{X_{\dot{\alpha}}Z_{\delta_E}}{U_0 - Z_{\dot{\alpha}}}\right)\delta_E + \left(X_T + \dfrac{X_{\dot{\alpha}}Z_T}{U_0 - Z_{\dot{\alpha}}}\right)\delta T \\ \dot{\alpha} = \left(\dfrac{1}{U_0 - Z_{\dot{\alpha}}}\right)(Z_u(u + u_g) + Z_\alpha(\alpha + \alpha_g) + Z_{\dot{\alpha}}(\dot{\alpha}_g) + (Z_q + U_0)q + Z_{\delta_E}\delta_E + Z_T\delta T) \\ \dot{q} = \left(M_u + M_{P_u} + \dfrac{M_{\dot{\alpha}}Z_u}{U_0 - Z_{\dot{\alpha}}}\right)(u + u_g) + \left(M_\alpha + M_{P_\alpha} + \dfrac{M_{\dot{\alpha}}Z_\alpha}{U_0 - Z_{\dot{\alpha}}}\right)(\alpha + \alpha_g) + M_{\dot{\alpha}}\left(1 + \dfrac{Z_{\dot{\alpha}}}{U_0 - Z_{\dot{\alpha}}}\right)\dot{\alpha}_g \\ \qquad + \left(M_q + M_{\dot{\alpha}}\left(\dfrac{U_0 + Z_q}{U_0 - Z_{\dot{\alpha}}}\right)\right)q + \left(M_{\delta_E} + \dfrac{M_{\dot{\alpha}}Z_{\delta_E}}{U_0 - Z_{\dot{\alpha}}}\right)\delta_E + \left(M_T + \dfrac{M_{\dot{\alpha}}Z_T}{U_0 - Z_{\dot{\alpha}}}\right)\delta T \end{cases} \tag{8.80}$$

以上三个方程加上运动学方程

$$\dot{\theta} = q$$

与

$$\dot{h} = -w + U_0\theta$$

构成了含大气湍流的纵向动力学模型。根据方程组(8.34)~方程组(8.36)所示的响应、状态变量、输入矢量及矩阵,以上五个方程可用以下状态变量形式列为

$$\begin{cases} \dot{\boldsymbol{x}}_v = \boldsymbol{A}_v\boldsymbol{x}_v + \boldsymbol{B}_v\boldsymbol{u}_v + \boldsymbol{G}_v\boldsymbol{y}_g \\ \boldsymbol{y}_v = \boldsymbol{C}_v\boldsymbol{x}_v + \boldsymbol{D}_v\boldsymbol{u}_v \end{cases} \tag{8.81}$$

同时可得出

$$\boldsymbol{y}_g = \begin{Bmatrix} u_g \\ \beta_g \\ \alpha_g \\ \dot{\alpha}_g \end{Bmatrix} \tag{8.82}$$

且

$$\boldsymbol{G}_v = \begin{bmatrix} \left(X_u + X_{P_u} + \dfrac{X_{\dot{\alpha}}Z_u}{U_0 - Z_{\dot{\alpha}}}\right) & 0 & \left(X_\alpha + \dfrac{X_{\dot{\alpha}}Z_\alpha}{U_0 - Z_{\dot{\alpha}}}\right) & X_{\dot{\alpha}}\left(1 + \dfrac{Z_{\dot{\alpha}}}{U_0 - Z_{\dot{\alpha}}}\right) \\ \left(\dfrac{Z_u}{U_0 - Z_{\dot{\alpha}}}\right) & 0 & \left(\dfrac{Z_\alpha}{U_0 - Z_{\dot{\alpha}}}\right) & \left(\dfrac{Z_{\dot{\alpha}}}{U_0 - Z_{\dot{\alpha}}}\right) \\ 0 & 0 & 0 & 0 \\ \left(M_u + M_{P_u} + \dfrac{M_{\dot{\alpha}}Z_u}{U_0 - Z_{\dot{\alpha}}}\right) & 0 & \left(M_\alpha + M_{P_\alpha} + \dfrac{M_{\dot{\alpha}}Z_\alpha}{U_0 - Z_{\dot{\alpha}}}\right) & M_{\dot{\alpha}}\left(1 + \dfrac{Z_{\dot{\alpha}}}{U_0 - Z_{\dot{\alpha}}}\right) \\ 0 & 0 & 0 & 0 \end{bmatrix} \tag{8.83}$$

现在必须将大气湍流并入模型中。由附录 C 可知大气湍流的状态变量模型可用以下形式①表示:

$$\begin{cases} \dot{\boldsymbol{x}}_g = \boldsymbol{A}_g\boldsymbol{x}_g + \boldsymbol{B}_g n \\ \boldsymbol{y}_g = \boldsymbol{C}_g\boldsymbol{x}_g + \boldsymbol{D}_g n \end{cases} \tag{8.84}$$

式中:$\boldsymbol{y}_g$由方程(8.82)给定;$\boldsymbol{x}_g$为阵风状态变量的矢量;$n$ 为用于产生随机阵风的伪随机数字序列。合并方程组(8.81)与方程组(8.84)得出由大气湍流激起的飞行器纵向动力学完整状态变量模型,即

$$\begin{aligned} \begin{Bmatrix} \dot{\boldsymbol{x}}_g \\ \dot{\boldsymbol{x}}_v \end{Bmatrix} &= \begin{bmatrix} \boldsymbol{A}_g & \boldsymbol{0} \\ \boldsymbol{G}_v\boldsymbol{C}_g & \boldsymbol{A}_v \end{bmatrix} \begin{Bmatrix} \boldsymbol{x}_g \\ \boldsymbol{x}_v \end{Bmatrix} + \begin{Bmatrix} \boldsymbol{0} \\ \boldsymbol{B}_v \end{Bmatrix} \boldsymbol{u}_v + \begin{Bmatrix} \boldsymbol{B}_g \\ \boldsymbol{G}_v\boldsymbol{D}_g \end{Bmatrix} n \\ \boldsymbol{y}_v &= \begin{bmatrix} \boldsymbol{0} & \boldsymbol{C}_v \end{bmatrix} \begin{Bmatrix} \boldsymbol{x}_g \\ \boldsymbol{x}_v \end{Bmatrix} + \boldsymbol{D}_v\boldsymbol{u}_v \end{aligned} \tag{8.85}$$

该状态变量模型现已准备好进行数值仿真。注意,如附录 C 所述,随机数字序列 $n$ 必须在仿真中生成。

至于飞行器的横向动力学仿真,则可从方程组(8.30)开始并遵循上述程序。在方程组

① 此为生成随机过程的一般格式(参考文献 4)。

(8.30)中进行方程组(8.77)所反映的替换,且动力学状态变量模型(包括阵风速度)以方程组(8.81)中所示的形式进行推演。在所得的横向动力学状态变量模型中,$\boldsymbol{y}_v$、$\boldsymbol{x}_v$、$\boldsymbol{u}_v$及四个矩阵均在方程组(8.39)~方程组(8.41)给出,现在加上:

$$\boldsymbol{G}_v = \begin{bmatrix} 0 & Y_\beta/\mathrm{U}_0 & 0 & 0 \\ 0 & 0 & 0 & 0 \\ 0 & L'_\beta & 0 & 0 \\ 0 & N'_\beta & 0 & 0 \\ 0 & 0 & 0 & 0 \end{bmatrix} \tag{8.86}$$

然后加上阵风模型,即方程组(8.84),可得出方程组(8.85)所示形式的最终状态变量模型。此即为由阵风激励的横向线性动力学完整仿真模型。

最后,注意方程组(8.84)所给出的阵风模型也可并入适用于纵向与横向动力学耦合的状态变量模型,且在此情形下,矩阵 $\boldsymbol{G}v$ 为方程组(8.83)与方程组(8.86)所给出的矩阵之和。

### 8.1.8 用于线性模型的数值仿真法——适时教学①

首先假定要仿真的飞行器动力学以状态变量格式建模,或系统的一般形式给定为

$$\begin{cases} \dot{\boldsymbol{x}} = \boldsymbol{A}\boldsymbol{x} + \boldsymbol{B}\boldsymbol{u} \\ \boldsymbol{y} = \boldsymbol{C}\boldsymbol{x} + \boldsymbol{D}\boldsymbol{u} \end{cases} \tag{8.87}$$

式中四个矩阵为常数矩阵。这就暗示飞行器质量恒定。该模型可能仅包含 8.1.4 节或 8.1.5 节所述的飞行器动力学或包含 8.1.6 节所述的飞行器动力学与反馈控制律。同时,该模型可能还包含大气湍流的影响。

有多种技巧可用于线性动力系统的数值仿真。但是,在此探讨的技巧包括状态过渡法与 MATLAB 中的几种方法,包括 Simulink。尽管非线性数值积分法的数值有效性不及状态过渡法,也可运用非线性数值积分法。我们将在 8.2.7 节对其进行探讨。此类积分法通常用于具有时间相关矩阵的线性状态变量系统的仿真。

状态过渡法基于状态变量模型中矢量微分方程的解析解,即

$$\dot{\boldsymbol{x}} = \boldsymbol{A}\boldsymbol{x} + \boldsymbol{B}\boldsymbol{u} \tag{8.88}$$

(参考文献 3)。为求得这一解析解,首先求得齐次矢量方程的解:

$$\dot{\boldsymbol{x}} = \boldsymbol{A}\boldsymbol{x} \tag{8.89}$$

若 $\boldsymbol{x}$ 与 $\boldsymbol{A}$ 为标量,则可知方程的解为

$$\dot{x} = ax$$

用 $t_0$处的初始条件表示为

$$x(t) = \mathrm{e}^{a(t-t_0)}x(t_0)$$

式中:用无穷级数定义的指数函数为

$$\mathrm{e}^{a(t-t_0)} = \sum_{i=0}^{\infty} \frac{a^i(t-t_0)^i}{i!}$$

依此类推,则齐次方程组即方程组(8.89)的解为

$$\boldsymbol{x}_H(t) = \mathrm{e}^{\boldsymbol{A}(t-t_0)}\boldsymbol{x}(t_0) \tag{8.90}$$

---

① 适时教学。

式中：矩阵指数也可通过无穷级数定义，即

$$e^{A(t-t_0)}=\sum_{i=0}^{\infty}\frac{A^i(t-t_0)^i}{i!} \tag{8.91}$$

采用以上无穷级数，通过微分与直接替换，能证明方程(8.90)确实是方程(8.89)的解。

注意 $e^{A(t-t_0)}$ 为矩阵量且被称为状态过渡矩阵，同时可用 $\boldsymbol{\Phi}(t-t_0)$ 表示。因此

$$\boldsymbol{\Phi}(t-t_0)\triangleq e^{A(t-t_0)} \tag{8.92}$$

通过运用方程(8.92)的定义或方程(8.91)的级数定义，可证明状态过渡矩阵的某些实用属性为：

(1) $\boldsymbol{\Phi}(0)=\boldsymbol{I}$（单位矩阵）

(2) $\boldsymbol{\Phi}(t_1+t_2)=\boldsymbol{\Phi}(t_1)\boldsymbol{\Phi}(t_2)=\boldsymbol{\Phi}(t_2)\boldsymbol{\Phi}(t_1)$

(3) $\boldsymbol{\Phi}^{-1}(t-t_0)=\boldsymbol{\Phi}(-(t-t_0))$

(4) $[\boldsymbol{\Phi}(t)]^k=\boldsymbol{\Phi}(kt)$（$k$ 为整数）

非齐次矢量微分方程（方程(8.88)）的完全解为齐次解与特定解之和，即

$$\boldsymbol{x}(t)=\boldsymbol{x}_H(t)+\boldsymbol{x}_P(t) \tag{8.93}$$

参数变值法可用于求特定解（参考文献3）。该方法试图用方程(8.90)得出的齐次解（即 $\boldsymbol{\Phi}(t-t_0)\boldsymbol{x}(t_0)$）来求得特定解。

因此，令假定的特定解选定为

$$\boldsymbol{x}_P(t)=\boldsymbol{\Phi}(t-t_0)\boldsymbol{P}(t)\boldsymbol{x}(t_0) \tag{8.94}$$

式中：$\boldsymbol{P}(t)$ 为待定参数的 $n\times n$ 矩阵。现在完全解为

$$\begin{aligned}\boldsymbol{x}(t)&=\boldsymbol{x}_H(t)+\boldsymbol{x}_P(t)=\boldsymbol{\Phi}(t-t_0)\boldsymbol{x}(t_0)+\boldsymbol{\Phi}(t-t_0)\boldsymbol{P}(t)\boldsymbol{x}(t_0)\\&=\boldsymbol{\Phi}(t-t_0)[\boldsymbol{I}+\boldsymbol{P}(t)]\boldsymbol{x}(t_0)\triangleq\boldsymbol{\Phi}(t-t_0)\boldsymbol{z}(t)\end{aligned} \tag{8.95}$$

注意，因为 $\boldsymbol{\Phi}(t_0-t_0)=\boldsymbol{I}$，所以 $\boldsymbol{z}(t_0)=\boldsymbol{x}(t_0)$。将方程(8.95)代回至方程(8.88)中，重新排列可得出

$$[\dot{\boldsymbol{\Phi}}(t-t_0)-\boldsymbol{A}\boldsymbol{\Phi}(t-t_0)]\boldsymbol{z}(t)+\boldsymbol{\Phi}(t-t_0)\dot{\boldsymbol{z}}(t)=\boldsymbol{B}\boldsymbol{u}(t)$$

现使用状态过渡矩阵的级数定义，即方程(8.91)，发现

$$\dot{\boldsymbol{\Phi}}(t-t_0)-\boldsymbol{A}\boldsymbol{\Phi}(t-t_0)=\boldsymbol{0} \tag{8.96}$$

即状态变量矩阵符合原始的齐次微分方程。因此，

$$\boldsymbol{\Phi}(t-t_0)\dot{\boldsymbol{z}}(t)=\boldsymbol{B}\boldsymbol{u}(t)$$

或

$$\dot{\boldsymbol{z}}(t)=\boldsymbol{\Phi}^{-1}(t-t_0)\boldsymbol{B}\boldsymbol{u}(t) \tag{8.97}$$

但直接对方程(8.97)进行求积分，得出

$$\boldsymbol{z}(t)-\boldsymbol{z}(t_0)=\int_{t_0}^{t}\boldsymbol{\Phi}^{-1}(\tau-t_0)\boldsymbol{B}\boldsymbol{u}(\tau)\mathrm{d}\tau$$

或

$$\boldsymbol{z}(t)=\boldsymbol{x}(t_0)+\int_{t_0}^{t}\boldsymbol{\Phi}^{-1}(\tau-t_0)\boldsymbol{B}\boldsymbol{u}(\tau)\mathrm{d}\tau \tag{8.98}$$

因此,由方程(8.95)可将完全解(齐次解加特定解)列为

$$x(t)=\boldsymbol{\Phi}(t-t_0)z(t)=\boldsymbol{\Phi}(t-t_0)x(t_0)+\boldsymbol{\Phi}(t-t_0)\int_{t_0}^{t}\boldsymbol{\Phi}^{-1}(\tau-t_0)\boldsymbol{B}\boldsymbol{u}(\tau)\mathrm{d}\tau \tag{8.99}$$

或注意:

$$\boldsymbol{\Phi}(t-t_0)\boldsymbol{\Phi}^{-1}(\tau-t_0)=e^{A(t-t_0)}e^{-A(\tau-t_0)}=e^{A(t-t_0)}e^{A(t_0-\tau)}=e^{A(t-\tau)}=\boldsymbol{\Phi}(t-\tau) \tag{8.100}$$

微分方程(方程(8.88))非齐次系统完全解的另一种形式为

$$x(t)=\boldsymbol{\Phi}(t-t_0)x(t_0)+\int_{t_0}^{t}\boldsymbol{\Phi}(t-\tau)\boldsymbol{B}\boldsymbol{u}(\tau)\mathrm{d}\tau \tag{8.101}$$

虽然方程(8.99)或方程(8.101)是仿真状态过渡法的关键,但我们并未直接运用这两个方程,而是用它们来推导方程组(8.87)中持续状态变量系统的离散当量(参考文献4)。考虑用前述所得的解(即 $\boldsymbol{x}(t_k)$)来求状态变量微分方程(即 $\boldsymbol{x}(t_{k+1})$)的解,其中

$$t_{k+1}-t_k=\Delta t$$

为小的时间增量。现假定输入矢量 $\boldsymbol{u}(t)$ 在整个间隔 $\Delta t$ 中为常数,规定虚拟变量 $p$ 等于 $(t_{k+1}-\tau)$。可将方程(8.101)中的积分重新列为

$$\int_{t_k}^{t_{k+1}}e^{A(t_{k+1}-\tau)}\boldsymbol{B}\boldsymbol{u}(\tau)\mathrm{d}\tau=-\left(\int_{\Delta t}^{0}e^{Ap}\mathrm{d}p\right)\boldsymbol{B}\boldsymbol{u}(t_k)=\left(\int_{0}^{\Delta t}e^{Ap}\mathrm{d}p\right)\boldsymbol{B}\boldsymbol{u}(t_k) \tag{8.102}$$

但是

$$\int_{0}^{\Delta t}e^{Ap}\mathrm{d}p=\left(e^{A\Delta t}-\boldsymbol{I}\right)\boldsymbol{A}^{-1} \tag{8.103}$$

因此 $\boldsymbol{x}(t_{k+1})$ 的解为

$$\begin{aligned}\boldsymbol{x}(t_{k+1})&=\left[e^{A\Delta t}\right]\boldsymbol{x}(t_k)+\left[\left(e^{A\Delta t}-\boldsymbol{I}\right)\boldsymbol{A}^{-1}\boldsymbol{B}\right]\boldsymbol{u}(t_k)\\&\triangleq\left[\boldsymbol{M}(\Delta t)\right]\boldsymbol{x}(t_k)+\left[\boldsymbol{N}(\Delta t)\right]\boldsymbol{u}(t_k)\end{aligned} \tag{8.104}$$

已知 $\boldsymbol{x}(t_k)$ 与 $\boldsymbol{u}(t_k)$,自然可得出响应 $\boldsymbol{y}(t_k)$ 为

$$\boldsymbol{y}(t_k)=\boldsymbol{C}_v x(t_k)+\boldsymbol{D}_v u(t_k) \tag{8.105}$$

由方程(8.104)可知 $\boldsymbol{N}(\Delta t)$ 为 $\boldsymbol{A}^{-1}$ 的函数。若 $\boldsymbol{A}$ 不可逆,我们可能认为这将是一个问题。但即使 $\boldsymbol{A}$ 不可逆,也有几种方法可求得离散当量系统,包括使用本节稍后所演示的 MATLAB 例程。此外,演示如何采用一系列展开式直接以数值形式求得 $\boldsymbol{M}(\Delta t)$ 与 $\boldsymbol{N}(\Delta t)$ 也是非常有启发意义的。

由状态过渡矩阵的级数定义,即方程(8.91),可得出

$$\boldsymbol{M}(\Delta t)=\boldsymbol{I}+\boldsymbol{A}\Delta t+\frac{1}{2!}\boldsymbol{A}^2\Delta t^2+\cdots$$

且

$$\boldsymbol{N}(\Delta t)=\Delta t\left(\boldsymbol{I}+\frac{1}{2!}\boldsymbol{A}\Delta t+\frac{1}{3!}\boldsymbol{A}^2\Delta t^2+\cdots\right)\boldsymbol{B} \tag{8.106}$$

注意,对于较小的 $\Delta t$ 而言,以上表达式中的两个级数将在一定数量的项后实现聚合。例如,$\Delta t$ 可选定为

$$\Delta t = \frac{1}{\omega_{n_{\max}}} \text{ s} \tag{8.107}$$

式中

$$\omega_{n_{\max}} \triangleq |\lambda_{\max}|$$

且 $\lambda_{\max}$ 为具有最大幅值的 $\boldsymbol{A}$ 的本征值。此外,还需要使 $\Delta t$ 较小,因为假定整个时间间隔内输入 $\boldsymbol{u}(t)$ 为常数。因此,通过直接对方程组(8.106)中级数的前几项求和可求得 $\boldsymbol{M}(\Delta t)$ 与 $\boldsymbol{N}(\Delta t)$ 的数值。

不管选用哪种方法,在求得 $\boldsymbol{M}(\Delta t)$ 与 $\boldsymbol{N}(\Delta t)$ 后,给出输入时间关系曲线图 $\boldsymbol{u}(t_k)$,方程(8.104)与方程(8.105)可用于递归生成时间关系曲线图 $\boldsymbol{y}(t_k)$ 的解。这一过程构成了线性动力系统仿真。

### 8.1.9 线性仿真实例

用几个涉及飞行器飞行动力学线性仿真的实例来结束 8.1 节的探讨。

**MATLAB**

**例 8.5 "纳维昂"飞机纵向动力学仿真**

运用状态过渡法对例 8.2 中所探讨的"纳维昂"飞机纵向动力学进行仿真。用 1°、2s 偶极子作为升降舵输入,并确定前 10s 的响应。

**解**

小扰动升降舵偏转指定为 1°、2s 偶极子。因此,升降舵输入将为 -1°2s、+1°2s,然后在其余的仿真中保持为零。选定 $\Delta t = 0.05\text{s}$,这是处理刚性飞行器动态响应时一个较小的时间间隔。因此,每秒将有 20 个时间间隔,在整个 10s 的仿真时间中总共有 200 个时间间隔。

相关系统的状态变量模型在方程组(8.37)中已给出,方便起见,在此重复一遍。(在此未使用推力输入,因此 $\boldsymbol{B}$ 与 $\boldsymbol{D}$ 仅反映单控制输入。)

$$\boldsymbol{A} = \begin{bmatrix} -0.0451 & 6.348 & -32.2 & 0 & 0 \\ -0.0021 & -2.0244 & 0 & 1 & 0 \\ 0 & 0 & 0 & 1 & 0 \\ 0.0021 & -6.958 & 0 & -3.0757 & 0 \\ 0 & -176 & 176 & 0 & 0 \end{bmatrix}, \boldsymbol{B} = \begin{bmatrix} 0 \\ -0.160 \\ 0 \\ -11.029 \\ 0 \end{bmatrix}$$

$$\boldsymbol{C} = \begin{bmatrix} 1 & 0 & 0 & 0 & 0 \\ 0 & 1 & 0 & 0 & 0 \\ 0 & 0 & 1 & 0 & 0 \\ 0 & 0 & 0 & 1 & 0 \\ 0 & 0 & 0 & 0 & 1 \end{bmatrix}, \boldsymbol{D} = \begin{bmatrix} 0 \\ 0 \\ 0 \\ 0 \\ 0 \end{bmatrix}$$

输入矢量 $\boldsymbol{u}$ 为用弧度表示的小扰动升降舵偏转 $\delta_E$,且响应矢量与状态矢量为

$$\boldsymbol{y} = \boldsymbol{x} = \begin{Bmatrix} u\,(\text{fps}) \\ \alpha\,(\text{rad}) \\ \theta\,(\text{rad}) \\ q\,(\text{rad/s}) \\ h\,(\text{ft}) \end{Bmatrix}$$

接下来将运用方程组(8.106)及 $\Delta t=0.05s$ 来求矩阵 $\boldsymbol{M}$ 与矩阵 $\boldsymbol{N}$。由 MATLAB 可知 $\boldsymbol{M}$ 与 $\boldsymbol{N}$ 的级数展开的各项如下：

```
A=
 4.5100e-02   6.3480e+00  -3.2200e+01        0        0
-2.1000e-03  -2.0244e+00        0       1.0000e+00   0
      0           0             0       1.0000e+00   0
 2.1000e-03  -6.9580e+00        0      -3.0757e+00   0
      0      -1.7600e+02   1.7600e+02        0        0
»term1=.05*A
term1=
 2.2550e-03   3.1740e-01  -1.6100e+00        0        0
-1.0500e-04  -1.0122e-01        0       5.0000e-02   0
      0           0             0       5.0000e-02   0
 1.0490e-04  -3.4790e-01        0      -1.5379e-01   0
      0      -8.8000e+00   8.8000e+00        0        0
»M=eye(5)+term1          仅级数中的前两项
M=
 1.0023e+00   3.1740e-01  -1.6100e+00       0            0
-1.0500e-04   8.9878e-01        0       5.0000e-02        0
      0           0        1.0000e+00   5.0000e-02        0
 1.0490e-04  -3.4790e-01        0       8.4621e-01        0
      0      -8.8000e+00   8.8000e+00       0        1.0000e+00
```

运用以下符号 termk $=\boldsymbol{A}^k(\Delta t)^k$，一直重复到 $k=5$。此时，矩阵 $\boldsymbol{M}$ 中各元素的最大改变近似于 $1.0\times10^{-6}$。

```
»term5=term4*term1
term5=
  5.7032e-07   5.4134e-04   2.9674e-06  -2.7602e-04  0
  1.1391e-07   1.0623e-04   6.0368e-07  -5.5591e-05  0
  7.5765e-08  -4.0037e-06   6.9359e-07  -5.4625e-05  0
 -1.0278e-07   3.8866e-04  -2.4396e-06   1.6470e-04  0
 -4.9143e-07   4.6269e-03  -2.2382e-05   1.4417e-03  0
»M=M+(1/120)*term5
M=
  1.0022e+00   3.0601e-01  -1.6118e+00  -3.0945e-02       0
 -9.7288e-05   8.9601e-01   8.0371e-05   4.3893e-02       0
  2.7771e-06  -7.9812e-03   1.0000e+00   4.6214e-02       0
  1.1384e-04  -3.0538e-01  -8.9424e-05   8.4988e-01       0
  4.4733e-04  -8.3698e+00   8.7998e+00   6.9591e-03  1.0000e+00
```

同样，关于矩阵 $\boldsymbol{N}$，可得出

```
B=
      0
-1.6000e-01
      0
-1.1029e+01
      0
»N=0.05*(eye(5)0.5*term1+(1/6)*term2+(1/24)*term3+(1/120)*term4+(1/
720)*term5)*B
N=
```

```
 4.5138e-03
-2.0239e-02
-1.3066e-02
-5.0842e-01
 3.3071e-02
```

再一次,在级数展开到第五项后,矩阵 $\boldsymbol{N}$ 各元素的最大改变近似于 $1.0\times10^{-6}$。

再次返回到 MATLAB 指令行,输入与时间序列及仿真时间步长的所需数量被定义为

```
»t=0:.05:10;
»u(1:20)=-1/57.3;
»u(21:40)=1/57.3;
»u(41:201)=0;
»k=200;
```

运用下列的 MATLAB 函数或名为 NavionSim 的 m 文件进行递归仿真:

```
% Navion Simulation
function [y]=NavionSim(M,N,C,D,u,k,x0)
x=x0;
y(:,1)=C*x+D*u(1);
for kk=2:k+1
    x=M*x+N*u(kk-1);
    y(:,kk)=C*x+D*u(kk);
end
```

图 8.3 绘制了纵向速度与控制输入曲线图。

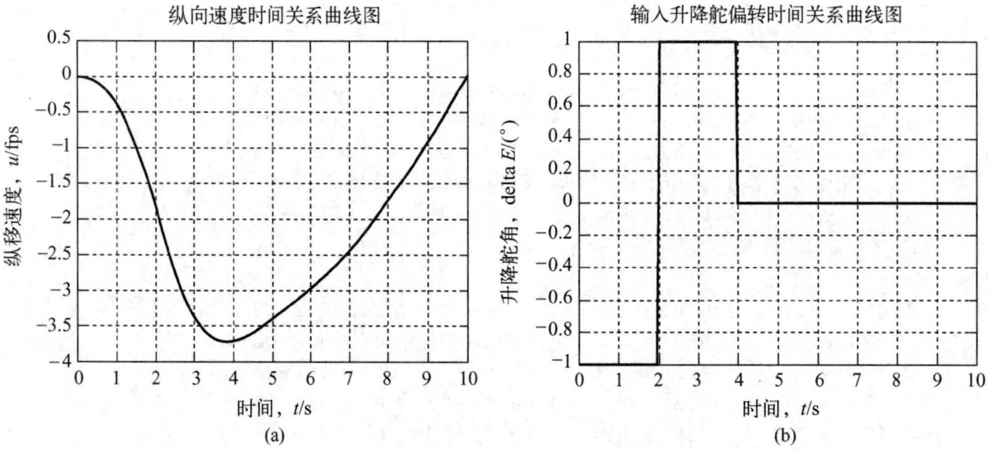


图 8.3 纵向速度与升降舵输入的时间关系曲线图

```
»x0=[0;0;0;0;0];
»y=NavionSim(M,N,C,D,u,k,x0)
»plot(t,y(1,:))
»grid
»xlabel('Time,t (sec)')
»ylabel('Surge Velocity,u (fps)')
»title('Surge Velocity Time History')
»plot(t,57.3*u)
»grid
```

```
»xlabel('Time,t (sec)')
»ylabel('Elevator Angle,deltaE (deg)')
»title('Input Elevator Deflection Time History')
```

以同样的方式绘制另外四种响应,如图 8.4 与图 8.5 所示。注意,为了方便绘图,升降舵偏转、攻角与姿态角均转换为度数,且俯仰角速度转换为度每秒。

同时注意,此时我们有意保持小的升降舵输入与 10s 的总仿真时间是为了特意确保各响应也较小,因而不会违反线性模型推导中所作出的小扰动假设。学生有时会忘记此点,而使得仿真响应变得过大。此类结果通常无效,须谨慎使用。

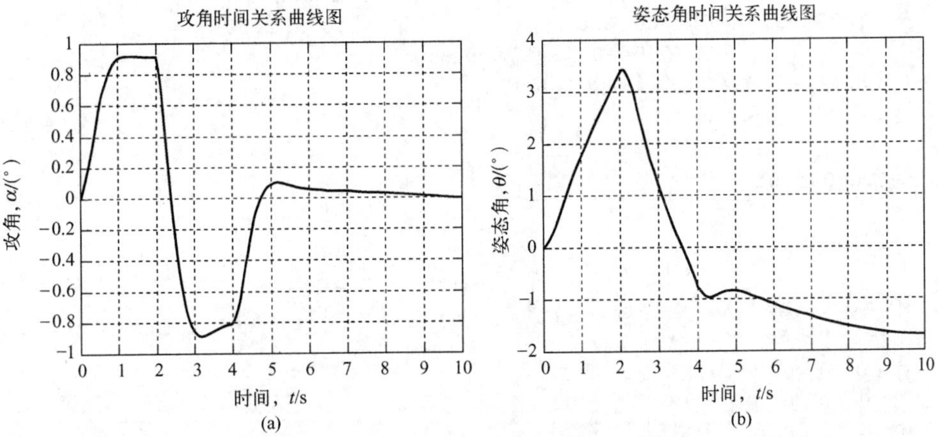


图 8.4　攻角与俯仰姿态的时间关系曲线图

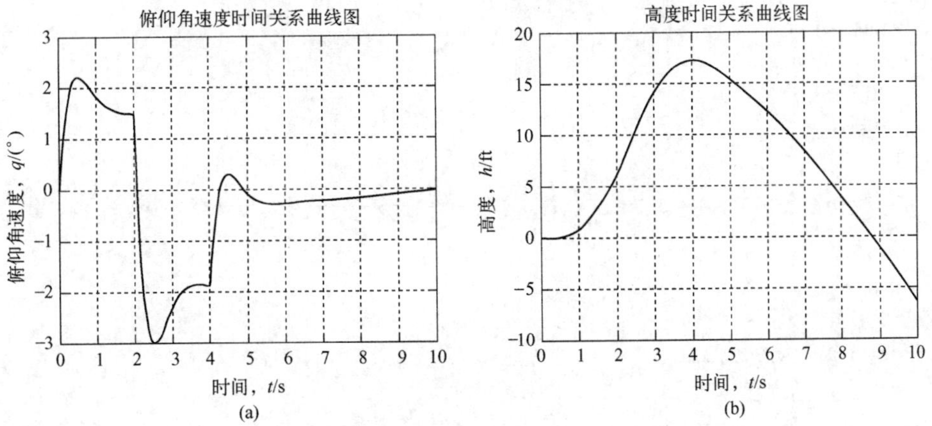


图 8.5　俯仰角速度与高度的时间关系曲线图

MATLAB 中的例程也可用于直接确定矩阵 $\boldsymbol{M}(\Delta t)$ 与 $\boldsymbol{N}(\Delta t)$。MATLAB 控件工具箱包含例程 c2d,可用于将线性连续系统转换为离散当量系统。例 8.5 中的矩阵 $\boldsymbol{M}(\Delta t)$、$\boldsymbol{N}(\Delta t)$、$\boldsymbol{C}$ 与 $\boldsymbol{D}$ 构成了离散当量系统的状态变量描述。

## MATLAB
## 例 8.6　运用 c2d 确定仿真矩阵 $\boldsymbol{M}$ 与 $\boldsymbol{N}$

运用 MATLAB 的例程 c2d 来求得例 8.5 中所发现的矩阵 $\boldsymbol{M}$ 与 $\boldsymbol{N}$,这些矩阵可用于"纳维昂"飞机的纵向动力学仿真。

**解**

仿真时间间隔仍为 $\Delta t = 0.05\text{s}$。运用例 8.5 中给出的纳维昂模型的矩阵 $\boldsymbol{A}$ 与 $\boldsymbol{B}$，我们回到 MATLAB 指令行，直接求得矩阵 $\boldsymbol{M}$ 与 $\boldsymbol{N}$。

```
»A=[0.0451 6.348 -32.2 0 0;-2.1e-3 -2.0244 0 1 0;
0 0 0 1 0;2.1e-3 -6.958 0 -3.0757 0;0 -176 176 0 0]
A=
 4.5100e-02   6.3480e+00  -3.2200e+01       0          0
-2.1000e-03  -2.0244e+00       0        1.0000e+00   0
      0            0           0        1.0000e+00   0
 2.1000e-03  -6.9580e+00       0       -3.0757e+00   0
      0       -1.7600e+02   1.7600e+02      0          0
»B=[0;-.16;0;-11.029;0]
B=
      0
-1.6000e-01
      0
-1.1029e+01
      0
»C=eye(5)
C =
1  0  0  0  0
0  1  0  0  0
0  0  1  0  0
0  0  0  1  0
0  0  0  0  1
»D(1:5)=0
D=
  0  0  0  0  0
»D=D'
D=
  0
  0
  0
  0
  0
»sys=ss(A,B,C,D)
a=
           x1        x2        x3       x4      x5
  x1   0.0451    6.3480    -32.2       0       0
  x2  -0.0021   -2.0244      0         1       0
  x3     0         0         0         1       0
  x4   0.0021    -6.958      0     -3.0757     0
  x5     0        -176      176        0       0
b=
          u1
  x1      0
  x2   -0.16
  x3      0
  x4  -11.029
  x5      0
c=
```

```
      x1  x2  x3  x4  x5
  y1  1   0   0   0   0
  y2  0   1   0   0   0
  y3  0   0   1   0   0
  y4  0   0   0   1   0
  y5  0   0   0   0   1
d=
      u1
  y1  0
  y2  0
  y3  0
  y4  0
  y5  0
连续时间系统                          以上系统为连续时间系统.
»sysd=c2d(sys,0.05)                  该指令进行连续时间至离散当量的转换.
矩阵M
a=
            x1           x2           x3           x4        x5
  x1      1.0022       0.30601      -1.6118     -0.030945     0
  x2   -9.7288e-05     0.89601     8.0371e-05    0.043893     0
  x3    2.7771e-06   -0.0079812       1          0.046214     0
  x4    0.00011384    -0.30538    -8.9423e-05    0.84988      0
  x5    0.00044733    -8.3698       8.7998      0.0069591     1
矩阵N
b=
          u1
  x1  0.0045138
  x2  -0.020239
  x3  -0.013066
  x4   -0.50842
  x5   0.033071
c=
      x1  x2  x3  x4  x5
  y1  1   0   0   0   0
  y2  0   1   0   0   0
  y3  0   0   1   0   0
  y4  0   0   0   1   0
  y5  0   0   0   0   1
d=
      u1
  y1  0
  y2  0
  y3  0
  y4  0
  y5  0
采样时间:0.05
离散时间系统
```

注意 MATLAB 将用 a、b、c 及 d 来表示定义离散当量系统的矩阵，而我们则用 $\boldsymbol{M}$、$\boldsymbol{N}$、$\boldsymbol{C}$ 与 $\boldsymbol{D}$ 来表示。可发现运用例程 c2d 求得的以上离散当量系统中，用**a** 与**b** 表示的矩阵与例 8.5 中所求得的矩阵 $\boldsymbol{M}$ 与 $\boldsymbol{N}$ 相同。

如前所述，MATLAB 的控件工具箱也具有几种直接仿真线性动态模型的例程。其中，两种特别实用的为 step 例程与 lsim 例程。step 例程产生线性动态模型的阶跃响应，lsim 例程则绘制线性模型对用户定义的时间关系曲线图的响应。

## MATLAB
## 例 8.7　用 lsim 仿真"纳维昂"飞机的纵向动力学

运用 MATLAB 的例程**lsim** 绘制"纳维昂"飞机对例 8.5 给出的 2s、1°升降舵偶极子的纵向响应。

**解**

矩阵 ***A***、***B***、***C*** 与 ***D*** 及时间与升降舵输入序列将与例 8.5 中的一致。因此直接使用 MATLAB 指令行,得出:

```
» sys = ss(A,B,C,D)
a =
          x1        x2       x3       x4      x5
  x1   0.0451    6.3480   -32.2       0       0
  x2  -0.0021   -2.0244     0         1       0
  x3     0         0        0         1       0
  x4   0.0021   -6.958      0     -3.0757     0
  x5     0       -176      176        0       0
b =
          u1
  x1      0
  x2   -0.16
  x3      0
  x4  -11.029
  x5      0
c =
       x1  x2  x3  x4  x5
  y1   1   0   0   0   0
  y2   0   1   0   0   0
  y3   0   0   1   0   0
  y4   0   0   0   1   0
  y5   0   0   0   0   1
d =
       u1
  y1   0
  y2   0
  y3   0
  y4   0
  y5   0
连续时间系统              注意图 8.6 中的标签将被添加至之后的微软幻灯片曲线图中.
» lsim(sys,u,t,x0)
```

注意图 8.6 中所绘制的角与俯仰角速度用弧度表示,我们发现以上结果与例 8.5 所给出的结果相一致。尽管**lsim** 简便快捷,但我们却不能调整曲线图的格式,且与之前的例题一样,如果必要的话,我们必须另外单独绘制控制输入序列。

最后,基于图形的仿真工具 Simulink 包含在 MATLAB 软件包中,它对建立线性仿真与非线性仿真同样有效。运用 Simulink 的基本理念在于绘制仿真图,即直接描述仿真的流程图。Simulink 图中的各元素包括含动态模型(状态变量模型或传递函数)的模块、描述仿真输入的模块及描述如何记录和/或绘制仿真输出的模块等。随后,所有模块通过图形连接来描述各模块如何相互作用。

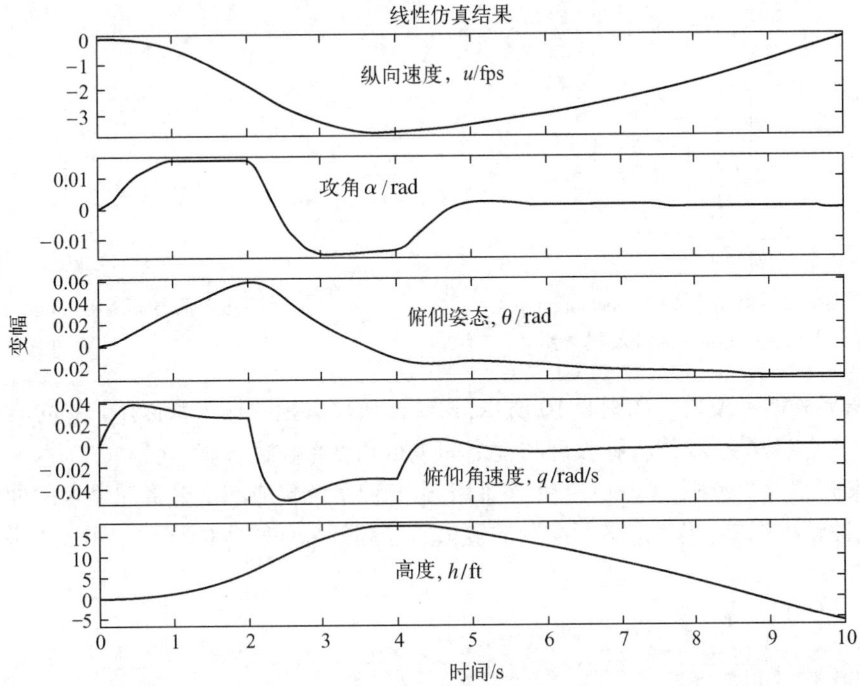


图 8.6 “纳维昂”飞机纵向响应的时间关系曲线图

## SIMULINK
## 例 8.8 仿真“纳维昂”飞机的纵向动力学

除了使用 Simulink，仿真例 8.5 所示的纳维昂飞机的纵向动力学。

**解**

首先建立定义仿真动态单元的**Simulink** 模块。这些模块从**Simulink Library** 挑选，在 MATLAB 指令行输入指令**Simulink 时**，这些模块就会出现；或者将这些模块拖拽至**Simulink** 文件窗口将其与程序库一同打开。

第一个模块名为“**Navion Dynamics**”，将描述状态变量格式的飞行器动力学。如图 8.7 所示，其具有我们所提供的标签。双击模块打开定义动力学的对话框及状态变量的初始条件。在此种情形下，我们提供了描述状态变量模型的矩阵名称，即我们在 MATLAB 工作界面定义的矩阵 $\boldsymbol{A}$、$\boldsymbol{B}$、$\boldsymbol{C}$ 与 $\boldsymbol{D}$。

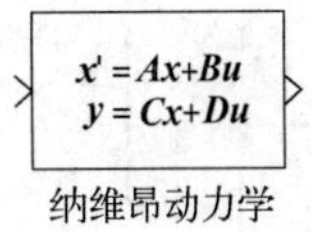


图 8.7 动力学仿真模块

接下来引入图 8.8 所示的模块组，包括三个输入模块与一个总和模块，通过这些模块定义控制输入。此处输入为用度表示的小扰动升降舵偏转。用该模块组创建 1°、2s 升降舵偶极子。注意我们已经用界定模块相互作用的箭头将模块连接起来。这些箭头通过**Simulink** 窗口中的 MATLAB 图形用户界面添加。

第三个模块，如图 8.9 所示，为将输出矢量 $\boldsymbol{y}$ 分离为标量响应（在此为五种响应）的信号分离器盒。

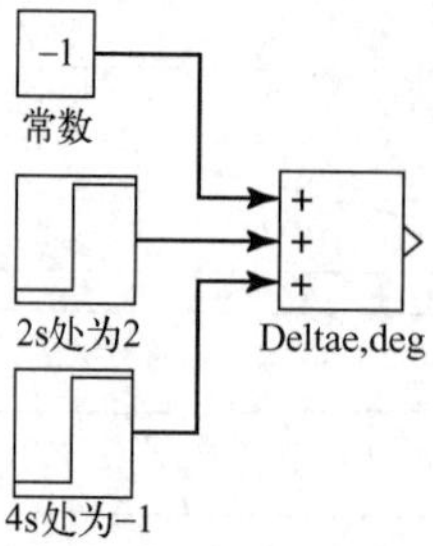


图 8.8　相互连接的 constant、step 与 summation Simulink 模块组

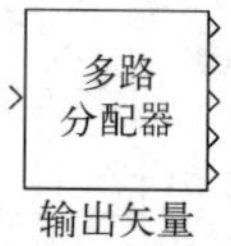


图 8.9　信号分离器 Simulink 模块

现介绍另外四种模块。如图 8.10 所示，这些模块仅将模块输入乘以用户指定常数。对我们而言，为了绘图方便，我们将在弧度与度之间进行角度单位的转换。

最后来介绍六个**范围**(**Scope**)模块，它们生成五种系统响应加上升降舵输入的曲线图。各 **Scope** 模块被贴上标签，用于定义所绘制的输出。绘制升降舵输入的模块如图 8.11 所示。

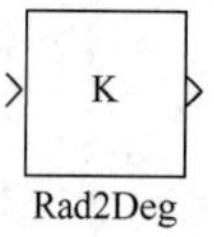


图 8.10　乘法器或**Gain** Simulink 模块

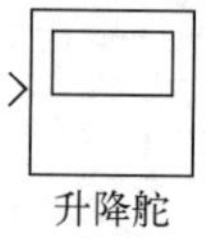


图 8.11　用于制图的 Scope Simulink 模块

除了使用**Scope** 模块，各响应也可被写为文档形式，然后通过 MATLAB 进行常规绘制。

现在以上所有模块已通过图形用户界面连接，得出了图 8.12 所示的 Simulink 框图。

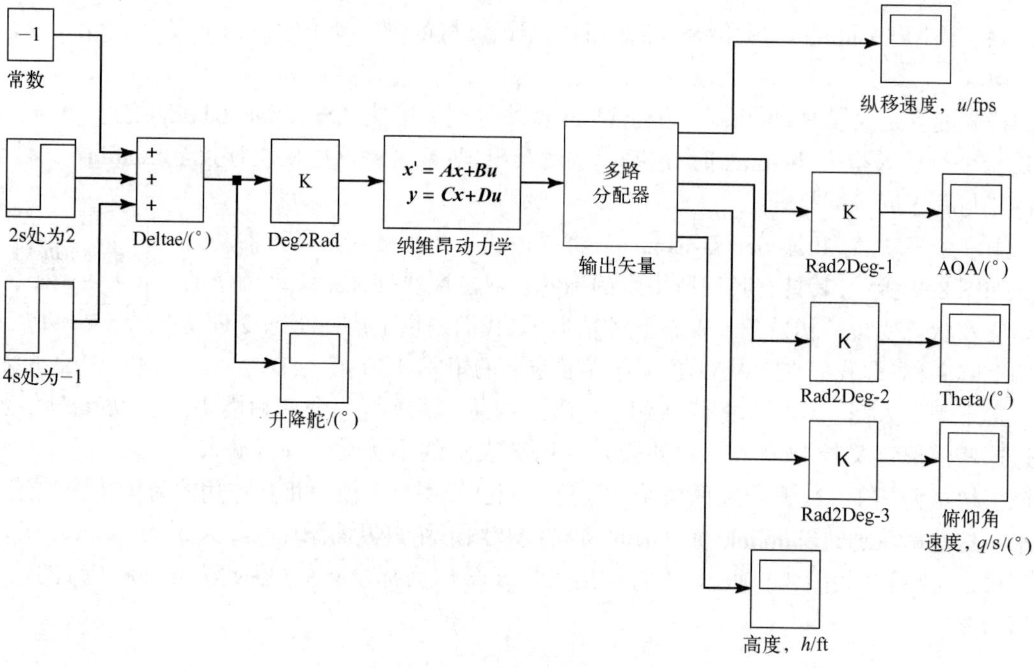


图 8.12　仿真纳维昂动力学的 Simulink 框图

在**Simulation** 下拉菜单中设定 10s 的仿真时间，通过点击同一下拉菜单中的**Start** 进行

仿真。

图 8. 13 ~ 图 8. 15 绘制了五种响应及升降舵输入的时间关系曲线图。因为我们是运用 **Scope** 模块来获得这些曲线图,所以不能标记坐标轴系。这些模块用于快速获得输出的曲线图。将这些曲线图与例 8. 5 中的曲线图进行比较,可发现它们较吻合。

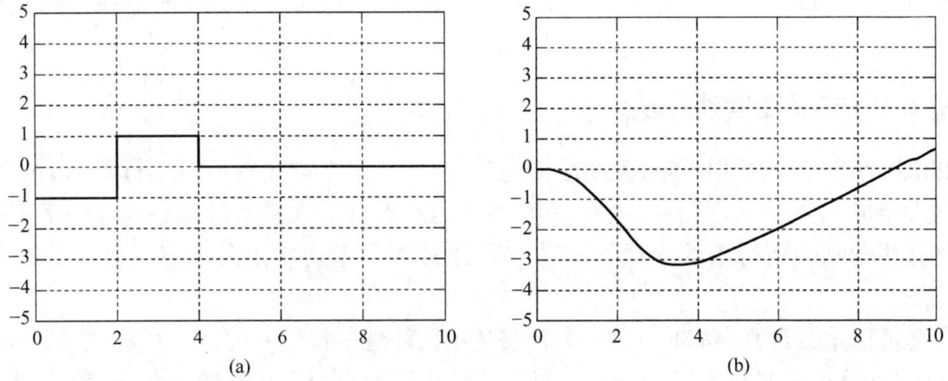


图 8. 13　升降舵输入(°)与纵向速度(fps)的时间关系曲线图——时间用秒表示

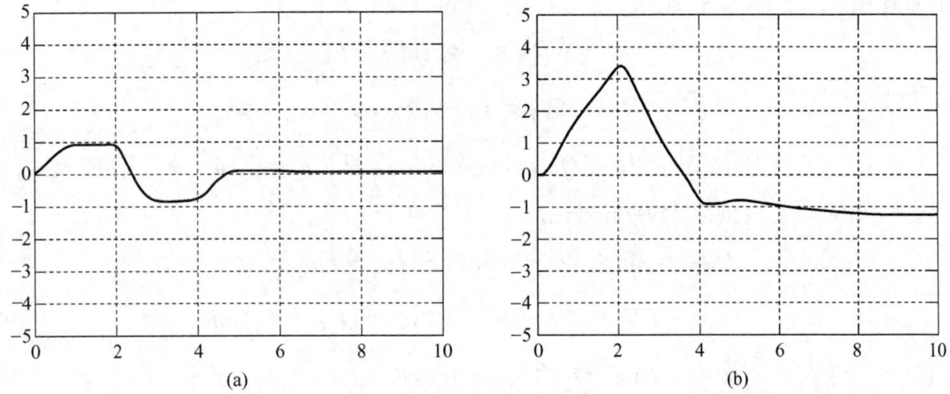


图 8. 14　攻角与俯仰姿态(°)的时间关系曲线图——时间用秒表示

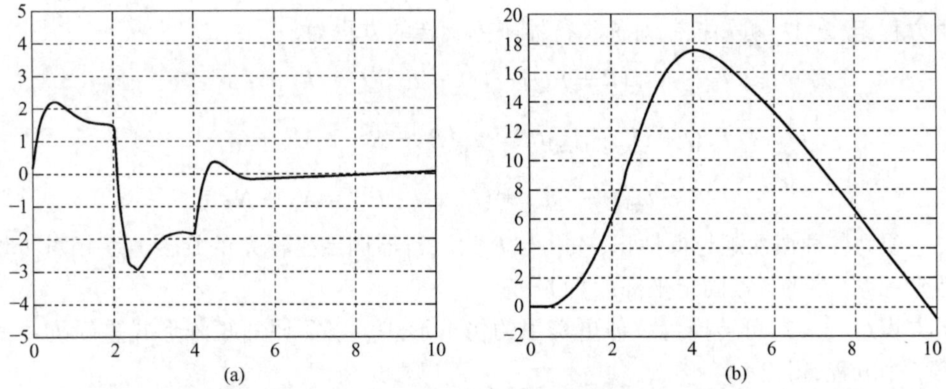


图 8. 15　俯仰角速度(°/s)与高度(ft)的时间关系曲线图——时间用秒表示

## 8.2 非线性数学模型组合与飞行仿真

现在我们将关注非线性仿真。由本章的引言部分可知,非线性仿真采用数学模型中的非线性运动方程。以下将组合飞行器动力学的这些非线性模型并探讨各种非线性仿真技巧与工具。

### 8.2.1 非线性运动方程

正如在 8.1 节所探讨的线性案例中所述的一样,已经在前述章节对飞行器动力学数学模型的主要组成部分进行了探讨。现在,我们将组合这些部分。模型的核心内容包括第二章所推演的适用于刚性飞行器的非线性运动方程或第四章中适用于柔性飞行器的非线性运动方程。

首先考虑第二章所推演的方程。我们将集中关注地平情形并假定飞行器关于其 $XZ$ 面对称(因而几个惯性矢量积为零)。同时,忽略旋转机械对飞行器的影响。如有必要,以下程序可直接用于以第二章的相关方程组为起始的其他情形。

由方程组(2.22)可知控制飞行器刚体平动的非线性方程为

$$m(\dot{U}+QW-VR)=-mg\sin\theta+F_{A_X}+F_{P_X}$$

$$m(\dot{V}+RU-PW)=mg\cos\theta\sin\phi+F_{A_Y}+F_{P_Y}$$

$$m(\dot{W}+PV-QU)=mg\cos\theta\cos\phi+F_{A_Z}+F_{P_Z}$$

用更简便的形式重列以上方程,得出

$$\begin{aligned}\dot{U}&=-QW+VR-g\sin\theta+(F_{A_X}+F_{P_X})/m\\ \dot{V}&=-RU+PW+g\cos\theta\sin\phi+(F_{A_Y}+F_{P_Y})/m\\ \dot{W}&=-PV+QU+g\cos\theta\cos\phi+(F_{A_Z}+F_{P_Z})/m\end{aligned} \tag{8.108}$$

回顾可知 $U$、$V$ 与 $W$ 为飞行器质心的速度相对于地球固定惯性坐标系(在飞行器固定坐标系)的分量,$m$ 为飞行器质量。

由方程组(2.27)可知控制对称飞行器刚体旋转的方程为

$$I_{xx}\dot{P}-I_{xz}(\dot{R}+PQ)+(I_{zz}-I_{yy})RQ=L_A+L_P$$

$$I_{yy}\dot{Q}+(I_{xx}-I_{zz})PR+I_{xz}(P^2-R^2)=M_A+M_P$$

$$I_{zz}\dot{R}-I_{xz}(\dot{P}-QR)+(I_{yy}-I_{xx})PQ=N_A+N_P$$

式中:$I_{..}$ 项为各种惯性矩与惯性积;$P$、$Q$ 与 $R$ 为飞行器固定坐标系的旋转速度相对于地球固定惯性坐标系(在飞行器固定坐标系)的分量。

但方程组(2.27)可转换为一种更实用的仿真形式。以简便的矩阵形式重新列第一个方程与第三个方程,得出

$$\begin{cases} I_{yy}\dot{Q}=(I_{zz}-I_{xx})PR+I_{xz}(R^2-P^2)+M_A+M_P \\ \begin{bmatrix} I_{xx} & -I_{xz} \\ -I_{xz} & I_{zz}\end{bmatrix}\begin{Bmatrix}\dot{P}\\ \dot{R}\end{Bmatrix}=\begin{Bmatrix} I_{xz}PQ+(I_{yy}-I_{zz})RQ+L_A+L_P \\ -I_{xz}QR+(I_{xx}-I_{yy})PQ+N_A+N_P\end{Bmatrix}\end{cases} \tag{8.109}$$

因而可得出所需的方程为

$$\dot{Q} = \frac{1}{I_{yy}}\left((I_{zz} - I_{xx})PR + I_{xz}(R^2 - P^2) + M_A + M_P\right)$$

$$\begin{Bmatrix} \dot{P} \\ \dot{R} \end{Bmatrix} = \frac{1}{I_{xx}I_{zz} - I_{xz}^2}\begin{bmatrix} I_{zz} & I_{xz} \\ I_{xz} & I_{xx} \end{bmatrix}\begin{Bmatrix} I_{xz}PQ + (I_{yy} - I_{zz})RQ + L_A + L_P \\ -I_{xz}QR + (I_{xx} - I_{yy})PQ + N_A + N_P \end{Bmatrix} \tag{8.110}$$

方程组(2.37)给出了将飞行器的惯性旋转速度与欧拉角速度相联系的运动学方程,即

$$\begin{aligned} \dot{\phi} &= P + Q\sin\phi\tan\theta + R\cos\phi\tan\theta \\ \dot{\theta} &= Q\cos\phi - R\sin\phi \\ \dot{\psi} &= (Q\sin\phi + R\cos\phi)\sec\theta \end{aligned} \tag{8.111}$$

式中:$\psi$、$\theta$ 与 $\varphi$ 分别为 3-2-1 欧拉角,规定飞行器固定坐标系相对于地球固定惯性坐标系的方向。最后,方程组(2.40)给出了将惯性速度与飞行器的惯性位置相联系的三个运动学方程,即

$$\begin{aligned} \dot{X}_E &= U\cos\theta\cos\psi + V(\sin\phi\sin\theta\cos\psi - \cos\phi\sin\psi) + W(\cos\phi\sin\theta\cos\psi + \sin\phi\sin\psi) \\ \dot{Y}_E &= U\cos\theta\sin\psi + V(\sin\phi\sin\theta\sin\psi + \cos\phi\cos\psi) + W(\cos\phi\sin\theta\sin\psi - \sin\phi\cos\psi) \\ \dot{h} &= U\sin\theta - V\sin\phi\cos\theta - W\cos\phi\cos\theta \end{aligned} \tag{8.112}$$

式中:$X_E$与 $Y_E$分别为飞行器的"北向"与"东向"坐标;$h$ 为飞行器的高度。进行非线性仿真时,我们将使用以上 12 个运动方程。

仿真模型最后要添加的是辅助响应,如飞行器特定位置上的惯性加速度。这一加速度(矢量)由方程(8.25)给定。

在 8.2.1 节的陈述中,仅考虑扁平、不旋转地球的情形,忽视旋转机械或变质量的影响。若需要考虑这些影响,就必须以控制平动与旋转的适当方程组开始探讨。表 8.3 中列出了这些情形及控制平动与旋转的相应方程组。

表 8.3 非线性平动运动方程与旋转运动方程

| 情　形 | 平动方程 | 旋转方程 |
|---|---|---|
| 旋转机械 | 方程组(8.108)(不变) | 方程组(8.110)加上方程组(2.75)中加下划线的项 |
| 变质量 | 方程组(8.108)加上方程组(2.89)中加下划线的项(见例 2.4) | 方程组(8.110)加上方程组(2.100)中加下划线的项(见例 2.4) |
| 旋转球形地面 | 方程组(2.123) | 方程组(8.110)　注:同时还需要方程组(2.114)、方程组(2.115)与方程组(2.125)作为新的运动学方程 |
| 性能(风轴) | 方程组(2.136) | 不适用 |

### 8.2.2 气动力与力矩以及推进力与力矩的模型

有多种方法可将力与力矩并入非线性仿真中,因为存在多种此类模型。例如,如第六章所述,气动力与力矩的模型可以风洞数据、计算机的计算结果、半经验法或以上方法的组合为基

础。第六章所开发的模型以半经验法为基础,从根本上来说是局部线性模型。即排除阻力的模型,气动力与力矩的模型为用运动变量(如攻角与控制面偏转)表示的线性模型。但是,基于风洞数据或计算机技术的气动模型通常具有更完善的力与力矩非线性特征。此外,此类非线性模型通常用于非线性仿真。

查表模型或许是非线性力与力矩模型最一般、最常见的形式。在此种模型中,数据用表或数据库概括,表或数据库中的条目取决于自变量(如马赫数、攻角、侧滑角、控制面偏转及起落架或襟翼位置的构成)。那么,在计算过程中无论何时需要力或力矩,都可采用数值内插法从列表数据库中提取。尽管计算量较大,但这种方法非常直接且由于附加数据可用,可轻易对数据库进行修改。

基于适用于数据库的多项式或样条的解析模型可替代查表模型。此类方法加快了计算速度,但由于新的数据可用,这些方法更加难以创建或改变。适用于气动力或推进力的最简解析模型为第六章所开发的那些模型。为了在非线性仿真中演示力与力矩模型的使用,我们将在以下推演过程中使用这些模型。

通过假定传统飞行器的几何图形推演出方程(6.17)、方程(6.24)与方程(6.29)。与这些方程组一致,我们可将气动升力、侧力与阻力的系数表示为:

$$\begin{aligned}
C_L &= C_{L_0} + C_{L_\alpha}\alpha + C_{L_q}Q + C_{L_{\dot\alpha}}\dot\alpha + C_{L_{i_H}}i_H + C_{L_{\delta_E}}\delta_E \\
C_S &= C_{S_\beta}\beta + C_{S_p}P + C_{S_r}R + C_{S_{\delta_A}}\delta_A + C_{S_{\delta_R}}\delta_R \\
C_D &= C_{D_0} + \left(\frac{C_{L_W}^2}{\pi A_W e_W} + \frac{C_{L_H}^2}{\pi A_H e_H}\frac{q_H}{q_\infty}\frac{S_H}{S_W} + \frac{C_{S_V}^2}{\pi A_V e_V}\frac{q_H}{q_\infty}\frac{S_V}{S_W}\right)
\end{aligned} \tag{8.113}$$

例如,为使用以上阻力系数方程,我们可将以下模型应用于机翼表面与尾翼表面的升力。

$$\begin{aligned}
C_{L_W} &= C_{L_{\alpha_W}}(\alpha + i_W - \alpha_{0_W}) \\
C_{L_H} &= C_{L_{\alpha_H}}\left(\left(1 - \frac{d\varepsilon}{d\alpha}\right)(\alpha + i_W) + \frac{d\varepsilon}{d\alpha}\alpha_{0_W} + i_H - \alpha_{0_H} + \alpha_\delta\delta_E\right) \\
C_{S_V} &= C_{S_{\beta_V}}(\beta + \beta_\delta\delta_R)
\end{aligned}$$

以上表达式是在推导方程(6.17)、方程(6.24)与方程(6.29)的过程中产生的,那么气动力则为

$$L = C_L q_\infty S_W,\ S = C_S q_\infty S_W,\ D = C_D q_\infty S_W \tag{8.114}$$

且

$$q_\infty = \frac{1}{2}\rho_\infty(U^2 + V^2 + W^2) \tag{8.115}$$

与方程(6.43)、方程(6.55)与方程(6.67)一致,我们可将滚转力矩系数、俯仰力矩系数与偏航力矩系数的表达式列为

$$\begin{aligned}
C_{L_{滚转}} &= C_{L_\beta}\beta + C_{L_p}P + C_{L_r}R + C_{L_{\delta_A}}\delta_A + C_{L_{\delta_R}}\delta_R \\
C_M &= C_{M_{\alpha=\delta_E=i_H=0}} + C_{M_\alpha}\alpha + C_{M_{\dot\alpha}}\dot\alpha + C_{M_q}Q + C_{M_{i_H}}i_H + C_{M_{\delta_E}}\delta_E \\
C_N &= C_{N_\beta}\beta + C_{N_p}P + C_{N_r}R + C_{N_{\delta_A}}\delta_A + C_{N_{\delta_R}}\delta_R
\end{aligned} \tag{8.116}$$

且气动滚转力矩、俯仰力矩与偏航力矩分别为

$$L_A = C_{L_{滚转}} q_\infty S_W b_W,\ M_A = C_M q_\infty S_W \bar{c}_W,\ N_A = C_N q_\infty S_W b_W \tag{8.117}$$

与 6.3 节一致,推力 $T$ 可表示为

$$T = C_T(V_{进气口}, h, \pi) q_\infty S_W \tag{8.118}$$

假定式中推力系数 $C_T$ 及法向推力 $F_N$ 可由发动机数据处获得。若要包含发动机的响应时滞,则应对方程(8.118)进行修改,使其包含传递函数:

$$C_T(s) = \left(\frac{p_T}{s + p_T}\right) C_{T_C}(V_{进气口}, h, \pi) \tag{8.119}$$

另选定的 $p_T$ 获得所需的发动机时滞。

同时,例如,由方程组(6.268)可知推进俯仰力矩可表示为

$$M_P = C_{P_M} q_\infty S_W \bar{c}_W \tag{8.120}$$

式中,推进俯仰力矩系数为

$$C_{P_M} = \frac{1}{q_\infty S_W \bar{c}_W} \sum_{i=1}^{n_P} \left( T_i(V_{进气口}, h, \pi)(d_{T_i} \cos\phi_{T_i} - x_{T_i} \sin\phi_{T_i}) - F_{N_{Z_i}}(x_{T_i} \cos\phi_{T_i} + d_{T_i} \sin\phi_{T_i}) \right) \tag{8.121}$$

且图 6.13 已定义 $d_T$、$x_T$ 与 $\phi_T$。用于获得推力系数 $C_T$ 与法向力的发动机数据既可制成构成查询表的表格,也可是符合如高度、进气口马赫数与油门的某种函数。

### 8.2.3 非线性数学模型建模

为组建完整的非线性数学模型,必须首先推演运动方程(即方程组(8.108)与方程组(8.110))中力与力矩分量的表达式。为实现这一目的,必须选定要使用的飞行器固定坐标轴系。非线性仿真中,机身参考坐标系通常是较合适的选择。对于具有固定形状的恒重飞行器而言,在这些坐标轴系中,惯性矩与惯性积将为常数。同时,在此我们不会像在线性小扰动分析中所进行的一样探讨固定的基准飞行条件。现在,我们将研究飞行器固定坐标轴系中气动力与推进力的分量。参见图 6.4,气动力的分量如方程组(6.264)所示,即

$$\begin{aligned} F_{A_X} &= C_X q_\infty S_W = -D\cos\alpha\cos\beta - S\cos\alpha\sin\beta + L\sin\alpha \\ F_{A_Y} &= C_Y q_\infty S_W = -D\sin\beta + S\cos\beta \\ F_{A_Z} &= C_Z q_\infty S_W = -D\sin\alpha\cos\beta - S\sin\alpha\sin\beta - L\cos\alpha \end{aligned} \tag{8.122}$$

或用各系数表示,可得

$$\begin{cases} C_X = -C_D\cos\alpha\cos\beta - C_S\cos\alpha\sin\beta + C_L\sin\alpha \\ C_Y = -C_D\sin\beta + C_S\cos\beta \\ C_Z = -C_D\sin\alpha\cos\beta - C_S\sin\alpha\sin\beta - C_L\cos\alpha \end{cases} \tag{8.123}$$

假定推力关于飞行器的 $XZ$ 面对称,推力的分量如方程组(6.265)所示,即

$$\begin{aligned} F_{P_X} &= C_{P_X} q_\infty S_W = T(V_{进气口}, h, \pi)\cos\phi_T \\ F_{P_Y} &= C_{P_Y} q_\infty S_W = F_{N_Y} \\ F_{P_Z} &= C_{P_Z} q_\infty S_W = -T(V_{进气口}, h, \pi)\sin\phi_T + F_{N_Z} \end{aligned} \tag{8.124}$$

气动力矩如方程组(6.267)所示，即

$$\begin{aligned}L_A &= C_{L_{\text{Roll}}} q_\infty S_W b_W \\ M_A &= C_M q_\infty S_W \bar{c}_W \\ N_A &= C_N q_\infty S_W b_W\end{aligned} \tag{8.125}$$

而推进力矩的分量如方程(6.268)所示，即

$$\begin{aligned}L_P &= \sum_{i=1}^{n_P}\left\{y_{T_i}\left(F_{N_{Z_i}}\cos\phi_{T_i} - T_i\left(V_{\text{inlet}},h,\pi\right)\sin\phi_{T_i}\right) - d_{T_i}F_{N_{Y_i}}\right\} \\ M_P &= \sum_{i=1}^{n_P}\left\{T_i\left(V_{\text{inlet}},h,\pi\right)\left(d_{T_i}\cos\phi_{T_i} - x_{T_i}\sin\phi_{T_i}\right) - F_{N_{Z_i}}\left(x_{T_i}\cos\phi_{T_i} + d_{T_i}\sin\phi_{T_i}\right)\right\} \\ N_P &= -\sum_{i=1}^{n_P}\left\{y_{T_i}T_i\left(V_{\text{inlet}},h,\pi\right)\cos\phi_{T_i} + x_{T_i}F_{N_{Y_i}}\right\}\end{aligned} \tag{8.126}$$

刚性飞行器动力学的完整模型则包含六个运动方程，即方程组(8.108)与方程组(8.110)；六个运动学方程，即方程组(8.111)与(8.112)；以及力与力矩的模型。力与力矩模型包含方程组(8.122)方程组(8.126)。若8.2.2节所述的模型用于升力、阻力、侧力等，则方程组(8.113)~方程组(8.120)提供了必要的力、力矩与推力系数。大气密度与附加辅助方程也必须包含在内，大气密度及附加辅助方程为

$$\begin{aligned}\tan\alpha &= W/U\ (\text{或}\alpha \approx W/U) \\ \tan\beta &= V/U\ (\text{或}\beta \approx V/U) \\ V_\infty &= \sqrt{U^2+V^2+W^2}\end{aligned} \tag{8.127}$$

大气密度的模型如附录A所示。

最后，含点$\boldsymbol{p}(x,y,z)$处相对于飞行器质心的局部加速度在内的附加响应通常也被包含在模型中。方程(8.25)给出了适用于刚性飞行器的这一加速度(矢量)，即

$$\boldsymbol{a}_R(x,y,z,t) = \boldsymbol{a}_R(\boldsymbol{p},t) = \frac{\mathrm{d}\boldsymbol{V}_V}{\mathrm{d}t}\Big|_V + \left(\boldsymbol{\omega}_{V,I}\times\boldsymbol{V}_V\right) + \left(\boldsymbol{\omega}_{V,I}\times\left(\boldsymbol{\omega}_{V,I}\times\boldsymbol{p}\right)\right) + \left(\frac{\mathrm{d}\boldsymbol{\omega}_{V,I}}{\mathrm{d}t}\Big|_V\times\boldsymbol{p}\right)$$

飞行器固定坐标系中$\boldsymbol{a}_R$的分量为

$$\begin{aligned}a_{X_R} &= \dot{U} + Q\left(W + (Py - Qx)\right) - R\left(V + (Rx - Pz)\right) + \left(\dot{Q}z - \dot{R}y\right) \\ a_{Y_R} &= \dot{V} + R\left(U + (Qz - Ry)\right) - P\left(W + (Py - Qx)\right) + \left(\dot{R}x - \dot{P}z\right) \\ a_{Z_R} &= \dot{W} + P\left(V + (Rx - Pz)\right) - Q\left(U + (Qz - Ry)\right) + \left(\dot{P}y - \dot{Q}x\right)\end{aligned} \tag{8.128}$$

因而现在已知方程(8.25)的三个分量。

在结束本章节时，值得注意的是，若仅需要纵向方程的非线性模型且不含旋转机械的影响，则可使用方程组(8.108)与方程组(8.110)中适用于$\dot{U}$、$\dot{W}$与$Q$的方程，并使$V$、$P$与$R$为零。若仅需要横向动力学的非线性仿真，也可使用类似的方法。

### 8.2.4 柔性飞行器模型

如 8.1.5 节所述,柔性飞行器仿真必须包括控制弹性自由度的运动方程。第四章已经推演了这些方程。除了对作用于飞行器上的力与力矩进行必要的调整外,控制刚体平动与旋转的方程保持不变。第七章已经研究了对这些力与力矩的模型所做的调整。因此,对于柔性飞行器而言,我们使用的非线性运动方程,即方程组(8.108)、方程组(8.110)、方程组(8.111)与方程组(8.112),其方程形式均保持不变。

由方程组(4.84)可知控制弹性自由度的动力学方程,在此重复一遍:

$$\ddot{\eta}_i + \omega_i^2 \eta_i = \frac{Q_i}{\mathcal{M}_i}, i = 1, 2, \cdots, n$$

回顾可知,$\eta_i$ 为与模型中所含的第 $i$ 个振动模式相关的总(不含小扰动)模态坐标,$Q_i$ 为与该自由度相关的广义力,$\omega_i$ 为模型的真空振动频率,$\mathcal{M}_i$ 为模态广义质量。假定后两个量可从之前的飞行器结构振动分析中获得。

注意,通常给上述方程组(4.84)的各方程增加了约为 0.02 的小模态阻尼 $\xi_i$,以增强振动分析中解析结果与实验结果的吻合度。包含阻尼,则方程组(4.84)变为

$$\ddot{\eta}_i + 2\zeta_i \omega_i \dot{\eta}_i + \omega_i^2 \eta_i = \frac{Q_i}{\mathcal{M}_i}, i = 1, 2, \cdots, n \tag{8.129}$$

第七章已经对作用于柔性飞行器上的力与力矩进行了建模,且由于振动振型由机身参考坐标系定义,所以这些轴系通常用于开发力与力矩的模型。作用于飞行器上的力与力矩的分量由方程组(7.3)给出,即

$$\begin{cases} F_{A_X} = C_X q_\infty S_W = -D\cos\alpha\cos\beta - S\cos\alpha\sin\beta + L\sin\alpha \\ F_{A_Y} = C_Y q_\infty S_W = -D\sin\beta + S\cos\beta \\ F_{A_Z} = C_Z q_\infty S_W = -D\sin\alpha\cos\beta - S\sin\alpha\sin\beta - L\cos\alpha \end{cases} \tag{8.130}$$

以上表达式通过假定飞行器参考坐标系推演得出。

方程组(7.99)为

$$\begin{cases} F_{A_{X_E}} = \sum_{i=1}^{n} \left( \frac{\partial F_{A_X}}{\partial \eta_i} \eta_i + \frac{\partial F_{A_X}}{\partial \dot{\eta}_i} \dot{\eta}_i \right) \\ F_{A_{Y_E}} = \sum_{i=1}^{n} \left( \frac{\partial F_{A_Y}}{\partial \eta_i} \eta_i + \frac{\partial F_{A_Y}}{\partial \dot{\eta}_i} \dot{\eta}_i \right) \\ F_{A_{Z_E}} = \sum_{i=1}^{n} \left( \frac{\partial F_{A_Z}}{\partial \eta_i} \eta_i + \frac{\partial F_{A_Z}}{\partial \dot{\eta}_i} \dot{\eta}_i \right) \end{cases} \tag{8.131}$$

用于建模方程组(8.130)中弹性变形对三种气动分力的影响。因此,并入控制刚体平动运动方程(即方程组(8.108))的三种分力为“刚体”对方程组(8.130)的影响(如方程组(8.113))加上弹性变形对这些分力影响(如方程组(8.131))。

至于飞行器所受的力矩,6.10.1 节已经探讨了刚性飞行器在机身参考坐标系中所示的气动力矩与推进力矩分量。这些分量表示为

$$\begin{cases} L_A + L_P & (\text{滚转力矩}) \\ M_A + M_P & (\text{俯仰力矩}) \\ N_A + N_P & (\text{偏航力矩}) \end{cases} \tag{8.132}$$

弹性变形对此类力矩的影响如方程组(7.101)所示,即

$$\begin{cases} L_{A_E} = \sum_{i=1}^{n}\left(\dfrac{\partial L_A}{\partial \eta_i}\eta_i + \dfrac{\partial L_A}{\partial \dot{\eta}_i}\dot{\eta}_i\right) \\ M_{A_E} = \sum_{i=1}^{n}\left(\dfrac{\partial M_A}{\partial \eta_i}\eta_i + \dfrac{\partial M_A}{\partial \dot{\eta}_i}\dot{\eta}_i\right) \\ N_{A_E} = \sum_{i=1}^{n}\left(\dfrac{\partial N_A}{\partial \eta_i}\eta_i + \dfrac{\partial N_A}{\partial \dot{\eta}_i}\dot{\eta}_i\right) \end{cases} \tag{8.133}$$

随后,以上三个表达式可直接添加进刚性飞行器的力矩分量,即方程组(8.132),同时将结果代入控制刚体旋转的三个运动方程(即方程组(8.110))的右侧。

为完善弹性效应的模型,作用于弹性自由度上的广义力自身如方程组(7.103)所示,即

$$Q_i = \left(Q_{i_{\mathbf{p}=0}} + \frac{\partial Q_i}{\partial \boldsymbol{p}_{\text{刚体}}}\boldsymbol{p}_{\text{刚体}}\right) + \sum_{i=1}^{n}\left(\frac{\partial Q_i}{\partial \eta_j}\eta_j + \frac{\partial Q_i}{\partial \dot{\eta}_j}\dot{\eta}_j\right) \tag{8.134}$$

且

$$\boldsymbol{p}_{\text{刚体}}^{\mathrm{T}} = \left[U \quad \beta\left(\approx\frac{V}{U}\right) \quad \alpha\left(\approx\frac{W}{U}\right) \quad P \quad Q \quad R \quad i_H \quad \delta_E \quad \delta_A \quad \delta_R\right]$$

式中:$n$ 为模型中所包含的弹性模式的数量。但方程组(7.94)对应上述方程(8.134)右侧第一个括号中的项,方程组(7.95)对应第二个括号中的偏导数。因此,由方程(8.134)已知第 $n$ 个广义力 $Q_i$,且可将其代入相应的关于 $n$ 的控制弹性自由度的运动方程(即方程组(8.129))。

将方程(8.134)并入方程组(8.129)后,现在柔性飞行器的动力学模型几乎完整了。最后仅需将弹性变形影响并入飞行器的动态响应(即响应矢量 $\boldsymbol{y}$)。

如 8.1.5 节所述,通常包含在线性模型中的附加动态响应为方程组(8.53)~方程组(8.57)所示的响应。这些线性方程用小扰动变量表示。但对于弹性飞行器的非线性模型而言,我们感兴趣的是总运动变量的响应。因此,总局部俯仰角速度与偏航角速度现在表示为

$$\begin{cases} Q_{\text{局部}}(x,t) = Q(t) + \sum_{i=1}^{n}\nu'_{Z_i}(x)\dot{\eta}_i(t) \\ R_{\text{局部}}(x,t) = R(t) + \sum_{i=1}^{n}\nu'_{Y_i}(x)\dot{\eta}_i(t) \end{cases} \tag{8.135}$$

至于局部加速度,方程(8.55)给出了包括弹性变形的总加速度;而方程(8.25)为刚体运动在相对于飞行器质心的点 $\boldsymbol{p}$ 处(即$(x,y,z)$处)对该局部惯性加速度的影响。为方便起见,在此重复这些方程。

$$\boldsymbol{a}_{\text{局部}}(x,y,z,t) = \boldsymbol{a}_R(x,y,z,t) + \sum_{i=1}^{n}\boldsymbol{\nu}_i(x,y,z)\ddot{\eta}_i(t)$$

$$\boldsymbol{a}_R(x,y,z,t) = \boldsymbol{a}_R(\boldsymbol{p},t) = \frac{\mathrm{d}\boldsymbol{V}_V}{\mathrm{d}t}\Big|_V + (\boldsymbol{\omega}_{V,I}\times\boldsymbol{V}_V) + (\boldsymbol{\omega}_{V,I}\times(\boldsymbol{\omega}_{V,I}\times\boldsymbol{p})) + \left(\frac{\mathrm{d}\boldsymbol{\omega}_{V,I}}{\mathrm{d}t}\Big|_V\times\boldsymbol{p}\right)$$

扩展方程(8.55)并使上述两个矢量方程中的分量 $\boldsymbol{i}_V$、$\boldsymbol{j}_V$ 与 $\boldsymbol{k}_V$ 相等后,再次进行适当的假设,则结果可表示为

$$a_{X_{局部}}(x,y,z,t) = a_{X_R}(x,y,z,t) + \sum_{i=1}^{n} \nu_{X_i}(x,y,z)\ddot{\eta}_i(t)$$
$$a_{Y_{局部}}(x,y,z,t) = a_{Y_R}(x,y,z,t) + \sum_{i=1}^{n} \nu_{Y_i}(x,y,z)\ddot{\eta}_i(t) \quad (8.136)$$
$$a_{Z_{局部}}(x,y,z,t) = a_{Z_R}(x,y,z,t) + \sum_{i=1}^{n} \nu_{Z_i}(x,y,z)\ddot{\eta}_i(t)$$

式中：$a_{X_R}$、$a_{Y_R}$与 $a_{Z_R}$如方程组(8.128)所示，即

$$a_{X_R} = \dot{U} + Q(W + (Py - Qx)) - R(V + (Rx - Pz)) + (\dot{Q}z - \dot{R}y)$$
$$a_{Y_R} = \dot{V} + R(U + (Qz - Ry)) - P(W + (Py - Qx)) + (\dot{R}x - \dot{P}z)$$
$$a_{Z_R} = \dot{W} + P(V + (Rx - Pz)) - Q(U + (Qz - Ry)) + (\dot{P}y - \dot{Q}x)$$

根据现在所给出的所有信息，方程组(8.136)中三个表达式完善了通常包含于柔性飞行器仿真中的附加响应。现已组建完柔性飞行器动力学的非线性模型。

### 8.2.5 反馈控制律在飞行仿真模型上的应用

8.1.6 节已经探讨了线性反馈控制律在飞行器动力学线性模型中的应用。将线性控制律并入非线性动态模型时需要使用同样的方法。直接将控制律的状态变量模型添加至动态模型的微分方程组中。唯一的例外在于具有非线性单元的控制律，而且通常包含在非线性控制单元中的系统行为是非线性仿真的关键部分。此类非线性单元的实例为限制器、转接器或非线性增益，在此仅探讨此类非线性控制单元。

图 8.16 展示了三种非线性单元实例，图从左至右依次描绘了限制器、转接器与非线性增益的输入-输出(IO)关系。线性解析模型完全不能获得此类 IO 关系，但用查表法或非线性解析模型则能获得。例如，以下模型可用作由限制器追踪的线性动态控制单元。

$$\begin{cases} \dot{\boldsymbol{x}}_c = \boldsymbol{A}_c \boldsymbol{x}_c + \boldsymbol{B}_c y(t) \\ u(t) = \boldsymbol{C}_c \boldsymbol{x}_c + D_c y,\ 若|u(t)| > U_{\max},\ 则\ u(t) = U_{\max}\left(\dfrac{u(t)}{|u(t)|}\right) \end{cases} \quad (8.137)$$

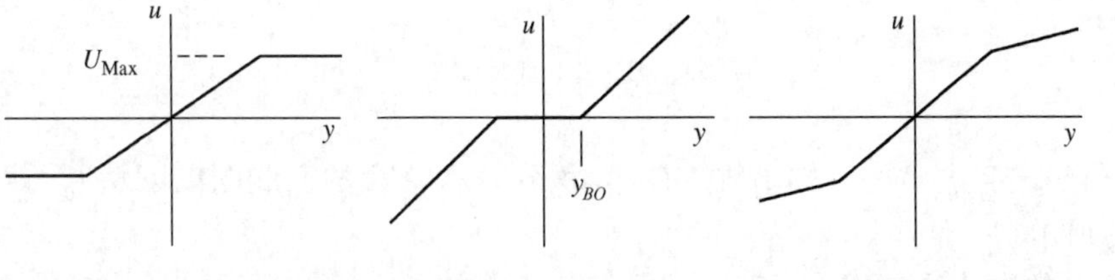


图 8.16 三种非线性控制单元——限制器、转接器与非线性增益

注意该模型包含用于动态控制单元线性部分的状态变量模型及用于限制控制单元的输出的运算法则。该模型可容易并入仿真中所使用的数值积分法。转接单元的模型也可用类似的方式进行开发。

非线性增益的模型或增益规划通常涉及查询表。例如，考虑以下形式的动态控制律：

$$\begin{cases} \dot{\boldsymbol{x}}_c = \boldsymbol{A}_c \boldsymbol{x}_c + \boldsymbol{B}_c y(t) \\ u(t) = \boldsymbol{C}_c \boldsymbol{x}_c + D_{\mathrm{Var}} y, \quad D_{\mathrm{Var}} = K_{\mathrm{Var}}(h, M_\infty) \end{cases} \quad (8.138)$$

该控制律为线性,但其具有可变增益。可变增益为飞行高度与马赫数的函数。在动态模型的数值积分过程中,由于飞行器在某一特定仿真时间内的高度与马赫数是可变化的,所以在仿真中的这一特定时刻,它们可用于查询可变增益 $K_{可变}$。

因此,可发现通过使用对非线性方程求积分的数值法,在非线性控制单元的模型中添加逻辑或查询表毫无难度。

### 8.2.6 大气湍流在飞行仿真模型上的应用

8.1.7 节已经探讨了将大气湍流的模型并入线性仿真中,类似方法也可用于将湍流并入非线性仿真中。大气湍流的相同解析模型,如附录 C 中所述,也可用于非线性情形下。湍流的动态模型可直接添加至微分方程组求积分。

6.8 节探讨了湍流对气动力与力矩的影响。在 6.8 节与 8.1.7 节中,阵风速度被视为小扰动变量。然而,由于阵风速度的参照值可取零,所以小扰动与总阵风速度相同。换言之,例如可设定 $w_g = W_g$。因此,与方程组(8.77)一致,通过在模型中(即方程组(8.113)~方程组(8.117))进行以下替换,湍流的影响就被并入了气动力与力矩的模型中。

$$\begin{cases} U_{总} = U + U_g \\ V_{总} = V + V_g \ (或\beta_{总} = \beta + \beta_g) \\ W_{总} = W + W_g \ (或\alpha_{总} = \alpha + \alpha_g) \\ \dot{\alpha}_{总} = \dot{\alpha} + \dot{\alpha}_g \end{cases} \tag{8.139}$$

在运动方程中,$U$、$V$(或 $\beta$)、$W$(或 $\alpha$)与 $\dot{\alpha}$ 分别由各自的非线性微分方程决定,而 $U_g$、$V_g$(或 $\beta_g$)、$W_g$(或 $\alpha_g$)与 $\dot{\alpha}_g$ 则由湍流模型中获得,如附录 C 中所示。

### 8.2.7 数值仿真技术——适时教学

本节将探讨两个主题:对非线性微分方程求积分的数值法(或解决所谓的初始值问题)与实现平衡或"配平"飞行条件的数值法。

**Numerical Integration** 为介绍构成数值积分法的基本概念,假设定积分的求值为

$$A = \int_{t_0}^{t_f} f(t)\mathrm{d}t$$

式中:$t_0$ 与 $t_f$ 已知,且 $f(t)$ 为已知函数。自然,积分表示 $f(t)$ 的曲线图以下从 $t_0$ 到 $t_f$ 的面积,如图 8.17(a)所示。

求该积分的数值法包括将区间 $[t_0, t_f]$ 细分为小的子区间和通过一阶多项式(即直线)求被积函数 $f(t)$ 在各子区间的近似值,面积 $A$ 通过以下关系式求近似值:

$$A = \int_{t_0}^{t_f} f(t)\mathrm{d}t \approx \Delta t\left(\frac{1}{2}f(t_0) + \sum_{i=1}^{n-1} f(t_i) + \frac{1}{2}f(t_f)\right) \tag{8.140}$$

图 8.17(b)(图中 $n=2$)描绘了这一方法,该方法为我们所熟悉的梯形积分法。

现考虑求一阶非线性微分方程的解:

$$\frac{\mathrm{d}x}{\mathrm{d}t} = f(x,t) \tag{8.141}$$

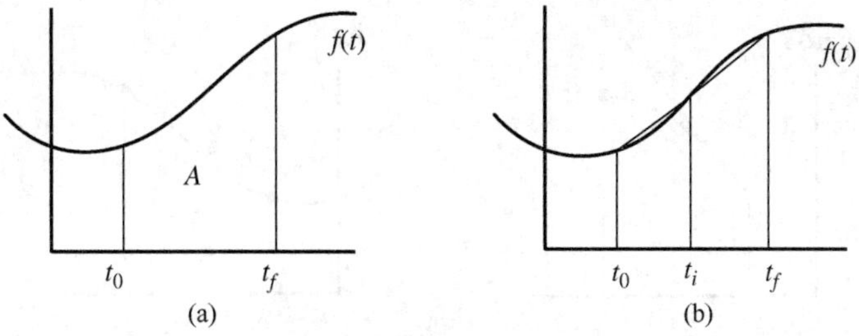


图 8.17 定积分图解

已知初始条件 $x(t_0)$，且区间为$[t_0,t_f]$，则方程变为

$$x(t_f)-x(t_0)=\int_{t_0}^{t_f} f(x,t)\mathrm{d}t \tag{8.142}$$

由以上关于对定积分进行数值求值的探讨可知，若已知区间$[t_0,t_f]$内的$f(x,t)$，则可求得以上表达式的值。但$f(x,t)$为 $x$ 的函数，$x$ 为我们要求的解，所以在此需要另一种方法。

用展开的 $x(t_i)$ 泰勒级数求 $x(t_i+1)$ 的解的近似值，即令

$$\begin{aligned}x(t_{i+1})&=x(t_i)+\Delta t\frac{\mathrm{d}x}{\mathrm{d}t}+\frac{\Delta t^2}{2!}\frac{\mathrm{d}^2x}{\mathrm{d}t^2}+\frac{\Delta t^3}{3!}\frac{\mathrm{d}^3x}{\mathrm{d}t^3}+\cdots\\&=x(t_i)+\Delta t f(x(t_i),t_i)+\frac{\Delta t^2}{2!}\frac{\partial f(x(t_i),t_i)}{\partial t}+\frac{\Delta t^3}{3!}\frac{\partial^2 f(x(t_i),t_i)}{\partial t^2}+\cdots\end{aligned} \tag{8.143}$$

若间隔步距 $\Delta t$ 足够小，则本级数中的高阶项将可忽略不计。作为首次近似法，仅包含本级数中的前两项，即令

$$x(t_{i+1})\approx x(t_i)+\Delta t f(x(t_i),t_i) \tag{8.144}$$

因此，微分方程的迭代解正好是上述一阶表达式。这一方法称为欧拉积分法。

省略方程(8.143)中的高阶项造成积分法中众所周知的截断误差，且欧拉积分法中的截断误差约为 $\Delta t^2$。但若 $\Delta t$ 的取值足够小，欧拉法则可行且通常用于快速求得近似值。但当 $\Delta t$ 极小时，则需要许多迭代步骤，那么另一种误差变得十分重要。这一舍入误差由数字计算机的有限字长产生。因此，每个微分方程都将有一个最佳步距 $\Delta t$ 来平衡截断误差与舍入误差，且这一最佳步距依赖需要求解的微分方程的特征。

一种允许较大步距且数值上具有稳定性的常用方法为龙格-库塔数值积分法。在此将呈现该方法的两种变式。为帮助理解此方法，我们将首先考虑二阶龙格-库塔运算法则。首先考虑图 8.18(a)，我们试图求时间间隔 $\Delta t$（即 $t_0$至 $t_f$）的积分且微分方程的精确解用粗曲线绘制。令 $t_1$处的解表示为 $x_1$。

对$f(x,t)$以下的区域采用梯形近似法，如图 8.18(b)所示，可得

$$x_1\approx x_0+\frac{\Delta t}{2}\big(f(x_0,t_0)+f(x_1,t_1)\big) \tag{8.145}$$

但由于 $x_1$未知，所以我们将对其使用首次近似法，用$\hat{x}_1$来求上述表达式右侧$f(x_1,t_1)$的值。通过使用欧拉积分法可求得这一近似值，即：

$$\hat{x}_1=x_0+\Delta t f(x_0,t_0) \tag{8.146}$$

因此，由方程(8.145)可知 $x_1$的估算值为

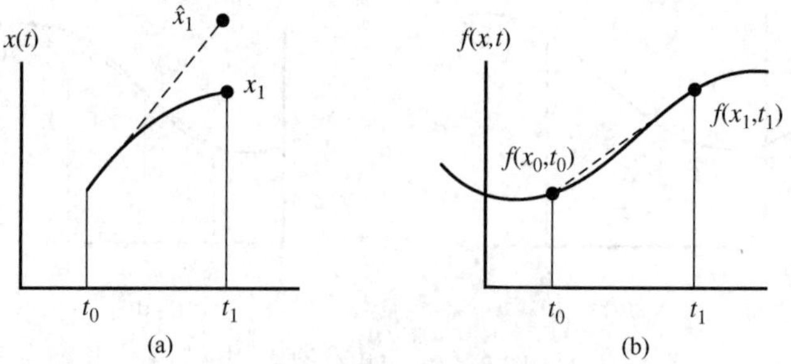


图 8.18　二阶龙格-库塔运算法则图解

$$x_1 \approx x_0 + \frac{\Delta t}{2}\left(f(x_0,t_0) + f(\hat{x}_1,t_1)\right) \tag{8.147}$$

二阶龙格-库塔法则包括递归使用方程(8.146)与方程(8.147)直至达到所需的最终时间 $t_f$。注意此处每一时间步长需要对 $f(x,t)$ 进行两次求值，与欧拉法中仅求一次值不同。但是龙格-库塔法的截断误差约为 $\Delta t^3$。

然而，实践中最常用的方法为四阶龙格-库塔法，其截断误差约为 $\Delta t^5$。图 8.19 为该方法的图示。我们不用梯形法求 $f(x,t)$ 以下区域的近似值，转而用基于 $f(x,t)$ 多项式近似法的辛普森法则：

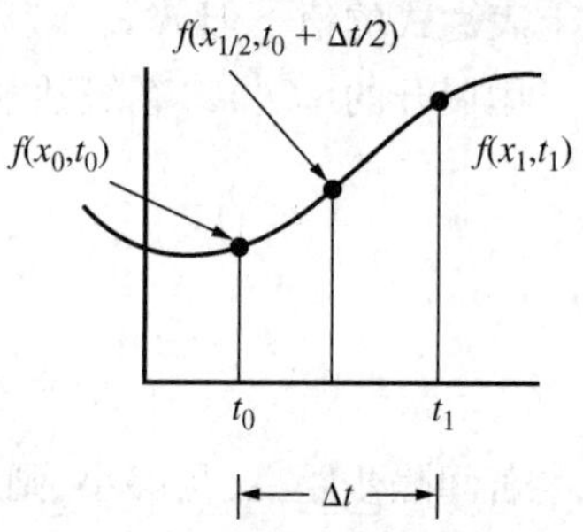


图 8.19　四阶龙格-库塔运算法则图示

$$x_1 \approx x_0 + \frac{\Delta t}{6}\left(f(x_0,t_0) + 4f\left(x_{1/2},t_0+\frac{\Delta t}{2}\right) + f(x_1,t_1)\right) \tag{8.148}$$

但我们发现为求得上述表达式中右侧的值，现在需要估算两个关于 $x$ 的未来值，即 $x_{1/2}$ 与 $x_2$。步长为 1/2 间隔或 $\Delta t/2$ 时，使用刚探讨过的二阶法可求得这些估算值。

由二阶法求得 $x_{1/2}$ 或 $\tilde{x}_{1/2}$ 的近似值为

$$\begin{cases} \hat{x}_{1/2} = x_0 + \dfrac{\Delta t}{2} f(x_0,t_0) \\ \tilde{x}_{1/2} = x_0 + \dfrac{\Delta t}{4}\left(f(x_0,t_0) + f\left(\hat{x}_{1/2},t_0+\dfrac{\Delta t}{2}\right)\right) \end{cases} \tag{8.149}$$

运用 $f\left(\tilde{x}_{1/2},t_0+\dfrac{\Delta t}{2}\right)$ 对 $x_1$ 进行首次估算，那么在整个完整的时间步长重复这一过程。运用欧拉步法可实现这一过程：

$$\hat{x}_1 = x_0 + \Delta t f\left(\tilde{x}_{1/2},t_0+\frac{\Delta t}{2}\right) \tag{8.150}$$

最后，$x_1$ 的估算值被用于求方程(8.148)的值。因此，总的来说四阶龙格-库塔例程涉及以下递归法的运用。

$$\tilde{x}_1 = x_0 + \frac{\Delta t}{2}\left(f\left(\tilde{x}_{1/2},t_0+\frac{\Delta t}{2}\right) + f(\hat{x}_1,t_1)\right) \tag{8.151}$$

且

$$x_{i+1} = x_i + \frac{1}{6}(a_i + 2b_i + 2c_i + d_i) \tag{8.152}$$
$$a_i = \Delta t\, f(x_i, t_i)$$
$$b_i = \Delta t\, f\left(x_i + \frac{a_i}{2}, t_i + \frac{\Delta t}{2}\right)$$
$$c_i = \Delta t\, f\left(x_i + \frac{b_i}{2}, t_i + \frac{\Delta t}{2}\right)$$
$$d_i = \Delta t\, f(x_i + c_i, t_{i+1})$$

可直接将该运算法则扩展至耦合的一阶微分方程。不考虑方程(8.141)所给出的标量微分方程,现考虑由 $n$ 的非线性微分方程所决定的矢量 $\boldsymbol{x}$:

$$\dot{\boldsymbol{x}} = \boldsymbol{f}(\boldsymbol{x}, t) \tag{8.153}$$

且 $n$ 的初始条件给定为 $x(t_0)$。可通过运用方程组(8.152)所示的相同递归例程及龙格-库塔法求得这一微分方程组的数值积分,只是 $\boldsymbol{x}$、$\boldsymbol{f}$、$\boldsymbol{a}$、$\boldsymbol{b}$、$\boldsymbol{c}$ 与 $\boldsymbol{d}$ 现在为矢量,即

$$\boldsymbol{x}_{i+1} = \boldsymbol{x}_i + \frac{1}{6}(\boldsymbol{a}_i + 2\boldsymbol{b}_i + 2\boldsymbol{c}_i + \boldsymbol{d}_i)$$

且

$$\boldsymbol{a}_i = \Delta t \boldsymbol{f}(\boldsymbol{x}_i, t_i)$$
$$\boldsymbol{b}_i = \Delta t \boldsymbol{f}\left(\boldsymbol{x}_i + \frac{\boldsymbol{a}_i}{2}, t_i + \frac{\Delta t}{2}\right) \tag{8.154}$$
$$\boldsymbol{c}_i = \Delta t \boldsymbol{f}\left(\boldsymbol{x}_i + \frac{\boldsymbol{b}_i}{2}, t_i + \frac{\Delta t}{2}\right)$$
$$\boldsymbol{d}_i = \Delta t \boldsymbol{f}(\boldsymbol{x}_i + \boldsymbol{c}_i, t_{i+1})$$

最后,值得注意的是 MATLAB 还包括数值积分例程。其中两种为例程**ode23** 与**ode45**。第一种例程执行二阶龙格-库塔运算法则,而第二种则执行四阶龙格-库塔运算法则。两种例程均以与例程**rk4** 相同的方式进行使用,如例 8.8 所示。

## MATLAB
## 例 8.8　四阶龙格-库塔积分例程

运用 MATLAB 开发一个执行四阶龙格-库塔运算法则的例程来求一个积分步长中 $n$ 的非线性微分方程组的积分。微分方程给定为

$$\dot{\boldsymbol{x}} = \boldsymbol{f}(\boldsymbol{x}, t),\ \boldsymbol{x}(t_0) = \boldsymbol{x}_0$$

**解**

该题的解涉及两种 MATLAB **m** 文件的运用:用于计算速率的 rates 文件 $\dot{\boldsymbol{x}}(\boldsymbol{x}, t)$ 与用于执行龙格-库塔运算法则的**rk4** 文件。

首先展示 rates 例程。注意函数 $f_i(x,t)$,$i=1,2,\cdots,n$ 已知,可得出

```
% Function for Finding the Rates xdot
function [xdot]=rates(x,t)

xdot(1)=在此插入函数 f1(x,t)
```

```
xdot(2)=在此插入函数 f_2(x,t)
⋮
xdot(n)=在此插入函数 f_n(x,t)
return
```

注意已知 $\boldsymbol{x}$(含待定因变量的矢量)的当前值与时间 $t$,该例程计算出了微分方程的右侧。

例程**rk4** 则执行方程组(8.154)所给出的运算法则,运用**rates** 例程求**xdot** 的值。当运行**rk4** 时,识别**rk4** 例程的字符串通过了参数列表,且完成一个积分步长。

```
% Function for Integrating Non-Linear DE's via 4th-Order Runge - Kutta
function [xnew,tnew]=rk4(rates,x0,t0,delt)
x=x0;
t=t0;
xdot=feval(rates,x,t);
a=delt * xdot;
xdot=feval(rates,x+a/2,t+delt/2);
b=delt * xdot;
xdot=feval(rates,x+b/2,t+delt/2);
c=delt * xdot;
xdot=feval(rates,x+c,t+delt);
d=delt * xdot;
xnew=x0+(a+2 * b+2 * c+d)/6;
tnew=t+delt;
return
```

---

非线性仿真中所遭遇的难题是必须寻找平衡飞行条件作为初始条件。线性仿真中已指定平衡飞行条件——其为所选定的基准条件。现在我们将采用 MATLAB 中的数值优化法研究出实现平衡飞行条件的方法。在 MATLAB 5.2 中,该例程被称为**fmins**,而在之后版本的 MATLAB 中,其被称为**fminsearch**。两者均包含在优化工具箱中。例程运用了参数优化的单纯形方法。在此所研究的方法类似于 MATLAB 所使用的**Trim** 函数,如不研究属于自己的独特方法,则也可使用配平函数。

必须运用飞行动力学知识来定义适用于我们正在使用的飞行器动力学模型的平衡飞行条件。首先考虑地平模型及平衡飞行条件,平衡飞行条件对应选定高度 $h_0$ 与速度 $V_{\infty_0}$ 处的直线水平飞行。这一飞行条件可用以下约束来定义:

$$
\begin{array}{ll}
 & h = h_0 \\
\dot{U} = \dot{V} = \dot{W} = 0 & U^2 + W^2 = V_{\infty_0}^2 \\
\dot{P} = \dot{Q} = \dot{R} = 0 & V = \beta = P = Q = R = \phi = 0 \\
 & \theta = \alpha \\
\text{稳定状态} & \text{直线水平飞行}
\end{array}
\tag{8.155}
$$

式中:航迹角($\gamma=\theta-\alpha$)、侧滑角 $\beta$ 与倾斜角 $\varphi$ 均定义为零,且平移加速度、旋转速度与加速度也为零。因此,问题在于找到符合这些要求的攻角、升降舵偏转、副翼偏转、方向舵偏转、推力或油门设定。

另一种情形中,例如可定义平衡飞行条件对应稳定水平协调转弯,转弯角速度给定为$\dot{\psi}_0$,飞行速度给定为 $V_{\infty_0}$,高度给定为 $h_0$。在稳定水平协调转弯时,高度与速度保持不变,倾斜角需要维持恒定的转弯角速度,且沿 $Y_V$轴的所有力之和为零。因此,飞行条件可用以下表达式定义:

$$h = h_0$$

$$\dot{U} = \dot{V} = \dot{W} = 0 \qquad \dot{h} = 0$$

$$\dot{P} = \dot{Q} = \dot{R} = 0 \qquad U^2 + V^2 + W^2 = V_{\infty_0}^2$$

$$g\tan\phi = \frac{\dot{\Psi}_0 V_{\infty_0}}{\cos\theta}$$

$$P = -\dot{\Psi}_0 \sin\theta$$

$$Q = \dot{\Psi}_0 \cos\theta \sin\phi \tag{8.156}$$

$$R = \dot{\Psi}_0 \cos\theta \cos\phi$$

稳定状态　　　　　　　　　　　　水平转弯

式中:高度、平移速度与旋转速度为常数,且倾斜角与角速度对应转弯飞行条件。(转弯飞行的这些约束将在第九章进行推导。)因此,问题亦在于找到符合这些要求的攻角、侧滑角、升降舵偏转、副翼偏转、方向舵偏转、推力或油门设定。

由上述两种情形可知,问题涉及求得符合一组约束的控制输入与必要的飞行变量。由于这些约束为所有变量的非线性函数,所以函数极小化方法似乎可行。在该方法中,通过选定余下的自由参数组,在特定约束限制下对分析者选定的"成本"函数进行极小化。

## MATLAB
## 例 8.9　用数值法求稳定水平飞行条件

考虑上述第一种情形,即高度为 $h_0$、速度为 $\boldsymbol{V}_{\infty 0}$ 的稳定水平飞行条件。推演数值运算法则来确定符合该种条件下所有约束的响应与控制变量。仅考虑纵向方程。

**解**

假定侧滑角、副翼偏转与方向舵偏转均为零,因此我们可忽略控制 $\dot{V}$、$\dot{P}$ 与 $\dot{R}$ 的横向运动方程。因此,仅需处理三自由度。(在此所采用的方法可容易扩展至处理涉及六自由度的问题。)

根据方程组(8.155)可选定以下方程作为完全满足的约束条件:

$$h = h_0$$

$$U^2 + W^2 = V_{\infty_0}^2 \quad 或 \quad U = \frac{V_{\infty_0}}{\sqrt{1 + \tan^2\alpha}}$$

$$V = \beta = P = Q = R = \phi = 0$$

$$\theta = \alpha$$

这使得我们仍需要求得攻角 $\alpha$、升降舵偏转 $\delta_E$ 与推力 $T$(或油门位置)。我们将通过选定这些变量使以下"成本"函数极小化来确定这些变量:

$$\text{Cost} = c_1\dot{U}^2 + c_2\dot{W}^2 + c_3\dot{Q}^2$$

式中:常数 $c_1$、$c_2$ 与 $c_3$ 取值均为 1。(如有必要,分析者可调整这些参数以提高精确性。但是,我们发现此情形下将它们选定为 1 似乎较恰当。)注意,将余下的参数选定为使该成本函数最小化并不确保成本函数中所有三种加速度正好等于零。

回到 MATLAB,我们将写出三个 **m** 文件:**rates3dof**、**cost3dof** 和 **constr3dof**。假定存储在 MATLAB 矢量 $\boldsymbol{p}$ 中的一组试验参数,利用类似于例 8.8 中 **rates** 例程的 **rates3dof** 例程计算 $\dot{U}$、$\dot{W}$ 和 $\dot{Q}$。**rates3dof** 例程计算成本函数;**constr3dof** 例程求 $\alpha$ 已知条件下的 $U$ 与 $\theta$。完整的运算法

则则可根据 MATLAB 指令行执行。

```
% Function for Finding the Rates xdot
function [xdot]=rates3dof(x,u,t)
% x=[U,alpha,q,and theta]
rho=XXX          ;设定对应基准高度 h0的大气密度
W=x(1)*tan(x(2));
Vinf=sqrt(x(1)^2+W^2);
q=0.5*rho*Vinf*Vinf;
xdot(1)=…此处为U̇方程
xdot(2)=…此处为Ẇ方程
xdot(3)=…此处为Q̇方程
xdot(4)=…此处为θ̇方程
xdot(5)=此处为ḣ方程
% Function for Calculating the Cost for 3 DOF
function cost=cost3dof(p)
global Vinf c
x(2)=p(1);                   α用 rad 表示
x(3)=0;                      Q=0
[U,theta]=constr3dof(x(2)); 初始 U 与 θ
x(1)=U;x(4)=theta;
u(1)=p(2);                   δE(rad)
u(2)=p(3);                   推力(lbs)
xdot=rates3dof(x,u,0);
cost=c(1)*xdot(1)*xdot(1)+c(2)*xdot(2)*xdot(2)+c(3)*xdot(3)*xdot(3);
% Function Using Level-Flight Constraints to Find Theta and U
function [U,theta]=constr3dof(alpha)
global Vinf
theta=alpha;
U=Vinf/sqrt(1+tan(alpha/57.3)*tan(alpha/57.3))
```

执行这一配平运算法则的指令及命令行的输入如下所示,且下一例题中将对其进行演示:

```
global Vinf c              设定 V∞0,基准速度
Vinf=XXX                   初始 α(rad)、δE(rad)、推力(lbs)
p0=[.05; -.05;500]
c=[1;1;1]                  成本权重
cost=cost3dof(p0);         初始成本
p=fmins('cost3dof',p0)     找到最小化参数矢量p
cost=cost3dof(p);          最小化后的最后成本
```

### 8.2.8 非线性仿真实例

在首个非线性仿真实例中,我们将使用例 8.8 与例 8.9 所描述的配平例程与四阶龙格-库塔运算法则来仿真海平面处初始速度为 176fps 的"纳维昂"飞机的纵向非线性运动方程。

**MATLAB**

**例 8.10 "纳维昂"飞机纵向方程的非线性仿真**

运用例 8.9 所述的配平运算法则及例 8.8 所呈现的龙格-库塔例程仿真"纳维昂"飞机

20s 内的纵向动力学,采用 2s、1°偶极子作为升降舵输入。将结果与例 8.5 的所得结果进行比较。

**解**

附录 B 给出了"纳维昂"飞机的气动数据,我们将通过有效度系数而非通过有量纲稳定性导数来建构气动模型。基于附录中的数据,升力系数、阻力系数与气动俯仰力矩系数为

$$C_L = 4.44(\alpha + 4.7/57.3) + 0.355\delta_E$$

$$C_D = 0.03 + \frac{C_L^2}{\pi(3.51)}$$

$$C_M = -0.683\alpha - 0.071\dot{\alpha} - 0.161Q - 0.87\delta_E$$

附录给出了飞行器在攻角为 0.6°时的升力有效度 $C_{L_\alpha}$ 及配平升力系数 $C_{L_0}$,由此可知零升力攻角为 4.7°。

由方程组(8.108)可知纵向方程组为

$$\dot{U} = -QW - g\sin\theta + (F_{A_X} + F_{P_X})/m$$

$$\dot{W} = QU + g\cos\theta + (F_{A_Z} + F_{P_Z})/m$$

$$\dot{Q} = (M_A + M_P)/I_{yy}$$

而气动力与力矩和推进力与力矩的分量则由方程组(8.122)~方程组(8.126)给出:

$$F_{A_X} = -D\cos\alpha + L\sin\alpha \qquad L = C_L q_\infty S_W$$

$$F_{A_Z} = -D\sin\alpha - L\cos\alpha \qquad D = C_D q_\infty S_W$$

$$F_{P_X} = T\cos\phi_T \qquad M_A = C_M q_\infty S_W \bar{c}_W$$

$$F_{P_Z} = T\sin\phi_T \qquad M_P = C_{P_M} q_\infty S_W \bar{c}_W$$

在此,为实现我们的目的,我们将令 $\phi_T = C_{P_M} = 0$,其对应通过飞行器的质心起作用的推力矢量。

因此,rates3dof 例程如下:

```
% Function for Finding the Rates xdot
function [xdot]=rates3dof(x,u,t)                          注意升降舵输入 u 被转至例程
rho=0.002378;                                             海平面密度
W=x(1)*tan(x(2));
Vinf=sqrt(x(1)^2+W^2);
q=0.5*rho*Vinf*Vinf;
CL=4.44*(x(2)+4.7/57.3)+0.355*u(1);                       α0=4.7°
CD=0.03+(CL*CL)/(3.14159*3.51);
L=CL*q*184;                                               S=184ft²
D=CD*q*184;
Fax=-D*cos(x(2))+L*sin(x(2));
Faz=-D*sin(x(2))-L*cos(x(2));
Fpx=u(2);
xdot(1)=-x(3)*W-32.2*sin(x(4))+(Fax+Fpx)/85.4;               U̇(m=85.4sl)
xdot(2)=x(3)+32.2*cos(x(4))/x(1)+Faz/(85.4*x(1));            α̇
CM=-0.683*x(2)-4.36*xdot(2)-9.96*x(3)-0.87*u(1);
Ma=CM*q*184*5.7                                           c̄=5.7ft
xdot(3)=Ma/3000;                                          Q̇(Iyy=3000fl-ft²)
xdot(4)=x(3);                                             θ̇=Q
```

```
xdot(5)=Vinf * sin(x(4)-x(2));                          ḣ
```

以下是例 8.9 中所探讨的执行配平例程的命令行输入的响应。

```
»global Vinf c
»Vinf=176
Vinf =
  176
»C=[1;1;1]                        成本函数加权系数
c=
    1
    1
    1
»p0=[.05;-.05;500]                α(rad)、δ_E(rad)与推力(lbs)的初始猜测值
p0 =
   5.0000e-02
  -5.0000e-02
   5.0000e+02
»cost=cost3dof(p0)                成本函数的初始值
cost=
  2.2184e+01
»p=fmins('cost3dof',p0)           运用 fmins 使成本函数最小化
p=                                最小化参数矢量 α、δ 与推力(lbs)
   9.8783e-03
  -7.7549e-03
   3.0430e+02
»cost=cost3dof(p)                 最小化后的成本函数值
cost=
  1.6566e-15
```

因此,可知未知参数的平衡或配平值为:

$\alpha_{配平}$ = 0.00988rad = 0.566deg(附录 B 中为 0.6°)

$\delta_{E配平}$ = -0.00775rad = -0.444deg

推力$_{配平}$ = 304.3lbs

与例 8.5 一致,仿真的升降舵输入为 2s、1°升降舵偶极子,但-0.444°的配平升降舵偏转最初保持了 1s。将 1°输入叠加在-0.444°的配平升降舵偏转上,因而第一秒之后的总偏转为-1.444°,且该偏转保持了 2s。在 3s 内,总升降舵偏转变为 0.556°,且该偏转保持了 2s。然后升降舵变回-0.444°的配平值。每一步长的控制输入保持不变。以下指令为用于执行非线性仿真的命令行输入。

```
»global Vinf c h
»Vinf=176
Vinf=
  176
»alpha0=0.0098783
alphao=
  9.8783e-03
»[U0,theta0]=constr3dof(alpha0)
U0=
  1.7600e+02
theta0=
```

```
  9.8783e-03
»x0=[176alpha0 0 theta0 0]
x0=
  1.7600e+02  9.8783e-03  0  9.8783e-03  0
»[x,t]=navNLsim(x0,0,10);
```

此时,与以下所示类似的指令可从指令行开始执行,以获得图 8.20~图 8.22 所示的曲线图。(注意,为了方便制图,攻角、姿态角、俯仰角速度与升降舵偏转均转换成用度表示。)

```
»plot(t,x(:,1))
»grid;xlabel('Time,t(sec)')
»ylabel('Surge Velocity,U(fps)')
»title('Navion Surge-Veloctity Response')
```

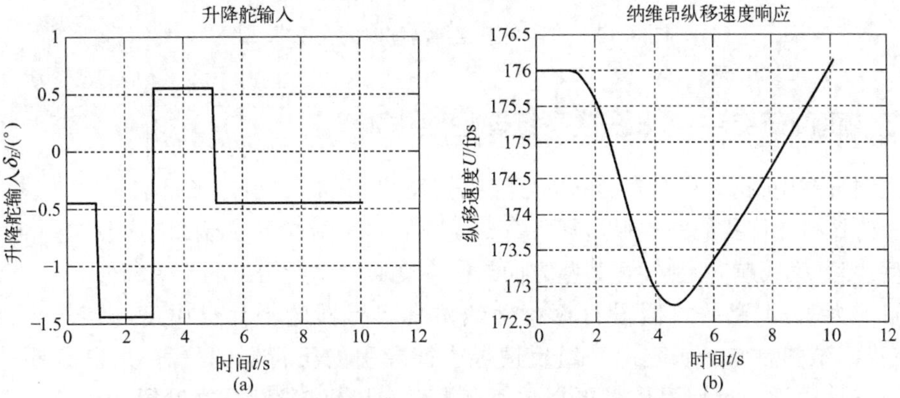


图 8.20　升降舵输入与纵移速度时间关系曲线图

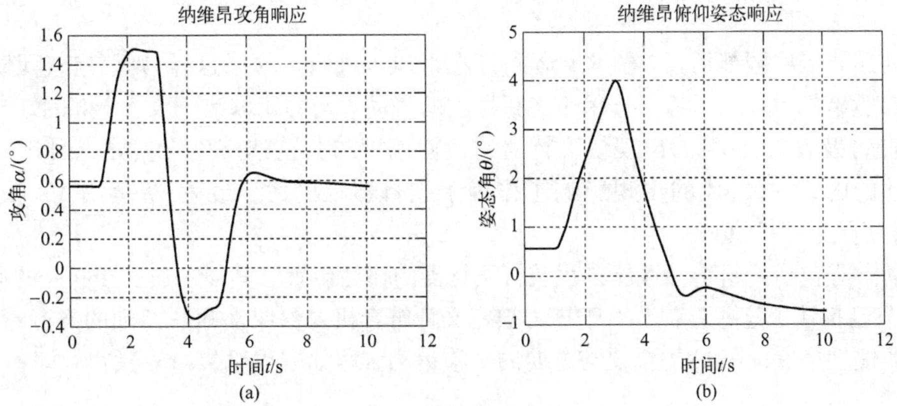


图 8.21　攻角与俯仰姿态时间关系曲线图

将这些结果与例 8.5 中的所得结果进行比较,可发现它们十分吻合。这也在意料之中,因为输入与响应很小,所以为推导线性模型所做出的小扰动假设仍然有效。注意最终高度之间存在细微的差异,部分原因基于以下事实:在非线性仿真中,在偶极子启动前,升降舵在所计算出的配平值处保持了 1s。这样做在某种程度上是为了证实配平条件令人满意。但是,它们从未真正令人满意过,因此 1s 后就面临小的俯仰角速度。若偶极子在 $t=0$ 处被启动,则最终高度减少了约-2 ft,使得高度时间关系曲线之间的差异更小。

这些结果表明线性仿真与非线性仿真之间的良好吻合度。然而,若升降舵输入足够大,使得小扰动假设不再适用于线性模型,则可从这两组结果中观察到更大的差异。

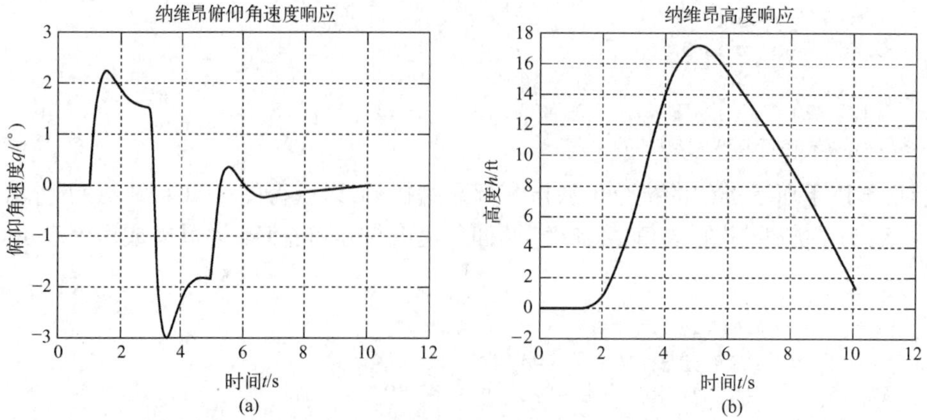


图 8.22　俯仰角速度与高度时间关系曲线图

## 例 8.11　案例研究——非线性飞行器性能仿真[①]

本案例研究中,我们将对在常风(与阵风相反)中运行的刚性飞行器进行非线性性能仿真。这一仿真将允许我们在遵循所需飞行剖面图的同时调查飞行器的响应。这些剖面图用指定的速度、爬升率或航向定义,在某些方面与空中交通管制所给出的指令相似。

到目前为止,本章一直假设打算精确地仿真飞行器的平移自由度与旋转自由度。但是,现在我们试图更专注研究由一组反馈导引律导引的飞行器的平移性能,仅粗略估计飞行器的姿态动力学。这使得仿真更具数值有效性,且允许我们在本阶段的分析中避免对内环姿态控制系统进行详细说明。我们还将发现它避免了用数值法解初始配平飞行条件的必要性。

在此还要谈些题外话。首先飞行器可能在常风中飞行。如果这样,则假定气团随地球固定惯性参照坐标系一同平移。作用于飞行器上的气动力与力矩取决于飞行器相对于气团的速度(即空速)及方向,且风的出现使飞行器的惯性速度与其空速产生了差异。因此,与 8.2.6 节中所述的内容一致,风的出现影响了作用于飞行器上的力。最后,将运用 MATLAB 中的 Simulink 工具进行仿真。

运动方程包括一组平移性能方程及将飞行器的惯性位置与其惯性速度相联系的运动学方程,2.7 节已推演了这些方程。对于推力被定义为符合机身参照坐标系 $X$ 轴的飞行器而言,控制飞行器惯性速度(矢量)的幅值与方向的平移运动方程如方程组(2.137)所示,即

$$\begin{cases} m\dot{V}_V = T\cos\alpha\cos\beta - D - mg\sin\gamma \\ mV_V(\dot{\psi}_W\cos\phi_W\cos\gamma - \dot{\gamma}\sin\phi_W) = S + T\cos\alpha\sin\beta + mg\sin\phi_W\cos\gamma \\ mV_V(\dot{\gamma}\cos\phi_W + \dot{\psi}_W\sin\phi_W\cos\gamma) = L + T\sin\alpha - mg\cos\phi_W\cos\gamma \end{cases} \quad (8.157)$$

注意 $\gamma$、$\phi_W$与 $\psi_W$分别为航迹角、风轴倾斜角与航向角,$V_v$为飞行器的惯性速度。

现假定飞行器的侧滑角 $\beta$ 与气动侧力 $S$ 均为零(如同定常水平飞行或定常协调转弯),且飞行器的攻角 $\alpha$ 足够小,使得

$$T\cos\alpha \approx T,\quad T\sin\alpha \ll L \quad (8.158)$$

---

① 本仿真基于约翰·史凯尔曼担任马里兰大学帕克分校的飞行动力学与控制实验室博士后助理研究员时的一次仿真。

基于这些假设,方程组(2.137)可重新排列,直接变为

$$\dot{V}_V = \frac{T-D}{m} - g\sin\gamma$$

$$\dot{\gamma} = \frac{1}{mV_V}\left(L\cos\phi_W - mg\cos\gamma\right) \tag{8.159}$$

$$\dot{\psi}_W = \frac{L\sin\phi_W}{mV_V\cos\gamma}$$

由方程组(8.159)轻易可知推力 $T$ 与升力 $L$(幅值与方向)这两种力分别用于控制速度、航迹角与航向角。攻角用于调整升力矢量的幅值,风轴倾斜角 $\phi_W$ 则用于旋转升力矢量相对于飞行器速度矢量的方向。

现在用以下传递函数或一阶微分方程来粗略估计发动机与机身的响应。

$$\frac{T(s)}{T_c(s)} = \frac{p_T}{s+p_T} \qquad \dot{T} = -p_T T + p_T T_c$$

$$\frac{L(s)}{L_c(s)} = \frac{p_L}{s+p_L} \quad \text{or} \quad \dot{L} = -p_L L + p_L L_c \tag{8.160}$$

$$\frac{\phi_W(s)}{\phi_{W_c}(s)} = \frac{p_\phi}{s+p_\phi} \qquad \dot{\phi}_W = -p_\phi \phi_W + p_\phi \phi_c$$

参数 $p_T$、$p_L$ 与 $p_\phi$ 为所选定的时间常数,用于粗略估计发动机与机身姿态的响应。同时,令这些响应的限制分别表示为

$$0 \leqslant T \leqslant T_{\max}, \quad L \leqslant K_{L_{\max}} V_V^2, \quad -\phi_{W_{\max}} \leqslant \phi_W \leqslant \phi_{W_{\max}} \tag{8.161}$$

式中最大值亦取决于进行仿真的飞行器。

将飞行器的速度与惯性位置相联系的三个运动学方程如方程组(2.141)所示,在此重复一遍:

$$\dot{X}_I = V_V \cos\gamma\cos\psi_W$$

$$\dot{Y}_I = V\cos\gamma\sin\psi_W$$

$$\dot{h} = V\sin\gamma$$

最后,令飞行器的质量用以下微分方程表示:

$$\dot{m} = -\dot{w}_f/g = -K_{\dot{w}} T \tag{8.162}$$

初始条件为 $m=m_0$,式中 $\dot{w}_f$ 为燃油流率,$K_{\dot{w}}$ 为依赖飞行器的常数。因此,方程组(8.159)~方程组(8.162)及以上所给出的方程组(2.141)构成了仿真中所使用的运动方程。

气动升力与阻力的模型为

$$C_L = C_{L_\alpha}(\alpha - \alpha_0)$$

$$C_D = C_{D_0} + \frac{C_L^2}{K_D} \tag{8.163}$$

$$L = C_L q_\infty S_W, \quad D = C_D q_\infty S_W, \quad q_\infty = \frac{1}{2}\rho_\infty V_\infty^2, \quad K_D = \pi A e_{\text{eff}}$$

注意有风时,$V_\infty \neq V_V$。这两种速度之间的关系可如下所述。由于惯性速度 $\boldsymbol{V}_V$ 为相对于气团的速度 $\boldsymbol{V}_\infty$ 与风速 $\boldsymbol{W}$ 的矢量和,即

$$\boldsymbol{V}_V = \boldsymbol{V}_\infty + \boldsymbol{W}$$

可得出

$$\boldsymbol{V}_\infty = \boldsymbol{V}_V - \boldsymbol{W} \tag{8.164}$$

因而

$$V_\infty = \sqrt{\dot{X}_W^2 + \dot{Y}_W^2 + \dot{h}_W^2} \tag{8.165}$$

式中

$$\begin{cases} \dot{X}_W = V_V \cos\gamma \cos\psi_W - W_X \\ \dot{Y}_W = V\cos\gamma \sin\psi_W - W_Y \\ \dot{\mathrm{h}}_W = V\sin\gamma - W_h \end{cases} \tag{8.166}$$

且风速矢量为

$$\boldsymbol{W} = W_X \boldsymbol{i}_I + W_Y \boldsymbol{j}_I - W_h \boldsymbol{k}_I \tag{8.167}$$

现在,由于使用气动升力 $L$ 直接作为运动方程中的自变量或控制变量,"转化"方程组(8.163)来求得已知升力 $L$ 时所推断的攻角 $\alpha$ 与阻力 $D$,即可得出

$$D = K_{D_0} V_\infty^2 + K_{D_1} \frac{L^2}{V_\infty^2}$$

$$\alpha = K_L \frac{L}{V_\infty^2} + \alpha_0 \tag{8.168}$$

$$K_{D_0} = \frac{1}{2}\rho_\infty S_W C_{D_0},\quad K_{D_1} = \frac{2}{\rho_\infty S_W K_D},\quad K_L = \frac{2}{\rho_\infty S_W C_{L_\alpha}}$$

当然,所有这些气动参数还取决于飞行器。这就完善了飞行器动力学的数学模型。

通过反馈相关的惯性速度、惯性速度航向与惯性爬升率并将它们与指令值进行比较,方程组(8.169)所示的导引律提供了指令推力 $T_c$、升力 $L_c$ 与倾斜角 $\phi_{W_c}$。指令速度 $V_c$、爬升率 $\dot{h}_c = V_c \sin\gamma_c$ 及航向 $\Psi_c$ 为描述所需轨迹的仿真的用户定义输入。现在,数学模型完整了。

$$\begin{aligned} &\frac{T_c(s)}{V_E(s)} = \frac{mK_{T_P}\left(s + \left(K_{T_I}/K_{T_P}\right)\right)}{s} && \dot{x}_T = mV_E \\ & && T_c = K_{T_I} x_T + K_{T_P} m V_E,\quad V_E \triangleq \left(V_c - V_V\right) \\ &\frac{L_c(s)}{\dot{h}_E(s)} = \frac{mK_{L_P}\left(s + \left(K_{L_I}/K_{L_P}\right)\right)}{s} \quad \text{或} && \dot{x}_L = m\dot{h}_E \\ & && L_c = K_{L_I} x_L + K_{L_P} m \dot{h}_E,\quad \dot{h}_E \triangleq V_c\left(\sin\gamma_c - \sin\gamma\right) \\ &\frac{\phi_{W_c}}{\psi_E} = K_{\phi_P}\left(V_c/g\right) && \phi_{W_c} = K_{\phi_P}\left(V_c/g\right)\psi_E,\qquad \psi_E \triangleq \left(\psi_c - \psi_W\right) \end{aligned} \tag{8.169}$$

在接下来要探讨的案例中,令要仿真的飞行器为大型涡轮螺旋桨运输机,类似于图 8.23 所示的 C-130 飞机。飞行器的建模数据如表 8.4 所列,该飞行器导引律的增益值则如表 8.5 所示。

现在准备好进行仿真。令初始条件表示如下:

$$V_0 = 400\text{ mph (347 kts)}(惯性速度)$$

$$\gamma_0 = 0(航迹角)$$

$$\psi_{W_0} = 0(速度航向角=向北)$$

图 8.23 C-130 飞机(NASA 友情提供图片)

表 8.4 时间常数与其他取决于飞行器的参数

| 重量, $mg$ = 157000 ~ 327000lbs | | 空速范围, 200 ~ 600mph | |
|---|---|---|---|
| $p_T$ = 2rad/s<br>$p_L$ = 2.5rad/s<br>$p_\phi$ = 1rad/s | $T_{max}$ = 72,000lbs<br>$K_{L\max}$ = 2.6lbs/fps$^2$<br>$\phi_{W_{max}}$ = 30° | $K_W = 4\times10^{-6}$ sl/(lbs-s)<br>$K_{D_1} = 2.48\times10^{-2}$ fl$^2$/lb-s$^2$<br>$K_{D_0} = 3.8\times10^{-2}$ s1/ft | $\alpha_0$ = −0.05°<br>$K_L$ = 5.24°-fl/sl |

表 8.5 导引律中的增益

| | | | | |
|---|---|---|---|---|
| $K_{T_p}$ = 0.08s | $K_{T_I}$ = 0.002/s$^2$ | $K_{L_p}$ = 0.5/s | $K_{L_1}$ = 0.01/s$^2$ | $K_{\phi_p}$ = 0.075s |

令指令惯性速度、航迹角(或爬升率)与速度航向为

$$V_c = 450\text{ mph (391 kts)},\quad \gamma_c = 5^\circ \quad (\dot{h}_c = 3455\text{ fpm}),\quad \psi_c = 15^\circ$$

因此,爬升率约为 3500fpm 时,飞行器必须由以 400mph 的速度向北水平飞行的状态转换为以 450mph 的速度偏转 15°飞行。来自西南方、速度约为 30mph 的常风($W_X = W_Y$ = 25mph, $W_h$ = 0)也包含在内。我们打算仿真两分钟内飞行器的动力学并计算飞行器的响应。

之前提到过这次仿真运用 MATLAB 工具 Simulink 进行。Simulink 仿真中所使用的框图如图 8.24 所示。首先,运用 MATLAB 脚本文件或名为 **perfsim. m** 的 **m** 文件(包含在 www. mhhe. com/schmidt 的 MATLAB 附带文件组中)设定各种仿真参数。

然后对 Simulink 模型进行时长两分钟的仿真。最后,使用另一名为 **plothist. m** 的脚本文件(也包含在 MATLAB 附带文件组中)绘制所需的响应。以下结果表明飞行器的响应确实遵循所需轨迹。

图 8.25 首先展示的是空速 $V_\infty$、惯性速度 $V_V$ 与推力的时间关系曲线图。在约 1min 内达到指令惯性速度。由于规定了空速与航迹角显著增大,因此推力也需大增。但是,该推力不大于模型中所设定的最大现有推力。

图 8.26 展示了惯性航迹角与惯性爬升率的时间关系曲线图,两者均与其指令值进行了比较;而图 8.27 则描绘了相应的升力、重力及攻角的时间关系曲线图。航迹角的改变相当之快,在约 5s 内就达到了指令值。如图 8.27(a)所示,(由于航迹与航向的所需改变,)升力需要大增,这就产生了约 1.7$g$ 的最大垂直加速度。如图 8.27(b)所示,在约 1.5s 时实现了 8°的最大

攻角。

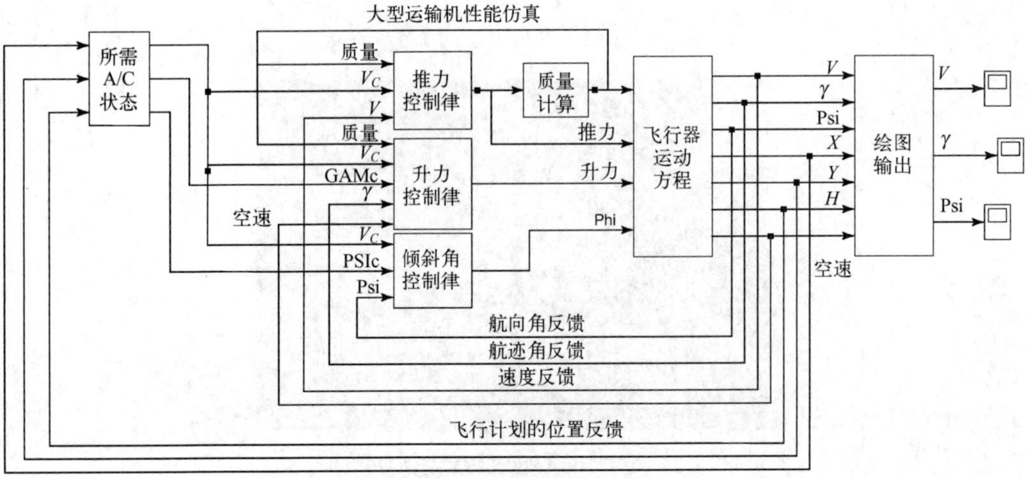


图 8.24　Simulink 仿真图

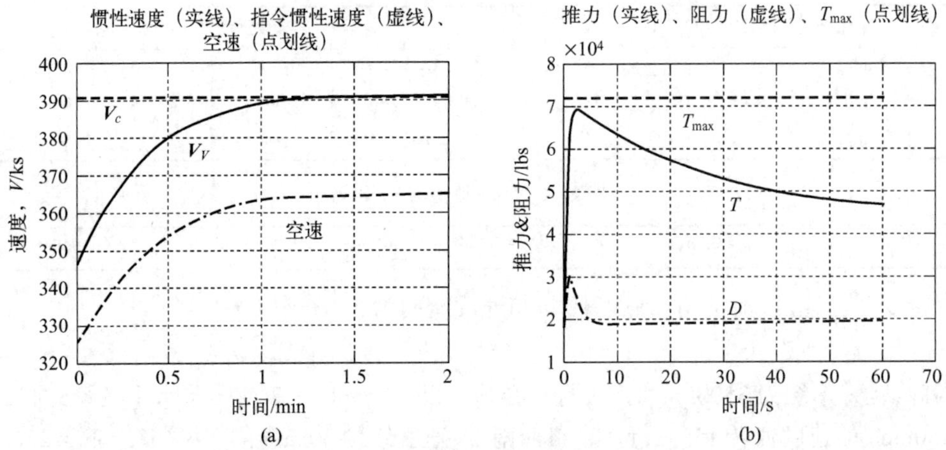


图 8.25　速度、推力与阻力的时间关系曲线图

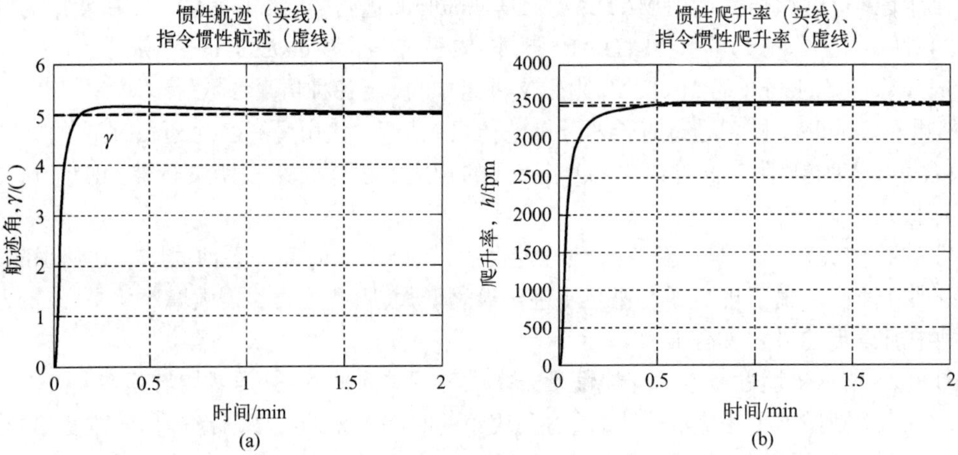


图 8.26　航迹角与爬升率的时间关系曲线图

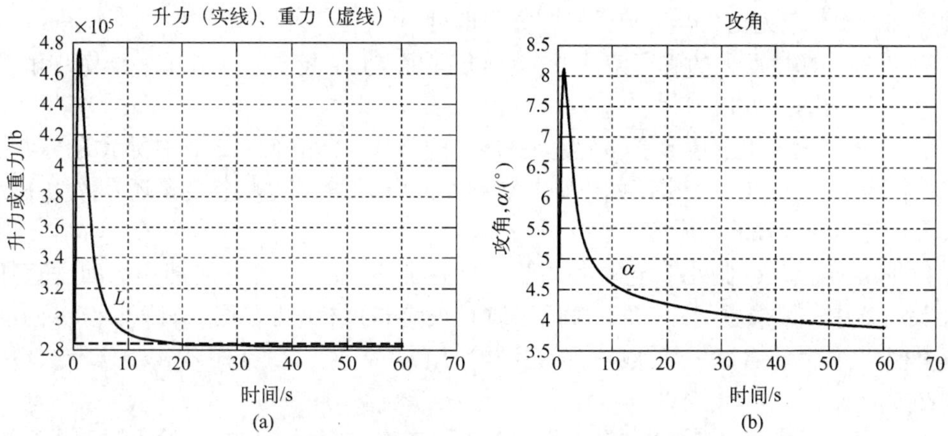


图 8. 27

最后，图 8. 28 描绘了惯性航向与指令值比较的时间关系曲线图及相应的倾斜角时间关系曲线图。注意航向的改变在不到 1min 的时间内顺利完成了。在约 3s 时，最大倾斜角稍大于 18°。

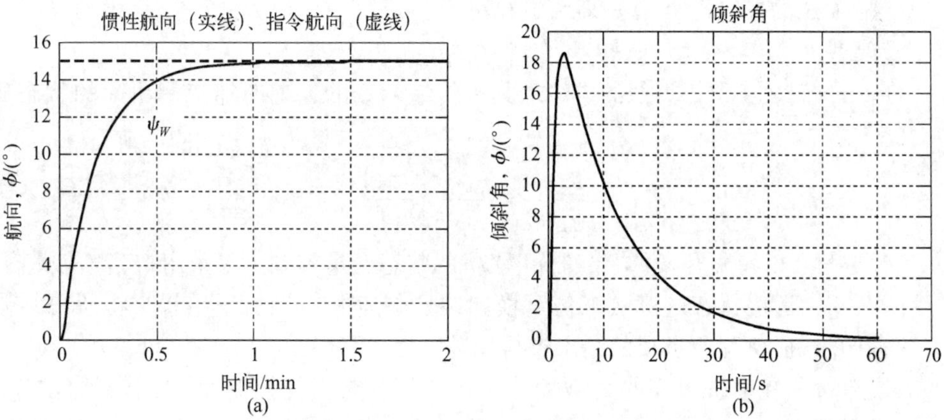


图 8. 28　惯性航向与倾斜角的时间关系曲线图

## 8. 3　总　　结

正如本章开篇处所提到的，本章标志着本书重点的改变——由建构飞行器动力学的数学模型转变至运用我们所开发的模型分析动力学。我们论述了刚性飞行器与柔性飞行器动力学的线性与非线性数值仿真，呈现了可用于进行这些仿真的数值法，并探讨了在仿真中囊括反馈控制律与大气湍流影响的方法。本章中所述的数值法包括 MATLAB 软件包中所含的基本原理与运算法则的直接应用。最后，通过几个线性与非线性飞行仿真的实例强化巩固了所述概念。

## 8. 4　作　业　题

8. 1　设基准飞行条件为在等高处定常转弯飞行。令转弯角速度为$\dot{\psi}_0$且相应的倾斜角为$\Phi_0$。该飞行条件下的线性运动方程是什么？（在结果中不需要包含气动力与力矩及推进力与力矩的详细模型。仅列出力与力矩的相关方程即可。)

8.2　在 8.1 题中所述的飞行条件下,运动方程现在是否能与 8.1.3 节一样实现解耦？用状态变量形式列出运动方程。

8.3　在可变大气密度情形下,$\rho_\infty$ 变为高度 $h$ 的函数。修改 8.1.2 节中所示的气动力与力矩的线性模型,使其包含可变密度的影响。在此种情形下,高度是状态变量还是仅为用状态变量形式表示的运动方程的响应变量？

8.4　假定刚性飞行器处于定常水平飞行的基准飞行条件,推导局部小扰动垂直加速度 $a_Z$ 在沿飞行器中心线位置 $x$ 处(经测量位于质心正前方)的线性方程。如何修改纵向动力学状态变量模型,使其包含这一加速度作为系统响应之一？换言之,在矩阵 $\boldsymbol{A}$、$\boldsymbol{B}$、$\boldsymbol{C}$ 与 $\boldsymbol{D}$ 中哪些改变是必要的？

8.5　与例 8.2 类似,组合纳维昂飞机的横向状态变量模型。附录 B 给出了该飞行器的数据。在模型响应中包含航向 $\Psi$,并列出模型的响应矢量、状态矢量与输入矢量。

8.6　假定不含任何控制律的飞行器动力学状态变量模型给定为

$$\dot{\boldsymbol{x}}_v = \boldsymbol{A}_v\boldsymbol{x}_v + \boldsymbol{B}_v\boldsymbol{u}$$
$$\boldsymbol{y} = \boldsymbol{C}_v\boldsymbol{x}_v + \boldsymbol{D}_v\boldsymbol{u}$$

且设对应控制律 $\boldsymbol{B}$ 的控制律类型如第 8.1.6 所示。开发一个包含此种控制律的飞行器动力学状态变量模型。

8.7　运用与例 8.3 中相类似的方法求具有传递函数的超前时滞控制单元的状态变量表达式。

$$\frac{u_{\mathrm{LL}}(s)}{y_{\mathrm{LL}}(s)} = \frac{K_{\mathrm{LL}}(s + z_{\mathrm{LL}})}{(s + p_{\mathrm{LL}})}$$

8.8　考虑第 8.5 题所开发的“纳维昂”飞机的状态变量模型。仅采用 1°、2s 副翼输入(2s 后副翼返回至零),运用状态过渡法来仿真横向线性响应并绘制所得结果。将所得结果与运用 MATLAB 中的**lsim** 例程所求得的结果进行比较。

8.9　考虑附录 B 中所建模的大型柔性飞行器。忽略任何控制律,采用 MATLAB 的**lsim** 例程来进行飞行器在飞行条件 1(仅包含首个弹性模式)下的纵向小扰动动力学线性仿真,并绘制驾驶舱处的刚体与局部俯仰角速度(该角速度包含弹性变形)。如例 8.5 中所使用的一样,运用 2s、1°升降舵偶极子。

8.10　采用附录 B 中“纳维昂”飞机的数据,以例程 rk4 为基础,进行“纳维昂”飞机横向动力学的非线性仿真并仿真飞行器对 2s、1°副翼输入的响应。将所得结果与第 8.8 题中的结果进行比较。

## 参考文献


1. Waszak, M. R., J. B. Davidson, and D. K. Schmidt: "A Simulation Study of the Flight Dynamics of Elastic Aircraft," NASA Contractor Report 4102, prepared by Purdue University for NASA Langley Research Center, vols. I and II, Dec. 1987.
2. Stevens, B. L. and F. L. Lewis: Aircraft Control and Simulation, 2nd ed., Wiley, New York, 2003.
3. DeRusso, P. M., R. J. Roy, and C. M. Close: State Variables for Engineers, Wiley, New York, 1965.
4. Schmidt, D. K., and D. Andrisani: Flight Dynamics and Control Lab Manual, School of Aeronautics and Astronautics, Purdue University, West Lafayette, IN, 1986.
5. Papoulis, A.: Probability, Random Variables, and Stochastic Processes, 3rd ed., McGraw-Hill, New York, 1991.

# 第九章 定常飞行与准定常飞行分析

**章节路线图**:本章内容对飞行动力学的任何基础课程而言都十分重要,本章将主要讨论平衡或基准飞行条件的定义及其分析,并探讨一些关键的概念,如空气动力学静稳定性、静稳定裕度及作用于驾驶舱控制操纵器上的力。

本章将继续分析飞行器飞行特性并关注平衡或"定常"飞行条件。我们将探讨配平分析、空气动力学静稳定性及机动性的控制等主题。我们所探讨的大部分主题传统上来说被称为静稳定性与控制。

回顾第一章及关于非线性系统小扰动分析的探讨。在推演出非线性运动方程并推导出参考方程及小扰动方程后,下一步就是分析系统的基准条件。回顾可知,在第一章的单摆示例中,我们发现该系统具有两种不同的平衡基准条件,一种为$\theta=0$,另一种为$\theta=\pi$。

本章将分析飞行器的基准或平衡条件并且会发现多种基准条件可行。此种说法不会让人感到惊讶,因为我们知道飞行器能在不同的平衡或"配平"条件下飞行,如直线水平飞行与定常水平转弯。但是,在此我们将更正式地分析这些基准条件并探求实现此类条件的判据。

所获得的结果对于飞行器的设计而言十分关键,并且许多结果通常都包含在飞行器设计要求内。符合这些要求对所得出的飞行器几何图形具有深远的影响。例如,大多数飞行器具有尾翼是为了符合本章中所探讨的飞行动力学要求。设计者可能更希望不将尾翼包含在飞行器上,因为尾翼增加了飞行器的重量与阻力,从而影响了飞行器的性能。例如,考虑具有"V"形尾翼的比奇富豪普通航空飞行器。设计者仅使用了两个而非三个尾翼来增加飞行器的性能(但是还新增了增强反馈的稳定性来符合飞行动力学要求)。

通过仅考虑刚体自由度来进行分析。因此,我们将假设刚性飞行器或分析中所使用的气动系数包含静态弹性修正,如7.11节所述。同时还假定恒定飞行器质量、扁平无旋转地球、恒定大气密度并忽略任何旋转质量对飞行器的影响。飞行器为传统飞行器,这暗示着$XZ$面为对称面,飞行器具有后尾翼且水平尾翼具有可变倾角。若需要考虑其他飞行器构型,在此所探讨的技巧也适用于其他构型,且将在本章末尾处所列的练习题中对此类情形进行说明。本章中的许多内容借鉴了第六章所探讨的内容,探讨了作用于飞行器上的力与力矩。建议在开始学习本章前,先回顾第六章的内容,尤其是6.1节至6.5节的内容。

## 9.1 平衡基准条件

考虑图9.1所示的飞行器图示。根据上述假设,第二章所推导的参考方程组如方程组(2.44)、方程组(2.48)与方程组(2.53)所示。方便起见,将在下文重述这些方程。如第二章所述,前三个方程控制平动速度,中间三个方程控制旋转速度,而最后三个方程揭示了角速度之间的运动学关系。

$$\begin{cases} m(\dot{U}_0 + Q_0W_0 - V_0R_0) = -mg\sin\Theta_0 + F_{A_{X_0}} + F_{P_{X_0}} \\ m(\dot{V}_0 + R_0U_0 - P_0W_0) = mg\cos\Theta_0\sin\Phi_0 + F_{A_{Y_0}} + F_{P_{Y_0}} \\ m(\dot{W}_0 + P_0V_0 - Q_0U_0) = mg\cos\Theta_0\cos\Phi_0 + F_{A_{Z_0}} + F_{P_{Z_0}} \end{cases} \tag{9.1}$$

$$\begin{cases} I_{xx}\dot{P}_0 - I_{xz}(\dot{R}_0 + P_0Q_0) + (I_{zz} - I_{yy})Q_0R_0 = L_{A_0} + L_{P_0} \\ I_{yy}\dot{Q}_0 + (I_{xx} - I_{zz})P_0R_0 + I_{xz}(P_0^2 - R_0^2) = M_{A_0} + M_{P_0} \\ I_{zz}\dot{R}_0 - I_{xz}(\dot{P}_0 - Q_0R_0) + (I_{yy} - I_{xx})P_0Q_0 = N_{A_0} + N_{P_0} \end{cases} \tag{9.2}$$

$$\begin{cases} \dot{\Phi}_0 = P_0 + Q_0\sin\Phi_0\tan\Theta_0 + R_0\cos\Phi_0\tan\Theta_0 \\ \dot{\Theta}_0 = Q_0\cos\Phi_0 - R_0\sin\Phi_0 \\ \dot{\Psi}_0 = (Q_0\sin\Phi_0 + R_0\cos\Phi_0)\sec\Theta_0 \end{cases} \tag{9.3}$$

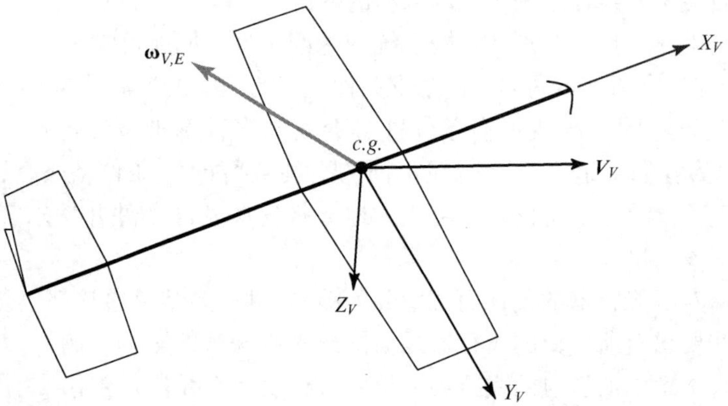


图 9.1 飞行器原理图及平动速度矢量与旋转速度矢量

回顾第二章可知,在平衡或定常飞行条件下,飞行器(平移)速度矢量的分量定义为

$$\boldsymbol{V}_{V_0} \triangleq U_0\boldsymbol{i}_V + V_0\boldsymbol{j}_V + W_0\boldsymbol{k}_V \tag{9.4}$$

式中:$\boldsymbol{i}_V$、$\boldsymbol{j}_V$与 $\boldsymbol{k}_V$为定义所选定的飞行器固定坐标系的单位矢量。同样地,在平衡或"定常"飞行条件下,飞行器角速度矢量的分量定义为

$$\boldsymbol{\omega}_{V,E_0} \triangleq P_0\boldsymbol{i}_V + Q_0\boldsymbol{j}_V + R_0\boldsymbol{k}_V \tag{9.5}$$

且 $\Psi_0$(航向)、$\Theta_0$(俯仰姿态)与 $\Phi_0$(倾斜角)为 3-2-1 欧拉角,决定着飞行器固定坐标系相对于地球固定惯性坐标系的方向。最后,作用于飞行器上的气动力矩加推进力矩(矢量)的分量定义为

$$(\boldsymbol{M}_A + \boldsymbol{M}_P) \triangleq (L_A + L_P)\boldsymbol{i}_V + (M_A + M_P)\boldsymbol{j}_V + (N_A + N_P)\boldsymbol{k}_V \tag{9.6}$$

而分力则已在方程组(9.1)的右侧列出。

现在将运用方程组(9.1)~方程(9.3)来确定和分析飞行器的基准飞行条件。适用于平衡基准条件的正式判据定义如下：

---

**定义**：已知由矢量微分方程定义的非线性动力系统（参考文献[1]）。

$$\dot{\boldsymbol{x}}=\boldsymbol{f}(\boldsymbol{x},\boldsymbol{u}) \tag{9.7}$$

$\dot{\boldsymbol{x}}=0$ 且 $\boldsymbol{u}=0$ 或为常数时，平衡解 $\boldsymbol{x}=\boldsymbol{x}_0$ 为方程(9.7)的解。

---

方程组(9.1)~方程(9.3)对应方程(9.7)所隐含的方程。然而，在运用上述定义时必须特别小心。第八章中已指出状态变量为描述系统行为所必需。观察方程组(9.1)~方程(9.3)后，我们更倾向于认为由这些方程决定的所有九个变量为描述该系统所必需。

然而，仔细观察这些方程，会发现这些方程均未明显地依赖航向 $\Psi_0$。同时，若回顾第六章所研究的在方程组(9.1)与方程组(9.2)中出现的力与力矩模型，可发现这些力与力矩也不受航向 $\Psi_0$ 的影响。因此，如参考文献1所示，航向 $\Psi_0$ 并非状态变量而仅是依赖其他状态的辅助变量。例如，若要求九个微分方程（方程组(9.1)~方程组(9.3)）的数值积分，可以求前8个方程的积分，无需包含第九个控制航向 $\Psi_0$ 的方程。因而对于包含飞行器动力学的非线性系统而言，状态矢量不包括 $\Psi_0$，状态矢量为

$$\boldsymbol{x}_0=\begin{bmatrix}U_0 & V_0 & W_0 & P_0 & Q_0 & R_0 & \Phi_0 & \Theta_0\end{bmatrix}^{\mathrm{T}} \tag{9.8}$$

注意以上论据也适用于（以上未列出的）另外三个运动学方程，这三个运动学方程控制着惯性位置，即 $X_0$、$Y_0$ 与 $h_0$（见方程组(2.40)）。若假设大气密度恒定，则前述的九个微分运动方程均不依赖惯性位置。因此，$X_0$、$Y_0$ 与 $h_0$ 也仅为辅助变量。

最后，对于具备推力 $T$、升降舵 $\delta_E$、副翼 $\delta_A$ 与方向舵 $\delta_R$ 的传统飞行器而言，参考输入或控制矢量 $\boldsymbol{u}_0$ 为

$$\boldsymbol{u}_0=\begin{bmatrix}T_0 & \delta_{E_0} & \delta_{A_0} & \delta_{R_0}\end{bmatrix}^{\mathrm{T}} \tag{9.9}$$

因此，假定上述控制变量组，平衡或基准飞行条件将满足以下判据：

$$\begin{cases}\dot{U}_0=\dot{V}_0(\text{或}\dot{\beta}_0)=\dot{W}_0(\text{或}\dot{\alpha}_0)=0\\ \dot{P}_0=\dot{Q}_0=\dot{R}_0=0\\ \dot{\Phi}_0=\dot{\Theta}_0=0\\ \begin{bmatrix}T_0 & \delta_{E_0} & \delta_{A_0} & \delta_{R_0}\end{bmatrix}\text{均为常数}\end{cases} \tag{9.10}$$

前6个约束十分直观且令人满意，因为它们对应不含平动加速度或旋转加速度的条件。接下来的两个（$\dot{\Phi}_0=\dot{\Theta}_0=0$）则需要三个平动方程中所出现的重力分量 $X_V$、$Y_V$ 与 $Z_V$ 为常数。同时，$\dot{P}_0=\dot{Q}_0=\dot{R}_0=0$ 这一要求暗指角速度为零或常数（如处于定常转弯），因此各轴的气动力矩与推进力矩之和必须为零或常数。此外，前八个要求共同隐含沿飞行器各轴的气动力与推进力之和也为零或常数。

运用方程组(9.10)所示的标准，可列出定义待考虑的三种最常见基准飞行条件的判据。同时，我们还将推演与这些飞行条件相关的参考方程。最后，值得注意的是，根据飞行器的气动特性与质量特性，除了在此探讨的飞行条件，还可能存在平衡条件。通常可通过方程组(9.1)~方程组(9.3)及约束(9.10)求得用数字表示的平衡条件，例如其中一种平衡条件为水平螺旋。

(1) 定常直线飞行：定义此种飞行条件的判据包括方程组(9.10)及 $\dot{\Psi}_0=0$，因而 $P_0=Q_0=$

$R_0=0$。由于已假定大气密度恒定,所以该条件包括在等高处直线飞行、小角爬升或下降。若密度为变量,则仅在等高处飞行才严格符合平衡条件的判据。由含九个参考方程的完整方程组(方程组(9.1)~方程组(9.3))可知对应定常直线飞行的参考方程减少至方程组(9.11)所示的以下方程。假定在此所使用的飞行器固定坐标轴系为稳定性坐标轴系,因此 $W_0$ 为零,且在等高处飞行时 $\Theta_0$ 为零。(回顾可知稳定性坐标轴系中,$\Theta_0=\gamma_0$ 航迹角。)因此,定常直线飞行的参考方程组直接减少至

$$\begin{cases} mg\sin\gamma_0 = F_{A_{X_0}} + F_{P_{X_0}} & 0 = L_{A_0} + L_{P_0} \\ (0 \text{ if } \Phi_0 = 0) = -mg\cos\gamma_0\sin\Phi_0 = F_{A_{Y_0}} + F_{P_{Y_0}} & 0 = M_{A_0} + M_{P_0} \\ (-mg\cos\gamma_0 \text{ if } \Phi_0 = 0) = -mg\cos\gamma_0\cos\Phi_0 = F_{A_{Z_0}} + F_{P_{Z_0}} & 0 = N_{A_0} + N_{P_0} \end{cases} \quad (9.11)$$

对于等高处的飞行而言,$\gamma_0=0$ 且方程组可进行相应的化简。三个运动学方程(即方程组(9.3))容易得到满足。

(2) 定常转弯飞行:定义此种飞行条件的判据包括方程组(9.10)及 $\dot{\Psi}_0=$ 常数 $\neq 0$。在此种条件下,飞行器的角速度矢量 $\boldsymbol{\omega}_{V,E}$ 垂直于地球固定坐标系。与直线飞行一样,由于假定大气密度恒定,除了等高处的转弯($\gamma_0=0$)可实现,小角爬升与下降转弯也可实现。再次假定运用稳定性坐标轴系,对应定常转弯的参考方程组减少至

$$\begin{cases} -m(V_0R_0) + mg\sin\gamma_0 = F_{A_{X_0}} + F_{P_{X_0}} & (I_{zz} - I_{yy})Q_0R_0 = L_{A_0} + L_{P_0} \\ m(R_0U_0) - mg\cos\gamma_0\sin\Phi_0 = F_{A_{Y_0}} + F_{P_{Y_0}} & -(I_{xz}(R_0^2) = M_{A_0} + M_{P_0} \\ m(P_0V_0 - Q_0U_0) - mg\cos\gamma_0\cos\Phi_0 = F_{A_{Z_0}} + F_{P_{Z_0}} & I_{xz}(Q_0R_0) = N_{A_0} + N_{P_0} \\ \dot{\Phi}_0 = P_0 = 0 & P_0 = 0 \\ \dot{\Theta}_0 = Q_0\cos\Phi_0 - R_0\sin\Phi_0 = 0 \quad \text{或} & Q_0 = \dot{\Psi}_0\sin\Phi_0 \\ \dot{\Psi}_0 = (Q_0\sin\Phi_0 + R_0\cos\Phi_0)\sec\gamma_0 = \text{常数} & R_0 = \dot{\Psi}_0\cos\Phi_0 \end{cases} \quad (9.12)$$

注意,如果考虑等高处的转弯,则 $\Theta_0=\gamma_0=0$,且方程组(9.12)可进一步化简。

有时候也会考虑附加的飞行条件,但它们通常不是严格意义上的平衡基准条件。通过下述标准定义的准定常飞行改出俯冲就是一个例子。

(3) 准定常改出俯冲:除了 $\dot{\Theta}\neq 0$,其他标准与定常直线飞行的标准相同。注意由于在改出俯冲动作中沿飞行器三个轴的重力分量不为常数,所以仅能以准定常方式来分析这种条件。因此,它不是严格意义上的平衡飞行条件。不管怎样,通常会考虑这一飞行条件,因此参考方程如下述的方程组(9.13)所示。

改出俯冲动作在垂直面中进行,因此飞行器的角速度矢量 $\boldsymbol{\omega}_{V,E}$ 平行于地球且仅其 $\boldsymbol{j}_V$ 分量不等于零。因此滚转角速度 $P_0$ 与偏航角速度 $R_0$ 均为零。通常,此类动作涉及零倾斜角 $\Phi_0$ 与零侧滑角 $\beta_0$。所以,得出改出俯冲动作的参考方程为

$$\begin{cases} mg\sin\gamma_0 = F_{A_{X_0}} + F_{P_{X_0}} & 0 = L_{A_0} + L_{P_0} & \dot{\Phi}_0 = 0 \\ 0 = F_{A_{Y_0}} + F_{P_{Y_0}} & 0 = M_{A_0} + M_{P_0} & \dot{\Theta}_0 = Q_0 \neq 0 \\ -m(Q_0U_0) - mg\cos\gamma_0 = F_{A_{Z_0}} + F_{P_{Z_0}} & 0 = N_{A_0} + N_{P_0} & \dot{\Psi}_0 = 0 \end{cases} \quad (9.13)$$

总结概括本节的主要成果,本节提出了适用于非线性系统平衡条件的精确定义并利用该定义确定了对应三种特定平衡飞行条件的参考方程组。这些条件包括定常直线飞行、定常转

弯飞行及准定常改出俯冲动作。我们将运用本节所探讨的参考方程进一步分析这些基准条件。接下来,我们将引入空气动力学静稳定性的概念。

## 9.2 空气动力学静稳定性概念与判据

"静稳定性"这一说法通常会给那些仅具有这一概念的学生造成困惑。对于有些学生而言,此说法是一种矛盾,因为稳定性严格来说是动态系统的数学特性。鉴于这一原因,我们选择将这一概念命名为空气动力学静稳定性是为了将其与动稳定性区分开来,且静稳定性这一概念在空气动力学范畴中更常见。

空气动力学静稳定性是动力系统在静态条件下的特性——完全不考虑系统的动力学特性。空气动力学静稳定性完全依赖偏离平衡条件的微小位移所造成的、作用于飞行器上的瞬时静态力或力矩的影响(或方向)。以下将定义机械系统的静稳定性。

---

**定义**:若由偏离平衡条件的微小静态位移所产生的作用于系统的力和力矩方向倾向于使系统回复到给定的平衡条件,则该机械系统相对于给定的平衡条件保持静态稳定。

---

因此,静稳定性概念取决于作用在系统上的力或力矩的方向,该系统处于稍稍偏离给定平衡条件的固定或静态位置。以下例题将对其进行阐释。

### 例 9.1 单摆的静稳定性

以第一章所介绍的由单摆构成的机械系统为例进行分析,如图 9.2 所示。通过对该系统的前述分析,我们可确定该系统具有两种不同的平衡条件:一种对应 $\Theta_0=0$ 而另一种对应 $\Theta_0=\pi$。现在若将单摆放置于偏离条件 $\Theta_0=0$ 的一小段距离处,在图中用位置 1 表示,我们发现作用于该位置处单摆的重力所产生的力矩(或 $-mg/\sin\theta$)是顺时针方向的,它倾向于使单摆前移至 $\Theta_0=0$ 的平衡条件。因此,单摆相对于 $\Theta_0=0$ 的平衡条件保持静稳定。

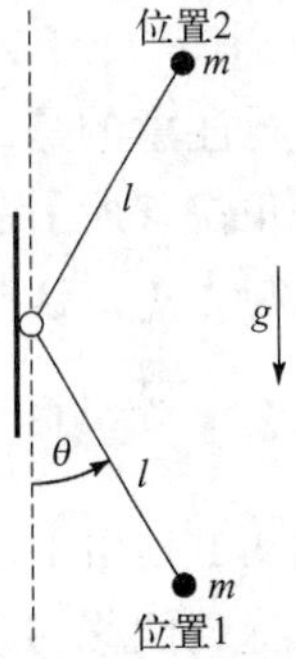


图 9.2 具有两个平衡位置的单摆示例

还值得注意的一点是,梯度 $\frac{\partial M}{\partial \theta}\big|_{\Theta_0=0}$ 的符号也可表示静稳定性。在选定的平衡条件中,这一梯度为负,即

$$\frac{\partial M}{\partial \theta}\Big|_{\Theta_0=0}=-mgl<0$$

因而,在平衡条件处求得的相对于 $\theta$ 的力矩负梯度也可用作单摆的静稳定性判据。

现在考虑 $\Theta_0=\pi$ 的平衡条件。将单摆放置于偏离平衡条件一小段距离处,在图中用位置 2 表示。我们发现作用于该位置处单摆的力矩是逆时针方向的,它倾向于使单摆远离 $\Theta_0=\pi$ 的平衡条件。因此,单摆相对于 $\Theta_0=\pi$ 的平衡条件保持静态稳定。这也可用在该平衡条件下所求得的力矩梯度不为负这一事实表示,即

$$\frac{\partial M}{\partial \theta}\Big|_{\Theta_0=\pi}=mgl>0$$

---

现在考虑飞行器的空气动力学静稳定性。首先,我们来详细研究飞行器仅受俯仰姿态 $\theta$

扰动而偏离定常直线水平飞行的情形。图 9.3 描绘这一情形,图中飞行器俯仰姿态的改变用飞行器固定坐标轴系的姿态改变表示。

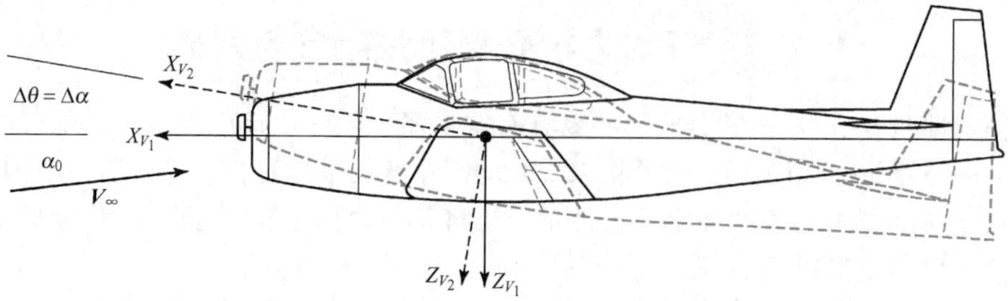

图 9.3　俯仰姿态变化引起的攻角变化

注意俯仰 $\Delta\theta$ 的静态位移或小扰动产生了相应的静态位移或小扰动,以相对于平衡或基准攻角 $\alpha_0$ 的攻角 $\Delta\alpha$ 表示。因此,为了使飞行器在俯仰时获得空气动力学静稳定性,一定存在一个由俯仰姿态 $\Delta\theta$ 或攻角 $\Delta\alpha$ 产生的关于质心(即重力中心)的机头下俯恢复力矩。因为气动俯仰力矩与推进俯仰力矩不受 $\theta$ 影响,由于攻角变化,机头下俯力矩必须增大。因此,如果气动攻角俯仰力矩系数加推进攻角力矩系数 $\left(\frac{\partial M_A}{\partial \alpha}\bigg|_0+\frac{\partial M_P}{\partial \alpha}\bigg|_0\right)$ 为负,则将出现俯仰稳定性。此外,由于

$$M_A + M_P = (C_M + C_{P_M})q_\infty S_W \bar{c}_W \tag{9.14}$$

如果相应的系数之和为负,即 $(C_{M_\alpha}+C_{P_{M_\alpha}})<0$,那么力矩系数的所需负值将得到满足。因此,这一不等式构成了飞行器或导弹的俯仰空气动力学静稳定性判据。

值得注意的是,单摆偏离平衡位置的位移仅用角 $\theta$ 的单独位移或小扰动定义,且恢复行动为这一角位移所引起的力矩增大。但是,研究飞行器将涉及多种位移变量,而且还必须考虑所有的力与力矩。这些位移变量将划分为纵向组与横向组。

### 9.2.1　纵向静稳定性

表 9.1 列出了位移变量的纵向组及相应的恢复特性。此外,对于各位移变量而言,表中还给出了特定位移的空气动力学静稳定性判据。判据的推演过程与上述的纵向俯仰稳定性推演过程一致。注意在推演涉及力的标准过程中,我们假定基准或平衡攻角 $\alpha_0$ 与侧滑角 $\beta_0$ 足够小,使得 $\cos\alpha_0\approx\cos\beta_0\approx1$,且升力 $L$、阻力 $D$ 与侧力 $S$ 使得

$$|L\sin\alpha - S\sin\beta| \ll |D|$$
$$|D\sin\beta| \ll |S|$$
$$|D\sin\alpha + S\sin\alpha\sin\beta| \ll |L|$$

如果情况并非如此,则各判据将用稍微复杂的代数方法表示,但是推演方式一样。

表 9.1　静态纵向稳定性判据

| 位移变量 | 恢复行动 | 空气动力学静态稳定性判据 |
|---|---|---|
| 纵移速度,$u$ | 轴向力,$(F_{A_X}+F_{P_X})$ | $(-C_{D_u}+C_{P_{X_u}})<0$ “速度稳定性” |
| | 俯仰力矩,$(M_A+M_P)$ | $(C_{M_u}+C_{P_{M_u}})>0$ |

（续）

| 位移变量 | 恢复行动 | 空气动力学静态稳定性判据 |
|---|---|---|
| 升沉速度，$w$ | 垂直力，$(F_{A_Z}+F_{P_Z})$ | $(-C_{L_\alpha}+C_{P_{Z_\alpha}})<0$ |
| 攻角，$\alpha(w/U_0)$ | 俯仰力矩，$(M_A+M_P)$ | $(C_{M_\alpha}+C_{P_{M_\alpha}})<0$<br>“俯仰稳定性” |
| 俯仰角速度，$q$ | 俯仰力矩，$(M_A+M_P)$ | $(C_{M_q}+C_{P_{M_q}})<0$<br>“俯仰阻尼” |

与纵向速度 $u$ 相关的判据则应十分明确：若 $(-C_{D_u}+C_{P_{X_u}})<0$，则力梯度应使飞行器倾向于保持恒定速度。换言之，速度的稍稍增大导致阻力增大，这使得速度减小。但是与纵向速度相关的第二条标准不是十分明显。基本上来说，若 $(C_{M_u}+C_{P_{M_u}})>0$ 且速度增大，则飞行器倾向于上仰。由于飞行器上仰，在重力的影响下，速度倾向于减小。这一标准并非直接源于静稳定性的定义，但是不管怎样，它通常被包含在静稳定性判据的列表中。

通常，与推进系统相关的系数 $C_P$ 较小或者为零。在此种情形下，这些标准仅为气动系数符号的函数。这尤其适用于滑翔机或发动机油门关小的飞行条件。

注意，与其他标准相比，表 9.1 中列出的某些稳定性判据更加难以实现，且某些标准比其他标准更重要。例如，飞行器的（每弧度）攻角升力有效度 $C_{L_\alpha}$ 总是大于 1 且攻角推力系数 $C_{P_{Z_\alpha}}$（见方程(6.155)）从不为正。因此，很容易确定 $(-C_{L_\alpha}+C_{P_{Z_\alpha}})<0$ 为负。

同样，除非具有显著的分离流，否则俯仰阻尼一直存在。这一说法可通过以下方法得到证实：回顾方程(6.188)可知带后部水平尾翼的飞行器气动俯仰阻尼系数为

$$C_{M_q} \approx -C_{L_{\alpha_H}} \frac{(X_{参照} - X_{AC_H})^2}{U_0\bar{c}_W} \frac{q_H}{q_\infty} \frac{S_H}{S_W} \tag{9.15}$$

与推进系统相关的俯仰阻尼系数如方程(6.196)所示，即

$$C_{P_{M_q}} \approx -\frac{x_T^2}{q_\infty S_W \bar{c}_W} \frac{\partial F_N}{\partial v_{横向}}\Big|_0 \tag{9.16}$$

回顾第六章所推演的所有俯仰力矩表达式可知轴向（$X$）位置均取正向。同时，回顾可知作用于飞行器上的力矩均取自特定参照点，即飞行器的质心或重力中心。因此在方程(9.15)中，必须设定 $X_{参照}=X_{cg}$。

那么，由于 $C_{L_{\alpha_H}}$ 总是为正，可发现方程(9.15)所示的气动俯仰阻尼系数将总是为负。此外，由于进气横流的推进法向推力梯度（即 $\delta F_N/\delta v_{横向}$）将始终为正，方程(9.16)所示的推进俯仰阻尼将始终为负，因此证明了俯仰阻尼将始终存在这一说法。

**速度稳定性**　但是，与上述所探讨的情形相比，我们必须更加仔细地评估速度稳定性及更重要的气动俯仰稳定性。第六章已经探讨了速度稳定性判据中的系数 $-C_{D_u}+C_{P_{X_u}}$ 与 $C_{M_u}+C_{P_{M_u}}$。首先注意，我们已经知道相对于飞行速度的气动俯仰力矩偏导数与推进俯仰力矩偏导数为

$$\frac{\partial M_A}{\partial u}\Big|_0 = \left(C_{M_u} + \frac{2C_{M_0}}{U_0}\right) q_\infty S_W \bar{c}_W \tag{9.17}$$

与

$$\frac{\partial M_P}{\partial u}\Big|_0 = \left(C_{P_{X_u}} + \frac{2C_{P_{M_0}}}{U_0}\right) q_\infty S_W \bar{c}_W \tag{9.18}$$

且

$$C_{P_{X_u}} = \frac{1}{q_\infty S_W \bar{c}_W}\left((d_T - x_T\phi_T)\frac{\partial T}{\partial v_{轴向}}|_0 - x_T\frac{\partial F_N}{\partial v_{横向}}|_0(\phi_T + \alpha_0)\right) \tag{9.19}$$

接下来,注意俯仰速度稳定性判据可用更加基础的方式表示为

$$\left(\frac{\partial M_A}{\partial u}|_0 + \frac{\partial M_P}{\partial u}|_0\right) > 0 \tag{9.20}$$

且上述不等式左侧的量为方程(9.17)与方程(9.18)所给出的各项之和。例如,现在若飞行器处于定常水平飞行,则总俯仰力矩将为零。因此

$$(C_{M_0} + C_{P_{M_0}}) = 0 \tag{9.21}$$

因此,方程(9.20)所述的判据化简为表9.1所示的判据。

第六章中提到$C_{M_u}$通常极小,但是在跨声速范围内它既可以为正,也可以为负。这是由于随着飞行速度由亚声速变化至超声速,升力面气动力中心的位置发生变化造成。同时还注意到在跨声速范围内,$C_{M_u}$难以预测。同样,$C_{D_u}$也很小,但是跨声速范围内除外。在跨声速范围内,这一系数既可以为正,也可以为负。因此,跨声速范围是个棘手的问题,当航空学团队试图“打破音障障碍”时,在早期的飞行试验中造成了许多坠机事件。

推进力对速度稳定性或$C_{P_{X_u}}$的影响用方程(6.139)表示为

$$C_{P_{X_u}} \approx \frac{1}{q_\infty S_W}\frac{\partial T}{\partial v_{轴向}}|_0 \tag{9.22}$$

因此该项将采用相对于速度的推力梯度符号。

此外,可通过考虑方程(6.143)来研究推力对俯仰速度稳定性的影响,方程(6.143)表示为

$$C_{P_{M_u}} \approx \frac{1}{q_\infty S_W \bar{c}_W}\left((d_T - x_T\phi_T)\frac{\partial T}{\partial v_{轴向}}|_0 - x_T\frac{\partial F_N}{\partial v_{横向}}|_0(\phi_T + \alpha_0)\right) \tag{9.23}$$

由参数$x_T$与$d_T$表示的发动机相对于$X_{参照}=X_{cg}$的位置及由$\phi_T$表示的发动机相对于机身参考坐标系的俯仰方向均在图6.13中进行了定义。我们发现尽管上述表达式中的法向力梯度通常为正,$C_{P_{M_u}}$既可为正,亦可为负,这取决于飞行器上发动机的位置及相对于轴向速度的梯度符号。

因此方程(9.22)与方程(9.23)所示的两种推力系数符号既可为正,也可为负。所以,需要仔细分析速度稳定性。

再述静态俯仰稳定性现在我们将更加详细地探讨俯仰静稳定性,首先来观察它对飞行器各部分的影响。回顾可知俯仰静稳定性由符号($C_{M_\alpha}+C_{P_{M_\alpha}}$)决定。方程(6.56)中,攻角俯仰力矩系数$C_{M_\alpha}$表示为

$$\begin{aligned}C_{M_\alpha} &= C_{L_{\alpha_W}}\left(\frac{X_{AC_{W\&F}} - X_{Ref}}{\bar{c}_W}\right) - C_{L_{\alpha_H}}\left(1 - \frac{d\varepsilon}{d\alpha}\right)\left(\frac{X_{Ref} - X_{AC_H}}{\bar{c}_W}\right)\frac{q_H}{q_\infty}\frac{S_H}{S_W} \\ &= C_{L_{\alpha_W}}\Delta\bar{X}_{AC_{W\&F}} - C_{L_{\alpha_H}}\left(1 - \frac{d\varepsilon}{d\alpha}\right)\Delta\bar{X}_{AC_H}\frac{q_H}{q_\infty}\frac{S_H}{S_W} \\ &= \text{机翼影响}-\text{尾翼影响}\end{aligned} \tag{9.24}$$

同时,回顾可知,在上述表达式的推导过程中,$X$的位置为飞行器的正前方且我们必须设定$X_{参照}=X_{cg}$。现在观察机翼的影响,若机翼-机身组合的气动力中心位于重心前方,则

$\Delta \bar{X}_{AC_{W\&F}}>0$且机翼升力的增加(如通过增大机翼)增大了 $C_{M_\alpha}$,这就倾向于减小俯仰静稳定性。相反地,由于后部水平尾翼位于重心后方,则 $\Delta \bar{X}_{AC_H}$且尾翼升力的增加(如通过增大尾翼)减小了 $C_{M_\alpha}$,从而增大了俯仰静稳定性。因此,尾翼提供了正俯仰静稳定性,这也正是使用后部尾翼的主要原因。若使用前水平表面或前翼,则机翼气动力中心的位置必须位于重心后方,从而实现俯仰静稳定性(见第9.2题)。最后,方程(9.24)还提到了相关尾翼尺寸 $S_H/S_W$及下洗梯度 $d\varepsilon/d\alpha$ 对俯仰静稳定性的影响。

根据方程(6.159)可将推力对攻角俯仰力矩有效系数的影响表示为

$$C_{P_{M_\alpha}} = -\frac{U_0}{q_\infty S_W \bar{c}_W}\left((d_T - x_T\phi_T)\frac{\partial T}{\partial v_{\text{轴向}}}|_0(\phi_T + \alpha_0) + (x_T + d_T\phi_T)\frac{\partial F_N}{\partial v_{\text{横向}}}|_0\right)\left(1 \pm \frac{d\varepsilon_{\text{进气口}}}{d\alpha}|_0\right) \tag{9.25}$$

该参数依赖发动机的位置与方向及相对于进气流速度的推力 $T$ 与法向力 $F_N$梯度。由参数 $x_T$与 $d_T$表示的发动机相对于 $X_{\text{参照}}=X_{cg}$的位置及由 $\phi_T$表示的发动机相对于机身参考坐标系的俯仰方向均在图6.13中进行了定义。

推力梯度与法向力梯度是发动机的特性,且法向力梯度通常为正。因此,推进系统的攻角俯仰力矩有效系数度既可为正,也可为负,这取决于推进系统的特性及推进系统处于飞行器上的位置。将发动机置于重心后方或下方通常倾向于增加俯仰静稳定性。然而,若推力 $T$ 的作用线经过重心附近,则项$(d_T\cos\phi_T - x_T\sin\phi_T) \approx (d_T - x_T\phi_T)$将近似为零,从而 $C_{P_{M_\alpha}} \approx 0$。但是,不管怎样,上述探讨中最重要的因素通常是空气动力学静稳定性。

静稳定裕度飞行器或导弹的静稳定裕度是一个非常重要的参数。随着燃油的消耗或有效负载的增加或卸载,重心的轴向位置将在飞行器上前移或后移,这就影响了静稳定裕度。在本章的几个小节中,包括本节,我们将研究限制重心位置容许偏差的标准。

参阅图9.4,现令标记为 $X_{cg1}$与 $X_{cg2}$的两个位置表示任意两处重心位置。根据简单的静力学知识,并假定飞行器的攻角较小,则用另一重心位置 $X_{cg1}$的俯仰力矩表示的重心位置 $X_{cg2}$的(气动与推进)俯仰力矩为

$$(M_A + M_P)_2 = (M_A + M_P)_1 - (L - F_{P_Z})\Delta_{cg} \tag{9.26}$$

式中

$$\Delta_{cg} \triangleq X_{cg_2} - X_{cg_1}$$

式中:$X_{cg}$测定为在飞行器的正前方;$F_{P_Z}$为推力的 $Z$ 分量;$L$ 为作用于飞行器上的气动升力。

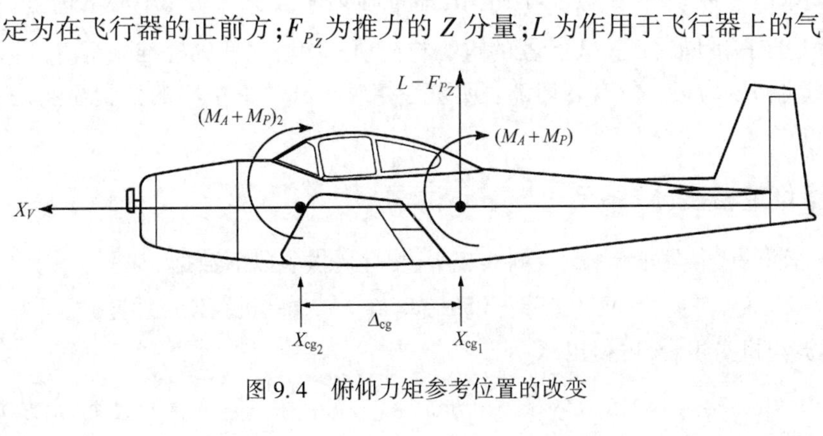


图9.4 俯仰力矩参考位置的改变

将方程(9.26)除以$q_\infty S_W \bar{c}_W$得出用力与力矩系数表示的类似表达式。因此,关于新重心位置的俯仰力矩系数之和表示为

$$(C_M + C_{P_M})_2 = (C_M + C_{P_M})_1 - (C_L - C_{P_Z})\left(\frac{\Delta_{cg}}{\bar{c}_W}\right) = (C_M + C_{P_M})_1 - (C_L - C_{P_Z})\overline{\Delta}_{cg} \tag{9.27}$$

(注意上述表达式中上划线符号的使用。)取方程(9.27)对飞行器攻角的偏导数,得出

$$(C_{M_\alpha} + C_{P_{M_\alpha}})_2 = (C_{M_\alpha} + C_{P_{M_\alpha}})_1 - (C_{L_\alpha} - C_{P_{Z_\alpha}})\overline{\Delta}_{cg} \tag{9.28}$$

现在,我们可采用这一表达式来定义飞行器的静稳定裕度。

---

**定义:**飞行器的静稳定裕度(SM)为在$(C_{M_\alpha}+C_{P_{M_\alpha}})_{cg}\to 0$之前,飞行器的重心可后移的标准化距离,即$-\overline{\Delta}_{cg}$。

---

因此,通过设定方程(9.28)中的$(C_{M_\alpha}+C_{P_{M_\alpha}})_2=0$并求方程的解,求得飞行器的静稳定裕度为

$$SM \triangleq -\overline{\Delta}_{cg}|_{(C_{M_\alpha}+C_{P_{M_\alpha}})_{新}\to 0} = -\frac{(C_{M_\alpha} + C_{P_{M_\alpha}})_{现有\ cg}}{(C_{L_\alpha} - C_{P_{Z_\alpha}})} \tag{9.29}$$

若推力不会显著影响俯仰力矩或垂直力(此为常见情形),则可得出静稳定裕度为

$$SM \triangleq -\frac{C_{M_\alpha}}{C_{L_\alpha}} \tag{9.30}$$

值得注意的是,若飞行器俯仰时保持静稳定,或$C_{M_\alpha}<0$,则静稳定裕度将为正。

同时,还应注意静俯仰稳定性的判据,即$(C_{M_\alpha}+C_{P_{M_\alpha}})<0$,需要飞行器的重心位于飞行器气动力中心的前方。这符合气动力中心的定义,气动力中心的定义为关于该点的俯仰力矩不随攻角变化的飞行器轴向($X$)位置,即

$$(C_{M_\alpha} + C_{P_{M_\alpha}})_{AC} = 0 \tag{9.31}$$

为证明这一说法,令飞行器的气动力中心位于图9.4中标记为$X_{cg}$的点处,运用方程(9.28)可得出

$$(C_{M_\alpha} + C_{P_{M_\alpha}})_2 = (C_{M_\alpha} + C_{P_{M_\alpha}})_1 - (C_{L_\alpha} - C_{P_{Z_\alpha}})\overline{\Delta}_{cg} \tag{9.32}$$

因此,要求$(C_{M_\alpha}+C_{P_{M_\alpha}})<0$隐含着$\overline{\Delta}_{cg}>0$,即重心必须位于气动力中心的前方。所以,如图9.5所示,静稳定裕度同时还是飞行器的重心与气动力中心之间的标准化距离,当$X_{cg}$位于$X_{AC}$前方时,静稳定裕度为正。所有一切都表明重心相对于气动力中心的位置显然是一个重要的设计参数。

## 例9.2 静稳定裕度、尾翼尺寸与重心位置

设带升力面的飞行器如例6.1~例6.2所述,且提供了以下数据。

$$C_{L_\alpha} = 4.59/\text{rad},\ C_{M_\alpha} = -1.59/\text{rad},\ \overline{X}_{Ref} = \overline{X}_{cg} = \text{机翼顶点后方}0.5$$

关于机翼与机身组合,可得出

$$S_W = 169\text{ft}^2,\ \bar{c}_W = 5.825\text{ft},\ C_{L_{\alpha_W}} = 4.19/\text{rad},\ \overline{X}_{AC_{W\&F}} = \frac{4.79 - 1.19}{5.825} = \text{机翼顶点后方}0.618$$

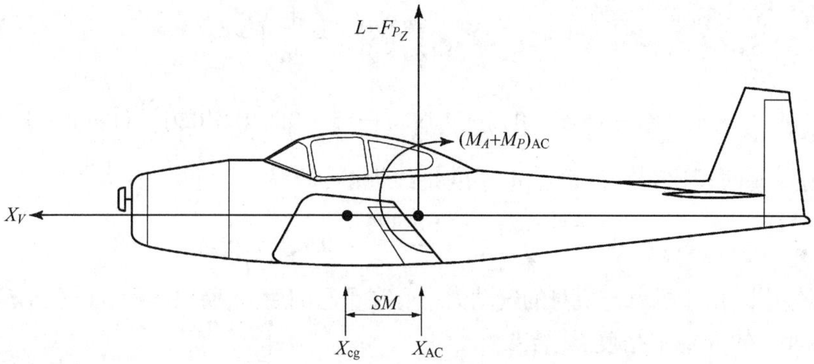


图 9.5　飞行器的静稳定裕度

关于水平尾翼,可得出

$$S_H = 42.2\text{ft}^2,\ S_H/S_W = 0.250,\ C_{L_{\alpha_H}} = 4.19/\text{rad},\ \frac{\mathrm{d}\varepsilon_H}{\mathrm{d}\alpha_W} = 0.57$$

$$\overline{X}_{AC_H} = \frac{18.75}{5.825} = \text{机翼顶点后方}3.219$$

假定推进力不会对飞行器上的垂直($Z$)力或俯仰力矩造成显著影响,请确定飞行器静稳定裕度 $SM$ 关于水平尾翼尺寸(平面形状面积)的函数表达式。尾翼平面形状面积必须扩大或减小多少才能得出 20%的静稳定裕度?相反地,尾翼尺寸不变,为获得 20%的静稳定裕度,重心能前移或后移多远?

**解**

由方程(9.30)可知该飞行器的静稳定裕度为

$$SM \triangleq -\frac{C_{M_\alpha}}{C_{L_\alpha}} = -\frac{-1.59}{4.59} = 0.346$$

由于飞行器在俯仰时保持静稳定,所以静稳定裕度为正。由方程(9.24)可知,飞行器 $C_{M_\alpha}$ 的表达式为

$$C_{M_\alpha} = C_{L_{\alpha_W}}\left(\frac{X_{AC_{W\&F}} - X_{Ref}}{\bar{c}_W}\right) - C_{L_{\alpha_H}}\left(1 - \frac{\mathrm{d}\varepsilon}{\mathrm{d}\alpha}\right)\left(\frac{X_{Ref} - X_{AC_H}}{\bar{c}_W}\right)\frac{q_H}{q_\infty}\frac{S_H}{S_W}$$

$$= C_{L_{\alpha_W}}\Delta\overline{X}_{AC_{W\&F}} - C_{L_{\alpha_H}}\left(1 - \frac{\mathrm{d}\varepsilon}{\mathrm{d}\alpha}\right)\Delta\overline{X}_{AC_H}\frac{q_H}{q_\infty}\frac{S_H}{S_W}$$

式中:轴向($X$)位置为飞行器的正前方。现在取该表达式对尾翼与机翼面积比的偏导数,得出

$$\frac{\partial C_{M_\alpha}}{\partial(S_H/S_W)} = -C_{L_{\alpha_H}}\Delta\overline{X}_{AC_H}\frac{q_H}{q_\infty}\left(1 - \frac{\mathrm{d}\varepsilon}{\mathrm{d}\alpha}\right)$$

对于这一飞行器而言,偏导数变为

$$\frac{\partial C_{M_\alpha}}{\partial(S_H/S_W)} = -4.19\times(-0.5 + 3.219)\times(0.9)\times(1 - 0.57) = -4.409$$

(注意 $X_{Ref}$ 与 $X_{AC_H}$ 的符号已经颠倒过来,因为它们最开始测定为机翼顶点的正后方。)因此,与预期一样,随着尾翼面积的增大,飞行器的静态稳定性将增大,或者 $C_{M_\alpha}$ 的负值将更大。

接下来,根据方程(9.24),可将攻角俯仰力矩系数用尾翼与机翼面积比表示为

$$C_{M_\alpha} = C_{L_{\alpha_W}} \Delta\overline{X}_{AC_{W\&F}} - C_{L_{\alpha_H}} \Delta\overline{X}_{AC_H} \frac{q_H}{q_\infty} \frac{S_H}{S_W}\left(1 - \frac{d\varepsilon}{d\alpha}\right)$$

$$= 4.19\times(-0.618 + 0.5) - 4.19\times(-0.5 + 3.219)\times(0.9)\frac{S_H}{S_W}(1 - 0.57)$$

因此,用尾翼面积比表示的静稳定裕度是线性的,即

$$SM = -\frac{-4.409(S_H/S_W) - 0.494}{4.59} = 0.961(S_H/S_W) + 0.108$$

注意在该例中,由于机翼与机身的气动力中心在重心的后方,所以尽管 $S_H=0$,$SM$ 仍为正。

为获得 20%的静稳定裕度,则需要

$$0.20 = 0.961(S_H/S_W) + 0.108$$

因此,所需的尾翼面积比为

$$\frac{S_H}{S_W} = 0.096$$

已知原始尾翼面积比为 0.250,可知必须将尾翼面积减去下述的量才可获得 20%的静态稳定裕度。

$$\Delta S_H = S_W \Delta\left(\frac{S_H}{S_W}\right) = 169(0.096 - 0.250) = -26.03\ \text{ft}^2$$

或者说尾翼的平面形状面积必须减小不止 50%。

最后,原始尾翼尺寸的静稳定裕度为 0.346(相当大的稳定裕度)。若这些位置经测定位于飞行器的正前方,据定义,静稳定裕度为飞行器的重心与气动力中心之间的标准化距离,即 $SM=\overline{X}_{cg}-\overline{X}_{AC}$。为获得 20%的静稳定裕度,这就暗示着静稳定裕度改变为 $\Delta SM=-0.146$,也就暗示着重心容许后移:

$$\Delta\overline{X}_{cg} = -0.146$$

因此,重心可后移 0.146×5.825=0.85ft 且仍能保持 20%的静稳定裕度。这就使得重心稍稍位于机翼-机身组合 $X_{AC_{W\&F}}$ 的气动力中心的后方。

---

### 9.2.2 横向静稳定性

继续进行静稳定性探讨,现在考虑表 9.2 中所列出的位移变量的横向组。同时,表中还列出了相应的恢复量行动及各种情形下特定位移的空气动力学静稳定性判据。

表 9.2 横向静稳定性判据

| 位移变量 | 恢复量 | 空气动力学静稳定性判据 |
|---|---|---|
| 横向速度,$v$ | 侧力,$(F_{A_Y}+F_{P_{A_Y}})$ | $(C_{S_\beta}+C_{P_{Y_\beta}})<0$ |
| 侧滑角,$\beta(=v/U_0)$ | 偏航力矩,$(N_A+N_P)$ | $(C_{N_\beta}+C_{P_{N_\beta}})>0$<br>“定向稳定性” |
| | 滚转力矩,$(L_A+L_P)$ | $(C_{L_\beta}+C_{P_{L_\beta}})<0$<br>“上反效应” |
| 滚转角速度,$p$ | 滚转力矩,$(L_A+L_P)$ | $(C_{L_p}+C_{P_{L_p}})<0$<br>“滚转阻尼” |
| 偏航角速度,$r$ | 偏航力矩,$(N_A+N_P)$ | $(C_{N_r}+C_{P_{N_r}})<0$<br>“偏航阻尼” |

## 学生须知

关于符号有一点值得注意:由于滚转力矩与升力按照惯例均用 $L$ 表示,所以有时候将滚转力矩标记为 $L_{滚转}$。但是,我们不会将这一较复杂的符号用于有效度系数,如 $C_{L_\beta}(=\partial C_{L滚转}/\partial\beta)$,因为侧滑升力系数$\partial C_{升力}/\partial\beta$ 不是很常见。因此,去除系数的"滚转"下标应该不会造成误解。

---

如 9.2.1 节所述,与推力相关的系数 $C_{P.}$ 通常较小或为零。在此类情形下,这些判据仅为气动系数符号的函数。且与纵向情形一致,表 9.2 中的某些横向判据与其他判据相比更加难以实现,且某些判据比其他判据更重要。同时,除去定向稳定性判据与上反效应的符号,表 9.2 所示的判据均十分简便直观。因此,我们将进一步详细探讨后两种判据。

至于横向速度中,$C_{S_\beta}$ 与 $C_{P_{Y_\beta}}$ 总是为负,所以横向速度判据总是能够得到满足(如方程(6.25)与方程(6.170))。同时,由于没有显著的分离流,滚转与偏航阻尼将一直存在(如方程组(6.207)、方程(6.214)、方程(6.219)与方程(6.232))。因此,这三种稳定性判据得以容易实现。

至于纵向稳定性,由于偏航力矩与侧滑角的符号法则,气动与推进侧滑偏航系数之和必须为正。根据法则的定义,如图 9.6 所示的正侧滑角必须产生一个正偏航力矩(机头向右)以实现稳定性。换言之,飞行器的机头必须倾向于进入迎面而来的气流 $V_\infty$,此特征也被称为风向标稳定性。

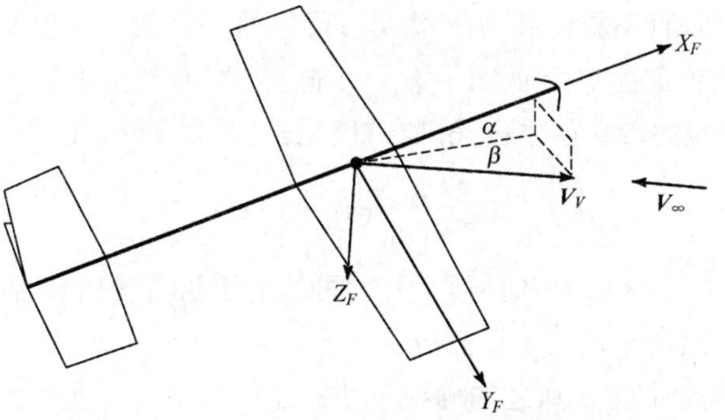


图 9.6　飞行器的攻角、侧滑角与机身参考坐标系

可通过考虑方程(6.68)来确定对气动方向静稳定性的影响,其表示为

$$C_{N_\beta}=-C_{S_{\beta_V}}\left(\frac{X_{\text{Ref}}-X_{\text{AC}_V}}{b_W}\right)\frac{q_H}{q_\infty}\frac{S_V}{S_W}=-C_{S_{\beta_V}}\Delta\overline{X}_{\text{AC}_V}\frac{q_H}{q_\infty}\frac{S_V}{S_W}\tag{9.33}$$

注意该方程假定 $X$ 位置测定为正前方,因为后部垂直尾翼 $\Delta\overline{X}_{\text{AC}_V}$ 将为正。但是,正侧滑角 $\beta$ 产生了一个作用于飞行器尾翼上的力,该力为负 $Y$ 向。因此,$C_{S_{\beta_V}}$ 将总是为负。这就确保了后部水平尾翼将倾向于得出一个正 $C_{N_\beta}$,从而产生正静态定向稳定性。

可通过考虑方程(6.175)来研究推力对方向静稳定性的影响,该方程表示飞行器偏航配平时(即 $C_{P_{N_0}}=C_{N_0}=0$ 时),有

$$C_{P_{N_\beta}}=\frac{U_0}{q_\infty S_W b_W}(x_T-d_T\alpha_0)\frac{\partial F_N}{\partial v_{横向}}\tag{9.34}$$

若发动机位于重心后方，则 $x_T$ 将为正。因此，假定 $(x_T\cos\alpha_0-d_T\sin\alpha_0)\approx(x_T-d_T\alpha_0)>0$，且假定法向推力梯度 $\partial F_N/\partial v_{横向}$ 为正，位于重心后方的发动机将倾向于增大静方向稳定性。若发动机位于重心前方，则情况相反，那么静稳定性必须严格由气动手段提供。

表9.2所定义的“上反效应”判据隐含着正侧滑角 $\beta$ 必须产生负滚转力矩（右翼尖上仰）。这种情形有时会让学生感到困惑。但是，试想一下，飞行器最开始机翼保持水平，在等高处飞行。若飞行器向右倾斜，产生一个正倾斜角，那么在开始下降时，此飞行器将具有正侧滑角。现在若由这一侧滑角所产生的滚转力矩为负，则飞行器将倾向于向左滚转——或倾斜角将恢复至零。这就是所需的上反效应，尽管它没有完全符合静稳定性的定义。

可通过考虑方程(6.44)来研究对上反效应的影响，其表示为

$$C_{L_\beta}=C_{L_{\beta_W}}+C_{L_{\beta_H}}\frac{q_H}{q_\infty}\frac{S_H}{S_W}\frac{b_H}{b_W}+C_{L_{\beta_V}}\frac{q_H}{q_\infty}\frac{S_V}{S_W}\frac{b_V}{b_W} \tag{9.35}$$

$$=\text{机翼影响}+\text{水平尾翼}+\text{垂直尾翼影响}$$

因此，飞行器的上反效应取决于机翼与尾翼的上反效应及垂直尾翼所产生的滚转力矩。5.3.4节已经探讨过机翼与水平尾翼的上反效应，由此节内容可知正前缘掠翼与正上反角均增大了上反效应，或使得机翼或尾翼的 $C_{L_\beta}$ 负值更大。

垂直尾翼所产生的滚转力矩如方程(6.41)所示，表示为

$$C_{L_{\beta_V}}=C_{S_{\beta_V}}\frac{Z_{AC_V}}{b_V} \tag{9.36}$$

探讨方程(9.33)时曾提到过，$C_{S_{\beta_V}}$ 将始终为负。因此，若垂直尾翼的气动力中心位于 $X_V$ 轴的上方，或 $Z_{AC_V}>0$，则垂直尾翼将倾向于增大飞行器的上反效应。但是，值得注意的是，采用具有高配平攻角 $\alpha_0$ 的稳定性坐标轴系时，$Z_{AC_V}$ 可能极小或者甚至小于零（见图6.8）。

推进力对上反效应的影响如方程(6.175)所示，表示为

$$C_{P_{L_\beta}}=\frac{U_0}{q_\infty S_W b_W}(d_T+x_T\alpha_0)\frac{\partial F_N}{\partial v_{横向}} \tag{9.37}$$

假定推进力梯度 $\partial F_N/\partial v_{横向}$ 横向通常为正，可知位于机身参考 $X$ 轴上方（$d_T<0$）或重心前方（$x_T<0$）的发动机将倾向于增大上反效应。

敏锐的读者将注意到，本节所述的静稳定性标准可得出关于飞行器几何形状的不一致的要求。例如，某条稳定性判据可能建议发动机应位于重心前方，而某条稳定性判据可能建议发动机应位于后方。这就强调以下事实：空天飞行器设计与总体设计总是要求设计者进行一系列权衡来求得最佳总体方案。但是这正是工程设计的精髓所在。

最后，值得注意的是，由于存在内在权衡，9.2.1节与9.2.2节所述的某些空气动力学静稳定性判据极有可能根据特定飞行器的设计判据而有所放宽。在此所给出的判据为空气动力学静稳定性判据，某些判据或全部判据可用作飞行器的设计判据。与此相反，在多个飞行条件下，某些高性能飞行器俯仰时能实现中性静稳定，甚至是静态不稳定。将在9.3节及后述章节中探讨出现这一情形的原因。

现在来总结概括本节的主要成果，本节介绍了空气动力学静稳定性及飞行器的几种静稳定性判据，研究了飞行器的不同方面或飞行器设计对实现静稳定性判据的影响。此外，本节还介绍了名为飞行器静稳定裕度的重要参数，并证明了为确保静俯仰稳定性，飞行器的质心或重心必须位于飞行器气动力中心的前方。

## 9.3 定常直线飞行分析

现在将转而关注飞行器的定常直线飞行分析，即 9.1 节所定义的第一种平衡飞行条件。值得特别关注的是配平分析、控制力、发动机停机影响、控制（或杆）力及空气动力学静稳定性的影响。

回顾可知，我们已假定传统飞行器的几何形状，且飞行器的 $XZ$ 面为对称面。我们将包含后部水平尾翼上的可变倾角并假定推力关于飞行器的 $XZ$ 面对称，这就意味着不存在侧力或推力产生的偏航力矩。9.3.3 节将探讨不对称推力产生偏航力矩的特例。对于其他类型的飞行器而言，以下分析必须进行相应的修改。

假定稳定性坐标轴系，定常直线飞行时的参考方程如方程组(9.11)所示。如果将气动力与力矩及推力与力矩的表达式代入到这些方程中，则参考方程变为

$$\begin{aligned} & mg\sin\gamma_0 = -D_0\cos\beta_0 - S_0\sin\beta_0 + T_0\cos(\phi_T+\alpha_0) && L_{A_0}=0 \\ & -mg\cos\gamma_0\sin\Phi_0 = S_0\cos\beta_0 - D_0\sin\beta_0 && M_{A_0}+T_0(d_T - x_T\phi_T)=0 \\ & mg\cos\gamma_0\cos\Phi_0 = L_0 + T_0\sin(\phi_T+\alpha_0) && N_{A_0}=0 \end{aligned} \tag{9.38}$$

对于给定的飞行条件（即高度与速度）而言，以上六个方程原则上解出了六个未知数。这些未知数包括攻角 $\alpha_0$ 与侧滑角 $\beta_0$ 的配平值、所需推力 $T_0$ 及三种控制偏转——升降舵 $\delta_{E_0}$、副翼 $\delta_{A_0}$ 与方向舵 $\delta_{R_0}$。一种方法是运用第八章所介绍的数值搜寻法来确定非线性仿真的初始配平条件。但是，以下所述的解析法与图解法将使我们进一步理解所得的结果。

现在假定直线飞行时侧滑角 $\beta_0$ 与倾斜角 $\Phi_0$ 均为零。（在此种情况下，副翼与方向舵偏转通常也保持为零。）用相应的系数表示气动力与力矩并假定 $\phi_T$ 较小，则纵向参考方程组变为

$$\begin{aligned} & mg\sin\gamma_0 = -C_{D_0}q_\infty S_W + T_0\cos(\phi_T+\alpha_0) \\ & mg\cos\gamma_0 = C_{L_0}q_\infty S_W + T_0\sin(\phi_T+\alpha_0) \\ & C_{M_0}q_\infty S_W\bar{c}_W + T_0(d_T - x_T\phi_T) = 0 \end{aligned} \tag{9.39}$$

现在将运用这些方程来进行平衡或配平分析。9.3.3 节将探讨横向方程组。

### 9.3.1 纵向配平分析

为了使阐述更加清晰，首先将第六章所推导的升力、阻力与俯仰力矩的系数的线性表达式代入方程组(9.39)中。本节稍后将探讨涉及气动效应的图解过程。考虑各系数的线性表达式并忽略副翼与方向舵对阻力的任何影响，方程组(9.39)现在变为

$$\begin{cases} mg\sin\gamma_0 = -(C_{D_{\alpha=\delta=i_H=0}} + C_{D_\alpha}\alpha_0 + C_{D_{i_H}}i_H + C_{D_{\delta_E}}\delta_{E_0})q_\infty S_W + T_0\cos(\phi_T+\alpha_0) \\ mg\cos\gamma_0 = (C_{L_{\alpha=\delta=i_H=0}} + C_{L_\alpha}\alpha_0 + C_{L_{i_H}}i_H + C_{L_{\delta_E}}\delta_{E_0})q_\infty S_W + T_0\sin(\phi_T+\alpha_0) \\ (C_{M_{\alpha=\delta=i_H=0}} + C_{M_\alpha}\alpha_0 + C_{M_{i_H}}i_H + C_{M_{\delta_E}}\delta_{E_0})q_\infty S_W\bar{c}_W + T_0(d_T - x_T\phi_T) = 0 \end{cases} \tag{9.40}$$

现在我们可观察到对于给定的速度与高度（即 $q_\infty$）、航迹角 $\gamma_0$ 与尾翼倾角 $i_H$ 而言，以上三个方程控制着三个未知数 $\alpha_0$、$\delta_{E_0}$ 与 $T_0$。

为确定基准或配平攻角 $\alpha_0$、升降舵偏转 $\delta_{E_0}$ 与推力 $T_0$，令配平升力系数与推力系数分别定

义为

$$C_{L_{配平}} \triangleq \frac{mg}{q_\infty S_W}, \quad C_{T_{配平}} \triangleq \frac{T_0}{q_\infty S_W}$$

同时假定

$$T_0 \sin(\phi_T + \alpha_0) \ll L_0 \text{ 且 } \cos(\phi_T + \alpha_0) \approx 1$$

然后,用矩阵格式表示方程组(9.40),可得出

$$\begin{bmatrix} -C_{D_\alpha} & -C_{D_{\delta_E}} & 1 \\ C_{L_\alpha} & C_{L_{\delta_E}} & 0 \\ C_{M_\alpha} & C_{M_{\delta_E}} & \dfrac{(d_T - x_T\phi_T)}{\bar{c}_W} \end{bmatrix} \begin{Bmatrix} \alpha_0 \\ \delta_{E_0} \\ C_{T_{配平}} \end{Bmatrix} = \begin{bmatrix} C_{L_{配平}} \sin\gamma_0 + C_{D_{\alpha=\delta=i_H=0}} + C_{D_{i_H}} i_H \\ C_{L_{配平}} \cos\gamma_0 - C_{L_{\alpha=\delta=i_H=0}} - C_{L_{i_H}} i_H \\ -C_{M_{\alpha=\delta=i_H=0}} - C_{M_{i_H}} i_H \end{bmatrix} \tag{9.41}$$

可通过运用 MATLAB 或克莱姆法则解线性方程组来确定三个未知数(见附录 D 的克莱姆法则探讨)。

推力对俯仰力矩的影响可忽略不计,换言之,若

$$T_0(d_T \cos\phi_T - x_T \sin\phi_T) \approx T_0(d_T - x_T\phi_T) \approx 0$$

则方程组(9.40)中的后两个方程与第一个方程解耦,可用于求攻角 $\alpha_0$ 与升降舵偏转 $\delta_{E_0}$ 的解。用矩阵格式表示这两个方程,可得出

$$\begin{bmatrix} C_{L_\alpha} & C_{L_{\delta_E}} \\ C_{M_\alpha} & C_{M_{\delta_E}} \end{bmatrix} \begin{Bmatrix} \alpha_0 \\ \delta_{E_0} \end{Bmatrix} = \begin{bmatrix} C_{L_{配平}} \cos\gamma_0 - C_{L_{\alpha=\delta=i_H=0}} - C_{L_{i_H}} i_H \\ -C_{M_{\alpha=\delta=i_H=0}} - C_{M_{i_H}} i_H \end{bmatrix} \tag{9.42}$$

由克莱姆法则可知所述条件下的平衡(配平)攻角与升降舵偏转角可表示为

$$\begin{aligned} \alpha_{配平} &= \left( (C_{L_{配平}} \cos\gamma_0 - C_{L_{\alpha=\delta=i_H=0}} - C_{L_{i_H}} i_H) C_{M_{\delta_E}} + (C_{M_{\alpha=\delta=i_H=0}} + C_{M_{i_H}} i_H) C_{L_{\delta_E}} \right) / \Delta \\ \delta_{E_{配平}} &= -\left( (C_{M_{\alpha=\delta=i_H=0}} + C_{M_{i_H}} i_H) C_{L_\alpha} + (C_{L_{配平}} \cos\gamma_0 - C_{L_{\alpha=\delta=i_H=0}} - C_{L_{i_H}} i_H) C_{M_\alpha} \right) / \Delta \\ \Delta &= C_{L_\alpha} C_{M_{\delta_E}} - C_{M_\alpha} C_{L_{\delta_E}} \end{aligned} \tag{9.43}$$

最后,在求得上述表达式中配平攻角与升降舵偏转角的解之后,方程组(9.40)中的第一个方程则可用于求所需推力 $T_0$ 的解,即 $T_0$ 可通过下式求得:

$$\begin{aligned} T_0 \cos(\phi_T + \alpha_{配平}) &= (C_{D_{\alpha=\delta=i_H=0}} + C_{D_\alpha} \alpha_{配平} + C_{D_{i_H}} i_H + C_{D_{\delta_E}} \delta_{E_{配平}}) q_\infty S_W + mg \sin\gamma_0 \\ &= C_{D_{配平}} q_\infty S_W + mg \sin\gamma_0 \end{aligned} \tag{9.44}$$

前述分析考虑到了如何确定给定配平升力系数、给定重量、飞行速度与高度的所需攻角、升降舵偏转角与推力。若推力对飞行器的俯仰力矩造成显著影响,则可使用方程组(9.41);如果推力不会对飞行器的俯仰力矩造成显著影响,则可使用方程组(9.43)与方程组(9.44)。无论属于哪种情况,很明显,$\alpha_0$、$\delta_{E_0}$ 与 $T_0$ 这三种因变量全部为特定飞行条件的函数。

尽管求得特定飞行条件下的这三种因变量十分重要,还有其他重要问题需要考虑。这些问题涉及解的限制与趋势。例如,假定给定飞行器的最大升降舵偏转角与现有推力存在限制,这些限制将转而制约飞行器在给定重量与高度条件下的可行性升力系数与最大速度。

图 9.7 用图解法描绘了解的可行限制及趋势。图 9.7(a)将俯仰时保持静态稳定的飞行器的配平攻角与升降舵偏转角描述为配平升力系数 $C_{L_{配平}} = mg/q_\infty S_W$ 与给定高度处相应速度的

函数。图 9.7(b)也将配平推力描述为以上两个量的函数。可通过变换配平升力系数 $C_{L_{配平}}$ 反复求方程组(9.41)或方程组(9.43)与方程组(9.44)的解来获得类似的曲线图。

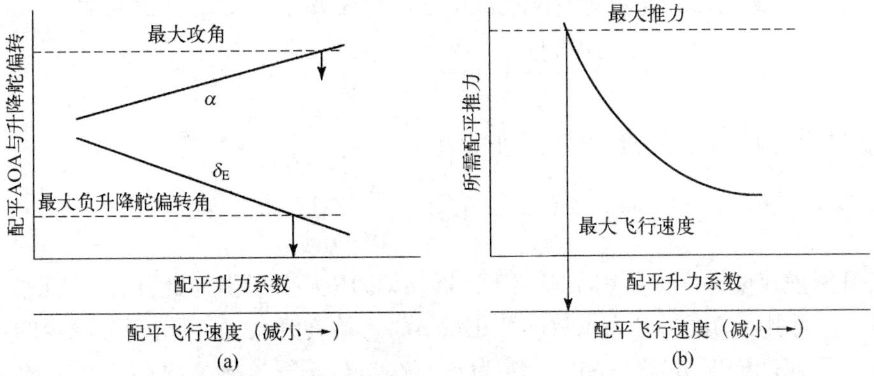


图 9.7　可行升力系数配平解的趋势与限制

同时,图 9.7 中虚线所表示的是最大攻角(如为避免失速)、(由机械限制所产生的)最小升降舵偏转角及最大可行推力。显然,我们可发现这三种限制将如何制约可行升力系数与飞行速度。尤其是,与失速相比,升降舵偏转角的限制可产生更低的可行升力系数。在此种情形下,仅观察飞行器的最大升力系数,如升力系数与攻角的经典曲线图所示,这将会造成误解,因为由于升降舵偏转角的限制,最大升力系数可能无法实现。因此这一可行升力系数受到被限制的升降舵控制力的限制。也可对具有其他俯仰控制装置的飞行器进行类似分析,如带前控制面(前翼)的飞行器。

同时由图 9.7(a)可知,与预期一样,配平攻角随所需升力系数而增大。对于静稳定的飞行器而言,配平升降舵偏转角随着配平升力系数的增大而减小。原因在于对于静稳定的飞行器而言,随着配平攻角的增大,机头下俯气动俯仰力矩也增大。机头下俯力矩的增大需要尾翼上一个更大的下向力或更加为负的升降舵偏转角来配平飞行器所受的俯仰力矩。所需升降舵偏转角的这一趋势,即配平升降舵梯度 $\Delta\delta_{E_{配平}}/\Delta C_{L_{配平}}$ 对于飞行器的操纵品质而言是一个很重要的参数。此外,它可通过飞行试验测定,飞行试验提供了一种估算飞行器气动力中心的方法,如下所述。

如图 9.7(a)所示,对于假定的静稳定飞行器而言,配平升降舵梯度 $\Delta\delta_{E_{配平}}/\Delta C_{L_{配平}}$(斜率)为负。若飞行器的静稳定性变得更大(例如,由于重力中心的移动),则在给定攻角与升力系数处的所需升降舵偏转角将变得更大(更加为负)。因此,配平升降舵梯度 $\Delta\delta_{E_{配平}}/\Delta C_{L_{配平}}$(斜率)将变得更加为负。因此,由于升降舵限制而产生的最大可用升力系数将减小。换言之,增大的静态稳定性将减小最大可用升力系数,且飞行器的控制力将更加受限。

反之,随着静态稳定性的减小,$\Delta\delta_{E_{配平}}/\Delta C_{L_{配平}}$ 的负值将减小且当飞行器实现中性静稳定时,它将恢复至零。例如,由方程组(9.43)可知,水平飞行时:

$$\frac{\Delta\delta_{E_{配平}}}{\Delta C_{L_{配平}}} \approx \frac{\partial\delta_{E_{配平}}}{\partial C_{L_{配平}}} = \frac{-C_{M_\alpha}}{C_{L_\alpha}C_{M_{\delta_E}} - C_{M_\alpha}C_{L_{\delta_E}}} \tag{9.45}$$

随着 $C_{M_\alpha}\to 0$,$\Delta\delta_{E_{配平}}/\Delta C_{L_{配平}}$ 将变为零。重心位于飞行器的气动力中心处或静稳定裕度为零时,出现中性静稳定性。此种情况使得配平升降舵梯度等于零,且气动力中心的轴向位置也被称为中性点。由于配平升降舵梯度与静稳定裕度之间的这一关系,升降舵梯度对配平升力系数的曲线图可在飞行试验中获得，该曲线图可用于定位飞行器的中性点与气动力中心。

另一个值得注意的相关参数为升降舵配平速度梯度 $\Delta\delta_{E_{配平}}/\Delta C_{L_{配平}}$，其可表示为

$$\frac{\Delta\delta_{E_{配平}}}{\Delta V_{\infty_{配平}}}=\frac{\Delta\delta_{E_{配平}}}{\Delta C_{L_{配平}}}\frac{\Delta C_{L_{配平}}}{\Delta V_{\infty_{配平}}} \tag{9.46}$$

这一梯度也可通过飞行试验测定，且值得注意的是

$$当\ \frac{\Delta\delta_{E_{配平}}}{\Delta V_{\infty_{配平}}}\to 0\ 时，\quad \frac{\Delta\delta_{E_{配平}}}{\Delta C_{L_{配平}}}\to 0 \tag{9.47}$$

因此，升降舵速度梯度也可用于确定飞行器气动力中心的位置。此外，由于配平飞行速度变化量 $\Delta V_{\infty_{配平}}$ 而引起的配平升力系数的变化量 $\Delta C_{L_{配平}}$ 始终为负，所以对于静稳定的飞行器而言，升降舵配平速度梯度 $\Delta\delta_{E_{配平}}/\Delta V_{\infty_{配平}}$ 将为正。这是与飞行器的操纵品质相关的另一重要参数。

## 例 9.3　配平解与最大可用升力系数的限制

以类似 F-5 或 T-38 的飞机为例进行分析，其略图如图 9.8 所示。飞行器以 Mach = 0.8 在 30000ft 的高空（$q_\infty$ = 282psf.）水平飞行。飞行器的气动数据及其他数据如下：

$$C_{L_\alpha}=4.58/\text{rad}\quad C_{M_\alpha}=-1.40/\text{rad}\quad C_{M_0}=0.0017\quad h_0=30000\,\text{ft}\quad S_W=170\,\text{ft}^2$$
$$C_{L_{\delta_E}}=0.444/\text{rad}\quad C_{M_{\delta_E}}=-0.7/\text{rad}\quad C_{L_{\alpha=\delta=i_H=0}}=0\quad mg=17000\,\text{lbs}\quad V_{\infty_0}=796\,\text{fps}$$

令尾翼倾角 $i_H=0$，并假定推力不会对飞行器所受的垂直力或俯仰力矩造成显著影响，求在此种飞行条件下的配平攻角与升降舵偏转角。然后计算配平解，并用配平升力系数与给定高度处的飞行速度的函数绘制配平解。以上结果会与飞行器俯仰时保持静稳定这一事实吻合吗？最后，如果升降舵偏转角的机械限制为±30°，且最大攻角为 16°，请确定这些约束对可行升力系数的限制。

**解**

在给定飞行条件下，航迹角为零且配平升力系数为

$$C_{L_{配平}}=\frac{mg}{q_\infty S_W}=0.355$$

在此种情形下，方程组（9.43）给出的解是有效的，且由这些方程可知

$$\Delta=C_{L_\alpha}C_{M_{\delta_E}}-C_{M_\alpha}C_{L_{\delta_E}}=(4.58)\times(-0.7)-(-1.4)\times(0.444)=-2.58\ /\text{rad}^2$$

因此，给定飞行条件下的配平攻角与升降舵偏转角为

$$\alpha_{配平}=((0.355-0-0)\times(-0.7)+(0.0017+0)\times(0.444))/(-2.58)=0.096\ \text{rad}=5.50^\circ$$

$$\delta_{E_{配平}}=-((0.0017+0)\times(4.58)+(0.355-0-0)\times(-1.4))/(-2.58)=-0.190\ \text{rad}=-10.87^\circ$$

此外，若该攻角与升降舵偏转角的配平阻力系数已知为

$$C_{D_{配平}}=0.042$$

则所需推力可由方程（9.44）确定，即

$$T_0\cos(\phi_T+\alpha_{配平})=C_{D_{配平}}q_\infty S_W+mg\sin\gamma_0=(0.042)\times(282)\times(170)+0=2013\ \text{lbs}$$

因而，在此种飞行条件下的所需推力 $T_0$ 约为 2015lbs。

接下来，通过改变方程组（9.43）中的配平升力系数 $C_{L_{配平}}$ 参数，我们可发现相应配对的配

平攻角与升降舵偏转角。图 9.9 描绘了以上结果。将这一图示与图 9.7(a)进行比较。注意 -30° 的最大负升降舵偏转角(后缘上仰)是一个限制因素,产生的最大可用升力系数为 0.96。图中还显示了对应配平升力系数 0.355 的两个数据点(早前的结果)。

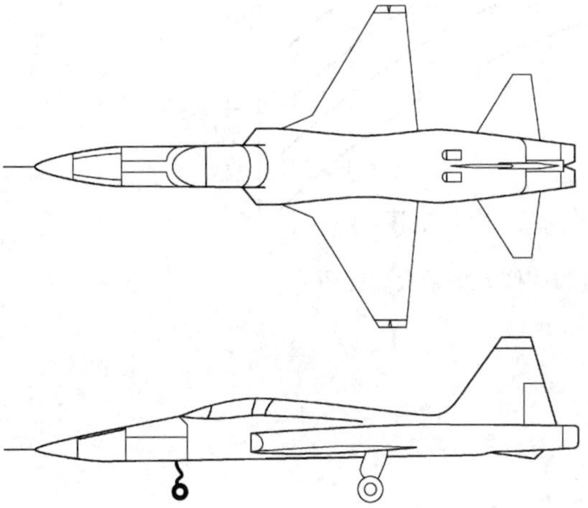

图 9.8 F-5A 飞机略图

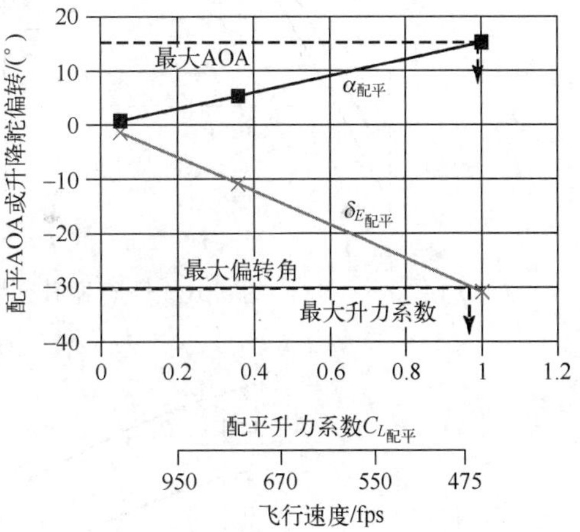


图 9.9 升降舵限制对最大可行升力系数的影响

最后,给定配平升力系数为

$$C_{L配平}=\frac{mg}{q_\infty S_W}$$

配平攻角与升降舵偏转角也可绘制成关于配平飞行速度的曲线图。30000ft 处密度的取值为 $\rho_\infty=8.9\times10^{-4}\text{sl/ft}^3$,速度轴如下图所示。注意,图中配平升降舵梯度 $\Delta\delta_{E_{配平}}/\Delta C_{L_{配平}}$ 为负,而升降舵速度梯度 $\Delta\delta_{E_{配平}}/\Delta V_{\infty配平}$ 为正。由于飞行器俯仰时保持静稳定,这些结果均与预期一致。

---

例 9.3 涉及这样一个情形,决定水平飞行时最小可持续飞行速度的最大可用升力系数受升降舵控制力制约。为避免这一情形,可以增大升降舵的尺寸或减小飞行器的静稳定性。我们再次发现过大的俯仰静稳定性并不可取。

接下来,我们将阐述进行配平分析的图解法。该配平分析不依赖气动系数的线性近似值。事实上,可直接运用风洞数据进行配平分析。图解法的优点在于可运用非线性气动数据,所有的结果囊括在一个曲线图中且我们发现可容易看出重心位置变换的影响。

图 9.10 所示为两个原理图,一个为特定重心位置处的升力系数原理图(图 9.10(a)),另一个为特定重心位置处的俯仰力矩系数原理图(图 9.10(b))。两者均绘制成关于飞行器各种升降舵偏转的攻角的曲线图。注意,给定的俯仰力矩系数图反映了飞行器以各种攻角进行俯仰时均保持静稳定。

如果现在将两幅曲线图中的数据综合绘制成一幅曲线图,所得图表如图 9.11 所示。该图被称为稳定性图,原因很明显。首先注意,沿水平轴或升力系数轴上的各点的俯仰力矩为零。因此,沿该水平轴的各点均为可能的配平点,对应一组配平攻角 $\alpha_{配平}$ 与升降舵偏转角 $\delta_{E_{配平}}$。这就类似于方程组(9.43)的图解。(若推力明显影响飞行器所受的垂直力与/或俯仰力矩,基于这一事实,必须对数据进行校正。)

同时注意,可通过运用稳定性图中沿水平轴上配平点轨迹的数据点用图形法来确定配平

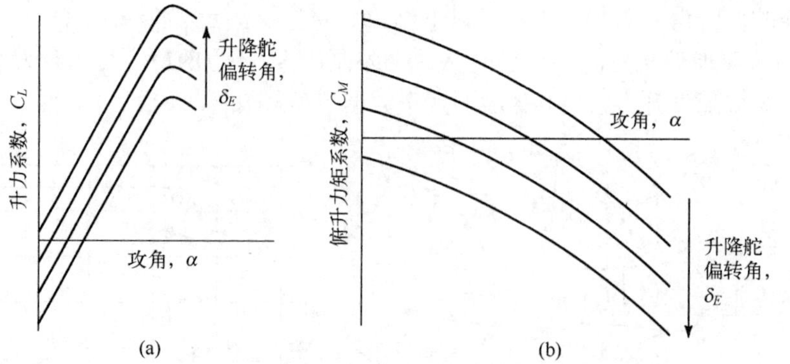


图 9.10　飞行器升力系数与俯仰力矩系数曲线图

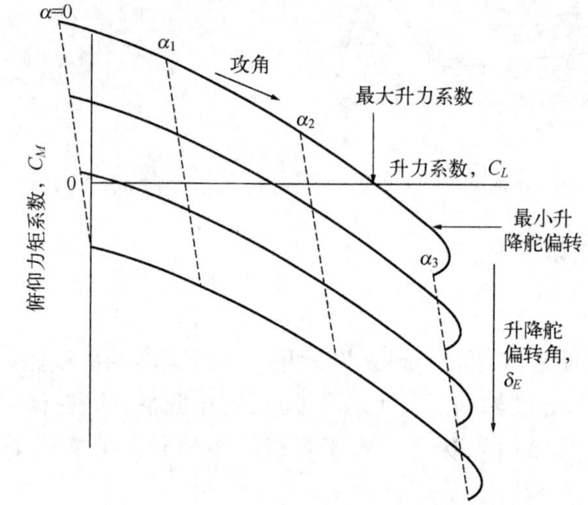


图 9.11　俯仰力矩系数与升力系数交会图

升降舵梯度 $\Delta\delta_{E_{配平}}/\Delta C_{L_{配平}}$。此外,可直接确定最大可行升力系数 $C_{L_{Max}}$。考虑图 9.11 中的四条实线曲线,每条曲线对应一个特定的升降舵偏转角。如图所示,顶部曲线对应飞行器的最小可行升降舵偏转角。而最大可行配平升力系数如曲线图所示。因此,这一曲线图以一种不同的格式呈现了图 9.7(a)所示的所有信息。

然而,运用图 9.11 所示的格式描绘数据还具有另一个优势。现假设飞行器的重力中心位置不同于图 9.10(b)与图 9.11 所绘制的数据。将这两个重心位置之间的差异定义为 $\Delta_{cg}$,其中

$$\Delta_{cg} \triangleq X_{cg_2} - X_{cg_1} \tag{9.48}$$

式中:$X_{cg1}$为原始绘制数据的重心位置;$X_{cg2}$为相关的新重心位置。若飞行器上的轴向位置取正前方,且新重心位置位于原始位置的前方,则 $\Delta_{cg}$将为正;如果重心位置后移,则情况相反。

与方程(9.26)一致,新重力中心位置 $X_{cg2}$处的俯仰力矩为

$$M_2 = M_1 - L\Delta_{cg} \tag{9.49}$$

式中:$L$ 为作用于飞行器上的总升力,且假定攻角很小。因此,$X_{cg2}$的俯仰力矩系数,即

$$C_{M_2} = C_{M_1} - C_L\left(\frac{\Delta_{cg}}{\bar{c}_W}\right) = C_{M_1} - C_L\bar{\Delta}_{cg} \tag{9.50}$$

式中：$\bar{\Delta}_{cg}$为由机翼平均气动弦所表示的标准化重心位置的变化；$C_L$为飞行器的总升力系数。

现在考虑图 9.11 中的水平轴，沿该轴的 $X_{cg1}$ 的力矩系数为零，即 $C_{M_1}=0$。若新重心位置位于离原始位置的$\bar{\Delta}_{cg}$处，对于给定升力系数值而言，$C_{M_1}$需要为何值才能使得新的力矩系数 $C_{M_2}=0$？可通过直接设定 $C_{M_2}=0$ 并解方程(9.50)中 $C_{M_1}$ 的解得出该问题的答案，方程(9.50)变为

$$C_{M_2} = 0 \Rightarrow C_{M_1} = C_L\bar{\Delta}_{cg} \tag{9.51}$$

注意，该方程仅为稳定性图上的一条直线（例如，见图 9.12）——力矩系数对升力系数的曲线图。该直线的斜率等于$\bar{\Delta}_{cg}$且截距为零。重心前移，该直线的斜率将为正；重心后移，该直线的斜率将为负。此外，由于规定沿该直线的任意处 $C_{M_2}=0$，该直线变成了重心位置的新配平点轨迹。

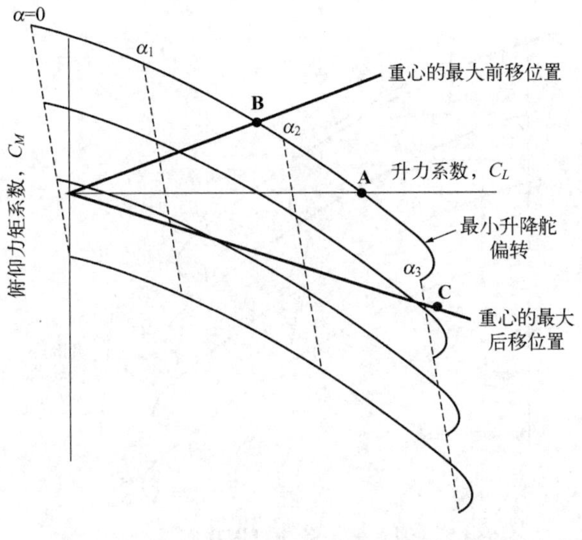


图 9.12　给定重力中心范围的可行配平点区域

现在考虑两个相关的新重心位置，一个位于所绘制原始数据重心位置前（$X_{cg_{fwd}}$处），另一个则位于后方（$X_{cg_{aft}}$处）。所以，$\bar{\Delta}_{cg_{fwd}}>0$ 与$\bar{\Delta}_{cg_{aft}}<0$ 时，分别将重心移动$\bar{\Delta}_{cg_{fwd}}$与$\bar{\Delta}_{cg_{aft}}$。回顾可知，新配平线的斜率将由这两个$\bar{\Delta}_{cg}$给出。图 9.12 描绘了与这两处新重心位置相关的配平解（$C_{M_2}=0$）的两条新轨迹，还囊括了图 9.11 所示的原始曲线图。值得注意的是，这一新图示现在显示了包含在刚刚所增加的两条配平线之间的可行配平解的区域。当重心位置在 $X_{cg_{fwd}}$ 与 $X_{cg_{aft}}$ 之间变化时，这一区域包含了所有可行的配平点。此外，若这两个重心位置代表着飞行器可能承受的最大前移位置与最大后移位置，则所增加的两条配平线之间的区域包含飞行器的所有可行配平点。

注意，随着重心位置从其原始位置后移，飞行器俯仰时的静稳定性变小。这由于以下事实造成：配平升降舵梯度 $\Delta\delta_{E_{配平}}/\Delta C_{L_{配平}}$ 变得更加为负，且与配平线相关的实线曲线的斜率也变

得更加为负。(直接考虑图 9.11 与图 9.12 来验证这些结论。)同时注意,随着重心位置后移,最大可行升力系数增大,如点 A、B 与 C 所示。点 A 对应所绘制的数据的原始重心位置的最大可行升力系数。点 B 对应最大前移(最稳定的)重心位置的最大可用升力系数。点 C 对应最大后移(最不稳定的)重心位置的最大可用升力系数。因此,最大可用升力系数随着俯仰静稳定性的减小而增大,这再一次证明了飞行器在俯仰时保持静稳定是可行的。

## 例 9.4　带稳定性图的配平分析

飞行器的稳定性图如图 9.13 所示。假定推力不会明显影响飞行器所受的垂直力或俯仰力矩。若飞行器的重量为 10000lb,机翼平面形状面积为 170ft$^2$,飞行速度为 330fps,估算飞行器在海平面处实现定常水平飞行所需的配平攻角与升降舵偏转角及低攻角时的配平升降舵梯度 $\Delta\delta_{E_{配平}}/\Delta C_{L_{配平}}$。此外,若由机械限制所产生的最小升降舵偏转角为-30°,那么最大可用升力系数是多少?所绘制的数据使得 $\Delta\bar{X}_{cg}=-0.2$,若重心位置从该处后移,求高攻角处与低攻角处的新配平升降舵梯度。最后,新重心位置的最大可用升力系数与相应的攻角是多少?

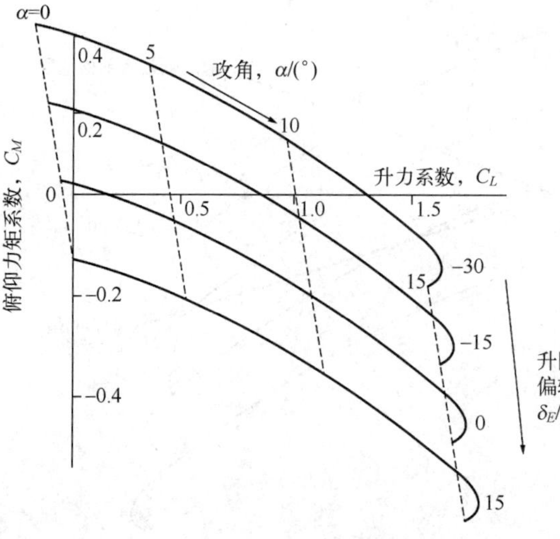


图 9.13　稳定性图样图

**解**

对于给定的飞行条件而言,水平面密度取值为 2.377×10$^{-3}$sl/ft$^3$,则动压为

$$q_\infty=\frac{1}{2}\times(2.377\times10^{-3})\times(330)^2=129\ \text{psf}$$

且配平升力系数为

$$C_{L_{配平}}=\frac{mg}{q_\infty S_W}=\frac{10000}{(129)\times(170)}=0.456$$

由图 9.14 所示的稳定性图可知,以上配平升力系数对应点 A,即配平攻角近似为 5°,配平升降舵偏转角近似为-5°。

零升力系数(点 B)对应的配平升降舵偏转角近似 2°。因此,配平升降舵梯度约为

$$\frac{\Delta\delta_{E_{配平}}}{\Delta C_{L_{配平}}}\approx\frac{-5-2}{0.456-0}=-15.4°$$

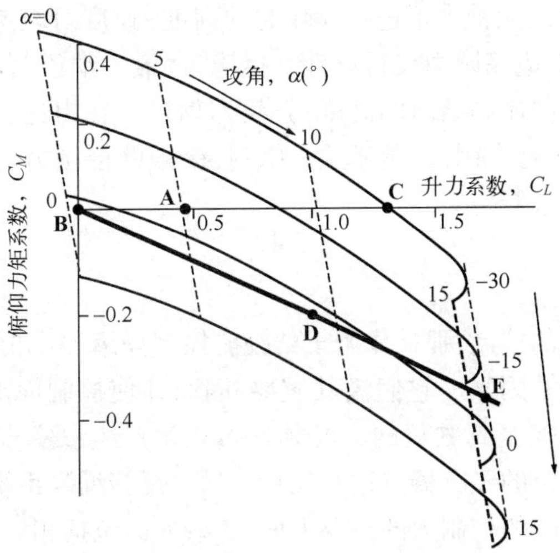


图 9.14　显示相关点的稳定性图

该值为负。对于所绘制的数据的重力中心位置而言，最大可用升力系数由于受到升降舵控制力的限制($\min\delta_E=-30°$)，其值约为 1.3(点 C)。该点对应的配平攻角约 12°。

若重心现在后移，使得标准化重心移动为 $\Delta\bar{X}_{cg}=-0.2$，新配平线($C_M=0$)为粗实线，如图 9.14 所示。注意该直线经过点 $C_L=1.0$ 与 $C_M=-0.2$(点 D)，所以直线的斜率为 −0.2。在约 14°的配平攻角处，这一新重心位置的最大可用升力系数现在约为 1.7(点 E)。(值得注意的是，若攻角增大至 15°时正好为失速状态，最大升力系数则减小至约 1.6。)

最后，运用分别对应 14°与 9°配平攻角的点 D 与 E 求得配平升降舵梯度现在约为

$$\frac{\Delta\delta_{E_{配平}}}{\Delta C_{L_{配平}}}\approx\frac{-8-4}{1.7-1}=-17.1^{\circ}$$

这一梯度与先前求得的结果无明显差异。但是，若计算较小攻角处的梯度，如运用点 B 与 D 来计算，其变为

$$\frac{\Delta\delta_{E_{配平}}}{\Delta C_{L_{配平}}}\approx\frac{4-2}{1-0}=2.0$$

它表示飞行器为接近中性稳定至稍稍静不稳定的状态。因此，我们可知配平升降舵梯度不仅是重心位置的函数，还是配平攻角的函数。最后，由于非线性气动特性，飞行器在高攻角处静稳定性更大。

---

飞行器的飞行包线为用高度与速度(或马赫数)表示的区域曲线图，在该区域中飞行器能够保持水平飞行。该曲线图如图 9.15 所示，包含三条曲线。标记为“最大升力系数”的曲线为飞行器以最大可用升力系数保持定常水平飞行的高度-速度对轨迹。如本节所述，最大升力可受升降舵控制力或失速的限制，两者均产生更小的升力系数。图中的第二条曲线标记为“最

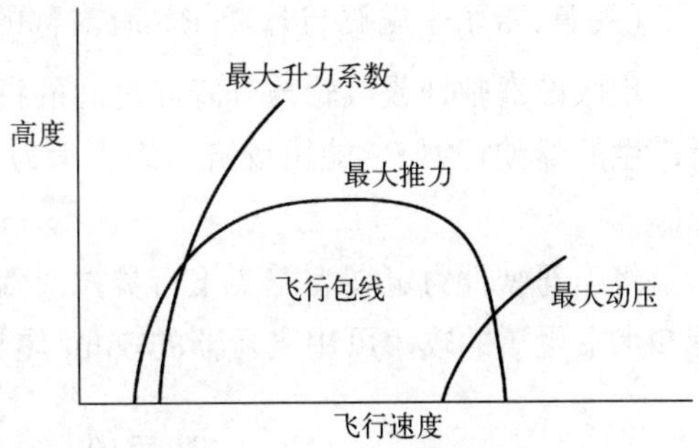


图 9.15　飞行包线原理图

大推力”,它反映了飞行器在最大推力下进行操作时的高度-速度对轨迹。由于高飞行速度或高升力系数,这一飞行条件对应高阻力飞行条件。标记为“最大动压”的第三条曲线反映了动压使得结构负载或颤振成为限制因素时的高度-速度对轨迹。在由这三条曲线所定义的区域内,飞行器能保持定常水平飞行。因此,基于这一探讨,受限的控制力能通过限制最大可行升力系数来限制飞行器的飞行包线。

### 9.3.2 控制力

若飞行器受手动驾驶仪的控制,那么作用于驾驶舱控制操纵器(如驾驶杆或机轮)上的力是影响飞行器操纵效果的关键因素。它们极其重要,因而即使控制面随动力系统(如液压系统)偏转,由驾驶舱操纵器反馈至驾驶仪的力必须通过人工产生以实现可行的操纵效果。这一点尤其适用于气动静不稳定的飞行器。这些飞行器通过反馈增强系统实现稳定。本节将强调极易受飞行器气动特性影响的控制力的主要方面,这些方面包括相对于空速的控制力梯度、升力系数与负载因子。

水平尾翼是一种主要的飞行器控制面。图 9.16 显示了用于偏转水平尾翼上的升降舵的机械装置原理图。升降舵用铰链绞合以允许偏转,且驾驶舱操纵器通过直接机械连接或指令将升降舵移动至影响偏转的动力系统。为了使探讨简洁明了,我们假定采用直接机械连接。如果考虑动力系统,则本节所推演的结论也适用。

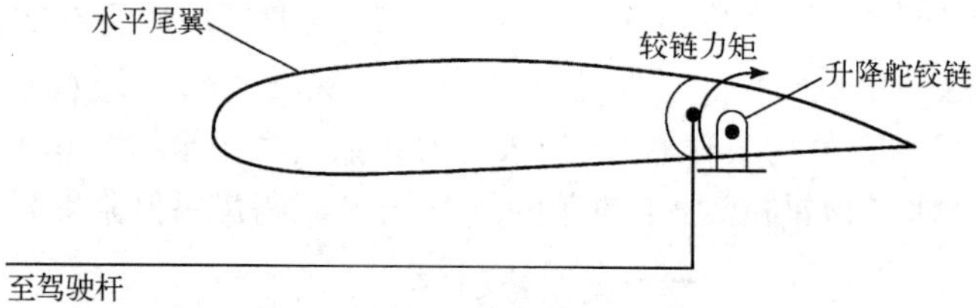


图 9.16　升降舵原理图

由于作用于升降舵上的压力分布,作用于升降舵上的铰链力矩将增大。这一铰链力矩明显取决于铰链相对于压力中心位置、动压、尾翼表面的攻角及升降舵偏转。

将这一升降舵铰链力矩表示为

$$HM_E = C_h q_H S_E \bar{c}_E \tag{9.52}$$

式中:$C_h$为无量纲气动铰链力矩系数;$S_E$与$\bar{c}_E$分别为升降舵的平面形状面积与平均气动弦长。此外,将铰链力矩系数用局部攻角与升降舵偏转角表示为

$$C_h = C_{h_{\alpha_H=\delta_E=0}} + C_{h_\alpha}\alpha_H + C_{h_{\delta_E}}\delta_E \tag{9.53}$$

(注意,若水平尾翼与升降舵具有对称的二维横截面,则 $C_{h_{\alpha_H}=\delta_E=0}=0$。)

现假设驾驶杆或机轮与升降舵之间的机械连接产生了一个传动比 $G_E$,使得由升降舵偏转所产生的驾驶杆力 $F_{S_E}$ 能用铰链力矩表示为

$$F_{S_E} = G_E \times HM_E \tag{9.54}$$

将正驾驶杆力定义为需要飞行员拉回驾驶杆以抵消该驾驶杆力的力。现在,回顾第六章可知水平尾翼的攻角可用飞行器的攻角、尾翼倾角 $i_H$与下洗梯度表示,即

$$\alpha_H = \alpha\left(1 - \frac{\mathrm{d}\varepsilon_H}{\mathrm{d}\alpha_W}\right) + i_H - \varepsilon_{\alpha_W=0} \tag{9.55}$$

因此,在给定配平攻角与升降舵偏转角处的驾驶杆力变为

$$F_{S_E} = q_H S_E \bar{c}_E G_E \left( C_{h_{\alpha_H=\delta_E=0}} + C_{h_\alpha} \left( \alpha \left( 1 - \frac{\mathrm{d}\varepsilon_H}{\mathrm{d}\alpha_W} \right) + i_H - \varepsilon_{\alpha_W=0} \right) + C_{h_{\delta_E}} \delta_E \right) \quad (9.56)$$

其也是尾翼倾角的函数。注意为实现可行的操纵品质,最大驾驶杆力必须至少为 60lbs,且在长时间内的最大驾驶杆力应不小于 10lbs。

考虑方程(9.56)时,首要关注的是根据前述章节中所述的分析,已知某一尾翼倾角 $i_H$,则该表达式可得出对应给定的配平攻角与升降舵偏转角的配平驾驶杆力。由于这一攻角与升降舵偏转角是配平升力系数的函数,而配平升力系数又取决于飞行速度,因此,由方程(9.56)也可得出作为配平升力系数或飞行速度的函数的驾驶杆力。

该配平驾驶杆力比配平飞行速度的梯度,即$\partial F_{S_E}/\partial V_{\infty配平}$,有时候也被称为每海里驾驶杆力。它是飞行器的操纵效果中另一个重要参数。为实现可行的操纵效果,该梯度必须为负。换言之,假若给飞行员附加指示,随着配平飞行速度的增大,驾驶杆力必须减小。将方程(9.56)对配平飞行速度求微分,可推演出关于铰链力矩系数 $C_{h_\alpha}$ 与 $C_{h_{\delta_E}}$ 的标准,使得以上要求得到满足。

同时,注意:

$$\frac{\partial F_{S_E}}{\partial V_{\infty配平}} = \frac{\partial F_{S_E}}{\partial \delta_{E配平}} \frac{\Delta \delta_{E配平}}{\Delta V_{\infty配平}} \quad (9.57)$$

因此,每海里驾驶杆力取决于前述章节所探讨的且出现在方程(9.46)中的升降舵配平速度梯度 $\Delta\delta_{E_{配平}}/\Delta V_{\infty配平}$。根据方程(9.46)显示,这一梯度转而成为了配平升降度梯度 $\Delta\delta_{E_{配平}}/\Delta C_{L_{配平}}$。且回顾可知,对于静态稳定的飞行器而言,升降舵速度梯度为正而升降舵梯度 $\Delta\delta_{E_{配平}}/\Delta C_{L_{配平}}$ 为负。

然而,若飞行器从空气动力学上来说保持静态不稳定(且飞行器通过反馈增强将实现稳定),由于 $\Delta\delta_{E_{配平}}/\Delta C_{L_{配平}}$ 将为正,所以升降舵速度梯度将为负。在此种情形下,通过运用人造力感系统适当修改梯度$\partial F_{S_E}/\partial V_{\infty配平}$ 或通过提供的所需铰链力矩系数 $C_{h_\alpha}$ 与 $C_{h_{\delta_E}}$,由方程(9.57)所给出的每海里驾驶杆力仍能提供恰当的指示(即保持为负)。

在方程(9.56)中须观察的第二件事为:若尾翼倾角为可变倾角(事实上在多数情形下都是如此),则可改变该倾角用于调整驾驶杆力。事实上,此即为将可变倾角包含在设计中的理由。进一步探究此点,将配平攻角与升降舵偏转角的泰勒级数展开至相关给定配平解 $\alpha_{配平_0}$与 $\delta_{E_{配平_0}}$的一阶形式,即令

$$\begin{cases} \alpha_{配平} = \alpha_{配平_0} + \dfrac{\Delta\alpha_{配平}}{\Delta C_{L_{配平}}} C_{L_{配平}} + \dfrac{\Delta\alpha_{配平}}{\Delta i_H} i_H \\ \delta_{E_{配平}} = \delta_{E_{配平_0}} + \dfrac{\Delta\delta_{E_{配平}}}{\Delta C_{L_{配平}}} C_{L_{配平}} + \dfrac{\Delta\delta_{E_{配平}}}{\Delta i_H} i_H \end{cases} \quad (9.58)$$

注意前述章节已经探讨过配平升降舵梯度 $\Delta\delta_{E_{配平}}/\Delta C_{L_{配平}}$,且上述两个表达式中的余下三种梯度也可通过方程的组(9.43)的解析解确定。

现在将关于 $\alpha$ 与 $\delta_E$的方程组(9.58)代入方程(9.56)中并令 $F_{S_E}$等于零,可发现在定常水平飞行状态下,为实现给定配平解($C_{L_{配平}}$、$\alpha_{配平_0}$与 $\delta_{E_{配平_0}}$),使驾驶杆力无效的所需尾翼倾角为

$$i_H\big|_{F_S=0}=\frac{-\left(C_{h_{\alpha_H=\delta_E=0}}+C_{h_\alpha}\left(\left(\alpha_{\text{配平}_0}+\frac{\Delta\alpha_{\text{配平}}}{\Delta C_{L_{\text{配平}}}}C_{L_{\text{配平}}}\right)\left(1-\frac{\mathrm{d}\varepsilon_H}{\mathrm{d}\alpha_W}\right)-\varepsilon_{\alpha_W=0}\right)+C_{h_{\delta_E}}\left(\delta_{E_{\text{配平}_0}}+\frac{\Delta\delta_{E_{\text{配平}}}}{\Delta C_{L_{\text{配平}}}}C_{L_{\text{配平}}}\right)\right)}{\left(C_{h_\alpha}\left(\left(\frac{\Delta\alpha_{\text{配平}}}{\Delta i_H}\right)\left(1-\frac{\mathrm{d}\varepsilon_H}{\mathrm{d}\alpha_W}\right)+1\right)+C_{h_{\delta_E}}\left(\frac{\Delta\delta_{E_{\text{配平}}}}{\Delta i_H}\right)\right)} \tag{9.59}$$

除了运用可变倾角,另一种减小驾驶杆力的设计方法为运用配平调整片。调整配平片是位于沿升降舵后缘处的可偏转表面。因为调整片表面位于升降舵铰链的后方,当该表面相对于升降舵进行偏转时,它改变了升降舵铰链力矩。通过进行上述类似分析,可推导出用调整片偏转表示的适用于驾驶杆力的类似表达式,且调整片偏转至使驾驶杆力无效(见第 9.9 题)。

若升降舵通过辅助动力系统固定,即控制机制是可逆的,则飞行员松开驾驶杆时升降舵将浮动。在此种情形下,作用于升降舵上的气动铰链力矩 $HM_E$ 必须为零,即

$$C_{h_{\alpha_H=\delta_E=0}}+C_{h_\alpha}\alpha_H+C_{h_{\delta_E}}\delta_E=0 \tag{9.60}$$

这一自由驾驶杆情形确立了飞行器攻角与升降舵偏转角之间的关系。运用上述表达式及下洗梯度,现可得出自由驾驶杆情形:

$$\frac{\partial\delta_E}{\partial\alpha}=\frac{\partial\delta_E}{\partial\alpha_H}\frac{\partial\alpha_H}{\partial\alpha}=-\frac{C_{h_\alpha}}{C_{h_{\delta_E}}}\left(1-\frac{\mathrm{d}\varepsilon_H}{\mathrm{d}\alpha}\right) \tag{9.61}$$

由方程(6.55)得出了用飞行器攻角与升降舵偏转角表示的飞行器所受俯仰力矩的表达式。将方程对攻角求微分,同时注意升降舵与攻角之间的现有关系(方程(9.61)),可求得升降舵自由浮动时的攻角俯仰力矩系数,即

$$C_{M_\alpha}\big|_{\text{自由驾驶杆}}=C_{L_{\alpha_W}}\Delta\overline{X}_{\mathrm{AC}_{W\&F}}-C_{L_{\alpha_H}}\Delta\overline{X}_{\mathrm{AC}_H}\frac{q_H}{q_\infty}\frac{S_H}{S_W}\left(\left(1-\frac{\mathrm{d}\varepsilon}{\mathrm{d}\alpha}\right)+\alpha_\delta\frac{\partial\delta_E}{\partial\alpha}\right) \tag{9.62}$$

在此,回顾第五章所定义的升降舵系数为

$$\alpha_\delta\triangleq\frac{C_{L_{\delta_E}}}{C_{L_{\alpha_H}}} \tag{9.63}$$

且飞行器上 $X$ 位置定义为正前方。

在前文对配平升降舵梯度与方程(9.44)进行探讨时,我们注意到飞行器气动力中心的位置也被称为中性点。更确切地说,由于升降舵在确定 $C_{M_\alpha}$ 时保持固定,该位置也被称为固定驾驶杆中性点。

现在,我们来求飞行器上的轴向($X$)位置,在该位置处自由驾驶杆的攻角俯仰力矩系数 $C_{M_\alpha}=0$(方程(9.62))。由于升降舵此时可自由浮动,所以该点将被称为自由驾驶杆中性点。令方程(9.62)等于零,求 $X_{\text{参照}}$ 的解,可得出自由驾驶杆中性点位于

$$\overline{X}_{\mathrm{AC}}\big|_{\text{自由驾驶杆}}=\frac{C_{L_{\alpha_W}}\overline{X}_{\mathrm{AC}_{W\&F}}+C_{L_{\alpha_H}}\overline{X}_{\mathrm{AC}_H}\frac{q_H}{q_\infty}\frac{S_H}{S_W}\left(1-\frac{\mathrm{d}\varepsilon}{\mathrm{d}\alpha}\right)\left(1-\frac{C_{h_\alpha}}{C_{h_{\delta_E}}}\alpha_\delta\right)}{C_{L_{\alpha_W}}+C_{L_{\alpha_H}}\frac{q_H}{q_\infty}\frac{S_H}{S_W}\left(1-\frac{\mathrm{d}\varepsilon}{\mathrm{d}\alpha}\right)\left(1-\frac{C_{h_\alpha}}{C_{h_{\delta_E}}}\alpha_\delta\right)} \tag{9.64}$$

自由驾驶杆中性点通常位于飞行器气动力中心的前方,且由于升降舵是浮动的,所以水平尾翼产生恢复俯仰力矩的效率较低。值得注意的是,重心必须位于最大前移中性点的前方,从而确保固定驾驶杆与自由驾驶杆状态下俯仰静稳定性;自由驾驶杆中性点的位置通常限制了可获得的重心位置。

### 9.3.3 发动机停机影响

现在,我们将转而关注定常直线飞行状态下作用于飞行器上的偏航力矩。特别值得注意的是,推力关于飞行器的 $XY$ 面不对称。例如,考虑以下情形,即飞行器具备多台沿机翼安装的发动机,但一台发动机出现故障。当然,这种情形使得推进偏航力矩失衡($N_P$),它必须通过气动控制面来控制。但是,这些控制面能产生足够的偏航力矩来克服失衡状态吗?

从方程组(9.11)中提取出横向参考方程,得出

$$\begin{cases} -mg\cos\gamma_0\sin\Phi_0 = S_0\cos\beta_0 - D_0\sin\beta_0 + F_{P_{Y_0}} \\ L_{A_0} + L_{P_0} = 0 \\ N_{A_0} + N_{P_0} = 0 \end{cases} \tag{9.65}$$

与 9.3.1 节中表示升力、阻力与俯仰力矩所采取的方法类似,将气动侧力、滚转力矩与偏航力矩表示为

$$\begin{cases} S_0 = (C_{S_{\beta=\delta_A=\delta_R=0}} + C_{S_\beta}\beta_0 + C_{S_{\delta_A}}\delta_{A_0} + C_{S_{\delta_R}}\delta_{R_0})q_\infty S_W \\ L_{A_0} = (C_{L_{\beta=\delta_A=\delta_R=0}} + C_{L_\beta}\beta_0 + C_{L_{\delta_A}}\delta_{A_0} + C_{L_{\delta_R}}\delta_{R_0})q_\infty S_W b_W \\ N_{A_0} = (C_{N_{\beta=\delta_A=\delta_R=0}} + C_{N_\beta}\beta_0 + C_{N_{\delta_A}}\delta_{A_0} + C_{N_{\delta_R}}\delta_{R_0})q_\infty S_W b_W \end{cases} \tag{9.66}$$

注意,通常上述三个表达式中的主要系数均为零。现在按照 9.3.1 节中的方式,可将上述力与力矩代入方程组(9.65)并将它们以矩阵格式表示。假定 $\beta_0$ 足够小,从而使得

$$\sin\beta_0 = \beta_0, \quad \cos\beta_0 = 1$$

得出

$$\begin{bmatrix} C_{S_\beta} - C_{D_{配平}} & C_{S_{\delta_A}} & C_{S_{\delta_R}} \\ C_{L_\beta} & C_{L_{\delta_A}} & C_{L_{\delta_R}} \\ C_{N_\beta} & C_{N_{\delta_A}} & C_{N_{\delta_R}} \end{bmatrix} \begin{Bmatrix} \beta_0 \\ \delta_{A_0} \\ \delta_{R_0} \end{Bmatrix} = \begin{bmatrix} \dfrac{-(mg\cos\gamma_0\sin\Phi_0 + F_{P_{Y_0}})}{q_\infty S_W} \\ \dfrac{-L_{P_0}}{q_\infty S_W b_W} \\ \dfrac{-N_{P_0}}{q_\infty S_W b_W} \end{bmatrix} \tag{9.67}$$

因此,对于给定的重量、配平阻力、飞行条件与推力构成而言,可通过运用克莱姆法则或 MATLAB 求得平衡或配平侧滑角、副翼偏转角与方向舵偏转角。配平阻力系数 $C_{D_{配平}} = D_0/q_\infty S_W$ 通常在纵向分析中得以确定,且与 $C_{S_\beta}$ 相比,其幅值通常较小。注意,若推力关于 $XZ$ 面对称(使得参考侧向推力、滚转力矩与偏航力矩均为零)且倾斜角 $\Phi_0$ 为零,则侧滑角与两种控制偏转角也均等于零。

注意方程(9.67)右侧的各项与飞行动压 $q_\infty$ 成反比,且存在某一速度,低于该速度时,所需的控制偏转角将超出其机械限制。我们将以简化的假设为依据进一步探讨该问题。

对于前述的发动机停机情形而言，假定生成的唯一推进力矩为偏航力矩 $N_{P_0}$，其包括任何增加的阻力对故障发动机的影响。同时，假定没有生成任何侧向推力，飞行条件为水平飞行（即 $\Theta_0=\gamma_0=0$），且倾斜角设定为某一较小的最大容许值 $\Phi_{\max}$。在此种情形下，得出

$$\begin{bmatrix} C_{S_\beta}-C_{D_{配平}} & C_{S_{\delta_A}} & C_{S_{\delta_R}} \\ C_{L_\beta} & C_{L_{\delta_A}} & C_{L_{\delta_R}} \\ C_{N_\beta} & C_{N_{\delta_A}} & C_{N_{\delta_R}} \end{bmatrix}\begin{Bmatrix}\beta_0\\ \delta_{A_0}\\ \delta_{R_0}\end{Bmatrix}=\begin{bmatrix}-C_{L_{配平}}\sin\Phi_{\max}\\ 0\\ \dfrac{-N_{P_0}}{q_\infty S_W b_W}\end{bmatrix} \tag{9.68}$$

当然，也可运用 MATLAB 或克莱姆法则来求解该方程。但是，为获得更深入的认识，我们现在仅观察偏航力矩方程并假定无副翼偏转。求该偏航力矩方程中方向舵偏转的解，得出给定侧滑角的所需方向舵偏转角为

$$\delta_{R_0}=-\frac{C_{N_\beta}\beta_0+\dfrac{N_{P_0}}{q_\infty S_W b_W}}{C_{N_{\delta_R}}} \tag{9.69}$$

若仅运用无侧滑角的方向舵来平衡发动机停机力矩，则所需方向舵偏转为

$$\delta_{R_0}=-\frac{\left(\dfrac{N_{P_0}}{q_\infty S_W b_W}\right)}{C_{N_{\delta_R}}} \tag{9.70}$$

现在令方向舵偏转是其最大机械限制，并求解上述方程中相应的飞行速度，可得出使发动机停机力矩与方向舵保持平衡的最小飞行速度的简单估算值。该速度被称为最低控制速度 $V_{MC}$，且它还制约着飞行器的可持续飞行条件。最低控制速度通常是垂直尾翼与方向舵设计中的一个重要考量。

上述程序仅得出了 $V_{MC}$ 的估算值，因为它是基于多种假设计算出来的。但是，为符合特定的 $V_{MC}$ 要求，允许存在较小的倾斜角（$\leqslant 5°$）。因此，尽管方程（9.70）通常得出了初步设计的合理结果，但与方程（9.70）相比，方程（9.68）求得的估算值更加准确。我们将通过以下示例来演示 $V_{MC}$ 的确定。

## 例 9.5　发动机停机的控制偏转与最低控制速度

考虑双发动机涡轮螺旋桨飞机，其相关数据如表 9.3 所列。在右发动机停机情形下，若最大方向舵偏转为 30°，运用方程（9.70）求海平面处的最低控制速度 $V_{MC}$。然后，令 $\Phi_{\max}$ ±5°，运用方程（9.68）求 $V_{MC}$ 并将两种结果进行比较。假定不存在侧向推力，且故障发动机上的螺旋桨飞速运转使得发动机上所增加的阻力可忽略不计。

表 9.3　双发动机涡轮螺旋桨飞机相关数据

| 质量特性 | 几何形状 | 有效系数 |
|---|---|---|
| 重量：40000lb | 平面形状面积：$S_W=954\text{ft}^2$ | $C_{S_\beta}=-0.362$　$C_{L_p}=-1.69\text{s}$　$C_{N_r}=-0.613$　$C_{L_{\delta_A}}=0.20$ |
| 惯量：$I_{zz}=4.47\times10^5\text{sl-ft}^2$ | 翼展：$b_W=96\text{ft}$ | $C_{L_\beta}=-0.125$　$C_{N_p}=-0.922\text{s}$　$C_{L_{\delta_R}}=0.024$　$C_{N_{\delta_A}}=0$ |
| 阻力模型：$C_D=0.032+0.042C_L^2$ | 发动机位置：$y_P=32\text{ft}$ | $C_{N_\beta}=0.101$　$C_{L_r}=1.34\text{s}$　$C_{N_{\delta_R}}=-0.107$　$C_{S_{\delta_R}}=0.233$ |

**解**

确定最低控制速度的最直接方式是计算并绘制多个假定飞行速度的所需方向舵偏转，然后用图解法确定 $V_{\mathrm{MC}}$。首先展示运用方程(9.70)计算飞行速度为 150fbs 时所需的方向舵偏转。

海平面处速度为 150fbs 时，动压为

$$q_{\infty}=\frac{1}{2}\rho_{\infty}V_{\infty}^{2}=\frac{1}{2}(0.002377)\times(150)^{2}=26.74\ \mathrm{psf}$$

因此，求得配平升力系数与配平阻力系数为

$$C_{L_{配平}}=\frac{mg}{q_{\infty}S_{W}}=\frac{40000}{(26.74)\times(945)}=1.583$$

$$C_{D_{配平}}=0.032+0.042C_{L_{配平}}^{2}=0.137$$

则所需发动机推力为

$$T_{0}=D_{0}=C_{D_{配平}}q_{\infty}S_{W}=3462\ \mathrm{lbs}$$

发动机停机产生了一个正推进偏航力矩，即

$$N_{P_{0}}=T_{0}y_{P}=(3462)\times(32)=110784\ \mathrm{ft\text{-}lb}$$

由方程(9.70)可知所需正方向舵偏转角为

$$\delta_{R_{0}}=-\frac{\left(\dfrac{N_{P_{0}}}{q_{\infty}S_{W}b_{W}}\right)}{C_{N_{\delta_{R}}}}=-\frac{(110784/(26.74)\times(945)\times(96))}{-0.107}=0.43\ \mathrm{rad}$$

多次用其他飞行速度重复以上计算过程并绘制所得结果的曲线图，可得出图 9.17。由该图示并运用方程(9.70)可得出 $V_{\mathrm{MC}}$ 为 140fps。

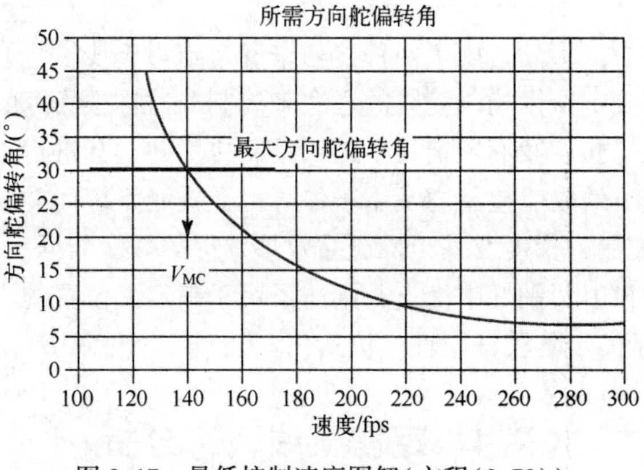


图 9.17　最低控制速度图解(方程(9.70))

现在转而运用方程(9.68)求 $V_{\mathrm{MC}}$，即

$$\begin{bmatrix} C_{S_{\beta}}-C_{D_{配平}} & C_{S_{\delta_{A}}} & C_{S_{\delta_{R}}} \\ C_{L_{\beta}} & C_{L_{\delta_{A}}} & C_{L_{\delta_{R}}} \\ C_{N_{\beta}} & C_{N_{\delta_{A}}} & C_{N_{\delta_{R}}} \end{bmatrix}\begin{Bmatrix} \beta_{0} \\ \delta_{A_{0}} \\ \delta_{R_{0}} \end{Bmatrix}=\begin{bmatrix} -C_{L_{配平}}\sin\Phi_{\max} \\ 0 \\ \dfrac{-N_{P_{0}}}{q_{\infty}S_{W}b_{W}} \end{bmatrix}$$

再一次以 150fbs 的速度为样本进行计算并代入已知数据，矩阵方程变为

$$\begin{bmatrix} -0.362-0.137 & 0 & 0.233 \\ -0.125 & 0.200 & 0.024 \\ 0.101 & 0 & -0.107 \end{bmatrix}\begin{Bmatrix} \beta_0 \\ \delta_{A_0} \\ \delta_{R_0} \end{Bmatrix} = \begin{bmatrix} -1.583\sin\Phi_{max} \\ 0 \\ \dfrac{-110784}{(26.74)\times(945)\times(96)} \end{bmatrix}$$

求解上述方程中作为 $\Phi_{max}$ 函数的方向舵偏转，得出图 9.18 所示的结果。很明显，所容许的倾斜角对所需方向舵偏转角有显著影响。

令倾斜角为-5°，由图 9.18 得出最小所需方向舵偏转角；反复求解作为飞行速度函数的方向舵偏转角得出图 9.19 所示的结果。由这些结果可知最低控制速度现为 135fps。尽管这一 $V_{MC}$ 稍稍小于运用方程(9.70)所求得的结果，但必须允许-5°的倾斜角。如果必须使倾斜角为零，则由方程(9.68)计算出的 $V_{MC}$ 实际上将大于 150fbs，如图 9.18 所示。造成所需方向舵偏转角差异的主要原因是与非零侧滑角相关的偏航力矩。

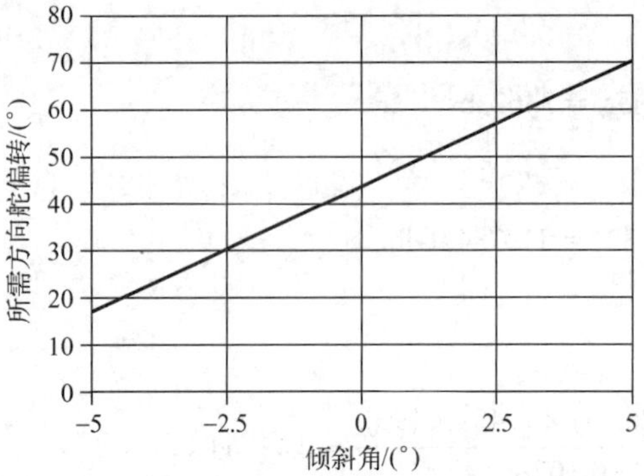


图 9.18　倾斜角对所需方向舵偏转角的影响（$V_\infty$ = 150fps）

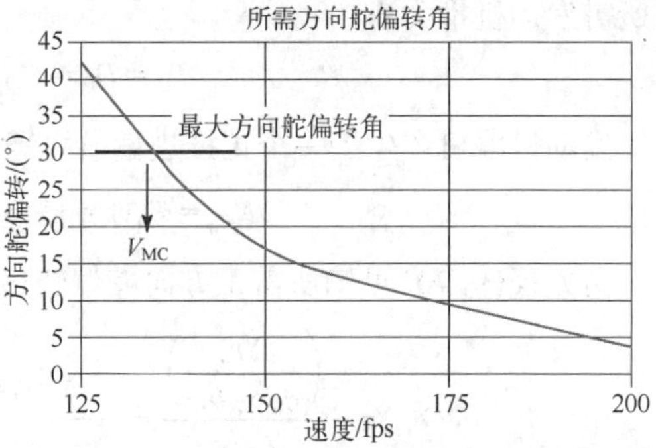


图 9.19　最低控制速度图解（方程(9.68)）

总结概括本节的主要成果，运用了两种技巧来确定定常直线飞行时的所需攻角、升降舵偏转角与推力，并展示了确定所需控制偏转的方法来控制非对称推力，如多发动机飞机的一台发动机出现停机的情形。同时，我们还定义了最低控制速度并对其进行了分析。

此外，本节还介绍了驾驶舱控制力及用于估算可逆控制系统此类控制力的方法，定义了几种重要的控制偏转与控制力梯度及基于操纵品效果评价的梯度判据。

最后，我们定义了自由驾驶杆中性点并阐述了用于确定该位置的方法，并注意到自由驾驶杆中性点位置通常位于固定驾驶杆中性点位置（即飞行器的气动力中心）的前方。

## 9.4　定常直线飞行分析

现在关注 9.1 节所述的第二种平衡基准飞行条件的分析，即定常转弯飞行。在此分析中，我们将运用纵向参考方程组与横向参考方程组。值得注意的是作为飞行条件函数的所需控制偏转及可用升力系数的限制。

回顾 9.1 节可知，为实现平衡转弯的飞行条件，需要满足方程组(9.10)所述的判据，且转弯角速度必须为 $\dot{\Psi}_0$ = 常数 ≠ 0。因此，假设运用稳定性坐标轴系，且飞行器的几何形状关于其 $XZ$ 面对称，则方程组(9.12)提供了适当的参考方程。将这些方程并入纵向方程组与横向方

程组，得出

纵向方程组　　　　　　　　横向方程组

$$\begin{cases}(0\text{ if }\beta_0=0)=-m(V_0R_0)=-mg\sin\gamma_0+F_{A_{X_0}}+F_{P_{X_0}}, & m(R_0U_0)=mg\cos\gamma_0\sin\Phi_0+F_{A_{Y_0}}+F_{P_{Y_0}}\\(-mQ_0U_0\text{ if }\beta_0=0)=m(P_0V_0-Q_0U_0), & (I_{zz}-I_{yy})Q_0R_0=L_{A_0}+L_{P_0}\\\quad=mg\cos\gamma_0\cos\Phi_0+F_{A_{Z_0}}+F_{P_{Z_0}}, & I_{xz}(Q_0R_0)=N_{A_0}+N_{P_0}\\-I_{xz}(R_0^2)=M_{A_0}+M_{P_0}\end{cases} \tag{9.71}$$

且运动学方程为

$$\begin{cases}P_0=0\\Q_0=\dot{\Psi}_0\sin\Phi_0\\R_0=\dot{\Psi}_0\cos\Phi_0\end{cases} \tag{9.72}$$

### 9.4.1 转弯飞行的运动学分析

接下来将演示在转弯飞行条件下对转弯角速度$\dot{\Psi}_0$与转弯半径$K_{转弯}$的条件，上述参考方程（方程组(9.71)与方程组(9.72)）可用于确定所需攻角、侧滑角、推力与控制偏转。在此分析中，假定推力关于飞行器的$XZ$面对称，因而

$$F_{P_{Y_0}}=L_{P_0}=N_{P_0}=0 \tag{9.73}$$

考虑图9.20中定常水平($\gamma_0=0$)右转弯的飞行器原理图。该图描绘了飞行器相对于地球固定坐标系的转弯角速度矢量$\boldsymbol{\omega}_{V,E}=\dot{\Psi}_0\boldsymbol{k}_E$、转弯半径$R_{转弯}$、倾斜角$\Phi_0$、升力$L_0$、离心力$CF$及重量$mg$。推力$T_0$指向页面外，图中未显示。

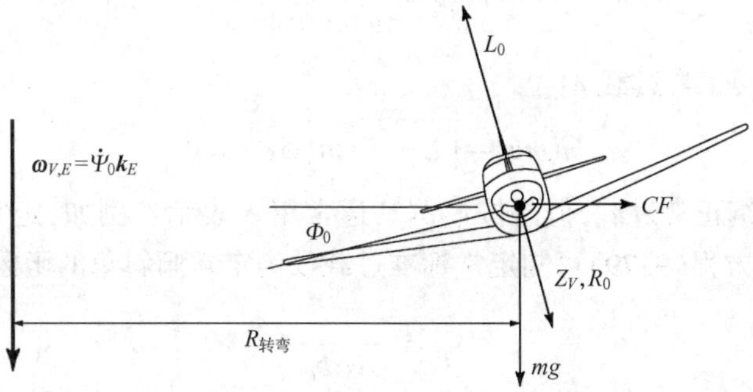


图9.20　定常水平转弯的飞行器

现在令飞行器的惯性速度表示为$V_V(=R_{转弯}\dot{\Psi}_0 i_E)$，注意可由牛顿第二定律确定离心力，表示为

$$\boldsymbol{F}=m\frac{\mathrm{d}\boldsymbol{V}_V}{\mathrm{d}t}|_I=m\left(\frac{\mathrm{d}\boldsymbol{V}_V}{\mathrm{d}t}|_V+\boldsymbol{\omega}_{V,E}\times\boldsymbol{V}_V\right)=m(\boldsymbol{\omega}_{V,E}\times\boldsymbol{V}_V) \tag{9.74}$$

由于飞行器平衡时（见方程组(9.10)），有

$$\frac{\mathrm{d}\boldsymbol{V}_V}{\mathrm{d}t}|_V=0 \tag{9.75}$$

因此，离心力$CF$必须为

$$CF = mR_{转弯}\dot{\Psi}_0^2 \tag{9.76}$$

假设该离心力通过升力的横向分力与推力的任何垂直($Z_V$)分力保持平衡,即假设

$$F_{A_{Y_0}} = 0 \tag{9.77}$$

因而

$$CF = \left(L_0 + T_0\sin(\phi_T + \alpha_0)\right)|\sin\Phi_0| \tag{9.78}$$

(绝对值表示允许具有负倾斜角的左转弯。)且由图 9.20 可知:

$$mg = \left(L_0 + T_0\sin(\phi_T + \alpha_0)\right)\cos\Phi_0 \tag{9.79}$$

下式必须成立:

$$CF = mg|\tan\Phi_0| \tag{9.80}$$

现假定方程(9.77)正确,根据方程组(9.71)中的侧力方程及运动学方程组(9.72)可得出

$$m(R_0U_0) = mg\sin\Phi_0$$

$$R_0 = \dot{\Psi}_0\cos\Phi_0$$

因此

$$\dot{\Psi}_0 = \frac{g}{U_0}\tan\Phi_0 \tag{9.81}$$

其用定常倾斜角与速度表示了定常转弯角速度。注意,对于具有负倾斜角的左转弯而言,$\dot{\Psi}_0<0$。此外,由方程(9.76)、方程(9.80)与方程(9.81)可知转弯半径为速度与倾斜角的函数,即

$$R_{转弯} = \frac{U_0^2}{g|\tan\Phi_0|} \tag{9.82}$$

现在,用下式定义正常过载 $n$:

$$n(mg) = \left[L + T\sin(\phi_T + \alpha)\right] \tag{9.83}$$

(注意 $n$ 为无量纲正常过载,但是按惯例其通常用 $g$ 表示。例如,定常水平飞行时,我们通常认为 $n=1g$。)由方程(9.79)可知定常标准过载仅为定常倾斜角的函数,即

$$n_0 = \frac{1}{\cos\Phi_0} \tag{9.84}$$

因此,可用倾斜角或过载来定义定常转弯飞行条件。但是,若用过载定义转弯时,必须规定转弯的方向——是右转还是左转。

最后,可用转弯角速度与倾斜角(或过载子)确定定常俯仰角速度 $Q_0$与定常偏航角速度 $R_0$。由运动学方程组(9.72)与方程(9.81)可得出

$$\begin{aligned} Q_0 &= \dot{\Psi}_0\sin\Phi_0 = \frac{g}{U_0}\tan\Phi_0\sin\Phi_0 = \frac{g}{U_0}\left(n_0 - \frac{1}{n_0}\right) \\ R_0 &= \dot{\Psi}_0\cos\Phi_0 = \frac{g}{U_0}\sin\Phi_0 = \pm\frac{g}{U_0 n_0}\sqrt{n_0^2 - 1} \end{aligned} \tag{9.85}$$

注意 $Q_0$将始终为正,但是 $R_0$既可为正,亦可为负,其取决于转弯方向。若用过载来定义转

弯,必须基于转弯方向为 $R_0$ 选定正确的符号。

值得注意的是,定常转弯时,定常俯仰角速度 $Q_0$ 不为零。这一说法乍一看可能有点违反常理,因为从驾驶舱看来,定常转弯时俯仰角速度似乎为零。但是回顾俯仰角速度的定义,它是沿飞行器 $Y_V$ 轴的角速度矢量 $\boldsymbol{\omega}_{V,E}$ 的分量。因此,飞行器倾斜时进行定常转弯,这一 $\boldsymbol{\omega}_{V,E}$ 的分量显然不为零。

### 9.4.2 横向配平分析

现在具备了方程组(9.85)中用速度与倾斜角(或过载)表示的定常俯仰角速度与偏航角速度,可以开始确定定常水平($\gamma_0=0$)转弯时所需的侧滑角、副翼偏转与方向舵偏转。在此所采用的方法与9.3节中分析定常直线飞行的方法一致。

具体来说,将第六章中所推导的侧力、滚转力矩系数与偏航力矩系数的线性表达式代入方程组(9.71)中的横向方程。值得注意的是,之前已假定推力关于飞行器的 $XZ$ 面对称,所以

$$F_{P_{Y_0}} = L_{P_0} = N_{P_0} = 0 \tag{9.86}$$

此外,调用方程(9.77),表述为

$$F_{A_{Y_0}} = S_0\cos\beta_0 - D_0\sin\beta_0 = 0$$

假定 $\beta_0$ 足够小使得 $\sin\beta_0=\beta_0$ 且 $\cos\beta_0=1$。基于以上条件,方程组(9.71)中的横向方程组可表示为

$$\begin{cases} 0 = \left(\left(C_{S_\beta} - C_{D_{\text{Trim}}}\right)\beta_0 + C_{S_r}R_0 + C_{S_{\delta_A}}\delta_{A_0} + C_{S_{\delta_R}}\delta_{R_0}\right)q_\infty S_W \\ (I_{zz} - I_{yy})Q_0R_0 = \left(C_{L_\beta}\beta_0 + C_{L_r}R_0 + C_{L_{\delta_A}}\delta_{A_0} + C_{L_{\delta_R}}\delta_{R_0}\right)q_\infty S_W b_W \\ I_{xz}(Q_0R_0) = \left(C_{N_\beta}\beta_0 + C_{N_r}R_0 + C_{N_{\delta_A}}\delta_{A_0} + C_{N_{\delta_R}}\delta_{R_0}\right)q_\infty S_W b_W \end{cases} \tag{9.87}$$

将(用倾斜角表示的)$Q_0$ 与 $R_0$ 的方程组(9.85)代入上述三个方程中,重新排列方程并用矩阵格式表示结果,得出

$$\begin{bmatrix} C_{S_\beta} - C_{D_{\text{Trim}}} & C_{S_{\delta_A}} & C_{S_{\delta_R}} \\ C_{L_\beta} & C_{L_{\delta_A}} & C_{L_{\delta_R}} \\ C_{N_\beta} & C_{N_{\delta_A}} & C_{N_{\delta_R}} \end{bmatrix} \begin{Bmatrix} \beta_0 \\ \delta_{A_0} \\ \delta_{R_0} \end{Bmatrix} = \begin{bmatrix} -C_{S_r}\dfrac{g}{U_0}\sin\Phi_0 \\ \dfrac{(I_{zz}-I_{yy})}{q_\infty S_W b_W}\left(\left(\dfrac{g}{U_0}\right)^2\dfrac{\sin^3\Phi_0}{\cos\Phi_0}\right) - C_{L_r}\dfrac{g}{U_0}\sin\Phi_0 \\ \dfrac{I_{xz}}{q_\infty S_W b_W}\left(\left(\dfrac{g}{U_0}\right)^2\dfrac{\sin^3\Phi_0}{\cos\Phi_0}\right) - C_{N_r}\dfrac{g}{U_0}\sin\Phi_0 \end{bmatrix} \tag{9.88}$$

或者,用过载表示 $Q_0$ 与 $R_0$,同一个方程变为

$$\begin{bmatrix} C_{S_\beta} - C_{D_{\text{Trim}}} & C_{S_{\delta_A}} & C_{S_{\delta_R}} \\ C_{L_\beta} & C_{L_{\delta_A}} & C_{L_{\delta_R}} \\ C_{N_\beta} & C_{N_{\delta_A}} & C_{N_{\delta_R}} \end{bmatrix} \begin{Bmatrix} \beta_0 \\ \delta_{A_0} \\ \delta_{R_0} \end{Bmatrix} = \begin{bmatrix} \mp C_{S_r}\dfrac{g}{U_0 n_0}\sqrt{n_0^2-1} \\ \pm\dfrac{(I_{zz}-I_{yy})}{q_\infty S_W b_W}\left(\dfrac{g}{U_0}\right)^2\left(1-\dfrac{1}{n_0^2}\right)\sqrt{n_0^2-1} \mp C_{L_r}\dfrac{g}{U_0 n_0}\sqrt{n_0^2-1} \\ \pm\dfrac{I_{xz}}{q_\infty S_W b_W}\left(\dfrac{g}{U_0}\right)^2\left(1-\dfrac{1}{n_0^2}\right)\sqrt{n_0^2-1} \mp C_{N_r}\dfrac{g}{U_0 n_0}\sqrt{n_0^2-1} \end{bmatrix} \tag{9.89}$$

再次,必须基于转弯方向选定正确的符号。对于给定的配平阻力系数而言,可运用 MATLAB 或克莱姆法则(见附录 D)解方程(9.88)或方程(9.99)以求得特定转弯所需倾斜角、副翼偏转与方向舵偏转。注意,上述两个方程的右侧数值通常较小,可发现所需侧滑角与控制偏转通常将较小。

敏锐的读者会注意到配平阻力系数只有在完成纵向配平分析后才得以实现。一开始假定该阻力系数与 $C_{S_\beta}$ 相比可忽略不计,然后基于这一假设解方程(9.88)或方程(9.89)可解决这一难题。然后,在进行纵向配平分析并获得更好的配平阻力系数估算值后,如有必要,可求解方程(9.88)或方程(9.89)。然而,通常无需这一迭代过程就可获得足够准确的结果。

### 9.4.3 纵向配平分析

具备方程组(9.85)中用速度与倾斜角(或过载)表示的定常俯仰角速度与偏航角速度及前述横向分析中获得的侧滑角、副翼偏转与方向舵偏转角,接下来可开始确定定常水平($\gamma_0=0$)转弯时所需的攻角、推力与升降舵偏转角。

用升力、阻力、侧力与推力表示,方程组(9.71)中的纵向方程为

$$\begin{cases} -m(\beta_0 U_0 R_0) = -D_0\cos\beta_0 - S_0\sin\beta_0 + T_0\cos(\phi_T+\alpha_0) \\ mU_0 Q_0 + mg\cos\Phi_0 = L_0 + T_0\sin(\phi_T+\alpha_0) \\ -I_{xz}(R_0^2) = M_{A_0} + T_0(d_T\cos\phi_T - x_T\sin\phi_T) \end{cases} \tag{9.90}$$

运用气动系数的线性表达式并假定 $\cos\beta_0=1$,$\sin\beta_0=\beta_0$ 且 $C_{D_q}\approx 0$,方程组(9.90)变为

$$\begin{cases} -m(\beta_0 U_0 R_0) = -(C_{D_{\alpha=\delta=i_H=0}} + C_{D_\alpha}\alpha_0 + C_{D_{i_H}} i_H + C_{D_{\delta_E}}\delta_{E_0} + C_{D_{\delta_A}}\delta_{A_0} + C_{D_{\delta_R}}\delta_{R_0}) q_\infty S_W \\ \qquad - S_0\beta_0 + T_0\cos(\phi_T+\alpha_0) \\ mU_0 Q_0 + mg\cos\Phi_0 = (C_{L_{\alpha=\delta=i_H=0}} + C_{L_\alpha}\alpha_0 + C_{L_q} Q_0 + C_{L_{i_H}} i_H + C_{L_{\delta_E}}\delta_{E_0}) q_\infty S_W \\ \qquad + T_0\sin(\phi_T+\alpha_0) \\ -I_{xz}(R_0^2) = (C_{M_{\alpha=\delta=i_H=0}} + C_{M_\alpha}\alpha_0 + C_{M_q} Q_0 + C_{M_{i_H}} i_H + C_{M_{\delta_E}}\delta_{E_0}) q_\infty S_W \bar{c}_W \\ \qquad + T_0(d_T\cos\phi_T - x_T\sin\phi_T) \end{cases} \tag{9.91}$$

代入俯仰角速度 $Q_0$ 与偏航角速度 $R_0$ 的方程组(9.85),再次引入推力系数 $C_{T_0}=T_0/(q_\infty S_W)$ 并令 $\phi_T$ 较小,且

$$\cos(\phi_T+\alpha_0)=1$$

$$T_0\sin(\phi_T+\alpha_0) \ll L_0$$

可用以下矩阵格式列方程组(9.91):

$$\begin{bmatrix} -C_{D_\alpha} & -C_{D_{\delta_E}} & 1 \\ C_{L_\alpha} & C_{L_{\delta_E}} & 0 \\ C_{M_\alpha} & C_{M_{\delta_E}} & \dfrac{(d_T - x_T\phi_T)}{\bar{c}_W} \end{bmatrix} \begin{Bmatrix} \alpha_0 \\ \delta_{E_0} \\ C_{T_0} \end{Bmatrix}$$

$$
= \begin{bmatrix} \left(C_{S_{\text{Trim}}} - \dfrac{mg}{q_\infty S_W}\sin\Phi_0\right)\beta_0 + C_{D_{\alpha=\delta=i_H=0}} + C_{D_{i_H}} i_H + C_{D_{\delta_A}}\delta_{A_0} + C_{D_{\delta_R}}\delta_{R_0} \\ \dfrac{mg}{q_\infty S_W \cos\Phi_0} - C_{L_q}\dfrac{g}{U_0}\dfrac{\sin^2\Phi_0}{\cos\Phi_0} - C_{L_{\alpha=\delta=i_H=0}} - C_{L_{i_H}} i_H \\ -I_{xz}\left(\dfrac{g}{U_0}\right)^2 \sin^2\Phi_0 - C_{M_q}\dfrac{g}{U_0}\dfrac{\sin^2\Phi_0}{\cos\Phi_0} - C_{M_{\alpha=\delta=i_H=0}} - C_{M_{i_H}} i_H \end{bmatrix} \tag{9.92}
$$

或用过载表示,同一个方程组变为

$$
\begin{bmatrix} -C_{D_\alpha} & -C_{D_{\delta_E}} & 1 \\ C_{L_\alpha} & C_{L_{\delta_E}} & 0 \\ C_{M_\alpha} & C_{M_{\delta_E}} & \dfrac{(d_T - x_T\phi_T)}{\bar{c}_W} \end{bmatrix} \begin{Bmatrix} \alpha_0 \\ \delta_{E_0} \\ C_{T_0} \end{Bmatrix}
$$

$$
= \begin{bmatrix} \left(C_{S_{\text{Trim}}} - \left(\dfrac{mg}{q_\infty S_W}\right)\sqrt{1 - \dfrac{1}{n_0^2}}\right)\beta_0 + C_{D_{\alpha=\delta=i_H=0}} + C_{D_{i_H}} i_H + C_{D_{\delta_A}}\delta_{A_0} + C_{D_{\delta_R}}\delta_{R_0} \\ n_0\left(\dfrac{mg}{q_\infty S_W}\right) - C_{L_q}\dfrac{g}{U_0}\left(n_0 - \dfrac{1}{n_0}\right) - C_{L_{\alpha=\delta=i_H=0}} - C_{L_{i_H}} i_H \\ -I_{xz}\left(\dfrac{g}{U_0}\right)^2\left(1 - \dfrac{1}{n_0^2}\right) - C_{M_q}\dfrac{g}{U_0}\left(n_0 - \dfrac{1}{n_0}\right) - C_{M_{\alpha=\delta=i_H=0}} - C_{M_{i_H}} i_H \end{bmatrix} \tag{9.93}
$$

通过 MATLAB 或克莱姆法则可确定三个未知数。

现假定推力对所需俯仰力矩的影响可忽略不计,即令

$$
T_0(d_T\cos\phi_T - x_T\sin\phi_T) \approx T_0(d_T - x_T\phi_T) \approx 0 \tag{9.94}
$$

然后,将方程组(9.92)或方程组(9.93)中的第一个方程从另外两个方程中解耦,后两个方程则可用于求攻角 $\alpha_0$ 与升降舵偏转角 $\delta_{E_0}$ 的解。第一个方程最后用于求所需推力。

换言之,若满足方程(9.94),则可由下式求得所需攻角与升降舵偏转角:

$$
\begin{bmatrix} C_{L_\alpha} & C_{L_{\delta_E}} \\ C_{M_\alpha} & C_{M_{\delta_E}} \end{bmatrix} \begin{Bmatrix} \alpha_0 \\ \delta_{E_0} \end{Bmatrix}
= \begin{bmatrix} n_0\left(\dfrac{mg}{q_\infty S_W}\right) - C_{L_q}\dfrac{g}{U_0}\left(n_0 - \dfrac{1}{n_0}\right) - C_{L_{\alpha=\delta=i_H=0}} - C_{L_{i_H}} i_H \\ -I_{xz}\left(\dfrac{g}{U_0}\right)^2\left(1 - \dfrac{1}{n_0^2}\right) - C_{M_q}\dfrac{g}{U_0}\left(n_0 - \dfrac{1}{n_0}\right) - C_{M_{\alpha=\delta=i_H=0}} - C_{M_{i_H}} i_H \end{bmatrix} \tag{9.95}
$$

解方程(9.95)的两个未知数,可得出飞行器定常稳定转弯时的配平攻角与升降舵偏转角为

$$
\begin{aligned}
\alpha_{\text{Trim}} &= \left(C_1(n)C_{M_{\delta_E}} - C_2(n)C_{L_{\delta_E}}\right)/\Delta \\
\delta_{E_{\text{Trim}}} &= \left(C_2(n)C_{L_\alpha} - C_1(n)C_{M_\alpha}\right)/\Delta \\
\Delta &= C_{L_\alpha}C_{M_{\delta_E}} - C_{M_\alpha}C_{L_{\delta_E}}
\end{aligned}
$$

且

$$C_1(n)\triangleq n_0\left(\frac{mg}{q_\infty S_W}\right)-C_{L_q}\frac{g}{U_0}\left(n_0-\frac{1}{n_0}\right)-C_{L_{\alpha=\delta=i_H=0}}-C_{L_{i_H}}i_H$$

$$C_2(n)\triangleq -I_{xz}\left(\frac{g}{U_0}\right)^2\left(1-\frac{1}{n_0^2}\right)-C_{M_q}\frac{g}{U_0}\left(n_0-\frac{1}{n_0}\right)-C_{M_{\alpha=\delta=i_H=0}}-C_{M_{i_H}}i_H \tag{9.96}$$

因此,通过运用方程组(9.93)或方程组(9.96),可确定飞行器定常水平转弯时作为转弯正常过载 $n_0$ 的函数的配平攻角 $\alpha_{配平}$ 与升降舵偏转角 $\delta_{E_{配平}}$。当然,由方程组(9.92)开始,用倾斜角 $\Phi_0$ 表示转弯,也可推导出类似表达式。

如 9.3.1 节所述,可用图解过程来确定配平攻角与升降舵偏转角。但由于转弯时非零俯仰角速度的出现,这一过程变得复杂。俯仰角速度影响俯仰力矩,还可能影响升力。然而,直线飞行论述中所示的图解过程仍可用于解飞行器转弯时配平攻角与升降舵偏转角的近似值。若忽略俯仰角速度对俯仰力矩与升力的影响并假定项 $I_{xz}(g/U_0)^2$ 近似为零,如谨慎处理,可将 9.3.1 节所述的同一曲线图用于分析转弯飞行。进行转弯分析时,图形分析中所使用的配平升力系数 $C_{L_{配平}}$ 的值被过载 $n$ 增大了。换言之,转弯时,配平升力系数的值等于 $n(mg/q_\infty S_W)$。

9.3.1 节还提到升降舵偏转的限制可制约转弯时的最大可用升力系数或正常过载 $n$。可通过上述图解配平分析或观察方程组(9.96)中所需升降舵偏转角的方程来验证这一事实。例如,将所需升降舵偏转方程中的升降舵偏转设定为最大值,然后求该方程中相应过载 $n$ 的解。这一过载变为适用于配平分析的高度与速度条件下的最大可达到的负载因子。

最大可达到的过载的限制是飞行器设计中另一个重要的问题,因为它限制了飞行器另一种名为 $V$–$n$ 图表的飞行包线。此种图表如图 9.21 所示,其内部区域定义了飞行器可保持的速度与过载的组合。可持续区域的顶部与底部界限由最大容许结构负载确定。该区域的右部界限由最大容许动压确定,例如由颤振限制而产生的动压。

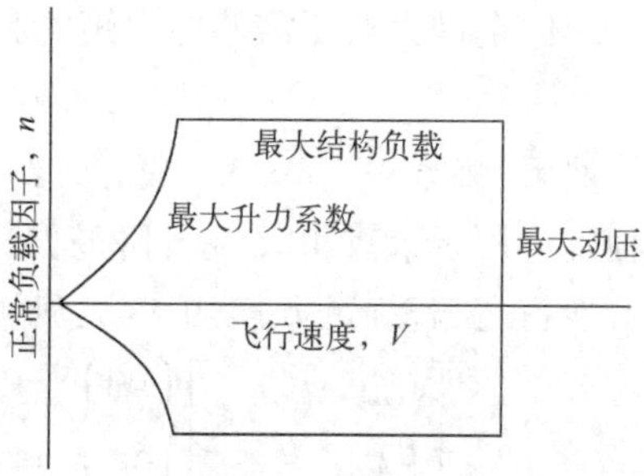

图 9.21 $V$–$n$ 图表

标记为“最大升力系数”的曲线定义为最大可用升力系数。回顾例 9.3 可知,稳定飞行器的这一最大升力系数通常受升降舵控制力或最大升降舵偏转的约束。静态稳定性越大,则控制偏转限制对最大可用升力系数的制约更加严重。因此,再次得出飞行器的机动性需要足够的控制力,且过多的静态俯仰稳定性可限制这一机动性。

### 9.4.4 控制力与梯度

现在转而讨论升降舵梯度与驾驶杆力梯度,在 9.3 节探讨直线飞行时引入了此类梯度,处理转弯飞行时仍然会涉及此类梯度。此外,配平每克升降舵偏角梯度(即 $\partial\delta_{配平}/\partial n_0$)是影响飞行器操纵效果的另一参数。由方程组(9.96)可知定常转弯时,该梯度表示为

$$\frac{\partial\delta_{E_{配平}}}{\partial n_0}=\left(C_{L_\alpha}\frac{\partial C_2(n)}{\partial n_0}-C_{M_\alpha}\frac{\partial C_1(n)}{\partial n_0}\right)/\Delta \tag{9.97}$$

式中

$$\frac{\partial C_1(n)}{\partial n_0}=\left(\frac{mg}{q_\infty S_W}\right)-C_{L_q}\frac{g}{U_0}\left(1+\frac{1}{n_0^2}\right)$$

$$\frac{\partial C_2(n)}{\partial n_0}=-2I_{xz}\left(\frac{g}{U_0}\right)^2\left(\frac{1}{n_0^3}\right)-C_{M_q}\frac{g}{U_0}\left(1+\frac{1}{n_0^2}\right)$$

为实现可行的操纵效果，每克升降舵偏角梯度应为负。已知方程组(9.96)中的$\Delta$通常为负，且两个导数$\partial C_1(n)/\partial n_0$与$\partial C_2(n)/\partial n_0$通常为正（因为$\partial C_1(n)/\partial n_0\approx(mg/q_\infty S_W)$且通常$\partial C_2(n)/\partial n_0\approx -C_{M_q}(g/U_0)(1+1/n_0^2)$），每克升降舵偏角梯度应为负这一要求通常将在俯仰时保持静稳定的飞行器上得以实现。

此时应考虑的使每克升降舵偏角梯度变为零的重心位置。可通过以下方式确定该位置，首先令方程(9.97)等于零，得出

$$\left(C_{L_\alpha}\frac{\partial C_2(n)}{\partial n_0}-C_{M_\alpha}\frac{\partial C_1(n)}{\partial n_0}\right)=0$$

或

$$C_{L_\alpha}\left(C_{M_q}\frac{g}{U_0}\left(1+\frac{1}{n_0^2}\right)+2I_{xz}\left(\frac{g}{U_0}\right)^2\left(\frac{1}{n_0^3}\right)\right)+C_{M_\alpha}\left(\left(\frac{mg}{q_\infty S_W}\right)-C_{L_q}\frac{g}{U_0}\left(1+\frac{1}{n_0^2}\right)\right)=0 \tag{9.98}$$

求解上式中的比率$C_{M_\alpha}/C_{L_\alpha}$，得出

$$\left.\frac{C_{M_\alpha}}{C_{L_\alpha}}\right|_{\frac{\partial\delta_{E_0}}{\partial n_0}=0}=\frac{-\left(C_{M_q}\frac{g}{U_0}\left(1+\frac{1}{n_0^2}\right)+2I_{xz}\left(\frac{g}{U_0}\right)^2\left(\frac{1}{n_0^3}\right)\right)}{\left(\left(\frac{mg}{q_\infty S_W}\right)-C_{L_q}\frac{g}{U_0}\left(1+\frac{1}{n_0^2}\right)\right)} \tag{9.99}$$

注意，假定推力不会对俯仰力矩造成显著影响，由方程(9.30)与图9.5可知比率$C_{M_\alpha}/C_{L_\alpha}$与静稳定裕度相关，即

$$\frac{C_{M_\alpha}}{C_{L_\alpha}}=-SM=\begin{cases}(\overline{X}_{\mathrm{AC}}-\overline{X}_{\mathrm{cg}}),\ \overline{X}\text{ 处于正前方}\\(\overline{X}_{\mathrm{cg}}-\overline{X}_{\mathrm{AC}}),\ \overline{X}\text{ 处于正后方}\end{cases}$$

回顾可知$\overline{X}_{\mathrm{AC}}$为飞行器气动力中心（即固定驾驶杆中性点）的归一化位置，可令上式等于方程(9.99)并求解令每克升降舵偏角梯度变为零的重心位置。或假定$X$位置测定为正后方，可得出

$$(\overline{X}_{\mathrm{cg}})_{\frac{\partial\delta_{E_0}}{\partial n_0}=0}=\overline{X}_{\mathrm{AC}}-\frac{\left(C_{M_q}\frac{g}{U_0}\left(1+\frac{1}{n_0^2}\right)+2I_{xz}\left(\frac{g}{U_0}\right)^2\left(\frac{1}{n_0^3}\right)\right)}{\left(\left(\frac{mg}{q_\infty S_W}\right)-C_{L_q}\frac{g}{U_0}\left(1+\frac{1}{n_0^2}\right)\right)} \tag{9.100}$$

由方程(9.100)所表示的重心位置被称为转弯飞行时的机动点,且由于 $C_{M_q}$ 为负,该点通常位于飞行器气动力中心的后方。因此,制约条件仍然是重心必须位于飞行器气动力中心的前方以实现合适的升降舵梯度。

已知方程组(9.93)或方程组(9.96)中的配平攻角与升降舵偏转角,也可求得方程(9.56)中给定尾翼倾角 $i_H$ 处的配平驾驶杆力 $F_{S_E}$。值得注意的是,用这种方式求得的配平驾驶杆力 $F_{S_E}$ 为配平过载 $n_0$ 的函数。依据此种关系可求得另一个名为每克驾驶杆力的重要驾驶杆梯度。例如,由方程(9.56)可求得每克驾驶杆力梯度为

$$\frac{\partial F_{S_E}}{\partial n_0}=q_H S_E \bar{c}_E G_E\left(C_{h_\alpha}\frac{\partial \alpha_{配平}}{\partial n_0}\left(1-\frac{\mathrm{d}\varepsilon_H}{\mathrm{d}\alpha_W}\right)+C_{h_{\delta_E}}\frac{\partial \delta_{E_{配平}}}{\partial n_0}\right) \tag{9.101}$$

式中每克升降舵偏角梯度 $\partial\delta_{配平}/\partial n_0$ 由方程(9.97)给出,且通过对方程组(9.96)中配平攻角的方程求微分可求得攻角梯度 $\partial\alpha_{配平}/\partial n_0$,得出

$$\frac{\partial \alpha_{配平}}{\partial n_0}=\left(\frac{\partial C_1(n)}{\partial n_0}C_{M_{\delta_E}}-\frac{\partial C_2(n)}{\partial n_0}C_{L_{\delta_E}}\right)/\Delta \tag{9.102}$$

式中:括号内的两个偏导数已经由方程组(9.97)给出。为实现可行的操纵特性,每克驾驶杆力梯度必须为正,或飞行员必须在进行急转弯时(高负载因子)更用力地拉回驾驶杆。注意每克驾驶杆力的这一要求对铰链力矩系数 $C_{h_\alpha}$ 与 $C_{h_{\delta_E}}$ 的符号提出了要求。

正如探讨每克驾驶杆力时所述,每克驾驶杆力也可表示为

$$\frac{\partial F_{S_E}}{\partial n_0}=\frac{\partial F_{S_E}}{\partial \delta_{E_{配平}}}\frac{\partial \delta_{E_{配平}}}{\partial n_0} \tag{9.103}$$

若飞行器处于气动静不稳定状态(通过反馈增强恢复稳定性),则每克升降舵偏转角梯度的符号为正。因此,必须运用力感系统来调整方程(9.103)中每一升降舵偏角驾驶杆力梯度 $\partial F_{SE}/\partial\delta_{配平}$,使飞行器的每克驾驶杆力仍然为正。

## 例 9.6 定常转弯时的横向配平与升降舵偏角梯度

以在海平面处处于定常水平 1.2$g$ 右转弯状态的纳维昂飞机为例进行分析。飞行器的气动系数与其他相关数据如附录 B 所示。首先,飞行器是否满足实现横向静稳定性的所有要求?其次,若飞行速度为 176fps,求侧滑角、副翼与方向舵偏转角的配平值。同时估算转弯飞行时升降舵速度梯度 $\Delta\delta_{E_{配平}}/\Delta V_{\infty 0}$ 与每克升降舵偏角梯度 $\Delta\delta_{E_{配平}}/\Delta n_0$ 及机动点的位置。

**解**

首先列出附录 B 中的数据及表 2 中的静稳定性要求。注意所有要求都得到满足。

$$C_{S_\beta}=-0.564\quad,\ C_{S_\beta}<0$$

$$C_{N_\beta}=0.0701\quad,\ C_{N_\beta}>0$$

$$C_{L_\beta}=-0.074\quad,\ C_{L_\beta}<0$$

$$C_{L_p}=-0.0389\ \mathrm{s},\ C_{L_p}<0$$

$$C_{N_r}=-0.0119\ \mathrm{s},\ C_{N_r}<0$$

接下来,对于给定的飞行条件而言,有

$$q_\infty = 36.8 \text{ psf}$$

$$\frac{mg}{q_\infty S_W} = \frac{2750}{(36.8)\times(184)} = 0.41$$

$$\cos\Phi_0 = \frac{1}{1.2} = 0.8333, \Phi_0 = \pm 33.6^\circ \text{（右转弯时为正）}$$

且由附录 B 可知：

$$C_{L_r} = 0.0102 \text{ s}$$

$$C_{N_r} = -0.0119 \text{ s}$$

$$C_{M_q} = -0.161 \text{ s}$$

由方程(9.89)可知右转弯时的配平解为

$$\begin{bmatrix} C_{S_\beta} - C_{D_{\text{Trim}}} & C_{S_{\delta_A}} & C_{S_{\delta_R}} \\ C_{L_\beta} & C_{L_{\delta_A}} & C_{L_{\delta_R}} \\ C_{N_\beta} & C_{N_{\delta_A}} & C_{N_{\delta_R}} \end{bmatrix} \begin{Bmatrix} \beta_0 \\ \delta_{A_0} \\ \delta_{R_0} \end{Bmatrix} = \begin{bmatrix} -C_{S_r}\dfrac{g}{U_0 n_0}\sqrt{n_0^2 - 1} \\ \dfrac{(I_{zz} - I_{yy})}{q_\infty S_W b_W}\left(\dfrac{g}{U_0}\right)^2\left(1 - \dfrac{1}{n_0^2}\right)\sqrt{n_0^2 - 1} - C_{L_r}\dfrac{g}{U_0 n_0}\sqrt{n_0^2 - 1} \\ \dfrac{I_{xz}}{q_\infty S_W b_W}\left(\dfrac{g}{U_0}\right)^2\left(1 - \dfrac{1}{n_0^2}\right)\sqrt{n_0^2 - 1} - C_{N_r}\dfrac{g}{U_0 n_0}\sqrt{n_0^2 - 1} \end{bmatrix}$$

将附录中的数据及 $C_{D_{配平}} \approx 0.05$ 代入上式，得出

$$\begin{bmatrix} (-0.564 - 0.05) & 0 & 0.157 \\ -0.074 & 0.134 & 0.012 \\ 0.0701 & -0.0035 & -0.0717 \end{bmatrix} \begin{Bmatrix} \beta_0 \\ \delta_{A_0} \\ \delta_{R_0} \end{Bmatrix} = \begin{bmatrix} 0 \\ \dfrac{(530)}{226\,158}\times(0.183)^2\times\left(1 - \dfrac{1}{1.44}\right)\times\sqrt{0.44} - 0.0101\times\dfrac{(0.183)}{1.2}\times\sqrt{0.44} \\ 0.0119\dfrac{(0.183)}{1.2}\sqrt{0.44} \end{bmatrix}$$

$$= \begin{bmatrix} 0 \\ 1.6\times 10^{-5} - 0.001021 \\ 0.001203 \end{bmatrix}$$

根据 MATLAB 或克莱姆法则可求得配平解为

$$\begin{Bmatrix} \beta_{配平} \\ \delta_{A_{配平}} \\ \delta_{R_{配平}} \end{Bmatrix} = \begin{Bmatrix} -0.005824 \\ 0.006280 \\ -0.02278 \end{Bmatrix} \text{rad} = \begin{Bmatrix} -0.334 \\ 0.360 \\ -1.305 \end{Bmatrix} (^\circ)$$

负方向舵偏转(后缘向右)与右转弯时的正(右)偏航角速度一致，但是负方向舵偏转将产生一个负侧力。该侧力通过较小的负侧滑角实现平衡，或通过将飞行器的自由流速度矢量右侧稍稍指向转弯方向实现平衡。最后，正副翼偏转与正倾斜角一致。

假定推力不会影响俯仰力矩，则由方程(9.30)可求得静稳定裕度。该飞行器的稳定裕度为

$$SM \triangleq -\frac{C_{M_\alpha}}{C_{L_\alpha}} = -\frac{-0.683}{4.44} = 0.154 = 15.4\% \text{ MAC}$$

由于重心位于 29.5%MAC 处，所以可知飞行器的气动力中心位于

$$\overline{X}_{\text{AC}} = \overline{X}_{\text{cg}} + SM = 0.295 + 0.154 = 0.449 = 44.9\% \text{ MAC}$$

由于 $\overline{X}$ 位置取正后方，由方程(9.100)现可求得转弯时机动点的位置，即

$$(\overline{X}_{cg})_{\frac{\partial\delta_{E_0}}{\partial n_0}=0} = \overline{X}_{AC} - \frac{\left(C_{M_q}\frac{g}{U_0}\left(1+\frac{1}{n_0^2}\right)+2I_{xz}\left(\frac{g}{U_0}\right)^2\left(\frac{1}{n_0^3}\right)\right)}{\left(\left(\frac{mg}{q_\infty S_W}\right)-C_{L_q}\frac{g}{U_0}\left(1+\frac{1}{n_0^2}\right)\right)}$$

根据所给出的数据，上式中的最后一项变为

$$\frac{\left(-0.161\times(0.183)\times\left(1+\frac{1}{1.44}\right)+0\right)}{(0.41-0)} = -0.122$$

不出所料，机动点的位置位于中性点的后方，即位于

$$\overline{X}_{MP} = 0.449 + 0.122 = 0.571 = 57.1\%\ \text{MAC}$$

升降舵速度梯度如方程(9.46)所示，即

$$\frac{\Delta\delta_{E_{配平}}}{\Delta V_{\infty_0}} = \frac{\Delta\delta_{E_{配平}}}{\Delta C_{L_{配平}}}\frac{\Delta C_{L_{配平}}}{\Delta V_{\infty_0}}$$

式中：配平升降舵梯度如方程(9.45)所示，即

$$\frac{\Delta\delta_{E_{配平}}}{\Delta C_{L_{配平}}} \approx \frac{\partial\delta_{E_{配平}}}{\partial C_{L_{配平}}} = \frac{-C_{M_\alpha}}{C_{L_\alpha}C_{M_{\delta_E}} - C_{M_\alpha}C_{L_{\delta_E}}} = \frac{0.683}{(4.44)\times(-0.87)-(-0.683)\times(0.355)} = -0.189\ \text{rad}$$

由于

$$nmg = C_L q_\infty S_W$$

可得出

$$\frac{\Delta C_{L_{配平}}}{\Delta V_{\infty_0}} = \frac{-4n_0 mg}{\rho_\infty S_W V_{\infty_0}^3} = \frac{-2n_0 mg}{\left(\frac{1}{2}\rho_\infty V_{\infty_0}^2\right)S_W V_{\infty_0}} = \frac{-2}{V_{\infty_0}}\left(\frac{n_0 mg}{q_\infty S_W}\right) = -0.01136\times(0.492) = -0.00559\ /\text{fps}$$

因此，得出升降舵速度梯度为

$$\frac{\Delta\delta_{E_{配平}}}{\Delta V_{\infty_0}} = (-0.189)\times(-0.00559) = 0.00105\ \text{rad/fps} = 0.102^\circ\ /\text{kt}$$

对于静态稳定的飞行器而言，该值为正。

最后，每克升降舵偏角梯度如方程(9.97)所示，对于该飞行器而言，可知

$$\frac{\partial C_1(n)}{\partial n_0} = \left(\frac{mg}{q_\infty S_W}\right) - C_{L_q}\frac{g}{U_0}\left(1+\frac{1}{n_0^2}\right) = 0.41 - 0 = 0.41$$

且

$$\frac{\partial C_2(n)}{\partial n_0} = -2I_{xz}\left(\frac{g}{U_0}\right)^2\left(\frac{1}{n_0^3}\right) - C_{M_q}\frac{g}{U_0}\left(1+\frac{1}{n_0^2}\right) = 0-(-0.05) = 0.05$$

因此，每克升降舵偏角梯度为

$$\frac{\partial\delta_{E_{配平}}}{\partial n_0} = \left(C_{L_\alpha}\frac{\partial C_2(n)}{\partial n_0} - C_{M_\alpha}\frac{\partial C_1(n)}{\partial n_0}\right)/\Delta = \frac{(4.44(0.05)-(-0.683)(0.41))}{(4.44)(-0.87)-(-0.683)(0.355)}$$

$$= -0.139\ \text{rad/g} = -7.94^\circ\ /g$$

对于静态稳定的飞行器而言，该值为负。

---

本节推演了用于确定定常飞行中所需攻角、侧滑角、控制面偏转角及推力的方法，定义了标准过载并运用标准过载规定了转弯时的飞行条件。此外，还介绍了驾驶舱控制力及用于估

算可逆控制系统的驾驶舱控制力的方法,定义了几种重要的控制偏转角与控制力梯度,并基于操纵效果评价定义了关于这些梯度的判据。最后,我们还定义了飞行器转弯飞行时的机动点及用于确定该点位置的方法。

## 9.5 准定常飞行改出俯冲动作分析

现在我们来分析 9.1 节所定义的第三种基准飞行条件,即准定常改出俯冲动作。如 9.1 节所述,改出俯冲动作并不完全符合方程组(9.10)所列出的平衡判据,因为俯仰角速度 $Q_0$ 与俯仰姿态 $\Theta_0$ 在俯仰改出动作中均不是常数。尽管这是不争的事实,该动作还是受到关注。我们将对该飞行条件进行准定常分析。在分析中,尤其令人关注的是作为飞行条件函数的每克升降舵偏角梯度与所需控制偏转角。

假定运用稳定性坐标轴系,飞行器的几何形状关于其 $XZ$ 面对称,且机翼水平($\Phi_0=0$)动作无侧滑角($\beta_0=0$),则方程组(9.13)提供了合适的参考方程。提取出纵向参考方程组,根据所述条件可得出

$$\begin{aligned}
mg\sin\gamma_0 &= -D_0 + T_0\cos(\phi_T+\alpha_0)\\
m(Q_0U_0) + mg\cos\gamma_0 &= L_0 + T_0\sin(\phi_T+\alpha_0)\\
0 &= \mathrm{M}_{A_0} + T_0(d_T\cos\phi_T - x_T\sin\phi_T)
\end{aligned}\tag{9.104}$$

### 9.5.1 改出俯冲动作的运动学分析

为运用方程组(9.104)求得所需推力、攻角与升降舵偏转角,首先必须确定俯仰角速度 $Q_0$ 并选定用于分析的航迹角 $\gamma_0$。考虑图 9.22 所示的改出俯冲动作原理图,并假定该动作用对应某一恒定改出俯冲半径 $R_{改出俯冲}$ 的圆形轨迹表示。运用稳定性坐标轴系,则沿圆形轨迹的飞行器速度为

$$U_0 = Q_0R_{改出俯冲}$$

因此

$$R_{改出俯冲} = U_0/Q_0 = 常数 \tag{9.105}$$

(注意,上式并不要求 $U_0$ 与 $Q_0$ 均为常数。)

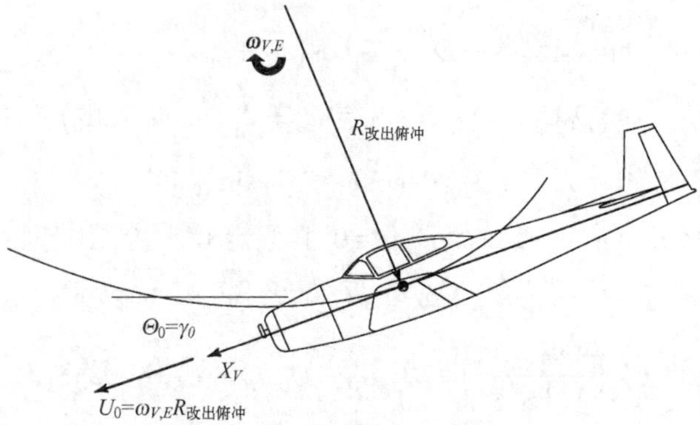


图 9.22 改出俯冲动作原理图

现观察方程组(9.104)中的第二个方程,可得出

$$m(Q_0U_0)+mg\cos\gamma_0=L_0+T_0\sin(\phi_T+\alpha_0) \tag{9.106}$$

将该方程的右侧表示为 $n_0(mg)$，式中 $n_0$ 为 9.4.1 节所引入的参考标准过载，求俯仰角速度 $Q_0$ 的解可得出

$$Q_0=\frac{g(n_0-\cos\gamma_0)}{U_0} \tag{9.107}$$

由方程(9.105)可得出改出俯冲动作的半径为

$$R_{改出俯冲}=\frac{U_0^2}{g(n_0-\cos\gamma_0)} \tag{9.108}$$

最后，由方程(9.106)与方程(9.108)可知参考标准过载的表达式为

$$n_0=\cos\gamma_0+\frac{U_0^2}{gR_{改出俯冲}} \tag{9.109}$$

因此，改出俯冲动作可用参考过载 $n_0$ 或改出俯冲半径 $R_{改出俯冲}$ 定义。

为实现目的，将选定基准航迹角为 $\gamma_0=0$ 或关注改出俯冲底部的飞行条件。此时，由改出俯冲可得出

$$\begin{aligned}Q_0&=\frac{g(n_0-1)}{U_0}\\ R_{改出俯冲}&=\frac{U_0^2}{g(n_0-1)}\\ n_0&=1+\frac{U_0^2}{gR_{改出俯冲}}\end{aligned} \tag{9.110}$$

## 9.5.2 纵向配平分析

改出俯冲时的准定常俯仰角速度 $Q_0$ 已用方程组(9.110)中的速度与过载表示，现在可确定改出俯冲动作所需攻角、推力及升降舵偏转角。我们将采用 9.4.3 节中分析定常转弯飞行的方法。

首先，将升力、阻力与俯仰力矩系数的线性表达式代入方程组(9.104)中的纵向方程，在此复述一遍

$$\begin{aligned}mg\sin\gamma_0&=-D_0+T_0\cos(\phi_T+\alpha_0)\\ m(Q_0U_0)+mg\cos\gamma_0&=L_0+T_0\sin(\phi_T+\alpha_0)\\ 0&=M_{A_0}+T_0(d_T\cos\phi_T-x_T\sin\phi_T)\end{aligned}$$

进行替代后，注意 $Q_0=g(n_0-1)/U_0$ 且 $\gamma_0=0$，且假定 $C_{D_q}\approx 0$，则方程组(9.104)变为

$$\begin{aligned}0&=-\left(C_{D_{\alpha=\delta=i_H=0}}+C_{D_\alpha}\alpha_0+C_{D_{i_H}}i_H+C_{D_{\delta_E}}\delta_{E_0}\right)q_\infty S_W+T_0\cos(\phi_T+\alpha_0)\\ n_0(mg)&=\left(C_{L_{\alpha=\delta=i_H=0}}+C_{L_q}\left(\frac{g(n_0-1)}{U_0}\right)+C_{L_\alpha}\alpha_0+C_{L_{i_H}}i_H+C_{L_{\delta_E}}\delta_{E_0}\right)q_\infty S_W+T_0\sin(\phi_T+\alpha_0)\\ 0&=\left(C_{M_{\alpha=\delta=i_H=0}}+C_{M_q}\left(\frac{g(n_0-1)}{U_0}\right)+C_{M_\alpha}\alpha_0+C_{M_{i_H}}i_H+C_{M_{\delta_E}}\delta_{E_0}\right)q_\infty S_W\bar{c}_W+T_0(d_T\cos\phi_T-x_T\sin\phi_T)\end{aligned} \tag{9.111}$$

回顾可知配平推力系数为

$$C_{T_0} \triangleq \frac{T_0}{q_\infty S_W} \tag{9.112}$$

假定 $\phi_T$较小且

$$\cos(\phi_T + \alpha_0) = 1$$

$$T_0 \sin(\phi_T + \alpha_0) \ll L_0$$

可用以下矩阵格式列表示方程组(9.111)：

$$\begin{bmatrix} -C_{D_\alpha} & -C_{D_{\delta_E}} & 1 \\ C_{L_\alpha} & C_{L_{\delta_E}} & 0 \\ C_{M_\alpha} & C_{M_{\delta_E}} & \dfrac{(d_T - x_T\phi_T)}{\bar{c}_W} \end{bmatrix} \begin{Bmatrix} \alpha_0 \\ \delta_{E_0} \\ C_{T_0} \end{Bmatrix} = \begin{bmatrix} C_{D_{\alpha=\delta=i_H=0}} + C_{D_{i_H}} i_H \\ n_0\left(\dfrac{mg}{q_\infty S_W}\right) - C_{L_q}\left(\dfrac{g(n_0-1)}{U_0}\right) - C_{L_{\alpha=\delta=i_H=0}} - C_{L_{i_H}} i_H \\ -C_{M_q}\left(\dfrac{g(n_0-1)}{U_0}\right) - C_{M_{\alpha=\delta=i_H=0}} - C_{M_{i_H}} i_H \end{bmatrix} \tag{9.113}$$

通过运用 MATLAB 或克莱姆法则可解出该矩阵方程中的三个未知数。

现在若推力矢量通过飞行器重心起作用,则

$$d_T \cos\phi_T - x_T \sin\phi_T \approx d_T - x_T\phi_T = 0$$

且方程组(9.113)中的第二个与第三个方程独立于第一个方程。在此情形下,上述三个方程中的第一个方程可用于确定所需配平推力系数 $C_{T_0}$或推力 $T_0$,第二个与第三个方程现在可直接列为

$$\begin{bmatrix} C_{L_\alpha} & C_{L_{\delta_E}} \\ C_{M_\alpha} & C_{M_{\delta_E}} \end{bmatrix} \begin{Bmatrix} \alpha_0 \\ \delta_{E_0} \end{Bmatrix} = \begin{bmatrix} n_0\left(\dfrac{mg}{q_\infty S_W}\right) - C_{L_q}\left(\dfrac{g(n_0-1)}{U_0}\right) - C_{L_{\alpha=\delta=i_H=0}} - C_{L_{i_H}} i_H \\ -C_{M_q}\left(\dfrac{g(n_0-1)}{U_0}\right) - C_{M_{\alpha=\delta=i_H=0}} - C_{M_{i_H}} i_H \end{bmatrix} \tag{9.114}$$

求解该方程中俯仰时的配平攻角与升降舵偏转角,得出

$$\begin{aligned} \alpha_{配平} &= \left(C_{M_{\delta_E}} C_1(n) - C_{L_{\delta_E}} C_2(n)\right)/\Delta \\ \delta_{E_{配平}} &= \left(C_{L_\alpha} C_2(n) - C_{M_\alpha} C_1(n)\right)/\Delta \\ \Delta &= C_{L_\alpha} C_{M_{\delta_E}} - C_{M_\alpha} C_{L_{\delta_E}} \end{aligned} \tag{9.115}$$

且

$$C_1(n) \triangleq n_0\left(\frac{mg}{q_\infty S_W}\right) - C_{L_q}\left(\frac{g(n_0-1)}{U_0}\right) - C_{L_{\alpha=\delta=i_H=0}} - C_{L_{i_H}} i_H$$

$$C_2(n) \triangleq -C_{M_q}\left(\frac{g(n_0-1)}{U_0}\right) - C_{M_{\alpha=\delta=i_H=0}} - C_{M_{i_H}} i_H$$

上述结果可用于求下文将要探讨的驾驶杆力及控制梯度。

如 9.3.1 节所述，可用图解过程来确定配平攻角与升降舵偏转。但我们发现，由于改出俯冲时非零俯仰角速度的出现，这一过程变得复杂。然而，直线飞行探讨中所述的图解过程仍可用于解飞行器改出俯冲时配平攻角与升降舵偏转的近似值。若忽略俯仰角速度对俯仰力矩与升力的影响，如谨慎对待，可将 9.3.1 节所述的稳定性图用于分析改出俯冲动作。图形分析中所使用的配平升力系数 $C_{L_{配平}}$ 的值被负载因子 $n_0$ 增大了。换言之，改出俯冲时，配平升力系数的值等于 $n_0(mg/q_\infty S_W)$。

### 9.5.3 控制力与梯度

转而关注升降舵与驾驶杆力梯度，现由方程组(9.115)或图解分析可确定改出俯冲动作时的每克升降舵偏角梯度 $\partial\delta_{E_{配平}}/\partial n_0$。例如，求方程组(9.115)中配平升降舵偏转表达式的微分，可得出

$$\frac{\partial\delta_{E_{配平}}}{\partial n_0}=\left(C_{L_\alpha}\frac{\partial C_2(n)}{\partial n_0}-C_{M_\alpha}\frac{\partial C_1(n)}{\partial n_0}\right)/\Delta$$

且

$$\begin{aligned}\Delta&=C_{L_\alpha}C_{M_{\delta_E}}-C_{M_\alpha}C_{L_{\delta_E}}\\\frac{\partial C_1(n)}{\partial n_0}&=\left(\frac{mg}{q_\infty S_W}\right)-C_{L_q}\frac{g}{U_0}\\\frac{\partial C_2(n)}{\partial n_0}&=-C_{M_q}\frac{g}{U_0}\end{aligned}\tag{9.116}$$

已知 $\Delta$ 在方程组(9.116)中通常为正且导数 $\partial C_1(n)/\partial n_0$ 与 $\partial C_2(n)/\partial n_0$ 通常为负，若飞行器具有正静态纵向稳定性(即 $C_{M_\alpha}<0$)，则每克升降舵偏角梯度为负的要求通常将得到满足。

与进行转弯飞行探讨一样，现在将确定每克升降舵偏角梯度为零的重力中心位置。如 9.4.3 节所述，可通过以下方式确定该位置。首先，令方程(9.116)等于零，得出

$$\left(C_{L_\alpha}\frac{\partial C_2(n)}{\partial n_0}-C_{M_\alpha}\frac{\partial C_1(n)}{\partial n_0}\right)=0$$

或

$$C_{L_\alpha}\left(C_{M_q}\frac{g}{U_0}\right)+C_{M_\alpha}\left(\left(\frac{mg}{q_\infty S_W}\right)-C_{L_q}\frac{g}{U_0}\right)=0\tag{9.117}$$

求上式中比率 $C_{M_\alpha}/C_{L_\alpha}$ 的解，得出

$$\left.\frac{C_{M_\alpha}}{C_{L_\alpha}}\right|_{\frac{\partial\delta_{E_0}}{\partial n_0}=0}=-\frac{\left(C_{M_q}\frac{g}{U_0}\right)}{\left(\left(\frac{mg}{q_\infty S_W}\right)-C_{L_q}\frac{g}{U_0}\right)}\tag{9.118}$$

注意，假定推力不会对俯仰力矩造成显著影响，由方程(9.30)与图 9.5 可知与静态稳定裕度相关的比率 $C_{M_\alpha}/C_{L_\alpha}$ 为

$$\frac{C_{M_\alpha}}{C_{L_\alpha}}=-SM=\begin{cases}(\bar{X}_{\rm AC}-\bar{X}_{\rm cg}),\bar{X}\text{ 处于正前方}\\(\bar{X}_{\rm cg}-\bar{X}_{\rm AC}),\bar{X}\text{ 处于正后方}\end{cases}$$

回顾可知$\overline{X}_{\mathrm{AC}}$为飞行器气动力中心(即固定驾驶杆中性点)的标准化位置,可令上述 $SM$ 的表达式等于方程(9.118)并求解令每克升降舵偏角梯度变为零的重力中心位置,或假定 $X$ 位置测定为正后方,可得出

$$(\overline{X}_{\mathrm{cg}})_{\frac{\partial \delta_{E_0}}{\partial n_0}=0}=\overline{X}_{\mathrm{AC}}-\frac{\left(C_{M_q}\dfrac{g}{U_0}\right)}{\left(\left(\dfrac{mg}{q_{\infty}S_W}\right)-C_{L_q}\dfrac{g}{U_0}\right)} \tag{9.119}$$

由方程(9.119)所表示的重力中心位置称为改出俯冲时的机动点,且由于 $C_{M_q}$总是为负,该点通常位于飞行器气动力中心的后方。因此,制约条件仍然是重力中心必须位于飞行器气动力中心的前方以实现恰当的升降舵梯度。注意,改出俯冲时的机动点通常不会比水平转弯时的机动点(方程(9.100))更靠后。

根据方程组(9.115)所得出的结果,可确定给定尾翼倾角 $i_H$的所需驾驶杆力,如运用方程(9.56)。此外,还可确定每克驾驶杆力梯度$\partial F_{S_E}/\partial n_0$。将方程(9.56)对正常负载因子求微分,得出

$$\frac{\partial F_{S_E}}{\partial n_0}=q_H S_E \bar{c}_E G_E\left(C_{h_\alpha}\frac{\partial \alpha_{配平}}{\partial n_0}\left(1-\frac{\mathrm{d}\varepsilon_H}{\mathrm{d}\alpha_W}\right)+C_{h_{\delta_E}}\frac{\partial \delta_{E配平}}{\partial n_0}\right) \tag{9.120}$$

式中:配平每克升降舵偏角梯度$\partial \delta_{E_{配平}}/\partial n_0$如方程组(9.116)所示。通过对方程组(9.115)中配平攻角的表达式求微分可获得配平每克攻角梯度$\partial \alpha_{配平}/\partial n_0$,得出

$$\frac{\partial \alpha_{配平}}{\partial n_0}=\left(C_{M_{\delta_E}}\frac{\partial C_1(n)}{\partial n_0}-C_{L_{\delta_E}}\frac{\partial C_2(n)}{\partial n_0}\right)/\Delta \tag{9.121}$$

方程组(9.116)已给出了括号中的两个偏导数。为实现可行的操纵品质,每克驾驶杆力梯度必须为正。这一要求再次制约了铰链力矩系数的符号。

正如探讨转弯飞行时的每克驾驶杆力及方程(9.103)所述,每克驾驶杆力也可表示为

$$\frac{\partial F_{S_E}}{\partial n_0}=\frac{\partial F_{S_E}}{\partial \delta_{E_{配平}}}\frac{\partial \delta_{E_{配平}}}{\partial n_0}$$

若飞行器处于气动静态不稳定状态(通过反馈增强恢复稳定性),则改出俯冲时每克升降度偏角梯度$\partial \delta_{E_{配平}}/\partial n_0$的符号将为正而不是为负。因此,必须运用力感系统或通过调整铰链力矩系数来再次调整驾驶杆力梯度$\partial F_{S_E}/\partial \delta_{E_{配平}}$的符号,使飞行器可行操纵品质所需的每克驾驶杆力为正。

本节推演了用于确定准定常改出俯冲动作中所需攻角、控制面偏转及推力的方法,探讨了驾驶舱控制力及用于估算可逆控制系统的驾驶舱控制力的方法,定义了几种重要的控制偏转与控制力梯度,并基于操纵品质考量定义了关于这些梯度的标准。最后,还定义了飞行器改出俯冲时的机动点及用于确定该点位置的方法。

## 9.6 总　　结

本章展示了非线性系统平衡条件的准确定义,运用了该定义确定对应三种特定飞行条件

(即定常直线飞行、定常转弯飞行与准定常改出俯冲)的参考方程。同时,运用本章所列出的参考方程进一步分析了这三种基准飞行条件。

本章引入了空气动力学静稳定性的概念及飞行器纵向静稳定性与横向静稳定性的几条标准,同时还研究了飞行器各方面或飞行器设计对符合静稳定性标准的影响,介绍了飞行器静稳定裕度这一重要参数,还说明了为确保俯仰静稳定性,飞行器的质心或重心必须位于飞行器气动力中心的前方。

本章推演了用于确定三种参考飞行条件下所需攻角、控制面偏转及推力的方法,定义了标准过载并将其用于详细说明转弯飞行时及改出俯冲动作中的飞行条件,同时还展示了用于确定所需控制偏转的方法以控制不对称推力情形(如多发动机飞机的发动机停机情形)。此外,我们还定义了最低控制速度并对其进行了分析。

本章介绍了驾驶舱控制力及用于估算这些力的方法,定义了几种重要的控制偏转与控制力梯度,并基于操纵品质考量定义了关于这些梯度的判据。同时,本章还定义了自由驾驶杆中性点及用于确定该点位置的方法,并论证了自由驾驶杆中性点位置总是位于固定驾驶杆中性点(即飞行器的气动力中心)的前方。此外,还定义了飞行器转弯飞行与改出俯冲动作时的机动点及用于确定机动点位置的方法。

## 9.7 作 业 题

9.1 以例 9.2 中所分析的飞行器为例进行分析,求可得出 10%的正静稳定裕度的重心位置。

9.2 以带全动式前翼的飞行器为例进行分析,如图 9.23 所示的前掠翼 X-29 飞机。对于该飞行器而言,运用所示的原理图证明机翼的气动力中心必须位于重心后方以获得正静稳定裕度。根据某些合理的假设证明飞行器固定驾驶杆中性点的位置可表示为

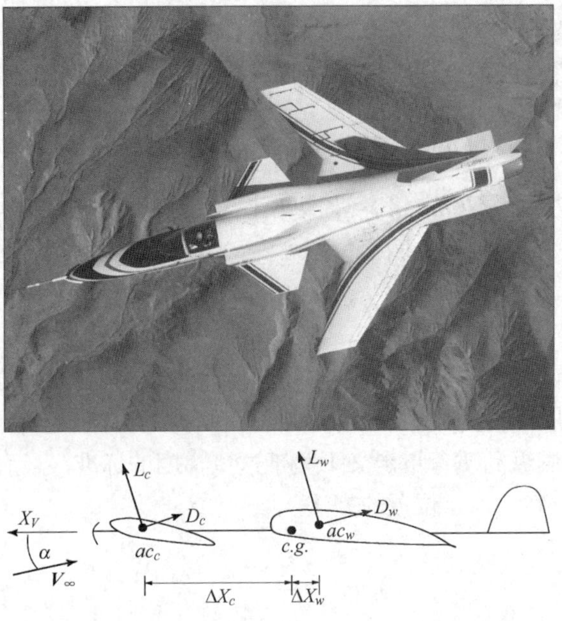


图 9.23 NASA X-29 飞机及其原理图(NASA 友情提供图片)

$$\overline{X}_{NP} \approx \frac{\overline{X}_{AC_W} + \overline{X}_{AC_C}\frac{S_C}{S_W}}{1 + \frac{S_C}{S_W}}$$

9.3 对于带后部水平尾翼的飞行器而言，证明限制机翼-机身组合气动力中心与飞行器重心前方距离并仍能维持俯仰静稳定性的表达式为

$$\Delta\overline{X}_{AC_{W\&F}} < \frac{C_{L_{\alpha_H}}}{C_{L_{\alpha_W}}}\left(1 - \frac{d\varepsilon_H}{d\alpha_W}\right)\frac{q_H}{q_\infty}\frac{S_H}{S_W}\Delta\overline{X}_{AC_H}$$

式中：$\Delta\overline{X}_{AC_{W\&F}}>0$ 表示机翼与机身的气动力中心位于重心前方；$\Delta\overline{X}_{AC_H}>0$ 适用于后部尾翼。注意，上述不等式并未表明机翼与机身的气动力中心必须位于重心后方。机翼-机身的气动力中心能位于重心后方且仍维持俯仰静稳定性吗？

9.4 证明带后部水平尾翼的飞行器处于配平水平飞行时，若飞行器重心与机翼-机身组合气动力中心之间的归一化距离满足不等式 $\Delta\overline{X}_{AC_{W\&F}}<-\frac{C_{M_{AC_{W\&F}}}}{C_{L_W}}$（若机翼/机身的气动力中心位于重心前方，式中 $\Delta\overline{X}_{AC_{W\&F}}>0$），则尾翼将产生一个向下负载（$L_H$向下）。注意通常这一不等式可实现，且水平尾翼配平时产生向下负载，从而增大了巡航时机翼产生的升力（与阻力）。例如，以例 6.2 与例 9.2 所述的飞行器为例进行分析，当$\left(\frac{mg}{q\alpha S_w}\right)=C_{L_{配平}}>0.7$ 时，尾翼将产生向下负载。

9.5 设“纳维昂”飞机以 176fps 的速度在海平面保持定常水平飞行。运用附录 B 中的气动系数求配平攻角 $\alpha_{配平}$、升降舵偏转角 $\delta_{E_{配平}}$、静态稳定裕度及配平升降舵梯度$\partial\delta_{E_{配平}}/\partial C_{L_{配平}}$。假定 $C_{L_{\alpha=\delta=i_H=0}}=0.364$、$C_{M_{\alpha=\delta=i_H=0}}=0$ 且 $i_H=0$。飞行器俯仰时是否处于静稳定？配平升降舵梯度的符号是否与飞行器的静稳定性一致？

9.6 仍以第 9.5 题中所述飞行器为例进行分析，最低限度根据 1.0 的升力系数绘制出稳定性图。绘制升降舵偏转角为 5°间隔的数据，并假定最大与最小升降舵偏转角为±30°。在第 9.5 题所示的飞行条件下，求配平攻角与升降舵偏转角。同时，求给定重心位置的配平升降舵梯度 $\Delta\delta_{E_{配平}}/\Delta C_{L_{配平}}$ 与最大可用升力系数 $C_L$。将所得结果与第 9.5 题得出的结果进行比较，是否相吻合？原因是什么？

9.7 运用第 9.6 题所设计的稳定性图来估算“纳维昂”飞机的固定驾驶杆中性点位置。所得结果是否与第 9.5 题中求得的静稳定性裕度吻合？

9.8 设“纳维昂”飞机处于第 9.5 题所述的相同飞行条件。若过载 $n_0$ 为 $1.2g$，求改出俯冲动作底部而非水平飞行时的攻角与升降舵偏转角。每克升降舵偏角梯度及改出俯冲半径 $R_{改出俯冲}$ 为多少？

9.9 若升降舵配备配平调整片而不具有可变倾角，用调整片偏转 $\delta_{调整片}$ 表示飞行器的升力与力矩系数及升降舵铰链力矩系数。然后求使得可逆控制系统的驾驶杆力为零的调整片偏转。（回顾可知配平调整片为升降舵后缘上的绞合表面。）

# 参考文献


1. Vidyasagar, M. : *Nonlinear Systems Analysis*, Prentice Hall, Upper Saddle River, NJ, 1978 .
2. Perkins, C. D. and R. E. Hage: *Airplane Performance Stability and Control*, Wiley, New York, 1949 .
3. Etkin, B. : *Dynamics of Flight—Stability and Control*, 2nd ed. , Wiley, New York, 1982 .
4. Cook, M. V. : *Flight Dynamics Principles*, 2nd ed. , Elsevier, New York, 2007 .
5. Roskam, J. : *Airplane Flight Dynamics and Automatic Flight Controls*, Roskam Aviation and Engineering Corp. , Lawrence, KS, 1979.

# 第十章 飞行动力学线性分析

**章节路线图**：本章内容是所有飞行动力学入门课程的基础。我们采用线性动力系统模态分析，使用模态本征值与本征矢量描述在大气层内飞行的飞行器的固有模态。同时，根据模态分析的结果，开发了有用的模态近似模型，在第十一章中我们将广泛应用到这些近似模型。

本章将继续分析飞行器的动力学系统，集中运用摄动运动方程进行线性分析。通过回顾第一章内容可知：摄动量是指相对特定参考飞行条件而发生的位移，因此通过线性分析得出的结果有助于理解动力学系统，包括与参考飞行条件接近的非线性系统的稳定性。尤其重要的是对飞行器运动固有模态进行推断与分析。

我们还将研究飞行器的传递函数与时间响应，并将其与飞行器的固有模态联系在一起。我们将研究飞行器动力学系统模型的低阶近似模型，并会发现这些更简单的模型让我们对影响动力学系统的主要参数（如量纲稳定性导数）有重要而深刻的理解。由于这些参数是由飞行器的气动特征、质量性能并最终由几何结构决定，因此在做了这些相关的研究之后，我们才能获得有关飞行器设计的至关重要的信息。

## 10.1 线性飞行系统分析——适时教学（JITT）[①]

现在我们来介绍（或回顾）线性、定常动力系统的动态分析方法。（对该主题早已非常熟悉的学生如果愿意可以直接开始进入 10.2 节的学习。）我们将分析用状态变量与传递函数这两种格式表示的系统，正如我们在 8.1.4 节进行的讨论一样，此处假设飞行器的线性动力模型是以状态变量的格式给出。因而在继续学习之前，回顾这一节的内容是非常有益的。

### 10.1.1 状态变量说明与模态分析

第 $n$ 阶线性动力系统可以用状态变量格式表示为

$$\begin{cases} \dot{\boldsymbol{x}}(t) = \boldsymbol{A}\boldsymbol{x}(t) + \boldsymbol{B}\boldsymbol{u}(t) \\ \boldsymbol{y}(t) = \boldsymbol{C}\boldsymbol{x}(t) + \boldsymbol{D}\boldsymbol{u}(t) \end{cases} \tag{10.1}$$

式中：$\boldsymbol{x}$ 是定义系统的 $n$ 状态变量的矢量；$\boldsymbol{u}$ 是 $m$ 的输入信号即控制变量的矢量，$\boldsymbol{y}$ 是 $p$ 的响应变量的矢量。响应矢量与控制输入信号矢量将总是由物理变量组成，但是状态矢量却不一定，它有可能由物理变量组成，也有可能不是由物理变量组成，下文我们将对此进行分析。此处假设 $\boldsymbol{A}(n\times n)$、$\boldsymbol{B}(n\times m)$、$\boldsymbol{C}(p\times n)$ 与 $\boldsymbol{D}(p\times m)$ 的系数矩阵保持恒定。

---

① 适时教学

在 8.1.8 节，我们求出了方程(10.1)的解，现在根据方程(8.101)，得出

$$\begin{aligned}\mathbf{x}(t) &= \boldsymbol{\Phi}(t-t_0)\boldsymbol{x}(t_0) + \int_{t_0}^{t}\boldsymbol{\Phi}(t-\tau)\boldsymbol{Bu}(\tau)\mathrm{d}\tau \\ \mathbf{y}(t) &= \boldsymbol{Cx}(t) + \boldsymbol{Du}(t)\end{aligned} \tag{10.2}$$

式中：$\boldsymbol{\Phi}(t)$是根据下式求出的 $n\times n$ 状态过渡矩阵(参见方程(8.92))。

$$\boldsymbol{\Phi}(t) \triangleq \mathrm{e}^{At} = \boldsymbol{I} + At + \frac{1}{2!}A^2t^2 + \cdots$$

在方程(10.2)中求出的解是包含齐次解与特殊解的和，其中 $\boldsymbol{\Phi}(t-t_0)\boldsymbol{x}(t_0)$是齐次解。该解给出了根据初始参数得出的系统响应分量，而特殊解则给出了由控制输入信号引发的响应分量。

此时，使用根据矩阵 $\boldsymbol{A}$ 的本征矢量建立的模态矩阵 $\boldsymbol{M}$，将方程(10.1)转换成模态坐标系 $\boldsymbol{\eta}_i$尤其有益。也就是说，假设 $\boldsymbol{A}$ 有相异本征值 $\lambda_i$，$i=1,2,\cdots,n$，此处的本征值是下列特征多项式的根。

$$\det[\lambda\boldsymbol{I} - \boldsymbol{A}] = 0 \tag{10.3}$$

各本征值均有一个相关的(右)本征矢量 $\boldsymbol{v}_i$，由于假设本征值为相异本征值，因此这些 $n$ 本征矢量将与线性无关。$\boldsymbol{A}$ 模态矩阵的各列均包含 $\boldsymbol{A}$ 的本征矢量，即

$$\boldsymbol{M} = [\boldsymbol{v}_1 \quad \cdots \quad \boldsymbol{v}_n] \tag{10.4}$$

根据定义，各本征值与右本征矢量对均满足下列关系式：

$$\boldsymbol{Av}_i = \lambda_i\boldsymbol{v}_i,\ i = 1, 2, \cdots, n \tag{10.5}$$

因此，可以列出下式：

$$\boldsymbol{AM} = \boldsymbol{A}[\boldsymbol{v}_1 \quad \cdots \quad \boldsymbol{v}_n] = [\lambda_1\boldsymbol{v}_1 \quad \cdots \quad \lambda_n\boldsymbol{v}_n] = [\boldsymbol{v}_1 \quad \cdots \quad \boldsymbol{v}_n]\begin{bmatrix}\lambda_1 & 0 & \cdots & 0 \\ 0 & \ddots & \ddots & \vdots \\ \vdots & \ddots & \ddots & 0 \\ 0 & \cdots & 0 & \lambda_n\end{bmatrix} \triangleq \boldsymbol{M\Lambda} \tag{10.6}$$

式中：$\boldsymbol{\Lambda}$ 是指 $\boldsymbol{A}$ 本征值在其对角线的对角矩阵。注意：将方程(10.6)最左边的一项乘以 $\boldsymbol{M}$ 的倒数，得出

$$\boldsymbol{M}^{-1}\boldsymbol{AM} = \boldsymbol{\Lambda} \tag{10.7}$$

通过将模态状态矢量 $\boldsymbol{\eta}$ 定义为 $\boldsymbol{x}=M\eta$，现在方程(10.1)中的矢量微分方程变成

$$\boldsymbol{M}\dot{\boldsymbol{\eta}}(t) = \boldsymbol{AM\eta}(t) + \boldsymbol{Bu}(t)$$

或者

$$\dot{\boldsymbol{\eta}}(t) = \boldsymbol{M}^{-1}\boldsymbol{AM\eta}(t) + \boldsymbol{M}^{-1}\boldsymbol{Bu}(t) = \boldsymbol{\Lambda\eta}(t) + \boldsymbol{M}^{-1}\boldsymbol{Bu}(t) \tag{10.8}$$

和

$$\boldsymbol{y}(t) = \boldsymbol{CM\eta}(t) + \boldsymbol{Du}(t)$$

通过这种方程转换，我们将初始矢量微分方程分解成对模态坐标系起支配作用的 $n$ 标量方程，即

$$\dot{\eta}_i(t) = \lambda_i\eta_i(t) + \boldsymbol{\mu}_i\boldsymbol{Bu}(t),\ i = 1, 2, \cdots, n \tag{10.9}$$

式中：$\boldsymbol{\mu}_i$是 $\boldsymbol{M}^{-1}$的第 $i$ 行，即 $\boldsymbol{A}$ 的第 $i$ 个本征矢量。我们还发现与方程(10.8)中给出的系统一致的过渡矩阵现在是对角矩阵，即

$$
\boldsymbol{\Phi}(t-t_0) = \mathrm{e}^{\boldsymbol{\Lambda}(t-t_0)} = \begin{bmatrix} \mathrm{e}^{\lambda_1(t-t_0)} & 0 & \cdots & 0 \\ 0 & \ddots & \ddots & \vdots \\ \vdots & \ddots & \ddots & 0 \\ 0 & \cdots & 0 & \mathrm{e}^{\lambda_n(t-t_0)} \end{bmatrix} = \mathrm{diag}\left(\mathrm{e}^{\lambda_i(t-t_0)}\right) \tag{10.10}
$$

注意：根据方程（10.9），可知左本征矢量对于控制输入信号如何激发模态响应的方式具有决定性作用。在非零初始条件下，左本征矢量也将对初始条件如何激发相应模态的方式具有决定性作用。

在缺乏控制输入的情况下，由于各解的形式均为 $\mathrm{e}^{\lambda_i(t-t_0)}$，因此在方程（10.9）中给出的 $n$ 方程的解的特征完全由本征值 $\lambda_i$决定。如果 $\lambda_i$是负实数，那么 $\eta_i(t)$将以指数方式递减，如果 $\lambda_i$是正实数，那么 $\eta_i(t)$将以指数方式递增。如果任意本征值为复数，那么它们总是会以成对共轭复数的形式出现。假设一对共轭复数用 $\lambda_i=\sigma_i\pm\mathrm{j}\omega_i$表示，式中 $\mathrm{j}=\sqrt{-1}$，那么 $\eta_i(t)$将根据符号 $\sigma_i$以指数形式递减或递增，并将以频率 $\omega_i$振荡。为此，有时我们将本征值的复数部分称作阻尼频率 $\omega_d$。最后，系统的动态稳定性要求所有的 $n$ 个本征值均有负实数部分。

在特征多项式中，本征值的每对复数均为二次因式的根。我们将此类二次因子的标准形式定义为

$$
\lambda^2 + 2\zeta\omega_n\lambda + \omega_n^2 \tag{10.11}
$$

这两个系数中的参数为

阻尼比—$\zeta$

无阻尼固有频率—$\omega_n$

同时，用标准形式给出的二次方程的根为

$$
\lambda_{1,2} = -\zeta\omega_n \pm \mathrm{j}\omega_n\sqrt{1-\zeta^2} = \sigma \pm \mathrm{j}\omega_d \tag{10.12}
$$

因此，我们发现用阻尼比和无阻尼固有频率表示的阻尼频率为

$$
\omega_d = \omega_n\sqrt{1-\zeta^2} \tag{10.13}
$$

右本征量定义模态坐标系与初始状态之间的关系。由于根据定义，$\boldsymbol{x}=\boldsymbol{M\eta}$，因而

$$
\boldsymbol{x}(t) = \boldsymbol{M\eta}(t) = \boldsymbol{v}_1\eta_1(t) + \boldsymbol{v}_2\eta_2(t) + \cdots + \boldsymbol{v}_n\eta_n(t) \tag{10.14}
$$

并且如果 $D=0$，那么

$$
\boldsymbol{y} = \boldsymbol{Cx} = \boldsymbol{Cv}_1\eta_1(t) + \boldsymbol{Cv}_2\eta_2(t) + \cdots + \boldsymbol{Cv}_n\eta_n(t)
$$

当初始状态矢量是由物理变量（例如：$\boldsymbol{C}=\boldsymbol{I}$）组成，或者至少当存在 $n$ 个响应的时候，后面这个表达式尤其有用。现在我们也将本征矢量视为振型，限定各模态响应 $\eta_i(t)$如何对系统的物理响应起作用。也就是说，某些物理响应可能是由某种模态控制，而其他物理响应则可能是由其他模态控制。

为了进一步补充说明最后这一点，假设 $\boldsymbol{C}=\boldsymbol{I}$，在此情况下，

$$
\boldsymbol{y}(t) = \sum_{i=1}^{n} \boldsymbol{v}_i\eta_i(t) \tag{10.15}
$$

我们可以看出本征矢量的各元素均与物理变量有关，因而这些变量的单位也与本征矢量的各元素（由于模态响应 $\eta(t)$为无量纲响应）有关。这一事实使我们可以对本征矢量的振型进行进一步的分析与解释。

假设各本征矢量的元素通常为复数，这样我们就可以在矢量图中画出各本征矢量。例如：假设第 $i$ 个本征矢量为

$$
\boldsymbol{v}_i=\begin{Bmatrix} m_1\mathrm{e}^{\mathrm{j}\phi_1} \\ m_2\mathrm{e}^{\mathrm{j}\phi_2} \\ \vdots \\ m_n\mathrm{e}^{\mathrm{j}\phi_n} \end{Bmatrix} \tag{10.16}
$$

式中：各个复合元素均已采用由幅值与相位角组成的极坐标形式表示。通过回顾可知：只有各本征矢量元素的相对幅值是唯一确定的，因而它们总是涉及归一化的一些形式。例如：MATLAB 使各本征矢量归一化为统一的总幅值，也就是说，

$$
\sqrt{m_1^2+\cdots+m_n^2}=1
$$

现在请注意：各元素幅值 $m_i$ 均有相应的物理响应单元 $y_i$。因此，通过在矢量图中画出各个元素，我们可以画出一幅清楚描绘本征矢量的图表，其原理如图 10.1 所示。该图展示了表示模态响应在相应物理响应中所占范围的各元素相对幅值的本征矢量振型。

事实上，通过首先将旋转速度与相应本征值（虚数部分）频率相等的矢量图可视化，人们可以将仅经历此种模态响应的飞行器的运动可视化。由于在图表中正相位角是用逆时针方向表示，因此正模态频率按照该频率表示的速度围绕图表逆时针方向旋转。接下来，当图表的各矢量元素由本征值的实数部分决定时，将它们以指数方式递减（或递增）的情况可视化。最后，将旋转、递减（或递增）矢量图中滑向左边的阶段可视化。现在当页面移至左边时，各本征矢量元素的轨迹描绘出了进入这一阶段的物理响应随时间变化的关系曲线，原理如图 10.2 所示。

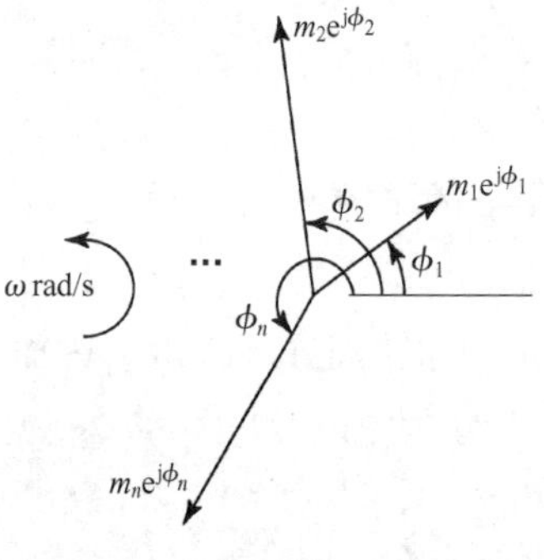


图 10.1　（右）本征矢量的矢量图

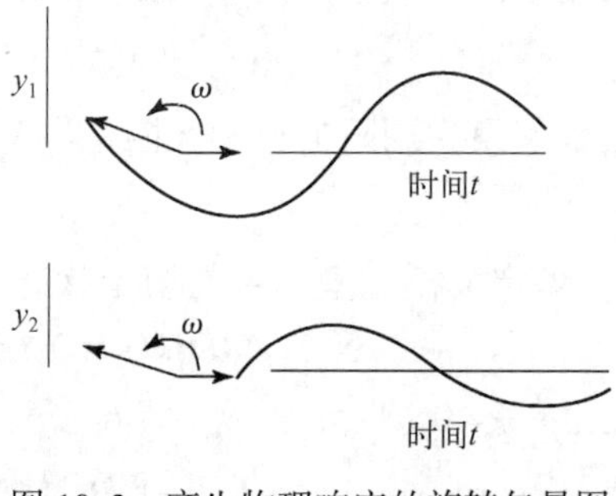


图 10.2　产生物理响应的旋转矢量图

当我们将各物理响应按比例均分为大致相等的“工程等效值”时，该模态可视化方案尤其有用。例如：我们可以将响应矢量的各个元素按比例均分为可以用典型传感器（感应器）测量的最小（或最大）幅值。我们将在例 10.2 中说明此种按比例均分的做法。

### 10.1.2　传递函数、波特图与余数

方程（10.1）定义的系统也可以用传递函数矩阵表示。运用拉普拉斯变换方程（10.1），假设所有初始条件为零，然后将方程重新排列，我们发现系统响应的变换式通过下列关系式与控制输入信号的变换式联系在一起：

$$
\boldsymbol{y}(s)=\left[\mathbf{C}\left[s\boldsymbol{I}-\boldsymbol{A}\right]^{-1}\boldsymbol{B}+\boldsymbol{D}\right]\boldsymbol{u}(s)=\boldsymbol{TF}(s)\boldsymbol{u}(s)=\begin{bmatrix} g_{1,1}(s) & \cdots & g_{1,n}(s) \\ \vdots & g_{i,j}(s) & \vdots \\ g_{n,1}(s) & \cdots & g_{n,n}(s) \end{bmatrix}\boldsymbol{u}(s) \tag{10.17}
$$

此处，每个矩阵 $\boldsymbol{TF}(s)$ 元素，即 $g_{i,j}(s)$ 是指传递函数，我们将 $\boldsymbol{TF}(s)$ 称作传递函数矩阵。各传递函数元素均由一定比例的用复合变量 $s$ 表示的多项式组成，且各传递函数的分母将是 $A$ 的特征多项式，即

$$\det[s\boldsymbol{I}-\boldsymbol{A}] \tag{10.18}$$

我们将该多项式的根称作系统极，注意它们也是 $\boldsymbol{A}$ 的本征值。我们将各传递函数中分子多项式的根称作零点。所有传递函数的极点都将相同，但是各个传递函数将有一组独一无二的零点。

通过设定 $s=\mathrm{j}\omega$，并画出所得复数随频率 $\omega$ 发生变化的幅值与相位图，可以绘制出一个非常有用的传递函数的图。我们将此类图称作波特图，人们经常使用该图对飞行中的飞行器进行闭环分析（例如：当飞行器由飞行员或自动驾驶仪控制时），我们将在第十一至十三章中进一步讨论闭环分析。

现在尤其应注意的是：$g(s)|_{s=\mathrm{j}\omega}$ 是一个有幅值 $M$ 与相位 $\phi$ 的复数值。并且，该幅值与相位均是频率 $\omega$ 的函数。也就是说，该复数值为

$$g(s)|_{s=\mathrm{j}\omega}=M(\omega)\mathrm{e}^{\mathrm{j}\phi(\omega)} \tag{10.19}$$

波特图是一个 $M$ 与 $\phi$ 随 $\omega$ 发生变化的 2/3 曲线图。

可以轻而易举地获得此类曲线图，例如：可以通过运用 MATLAB 获得，该曲线图的形状与传递函数的极点和零点密切相关。例如：分析下列形式的传递函数。

$$\begin{aligned} g(s)|_{s=\mathrm{j}\omega} &= \frac{K(s+a)}{(s^2+2\zeta\omega_n s+\omega_n^2)}\Big|_{s=\mathrm{j}\omega}=\frac{(Ka/\omega_n^2)(s/a+1)}{(s^2/\omega_n^2+2\zeta\omega_n s/\omega_n^2+1)}\Big|_{s=\mathrm{j}\omega} \\ &= \frac{K_B(\mathrm{j}\omega/a+1)}{((\mathrm{j}\omega)^2/\omega_n^2+2\zeta\omega_n\mathrm{j}\omega/\omega_n^2+1)}=M_B\mathrm{e}^{j\phi_B}\frac{M_N\mathrm{e}^{\mathrm{j}\phi_N}}{M_D\mathrm{e}^{\mathrm{j}\phi_D}} \end{aligned} \tag{10.20}$$

式中：将分子常数 $K_B$ 称作波特增益。同时注意，下标 $N$ 表示极坐标形式中所给分子的复数，而下标 $D$ 表示分母中的复数。

现在来分析该分子与分母的渐近行为。与 $|a|$、$M_N\sim1$ 及 $\phi_N\sim0$ 相比时 $\omega$ 很小，与 $|a|$、$M_N\sim\omega$ 及 $\phi_N\sim90°$ 相比时 $\omega$ 很大（当 $a$ 为负时，$\omega$ 等于 $-90°$）。由于低频行为与高频行为取决于 $a$ 的值，因而我们将 $a$ 称作分子的转角频率。对二阶分母进行的相似分析表明：与转角频率 $|\omega_n|$、$M_D\sim1$ 及 $\phi_D\sim0$ 相比时 $\omega$ 很小，而当与 $|\omega_n|$、$M_D\sim\omega^2$ 及 $M_D\sim\omega^{2\circ}$ 相比时 $\omega$ 很大（当 $\omega^2$ 为负时，等于 0°）。阻尼比 $\zeta$ 不会影响渐近特性，但是会影响转角频率 $\omega_n$ 附近的频率范围内的幅值与相位。如果阻尼很低，那么在转角频率为 $\omega_n$ 时，幅值 $M_D$ 将迅速上升至峰值，渐近值之间的相位 $\phi_D$ 将迅速发生变化。

通过画出对数比例尺上 $g(s)|_{s=\mathrm{j}\omega}$ 的幅值，总幅值的对数等于一定频率下三项幅值的适当的对数和（例如：$\log(M_B)+\log(M_N)-\log(M_D)$）。同样，$g(s)|_{s=\mathrm{j}\omega}$ 的相位可以通过对三个相位角进行适当的求和得出。因此，通过类似方法估算分子与分母中的各因子，可以轻而易举地画出波特图的渐近特性。相反，已知传递函数的波特图，就可以大致确定传递函数的相应因子。最后值得一提的是：幅值曲线图中幅值的单位通常用分贝（dB）表示，其中单位为 dB 的 $X=20\log(X)$。

图 10.3 展示了当 $K=1$、$a=1/\mathrm{s}$、$\omega_n=2\mathrm{rad/s}$ 以及 $\zeta=0.5$ 时前一个例子中的传递函数的波特图。就该组参数而言，波特增益 $K_B=1/4=-12.04\mathrm{dB}$。该图还展示了表示传递函数中因子的低频渐近性近似与高频渐近性近似的几条直线。主要由于分子 $g(s)$ 中的因子，幅值曲线图

中存在微小的峰值。由于阻尼比不太大,在接近 2rad/s 时,相位迅速发生变化。

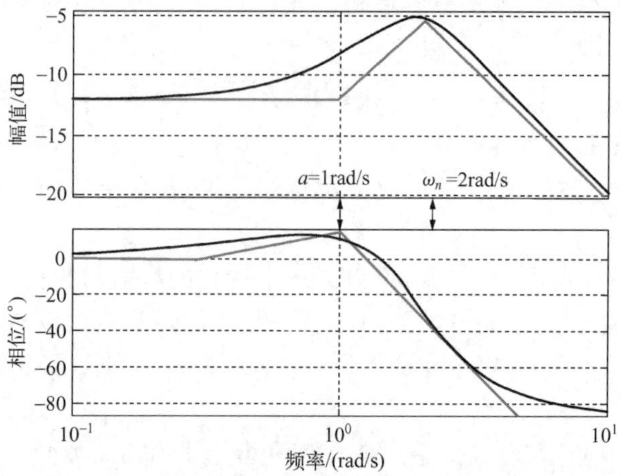


图 10.3　实例传递函数的波特图

现在我们转而讨论余数,首先通过回顾可知:余数是指系统响应变换中部分分式展开时各因子的恒定分子。也就是说,这个展开式中 $n$ 的余数 $R_i$ 表现为

$$y(s)=\frac{K(s-z_1)\cdots(s-z_m)}{(s-\lambda_1)\cdots(s-\lambda_n)}=\frac{R_1}{(s-\lambda_1)}+\cdots+\frac{R_n}{(s-\lambda_n)} \tag{10.21}$$

因而余数非常重要,因为它们决定相应本征值(或模态)对系统时间响应作用的大小。

如方程(10.8)中一样,当 $D=0$ 时,假设此处用模态坐标系表示线性动力系统。在此情况下,方程(10.17)中的传递函数矩阵变成

$$\boldsymbol{TF}(s)=\left[\boldsymbol{CM}\left[\operatorname{diag}\left(\frac{1}{s-\lambda_i}\right)\right]\boldsymbol{M}^{-1}\boldsymbol{B}\right] \tag{10.22}$$

由于给出的模态矩阵如下:

$$\boldsymbol{M}=[\boldsymbol{v}_1\ \cdots\ \boldsymbol{v}_n]$$

逆模态矩阵为

$$\boldsymbol{M}^{-1}=\begin{bmatrix}\boldsymbol{\mu}_1\\ \vdots\\ \boldsymbol{\mu}_n\end{bmatrix} \tag{10.23}$$

传递函数矩阵可以用下列部分分式展开法表示:

$$\boldsymbol{TF}(s)=\boldsymbol{C}\sum_{k=1}^{n}\frac{[\boldsymbol{v}_k\boldsymbol{\mu}_k]}{(s-\lambda_k)}\boldsymbol{B} \tag{10.24}$$

因此,我们可以看出该部分分式展开式中的余数(该值相当于系统的脉冲响应)是左本征矢量与右本征矢量的显函数。此外,观察 $\boldsymbol{TF}$ 中的特定元素(传递函数)——$g_{i,j}(s)$,式中 $i$ 表示特定响应,$j$ 表示特定控制输入,我们根据下式得出传递函数 $g_{i,j}(s)$ 的部分分式展开式。

$$g_{i,j}(s)=\sum_{k=1}^{n}\frac{(\boldsymbol{c}_i\boldsymbol{v}_k)(\boldsymbol{\mu}_k\boldsymbol{b}_j)}{(s-\lambda_k)} \tag{10.25}$$

式中:$\boldsymbol{c}_i$ 是指 $\boldsymbol{C}$ 的第 $i$ 行;$\boldsymbol{b}_j$ 是指 $\boldsymbol{B}$ 的第 $j$ 列。此外,注意分子圆括号中的两项(余数)均为标量。根据方程(10.25),现在我们可以观察到右本征矢量 $\boldsymbol{v}_k$ 决定第 $k$ 个模态响应影响第 $i$ 个物

理响应($y_i$)的方式,而左本征矢量$\boldsymbol{\mu}_j$决定第$j$个控制输入影响第$k$个相同模态响应的方式。例如:如果任一余数为零,那么该模态既不会受到第$j$个控制输入的激发(我们将该模态称作不能控模态),也不会对第$i$个物理响应起作用(我们将该模态称作不能观模态)。

这些余数也可以通过在$s=\lambda_k$时展开给定极点周围的泰勒级数中的传递函数获得。如果正如假设的一样,本征值是唯一的,那么第$k$个余数$R_k$就可以根据下列表达式求出:

$$R_k = \left((s-\lambda_k)g_{i,j}(s)\right)\big|_{s=\lambda_k} \tag{10.26}$$

根据该表达式,我们发现余数既取决于传递函数的分子多项式又取决于其特征多项式。因此,本征矢量一定与系统的传递函数分子有关。它们之间的这种关系留待读者练习。

此处必须要注意的一点是:在$s=\lambda_k$,即零点值等于待求极点的值——$\lambda_k$时,如果传递函数$g_{i,j}(s)$包含极点零点对消,那么余数$R_k=0$! 因此,第$K$个模态将不会对脉冲响应起作用。这种极点零点对消表明相应的模态要么是不能观模态,要么是不能控模态。同样的道理,如果存在一个近似的极点零点对消,余数将很小,第$K$个模态对脉冲响应的作用也将很小。

如前所述,复合本征值或极点将总是以复数偶的形式出现,相关的余数将总是为复数偶,这是系统响应为实数的必要条件。现在我们以二阶传递函数为例进行分析,该函数部分分式展开式根据下式得出:

$$g(s) = \frac{R}{s-\lambda} + \frac{\overline{R}}{s-\overline{\lambda}} \tag{10.27}$$

此处的两个极点为复数偶,其中$\lambda=\sigma+\mathrm{j}\omega$,上划线符号表示复共轭,将拉普拉斯变换方程(10.27)倒过来,系统的脉冲响应将变成

$$y(t) = R\mathrm{e}^{\lambda t} + \overline{R}\mathrm{e}^{\overline{\lambda}t} = R\mathrm{e}^{(\sigma+\mathrm{j}\omega)t} + \overline{R}\mathrm{e}^{(\sigma-\mathrm{j}\omega)t} = \mathrm{e}^{\sigma t}\left(R\mathrm{e}^{\mathrm{j}\omega t} + \overline{R}\mathrm{e}^{-\mathrm{j}\omega t}\right) \tag{10.28}$$

假设余数$R=r\mathrm{e}^{\mathrm{j}\phi}$,这样就可以得出

$$y(t) = r\mathrm{e}^{\sigma t}\left(\mathrm{e}^{\mathrm{j}\phi}\mathrm{e}^{\mathrm{j}\omega t} + \mathrm{e}^{-\mathrm{j}\phi}\mathrm{e}^{-\mathrm{j}\omega t}\right) = r\mathrm{e}^{\sigma t}\left(\ ^{\mathrm{j}(\omega t+\phi)} + \mathrm{e}^{-\mathrm{j}(\omega t+\phi)}\right) \tag{10.29}$$

但是根据下列恒等式:

$$\mathrm{e}^{\mathrm{j}\theta} \triangleq \cos\theta + \mathrm{j}\sin\theta \tag{10.30}$$

我们发现响应可以写成

$$y(t) = 2r\mathrm{e}^{\sigma t}\cos(\omega t + \phi) \tag{10.31}$$

且按照规定,该响应为实数。

### 10.1.3 多项式矩阵系统说明

根据在10.1.2节学到的知识,我们发现传递函数矩阵包含对系统的完整说明,正如它也包含完整的状态变量说明一样。另一个系统说明也包含关于系统是多项式矩阵说明的所有信息。系统用多项式矩阵格式给出后,通过分析可直截了当地找出系统的传递函数或传递函数矩阵元素。与使用牵涉矩阵求逆的方程(10.17)相比,人们往往更偏爱使用这种方法。

我们用多项式矩阵格式将线性动力系统关系式表示为

$$\boldsymbol{P}(S)\boldsymbol{y}(S) = \boldsymbol{Q}(S)\boldsymbol{u}(S) \tag{10.32}$$

式中:$\boldsymbol{P}(s)$($p\times p$)与$\boldsymbol{Q}(s)$($p\times m$)是指用$s$表示的多项式矩阵;$\boldsymbol{y}(s)$与$\boldsymbol{u}(s)$仍然分别为响应变换式与控制输入信号矢量。注意:方程(10.32)的形式为线性联立方程组系统的形式,我们发现克莱姆法则(参见附录D)在此处非常有用。显然,系统的传递函数矩阵$\boldsymbol{TF}(s)$为

$$\boldsymbol{TF}(s) = \boldsymbol{P}^{-1}(s)\boldsymbol{Q}(s)$$

系统的特征多项式为 $\det\boldsymbol{P}(s)$。

我们可以将劳斯-赫维茨稳定性判据直接应用于该特征多项式系数,而避免评估根的稳定性。在此规定:该判据适用于二阶、三阶与四阶特征多项式,因为这些多项式在飞行动力学中是最常遇见的。首先,对任意一个特征多项式而言,稳定性的必要条件是所有系数必须为正。如果不满足该条件,系统就会不稳定。其次,如果满足了该条件,就可以应用稳定性的充要条件,如表 10.1 列出的一样。

表 10.1　劳斯-赫维茨稳定性判据

| 特征多项式 | 稳定性判据 |
|---|---|
| $As^2+Bs+C$ | $A,B,C>0$ |
| $As^3+Bs^2+Cs+D$ | $A,B,C,D>0$ 同时 $(BC-AD)>0$ |
| $As^4+Bs^3+Cs^2+Ds+E$ | $A,B,C,D,E>0$ 同时 $(BC-AD)>0$,$\left(\left(\frac{BC-AD}{B}\right)D-BE\right)>0$ |

最后,克莱姆法则(附录 D)在求单个传递函数时尤其有用,该方法涉及求多项式矩阵的行列式。现在我们以带两个响应与两个输入的系统为例进行分析,该系统的多项式矩阵说明关系式列为

$$\begin{cases}\begin{bmatrix}p_{1,1}(s) & p_{1,2}(s)\\ p_{2,1}(s) & p_{2,2}(s)\end{bmatrix}\begin{Bmatrix}y_1(s)\\ y_2(s)\end{Bmatrix}=\begin{bmatrix}q_{1,1}(s) & q_{1,2}(s)\\ q_{2,1}(s) & q_{2,2}(s)\end{bmatrix}\begin{Bmatrix}u_1(s)\\ u_2(s)\end{Bmatrix}\\ \boldsymbol{P}(s)\boldsymbol{y}(s)=\boldsymbol{Q}(s)\boldsymbol{u}(s)\end{cases} \tag{10.33}$$

通过回顾可知:$p_{i,j}$与 $q_{i,j}$均是用 $s$ 表示的多项式。这样系统的传递函数矩阵就可以根据下式求出:

$$\boldsymbol{TF}(s)=\begin{bmatrix}g_{1,1}(s) & g_{1,2}(s)\\ g_{2,1}(s) & g_{2,2}(s)\end{bmatrix} \tag{10.34}$$

式中

$$g_{i,j}(s)=\frac{\det\boldsymbol{N}_{i,j}(s)}{\det\boldsymbol{P}(s)} \tag{10.35}$$

$\boldsymbol{N}_{i,j}$是指根据 $\boldsymbol{P}$ 得出的多项式矩阵,具体方法是用 $\boldsymbol{Q}$ 的第 $j$ 列替换 $\boldsymbol{P}$ 的第 $i$ 列,因而我们发现并不需要运用逆矩阵,而仅需计算矩阵行列式即可。我们还发现传递函数的零点取决于 $\boldsymbol{P}$ 与 $\boldsymbol{Q}$ 两个元素,而系统极点则仅取决于 $\boldsymbol{P}$ 元素。

## 例 10.1　单摆分析

再次对第一章中介绍的单摆进行分析。假设枢轴周围的扭矩 $T$ 可以用来表示单摆,假设此种单摆的运动方程如下:

$$\ddot{\theta}+4\theta=T$$

假设单摆状态变量说明是根据下式得出:

$$\begin{Bmatrix}\dot{\theta}\\ \ddot{\theta}\end{Bmatrix}=\begin{bmatrix}0 & 1\\ -4 & 0\end{bmatrix}\begin{Bmatrix}\theta\\ \dot{\theta}\end{Bmatrix}+\begin{bmatrix}0\\ 1\end{bmatrix}T$$

此处 $D=0$,同时假设:

$$\boldsymbol{C}=\boldsymbol{I}_2$$

根据运动方程求出系统的传递函数,画出波特曲线图,进行模态分析,同时运用两种方法求出系统传递函数的部分分式展开式。

**解**

选取拉普拉斯运动变换方程,将初始条件设置为零,得出

$$(s^2+4)\theta(s)=T(s)$$

(注意这是系统的多项式矩阵说明。)因此单独的传递函数为

$$\frac{\theta(s)}{T(s)}=g(s)=\frac{1}{(s^2+4)}$$

这两个系统极点为

$$s=\pm \mathrm{j}2/\mathrm{s}$$

表明单摆的自由($T=0$)响应将由 2rad/s 无阻尼振荡组成。

为了画出波特曲线图,使用 MATLABA,将有穷阻尼比 $\zeta=0.001$ 计入在内,得出:

```
» a=[0 1;-4 -0.004];b=[0;1];c=[1 0];d=0;
» sys=ss(a,b,c,d);
» 波特图(系统)
```

该波特图如图 10.4 所示。

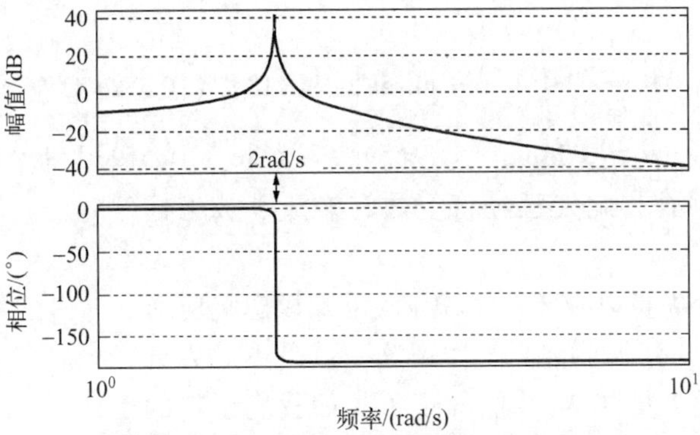


图 10.4 单摆波特图

注意:此处由于阻尼比(几乎)为零,因此在转角频率 2rad/s 时幅值曲线图呈现狭窄而高的尖峰,同时 180°相位出现急剧变化。

系统传递函数(或脉冲响应)的部分分式展开式为

$$g(s)=\frac{1}{(s^2+4)}=\frac{R}{s+\mathrm{j}2}+\frac{\overline{R}}{s-\mathrm{j}2}$$

根据余数规则(方程(10.26)),得出

$$R=\left((s+\mathrm{j}2)g(s)\right)|_{s=-\mathrm{j}2}=\frac{(s+\mathrm{j}2)}{(s+\mathrm{j}2)(s-\mathrm{j}2)}|_{s=-\mathrm{j}2}=\frac{1}{-\mathrm{j}4}=1/4\mathrm{j}$$

$$\overline{R}=\left((s-\mathrm{j}2)g(s)\right)|_{s=\mathrm{j}2}=\frac{(s-\mathrm{j}2)}{(s+\mathrm{j}2)(s-\mathrm{j}2)}|_{s=\mathrm{j}2}=\frac{1}{\mathrm{j}4}=-1/4\mathrm{j}$$

因此这是求出余数的第一种方法。

假设对这种系统而言,

$$A=\begin{bmatrix}0 & 1\\ -4 & 0\end{bmatrix}$$

**A** 的本征值与本征矢量为(根据 MATLAB)

```
»[M,D]=elg(a)
M=                          右本征矢量为 M 的列
 4.4721e-01                  4.4721e-01
 0+8.9443e-01i               0-8.9443e-01i
D=                          这两个本征值位于 D 的对角线
 0+2.0000e+00i              0
 0                          0-2.0000e+00i
»Minv=inv(M)
Minv=                       左本征矢量为 M^-1 的行
 1.1180e+00                 0-5.5902e-01i
 1.1180e+00                 0+5.5902e-01i
```

因此,根据 MATLAB 可知:本征值为 $\lambda_1=\mathrm{j}2$ 与 $\lambda_2=-\mathrm{j}2$,**A** 的右本征矢量为

$$\boldsymbol{v}_1=\begin{Bmatrix}0.4472\\0+\mathrm{j}0.8944\end{Bmatrix}=\begin{Bmatrix}0.4472\mathrm{e}^{\mathrm{j}0}\\0.8944\mathrm{e}^{\mathrm{j}\pi/2}\end{Bmatrix},\quad \boldsymbol{v}_2=\begin{Bmatrix}0.4472\\0-\mathrm{j}0.8944\end{Bmatrix}=\begin{Bmatrix}0.4472\mathrm{e}^{\mathrm{j}0}\\0.8944\mathrm{e}^{-\mathrm{j}\pi/2}\end{Bmatrix}$$

**A** 的左本征矢量为

$$\boldsymbol{\mu}_1=\begin{bmatrix}1.118 & 0-\mathrm{j}0.559\end{bmatrix}=\begin{bmatrix}1.118\mathrm{e}^{\mathrm{j}0} & 0.559\mathrm{e}^{-\mathrm{j}\pi/2}\end{bmatrix}$$

$$\boldsymbol{\mu}_2=\begin{bmatrix}1.118 & 0+\mathrm{j}0.559\end{bmatrix}=\begin{bmatrix}1.118\mathrm{e}^{\mathrm{j}0} & 0.559\mathrm{e}^{\mathrm{j}\pi/2}\end{bmatrix}$$

为了方便解释与画图,此处已经将复数转换成了极坐标形式。

注意:根据右本征矢量以及 $\boldsymbol{C}(=\boldsymbol{I})$ 矩阵,可知模态响应对于角位移和角速率均具有非常重要的作用这一点是不足为奇的。同时,根据左本征矢量与 $\boldsymbol{B}$,我们发现再次如我们预料的一样外转矩将激发固有模态。$\boldsymbol{v}_1$ 矢量图如图 10.5 所示。由于两种状态(或响应)均为角,因而无需状态(或响应)单位的相对尺度。

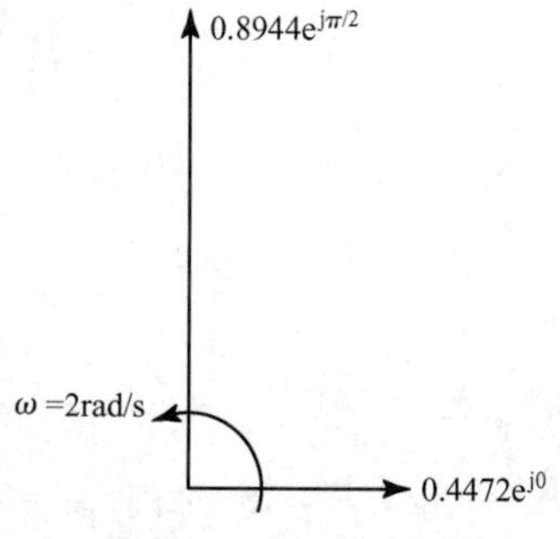


图 10.5 单摆矢量图

根据以上模态分析以及方程(10.25),我们发现 $\lambda_1=\mathrm{j}2$ 时余数为

$$\bar{R}=(\boldsymbol{c}_1\boldsymbol{v}_1)(\boldsymbol{\mu}_1\boldsymbol{B})=\left(\begin{bmatrix}1 & 0\end{bmatrix}\begin{Bmatrix}0.4472\mathrm{e}^{\mathrm{j}0}\\0.8944\mathrm{e}^{\mathrm{j}\pi/2}\end{Bmatrix}\right)\left(\begin{bmatrix}1.118\mathrm{e}^{\mathrm{j}0} & 0.559\mathrm{e}^{-\mathrm{j}\pi/2}\end{bmatrix}\begin{Bmatrix}0\\1\end{Bmatrix}\right)$$

$$=(0.4472\mathrm{e}^{\mathrm{j}0})(0.559\mathrm{e}^{-\mathrm{j}\pi/2})=0.25\mathrm{e}^{-\mathrm{j}\pi/2}=-\mathrm{j}0.25$$

当 $\lambda_2=-\mathrm{j}2$ 时,余数为

$$R=(\boldsymbol{c}_1\boldsymbol{v}_2)(\boldsymbol{\mu}_2\boldsymbol{B})=\left(\begin{bmatrix}1 & 0\end{bmatrix}\begin{Bmatrix}0.4472\mathrm{e}^{\mathrm{j}0}\\0.8944\mathrm{e}^{-\mathrm{j}\pi/2}\end{Bmatrix}\right)\left(\begin{bmatrix}1.118\mathrm{e}^{\mathrm{j}0} & 0.559\mathrm{e}^{\mathrm{j}\pi/2}\end{bmatrix}\begin{Bmatrix}0\\1\end{Bmatrix}\right)$$

$$=(0.4472\mathrm{e}^{\mathrm{j}0})(0.559\mathrm{e}^{\mathrm{j}\pi/2})=0.25\mathrm{e}^{\mathrm{j}\pi/2}=\mathrm{j}0.25$$

注意:这些余数与先前求出的余数一致。

## 10.2 飞行动力学线性摄动方程

为了开始对飞行器的飞行动力学进行分析,我们将首先汇总对摄动运动变量起支配作用的线性方程。这些方程与 8.1.1 节我们准备讨论飞行器动力学系统的线性仿真模型时讨论的那些方程相同。

根据方程(8.1),对平动速度的控制摄动方程为

$$
\begin{aligned}
\dot{u} &= (V_0 r + R_0 v) - (Q_0 w + W_0 q) - g\cos\Theta_0\theta + (f_{A_X} + f_{P_X})/m \\
U_0\dot{\beta} &= (P_0 w + W_0 p) - (R_0 u + U_0 r) + g(\cos\Theta_0\cos\Phi_0\phi - \sin\Theta_0\sin\Phi_0\theta) + (f_{A_Y} + f_{P_Y})/m \\
U_0\dot{\alpha} &= (Q_0 u + U_0 q) - (P_0 v + V_0 p) - g(\cos\Theta_0\sin\Phi_0\phi + \sin\Theta_0\cos\Phi_0\theta) + (f_{A_Z} + f_{P_Z})/m
\end{aligned}
\tag{10.36}
$$

式中可以采用上述表达式中的近似值:

$$
\alpha \approx \frac{w}{U_0},\quad \beta \approx \frac{v}{U_0} \tag{10.37}
$$

通过回顾可知:$u$、$v$ 与 $w$ 是指用所选飞行器固定轴表示的飞行器摄动平动速度矢量的三个分量,即

$$
\delta\boldsymbol{V}_V = u\boldsymbol{i}_V + v\boldsymbol{j}_V + w\boldsymbol{k}_V = \begin{bmatrix} u & v & w \end{bmatrix}\begin{Bmatrix} \boldsymbol{i}_V \\ \boldsymbol{j}_V \\ \boldsymbol{k}_V \end{Bmatrix} \tag{10.38}
$$

根据方程(8.6),可以得出旋转速度的控制摄动方程,即

$$
\dot{q} = \frac{1}{I_{yy}}\Big((I_{zz} - I_{xx})(R_0 p + P_0 r) + 2I_{xz}(R_0 r - P_0 p) + (m_A + m_p)\Big)
$$

$$
\begin{Bmatrix} \dot{p} \\ \dot{r} \end{Bmatrix} = \frac{1}{1 - \left(\dfrac{I_{xz}^2}{I_{xx}I_{zz}}\right)}\begin{bmatrix} 1 & \dfrac{I_{xz}}{I_{xx}} \\ \dfrac{I_{xz}}{I_{zz}} & 1 \end{bmatrix}\begin{Bmatrix} \dfrac{1}{I_{xx}}\Big(I_{xz}(Q_0 p + P_0 q) + (I_{yy} - I_{zz})(R_0 q + Q_0 r) + (l_A + l_P)\Big) \\ \dfrac{1}{I_{zz}}\Big(-I_{xz}(R_0 q + Q_0 r) + (I_{xx} - I_{yy})(Q_0 p + P_0 q) + (n_A + n_P)\Big) \end{Bmatrix} \tag{10.39}
$$

式中:$p$、$q$ 与 $r$ 是指用所选飞行器固定轴表示的飞行器摄动旋转速度矢量的三个分量,即

$$
\delta\boldsymbol{\omega}_{V,I} = p\boldsymbol{i}_V + q\boldsymbol{j}_V + r\boldsymbol{k}_V = \begin{bmatrix} p & q & r \end{bmatrix}\begin{Bmatrix} \boldsymbol{i}_V \\ \boldsymbol{j}_V \\ \boldsymbol{k}_V \end{Bmatrix} \tag{10.40}
$$

最后,根据方程(8.7)与方程(2.53),可知将角位移摄动与角速度联系在一起的三个运动方程为

$$
\begin{aligned}
\dot{\phi} &= p + \tan\Theta_0\big(\sin\Phi_0 q + \cos\Phi_0 r + (Q_0\cos\Phi_0 - R_0\sin\Phi_0)\phi\big) \\
&\quad + (Q_0\sin\Phi_0 + R_0\cos\Phi_0 + \dot{\Psi}_0\sin\Theta_0\tan\Theta_0)\theta \\
\dot{\theta} &= \cos\Phi_0 q - \sin\Phi_0 r - \dot{\Psi}_0\cos\Theta_0\phi \\
\dot{\psi} &= \dot{\Psi}_0\tan\Theta_0\theta + \big(\sin\Phi_0 q + \cos\Phi_0 r - (R_0\sin\Phi_0 - Q_0\cos\Phi_0)\phi\big)/\cos\Theta_0
\end{aligned}
\tag{10.41}
$$

式中:$\psi$、$\theta$ 与 $\phi$ 是指定义相对惯性坐标系而言的飞行器固定坐标系方向的 3-2-1 欧拉角中的摄动。在本章进行的线性分析中,如果我们假设大气密度保持恒定,那么将惯性位置与平动速度联系在一起的剩下三个运动方程就不太重要了。如果对高度的摄动将有重要意义的话,那么根据方程(8.9)我们必须将下列方程运用至模型中。

$$\begin{aligned}\dot{h} = & S_{\Theta_0}u - C_{\Theta_0}(S_{\Phi_0}v + C_{\Phi_0}w) - (V_0C_{\Phi_0} - W_0S_{\Phi_0})C_{\Theta_0}\phi \\ & + (U_0C_{\Theta_0} + V_0S_{\Phi_0}S_{\Theta_0} + W_0C_{\Phi_0}S_{\Theta_0})\theta\end{aligned} \tag{10.42}$$

注意:该表达式采用了以下简化符号:$S.=\sin\cdot$ 与 $C.=\cos\cdot$。

现在,根据方程(8.16),可知在方程(10.36)中出现的摄动气动力与摄动推力可以用量纲稳定性导数表示,即

$$\begin{aligned}(f_{A_X} + f_{P_X})/m &= (X_u + X_{P_u})(u + u_g) + X_\alpha(\alpha + \alpha_g) + X_{\dot{\alpha}}\dot{\alpha} + X_q q + X_{\delta_E}\delta_E + X_T\delta T \\ (f_{A_Y} + f_{P_Y})/m &= Y_\beta(\beta + \beta_g) + Y_p p + Y_r r + Y_{\delta_A}\delta_A + Y_{\delta_R}\delta_R \\ (f_{A_Z} + f_{P_Z})/m &= (Z_u + Z_{P_u})(u + u_g) + Z_\alpha(\alpha + \alpha_g) + Z_{\dot{\alpha}}\dot{\alpha} + Z_q q + Z_{\delta_E}\delta_E + Z_T\delta T\end{aligned} \tag{10.43}$$

假设稳定轴是所选飞行器固定轴,比较方程(8.16)与方程(8.15)就可以清楚地了解这些量纲导数的定义。同时注意:与 8.1.7 节中讨论的一致,由大气湍流引起的 $u_g$、$\alpha_g$ 与 $\beta_g$ 已经包含在这些力的表达式中。

同样的道理,根据方程(8.21),可知在方程(10.39)中出现的气动力矩与推进力矩的摄动表达式可以用量纲稳定性导数表示为

$$\begin{aligned}(l_A + l_P)/I_{xx} &= L_\beta(\beta + \beta_g) + L_p p + L_r r + L_{\delta_A}\delta_A + L_{\delta_R}\delta_R \\ (m_A + m_P)/I_{yy} &= (M_u + M_{P_u})(u + u_g) + (M_\alpha + M_{P_\alpha})(\alpha + \alpha_g) \\ &\quad + M_{\dot{\alpha}}\dot{\alpha} + M_q q + M_{\delta_E}\delta_E + M_T\delta T \\ (n_A + n_P)/I_{zz} &= N_\beta(\beta + \beta_g) + N_p p + N_r r + N_{\delta_A}\delta_A + N_{\delta_R}\delta_R\end{aligned} \tag{10.44}$$

再次假设稳定轴为所选飞行器固定轴,通过比较方程(8.21)与方程(8.20),可以清楚地了解量纲导数的定义。此外,阵风项 $u_g$、$\alpha_g$ 与 $\beta_g$ 已经再一次包含在方程中。

此外,根据方程(8.22),也可以将在方程(10.39)中出现的滚转力矩与偏航力矩的摄动表达式列为

$$\begin{aligned}&\left(\frac{1}{1 - I_{xz}^2/(I_{xx}I_{zz})}\right)\begin{bmatrix}1 & I_{xz}/I_{xx} \\ I_{xz}/I_{zz} & 1\end{bmatrix}\begin{Bmatrix}(l_A + l_P)/I_{xx} \\ (n_A + n_P)/I_{zz}\end{Bmatrix} \\ &= \begin{Bmatrix}L'_\beta(\beta + \beta_g) + L'_p p + L'_r r + L'_{\delta_A}\delta_A + L'_{\delta_R}\delta_R \\ N'_\beta(\beta + \beta_g) + N'_p p + N'_r r + N'_{\delta_A}\delta_A + N'_{\delta_R}\delta_R\end{Bmatrix}\end{aligned} \tag{10.45}$$

式中互为质数的量纲导数可以根据下式得出:

$$L'_\beta = (L_\beta + N_\beta I_{xz}/I_{xx})D \quad , \quad N'_\beta = (N_\beta + L_\beta I_{xz}/I_{zz})D$$

$$L'_p = (L_p + N_p I_{xz}/I_{xx})D \quad , \quad N'_p = (N_p + L_p I_{xz}/I_{zz})D$$

$$L'_r = (L_r + N_r I_{xz}/I_{xx})D \quad , \quad N'_r = (N_r + L_r I_{xz}/I_{zz})D$$

$$L'_{\delta_A} = (L_{\delta_A} + N_{\delta_A} I_{xz}/I_{xx})D \, , \quad N'_{\delta_A} = (N_{\delta_A} + L_{\delta_A} I_{xz}/I_{zz})D \tag{10.46}$$

$$L'_{\delta_R} = (L_{\delta_R} + N_{\delta_R} I_{xz}/I_{xx})D \, , \quad N'_{\delta_R} = (N_{\delta_R} + L_{\delta_R} I_{xz}/I_{zz})D$$

式中
$$D = \frac{1}{1 - I_{xz}^2/(I_{xx}I_{zz})}$$

## 学生须知

在推导方程(10.36)~方程(10.46)(或第八章中的方程(8.1)~方程(8.22))的过程中,我们已假设推力相对飞行器的 $XZ$ 平面而言呈对称形状,因而它不会产生侧向力力矩、滚转力矩或偏航力矩。此外,假设飞行器的控制输入信号包含了升降舵偏转、副翼偏转以及飞机方向舵偏转。如果任意这些假设对我们进行分析的飞行器无效,那么我们应该考虑对第八章中的方程重新进行推导,同时必须对上述线性动力系统模型进行适当的调整。

---

这样方程(10.36)~方程(10.46)就形成待分析摄动变量的动力系统模型或线性运动方程。然而,很显然这些线性方程取决于所选参考飞行条件,在通常情况下,直线飞行、水平飞行是考虑用于线性分析的唯一参考条件。但是,这可能会让人产生误解,有时还会带来危险,正如我们将在 10.9 节中探讨有关其他参考飞行条件时发现的一样。

## 10.3 纵向线性模型与横向线性模型解耦

就倾斜角 $\Phi_0=0$、角速率 $P_0=Q_0=R_0=0$ 以及在(假设纵轴与横轴为稳定轴)$V_0=W_0=0$ 时的有关直线飞行(它通常可以包括小角度爬升与俯冲)的参考飞行条件而言,第八章已经表明我们已将运动方程分解成纵向方程组与横向方程组。在此情况下,根据方程(10.36)、方程(10.39)、方程(10.43)以及方程(10.44),可知纵向方程组为

$$\dot{u} = -g\cos\Theta_0\theta + (X_u + X_{P_u})(u + u_g) + X_\alpha(\alpha + \alpha_g) + X_{\dot\alpha}\dot\alpha + X_q q + X_{\delta_E}\delta_E + X_T\delta T$$

$$U_0\dot\alpha = -g\sin\Theta_0\theta + (Z_u + Z_{P_u})(u + u_g) + Z_\alpha(\alpha + \alpha_g) + Z_{\dot\alpha}\dot\alpha + (Z_q + U_0)q + Z_{\delta_E}\delta_E + Z_T\delta T$$

$$\dot{q} = (M_u + M_{P_u})(u + u_g) + (M_\alpha + M_{P_\alpha})(\alpha + \alpha_g) + M_{\dot\alpha}\dot\alpha + M_q q + M_{\delta_E}\delta_E + M_T\delta T \tag{10.47}$$

此外,根据方程(10.41)与方程(10.42),得出

$$\dot\theta = q$$
$$\dot{h} = \sin\Theta_0 u - \cos\Theta_0 w + U_0\cos\Theta_0\theta \tag{10.48}$$

根据前面那些相同的方程以及方程(10.45),可以得出横向线性方程组为

$$
\begin{aligned}
U_0\dot{\beta} &= g\cos\Theta_0\phi + Y_\beta(\beta+\beta_g) + Y_p p + (Y_r - U_0)r + Y_{\delta_A}\delta_A + Y_{\delta_r}\delta_R \\
\dot{p} &= L'_\beta(\beta+\beta_g) + L'_p p + L'_r r + L'_{\delta_A}\delta_A + L'_{\delta_R}\delta_R \\
\dot{r} &= N'_\beta(\beta+\beta_g) + N'_p p + N'_r r + N'_{\delta_A}\delta_A + N'_{\delta_R}\delta_R
\end{aligned}
\tag{10.49}
$$

此外,根据方程(10.41),有

$$
\begin{aligned}
\dot{\phi} &= p + \tan\Theta_0 r \\
\dot{\psi} &= r/\cos\Theta_0
\end{aligned}
\tag{10.50}
$$

在飞行器特定($x$、$y$、$z$)位置的摄动加速度是三个相关的辅助响应。根据方程(8.26),这些由稳定、直线飞行构成的平衡条件下的当地加速度分量可运用下式求出:

$$
\begin{cases}
a_X(x,y,z) = \dot{u} + W_0 q + z\dot{q} - y\dot{r} \\
a_Y(x,y,z) = \dot{v} + U_0 r - W_0 p + x\dot{r} - z\dot{p} \\
a_Z(x,y,z) = \dot{w} - U_0 q + y\dot{p} - x\dot{q}
\end{cases}
\tag{10.51}
$$

假设重要位置位于飞行器的 $XZ$ 平面,这些加速度分力也可以分成纵向线性方程组与横向线性方程组。在此情况下,假设纵轴与横轴均为稳定轴,那么归类为纵向方程组的当地加速度为

$$
\begin{aligned}
a_X &= \dot{u} + z\dot{q} \\
a_Z &= \dot{w} - U_0 q - x\dot{q}
\end{aligned}
\tag{10.52}
$$

而归类为横向方程组的当地加速度为

$$
a_Y = \dot{v} + U_0 r + x\dot{r} - z\dot{p} \tag{10.53}
$$

根据拉普拉斯方程变换法,对方程(10.47)、方程(10.48)以及方程(10.52)进行变换,忽略此时的阵风输入信号,假设所有初始条件为零,可以得出纵向动力学系统的关系式为

$$
\begin{cases}
su(s) = -g\cos\Theta_0\theta(s) + (X_u + X_{P_u})u(s) + X_\alpha\alpha(s) + X_{\dot{\alpha}}s\alpha(s) \\
\qquad\quad + X_q q(s) + X_{\delta_E}\delta_E(s) + X_T\delta T(s) \\
U_0 s\alpha(s) = -g\sin\Theta_0\theta(s) + (Z_u + Z_{P_u})u(s) + Z_\alpha\alpha(s) + Z_{\dot{\alpha}}s\alpha(s) \\
\qquad\quad + (Z_q + U_0)q(s) + Z_{\delta_E}\delta_E(s) + Z_T\delta T(s) \\
sq(s) = (M_u + M_{P_u})u(s) + (M_\alpha + M_{P_\alpha})\alpha(s) + M_{\dot{\alpha}}s\alpha(s) + M_q q(s) \\
\qquad\quad + M_{\delta_E}\delta_E(s) + M_T\delta T(s) \\
s\theta(s) = q(s)
\end{cases}
\tag{10.54}
$$

同时,得出三个辅助方程为

$$
\begin{cases}
sh(s) = \sin\Theta_0 u(s) - \cos\Theta_0 w(s) + U_0\cos\Theta_0\theta(s) \\
a_X(s) = su(s) + zsq(s) \\
a_Z(s) = sw(s) - U_0 q(s) - xsq(s)
\end{cases}
\tag{10.55}
$$

使用方程(10.54)中的最后一个式子,用 $\theta(s)$ 表示俯仰率 $q(s)$,可以用多项式矩阵格式将方程(10.54)列为

$$\begin{bmatrix} s-(X_u+X_{P_u}) & -(X_{\dot{\alpha}}s+X_\alpha) & -X_q s+g\cos\Theta_0 \\ -(Z_u+Z_{P_u}) & (U_0-Z_{\dot{\alpha}})s-Z_\alpha & -(Z_q+U_0)s+g\sin\Theta_0 \\ -(M_u+M_{P_u}) & \cdot(M_{\dot{\alpha}}s+(M_\alpha+M_{P_\alpha})) & s^2-M_q s \end{bmatrix}\begin{Bmatrix} u(s) \\ \alpha(s) \\ \theta(s) \end{Bmatrix}=\begin{bmatrix} X_{\delta_E} & X_T \\ Z_{\delta_E} & Z_T \\ M_{\delta_E} & M_T \end{bmatrix}\begin{Bmatrix} \delta_E(s) \\ \delta T(s) \end{Bmatrix} \tag{10.56}$$

我们发现该式的形式为下式要求的形式:

$$\boldsymbol{P}(s)\boldsymbol{y}(s)=\boldsymbol{Q}(s)\boldsymbol{u}(s) \tag{10.57}$$

注意:$\boldsymbol{P}(s)$ 与 $\boldsymbol{Q}(s)$ 的各元素均是怎样由量纲稳定性导数明确决定的,它们是由飞行器的气动力特征、几何结构以及质量特性决定。由于系统的特征多项式是 $\det\boldsymbol{P}(s)$,我们还发现该多项式是一个用 $s$ 表示的四阶多项式,即

$$As^4+Bs^3+Cs^2+Ds+E \tag{10.58}$$

式中:五个系数显然取决于用 $\boldsymbol{P}(s)$ 表示的量纲稳定导数。因此系统有四个特征根。对于上述给出的 $\boldsymbol{P}(s)$ 而言,特征多项式的五个系数为

$$\begin{aligned}
A&=U_0-Z_{\dot{\alpha}}\\
B&=-(U_0-Z_{\dot{\alpha}})\big((X_u+X_{P_u})+M_q\big)-M_{\dot{\alpha}}(U_0+Z_q)-Z_\alpha\\
C&=(X_u+X_{P_u})\big(M_q(U_0-Z_{\dot{\alpha}})+M_{\dot{\alpha}}(U_0+Z_q)+Z_\alpha\big)+Z_\alpha M_q-(M_\alpha+M_{P_\alpha})(U_0+Z_q)\\
&\quad -X_\alpha(Z_u+Z_{P_u})+M_{\dot{\alpha}}g\sin\Theta_0\\
D&=(X_u+X_{P_u})\big((M_\alpha+M_{P_\alpha})(U_0+Z_q)-Z_\alpha M_q\big)+(Z_u+Z_{P_u})X_\alpha M_q-(M_u+M_{P_u})X_\alpha(U_0+Z_q)\\
&\quad +g\cos\Theta_0\big((M_u+M_{P_u})(U_0-Z_{\dot{\alpha}})+M_{\dot{\alpha}}(Z_u+Z_{P_u})\big)+g\sin\Theta_0\big((M_\alpha+M_{P_\alpha})-M_{\dot{\alpha}}(X_u+X_{P_u})\big)\\
E&=g\cos\Theta_0\big((Z_u+Z_{P_u})(M_\alpha+M_{P_\alpha})-(M_u+M_{P_u})Z_\alpha\big)\\
&\quad +g\sin\Theta_0\big((M_u+M_{P_u})X_\alpha-(X_u+X_{P_u})(M_\alpha+M_{P_\alpha})\big)
\end{aligned} \tag{10.59}$$

在求系数 $A$–$E$ 时,我们已经做了以下假设:

$$X_{\dot{\alpha}}=X_q=0 \tag{10.60}$$

这通常是一个非常好的假设。如果该假设无效,我们必须对系数进行相应的调整。

现在我们使用状态变量格式表示纵向动力学系统。按照我们在8.1.4节中使用的相同步骤,再次忽略此时的阵风输入信号,首先将方程(10.47)中的方程 $\dot{\alpha}$ 重新列为

$$\dot{\alpha}=\frac{1}{(U_0-Z_{\dot{\alpha}})}\big(-g\sin\Theta_0\theta+(Z_u+Z_{P_u})u+Z_\alpha\alpha+(Z_q+U_0)q+Z_{\delta_E}\delta_E+Z_T\delta T\big) \tag{10.61}$$

然后使用该结果消去方程(10.47)中 $\dot{u}$ 方程与 $\dot{q}$ 方程的 $\dot{\alpha}$ 项,最后,对高度起控制作用的方程为

$$\dot{h}=\sin\Theta_0 u-U_0\cos\Theta_0\alpha+U_0\cos\Theta_0\theta \tag{10.62}$$

假设将响应矢量、状态矢量和控制输入信号矢量分别定义为

$$\boldsymbol{x}^{\mathrm{T}}=\begin{bmatrix}u & \alpha & \theta & q & h\end{bmatrix}$$

$$\boldsymbol{y}^{\mathrm{T}}=\begin{bmatrix}\boldsymbol{x}^{\mathrm{T}} & a_X & a_Z\end{bmatrix} \tag{10.63}$$

$$\boldsymbol{u}^{\mathrm{T}}=\begin{bmatrix}\delta_E & \delta T\end{bmatrix}$$

然后,根据方程(10.47)、方程(10.61)以及方程(10.62),得出与方程(8.36)一致的描述纵向动力学系统状态变量的四个矩阵为

$$\boldsymbol{A}=\begin{bmatrix}\left(X_u+X_{P_u}+\dfrac{X_{\dot{\alpha}}\left(Z_u+Z_{P_u}\right)}{U_0-Z_{\dot{\alpha}}}\right) & \left(X_\alpha+\dfrac{X_{\dot{\alpha}}Z_\alpha}{U_0-Z_{\dot{\alpha}}}\right) & -g\cos\Theta_0 & \left(X_q+X_{\dot{\alpha}}\left(\dfrac{U_0+Z_q}{U_0-Z_{\dot{\alpha}}}\right)\right) & 0\\ \left(\dfrac{Z_u+Z_{P_u}}{U_0-Z_{\dot{\alpha}}}\right) & \left(\dfrac{Z_\alpha}{U_0-Z_{\dot{\alpha}}}\right) & \left(\dfrac{-g\sin\Theta_0}{U_0-Z_{\dot{\alpha}}}\right) & \left(\dfrac{U_0+Z_q}{U_0-Z_{\dot{\alpha}}}\right) & 0\\ 0 & 0 & 0 & 1 & 0\\ \left(M_u+M_{P_u}+\dfrac{M_{\dot{\alpha}}\left(Z_u+Z_{P_u}\right)}{U_0-Z_{\dot{\alpha}}}\right) & \left(M_\alpha+M_{P_\alpha}+\dfrac{M_{\dot{\alpha}}Z_\alpha}{U_0-Z_{\dot{\alpha}}}\right) & 0 & \left(M_q+M_{\dot{\alpha}}\left(\dfrac{U_0+Z_q}{U_0-Z_{\dot{\alpha}}}\right)\right) & 0\\ \sin\Theta_0 & -U_0\cos\Theta_0 & U_0\cos\Theta_0 & 0 & 0\end{bmatrix} \tag{10.64}$$

$$\boldsymbol{B}=\begin{bmatrix}\left(X_{\delta_E}+\dfrac{X_{\dot{\alpha}}Z_{\delta_E}}{U_0-Z_{\dot{\alpha}}}\right) & \left(X_T+\dfrac{X_{\dot{\alpha}}Z_T}{U_0-Z_{\dot{\alpha}}}\right)\\ \left(\dfrac{Z_{\delta_E}}{U_0-Z_{\dot{\alpha}}}\right) & \left(\dfrac{Z_T}{U_0-Z_{\dot{\alpha}}}\right)\\ 0 & 0\\ \left(M_{\delta_E}+\dfrac{M_{\dot{\alpha}}Z_{\delta_E}}{U_0-Z_{\dot{\alpha}}}\right) & \left(M_T+\dfrac{M_{\dot{\alpha}}Z_T}{U_0-Z_{\dot{\alpha}}}\right)\\ 0 & 0\end{bmatrix}$$

$$\boldsymbol{C}=\begin{bmatrix}\boldsymbol{I}_5\\ \boldsymbol{C}_a\end{bmatrix},\ \boldsymbol{D}=\begin{bmatrix}\boldsymbol{0}_{5\times 2}\\ \boldsymbol{D}_a\end{bmatrix}$$

式中:$\boldsymbol{I}_5$是一个 5×5 单位矩阵;$\boldsymbol{0}_{5\times2}$是一个无效的 5×2 矩阵;$\boldsymbol{C}_a$(2×5)与 $\boldsymbol{C}_a$(2×5)是指其元素与加速度方程——方程(10.52)中的系数一致的矩阵。这些加速度方程为

$$\begin{aligned}a_X=&\left(\left(X_u+X_{P_u}+\frac{X_{\dot{\alpha}}\left(Z_u+Z_{P_u}\right)}{U_0-Z_{\dot{\alpha}}}\right)+z\left(M_u+M_{P_u}+\frac{M_{\dot{\alpha}}\left(Z_u+Z_{P_u}\right)}{U_0-Z_{\dot{\alpha}}}\right)\right)u\\&+\left(\left(X_\alpha+\frac{X_{\dot{\alpha}}Z_\alpha}{U_0-Z_{\dot{\alpha}}}\right)+z\left(M_\alpha+M_{P_\alpha}+\frac{M_{\dot{\alpha}}Z_\alpha}{U_0-Z_{\dot{\alpha}}}\right)\right)\alpha\\&+\left(\left(X_q+X_{\dot{\alpha}}\left(\frac{U_0+Z_q}{U_0-Z_{\dot{\alpha}}}\right)\right)+z\left(M_q+M_{\dot{\alpha}}\left(\frac{U_0+Z_q}{U_0-Z_{\dot{\alpha}}}\right)\right)\right)q-g\theta\end{aligned}$$

$$a_Z=\left(\left(Z_u+Z_{P_u}\right)-x\left(M_u+M_{P_u}+\frac{M_{\dot\alpha}\left(Z_u+Z_{P_u}\right)}{U_0-Z_{\dot\alpha}}\right)\right)u+\left(Z_\alpha-x\left(M_\alpha+M_{P_\alpha}+\frac{M_{\dot\alpha}Z_\alpha}{U_0-Z_{\dot\alpha}}\right)\right)\alpha$$
$$+\left(Z_q-x\left(M_q+M_{\dot\alpha}\left(\frac{U_0+Z_q}{U_0-Z_{\dot\alpha}}\right)\right)\right)q+\left(Z_{\delta_E}-x\left(M_{\delta_E}+\frac{M_{\dot\alpha}Z_{\delta_E}}{U_0-Z_{\dot\alpha}}\right)\right)\delta_E$$
$$+\left(Z_T-x\left(M_T+\frac{M_{\dot\alpha}Z_T}{U_0-Z_{\dot\alpha}}\right)\right)\delta T \tag{10.65}$$

注意：在 $\alpha_z$ 方程中，假设

$$\frac{U_0}{U_0-Z_{\dot\alpha}}=1$$

方程(10.64)中的系统矩阵 $\boldsymbol{A}$ 将有五个本征值，由于在状态矢量中包含高度 $h$，因而一个本征值为零。根据密度保持恒定的假设，动力系统不受高度的影响($\boldsymbol{A}$ 的最后一列为零)。因此，如果高度 $h$ 不是重要的响应，那么在响应矢量 $\boldsymbol{y}$ 或状态矢量 $\boldsymbol{x}$ 中就无需包含它。在此情况下，我们就可以删除 $\boldsymbol{A}$ 的最后一行或列以及 $\boldsymbol{B}$ 的最后一行，对 $\boldsymbol{C}$ 与 $\boldsymbol{D}$ 进行相应的调整，同时将系统的阶数减少至四阶。

现在转而讨论横向运动方程——拉普拉斯变换方程(10.49)，设定 $\phi(s)=\frac{p(s)}{s}+\tan\Theta_0\frac{r(s)}{s}$，忽略此时的阵风输入信号，同时用多项式矩阵格式表示结果，就会得出

$$\begin{bmatrix} U_0s-Y_\beta & -Y_ps-g\cos\Theta_0 & (U_0-Y_r)s-g\sin\Theta_0 \\ -L'_\beta & s^2-L'_ps & -L'_rs \\ -N'_\beta & -N'_ps & s^2-N'_rs \end{bmatrix}\begin{Bmatrix}\beta(s)\\ p(s)/s \\ r(s)/s\end{Bmatrix}=\begin{bmatrix} Y_{\delta_A} & Y_{\delta_R} \\ L'_{\delta_A} & L'_{\delta_R} \\ N'_{\delta_A} & N'_{\delta_R}\end{bmatrix}\begin{Bmatrix}\delta_A(s)\\ \delta_R(s)\end{Bmatrix} \tag{10.66a}$$

或者如果 $\Theta_0=0$，那么 $\phi(s)=\frac{p(s)}{s}$，也可以将该多项式矩阵说明列为

$$\begin{bmatrix} U_0s-Y_\beta & -Y_ps-g & (U_0-Y_r) \\ -L'_\beta & s^2-L'_ps & -L'_r \\ -N'_\beta & -N'_ps & s-N'_r \end{bmatrix}\begin{Bmatrix}\beta(s)\\ \phi(s) \\ r(s)\end{Bmatrix}=\begin{bmatrix} Y_{\delta_A} & Y_{\delta_R} \\ L'_{\delta_A} & L'_{\delta_R} \\ N'_{\delta_A} & N'_{\delta_R}\end{bmatrix}\begin{Bmatrix}\delta_A(s)\\ \delta_R(s)\end{Bmatrix} \tag{10.66b}$$

这些说明的形式再次为 $\boldsymbol{P}(s)\boldsymbol{y}(s)=\boldsymbol{Q}(s)\boldsymbol{u}(s)$。同样，根据方程(10.49)与方程(10.53)，运动方程与辅助方程为

$$\begin{aligned} s\phi(s)&=p(s)+\tan\Theta_0 r(s) \\ s\psi(s)&=r(s)/\cos\Theta_0 \\ a_Y(s)&=U_0s\beta(s)+U_0r(s)+xsr(s)-zsp(s) \end{aligned} \tag{10.67}$$

上述两组方程(方程(10.66)与方程(10.67))完成了横向动力学系统的多项式矩阵说明。

根据方程(10.66a)，我们发现该系统的特征多项式($\det\boldsymbol{P}(s)$)为五阶，因而将有五个系统极点或本征值。但是，对于水平飞行(例如：$\Theta_0=0$)而言，方程(10.66b)有效，且此情况下的特征多项式为四阶。换句话说，在水平飞行($\Theta_0=0$)时，各传递函数中的极点与零点将总是位于原点。因此，可以将在水平飞行时的特征多项式列为

$$As^4 + Bs^3 + Cs^2 + Ds + E \tag{10.68}$$

$A-E$ 五个系数显然取决于 $\boldsymbol{P}(s)$ 中的量纲稳定性导数。特征多项式中的这五个系数为

$$\begin{aligned}
&A = U_0 \\
&B = -Y_\beta - U_0(L'_p + N'_r) \\
&C = (U_0 - Y_r)N'_\beta - Y_p L'_\beta + U_0(L'_p N'_r - N'_p L'_r) + Y_\beta(N'_r + L'_p) \\
&D = (U_0 - Y_r)(L'_\beta N'_p - N'_\beta L'_p) + Y_\beta(N'_p L'_r - L'_p N'_r) + Y_p(L'_\beta N'_r - N'_\beta L'_r) - gL'_\beta \\
&E = g(L'_\beta N'_r - N'_\beta L'_r)
\end{aligned} \tag{10.69}$$

横向动力学系统状态变量说明的集合仅与用状态变量格式表示的方程(10.66)和方程(10.67)有关,方程(8.41)给出了相似的系统说明。此处采用同样的方法,我们可以将响应矢量 $\boldsymbol{y}$、状态矢量 $\boldsymbol{x}$ 以及输入信号矢量 $\boldsymbol{u}$ 视为

$$\begin{cases}
\boldsymbol{x}^{\mathrm{T}} = [\beta \quad \phi \quad p \quad r \quad \psi] \\
\boldsymbol{y}^{\mathrm{T}} = [\boldsymbol{x}^{\mathrm{T}} \quad a_Y] \\
\boldsymbol{u}^{\mathrm{T}} = [\delta_A \quad \delta_R]
\end{cases} \tag{10.70}$$

然后,根据方程(10.66)与方程(10.67),可以将水平飞行时的横向动力学系统的状态变量说明列为

$$\boldsymbol{A} = \begin{bmatrix}
\dfrac{Y_\beta}{U_0} & \dfrac{g}{U_0} & \dfrac{Y_p}{U_0} & \left(\dfrac{Y_r}{U_0} - 1\right) & 0 \\
0 & 0\beta & 1 & 0 & 0 \\
L'_\beta & 0 & L'_p & L'_r & 0 \\
N'_\beta & 0 & N'_p & N'_r & 0 \\
0 & 0 & 0 & 1 & 0
\end{bmatrix}, \boldsymbol{B} = \begin{bmatrix}
\dfrac{Y_{\delta_A}}{U_0} & \dfrac{Y_{\delta_R}}{U_0} \\
0 & 0 \\
L'_{\delta_A} & L'_{\delta_R} \\
N'_{\delta_A} & N'_{\delta_R} \\
0 & 0
\end{bmatrix} \tag{10.71}$$

$$\boldsymbol{C} = \begin{bmatrix} \boldsymbol{I}_5 \\ \boldsymbol{C}_a \end{bmatrix}, \text{与 } \boldsymbol{D} = \begin{bmatrix} \boldsymbol{0}_{5\times 2} \\ \boldsymbol{D}_a \end{bmatrix}$$

式中:$\boldsymbol{I}_5$是指 5×5 单位矩阵;$\boldsymbol{0}_{5\times2}$是指无效的 5×2 矩阵;$\boldsymbol{C}_a$(1×5)以及 $\boldsymbol{D}_a$(1×2)是指其元素与加速度方程——方程(10.53)中的系数一致的行矩阵。

注意:就纵向方程而言,此处 $\boldsymbol{A}$ 将有五个本征值,由于状态矢量中包含航向 $\psi$,因此其中一个本征值为零。但是,就海拔高度而言,动力学系统是不受航向影响的(上文中 A 的最后一列为零)。因此,如果航向 $\psi$ 不是重要响应,那么在响应矢量 $\boldsymbol{y}$ 或者状态矢量 $\boldsymbol{x}$ 中就无需包含该航向。在此情况下,可以删除 $\boldsymbol{A}$ 的最后一行和最后一列以及 $\boldsymbol{B}$ 的最后一行,对 $\boldsymbol{C}$ 与 $\boldsymbol{D}$ 进行相应的调整,并将系统的阶数减少至四阶。

## 10.4 纵向传递函数与模态分析

现在来推导带控制输入的纵向传递函数,研究纵向运动固有模态。(我们在作业题 10.7

与 10.8 中对由阵风输入信号引起的动态响应进行了探讨。) 将克莱姆法则应用至方程(10.56),假设 · $=\delta_E$或 $\delta T$,可以根据下列关系式得出六个纵向传递函数。

$$\frac{u(s)}{\bullet(s)} = \det\begin{bmatrix} X_{\bullet} & -(X_{\dot{\alpha}}s + X_{\alpha}) & -X_q s + g\cos\Theta_0 \\ Z_{\bullet} & (U_0 - Z_{\dot{\alpha}})s - Z_{\alpha} & -(Z_q + U_0)s + g\sin\Theta_0 \\ M_{\bullet} & -\left(M_{\dot{\alpha}}s + (M_{\alpha} + M_{P_{\alpha}})\right) & s^2 - M_q s \end{bmatrix} / \det \boldsymbol{P}(s), \bullet = \delta_E \text{ 或 } \delta T \tag{10.72}$$

$$\frac{\alpha(s)}{\bullet(s)} = \det\begin{bmatrix} s - (X_u + X_{P_u}) & X_{\bullet} & -X_q s + g\cos\Theta_0 \\ -(Z_u + Z_{P_u}) & Z_{\bullet} & -(Z_q + U_0)s + g\sin\Theta_0 \\ -(M_u + M_{P_u}) & M_{\bullet} & s^2 - M_q s \end{bmatrix} / \det \boldsymbol{P}(s), \bullet = \delta_E \text{ 或 } \delta T \tag{10.73}$$

与

$$\frac{\theta(s)}{\bullet(s)} = \det\begin{bmatrix} s - (X_u + X_{P_u}) & -(X_{\dot{\alpha}}s + X_{\alpha}) & X_{\bullet} \\ -(Z_u + Z_{P_u}) & (U_0 - Z_{\dot{\alpha}})s - Z_{\alpha} & Z_{\bullet} \\ -(M_u + M_{P_u}) & -(M_{\dot{\alpha}}s + (M_{\alpha} + M_{P_{\alpha}}) & M_{\bullet} \end{bmatrix} / \det \boldsymbol{P}(s), \bullet = \delta_E \text{ 或 } \delta T \tag{10.74}$$

$$\frac{q(s)}{\bullet(s)} = \frac{s\theta(s)}{\bullet(s)}$$

在上一节中,我们注意到:特征多项式的 det(矩阵行列式)$\boldsymbol{P}(s)$为四阶,即

$$\det \boldsymbol{P}(s) = As^4 + Bs^3 + Cs^2 + Ds + E \tag{10.75}$$

该式的五个系数由方程(10.59)给出,因而将有四个系统极点。

注意:方程(10.72)与方程(10.73)中给出的波动速度 $u$ 与攻角 $\alpha$ 的传递函数有三阶分子多项式,因而它们均有三个零点。由方程(10.74)给出的俯仰姿态 $\theta$ 的传递函数具有二阶分子多项式,因而它将有两个零点。

升降舵输入信号的纵向传递函数通常呈现由下式规定的标准形式。

$$\begin{aligned} \frac{u(s)}{\delta_E(s)} &= \frac{K_{\delta}^{u}(s + 1/T_u)(s^2 + 2\zeta_u\omega_u + \omega_u^2)}{(s^2 + 2\zeta_P\omega_P + \omega_P^2)(s^2 + 2\zeta_{\mathrm{SP}}\omega_{\mathrm{SP}} + \omega_{\mathrm{SP}}^2)} \\ \frac{\alpha(s)}{\delta_E(s)} &= \frac{K_{\delta}^{\alpha}(s + 1/T_{\alpha})(s^2 + 2\zeta_{\alpha}\omega_{\alpha} + \omega_{\alpha}^2)}{(s^2 + 2\zeta_P\omega_P + \omega_P^2)(s^2 + 2\zeta_{\mathrm{SP}}\omega_{\mathrm{SP}} + \omega_{\mathrm{SP}}^2)} \\ \frac{\theta(s)}{\delta_E(s)} &= \frac{K_{\delta}^{\theta}(s + 1/T_{\theta_1})(s + 1/T_{\theta_2})}{(s^2 + 2\zeta_P\omega_P + \omega_P^2)(s^2 + 2\zeta_{\mathrm{SP}}\omega_{\mathrm{SP}} + \omega_{\mathrm{SP}}^2)} \\ \frac{\gamma(s)}{\delta_E(s)} &= \frac{K_{\delta}^{\gamma}(s + 1/T_{\gamma_1})(s + 1/T_{\gamma_2})(s + 1/T_{\gamma_3})}{(s^2 + 2\zeta_P\omega_P + \omega_P^2)(s^2 + 2\zeta_{\mathrm{SP}}\omega_{\mathrm{SP}} + \omega_{\mathrm{SP}}^2)} \end{aligned} \tag{10.76}$$

也就是说,四阶特征多项式通常分解成两个二次项,分子波动速度与攻角通常分解成一个二次项与一个一阶项,而俯仰姿态分子通常分解成两个一阶项。方程(10.76)定义了用作所有这些系数根的普通符号。

然而请注意:这些传递函数并不总是呈现上述形式。例如:特征多项式中的长周期振荡二次方程有时变成两个一阶系数。同样,静态不稳定飞行器的短周期振荡二次方程也通常变成两个一阶系数,且其中一个根为正。

最后,对海拔高度与加速度起支配作用的传递函数可以根据方程(10.72)~方程(10.74)中给出的传递函数求出,而下列关系式是根据方程(10.55)得出。

$$\frac{h(s)}{\bullet(s)}=\frac{\sin\Theta_0}{s}\frac{u(s)}{\bullet(s)}+\frac{U_0\cos\Theta_0}{s}\left(\frac{\theta(s)}{\bullet(s)}-\frac{\alpha(s)}{\bullet(s)}\right)$$

$$\frac{a_X(s)}{\bullet(s)}=\frac{su(s)}{\bullet(s)}+zs^2\frac{\theta(s)}{\bullet(s)} \qquad \bullet=\delta_E\text{ 或 }\delta T \tag{10.77}$$

$$\frac{a_Z(s)}{\bullet(s)}=U_0s\frac{\alpha(s)}{\bullet(s)}-xs^2+U_0s\frac{\theta(s)}{\bullet(s)}$$

此时此刻,我们通常很难针对飞行器的纵向动力学系统谈论更多内容。例如:特征多项式与所有的分子多项式是更加复杂的量纲稳定性导数的函数。因此,求出极点与零点通常要求具有数值技术。然而,我们在例10.2的案例分析中进行了更多的一些分析之后,将可以得出一些简化的近似值,这使我们更多、更深入地了解正在飞行的飞行器的纵向动力学系统特征。

## 例10.2 传统飞行器的纵向动力学系统——案例分析

现在我们一起来确定传统飞行器纵向动力学系统的传递函数与相关波特图,并进行模态分析。如例8.2中讨论以及例8.5中模拟的一样,现在我们以图10.6中展示的“纳维昂”飞行器略图为例进行分析。参考飞行速度 $U_0$ 为176fps,飞行器重量为2750lbs,翼展为33.4ft。

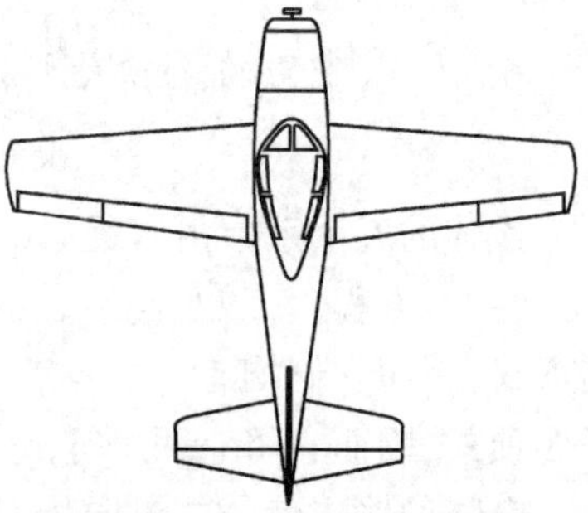

图10.6 “纳维昂”普通航空飞行器

将状态矢量、响应矢量和控制输入矢量视为

$$\boldsymbol{x}^{\mathrm{T}}=\boldsymbol{y}^{\mathrm{T}}=\left[u(\mathrm{fps})\quad \alpha(\mathrm{rad})\quad \theta(\mathrm{rad})\quad q(\mathrm{rad/s})\right]$$

$$\boldsymbol{u}^{\mathrm{T}}=\left[\delta_E(\mathrm{rad})\quad \delta T(\mathrm{lb})\right]$$

因此,根据方程(10.64)与附录B,得出动力系统的状态变量说明为

$$\boldsymbol{A}=\begin{bmatrix}-0.0451 & 6.348 & -32.2 & 0\\ -0.0021 & -2.0244 & 0 & 1\\ 0 & 0 & 0 & 1\\ 0.0021 & -6.958 & 0 & -3.0757\end{bmatrix},\quad \boldsymbol{B}=\begin{bmatrix}0 & 0.0117\\ -0.160 & 0\\ 0 & 0\\ -11.029 & 0\end{bmatrix} \tag{10.78}$$

$$\boldsymbol{C}=\boldsymbol{I}_4,\quad \boldsymbol{D}=\boldsymbol{0}$$

在继续进行分析之前,我们来进行单位转换,将所有角数量单位从弧度转换成度。这种转换将产生在工程意义方面大致相当的四个物理响应。例如:在给定飞行条件下,攻角的1°大致相当于3fps的下降速度 $w$,因而下降速度与相应攻角均为相同阶数的幅值。另一方面,攻角的1rad将大致相当于150fps的下降速度,因此,如果使用原单位,速度与角将不会近似相等。

我们在对本征矢量的矢量图进行合适解释时达到这种平衡是必要的。①

因此,我们将对角线单位转换矩阵 $\boldsymbol{U}$ 定义为

$$y_{新} = x_{新} = \boldsymbol{U}y_{旧} = \boldsymbol{U}x_{旧} \tag{10.79}$$

式中:下标“旧”和“新”是指用于响应和状态的单位。由于我们正在将单位弧度转化为度,因而得出

$$\boldsymbol{U} = \begin{bmatrix} 1 & 0 & 0 & 0 \\ 0 & 57.3 & 0 & 0 \\ 0 & 0 & 57.3 & 0 \\ 0 & 0 & 0 & 57.3 \end{bmatrix} \tag{10.80}$$

现在新的状态变量系统说明变成

$$\begin{aligned} \dot{\boldsymbol{x}}_{新} &= \boldsymbol{UAU}^{-1}\boldsymbol{x}_{新} + \boldsymbol{UBu} = \boldsymbol{A}_{新}\boldsymbol{x}_{新} + \boldsymbol{B}_{新}\boldsymbol{u} \\ \boldsymbol{y}_{新} &= \boldsymbol{UCU}^{-1}\boldsymbol{x}_{新} + \boldsymbol{UDu} = \boldsymbol{I}_4\boldsymbol{x}_{新} \end{aligned} \tag{10.81}$$

根据 MATLAB,有

$$\boldsymbol{A}_{新} = \boldsymbol{UAU}^{-1} = \begin{bmatrix} -0.0451 & 0.1109 & -0.5620 & 0 \\ -0.1203 & -2.0244 & 0 & 1 \\ 0 & 0 & 0 & 1 \\ 0.1203 & -6.958 & 0 & -3.0757 \end{bmatrix} \tag{10.82}$$

此时为

$$B_{新} = B$$

如果升降舵偏转角也转换成了度(大家应该自己查证这一点),那么 $A$(与 $A_{新}$)的本征值为

$$\begin{cases} \lambda_{1,2} = -2.5554 \pm \mathrm{j}2.5838\ /\mathrm{s} \\ \lambda_{3,4} = -0.01722 \pm \mathrm{j}0.2138\ /\mathrm{s} \end{cases} \tag{10.83}$$

因此,模态响应是由两个稳定的振荡模态组成,一个在频率较低(0.2138rad/s)时受到轻微的阻尼,另一个在频率更高(2.5838rad/s)时受到适当的阻尼。$\boldsymbol{A}_{新}$ 的相应右本征矢量为

$$\begin{aligned} \boldsymbol{v}_{1,2} &= \begin{Bmatrix} 0.00839 \pm \mathrm{j}0.02940 \\ 0.10328 \pm \mathrm{j}0.32746 \\ 0.19302 \pm \mathrm{j}0.15739 \\ -0.89990 \pm \mathrm{j}0.09652 \end{Bmatrix} \text{ 或 } \boldsymbol{v}_1 = \begin{Bmatrix} 0.0306\mathrm{e}^{\mathrm{j}74.1^\circ} \\ 0.3436\mathrm{e}^{\mathrm{j}72.5^\circ} \\ 0.2491\mathrm{e}^{\mathrm{j}39.2^\circ} \\ 0.9051\mathrm{e}^{\mathrm{j}173.9^\circ} \end{Bmatrix} \\ \boldsymbol{v}_{3,4} &= \begin{Bmatrix} 0.59340 \mp \mathrm{j}0.71685 \\ -0.01157 \pm \mathrm{j}0.01340 \\ -0.30439 \mp \mathrm{j}0.18750 \\ 0.04532 \mp \mathrm{j}0.06183 \end{Bmatrix} \text{ 或 } \boldsymbol{v}_3 = \begin{Bmatrix} 0.9306\mathrm{e}^{-\mathrm{j}50.4^\circ} \\ 0.0177\mathrm{e}^{\mathrm{j}130.8^\circ} \\ 0.3575\mathrm{e}^{-\mathrm{j}148.4^\circ} \\ 0.0767\mathrm{e}^{-\mathrm{j}53.8^\circ} \end{Bmatrix} \end{aligned} \tag{10.84}$$

图 10.7 $\boldsymbol{v}_1$ 与 $\boldsymbol{v}_3$ 的矢量图

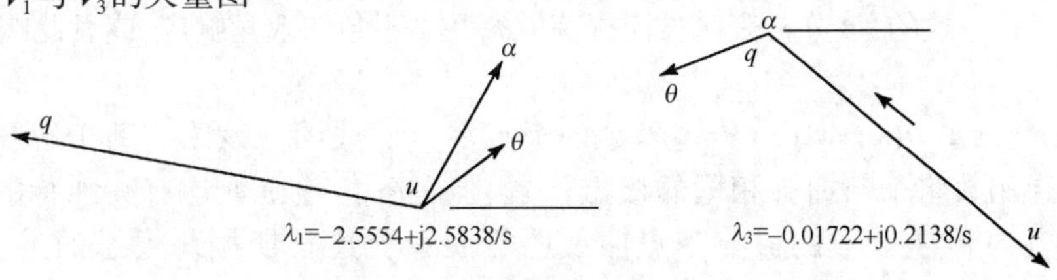


图 10.7 “纳维昂”纵向振型矢量图

① 感谢斯坦福大学的阿特·布莱森教授提供与该点有关的深刻见解

根据第一个本征矢量,我们发现相应的较高频率模态几乎对波动速度响应 $u(t)$ 不起作用(由于分力太小因而无法画出来),这表明该模态响应在速度几乎不变时才会发生,因此可以将该模态描述为与俯仰姿态振荡、速度及攻角有关的更高频率下的相关阻尼模态。也就是说,该模态主要与速度几乎不变时的俯仰振荡有关。我们将此种模态称作短周期运动模态。

相反,根据第二个本征矢量,我们发现相应的低频模态主要对波动速度 $u(t)$ 和俯仰姿态 $\theta(t)$ 响应起作用,而它对攻角响应的作用几乎可以忽略不计(由于分力太小因而无法画出来)。也就是说,该模态响应在攻角几乎保持恒定时发生。(注意:在模态响应中,几乎也不会有俯仰率。但是,由于在响应中存在重要的俯仰姿态,因此俯仰率很小主要是由模态频率很低引起的。)

因此,可以将该模态描述为在攻角基本保持恒定时与速度和姿态振荡有关的频率更低的微阻尼模态。将此种模态称作长周期运动模态。如果飞行器的响应单纯地由长周期振荡引起,那么根据本征矢量我们发现速度振荡将导致姿态振荡将近 100°。因此,当飞行器速度上升时,飞行器开始上仰,这反过来又会减慢飞行器的速度,从而使飞行器继而出现下降,诸如此类反复出现类似情况,就如坐过山车一样。基本而言,在攻角几乎保持恒定时,飞行器正经历将动能转换成势能,随后又反过来将势能转换成动能。

对"纳维昂"飞行器纵向动力学系统左本征矢量的详尽研究表明:升降舵既能激发长期振荡模态,又能激发短期振荡模态,而推力基本上仅仅激发长期振荡模态。

为了完成分析,我们将求出"纳维昂"飞行器的六个纵向传递函数。使用初始状态变量说明与 MATLAB 中的 zpk 指令,升降舵输入信号的传递函数为

$$\frac{u(s)}{\delta_E(s)}=\frac{-1.0166(s+2.402)(s-279.7)}{(s^2+0.03444s+0.04598)(s^s+5.111s+13.21)}\text{ fps/rad}$$

$$\frac{\alpha(s)}{\delta_E(s)}=\frac{-0.16(s+72.01)(s^2+0.04419s+0.06567)}{(s^2+0.03444s+0.04598)(s^s+5.111s+13.21)}\text{ rad/rad 或 }(°)/(°) \tag{10.85}$$

$$\frac{\theta(s)}{\delta_E(s)}=\frac{-11.029(s+0.05233)(s+1.916)}{(s^2+0.03444s+0.04598)(s^s+5.111s+13.21)}\text{ rad/rad 或 }(°)/(°)$$

将这些与方程(10.76)中给出的标准形式进行比较,就可以清楚地知道特征多项式中的两个二次项,第一个二次项与长周期振荡模态($w_n=0.21\text{rad/s}$)有关,第二个二次项与短周期振荡模态($w_n=3.63\text{rad/s}$)有关。(我们知道这是以刚刚进行的本征分析为基础。)同时还应注意与标准形式相比较的分子中的系数值。例如:此处

$$1/T_{\theta_1}=0.05233\ /\text{s}$$

与两个俯仰姿态传递函数中较小者的零点是一致的,而

$$1/T_{\theta_2}=1.916\ /\text{s}$$

最后注意长期振荡二次项几乎与攻角传递函数分子中的类似二次项相消。这与模态分析中得出的结果是一致的,该分析表明长期振荡模态几乎不包含攻角响应,或者此响应几乎不能观察到。

图 10.8 展示了 $\theta(s)/\delta_E(s)$ 传递函数的极点零点曲线图。该图有助于解释传递函数。注意六个传递函数将全部拥有相同的极点位置,但是各传递函数均有其独特的一组零点。例如:$\alpha(s)\delta_E(s)$ 传递函数的极点零点曲线图将展示上述长期振荡模态的近似极点零点对消。

长期振荡极点出现在复平面的原点附近,而短期振荡极点距离原点远得多。我们可以证明原点至极点的距离等于相应模态的无阻尼固有频率 $\omega_n$。同时,如图 10.8 所示,在负实轴与

原点至极点的直线之间的夹角的余弦等于其模态的阻尼比。

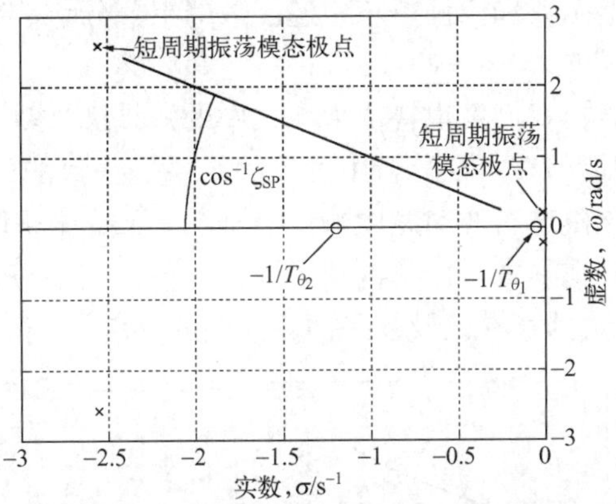


图 10.8 "纳维昂"飞行器 $\theta/\delta_E$ 传递函数的极零图表

图 10.9 展示了负升降舵偏转的攻角传递函数与俯仰姿态传递函数的波特图。负偏转仅使两个波特图的相位发生了 180°的变化,以方便画曲线图。俯仰姿态幅值的峰值是由较低长期模态阻尼引起,在短期无阻尼固有频率(转角频率)上两个幅值变得更小("剧降")。该波特图清楚地展现了长期振荡系数几乎与攻角传递函数中的类似分子系数相消。同时注意:与先前的本征分析一致的是升降舵既能激发长期振荡模态又能激发短期振荡模态,这一点可以根据以下两个事实得以证明:长期振荡模态在俯仰姿态波特图中非常明显,而短期振荡模态在两个波特图中均非常明显。

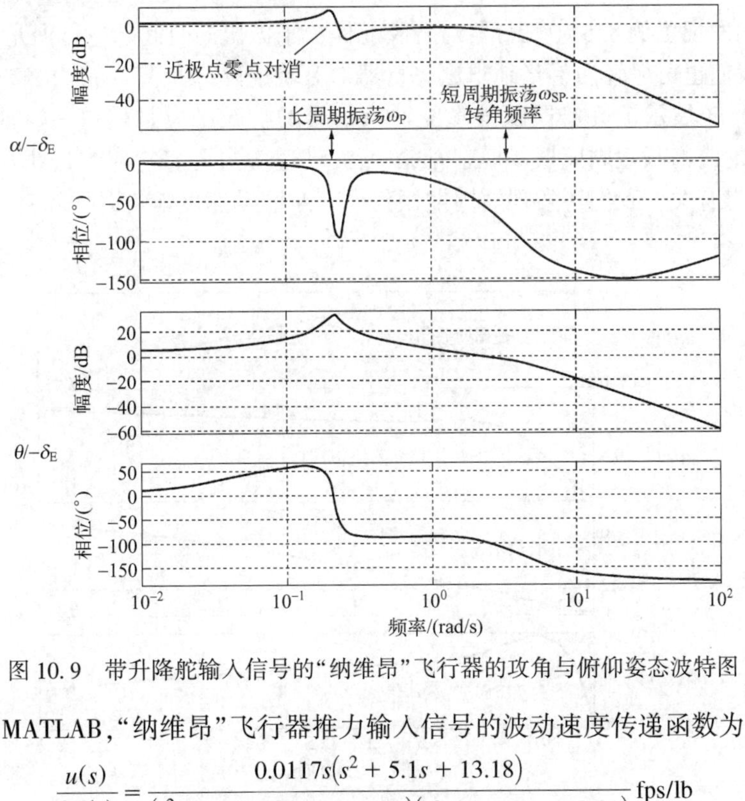


图 10.9 带升降舵输入信号的"纳维昂"飞行器的攻角与俯仰姿态波特图

同样根据 MATLAB,"纳维昂"飞行器推力输入信号的波动速度传递函数为

$$\frac{u(s)}{\delta T(s)}=\frac{0.0117s\left(s^2+5.1s+13.18\right)}{\left(s^2+0.03444s+0.04598\right)\left(s^s+5.111s+13.21\right)}\text{ fps/lb} \tag{10.86}$$

这是唯一一个有关“纳维昂”飞行器推力输入信号的重要传递函数。由于推力经过 c. g. ，$Z_{\delta T}$与 $M_{\delta T}$均为零，攻角传递函数和俯仰姿态传递函数的主要分子常数均等于零，因此这两个传递函数也等于零。

仔细观察上述传递函数，我们发现特征多项式中的短期二次项系数几乎恰好与分子中的类似二次项相消。这种相消与在本征分析中发现的结果是一致的，该分析表明推力基本上仅激发长周期振荡模态，且该模态对波动速度响应有非常重要的作用。通过分析图 10.10 中的传递函数波特图，所有这些观察资料也都得到了证实。该曲线图仅清楚地展现了特征多项式中微阻尼长周期振荡二次式的存在以及复平面原点处的零点。

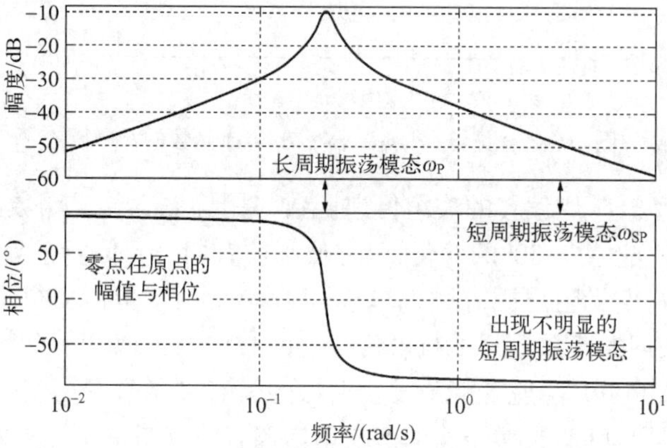


图 10.10　带推力输入信号的“纳维昂”飞行器波动速度波特图

最后，我们发现了例 8.5 中飞行器对升降舵偶极子做出的时间响应。但是，根据 MATLAB 的阶跃指令，我们也可以轻而易举地求出飞行器对升降舵输入信号和推力输入信号做出的阶跃反应。图 10.11 展示了负 1°阶跃升降舵输入信号的阶跃反应。最初一两秒钟的响应几乎完全与适当阻尼的高频短周期振荡模态有关，而波动速度与姿态响应中最明显的低频响应及长周期振荡模态有关。我们还发现短周期振荡模态对波动速度响应几乎不起作用（虚线表示稳态响应）。

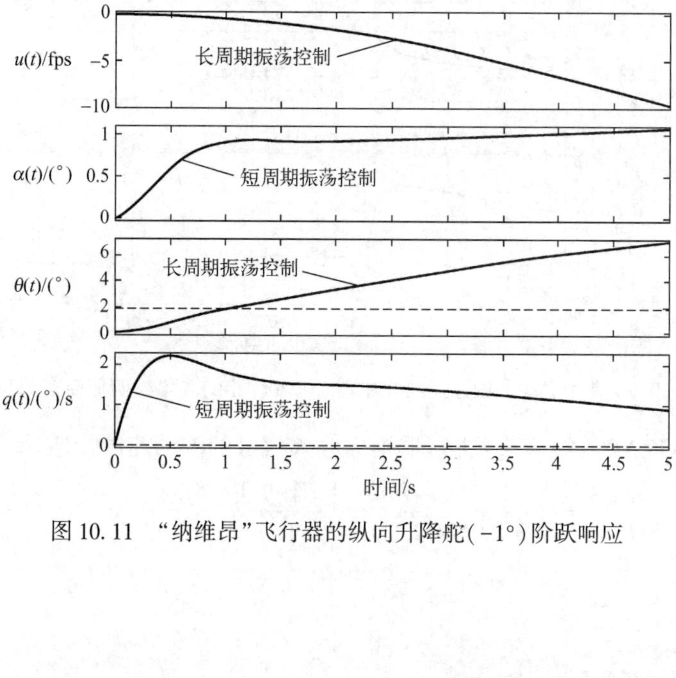


图 10.11　“纳维昂”飞行器的纵向升降舵（-1°）阶跃响应

图 10.12 展示了 1lb 推力输入的波动速度及俯仰姿态的阶跃响应。另一个响应(例如攻角与俯仰率)基本为零。我们发现图中所示的两个响应几乎完全与低频、微阻尼长周期振荡模态一致。同时还应注意波动速度响应导致产生大约 90°的姿态响应,这与长周期振荡模态的矢量图一致。海豚状响应或者“过山车”式的响应非常明显。

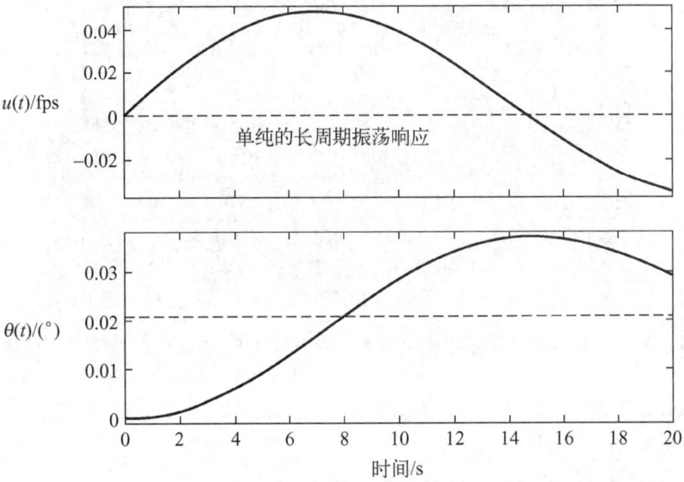


图 10.12 “纳维昂”飞行器的纵向(1lb)跃阶推力响应

几乎所有的传统、静态稳定飞行器均有与刚才描述的“纳维昂”飞行器类似的纵向振荡模态。(我们将在作业题 10.3 与作业题 10.5 中证明该事实。)由于长周期振荡模态的振荡频率很低,因此飞行员可以通过控制高度或姿态轻而易举地控制该模态。然而,不稳定长周期振荡无疑是一种棘手的情况,只要飞行器短时不加控制,它就会引起速度或姿态逐渐偏离期望值。然而,短周期振荡模态却是另一回事。由于它是频率高得多的模态,因此如果它不稳定,那么飞行员将很难使之稳定。操纵性能规范(例如参考文献 1)已经制定出来,以便为飞行器设计提供指导。该规范定义了飞行器所需的气动力特征,例如:不同种类飞行器以及不同相位飞行的模态频率与阻尼。

但是,并非所有飞行器自然而然地拥有上述典型的纵向模态特征。这是很重要的一点,应当记住。例如:有时两个长周期振荡本征值为实数,且其中一个可能表现出轻微的不稳定。当机身不显示提供可接受操纵特性的模态特征时,我们要么必须修改飞行器的构型,要么必须增强反馈以取得理想的特征。在例 10.3 中,我们将对一种截然不同的飞行器进行模态分析,检查其纵向振荡模态。并且在第十一章,我们将探讨增强反馈这个主题。

### 例 10.3 案例分析——高超声速飞行器纵向动力学系统的模态分析

此处我们将针对一种与“纳维昂”飞行器截然不同的飞行器纵向动力学系统进行分析。最初我们已在作业题 6.3 中对该飞行器进行了分析,其概念与 NASA 的高超声速 X-43 极速 X 研究机类似,如图 10.13 所示。飞行器下部安装有一个吸气式超声速燃烧冲压喷气发动机,气动升力是由机尖升力表面产生,俯仰控制是由机尾水平气动力表面提供。我们假设此处研究分析的飞行器长 150ft,重 80000lbs,俯仰惯性为 $I_{vv}=5.0\times10^6\,\text{sl-ft}^2$。飞行条件为:速度为马赫数 8,飞行高度 80000ft。

图 10.13　NASA X-43A 高超声速研究机(经 NASA 德莱顿飞行研究中心授权,1999)

使用参考文献[2]、参考文献[3]或附录 B 的数据,我们将状态变量模型分别定义为以下状态矢量、响应矢量以及控制输入矢量。

$$\boldsymbol{x}^{\mathrm{T}}=\boldsymbol{y}^{\mathrm{T}}=\left[u(\mathrm{fps}),\ \alpha(\mathrm{rad}),\ \theta(\mathrm{rad}),\ q(\mathrm{rad/sec})\right],\quad \boldsymbol{u}=\delta_H(\mathrm{rad})$$

速度为马赫数 8 时,马赫与弧度这两个单位具有大致相同的工程意义,因而我们对单位进行了标准化的统一。之后,状态变量模型变成

$$\boldsymbol{A}=\begin{bmatrix}-0.001936 & 0.02502 & -0.03317 & 0.000635\\ -0.002028 & -0.06303 & 0 & 1\\ 0 & 0 & 0 & 1\\ 0.3287 & 11.023 & 0 & -0.0816\end{bmatrix},\ \boldsymbol{B}=\begin{bmatrix}-0.00058\\ -0.00276\\ 0\\ -0.47936\end{bmatrix}$$

$$\boldsymbol{C}=\boldsymbol{I}_4,\ \boldsymbol{D}=O_{4\times 1}$$

利用 MATLAB 命令

```
[m, d]=eig(A)
```

我们发现 A 的四个本征值为

$$\lambda_{1,2}=-0.000848\pm \mathrm{j}0.002048\ /\mathrm{s}$$

$$\lambda_3=3.253\ /\mathrm{s}$$

$$\lambda_4=-3.398\ /\mathrm{s}$$

且相关的右本征矢量为

$$\boldsymbol{v}_{1,2}=\begin{Bmatrix}0.93504\mp \mathrm{j}0.34353\\ -0.027877\pm \mathrm{j}0.010241\\ -0.072908\mp \mathrm{j}0.038729\\ 0.000141\mp \mathrm{j}0.000116\end{Bmatrix}=\begin{Bmatrix}0.99615\mathrm{e}^{\mp \mathrm{j}20.2^\circ}\\ 0.02970\mathrm{e}^{\pm \mathrm{j}159.8^\circ}\\ 0.08256\mathrm{e}^{\mp \mathrm{j}152.0^\circ}\\ 0.00018\mathrm{e}^{\mp \mathrm{j}39.5^\circ}\end{Bmatrix}$$

$$\boldsymbol{v}_3=\begin{Bmatrix}-0.00056\\ 0.27777\\ 0.28230\\ 0.91823\end{Bmatrix},\ \boldsymbol{v}_4=\begin{Bmatrix}0.00078\\ 0.27724\\ 0.27129\\ -0.92170\end{Bmatrix}$$

图 10.14 展示了第一个本征矢量 $\boldsymbol{v}_1$ 的矢量图。根据该矢量图及相关本征值,第一个模态将表现为非常常见的长周期振荡模态,它具有较低振荡频率,受到微阻尼,且几乎完全由波动

速度振荡和俯仰姿态振荡组成。此外,波动速度导致姿态变化将近130°,因此该模态特征可以用与长周期振荡模态有关的微阻尼振荡“过山车”运动表示。然而,该模态令人惊奇的地方是它具有极低的频率(0.002rad/s,相比之下,“纳维昂”飞行器的频率为0.2rad/s)。10.5.2节讨论长周期近似模型时,将对该结果进行解释。

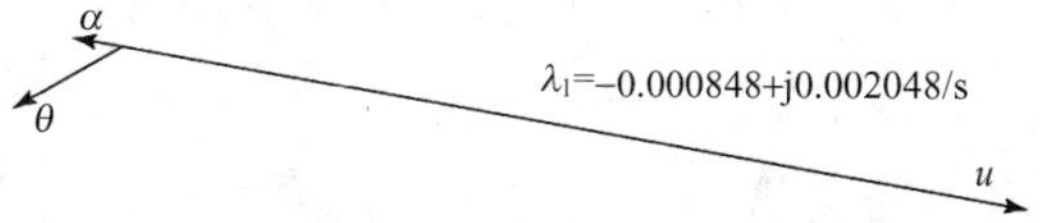


图 10.14 第一个右本征矢量——高超声速飞行器

尽管有这种非常常见的长周期振荡模态,但却没有短周期振荡模态。短周期振荡模态已由两种无振荡模态代替,且其中一种模态非常不稳定。根据本征矢量,我们发现后面这两种模态几乎完全是由俯仰率组成,它几乎没有任何波动速度分量。因此,后面这两种模态在振型方面与传统的短周期振荡模态类似,它们之间的区别是:后面这两种模态是无振荡的,且其中一种模态不稳定。我们将在10.5.1节继续探讨该结果。

## 10.5 飞行器纵向动力学近似模型

建立在本征分析基础上的飞行器固有纵向模态特性的知识隐含一些可以让我们简化建模的合理近似模型。但是,对于特定飞行器而言,本征分析必须确保近似模型中所做的假设是有效的。

**学生须知**

鉴于使用类似MATLAB这样的数值分析例程使我们可以对全阶模型进行分析,因而机敏的读者可能会对此类建模简化的作用感到怀疑。这是一个好问题。确实在为飞行器摄动动力学系统指定数值模型后,我们可以使用MATLAB进行线性分析。然而,除了分析指定飞行器外,我们也力图掌握决定飞行器动态性能的设计因素(几何结构、气动力特征等)。事实上,这可能是通过摄动动力学分析获得的最重要见解。我们将根据本节及10.6节中阐述的近似模型获得这种见解。这些近似模型在实践中得到了广泛的应用。

### 10.5.1 短周期近似模型

首先分析短周期振荡模态,对传统飞行器而言,该模态与速度几乎保持恒定,即$u(t)\approx 0$时的俯仰振荡有关。这表明波动速度自由度几乎不参与短周期振荡模态响应,因而可能会从该模态中消失。

如果现在我们回过头来说明纵向动力学系统的多项式矩阵,即方程(10.56),并排除波动速度自由度(短周期近似模型),就可以根据下式得出一个二自由度系统:

$$\begin{bmatrix} (U_0-Z_{\dot{\alpha}})s-Z_\alpha & -(Z_q+U_0)s+g\sin\Theta_0 \\ -\left(M_{\dot{\alpha}}s+\left(M_\alpha+M_{P_\alpha}\right)\right) & s^2-M_q s \end{bmatrix}\begin{Bmatrix}\alpha(s)\\ \theta(s)\end{Bmatrix}=\begin{bmatrix}Z_{\delta_E} & Z_T\\ M_{\delta_E} & M_T\end{bmatrix}\begin{Bmatrix}\delta_E(s)\\ \delta T(s)\end{Bmatrix} \quad (10.87)$$

当然,上述表达式采用的是下面这个大家熟悉的形式:

$$\boldsymbol{P}(s)\boldsymbol{y}(s)=\boldsymbol{Q}(s)\boldsymbol{u}(s)$$

系统的特征多项式为

$$\det \boldsymbol{P}(s)=\det\begin{bmatrix}(U_0-Z_{\dot{\alpha}})s-Z_\alpha & -(Z_q+U_0)s+g\sin\Theta_0\\ -\left(M_{\dot{\alpha}}s+\left(M_\alpha+M_{P_\alpha}\right)\right) & s^2-M_q s\end{bmatrix}$$

$$=\left(s^2-M_q s\right)\left((U_0-Z_{\dot{\alpha}})s-Z_\alpha\right)-\left(M_{\dot{\alpha}}s+\left(M_\alpha+M_{P_\alpha}\right)\right)\left((U_0+Z_q)s-g\sin\Theta_0\right) \quad (10.88)$$

$$=\left(U_0-Z_{\dot{\alpha}}\right)s^3-\left(Z_\alpha+M_{\dot{\alpha}}\left(U_0+Z_q\right)+M_q\left(U_0-Z_{\dot{\alpha}}\right)\right)s^2$$

$$+\left(M_q Z_\alpha+M_{\dot{\alpha}}g\sin\Theta_0-\left(M_\alpha+M_{P_\alpha}\right)\left(U_0+Z_q\right)\right)s+\left(M_\alpha+M_{P_\alpha}\right)g\sin\Theta_0$$

这是一个三阶特征方程,在该方程中没有出现长周期振荡二次系数。

对于水平飞行($\Theta_0=\gamma_0=0$)而言,上述特征多项式中有一个极点等于零,该极点是从紧邻复平面原点的两个缺失的长周期振荡特征根里遗留下来的。在纵向特征方程中,约等于短周期系数的剩余二阶二次项似乎为

$$s^2-\left(\frac{Z_\alpha}{\left(U_0-Z_{\dot{\alpha}}\right)}+M_{\dot{\alpha}}\frac{\left(U_0+Z_q\right)}{\left(U_0-Z_{\dot{\alpha}}\right)}+M_q\right)s+\left(\frac{M_q Z_\alpha}{\left(U_0-Z_{\dot{\alpha}}\right)}-\left(M_\alpha+M_{P_\alpha}\right)\frac{\left(U_0+Z_q\right)}{\left(U_0-Z_{\dot{\alpha}}\right)}\right) \quad (10.89)$$

方程(10.89)的形式为

$$s^2+2\zeta_{\mathrm{SP}}\omega_{\mathrm{SP}}s+\omega_{\mathrm{SP}}^2$$

比较这两个二次多项式,我们发现 $s$ 的系数明显受到俯仰阻尼量纲导数 $M_q$ 与 $M_{\dot{\alpha}}$ 的影响,由于

$$2\zeta_{\mathrm{SP}}\omega_{\mathrm{SP}}=-\left(\frac{Z_\alpha}{\left(U_0-Z_{\dot{\alpha}}\right)}+M_{\dot{\alpha}}\frac{\left(U_0+Z_q\right)}{\left(U_0-Z_{\dot{\alpha}}\right)}+M_q\right)\approx-\left(\frac{Z_\alpha}{U_0}+M_{\dot{\alpha}}+M_q\right) \quad (10.90)$$

另一方面,在二次项或无阻尼短周期频率的平方中的最后一个系数明显受到俯仰刚度量纲导数的影响,即

$$\omega_{\mathrm{SP}}^2=\frac{M_q Z_\alpha}{\left(U_0-Z_{\dot{\alpha}}\right)}-\left(M_\alpha+M_{P_\alpha}\right)\frac{\left(U_0+Z_q\right)}{\left(U_0-Z_{\dot{\alpha}}\right)}\approx M_q\frac{Z_\alpha}{U_0}-\left(M_\alpha+M_{P_\alpha}\right) \quad (10.91)$$

对于动态稳定性而言,这两项(方程(10.90)与方程(10.91))必须为正,且第一项总是为正。如果它们满足下式,那么方程(10.91)将为正。

$$\left(M_\alpha+M_{P_\alpha}\right)<M_q\frac{Z_\alpha}{U_0} \quad (10.92)$$

同时注意,$M_q Z_\alpha$总是为正。因此,根据短周期近似模型,我们发现了静态稳定性与动态稳定性之间的第一个联系。通过确保满足方程(10.92),静态俯仰稳定性(即($M_\alpha+M_{P_\alpha}$)<0)确保了短周期近似模型中的动态短周期稳定性。

此外,根据量纲稳定性导数的定义,可以看出动态稳定性与 $C_{M_\alpha}$、$C_{M_q}$以及 $C_{M_{\dot{\alpha}}}$、$I_{yy}$与 $q_\infty$ 密切相关。由于"纳维昂"飞行器有正俯仰刚度,因此其短周期本征值均是稳定的。但是,由于高超声速飞行器有负俯仰刚度(从静态而言它是非常不稳定的),因此方程(10.91)为负,从而导致产生两个实数短周期本征值,且其中一个本征值不稳定。

现在求解短周期近似模型的四个传递函数,注意方程(10.88)给出了 $\det \boldsymbol{P}(s)$,攻角传递函数为

$$\frac{\alpha(s)}{\bullet(s)} = \left(Z_{\bullet}(s^2 - M_q s) + M_{\bullet}\left((Z_q + U_0)s + g\sin\Theta_0\right)\right)/\det \boldsymbol{P}(s)$$

$$\bullet = \delta_E \text{ 或 } \delta T \quad (10.93)$$

$$= \left(Z_{\bullet}s^2 + \left(M_{\bullet}(U_0 + Z_q) - Z_{\bullet}M_q\right)s + M_{\bullet}g\sin\Theta_0\right)/\det \boldsymbol{P}(s)$$

由于在通常情况下 $Z_{\delta T}$与 $M_{\delta T}$要么很小,要么为零,因此推力输入分子的幅值一般都非常小或者也为零。上述分子多项式为二阶多项式,就稳定、水平($\Theta_0=\gamma_0=0$)飞行而言,它变成

$$N_{\alpha,\bullet}(s) \approx Z_{\bullet}s^2 + \left(M_{\bullet}(U_0 + Z_q) - Z_{\bullet}M_q\right)s \quad (10.94)$$

因此(复平面)原点处的极点将与该处的零点相消。将上述分子与方程(10.76)中给出的标准形式进行比较,我们发现:

$$1/T_{\alpha} \approx \left(-M_q + (U_0 + Z_q)M_{\delta_E}/Z_{\delta_E}\right) \quad (10.95)$$

短周期近似模型的俯仰姿态传递函数为

$$\frac{\theta(s)}{\bullet(s)} = \left(M_{\bullet}\left((U_0 - Z_{\dot{\alpha}})s - Z_{\alpha}\right) + Z_{\bullet}\left(M_{\dot{\alpha}}s + (M_{\alpha} + M_{P_{\alpha}})\right)\right)/\det \boldsymbol{P}(s)$$

$$\bullet = \delta_E \text{ 或 } \delta T \quad (10.96)$$

$$= \left(\left(M_{\bullet}(U_0 - Z_{\dot{\alpha}}) + Z_{\bullet}M_{\dot{\alpha}}\right)s + \left(Z_{\bullet}(M_{\alpha} + M_{P_{\alpha}}) - M_{\bullet}Z_{\alpha}\right)\right)/\det \boldsymbol{P}(s)$$

当然,俯仰率传递函数刚好等于上述传递函数乘以 $s$。又由于 $M_{\delta T}$与 $Z_{\delta T}$通常非常小或者为零,因此有推力输入的俯仰姿态传递函数通常很小。

上述分子多项式为一阶多项式,升降舵输入的单个零点产生方程(10.76)定义的近似值 $1/T_{\theta_2}$。另一个标准的分子系数 $1/T_{\theta_1}$不会出现在短周期近似模型中。但是它会出现在 10.5.2 节中讨论的长周期近似模型中。因此,根据该短周期近似模型,有

$$1/T_{\theta_2} \approx \left(Z_{\delta_E}(M_{\alpha} + M_{P_{\alpha}}) - M_{\delta_E}Z_{\alpha}\right)/\left(M_{\delta_E}(U_0 - Z_{\dot{\alpha}}) + Z_{\delta_E}M_{\dot{\alpha}}\right) \approx -Z_{\alpha}/U_0 \quad (10.97)$$

该项通常由$-Z_{\alpha}/U_0$或飞行器的升力系数控制。

就这点而言,重要的是短周期近似模型的有效性。为了讨论这个问题,我们将对近似模型的纳维昂纵向动力学系统进行本征分析,并将该结果与根据完整纵向模态得出的结果进行比较。在消去纳维昂状态变量模型(方程(10.78)与方程(10.82))中 $\boldsymbol{A}$ 矩阵的第一行与列以及 $\boldsymbol{B}$ 矩阵的第一行(为什么消去的是这些行与列?)之后,短周期近似模型的状态变量模型变成

$$\boldsymbol{A}_{\mathrm{SP}} = \begin{bmatrix} -2.0244 & 0 & 1 \\ 0 & 0 & 1 \\ -6.958 & 0 & -3.0757 \end{bmatrix}, \quad \boldsymbol{B}_{\mathrm{SP}} = \begin{bmatrix} -0.160 & 0 \\ 0 & 0 \\ -11.029 & 0 \end{bmatrix} \quad (10.98)$$

$$\boldsymbol{C}_{\mathrm{SP}} = \boldsymbol{I}_3, \quad \boldsymbol{D}_{\mathrm{SP}} = \boldsymbol{0}_{3\times 2}$$

第一件要注意的事情是:在短周期近似模型中,“纳维昂”飞行器推力输入的纵向传递函数均为零。也就是说,就这种飞行条件下的“纳维昂”飞行器而言,推力既不会对飞行器上的垂直力($Z$)起作用,也不会对飞行器上的俯仰力矩起作用。

根据 MATLAB,$\boldsymbol{A}_{\mathrm{SP}}$的三个本征值为

$$\begin{cases}\lambda_{SP} = -2.5500 \pm j2.5849\ /s \\ \lambda_3 = 0\end{cases} \tag{10.99}$$

将上述短周期本征值与例 10.2 中的相应值($\lambda_{1,2}=-2.554\pm j2.5838/s$)进行比较,发现它们非常一致。短周期近似模型的相应本征矢量为

$$\boldsymbol{v}_{SP} = \begin{Bmatrix}0.33640 \mp j0.06841 \\ 0.17753 \mp j0.17514 \\ 0 \pm j0.90552\end{Bmatrix} \text{ 或 } \boldsymbol{v}_{SP_1} = \begin{Bmatrix}0.3433e^{-j11.5^\circ} \\ 0.2494e^{-j44.6^\circ} \\ 0.9055e^{j90^\circ}\end{Bmatrix},\ \boldsymbol{v}_3 = \begin{Bmatrix}0 \\ 1 \\ 0\end{Bmatrix} \tag{10.100}$$

图 10.15 展示了 $\boldsymbol{v}_{SP1}$ 的矢量图。将该图与例 10.2 中的短周期模态图进行比较,我们发现它们也非常一致。(下图是在例 10.2 中相应图的基础上顺时针旋转大约 60°得出的事实并不重要,一个本征矢量可以与任一非零标量复数相乘,且得出的值仍为给定矩阵的本征矢量。)

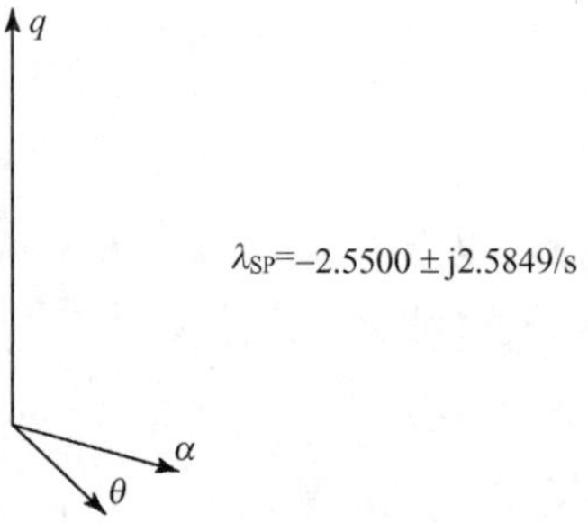


图 10.15 纳维昂短周期近似值的矢量图

因此,我们推断:至少对"纳维昂"飞行器而言,短周期近似模型是非常精确的,尤其对攻角与俯仰率响应而言更是如此。由于初始本征分析表明短周期模态响应几乎不包含波动速度,因此事实上这一点并不足为奇。事实上,对于显式常规短周期模态的任意飞行器动力学系统而言,短周期近似模型是非常有效的。但是,应该告诫学生在启用短周期近似模型之前,首先对正在分析的任意飞行器的纵向动力学系统进行本征分析。

### 10.5.2 长周期近似模型

现在将注意力转移到其他的纵向运动模式,或者长周期振荡模式。例 10.2 中的"纳维昂"本征分析表明长周期振荡低频、微阻尼模态反应的特征是在攻角与俯仰率几乎无摄动时交换动能与势能。

根据这些事实,我们一起来观察 1980 年兰切斯特最先研发的长周期振荡经典模型(参考文献[4])。兰切斯特是根据以下假设研发出这种模型的:

(1) 参考飞行条件包含以 $U_0$ 的速度稳定、水平地飞行($\Theta_0=0$)。

(2) 总能量(动能与势能)保持恒定。

(3) 在参考值为 $\alpha_0$ 时,攻角保持恒定。

(4) 推力与飞行器阻力保持平衡。

(5) 振荡低至足以使俯仰率可以忽略不计。

根据假设(1)与假设(2),可以列出下式:

$$\frac{1}{2}mU_0^2 + mgh_0 = \frac{1}{2}m(U_0+u)^2 + mg(h_0+h) = \text{常数} \tag{10.101}$$

因而

$$(U_0+u)^2 = U_0^2 - 2gh \tag{10.102}$$

在稳定、水平飞行时,有

$$L_0 = \frac{1}{2}\rho_\infty U_0^2 S_W C_{L_0} = mg \tag{10.103}$$

在扰动飞行且升力系数保持恒定(例如恒量 $\alpha=\alpha_0$)时,升力可以表示为

$$L_0 + \delta L = \frac{1}{2}\rho_\infty (U_0 + u)^2 S_W C_{L_0} = \frac{1}{2}\rho_\infty (U_0^2 - 2gh) S_W C_{L_0}$$
$$= mg - \rho_\infty gh S_W C_{L_0} = L_0 - \rho_\infty gh S_W C_{L_0} \qquad (10.104)$$

将垂直力合并,并观察自由高度,可以将其运动方程列为

$$m(\ddot{h}_0 + \ddot{h}) = F_Z = (L_0 + \delta L)\cos(\Theta_0 + \theta) - mg \qquad (10.105)$$

然后就可以得出扰动高度 $h$ 的运动齐次方程为

$$m\ddot{h} = \delta L\cos\Theta_0 = -\rho_\infty gh S_W C_{L_0}$$

或者

$$\ddot{h} + \frac{\rho_\infty g S_W C_{L_0}}{m} h = 0 \qquad (10.106)$$

该方程表明:引用方程(10.103)之后,可知在以下频率时振荡运动包含高度的无阻尼振荡。

$$\omega_P = \sqrt{\frac{\rho_\infty g S_W C_{L_0}}{m}} = \frac{g\sqrt{2}}{U_0} \qquad (10.107)$$

因此,兰切斯特的模型表明长周期振荡模态是振荡频率与飞行速度成反比的无阻尼振荡。

现在,就更普通的近似模型的研究而言,存在几种参考文献 5、参考文献 6 及参考文献 7 中提及的变化。最初诱发的一种变化仅仅是为了根除攻角自由度,方法与用于短周期振荡的近似模型相似。此举产生以下长周期动力学系统的多项式矩阵。

$$\begin{bmatrix} s - (X_u + X_{P_u}) & -X_q s + g\cos\Theta_0 \\ -(M_u + M_{P_u}) & s^2 - M_q s \end{bmatrix} \begin{Bmatrix} u(s) \\ \theta(s) \end{Bmatrix} = \begin{bmatrix} X_{\delta_E} & X_T \\ M_{\delta_E} & M_T \end{bmatrix} \begin{Bmatrix} \delta_E(s) \\ \delta T(s) \end{Bmatrix} \qquad (10.108)$$

方程(10.108)的形式再一次为

$$\boldsymbol{P}(s)\boldsymbol{y}(s) = \boldsymbol{Q}(s)\boldsymbol{u}(s)$$

该系统的特征多项式为

$$\det \boldsymbol{P}(s) = (s^2 - M_q s)(s - (X_u + X_{P_u})) - (M_u + M_{P_u})(X_q s - g\cos\Theta_0)$$
$$= s^3 - (M_q + (X_u + X_{P_u}))s^2 \qquad (10.109)$$
$$+ (M_q(X_u + X_{P_u}) - X_q(M_u + M_{P_u}))s + (M_u + M_{P_u})g\cos\Theta_0$$

这是一个三阶特征多项式。但是,以上结果不是非常令人满意。例如:注意当($M_u + M_{P_u}$)= 0(就"纳维昂"飞行器而言,此情形在飞行速度为低亚声速时发生)时,其中的一个特征根为零,另两个特征根满足下式:

$$s^2 - (M_q + (X_u + X_{P_u}))s + M_q(X_u + X_{P_u}) = 0 \qquad (10.110)$$

就"纳维昂"飞行器而言,这还会产生两个实数根——对其长周期特征根而言,这并非非常好的近似模型。

作为另一种可选择的方案,参考文献 5 与参考文献 6 建议消去俯仰力矩方程,假设摄动攻角仍然为零。它的论证的基础是长周期振荡模态反应很少包含攻角响应,不会涉及高俯仰率。

按照该方法,多项式矩阵系统变成:

$$\begin{bmatrix} s - (X_u + X_{P_u}) & -X_q s + g\cos\Theta_0 \\ -(Z_u + Z_{P_u}) & -(Z_q + U_0)s + g\sin\Theta_0 \end{bmatrix} \begin{Bmatrix} u(s) \\ \theta(s) \end{Bmatrix} = \begin{bmatrix} X_{\delta_E} & X_T \\ Z_{\delta_E} & Z_T \end{bmatrix} \begin{Bmatrix} \delta_E(s) \\ \delta T(s) \end{Bmatrix} \qquad (10.111)$$

方程(10.112)的特征多项式(当 $\Theta_0 = 0$ 时)为

$$
\begin{aligned}
\det \boldsymbol{P}(s) &= \left(-\left(Z_q + U_0\right)s\right)\left(s - \left(X_u + X_{P_u}\right)\right) - \left(Z_u + Z_{P_u}\right)\left(X_q s - g\right) \\
&= -\left(Z_q + U_0\right)s^2 + \left(\left(Z_q + U_0\right)\left(X_u + X_{P_u}\right) - X_q\left(Z_u + Z_{P_u}\right)\right)s \\
&\quad + \left(Z_u + Z_{P_u}\right)g
\end{aligned} \tag{10.112}
$$

通过将该多项式与标准的二次形式相比较，我们发现长周期振荡的无阻尼频率与阻尼可通过下式得出：

$$
\omega_P^2 = -\frac{g\left(Z_u + Z_{P_u}\right)}{\left(U_0 + Z_q\right)} \tag{10.113}
$$

且

$$
2\zeta_P\omega_P = -\left(X_u + X_{P_u}\right) + \frac{X_q\left(Z_u + Z_{P_u}\right)}{\left(U_0 + Z_q\right)} \tag{10.114}
$$

例如：就“纳维昂”飞行器而言，近似法给出的特征根为

$$
\lambda_P = -0.02255 \pm \mathrm{j}0.25906\ /\mathrm{s}
$$

相比之下，全阶模态的特征根为$-0.01722\pm \mathrm{j}0.21375/\mathrm{s}$，同时，根据该近似模型得出的本征矢量的矢量图与前面介绍的全阶结果是非常一致的。

但是，尽管该近似模型在$(M_u+M_{P_u})=0$时可能会产生可接受的结果，但是当该项很大时这种情况并不会发生。正如我们在第六章中讨论的一样，在跨声速范围内，要么$C_{M_u}$的正数值可能变得很大，要么其负数值可能变得很大。因此，该近似模型不能充分模拟重要的情形，因而不会得到推荐。

优选长周期振荡近似模型选自参考文献 8，与上述其他不同的是，该近似模型既保留了俯仰力矩方程，又保留了攻角方程，但是在所有方程中均可设置$\dot{\alpha}=\dot{q}=0$。该方法的依据是：由于长周期振荡是一种低频、长周期模态，因此攻角与俯仰率将在长周期范围内迅速达到稳定状态。同时，通过回顾可知纳维昂全阶纵向模态的本征矢量表明其长周期模态响应很少包含攻角或俯仰率，因此对低频模态而言，它们两者的比率将十分小。由于模型去除了俯仰加速度$\dot{q}$，因此该方法与通过本征分析得出的结果是一致的，且与参考文献 7 中得出的结果部分一致。

根据该优选长周期振荡近似模型，系统的多项式矩阵说明为

$$
\begin{bmatrix}
s - \left(X_u + X_{P_u}\right) & -X_\alpha & -X_q s + g\cos\Theta_0 \\
-\left(Z_u + Z_{P_u}\right) & -Z_\alpha & -\left(Z_q + U_0\right)s + g\sin\Theta_0 \\
-\left(M_u + M_{P_u}\right) & -\left(M_\alpha + M_{P_\alpha}\right) & -M_q s
\end{bmatrix}
\begin{Bmatrix} u(s) \\ \alpha(s) \\ \theta(s) \end{Bmatrix}
=
\begin{bmatrix}
X_{\delta_E} & X_T \\
Z_{\delta_E} & Z_T \\
M_{\delta_E} & M_T
\end{bmatrix}
\begin{Bmatrix} \delta_E(s) \\ \delta T(s) \end{Bmatrix} \tag{10.115}
$$

对于水平飞行($\boldsymbol{\Theta}_0=0$)而言，方程(10.115)有如下特征多项式：

$$
\begin{aligned}
\det \boldsymbol{P}(s) &= s\left(Z_\alpha M_q - \left(M_\alpha + M_{P_\alpha}\right)\left(Z_q + U_0\right)\right)\left(s - \left(X_u + X_{P_u}\right)\right) \\
&\quad - X_\alpha s\left(\left(M_u + M_{P_u}\right)\left(U_0 + Z_q\right) - M_q\left(Z_u + Z_{P_u}\right)\right) \\
&\quad - \left(X_q s - g\right)\left(\left(M_\alpha + M_{P_\alpha}\right)\left(Z_u + Z_{P_u}\right) - Z_\alpha\left(M_u + M_{P_u}\right)\right) \\
&= \left(Z_\alpha M_q - \left(M_\alpha + M_{P_\alpha}\right)\left(U_0 + Z_q\right)\right)s^2
\end{aligned}
$$

$$+\begin{pmatrix}(M_\alpha+M_{P_\alpha})\big((X_u+X_{P_u})(U_0+Z_q)-X_q(Z_u+Z_{P_u})\big)\\+M_q\big(X_\alpha(Z_u+Z_{P_u})-Z_\alpha(X_u+X_{P_u})\big)+(M_u+M_{P_u})\big(X_qZ_\alpha-X_\alpha(U_0+Z_q)\big)\end{pmatrix}s$$

$$+g\big((M_\alpha+M_{P_\alpha})(Z_u+Z_{P_u})-Z_\alpha(M_u+M_{P_u})\big)$$

(10.116)

因此,当与下列标准式相比时,上述振荡二次方程

$$s^2+2\zeta_P\omega_P s+\omega_P^2$$

可产生与下式一致的无阻尼固有频率与阻尼系数

$$\omega_P^2=g\frac{(M_\alpha+M_{P_\alpha})(Z_u+Z_{P_u})-Z_\alpha(M_u+M_{P_u})}{Z_\alpha M_q-(M_\alpha+M_{P_\alpha})(U_0+Z_q)} \tag{10.117}$$

$$2\zeta_P\omega_P=-(X_u+X_{P_u})+\frac{\big((Z_u+Z_{P_u})(M_qX_\alpha-X_q(M_\alpha+M_{P_\alpha}))+(M_u+M_{P_u})(X_qZ_\alpha-X_\alpha(U_0+Z_q))\big)}{Z_\alpha M_q-(M_\alpha+M_{P_\alpha})(U_0+Z_q)}$$

(10.118)

根据上述结果观察到的第一件事情是频率与阻尼除了取决于($Z_u+Z_{P_u}$)之外,还取决于($M_u+M_{P_u}$)。因此,正如这两项的量级证明的一样,如果可压缩效应很重要,那么长周期频率与阻尼将如预期的一样受到很大的影响。事实上,如果($M_u+M_{P_u}$)很大且为负值,那么我们能看出方程(10.117)可以得出负值,正如我们在好的近似模型中希望的一样,指示长周期振荡的不稳定性。因此,该近似模型比先前讨论的那些近似模型优越。

该长周期近似模型也允许简单的二自由度状态变量模型。根据方程(10.47)与方程(10.48),在设定所有的$\dot{\alpha}$项与$\dot{q}$项等于零之后,可根据下式求出降阶模态:

$$\begin{Bmatrix}\dot{u}\\0\\0\\\dot{\theta}\end{Bmatrix}=\begin{bmatrix}(X_u+X_{P_u}) & X_\alpha & X_q & -g\cos\Theta_0\\(Z_u+Z_{P_u}) & Z_\alpha & (U_0+Z_q) & -g\sin\Theta_0\\(M_u+M_{P_u}) & (M_\alpha+M_{P_\alpha}) & M_q & 0\\0 & 0 & 1 & 0\end{bmatrix}\begin{Bmatrix}u\\\alpha\\q\\\theta\end{Bmatrix}+\begin{bmatrix}X_{\delta_E} & X_T\\Z_{\delta_E} & Z_T\\M_{\delta_E} & M_T\\0 & 0\end{bmatrix}\begin{Bmatrix}\delta_E\\\delta T\end{Bmatrix}$$

(10.119)

现在,方程(10.119)中的第二个方程和第三个方程可以用于消去另两个状态变量方程中的 $\alpha$ 项与 $q$ 项。解方程求水平飞行时的 $\alpha$ 与 $q$,得出

$$\begin{Bmatrix}\alpha\\q\end{Bmatrix}=\frac{1}{\det\boldsymbol{M}}\left(\begin{Bmatrix}M_q(Z_u+Z_{P_u})-(M_u+M_{P_u})(U_0+Z_q)\\Z_\alpha(M_u+M_{P_u})-(M_\alpha+M_{P_\alpha})(U_0+Z_q)\end{Bmatrix}u+\begin{Bmatrix}Z_\bullet M_q-M_\bullet(U_0+Z_q)\\-Z_\bullet(M_\alpha+M_{P_\alpha})+M_\bullet Z_\alpha\end{Bmatrix}\bullet\right)$$

(10.120)

式中:$\cdot=\delta_E$与$\delta T$,并且

$$\det\boldsymbol{M}=\det\begin{bmatrix}Z_\alpha & (U_0+Z_q)\\(M_\alpha+M_{P_\alpha}) & M_q\end{bmatrix}=Z_\alpha M_q-(U_0+Z_q)(M_\alpha+M_{P_\alpha}) \tag{10.121}$$

将该结果代入剩余的状态变量方程,便可得出以下长周期振荡动力学系统的二自由度模态。

$$\begin{Bmatrix}\dot{u}\\\dot{\theta}\end{Bmatrix}=\begin{bmatrix}a_{1,1} & -g\\a_{2,1} & 0\end{bmatrix}\begin{Bmatrix}u\\\theta\end{Bmatrix}+\begin{bmatrix}b_{1,1} & b_{1,2}\\b_{2,1} & b_{2,2}\end{bmatrix}\begin{Bmatrix}\delta_E\\\delta T\end{Bmatrix} \tag{10.122}$$

式中

$$a_{1,1}=\left(X_u+X_{P_u}\right)+\left(\left(X_\alpha M_q-X_q\left(M_\alpha+M_{P_\alpha}\right)\right)\left(Z_u+Z_{P_u}\right)-\left(M_u+M_{P_u}\right)\left(X_\alpha\left(U_0+Z_q\right)-X_qZ_\alpha\right)\right)/D$$

$$a_{2,1}=\left(Z_\alpha\left(M_u+M_{P_u}\right)-\left(Z_u+Z_{P_u}\right)\left(M_\alpha+M_{P_\alpha}\right)\right)/D$$

$$b_{1,1}=X_{\delta_E}+X_\alpha\left(Z_{\delta_e}M_q-M_{\delta_E}\left(U_0+Z_q\right)\right)/D+X_q\left(-Z_{\delta_e}\left(M_\alpha+M_{P_\alpha}\right)+M_{\delta_E}Z_\alpha\right)/D,\quad b_{1,2}=X_T+X_\alpha\left(Z_TM_q-M_T\left(U_0+Z_q\right)\right)/D+X_q\left(-Z_T\left(M_\alpha+M_{P_\alpha}\right)+M_TZ_\alpha\right)/D$$

$$b_{2,1}=\left(-Z_{\delta_e}\left(M_\alpha+M_{P_\alpha}\right)+M_{\delta_E}Z_\alpha\right)/D\quad,\quad b_{2,2}=\left(-Z_T\left(M_\alpha+M_{P_\alpha}\right)+M_TZ_\alpha\right)/D$$

$$D=Z_\alpha M_q-\left(M_\alpha+M_{P_\alpha}\right)\left(U_0+Z_q\right)$$

作为一个数值例,我们将再次对“纳维昂”飞行器进行分析。使用 MATLAB,求出上述二自由度模态的 $\boldsymbol{A}_P$ 矩阵为

$$\boldsymbol{A}_P=\begin{bmatrix}-0.047202 & -32.2\\ 0.001430 & 0\end{bmatrix}\tag{10.123}$$

在将 $\theta$ 的单位转换成度后,该矩阵变为

$$\boldsymbol{A}_{P_{\mathrm{New}}}=\begin{bmatrix}-0.047202 & -0.56195\\ 0.081962 & 0\end{bmatrix}\tag{10.124}$$

其本征值根据下式得出:

$$\lambda_P=-0.02360\pm \mathrm{j}0.21331\,/\mathrm{s}\tag{10.125}$$

图 10.16 所示为第一个本征矢量的矢量图。将这些结果与例 10.2 中根据全阶模态得出的结果进行比较,可以发现两者非常一致。

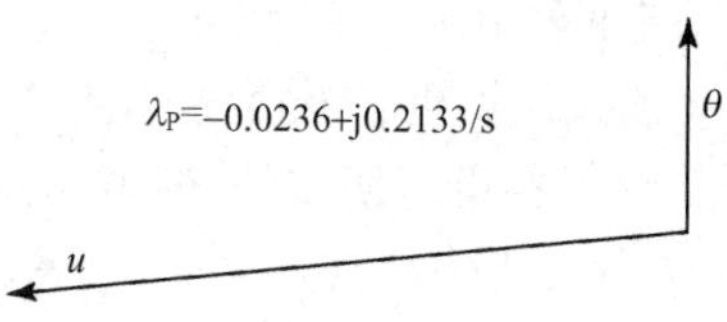


图 10.16 “纳维昂”飞行器矢量图——长周期振荡近似值

尽管方程(10.117)~方程(10.122)看似非常复杂,但是它们通常简化为简单得多的形式。例如:由于所有项的分母通常将由 $(M_\alpha+M_{P_\alpha})U_0$ 控制,我们发现长周期无阻尼固有频率 $\omega_P^2$ 与 $-\dfrac{g}{U_0}((Z_u+Z_{P_u})-Z_\alpha(M_u+M_{P_u})/(M_\alpha+M_{P_\alpha}))$ 成正比。因此,长周期频率受 $(Z_u+Z_{P_u})$ 与 $(M_u+M_{P_u})$ 的影响很大。

并且,此处可以观察到静态稳定性与动态稳定性之间的另一种联系。根据方程(10.117),该长周期振荡近似模型表明长周期不稳定将发生,条件就是

$$\left(M_u+M_{P_u}\right)<\left(M_\alpha+M_{P_\alpha}\right)\left(Z_u+Z_{P_u}\right)/Z_\alpha\tag{10.126}$$

如果 $(M_u+M_{P_u})<0$ 表明飞行器具有静态速度不稳定性,不等式(10.126)就成立。因此,根据该长周期振荡近似模型,静态速度稳定性通常导致动态速度稳定性。

此外,正如以低压声速飞行时一样,当 $(M_u+M_{P_u})=0$ 时,无阻尼固有频率大致简化为

$$\omega_P^2\approx\frac{-g}{U_0}\left(Z_u+Z_{P_u}\right)\tag{10.127}$$

该结果与参考文献 5 及参考文献 6 中提出的根据长周期振荡近似模型得出的结果一致。此外,在以低亚声速飞行时,也可以假设 $C_{L_u}\approx C_{P_{Z_u}}\approx 0$。因此,根据方程(8.15)与方程(8.16),以及垂直推力加上气动力等于重力的事实,得出

$$\left(Z_u + Z_{P_u}\right) \approx -\frac{q_\infty S_W}{m}\frac{2}{U_0}\left(C_{L_0} - C_{P_{Z_0}}\right) = -\frac{2mg}{mU_0} = -\frac{2g}{U_0} \tag{10.128}$$

在这些条件下,长周期振荡固有频率近似等于

$$\omega_P \approx \frac{g}{U_0}\sqrt{2} \tag{10.129}$$

表明长周期振荡固有频率与飞行速度成反比,这与经典的兰切斯特试验结果是一致的。

方程(10.129)的结果——长周期振荡无阻尼固有频率 $\omega_P$ 大致与飞行速度成反比,通常可以解释为什么高超声速飞行器的长周期振荡频率比“纳维昂”飞行器的长周期振荡频率小得多的原因。“纳维昂”飞行器的飞行速度是 176fps,而高超声速飞行器的速度为马赫数 8,即接近 8000fps。它们相差将近 50 倍。

关于该近似值下的长周期振荡阻尼,假设 $X_q \approx 0$(这通常是一个很好的近似值),我们发现长周期振荡阻尼可以根据下式求出:

$$2\zeta_P\omega_P = -\left(X_u + X_{P_u}\right) + X_\alpha \frac{\left(M_q\left(Z_u + Z_{P_u}\right) - \left(M_u + M_{P_u}\right)\left(U_0 + Z_q\right)\right)}{Z_\alpha M_q - \left(M_\alpha + M_{P_\alpha}\right)\left(U_0 + Z_q\right)} \tag{10.130}$$

现在,假设

$$M_q\left(Z_u + Z_{P_u}\right) \ll \left(Z_\alpha M_q - \left(M_\alpha + M_{P_\alpha}\right)\left(U_0 + Z_q\right)\right) \tag{10.131}$$

当 $(M_u + M_{P_u}) = 0$ 时,方程(10.130)简化为

$$2\zeta_P\omega_P \approx -\left(X_u + X_{P_u}\right) \tag{10.132}$$

但是,根据方程(8.15)与方程(8.16),如果 $C_{D_u} = C_{P_{X_u}}$,就可以得出

$$-\left(X_u + X_{P_u}\right) = \frac{q_\infty S_W}{m}\left(\left(C_{D_u} + \frac{2}{U_0}C_{D_0}\right) - \left(C_{P_{X_u}} + \frac{2}{U_0}C_{P_{X_0}}\right)\right) = \frac{q_\infty S_W}{m}\frac{2}{U_0}\left(C_{D_0} - C_{P_{X_0}}\right) \tag{10.133}$$

因此,根据下式就可以求出这些近似模型的长周期振荡阻尼。

$$\zeta_P\omega_P \approx \frac{g q_\infty S_W}{mg}\frac{\left(C_{D_0} - C_{P_{X_0}}\right)}{U_0} \approx \frac{g}{U_0}\frac{\left(C_{D_0} - C_{P_{X_0}}\right)}{\left(C_{L_0} - C_{P_{Z_0}}\right)} \tag{10.134}$$

这样一来,当又一次忽略可压缩效应时,根据该长周期振荡近似模型,发现动力飞行器的长周期振荡阻尼比 $\zeta_P$ 近似为零,无动力滑翔机的长周期振荡阻尼比 $\zeta_P$ 与 $L/D$ 比成反比。由于高 $L/D$ 比通常是飞行器的理想比值,因此自然而然会产生低长周期振荡阻尼。产生的这种低长周期振荡阻尼也与参考 5~参考 7 中的对应阻尼一致。

根据方程(10.115)中的多项式矩阵说明,可知该长周期振荡近似模型的传递函数(假设 $\cdot = \delta_E$ 或者 $\delta T$)为

$$\frac{u(s)}{\bullet(s)} = \begin{pmatrix} X_\bullet s\left(Z_\alpha M_q - \left(M_\alpha + M_{P_\alpha}\right)\left(U_0 + Z_q\right)\right) + X_\alpha s\left(M_\bullet\left(U_0 + Z_q\right) - Z_\bullet M_q\right) \\ + X_q s\left(Z_\bullet\left(M_\alpha + M_{P_\alpha}\right) - M_\bullet Z_\alpha\right) - g\left(Z_\bullet\left(M_\alpha + M_{P_\alpha}\right) - M_\bullet Z_\alpha\right) \end{pmatrix} / \det \boldsymbol{P}(s), \bullet = \delta_E \text{或} \delta T$$

$$= \begin{pmatrix} \left(Z_\alpha\left(X_\bullet M_q - M_\bullet X_q\right) + \left(M_\alpha + M_{P_\alpha}\right)\left(Z_\bullet X_q - X_\bullet\left(U_0 + Z_q\right)\right) + X_\alpha\left(M_\bullet\left(U_0 + Z_q\right) - Z_\bullet M_q\right)\right)s \\ -g\left(Z_\bullet\left(M_\alpha + M_{P_\alpha}\right) - M_\bullet Z_\alpha\right) \end{pmatrix} / \det \boldsymbol{P}(s)$$

$$\frac{\theta(s)}{\bullet(s)}=\begin{pmatrix}\left(s-\left(X_u+X_{P_u}\right)\right)\left(-M_\bullet Z_\alpha+Z_\bullet\left(M_\alpha+M_{P_\alpha}\right)\right)+X_\alpha\left(Z_\bullet\left(M_u+M_{P_u}\right)-M_\bullet\left(Z_u+Z_{P_u}\right)\right)\\+X_\bullet\left(\left(M_\alpha+M_{P_\alpha}\right)\left(Z_u+Z_{P_u}\right)-Z_\alpha\left(M_u+M_{P_u}\right)\right)\end{pmatrix}/\det\boldsymbol{P}(s)$$

$$=\begin{pmatrix}\left(Z_\bullet\left(M_\alpha+M_{P_\alpha}\right)-M_\bullet Z_\alpha\right)s-\left(X_u+X_{P_u}\right)\left(Z_\bullet\left(M_\alpha+M_{P_\alpha}\right)-M_\bullet Z_\alpha\right)\\+\left(Z_u+Z_{P_u}\right)\left(X_\bullet\left(M_\alpha+M_{P_\alpha}\right)-M_\bullet X_\alpha\right)+\left(M_u+M_{P_u}\right)\left(Z_\bullet X_\alpha-X_\bullet Z_\alpha\right)\end{pmatrix}/\det\boldsymbol{P}(s),\ \bullet=\delta_E\text{ 或 }\delta T$$

(10.135)

式中：det$\boldsymbol{P}(s)$是指方程(10.116)中给出的特征多项式。注意两组传递函数均有一个分子为零，注意在通常情况下这些分子可能得到了相当大的简化。例如，通常会得出

$$X_q\approx X_{\delta_E}\approx 0 \tag{10.136}$$

因而在$\theta(s)/\delta_E(s)$的分子中，标准系数变成

$$\frac{1}{T_{\theta_1}}\approx-\left(X_u+X_{P_u}\right)+\frac{X_\alpha\left(Z_{\delta_E}\left(M_u+M_{P_u}\right)+M_{\delta_E}\left(Z_u+Z_{P_u}\right)\right)}{\left(Z_{\delta_E}\left(M_\alpha+M_{P_\alpha}\right)-M_{\delta_E}Z_\alpha\right)} \tag{10.137}$$

通过回顾可知：该系数在短周期近似模型中没有出现。

由于该长周期近似模型中的模态仅有二自由度，因此方程(10.135)中给出的传递函数完全定义了系统。然而，我们也可以通过多项式矩阵说明(方程(10.115))，或者通过使用方程(10.120)中的攻角方程求出攻角传递函数。

## 10.6 横向传递函数与模态分析

现在，我们将注意力转移至飞行器的横向轴。本节将推导传递函数，并研究此类轴的固有振荡模态。

将克莱姆法则应用至方程(10.66a)中给出的多项式矩阵说明，假设 · =$\delta_A$或$\delta_R$，可以根据下式求出六个横向传递函数。

$$\frac{\beta(s)}{\bullet(s)}=\det\begin{bmatrix}Y_\bullet & -\left(Y_p s+g\cos\Theta_0\right) & \left(U_0-Y_r\right)s-g\sin\Theta_0\\ L'_\bullet & s^2-L'_p s & -L'_r s\\ N'_\bullet & -N'_p s & s^2-N'_r s\end{bmatrix}/\det\boldsymbol{P}(s)$$

$$\frac{1}{s}\left(\frac{p(s)}{\bullet(s)}\right)=\det\begin{bmatrix}U_0 s-Y_\beta & Y_\bullet & \left(U_0-Y_r\right)s-g\sin\Theta_0\\ -L'_\beta & L'_\bullet & -L'_r s\\ -N'_\beta & N'_\bullet & s^2-N'_r s\end{bmatrix}/\det\boldsymbol{P}(s) \tag{10.138}$$

$$\frac{1}{s}\left(\frac{r(s)}{\bullet(s)}\right)=\det\begin{bmatrix}U_0 s-Y_\beta & -\left(Y_p s+g\cos\Theta_0\right) & Y_\bullet\\ -L'_\beta & s^2-L'_p s & L'_\bullet\\ -N'_\beta & -N'_p s & N'_\bullet\end{bmatrix}/\det\boldsymbol{P}(s),\ \bullet=\delta_A\text{ 或 }\delta_R$$

10.3节讨论方程(10.66a)时，注意到特征多项式 det$\boldsymbol{P}(s)$为五阶，当$\Theta_0=0$时，一个极点将位于原点处。该极点将总是由上述滚转角速度$p(s)$的传递函数方程与偏航率$r(s)$的传递函数方程的左边的$1/s$约去。尽管存在例外的情况，但是在通常情况下，对常规飞行器而言，剩下的四个极点中有两个是实数，另外两个是由复共轭对组成。

上述侧滑角传递函数有一个四阶分子多项式,且一个根(零点)在原点处。该零点总是会被原点(当 $\Theta_0=0$ 时)处的极点约去,留下三个剩余的零点。滚转角速度 $p(s)$ 传递函数有一个三阶分子多项式,因而将有三个零点。但是,当 $\Theta_0=0$ 时,这些零点中的一个零点也将位于原点处。最后,偏航率 $r(s)$ 的传递函数有一个三阶分子多项式,因而它有三个零点。

对于水平飞行($\Theta_0=0$)的传统飞行器而言,横向传递函数通常采用标准形式,它可以根据下式求出:

$$\frac{\beta(s)}{\bullet(s)}=\frac{K_\beta\left(s+1/T_{\beta_1}\right)\left(s+1/T_{\beta_2}\right)\left(s+1/T_{\beta_3}\right)}{\left(s+1/T_S\right)\left(s+1/T_R\right)\left(s^2+2\zeta_{\mathrm{DR}}\omega_{\mathrm{DR}}+\omega_{\mathrm{DR}}^2\right)}$$

$$\frac{\phi(s)}{\bullet(s)}=\frac{K_\phi\left(s^2+2\zeta_\phi\omega_\phi+\omega_\phi^2\right)}{\left(s+1/T_S\right)\left(s+1/T_R\right)\left(s^2+2\zeta_{\mathrm{DR}}\omega_{\mathrm{DR}}+\omega_{\mathrm{DR}}^2\right)},\ \bullet=\delta_A\text{ 或 }\delta_R \tag{10.139}$$

$$\frac{r(s)}{\bullet(s)}=\frac{K_r\left(s+1/T_{r_1}\right)\left(s^2+2\zeta_r\omega_r+\omega_r^2\right)}{\left(s+1/T_S\right)\left(s+1/T_R\right)\left(s^2+2\zeta_{\mathrm{DR}}\omega_{\mathrm{DR}}+\omega_{\mathrm{DR}}^2\right)}$$

正如前文提及的一样,四阶特征多项式通常分解成两个实数因子与一个二次因子。侧滑角分子通常分解成三个实数项,而倾斜角分子通常分解成一个二次项。俯仰率分子通常分解成一个二次项与一个实数项。用于表示这些因子的所有根的符号由方程(10.139)定义。

最后,对航向角、倾斜角与横向加速度起控制作用的传递函数可以根据方程(10.67)或者以下方程求出:

$$\frac{s\phi(s)}{\bullet(s)}=\frac{p(s)}{\bullet(s)}+\tan\Theta_0\frac{r(s)}{\bullet(s)}$$

$$\frac{\psi(s)}{\bullet(s)}=\frac{1}{s\cos\Theta_0}\frac{r(s)}{\bullet(s)}\qquad \bullet=\delta_A\text{ 或 }\delta_R \tag{10.140}$$

$$\frac{a_Y(s)}{\bullet(s)}=U_0\frac{s\beta(s)}{\bullet(s)}+U_0\frac{r(s)}{\bullet(s)}+x\frac{sr(s)}{\bullet(s)}-z\frac{sp(s)}{\bullet(s)}$$

此时此刻,通常很难讨论更多关于飞行器动力学系统的纵向传递函数。例如:特征多项式与所有分子多项式是相当复杂的量纲稳定性导数的函数。因此,求极点与零点通常要求使用数值技巧。然而,在对例 10.4 中的案例分析另外进行了一番分析之后,我们获得了一些简化了的非常有用的近似值,在实践中经常会用到这些近似值。

## 例 10.4　案例分析——“纳维昂”飞行器的横向动力学系统

此处将针对传统飞行器的横向动力学系统求传递函数,画出相关的波特图,并进行模态分析。再次使用例 10.2 中讨论的在海平面稳定、水平飞行($\Theta_0=\gamma_0=0$)的“纳维昂”飞行器。其参考飞行速度 $U_0$ 为 176fps。

状态矢量、响应矢量与控制输入矢量为

$$\boldsymbol{x}^{\mathrm{T}}=\boldsymbol{y}^{\mathrm{T}}=\left[\beta(\mathrm{rad})\quad\phi(\mathrm{rad})\quad p(\mathrm{rad/s})\quad r(\mathrm{rad/s})\right]$$

$$\boldsymbol{u}^{\mathrm{T}}=\left[\delta_A(\mathrm{rad})\quad\delta_R(\mathrm{rad})\right]$$

因此根据方程(10.71)与附录B,可以根据以下方程得出“纳维昂”飞行器横向动力学系统的状态变量说明。

$$A=\begin{bmatrix}\dfrac{Y_\beta}{U_0} & \dfrac{g}{U_0} & \dfrac{Y_p}{U_0} & \left(\dfrac{Y_r}{U_0}-1\right)\\ 0 & 0 & 1 & 0\\ L'_\beta & 0 & L'_p & L'_r\\ N'_\beta & 0 & N'_p & N'_r\end{bmatrix}=\begin{bmatrix}-0.2543 & 0.1830 & 0 & -1\\ 0 & 0 & 1 & 0\\ -15.982 & 0 & -8.402 & 2.193\\ 4.495 & 0 & -0.3498 & -0.7605\end{bmatrix}$$

$$B=\begin{bmatrix}\dfrac{Y_{\delta_A}}{U_0} & \dfrac{Y_{\delta_r}}{U_0}\\ 0 & 0\\ L'_{\delta_A} & L'_{\delta_R}\\ N'_{\delta_A} & N'_{\delta_R}\end{bmatrix}=\begin{bmatrix}0 & 0.0708\\ 0 & 0\\ 28.984 & 2.548\\ -0.2218 & -4.597\end{bmatrix} \tag{10.141}$$

$$C=I_4,\text{以及 } D=0$$

由于所有响应与输入均为角与角速率,因此此处进行的本征分析并不需要单位相当。

根据MATLAB,$A$ 的本征值,即系统的特征根为

$$\begin{aligned}\lambda_1&=-8.4346\ /\mathrm{s}\\ \lambda_2&=-0.00876\ /\mathrm{s}\\ \lambda_{3,4}&=-0.48674\pm \mathrm{j}2.3349\ /\mathrm{s}\end{aligned} \tag{10.142}$$

因此,模态响应是由一个频率为2.33rad/s的微阻尼稳定振荡模态以及两个稳定一阶模态组成。一个一阶极点距离复平面原点非常近,因此该模态拥有很长的时间常数($T=-1/\lambda_2=114\mathrm{s}$)。另一个一阶模态以很快的速率递减($T=0.12\mathrm{s}$)。

为了描述模态响应,必须检查 $A$ 的相应本征矢量,这些本征矢量为

$$v_1=\begin{Bmatrix}-0.00762\\ 0.11763\\ -0.99219\\ -0.04077\end{Bmatrix},\ v_2=\begin{Bmatrix}-0.02830\\ -0.98444\\ 0.00862\\ -0.17321\end{Bmatrix}$$
$$v_{3,4}=\begin{Bmatrix}-0.00914\pm \mathrm{j}0.31069\\ -0.25157\pm \mathrm{j}0.04090\\ 0.02695\mp \mathrm{j}0.60729\\ 0.67727\pm \mathrm{j}0.10103\end{Bmatrix},\ v_3=\begin{Bmatrix}0.31082\mathrm{e}^{\mathrm{j}91.7^\circ}\\ 0.25487\mathrm{e}^{\mathrm{j}170.8^\circ}\\ 0.60789\mathrm{e}^{-\mathrm{j}87.5^\circ}\\ 0.68476\mathrm{e}^{\mathrm{j}8.5^\circ}\end{Bmatrix} \tag{10.143}$$

图10.17展示了本征矢量的矢量图。通过再一次回顾,可知在 $y(t)$ 时系统的四个响应均为角与角速率。

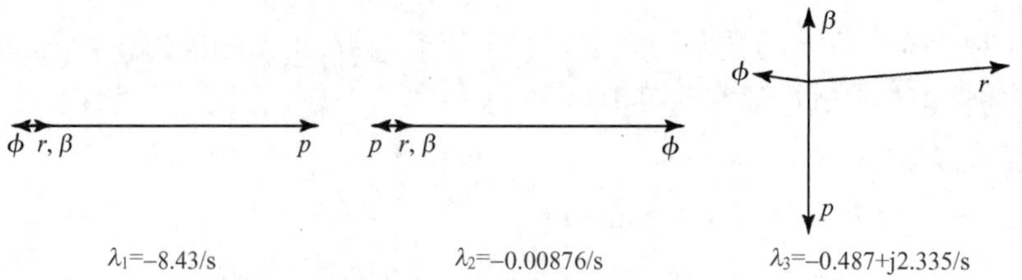


图10.17 “纳维昂”飞行器的横向模态形状矢量图

根据第一个本征矢量，我们发现这个稳定的一阶模态几乎完全由滚转角速度 $p$ 组成，且具有少量倾斜角 $\phi$。侧滑角与俯仰率几乎等于零。因此，可以将该模式描述为一阶稳定滚转角速度或者滚转下沉模式，它是飞行器动力学系统的一个重要分量。相反，根据第二个本征矢量，我们发现该减速一阶模式几乎完全是由倾斜角 $\phi$ 组成，且它具有少量的滚转角速度 $p$。侧滑角与俯仰率又一次几乎等于零，因而这看似仍然基本为滚转模式。但是，结果证明：如果响应中包含航向 $\psi$，那么我们将发现该模式也包含重要的航向角反应。因此，我们将该模态称作螺旋或航向模式。有时该模式表现为动态不稳定，且它的实极点位于复平面略偏右的那半部分。然而，由于它存在减速响应，因此飞行员或自动驾驶仪可以轻而易举地通过控制倾斜角让其稳定。但是，如果它不稳定，那么对飞行员而言它将是一件棘手的事情，因为在此情况下，如果飞行员一旦分神，那么飞行器的航向通常就会出现偏差。

第三种模式是导致产生所有四种微阻尼振荡模式。注意偏航率与倾斜角几乎均为反相 180°。也就是说，当飞行器的航向偏向右边时，飞行器仍然会向左倾斜，反之亦然。同样，侧滑角将近落后于倾斜角 90°。因此，飞行器在仅经历此种模态响应时的运动将由微阻尼反相振荡滚转与偏航组成。将该模式称作荷兰滚模式，并将对该术语的起源进行公开讨论。就飞行器的动力学系统而言，该模式基本上是一件复杂的模式，此模式需要稳定以及适度的阻尼，以便获得可接受的操作性能。

最后，通过分析“纳维昂”飞行器的横向动力学系统，我们将发现副翼对三种模态均有激发的作用，而飞机方向舵主要是对滚转下沉模式与荷兰滚模式具有激发作用。

下面来求“纳维昂”飞行器的六个横向传递函数。使用上述状态变量说明以及 MATLAB 中的 zpk 指令，副翼输入的传递函数为

$$\frac{\beta(s)}{\delta_A(s)}=\frac{0.2218\,(s+0.2286)(s+77.8)}{(s+8.435)(s+0.00876)(s^2+0.9735s+5.689)}\ \text{rad/rad 或 }(^\circ)/(^\circ)$$

$$\frac{\phi(s)}{\delta_A(s)}=\frac{28.984\,(s^2+0.998s+4.562)}{(s+8.435)(s+0.00876)(s^2+0.9735s+5.689)}\ \text{rad/rad 或 }(^\circ)/(^\circ) \qquad (10.144)$$

$$\frac{r(s)}{\delta_A(s)}=\frac{-0.2218\,(s-1.253)(s+1.543)(s+54.08)}{(s+8.435)(s+0.00876)(s^2+0.9735s+5.689)}\ \text{rad/(s·rad) 或 }(^\circ)/(\text{s}\cdot(^\circ))$$

将上述结果与方程(10.139)中给出的标准形式进行比较，就可以清楚地看出特征多项式中的二次荷兰滚系数，以及与滚转下沉和螺旋模式相应的两个一阶系数。(我们知道这是以刚刚进行的本征分析为基础。)当与标准形式进行比较时，还应注意分子系数，包括偏航率传递函数中的右半平面零点。

图 10.18 展示了 $\phi/\delta_A$ 传递函数的极点零点图。注意复杂荷兰滚极点以及螺旋极点和滚转下沉极点的位置。由于存在低荷兰滚阻尼，这些根接近虚数轴。此外，在该传递函数中，荷兰滚极点几乎被一组零点对消，表明荷兰滚模式在该飞行器的副翼倾斜角响应中不太重要。事实上，滚转角速度传递函数的近似模型可以仅仅包含滚转下沉极点。也就是说，

$$\frac{p(s)}{\delta_A(s)}=\frac{s\phi(s)}{\delta_A(s)}=\frac{28.984\,s(s^2+0.998s+4.562)}{(s+8.435)(s+0.00876)(s^2+0.9735s+5.689)}\approx\frac{28.984}{(s+8.435)}$$

该式隐含 10.7.1 节中将继续讨论的低阶近似模型。但是，还应注意由于另一个副翼传递函数中的零点与图 10.18 所示的零点不同，因此在三个副翼输入传递函数中均不会出现该近似极点零点对消。

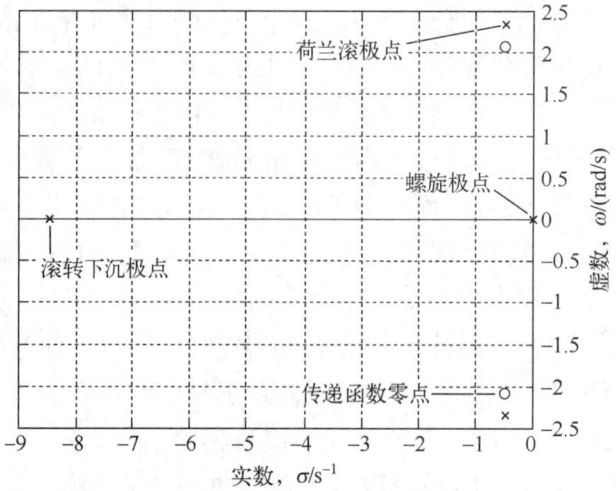


图 10.18 "纳维昂"飞行器 $\phi/\delta_A$ 传递函数的极零图表

图 10.19 展示了有副翼输入的倾斜角与偏航率传递函数的波特图。注意：与先前分析的一样，倾斜角的波特图仅展示了荷兰滚模式的不可靠证据。但是在偏航率的波特图中该模式更明显。从该波特图中，也可以看出副翼对三种模态均有激发作用。

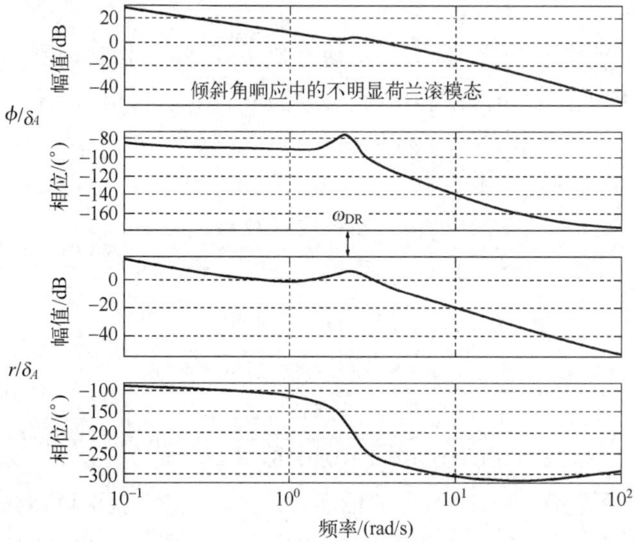


图 10.19 有副翼输入信号的倾斜角与偏航率波特图——"纳维昂"飞行器

飞机方向舵输入的传递函数为

$$
\begin{cases}
\dfrac{\beta(s)}{\delta_R(s)}=\dfrac{0.0708\,(s-0.03663)(s+8.795)(s+65.33)}{(s+8.435)(s+0.00876)(s^2+0.9735s+5.689)}\ \text{rad/rad 或}(^\circ)/(^\circ)\\[2ex]
\dfrac{\phi(s)}{\delta_R(s)}=\dfrac{2.548\,(s+3.606)(s-6.992)}{(s+8.435)(s+0.00876)(s^2+0.9735s+5.689)}\ \text{rad/rad 或}(^\circ)/(^\circ)\\[2ex]
\dfrac{r(s)}{\delta_R(s)}=\dfrac{-4.597\,(s+8.638)(s^2+0.1427s+0.2858)}{(s+8.435)(s+0.00876)(s^2+0.9735s+5.689)}\ \text{rad/(s·rad)或}(^\circ)/(\text{s}\cdot(^\circ))
\end{cases}
\tag{10.145}
$$

注意：此处与滚转下沉模态对应的极点（$\lambda_1=-8.435/\text{s}$）几乎全被侧滑角传递函数与偏航率传递函数消去。图 10.20 展示了有飞机方向舵输入的侧滑角传递函数和偏航率传递函数的波特图。这些曲线图均表明存在荷兰滚模式，同时还清楚地表明在偏航率分子中存在二次项。

因此,飞机方向舵显然激发了荷兰滚模式。

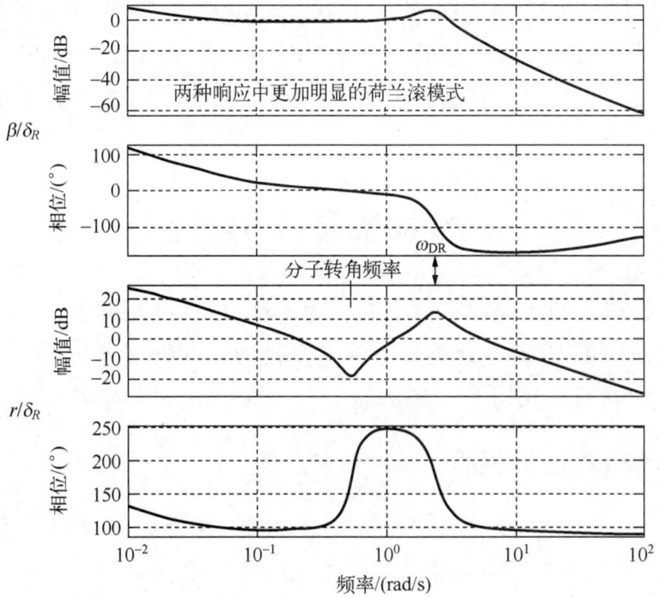


图 10.20 有方向舵输入信号的侧滑角与偏航率的波特图——“纳维昂”飞行器

最后,根据 MATLAB,我们可以使用阶跃指令轻而易举地求出飞行器对副翼或飞机方向舵输入信号的阶跃响应。图 10.21 展示了阶跃副翼或 1°飞机方向舵输入信号的阶跃响应。一阶滚转下沉模式显然对副翼输入信号的滚转角速度响应具有控制作用,而荷兰滚摆模式非常清晰,特别是在飞机方向舵响应中更是如此。(虚线表示稳定的状态响应。)所有这些结果均与前面进行的本征分析一致。

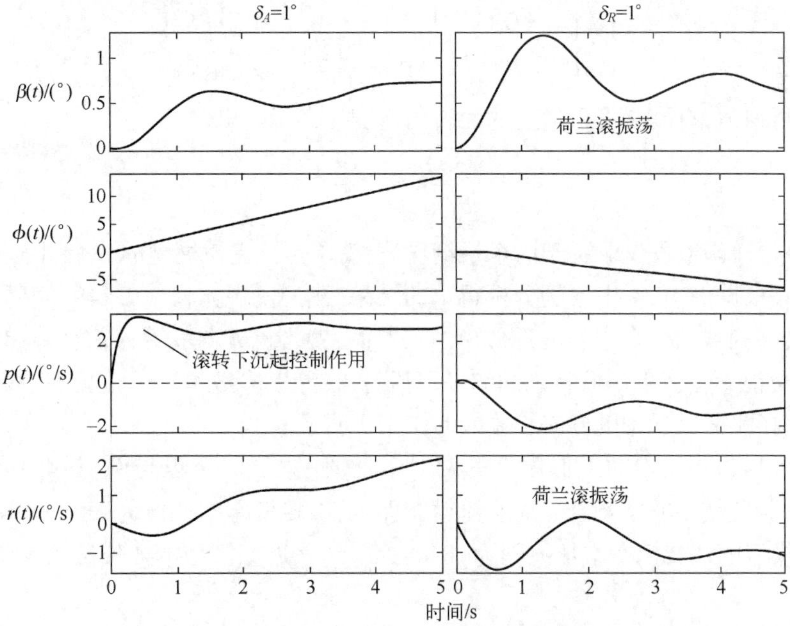


图 10.21 “纳维昂”飞行器的横向阶跃响应

再一次,几乎所有传统飞行器均显示其横向振荡模态与“纳维昂”飞行器的横向振荡模态相似。也就是说,模态响应是由微阻尼俯仰-偏航振荡荷兰滚模态、真正的滚转下沉模态以及真正的螺旋模态组成。然而,就纵向轴而言,该模态特征也有例外的情况。例如:有时滚转下沉和螺旋模式合并成一种振荡滚转螺旋模态。因此,在评估飞行器动力学系统时,我们总是推荐进行完整的本征分析。

## 10.7 飞行器横向动力学近似模型

以根据上述分析得出的横向固有模态知识为基础,现在准备研究一些更简单的横向动力学系统模型。通过回顾可知:研究此类模型的主要目的是深入了解影响动力学系统的主要设计因素(飞行器气动力特征、几何形状等)。

### 10.7.1 滚转模式近似模型

第一个同时也许也是最直截了当的近似模型是滚转模态近似模型。在实践中,人们经常会使用该近似模型,滚转模态是飞行器动力学系统的一个重要分量。在对“纳维昂”飞行器的横向动力学系统进行的上述案例分析中,我们发现滚转角速度或滚转下沉模态响应均为一阶响应,几乎不包含侧滑或偏航率。因此,我们推荐使用简单的单自由度模态。

我们首先从方程(10.70)与方程(10.71)中给出的动力学系统的状态变量模型开始,去除侧滑角方程和偏航率方程,同时设定滚转角速度方程中的这两个变量为零,就可以得出

$$\dot{p}(t) \approx L'_p p + L'_{\delta_A}\delta_A + L'_{\delta_R}\delta_R \tag{10.146}$$

或者如果包含倾斜角,可以得出

$$\begin{Bmatrix} \dot{\phi} \\ \dot{p} \end{Bmatrix} = \begin{bmatrix} 0 & 1 \\ 0 & L'_p \end{bmatrix} \begin{Bmatrix} \phi \\ p \end{Bmatrix} + \begin{bmatrix} 0 & 0 \\ L'_{\delta_A} & L'_{\delta_R} \end{bmatrix} \begin{Bmatrix} \delta_A \\ \delta_R \end{Bmatrix} \tag{10.147}$$

根据该近似值,有副翼输入信号的滚转角速度传递函数就是

$$\frac{p(s)}{\delta_A(s)} \approx \frac{L'_{\delta_A}}{s - L'_p} \tag{10.148}$$

注意:该传递函数仅仅取决于两个量纲导数,简单是该近似模型的一个引人注目的特征。

再次回顾根据例 10.4 中案例分析得出的结果,我们发现方程(10.148)实际上是该“纳维昂”飞行器传递函数的一个很好的近似模型。然而,就飞机方向舵输入信号传递函数而言,方程(10.146)可能不会产生如此精确的结果。但是,在绝大多数情况下该模态以副翼输入信号的方式使用,在此情况下飞机方向舵输入的作用不明显。

方程(10.147)中给出的近似模型的两对本征值-本征矢量也与例 10.4 中获得的“纳维昂”飞行器的相应结果非常吻合。对全阶模态而言,滚转模态本征值为 $\lambda_R = -8.435/\text{s}$,而相比之下本近似模型的滚转模态本征值则为-8.402/s。(该近似模型本征矢量的矢量图将与什么相似?)

作为最后一点,我们注意到对于一定飞行条件下的某飞行器而言,不存在两种单独的、真正的滚转与螺旋模态。恰恰相反,倒有可能存在一种振荡滚转螺旋模态。显然,在此情况下,此处给出的滚转模态近似模型不再合适。

### 10.7.2 荷兰滚模式近似模型

第二个重要的横向近似模型为荷兰滚近似模型。记住“纳维昂”飞行器的荷兰滚模态为微阻尼振荡模态，其响应是由反相滚转与偏航组成。由于该模态的本征矢量表明该模态与所有的飞行器横向响应有关，因此可以预料低阶近似模型并不明显。然而，我们仍会力图求出对该模态特征起控制作用的参数。

为了获得低阶荷兰滚近似模型，有些文献（例如参考文献 5 与参考文献 6）去除了滚转力矩方程。但是，本征分析不赞同这一做法。根据图 10.21，可知在纳维昂荷兰滚模态中存在大量的滚转角速度。一个更好的办法（参考文献 7）是保留所有的三自由度，同时仅仅忽略一些更小的项。因此，不能去除滚转力矩方程，相反应该忽略倾斜角系数，同时仅保留$\dot{\beta}$方程中的$Y_\beta$系数。此外，应忽略$\dot{p}$方程与$\dot{r}$方程中的较小交叉耦合项（$L_r'$与$N_p'$）。

根据该荷兰滚近似模型，对于水平飞行（$\Theta_0=0$）而言，方程（10.66b）中的横向动力学系统的多项式矩阵说明为

$$\begin{bmatrix} U_0 s - Y_\beta & 0 & U_0 \\ -L_\beta' & s^2 - L_p' s & 0 \\ -N_\beta' & 0 & s - N_r' \end{bmatrix} \begin{Bmatrix} \beta(s) \\ \phi(s) \\ r(s) \end{Bmatrix} = \begin{bmatrix} Y_{\delta_A} & Y_{\delta_r} \\ L_{\delta_A}' & L_{\delta_R}' \\ N_{\delta_A}' & N_{\delta_R}' \end{bmatrix} \begin{Bmatrix} \delta_A(s) \\ \delta_R(s) \end{Bmatrix} \tag{10.149}$$

因此当 $\cdot=\delta_A$或者 $\delta_R$时，传递函数变成

$$\begin{aligned}
\frac{\beta(s)}{\bullet(s)} &= \left(Y_\bullet(s^2 - L_p' s)(s - N_r') + N_\bullet' U_0 (s^2 - L_p' s)\right)/\det \boldsymbol{P}(s) \\
&= Y_\bullet s(s - L_p')\left(s + (N_\bullet' U_0 / Y_\bullet - N_r')\right)/\det \boldsymbol{P}(s) \\
\frac{\phi(s)}{\bullet(s)} &= \left(L_\bullet'(U_0 s - Y_\beta)(s - N_r') + Y_\bullet L_\beta'(s - N_r') - \mathrm{U}_0(N_\bullet' L_\beta' - L_\bullet' N_\beta')\right)/\det \boldsymbol{P}(s) \\
&= \left(L_\bullet' U_0 s^2 - \left(L_\bullet'(U_0 N_r' + Y_\beta) - (Y_\bullet L_\beta')\right)s - \left(\mathrm{U}_0(N_\bullet' L_\beta' - L_\bullet' N_\beta') + Y_\bullet L_\beta' N_r' - L_\bullet' N_r' Y_\beta\right)\right)/\det \boldsymbol{P}(s) \\
\frac{r(s)}{\bullet(s)} &= \left(N_\bullet'(s^2 - L_p' s)(U_0 s - Y_\beta) + Y_\bullet N_\beta'(s^2 - L_p' s)\right)/\det \boldsymbol{P}(s) \\
&= N_\bullet' s(s - L_p')\left(U_0 s + (Y_\bullet N_\beta' / N_\bullet' - Y_\beta)\right)/\det \boldsymbol{P}(s) \quad \bullet = \delta_A \text{ or } \delta_R
\end{aligned} \tag{10.150}$$

特征多项式为

$$\begin{aligned}
\det \boldsymbol{P}(s) &= (s^2 - L_p' s)(U_0 s - Y_\beta)(s - N_r') + U_0 N_\beta'(s^2 - L_p' s) \\
&= s(s - L_p')\left(s^2 - (N_r' + Y_\beta/U_0)s + (N_\beta' + N_r' Y_\beta/U_0)\right)
\end{aligned} \tag{10.151}$$

该多项式似乎包含一个约等于荷兰滚系数的二次项、一个与滚转模态近似模型中的一阶项完全相同的一阶项以及一个位于原点处的约等于螺旋根的根。注意：这两个实数极点恰好由侧滑角传递函数与偏航率传递函数中的分子零对消，从而导致这些传递函数的表达式比根据方程（10.150）与方程（10.151）中简单估算假设的表达式简单得多。由于存在此类极点零点对消，侧滑响应与偏航率响应的特征仅仅取决于该近似模型的荷兰滚二次方程式。

并且，荷兰滚无阻尼固有频率可以根据下式得出：

$$\omega_{DR}^2 = \left(N'_\beta + N'_r Y_\beta / U_0\right) \tag{10.152}$$

方程(10.152)通常由风标稳定导数 $N'_\beta$ 控制。该近似模型的荷兰滚阻尼可以根据下式求出：

$$2\zeta_{DR}\omega_{DR} = -\left(N'_r + Y_\beta / U_0\right) \tag{10.153}$$

方程(10.153)中的最大项通常是偏航阻尼稳定导数 $N'_r$，我们因此发现了静态稳定性与动态稳定性之间的一些其他联系。根据该荷兰滚近似模型，增大静态方向稳定性($N_\beta>0$)与偏航阻尼稳定性($N_r<0$)也增大了发生荷兰滚模态动态稳定的可能性。

值得注意的是，方程(10.151)中的荷兰滚二次方程式似乎不受飞行器上反角系数 $L_\beta$ 的影响，该系数通常是滚转力矩方程中的一个有效项。然而，通过更仔细地观察方程(10.152)，并根据方程(10.46)，注意到：

$$N'_\beta = \left(N_\beta + L_\beta I_{xz}/I_{zz}\right)D \tag{10.154}$$

因此，如果惯性向量积不等于零，那么该近似模型的荷兰滚固有频率实际上是飞行器上反角效应的函数。

现在将从该近似模型中得出的结果与根据例 10.4 中估算的全阶模态得出的结果进行比较。使用该近似模型中相同的响应 $\boldsymbol{y}$ 矢量、状态 $\boldsymbol{x}$ 矢量与控制 $\boldsymbol{u}$ 矢量取代方程(10.141)中相对应的矢量，“纳维昂”飞行器在该荷兰滚近似模型中的状态变量模型变成

$$\boldsymbol{A}_{DR} = \begin{bmatrix} \dfrac{Y_\beta}{U_0} & 0 & 0 & -1 \\ 0 & 0 & 1 & 0 \\ L'_\beta & 0 & L'_p & 0 \\ N'_\beta & 0 & 0 & N'_r \end{bmatrix} = \begin{bmatrix} -0.2543 & 0 & 0 & -1 \\ 0 & 0 & 1 & 0 \\ -15.982 & 0 & -8.402 & 0 \\ 4.495 & 0 & 0 & -0.7605 \end{bmatrix}$$

$$\boldsymbol{B}_{DR} = \begin{bmatrix} \dfrac{Y_{\delta_A}}{U_0} & \dfrac{Y_{\delta_R}}{U_0} \\ 0 & 0 \\ L'_{\delta_A} & L'_{\delta_R} \\ N'_{\delta_A} & N'_{\delta_R} \end{bmatrix} = \begin{bmatrix} 0 & 0.0708 \\ 0 & 0 \\ 28.984 & 2.548 \\ -0.2218 & -4.597 \end{bmatrix} \tag{10.155}$$

$$\boldsymbol{C} = \boldsymbol{I}_4, \quad \boldsymbol{D} = \boldsymbol{0}$$

使用 MATLAB，$\boldsymbol{A}_{DR}$ 本征矢量的本征值与矢量图如图 10.22 所示。

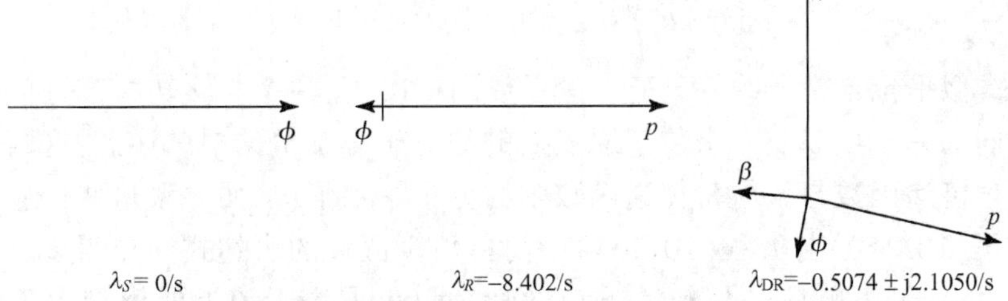


图 10.22 根据“纳维昂”荷兰滚近似模型得出的矢量图

该近似模型中的荷兰滚无阻尼自然频率与全阶模态中的荷兰滚无阻尼固有频率十分吻合($\omega_{DR}$=2.165rad/s,而非 2.385rad/s)。

同样,该近似模型中的阻尼比与全阶模态中的阻尼比也十分吻合($\zeta_{DR}$ = 0.234,而非 0.204)。当我们将该近似模型中的滚转本征值、螺旋本征值以及矢量图与图 10.17 所示全阶模态中的对应值进行比较时,它们的表现也十分吻合。

根据 MATLAB,下面给出了从该荷兰滚近似模型中获得的六个"纳维昂"传递函数。就副翼输入信号而言,得出

$$\begin{cases}\dfrac{\beta(s)}{\delta_A(s)}=\dfrac{0.2218s(s+8.402)}{s(s+8.402)(s^2+1.015s+4.688)}\text{rad/rad 或 }(^\circ)/(^\circ)\\ \dfrac{\phi(s)}{\delta_A(s)}=\dfrac{28.984(s^2+1.015s+4.566)}{s(s+8.402)(s^2+1.015s+4.688)}\text{rad/rad 或 }(^\circ)/(^\circ)\\ \dfrac{r(s)}{\delta_A(s)}=\dfrac{-0.2218s(s+0.2543)(s+8.402)}{s(s+8.402)(s^2+1.015s+4.688)}\text{rad/(s}\cdot\text{rad) 或 }(^\circ)/(\text{s}\cdot(^\circ))\end{cases} \tag{10.156}$$

此处注意:有副翼输入信号的倾斜角传递函数几乎刚好等于滚转模态近似模型中对应的传递函数。就飞机方向舵输入信号而言,得出

$$\begin{cases}\dfrac{\beta(s)}{\delta_R(s)}=\dfrac{0.0708s(s+8.402)(s+65.69)}{s(s+8.402)(s^2+1.015s+4.688)}\text{rad/rad 或 }(^\circ)/(^\circ)\\ \dfrac{\phi(s)}{\delta_R(s)}=\dfrac{2.548(s-4.671)(s+5.242)}{s(s+8.402)(s^2+1.015s+4.688)}\text{rad/rad 或 }(^\circ)/(^\circ)\\ \dfrac{r(s)}{\delta_R(s)}=\dfrac{-4.597s(s+0.1851)(s+8.402)}{s(s+8.402)(s^2+1.015s+4.688)}\text{rad/(s}\cdot\text{rad) 或 }(^\circ)/(\text{s}\cdot(^\circ))\end{cases} \tag{10.157}$$

如图 10.23 所示,使用该荷兰滚近似模型获得的阶跃响应也许最精确地显示了这六个传

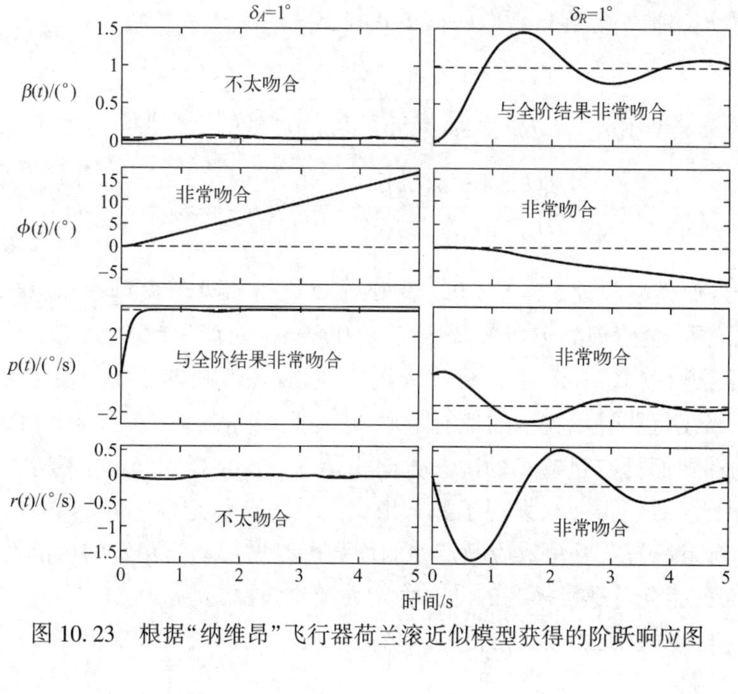


图 10.23 根据"纳维昂"飞行器荷兰滚近似模型获得的阶跃响应图

递函数,而相比之下,如图 10.21 所示,从全阶模态获得的响应则没有这种效果。飞机方向舵输入信号的所有响应相比之下非常好。就副翼输入信号而言,近似模型似乎可以产生良好的滚转角速度响应与倾斜角响应的结果。而相比之下,侧滑角与偏航率的结果就差得多,它与从滚转模态近似模型中获得的相应结果更吻合。(虚线表示稳定状态响应。)因此,在使用该荷兰滚近似模型下这后两个传递函数时,建议大家要小心谨慎。

### 10.7.3 螺旋模式近似模型

最后要分析的横向近似模型是螺旋近似模型。该模型有一个很长的时间常量(或者在不稳定情况下获得双振幅的时间),因此正如参考文献 8 中提及的一样,相比该模型的时间常量,可以合理地假设除了倾斜角(与航向)之外,自由度也迅速达到了准稳定值。因此,根据该螺旋近似模型,我们将设定侧滑角变率、滚转率以及偏航率均为零。

使用得出的三个代数方程消去模型中的这三个变量。这可以通过使用状态变量模型或者多项式矩阵说明得以实现。

例如:根据该近似模型,在水平飞行状态下,系统的多项式矩阵说明(10.66b)变成

$$\begin{bmatrix} -Y_\beta & -(Y_p s + g) & (U_0 - Y_r) \\ -L'_\beta & -L'_p s & -L'_r \\ -N'_\beta & -N'_p s & -N'_r \end{bmatrix} \begin{Bmatrix} \beta(s) \\ \phi(s) \\ r(s) \end{Bmatrix} = \begin{bmatrix} Y_{\delta_A} & Y_{\delta_R} \\ L'_{\delta_A} & L'_{\delta_R} \\ N'_{\delta_A} & N'_{\delta_R} \end{bmatrix} \begin{Bmatrix} \delta_A(s) \\ \delta_R(s) \end{Bmatrix} \tag{10.158}$$

方程(10.158)的一阶特征方程为

$$\begin{aligned} \det \boldsymbol{P}(s) &= Y_\beta(L'_r N'_p - N'_r L'_p)s - (Y_p s + g)(L'_r N'_\beta - N'_r L'_\beta) + (U_0 - Y_r)(L'_\beta N'_p - N'_\beta L'_p)s \\ &= \big(Y_\beta(L'_r N'_p - N'_r L'_p) + Y_p(N'_r L'_\beta - L'_r N'_\beta) + (U_0 - Y_r)(L'_\beta N'_p - N'_\beta L'_p)\big)s \\ &\quad + g(N'_r L'_\beta - L'_r N'_\beta) \end{aligned} \tag{10.159}$$

该特征多项式的唯一螺旋根可以根据下式得出

$$\begin{aligned} \lambda_S &= \frac{g(L'_r N'_\beta - N'_r L'_\beta)}{Y_\beta(L'_r N'_p - N'_r L'_p) + Y_p(N'_r L'_\beta - L'_r N'_\beta) + (U_0 - Y_r)(L'_\beta N'_p - N'_\beta L'_p)} \\ &\approx \frac{g(L'_r N'_\beta - N'_r L'_\beta)}{\big(Y_\beta(L'_r N'_p - N'_r L'_p) + U_0(L'_\beta N'_p - N'_\beta L'_p)\big)} \end{aligned} \tag{10.160}$$

式中:最后一个近似模型假设 $Y_p = Y_r = 0$。“纳维昂”飞行器近似模型在-0.00930/s 时产生螺旋极点,而相比之下,全阶模态近似模型是在-0.00896/s 时产生螺旋极点。

通常情况下,方程(10.160)中的分母为正。因此,该螺旋本征值的稳定性取决于($L'_r N'_\beta - N'_r L'_\beta$)的符号。当飞行器显示完全的偏航阻尼 $N'_r$ 与上反角效应 $L'_\beta$,并且由于偏航率 $L'_r$(偏航率通常为正)的存在而具有足够小的静态方向稳定性($N'_\beta$ 略微偏负)与滚转力矩时,该项将为负(稳定的)。因此,我们再一次发现了静态稳定性与动态稳定性之间的联系。根据该螺旋近似模型,静态偏航阻尼与上反角效应稳定性的增强可以增加动态稳定的可能性。然而,太强的静态方向稳定性可能会对螺旋模态的动态稳定性产生负面影响。

最后,该单自由度系统的倾斜角传递函数可以简单地根据下式求出:

$$\frac{\phi(s)}{\bullet(s)} \approx \left(Y_\beta\left(L'_\bullet N'_r - N'_\bullet L'_r\right) + Y_\bullet\left(L'_r N'_\beta - N'_r L'_\beta\right) + \left(\mathrm{U}_0 - Y_r\right)\left(L'_\bullet N'_\beta - N'_\bullet L'_\beta\right)\right)/\det \boldsymbol{P}(s)$$

$$= \frac{K}{s-\lambda_S},\ \bullet = \delta_A \text{ 或 } \delta_R \tag{10.161}$$

使用克莱姆法则,可以按需根据方程(10.158)求出其他的传递函数。

另一个早已非常有名的螺旋近似模型仅将横向特征多项式中的最后两个系数用作螺旋极点的近似模型(方程(10.69)中的$-E/D$)。由于大家知道螺旋根的量级很小,因而这一点是合情合理的,因此我们可以合理地忽略特征多项式中用 $s$ 表示的更高阶的项。

将方程(10.69)的结果与方程(10.160)中的结果进行比较,我们发现在方程(10.160)的分子中出现了$-E$。因此,两个近似模型均为螺旋不稳定性指明了同样的潜在原因。就“纳维昂”飞行器而言,假设螺旋极点等于$-E/D$ 就可以在$-0.00873$/s——非常接近全阶模态中的相应值时产生一个极点。然而,早些时候描述的螺旋近似模型提供了更加复杂的系统说明。

## 10.8 为获取理想动态特征的构型设计

将注意力转移至通过例子来证明在10.6节与10.7节介绍的近似模型可以用于飞行器构型设计中。从历史的角度而言,飞行器设计者们在飞行器的初步设计中仅仅考虑了静态的稳定性判据。例如:人们将这些判据用于制定水平尾翼、垂直尾翼以及控制表面的尺寸。但是,今天人们公认这种方法是差强人意的,并且认为在设计流程中我们应早早考虑飞行器的动态特征。

本章经常提到我们进行分析的一个重要目标是不仅要了解飞行器的动态特征,而且还要了解产生这些特征的原因。例如:使用从简化模型及第六章中推导出的有关飞行器气动特征与飞行器几何形状的表达式中获得的重要量纲导数的知识,可以确定如何调整几何形状使之适合飞行器动态特征的方法。然而,这种方法致使稳定面过大,从而导致阻力过大、性能受损。在此情形下,设计者可能会选择采用较小的表面,并使用回馈控制装置进一步准确设计动力学系统。这种回馈稳定增值是第十一章讨论的主题。

### 10.8.1 静态稳定裕度与机尾尺寸对纵向本征值的影响

开始讨论前,研究纵向本征值对两个重要设计参数——c.g. 位置与水平尾翼尺寸变化的灵敏度是非常有益的。c.g. 位置限制确立了飞行器容许的操作条件,而尾翼尺寸则是构型设计的一个重要方面。为了进行这项研究,我们将再次使用附录B中“纳维昂”飞行器的数据。

首先将使用 c.g. 位置进行参数分析。就附录B中的“纳维昂”飞行器数据而言,c.g. 位置(用MAC的百分比表示)为 $X_{\mathrm{cg}}=29.5\%$,且静态稳定裕度为

$$SM \triangleq \overline{X}_{\mathrm{AC}} - \overline{X}_{\mathrm{cg}} = -\frac{C_{M_\alpha}}{C_{L_\alpha}} = -\frac{-0.683}{4.44} = 15.4\% \tag{10.162}$$

受 c.g. 位置影响最大的这两个气动力系数为 $C_{M_\alpha}$ 与 $C_{M_q}$(或者 $M_\alpha$ 与 $M_q$),且我们将假设它对剩余气动力系数的影响可以忽略不计。由于 $C_{M_\alpha}$ 与静态稳定裕度成正比,因此我们发现

$M_\alpha$ 也与 $SM$ 成正比。或者由于

$$C_{M_\alpha} = -SMC_{L_\alpha} = -4.44SM$$

那么,在海平面处,当 $U_0 = 176\text{fps}$ 时,有

$$M_\alpha = -4.44SM\frac{q_\infty S_W \bar{c}_W}{I_{yy}} = -57.12SM \tag{10.163}$$

现在我们将利用第六章中推导出的闭合表达式求气动力系数。也就是说,根据方程(6.188),也可以用 $SM$ 表示 $C_{M_q}$,即

$$\begin{aligned} C_{M_q} &\approx -C_{L_{\alpha_H}}\frac{(X_{\text{AC}_H} - X_{\text{cg}})^2}{U_0\bar{c}_W}\frac{q_H}{q_\infty}\frac{S_H}{S_W} = -C_{L_{\alpha_H}}\frac{\bar{c}_W(\bar{X}_{\text{AC}_H} - \bar{X}_{\text{cg}})^2}{U_0}\frac{q_H}{q_\infty}\frac{S_H}{S_W} \\ &= -C_{L_{\alpha_H}}\frac{\bar{c}_W\left((\bar{X}_{\text{AC}_H} - \bar{X}_{\text{AC}}) + SM\right)^2}{U_0}\frac{q_H}{q_\infty}\frac{S_H}{S_W} = K\left((\bar{X}_{\text{AC}_H} - \bar{X}_{\text{AC}}) + SM\right)^2 \end{aligned} \tag{10.164}$$

现在就“纳维昂”而言,假设

$$\bar{X}_{\text{AC}_H} - \bar{X}_{\text{cg}} = 15.5/5.7 = 2.72 \tag{10.165}$$

那么

$$(\bar{X}_{\text{AC}_H} - \bar{X}_{\text{AC}}) = (\bar{X}_{\text{AC}_H} - \bar{X}_{\text{cg}}) - (\bar{X}_{\text{AC}} - \bar{X}_{\text{cg}}) = 2.72 - 0.154 = 2.566 \tag{10.166}$$

注意:就“纳维昂”(附录 B)而言,有

$$C_{M_q} = -0.161\text{s}$$

然后,根据方程(10.164),得出

$$C_{M_q} = -0.0218(2.566 + SM)^2$$

并且在给定飞行条件下,有

$$M_q = -0.0218(2.57 + SM)^2\frac{q_\infty S_W \bar{c}_W}{I_{yy}} = -0.280(2.57 + SM)^2 \tag{10.167}$$

将 $M_\alpha$ 与 $M_q$ 的这些表达式代入“纳维昂”飞行器纵向动态的状态变量说明(方程(10.64))中,可以通过参数的形式求出作为 $SM$ 或者 c. g. 位置函数的纵向本征值。

图 10.24 展示了得出的纵向本征值的轨迹,这时静态稳定裕度以增量 0.01 从其初始值(0.154)变化至-0.044,四个根轨迹的分支开始于初始根的位置。随着静态稳定裕度的减小,根继续沿着这些分支移动,并最终聚集在实数轴上。然后,在四个根全部沿着实数轴移动之后,其中的两个根再次合并在一起,从实数轴上分出来,并沿着初始长周期振荡根方向的弯曲路径移动。剩下的两个根仍然在实数轴上,其中的一个根最终变为不稳定根,移入复平面的右半部分(例如正实数部分)。

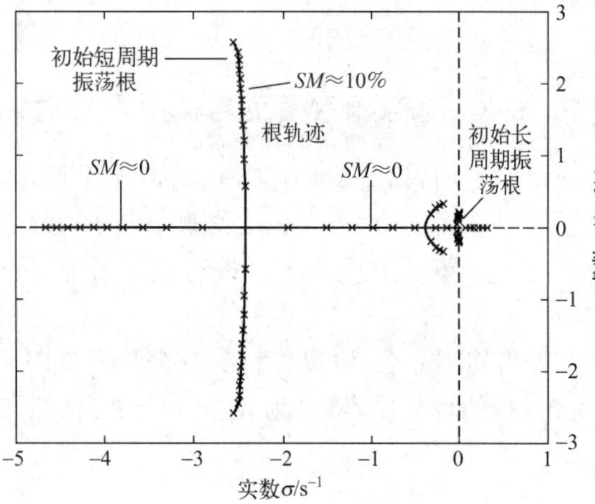


图 10.24 作为静稳定裕度函数的纵向本征值轨迹

值得注意的是相关的本征矢量显示当 *SM* 接近零时,常规短周期振荡模态响应与常规长周期振荡模态响应消失了,当 *SM* 继续减小时,模态仍然非常异常。例如:一种模态有时会变成由攻角控制,即最大的模态响应是攻角而非俯仰率。而其他时候存在两种模态(一种为一阶模态,另一种为振荡模态),它们具有与长周期振荡模态相似的很大波动速度响应。因此,为了保留这种情形下的传统模态特征,至少维持正静态稳定裕度将是很重要的,保持大约10%的最小静态稳定裕度可能是令人满意的。当静态稳定裕度增加至 10%以上时,无论是无阻尼固有频率还是短周期振荡模态的阻尼比均会增大。

接下来我们将探讨当水平尾翼尺寸发生变化时纵向本征值的参数特征。我们将再次假设:由于待分析尾翼尺寸的其他系数如 $C_{L_\alpha}$ 不会发生重大改变,因此唯一受影响的飞行器气动力系数为 $C_{M_\alpha}$ 与 $C_{M_q}$。

根据方程(10.164),我们发现 $C_{M_q}$ 与机尾面积比 $S_H/S_W$ 成正比。此外,根据方程(6.56)(与 *X* 测量正向尾端有关),得出

$$C_{M_\alpha} = C_{L_{\alpha_W}}\left(\overline{X}_{\text{cg}} - \overline{X}_{\text{AC}_{W\&F}}\right) - C_{L_{\alpha_H}}\left(1 - \frac{\text{d}\varepsilon}{\text{d}\alpha}\right)\left(\overline{X}_{\text{AC}_H} - \overline{X}_{\text{cg}}\right)\frac{q_H}{q_\infty}\frac{S_H}{S_W} \tag{10.168}$$

因此,该系数按照机尾面积比呈线性变化。再次就"纳维昂"飞行器而言,得出

$$\overline{X}_{\text{AC}_H} - \overline{X}_{\text{cg}} = 2.72$$

$$\frac{S_H}{S_W} = 0.233$$

且假设:

$$\begin{cases} C_{L_\alpha} \approx C_{L_{\alpha_W}} \approx C_{L_{\alpha_H}} = 4.4\ /\text{rad} \\ 1 - \dfrac{\text{d}\varepsilon}{\text{d}\alpha} \approx 0.5 \\ \dfrac{q_H}{q_\infty} \approx 0.9 \end{cases} \tag{10.169}$$

现在假设对"纳维昂"飞行器而言,$C_{M_\alpha} = -0.683$,使用上述数据,发现

$$\left(\overline{X}_{\text{cg}} - \overline{X}_{\text{AC}_{W\&F}}\right) \approx 0.129 \tag{10.170}$$

因此,假设对"纳维昂"飞行器而言,$C_{M_q} = -0.161$,那么系数表达式为

$$\begin{cases} C_{M_q} = -0.691\dfrac{S_H}{S_W}, & M_q = C_{M_q}\dfrac{q_\infty S_W \bar{c}_W}{I_{yy}} = -8.89\dfrac{S_H}{S_W} \\ C_{M_\alpha} = 0.568 - 5.386\dfrac{S_H}{S_W}, & M_\alpha = C_{M_\alpha}\dfrac{q_\infty S_W \bar{c}_W}{I_{yy}} = \left(7.31 - 69.29\dfrac{S_H}{S_W}\right) \end{cases} \tag{10.171}$$

现在可以将这些表达式代入状态变量模型中求"纳维昂"飞行器的纵向动力特性,并通过参数化求纵向本征值。

图 10.25 中的曲线表示机尾面积比以增量 0.01 从初始值(0.233)降低至 0.093 时的纵向本征值轨迹。该根轨迹看似与先前所示的参数 c.g. 变量的轨迹仅仅略微不同。它有相同数量的分支,四个分支开始于四个初始本征值的位置,随着机尾尺寸的减小四个根在实数轴上合并,然后两个根最后再次合并、分裂形成另外两个分支。一个根最终变为不稳定根,进入复平面的右半部分。

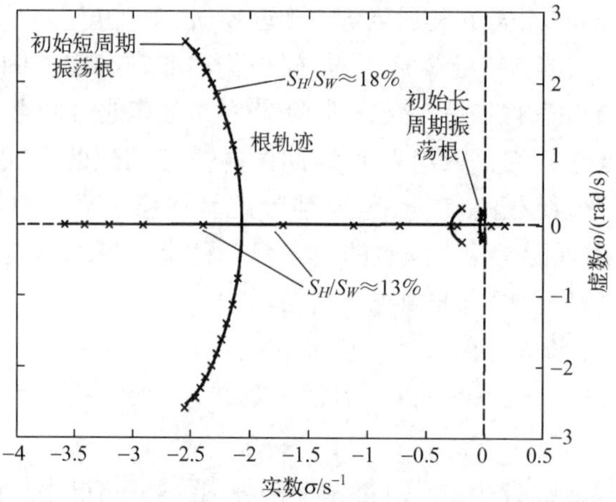


图 10.25　作为水平尾翼尺寸函数的纵向本征值轨迹

相关的本征矢量再次显示：在机尾面积比减小将近 40%(机尾面积比为 0.133)之后，经典的短周期振荡模态特征与经典的长周期振荡模态特征就会消失。此后，一种模态有时会变成由攻角控制，即最大模态响应为攻角而非俯仰率。其他时候存在在两种模态(一种为一阶模态，另一种为振荡模态)，它们具有与长周期振荡相似的很大的波动速度响应。因此，在此情况下，为了保留传统的模态特征，机尾面积比必须大于 13%，并且若要获得充分的短周期振荡阻尼，机尾面积比最好是大于 18%。

### 10.8.2　改善螺旋稳定性与荷兰滚稳定性

本例选自参考文献，它与另一种通用航空飞行器有关。飞行器为轻型、单引擎飞行器，且具有非后掠上单翼及三轮着陆装置。表 10.2 给出了该飞行器的基本数据。飞行器的螺旋模式略微不稳定(获得双振幅的时间 = 200sec)，当 $\zeta_{DR}=0.065$ 时，荷兰滚阻尼很低。我们想用获得半振幅的 50s 时间的稳定螺旋模态，并将荷兰滚阻尼增大将近 50%。

表 10.2　单引擎、上单翼的通用航空飞行器特征

| | | |
|---|---|---|
| $W=2600\text{lbs}$ | $U_0=107\text{fps}$ | $I_{xz}=0$ |
| $S_W=180\text{ft}^2$ | $b_W=36.9\text{ft}$ | $\Gamma_W=3°$ |
| $S_H=41.4\text{ft}^2$ | $b_H=11.7\text{ft}$ | $S_V=18\text{ft}^2$ |
| $C_{Y_\beta}=-0.303$ | $C_{Y_p}=-0.0376\text{s}$ | $C_{Y_r}=0.0347\text{s}$ |
| $C_{L_\beta}=-0.122$ | $C_{L_p}=-0.0834\text{s}$ | $C_{L_r}=0.0352\text{s}$ |
| $C_{N_\beta}=0.0701$ | $C_{N_p}=-0.0166\text{s}$ | $C_{N_r}=-0.0198\text{s}$ |

根据 10.7.3 节介绍的螺旋近似模型，在讨论方程(10.160)时，我们注意到：当飞行器表现充分的偏航阻尼 $N'_r$ 及反角效应 $L'_\beta$，且具有足够小的偏航刚度 $N'_\beta$ 时，螺旋模态将保持稳定。这表明增强飞行器的上反角效应会提高螺旋稳定性。注意：对于 $I_{xz}=0$ 的这种飞行器而言，可以根据下式得出上反角效应为

$$L'_\beta \triangleq \frac{(L_\beta+N_\beta I_{xz}/I_{xx})}{1-I_{xz}^2/(I_{xx}I_{zz})}=L_\beta=C_{L_\beta}\frac{q_\infty S_W b_W}{I_{xx}} \tag{10.172}$$

此外，根据方程(6.44)，我们发现机翼与两个尾翼面均对 $C_{L_\beta}$ 有作用，且机翼的作用最大。并且我们在第五章发现：对于非后掠翼而言，增大上反角 $\Gamma_W$ 就会增大机翼的上反角效应。事实上，对于我们正讨论的飞行器，人们认为可以通过将机翼上反角从3°增大至6.5°取得理想的飞行器螺旋稳定性。

现在我们来讨论关于增大荷兰滚阻尼的问题，根据荷兰滚近似模型与方程(10.153)，我们注意到：荷兰滚阻尼受偏航阻尼 $N'_r$ 的影响非常大。对于这种飞行器而言，由于 $I_{xz}=0$，因此可以根据下式得出偏航阻尼为

$$N'_r = N_r = C_{N_r}\frac{q_\infty S_W b_W}{I_{zz}} \tag{10.173}$$

并且，根据方程(6.219)，我们注意到：

$$C_{N_r} \approx -C_{L_{\alpha_V}}\frac{\left(X_{\text{Ref}} - X_{\text{AC}_V}\right)^2}{U_0 b_W}\frac{q_H}{q_\infty}\frac{S_V}{S_W} \tag{10.174}$$

因此，反过来荷兰滚阻尼受飞行器尾翼尺寸 $S_V$ 的影响也非常大。事实上，后来确定：通过将飞行器尾翼的尺寸从 $18\text{ft}^2$ 增大至 $30\text{ft}^2$，该飞行器可以取得足够大的荷兰滚阻尼。

## 10.9 交叉耦合

迄今为止，本章一直在专门探讨一种飞行器的动力学系统，其飞行条件允许纵向轴与横向轴之间解耦。也就是说，严格而言，我们已经将分析限定在无倾斜角与侧滑的稳定的直线飞行运动范围。但是，对于其他飞行条件而言，此类轴解耦不完全存在。对于有适度倾斜角或侧滑的飞行条件而言，耦合可能并不牢固，因此，解耦的纵向模型与解耦的横向模型可能仍会产生适当的结果。但是，对于有很大倾斜角、滚转角速度、航向变化率或者侧滑的飞行条件而言，耦合效应可能很重要。在此情况下，为了评估耦合的重要性，我们必须使用根据方程(10.36)～方程(10.46)建立的完整的六自由度线性模型进行分析。

为了开始讨论耦合的动力学系统模型，我们首先一起来分析整个系统的多项式矩阵说明结构。让我们用下列形式表示该系统模型。

$$\begin{bmatrix} \boldsymbol{P}_{\text{纵}}(s) & \boldsymbol{P}_{\text{纵-横}}(s) \\ \boldsymbol{P}_{\text{横-纵}}(s) & \boldsymbol{P}_{\text{横向}}(s) \end{bmatrix} \begin{Bmatrix} \boldsymbol{y}_{\text{纵}}(s) \\ \boldsymbol{y}_{\text{横向}}(s) \end{Bmatrix} = \begin{bmatrix} \boldsymbol{Q}_{\text{纵}}(s) & \boldsymbol{Q}_{\text{纵-横}}(s) \\ \boldsymbol{Q}_{\text{横-纵}}(s) & \boldsymbol{Q}_{\text{横向}}(s) \end{bmatrix} \begin{Bmatrix} \boldsymbol{u}_{\text{纵}}(s) \\ \boldsymbol{u}_{\text{横向}}(s) \end{Bmatrix} \tag{10.175}$$

式中：$\boldsymbol{P}_{\text{纵}}$ 与 $\boldsymbol{Q}_{\text{纵}}$ 是多项式矩阵，$\boldsymbol{y}_{\text{纵}}$ 与 $\boldsymbol{u}_{\text{纵}}$ 分别是响应矢量与控制输入矢量，它们与纵向轴有关，与方程(10.56)中给出的相应量类似。例如：此处可以根据下式求出响应矢量与控制输入矢量为

$$\begin{aligned} \boldsymbol{y}_{\text{纵}}^{\mathrm{T}}(s) &= \begin{bmatrix} u(s) & \alpha(s) & q(s) & \theta(s) \end{bmatrix} \\ \boldsymbol{u}_{\text{纵}}^{\mathrm{T}}(s) &= \begin{bmatrix} \delta_E(s) & \delta T(s) \end{bmatrix} \end{aligned} \tag{10.176}$$

注意：由于在直线飞行运动(例如 $s\theta(s)=q(s)$)中有效的简单运动学关系此时不再有效，因此现在响应矢量必须既包含俯仰率 $q(s)$ 也包含高度 $\theta(s)$。现在我们必须使用方程(10.41)中给出的关于 $\dot{\theta}$ 的更普通的运动方程。现在我们终于得出与纵向轴有关的两个多项式矩阵为

$$
\boldsymbol{P}_{纵}(s)=\begin{bmatrix} s-(X_u+X_{P_u}) & -(X_{\dot{\alpha}}s+X_\alpha)+Q_0U_0 & -(X_q-W_0) & g\cos\Theta_0 \\ -(Z_u+Z_{P_u})-Q_0 & (U_0-Z_{\dot{\alpha}})s-Z_\alpha & -(Z_q+U_0) & g\sin\Theta_0\cos\Phi_0 \\ -(M_u+M_{P_u}) & -(M_{\dot{\alpha}}s+(M_\alpha+M_{P_\alpha})) & s-M_q & 0 \\ 0 & 0 & -1 & s\cos\Phi_0-\dot{\Psi}_0\sin\Theta_0\sin\Phi_0 \end{bmatrix}
$$

$$
\boldsymbol{Q}_{纵}(s)=\begin{bmatrix} X_{\delta_E} & X_T \\ Z_{\delta_E} & Z_T \\ M_{\delta_E} & M_T \\ 0 & 0 \end{bmatrix}
\tag{10.177}
$$

同样,在方程(10.175)中出现的 $\boldsymbol{P}_{横向}$ 与 $\boldsymbol{Q}_{横向}$ 是多项式矩阵,$\boldsymbol{y}_{横向}$ 与 $\boldsymbol{u}_{横向}$ 分别是响应矢量与控制输入信号矢量,它们均与横向轴有关,且与方程(10.66)中给出的相应量类似。例如:此处可以根据下式求出横向响应与控制输入为

$$
\begin{aligned}
\boldsymbol{y}_{横向}^{\mathrm{T}}(s)&=\begin{bmatrix}\beta(s) & p(s) & r(s) & \phi(s) & \psi(s)\end{bmatrix} \\
\boldsymbol{u}_{横向}^{\mathrm{T}}(s)&=\begin{bmatrix}\delta_A(s) & \delta_R(s)\end{bmatrix}
\end{aligned}
\tag{10.178}
$$

请再次注意:由于在直线飞行运动(例如 $s\phi(s)=p(s)$)中有效的简单运动学关系此时也不再有效,因此响应矢量必须包含 $\phi(s)$ 与 $\psi(s)$。现在必须使用在方程(10.41)中给出的关于 $\dot{\phi}$ 与 $\dot{\psi}$ 的完整的运动方程。最后得出与横向轴有关的多项式矩阵为

$$
\boldsymbol{P}_{横向}(s)=\begin{bmatrix} U_0s-Y_\beta & -Y_p-W_0 & (U_0-Y_r) & -g\cos\Theta_0\cos\Phi_0 & 0 \\ -L'_\beta & s-L'_p-C_1Q_0 & -L'_r-C_2Q_0 & 0 & 0 \\ -N'_\beta & -N'_p-C_3Q_0 & s-N'_r-C_4Q_0 & 0 & 0 \\ 0 & -1 & 0 & s & -s\sin\Theta_0 \\ 0 & 0 & -1 & C_5 & s\cos\Theta_0\cos\Phi_0 \end{bmatrix}
$$

其中

$$
C_1=(I_{xx}-I_{yy}+I_{zz})(I_{xz}/(I_{xx}I_{zz}))D \qquad C_2=((I_{yy}-I_{zz})+I_{xz}^2/I_{zz})(1/I_{xx})D
$$

$$
C_3=((I_{xx}-I_{yy})+I_{xz}^2/I_{xx})(1/I_{zz})D \qquad C_4=-C_1
$$

$$
C_5=-\dot{\Psi}_0\cos\Theta_0\sin\Phi_0-\dot{\Theta}_0\cos\Phi_0 \qquad D=\frac{1}{1-I_{xz}^2/(I_{xx}I_{zz})}
$$

且

$$
\boldsymbol{Q}_{横向}(s)=\begin{bmatrix} Y_{\delta_A} & Y_{\delta_R} \\ L'_{\delta_A} & L'_{\delta_R} \\ N'_{\delta_A} & N'_{\delta_R} \\ 0 & 0 \\ 0 & 0 \end{bmatrix}
\tag{10.179}
$$

在方程(10.175)中出现的四个新子矩阵是位于整个 $\boldsymbol{P}$ 与 $\boldsymbol{Q}$ 矩阵的非对角线上的矩阵。这些子矩阵包含交叉耦合项,并且第一个矩阵为

$$
\boldsymbol{P}_{\text{纵-横}}(s)=\begin{bmatrix} -U_0R_0-\boxed{X_\beta} & 0 & -U_0\beta_0 & 0 & 0 \\ U_0P_0 & U_0\beta_0 & 0 & g\cos\Theta_0\sin\Phi_0 & 0 \\ 0 & C_1 & C_2 & 0 & 0 \\ 0 & 0 & 0 & C_3 & s\cos\Theta_0\sin\Phi_0 \end{bmatrix}
$$

$$
C_1=\left((I_{xx}-I_{zz})R_0+2I_{xz}P_0\right)/I_{yy}
$$

$$
C_2=\left((I_{xx}-I_{zz})P_0-2I_{xz}R_0\right)/I_{yy}
$$

$$
C_3=\dot{\Psi}_0\cos\Theta_0\cos\Phi_0-\dot{\Theta}_0\sin\Phi_0
$$

(10.180)

方框中的矩阵元素 $X_\beta$ 是一个新的量纲稳定导数，它并不包含在摄动力 $f_{A_x}/m$（在方程(10.43)中）的初始扩展式中。但是，对于与大侧滑角 $\beta_0$ 有关的参考飞行条件而言，该项可能是非常重要的。

这三个剩下的交叉耦合矩阵为

$$
\boldsymbol{P}_{\text{横-纵}}(s)=\begin{bmatrix} R_0 & -P_0U_0-\boxed{Y_\alpha} & 0 & g\sin\Theta_0\sin\Phi_0 \\ 0 & -\boxed{L'_\alpha} & \left(C_1/I_{xx}+\left(I_{xz}/(I_{xx}I_{zz})\right)C_2\right)D & 0 \\ 0 & -\boxed{N'_\alpha} & \left(C_2/I_{zz}+\left(I_{xz}/(I_{xx}I_{zz})\right)C_1\right)D & 0 \\ 0 & 0 & 0 & -\dot{\Psi}_0\cos\Theta_0 \\ 0 & 0 & 0 & -s\sin\Phi_0-\dot{\Psi}_0\sin\Theta_0\cos\Phi_0 \end{bmatrix}
$$

其中

$$
C_1=(I_{zz}-I_{yy})R_0-I_{xz}P_0
$$

$$
C_2=(I_{yy}-I_{xx})P_0+I_{xz}R_0
$$

$$
D=\frac{1}{1-I_{xz}^2/(I_{xx}I_{zz})}
$$

且

$$
\boldsymbol{Q}_{\text{纵-横}}(s)=\begin{bmatrix} 0 & \boxed{X_{\delta_R}} \\ 0 & 0 \\ 0 & 0 \\ 0 & 0 \end{bmatrix}
$$

$$
\boldsymbol{Q}_{\text{横-纵}}(s)=\mathbf{0}_{5\times 2}
$$

(10.181)

方框中的矩阵元素 $Y_\alpha$、$L'_\alpha$、$N'_\alpha$ 以及 $X_{\delta_R}$ 也是新的量纲稳定导数，它们并不包含在摄动力与力矩（在方程(10.43)与方程(10.44)中）的初始扩展式中。但是有时这些项可能会很重要，尤其是在参考侧滑角很大的情况下或者对飞机方向舵很大的飞行器而言更是如此。

回顾方程(10.180)与方程(10.181)中的交叉耦合矩阵时，大家一定会注意到：就与稳定直线飞行运动（例如 $\dot{\Psi}_0=P_0=Q_0=R_0=0$）有关、且倾斜角与侧滑角均等于零（例如 $\Phi_0=\beta_0=0$）的参考飞行条件而言，上述四个交叉耦合矩阵全部等于零。（注意：这里同样假设新引入的交叉耦合稳定导数也可以忽略不计。）由于交叉耦合矩阵为零，因此在方程(10.175)中给出的完整动力学系统的多项式矩阵就简化为两个解耦的方程。

$$
\begin{cases}
\boldsymbol{P}_{纵}(s)\boldsymbol{y}_{纵}(s)=\boldsymbol{Q}_{纵}(s)\boldsymbol{u}_{纵}(s) \\
\boldsymbol{P}_{横向}(s)\boldsymbol{y}_{横向}(s)=\boldsymbol{Q}_{横向}(s)\boldsymbol{u}_{横向}(s)
\end{cases}
\tag{10.182}
$$

但是,这与 10.3 节~10.7 节讨论的包括方程(10.56)与方程(10.66)的解耦动力学系统的两个例子恰好相反。

现在为了证明轴交叉耦合可能出现的影响,我们一起来分析图 10.26 所示的两个极点零点的曲线图,该图展示了高性能飞行器(参考 10)的升降舵俯仰姿态传递函数 $\theta(s)/\delta_E(s)$ 的极点与零点的位置。俯仰与偏航均具静态稳定性的飞行器均采用了气动力数据,且气动量纲导数是 $\alpha$ 与 $\beta$ 两者的函数。参考飞行条件为大攻角 $\alpha_0=19°$,同时非零侧滑角 $\beta_0=6°$。

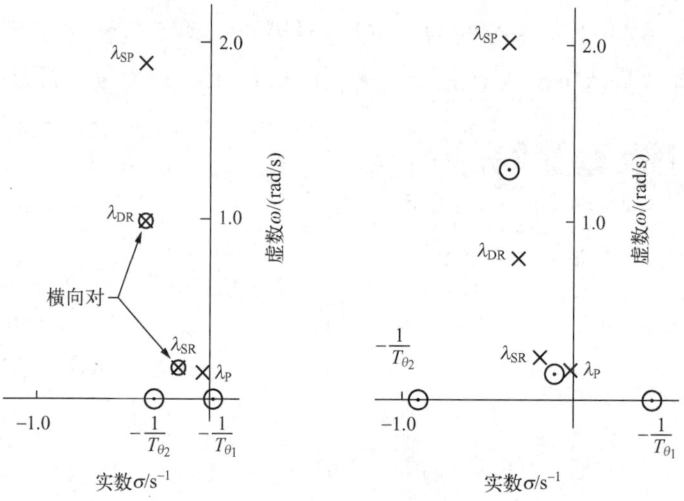


图 10.26　表示交叉轴耦合效应的 $\theta(s)/\delta_E(s)$ 极零图表

左边的曲线图使用了与方程(10.56)和方程(10.66)一致的解耦模型。也就是说,方程(10.180)与方程(10.181)中的四个交叉耦合矩阵必须为零。注意:该曲线图既展示了纵向本征值或极点组,又展示了横向本征值或极点组,包括短周期组、长周期组、荷兰滚组以及复杂的螺旋任务组。此处滚转下沉根与螺旋根不是实数,这两种模式已经合并为一种复杂的耦合模式。

该传递函数显示了六个零点及其位置。其中,两个零点(一个用 $1/T_{\theta_1}$ 表示,另一个用 $1/T_{\theta_2}$ 表示)是俯仰姿态传递函数中的两个标准零点。但是,剩下的四个零点恰好与四个横向极点或荷兰滚组与螺旋滚转组对消,每当纵向轴与横向轴解耦(此处一定存在这种情况)时,就会出现这种极点零点对消,并且它在整个系统的所有纵向传递函数中均会出现。同样,当纵向轴与横向轴解耦时,在所有横向传递函数中也都会出现所有四个纵向极点与零点的对消。因此,当出现纵横两向轴解耦时,与横向轴有关的模式不会参与任何纵向响应,反之亦然。

另一方面,再来分析一下右边的极点零点曲线图。使用耦合的动力学模型——本节介绍的模型来生成这种曲线图,因而这两个曲线图之间的差异完全是由交叉轴耦合效应引起的。首先注意该图已经修改了极点的位置。例如:短周期频率与荷兰滚频率已经受到了明显的影响。但更重要的是六个零点的位置截然不同。首先,在此情况下,四个横向本征值没有与零点对消。因此,实际上这些模式将参与俯仰姿态对升降舵输入信号做出的响应。

此外，位于实数轴上的其中一个零点已经很好地进入复平面的右半部分。熟悉反馈控制基本概念的读者知道：当动力学系统是经由反馈控制时，随着环路增益的增大，闭环系统的本征值或极点就会向系统零点（或向无穷远处）的位置移动。因此，此处当飞行员通过控制俯仰姿态封闭反馈环路，且一个系统零点充分进入复平面的右半部分时，很可能就会导致飞行员–飞行器系统不稳定。

因此，对上面分析的情况而言，似乎交叉耦合效应将非常重要。参考飞行条件的大攻角（$\alpha_0 = 19°$）增大了飞行器稳定轴中的惯性向量积 $I_{xz}$。并且，相当大的侧滑角（$\beta_0 = 6°$）也增大了出现明显的运动交叉耦合与气动交叉耦合的可能性。

## 10.10 柔性飞行器飞行动力学

如果飞行器的柔性非常好，那么飞行器的气动响应与模态特征受弹性变形的影响可能会非常明显。例如：机翼变形可能会改变飞行器的气动特性，而机身变形可能会影响测量的响应（例如：加速度或角速度）。并且，无论是采用手动控制，还是采用自动驾驶仪进行控制，此类测量飞行器响应在飞行器的控制中尤其重要。

关于弹性飞行器，本书的焦点是刚性机身自由度的动力学系统，及其可能存在的低频弹性模式耦合。例如：我们正在分析的并不是与两种弹性模式之间的耦合有关的高频气动弹性颤振。在典型的颤振分析中，我们通常是在已从模型中根除了刚性机身自由度之后，再对弹性自由度动力学系统进行分析。但是，只有当在占优势地位的刚性机身模式与弹性模式之间存在宽频率分离时，这种方法才合乎情理。当存在这种宽频率分离时，刚性机身与弹性自由度将基本解耦。

但是，有较低频率弹性模式的飞行器可能不会经历很大的频率分离。因此，在刚性机身与弹性自由度之间存在很大的耦合可能性。例如：前掠翼为复合材料的 X–29 型飞行器（对此我们曾在作业题 9.2 中进行了分析）具有强耦合的刚性机身及弹性自由度。本书讨论的包含刚性机身与弹性自由度在内的建模方法将非常适于对这种飞行器进行研究。

为了对这些弹性飞行器的动力学系统进行分析，我们假设可以获得包含刚性机身与弹性自由度在内的动力模型。在前面各章中，尤其是在第四章与第七章中，我们已经介绍了研究此类模型的方法。我们还假设知道固有频率以及机身自由振荡模态的振型。我们可以从先前我们对飞行器结构的自由振荡进行的分析——例如有限元分析中获得这些信息，本书不针对有限元分析这个主题进行讨论。

分析柔性飞行器线性动力学系统的方法与先前在 10.1 节中讨论的那些方法基本相同。但是，我们在分析弹性自由度等模态的时候必须特别小心谨慎。例如：如果在飞行器动力学系统的模型中包含与结构自由振荡模态有关的普通模态坐标作为状态变量，那么我们应将这些状态转变为恰当解释本征矢量的物理量。我们必须使用物理状态以便可以对单位进行标准化的统一。因此，人们必须使用从振型中获得的数据将普通的模态坐标转变为物理坐标，然后按照例 10.2 中介绍的方法对单位进行标准化的统一。我们将在例 10.5 中对所有这一切进行论证。

分析者们还必须考虑哪种弹性变形可能是至关重要的，然后再使用恰当的模态数据。例如：如果在某个机身位置的垂直加速度非常重要，就必须获得动力模型所含各种模式在该机身位置的 $Z$ 移位的模态数据。另一方面，如果在某机身位置测得的俯仰率非常重要，就必须获得在该机身位置测得的 $Z$ 移位的斜率（$dZ/dX$）的模态数据。我们可以再次通过实例尽可能清楚地解释这些概念。

## 例 10.5 弹性高超声速飞行器的纵向模态分析

再次分析例 10.3 中讨论过的概念高超声速飞行器。参考飞行条件为：速度为马赫数 8，高度为 80000 ft。假设可以获得弹性飞行器的纵向动力学系统的状态变量模型（例如：从参考文献 2 或参考文献 3 中获得，或者根据附录 B 中的数据获得）。同时假设还可以获得与模型中所含任意弹性自由度有关的模态数据。针对飞行器的动力学特征，进行模态分析，并求时间响应以评估弹性变形的重要性。

**解**

待用的状态变量模型包含一弹性自由度，它与振荡频率为 18rad/s，广义质量为 40slugs 的最低频率机身弯曲模式是一致的。附录 B 中的模型是定义用于下列状态矢量、响应矢量以及控制输入矢量的。

$$\begin{aligned}&\boldsymbol{x}^{\mathrm{T}}=\boldsymbol{y}^{\mathrm{T}}=\left[u(\mathrm{fps})\quad \alpha(\mathrm{rad})\quad \theta(\mathrm{rad})\quad q(\mathrm{rad/s})\quad \eta(-)\quad \dot{\eta}(/\mathrm{s})\right]\\&u=\delta_H(\mathrm{rad})\end{aligned}\tag{10.183}$$

假设 $\Theta_0=0$，且 $X_{\dot{\alpha}}=Z_{\dot{\alpha}}=Z_q=0$，那么状态变量矩阵为

$$\boldsymbol{A}=\begin{bmatrix}X_u & X_\alpha & -g & 0 & 0 & 0\\ \dfrac{Z_u}{U_0} & \dfrac{Z_\alpha}{U_0} & 0 & 1 & \dfrac{Z_\eta}{U_0} & \dfrac{Z_{\dot{\eta}}}{U_0}\\ 0 & 0 & 0 & 1 & 0 & 0\\ M_u+M_{\dot{\alpha}}\dfrac{Z_u}{U_0} & M_\alpha+M_{\dot{\alpha}}\dfrac{Z_\alpha}{U_0} & 0 & M_q+M_{\dot{\alpha}} & M_\eta+M_{\dot{\alpha}}\dfrac{Z_\eta}{U_0} & M_{\dot{\eta}}+M_{\dot{\alpha}}\dfrac{Z_{\dot{\eta}}}{U_0}\\ 0 & 0 & 0 & 0 & 0 & 1\\ 0 & \Xi_\alpha+\Xi_{\dot{\alpha}}\dfrac{Z_\alpha}{U_0} & 0 & \Xi_q+\Xi_{\dot{\alpha}} & \left(\Xi_\eta+\Xi_{\dot{\alpha}}\dfrac{Z_\eta}{U_0}-\omega^2\right) & \left(\Xi_{\dot{\eta}}+\Xi_{\dot{\alpha}}\dfrac{Z_{\dot{\eta}}}{U_0}-2\zeta\omega\right)\end{bmatrix}$$

$$\boldsymbol{B}=\begin{bmatrix}X_{\delta_E}\\ \dfrac{Z_{\delta_E}}{U_0}\\ 0\\ M_{\delta_E}+\dfrac{M_{\dot{\alpha}}Z_{\delta_E}}{U_0}\\ 0\\ \Xi_{\delta_E}+\Xi_{\dot{\alpha}}\dfrac{Z_{\delta_E}}{U_0}\end{bmatrix},\quad \boldsymbol{C}=\boldsymbol{I}_6,\quad \boldsymbol{D}=\boldsymbol{0}_{6\times 1}\tag{10.184}$$

状态矢量的前四个元素是与飞行器机身参考轴运动一致的刚性机身自由度，$\eta$ 是与结构的第一个自由振荡模式有关的广义坐标。控制输入是指机尾水平俯仰控制面的角偏转。

首先，状态变量模型的形式为

$$\begin{cases} \begin{Bmatrix} \dot{\boldsymbol{x}}_R \\ \dot{\boldsymbol{x}}_E \end{Bmatrix} = \left[\begin{array}{c:c} \boldsymbol{A}_R & \boldsymbol{A}_{\mathrm{RE}} \\ \hdashline \boldsymbol{A}_{\mathrm{ER}} & \boldsymbol{A}_E \end{array}\right] \begin{Bmatrix} \boldsymbol{x}_R \\ \boldsymbol{x}_E \end{Bmatrix} + \begin{bmatrix} \boldsymbol{B}_R \\ \boldsymbol{B}_E \end{bmatrix} \delta_H \\ \boldsymbol{y} = [\boldsymbol{I}_6] \begin{Bmatrix} \boldsymbol{x}_R \\ \boldsymbol{x}_E \end{Bmatrix} + [\boldsymbol{0}_{6\times 1}]\delta_H \end{cases} \tag{10.185}$$

此处对该式进行了拆分,以表示与刚性机身、弹性自由度和交叉耦合一致的子矩阵。同时,与弹性自由度有关的最后两个状态并非人们期望的物理量。仅仅由于存在弹性变形,因而理想的状态包括在飞行器机头处测得的俯仰偏转角 $\theta_E$ 以及俯仰率 $\dot{\theta}_E$。这些状态为

$$\begin{cases} \theta_E(t) \triangleq \nu'_Z(0)\eta(t) \\ \dot{\theta}_E(t) \triangleq \nu'_Z(0)\dot{\eta}(t) \end{cases} \tag{10.186}$$

此处,$v'_Z(0)$ ( $=1°$ )是指在机身站位 $x=0$ (机头)处测得的与振荡模态的振型有关的斜率 $\mathrm{d}Z/\mathrm{d}X$。就这种在选定飞行条件下的高超音速飞行器而言,假设新的响应矢量、状态矢量与控制矢量为

$$\boldsymbol{y}^{\mathrm{T}} = \boldsymbol{x}^{\mathrm{T}} = [u(\mathrm{Mach}) \quad \alpha(\mathrm{rad}) \quad \theta(\mathrm{rad}) \quad \dot{\theta}(\mathrm{rad/sec}) \quad \theta_E(\mathrm{rad}) \quad \dot{\theta}_E(\mathrm{rad/sec})]$$

$$\boldsymbol{u} = \delta_H(\mathrm{rad})$$

式中已经将波动速度的单位转换成了马赫数,并且现在可以根据方程(10.186)求出该式的最后两种状态。在这个新的状态变量模型中,$\boldsymbol{A}$ 矩阵与 $\boldsymbol{B}$ 矩阵用数值表示时分别为

$$\boldsymbol{A} = \left[\begin{array}{cccc:cc} -0.00194 & 0.02502 & -0.03317 & 0.00064 & -0.01490 & 0.00070 \\ -0.00203 & -0.06303 & 0 & 1.0030 & -0.05904 & 0.00034 \\ 0 & 0 & 0 & 1 & 0 & 0 \\ 0.32865 & 11.023 & 0 & -0.08161 & 10.894 & -0.08021 \\ \hdashline 0 & 0 & 0 & 0 & 0 & 1 \\ 2.5807 & 82.567 & 0 & -0.64673 & -241.43 & -0.98821 \end{array}\right]$$

$$\boldsymbol{B} = \left[\begin{array}{c} -0.00058 \\ -0.00276 \\ 0 \\ -0.47936 \\ \hdashline 0 \\ 4.2863 \end{array}\right] \tag{10.187}$$

根据 MATLAB,$\boldsymbol{A}$ 的六个本征值为

$$\begin{cases} \lambda_{1,2} = -0.45248 \pm \mathrm{j}15.640\ /\mathrm{s} \\ \lambda_3 = -3.9344\ /\mathrm{s} \\ \lambda_4 = 3.7062\ /\mathrm{s} \\ \lambda_{5,6} = -8.4893 \times 10^{-4} \pm \mathrm{j}2.0374 \times 10^{-3}\ /\mathrm{s} \end{cases} \tag{10.188}$$

相应的右本征矢量为

$$\boldsymbol{v}_1 = \begin{Bmatrix} 0.00007\mathrm{e}^{-\mathrm{j}112.5°} \\ 0.00277\mathrm{e}^{\mathrm{j}0.2°} \\ 0.00274\mathrm{e}^{\mathrm{j}5.0°} \\ 0.04288\mathrm{e}^{\mathrm{j}96.7°} \\ 0.06372\mathrm{e}^{-\mathrm{j}165.8°} \\ 0.99704\mathrm{e}^{-\mathrm{j}74.1°} \end{Bmatrix}, \boldsymbol{v}_3 = \begin{Bmatrix} 0.00093 \\ 0.23214 \\ 0.22654 \\ -0.89130 \\ 0.07804 \\ -0.30704 \end{Bmatrix}, \boldsymbol{v}_4 = \begin{Bmatrix} 0.00065 \\ -0.23765 \\ -0.24211 \\ -0.89731 \\ -0.07356 \\ -0.27264 \end{Bmatrix}, \boldsymbol{v}_5 = \begin{Bmatrix} 0.99613\mathrm{e}^{-\mathrm{j}1.9°} \\ 0.03006\mathrm{e}^{\mathrm{j}178.2°} \\ 0.08260\mathrm{e}^{-\mathrm{j}134.1°} \\ 0.00018\mathrm{e}^{-\mathrm{j}21.4°} \\ 0.00037\mathrm{e}^{-\mathrm{j}1.8°} \\ \sim 0 \end{Bmatrix} \tag{10.189}$$

图 10.27 展示了这些本征矢量的矢量图，其中省略了一些小到无法画出来的分量。我们发现第一种模态是微阻尼振荡模态，其模态响应是由机头处的弹性俯仰变形率控制。因此，这基本上是一种弹性模态。但是，与自由振荡模态不同的是，现在该模态的响应既包含弹性自由度又包含刚性机身自由度。发生这种情况的原因是飞行器的气动力为所有自由度之间提供了耦合。同时注意：该模态的阻尼频率 15.64rad/s 远小于自由振荡频率 18rad/s。此外，尽管阻尼很低（$\zeta=0.026$），但它仍然大于自由振荡模型中包含的弹性模态阻尼 0.02。这种频率减小与阻尼增大的出现也是由于气动力效应的存在。

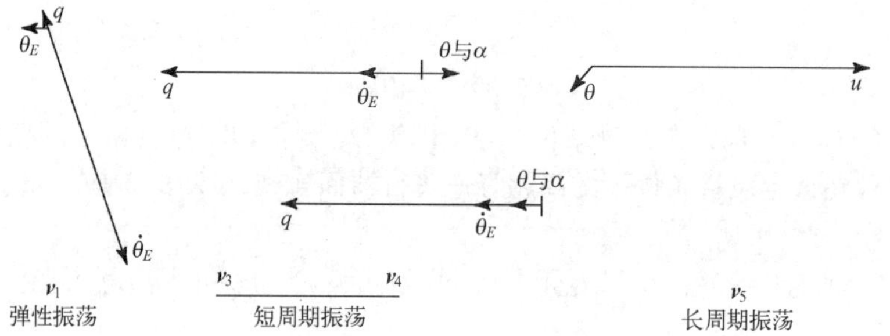


图 10.27　弹性高超声速飞行器矢量图

其余三种模态的特征与例 10.3 中获得的相应特征有点类似。此处我们列出的一个是低频长周期振荡模态（第四种模态），另外是两个实数本征值，它们均与由刚性机身俯仰率控制的模态有关，其中的一个实数本征值非常不稳定。因此这三种模态基本上都是刚性机身模态，但是有两种模态的响应中也包含部分弹性变形。但是，也许在模态特征中最重要的变化是两个实数本征值的大小已经增大了将近 15%，甚至使飞行器的俯仰变得更动态不稳定。

产生所有这些模态特征变化的原因是气动弹性效应，对此我们在例 10.3 中没有进行分析。（尽管在此次分析中，正如 7.11 节中讨论的一样，如果包含静态弹性效应，那么我们可能已经更精确地预计了增大的刚性机身的不稳定性。）尽管在刚性机身与振荡模态之间存在某种频率分离（3.4rad/s 对 18rad/s），在本次分析中包含的第一个振荡模态已经导致那些可能很重要的飞行器动力学系统发生了变化。

通过分析时间对控制输入做出的响应，我们进一步评估动力学系统的弹性效应。此后我们在图 10.28 中展示了水平控制面偏转角 $\delta_H$ 每 0.5s 的 $-1°$ 变成 $+5°$ 的飞行器响应（不包括波动速度 $u$）。注意：所有这些响应的曲线图均用度或者度每秒表示。由于飞行器非常不稳定，并且响应分散速度很迅速，因此仅仅可以显示出各响应的前两秒钟。我们可以在更长时期的曲线图中精确地观察到响应的更好的方面——如果真有这些更好的方面的话。

刚性机身俯仰姿态 $\theta$ 与攻角正在迅速偏离。但是还应注意：机头 $\theta_E$ 的弹性俯仰偏转在 2s 后达到大约 0.5 度时也会发生偏离。同时通过回顾可知机头处的总俯仰姿态是刚性机身与弹性共同作用的结果，即 $\theta_{总}(t)=\theta(t)+\theta_E(t)$。随着飞行器攻角的偏离，飞行器机身前面部分的气动力负荷将增大，弹性变形也将增大，因此增大机头的升力会导致飞行器俯仰不稳定性增大。

在这 2s 的模拟期间，弹性对机头俯仰率的作用将近达到了总俯仰率偏转的 25%。并且在弹性俯仰偏转与弹性俯仰率响应中，15rad/s 的弹性模式振荡也很明显。由于机身前体的此类振荡会在发动机进气道处产生压力振荡，因而它们可能会引发很多问题。

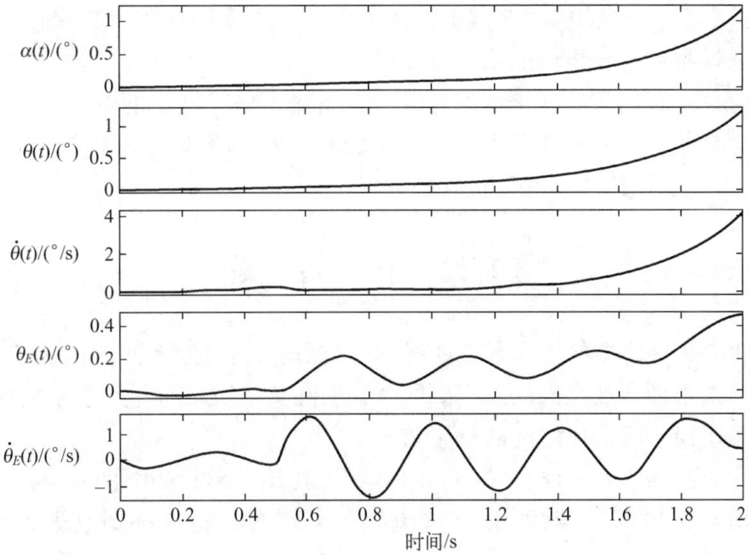


图 10.28　弹性高超声速飞行器的时间响应图

## 10.11　总　　结

本章已经介绍了各种分析线性动力学系统的方法,并将这些方法应用至研究在大气层飞行的飞行器的摄动动力学中。我们断定传统飞行器的纵向动力学通常是以两种固有运动模态为特征——短周期运动模态与长周期运动模态。就静稳定飞行器而言,这两种模态在本质上通常均为振荡模态,并且短周期模态的振荡频率较高、阻尼适中,而长周期模态的振荡频率较低、阻尼较轻微。与这些模态有关的本征矢量表明:短周期模态响应是由以几乎恒定的波动速度发生的俯仰振荡组成,而长周期模态响应是由波动速度振荡和其攻角几乎保持恒定的俯仰姿态组成。我们还证明了非传统静不稳定飞行器的模态特征可能会与刚刚描述的这些模态特征有显著的不同。

我们还进一步推断:对传统飞行器而言,横向动力学系统通常是以三种固有运动模态为特征——荷兰滚运动模态、滚转下沉运动模态以及螺旋运动模态。从本质而言,荷兰滚模态属于振荡模态,同时伴有轻微的阻尼,而滚转下沉模态与螺旋模态属于典型的非振荡模态。与这些模态有关的本征矢量表明荷兰滚模态响应是由反相的滚转振荡、偏航振荡与侧滑振荡组成。滚转下沉模态响应几乎全部是由滚转角速度组成,而螺旋模态响应主要是由倾斜角与航向角组成。我们还注意到:一定飞行条件下的某飞行器的滚转下沉模态与螺旋模态会合并,继而形成一种单振荡滚转螺旋模态。

根据我们对这些模态特征的理解,我们研发了简化的飞行器动力学系统模型。然后,我们通过例子证明:可以有效地使用这些简化的模型以及第六章中推导出的飞行器气动特征的闭合表达式去影响飞行器的构型设计,从而设计出完全适合飞行器的动力特征。

我们强调:在刚刚引用的结果中,我们假设纵向动力学系统与横向动力学系统已解耦分离。但是对倾斜角或侧滑角不为零的参考飞行条件而言,这种假设并不完全正确。因此,针对这种情况,我们可以推荐使用耦合的六自由度线性模型进行动力学特征分析。我们还注意到:

由于弹性效应的存在,飞行器的固有模态特征可能会得到显著的改善。在此情况下,使用包含此类弹性效应的模型进行分析可能是很有必要的。

最后,在本章中,我们已经强调了飞行器对控制输入信号做出的响应。但是,飞行器对阵风输入的响应也是非常重要的。运用第八章介绍的为大气阵风效应建模的方法,以及本章介绍的分析方法,也可以评估飞行器对阵风的响应。

## 10.12 作 业 题

10.1 证明在传递函数的极点零点曲线图中,振荡模态的无阻尼固有频率等于其中一个模态极点位置与复平面原点之间的距离。同时证明在负实数轴与一条连接极点位置和原点的直线之间的角等于模态阻尼比之间的反余弦。

10.2 如作业题 6.2 中一样,分析无机翼导弹,其几何形状如下图所示。注意:大部分升力是在机头剖面与机尾部分产生,且下洗流效应几乎可以忽略不计,假设 $Z_{\dot{\alpha}}=M_{\dot{\alpha}}=Z_q=M_q=0$。根据短周期近似模型,写出导弹纵向动力学系统的多项式矩阵,假设控制输入为垂直尾翼偏转,用 $\delta_{\mathrm{Fin}}$ 表示。接下来,假设 $\Theta_0=0$,求攻角 $\alpha$ 的传递函数与俯仰率 $q$ 响应的传递函数,并证明特征多项式就是 $s^2-\dfrac{Z_\alpha}{U_0}s-M_\alpha$。

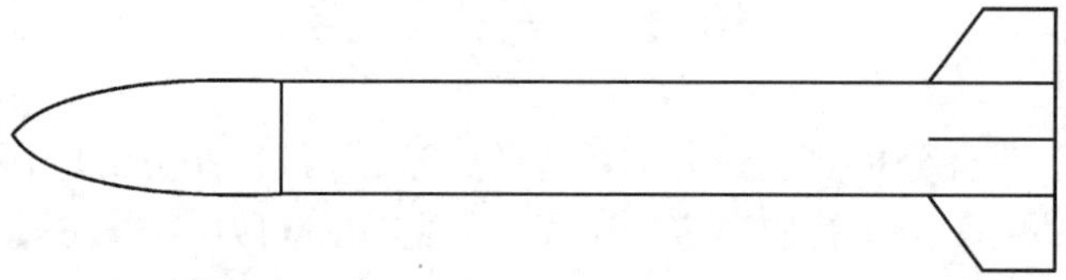

10.3 使用附录 B 中的数据,在第三种飞行条件下安装 DC-8 飞行器的纵向动力系统的状态变量模型,并对这些动力系统进行本征分析。在对单位进行了标准化的统一(例如:将所有的角度单位转换成度)之后,将右边本征矢量的矢量图包含在内。这些动力系统显示了传统的长周期模态特征与传统的短周期模态特征吗?请解释理由。

10.4 使用本章介绍的短周期近似模型与优选的长周期近似模型,并将根据这些近似模型获得的本征值与作业题 10.3 中讨论的全阶模型进行比较。

10.5 使用附录 B 中的数据,在第一种飞行条件下安装 F-5A 飞行器纵向动力系统的状态变量模型,并对这些动力系统进行本征分析。在对单位进行了标准化的统一(例如:将所有的角度单位转换成度)之后,将右边本征矢量的矢量图包含在内。这些动力学系统显示了传统的长周期模态与传统的短周期模态吗?请解释理由。

10.6 分析在第一种飞行条件与第二种飞行条件下的 F-5A 飞行器,注意:尽管飞行器的长周期振荡模态在第一种飞行条件($M_\infty=0.875$)下保持稳定,但是它在第二种飞行条件($M_\infty=1.25$)下却是不稳定的。使用本章介绍的长周期近似模型(不包含兰切斯特模型)推断哪种近似模型(若有)可以正确地获得这种长周期振荡的不稳定性,并解释产生这种不稳定的原因。

10.7 研究飞行器纵向动力系统的多项式矩阵,并用相关矩阵的行列式表示有阵风输入($\alpha_g$)的飞行器的传递函数。

10.8 使用作业题 10.3 中出现的飞行器数据以及作业题 10.7 中的结果,求 $u(s)/$

$\alpha_g(s)$、$\alpha(s)/\alpha_g(s)$与$\theta(s)/\alpha_g(s)$这三个传递函数。

10.9 分析在第一种飞行条件与第二种飞行条件下的DC-8飞行器。注意:尽管飞行器的螺旋模态在第二种飞行条件下保持稳定,但是它在第一种飞行条件下却是不稳定的。推断本章介绍的螺旋近似模型是否可以正确地获得这种螺旋不稳定性,并解释产生这种不稳定的可能原因。

10.10 使用附录B中的数据,装配在第一种飞行条件下的DC-8飞行器横向动力系统的状态变量模型,并对这些动力系统进行本征分析。将右边本征矢量的矢量图包含在内。这些动力系统显示传统的模态特征吗?请解释原因。

10.11 研究我们在10.9节中讨论过的完全耦合动力系统的状态变量模型。使用附录B中DC-8飞行器在第二种飞行条件中的气动力数据。然而,假设飞行条件涉及以指定姿态进行20°的倾斜转弯,与水平直线飞行没有关系。同时假设参考侧滑角$\beta_0=0$。假设动力系统已解耦,使用该模型进行本征分析,并将其结果与根据完全耦合模型进行本征分析得出的结果进行比较。耦合效应重要吗?为什么?

10.12 分析7.9节案例分析中的柔性飞行器模型,附录B中有该模型的相关数据。使用第一种飞行条件下的数据,对仅包含第一种弹性模态与第三种弹性模态的纵向动力系统的线性模型进行模态分析,评估飞行器动力系统弹性变形的重要性。(务必使用物理状态变量,并且按照要求对响应与状态的单位进行标准化的统一,假设与弹性自由度有关的物理状态包括在驾驶舱测得的俯仰姿态偏转角。)

## 参考文献


1. MIL-F-8785B Military Specifications, "Flying Qualities of Piloted Airplanes," August 1969.
2. Chavez, F. R. and D. K. Schmidt: *An Integrated Analytical Aeropropulsive/Aeroelastic Model for the Dynamic Analysis of Hypersonic Vehicles*, prepared for NASA under Grant NAG-1-1341, Aerospace Research Center, Arizona State University, June 1992.
3. Chavez, F. R. and D. K. Schmidt: "An Analytical Model and Dynamic Analysis of Aeropropulsive/Aeroelastic Hypersonic Vehicles," *Journal of Guidance, Control, and Dynamics*, vol. 17, no. 6, Nov. - Dec. 1994.
4. Lanchester, F. W.: *Aerodonetics*, Macmillan, New York, 1908.
5. Etkin, B.: *Dynamics of Flight, Stability and Control*, 2nd ed., Wiley, New York, 1982.
6. Nelson, R. C.: *Flight Stability and Automatic Control*, 2nd ed., McGraw-Hill, New York, 1998.
7. McRuer, D., I. Ashkenas, and D. Graham: *Aircraft Dynamics and Automatic Flight Control*, Princeton Press, Princeton, NJ, 1973.
8. Cook, M. V.: *Flight Dynamics Principles*, 2nd ed., Elsevier, New Hork, 2007.
9. Roskam, J.: *Airplane Flight Dynamics and Automatic Flight Controls*, Roskam Aviation and Engineering Corp., Lawrence, KS, 1979.
10. McRuer, D. T. and D. E. Johnston: *Flight Control Systems Properties and Problems*, NASA Contractor Report CR-2500, prepared by Systems Technology,

# 第十一章
# 增强反馈的稳定性

**章节路线图**:本章讨论的主题一般包含于飞行动力学的首门课程。重点关注反馈稳定性的增强,所采用的分析法直接根据第十章中论述的飞行器动力学模态分析建立。

第十章重点论述了对飞行器飞行动力学的理解。本章中,将转而关注运用飞行器动力学知识来综合形成改进飞行器动力特性的反馈控制律。第十章举例阐释了如何修改飞行器构型来改善其动力学系统,我们指出此类修改有时可能使稳定面过大(仅以为例)。因此,通过引入进一步调节动力学的反馈系统,向设计者提供优化设计的附加工具。反馈设计的总体目标是通过使用简单、可靠的反馈系统保持传统飞行器响应。尽管与反馈系统设计相关的电子学很重要,但本章不予讨论。另外,我们还将探讨定义反馈结构的反馈联接作用于机身的动力学。

现在,评论反馈控制律实施正当其时。本章接下来将大量运用线性系统分析技术。然而,必须始终记住是在分析非线性系统。通过小扰动理论得出小扰动动力学线性化模型,这为线性分析技术的使用打下了基础。但当控制律实际用于飞行器时,将不处理小扰动俯仰角速度之类的小扰动量。学生有时困惑于这一点。总俯仰角速度将通过传感器测量,并通过俯仰角速度反馈控制律反馈。控制律将促使总升降舵偏转,而非小扰动偏转。最后,考虑到不同基准飞行条件,控制律中的参数将在飞行包线范围内变化——此技术称为增益调参。这些概念在图 11.1 中予以描述。

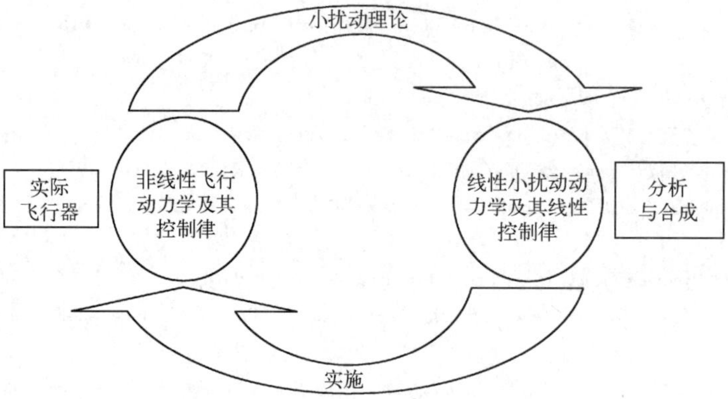


图 11.1　整体分析与合成概念

11.1 节开始,将通过回顾框图的概念来描述动态系统,因为此类框图在描述反馈系统时特别有用。同时,还将简要回顾根轨迹图,该图在分析与合成反馈系统时也非常有用。已经熟悉框图和根轨迹图的读者不妨跳过 11.1 节,直接进入 11.2 节。11.2 节将论述飞行动力学中自然产生的多输入/多输出系统的重要特性。即使熟悉单输入/单输出反馈系统的读者,也强烈推荐阅读 11.2 节。

本章剩余部分用于阐述飞行器动力学特性的增强。不管飞行器最终由飞行员还是自动驾驶仪控制,这些增强系统都是非常重要的。我们将考虑哪些飞行器响应对反馈是最适用的,哪些控制输入使用起来是最有效的,还将测定特定反馈结构对飞行器动力学特性的影响。如此,将可识别有效的反馈稳定性增强系统。

## 11.1 框图、反馈与根轨迹图[①]

框图仅是对描述交互式动态系统的方程或方程组的图形化描述。通常,框图根据动态系统单元的传递函数来绘制。每个框可能代表一个动态组件或者一组组件,连接这些框即可描述不同单元之间的关系。

最简单的框图是描述单个动态单元的输入-输出特性,该单元的传递函数表示为 $g(s)$。从定义来看,传递函数指设所有初始条件为零情况下动态单元响应 $y(s)$ 拉普拉斯变换与扰动或推动动态单元的输入 $u(s)$ 变换之比。系统可由以下方程描述:

$$g(s) \triangleq \frac{y(s)}{u(s)}$$

此动态单元的框图简单描述为

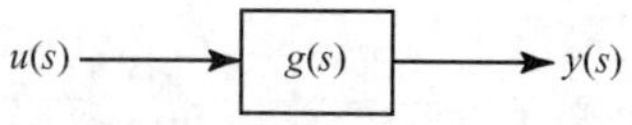


然而,框图的最有效运用是用于描述相互作用的动态单元。例如,假设两个动态单元的传递函数分别为 $g_1(s)$ 与 $g_2(s)$。如果第一个单元 $y_1(s)$ 的响应是第二个单元 $u_2(s)$ 的输入,或者这两个单元串联,则该系统的框图如图 11.2 所示。

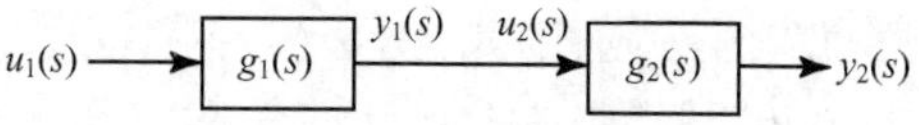


图 11.2 串联的两个动态单元

框图表示的方程列为

$$\begin{cases} y_1(s) = g_1(s)u_1(s) \\ y_2(s) = g_2(s)u_2(s) \\ u_2(s) = y_1(s) \end{cases} \tag{11.1}$$

我们发现整个系统的传递函数如下:

因为

$$\begin{cases} \dfrac{y_2(s)}{u_1(s)} = g_2(s)g_1(s) = g_1(s)g_2(s) \\ y_2(s) = g_2(s)u_2(s) = g_2(s)y_1(s) = g_2(s)g_1(s)u_1(s) \end{cases} \tag{11.2}$$

另一方面,如果两个单元并联,两个单元的输入相同,响应为两个响应之和。该系统的框图如图 11.3 所示。

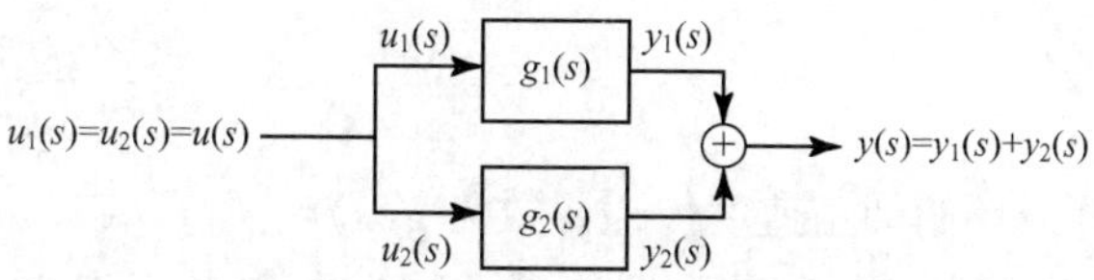


图 11.3 并联的两个动态单元

并联的整个系统的传递函数为

---

① 适时教学

$$\frac{y(s)}{u(s)} = g_1(s) + g_2(s) \tag{11.3}$$

(学生可自己验证结果。)因此,基于上述两个例子,应明确框图只是对定义系统的方程的描述。如果给出框图或方程组两者之一,可以得出另一种表示。

## 例 11.1　飞行控制系统框图

假设飞行器上的反馈系统由运动传感器、放大器、伺服液压执行机构组成。运动传感器传递函数为 $s(s)$,用于检测飞行器俯仰角速度 $q(s)$;放大器传递函数为 $k(s)$,用于放大给定因数的输入信号;伺服液压执行机构传递函数为 $a(s)$,用于根据指令偏转飞行器升降舵。令定义该反馈系统的控制律表示为:

$$\delta_C(s) = \delta_{驾驶杆} - k(s)y_S(s) \tag{11.4}$$

式中:$\delta_c$ 为升降舵向执行机构的指令偏转;$\delta_{驾驶杆}$ 为飞行员控制杆偏转信号;$y_s$ 为传感器信号,对应测量的俯仰角速度。

求该反馈系统的框图表示。

**解**

假设传递函数 $q(s)/-\delta_E(s)$ 表示飞行器俯仰角速度动态响应。无任何反馈系统的情况下,传递函数为开环传递函数。(注意,通过在传递函数中引入负号,已改变了升降舵符号法则,因此,正 $\delta_E(s)$ 产生正俯仰力矩。这使得所有反馈框图符合标准符号表示法。)

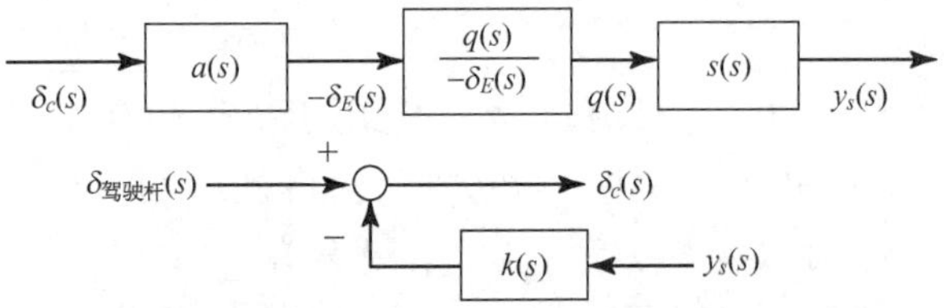


图 11.4　飞行器和控制律框图

现在,执行机构、传感器与飞行器动力学框图如图 11.4 的上半部分所示。控制律框图如图 11.4 的下半部分所示。最后,含反馈的完整系统的框图,即闭环系统框图如图 11.5 所示。

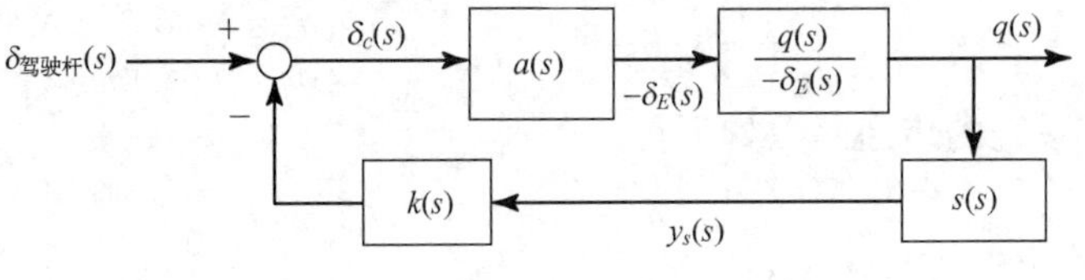


图 11.5　示例飞行控制系统框图

---

对描述图 11.5 所示反馈系统的方程进行代数运算可得知,该闭环系统的传递函数列为

$$\frac{q(s)}{\delta_{驾驶杆}(s)} = \frac{a(s)g(s)}{1 + k(s)a(s)g(s)s(s)} \tag{11.5}$$

式中:开环俯仰角速度传递函数为 $g(s)=q(s)/-\delta_E(s)$。为了简化讨论,令传感器和执行机构的传递函数均为 1,放大器传递函数为常数 $K$。(更准确来说,这三个传递函数的波特图在宽频范围内均有恒定幅值和零相位。事实上,这也与放大器、传感器和执行机构的设计目标相一致。)

根据简化假设,上述传递函数变成

$$\frac{q(s)}{\delta_{驾驶杆}(s)}=\frac{g(s)}{1+Kg(s)}=\frac{N_g(s)/\Delta_g(s)}{1+KN_g(s)/\Delta_g(s)}=\frac{N_g(s)}{\Delta_g(s)+KN_g(s)} \tag{11.6}$$

式中:表示飞行器开环俯仰角速度动力学的传递函数,即 $g(s)$,以分子多项式 $N_g(s)$ 和分母多项式 $\Delta_g(s)$ 表示;$\Delta_g(s)$ 亦是开环特征多项式。特征多项式 $\Delta_g(s)$ 的根当然是系统的开环本征值,即极点,而分子多项式 $N_g(s)$ 的根是传递函数 $g(s)$ 的零点。

通过观察方程(11.6)注意到,虽然引入这个特别的反馈控制律没有影响闭环传递函数的零点(也是 $N_g(s)$ 的根),完整反馈系统,即闭环系统的特征多项式现在为

$$\Delta_{CL}(s)\triangleq\Delta_g(s)+KN_g(s) \tag{11.7}$$

所以,只要 $K\neq0$,闭环系统的特征多项式明显从开环系统(此处为 $g(s)$)的修改而来。这是把反馈引入动态系统的主要优点之一。不只系统动力学可通过调整系统的本征值修改,甚至不稳定系统也能稳定化。而且,闭环系统的本征值图即称为根轨迹图,绘制成该本征值关于反馈常量(增益)$K$ 的函数。

## 学生须知

10.8 节引入了根轨迹图,那些图描绘本征值轨迹,绘制成该本征值关于某一设计变量(如水平尾翼重心方位或大小)的函数。但是,一般情况下,遇到根轨迹图这一术语,通常指某闭环系统的本征值轨迹,绘制成该本征值关于反馈增益的函数。这也是对该术语的定义。

---

从方程(11.7)注意到,闭环特征多项式 $\Delta_{CL}(s)$ 取决于 $g(s)$ 的分子与分母及反馈增益 $K$。因此,闭环本征值取决于开环极点、零点和反馈增益。

所以,要绘制根轨迹图,首先要绘制开环系统零极图,然后再根据表 11.1 中所列的规则绘制根轨迹图。这些规则在任何一本关于反馈系统的教科书中都有详细的阐释,比如参考文献1。如果根轨迹图有助于合成反馈控制律,则要知道,仅以为例,在控制律中如何引入另外的极点或零点会改变根轨迹。最后要说明的是,MATLAB 中的数值计算工具在绘制根轨迹图时是非常有用的。

表 11.1　根轨迹图绘制规则(假设负反馈与正增益 $K$)

| |
|---|
| (1) 根轨迹关于实轴对称,根轨迹的分支从开环极点处开始,增益 $K=0$,结束于开环零点处或趋于无穷大,$K=\infty$ |
| (2) 如果 $K$ 为正,轨迹包括开环极点与开环零点奇数和左边实轴上的所有点 |
| (3) 当 $K\to\infty$,根轨迹的分支渐渐接近直线(渐近线),渐近线与实轴成 $\frac{(2k+1)180°}{n_p-n_z}$ 角,$k=0,\pm1,\pm2,\cdots,n_p=$ 开环极点数,$n_z=$ 开环零点数 |
| (4) 渐近线从实轴上位于 $\chi=\frac{\Sigma_{极点}-\Sigma_{零点}}{n_p-n_z}$ 的点发散 |
| (5) 轨迹在开环零点对或开环极点对之间的实轴分别合并或分离 |
| (6) 两个轨迹合并于实轴或者分离于实轴时,会与实轴成 90°角 |
| (7) 根据 $\Sigma$ 始于所有零点角度 $-\Sigma$ 始于所有极点角度 $=180°(2q+1)$ $(q=0,1,2,\cdots)$ 求始于复开环极点的离地角或者开环零点的到达角(从与正实轴平行的线测量) |

## 例 11.2　根轨迹图规则示范

设一动态单元具有如下传递函数 $g(s)$：

$$\frac{y(s)}{u(s)} = g(s) = \frac{s+1}{s(s^2+2s+2)}$$

令其反馈控制律列为

$$u = K(y_c - y) \tag{11.8}$$

（与方程（11.4）中给出的不同）。绘制闭环系统框图，求以 $K$ 表示的闭环传递函数，使用 MATLAB 绘制闭环本征值根轨迹，并阐明表 11.1 中的规则如何应用于该例。

**解**

闭环系统框图如图 11.6 所示，由代数可知闭环传递函数列为

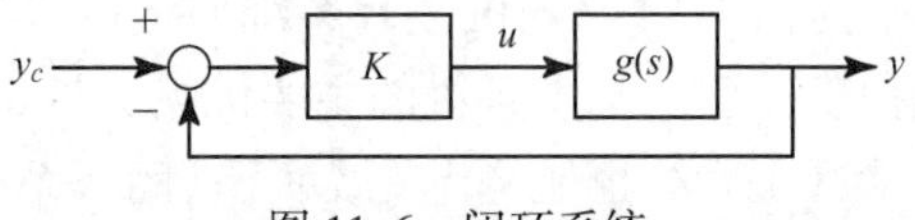


图 11.6　闭环系统

$$\frac{y}{y_c} = \frac{Kg(s)}{1+Kg(s)} \tag{11.9}$$

要绘制根轨迹图，根据 MATLAB 得出：

```
»num=[1 1];den=[1 2 2 0];
»g=tf(num,den)
»rlocus(g)
»grid
```

使用 MATLAB 中的 rlocus 得到如图 11.7 所示的根轨迹图。

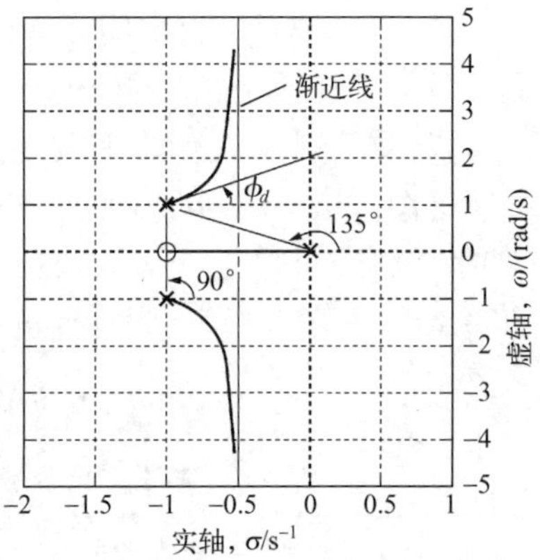


图 11.7　根轨迹图示例

可见根轨迹关于实轴对称，并且有三个分支。每个分支始于开环极点（标为×），终于开环零点（标为○）或者趋于无穷大（规则 1）。实轴分支位于原点单极点左侧——或极点与零点奇数和左侧（规则 2）。图中有两条渐近线，与实轴形成的角度为

$$\frac{(2k+1)180}{n_p - n_z} = \frac{(2k+1)180}{3-1},\ k = 0, \pm 1, \cdots$$

或者±90°（规则 3）。渐近线在

$$\chi = \frac{\Sigma_{极点} - \Sigma_{零点}}{n_p - n_z} = \frac{(-1-1-0)-(-1)}{3-1} = -0.5\ (规则4)$$

处与实轴相交。因为实轴上没有极点对或零点对，所以没有在实轴分离或者合并的分支（规则 5）。最后，在 $s=-1+j$ 时，始于复极点的离地角在图中标为 $\phi_d$。根据规则 7 得出：

$\Sigma$ 始于所有零点角度 $-\sum$ 始于所有极点角度 $=180(2q+1)$，$q=0,1,2,\cdots$

故

$$(90) - (135 + 90 + \phi_d) = 180, 540, \cdots$$

即

$$\phi_d = -135 - 180 = -315 = 45^\circ$$

（注意，因图中的轴尺度不同，离地角可能看起来并不像是 45°。）

## 11.2 关于多输入/多输出系统与耦合分子

考察图 11.8 中的概念性框图,图中显示了三个框:一个表示飞行器的完整纵向动力学,一个表示反馈稳定性增强系统,一个表示驾驶仪。升降舵与油门,或者推力,是施加于飞行器的两个控制输入,并且要注意图中显示的几个飞行器响应。可看见飞行员正利用动作提示与视觉提示作为反馈量关闭整个系统的控制回路,系统包括飞行器系统与稳定性增强系统。

如果学生在其他课程里已经接触过反馈控制系统,则很可能仅涉及单输入与单输出(即响应)。然而,参考图 11.8 可知,即使只考虑纵轴,飞行器动力学也并非仅涉及一个输入与一个响应。

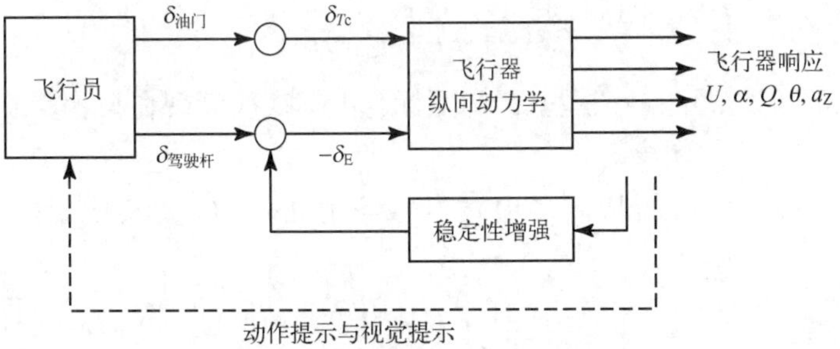


图 11.8 飞行器纵向控制框图

当然,状态变量系统描述使多输入和多输出成为可能。但本节将显示:通过认真分析,使用飞行器动力学与反馈控制律多项式矩阵描述,能够以一种严密但直观且简单的方式处理多输入/多输出(MIMO)系统。仅需使用代数行列式与矩阵行列式,且该方法普遍适用于任何MIMO 系统。特别需要关注(仅以为例)引入飞行器传递函数极点与零点反馈的影响,因为飞行动力学设计要求通常依据这些传递函数编制。

正如在第十章看到的,飞行器动力学可以以下列形式的多项式矩阵描述表示(参考方程(10.32)):

$$\begin{bmatrix} p_{1,1}(s) & p_{1,2}(s) & p_{1,3}(s) \\ p_{2,1}(s) & p_{2,2}(s) & p_{2,3}(s) \\ p_{3,1}(s) & p_{3,2}(s) & p_{3,3}(s) \end{bmatrix} \begin{Bmatrix} y_1(s) \\ y_2(s) \\ y_3(s) \end{Bmatrix} = \begin{bmatrix} q_{1,1}(s) & q_{1,2}(s) \\ q_{2,1}(s) & q_{2,2}(s) \\ q_{3,1}(s) & q_{3,2}(s) \end{bmatrix} \begin{Bmatrix} u_1(s) \\ u_2(s) \end{Bmatrix} \tag{11.10}$$

即

$$\boldsymbol{P}(s)\boldsymbol{y}(s) = \boldsymbol{Q}(s)\boldsymbol{u}(s)$$

矩阵 $\boldsymbol{P}$ 与矩阵 $\boldsymbol{Q}$ 的元素为 $s$ 中的多项式。例如,对于纵轴来说,第一个响应 $y_1(s)$ 可能是纵移速度 $u(s)$,第一个控制输入 $u_1(s)$ 可能是升降舵偏转 $\delta_E$。我们已经探讨如何运用克莱姆法则(参见附录 D)求所有系统传递函数,且知道每个传递函数分母包含系统的特征多项式 $\Delta(s)$。比如,传递函数 $y_3(s)/u_1(s)$ 为

$$\frac{y_3(s)}{u_1(s)} \triangleq \frac{N_{u_1}^{y_3}(s)}{\Delta(s)} = \det\begin{bmatrix} p_{1,1}(s) & p_{1,2}(s) & q_{1,1}(s) \\ p_{2,1}(s) & p_{2,2}(s) & q_{2,1}(s) \\ p_{3,1}(s) & p_{3,2}(s) & q_{3,1}(s) \end{bmatrix} / \det \boldsymbol{P}(s) \tag{11.11}$$

注意分子多项式的求解过程,同时注意传递函数分子中引入的符号。

现在考虑下列形式的稳定性增强控制律,其与本章要谈论的稳定性增强控制律是一致的。

$$u_i(s)=\delta_{\text{驾驶仪}}-K_{y_j}y_j(s) \tag{11.12}$$

式中：$\delta_{\text{驾驶仪}}$为飞行员驾驶舱控制输入。现在关注控制律对系统特征方程（或者系统极点）的影响，以及对系统传递函数分子（或传递函数零点）的影响。下文将举例概括，现令方程（11.12）中的下标 $i=1,j=3,k=1$。将控制律代入方程（11.10）得出

$$\begin{bmatrix} p_{1,1}(s) & p_{1,2}(s) & p_{1,3}(s)+\boxed{K_{y_3}q_{1,1}(s)} \\ p_{2,1}(s) & p_{2,2}(s) & p_{2,3}(s)+\boxed{K_{y_3}q_{2,1}(s)} \\ p_{3,1}(s) & p_{3,2}(s) & p_{3,3}(s)+\boxed{K_{y_3}q_{3,1}(s)} \end{bmatrix}\begin{Bmatrix} y_1(s) \\ y_2(s) \\ y_3(s) \end{Bmatrix}=\begin{bmatrix} q_{1,1}(s) & q_{1,2}(s) \\ q_{2,1}(s) & q_{2,2}(s) \\ q_{3,1}(s) & q_{3,2}(s) \end{bmatrix}\begin{Bmatrix} \delta_{\text{驾驶仪}}(s) \\ u_2(s) \end{Bmatrix} \tag{11.13}$$

即

$$\boldsymbol{P}_{u_1}^{y_3}(s)\boldsymbol{y}(s)=\boldsymbol{Q}(s)\boldsymbol{u}(s)$$

式中：因反馈引入的新项显示在小框里，$\boldsymbol{P}$ 的下标与上标表明其现在与含反馈回路的系统相对应，反馈回路在 $u_1$ 与 $y_3$ 之间闭合。

该闭环系统（包含反馈）的特征多项式当然等于 $\det\boldsymbol{P}_{u_1}^{y_3}(s)$，其按矩阵行列式的性质可写成

$$\begin{aligned}
\Delta_{\mathrm{CL}}(s)=\det\boldsymbol{P}_{u_1}^{y_3}(s)&=\det\begin{bmatrix} p_{1,1}(s) & p_{1,2}(s) & p_{1,3}(s)+K_{y_3}q_{1,1}(s) \\ p_{2,1}(s) & p_{2,2}(s) & p_{2,3}(s)+K_{y_3}q_{2,1}(s) \\ p_{3,1}(s) & p_{3,2}(s) & p_{3,3}(s)+K_{y_3}q_{3,1}(s) \end{bmatrix} \\
&=\det\left[\begin{bmatrix} p_{1,1}(s) & p_{1,2}(s) & p_{1,3}(s) \\ p_{2,1}(s) & p_{2,2}(s) & p_{2,3}(s) \\ p_{3,1}(s) & p_{3,2}(s) & p_{3,3}(s) \end{bmatrix}+\begin{bmatrix} p_{1,1}(s) & p_{1,2}(s) & K_{y_3}q_{1,1}(s) \\ p_{2,1}(s) & p_{2,2}(s) & K_{y_3}q_{2,1}(s) \\ p_{3,1}(s) & p_{3,2}(s) & K_{y_3}q_{3,1}(s) \end{bmatrix}\right] \\
&=\det\begin{bmatrix} p_{1,1}(s) & p_{1,2}(s) & p_{1,3}(s) \\ p_{2,1}(s) & p_{2,2}(s) & p_{2,3}(s) \\ p_{3,1}(s) & p_{3,2}(s) & p_{3,3}(s) \end{bmatrix}+K_{y_3}\det\begin{bmatrix} p_{1,1}(s) & p_{1,2}(s) & q_{1,1}(s) \\ p_{2,1}(s) & p_{2,2}(s) & q_{2,1}(s) \\ p_{3,1}(s) & p_{3,2}(s) & q_{3,1}(s) \end{bmatrix} \\
&=\Delta(s)+K_{y_3}N_{u_1}^{y_3}(s)
\end{aligned} \tag{11.14}$$

即闭环特征多项式可以初始开环特征多项式 $\Delta(s)$ 及与控制律（即 $N_{u_1}^{y_3}(s)$）中使用的响应和输入相关的传递函数分子表示。而且，该闭环特征多项式将在六个闭环传递函数中出现。最后，该结论无疑对涉及三个响应中任一个、两个控制输入中任一个及两个驾驶舱控制输入中任一个的任何线性反馈控制律都适用。

到现在为止，所有这些都与 11.1 节中关于根轨迹图的讨论相一致，但在多项式矩阵描述背景下推导出的闭环特征多项式除外。与其他因素一样，这将使我们能简单说明向闭环传递函数的分子（或零点）增加反馈的影响。

首先考虑与反馈控制律（或方程（11.12）中的 $y_3$）中使用的响应相关的闭环传递函数分子。可以看出，增加 $y_3$ 反馈对闭环 $y_3$ 传递函数零点没有影响。根据克莱姆法则与方程（11.13），所有这些 $y_3$ 传递函数零点是多项式 $\det\boldsymbol{P}_{u_1}^{y_3}(s)$ 的根，只是第三列被 $\boldsymbol{Q}(S)$ 的恰当列替换了。然而，此替换将消掉通过增加反馈引入的出现在 $\boldsymbol{P}_{u_1}^{y_3}(s)$ 第三列的所有项。因此，涉及反馈响应，即 $y_3$ 的所有传递函数零点将不受该反馈引入影响。

接下来看与响应相关的闭环传递函数分子的零点,这些响应并非正反馈的响应,而是有相同输入在控制律中使用的响应。譬如,考虑闭环传递函数 $y_1(s)/u_1(s)$。再次根据方程(11.13)可知,此传递函数的分子将从 $\det\boldsymbol{P}_{u_1}^{y_3}(s)$ 获得,只是第一列被 $\boldsymbol{Q}(S)$ 的第一列替换,即

$$\begin{aligned} N_{u_1\,\mathrm{aug}}^{y_1}(s) &= \det\begin{bmatrix} q_{1,1}(s) & p_{1,2}(s) & p_{1,3}(s)+\boxed{K_{y_3}q_{1,1}(s)} \\ q_{2,1}(s) & p_{2,2}(s) & p_{2,3}(s)+\boxed{K_{y_3}q_{2,1}(s)} \\ q_{3,1}(s) & p_{3,2}(s) & p_{3,3}(s)+\boxed{K_{y_3}q_{3,1}(s)} \end{bmatrix} \\ &= \det\begin{bmatrix} q_{1,1}(s) & p_{1,2}(s) & p_{1,3}(s) \\ q_{2,1}(s) & p_{2,2}(s) & p_{2,3}(s) \\ q_{3,1}(s) & p_{3,2}(s) & p_{3,3}(s) \end{bmatrix} + K_{y_3}\det\begin{bmatrix} q_{1,1}(s) & p_{1,2}(s) & q_{1,1}(s) \\ q_{2,1}(s) & p_{2,2}(s) & q_{2,1}(s) \\ q_{3,1}(s) & p_{3,2}(s) & q_{3,1}(s) \end{bmatrix} \\ &= N_{u_1}^{y_1}(s) \end{aligned} \tag{11.15}$$

式中

$$\det\begin{bmatrix} q_{1,1}(s) & p_{1,2}(s) & q_{1,1}(s) \\ q_{2,1}(s) & p_{2,2}(s) & q_{2,1}(s) \\ q_{3,1}(s) & p_{3,2}(s) & q_{3,1}(s) \end{bmatrix} = 0 \tag{11.16}$$

因为第一列与第三列是一样的,因此,可知与控制律中使用的控制输入相关的所有闭环传递函数零点也不受增加采用该控制输入的反馈的影响。

但这一结论对与其他控制输入相关的传递函数零点不适用。这是 MIMO 系统的关键特性。对于方程(11.13),再考虑现使用输入 $u_2$ 的响应 $y_1$ 的闭环传递函数。传递函数的零点将从 $\det P_{u_1}^{y_3}(s)$ 获得,而第一列被 $\boldsymbol{Q}(S)$ 的第二列替换,即分子现为

$$\begin{aligned} N_{u_2\,\mathrm{aug}}^{y_1}(s) &= \det\begin{bmatrix} q_{1,2}(s) & p_{1,2}(s) & p_{1,3}(s)+\boxed{K_{y_3}q_{1,1}(s)} \\ q_{2,2}(s) & p_{2,2}(s) & p_{2,3}(s)+\boxed{K_{y_3}q_{2,1}(s)} \\ q_{3,2}(s) & p_{3,2}(s) & p_{3,3}(s)+\boxed{K_{y_3}q_{3,1}(s)} \end{bmatrix} \\ &= \det\begin{bmatrix} q_{1,2}(s) & p_{1,2}(s) & p_{1,3}(s) \\ q_{2,2}(s) & p_{2,2}(s) & p_{2,3}(s) \\ q_{3,2}(s) & p_{3,2}(s) & p_{3,3}(s) \end{bmatrix} + K_{y_3}\det\begin{bmatrix} q_{1,2}(s) & p_{1,2}(s) & q_{1,1}(s) \\ q_{2,2}(s) & p_{2,2}(s) & q_{2,1}(s) \\ q_{3,2}(s) & p_{3,2}(s) & q_{3,1}(s) \end{bmatrix} \\ &= N_{u_2}^{y_1}(s) + K_{y_3}N_{u_1u_2}^{y_3y_1}(s) \end{aligned} \tag{11.17}$$

该分子多项式不再等于开环系统的分子多项式 $N_{u_2}^{y_1}(s)$。可知,该闭环分子多项式是反馈增益 $K_{y_3}$ 的函数,加上一个称为耦合分子(参考文献 2)的新多项式 $N_{u_1u_2}^{y_3y_1}(s)$。并且,从方程(11.17)观察得知,耦合分子根据 $\det\boldsymbol{P}(s)$ 求得,只是其中两列被 $\boldsymbol{Q}(S)$ 的恰当列替换。

事实上,前面考虑与控制律中使用的输入相关的闭环传递函数分子时,就论述了耦合分子 $u_1(s)$。但方程(11.16)给出的耦合分子等于零。从上述考虑的实例与行列式特性可知,一些有用的耦合分子一般特性为

$$
\begin{aligned}
N_{u_i\,u_j}^{y_k\,y_l}(s) &= N_{u_j\,u_i}^{y_l\,y_k}(s) \\
N_{u_i\,u_i}^{y_k\,y_l}(s) &= 0 \\
N_{u_i\,u_j}^{y_k\,y_k}(s) &= 0
\end{aligned} \tag{11.18}
$$

现在有必要观察一下闭环分子多项式(比如方程(11.17)给出的)形式。形式如下:

$$
(\text{闭环分子多项式})=(\text{开环分子多项式})+K(\text{耦合分子多项式}) \tag{11.19}
$$

但该形式与根轨迹图讨论中方程(11.7)给出的闭环特征多项式的形式一模一样。因此,这表明根轨迹方法,作为控制增益 $K$ 的函数,也可用于确定闭环零点的分布。情况确实如此,11.3 节中的一个例子将会证实这点。

首先需进一步讨论闭环特征多项式(不止一条反馈回路关闭)问题。方程(11.14)给出了使用方程(11.12)给出的控制律关闭一条反馈回路时(令 $i=1, j=3, k=1$)的特征多项式。现增加第二个反馈控制律,其与方程(11.12)的形式一样,区别仅在于令 $i=2, j=1, k=2$。两个控制回路关闭的系统的多项式矩阵表达式为

$$
\begin{bmatrix}
p_{1,1}(s)+\boxed{K_{y_1}q_{1,2}(s)} & p_{1,2}(s) & p_{1,3}(s)+\boxed{K_{y_3}q_{1,1}(s)} \\
p_{2,1}(s)+\boxed{K_{y_1}q_{2,2}(s)} & p_{2,2}(s) & p_{2,3}(s)+\boxed{K_{y_3}q_{2,1}(s)} \\
p_{3,1}(s)+\boxed{K_{y_1}q_{3,2}(s)} & p_{3,2}(s) & p_{3,3}(s)+\boxed{K_{y_3}q_{3,1}(s)}
\end{bmatrix}
\begin{Bmatrix} y_1(s) \\ y_2(s) \\ y_3(s) \end{Bmatrix}
=
\begin{bmatrix}
q_{1,1}(s) & q_{1,2}(s) \\
q_{2,1}(s) & q_{2,2}(s) \\
q_{3,1}(s) & q_{3,2}(s)
\end{bmatrix}
\begin{Bmatrix} \delta_{\mathrm{Pilot}_1}(s) \\ \delta_{\mathrm{Pilot}_2}(s) \end{Bmatrix}
\tag{11.20}
$$

即

$$
\boldsymbol{P}_{u_1\,u_2}^{y_3\,y_1}(s)\boldsymbol{y}(s)=\boldsymbol{Q}(s)\boldsymbol{u}(s)
$$

再次以小框强调因反馈回路引入的项,而特征多项式当然是 $\det\boldsymbol{P}_{u_1u_2}^{y_3y_1}(s)$,其解为

$$
\begin{aligned}
\det\boldsymbol{P}_{u_1\,u_2}^{y_3\,y_1}(s) &= \det\begin{bmatrix}
p_{1,1}(s)+\boxed{K_{y_1}q_{1,2}(s)} & p_{1,2}(s) & p_{1,3}(s)+\boxed{K_{y_3}q_{1,1}(s)} \\
p_{2,1}(s)+\boxed{K_{y_1}q_{2,2}(s)} & p_{2,2}(s) & p_{2,3}(s)+\boxed{K_{y_3}q_{2,1}(s)} \\
p_{3,1}(s)+\boxed{K_{y_1}q_{3,2}(s)} & p_{3,2}(s) & p_{3,3}(s)+\boxed{K_{y_3}q_{3,1}(s)}
\end{bmatrix} \\
&= \det\begin{bmatrix}
p_{1,1}(s) & p_{1,2}(s) & p_{1,3}(s) \\
p_{2,1}(s) & p_{2,2}(s) & p_{2,3}(s) \\
p_{3,1}(s) & p_{3,2}(s) & p_{3,3}(s)
\end{bmatrix}
+K_{y_1}\det\begin{bmatrix}
q_{1,2}(s) & p_{1,2}(s) & p_{1,3}(s) \\
q_{2,2}(s) & p_{2,2}(s) & p_{2,3}(s) \\
q_{3,2}(s) & p_{3,2}(s) & p_{3,3}(s)
\end{bmatrix} \\
&\quad +K_{y_3}\det\begin{bmatrix}
p_{1,1}(s) & p_{1,2}(s) & q_{1,1}(s) \\
p_{2,1}(s) & p_{2,2}(s) & q_{2,1}(s) \\
p_{3,1}(s) & p_{3,2}(s) & q_{3,1}(s)
\end{bmatrix}
+K_{y_1}K_{y_3}\det\begin{bmatrix}
q_{1,2}(s) & p_{1,2}(s) & q_{1,1}(s) \\
q_{2,2}(s) & p_{2,2}(s) & q_{2,1}(s) \\
q_{3,2}(s) & p_{3,2}(s) & q_{3,1}(s)
\end{bmatrix} \\
&= \Delta(s)+K_{y_1}N_{u_2}^{y_1}(s)+K_{y_3}N_{u_1}^{y_3}(s)+K_{y_1}K_{y_3}N_{u_1\,u_2}^{y_3\,y_1}(s)
\end{aligned}
\tag{11.21}
$$

故随着两条反馈回路关闭,闭环特征多项式现可依据开环特征多项式、两个反馈增益、两个恰当开环传递函数的分子,以及与两个控制律中使用的两个输入和两个输出相对应的耦合分子来表达。

本节重点总结如下:

（1）飞行器飞行动力学构成一个含多输入与多响应的动态系统。

（2）把反馈引入系统会改变闭环系统的特征多项式及闭环传递函数的一些分子。

（3）可通过使用系统多项式矩阵表达式系统评估反馈对特征多项式与闭环传递函数分子的影响。

（4）耦合分子对闭环特征多项式及 MIMO 系统的传递函数分子均具有重要作用。

## 11.3 增强纵向动力学特性

考察图 11.9 所示的概念性框图，其与图 11.8 相似。假设这是一架传统飞行器，升降舵与推力为两个控制输入，同时，显示了几个飞行器响应。可再次观察到驾驶仪正利用动作提示与视觉提示作为反馈量关闭整个飞行器与稳定性增强系统的控制回路（实际上两条控制回路）。在此结构中，稳定性增强系统作为内部回路，而驾驶仪的反馈控制行动构成外部回路。

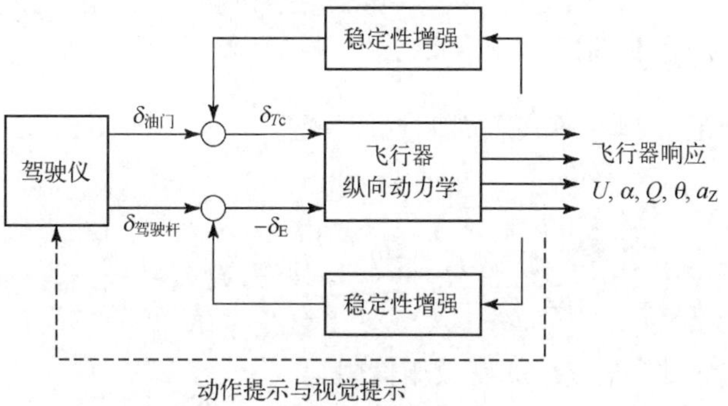


图 11.9　飞行器纵向控制框图

有几个传感器在稳定性增强系统中可用，包括加速器、风标式攻角与侧滑角传感器、角速度测量陀螺仪与角位移测量陀螺仪、高度计、GPS 导航设备等。在纵轴上，角速度测量陀螺仪能检测俯仰角速度，而角位移测量陀螺仪能检测俯仰姿态角。稳定性增强系统一般向飞行器上的现有控制效应器（比如升降舵执行机构与发动机）发出命令或信号。

本节主要谈论稳定性增强系统的合成对飞行器动力学的具体应用，以提高飞行器操作品质或简化外环回路自动驾驶仪的设计（如第十二章的讨论）。此问题的关键是选择恰当的反馈响应与使用起来最有效的控制输入。

为证明增强纵向稳定性的必要性这一重要事实，考察图 11.10（a）~（b）中所示的根轨迹。（图 11.10（b）中原点周围的区域放大显示以清楚展示长周期极点的移动。）飞行器动力学由 F-5A 类飞行器升降舵输入的俯仰姿态响应组成，设无稳定性增强系统且姿态-反馈-控制回路被驾驶仪关闭。因此，在图 11.9 中的系统中，不存在稳定性增强，且驾驶仪正根据检测到的俯仰姿态关闭（外环）反馈回路。

注意，当驾驶仪的反馈增益增加时，闭环极点沿根轨迹从开环极点移开。结果，闭环长周期模式的阻尼增强，这是驾驶仪俯仰姿态控制的理想效果。然而，闭环短周期本征值阻尼减至开环飞行器闭环短周期本征值阻尼之下，从而可能产生一个小阻尼人机闭环系统，且因此产生差劲的操作品质。如果开环飞行器的短周期阻尼一开始较低，情况更糟糕。故增强短周期阻尼是增强稳定性的普遍要求。

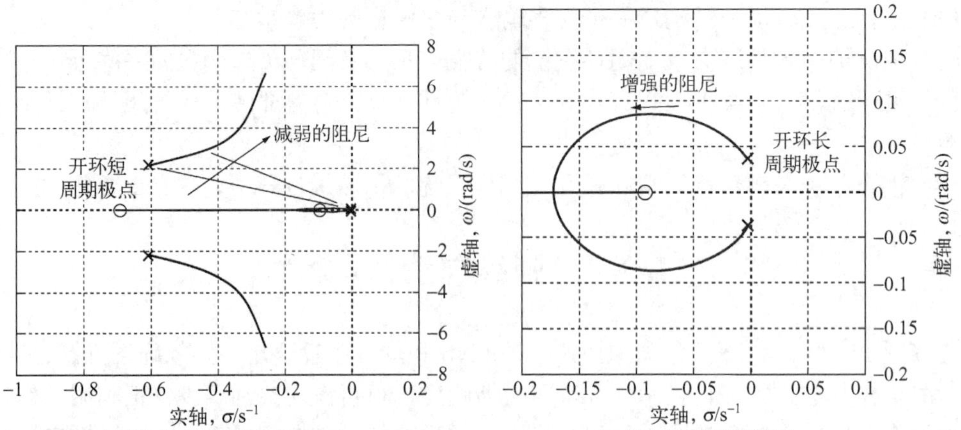

(a) 驾驶仪控制的俯仰姿态根轨迹　　(b) 原点周围区域被放大

图 11.10　根轨迹

### 11.3.1　增强短周期阻尼

为增强短周期阻尼,回顾可知,短周期近似模型(方程(10.90))已表明此类阻尼由下式决定:

$$2\zeta_{SP}\omega_{SP}=-\left(\frac{Z_\alpha}{(U_0-Z_{\dot\alpha})}+M_{\dot\alpha}\frac{(U_0+Z_q)}{(U_0-Z_{\dot\alpha})}+M_q\right)\approx-\left(\frac{Z_\alpha}{U_0}+M_{\dot\alpha}+M_q\right)\qquad(11.22)$$

这表明可通过增强飞行器 $M_q$ 的有效俯仰阻尼来增强短周期阻尼。但 $M_q$ 只是因飞行器的俯仰角速度而作用在飞行器上的俯仰力矩。故可通过提供与俯仰角速度成比例的额外俯仰力矩来增强有效俯仰阻尼。这仅通过将测量到的俯仰角速度反馈到俯仰控制面(如升降舵)就可实现,如图 11.11 所示。此稳定性增强系统即称为俯仰阻尼器。

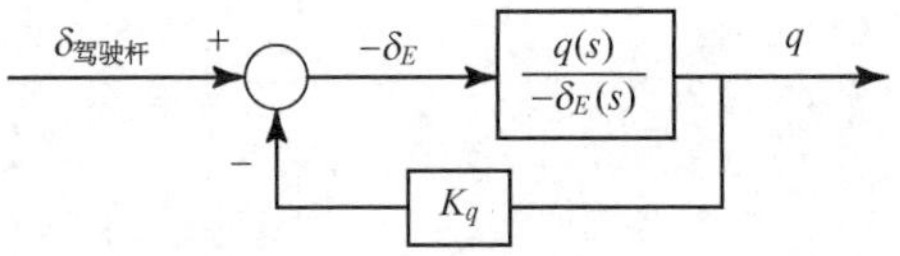

图 11.11　俯仰阻尼器框图

## 学生须知

我们已基于短周期近似模型理解选择用于反馈的飞行器响应及合适的控制效应器——俯仰角速度与俯仰控制面。此反馈控制结构通过飞行器动力学相关知识合成。本章将运用这一方法推导所有的稳定性增强系统。

为确认对这一反馈结构的选择,考察图 11.12(a)~(b)中所示的根轨迹。(图 11.12(b)原点周围的区域放大显示。)飞行器动力学与用于产生 F-5A 类飞行器根轨迹图所用的飞行器动力学相同,区别仅在于此处采用俯仰角速度反馈,而非俯仰姿态反馈。根轨迹显示稳定性增强系统(即俯仰角速度对升降舵的反馈)对闭环本征值的影响。注意,长周期极点不会显著改变,仅模态阻尼增强,而这通常是理想状态。但短周期阻尼可能会因反馈增益的增大而显著增强。这证实:对飞行器而言,俯仰角速度反馈确实对增强短周期阻尼有用。这一结论对任何呈现传统短周期特性的飞行器适用。

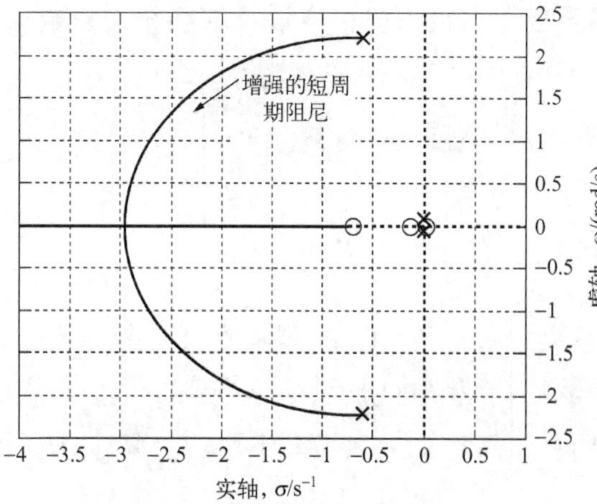

(a) 表明俯仰角速度反馈有效度的根轨迹

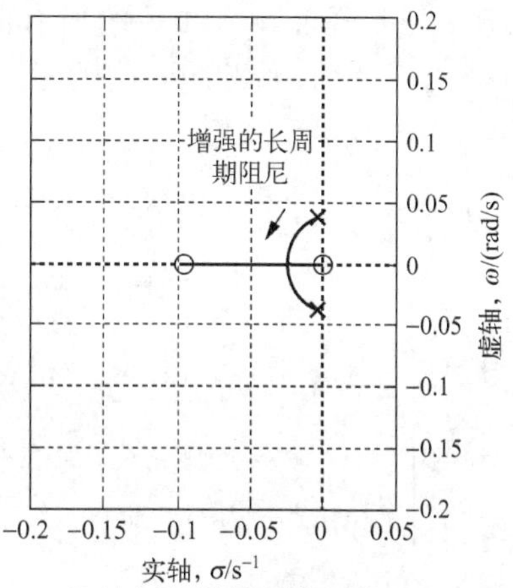

(b) 放大显示的原点周围区域

图 11.12　根轨迹

为进一步了解有关俯仰角速度反馈的一般影响，考察下述飞行器水平飞行（$\Theta_0=0$）多项式矩阵表达式。

$$\begin{bmatrix} s-(X_u+X_{P_u}) & -(X_{\dot{\alpha}}s+X_\alpha) & -X_q s+g \\ -(Z_u+Z_{P_u}) & (U_0-Z_{\dot{\alpha}})s-Z_\alpha & -(Z_q+U_0)s \\ -(M_u+M_{P_u}) & -\left(M_{\dot{\alpha}}s+(M_\alpha+M_{P_\alpha})\right) & s^2-M_q s \end{bmatrix} \begin{Bmatrix} u(s) \\ \alpha(s) \\ \theta(s) \end{Bmatrix} = \begin{bmatrix} -X_{\delta_E} & X_T \\ -Z_{\delta_E} & Z_T \\ -M_{\delta_E} & M_T \end{bmatrix} \begin{Bmatrix} -\delta_E(s) \\ \delta T(s) \end{Bmatrix} \tag{11.23}$$

（注意升降舵偏转符号法则再次被调整。）

根据俯仰角速度反馈，构成控制律

$$-\delta_E(s)=\delta_{驾驶杆}(s)-K_q\dot{\theta}(s)$$

上述多项式矩阵表达式变成

$$\begin{bmatrix} s-(X_u+X_{P_u}) & -(X_{\dot{\alpha}}s+X_\alpha) & -(X_q+\boxed{K_qX_{\delta_E}})s+g \\ -(Z_u+Z_{P_u}) & (U_0-Z_{\dot{\alpha}})s-Z_\alpha & -\left((Z_q+\boxed{K_qZ_{\delta_E}})+U_0\right)s \\ -(M_u+M_{P_u}) & -\left(M_{\dot{\alpha}}s+(M_\alpha+M_{P_\alpha})\right) & s^2-(M_q+\boxed{K_qM_{\delta_E}})s \end{bmatrix} \begin{Bmatrix} u(s) \\ \alpha(s) \\ \theta(s) \end{Bmatrix} = \begin{bmatrix} X_{\delta_E} & X_T \\ Z_{\delta_E} & Z_T \\ M_{\delta_E} & M_T \end{bmatrix} \begin{Bmatrix} -\delta_{驾驶杆}(s) \\ \delta T(s) \end{Bmatrix} \tag{11.24}$$

即

$$\boldsymbol{P}^q_{-\delta_E}(s)\boldsymbol{y}(s)=\boldsymbol{Q}(s)\boldsymbol{u}(s)$$

首先应注意到两点。第一，因反馈控制律引入的项已加框强调；这些项出现在 $\boldsymbol{P}^q_{-\delta_E}(s)$ 第三列。第二，有量纲稳定性导数 $X_q$、$Z_q$ 与 $M_q$ 的有效值将因引入俯仰角速度反馈而明显增大。第二点正是将此类反馈系统称作稳定性增强系统的原因。

现需要探究增加俯仰角速度反馈对飞行器传递函数零点的影响。已知对纵向本征值的影响，正如图 11.12(a)~(b)的根轨迹所示。但是，可能对传递函数零点产生什么影响？

首先，我们知道对有升降舵输入的闭环俯仰姿态传递函数与俯仰角速度传递函数的零点没有影响。这在前面 11.2 节已经谈到。但是，可能对其他一些传递函数零点有影响。

为探究这种可能性，再次考察方程（11.24）给出的飞行器多项式矩阵表达式。在 11.2

节,发现了与升降舵输入相关的所有传递函数零点也不受引入该反馈系统的影响。例如,$\alpha(s)/-\delta_{\text{Stick}}(s)$传递函数的分子为

$$N^{\alpha}_{-\delta_{驾驶杆}}(s)=\det\begin{bmatrix} s-(X_u+X_{P_u}) & X_{\delta_E} & -(X_q+\boxed{K_qX_{\delta_E}})s+g \\ -(Z_u+Z_{P_u}) & Z_{\delta_E} & -((Z_q+\boxed{K_qZ_{\delta_E}})+U_0)s \\ -(M_u+M_{P_u}) & M_{\delta_E} & s^2-(M_q+\boxed{K_qM_{\delta_E}})s \end{bmatrix}$$

$$=\det\begin{bmatrix} s-(X_u+X_{P_u}) & X_{\delta_E} & -X_qs+g \\ -(Z_u+Z_{P_u}) & Z_{\delta_E} & -(Z_q+U_0)s \\ -(M_u+M_{P_u}) & M_{\delta_E} & s^2-M_qs \end{bmatrix}-K_qs\det\begin{bmatrix} s-(X_u+X_{P_u}) & X_{\delta_E} & X_{\delta_E} \\ -(Z_u+Z_{P_u}) & Z_{\delta_E} & Z_{\delta_E} \\ -(M_u+M_{P_u}) & M_{\delta_E} & M_{\delta_E} \end{bmatrix}$$

$$=N^{\alpha}_{\delta_E}(s)-K_qsN^{\theta\alpha}_{\delta_E\delta_E}(s)=N^{\alpha}_{\delta_E}(s)-0 \tag{11.25}$$

故该传递函数零点不受增加升降舵俯仰角速度反馈的影响。

同样,根据11.2节,我们知道与推力输入相关的传递函数情况并非如此。假设传递函数$u(s)/\delta T(s)$(仅以为例),其通常最受影响。该传递函数的分子涉及一个耦合分子,即

$$N^{u}_{\delta_{驾驶杆}}(s)=\det\begin{bmatrix} X_T & -(X_{\dot\alpha}s+X_\alpha) & -(X_q+\boxed{K_qX_{\delta_E}})s+g \\ Z_T & (U_0-Z_{\dot\alpha})s-Z_\alpha & -((Z_q+\boxed{K_qZ_{\delta_E}})+U_0)s \\ M_T & -(M_{\dot\alpha}s+(M_\alpha+M_{P_\alpha})) & s^2-(M_q+\boxed{K_qM_{\delta_E}})s \end{bmatrix}$$

$$=\det\begin{bmatrix} X_T & -(X_{\dot\alpha}s+X_\alpha) & -X_qs+g \\ Z_T & (U_0-Z_{\dot\alpha})s-Z_\alpha & -(Z_q+U_0)s \\ M_T & -(M_{\dot\alpha}s+(M_\alpha+M_{P_\alpha})) & s^2-M_qs \end{bmatrix}-K_qs\det\begin{bmatrix} X_T & -(X_{\dot\alpha}s+X_\alpha) & X_{\delta_E} \\ Z_T & (U_0-Z_{\dot\alpha})s-Z_\alpha & Z_{\delta_E} \\ M_T & -(M_{\dot\alpha}s+(M_\alpha+M_{P_\alpha})) & M_{\delta_E} \end{bmatrix}$$

$$=N^{u}_{\delta T}(s)-K_qsN^{\theta u}_{\delta_E\delta T}(s) \tag{11.26}$$

假设$Z_T\approx M_T\approx 0$,方程(11.26)的耦合分子为

$$N^{\theta u}_{\delta_E\delta T}(s)=\det\begin{bmatrix} X_{\mathrm{T}} & -(X_{\dot\alpha}s+X_\alpha) & X_{\delta_E} \\ Z_T=0 & (U_0-Z_{\dot\alpha})s-Z_\alpha & Z_{\delta_E} \\ M_T=0 & -(M_{\dot\alpha}s+(M_\alpha+M_{P_\alpha})) & M_{\delta_E} \end{bmatrix} \tag{11.27}$$

$$=X_T\Big(M_{\delta_E}\big((U_0-Z_{\dot\alpha})s-Z_\alpha\big)+Z_{\delta_E}\big(M_{\dot\alpha}s+(M_\alpha+M_{P_\alpha})\big)\Big)$$

$$=X_T\Big(\big(M_{\delta_E}(U_0-Z_{\dot\alpha})+Z_{\delta_E}M_{\dot\alpha}\big)s+\big(Z_{\delta_E}(M_\alpha+M_{P_\alpha})-M_{\delta_E}Z_\alpha\big)\Big)$$

例如,对于F-5A战斗机来说,令$X_T=1/(\mathrm{m}\cdot\mathrm{slug})$,耦合分子变成

$$N^{\theta u}_{\delta_E\delta T}(s)=-39.1(s+0.701) \tag{11.28}$$

而开环传递函数的分子为

$$N^{u}_{\delta T}(s)=2.73s(s^2+1.214s+3.707) \tag{11.29}$$

要确定 $u(s)/\delta T(s)$ 传递函数零点随俯仰角速度反馈增益 $K_q$ 的变化所发生的反应,不妨使用根轨迹方法。根据方程(11.26),讨论中的零点是下列方程给出的多项式的根。

$$N_{\delta T}^{u}(s) - K_q s N_{\delta_E \delta T}^{\theta u}(s) = 0$$

即

$$1 - K_q \frac{s N_{\delta_E \delta T}^{\theta u}(s)}{N_{\delta T}^{u}(s)} = 0 \tag{11.30}$$

使用上述两个表达式中的第二个及方程组(11.28)与方程组(11.29),可获得图 11.13 所示的分子根轨迹。该图表明(闭环)$u(s)/\delta T(s)$ 传递函数的零点从它们的开环点(由 X 曲线标出)沿显示的分支朝耦合分子(由 O 直线标出)的根移动,即趋于无穷大。因为短周期阻尼随俯仰角速度反馈增益的增大而增强,且我们通常期望 $u(s)/\delta T(s)$ 传递函数的短周期二次式被分子中一类似项大致消掉(如此,推力对速度的响应由长周期模式主导),使 $u(s)/\delta T(s)$ 传递函数的零点沿耦合分子根轨迹指示的方向移动事实上是理想的。

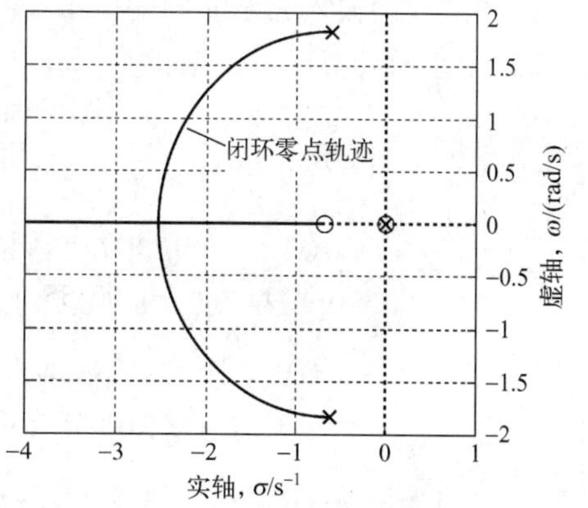


图 11.13　耦合分子根轨迹——$u(s)/\delta T(s)$ 零点

根据上述分析,可知俯仰阻尼器是增强短周期阻尼的有效稳定性增强系统。俯仰阻尼器在许多飞行器上都有使用,包括 F-5A。

## 例 11.3　通过增强稳定性增强短周期阻尼

利用飞行条件 1(附录 B)下 F-5A 战斗机数据求使短周期阻尼增强到 0.6 的必要俯仰角速度反馈增益。同时,比较包含俯仰阻尼器的攻角传递函数和纵移速度传递函数与不增强短周期阻尼的机身情况下的相应值。

**解**

使用附录 B 中的数据可得到纵向动力学的状态变量模型。此附录指定了与下列参照飞行条件相对应的机身固定稳定性轴。

$$U_0 = 850\text{fps},\ \Theta_0 = \gamma_0 = 0,\ h_0 = 40{,}000\text{ft},\ \Phi_0 = 0(\text{隐含})$$

此飞行条件下的纵向有量纲稳定性导数如表 11.2 所列。所有角以 rad 表示,力以 lb 表示,速度以 fps 表示。

表 11.2　F-5A 的有量纲稳定性导数

| 稳定性导数 | 值 | 稳定性导数 | 值 |
|---|---|---|---|
| $X_\alpha$ | $-6.826\text{ft/s}^2$ | $M_\alpha$ | $-3.392\text{s}^{-2}$ |
| $X_u+X_{T_M}$ | $-0.011\text{s}^{-1}$ | $M_{\dot\alpha}$ | $-0.051\text{s}^{-1}$ |
| $Z_\alpha$ | $-623.9\text{ft/s}^2$ | $M_q$ | $-0.429\text{s}^{-1}$ |
| $Z_u+Z_{T_M}$ | $-0.124\text{s}^{-1}$ | $M_u+M_{T_M}$ | $-0.00046(\text{s-ft})^{-1}$ |
| $Z_{\delta_E}$ | $-119\text{ft/s}^2$ | $M_{\delta E}$ | $-14.31/\text{s}^2$ |

因为要求几个传递函数,使用状态变量模型和 MATLAB 有帮助。

使用方程组(10.64)及表 11.2 中的稳定性导数,得出由下式给出的状态变量模型:

$$y^T = x^T = [u(\text{fps}) \quad \alpha(\text{rad}) \quad \theta(\text{rad}) \quad q(\text{rad/s})],\ \boldsymbol{u}^T = [-\delta_E(\text{rad}) \quad \delta T(\text{lbs})]$$

$$\boldsymbol{A} = \begin{bmatrix} -0.011 & -6.826 & -32.2 & 0 \\ -0.000146 & -0.734 & 0 & 1 \\ 0 & 0 & 0 & 1 \\ -0.000453 & -3.355 & 0 & -0.480 \end{bmatrix},\ \boldsymbol{B} = \begin{bmatrix} 0 & 1/311 \\ 0.14 & 0 \\ 0 & 0 \\ 14.3 & 0 \end{bmatrix} \tag{11.31}$$

$$\boldsymbol{C} = \boldsymbol{I}_4,\ \boldsymbol{D}_{4\times 2} = \boldsymbol{0}$$

（注意控制输入矢量 $\boldsymbol{u}$ 与矩阵 $\boldsymbol{B}$ 第一列元素上的符号）根据 MATLAB 求得的没有增强稳定性的传递函数为

$$\frac{u(s)}{-\delta_E(s)} = \frac{-0.956(s+0.579)(s+564)}{(s^2+0.00555s+0.00136)(s^2+1.219s+3.711)}\ \text{fps/rad}$$

$$\frac{\alpha(s)}{-\delta_E(s)} = \frac{0.140(s+102.6)(s^2+0.01086s+0.00453)}{(s^2+0.00555s+0.00136)(s^2+1.219s+3.711)}\ \text{rad/rad}$$

$$\frac{q(s)}{-\delta_E(s)} = \frac{14.29s(s+0.0095)(s+0.703)}{(s^2+0.00555s+0.00136)(s^2+1.219s+3.711)}\ \text{rad/(s·rad)} \tag{11.32}$$

$$\frac{u(s)}{\delta T(s)} = \frac{0.0032154\,s\,(s^2+1.214s+3.707)}{(s^2+0.00555s+0.00136)(s^2+1.219s+3.711)}\ \text{fps/lb}$$

其余两个推力输入传递函数等于零。

含俯仰阻尼器系统的根轨迹，即

$$-\delta_E(s) = \delta_{驾驶杆}(s) - K_q q(s)$$

如图 11.14 所示，指出了理想短周期极点分布。

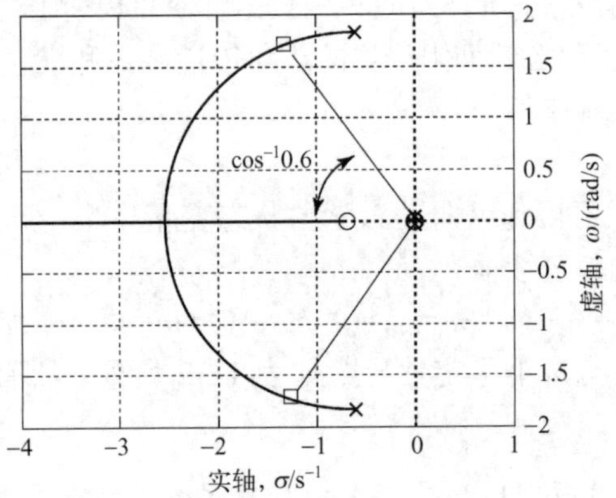


图 11.14　显示理想短周期极点分布的根轨迹

给定控制律增强系统的状态变量表达式如下：

$$\dot{\boldsymbol{x}} = \boldsymbol{A}\boldsymbol{x} + \boldsymbol{B}\begin{Bmatrix} -\delta_E \\ \delta T \end{Bmatrix},\quad -\delta_E = \delta_{驾驶杆} - K_q q$$

$$\dot{\boldsymbol{x}} = \boldsymbol{A}\boldsymbol{x} + \boldsymbol{B}\begin{Bmatrix} \delta_{驾驶杆} - K_q q \\ \delta T \end{Bmatrix} = (\boldsymbol{A} - \boldsymbol{b}_{-\delta_E} K_q \boldsymbol{c}_q)\boldsymbol{x} + \boldsymbol{B}\begin{Bmatrix} \delta_{驾驶杆} \\ \delta T \end{Bmatrix} \tag{11.33}$$

$$\triangleq \boldsymbol{A}_{\text{aug}}\boldsymbol{x} + \boldsymbol{B}\begin{Bmatrix} \delta_{驾驶杆} \\ \delta T \end{Bmatrix}$$

式中：$\boldsymbol{b}_{-\delta_E}$是与（负）升降舵输入相对应的矩阵 $\boldsymbol{B}$ 的第一列；$\boldsymbol{c}_q$ 是与俯仰角速度响应相对应的矩阵 $\boldsymbol{C}$ 的第四行，即

$$c_q = [0 \quad 0 \quad 0 \quad 1]$$

通过选择一个 0.1rad/（rad · s）的角速度反馈增益 $K_q$ 得出下组增强飞行器的本征值。

$$\lambda_{\mathrm{SP}} = -1.324 \pm \mathrm{j}1.722\,/\mathrm{s}$$

$$\lambda_P = -0.0031 \pm \mathrm{j}0.0326\,/\mathrm{s}$$

这产生了如下短周期阻尼与自然频率：

$$\zeta_{\mathrm{SP}} = 0.61$$

$$\omega_{\mathrm{SP}} = 2.172\ \mathrm{rad/s}$$

认为该阻尼充分接近理想阻尼。

现可再次运用 MATLAB 求得增强飞行器的所有传递函数，即得出

$$\begin{cases} \dot{\boldsymbol{x}} = \boldsymbol{A}_{\mathrm{aug}}\boldsymbol{x} + \boldsymbol{B}\begin{Bmatrix} \delta_{驾驶杆} \\ \delta T \end{Bmatrix} \\ \boldsymbol{C} = \boldsymbol{I}_4, \quad \boldsymbol{D} = \boldsymbol{0}_{4\times 2} \end{cases} \tag{11.34}$$

四个传递函数变成

$$\begin{cases} \dfrac{u(s)}{\delta_{驾驶杆}(s)} = \dfrac{-0.956(s+0.579)(s+584)}{(s^2+0.00614s+0.00107)(s^2+2.648s+4.72)}\ \mathrm{fps/rad} \\ \dfrac{\alpha(s)}{\delta_{驾驶杆}(s)} = \dfrac{0.140(s^2+0.01086s+0.00453)(s+102.6)}{(s^2+0.00614s+0.00107)(s^2+2.648s+4.72)}\ \mathrm{rad/rad} \\ \dfrac{q(s)}{\delta_{驾驶杆}(s)} = \dfrac{14.29s(s+0.0095)(s+0.703)}{(s^2+0.00614s+0.00107)(s^2+2.648s+4.72)}\ \mathrm{rad/sec/rad} \\ \dfrac{u(s)}{\delta T(s)} = \dfrac{0.00322\,s\,(s^2+2.643s+4.709)}{(s^2+0.00614s+0.00107)(s^2+2.648s+4.72)}\ \mathrm{fps/lb} \end{cases} \tag{11.35}$$

将这些传递函数与之前求得的增强系统传递函数进行比较，可知短周期频率与阻尼增强了（正如根据根轨迹所预期的），长周期阻尼略有增强，但频率略有减弱（也正如根据根轨迹所预期的）。另外，与升降舵输入相对应的传递函数分子没有变化（正如预期），但$u(s)/\delta T(s)$传递函数的分子正如根据分子根轨迹所预期的被修改了。因分子被修改，此传递函数中增强的短周期极点大致可以极点零点对消，此为理想状态。

---

### 11.3.2 增强短周期频率

第二种可能遇到的动态缺陷是低短周期频率，它能导致俯仰响应迟缓、操作品质差劲。回顾短周期近似模型可知，短周期频率（方程（10.91））大致为

$$\omega_{\mathrm{SP}}^2 = \frac{M_q Z_\alpha}{(U_0 - Z_{\dot{\alpha}})} - (M_\alpha + M_{P_\alpha})\frac{(U_0 + Z_q)}{(U_0 - Z_{\dot{\alpha}})} \approx M_q\frac{Z_\alpha}{U_0} - (M_\alpha + M_{P_\alpha}) \tag{11.36}$$

这表明短周期频率可能通过增加飞行器 $M_\alpha$ 的有效俯仰刚度来增强，或通过增加因攻角作用在飞行器上的俯仰力矩来增强。通过提供与攻角成比例的额外俯仰力矩来增

加有效俯仰刚度。这可通过将测量到的攻角反馈到俯仰控制面(如升降舵)来实现,如图 11.15 所示。

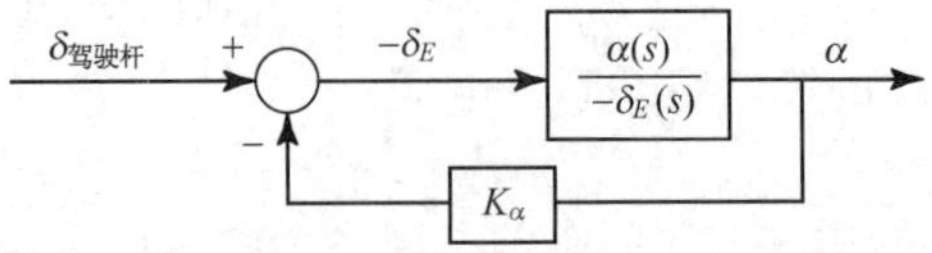

图 11.15　攻角稳定性增强系统框图

要评估此类增强系统对系统本征值的影响,考察图 11.16(a)~(b)所示的根轨迹。此图中,对于类似于 F-5A 且有传统短周期和长周期模态特征的飞行器而言,开环传递函数为有(负)升降舵输入的攻角开环传递函数。图 11.16(a)所示的根轨迹仅显示从中等增益值的开环短周期极点开始的分支。在高增益值处,短周期本征值远远地移到左边,最终移到负实轴上,但仅需要一个低增益来实现我们的目标。可观察到短周期本征值频率可通过这种增强反馈显著增强。这是理想的影响。从图 11.16(b)注意到,对长周期本征值的影响又是可以忽略的,正如所预期的,因为长周期模式响应几乎没有攻角参与。

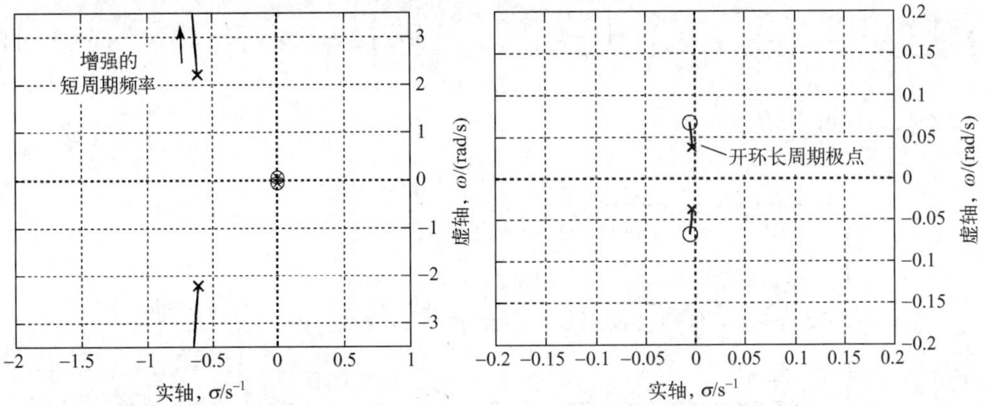

(a) 表明攻角反馈影响的根轨迹　(b) 原点周围的区域被放大

图 11.16　根轨迹

但也必须考虑增加攻角反馈对飞行器传递函数零点的影响。已知对攻角传递函数零点没有影响,就如因为俯仰阻尼器对俯仰姿态传递函数没有影响一样。也知对有升降舵(或驾驶杆)输入的传递函数零点没有影响。但是,对 $u(s)/\delta T(s)$ 传递函数零点有影响。

为探究此问题,再次考察方程(11.23)给出的飞行器多项式矩阵表达式,区别仅在于此处已包含攻角反馈的影响,即得出

$$\begin{bmatrix} s-\left(X_u+X_{P_u}\right) & -\left(X_{\dot{\alpha}}s+\left(X_\alpha+\boxed{K_\alpha X_{\delta_E}}\right)\right) & -X_q s+g \\ -\left(Z_u+Z_{P_u}\right) & \left(U_0-Z_{\dot{\alpha}}\right)s-\left(Z_\alpha+\boxed{K_\alpha Z_{\delta_E}}\right) & -\left(Z_q+U_0\right)s \\ -\left(M_u+M_{P_u}\right) & -\left(M_{\dot{\alpha}}s+\left(\left(M_\alpha+\boxed{K_\alpha M_{\delta_E}}\right)+M_{P_\alpha}\right)\right) & s^2-M_q s \end{bmatrix}\begin{Bmatrix} u(s) \\ \alpha(s) \\ \theta(s) \end{Bmatrix}=\begin{bmatrix} X_{\delta_E} & X_T \\ Z_{\delta_E} & Z_T \\ M_{\delta_E} & M_T \end{bmatrix}\begin{Bmatrix} -\delta_{驾驶杆}(s) \\ \delta T(s) \end{Bmatrix} \tag{11.37}$$

即

$$\boldsymbol{P}^{\alpha}_{-\delta_E}(s)\boldsymbol{y}(s)=\boldsymbol{Q}(s)\boldsymbol{u}(s)$$

可观察到因增强攻角反馈产生的项都在 $\boldsymbol{P}^{\alpha}_{-\delta_E}(s)$ 的第二列。$u(s)/\delta T(s)$ 传递函数的分子现为

$$N_{\delta T\mathrm{aug}}^{u}(s)=\det\begin{bmatrix} X_T & -\left(X_{\dot{\alpha}}s+\left(X_\alpha+\boxed{K_\alpha X_{\delta_E}}\right)\right) & -X_q s+g \\ Z_T & (U_0-Z_{\dot{\alpha}})s-\left(Z_\alpha+\boxed{K_\alpha Z_{\delta_E}}\right) & -(Z_q+U_0)s \\ M_T & -\left(M_{\dot{\alpha}}s+\left(\left(M_\alpha+\boxed{K_\alpha M_{\delta_E}}\right)+M_{P_\alpha}\right)\right) & s^2-M_q s \end{bmatrix}$$

$$=\det\begin{bmatrix} X_T & -(X_{\dot{\alpha}}s+X_\alpha) & -X_q s+g \\ Z_T & (U_0-Z_{\dot{\alpha}})s-Z_\alpha & -(Z_q+U_0)s \\ M_T & -\left(M_{\dot{\alpha}}s+\left(M_\alpha+M_{P_\alpha}\right)\right) & s^2-M_q s \end{bmatrix}-K_\alpha\det\begin{bmatrix} X_T & X_{\delta_E} & -X_q s+g \\ Z_T & Z_{\delta_E} & -(Z_q+U_0)s \\ M_T & M_{\delta_E} & s^2-M_q s \end{bmatrix}$$

$$=N_{\delta T}^{u}(s)-K_\alpha N_{\delta_E\delta T}^{\alpha u}(s) \tag{11.38}$$

又设 $Z_T=M_T=0$，方程(11.38)中的耦合分子为

$$\begin{aligned} N_{\delta_E\delta T}^{\alpha u}(s)&=X_T\left(Z_{\delta_E}(s^2-M_q s)+M_{\delta_E}(U_0+Z_q)s\right) \\ &=X_T s\left(Z_{\delta_E}s+\left(M_{\delta_E}(U_0+Z_q)-Z_{\delta_E}M_q\right)\right) \end{aligned} \tag{11.39}$$

$u(s)/\delta T(s)$ 传递函数的开环分子，即 $N_{\delta T}^{u}(s)$ 由方程(11.29)给出。再次，对类似于 F-5A 的飞行器来说，上述耦合分子变成

$$N_{\delta_E\delta T}^{\alpha u}(s)=-0.383s(s+101.7)$$

从方程(11.29)得知，$N_{\delta T}^{u}(s)$ 为

$$N_{\delta T}^{u}(s)=2.73\,s\left(s^2+1.214s+3.707\right)$$

为求得攻角反馈对 $u(s)/\delta T(s)$ 传递函数闭环零点的影响，不妨再次使用分子根轨迹。与该根轨迹相关的方程为

$$1-K_\alpha\frac{N_{\delta_E\delta T}^{\alpha u}(s)}{N_{\delta T}^{u}(s)}=1-K_\alpha\frac{-0.383s(s+101.7)}{2.73\,s\left(s^2+1.214s+3.707\right)}=0 \tag{11.40}$$

分子根轨迹如图 11.17 所示。从图中可看出，一个零点仍在原点，而另两个零点沿着所示的分支远离原点。此仍是理想的影响，因为攻角反馈在增强短周期频率，而我们需要闭环 $u(s)/\delta T(s)$ 传递函数的分子二次式大致消掉特征多项式中的短周期二次式。

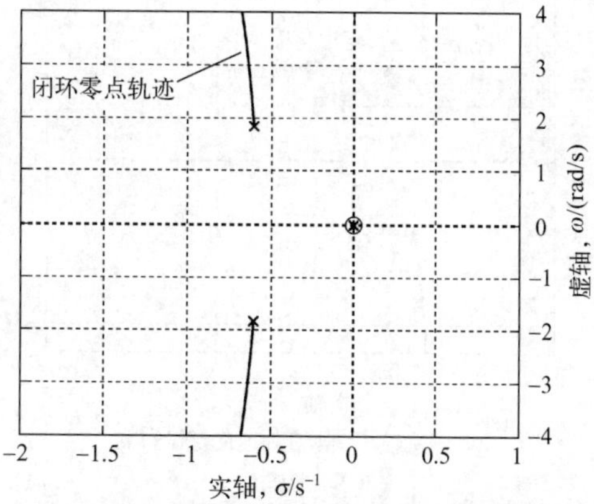


图 11.17　分子根轨迹——AOA 反馈对 $u(s)/\delta T(s)$ 零点的影响

因此，我们得出这样一个结论：一般来说，反馈攻角的稳定性增强系统在增强短周期频率时是有效的，同时对纵移速度传递函数零点有理想的影响。攻角反馈在实践中有使用，在下列替代方法中也有使用。

可采用反馈局部垂直加速度 $\alpha_{Z_{cg}}$ 替代反馈攻角，根据方程(10.55)，$\alpha_{Z_{cg}}$ 为

$$a_{Z\mathrm{cg}}(s)=sw(s)-U_0q(s)-xsq(s) \tag{11.41}$$

如果加速计位于飞行器重心附近(即 $x\approx0$),且忽略 $Z_u$ 产生的较小影响,则可简化为

$$a_{Z\,\mathrm{cg}}(s)=\dot{w}(s)-U_0q(s)\approx Z_\alpha\alpha(s)+Z_{\delta_E}\delta_E(s) \tag{11.42}$$

可见垂直加速度反馈包含一个显著的攻角分量。事实上,有加速度反馈的近似有效控制律为

$$\delta_E(s)=-\delta_{驾驶杆}-K_{a_Z}a_{Z\,\mathrm{cg}}\approx-\delta_{驾驶杆}-K_{a_Z}\left(Z_\alpha\alpha(s)+Z_{\delta_E}\delta_E(s)\right) \tag{11.43}$$

即

$$\delta_E(s)\approx\frac{1}{\left(1+K_{a_Z}Z_{\delta_E}\right)}\left(-\delta_{驾驶杆}-K_{a_Z}Z_\alpha\alpha(s)\right)$$

故可预期加速度反馈与攻角反馈有相似的影响。

由垂直加速度反馈组成的稳定性增强系统如图 11.18 所示。从方程(11.42)可知,图中所示的传递函数可根据下式求得:

$$\frac{a_{Z\,\mathrm{cg}}(s)}{\delta_E(s)}=U_0\left(\frac{s\alpha(s)}{\delta_E(s)}-\frac{q(s)}{\delta_E(s)}\right)=-U_0s\frac{\gamma(s)}{\delta_E(s)} \tag{11.44}$$

(注意此处一个正升降舵偏转产生一个正 $a_{Z_{\mathrm{cg}}}$,因此没有必要改变升降舵符号法则。)

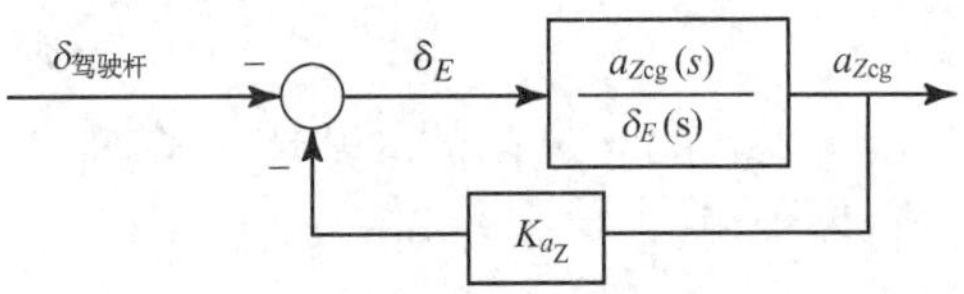


图 11.18 垂直加速度稳定性增强框图

要评估垂直加速度反馈对闭环本征值的影响,考察如图 11.19(a)~(b)所示根轨迹。(图 11.19(b)中原点周围区域被放大。)产生该根轨迹的开环飞行器传递函数

$$\frac{a_{Z\,\mathrm{cg}}(s)}{\delta_E(s)}=\frac{-121s(s+0.0794)(s-8.806)(s+9.175)}{\left(s^2+0.00559s+0.00135\right)\left(s^2+1.218s+5.244\right)} \tag{11.45}$$

对应于与 F-5A 相似的飞行器。如果图 11.19(a)所用尺度放大,能看到短周期本征值随反馈增益增加而远远地移到靠左边,并最终移到实轴上。但对于合理增益值而言,这并不构成问题。

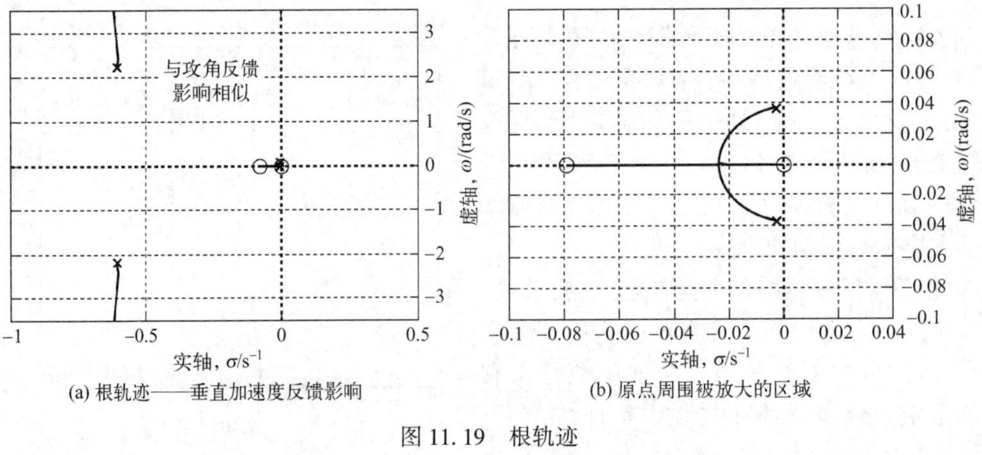


(a) 根轨迹——垂直加速度反馈影响　(b) 原点周围被放大的区域

图 11.19 根轨迹

从图 11.19(a)观察到,垂直加速度反馈对短周期本征值的影响基本上与攻角反馈对短周期本征值的影响相同,如图 11.16(a)所示。同时,垂直加速度反馈对长周期本征值的影响与攻角反馈对长周期本征值的影响相似。使用加速计而非攻角风标作为传感器是一些稳定性增

强系统(比如 A-4D 与 A-7A 的稳定性增强系统(见附录 B))反馈垂直加速度而非攻角的主要原因。

关于垂直加速度反馈对 $u(s)/\delta T(s)$ 传递函数零点的影响,回顾可知,此处的有效控制律表达为

$$\delta_E(s) = -\delta_{驾驶杆} - K_{a_Z} a_{Z\,\mathrm{cg}} \approx \delta_{驾驶杆} - K_{a_Z}\left(Z_\alpha \alpha(s) + Z_{\delta_E}\delta_E(s)\right) \tag{11.46}$$

即

$$\delta_E(s) \approx \frac{1}{\left(1 + K_{a_Z} Z_{\delta_E}\right)}\left(-\delta_{驾驶杆} - K_{a_Z} Z_\alpha \alpha(s)\right)$$

但这只是攻角反馈,攻角反馈对这些零点的影响在本节前部分已讨论过。

### 11.3.3 稳定不稳定短周期模式

当飞行器短周期模式不稳定时,显然需要增强稳定性。正如所见,不稳定性通常由单个真实不稳定极点的存在表明。关于纵向特征多项式中的短周期二次式,即

$$s^2 + 2\zeta_{\mathrm{SP}}\omega_{\mathrm{SP}}s + \omega_{\mathrm{SP}}^2$$

有一个不稳定极点的情况与负 $\omega_{\mathrm{SP}}^2$ 相对应。

再次从短周期近似模型发现,方程(11.36)给出的最后系数是 $-(M_\alpha + M_{P_\alpha})$ 的强函数。所以,正如 11.3.2 节所述,这再次表明通过反馈攻角到俯仰控制面来增强 $M_\alpha$,即控制律同样可描绘成图 11.15。虽然已讨论在增强短周期自然频率的背景下控制律的影响,评估此类控制律在短周期模式实际不稳定时的有效度仍很有启发性。

为便于分析,以例 10.3 中引入的极不稳定概念高超声速飞行器为例,回顾可知,该例中求得的本征矢量表明不稳定本征值与几乎无纵移速度参与的俯仰角速度和攻角主导的模式相对应,即该不稳定模式为短周期模式。对此概念飞行器而言,状态、响应与控制矢量为

$$\boldsymbol{x}^{\mathrm{T}} = \boldsymbol{y}^{\mathrm{T}} = \left[u\,(\mathrm{Mach})\ \ \alpha\,(\mathrm{rad})\ \ \theta\,(\mathrm{rad})\ \ q\,(\mathrm{rad/s})\right],\quad \boldsymbol{u} = \delta_H\,(\mathrm{rad})$$

状态变量模型为

$$\boldsymbol{A} = \begin{bmatrix} -0.001936 & 0.02502 & -0.03317 & 0.000635 \\ -0.002028 & -0.06303 & 0 & 1 \\ 0 & 0 & 0 & 1 \\ 0.3287 & 11.023 & 0 & -0.0816 \end{bmatrix}, \boldsymbol{B} = \begin{bmatrix} -0.00058 \\ -0.00276 \\ 0 \\ -0.47963 \end{bmatrix}, \boldsymbol{C} = \boldsymbol{I}_4, \boldsymbol{D} = \boldsymbol{0} \tag{11.47}$$

使用 MATLAB 求得攻角传递函数为

$$\frac{\alpha(s)}{\delta_H(s)} = \frac{-0.003(s+174)(s^2 + 0.00233s + 1.30\times 10^{-4})}{(s-3.25)(s+3.40)(s^2 + 0.001695s + 4.911\times 10^{-6})}\,\mathrm{rad/rad} \tag{11.48}$$

攻角反馈对飞行器闭环本征值的影响如图 11.20(a)~(c)所示的根轨迹。(后两个图显示原点周围放大的区域以便清楚展示。)从图 11.20(a)注意到两个实开环本征值立即朝原点移动,随着足够大的反馈增益,两个稳定开环本征值离开实轴,沿虚轴移至虚轴左侧。当这些极点从原点移开,相对应模式的自然频率增强,正如 11.3.2 节中所讨论的。

现观察图 11.20(b)~(c),可见长周期本征值移到实轴上,然后移开,最后与其他两个沿实轴移动的开环本征值合并,正如刚讨论过的。然而,注意两个闭环根总是停留在原点附近,有时不稳定。故从上述讨论看来,短周期模式已经稳定,但始终建议对闭环系统进行本征值分析。

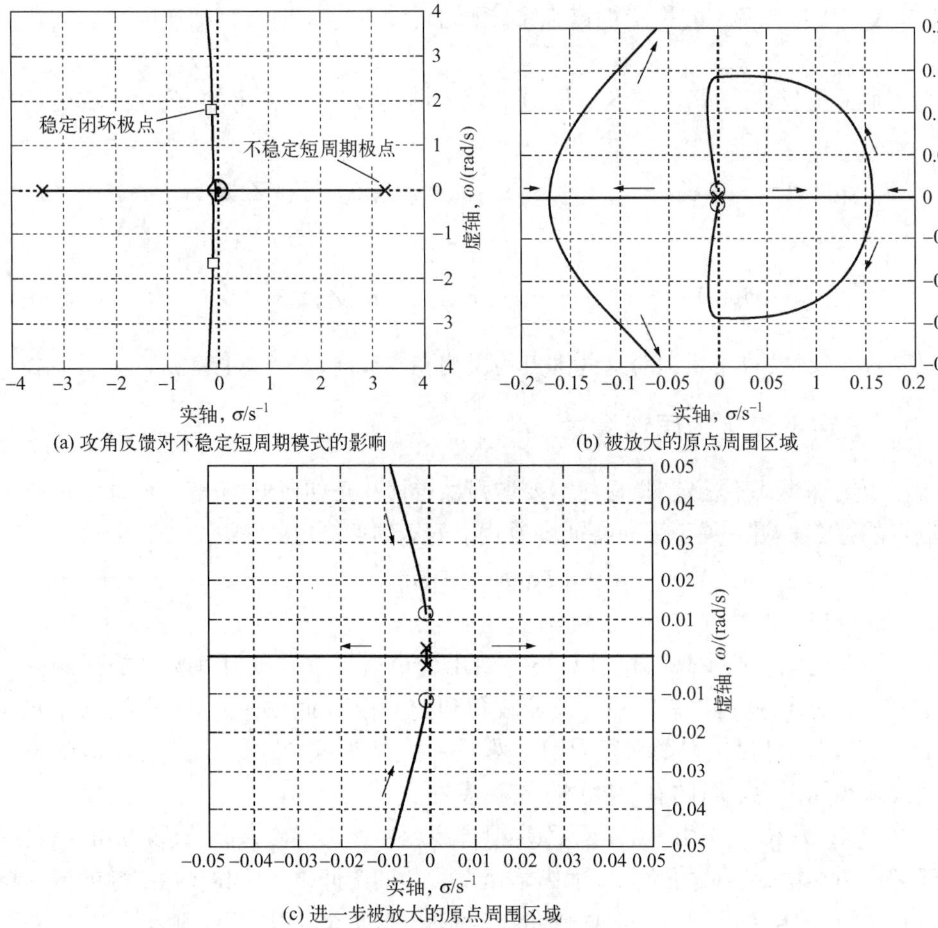

(a) 攻角反馈对不稳定短周期模式的影响

(b) 被放大的原点周围区域

(c) 进一步被放大的原点周围区域

图 11.20　根轨迹

例如,在某一反馈增益值 $K_\alpha$ 时,闭环极点具有下列值:

$$\begin{cases} \lambda_{1,2} = -0.1125 \pm \mathrm{j}1.835/\mathrm{s} \\ \lambda_{3,4} = -0.0022 \pm \mathrm{j}0.0231/\mathrm{s} \end{cases} \tag{11.49}$$

相应的本征矢量为

$$\boldsymbol{v}_1 = \begin{Bmatrix} 0.0060\mathrm{e}^{-\mathrm{j}89.6^\circ} \\ 0.4328\mathrm{e}^{-\mathrm{j}167.7^\circ} \\ 0.4308\mathrm{e}^{-\mathrm{j}172.2^\circ} \\ 0.7919\mathrm{e}^{-\mathrm{j}78.7^\circ} \end{Bmatrix},\quad \boldsymbol{v}_3 = \begin{Bmatrix} 0.8179\mathrm{e}^{\mathrm{j}8.1^\circ} \\ 0.0798\mathrm{e}^{\mathrm{j}8.0^\circ} \\ 0.5697\mathrm{e}^{-\mathrm{j}79.5^\circ} \\ 0.0132\mathrm{e}^{\mathrm{j}16.0^\circ} \end{Bmatrix} \tag{11.50}$$

注意第一对本征值—本征矢量显示相应模式确实是一个传统短周期模式,只是阻尼低。该振荡模式的响应由俯仰角速度、姿态与攻角主导,几乎没有纵移角速度变化。第三对本征值—本征矢量显示相应模式为传统长周期模式。这一低频率、小阻尼模式的响应由纵移角速度与俯仰姿态主导,在模式响应中几乎没有攻角或俯仰角速度。

因此,可得出结论:攻角反馈确实使短周期模式稳定,并使看起来较传统的闭环系统产生模态特征。为增强短周期阻尼,可增加俯仰角速度反馈。值得注意的是,攻角与俯仰角速度反馈在美国国家航空航天局(NASA)的 Hyper-X 高超声速试验机(即例 10.3 中图 10.13 所示的 X-43 的前身,见参考文献 3)的稳定性增强系统中有使用。

### 11.3.4 稳定不稳定长周期模式

最后要讨论的是长周期不稳定性的纵向动态缺陷。正如第六章中所提到的，有时在跨声速范围内，压缩性效应使与纵移速度小扰动相关的俯仰力矩 $M_u$ 为负。这可能导致长周期不稳定性，称为马赫下俯。

回顾可知，长周期二次式形式如下：

$$s^2 + 2\zeta_P \omega_P s + \omega_P^2$$

在长周期近似模型下，最后一个系数即 $\omega_P^2$，由方程(10.117)给出，即

$$\omega_P^2 = g\frac{(M_\alpha + M_{P_\alpha})(Z_u + Z_{P_u}) - Z_\alpha(M_u + M_{P_u})}{Z_\alpha M_q - (M_\alpha + M_{P_\alpha})(U_0 + Z_q)} \tag{11.51}$$

因上述表达式的分子通常为正，当满足下列不等式时，可能产生长周期不稳定性。

$$(M_\alpha + M_{P_\alpha})(Z_u + Z_{P_u}) - Z_\alpha(M_u + M_{P_u}) < 0 \tag{11.52}$$

由于此不稳定性由棘手的俯仰力矩($M_u$+$M_{P_u}$)引起，建议将适当飞行器响应反馈到俯仰控制面。同时，由于长周期模式响应包含重要的纵移速度与俯仰姿态分量，这两个响应中的一个可视为反馈。但通常来说，俯仰姿态反馈产生更好的整体效果。

以反馈俯仰姿态的此类控制律为例进行分析，如图 11.21 中的框图所示。姿态反馈对短周期本征值的影响在前面讨论图 11.10(a)时已提及，但此类稳定性增强系统对不稳定长周期本征值的影响如图 11.22 中的根轨迹图所示。对长周期模式不稳定的飞行器而言，开环传递函数为有负升降舵输入的俯仰姿态开环传递函数。从图 11.22 注意到，该不稳定长周期根确实能用该控制律稳定，尤其当在$-1/T_{\theta_1}$的零点足以靠近原点左侧时。

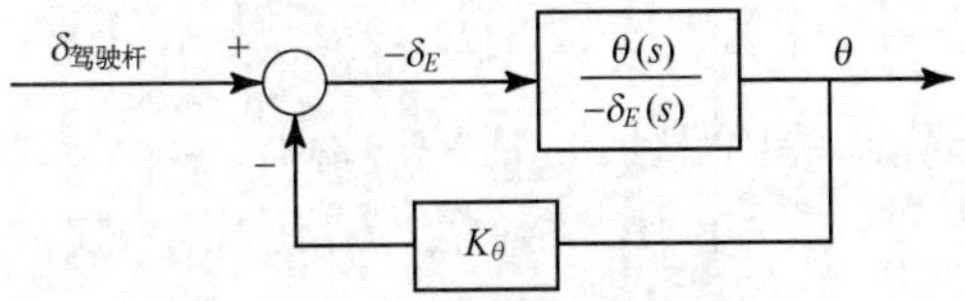


图 11.21 俯仰姿态反馈控制律框图

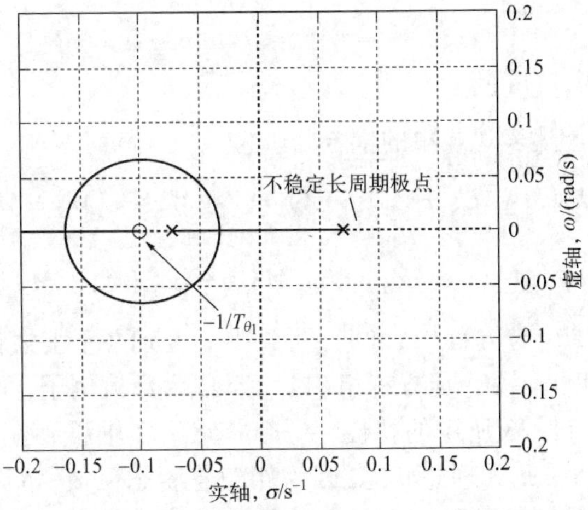


图 11.22 根轨迹——姿态反馈对不稳定长周期本征值的影响

现需评估姿态反馈对 $u(s)/\delta T(s)$ 传递函数零点的影响。再次回顾上文可知，所有俯仰姿态与俯仰角速度传递函数的零点将不受影响，正如在 11.2 节中所讨论的，与升降舵输入相关

的传递函数的零点也不受影响。

为评估对 $u(s)/\delta T(s)$ 零点的影响,再次考察方程(11.23)给出的动态系统多项式矩阵表达式,但并入了俯仰姿态控制律的影响。

$$\begin{bmatrix} s-(X_u+X_{P_u}) & -(X_{\dot{\alpha}}s+X_\alpha) & -X_qs+\left(g-\boxed{K_\theta X_{\delta_E}}\right) \\ -(Z_u+Z_{P_u}) & (U_0-Z_{\dot{\alpha}})s-Z_\alpha & -(U_0+Z_q)s-\boxed{K_\theta Z_{\delta_E}} \\ -(M_u+M_{P_u}) & -\left(M_{\dot{\alpha}}s+(M_\alpha+M_{P_\alpha})\right) & s^2-M_qs-\boxed{K_\theta M_{\delta_E}} \end{bmatrix}\begin{Bmatrix} u(s) \\ \alpha(s) \\ \theta(s) \end{Bmatrix}=\begin{bmatrix} X_{\delta_E} & X_T \\ Z_{\delta_E} & Z_T \\ M_{\delta_E} & M_T \end{bmatrix}\begin{Bmatrix} -\delta_{\text{Stick}}(s) \\ \delta T(s) \end{Bmatrix} \tag{11.53}$$

注意,并入此控制律后,有效引入三个新稳定性导数,记为 $X_\theta$、$Z_\theta$ 与 $M_\theta$,其中

$$\begin{cases} X_\theta \triangleq K_\theta X_{\delta_E} \\ Z_\theta \triangleq K_\theta Z_{\delta_E} \\ M_\theta \triangleq K_\theta M_{\delta_E} \end{cases} \tag{11.54}$$

而 $u(s)/\delta T(s)$ 传递函数的分子为

$$\begin{aligned} N^u_{\delta T\text{aug}} &= \det\begin{bmatrix} X_T & -(X_{\dot{\alpha}}s+X_\alpha) & -X_qs+\left(g-\boxed{K_\theta X_{\delta_E}}\right) \\ Z_T & (U_0-Z_{\dot{\alpha}})s-Z_\alpha & -(U_0+Z_q)s-\boxed{K_\theta Z_{\delta_E}} \\ M_T & -\left(M_{\dot{\alpha}}s+(M_\alpha+M_{P_\alpha})\right) & s^2-M_qs-\boxed{K_\theta M_{\delta_E}} \end{bmatrix} \\ &= \det\begin{bmatrix} X_T & -(X_{\dot{\alpha}}s+X_\alpha) & -X_qs+g \\ Z_T & (U_0-Z_{\dot{\alpha}})s-Z_\alpha & -(U_0+Z_q)s \\ M_T & -\left(M_{\dot{\alpha}}s+(M_\alpha+M_{P_\alpha})\right) & s^2-M_qs \end{bmatrix} - K_\theta\det\begin{bmatrix} X_T & -(X_{\dot{\alpha}}s+X_\alpha) & X_{\delta_E} \\ Z_T & (U_0-Z_{\dot{\alpha}})s-Z_\alpha & Z_{\delta_E} \\ M_T & -\left(M_{\dot{\alpha}}s+(M_\alpha+M_{P_\alpha})\right) & M_{\delta_E} \end{bmatrix} \\ &= N^u_{\delta T}(s) - K_\theta N^{\theta u}_{\delta_E\delta T}(s) \end{aligned} \tag{11.55}$$

再次设 $Z_T=M_T=0$,上述表达式中的耦合分子为

$$\begin{aligned} N^{\theta u}_{\delta_E\delta T}(s) &= X_T\left(M_{\delta_E}\left((U_0-Z_{\dot{\alpha}})s-Z_\alpha\right)+Z_{\delta_E}\left(M_{\dot{\alpha}}s+(M_\alpha+M_{P_\alpha})\right)\right) \\ &= X_T\left(\left(M_{\delta_E}(U_0-Z_{\dot{\alpha}})+Z_{\delta_E}M_{\dot{\alpha}}\right)s+\left(Z_{\delta_E}(M_\alpha+M_{P_\alpha})-M_{\delta_E}Z_\alpha\right)\right) \end{aligned} \tag{11.56}$$

通过比较方程(11.55)与方程(11.26),可见唯一区别在于上述耦合分子前的原点缺少一个根。所以,把方程组(11.28)与方程组(11.29)作为数值例子,闭环 $u(s)/\delta T(s)$ 传递函数的分子根轨迹将有图 11.23 所示的特性。一个零点沿实轴移到左边,另两个零点移到远离原点的地方。再次说明,此为理想状态,因为伴随着姿态反馈,短周期极点以相似方式移动(远离原点),且我们需要短周期二次式大致与闭环 $u(s)/\delta T(s)$ 传递函数中的相似分子二次式对消。

所有上述结论表明:姿态反馈对不稳定长周期模式的稳定的有效度。这种稳定可能由自动反馈系统提供,或者由驾驶仪控制俯仰姿态来提供。

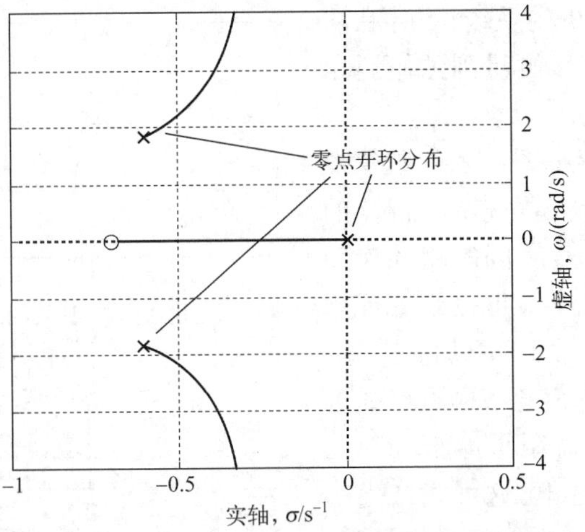


图 11.23　分子根轨迹——姿态反馈对 $u(s)/\delta T(s)$ 零点的影响

## 11.4　增强横向稳定性

正如开始 11.3 节(谈论纵向控制)时一样,现考察如图 11.24 所示的框图。框图包括飞行器的完整横向动力学、反馈稳定性增强系统与驾驶仪。可观察到驾驶仪正将动作提示与视觉提示作为反馈量关闭整个系统的控制回路,系统包括飞行器系统和稳定性增强系统。假设这是一架传统飞行器,副翼与方向舵是两个作用在飞行器上的控制输入。注意所示的几个飞行器响应。

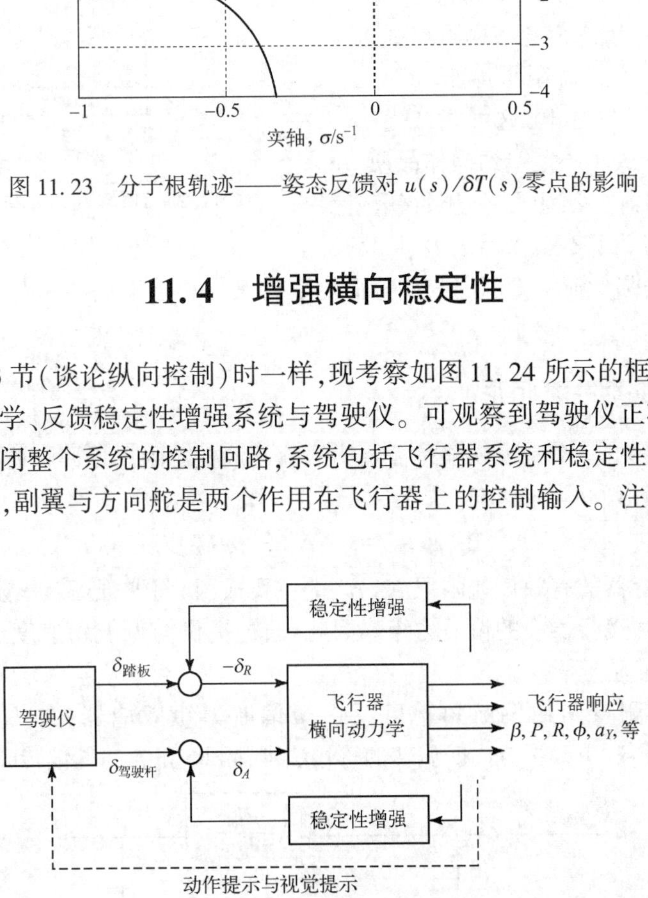


图 11.24　飞行器横向控制框图

在横向反馈系统中有几个传感器可用,如加速计能测量横向加速度,角速度测量陀螺仪能测量滚转或偏航角速度,而角位移测量陀螺仪能测量倾斜或航向角。反馈系统通常向飞行器上的控制效应器,如副翼与方向舵执行机构,发出命令或信号。

所以与前面一样,本节谈论的主题是稳定性增强系统合成对动力学的具体运用,旨在提高操作品质,或简化外环自动驾驶仪的设计。此问题的关键是选择用于反馈的适当响应及最有效的控制输入。与纵向情况一样,注意此系统是一个多输入/多输出(MIMO)系统,所以 11.2 节的讨论也是相关的。

为证明增强横向稳定性的必要性这一重要事实,考察图 11.25 所示的根轨迹。对传统飞行器而言,飞行器动力学由对副翼输入的未增强倾斜角响应组成,而反馈控制回路由驾驶仪关闭。所以,参照图 11.24 中的系统,不存在稳定性增强,且驾驶仪正基于测量到的倾斜角关闭(外)反馈回路。

注意,与任何反馈系统一样,当驾驶仪控制增益增加,闭环极点沿根轨迹从飞行器的开环极点移开。结果,原点周围的闭环螺旋模态稳定,这正是驾驶仪倾斜角控制的理想结果,同时滚转下沉时间常量①增加。另外,对所示的处于相对位置的荷兰滚极点与邻近零点来说,闭环荷兰滚模态阻尼减至开环飞行器的荷兰滚模态阻尼之下,这可能产生小阻尼闭环人机系统,从而产生差劲操作品质。如果开环飞行器的荷兰滚阻尼一开始就较低,当荷兰滚极点与邻近零点离得很远时,情况更糟糕。所以,增强低荷兰滚阻尼与调整荷兰滚极点与邻近零点的相对位置是增强横向稳定性的普遍要求。

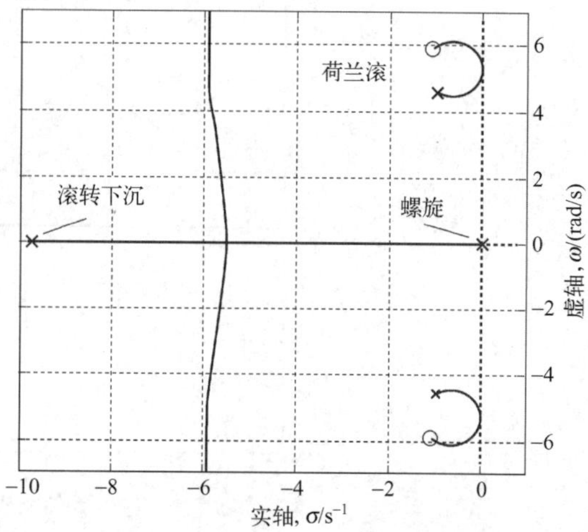

图 11.25　根轨迹——驾驶仪倾斜角控制对本征值的影响

### 11.4.1　增强荷兰滚阻尼

需要增强稳定性的一个常见缺陷是需要增强荷兰滚模态阻尼。回顾荷兰滚模式近似模型得可知,此阻尼可能由方程(10.153)决定,即

$$2\zeta_{DR}\omega_{DR} = -(N_r' + Y_\beta/U_0) \tag{11.57}$$

这表明增强飞行器的有效偏航阻尼 $N_r$($N_r'$ 的主要成因)将增强荷兰滚阻尼。但 $N_r$ 只是由于偏航角速度作用在飞行器上的偏航力矩。因此,通过提供与偏航角速度成比例的额外偏航力矩可增强有效偏航阻尼。

这可仅通过将测量到的偏航角速度反馈至偏航力矩效应器(如方向舵)来实现,如图 11.26 所示。注意再次更改了方向舵偏转的符号法则,因此,正方向舵偏转产生正偏航角速度。

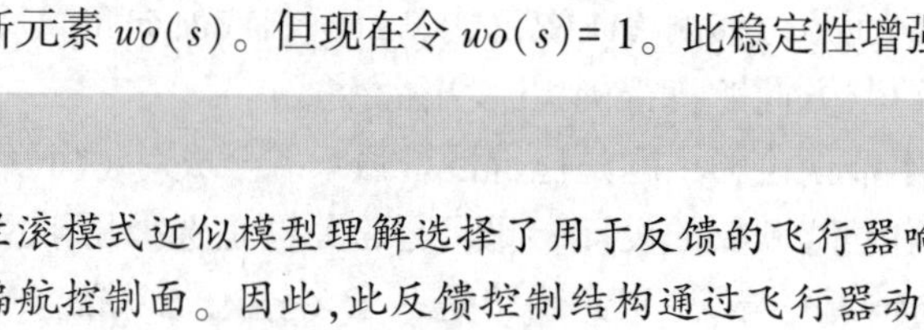

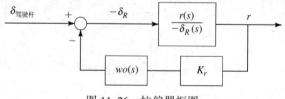

图 11.26　抗偏器框图

还要注意引入的新元素 $wo(s)$。但现在令 $wo(s)=1$。此稳定性增强系统叫做抗偏器。

#### 学生须知

我们再次基于荷兰滚模式近似模型理解选择了用于反馈的飞行器响应及合适的控制效应器——偏航角速度与偏航控制面。因此,此反馈控制结构通过飞行器动力学相关知识合成。

① 若一个实本征值表示为 $\lambda=-1/T_1$,则 $T$ 为与模态相关的时间常量。

为确认对该反馈结构的选择，考察图 11.27 所示的根轨迹。此处开环传递函数是 A-7A 在飞行条件 3(附录 B)下带方向舵输入($wo(s)=1$)的偏航角速度。该根轨迹显示抗偏器对闭环本征值的影响。注意原点周围螺旋本征值稳定，荷兰滚阻尼当反馈增益增大时明显增强。

开环滚转下沉极点几乎与邻近的零点全部对消，因此该控制律基本上没有改变该模态的本征值。所有这些证实，如果传递函数的两个复零点足够靠近复平面的原点(该问题将在 11.4.3 节中进一步讨论)，偏航角速度反馈对增强荷兰滚阻尼确实有效。

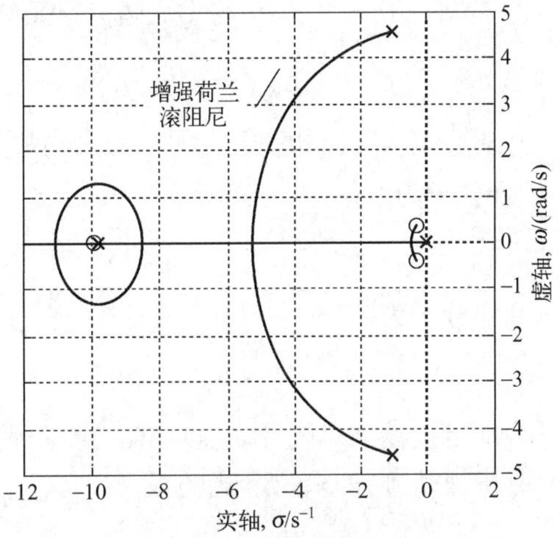

图 11.27 显示抗偏器影响的根轨迹

现需考虑增加偏航角速度反馈对剩余闭环横向传递函数零点的影响。首先，已知对偏航角速度传递函数零点没有影响，即对有方向舵输入的任何传递函数没有影响。这些事实在 11.2 节已有显示。然而，对其他传递函数零点有些影响。为探究对这些零点的影响，考察下列飞行器水平飞行($\Theta_0=0$)多项式矩阵，并入了抗偏器($wo(s)=1$)的影响。

$$\begin{bmatrix} U_0 s - Y_\beta & -Y_p s - g & \left(U_0 - \left(Y_r + \boxed{K_r Y_{\delta_R}}\right)\right) \\ -L'_\beta & s^2 - L'_p s & -\left(L'_r + \boxed{K_r L'_{\delta_R}}\right) \\ -N'_\beta & -N'_p s & s - \left(N'_r + \boxed{K_r N'_{\delta_R}}\right) \end{bmatrix} \begin{Bmatrix} \beta(s) \\ \phi(s) \\ r(s) \end{Bmatrix} = \begin{bmatrix} Y_{\delta_A} & Y_{\delta_R} \\ L'_{\delta_A} & L'_{\delta_R} \\ N'_{\delta_A} & N'_{\delta_R} \end{bmatrix} \begin{Bmatrix} \delta_A(s) \\ -\delta_{踏板}(s) \end{Bmatrix} \tag{11.58}$$

即

$$\boldsymbol{P}^r_{-\delta_R}(s)\boldsymbol{y}(s) = \boldsymbol{Q}(s)\boldsymbol{u}(s)$$

因偏航角速度反馈而增加的新项以方框突出，可观察到三个稳定性导数 $Y_r$、$L'_r$ 与 $N'_r$ 因该反馈行动而被增强。

特别感兴趣的是 $\phi(s)/\delta_A(s)$ 传递函数，其闭环分子为

$$\begin{aligned} N^{\phi}_{\delta_A \mathrm{aug}}(s) &= \det \begin{bmatrix} U_0 s - Y_\beta & Y_{\delta_A} & \left(U_0 - \left(Y_r + \boxed{K_r Y_{\delta_R}}\right)\right) \\ -L'_\beta & L'_{\delta_A} & -\left(L'_r + \boxed{K_r L'_{\delta_R}}\right) \\ -N'_\beta & N'_{\delta_A} & s - \left(N'_r + \boxed{K_r N'_{\delta_R}}\right) \end{bmatrix} \\ &= \det \begin{bmatrix} U_0 s - Y_\beta & Y_{\delta_A} & (U_0 - Y_r) \\ -L'_\beta & L'_{\delta_A} & -L'_r \\ -N'_\beta & N'_{\delta_A} & s - N'_r \end{bmatrix} - K_r \det \begin{bmatrix} U_0 s - Y_\beta & Y_{\delta_A} & Y_{\delta_R} \\ -L'_\beta & L'_{\delta_A} & L'_{\delta_R} \\ -N'_\beta & N'_{\delta_A} & N'_{\delta_R} \end{bmatrix} \\ &= N^{\phi}_{\delta_A}(s) - K_r N^{r\phi}_{\delta_R \delta_A}(s) \end{aligned} \tag{11.59}$$

设 $Y_{\delta_A} \approx 0$，上述表达式中的耦合分子为

$$N^{r\phi}_{\delta_R\delta_A}(s) = (U_0 s - Y_\beta)(L'_{\delta_A}N'_{\delta_R} - N'_{\delta_A}L'_{\delta_R}) - Y_{\delta_R}(N'_{\delta_A}L'_\beta - L'_{\delta_A}N'_\beta)$$
$$= -(N'_{\delta_A}L'_{\delta_R} - L'_{\delta_A}N'_{\delta_R})U_0 s - Y_\beta(L'_{\delta_A}N'_{\delta_R} - N'_{\delta_A}L'_{\delta_R}) - Y_{\delta_R}(N'_{\delta_A}L'_\beta - L'_{\delta_A}N'_\beta) \tag{11.60}$$

开环分子 $N^{\phi}_{\delta_A}(s)$ 也可从方程(11.59)获得。例如，对飞行条件 3① 下的 A-7A 攻击机来说，耦合分子为

$$N^{r\phi}_{\delta_R\delta_A}(s) = -2.55\times10^5(s+0.390)$$

开环分子为

$$N^{\phi}_{\delta_A}(s) = 2.14\times10^4(s^2+2.18s+24.11)$$

为确定抗偏器对闭环 $\phi(s)/\delta_A(s)$ 传递函数零点的影响，将使用上述两个多项式，并生成一个分子根轨迹，即求得下式的根：

$$1 - K_r\frac{N^{r\phi}_{\delta_R\delta_A}(s)}{N^{\phi}_{\delta_A}(s)} = 1 - K_r\frac{-11.9(s+0.390)}{(s^2+2.18s+24.11)} = 0 \tag{11.61}$$

该分子根轨迹如图 11.28 所示，从图中可看到闭环 $\phi(s)/\delta_A(s)$ 传递函数零点以与图 11.27 标明的荷兰滚极点一样的方式移动。此为理想状态，因为我们想让荷兰滚极点大致与这些零点对消，以获得对一阶滚转下沉模态主导的副翼的滚转角速度响应。基于上述讨论，可看出抗偏器在增强荷兰滚模态的阻尼上是有效的。

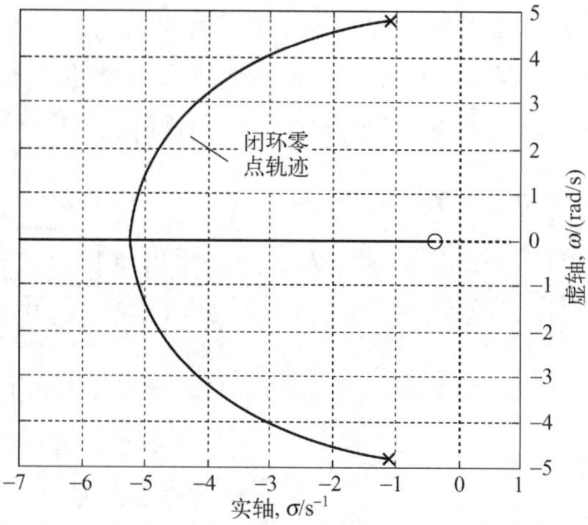


图 11.28　分子根轨迹——抗偏器对 $\phi(s)/\delta_A(s)$ 零点的影响

但在图 11.26 所示的抗偏器框图里，有一个额外的元素 $wo(s)$。我们之前一直假设 $wo(s)=1$，现在将重新考虑这一假设。如果 $wo(s)$ 仍等于 1，在持续转弯中将产生问题，偏航角速度不等于零。抗偏器将倾向通过维持与理想状态相反的方向舵偏转来"对抗"转弯。为解决这问题，在反馈回路中并入高通电路，或滤波器，在抗偏器框图中以 $wo(s)$ 表示。

高通滤波器传递函数形式如下：

$$wo(s) = \frac{T_W s}{T_W s + 1} \tag{11.62}$$

高通滤波器的影响可从其波特图或对根轨迹的影响看出。高通滤波器波特图直线近似模型如图 11.29 所示。注意频率大于转角频率 $1/T_W$ 时，幅相图表明 $wo(s)$ 大致等于 1，这是我们起初假定的。但当频率接近零时，$|wo(j\omega)|_{\omega\to0}\to0$，有

① 虽然 A-7A 的有量纲导数是在机身参考坐标轴系，而非稳定性坐标轴系中推导出，我们将在此例中予以适用，即使多项式矩阵描述采用稳定性坐标轴系。在这种飞行条件下，配平攻角只有 2°，所以稳定性坐标轴系与机身参考坐标轴系基本相同。

这与打开偏航角速度反馈回路时一样。所以,在持续转弯中,高通滤波器可有效关闭抗偏器。

为理解高通滤波器对闭环本征值的影响,回顾使用有方向舵输入的偏航角速度传递函数的根轨迹,或者回顾图 11.27。例如,令 $1/T_W=1/s$,新根轨迹如图 11.30 所示。注意通过选择 $1/T_W$ 值,我们把高通极点放在与原点相隔一定距离的地方,而这个距离与传递函数两个复零点与原点距离大致相等。

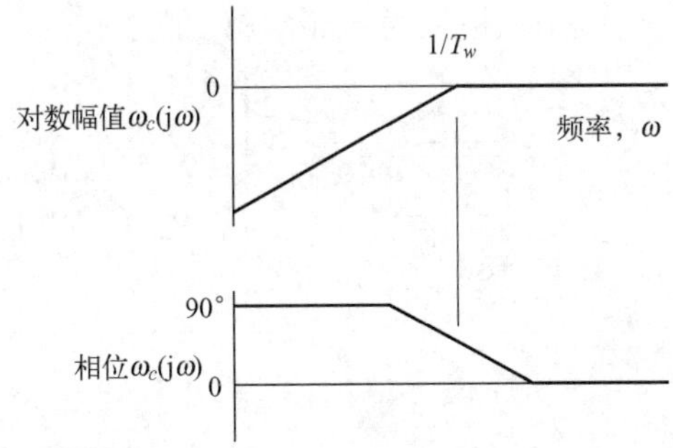


图 11.29　高通滤波器波特图直线略图

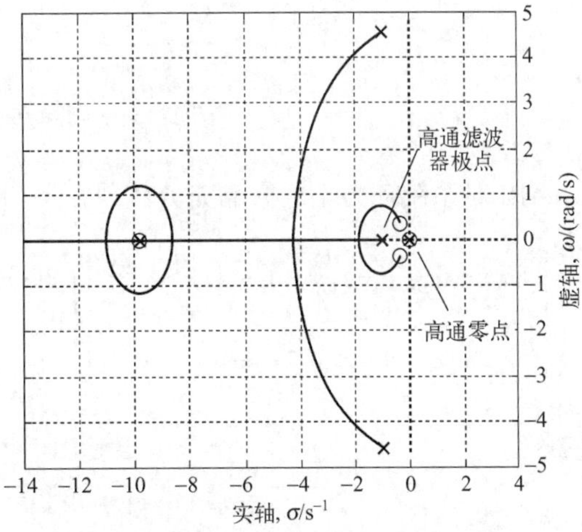


图 11.30　高通抗偏器对横向本征值的影响

通过比较图 11.30 与图 11.27,可见抗偏器对荷兰滚本征值的影响基本没变,且阻尼可能明显增强。但对螺旋根的影响在这里很重要。高通滤波器中在原点的零点与螺旋极点有效对消,所以抗偏器基本上不影响螺旋本征值。同时注意,在原点的高通零点不出现在闭环 $r(s)/\delta_A(s)$ 传递函数,因为高通滤波器位于反馈路径内(应自行确认此点)。螺旋极点不受影响是高通滤波器的理想影响——需要螺旋模态基本保持中性稳定以允许持续转弯。

高通滤波器确实在闭环传递函数中引入了一个额外的本征值,其位置如图 11.30 的根轨迹所示。该本征值与一个额外的系统模态相对应。但闭环 $r(s)/\delta_A(s)$ 传递函数零点现将包括 $(s+1/T_W)$ 项,该项大致消掉增强的高通极点(也请自行验证此点)。高通滤波器对剩余传递函数零点的影响留作读者练习(见作业题 11.5)。最后,注意高通抗偏器在一些飞行器上使用,包括 A-7A 与 F-5A。

### 11.4.2　降低副翼荷兰滚激励

从 11.4 节可知,当驾驶仪以副翼控制倾斜角时,荷兰滚模式可能引起难题,特别是当此模式没有足够阻尼或荷兰滚模式根未与附近零点对大致对消时。11.4.1 节谈论了通过增加偏航角速度反馈增强荷兰滚模式阻尼的问题,且谈论了该反馈对 $\phi(s)/\delta_A(s)$ 传递函数零点的影响。本节将再次谈论传递函数零点的分布,但不谈论反馈对这些分布的影响。

不同的是,将通过使用方向舵与副翼间的控制串扰修改零点分布。此串扰称为副翼方向舵交联(ARI),它能降低因副翼偏转而产生的荷兰滚激励水平,或减少因副翼偏转产生的逆偏

航力矩 $N_{\delta_A}$。ARI 的框图如图 11.31 所示,该图显示控制串扰通过使用下列串扰"控制律"来实现。

$$\delta_R(s) = -\delta_{踏板}(s) + K_{ARI}\delta_A(s) \tag{11.63}$$

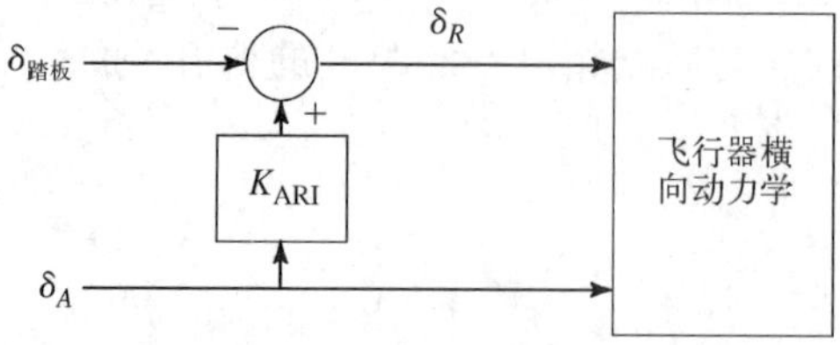


图 11.31 副翼方向舵交联(ARI)框图

ARI 对系统动力学的影响充分体现在下列多项式矩阵描述中,并入了 ARI 的影响。

$$\begin{bmatrix} U_0 s - Y_\beta & -Y_p s - g & (U_0 - Y_r) \\ -L'_\beta & s^2 - L'_p s & -L'_r \\ -N'_\beta & -N'_p s & s - N'_r \end{bmatrix} \begin{Bmatrix} \beta(s) \\ \phi(s) \\ r(s) \end{Bmatrix} = \begin{bmatrix} \left(Y_{\delta_A} + \boxed{K_{ARI}Y_{\delta_R}}\right) & Y_{\delta_R} \\ \left(L'_{\delta_A} + \boxed{K_{ARI}L'_{\delta_R}}\right) & L'_{\delta_R} \\ \left(N'_{\delta_A} + \boxed{K_{ARI}N'_{\delta_R}}\right) & N'_{\delta_R} \end{bmatrix} \begin{Bmatrix} \delta_A(s) \\ -\delta_{踏板}(s) \end{Bmatrix} \tag{11.64}$$

即

$$\boldsymbol{P}(s)\boldsymbol{y}(s) = \boldsymbol{Q}_{ARI}(s)\boldsymbol{u}(s)$$

从方程可见,ARI 对 det$\boldsymbol{P}(s)$没有影响,因此对系统的特征多项式没有影响。但串扰将影响有副翼输入的所有传递函数分子,因为 $Y_{\delta_A}$、$L'_{\delta_A}$与 $N'_{\delta_A}$的有效值明显被全部修改了。

为理解并入 ARI 的动机,考虑下列论据。从荷兰滚模式近似模型发现,$\phi(s)/\delta_A(s)$传递函数(方程(10.150))的分子由

$$\begin{aligned} N^{\phi}_{\delta_A}(s) = {} & L'_{\delta_A}U_0 s^2 - \left(L'_{\delta_A}\left(U_0 N'_r + Y_\beta\right) - \left(Y_{\delta_A}L'_\beta\right)\right)s \\ & - \left(U_0\left(N'_{\delta_A}L'_\beta - L'_{\delta_A}N'_\beta\right) + Y_{\delta_A}L'_\beta N'_r - L'_{\delta_A}N'_r Y_\beta\right) \end{aligned} \tag{11.65}$$

给出,我们努力使此二次项对特征多项式中的荷兰滚二次式大致对消。再次从荷兰滚模式近似模型发现,此荷兰滚二次式(方程(10.151))由

$$s^2 - \left(N'_r + Y_\beta/U_0\right)s + \left(N'_\beta + N'_r Y_\beta/U_0\right) \tag{11.66}$$

给出。

为使理想对消的可能性最大化,令上述两个二次项中最后的系数相等。这将使两个极点与两个零点在复平面到原点的距离相等。因此,需要

$$-\left(\left(N'_{\delta_A}/L'_{\delta_A}\right)L'_\beta - N'_\beta\right) - \left(\left(Y_{\delta_A}/L'_{\delta_A}\right)L'_\beta N'_r - N'_r Y_\beta\right)/U_0 \approx N'_\beta + N'_r Y_\beta/U_0 \tag{11.67}$$

当 $N'_{\delta_A}/L'_{\delta_A}$与 $Y_{\delta_A}/L'_{\delta_A}$、偏航力矩与因副翼产生的侧力都被因副翼产生的滚转力矩正常化而都等于零时,将满足上述表达式。虽然这些比例不能单独用 ARI 调整,通常仍能完成极点零点大致对消的目标。

选择 ARI 增益 $K_{ARI}$的一个简单方法是,通过把因方向舵偏转产生的偏航力矩设为与因副翼偏转产生的类似负力矩相等而使有效 $N'_{\delta_A} \approx 0$,即来自副翼的负偏航被方向舵抵消,故设

$$N'_{\delta_R}\delta_R = -N'_{\delta_A}\delta_A$$

即令

$$\delta_R = -\left(N'_{\delta_A}/N'_{\delta_R}\right)\delta_A \tag{11.68}$$

这意味着 ARI 增益为

$$K_{\mathrm{ARI}} = -\left(N'_{\delta_A}/N'_{\delta_R}\right) \tag{11.69}$$

## 例 11.4　A-7A 攻击机的副翼方向舵交联

考察在飞行条件 4(附录 B)下的 A-7A 攻击机。使用含-0.2(°)增益的 ARI,比较有或无 ARI 的 $\phi(s)/\delta_A(s)$ 传递函数。ARI 提高了攻击机对副翼输入的响应吗？为什么？

**解**

对于处于选定飞行条件下的攻击机而言,有量纲稳定性导数与飞行条件(机身参考坐标轴系中)在表 11.3 中给出。因为这些数据为机身参考坐标轴系给出,必须确保使用对应的运动小扰动方程。对辶组坐标轴系来说,水平飞行时,$W_0 = U_0\tan\alpha_0$ 且 $\Theta_0 = \alpha_0$,且这些项必须包含在$\dot{\beta}$的运动方程中。另外,修改了$\dot{\phi}$的方程。

具体来说,参照方程(10.36)、方程(10.41)与方程(10.43),即

$$\begin{cases} U_0\dot{\beta} = \underline{W_0 p} + g\underline{\cos\alpha_0}\phi + Y_\beta\beta + Y_p p + (Y_r - U_0)r + Y_{\delta_A}\delta_A + Y_{\delta_R}\delta_R \\ \dot{\phi} = p + \underline{\tan\alpha_0 r} \end{cases} \tag{11.70}$$

式中:带下划线的项针对机身参考坐标轴系而纳入或恰当修改。使用这些方程,方程(10.39)与方程(10.45)及上述数据,横向动力学的状态变量表达式变成

$$\boldsymbol{y}^{\mathrm{T}} = \boldsymbol{x}^{\mathrm{T}} = [\beta\,(\mathrm{rad})\ \ \phi\,(\mathrm{rad})\ \ p\,(\mathrm{rad/sec})\ \ r\,(\mathrm{rad/s})],\quad \boldsymbol{u}^{\mathrm{T}} = [\delta_A\,(\mathrm{rad})\ \ \delta_R\,(\mathrm{rad})]$$

$$\boldsymbol{A} = \begin{bmatrix} \dfrac{Y_\beta}{U_0} & \dfrac{g\cos\alpha_0}{U_0} & \dfrac{Y_p + W_0}{U_0} & \dfrac{Y_r}{U_0} - 1 \\ 0 & 0 & 1 & \tan\alpha_0 \\ L'_\beta & 0 & L'_p & L'_r \\ N'_\beta & 0 & N'_p & N'_r \end{bmatrix} = \begin{bmatrix} -0.119 & 0.096 & 0.224 & -1 \\ 0 & 0 & 1 & 0.236 \\ -8.97 & 0 & -1.38 & 0.857 \\ 0.948 & 0 & -0.031 & -0.271 \end{bmatrix}$$

$$\boldsymbol{B} = \begin{bmatrix} \dfrac{Y_{\delta_A}}{U_0} & \dfrac{Y_{\delta_R}}{U_0} \\ 0 & 0 \\ L'_{\delta_A} & L'_{\delta_R} \\ N'_{\delta_A} & N'_{\delta_R} \end{bmatrix} = \begin{bmatrix} -0.0015 & 0.030 \\ 0 & 0 \\ 3.75 & 1.82 \\ 0.280 & -1.56 \end{bmatrix}, \boldsymbol{c}_\phi = [0\,1\,0\,0], \boldsymbol{d}_\phi = \boldsymbol{0} \tag{11.71}$$

表 11.3　A-7A 的有量纲稳定性导数

| 稳定性导数 | 值 | 稳定性导数 | 值 | 稳定性导数 | 值 |
|---|---|---|---|---|---|
| $Y_\beta(=Y_v U_0)$ | $-38.67\mathrm{ft/s^2}$ | $L'_p$ | $-1.38/\mathrm{s}$ | $N'_\beta$ | $0.948/\mathrm{s^2}$ |
| $y_{\delta_A}$ | $-0.476\mathrm{ft/s^2}$ | $L'_r$ | $0.857/\mathrm{s}$ | $N'_p$ | $-0.031/\mathrm{s}$ |
| $Y_{\delta_x}$ | $9.73\mathrm{ft/s^2}$ | $L'_{\delta_A}$ | $3.75/\mathrm{s^2}$ | $N'_r$ | $-0.271/\mathrm{s}$ |
| $L'_\beta$ | $-8.79/\mathrm{s^2}$ | $L'_{\delta_R}$ | $1.82/\mathrm{s^2}$ | $N'_{\delta_A}$ | $0.280/\mathrm{s^2}$ |
| $U_0$ | 309fps | $\alpha_0$ | 13.3° | $N'_{\delta_R}$ | $-1.56/\mathrm{s^2}$ |

使用 MATLAB 求得 $\phi(s)/\delta_A(s)$ 传递函数为

$$\frac{\phi(s)}{\delta_A(s)}=\frac{3.81(s^2+0.4713s+1.705)}{(s+0.0441)(s+0.972)(s^2+0.7565s+2.760)} \tag{11.72}$$

使用 ARI,控制输入矢量变成

$$\boldsymbol{u}^{\mathrm{T}}=[\delta_A \quad -\delta_{踏板}]$$

使用方程(11.63)修改的矩阵 $\boldsymbol{B}$ 变成

$$\boldsymbol{B}_{\mathrm{ARI}}=\begin{bmatrix}-0.0077 & 0.030\\ 0 & 0\\ 3.39 & 1.82\\ 0.592 & -1.56\end{bmatrix} \tag{11.73}$$

获得如下结果:定义 $\boldsymbol{B}=[\boldsymbol{b}_1\boldsymbol{b}_2]$,式中 $\boldsymbol{b}_1$ 与 $\boldsymbol{b}_2$ 是 $\boldsymbol{B}$ 的列,则 $\boldsymbol{B}_{\mathrm{ARI}}=[(\boldsymbol{b}_1+K_{\mathrm{ARI}}\boldsymbol{b}_2)\boldsymbol{b}_2]$。再次使用 MATLAB,并入 ARI 的 $\phi(s)/\delta_A(s)$ 传递函数变成

$$\frac{\phi(s)}{\delta_A(s)}\bigg|_{\mathrm{ARI}}=\frac{3.530(s^2+0.5923s+2.572)}{(s+0.0441)(s+0.972)(s^2+0.7565s+2.760)} \tag{11.74}$$

通过比较方程(11.72)与方程(11.74)中的两个传递函数可知,特征多项式因控制输入串扰而不发生改变,正如所预期的。但修改了传递函数分子。使用 ARI,分子二次式更接近荷兰滚二次式,因此在对副翼的倾斜角响应中实现了荷兰滚极点与极点零点的大致对消。

最后,值得注意的是 ARI 在许多飞行器上都有使用,包括 A-7A 与 T-38。

### 11.4.3 增强偏航阻尼效应

回顾 11.4 节,当驾驶仪以副翼 $\phi(s)/\delta_A(s)$ 控制倾斜角时,荷兰滚模式可能引起难题,特别是当此模式没有足够阻尼或荷兰滚模式根未与附近零点对大致对消时。11.4.1 节中谈论了通过增加偏航角速度反馈来增强荷兰滚阻尼的问题,11.4.2 节中谈论了通过引入一个副翼方向舵交联(ARI)调整 $\phi(s)/\delta_A(s)$ 传递函数零点分布。

11.4.1 节中谈论抗偏器与偏航角速度反馈时,注意到对于荷兰滚阻尼的增强,抗偏器的有效度取决于 $r(s)/\delta_R(s)$ 传递函数零点的恰当分布(见图 11.27 中的根轨迹)。具体来说,要使抗偏器有效,这些零点必须足够接近复平面的原点。本节将讨论使用另一反馈稳定性增强系统确保这些零点呈理想分布。因为将使用反馈,特征多项式将受到影响,这事实上可能也是理想的。但这将在 11.4.4 节中进一步讨论。本节目标是 $r(s)/\delta_R(s)$ 零点的恰当分布。

从方程组(10.139)可知,$r(s)/\delta_R(s)$ 的分子形式一般如下:

$$N_{\delta_R}^{r}(s)=K_{\delta_R}^{r}(s+1/T_{r_1})(s^2+2\zeta_r\omega_r+\omega_r^2) \tag{11.75}$$

式中:二次项是我们讨论的焦点。从参考文献 2,4 可知,该项中的最后系数与实零点可能通常被逼近。

$$\omega_r^2\approx\frac{g}{U_0}\frac{L_\beta}{L_p}\ ,\quad 1/T_{r_1}\approx-L_p \tag{11.76}$$

(注意非主稳定性导数。)因此,如果 $L_p$ 的幅值增加,实零点将沿负实轴远远地移到靠左边,两个复零点将向原点靠近。回顾可知,以这种方式移动这些复零点是理想的。实零点的移动将在 11.4.4 节中进一步讨论。

为增强有效 $L_p$,必须修改因滚转角速度产生的滚转力矩,而这可通过引入滚转角速度对副翼的反馈来实现。控制律形式一般如下:

$$\delta_A(s)=\delta_{驾驶杆}-K_p p(s) \tag{11.77}$$

该控制律(称为滚转阻尼器)的框图如图 11.32 所示。

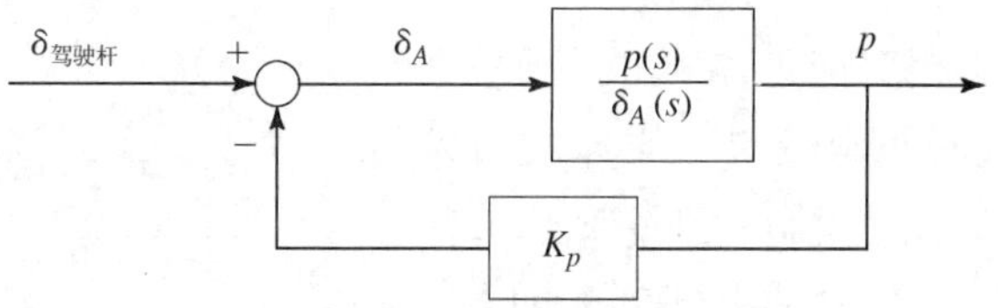


图 11.32　滚转阻尼器框图

横向动力学的多项式矩阵描述,包括该控制律,变成(对 $\Theta_0=0$ 来说)

$$\begin{bmatrix} U_0 s - Y_\beta & -(Y_p - \boxed{K_p Y_{\delta_A}})s - g & (U_0 - Y_r) \\ -L'_\beta & s^2 - (L'_p - \boxed{K_p L'_{\delta_A}})s & -L'_r \\ -N'_\beta & -(N'_p - \boxed{K_p N'_{\delta_A}})s & s - N'_r \end{bmatrix} \begin{Bmatrix} \beta(s) \\ \phi(s) \\ r(s) \end{Bmatrix} = \begin{bmatrix} Y_{\delta_A} & Y_{\delta_R} \\ L'_{\delta_A} & L'_{\delta_R} \\ N'_{\delta_A} & N'_{\delta_R} \end{bmatrix} \begin{Bmatrix} \delta_{驾驶杆}(s) \\ \delta_R(s) \end{Bmatrix} \tag{11.78}$$

注意 $L'_p$ 始终为负,因为 $L'_{\delta_A}>0$,有效 $L'_p$ 负值更大。

正如前面几节中所提到的,增加反馈可能影响一些闭环传递函数中的零点。这里正式利用此点。具体来说,主要关注 $r(s)/\delta_R(s)$ 分子,该分子现变为

$$\begin{aligned} N^r_{\delta_R \mathrm{aug}}(s) &= \det\begin{bmatrix} U_0 s - Y_\beta & -(Y_p - \boxed{K_p Y_{\delta_A}})s - g & Y_{\delta_R} \\ -L'_\beta & s^2 - (L'_p - \boxed{K_p L'_{\delta_A}})s & L'_{\delta_R} \\ -N'_\beta & -(N'_p - \boxed{K_p N'_{\delta_A}})s & N'_{\delta_R} \end{bmatrix} \\ &= \det\begin{bmatrix} U_0 s - Y_\beta & -Y_p s - g & Y_{\delta_R} \\ -L'_\beta & s^2 - L'_p s & L'_{\delta_R} \\ -N'_\beta & -N'_p s & N'_{\delta_R} \end{bmatrix} + K_p s \det\begin{bmatrix} U_0 s - Y_\beta & Y_{\delta_A} & Y_{\delta_R} \\ -L'_\beta & L'_{\delta_A} & L'_{\delta_R} \\ -N'_\beta & N'_{\delta_A} & N'_{\delta_R} \end{bmatrix} \\ &= N^r_{\delta_R}(s) + K_p s N^{\phi r}_{\delta_A \delta_R}(s) \end{aligned} \tag{11.79}$$

即开环分子,一般为方程(11.75)中给出的形式,加上滚转角速度反馈增益与 $s$ 及耦合分子的乘积。

观察方程(11.79)可知,耦合分子形式如下:

$$N^{\phi r}_{\delta_A \delta_R}(s) = A(s+B)$$

$B$ 通常是一个小正数。滚转阻尼器对 $r(s)/\delta_R(s)$ 传递函数零点的影响现可用分子根轨迹来显示:

$$1 + K_p \frac{s N^{\phi r}_{\delta_A \delta_R}(s)}{N^r_{\delta_R}(s)} = 1 + K_p \frac{As(s+B)}{K^r_{\delta_R}(s + 1/T_{r_1})(s^2 + 2\zeta_r \omega_r + \omega_r^2)} = 0 \tag{11.80}$$

或由的根图来显示。

如果 $B$ 通常是一个小正数,该分子根轨迹的形状一般如图 11.33 所示。从图中可见,我们所关注的零点确实向复平面的原点靠近,即实现我们起初的目标。

### 11.4.4 降低滚转模式时间常量

当与滚转下沉模式相对应的本征值等于 $-1/T_R$ 时，必须降低滚转模式时间常量 $T_R$。要求提升滚转控制的操作品质或增强滚转控制自动驾驶仪的响应（将在第十二章中讨论）。从 10.7.1 节讨论的滚转模式近似模型可知，滚转下沉本征值大致由

$$-1/T_R \approx L_p' \tag{11.81}$$

给出。因此，可再次使用对副翼的滚转角速度反馈或使用滚转阻尼器来降低滚转模式时间常量。

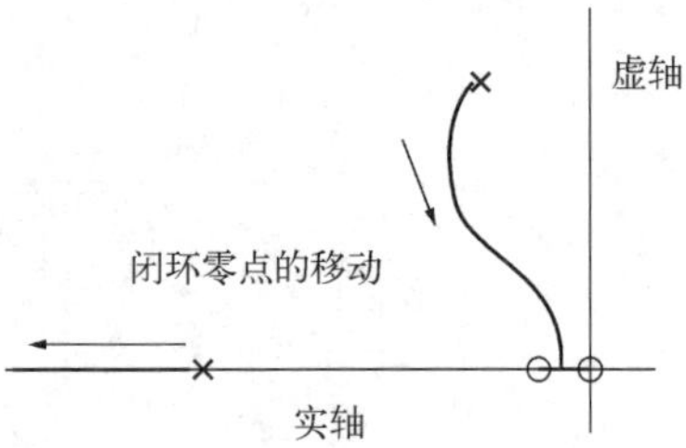


图 11.33　滚转阻尼器对 $r(s)/\delta_R(s)$ 零点的影响

11.4.3 节中已讨论使用滚转阻尼器重新布局 $r(s)/\delta_R(s)$ 传递函数的零点。重新布局提高了抗偏器增强荷兰滚阻尼的有效度。但在 11.4.3 节中，也注意到滚转阻尼器将同时降低滚转模式时间常量，本节将关注此点。滚转阻尼器的控制律在方程(11.77)中给出，为方便起见，在此再次重复。

$$\delta_A(s) = \delta_{驾驶杆} - K_p p(s)$$

描述该控制律的框图如图 11.32 所示。

为确认我们对降低滚转模式时间常量的反馈结构的选择，考察图 11.34 所示的根轨迹。此处开环传递函数是飞行条件 4 下 A-7A 有副翼输入的滚转角速度，且此根轨迹当然显示了滚转阻尼器对闭环本征值的影响。注意对螺旋本征值与荷兰滚本征值的影响最小。但可能明显改变滚转下沉极点的分布。

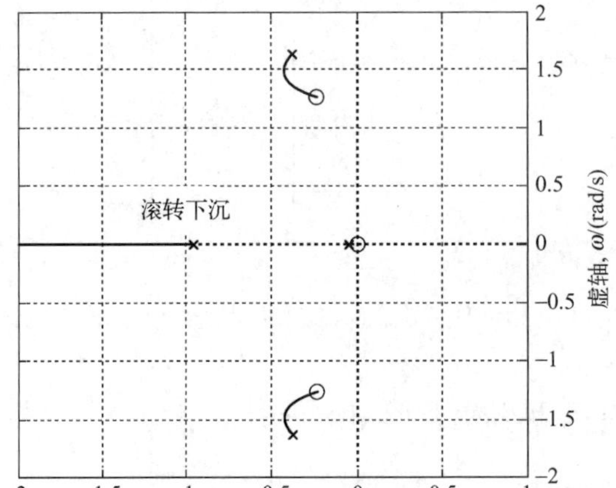


图 11.34　根轨迹——滚转阻尼器对闭环本征值的影响

这证实对副翼的滚转角速度反馈对降低滚转模式时间常量确实有效。

关于滚转阻尼器对传递函数零点的影响，从 11.2 节的讨论可知，对副翼的滚转角速度反馈将不会对任何倾斜角或滚转角速度传递函数零点产生影响，且不会对有副翼输入的任何传递函数产生影响，而仅对 $\beta(s)/\delta_R(s)$ 与 $r(s)/\delta_R(s)$ 传递函数的零点产生影响。在 11.4.3 节中已讨论了对 $r(s)/\delta_R(s)$ 零点的影响。本章末的作业题 11.7 将关注滚转阻尼器对 $\beta(s)/\delta_R(s)$

传递函数零点的影响。

基于本节与 11.4.3 节的讨论,可见滚转阻尼器可能很有用。可降低滚转模式时间常量及重新布局 $r(s)/\delta_R(s)$ 传递函数的关键零点来提高偏航阻尼有效度。因为这些原因,一些飞行器采用滚转阻尼,如 A-7A。

## 11.5 弹性变形影响的评述

弹性变形对增强反馈稳定性的两个主要影响是:

(1) 对飞行器的有量纲稳定性导数的静态弹性变形影响。

(2) 对传感器配置的影响。

第一个问题在第七章中介绍过,该章推荐了一种确定结构静态变形对刚体稳定性导数(如 $M_\alpha$)的影响的方法。除了说明这些静态弹性变形影响的重要性,尤其对大型飞行器而言,这里将不进一步探讨此问题。所以,当探讨这些飞行器的反馈稳定性增强时,在分析和设计中采用针对静态弹性影响校正过的有量纲稳定性导数很重要。

正如在第三章与第四章所见,第二个问题由飞行器结构(如传感器位置)上的一点($x$、$y$、$z$)的总位移 $\boldsymbol{d}(t)$ 由刚体及弹性单元组成这一事实引出,即

$$\boldsymbol{d}(x,y,z,t) = \boldsymbol{d}_R(x,y,z,t) + \boldsymbol{d}_E(x,y,z,t) = \boldsymbol{d}_R(x,y,z,t) + \sum_{i=1}^{\infty} \boldsymbol{v}_i(x,y,z)\eta_i(t)$$

回顾可知,$\boldsymbol{v}_i(x$、$y$、$z)$ 是在结构上($x$、$y$、$z$)点评估的第 $i$ 种模式的振型,$\eta_i(t)$ 是与该振动模态相关的广义坐标系。因此,虽然传感器只对刚体运动 $\boldsymbol{d}_R$(如刚体俯仰角速度)响应是理想的,其实际检测刚体及弹性单元。但通过将传感器配置到振型的节点,设计者可使该模态对总位移的影响最小化。另外,传感器输出的频率成型可用来过滤掉更高频率弹性模式的影响。第十二章中讨论弹性变形主动控制时,将详细谈论频率整形。

## 11.6 总　　结

本章回顾了几种线性系统分析技术,介绍了处理出现在飞行动力学中的多输入/多输出(MIMO)系统的重要方法。然后,我们综合分析及讨论了一些在实践中广泛运用于增强飞行器纵向与横向动力学的反馈稳定性增强系统。强调了这些系统的结构,包括识别哪个飞行器响应反馈到哪个控制输入,是通过直接运用飞行器动力学知识进行选择的。特别指出,各种模式近似模型与控制力与力矩的物理学知识证明是非常宝贵的。展示了所呈现的控制律如何直接增强或修改有量纲稳定性导数——因此产生了稳定性增强这一术语。之所以说这些控制律以动力学为基础,是因为它们被选来与飞行器的自然动力学协同作用。它们同样简单且相对容易实现。

我们在校正动力学中的某一缺陷的背景下介绍了稳定性增强系统,如模态阻尼或频率不充足等缺陷。运用本征值根轨迹与分子根轨迹来评估稳定性增强的影响,也声明了一个关键的设计目标是保持或恢复传统模态特征(如短周期与长周期)。这一点很重要,因为操作品质数据库主要包括假定飞行器的动力学是传统飞行动力学的设计标准。

虽然运用了线性系统工具,我们注意到当控制律在飞行器上实际实施时并不涉及小扰动

技术。例如,在控制律中,总(非小扰动)角速度或位移将被反馈。然而,小扰动理论是在分析与合成中使用线性技术的基础。

## 11.7 作业题

11.1 设一 3x3 矩阵 $\boldsymbol{P}$,即

$$\boldsymbol{P}=\begin{bmatrix} a & b & g+kh \\ c & d & i+kj \\ e & f & l+km \end{bmatrix}$$

证明

$$\det \boldsymbol{P}=\det\begin{bmatrix} a & b & g \\ c & d & i \\ e & f & l \end{bmatrix}+k\det\begin{bmatrix} a & b & h \\ c & d & j \\ e & f & m \end{bmatrix}$$

提示:依据第三列元素的协因数扩大行列式。

11.2 使用 MATLAB 与在飞行条件 3(附录 B)下 DC-8 的数据,绘制显示俯仰阻尼器对闭环纵向本征值影响的根轨迹图。同时,使用一个 0.1deg/(deg·s)的俯仰阻尼器增益,求纵移速度 $u$、攻角 $\alpha$ 及有升降舵操纵杆及推力输入的俯仰姿态 $\theta$ 的传递函数。(假设 $X_T=1/\mathrm{m}$,剩余的推力输入稳定性导数 $Z_T$ 与 $M_T$ 等于零。)将这些传递函数与没有俯仰阻尼器的传递函数相比较。评论俯仰阻尼器对纵向动力学模态与传递函数零点的影响。

11.3 使用 MATLAB 与飞行条件 4(附录 B)下 DC-8 的数据,绘制显示俯仰姿态反馈对闭环纵向本征值影响的根轨迹图。证明不稳定长周期模式可通过俯仰姿态反馈稳定。

11.4 使用 MATLAB 与飞行条件 4(附录 B)下 A-7A 的数据,绘制显示垂直加速度反馈($a_{Z_{cg}}$)对闭环纵向本征值影响的根轨迹图。(务必采用假定机身参考坐标轴系的动力学系统描述。即将必要的额外项,如 $W_0$ 并入小扰动方程中。)然后采用 0.005rad/fps$^2$ 的加速度反馈增益求纵移速度 $u$、攻角 $\alpha$ 及有升降舵操纵杆输入的俯仰姿态 $\theta$ 的传递函数。将这些传递函数与没有加速度反馈的传递函数比较。然后增加一个增益为 0.25rad/(rad·s)的俯仰阻尼器,求含加速度反馈与俯仰阻尼器的传递函数。将这些传递函数与之前求得的三个传递函数比较。

11.5 抗偏器中高通滤波器的影响在 11.4.1 节中已讨论过。使用飞行条件 3(附录 B)下 A-7A 的数据与时间常量 $T_W=1/\mathrm{s}$ 的高通滤波器,确定高通滤波器对 $\phi(s)/\delta_A(s)$ 传递函数零点的影响。即绘制分子根轨迹,将绘制的根轨迹与图 11.28 中的根轨迹比较。(务必通过并入方程(11.70)中所示的项采用假定机身参考坐标轴系的动力学系统描述。)

11.6 使用 0.25rad/(rad·s)的偏航阻尼增益,求作业题 11.5 所考虑情况下的所有六个传递函数(不包括横向加速度)。注意高通滤波器对传递函数零点的影响。这些零点与所有传递函数中增强的高通极点大致对消吗?

11.7 以横向动力学的多项式矩阵描述开始,包括滚转阻尼器,依据传递函数的开环分子及耦合分子推导闭环 $\beta(s)/\delta_R(s)$ 传递函数分子表达式。然后采用飞行条件 4(附录 B)下 A-7A 的数据,使用 MATLAB 绘制显示滚转阻尼器对 $\beta(s)/\delta_R(s)$ 传递函数零点影响的分子根轨迹。(务必通过并入方程(11.70)中所示的项采用假定机身参考坐标轴系的动力学多项式矩阵描述。)

# 参考文献

1. D'Azzo, J. J. and C. H. Houpis: Linear Control System Analysis and Design, 3rd ed., McGraw-Hill, New York, 1988.
2. McRuer, D., I. Ashkenas, and D. Graham: Aircraft Dynamics and Automatic Control, Princeton University Press, Princeton, NJ, 1973.
3. Davidson, J. B., et al: "Flight-Control Laws for NASA's Hyper-X Research Vehicle," AIAA Paper No. AIAA-99-4124, Proceedings of the AIAA Guidance, Navigation, and Control Conference, Portland, OR, August 1999.
4. McRuer, D. T. and D. E. Johnston: Flight Control Systems Properties and Problems Vols. I and II, NASA Contractor Report CR-2500, prepared by Systems Technology, Inc., Feb. 1975.

# 第十二章
# 自动导引与控制——自动驾驶仪

**章节路线图**:本章所述内容可能被纳入飞行动力学基础课程中,但因学期或季度课时有限而通常不予纳入。本章以第十一章内容为基础,探讨通过回路形成法分析和合成典型自动驾驶仪模型。

本章将继续讨论处于反馈控制下的飞行器。与主要论证稳定性增强的第十一章不同,本章更侧重于探讨可替代某些飞机驾驶功能的控制系统。如第十一章所述,稳定性增强涉及采用反馈法来增强飞行器的有量纲稳定性导数,也就是调整自然动力学特性。但飞行器的动力学还停留在传统阶段,以传统自然模式为特征。但从本章开始讨论反馈系统,该系统的(飞行器和控制系统)动力学特性通常由反馈系统决定。这是将本章收录在飞行动力学教材中的主要原因之一。飞行动力学家不仅要了解飞行器开环和增强动力学,也要掌握处于自动反馈控制下的飞行器动力学。此外,本章考虑的飞行控制系统模型将充分借鉴对飞行器动力学的全面理解。

关于讨论自动驾驶仪所采用的工具,可采用如第十一章所述的多项式矩阵系统描述以及根轨迹方法。但在本章中,我们将采用一种基于密集数据和图表的“回路成形”法。MATLAB、状态变量说明和计算机绘图均与该方法兼容。

回路成形广泛应用于反馈系统设计中,其可追溯至波特最初创建该系统时进行的相关研究。尽管该系统简单直观且容易理解,但很多大学生仍未使用过该方法。因此,本章首先开始针对回路成形及内部和外部回路进行“适时教学”。本章的余下部分将通过讨论更多驾驶仪的普通模式来展示此类方法的应用。

## 12.1 通过回路成形法合成反馈控制律*

本章不会涵盖全部反馈控制理论,因为这个领域太宽泛了。尽管学生已经学习过反馈控制课程,一些关键概念的讨论对学生也是有益的。这些概念包括频域回路成形及采用波特图和奈奎斯特图设计简单的鲁棒反馈控制律。本科生以前可能接触过波特图和奈奎斯特图,但没有机会使用它们设计一套反馈系统。因此学会如何运用此类图形来进行设计非常重要。

前两章中——尤其是 10.1 节和 11.1 节已经讨论过几个重要的必备主题,包括用于合成和分析反馈系统的状态变量系统描述和传递函数、波特图和频率响应、框图和根轨迹技巧。为了充分理解本章及本节的内容,学生们应先熟悉前面两节的内容。

关于线性系统的频率响应及其复变函数 $g(jw)$,傅里叶理论指出频率响应就是该系统的

---

* 适时教学

完整表现。换言之,用频率响应定义该系统时没有信息遗漏。因此使用 $g(jw)$ 表示线性动力系统与使用传递函数 $g(s)$ 或状态变量说明表示线性动力系统一样有效。在此不会论证这一观点,但学生可参阅参考文献 1。在本章中,我们通常用复变函数 $g(jw)$ 或相应的波特图来表示线性系统(或至少表示该系统的一个输入输出对,如有多种输入或输出时)。

### 12.1.1 波特图回顾

10.1 节已经介绍过波特图,现在快速浏览一遍。回顾可知每一个复数对应复平面中的一个点,且该复数可以极坐标形式用幅值和幅角(或相位)表示。具体来说,可将复数 $g(jw)$ 表达为

$$g(j\omega)=M(j\omega)e^{\phi(j\omega)} \tag{12.1}$$

式中:$M(jw)$ 指复数的幅值;$\phi(j\omega)$ 指复数的幅角。波特图只是 $M(j\omega)$ 与 $\phi(j\omega)$ 的曲线图,各自对应频率 $\omega$。按照惯例,$M(j\omega)$ 和 $\omega$ 用对数尺度绘图。举例说明会更清楚。

**MATLAB**

**例 12.1 波特图绘制**

首先用以下系统传递函数表达式:

$$g(s)=\frac{1}{s^2+s+1} \tag{12.2}$$

另一个表达式为

$$g(j\omega)=\frac{1}{-\omega^2+j\omega+1}=\frac{1}{(1-\omega^2)+j\omega}=M(j\omega)e^{\phi(j\omega)} \tag{12.3}$$

稍稍进行复数运算,就得到

$$\frac{1}{(1-\omega^2)+j\omega}=\frac{(1-\omega^2)-j\omega}{(1-\omega^2)^2+\omega^2}=\left(\frac{(1-\omega^2)}{(1-\omega^2)^2+\omega^2}\right)+j\left(\frac{-\omega}{(1-\omega^2)^2+\omega^2}\right)=a(\omega)+jb(\omega) \tag{12.4}$$

因此,复数 $g(j\omega)=a(\omega)+jb(\omega)$,幅值和幅角分别为

$$\begin{cases} M(j\omega)=\mathrm{sqrt}(a^2+b^2) \\ \phi(j\omega)=\arctan(b/a) \end{cases} \tag{12.5}$$

以上分析强调了几个事实:首先,$g(jw)$ 只是一个复数;其次,复数可以极坐标形式用幅值和幅角(或相位)表示。

幸运的是,我们可以用 MATLAB 指令轻易获取所需的波特图。已得出:

$$g(s)=\frac{1}{s^2+s+1}$$

可运用以下 MATLAB 指令获得所需的波特图,如图 12.1 所示。

```
»num=[1]; den=[1 1 1];sys=tf(num,den)
Transfer function:
    1
------
s^2+s+1
»bode(sys)
```

在图 12.1 中,顶部的图是幅值(即 $M(j\omega)$)对频率曲线图。底部的图是幅角(即 $\phi(j\omega)$)

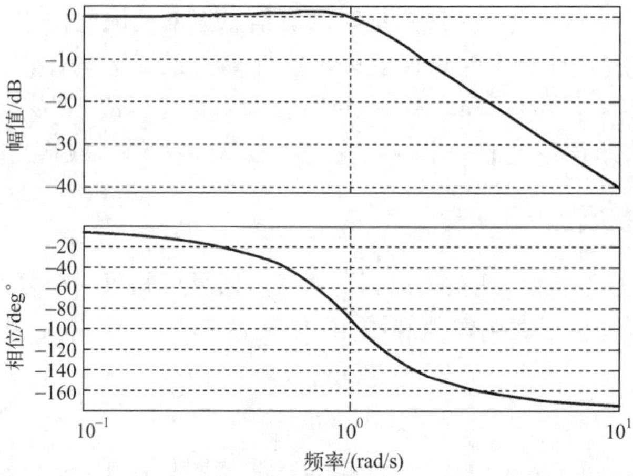


图 12.1　例 12.1 中的波特图

或相位对频率曲线图。注意 $M(\mathrm{j}\omega)$ 的对数尺度按惯例用表示分贝的 dB 标记。通过取各实数的对数，所有实数 $N$ 可用分贝 dB 表示。或者，通过定义：

$$N(\mathrm{dB}) = 20\log_{10}(N) \tag{12.6}$$

因此，尽管幅值图可能有 dB 范围，事实上其仅是一个特殊的对数范围。

---

### 12.1.2　奈奎斯特稳定性理论

接下来将学习处理系统稳定性的回路成形法的主要内容，即奈奎斯特稳定性理论。奈奎斯特理论的理论支持来自于著名的复数变量理论——幅角定理（参考文献 2）中的概念。幅角定理（P of A）指出：

假设复平面中有一个闭合围线 $C$，且复映射（函数）$P(s)$ 可解析为围线 $C$ 上的解析点，如果 $C$（顺时针）包围 $P(s)$ 的 $N$ 个零点和 $M$ 个奇点，那么根据函数 $P$ 所形成的围线图 $C$ 将顺时针包围（复平面的）原点（$N-M$）次。

该理论看起来有些抽象，但举几个例子就能很好的理解了。首先应注意几个术语。第一，如果函数 $P(s)$ 在围线 $C$ 上没有奇点，则函数 $P(s)$ 在围线 $C$ 上“可解析”。换言之，如果围线 $C$ 上没有 $s$ 值，则 $P(s)\to\infty$ 。第二，$P$ 的“零点”是指满足等式 $P(s)=0$ 的 $s$ 值。例如，如果 $P(s)$ 刚好为多项式，其零点就是这个多项式的根。（这与之前的术语一致，将“零点”视为传递函数。）为了在奈奎斯特理论推导过程中实现研究目的，我们会一直把 $P(s)$ 函数视作多项式或用 $s$ 表示的两个多项式之比（尽管幅角定理并不局限于多项式）。第三，“根据函数 $P$ 所形成的围线图 $C$”仅指 $s$ 沿闭合围线 $C$ 移动时，所形成的复变函数 $P$ 的曲线图。

**例 12.2　幅角定理——$P=(s+1)$**

若 $P=(s+1)$，演示幅角定理。

**解**

注意多项式 $P(s)=(s+1)$ 的零点坐落在复平面的点 $-1$ 处，如图 12.2 的左侧所示。图左侧还展示了两个封闭围线 $C_1$ 和 $C_2$，$C_1$ 包围点 $-1$，$C_2$ 不包围该点。然后根据函数 $P$ 所形成的围

线图 $C$ 的产生过程如下所示。设 $s$ 为围线 $C$ 上的任意点(首先,它是 $C_1$上的点),随着矢量由原点变换至 $s$ 点时,绘制出复数 $s$ 的图形。用同样的绘图方法,例图中的另一个矢量代表值 +1。用图解法对这两个矢量进行求和得出矢量 $\boldsymbol{P}_1$,即函数 $P=(s+1)$ 的图形图形表达式,其中 $s$ 为围线 $C_1$上的任意点。

现在让 $s$ 点顺时针沿 $C_1$环绕,观察 $s$ 点进行如此改变时,矢量 $\boldsymbol{P}_1$的幅值和幅角是如何变化的。需特别注意的是,$s$ 围绕 $C_1$移动并回到了原点时,$\boldsymbol{P}_1$的幅角变化为 360°。图右侧显示了 $s$ 围绕 $C_1$移动时,幅值和幅角的图示。该图是"根据函数 $P$ 所形成的围线图 $C_1$"。细想一下就能发现由于 $C_1$在−1 处包围 $P(s)$ 的零点,根据函数 $P$ 形成的围线图 $C_1$一定会顺时针包围(复平面)的原点一次。

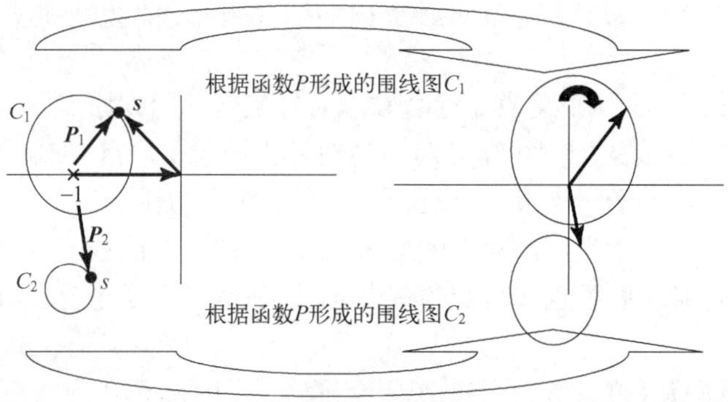


图 12.2　幅角定理的首个示例

现在观察图左侧的闭合围线 $C_2$,设 $s$ 为围线 $C_2$上的任意点。根据定义的 $s$ 点,可再次得出函数 $P=(s+1)$ 的图形表达式如矢量 $\boldsymbol{P}_2$所示。让 $s$ 顺时针沿 $C_2$旋转,$\boldsymbol{P}_2$的幅值和幅角都会改变,这样就产生了右侧的图形。这里最大的区别在于 $C_2$没有在−1 处包围 $P(s)$ 的零点,$\boldsymbol{P}_2$的幅角没有转动 360°。因此根据函数 $P$ 形成的围线图 $C_2$没有包围原点。

稍作拓展,如果 $\boldsymbol{P}$ 有两个零点且 $C$ 同时包围这两个点,根据函数 $P$ 形成的围线图 $C$ 将如何变化。很显然,这种情况下随着 $s$ 沿 $C$ 旋转然后回到原点处,$\boldsymbol{P}$ 的幅角必须旋转 720°。由此,根据函数 $P$ 形成的围线图 $C$ 必须顺时针包围原点两次。接下来看另一个示例。

## 例 12.3　幅角定理——$F=1/P$

函数 $F(s)=1/(s+1)$ 时,演示幅角定理,或思考以下函数:

$$F(s)=\frac{1}{s+1}=\frac{1}{P(s)} \tag{12.7}$$

**解**

注意该函数没有零点,只在 $s=-1$ 处有一个奇点。同时注意图 12.3 左侧的围线图 $C$ 包围该点。与例 12.2 一样,在围线图 $C$ 上设任意点 $s$,将函数 $P(s)$ 的图形表达式用上例中推导出的 $\boldsymbol{P}$ 表示。现在用幅值 $M$ 和幅角 $\phi$ 表示 $P$,即

$$P(s)=M(s)\mathrm{e}^{\phi(s)} \tag{12.8}$$

且 $M$ 和 $\phi$ 显然是围线 $C$ 上变量 $s$ 的函数。跟前面一样,随着 $s$ 沿 $C$ 顺时针移动时,$\phi$ 将顺时针转动 360°。

但是,由于

$$F(s)=\frac{1}{P(s)}=\frac{1}{M}e^{-\phi} \tag{12.9}$$

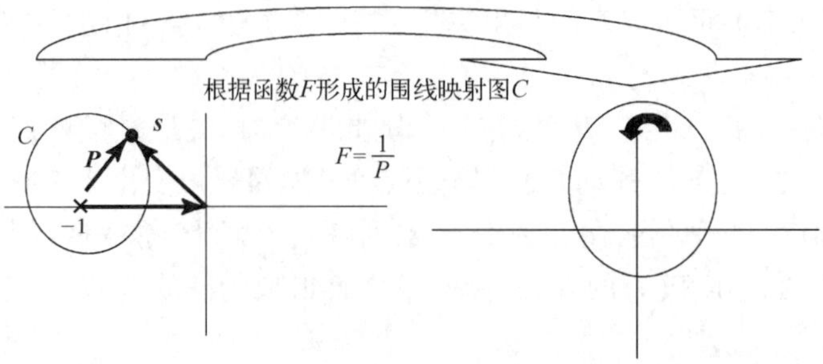


图 12.3　根据 F 形成的围线映射图 C,F 具有一个被包围的奇点

所以 $F(s)$ 的幅角为 $-\phi$,因此随着 s 点沿 C 顺时针旋转并回到原点,函数 F 的幅角从 0°转至 −360°。根据函数 F 形成的的围线图 C 将以逆时针方向包围原点,如例图右侧所示。因此,包围原点方向的改变,取决于零点或奇点是否被闭合围线 C 包围。

设定不同函数 P 和 F,学生可以建立图集,每个图由被闭合围线 C 包围的零点数和/或奇点数决定。因此,通过举例展示这些直观的概念,我们确信以下推论是正确的(此推论在后文中有用)。

**推论**　假设多项式 $P_1(s)$ 有 $N_1$ 个零点被闭合围线 C 包围,多项式 $P_2(s)$ 有 $N_2$ 个零点被同一个闭合围线包围,则函数

$$P(s)=P_1(s)P_2(s) \tag{12.10}$$

将有 $N_1+N_2$ 个零点被围线 C 包围,且根据函数 P 形成的围线图 C 将顺时针包围原点 $N_1+N_2$ 次。

现在具备了推导奈奎斯特稳定性理论所需的所有条件。接下来要做的就是选择合适的函数 $P(s)$ 和合适的闭合围线 C。既然对动力学系统的稳定性感兴趣,那么我们感兴趣的是复平面的右半部分开放式平面中,该系统特征多项式根的存在情况(这里“开放式”是指实数轴趋向无穷 +∞)。我们要探讨的系统就是图 12.4 中描述的常规反馈系统。

应用幅角定理时,设定该系统的闭环特征多项式 $\Delta_{CL}(s)$ 为函数 $P(s)$。同时选择整个复平面的右半部分开放式平面为闭合围线,如图 12.5 所示。显而易见,这个特殊的闭合围线就称为“奈奎斯特 D 形围线”。很明显如果 $\Delta_{CL}(s)$(为闭环极点)没有零点被 D 包围,系统就是稳定的。

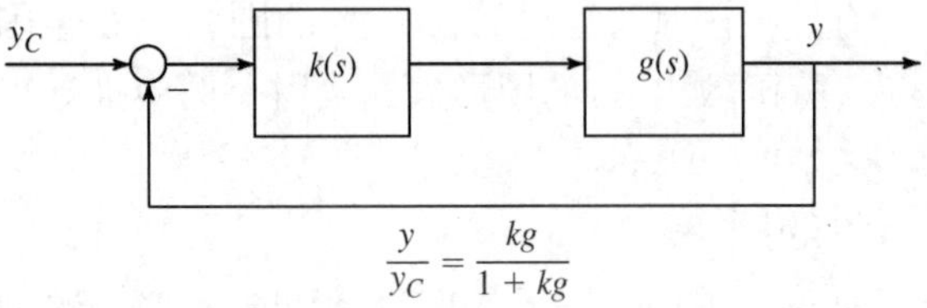


图 12.4　常规反馈系统

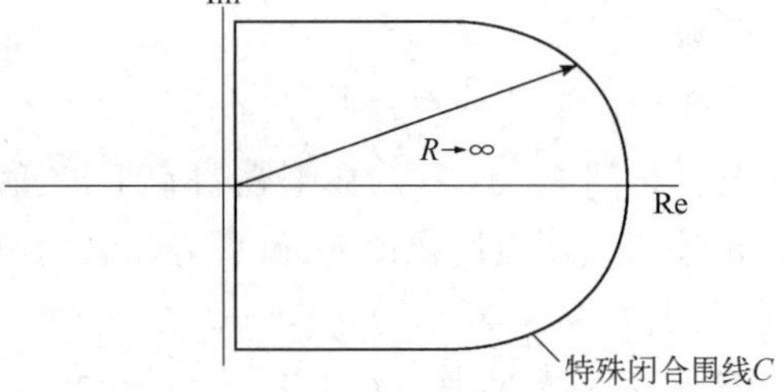


图 12.5　奈奎斯特 D 形围线包围整个复平面的右半部分平面

做完这些选定,就可直接应用幅角定理获取一条(闭环)动力学系统稳定性的要求。

**闭环稳定性要求** 当且仅当根据函数 $\Delta_{CL}(s)$ 形成的围线图 $D$ 不包围复平面的原点时,反馈系统才稳定。

这就是奈奎斯特稳定性要求,但是我们可能对其不是十分熟悉。为获得更常见的形式,必须巧妙地处理闭环系统的特征多项式。多项式 $\Delta_{CL}(s)$ 可以用开环系统的特征多项式 $\Delta_{OL}(s)$ 表示,这可参考如图 12.4 所示的系统,注意 $\Delta_{OL}(s)$ 只是开环传递函数 $k(s)g(s)$ 的分母。由此得到:

$$\Delta_{CL}(s) = \Delta_{OL}(s)\big(1 + k(s)g(s)\big) \tag{12.11}$$

回顾可知 $\Delta_{OL}(s)$ 是多项式,而 $(1+k(s)g(s))$ 是多项式之比。现在引用前述推论,可重新表述闭环稳定性要求。

**闭环稳定性要求 2** 当且仅当根据函数 $(1+kg)$ 形成的围线图 $D$ 顺时针包围原点 $-N_{OL}$ 次时,该反馈系统才是稳定的。其中,$-N_{OL}$ 是 $\Delta_{OL}(s)$ 在右半部分平面内的零点数量(或者是不稳定开环极点的数量)。

这个要求源自以下事实:要获得稳定性,$\Delta_{CL}(s)$ 必须没有零点(根)被围线 $D$ 包围。因此由幅角定理和推论可得出,为实现稳定性必须达到:

$$N_{OL} + N_{1+gk} = 0 \tag{12.12}$$

式中:$N_{1+gk}$ 是根据函数 $(1+kg)$(多项式之比)形成的围线图 $D$ 顺时针包围原点的次数。

以上的稳定性要求 2 更接近我们所熟悉的奈奎斯特理论表述方式,但又不完全与其一样。要获得最终形式,我们仅需考虑图 12.6。首先注意根据 $(1+kg)$ 形成的围线图 $D$ 是 $s$ 沿 $D$ 移动时函数 $(1+kg)$ 所取(复)数值的图。因此,用 $V$ 表示 $D$ 上的任意点 $s$ 处 $(1+kg)$ 的值,则同一个 $s$ 点处,$kg$ 的值必须取 $V-1$。因此,$kg$ 的图像就是由 $(1+kg)$ 的图像移动了 $-1$。牢记此点,现在就可以给出奈奎斯特稳定性要求的常见形式。

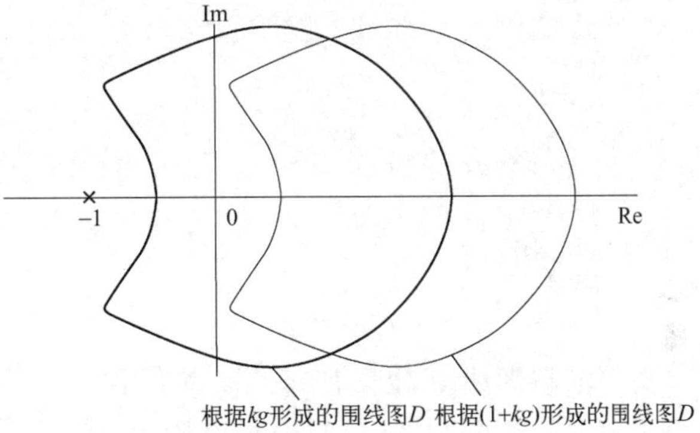


图 12.6 $(1+kg)$ 映射调整

**奈奎斯特稳定性要求** 当且仅当根据 $kg$ 形成的围线图 $D$ 顺时针包围 $-1$ 点 $-N_{OL}$ 次时,该反馈系统是稳定的。其中,$N_{OL}$ 是指 $\Delta_{OL}(s)$ 在右半部分平面内的零点数。(注意与顺时针包围相反的就是逆时针包围。)

这就是我们所熟知的奈奎斯特标准。注意如果某一图像,或称为奈奎斯特图,顺时针包围 $-1$ 点,不管开环系统是否稳定,该系统是不稳定的。进一步说,如果该图靠近 $-1$ 点,则其更容易改变该点被包围的次数。这种贴近度,即图像和 $-1$ 点之间的距离,一般用增益和相位裕度衡量。

这两种裕度直接量化了映射图(奈奎斯特图)和 $-1$ 点之间的距离,用(沿实轴的)幅值或(沿单位圆的)相位角衡量。相位裕度可通过衡量增益穿越频率或者奈奎斯特图穿越单位圆(即有单位幅值的圆)的频率获得。增益裕度可通过衡量奈奎斯特图相位为 $-180°$(或穿越负实轴)时的相位穿越频率获得。更多奈奎斯特理论和稳定性裕度的探讨,见参考文献 1,3。

## 例 12.4 奈奎斯特稳定性标准应用

设受控系统 $g(s)$ 为例 12.1 中处理波特图的系统，即

$$g(s)=\frac{y(s)}{u(s)}=\frac{1}{s^2+s+1}$$

设图 12.4 所示的反馈控制律为

$$u(s)=k(s)(y_C-y)=K(y_C-y)=2(y_C-y)$$

或反馈增益为 $K=2$。绘制出该系统的奈奎斯特图，算出增益和相位裕度，然后算出增益和相位穿越频率。

**解**

使用 MATLAB 获取开环系统 $k(s)g(s)$ 的奈奎斯特图。

```
»num=[2];den=[1 1 1];olsys=tf(num,den)          描述开环系统
Transfer function:
    2
------
s^2+s+1
»nyquist(olsys)                                  绘制奈奎斯特图
»grid
»[Gm,Pm,Wcp,Wcg] = MARGIN(olsys)                 算出增益和相位裕度以及
Gm=                                              增益穿越频率
 Inf
Pm=
 49.35368062792559
Wcp=
 NaN
Wcg=
 1.51748991355198
```

奈奎斯特图如图 12.7 所示。注意右半部分平面中没有开环极点，该图（围线图 $D$）未在-1 处包围该点。因此这个闭环系统是稳定的。进一步说，我们在 MATLAB 中使用了**裕度**指令。由于奈奎斯特图经过原点或在原点处穿越实轴，所以增益裕度为无穷大且相位穿越频率未确定（即（非数值）NaN）。但是相位裕度约为 49°，增益穿越频率约为 1.5rad/s。

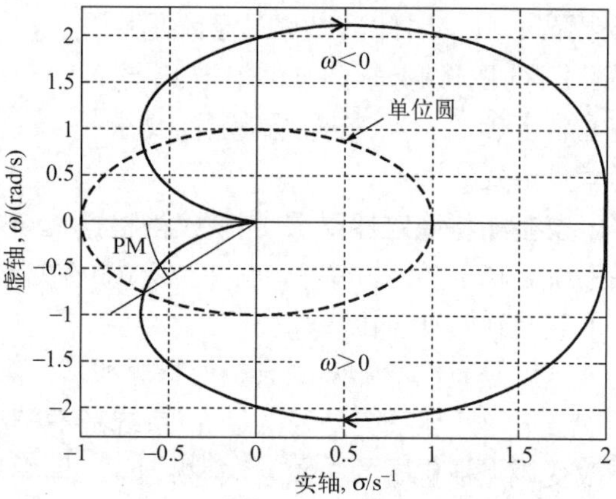


图 12.7 例 12.4 中的奈奎斯特图

### 12.1.3 回路成形法

现在开始讨论用回路成形法设计反馈系统。讨论时仍须考虑图 12.4 中名为调节器或跟踪控制器的常规反馈系统。稍微对反馈系统做一点调整，就可绘制出图 12.8 中的系统。该图显示了常规扰动 $D$ 和常规传感器噪声 $N$，其控制目标是确保指令、扰动和传感器噪声出现时，误差 $e$ 较小。

根据图示和代数学,可知闭环系统响应应表述成

$$y(j\omega)=\left[\frac{kg}{1+kg}\right](y_C+N)+\left[\frac{1}{1+kg}\right](D) \tag{12.13}$$

因此,指令响应可表示为

$$\frac{y}{y_C}(\mathrm{j}\omega)=\frac{kg(\mathrm{j}\omega)}{1+kg(\mathrm{j}\omega)} \tag{12.14}$$

传感器噪声响应为

$$\frac{y}{N}(\mathrm{j}\omega)=\frac{kg(\mathrm{j}\omega)}{1+kg(\mathrm{j}\omega)} \tag{12.15}$$

外部扰动响应则为

$$\frac{y}{D}(\mathrm{j}\omega)=\frac{1}{1+kg(\mathrm{j}\omega)} \tag{12.16}$$

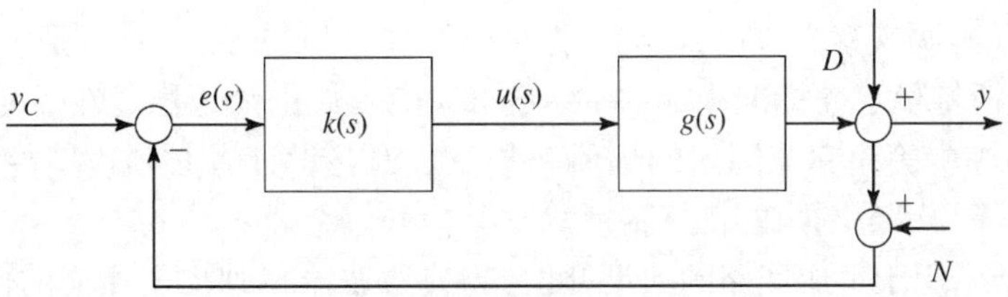


图 12.8　带扰动和传感器噪声的常规反馈系统

现在将常规反馈系统的控制目标描述成让 $y$ 跟踪指令 $y_C$,同时使外部扰动和传感器噪声引起的响应保持较小。另外该系统必须高度稳定。首先考虑指令响应和扰动响应,即或方程(12.14)和方程(12.16)。

让 $y$ 跟踪指令 $y_C$ 意味着方程(12.14)右侧所示的复数必须约等于 1。让 $kg(\mathrm{j}\omega)$ 的幅值大于 1 可以做到此点。就是说,当 $kg(\mathrm{j}\omega)$ 幅值较大时,$y$ 将基本等于 $y_C$。同时观察到,当 $kg(\mathrm{j}\omega)$ 幅值较大时,方程(12.16)右侧的复数较小。因此该系统将稍稍对扰动响应(抗干扰)。这是第二个目标。

不巧的是,$kg(\mathrm{j}\omega)$ 的幅值增大也会让方程(12.15)所示的复数约等于 1。因此会出现系统也对传感器噪声响应的现象。为满足第三个目标,或者为了处理传感器噪声,我们将考虑以下情况:我们不能(也不想)让 $kg(\mathrm{j}\omega)$ 的幅值高于所有频率。只需要让 $kg(\mathrm{j}\omega)$ 的幅值大于指令 $y_C$ 和扰动 $D$ 的频率范围。如果在该频率范围中传感器噪声较低,则方程(12.15)中的复数约等于 1 的情况就不是什么大问题。但是,通常传感器噪声在高频率下会很大。因此,在高频率下我们希望 $kg(\mathrm{j}\omega)$ 的幅值较小。(低频率时须使用低噪声传感器。)

将以上所有情况考虑在内,我们可绘制出所需的"回路形状",如图 12.9 所示。$kg(\mathrm{j}\omega)$ 的幅值或回路增益大于低频率范围,在高频率范围中较小,最后回路增益必须在中等频率范围中从大到小过渡。$kg(\mathrm{j}\omega)$ 的幅值等于 1 或 0dB 时的频率肯定就是增益穿越频率 $\omega_c$。

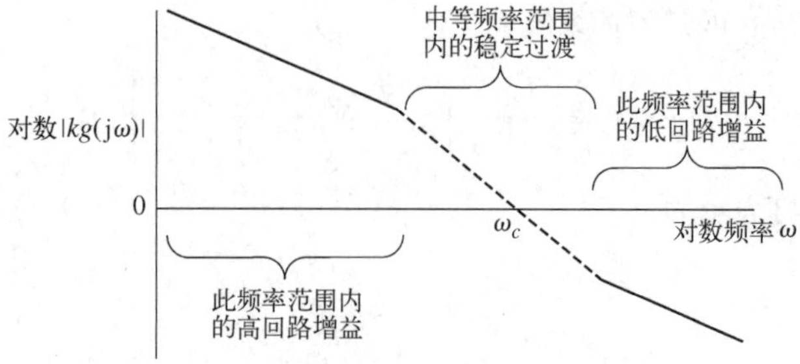


图 12.9　所需"回路形状"

尽管定性生成了所需的回路形状，但重要的是指出反馈系统设计者可以操控的关键设计变量。首先最重要的是增益穿越频率 $\omega_c$。设定这个频率，设计者就定义了中等频率范围以及同等重要的高、低频率范围。设计者在某种程度上必须基于对指令或扰动的频率组成（或频率范围）的理解来设定穿越频率。（将在 12.3 节自动飞行控制部分讨论这些频率范围。）

设计者必须决定的第二个设计方面是回路的实际形状，尤其是中等频率范围内的回路形状。既然增益在低频率时较大而在高频率时较小，高、低频率范围的具体回路形状就没有中等频率中的重要。（再次观察方程（12.14）~方程（12.16）以找出原因。）但是中等频率范围的回路形状根据奈奎斯特稳定性标准确定——系统必须有良好的闭环稳定性裕度。这些裕度取决于开环系统（$kg$）在中等频率范围内的幅值和相位。因此设计者必须设定控制律和控制补偿 $k(s)$ 以得出该中等频率范围内的良好裕度。

表 12.1 总结了用于生成回路的典型补偿器（或滤波器），列出了相应的传递函数，并绘制了各补偿器对波特幅值图中的影响。这些滤波一般使用模拟电路或数字设备完成。我们将不具体解释如何运用这些补偿器，但必须指出补偿的执行限制了补偿器的某些方面。

表 12.1　用于回路成形的典型补偿

| 补　偿　器 | 传 递 函 数 | 对波特幅值图的影响 |
|---|---|---|
| 增益或比例 | $K$ |   |
| 积分 | $K/s$ |  |
| 比例积分（PI） | $\frac{K(s+z)}{s}$ | 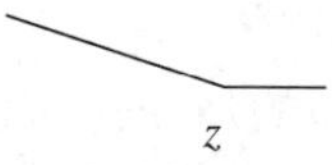 |
| 超前一滞后 | $K\frac{s+z}{s+p},\ \lvert z\rvert < \lvert p\rvert$ | 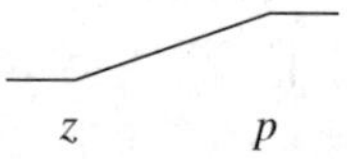 |
| 高通 | $K\frac{s}{s+p}$ | 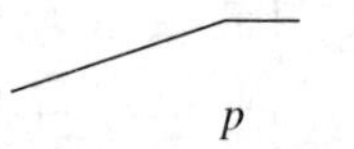 |
| 滞后一超前 | $K\frac{s+z}{s+p},\ \lvert z\rvert > \lvert p\rvert$ | 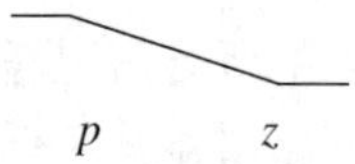 |
| 一阶滞后或低通 | $K\frac{p}{s+p}$ | 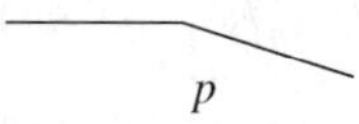 |

例如，超前-滞后滤波器会增加相位超前，尤其会超过 $z$ 和 $p$ 间的频率范围。但这个滤波器能产生的最大相位超前量通常仅限于 70°~75°左右。类似因素下，滞后-超前滤波器产生的最大相位滞后量限于 90°以下。同样，建立一个稳定积分器也会遇到问题（根据定义极点非常接近虚轴）。因此大多数情况下不采用积分器，而是使用不同的传感器代替。例如，角速度陀螺仪感应俯仰角速度，而姿态陀螺仪感应姿态角度。这两种测量结果通过积分运算联系起来，但是不需将对角速度陀螺仪的输出求积分来感应姿态。

乍一看，似乎必须在中等频率范围内形成开环（$kg$）的幅值和相位以达到良好的稳定性裕度。但实际上设计者只需要形成开环幅角就可以实现良好的稳定性裕度。理由源自波特，他表示幅值和相位并非各自独立。事实上，如方程（12.17）所示，对于一个稳定的开环系统（$kg$）而言，根据波特增益和相位关系（参考文献 3）这两者是相互联系的。

$$\arg\big(kg(\mathrm{j}\omega)\big) = \pi \int_0^\infty \frac{\mathrm{d}\big(20\log \mathrm{Mag}(kg)\big)}{\mathrm{d}(\log\omega)}\big(\arctan(\omega - \omega_c)\big)\mathrm{d}\omega \tag{12.17}$$

尽管看起来复杂，该方程解释起来很简单。被积函数中 $\mathrm{d}(20\log\mathrm{Mag}(kg))/\mathrm{d}(\log\omega)$ 项就是 kg(j$\omega$) 幅值对应用分贝和对数尺度表示的频率的斜率。或者说，这就是波特图幅值斜率的一部分。被积函数中弧切线的项具有在接近增益穿越 $\omega_c$ 的频率范围内放大被积函数数值的作用。比如，如果在接近增益穿越的频率范围内，波特幅值图斜率为-20dB 每十进频率（或在分贝和对数尺度上为-1），方程（12.17）右侧将约等于-π。因此，增益穿越处测量的相位裕度约为 90°。

通过观察得出回路成形设计师的经验法则，即：为达到良好相位裕度，要使接近穿越的幅值图斜率约为-20dB 每十进频率。因此，假设我们有一个良好回路，以下近似值在接近增益穿越时有效：

$$kg(\mathrm{j}\omega) \approx \frac{\omega_c}{(\mathrm{j}\omega)} \tag{12.18}$$

或

$$kg(s) \approx \frac{\omega_c}{s}$$

该观察所得的结论非常有力地暗示着如果设计者确实应用经验法则并取得如图 12.19 所示的所需回路形状，那么闭环系统的传递函数约等式为

$$\frac{y(s)}{y_c(s)} \approx \frac{\omega_c/s}{1+\omega_c/s} = \frac{\omega_c}{s+\omega_c} \tag{12.19}$$

或闭环系统具有极佳的稳定裕度，并（近似于）仅仅是增益穿越频率 $\omega_c$ 这一参数的函数！另外闭环系统的响应速度也与 $\omega_c$ 有直接关联。因此，设计者需设定的最重要参数是增益穿越频率。

如果反馈系统要符合性能要求，则很难获得过低的增益穿越频率。但过高增益频率是可能实现的。最大可实现穿越频率受控制力（控制效应器的速度和权限）和高频率范围内出现的未建模动态和噪声的限制。（这就是幅值图必须减少或“滚离”该频率范围的原因）。

### 例 12.5　回路形成设计

作为本节的最后一个例子，设受控系统为

$$g(s)=\frac{1}{s^2+s+1} \tag{12.20}$$

其与前述例题中的系统相同。首先假设指令 $y_C$ 的频率组成与扰动 $D$ 低于 0.5rad/s。提出一条能得出良好性能与稳定裕度的控制律 $k(s)$。

**解**

如果指令 $y_C$ 和扰动 $D$ 的大部分动力处于低于 0.5rad/s 的频率下，则增益穿越频率 $\omega_c$ 应高于 0.5rad/s 才能获得良好的跟踪和抗干扰性能。按照例 12.4 中的奈奎斯特分析所示，首先设 $k_1(s)=2$，注意示例中的增益穿越频率是 $\omega_c\approx1.5$rad/s。该开环系统 $k_1g(\mathrm{j}\omega)$ 的波特图也显示在图 12.10 中。

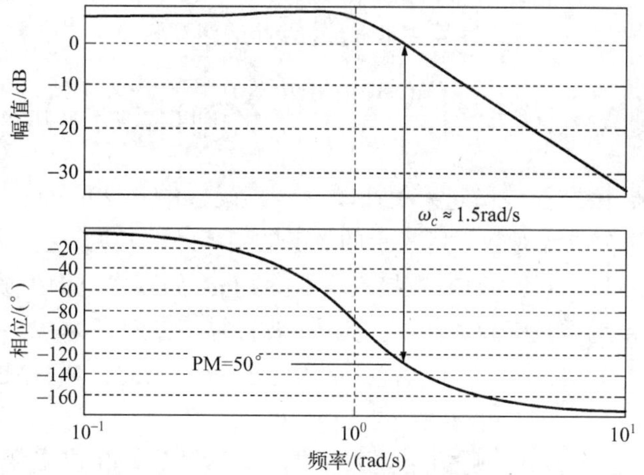


图 12.10　初始回路形状

注意波特图没有所需的回路形状。尽管相位裕度约为 50°是可行的，但回路增益或 $|kg|$ 在低频率(低于 1rad/s)中不大。因此，跟踪和抗干扰性能较差。为使回路增益在低频率时变大，我们可以使用比例积分(PI)控制器引入积分项。现在先设定控制补偿器为

$$k_2(s)=K\frac{(s+a)}{s} \tag{12.21}$$

如果设定比例增益 $K=2$，积分增益 $K_a=2$(则 $a=1$)，则该新开环系统 $k_{2g}(\mathrm{j}\omega)$ 的波特图如图 12.11 所示。

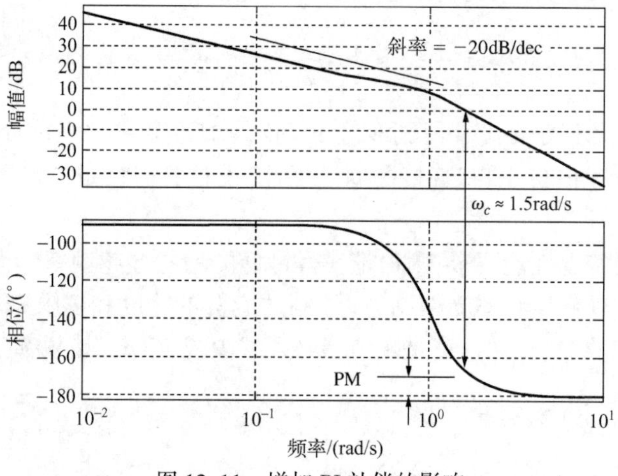


图 12.11　增加 PI 补偿的影响

现在回路增益在低频率时较高——实际上,随着 $\omega \to 0$,增益趋向无穷大。同时增益穿越频率保持为大约 1.5rad/s。但此时的相位裕度只有约 10°。与此一致的实际情况是,增益穿越附近的幅值图斜率负值超过了-20dB/dec。

为增加该相位裕度,可以减少增益 $K$,使得穿越出现在幅值图斜率为-20dB/dec 处。但这会降低跟踪和抗干扰性能。如果通过低反馈增益能获得充分的性能,我们更愿意使用这种方法。

如果不能,需要第二种方法让增益穿越保持为大约 1.5rad/s,并引入超前补偿形式:

$$k_{\text{lead}}(s) = K_{\text{lead}}\frac{(s+z)}{(s+p)} \tag{12.22}$$

式中:$p$ 和 $z$ 都为正数且 $|z| < |p|$。(考虑补偿器波特图,并仔细想想该补偿是如何改变 $kg(\mathrm{j}\omega)$ 幅值图的斜率的。)增加超前补偿器后,现在整个补偿的形式为

$$k_3(s) = \left(\frac{K(s+a)}{s}\right)\left(\frac{K_{\text{lead}}(s+z)}{(s+p)}\right) \tag{12.23}$$

现在设定 $K_{\text{lead}}$ 让增益穿越频率不会从原值变化,即让 $\omega_c$ 保持为大约 1.5rad/s。设定 $z=0.8$,$p=5$,$K_{\text{lead}}=3.75$,将形成如图 12.12 所示的开环波特图。注意从该图中可看出回路形状(幅值图)更接近所需的回路形状,而且增加超前补偿后相位裕度提高到了 55°左右。调整超前补偿器可以进一步提高相位裕度,但该裕度可能符合要求。增益裕度则趋向无穷大。

图 12.13 中显示了该闭环系统的阶跃响应。注意约 1s 的上升时间与约 1.5rad/s 的增益穿越频率一致,且系统展示出与 55°相位裕度不一致的尖峰。

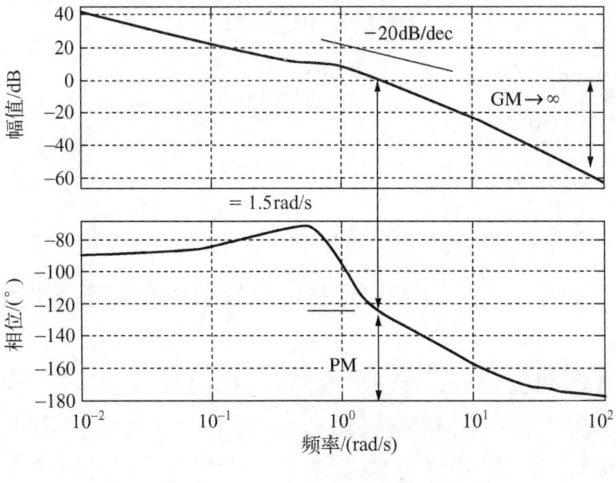


图 12.12 最终回路形状

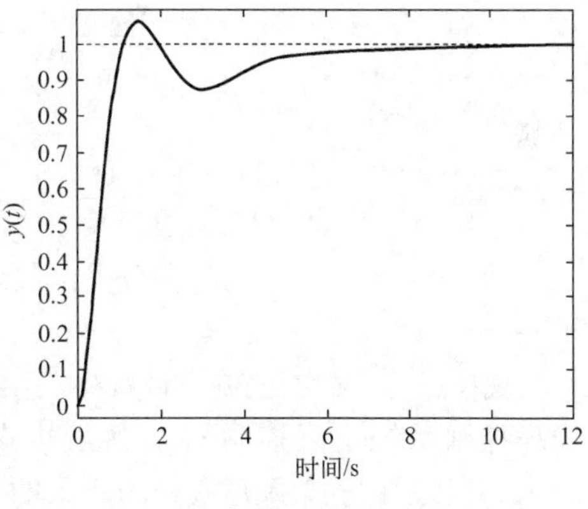


图 12.13 例 12.5 中的阶跃响应

希望本节中的讨论展示了回路成形设计方法的用途。闭环性能和稳定性——鲁棒要求通过开环系统幅值图的形状得到完全体现,增益穿越频率的重要性也得到了清楚显示。在时域中,响应速度与穿越频率直接相关,而尖峰则与增益和相位裕度相关。

## 12.2 内部回路和外部回路以及频率分离

许多物理系统在响应之间产生自然的频率分离。明智的反馈系统设计者会尊重并利用这个事实。例如,想象一下飞机是如何改变高度的。首先改变俯仰姿态和攻角,使得飞行器产生

的总升力改变。升力的变化又对应飞行器的垂直加速变化。但必须对飞行器的垂直加速进行两次积分才能改变高度。由此可知,飞行器的俯仰姿态或攻角响应在时间尺度内要先于高度响应。倾斜角和侧向位置响应也是如此。

说得更抽象一点,考虑一下某一动力学系统的两个响应,$y_{\text{Fast}}$和$y_{\text{Slow}}$。假设定义单一控制输入响应的传递函数为

$$\begin{cases} \dfrac{y_{\text{Fast}}(s)}{u(s)} \triangleq g_{\text{Fast}}(s) \\ \dfrac{y_{\text{Slow}}(s)}{u(s)} \triangleq g_{\text{Slow}}(s) \end{cases} \tag{12.24}$$

有人可能会问,使用反馈系统控制$y_{\text{Slow}}$的最好方法是什么?当然,一种方法是直接进入设计单一控制律的阶段,例如:

$$u(s) = k_{\text{Slow}}(s)\big(y_{\text{Slow}\,c}(s) - y_{\text{Slow}}(s)\big) \tag{12.25}$$

与图 12.14 的框图一致。

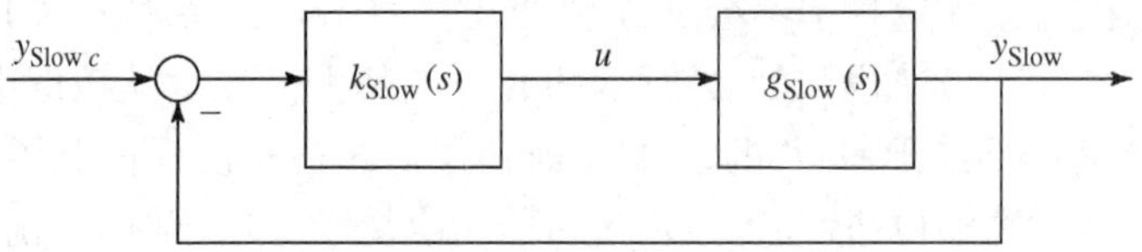


图 12.14 $y_{\text{Slow}}$的候选控制系统

但是现在假设响应$y_{\text{Fast}}$和$y_{\text{Slow}}$通过至少一个积分互相关联,例如航迹角与高度。再假设$y_{\text{Fast}}$的变化自然地导致$y_{\text{Slow}}$变化,两者之间的关联如下:

$$\frac{y_{\text{Slow}}(s)}{y_{\text{Fast}}(s)} = \frac{y_{\text{Slow}}(s)/u(s)}{y_{\text{Fast}}(s)/u(s)} = \frac{g_{\text{Slow}}(s)}{g_{\text{Fast}}(s)}$$

因此,注意

$$\frac{y_{\text{Slow}}(s)}{u(s)} = g_{\text{Slow}}(s) = \left(\frac{g_{\text{Slow}}(s)}{g_{\text{Fast}}(s)}\right) g_{\text{Fast}}(s) \tag{12.26}$$

基于$y_{\text{Fast}}$和$y_{\text{Slow}}$之间的积分关系假设,可以得出$g_{\text{Slow}}(s)/g_{\text{Fast}}(s)$的分母至少在$s$上高出分子一阶。

现在思考下面的控制设计策略。由于$y_{\text{Fast}}$的变化导致$y_{\text{Slow}}$的自然变化,我们先设计一个内环控制系统用以控制$y_{\text{Fast}}$,然后再设计一个外环控制系统用以控制$y_{\text{Slow}}$。或者使用如图 12.15所示的框架及虚线框内所示的内部回路。尽管这方法看起来更错综复杂,但通常更容易设计,也更容易得到一个稳定的闭环系统。

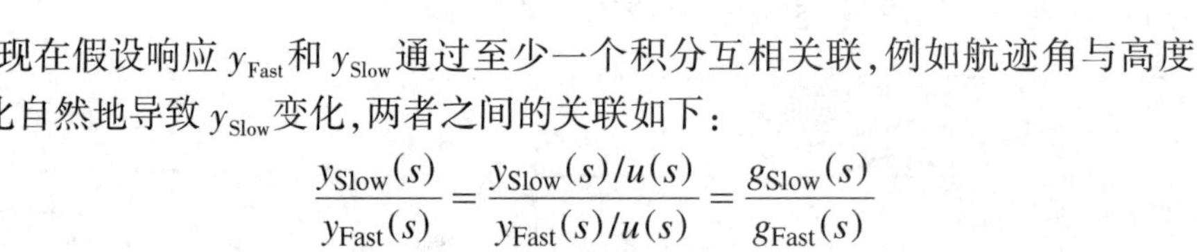

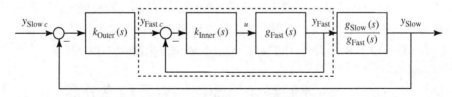

图 12.15 内部回路和外部回路结构

按照以上设计步骤,可以合成$k_{\text{Inner}}(s)$以使$y_{\text{Fast}}$跟随或跟踪$y_{\text{Fast}\,c}$。这样就让虚线框内的内环系统生成了如下传递函数:

$$\frac{y_{\text{Fast}}(s)}{y_{\text{Fast }c}(s)} \approx \frac{\omega_{c\text{ inner}}}{s+\omega_{c\text{ inner}}} \approx \text{，频率低于 } \omega_{c\text{ inner}}\text{时} \tag{12.27}$$

因此,在频率低于内部回路增益穿越频率 $\omega_{c\text{ inner}}$时,该传递函数约等于1。

这一点让外部回路的初步设计变得更简单。我们只需要将(虚线框内)内部回路的传递函数设成等于1,且设计 $k_{\text{Outer}}(s)$时使 $y_{\text{Slow}}$跟随或跟踪 $y_{\text{Slow }c}$即可。由于 $g_{\text{Slow}}(s)/g_{\text{Fast}}(s)$比 $g_{\text{Slow}}(s)/u(s)$更简单,这个设计步骤比原来的一步设计法更直观。

需提醒的是,设计者必须保证外部回路的增益穿越频率 $\omega_{c\text{ outer}}$比内部回路的 $\omega_{c\text{ inner}}$更小。也就是说,必须保持穿越频率分离,否则,就违反了虚线框中内部回路的闭环传递函数等于1的设定。但是让 $\omega_{c\text{ outer}}$小于 $\omega_{c\text{ inner}}$完全符合 $y_{\text{Fast}}$比 $y_{\text{Slow}}$响应更迅速这个论据。因此,假设该频率分离完全符合该系统的物理性。

假设穿越频率分离也允许从根本上单独设计内部和外部回路。具体而言,考虑增加外部回路对内部回路的波特/奈奎斯特分析的影响。最初设计内部回路(没有出现外部回路)时,回路成形会造成内部回路开环传递函数 $|k_{\text{Inner}}g_{\text{Inner}}|$ 的波特幅值大于该回路增益穿越频率 $\omega_{c\text{ inner}}$以下的频率范围。此外,单独设计外部回路时(假设内部回路的闭环传递函数约等于1),回路成形会造成外部回路开环传递函数 $|k_{\text{Outer}}g_{\text{Outer}}|$ 的波特幅值在该回路增益穿越频率 $\omega_{c\text{ outer}}$以上的频率范围内较小(或"滚离"该范围)。如果设计者确保内部和外部回路的频率分离,或保证 $\omega_{c\text{ outer}}<\omega_{c\text{ inner}}$,关闭围绕内部回路的外部回路将稍微改变内部回路的开环波特图,且任何改变只会出现在低于 $\omega_{c\text{ inner}}$的频率范围中——该范围内的幅值初始值较大。由此,设计好适当的回路成形和频率分离,增加外部回路对内部回路中获得的初始增益穿越频率或稳定性裕度只有极小的影响或无影响。

同样,通过分析出现内部回路对外部回路波特/奈奎斯特分析的影响可得出:设计好适当的回路成形和频率分离,增加内部回路对在外部回路中获得的初始增益穿越频率或稳定性裕度只有极小的影响或无影响。本章将采用这种在实践中广泛应用的内部和外部回路方法。

## 12.3 飞行动力学频率范围

回顾回路成形法讨论可知设计者必须注意指令和扰动的频率范围,因其会影响增益穿越频率的选择。考虑图12.16来理解飞行器飞行控制中遇到的典型频率范围。这里的频率范围是定性的,因此图中没有出现具体的范围,但所示的频率范围的相关幅值合适。

图表下方第一排对应飞行器的自然纵向模式,包括面传动机构和推进系统。注意短周期和长周期模式间的频率分离,及在模态响应中占主导地位的飞行器响应。同时注意有时面传动机构迅速到足以激活结构模式。

图表下方第二排包含各种受控制响应的典型带宽(或增益穿越频率)。例如,俯仰姿态控制系统的带宽通常接近控制俯仰响应的短周期模式的自然频率,而由于需要俯仰旋转来产生导致垂直加速度的升力,高度控制系统的带宽自然低于短周期自然频率。

最后一排显示了可激活反馈控制系统的重要扰动的频率范围,反馈系统必须抵抗这些扰动。扰动包括常风、阵风、传感器噪声和数字效应,如量化噪声。回顾可知开环波特图的幅值需大于抗扰动(如常风)的频率范围,需小于可破坏反馈系统稳定性的未建模动态特性(如数字效应)的频率范围。讨论纵向自动驾驶仪时我们会频繁借鉴该图表中的概念。

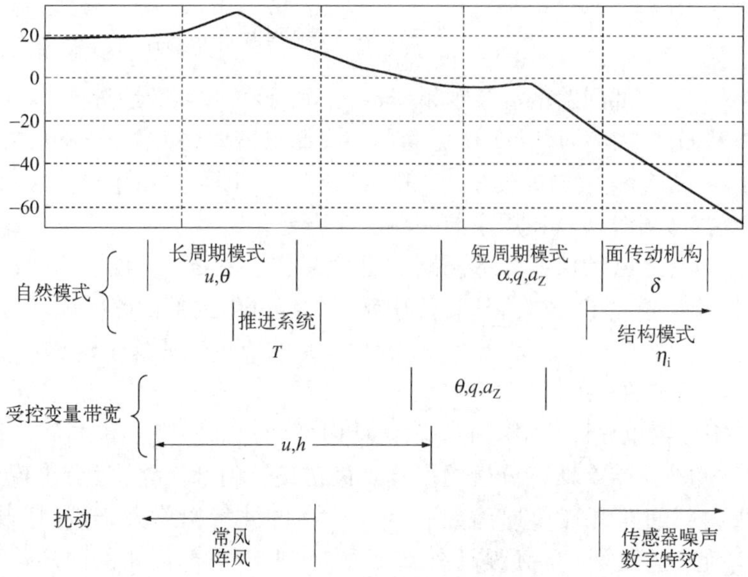


图 12.16　纵向轴的频率范围

图 12.17 显示了对应横向轴的类似图表,图中再次给出了相同的三排频率范围:自然模式、控制响应和扰动。这里很关键的一点是重要的滚转下沉模式和“麻烦”的荷兰滚模式都落在同一个频率范围内。讨论横向自动驾驶仪时我们会频繁借鉴该图表中的概念。

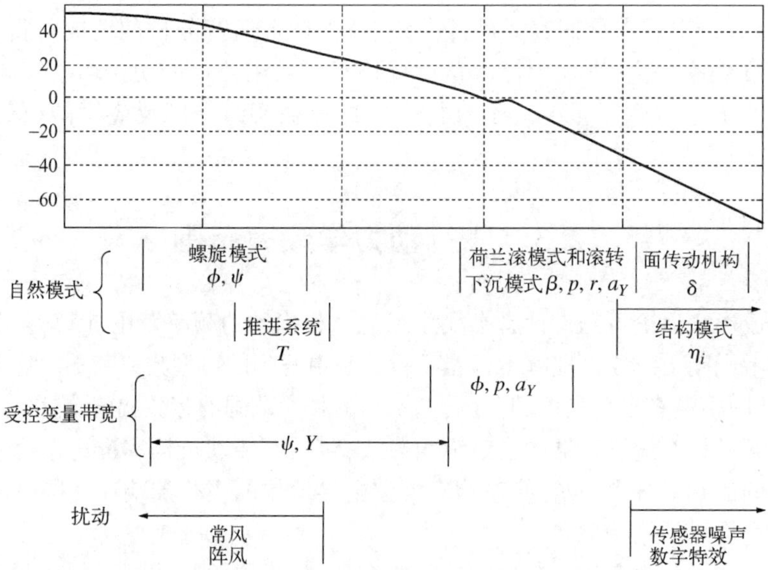


图 12.17　横向轴的频率范围

最后,在具体处理各种自动驾驶仪模式之前,如第十一章所述,我们再次强调飞行器是一个多输入/多输出系统。图 12.18 中显示的原理图强调这一事实,该图以图 11.8 为依据。在之前的图示中,外部回路控制由飞行员操纵,而这里至少某些外部回路控制功能由自动驾驶仪操纵。

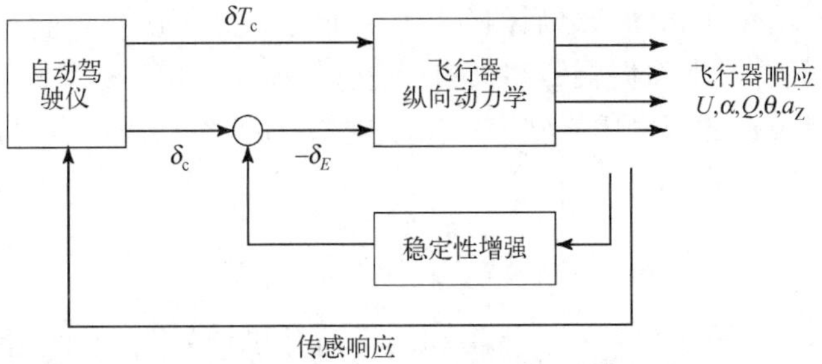


图 12.18　自动驾驶仪的典型控制结构

在此强调系统的多输入/多输出特性是因为在下面的章节中,许多自动驾驶仪模式将使用单输入/单输出框图进行描述。使用这种类型的框图允许我们把讨论重点放在自动驾驶仪——反馈回路上。但需说明的是,在讨论中增加反馈回路必定会影响所有的飞行器响应。评估一个特定的自动驾驶仪模式时,所有的飞行器响应被考虑在内。

## 12.4　姿态控制

在飞行动力学中,首先要控制的响应是俯仰姿态和倾斜角,因为每个飞行动作都基于控制姿态的能力。回顾 12.2 节中关于高度变化的讨论——高度变化这一动作从俯仰姿态变化(或者攻角的化)开始。同样,横向位置的变化从倾斜角的变化开始。简而言之,攻角控制升力矢量的幅值,倾斜角控制升力矢量的方向。所以,姿态控制是基础,也是我们开始探讨的起点。

讨论过程中,我们假定一个常规飞行器构型(即分别控制俯仰、滚转、偏航力矩效应器的升降舵、副翼和方向舵)。如果考虑另一种飞行器构型,我们将对力矩效应器的相应符号做适当调整,但基本的综合法保持不变。

### 12.4.1　俯仰姿态控制

在所有的自动驾驶仪模式中,俯仰姿态指令模式用于减少飞行员的工作量。例如,在爬升至航空管制指定的巡航高度过程中,自动驾驶仪模式应通过一些固定的油门设定来保持俯仰姿态。

第十一章(11.3 节)中引入了俯仰姿态控制这一主题来说明了提供充分的短周期阻尼的必要性。现在继续展开讨论。根据 12.1 节呈现的方法论,如果我们想要合成俯仰姿态 $\theta$ 跟随或跟踪指令俯仰姿态 $\theta_c$ 的控制律,关键是建立一个控制律以使指令、扰动及传感器噪声出现时,误差 $e$ 较小,其中

$$e(s) = \theta_c(s) - \theta(s) \tag{12.28}$$

图 12.19 中的框图显示了基本的控制结构,与图 12.8 所示的常规反馈系统一致。(注意在第十一章中,升降舵偏转的符号法则在这个框图中颠倒过来,使得正传动机构指令 $\delta_a$ 产生了正俯仰加速度。)俯仰动力学包括所有必需的稳定性增强系统,比如用以加强短周期频率的俯仰阻尼器和/或攻角反馈系统。增强反馈的稳定性在第十一章已具体讨论过。

现在我们不侧重探讨姿态指令 $\theta_c$ 的来源。它可能来自于飞行员的驾驶杆操纵输入,可能由飞行员拨入,或者来自于稍后要探讨的其他源头。为简化起见,图 12.8 所示的外部扰动 $D$

和传感器噪声 S 将不出现在该图和之后的框图中。但在现实情况中它们一直存在。

最后,图 12.19 显示了齿面伺服传动机构,此传动机构将纳入姿态控制的讨论中,因为传动机构是该系统中最关键的限制因素之一。出于这个目的,传动机构表示为一阶滞后,其传递函数为

$$a(s) \triangleq \frac{-\delta_E(s)}{\delta_a(s)} = \frac{1}{T_a s + 1} \tag{12.29}$$

式中:$T_a$ 是传动机构的时间常数。传动机构动力学通常更加复杂,但使用一个简单的滞后模型就可获得其关键特性。

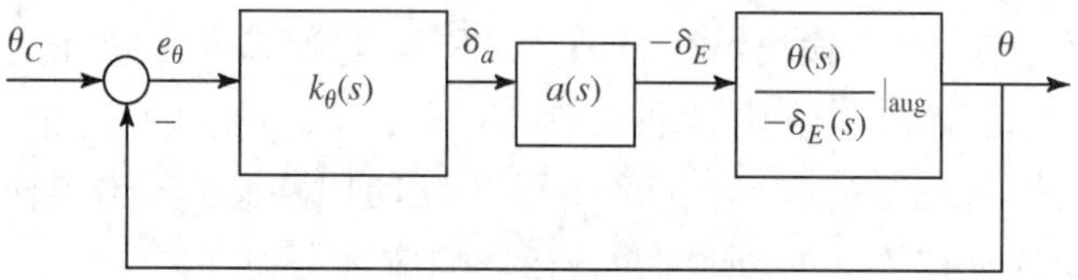


图 12.19　俯仰姿态控制回路

现在我们可以合成俯仰姿态控制律。学生应特别注意其过程以及如何选择设计。回顾 11.3 节可知俯仰姿态反馈增益增大,短周期模式阻尼就减小,如图 11.10(a)中的根轨迹图所示。但再观察一下开环系统或 $k_\theta(s)a(s)g(s)$ 的波特图情况。为了让讨论更清楚,我们将使用 DC-8 飞机在飞行条件 3 下的数据,即巡航状态为高度 33000ft,巡航马赫数为 0.84($U_0$ = 824fps)(见附录 B)。很多产生的问题都较常见,并非只出现于这个飞行器上。

在此种情形下,俯仰姿态传递函数为

$$\frac{\theta(s)}{-\delta_E(s)} = \frac{4.57(s+0.0144)(s+0.7247)}{(s^2+0.01174s+0.0005933)(s^2+2.153s+9.896)} \text{ rad/rad} \tag{12.30}$$

注意短周期和长周期模式的频率和阻尼为

$$\omega_{SP} = 3.15\text{rad/s},\ \omega_P = 0.0243\text{rad/s}$$
$$\zeta_{SP} = 0.342,\qquad \zeta_P = 0.241$$

图 12.20 显示了 $\theta(j\omega)/\delta_a(j\omega)$ ( $= kag(s)$,且 $k_\theta = K_\theta = 1$rad/rad) 的波特图,其包括传动机构。注意在图中,参考线表示幅值图的斜率为-20dB/dec,相位角为-90°。

同时注意两个显示的波特图中,虚曲线对应无传动机构的俯仰姿态传递函数,或方程(12.30)。两个图放在一起是为了显示在频率远低于传动机构本征幅值(本例中为 15/s)时,传动机构如何影响相位。

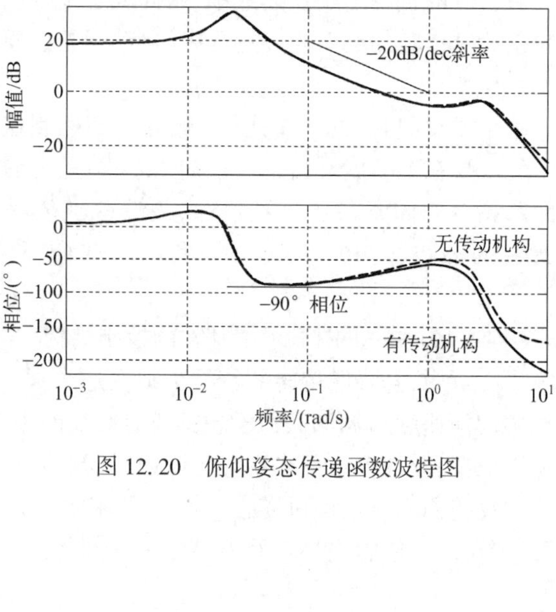


图 12.20　俯仰姿态传递函数波特图

从这两个波特图中可以看出,如果我们调整控制增益 $K_\theta$,让增益穿越频率 $\omega_c$ 处于约 0.06~1.0rad/s 的频率范围中,则

$\omega_c$ 处的幅值图斜率将约为-20dB/dec,且反馈回路将有一个至少 90°的鲁棒相位裕度。但是,如果 $\omega_c$ 远远低于 1rad/s,控制律将不能提供可行的性能。有两点原因:第一,在频率低于增益穿越时,回路增益 $|kag(j\omega)|$ 可能不够大;第二,增益穿越频率可能不够高,以致不能让响应速度足够迅速。记住闭环系统的时间常数约为 $T_{CL}\approx 1/\omega_c$。

我们试图用以下两种方式来消除这些缺陷:使用更高的增益穿越频率;考虑能否避免增加控制器 $k_\theta(s)$ 的积分项。但是,提高增益穿越频率 $\omega_c$ 需谨慎。我们可以提高控制增益 $K_\theta$,让增益穿越频率 $\omega_c$ 出现在 1~2rad/s 范围中。但如果需要更高的 $\omega_c$,必须降低增益裕度,这样会使系统对增益 $K_\theta$ 非常敏感。注意在频率为 3rad/s 时,波特图中相位是如何突降的,而在此频率下的幅值图斜率并不是所需的-20dB/dec。这个特性印证了 11.3 节中根轨迹分析揭示的情况,即随着姿态控制增益的升高,短周期极点向虚轴靠得更近。

但现在我们知道如何增加短周期阻尼——通过安装俯仰阻尼器。依据增加的短周期阻尼对波特图的影响,通常可得出,随着模态阻尼的升高,可得到两个所需的结果——处于转角频率(这里指短周期频率)范围内的幅值峰值降低,且 180°的相位过渡变得更加缓慢。

回顾 11.3.1 节中的讨论内容,可以了解在图 12.19 所示的姿态控制框图情形下,俯仰阻尼器应有以下的控制律。

$$\delta_a(s) = \delta_c(s) - K_q q(s) \tag{12.31}$$

式中:$\delta_c(s)$是图 12.19 中姿态控制器 $k_\theta(s)$ 的输出,俯仰角速度使用角速度陀螺仪来感应。图 12.21中的框图描绘了安装此类俯仰阻尼器的俯仰姿态控制器。该姿态控制器仍可用图 12.19 表示,但图中的俯仰姿态传递函数应为 $\theta(s)/\delta_c(s)$,包含俯仰阻尼器和传动机构。

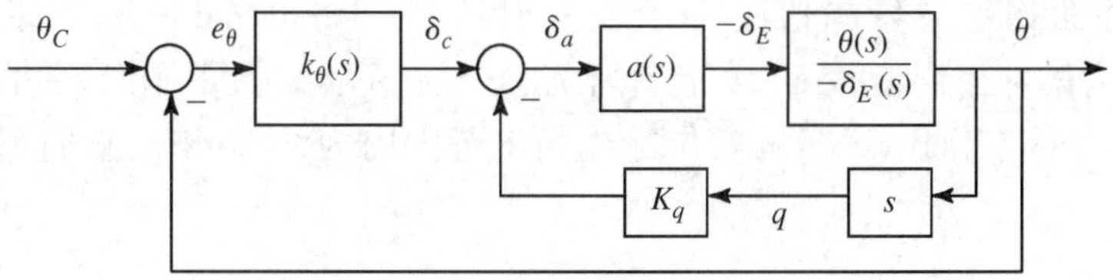


图 12.21 带俯仰阻尼的俯仰姿态控制器

根据例 11.3 中的方法,采用时间常量 $T_a = 0.05$s 的传动机构,设定可产生短周期高阻尼的俯仰阻尼增益,这是因为俯仰姿态回路在阻尼减少时是闭合的。俯仰阻尼增益 $K_q$ 为 1.0rad/(rad·s)时,会产生下列本征值:

$$\lambda_{SP\,1} = -3.0962\ /s$$
$$\lambda_{SP\,2} = -7.2041\ /s$$
$$\lambda_P = -0.00614 \pm j0.02016\ /s$$
$$\lambda_a = -11.85\ /s$$

继续使用该俯仰阻尼增益,必要时进行微调。用来设定此增益的 MATLAB 指令为:

| | |
|---|---|
| `»sys=ss(a,-b,c,d);` | 根据矩阵**a**、-**b**、**c** 和**d** 建立飞行器状态为量模型 |
| `»dena=[1 20];aa=tf(20,dena)` | 定义传动机构传递函数 |
| `»sysaa=series(aa,sys)` | 建立有传动机构的状态变量模型 |
| `»[aaa,ba,ca,da]=ssdata(sysaa)` | 为带传动机构的飞行器列出矩阵**A**、**B**、**C**、**D** |
| `»aaaug=aaa-ba*1*ca(4,:)` | 为带俯仰阻尼器的系统计算增强矩阵**A** |
| `»eig(aaaug)` | 确定增强矩阵**A** 的本征值 |

图 12.22 描绘了包含传动机构和俯仰阻尼器的 $\theta(s)/\delta_c(s)$ 波特图，还描绘了拆除俯仰阻尼器的波特图以供参考。注意俯仰阻尼器在 3.2rad/s 附近(开环短周期频率)时如何进行平滑的 180°相位过渡。此波特图暗示着由于在该频率范围的相位减少变得更加缓慢，俯仰姿态回路的增益穿越频率 $\omega_c$ 可能会增加。如有必要，可将穿越频率增至约 5rad/s。但这样会接近不具有额外相位补偿的最大容许增益穿越频率，其受约为 60°的最小容许相位裕度限制。另外，穿越频率越高，升降舵偏转和角速度就越大。

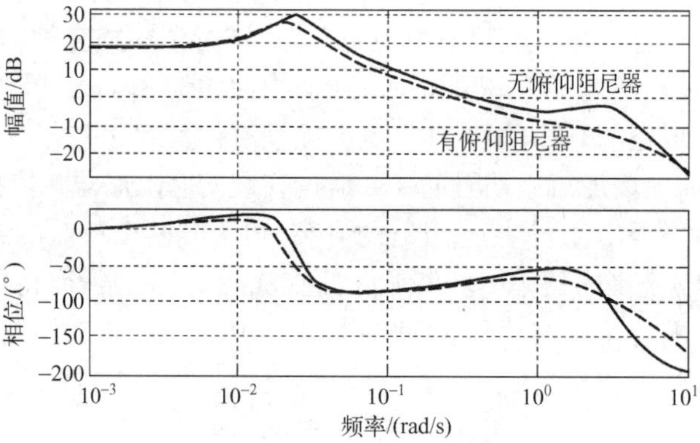


图 12.22 俯仰阻尼器对俯仰姿态波特图的影响

图 12.23 显示的是含俯仰阻尼器的系统的同一个波特图，但放大了所需增益穿越频率附近的范围。注意如果波特幅值图一律增大 10dB(3.16rad/rad)，增益穿越将出现在约 2rad/s 处，这就为俯仰控制增益 $K_\theta$ 设定了所需值。在该增益值下，相位裕度超过 90°。同样地，增益裕度在略高于 10rad/s 的相位穿越频率范围内为约 20dB。它们都是鲁棒稳定性裕度。

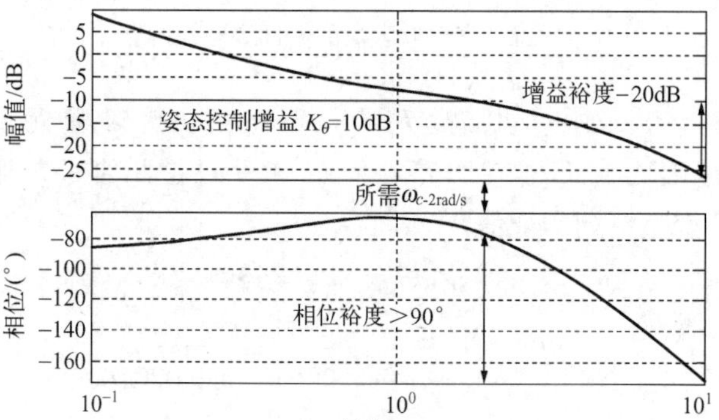


图 12.23 所需增益穿越频率附近的放大波特图

图 12.24 给出了带俯仰阻尼器(或 $kag_{\text{aug}}(s)$)的同一姿态控制回路的奈奎斯特图以供参考。此图证实了刚从波特图中得到的稳定性裕度。由于奈奎斯特图实际上并没有提供比图 12.23 所示波特图更多的信息，我们基本上不使用奈奎斯特图。

设定了俯仰姿态增益，就可以组合闭环俯仰姿态控制系统的模型。假设带俯仰阻尼器的飞行器的状态变量表表达式如下：

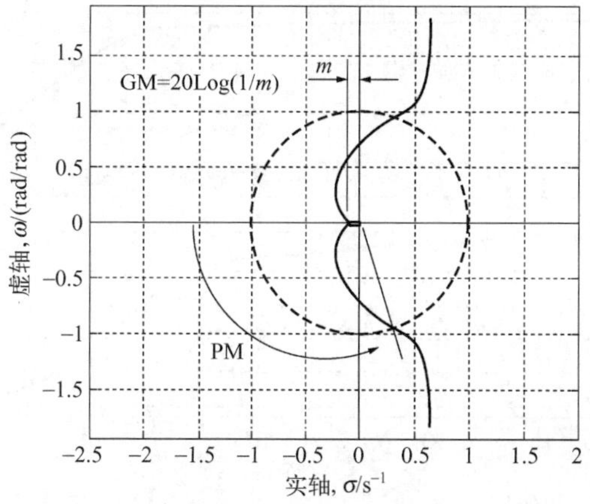


图 12.24 (带俯仰阻尼器的)俯仰姿态控制回路奈奎斯特图

$$\begin{cases} \boldsymbol{x}^{\mathrm{T}} = [u \quad \alpha \quad \theta \quad q \quad \delta_E] \\ \dot{\boldsymbol{x}} = \boldsymbol{A}_{\mathrm{PD}}\boldsymbol{x} + \boldsymbol{b}_{\mathrm{PD}}\delta_c \\ \boldsymbol{c}_\theta = [0 \quad 0 \quad 1 \quad 0 \quad 0] \\ d = 0 \end{cases} \tag{12.32}$$

式中:$\boldsymbol{A}_{\mathrm{PD}}$和$\boldsymbol{b}_{\mathrm{PD}}$表示飞行器的纵向动力学加上传动机构,如之前讨论的一样,被俯仰阻尼器增强。

闭环俯仰姿态控制系统的状态变量表达式则表示如下:

$$\begin{cases} \delta_c = K_\theta(\theta_c - \theta), \text{俯仰姿态控制法则} \\ \dot{\boldsymbol{x}} = \boldsymbol{A}_{\mathrm{PD}}\boldsymbol{x} + \boldsymbol{b}_{\mathrm{PD}}K_\theta(\theta_c - \theta) \\ \quad = (\boldsymbol{A}_{\mathrm{PD}} - \boldsymbol{b}_{\mathrm{PD}}K_\theta\boldsymbol{c}_\theta)\boldsymbol{x} + (\boldsymbol{b}_{\mathrm{PD}}K_\theta)\theta_c \end{cases} \tag{12.33}$$

使用下面的指令在 MATLAB 很容易进行此类演算。

| | |
|---|---|
| `» sysaug = ss (aaaug,ba,ca,da)` | 定义带俯仰阻尼器的增强飞行器的状态变量模型(之前已讨论) |
| `» acl = aaaug-ba * 3.16 * ca (3,:)` | 带俯仰控制器的闭环矩阵$\boldsymbol{A}_{\mathrm{CL}_\theta}$ |
| `» bcl = ba * 3.16 *` | 带俯仰控制器的闭环矩阵$\boldsymbol{B}_{\mathrm{CL}_\theta}$ |
| `» syscl = ss (acl,bcl,ca,da)` | 定义带俯仰阻尼器的闭环系统的状态变量模型 |

注意短周期阻尼已经从大于 1 减少至约 0.6,而两个长周期极点渐渐趋实。以上结果都与 11.3 节的讨论一致。

闭环姿态控制系统的频率响应如图 12.25 所示。注意这里的系统带宽定义为相位成−45°时的频率,约为 2rad/s,与增益穿越频率 $\omega_c$ 一样。此图显示,依照要求闭环传递函数 $\theta(s)/\theta_c(s)$ 在其带宽下的频率范围之内约等于 1。但要注意存在 2rad/s 以下的小相位损耗。闭环频率响应的这些特点对之后的分析非常重要。

指令姿态 $\theta_c$ 阶跃变化为 1°时俯仰姿态控制飞行器的时间响应如图 12.26 所示。俯仰姿态响应表明没有尖峰的上升时间为约 3~4s,且最高升降舵偏转小于 0.5°,这两点都是可行的。

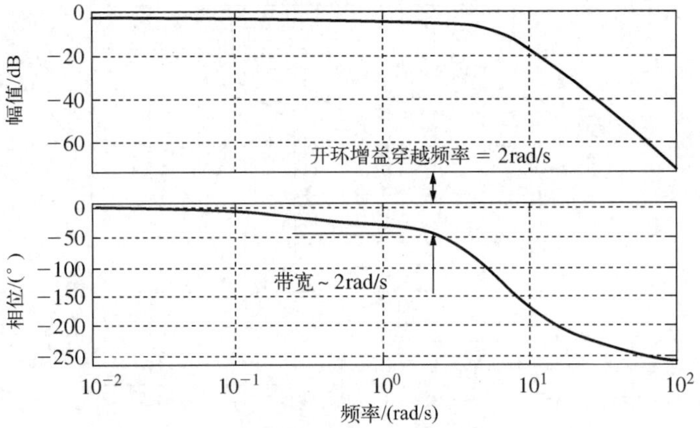


图 12.25 闭环频率响应——俯仰姿态控制飞行器——$\theta(s)/\theta_c(s)$(巡航状态)

但注意因控制律没有包含任何积分项,图中有一个细微的稳态俯仰姿态误差(虚线代表稳态响应)。但是按照其应用范围,这也是可行的。更高的俯仰姿态增益穿越频率 $\omega_c$ 可获得更快的响应,但这会导致更大的升降舵偏转,因此也需要更高的俯仰阻尼增益。这些增益都不能设定得太高,原因是高频率时会出现噪声和未建模的动力学特性。

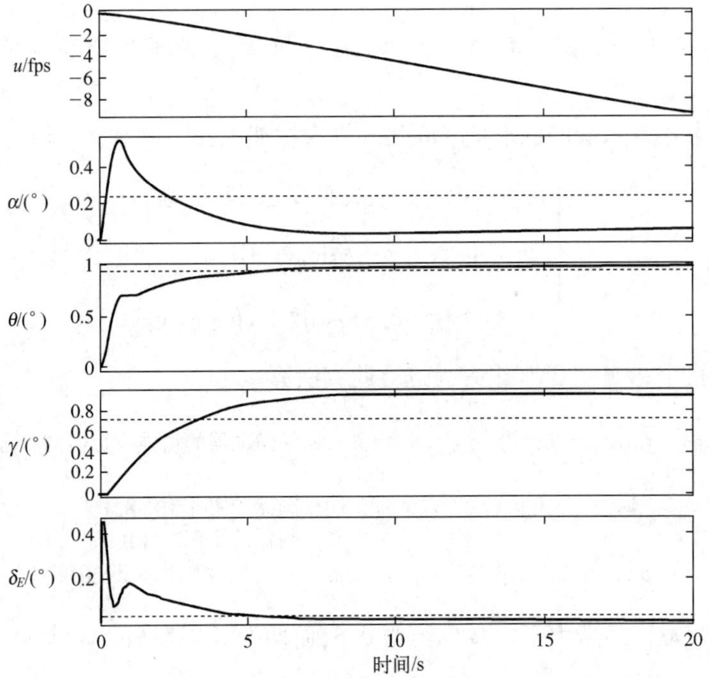


图 12.26 俯仰姿态控制器的响应时间(巡航状态)

对于这些时间响应而言,还存在一个重要事实,即稳态航迹角 $\gamma$ 为正。之所以重要是因为此控制器的一个关键应用是调整高度。至少在巡航飞行状态下,飞行器需要俯仰姿态的提高以达到高度的增加。就算飞行速度持续下降直至稳态损失达到 40fps,稳态航迹角仍保持为正角。由于飞行器被视为“位于动力曲线的前部”①，飞行速度下降会导致保持水平飞行所需动力(推力)的减少，因此飞行器继续爬升。下面的举例中将回顾这一事实，但我们先使用这个控制器。

现在来思考同一个飞行器在进场飞行状态下的俯仰姿态控制问题，可以发现该控制器的时间响应具有一些不同于之前的特征。飞行器同样为飞行条件 1 之下的 DC-8，即进场状态：马赫数为 0.218($U_0=244$fps)、襟翼偏转的海平面飞行。机身重 190000lbs(见附录 B)。本例中的俯仰姿态传递函数为

$$\frac{\theta(s)}{-\delta_E(s)}=\frac{1.3391(s+0.06049)(s+0.5352)}{(s^2+0.01986s+0.02669)(s^2+1.69s+2.625)} \tag{12.34}$$

其短周期和长周期频率和阻尼为

$$\omega_{SP}=1.619\text{rad/s} \qquad \omega_P=0.1635\text{rad/s}$$
$$\zeta_{SP}=0.522 \qquad \zeta_P=0.0606$$

使用相同的 0.05s 的传动机构时间常量和 1.5rad/(rad·s)的角速度反馈增益 $K_q$ 可分别得出 2.07rad/s 的短周期频率和 0.99 的阻尼。由图 12.27 的开环系统(带俯仰阻尼)波特图中可以看出 10dB(3.16)的俯仰姿态控制增益 $K_\theta$ 造成增益穿越频率稍微超过 1rad/s(低于之前的 2rad/s)，相位裕度超过 90°，增益裕度超过 20dB。

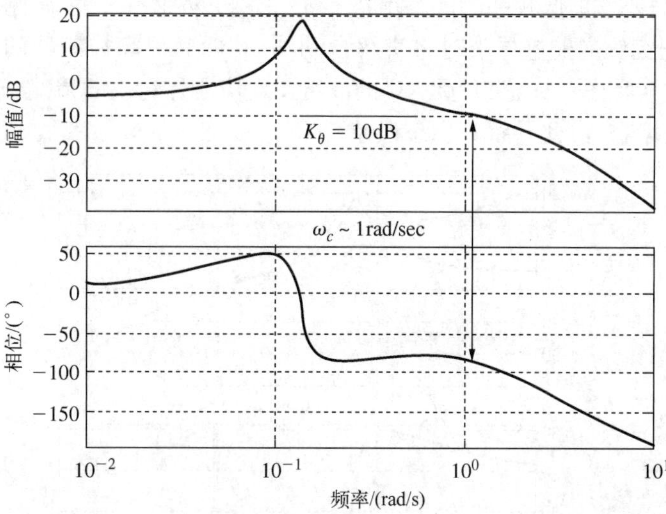


图 12.27　带俯仰阻尼器的升降舵至俯仰姿态 $\theta(s)/-\delta_E(s)$ 波特图(进场状态)

图 12.28 显示了此俯仰姿态控制器在飞行器进场飞行状态下的时间响应。可以看出此控制器的性能较之于巡航飞行状态明显下降了。俯仰姿态响应的稳态误差增大到约为 30%，速度下降了约 6fps，稳态航迹角则稍低于 0。与此航迹结果相关的一个事实是此时的飞行器位于或靠近“动力曲线的后部”，意味着随着飞行器减速，需要更多动力(推力)保持水平飞行。因此恒定推力下，航迹角不能保持为正。

① “动力曲线”指维持水平飞行的所需动力($DV_V$)和可用动力($TV_V$)的图，对应飞行速度($V_V$)。过剩可用动力允许飞行器爬升。

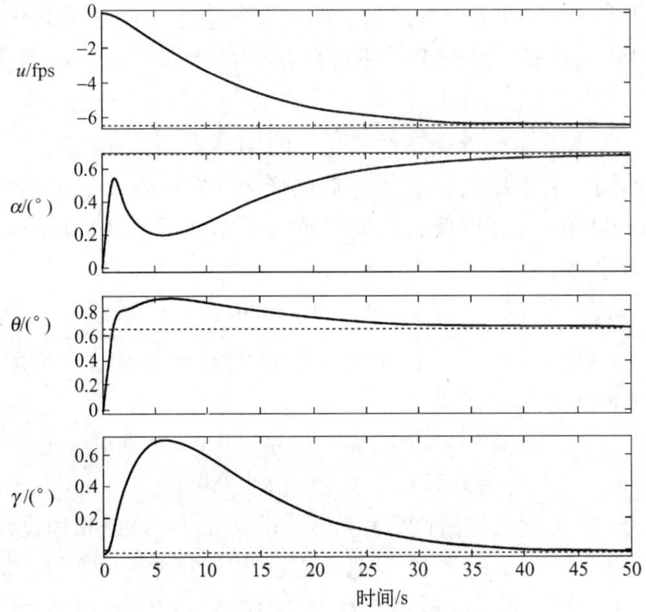


图 12.28　俯仰姿态控制器的时间响应(仅含增益)(进场状态)

为提高性能,需要增加低频率的回路增益 $|kg_{aug}|$,并安装一个自动油门保持恒定飞行速度。12.6.1 节中研究纵向航迹导引时将讲解自动油门,但为提高控制器的俯仰姿态性能,可参考图 12.29 中的波特图。标识为"无 PI"的波特图对应刚才讨论的情况(即该幅值图未充分反映低频率下的高增益,由此导致高稳态误差)。

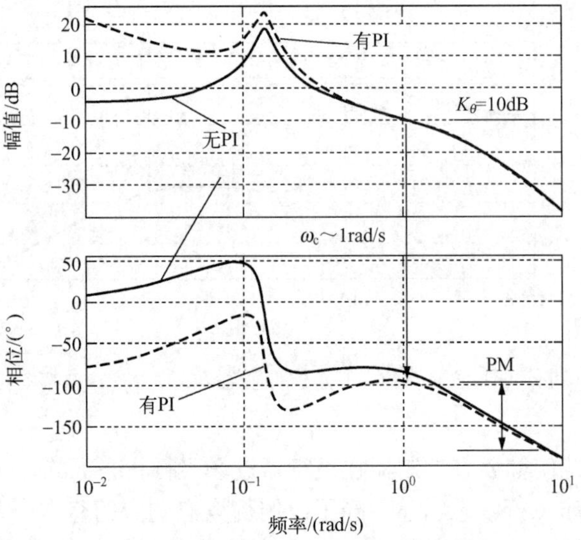


图 12.29　波特图——PI 补偿对开环俯仰响应的影响(均包含俯仰阻尼器,进场状态)

可以通过增加姿态控制回路的增益穿越频率或将积分项加入控制律中的方法来纠正此种误差。不推荐使用前一种方法,因为增加姿态回路的穿越频率需要俯仰阻尼器增益进一步提高。再观察俯仰角速度传递函数的波特图,可发现俯仰阻尼回路的增益穿越频率已经高于 10rad/s。再增加频率的话,就会导致传感器噪声和未建模动力学特性的问题,例如结构振动。

因此,不推荐增加此俯仰姿态回路的穿越频率。

反而,比例积分(PI)补偿可并入姿态控制律 $k_\theta(s)$ 中。观察图 12.29 中标识了"无 PI"的俯仰姿态回路波特图,PI 补偿器应设定为 0,这样补偿器就不会减少 1rad/s 所需穿越频率附近的相位,同时该频率附近的幅值图也会如 $K/s$ 一样。因此,该零点应设在 0.2/s 处,使得补偿器如下:

$$k_\theta(s) = K_\theta \frac{(s+0.2)}{s} \tag{12.35}$$

现在增益 $K_\theta$ 达到 1,图 12.29 中标识了"有 PI"的第二个曲线显示了有上述 PI 补偿器的开环俯仰姿态动力学波特图(包括俯仰阻尼器)。注意包含了 PI 补偿,低频率增益提高了,而 1rad/s 以上的相位损失微乎其微,因此我们的目标实现了。

再次观察此波特图可以发现,如果回路增益提高了 10dB,增益穿越频率则为 1rad/s,而在俯仰姿态控制律中设定的增益 $K_\theta$ 再次为 3.16rad/rad。此时相位裕度约为 85°,而增益裕度保持在 20dB 以上。最后的俯仰姿态控制补偿为

$$k_\theta(s) = 3.16 \frac{(s+0.2)}{s} \text{rad/rad} \tag{12.36}$$

带此俯仰姿态控制器(有俯仰阻尼器)的飞行器其阶跃响应如图 12.30 所示。通过增加 PI 补偿,控制器的俯仰响得到有效提升,而最大升降舵偏转仍只约为 0.5°。增加了积分项,稳态俯仰姿态误差现在为零。但是,稳态航迹角仍为微负,此问题将在 12.6.1 节自动油门的讨论中进一步讲解。

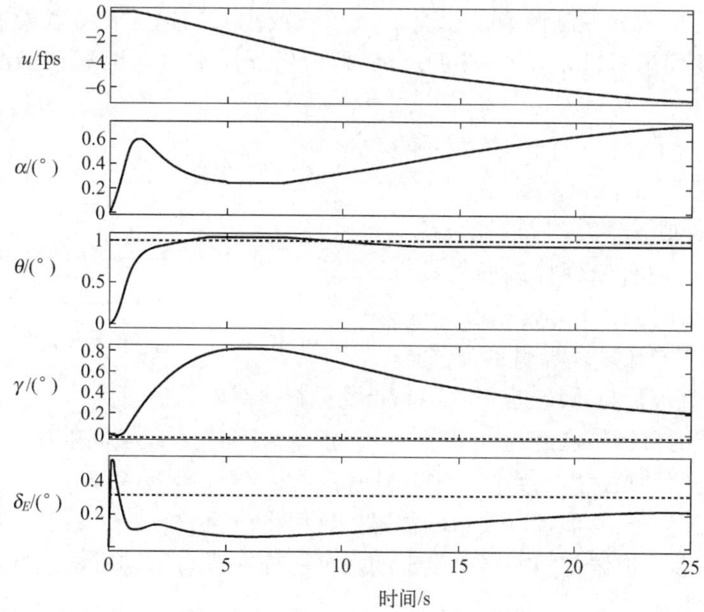


图 12.30 飞行器阶跃响应——有 PI 补偿的俯仰姿态控制器(进场状态)

建立含此控制律的飞行器模型的 MATLAB 指令如下:

```
» sys=ss(a,bdel,c,d)                     带升降舵输入的飞行器模型
» dena=[1 20];aa=tf(-20,dena);           升降舵传动机构模型(升降舵符号法则反向)
```

```
» sysaa=series(aa,sys)                              串联的传动机构和飞行器模型
» [aaa,ba,ca,da]=ssdata(sysaa)                       修复的状态变量矩阵
» aaaug=aaa-ba*1.5*ca(4,:);                          用俯仰阻尼器增强的飞行器矩阵A
» sysaug=ss(aaaug,ba,ca,da)                          定义增强系统的状态变量模型
» numc=[1.2];denc=[1 0];comp=tf(numc,denc)           定义PI补偿
» kg=series(comp,sysaug)                             串联的PI和增强飞行器
» [akg,bkg,ckg,dkg]=ssdata(kg)                       检索开环kg的状态模型矩阵
» acl=akg-bkg*3.16*ckg(3,:)                          有俯仰控制器的开环矩阵A_CLθ
» bcl=bkg*3.16                                       闭环系统矩阵A_CLθ
» syscl=ss(acl,bcl,ckg,dkg)                          带θc输入的俯仰控制系统
```

## 学生须知

机敏的读者可能注意到,我们运用两种飞行条件为同一个飞行器设计了两种不同的控制器。这种情况非常典型,但并不需要随着飞行条件的变化进行控制器的转换。有时候转换基于高度和马赫数的变化,而在其他情况下偏转的襟翼会引起控制律的转换。此转换称作增益调参,并广泛应用于飞行控制中。但需注意的是,增益调参是基于对飞行条件如何改变动力学特性且如何影响控制律的清晰理解,即增益调参取决于系统的物理性。

### 12.4.2 其他俯仰姿态控制方法

前面重点讲述了直接反馈和控制俯仰姿态角的系统,但还有其他的技术可间接控制俯仰姿态。例如,可反馈和控制俯仰角速度 $q$、攻角 $\alpha$ 或垂直加速度 $a_Z$。注意在最后一章讨论稳定性增强时,我们思考过 $q$、$\alpha$ 与 $a_Z$ 的反馈,但没有试图通过跟踪这种情况下的指令来控制响应。

图 12.31 显示了另一种俯仰控制系统(包括俯仰阻尼器)的概念框图,其中控制响应 $y$ 可为 $q$、$\alpha$ 或 $a_Z$。(这里的加减符号意味着必须使用适合俯仰控制面的符号法则。)此框图与图 12.21 非常相似。

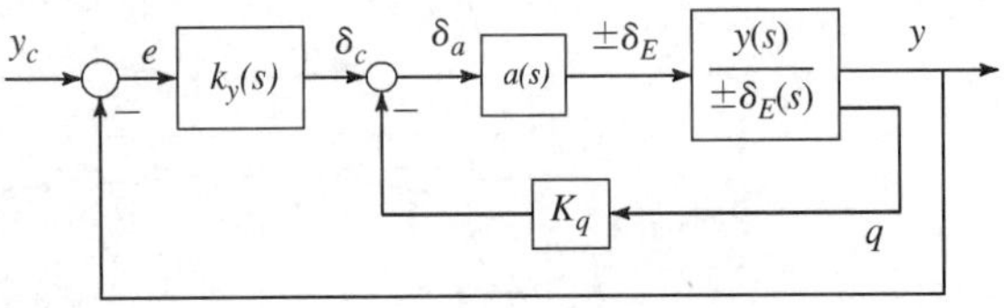


图 12.31 间接俯仰姿态控制系统

输入 $y_c$ 可能来自于外环导引系统,如 12.5.2 节所述的高度保持系统,也可将飞行员驾驶杆操纵输入解读为指令 $y_c$。在任何一种情况中,此控制系统的目标是迫使响应跟踪指令。指令为零时,系统会将响应控制在恒定值。于是,设计用于控制俯仰角速度的系统有时称作速度指令/姿态保持系统。

举一个特别的例子,考虑控制攻角的情况。这里将使用 F-5A 在飞行条件 1 下的数据(见附录 B),和例 11.3 合成俯仰阻尼器中设定的数据一样。没有传动机构或俯仰阻尼器的飞行器的攻角传递函数为

$$\frac{\alpha(s)}{-\delta_E(s)}=\frac{0.14(s^2+0.01086s+0.004533)(s+102.6)}{(s^2+0.005552s+0.001364)(s^2+1.219s+3.711)}\text{rad/rad} \tag{12.37}$$

作为典型示例,此函数中的长周期二次式被分子中类似的二次式抵消。现加入时间常量为 $T_a$=0.05s 的传动机构,根据图 12.31 的内容设俯仰阻尼器的控制律为

$$\delta_a(s)=\delta_c(s)-K_q q(s) \tag{12.38}$$

例如，如俯仰阻尼器增益为 $K_q=0.25\text{rad}/(\text{rad}\cdot\text{s})$，就可得到大于 1 的短周期阻尼（两个实极点）。

带传动机构和上述俯仰阻尼器的开环系统波特图，或 $kag_{\text{aug}}(s)$，如图 12.32 所示，标识为"无 PI"。由于波特幅值在低频率时不大，可将比例积分补偿加入方程：

$$k_\alpha(s)=K_P+\frac{K_I}{s}=K_P\frac{(s+K_I/K_P)}{s}\ \text{rad/rad} \tag{12.39}$$

注意如果设定补偿器为零，或 $K_I/K_P$ 约等于短周期频率，波特图在宽频率范围上将更类似 $K/s$。设 $K_I/K_P=2/\text{s}$，且让比例增益 $K_P$ 暂时等于 1，就产生了标识为"有 PI"的第二个波特图，如图 12.32 所示。此图证明，要保持 60°的相位裕度，必须设定增益穿越频率 $\omega_c$ 不大于 2rad/s。设定增益穿越为 2rad/s 对应了方程（12.39）中 $K_p\approx-10\text{dB}(0.32\text{rad/rad})$ 的比例增益。相应的增益裕度高于 20dB。

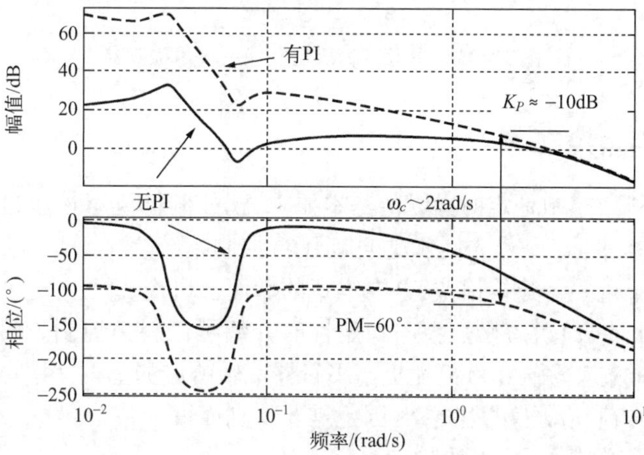


图 12.32　波特图——PI 对（带俯仰阻尼器的）开环 $\alpha(s)/\delta_c(s)$ 的影响

与方程组（12.33）相似，含闭环攻角控制律的飞行器模型表示如下：

$$\begin{cases}\dot{\boldsymbol{x}}=\boldsymbol{A}'_{\text{PD+I}}\boldsymbol{x}+\boldsymbol{b}'_{\text{PD+I}}\delta_c,\text{带俯仰阴尼器和积分补偿的系统}\\ \delta_c=K_P(\alpha_c-\alpha),\text{积分补偿}\alpha\text{控制律}\\ \dot{\boldsymbol{x}}=(\boldsymbol{A}_{\text{PD+I}}-\boldsymbol{b}'_{\text{PD+I}}K_P\boldsymbol{c}'_\alpha)\boldsymbol{x}+(\boldsymbol{b}'_{\text{PD+I}}K_P)\alpha_c,\text{闭环系统}\end{cases} \tag{12.40}$$

设 $K_P$ 为 0.32rad/rad，就可得到下面的闭环本征值：

$$\lambda_P=-0.0041562\pm \text{j}0.067262\ /\text{s}$$
$$\lambda_{\text{SP}}=-1.8535\pm \text{j}1.6584\ /\text{s}$$
$$\lambda_{\text{actuator}}=-15.7\ /\text{sec},\quad \lambda_{\text{PI}}=-1.87\ /\text{s}$$

其产生的闭环短周期阻尼为 0.75。

1°攻角指令变化的飞行器阶跃响应如图 12.33 所示。注意攻角响应迅速而没有尖峰，上升时间少于 2s。控制律加入积分项，没有出现稳态误差。其他三个响应由长周期响应控制，且稍有阻尼。这与之前讨论的俯仰姿态控制系统的结果正好相反，其产生了实现充分阻尼的长周期模式。因此，这里的外环控制器（如飞行员）需要控制长周期，但这样应不会构成技术问题。此控制方法是否会造成可行的处理特性是另一个问题，在此不做讨论。

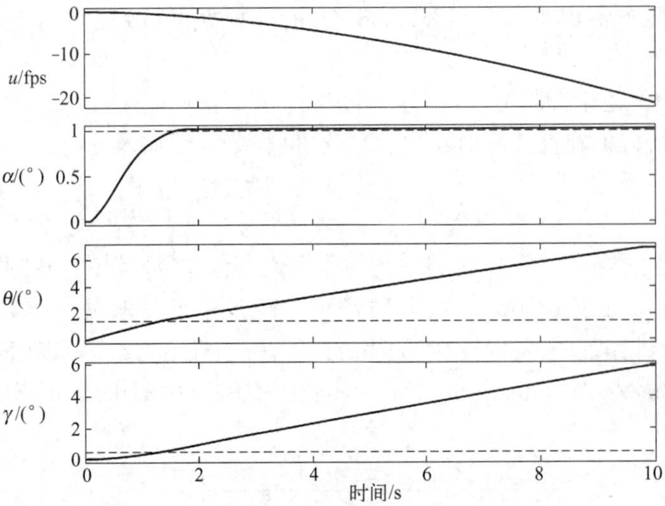


图 12.33　飞行器阶跃响应——攻角控制器

### 12.4.3　倾斜角控制

我们注意到倾斜角控制是定向操纵的基本要求，正如俯仰姿态控制是纵向操纵的基本要求。(事实上"机翼水平器"是最先展示的自动飞行控制系统之一。)因此，倾斜角控制器是横向自动驾驶仪的一个重要的建构模块，这在本章的后面会讨论。

在第十一章(11.4 节)讲解增强纵向稳定性时介绍了倾斜角控制。回顾可知，抗偏器、滚转阻尼器和副翼方向舵交联(ARI)都在提高飞行器滚转响应的上下文中讨论过。回顾第十一章的根轨迹分析可知荷兰滚模式很复杂，因此需要特别谨慎。

倾斜角控制器的常规框图如图 12.34 所示。此控制器设计成迫使倾斜角跟踪由飞行员或外环控制律发出的指令倾斜角。飞行器动力学包括任何必需的稳定性增强，如高通抗偏器和 ARI，且面传动机构也包含在内。(注意方向舵偏转符号反向。)记住安装抗偏器是为了提供荷兰滚模式的额外阻尼，而 ARI 则减少了副翼偏转的逆偏航，逆偏航会激活不良的荷兰滚模式。

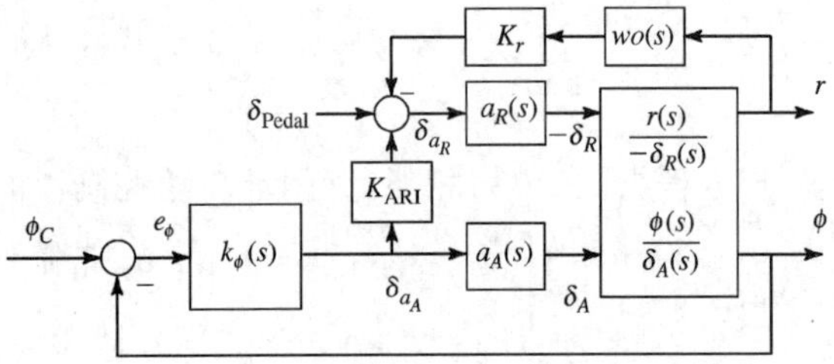


图 12.34　倾斜角控制系统框图

为了让接下来的讨论更具体，先展示采用 DC-8 飞机在飞行条件 3(见附录 3)的数据合成此倾斜角控制器。这里遇到的许多问题都很常见，不仅限于此飞行器。机身重 230000lbs，巡航飞行状态，飞行高度为 33000ft，马赫数为 0.84。本例中的副翼—倾斜角传递函数为

$$\frac{\phi(s)}{\delta_A(s)} = \frac{2.11\left(s^2 + 0.3045s + 2.023\right)}{\left(s + 0.004053\right)\left(s + 1.254\right)\left(s^2 + 0.2373s + 2.235\right)} \text{ rad/rad} \tag{12.41}$$

$$\approx \frac{1.91}{s\left(s + 1.254\right)} \text{ rad/rad}$$

其荷兰滚无阻尼自然频率和阻尼比分别约为 1.5rad/s 和 0.16。注意该飞行条件下的滚转下沉极点幅值(1.25/s)比荷兰滚频率小,使得滚转控制问题在一定程度上比相反情况(稍后再讨论此类情形)下更容易。

现增加两套伺服传动机构控制副翼和方向舵面偏转。此类传动机构再次使用时间常量为 0.05s 的简单一阶滞后模型,即 12.4.1 节和 12.4.2 节中讨论的用于控制俯仰姿态的模型。

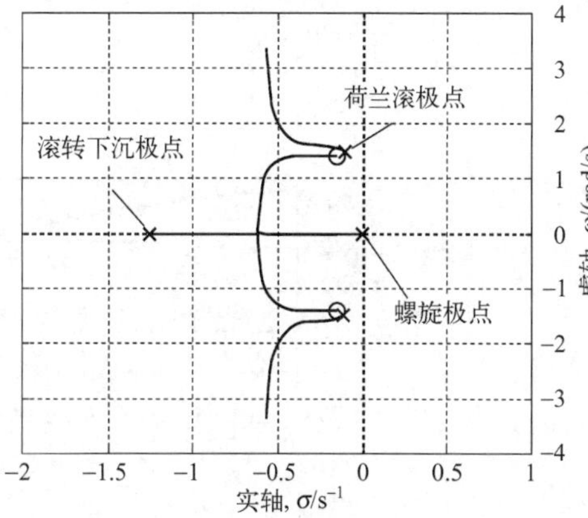


图 12.35 开环倾斜角控制动力学 $\phi(s)/\delta_{CA}(s)$(无增强)的根轨迹

图 12.35 和图 12.36 分别显示了对应方程(12.41)(但包括传动机构)所述动力学特性的根轨迹和波特图。(传动机构极点在根轨迹极左部位,没有在图上显示。)从两个图中可以观察到很重要的两点是荷兰滚模式的特性和其对倾斜角响应的影响。根轨迹说明随着倾斜角控制增益的增加,荷兰滚极点偏离邻近的复零点。因此,荷兰滚余数增加,使此模式对倾斜角响应的影响增大。

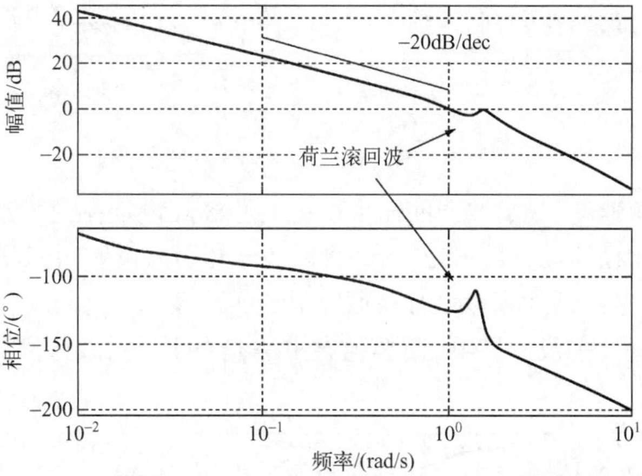


图 12.36 开环倾斜角控制动力学 $\phi(s)/\delta_{CA}(s)$(无增强)的波特图

另外,注意波特图中的幅值图和相位图在荷兰滚频率范围内的“回波”。这些“回波”的大小说明了荷兰滚模式在倾斜角响应中的参与级别。因此,须增加副翼方向舵交联(ARI)和抗偏器以应对不良性能。

要增加的第一个增强系统是 ARI,包括了从指令副翼偏转至指令方向舵偏转的串扰。ARI 示意框图包括在图 12.34 中,其控制律为

$$\delta_{a_R}(s) = \delta_{\text{Pedal}}(s) + K_{\text{ARI}}\delta_{a_A}(s),\ \ K_{\text{ARI}} = -\left(N'_{\delta_A}/N'_{\delta_R}\right) \tag{12.42}$$

ARI 增益 $K_{\text{ARI}}$ 的设定在 11.4.2 节中已经讨论过,对于所考虑的飞行器而言,其增益为 $K_{\text{ARI}} = -(-0.0652l - 1.164) = -0.056\text{rad/rad}$。带 ARI 的副翼-倾斜角传递函数(包括传动机构)的波特图在图 12.37 中标识为“带 ARI”。对比没有 ARI 的飞行器波特图(同样如图所示)

可以发现,“回波”的幅值降低了。

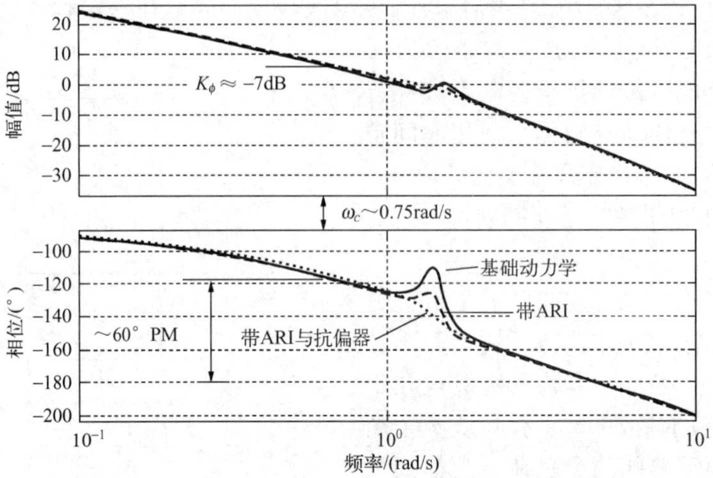


图 12.37 带补偿的开环倾斜角控制器波特图

另一个要合并的增强系统是抗偏器,其包括一个高通滤波器,如 11.4.1 节所述。高通本质上打开了低频率时的偏航角速度反馈回路,使得抗偏器在转弯时可持续所需的偏航角速度。图 12.38 中标识了“基础动力学”的就是所探讨飞行器的方向舵-偏航角速度传递函数(包括传动机构)$r(s)/\delta_{a_R}(s)$的波特图,图中荷兰滚模式及一对邻近的复零点清楚可见。

设高通滤波器为

$$\frac{r_{\mathrm{WO}}(s)}{r(s)}=\frac{s}{s+0.5} \tag{12.43}$$

式中:$r_{\mathrm{wo}}$是高通偏航角速度,或滤波器的输出。滤波器极点设定在荷兰滚频率之下,使得偏航角速度反馈在该模式阻尼增加时会起作用。将此滤波器引入偏航角速度反馈回路的影响也在图 12.38 中显示,图中第二套标识为“有高通”的波特图,对应 $r_{\mathrm{wo}}(s)/\delta_{a_R}(s)$。根据需要,频率高于 0.5rad/s 时,高通几乎没有影响,而幅值在非常低的频率中趋向为零。此高通滤波器将应用于下面的分析。

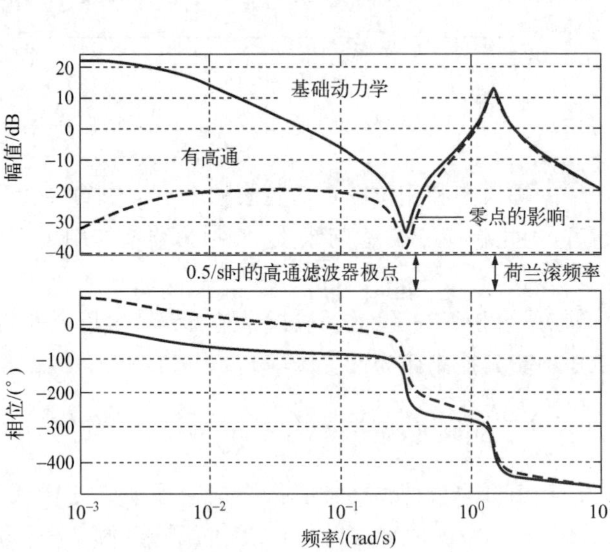


图 12.38 高通滤波器对方向舵-偏航角速度的影响 $r(s)/\delta_{a_R}(s)$

图 12.34 中的抗偏器增益 $K_r$ 现在可以设定了。将增益选定为 0.5rad/(rad · s),使荷兰滚阻尼增加到 0.26,或增加 60%以上。现在包含了高通抗偏器的系统本征值为

$$\lambda_{荷兰滚} = -0.36025 \pm j1.3524\ /s$$

$$\lambda_{滚转} = -1.2408\ /s$$
$$\lambda_{螺旋} = -0.0038494\ /s$$
$$\lambda_{高通} = -0.62575\ /s$$
$$\lambda_{传动机构} = -20.0\ /s,\ -19.4\ /s$$

开环倾斜角控制器(包括该抗偏器)的波特图在图 12.37 中标识为“带 ARI 和抗偏器”。注意这里的荷兰滚“回波”几乎不明显,有待增强。

关于设定倾斜角控制器的增益穿越频率 $\omega_c$,可谨慎设定为低于荷兰滚自然频率(这里指 1.5rad/s)。为实现有效滚转控制,增益穿越应接近或稍低于滚转下沉极点的幅值(或 1.24/s)。因此所需穿越频率范围应设定为 0.6~1.0。

在倾斜角控制律中使用简单的增益与避免额外的补偿也同样可取。由图 12.37 的波特图中可知,如果将增益穿越频率严格限制在 0.6~0.8rad/s 的范围内,只需在倾斜角控制律中使用一个增益 $K_\phi$ 就能产生约 60°的相位裕度。设定增益为约-7dB(0.45rad/rad)将使穿越频率达到约 0.7~0.8rad/s,所以设倾斜角控制器的初步设计为

$$k_\phi(s) = K_\phi = 0.477\text{rad/rad} \tag{12.44}$$

为评估该设计,图 12.39 显示了倾斜角 5°指令变化的阶跃响应。倾斜角响应的上升时间约为 3s,基本没有振荡和尖峰。稳态倾斜角误差也基本为零。虽然荷兰滚振荡在小得多的侧滑和偏航角速度响应中很明显,但在倾斜角响应中不明显。但这些响应可进行合理阻尼。

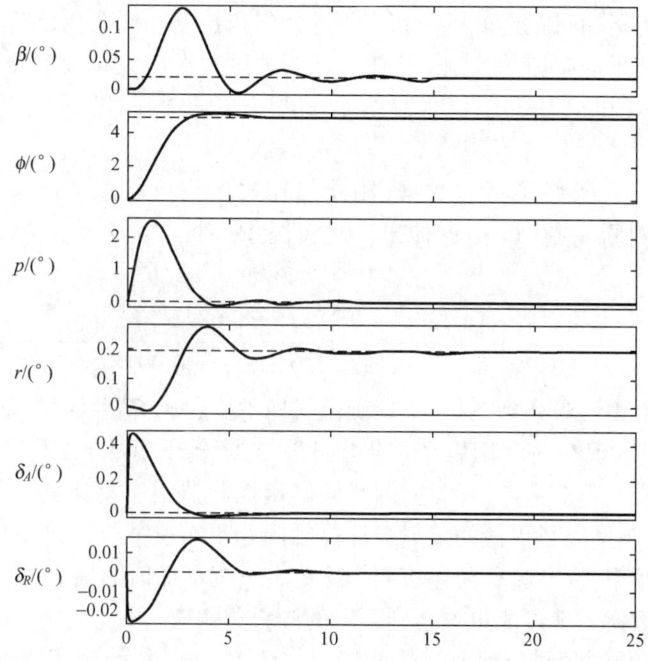


图 12.39 阶跃响应——带 ARI 和高通偏航角速度(巡航状态)的倾斜角控制器

同时,注意侧滑和偏航角速度响应幅度放大了。5s 之后的峰间侧滑振荡约为 0.025°,稳态侧滑角很小。最大副翼偏转仅约为 0.5°,方向舵微偏转反映出高通 ARI 和抗偏器的作用。这些响应都视为可行。但是一般的侧滑响应将在 12.4.4 节中进一步探讨。最后,其闭环本征值如下:

$$\lambda_{荷兰滚} = -0.33435 \pm j1.3882\ /s$$
$$\lambda_{滚转\text{-}螺旋} = -0.66265 \pm j0.74523\ /s$$
$$\lambda_{高通} = -0.54449\ /s$$
$$\lambda_{传动机构} = -19.405\ /sec,\ -20.052\ /s$$

建立带 ARI 和抗偏器的倾斜角控制器的 MATLAB 指令如下:

```
»sys=ss(a,b,c,d)                                      基本飞行器
»numa=[20];dena=[1 20];aa=tf(numa,dena)               传动机构
»sysa=series(aa,sys);
»[aaa,ba,ca,da]=ssdata(sysa)
»bari=ba;bari(:,1)=ba(:,1)+ba(:,2)*(-.056)            增加 ARI
»sysaari=ss(aaa,bari,ca,da)
»numw=[1 0];denw=[1.5];wo=tf(numw,denw)               增加高通抗偏角速度
»sysaawo=series(sysaari,wo,[4],[1]);
»[aawo,bawo,cawo,dawo]=ssdata(sysaawo)
»ca=[[0;0;0;0] ca];ca(5,:)=cawo;da=[da;0 0]
»sysaawo=ss(aawo,bawo,ca,da)
»aaaug=aawo+bawo(:,2)*.5*ca(5,:)                      增加抗偏器(有高通)
»sysaug=ss(aaaug,bawo,ca,da)
»acl=aaaug-bawo(:,1)*.477*ca(2,:)                     关闭 φ 控制回路
»bcl=[.477*bawo(:,1) bawo(:,2)]
»syscl=ss(acl,bcl(:,1),ca,da(:,1))                    闭环倾斜角控制器
```

以上讨论讲解了运输机在巡航飞行状态下的倾斜角控制。现在我们解答更具挑战性的问题——进场飞行状态下的倾斜角控制。因进场飞行速度比巡航飞行速度要小得多(对于 DC-8 而言,分别为 244fps 与 844fps),且其荷兰滚模式频率更低,因此限制了其最大容许增益穿越频率。

思考 DC-8 在飞行条件 1 下的数据(附录 B),进场飞行状态为海平面飞行,马赫数为 0.218(244fps)。机身重 190000,襟翼伸出。此情况中,对副翼传动机构指令的倾斜角响应如下:

$$\frac{\phi(s)}{\delta_{a_A}(s)} = \frac{14.52(s^2 + 0.3317s + 0.6842)}{(s - 0.01294)(s + 1.121)(s^2 + 0.2188s + 0.9918)(s + 20)}\ \text{rad/rad} \qquad (12.45)$$

从上述传递函数中可观察到三点:①螺旋模式稍不稳定;②荷兰滚模式阻尼甚至比之前更低($\zeta$=0.1vs.0.16);③现在荷兰滚频率(约 1rad/s)比滚转下沉极点(1.121/s)的幅值更小。此不稳定的螺旋模式并不会造产生问题,因为倾斜角控制器很容易让其变稳定。但是根据之前的结论,低荷兰滚频率以及更低的阻尼会让控制问题更有挑战性。这不仅意味着低频率要限制容许增益穿越频率,也意味着荷兰滚频率比滚转下沉本征值的幅值更靠近增益穿越频率,同时也意味着荷兰滚模式很可能更难达到可行的倾斜角响应。

方程(12.45)表示的倾斜角动力学的波特图如图 12.40 所示,标记为"基础动力学"。注意,0.1~0.7rad/s 频率范围内,波特图显示了理想的 $K/s$ 特性。但是由于极低的荷兰滚阻尼,以及荷兰滚频率与方程(12.45)中传递函数的分子二次式项"频率"之间的差异,荷兰滚模式在

1rad/s 附近的“回波”非常明显。差异越大,倾斜角响应的荷兰滚余数越大,荷兰滚模式对响应的作用越大。

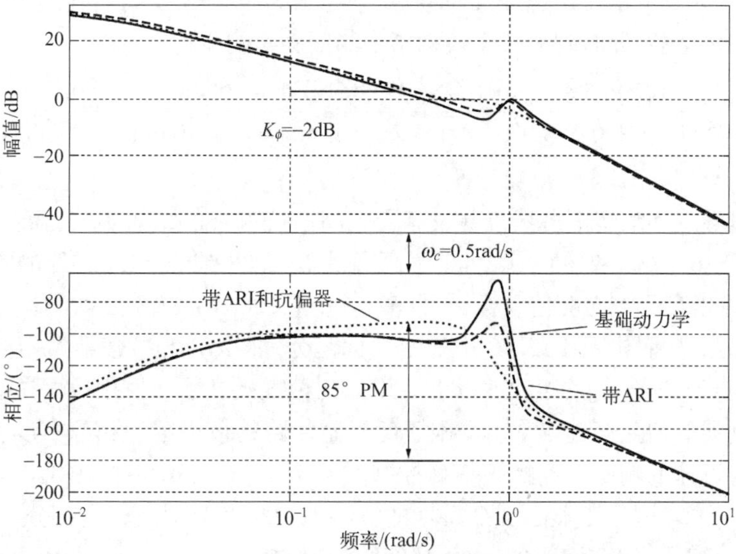


图 12.40 对副翼传动机构指令的倾斜角响应波特图(进场状态)

先介绍副翼方向舵交联(ARI),然后再介绍抗偏器。ARI 不会改变荷兰滚阻尼,但会减小对应方程(12.45)中分子二次项的荷兰滚极点和零点(在复平面中)之间的距离。因此,这两个零点将更接近于抵消两个荷兰滚极点。

根据 11.4.2 节,ARI 控制律如下:

$$\delta_{a_R}(s) = \delta_{\text{Pedal}}(s) + K_{\text{ARI}}\delta_{a_A}(s),\ \ K_{\text{ARI}} = -\left(N'_{\delta_A}/N'_{\delta_R}\right) \tag{12.46}$$

对于进场飞行状态下的 DC-8 而言,会产生下面的串扰增益:

$$K_{\text{ARI}} = -\left(-0.0532/-0.389\right) = -0.137\ \text{rad/rad} \tag{12.47}$$

但是,找到传递函数 $\beta(s)/\delta_{a_A}(s)$ 和 $r(s)/\delta_{a_A}(s)$ 的分子后,此 ARI 串联增益会增加至 -0.2rad/rad。调整此增益以降低两个传递函数中的波特增益——因而减小副翼响应,同时降低传递函数中非最小相位零点的幅值。如 12.4.4 节中讨论的一样,这些因数都是当前转弯协调水平的指标。

如 ARI 增益增加至 -0.2rad/rad,副翼传动机构指令的倾斜角响应就为

$$\frac{\phi(s)}{\delta_{a_A}(s)} = \frac{13.79\left(s^2 + 0.4072s + 0.8355\right)}{\left(s - 0.01294\right)\left(s + 1.121\right)\left(s^2 + 0.2188s + 0.9918\right)\left(s + 20\right)}\ \text{rad/rad} \tag{12.48}$$

注意两个复零点处的 ARI 的理想效应——现在它们更靠近荷兰滚极点。此传递函数的波特图在图 12.40 中标记为“带 ARI”。注意荷兰滚“回波”的明显性是如何降低的。

现在来研究抗偏器。首先,由于此时的荷兰滚频率比巡航飞行状态时少了将近 33%,高通极点需要调整。回忆关于图 12.38 的讨论,高通应不影响对应零点位置的频率范围内或之上的偏航角速度频率响应——这些零点来自副翼-偏航角速度传递函数的分子二次项。如果荷兰滚频率更低,这些零点会出现在明显更低的频率范围内。因此,高通极点此时处于 -0.4/s 处,而非之前设定的 -0.5/s。或者此时的高通为

$$\frac{r_{\mathrm{wo}}(s)}{r(s)}=\frac{s}{s+0.4} \tag{12.49}$$

使用此高通,并设定偏航角速度反馈增益 $K_r$ 为 1.5rad/(rad·s),可增加荷兰滚阻尼约 3 倍。使用此抗偏器增益,此时副翼传动机构指令的倾斜角响应为

$$\frac{\phi(s)}{\delta_{a_A}(s)}=\frac{13.7948(s+0.6107)(s^2+0.8318s+0.5652)(s+19.36)}{(s-0.01113)(s+0.6782)(s+1.118)(s^2+0.5641s+0.7046)(s+19.38)(s+20)}\ \mathrm{rad/rad} \tag{12.50}$$

注意在这里螺旋和滚转下沉极点并没有受到高通抗偏器的实质影响,荷兰滚阻尼和频率却都被修改了。-0.678/s 处的极点来自于高通滤波器,并被-0.611/s 处的零点近似抵消。-19.38 处的极点来自于方向舵传动机构,且基本被-19.36/s 处的零点抵消。

上述传递函数波特图在图 12.40 中显示并标记为"带 ARI 和抗偏器"。显然,荷兰滚"回波"已经几乎完全消失了,荷兰滚频率以下的相位也稍微提高了。使用后面这套波特图,就可设定倾斜角控制器的增益穿越频率。受限于此控制回路的最小容许相位裕度,此频率应设定得足够高以获得迅速的响应。选择倾斜角控制增益为 $K_\phi=-2\mathrm{dB}(-0.794\mathrm{rad/rad})$,则穿越频率设定为约 0.5rad/s,即位于显示 $K/s$ 特性的波特图中频率范围的较高部分。对于设定的增益穿越频率而言,相位裕度大于 80°,增益裕度约为 30dB。

使用此倾斜角控制增益 $K_\phi$,则带 ARI 和抗偏器的倾斜角控制系统的闭环本征值为

$$\lambda_{荷兰滚}=-0.27174\pm \mathrm{j}0.92429\ /\mathrm{s}$$
$$\lambda_{滚转\text{-}螺旋}=-0.71247\pm \mathrm{j}0.22751\ /\mathrm{s}$$
$$\lambda_{高通}=-0.35190\ /\mathrm{s}$$
$$\lambda_{传动机构}=-19.378\ /\mathrm{s},\ -20.029\ /\mathrm{s}$$

图 12.41 中显示了 5°倾斜角指令变化的阶跃响应。跟预期的一样,倾斜角响应比在巡航飞行状态情况下涉及更多荷兰滚。但荷兰滚模式得到合理阻尼。倾斜角响应显示的上升时间约为 6s,没有尖峰且几乎没有稳态误差。由于飞行速度较低,稳态偏航角速度比之前的巡航状态要大。于是,较高偏航角速度引起稳态侧滑角。最大副翼偏转已(从 0.5°)增加到 0.8°,方向舵偏转再次反映出 ARI 和抗偏器的作用。尽管这些响应可能不完善,但在此飞行状态下可视为合理。

建立带倾斜角控制器的飞行器模型的 MATLAB 指令为:

```
» sys=ss(a,b,c,d)                                    飞行器动力学
» numa=[20];dena=[1 20];aa=tf(numa,dena)             传动机构
» sysa=series(aa,sys);
»[aaa,ba,ca,da]=ssdata(sysa)
» bari=ba;bari(:,1)=ba(:,1)+ba(:,2)*(-.2)            增加 ARI
» sysaari=ss(aaa,bari,ca,da)
» numw=[1 0];denw=[1 .4];wo=tf(numw,denw)            增加高通偏航角速度
» sysaawo=series(sysaari,wo,[4],[1]);
»[aawo,bawo,cawo,dawo]=ssdata(sysaawo)
» ca=[[0;0;0;0] ca];ca(5,:)=cawo;da=[da;0 0]
» sysaawo=ss(aawo,bawo,ca,da)
» aaaug=aawo+bawo(:,2)*1.5*ca(5,:)                   增加抗偏器(有高通)
» sysaug=ss(aaaug,bawo,ca,da)
» acl=aaaug-bawo(:,1)*.794*ca(2,:)                   关闭 φ 控制回路
» bcl=[.794*bawo(:,1) bawo(:,2)]
» syscl=ss(acl,bcl(:,1),ca,da(:,1))                  闭环倾斜角控制器
```

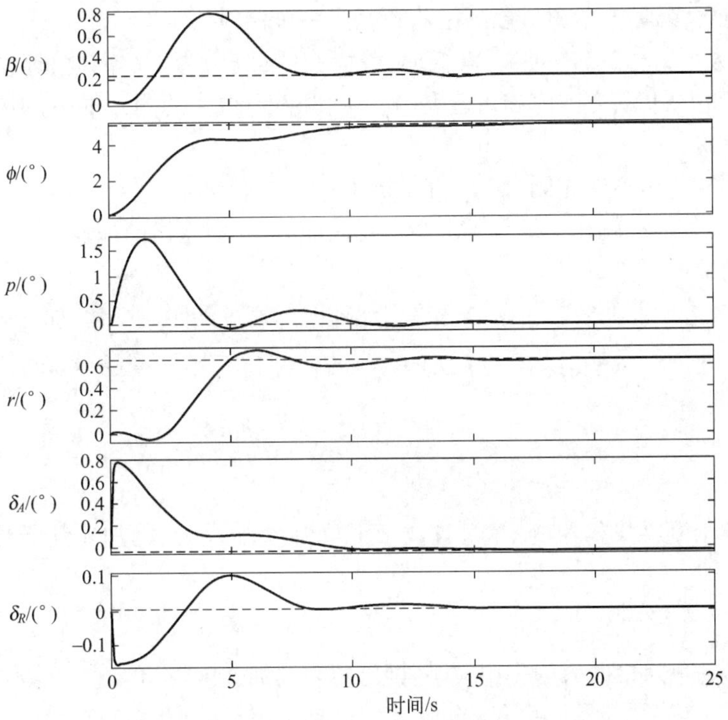


图 12.41　带倾斜角控制器的飞行器阶跃响应(进场状态)

### 12.4.4　转弯协调和转弯补偿

符合下面任何一条标准(这些标准不完全等价)的转弯都能定义为协调转弯:

(1) 侧滑角 $\beta$ 为零。

(2) 飞行器重力中心的横向惯性加速度 $a_{Y_{cg}}$ 为零。

(3) 转弯角速度 $\psi$ 与倾斜角和飞行速度一致。

(4) 驾驶舱的横向加速度 $a_{Y_{CP}}$ 为零。

前两条标准不言自明,而后面两条需要解释一下其确切含义。

关于标准 3,请回顾第九章(9.4.1 节)讲解的定常转弯分析($\dot{U}=\dot{V}=\dot{W}=\dot{\phi}=\dot{\theta}=0$)。分析指出在恒定高度处($\gamma=0$)转弯时,如果沿飞行器横向轴 $Y$ 的总外力(气动力加推动力)为零,则以下方程必须成立:

$$\begin{cases}\dot{\psi}=\dfrac{g}{V_\infty}\tan\phi\\ P=0\\ Q=\dot{\psi}\sin\phi=\dfrac{g}{V_\infty}\tan\phi\sin\phi\\ R=\dot{\psi}\cos\phi=\dfrac{g}{V_\infty}\sin\phi\end{cases}\tag{12.51}$$

如果方程组(12.51)中的第一个方程满足要求,则标准 3 也可以满足。

关于标准 4,名为转弯倾斜仪的驾驶舱仪器装有 U 形管,管内有一个圆球。转弯时圆球在管中心或 U 形凹槽底部,此时转弯即为“协调”转弯。此时圆球的位置表示驾驶舱的横向加速度为零。此标准更多地与飞行性能相关,将不做进一步探讨。

注意,推导方程组(12.51)时,须设横向气动力和推进力为零。因此,标准2和标准3是等价的。另外,如由副翼、方向舵和角速度($Y_{\delta_A}$、$Y_{\delta_R}$和$Y_{r_A}$)产生的侧力很小,则标准1同标准2和标准3基本等价。

但是通常不能忽略方向舵侧力$Y_{\delta_A}$,此情况下标准1不与标准2和标准3等价。而标准2稍作调整后,这两条标准就几乎等价了。为实现向舵偏转,应将横向加速计放在旋转中心而不是标准2指定的重力中心。

在旋转中心,方向舵偏转的阶跃改变将引起横向加速度的瞬时变化,而这一变化恰好被偏航加速产生的加速度$x_a \dot{R}$平衡。对于后部尾翼而言,此位置用$x_a$表示,其距重力中心的距离如下:

$$x_a = -\frac{Y_{\delta_R}}{N_{\delta_R}} \tag{12.52}$$

如加速计位于刚性飞行器的中线,且位于距重力中心$x_a$处,则加速计所受到的横向加速度为

$$a_{Y_{\text{local}}} = a_{Y_{\text{cg}}} + (PQ + \dot{R})x_a = a_{Y_{\text{cg}}} + \dot{R}x_a\,,\quad P = 0 \tag{12.53}$$

如果其他运动量对横向力的作用较小,则所感受的加速度约为

$$a_{Y_{\text{cg}}} + \dot{R}x_a \approx Y_\beta \beta + Y_{\delta_R}\delta_R + \dot{R}x_a = Y_\beta \beta \tag{12.54}$$

因此,方向舵旋转中心的所感受的零横向加速度意味着零侧滑角,则标准1与修改过的标准2基本等价。此外,在方向舵旋转中心所感受的横向加速度近似于一个侧滑传感器。

现在我们感兴趣的是生成横向控制输入(例如方向舵和副翼)以保持协调转弯的方法。基于以上标准,推荐下面几个方法:

(1) 将侧滑角反馈给方向舵。

(2) 将(在方向舵旋转中心测得的)横向加速度反馈给方向舵。

(3) 将估算的偏航角速度反馈给方向舵。

(4) 引入副翼-方向舵交联(ARI)以排除副翼偏转的反向偏航引发的侧滑。

以上讨论很清楚地表明方法1和方法2在动力学方面基本等价。差异主要源于感应回馈所需量的难度。方法3取决于使用方程组(12.51)中最后一个方程式确定给定倾斜角和速度的所需偏航角速度,并将这些量值反馈给方向舵。方法4在本章中已明确展示。方法1~方法3在参考文献4和5中已呈现。

转弯补偿与生成在协调转弯时保持高度的纵向控制输入(如升降舵)的方法有关。当飞行器处于转弯飞行状态下,如要维持等高,升力垂直分量必须仍能支撑机身重量。因此,当飞行器进入转弯时,攻角必须变大,也就要求升降舵偏转须适合飞行速度和倾斜角。

建议使用两种方法提供必要的升降舵偏转:

(1) 采用计算机计算的俯仰角速度来生成角速度指令/姿态保持控制系统的指令俯仰角速度。

(2) 在纵向轴中采用高度保持控制系统。

将在12.5.2节中讨论高度保持,因此先讨论第一种方法。本章前面指出,在方程组(12.51)中俯仰角速度$Q$和偏航角速度$R$对应协调转弯。结合这两个表达式,可得到俯仰角速度的关联式用偏航角速度和倾斜角表示为

$$Q = R\tan\phi \tag{12.55}$$

因此,假设偏航角速度和倾斜角都已测量,所需的俯仰角速度也已得出,就可用这些量值来生成俯仰角速度指令系统的指令俯仰角速度 $q_c$,如 12.4.2 节所述。

# 12.5 响应保持

根据 12.4 节的姿态控制器,我们现在可以重点讨论在巡航或爬升飞行状态下为了进一步降低飞行员工作量而使用的其他自动控制模式。示例包括速度或马赫保持、高度保持和航向保持。每个例中都会利用 12.4 节中讨论的内环姿态控制器来演示控制律的建立。所以在设定本节所述外部回路的增益穿越频率时,一定要认识到每个内环控制器的带宽和增益穿越频率。

## 12.5.1 速度(马赫)保持

飞行器在空中交通管制下进行爬升飞行时经常使用速度或马赫保持。例如,飞行员会将指令速度或马赫设定为预定值,并维持恒定推力值让飞行器爬升。合成马赫保持控制器是对内环和外环设计方法的最简单应用。这里的内部回路包括由俯仰姿态控制器控制的飞行器。

图 12.42 中的框图清楚显示了内环和外环结构。注意图中纵移速度 $u$ 和俯仰姿态 $\theta$ 都是俯仰控制面(如升降舵)的响应。如此,两个响应之间的关系式只涉及各自函数的分子。确切的说,由于两个传递函数 $u(s)/\delta_E(s)$ 和 $\theta(s)/\delta_E(s)$ 拥有相同的特征多项式,此关系式为

$$\frac{u(s)}{\theta(s)} = \frac{u(s)/\delta_E(s)}{\theta(s)/\delta_E(s)} = \frac{N_{\delta_E}^{u}(s)}{N_{\delta_E}^{\theta}(s)} \tag{12.56}$$

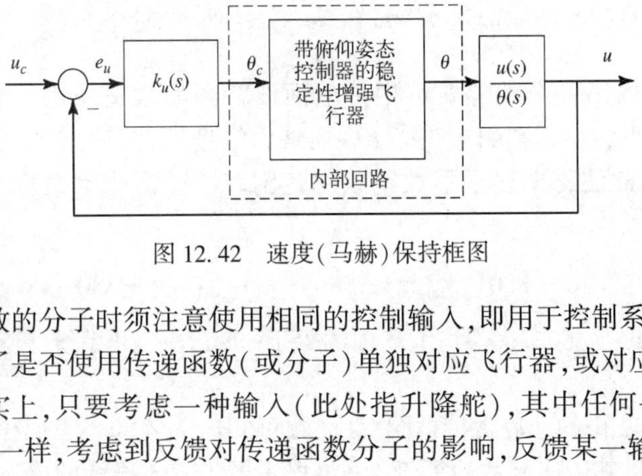


图 12.42 速度(马赫)保持框图

使用此传递函数的分子时须注意使用相同的控制输入,即用于控制系统的输入。

现在问题变成了是否使用传递函数(或分子)单独对应飞行器,或对应被俯仰姿态控制器控制的飞行器。事实上,只要考虑一种输入(此处指升降舵),其中任何一个设置都可采用。如 11.2 节中讨论的一样,考虑到反馈对传递函数分子的影响,反馈某一输入对具有相同输入的其他传递函数的分子没有影响。

现在思考 DC-8 在飞行条件 3(附录 B)下的情况,即巡航状态,高度为 33000ft,马赫数为 0.84。再强调一下,这里要讲解的情况很常见,不仅限于本飞行器的情况。对于 DC-8 而言,图 12.42 的外部回路中的速度 $u$ 和姿态 $\theta$ 的关系式为

$$\begin{aligned}\frac{u(s)}{\theta(s)} = \frac{N_{\delta_E}^{u}(s)}{N_{\delta_E}^{\theta}(s)} &= \frac{0.03254(s+0.8153)(s-880.2)}{(s+0.01441)(s+0.7247)} \\ &\approx \frac{-28.64(s+0.8153)}{(s+0.01441)(s+0.7247)} \approx \frac{-28.64}{(s+0.01441)}\ \text{fps/rad}\end{aligned} \tag{12.57}$$

因此,基本上外部回路动力学仅类似于极点在$-1/T_{\theta_1}$处的一阶滞后。为获得上述结果所使用的约等式直接是近似的极点-零点对消,而零点在 880/s 处的其他约等式将在本节后面确定。同时,注意方程后面两项中的负常量,与上仰会导致飞行速度下降的情况一致,因而在分析中符号则需要变号。最后,尽管我们将使用类似方程(12.57)的传递函数,也必须记住−0.0144/s和−0.725/s 处的分母的两个根不是此系统的本征值。

图 12.43 给出了带符号变号的方程(12.57)中三个表达式的波特图。注意它们在显示的频率范围内都较吻合。回顾可知此外部回路中的增益穿越频率需要比内部回路中的小,在巡航状态下姿态控制器(如 12.4.1 节所述)的频率为 2rad/s。因此,我们对 10rad/s 以上的频率没有兴趣。

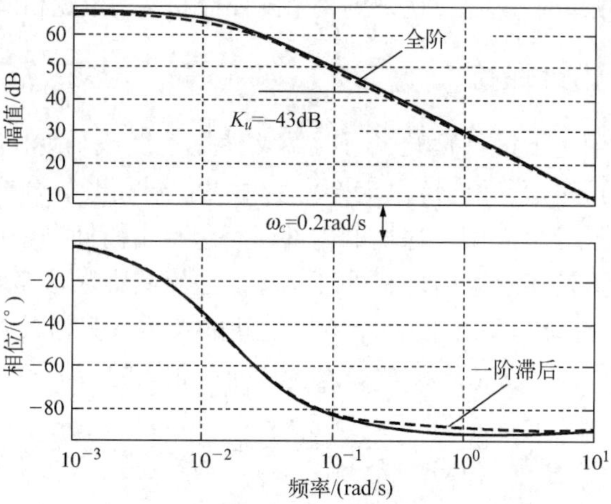


图 12.43　外环动力学$-u(s)/\theta(s)$波特图(注意符号变号)

方程(12.57)中的第一个约等式可根据上面波特图的含义做进一步探讨。具体而言,880/s 处右半平面零点的唯一影响在波特图中表现为符号。我们设定此外部回路的增益穿越频率低于 10rad/s,因此波特图显示了关键频率范围。考虑到此频率范围,以下约等式视为有效。

$$(s-880)|_{s=\mathrm{j}\omega}=(-880+\mathrm{j}\omega)|_{\omega<10}\approx-880 \tag{12.58}$$

就是说,在频率低于 880rad/s 时,上述项约等于−880/s,且此系统零点在复平面无穷远处起作用。

现在思考图 12.42 中的速度保持框图,且回顾可知内部俯仰姿态回路在频率低于其带宽(这里约为 2rad/s)时,其传递函数约等于 1。再思考图 12.25 显示的姿态控制器的闭环频率响应可再次证实这一点。因此,可使用如方程(12.57)所示的外环动力学简单模型或图 12.43 所示的波特图来初步合成其外部回路的控制律。然后再使用含俯仰姿态控制器的增强飞行器的全阶模型确认设计。

参考图 12.43 的波特图,可观察到频率高于 0.01rad/s 时,幅值图斜率为预所需的−20dB/dec。因此首先思考外环增益穿越频率为 0.2rad/s,低于 2rad/s 的内环增益穿越一个十进频率。在此穿越频率下,低频率波特幅值约为 30dB。我们可选择接受此幅值足够高,能够产生可行的跟踪性能,或也可增加 PI 补偿。但为了让控制律尽量简单,只需使用恒定增益$k_u(s)=K_u$代替增加 PI 补偿。如有必要,后面再对其进行讨论。

继续参考图 12.43,可以看出设定外环增益为-43dB(($K_u=-7.08\times10^{-3}$ rad/fps))可导致穿越频率为 0.2rad/s,相位裕度大于 90°,且增益裕度无穷大。但是这些裕度是良性的,因为右半平面零点出现在-880/s 处,而且我们也尚未解释过俯仰姿态内部回路的任何相位损失。这就完成了外环速度保持控制律的初步设计。

现在使用完整模型确认这些结果。图 12.44 显示的是包括俯仰阻尼器和俯仰姿态控制器(如图 12.42 所示)的开环(外部回路)飞行器动力学波特图,或传递函数$-u(s)/\theta_c(s)$(含符号变号)的波特图。首先,注意该波特图与图 12.43 所示使用更简单模型的波特图之间的相似性,进一步确认在初步设计中使用更简单模型的合理性。可参考的传递函数如下:

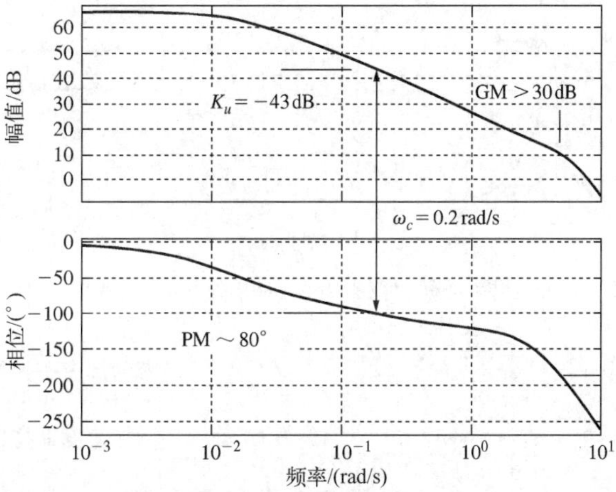


图 12.44　带俯仰阻尼器和俯仰姿态控制器的速度保持外部回路$-u(s)/\theta_c(s)$波特图(DC-8 完整模型,进场状态)

$$\frac{-u(s)}{\theta_c(s)}=\frac{-9.4029(s+0.8153)(s-880.2)}{(s+0.01503)(s+0.4204)(s^2+6.842s+33.33)(s+14.89)}\text{fps/rad}\quad(12.59)$$

参考图 12.44,可肯定-43dB($K_u=7.08\times10^{-3}$ rad/fps)的外部回路增益确实产生了 0.2rad/s 的穿越频率,约 80°的相位裕度以及超过 30dB 的增益裕度。

安装了速度保持自动驾驶仪的飞行器的闭环本征值为

$$\lambda_{\text{短周期}}=-3.3798\pm \mathrm{j}4.5730\ /\mathrm{s}$$
$$\lambda_{\text{长周期}}=-0.27196\pm \mathrm{j}0.17881\ /\mathrm{s}$$
$$\lambda_{\text{传动机构}}=-14.861/\mathrm{s}$$

注意,短周期阻尼现在为 0.6,而长周期模式受到振荡并实现充分阻尼。

飞行器对恒定推力下飞行速度的指令 10fps 阶跃增强的时间响应如图 12.45 所示。速度响应的上升时间约为 10s,且没有尖峰。然而,由于控制律不包含积分项,产生了一个小的稳态速度误差。

注意通过恒定推力增加飞行速度,飞行器必须下俯。因此爬升时,飞行员应增加推力设定,且速度保持应增加俯仰姿态以维持恒定速度,所有响应流畅及实现充分阻尼。如果稳态偏差视为不可行,应考虑比例积分补偿(见第 12.3 题)。

具备速度保持的飞行器建模 MATLAB 指令如下:

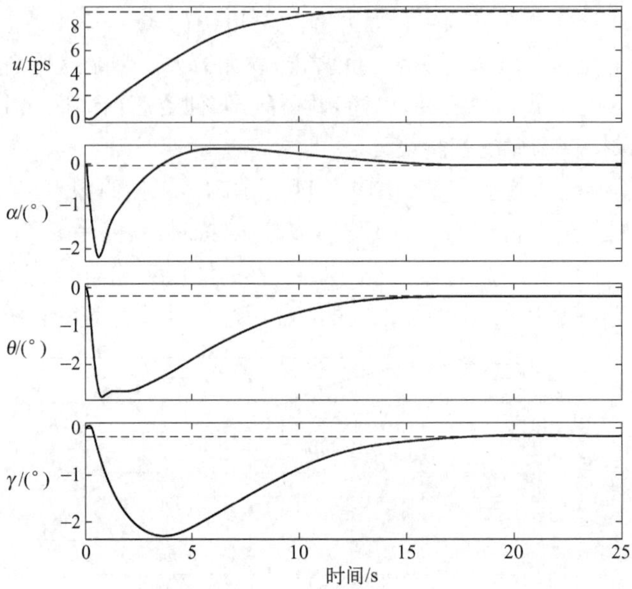


图 12.45　具备速度(马赫)保持的飞行器阶跃响应,$u_c = 10\text{fps}$(巡航状态)

```
» syscl=ss(acl,bcl,ca,da);                       带俯仰姿态控制器的飞行器模型

» aclspeed=acl+bcl*0.00708*ca(1,:);              增加速度保持控制律
» bclspeed=bcl*.00708;
» sysclspeed=ss(aclspeed,bclspeed,ca,da);        具备速度保持的闭环系统
```

### 12.5.2　高度保持

顾名思义,高度保持自动驾驶仪的目标就是保持高度恒定。此控制仪通常用于巡航飞行状态,其推力或油门设定根据所需飞行速度选定。图 12.46 显示了此自动驾驶仪的框图。再次注意内部回路和外部回路结构。内部回路包括由俯仰姿态控制器控制的飞行器纵向动力学,如 12.4.1 节所述。外部回路包括俯仰姿态和高度之间的动力学关系。注意,不可同时使用高度保持和使用姿态的速度保持。只有一种响应能通过单独的俯仰控制输入(如升降舵)控制。

按照此框图的含义,姿态控制系统内部回路的关键条件是让俯仰姿态的指令增加来产生正常态航迹角。12.4.1 节评估了两种飞行状态下的两个类似的姿态控制器。第一个控制器满足巡航状态下的航迹角条件,但在进行飞行状态下的第二个控制器则不满足要求。12.6.1 节将介绍进场飞行状态下控制高度的自动油门。

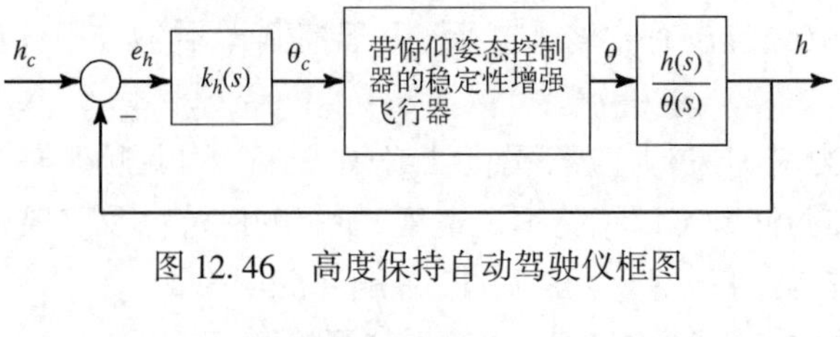


图 12.46　高度保持自动驾驶仪框图

如 12.2 节所述,内部回路传递函数在频率处于内部回路带宽内时约等于 1。外部回路的

增益穿越频率必须远低于内部回路的增益穿越频率。因此,可再次假设在初步设计阶段 $\theta(s)/\theta_c(s)\approx 1$,并使用完整模型做最后的评估。

因内部姿态控制回路的传递函数等于1,高度保持的框图可简化成图12.47。航迹角 $\gamma$ 通过俯仰姿态 $\theta$ 和攻角 $\alpha$ 的线性组合演算,或参照小倾斜角 $\Phi_0$ 获得。

$$\gamma(t)=\theta(t)-\alpha(t) \tag{12.60}$$

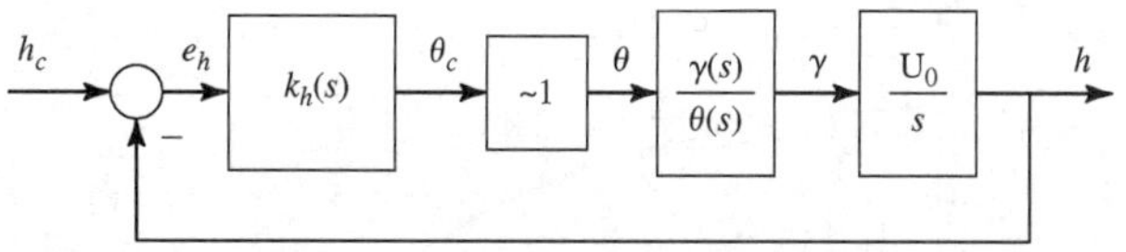


图12.47 高度保持的简化框图

另外,高度取决于

$$\dot{h}=U_0\sin\gamma\approx U_0\gamma$$

因此,通过传递函数的分子代数运算建立俯仰姿态 $\theta$ 和攻角 $\alpha$ 的关系式是必然可行的,即

$$\frac{\gamma(s)}{\theta(s)}=\frac{\gamma(s)/\delta_E(s)}{\theta(s)/\delta_E(s)}=1-\frac{\alpha(s)}{\theta(s)}=1-\frac{N_{\delta_E}^{\alpha}(s)}{N_{\delta_E}^{\theta}(s)}=\frac{N_{\delta_E}^{\gamma}(s)}{N_{\delta_E}^{\theta}(s)} \tag{12.61}$$

这里必须采用有升降舵输入的传递函数,因为控制器仅采用了升降舵。

使用哪个传递函数的问题再次产生——是使用仅适用于飞行器的函数,还是使用适用于由俯仰姿态控制器控制的飞行器的函数。答案是两个都可以。在11.2节中,当讨论反馈对传递函数分子的影响时,我们发现所有在反馈控制律中使用相同输入(如升降舵)的传递函数的分子都不受此反馈影响。

使用方程(12.61)和DC-8在巡航飞行状态(飞行条件3)下的数据,航迹角和俯仰姿态角的动力学关系式为

$$\begin{aligned}\frac{\gamma(s)}{\theta(s)}&=\frac{-0.009184(s+0.01075)(s+9.585)(s-8.237)}{(s+0.01441)(s+0.7247)}\\&\approx\frac{-0.009184(s+9.585)(s-8.237)}{(s+0.7247)}\approx\frac{0.7247}{(s+0.7247)}\text{ rad/rad}\end{aligned} \tag{12.62}$$

此表达式来自于带俯仰姿态控制器的飞行器的传递函数。因此,所采用的传递函数为 $\alpha(s)/\theta_c(s)$ 和 $\theta(s)/\theta_c(s)$。再次回顾可知,方程(12.26)中分母的根,即 -0.01441/s 和 -0.7247/s,是 $\theta(s)/\theta_c(s)$ 传递函数的零点,而 $-1/T_{\theta_1}$ 和 $-1/T_{\theta_2}$ 不是系统的本征值。

方程(12.62)中的第一个约等式是低频率"极点"和"零点"的对消。由于预期相关频率范围中 $s(=j\omega)$ 的值高于这两项幅值约一个十进位,则两项都约等于 $s$。方程(12.62)中最后一个约等式是通过设定 $s$ 在分子的两项中为零实现的,因为预期相关频率范围低于这两个零点幅值一个十进位以上。这两个约等式的精确度在图12.48的波特图中显示。在0.1~1.0rad/s频率范围内,即预期相关频率范围内,这三个模型本质上没有区别。因此,这里将继续使用最简单的滞后模型,即一阶滞后模型。

关于设定高度保持外部回路的增益穿越频率,我们知道其必须高于长周期模式的频率且必须低于俯仰姿态内部回路的穿越频率(这里为2rad/s)。另外,很可能须将积分项加入外部回路控制器中以获得低频率时的高回路增益 $|kg|$,且加入积分项能降低相位裕度。因此考

虑到充足的相位裕度,设定穿越频率为约 0.4rad/s,刚好比速度保持的频率高一点。

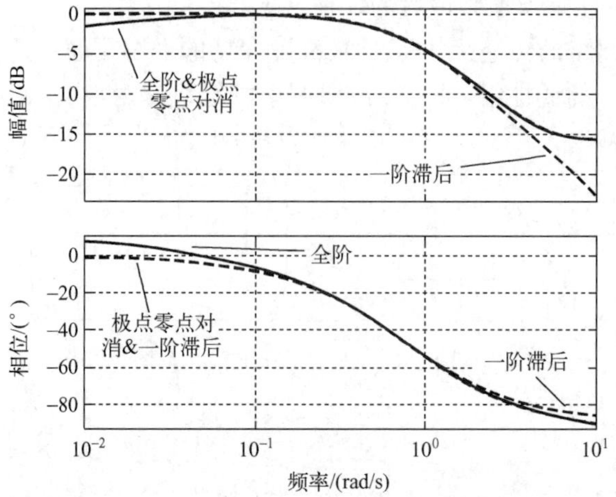


图 12.48 $\gamma(s)/\theta(s)$(方程组(12.62))波特图

现在参考图 12.49 中标记了"外部回路动力学"的波特图,没有外部回路补偿的简化外部回路高度保持动力学 $h(s)/\theta(s)$ 波特图生成了可行的回路形状。然而此波特图显示的理想 $K/s$ 特征都存在于动力学(航迹角和高度的积分关系)中而不是控制律中(见图 12.47)。因此可以使用纯增益控制器,或引入 PI 补偿来进一步减少跟踪误差。

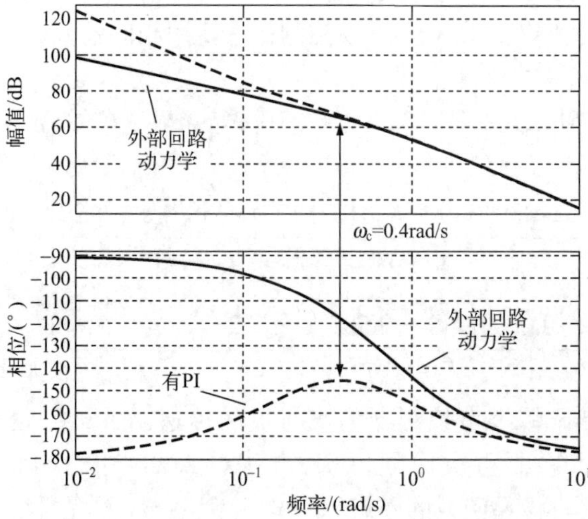


图 12.49 波特图——PI 对高度保持外部回路动力学的影响(简化模式)

这里增加了比例积分补偿,且初始补偿器为

$$k_h(s) = K_h \frac{(s+0.2)}{s} \text{ rad/ft} \tag{12.63}$$

将补偿器设定为零,以产生 0.4rad/s 处的最大相位与在外部回路中设定的增益穿越频率,如图 12.49 所示。但是,产生的相位裕度只有 35°,还不够大(尤其考虑到内部姿态回路会产生额外相位损失,这点之前还没思考过),因此需要增加相位超前。

可在 0.4rad/s 时产生约 60°相位超前的超前补偿器为

$$L(s)=\frac{s+0.1}{s+1} \tag{12.64}$$

包括 PI 及超前补偿的高度控制器开环波特图现如图 12.50 所示，补偿的影响很明显。将该超前补偿增加至控制律将产生超过 85°的相位裕度。我们能调整超前补偿器以产生更少的超前，同时保持可接受的相位裕度。但我们将给定超前补偿器视为符合要求，从该波特图注意到为控制器选择一个−58dB（$1.26\times10^{-3}$rad/ft）的高度保持增益 $K_h$ 将产生 0.4rad/s 的所需增益穿越频率。最后的高度保持补偿器为

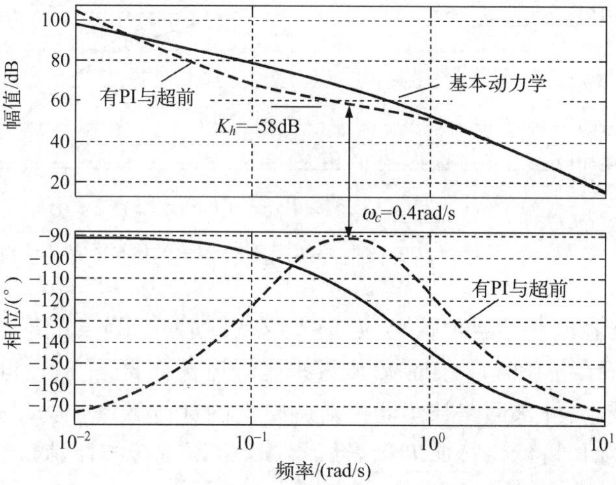


图 12.50　波特图——有 PI 和超前和无 PI 与超前的高度保持外部回路动力学（简化模型，巡航状态）

$$k_h(s)=1.26\times10^{-3}\frac{(s+0.2)}{s}\left(\frac{s+0.1}{s+1}\right)\text{rad/ft} \tag{12.65}$$

作为参考，产生图 12.50 中波特图（包括 PI 与超前补偿）的 MATLAB 指令如下：

```
» Z=[];P=[-.7247];K=.7247;g=zpk(Z,P,K)            定义γ(s)/θ(s)动力学滞后模型
» numi=[824];deni=[1 0];int=tf(numi,deni)         定义 h(s)/γ(s)动力学
» g=series(g,int)                                  为串联的两个传递函数建模
» numc=[1.2];denc=[1 0];PI=tf(numc,denc)          定义 PI 补偿器
» numl=[1.1];denl=[1 1];lead=tf(numl,denl)        定义超前补偿器
» comp=series(lead,PI)                             定义总补偿(增益=1rad/ft)
» kg=series(comp,g)                                为串联的补偿器与外部回路动力学建模
» bode(g);hold;bode(kg)                            绘制波特图
```

通常，总是需要使用含俯仰姿态控制器的飞行器动力学全阶模型来使控制器初步设计有效。使用这个完整模型产生如图 12.51 所示的两个波特图。标记为“外部回路动力学”的一组构成含姿态控制器的飞行器波特图（或 $h(s)/\theta_c(s)$），而标记为“有 PI 与超前”的第二组构成外部高度回路的完整外部回路动力学波特图 $h(s)/e_h(s)$，包括增益 $K_h$ = 1rad/ft 的高度控制补偿器。将这组波特图与图 12.50 中用外部回路动力学简化模型得来的波特图相比较，可见简化模型在相关频率范围内产生了十分精确的结果。主要区别包括：外部高度回路中相位裕度现是大约 70°，而使用简化模型获得的相位裕度大约为 85°，且增益裕度现为约 18dB。因此，将不会对控制器作调整。

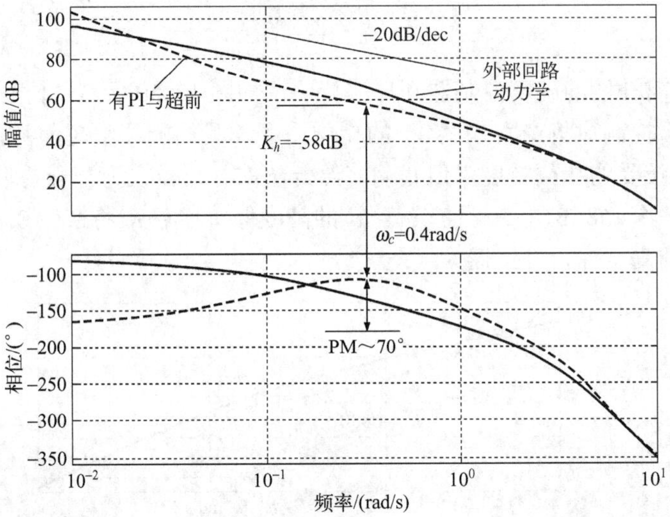


图 12.51　波特图——补偿对高度保持外部回路动力学的影响(完整模型,巡航状态)

10ft 指令高度变化的飞行器阶跃响应如图 12.52 所示。高度响应表明上升时间大约为 5s,且具有一个小尖峰(约 10%)。如果就旅客乘坐舒适性而言,上升时间太快,则外部高度回路增益穿越频率可减小,外部回路补偿器重新调整新的穿越频率。为增加高度,飞行器上仰,航迹角迅速增加。同时,虽然飞行速度稍微减小(这里不直接控制速度),却实现了所需高度的增加。因此,高度控制器似乎满意地完成任务。

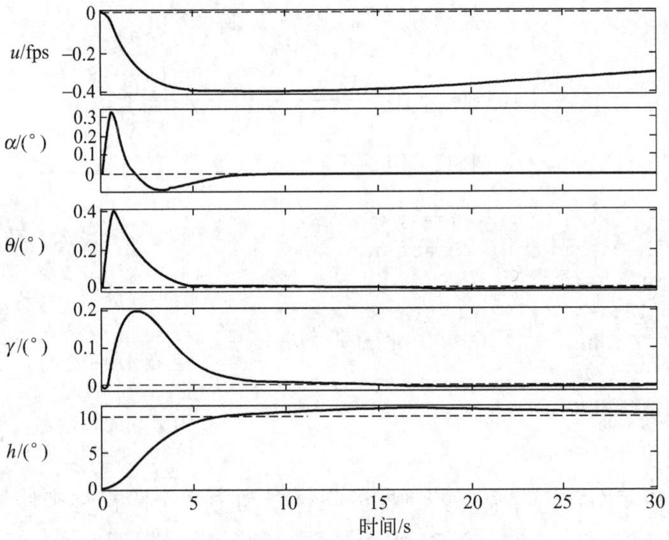


图 12.52　高度保持的飞行器时间响应——$h_c$ = 10ft(巡航飞行状态)

作为参考,用来获得上述波特图与阶跃响应的 MATLAB 指令如下:

| | |
|---|---|
| `»syscl=ss(acl,bcl,ca,da)` | 定义带姿态控制器的飞行器状态变量模型 |
| `»tfs=zpk(syscl);bode(tfs(5))` | 绘制 $h(s)/\theta_c(s)$波特图 |
| `»kgss=series(comp,syscl)` | 定义与含姿态控制器的飞行器并联的高度补偿器(前面已定义)的状态变量模型 |
| `»tfs=zpk(syscl);bode(tfs(5))` | 绘制增益 $K_h$=1rad/ft 的 $h(s)/e_h(s)$波特图 |

```
»[akg,bkg,ckg,dkg]=ssdata(kgss)                 检索定义模型 kgss 的矩阵
»aclhhold=akg-bkg*(1.26e-3)*ckg(5,:)            获得高度保持闭环矩阵A
»bclhhold=(1.26e-3)*bkg                         获得高度保持闭环矩阵B
»btime=10*bclhhold                              获得据 10ft 指令高度变化矩阵B

»ctime=ckg;ctime(4,:)=[0 -1 1 0 0 0 0 0];
ctime(2:4,:)=57.3*ctime(2:4,:)                  获得矩阵C以包括航迹角并用度数绘制角
»syshtime=ss(aclhhold,btime,ctime,dkg)          组成绘制时间响应的闭环系统
»step(syshtime,30)                              绘制时间响应
```

### 12.5.3 航向保持

这种自动驾驶仪模式用来维持具体航向 $\psi$,比如空中交通管制控制的"雷达矢量"。从 12.4.4 节可知,在等高处的完美协调转弯中,倾斜角通过下列关系式(方程(12.51))与航向变化率相联系:

$$\dot{\psi}=\frac{g}{V_{\infty}}\tan\phi \tag{12.66}$$

因此,线性化后,航向保持框图可以如图 12.53 所描述。正如 12.4.4 节所述,在实现航向保持中必须记住,因已假定等高,转弯补偿必须也在纵轴中利用。

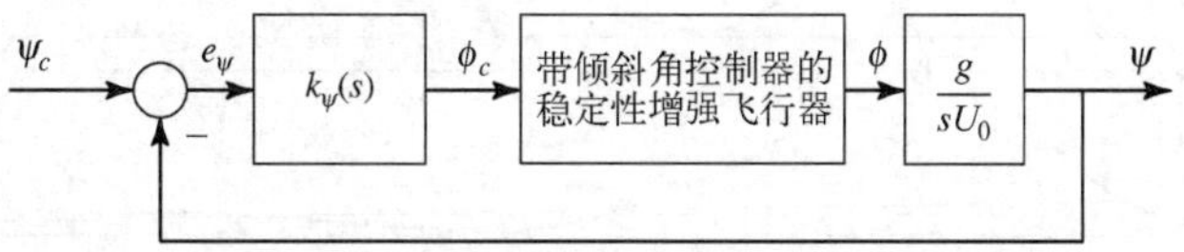


图 12.53 航向保持框图

由框图可知外部回路动力学 $\psi(s)/\phi(s)$ 仅是 $K/s$,故使用仅由增益 $K_\psi(s)=K_\psi$ 组成的控制律关闭此外部回路应产生优良的相位与增益裕度。然而,再次注意,积分存在于外部回路动力学中,而不是存在于外部回路控制器 $K_\psi(s)$ 中。

当然,外环穿越频率必须少于内部倾斜角回路的穿越频率。使用巡航飞行状态(飞行条件 3)下 DC-8 的数据与 12.4.3 节中讨论的倾斜角控制器,则内环控制器中的穿越频率大致是 0.75rad/s。

继续使用巡航状态下 DC-8 的数据与倾斜角控制器,其中 $U_0=844$fps,来自指令倾斜角 $\psi(s)/\phi_c(s)$ 的航向角响应波特图如图 12.54 所示。由该图可知在频率小于 0.75rad/s 时,波特图展现所需的 $K/s$ 特性。因此,必须选择小于 0.75rad/s 的穿越,且在这个控制器中将仅考虑简单增益 $K_\psi(s)=K_\psi$,虽然也应考虑 PI 补偿。

选择 0.4rad/s 的穿越频率在外部回路产生了 60°的相位裕度,所以 0.4rad/s 接近这个航向回路未增加相位补偿时的最大穿越频率。约 20dB(10rad/rad)的航向保持增益 $K_\psi$ 产生了所需的穿越频率。

使用这个简单的外部回路增益控制器,闭环航向保持阶跃响应如图 12.55 所示。这响应与航向角 1°指令阶跃变化相对应。要注意航向响应显示了大约 4s 的上升时间,几乎没有尖峰且没有稳态误差。飞行器向右滚转以完成航向变化。在滚转过程中,有一些侧滑偏离,但是在倾斜角响应中荷兰滚模式不明显。这个指令航向变化的最大倾斜角是 8°。如果倾斜角过大,既可减小外环增益穿越频率,或者也可增加限制器,如下所述。然而,这些时间响应看起来令人满意。

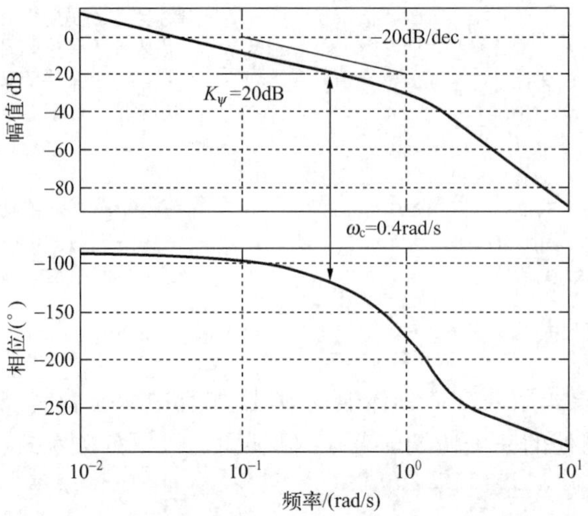


图 12.54 航向保持外部回路动力学 $\psi(s)/\phi_c(s)$ 波特图

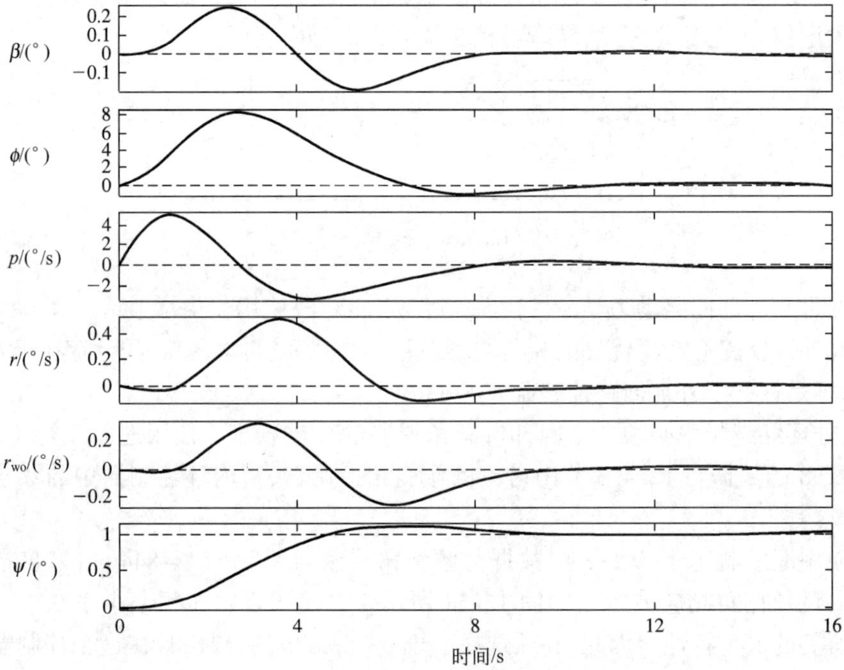


图 12.55 航向保持时间响应(巡航状态)

组建航向保持模型与获得上述时间响应的 MATLAB 指令如下:

```
» numol=[(32.2/824)];denol=[1 0];OL=tf(numol,denol)      外环运动学
» syspsi=series(syscl,OL,[2],[1])                         syscl 为 φ/φc 闭环
» [apsi,bpsi,cpsi,dpsi]=ssdata(syspsi)
» aclpsi=apsi-bpsi*7.94*cpsi                              关闭航向回路
» bclpsi=bpsi*7.94
» cclpsi=ca;cclpsi=[[0;0;0;0;0]ca];cclpsi(6,:)=cpsi      定义绘图响应
» dclpsi=[0;0;0;0;0;0]
» sysclpsi=ss(aclpsi,bclpsi,cclpsi,dclpsi)                闭环航向保持系统
» step(sysclpsi)
```

有时必须限制倾斜角以确保乘客的乘坐舒适度。在这种情况下,可以使用具有与图 12.56所示特征相似的限幅电路或运算法则。此种限制器可以置于指令倾斜角 $\phi_c$ 上,如图 12.53 所示的外环航向保持控制器的输出处。引入这样一个设备将减小主动机动动作的响应速度,也将在系统中引入非线性。因此,这些系统的性能通常通过非线性仿真进行评估。

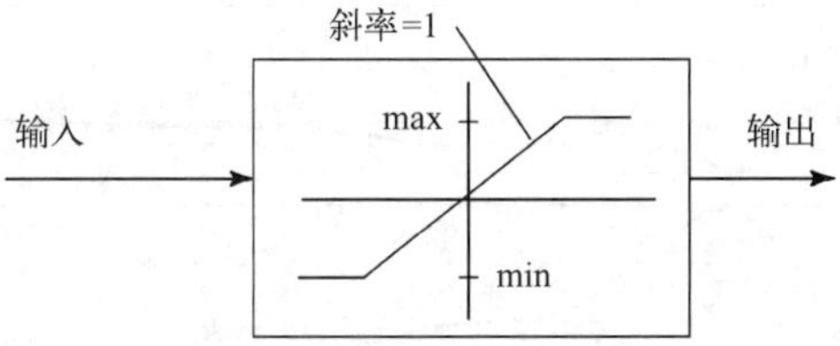


图 12.56 主限制器

现在将合成进场飞行状态下使用的另一种航向保持控制器。该航向保持控制器将在 12.6.2 节中使用,用于处理横向波束导引。使用进场状态(附录 B 中飞行条件 1)下 DC-8 的数据,外环航向动力学 $\psi(s)/\psi_c(s)$ 波特图如图 12.57 所示。这些动力学包括 12.4.3 节中讨论的进场飞行状态下的闭环倾斜角控制器。回顾可知这个航向回路的增益穿越频率必须小于倾斜角控制器的穿越频率(在这种情况下约为 0.5rad/s)。

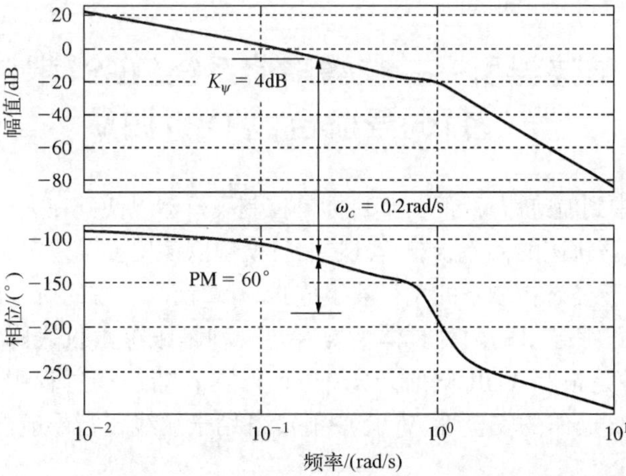


图 12.57 波特图——带倾斜角控制器的开环航向保持(进场状态)

在这个航向保持中将只使用增益 $K_\phi$。从图 12.57 中的相位图可知,可以选择 0.2rad/s 航向保持穿越频率,获得 60°的相位裕度。(作为参考,巡航飞行状态下航向保持的穿越频率,在前面已讨论,将高于 0.4rad/s。)实现 0.2rad/s 穿越频率的所需控制增益 $K_\phi$ 是 4dB(1.585rad/rad)。

该控制器的 1°航向指令变化的阶跃响应如图 12.58 所示。当然,在进场飞行状态下,动力学作用自然更慢,加上航向回路中的穿越频率比巡航飞行状态下的低。所有这些因素导致所示的时间响应更慢。举例来说,航向响应上升时间现在大约是 9s,大概是巡航飞行状态下的 2 倍。同时,除航向响应外,荷兰滚模式在这些响应中更明显。

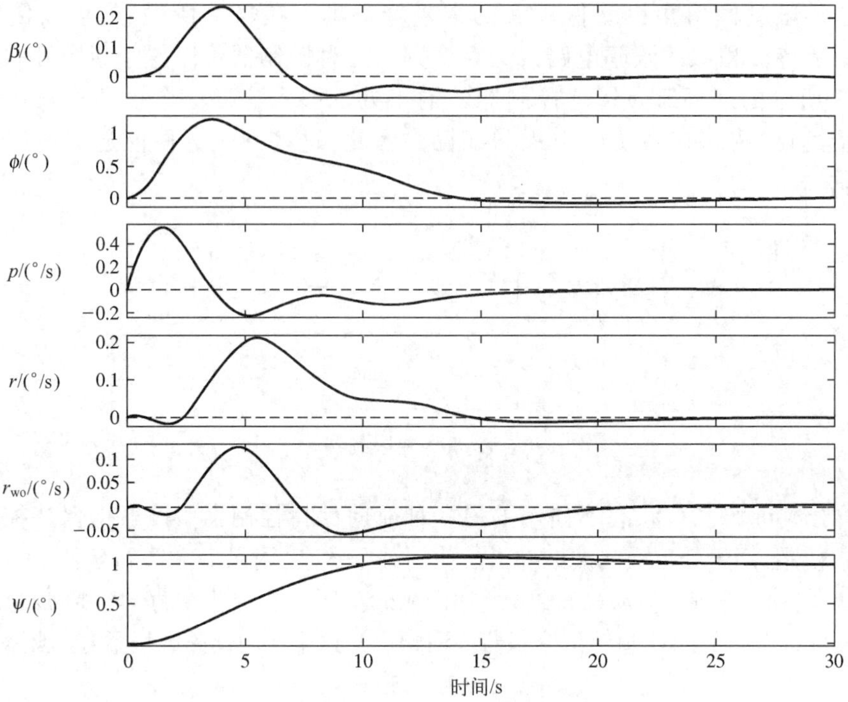


图 12.58 航向保持时间响应(进场状态)

## 12.6 航迹导引——仪器降落系统(ILS)耦合器与全(多)向导航台(VOR)归航

现在把注意力集中到航迹跟踪导引,其目标是控制飞行器以使其在太空沿着指定航迹飞行。因此,我们希望最小化该轨迹的偏差,或位置误差,且期望以该位置误差定义控制器的外部回路。再次,内部回路将由处于姿态控制下的飞行器组成,如本章前面考虑的所有情况一样。

本节将考虑航迹跟踪导引的两种具体情况——一种是跟踪由仪表降落系统(ILS)定义的着陆进场路径,另一种是跟踪 VOR 归航。ILS 从动件在着陆进场过程中提供自动航迹导引,以增强恶劣天气下着陆操作的安全性,VOR 归航设备用于航线飞行导航与导引。

### 12.6.1 纵向航迹导引

考虑图 12.59 所示的原理图,其显示了仪表降落系统(ILS)侧视图。天线位于跑道进场端附近,且以地面为基础的系统与飞行器上 ILS 接收机相互作用。航空仪表测量偏离所需进场轨迹或下滑道中心线的偏角 $E$,该中心线通常高于水平线约 3°。

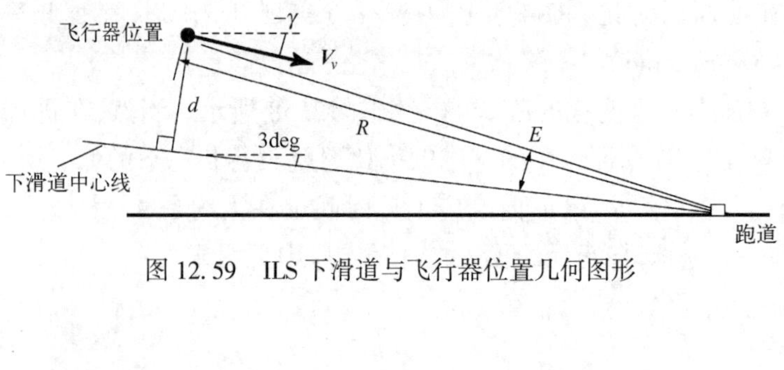


图 12.59 ILS 下滑道与飞行器位置几何图形

图中显示了飞行器瞬时位置，其与天线间的距离表示为 $R$。同时还显示了飞行器飞行速度矢量 $\boldsymbol{V}_V$ 与瞬时航迹角 $\gamma$（航迹角为负）。在图中，瞬时下滑道偏移，或位置误差，表示为 $d$。

由这种情况下的几何图形可以得出所有这些量间的关系为

$$\begin{cases} \sin E = d/R,\ E \approx d/R \\ \dot{R} = -V_V \cos\gamma \approx -V_V \end{cases} \tag{12.67}$$

依据基准与小扰动航迹角，航迹可以表示为

$$\gamma = \Gamma_0 + \gamma \tag{12.68}$$

假定基准航迹角 $\Gamma_0$-3°，使用稳定性坐标轴系，且 $V_{V_0}=U_0$。再次由几何图形得出

$$\dot{d} = U_0 \sin(3^\circ + \gamma) = U_0 \sin(3^\circ + \Gamma_0 + \gamma) = U_0 \sin(\gamma) \approx U_0 \gamma \tag{12.69}$$

同时假定角误差 $E$ 是将要反馈的测定量，下滑道跟踪控制器框图，或者说下滑道接收机耦合器可以描绘成如图 12.60 所示。将这个图与图 12.47 的高度控制器框图进行比较，可知下滑道接收机耦合器在本质上进行高度控制。这里主要的区别在于对于给定偏移距离 $d$ 而言，角误差 $E$ 随着与天线距离的减少而增大。但是这距离假定是已测定或计算，所以，如果必要的话，应调整控制器 $k_E(s)$ 中的增益 $K_E$ 以保持设计值处的有效增益 $K_E/R$ 恒定。

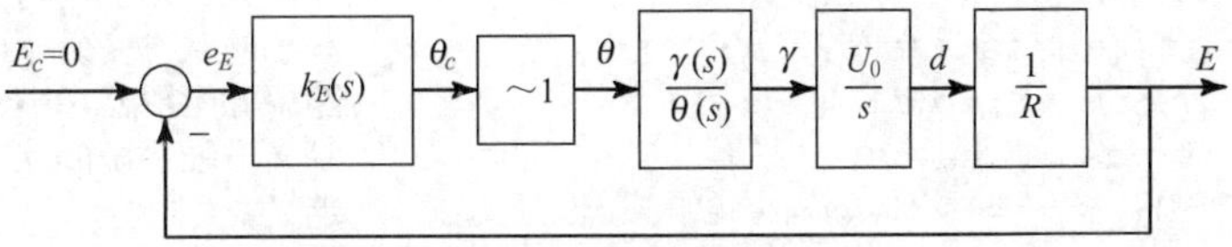


图 12.60　下滑道接收机耦合器框图

为使讨论更具体，将讨论使用进场飞行状态（飞行条件 1）下 DC-8 的数据合成下滑道接收机耦合器。回顾前面 12.4.1 节中合成姿态控制器的情形。然而，同时回顾此节中关于时间响应的讨论。由此可知虽然在控制姿态时姿态控制器是有效的，稳态姿态的正向变化不会产生稳态航迹角正向变化。所以，注意到需要一个自动油门，现将予讨论。

**自动油门**　为完成自动油门的合成，首先考虑图 12.61 所示的框图。第一个必须讨论的问题是，是否应该使用开环飞行器动力学设计自动油门，或者是使用带俯仰阻尼器的完整俯仰姿态控制系统的飞行器动力学来进行设计。由于飞行速度与俯仰姿态响应间的固有频率分离，且短周期模式本质上是独立于纵移速度 $u$，所以任一方法均可行。但基于应该首先关闭更快反馈回路（即更高增益穿越频率）的经验法则，姿态控制回路将首先被关闭，然后自动油门控制律将被合成。

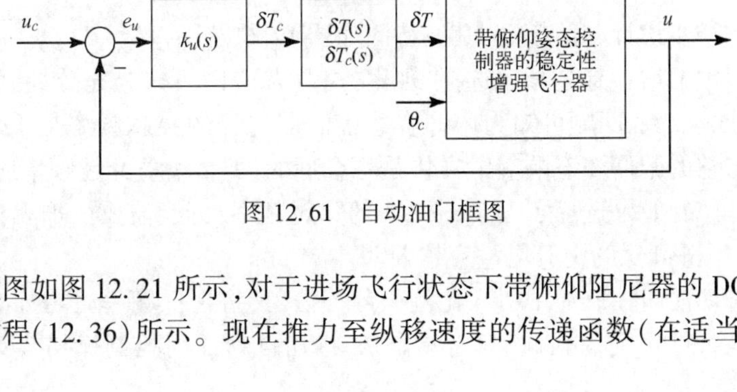


图 12.61　自动油门框图

姿态控制框图如图 12.21 所示，对于进场飞行状态下带俯仰阻尼器的 DC-8 而言，姿态控制补偿器在如方程（12.36）所示。现在推力至纵移速度的传递函数（在适当的位置配备姿态

控制器与俯仰阻尼器)为

$$\frac{u(s)}{\delta T(s)}\bigg|_{AC}=\frac{0.169s(s^2+0.4717s+0.07557)(s^2+3.309s+7.09)(s+17.9)}{s(s+0.04924)(s^2+0.4493s+0.08768)(s^2+3.312s+7.092)(s+17.9)}\text{fps/klbs}$$

$$\approx\frac{0.169}{(s+0.0492)}\text{fps/klbs} \tag{12.70}$$

攻角与俯仰角速度传递函数在本质上是零。现具备姿态控制器,在方程(12.70)中的短周期极点与升降舵传动机构极点间存在几近准确的极点零点对消。考虑到 11.3.1 节中关于俯仰姿态或俯仰角速度反馈对这个传递函数的影响的讨论,这一情况并不令人惊奇。另外,升降舵传动机构很明显不会影响此传递函数。然而,姿态控制器也产生了长周期极点的近似极点零点对消,速度响应现由在-0.049/s 处有一个极点的单一模式决定。

可以用下列 MATLAB 指令找出推力输入传递函数:

```
» sys=ss(a,bdel,c,d)                              有升降舵输入的飞行器模型
» dena=[1 20];aa=tf(-20,dena);                   升降舵传动机构模型
» sysaa=series(aa,sys)                            并联的传动机构与飞行器模型
» [aaa,ba,ca,da]=ssdata(sysaa)                    获得的状态变量矩阵
» aaaug=aaa-ba*1.5*ca(4,:);                       随俯仰阻尼器增强的飞行器矩阵A
» sysaug=ss(aaaug,ba,ca,da)                       定义增强系统的状态变量模型
» numc=[1.2];denc=[1 0];comp=tf(numc,denc)        定义 PI 补偿
» kg=series(comp,sysaug)                          并联的 PI 与增强系统
» [akg,bkg,ckg,dkg]=ssdata(kg)                    检索 kg 的状态模型矩阵
» acl=akg-bkg*3.16*ckg(3,:)                       带俯仰控制器的闭环矩阵A_CLθ
» bclt=[1000/(230000/32.2);0;0;0;0;0]             推力输入矩阵b(以 klbs 为单位)
» sysclt=ss(acl,bclt,ckg,dkg)                     有推力输入的俯仰控制系统
» tfclt=zpk(sysclt)                               传递函数
```

为发动机动力学选择了一个简单一阶滞后模型。因为推进系统响应远比气动表面传动机构响应慢,所以选定 0.2s 的发动机时间常量。增加发动机滞后,方程(12.70)中的传递函数变成

$$\frac{u(s)}{\delta T_c(s)}=\frac{0.847(s^2+0.4717s+0.07557)(s^2+3.309s+7.09)(s+17.9)}{(s+0.04924)(s^2+0.4493s+0.08768)(s^2+3.312s+7.092)(s+17.9)(s+5)}\text{fps/klbs}$$

$$\approx\frac{0.847}{(s+0.0492)(s+5)}\text{fps/klbs} \tag{12.71}$$

使用更简单的初步设计二阶模型,其波特图如图 12.62 所示。

关于自动油门中的增益穿越频率选择,观察方程(12.71)可知为充分控制速度响应,穿越频率应该大于 0.05rad/s。回顾可知为俯仰姿态控制器选择的穿越频率是 1rad/s。因为期望飞行器速度响应与它的俯仰姿态响应一样快是不合理的,那么增益穿越频率应该小于 1rad/s。另外,由图 12.62 可知,如果选择了大于 1rad/s 的穿越频率,可能需要增加相位超前补偿。因此,可以选择大约 0.6rad/s 的中等增益穿越频率。

尽量避免在自动油门控制律中引入比例积分补偿,其将在低频率时增加波特增益并决定之后的稳态误差是否可接受。因此,只有增益 $K_u$ 将在自动油门控制律初步设计中使用。由

图 12.62中的波特图可知选择 10dB(3.16klbs/fps)的增益 $K_u$ 将把增益穿越频率设置在 0.6rad/s 的所需值附近,且产生的相位裕度是 90°。

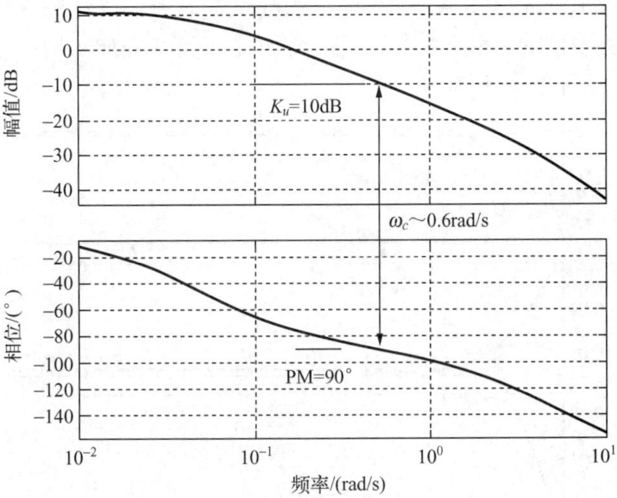


图 12.62 波特图——推力指令的速度响应 $u(s)/\delta T_c(s)$(简化模型,方程(12.71))

现将使用(方程(12.71)中)飞行器速度响应的完整模型来评估这个初步设计。使用 $K_u=3.16$klbs/fps的增益及完整动力学模型得出开环自动油门控制器(即 $K_u u(s)/\delta T_c(s)$)的波特图,如图 12.63 所示。要注意增益穿越频率大约是 0.6rad/s,而相位裕度仍约为 90°。

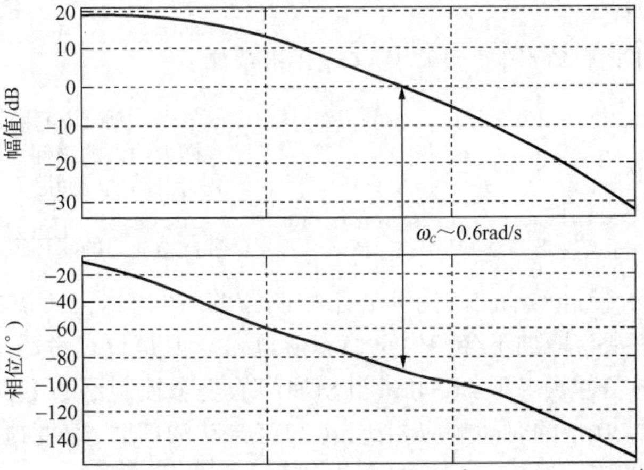


图 12.63 (带姿态控制器的)$K_u u(s)/\delta T_c(s)$ 波特图,$K_u=3.16$klbs/fps(完整飞行器模型)

选择自动油门的此增益值产生如下闭环(自动油门及姿态控制)本征值:

$$\text{飞行器动力学与补偿}\begin{cases}-1.6562\pm j2.0853/\text{s}\\-0.2829\pm j0.1160/\text{s}\\-0.5461/\text{s}\end{cases}$$

发动机 $-4.39/\text{s}$

升降舵传动机构 $-17.9/\text{s}$

指令 1fps 飞行速度增加的阶跃响应如图 12.64 所示。速度响应上升时间与 0.6rad/s 的增益穿越频率相一致,且没有显示尖峰。但是约-10%的稳态误差较明显。要注意随着俯仰姿态基本保持不变,攻角因速度增大而减小,而航迹角增大。所以伴随着由姿态控制器带来的固定姿态,正如我们所预期的,飞行速度的指令增加促使高度增加。暂时接受这个自动油门设计,如果有必要,可以进行进一步调整。

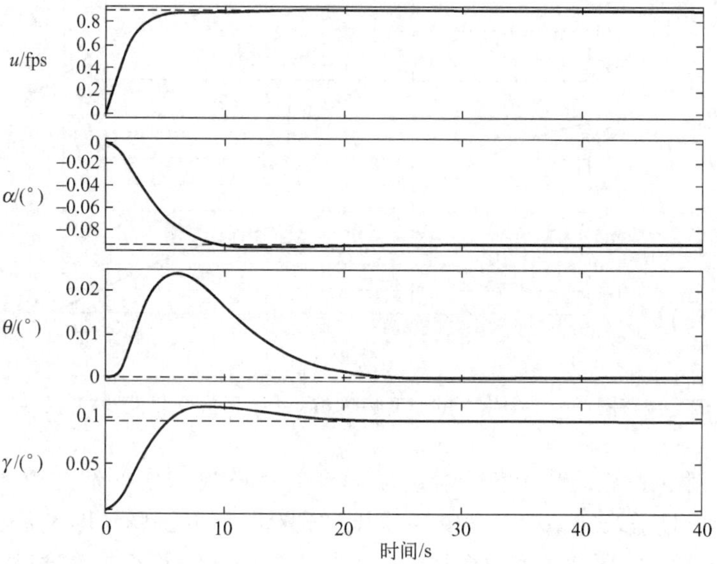


图 12.64 自动油门与姿态控制器的飞行器阶跃响应(完整飞行器模型,进场状态)

组建包括自动油门的飞行器模型的 MATLAB 指令如下:

```
»bclt=[1000/(230000/32.2);0;0;0;0;0]      以 Klbs 为单位的推力输入矩阵B
»sysclt=ss(acl,bclt,ckg,dkg)              有推力输入的俯仰控制系统
»aclat=acl-bclt*3.16*ckg(1,:);            关闭自动油门回路
»aclat=bclt*3.16;
»sysclat=ss(aclat,bclat,ckg,dkg);         带自动油门的闭环系统
```

现在可以重新评价带自动油门的俯仰姿态控制器的时间响应。回顾图 12.30 可知,没有自动油门时,俯仰姿态指令增加不会产生正稳态航迹角。但是现在考虑图 12.65 所示的时间响应,图中显示了进场飞行状态下 DC-8 带自动油门的姿态控制器的 1°阶跃响应。通过将这些新时间响应与图 12.30 中的时间响应相比,可知有自动油门时,速度损失减少,且俯仰姿态增加现实现了所需的航迹角增加。

**带自动油门的下滑道接收机耦合器** 现在将继续进行下滑道接收机耦合器的合成。关于图 12.60 中的框图,必须回顾与航迹和姿态相关的外部回路动力学模型。正如在讨论高度保持时所提及的,外部回路动力学模型能通过只使用飞行器开发,也能通过使用包括俯仰姿态控制器的飞行器模型开发。因为自动油门的出现,这两种模型不再相等。正如 11.2 节所述,对升降舵的反馈将影响有推力输入传递函数的分子;由于分子耦合,反之亦然。

为展示这一客观事实,对进场飞行状态下的 DC-8 而言,单独飞行器的航迹与姿态角间的动力学关系是

$$\frac{\gamma(s)}{\theta(s)}=\frac{-0.031186(s-0.001692)(s+4.835)(s-3.751)}{(s+0.06049)(s+0.5352)}\text{rad/rad} \quad (12.72)$$

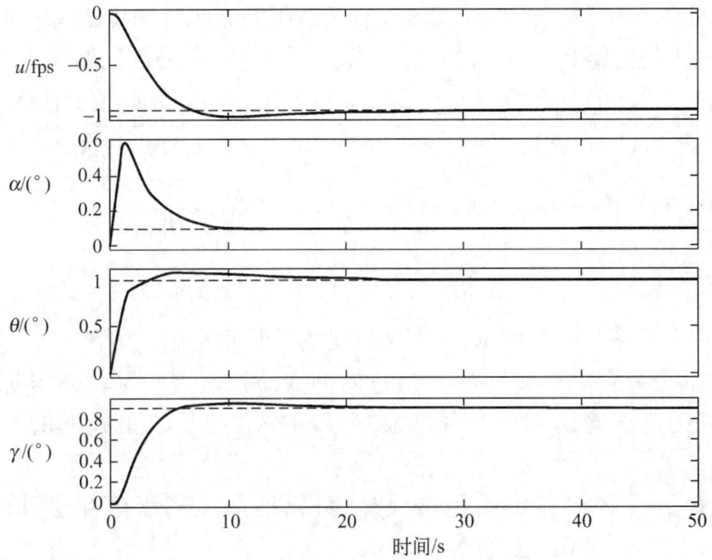


图 12.65　带自动油门的俯仰姿态控制器阶跃响应(进场状态)

(因为下滑道误差将通过升降舵控制,升降舵输入传递函数用于推演上述表达式。)但是对带俯仰姿态控制器与自动油门的飞行器而言,动力学关系变成

$$\frac{\gamma(s)}{\theta(s)}\bigg|_{\mathrm{AC+AT}}=\frac{-0.031186(s+0.6085)(s+4.815)(s+4.411)(s-3.752)}{(s^2+1.21s+0.3828)(s+4.386)}\ \mathrm{rad/rad}$$

$$\approx\frac{-0.031186(s+0.6085)(s+4.815)(s-3.752)}{(s^2+1.21s+0.3828)}\approx\frac{0.5634(s+0.6085)}{(s^2+1.21s+0.3828)}\ \mathrm{rad/rad}\tag{12.73}$$

指令俯仰姿态输入的传递函数用于推演方程(12.73)。很明显,方程(12.72)与方程(12.73)不相同,因而必须使用方程(12.73)所示的模型。

方程(12.73)给出的三个模型波特图如图 12.66 所示。基于以上结果,建议在接近-4.4/s处进行极点零点对消之后使用中间模型,因为其完全匹配在相关频率范围(0.1-1.0rad/s)内更复杂的模型。

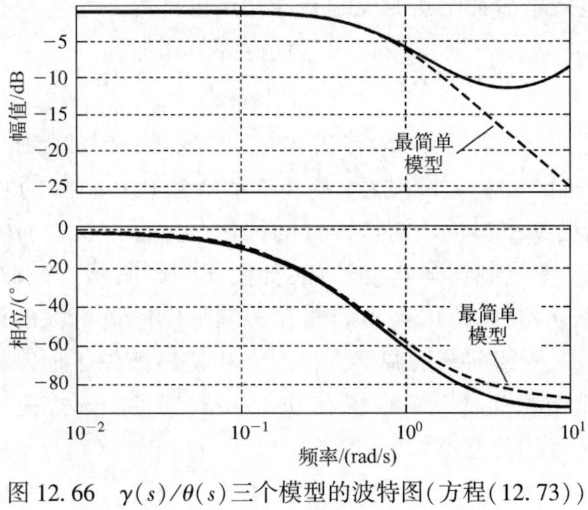


图 12.66　$\gamma(s)/\theta(s)$三个模型的波特图(方程(12.73))

要完成外部回路动力学模型,要注意该飞行条件下基准飞行速度 $U_0$ 是 244fps。选定控制律设计中的距 ILS 天线的距离是 $R=1200$ft。在这些参数值下,外部回路动力学模型是

$$\frac{E(s)}{\theta_c(s)}=\frac{\theta(s)}{\theta_c(s)}\frac{\gamma(s)}{\theta(s)}\frac{U_0}{s}\frac{1}{R}\approx(1)\frac{1}{R}\frac{U_0}{s}\frac{-0.031186(s+0.6085)(s+4.815)(s-3.752)}{(s^2+1.21s+0.3828)}$$

$$=\frac{-0.006341(s+0.6085)(s+4.815)(s-3.752)}{s(s^2+1.21s+0.3828)}\text{ rad/rad}\tag{12.74}$$

该模型的波特图如图 12.67 所示,在图中标记为“外部回路动力学”。

为选择所需增益穿越频率,要注意(内环)俯仰姿态控制器中穿越频率是 1rad/s。令(外环)下滑道接收机耦合器的最大可实现增益穿越频率大约是以上频率的 1/5,在此选定为 0.2rad/s。

为最小化航迹跟踪控制律中的稳态误差,可以增加比例积分补偿,PI 补偿的影响如图 12.67中标记为“有 PI”的第二组波特图所示。

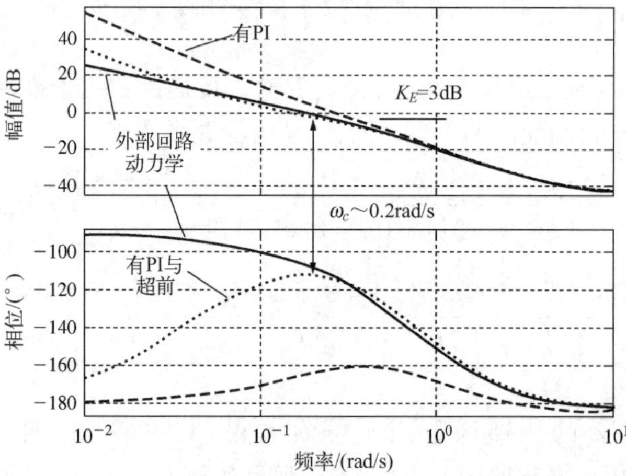


图 12.67 下滑道接收机耦合器外部回路动力学波特图(简化航迹模型)

从该组波特图可知,实现可接受相位裕度还需要超前补偿。由于需要超前补偿,选择 PI 零点为 0.3/s。因此,包括超前补偿器的控制补偿初步设计为

$$k_E(s)=K_E\frac{(s+0.3)}{s}\frac{(s+0.04)}{(s+0.4)}\text{ rad/rad}\tag{12.75}$$

总补偿的影响如图 12.67 中标记为“有 PI 与超前”的第三组波特图所示。最后,由后一组波特图可知 3dB(1.412rad/rad)的外环增益 $K_E$将产生大约 0.2rad/s 的所需增益穿越频率。

现使用完整飞行器模型来讨论该初步设计的评估。方程(12.74)中飞行器动力学 $E(s)/\theta_c(s)$波特图,包括俯仰姿态控制器与自动油门,如图 12.68 所示。该波特图与图 12.67 中显示的简化模型波特图十分相似,所以并不需要在控制补偿中进行大的调整。然而,基于使用图 12.68的进一步分析,进行超前补偿调整将使最大相位超前位于所需增益穿越频率值处,即 0.2rad/s 处。同时,为把增益穿越频率设置在 0.2rad/s,应使 ILS 控制器增益 $K_E$略微增加到 1.585rad/rad(4dB)。最后的补偿器如下:

$$k_E(s) = 1.585\frac{(s+0.3)}{s}\frac{(s+0.06)}{(s+0.6)}\text{ rad/rad} \tag{12.76}$$

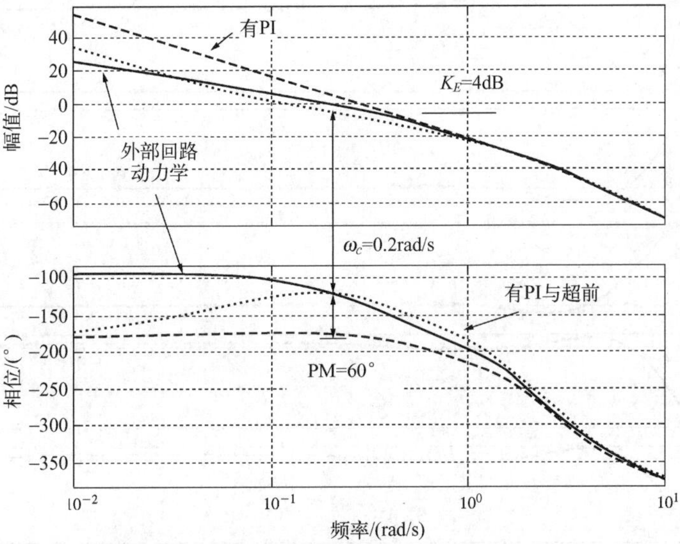


图 12.68　下滑道接收机耦合器 $E(s)/\theta_c(s)$ 开环波特图，(完整飞行器模型)

PI 与超前补偿器的各自影响在如图 12.68 所示的波特图中十分明显。有此最终控制补偿器时，相位裕度是 60°，增益裕度大致是 20dB。

使用上述控制律，由下滑道接收机耦合器(包括自动油门与俯仰姿态控制器)控制的飞行器闭环本征值是

| | |
|---|---|
| 飞行器加补偿器 | −1.6952±j2.066/s<br>−0.26152±j0.29020/s<br>−0.60690/s，−0.36310/s<br>−0.071764±j0.052210/s |
| 传动机构 | −17.9/s |
| 发动机 | −4.39/s |

同时，初始条件响应如图 12.69 所示。为获得上述结果，所有状态下的初始条件均为零，除了初始小扰动俯仰姿态 $\theta(0)=3°$(从而使初始小扰动航迹 $\gamma(0)=3°$)[①]与初始位置偏移是 $d(0)=-40$ft。

这组初始条件对以下情况进行了仿真，即：水平飞行时当偏移距离低于下滑道 40ft 时，飞行员应用耦合器。注意，稳态误差都是零，且位置偏移 $d$ 误差在 4s 之后仍是小于 5ft。飞行器最开始下俯，然后速度减缓以着陆与稳定在下滑道上，这是在应用耦合器之后大约 10s 内完成的。

组建带上述下滑道接收机耦合器与自动油门的飞行器模型的 MATLAB 指令如下：

```
» ckg(5,:)=[0 -1 1 0 0 0];dkg=[dkg;0];        增加 γ 到响应
» sysacAT=ss(aclat,bcl,ckg,dkg);              有姿态控制与自动油门的系统、θc 输入
```

① 回顾该分析，基准航迹角 $\Gamma_0=-3°$。

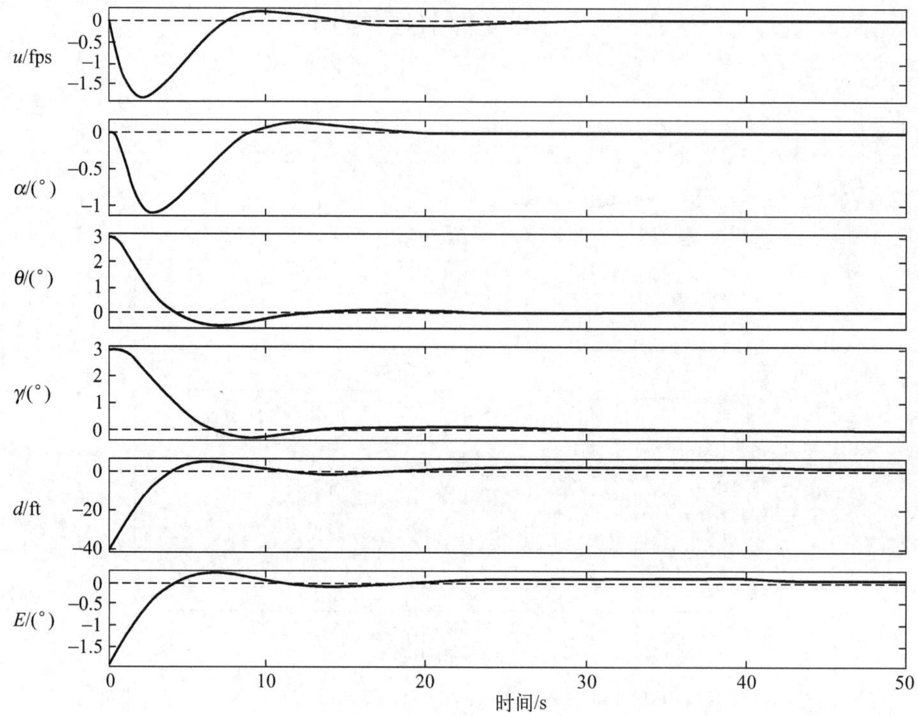


图 12.69 ILS 下滑道接收机耦合器初始条件响应

```
» num2 = [244 / 1200];den2 = [1 0];OL = tf(num2,den2);   E/γ 外部回路
» sysOL = series(sysacAT,OL,[5],[1]);
» [aOL,bOL,cOL,dOL] = ssdata(sysOL);
» cgde = [[0;0;0;0;0] ckg];cgde = [cgde;1200 * cOL;cOL];dgde = [dkg;0;0];
                                                          增加 d 与 E 到 y
» sysOL = ss(aOL,bOL,cgde,dgde);
» numpi = [1.3];denpi = [1 0];pi = tf(numpi,denpi);       PI 补偿器
» numl = [1.06];denl = [1.6];lead = tf(numl,denl);        超前补偿器
» comp = pi * lead;
» syscomp = series(comp,sysOL);
» [acomp,bcomp,ccomp,dcomp] = ssdata(syscomp);
» aILS = acomp-bcomp * 1.585 * ccomp(7,:);                关闭下滑道回路
» bILS = bcomp * 1.585;
» sysgs = ss(aILS,bILS,ccomp,dcomp);                      带耦合器的闭环系统
```

### 12.6.2 横向航迹导引

横向航迹导引涉及控制飞行器,以使其在水平面沿着指定航迹飞行。其中一例为 VOR 归航导引,其涉及跟踪经过名为 VOR 或 Omni 的空中交通管制导航无线电台的径向航迹,另一例为 ILS 定位器导引,其涉及跟踪与跑道中心线成一条直线的 ILS 定位器波束。

这两种导引系统在控制律开发方面基本上是相等的问题。三个主要不同之处在于:①涉及的典型飞行速度;②为控制律提供位置误差信号的波束宽度;③到无线电台的距离。VOR 归航通常用于巡航或进入或离开航站区时的爬升与降落,且 700fps 的巡航飞行速度十分常见。但是在着陆进场时跟踪 ILS 定位器通常涉及接近 200fps 的飞行速度。VOR 波束宽度大约是 10°,而 ILS 定位器的宽度大约为 3°。跟踪 ILS 定位器的距离通常为距无线电台 5mi 以内,而 VOR 归航的距离通常距无线电台数百英里。因此,在这两种情况下可实现位置偏移存在很大不同。

任何一种导引问题的水平面几何图形如图 12.70 所示。偏移或位置误差显示为 $d$,到无线电台的距离显示为 $R$,而角位置误差是 $E$。从该图明显可知:

$$\sin E = d/R \tag{12.77}$$

各导引问题的运动学关系式如下:

$$\dot{d} = V_V \sin(\psi - \Psi_{\text{Ref}}) \approx V_V(\psi - \Psi_{\text{Ref}}) \tag{12.78}$$

式中:$\psi$ 是从北开始顺时针测量的飞行器航向。

线性化方程(12.77)与方程(12.78)中的表达式后,可以描绘出横向波束跟踪系统框图,如图 12.71 所示。注意最内部的反馈回路是倾斜角控制系统 $\phi(s)/\phi_c(s)(\sim 1)$,第二靠近内部的回路是航向保持回路 $\psi(s)/\psi_c(s)(\sim 1)$,而最外部的回路动力学 $E(s)/\psi(s)$ 仅是 $K/s$,其中 $K$ 为 $U_0/R$。故,正如 ILS 下滑道跟踪一样,运动学还是依赖距离,需要调整 $k_E(s)$ 中的外环增益或 $K_E$,使 $K_E U_0/R$ 为常数。

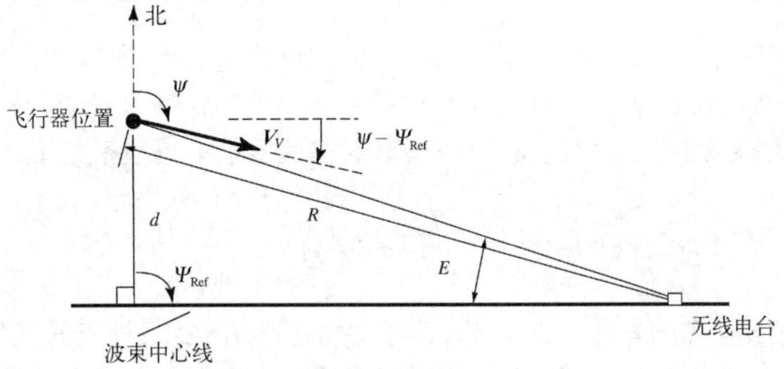


图 12.70 横向波束导引几何图形

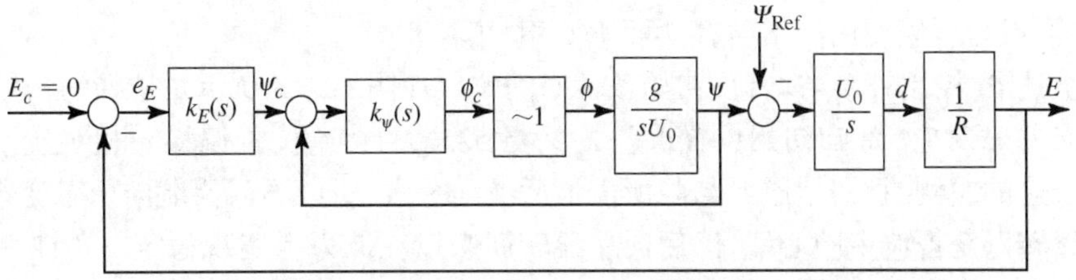


图 12.71 横向波束导引框图

**VOR 归航** 首先考虑 VOR 归航的情况。我们将使用巡航飞行状态(飞行条件 3)下 DC-8的数据:到无线电台的距离 $R$=30000ft(约 5 海里),具备 12.4.3 节中讨论的倾斜角控制器与 12.5.3 节中讨论的航向保持。开环波束跟踪系统 $E(s)/\psi_c(s)$ 波特图,(其两个内部反馈回路关闭)在图 12.72 中标记为"无 PI"。

因为在航向保持回路中外部回路又是低于穿越频率的 $K/s$(这里是 0.4rad/s),简单增益与 0.2rad/s 或低于 0.2rad/s 的外环增益穿越频率将产生可接受的稳定裕度。但是随横向阵风而增强的稳态性能,举例来说,可通过控制律中的积分项获得。因此,将在这里引入比例积分(PI)控制,但是这将减小穿越频率处的相位。所以,要么 PI 补偿器中的零点幅值必须非常小(<0.05/s),要么还需引入超前补偿器。这里所采用的方法是避免增加额外超前补偿。但是应该记住如有需要,可以通过增加超前补偿提高波束跟踪性能(例如更高的相位裕度)。

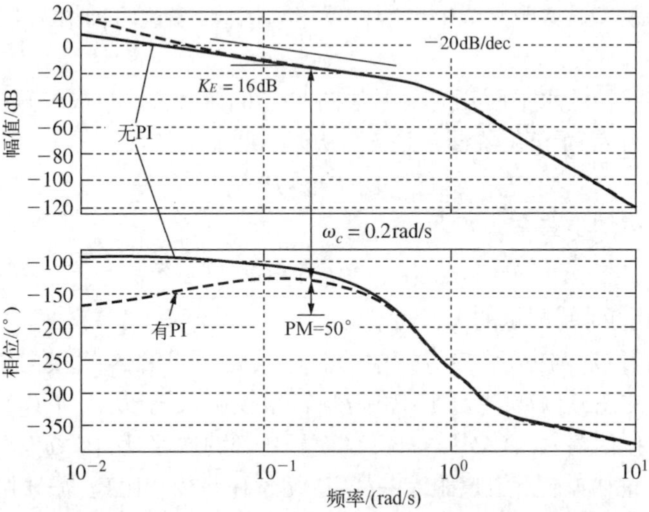


图 12.72 有 PI 与无 PI 开环波束跟踪 $E(s)/\psi_c(s)$ 波特图

由图 12.72 可以注意到,频率大于 0.2rad/s 时相位快速减小,所以依据增益穿越频率,该频率接近上限。选择 0.2rad/s 作为目标穿越频率,然后增加 PI 补偿器,该补偿器的零点为 0.04/s。为最小化在穿越处的相位损失,该频率选在远低于穿越频率之下。外环控制补偿的形式为

$$k_E(s) = K_E \frac{(s + 0.04)}{s} \text{ rad/rad} \tag{12.79}$$

而包括此 PI 补偿器的外环波束跟踪动力学波特图在图 12.72 中标记为"有 PI"。注意通过选择 16dB(6.3rad/rad)的外环增益 $K_E$,获得了所需穿越频率与大约 50°的相位裕度。虽然这个相位裕度不如所需要的那么大,却是可以接受的。否则,可以减小穿越频率,可以增加相位超前补偿,或者可以使用纯增益补偿而不使用 PI。

使用上述 PI 控制补偿与增益,初始条件时间响应如图 12.73 所示。选择的初始条件与 1°初始位置误差 $E$ 对应,而 1°初始位置误差 $E$ 又与 525ft 的初始位置偏移 $d$ 相对应。初始位置位于所需航迹的左侧,且初始航向与与所需最后航向一致,所以不需要航向稳态变化。飞行器首先向右滚转以获得波束中心线,然后向左滚转回来以在波束上实现稳定。角波束误差 $E$ 的响应表明上升时间小于 10s,略微有尖峰,无稳态误差。有尖峰是因为相位裕度有点低,如前所述。除去大约 45°的较高初始倾斜角,这些响应看起来均可接受。如果倾斜角过大,可以减小倾斜角控制器中的增益穿越频率,或者增加一个倾斜角限制器,正如 12.5.3 节所述。

组建以上波束导引控制器模型与获得上述初始条件响应的 MATLAB 指令如下:

```
»numol=[(32.2/824)];denol=[1 0];OL=tf(numol,denol)
                                             航向角控制外环运动学
»syspsi=series(syscl,OL,[2],[1]);           syscl 为闭环倾斜角控制系统
»[apsi,bpsi,cpsi,dpsi]=ssdata(syspsi)
»aclpsi=apsi-bpsi*10*cpsi
»bclpsi=bpsi*10
»cclpsi=[[0;0;0;0;0]ca];cclpsi(6,:)=cpsi
»dclpsi=[0;0;0;0;0;0]
»sysclpsi=ss(aclpsi,bclpsi,cclpsi,dclpsi);
»R=30000;numE=[824/R];denE=[1 0];OLE=tf(numE,denE)  波束角控制外环运动学
```

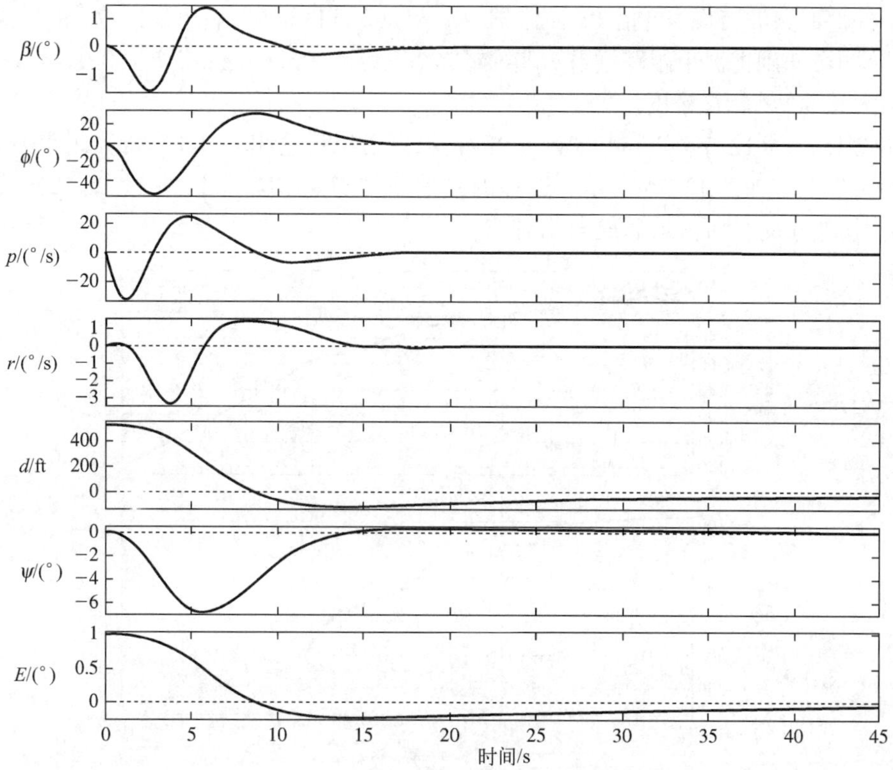


图 12.73　VOR 归航导引初始条件响应

```
» sysE = series(sysclpsi,OLE,[6],[1]);
» numpi = [1.04];denpi = [1 0];pi = tf(numpi,denpi)          增加 PI
» sysEpi = series(pi,sysE);
» [aEpi,bEpi,cEpi,dEpi] = ssdata(sysEpi)                      增益是 16dB
» aEpicl = aEpi-bEpi * 6.3 * cEpi
» bEpicl = bEpi * 6.3
» dEcl = [0;0;0;0;0;0];cEcl = [dEcl cclpsi dEcl]
» cEcl = [cEcl;cEpi];dEcl = [dEcl;0]
» cEcl(5,:) = (R/57.3) * cEcl(7,:)
» sysEcl = ss(aEpicl,bEpicl,cEcl,dEcl)                        闭环 VOR 归航
```

**ILS 定位器跟踪**　最后将考虑 ILS 定位器跟踪的情况。参考图 12.71 所示框图,最内部的回路是倾斜角控制器,第二靠近内部的回路是航向保持。12.4.3 节与 12.5.3 节分别设计了这些进场飞行状态下的控制器,在这里将使用它们。

现在来讨论最外部的 ILS 跟踪回路。正如上述考虑的 VOR 归航控制器一样,到无线电台的距离为 30000ft,而方法是引入 PI 补偿并尽量避免增加额外超前补偿。但是进场飞行状态下的飞行速度明显比巡航状态下的要小,所以现在所有回路中的增益穿越频率比 VOR 归航的要小。

再次参考图 12.71 中给出的框图,关闭航向保持回路后,外部 ILS 跟踪回路 $E(s)/\psi_c(s)$ 动力学波特图在图 12.74 中标记为"外部回路动力学"。从相位图看起来,如果希望无需增加超前补偿来获得合理相位裕度,那么这个 ILS 跟踪回路中最大增益穿越频率大约是 0.1rad/s。

考虑到此最大 ILS 跟踪穿越频率比 VOR 归航控制器的要小,PI 补偿零点从-0.04/s 移动到-0.03/s。所以这 ILS 定位器跟踪控制器的控制补偿形式是

$$k_E(s) = K_E \frac{(s+0.03)}{s} \text{ rad/rad} \tag{12.80}$$

这个外部回路波特图(包括 PI 补偿器,$K_E$ = 1rad/rad)也显示在图 12. 74 中,标记为"有 PI"。由该图可知到把波束跟踪增益 $K_E$增加到 22dB(12. 59rad/rad)将产生 0. 1rad/s 的增益穿越频率与大约 50°的相位裕度。

使用增益 $K_E$为 12. 59rad/rad 的上述 PI 补偿,现可以讨论闭环 ILS 定位器跟踪系统。该系统的初始条件响应如图 12. 75 所示。选择的初始条件与 1°初始角误差 $e_E$,或 525ft 的位置误差相对应,初始航向与所需最后航向相对应。

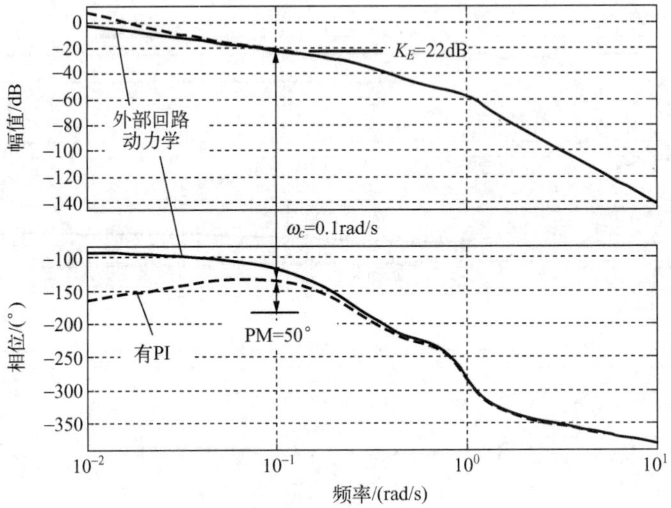


图 12. 74 波特图——含倾斜角控制器与航向保持的开环波束跟踪控制器(进场状态)

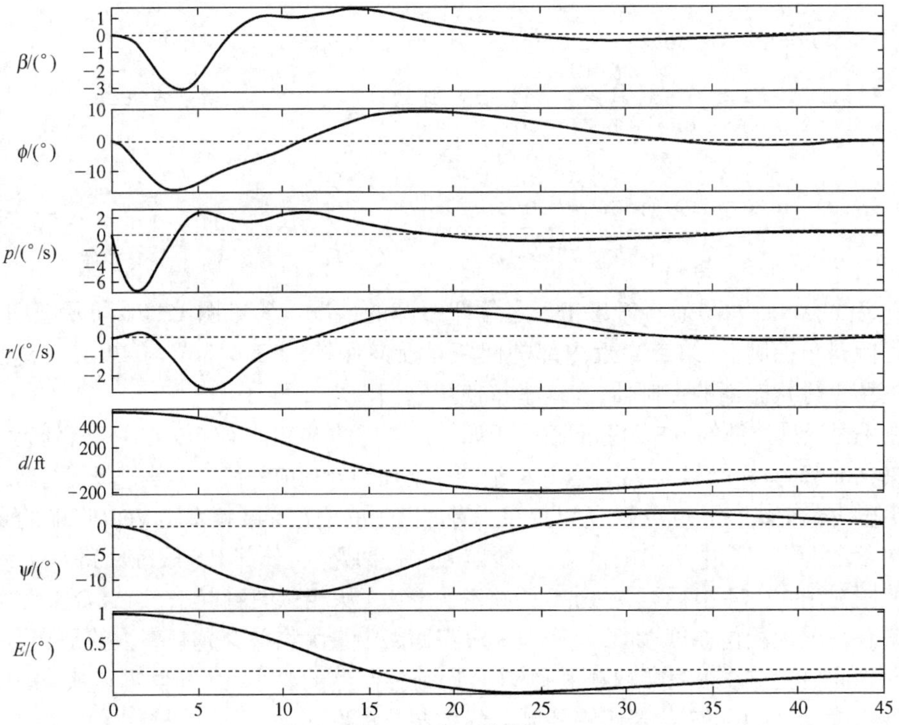


图 12. 75 初始条件响应——ILS 定位器跟踪控制器

所以,飞行器的飞行航向与跑道航向相一致,但是向左偏移跑道中心线525ft。飞行器最初向右滚转以获得定位器的中心线,然后向左滚转回来以在中心线上实现稳定。

观察位置偏移响应 $d$,或角波束误差 $E$ 可知上升时间少于15s,有一个大约30%的尖峰。注意,要花费大约40s的时间让这些误差变小。然而,因为假定定位器跟踪控制器在离跑道进场端30000ft处应用(回顾可知 $R$ 设定为30000ft),40~45s后飞行器基本上将在定位器中心线上,在飞行了至跑道距离的1/3路程后或者是离进场端20000ft时,飞行器处于跑道航向上。

组建ILS定位器跟踪控制器模型与获得上述初始条件响应的MATLAB指令如下:

```
» numol=[(32.2/244)];denol=[1 0];OL=tf(numol,denol) 航向角控制器外部回路

» syspsi=series(syscl,OL,[2],[1]);
»[apsi,bpsi,cpsi,dpsi]=ssdata(syspsi)
» aclpsi=apsi-bpsi*1.585*cpsi                       关闭航向角回路

» bclpsi=bpsi*1.585
» cclpsi=[[0;0;0;0;0] ca];cclpsi(6,:)=cpsi
» dclpsi=[0;0;0;0;0;0]
» sysclpsi=ss(aclpsi,bclpsi,cclpsi,dclpsi);
» R=30000;numE=[244/R];denE=[1 0];OLE=tf(numE,denE)ILS 耦合器外部回路

» sysE=series(sysclpsi,OLE,[6],[1]);
» numpi=[1.03];denpi=[1 0];pi=tf(numpi,denpi)        增加PI
» sysEpi=series(pi,sysE);
»[aEpi,bEpi,cEpi,dEpi]=ssdata(sysEpi)
» aEpicl=aEpi-bEpi*12.589*cEpi                      关闭波束跟踪回路

» bEpicl=bEpi*12.589
» dEcl=[0;0;0;0;0;0];cEcl=[dEcl cclpsi dEcl]        为绘制时间响应作准备

» cEcl=[cEcl;cEpi];dEcl=[dEcl;0]
» cEcl(5,:)=(R/57.3)*cEcl(7,:)
» sysEcl=ss(aEpicl,bEpicl,cEcl,dEcl)                闭环波束跟踪控制器

» x0=[(1/.065067);0;0;0;0;0;0;0;0;0]               设置初始条件
» initial(sysEcl,x0),45)                            求解得IC响应并绘制IC响应图
```

## 12.7 弹性效应与结构模式控制

在12.3节中注意到气动面传动机构可以激活结构模式。这些表面偏离飞行员指令,正如本章所述的控制输入偏离反馈系统。弹性变形可影响飞行器飞行性能,但更重要的是,它们也能使飞行控制系统不稳定。因此,在飞行控制律设计中,弹性效应非常重要。

决定弹性效应是否重要的最重要因素是较高频率刚体模式(短周期、荷兰滚与滚转下沉)与最低频率振动模式间的频率分离。如果该频率分离大于其10~15倍,弹性效应可能不起重要作用。通过确定飞行控制回路开环波特图幅值在弹性模式(或包含充分滚离模式)的频率范围内较小,控制系统与弹性变形间不应该有相互作用。但如果频率分离小于频率的10~15倍,那么可能需要更慎重地考虑弹性效应。

当高频率滚离不能充分减轻弹性变形的不良影响时,可通过传感器配置、结构滤波器或主动结构模式控制来处理弹性效应。这三种方法基本是按照它们的复杂度来排列的。这里介绍的概念借鉴了第三章与第四章所述内容。

传感器配置指如果反馈控制律中使用的传感器(如角速度陀螺仪或加速计)正好位于结构上,那么弹性变形的不良影响可最小化。例如,回顾由弹性模式激励而产生的两个重要位移可表示成(见公式(8.53)与图8.2)

$$\begin{cases} Z_E(t) = \nu_Z(x,y,z)\eta_i(t) \\ \theta_E(t) = \nu'_Z(x,y,z)\eta_i(t) \end{cases} \tag{12.81}$$

式中:$v_Z(x,y,z)$是在结构上位置$(x,y,z)$处求得的振型$Z$位移值;$v'_Z(x,y,z)$是相同位置处相同振型的斜率$\partial v_Z/\partial x$;$\eta_i(t)$是与弹性自由度相关的第$i$个广义坐标的时间相关值。

现假定这个$Z$位移振型形状如图12.76所示。如果加速计(其轴与$Z$方向一致)位于振型的一个位移节点处,如图所示,那么由于此种模式的变形,这个加速计将不会检测到任何加速度。同样,如果将角速度陀螺仪(角位移传感器)置于振型的模态斜率节点处,如图所示,那么由于此种模式的变形,传感器也不会检测到任何角速度。因此,通过恰当的传感器配置,反馈系统设计者能从眼下面临的问题中消除特殊的振动模式,比如最低频率振动模式。因为那时此种模式的变形不会被检测到,也不会反馈到飞行控制系统。

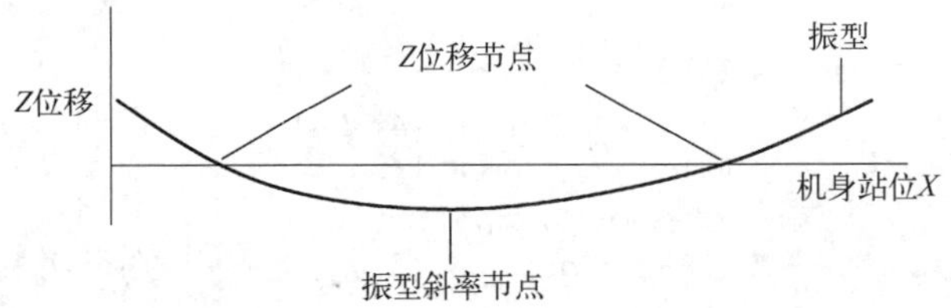

图12.76　振型节点

不巧的是,不能把一个传感器置于所有振动模式的节点,因为这些节点位于结构上的不同位置。故,只有最麻烦的模式,比如有最低振动频率的那些模式,才可通过传感器配置处理。同时,正如前所述,传感器配置不会消除因模式位移产生的任何飞行性能问题。如果模式以某种方式(比如由湍流)被激活,这些模式将对飞行性能产生影响。但它们不会使反馈系统不稳定。

处理弹性模式的第二种方法是使用结构滤波器,比如传感器输出上的陷波滤波器。陷波滤波器有下列形式的传递函数。

$$N(s) = K_N\frac{(s^2 + 2\zeta_N\omega_N s + \omega_N^2)}{(s^2 + 2\zeta\omega s + \omega^2)} \tag{12.82}$$

式中:下标$N$表示分子中的项。在陷波滤波器中,选择$\zeta_N$、$w$与$w_N$分别接近所讨论的弹性模式阻尼与频率,而设$\zeta$明显大于$\zeta_N$。弹性模式在波特幅值图显示为尖峰及180°相位快速变化。如果在传感器输出处增加一个陷波滤波器,并将其调整为所讨论的弹性模态,那么尖峰是“凹口的”,180°相位变化会更平缓。将在例12.6阐明这些概念。

## 例12.6　弹性模式对导弹姿态控制的影响

考察在大气层外运行的柔性导弹,其几何形状如图12.77所示。如果导弹长度$L=\pi$、单

位长度质量 $m=0.11$、推力 $T=0.28$，则线性化的刚体运动方程为

$$\ddot{\theta}=\delta$$

故俯仰角速度传递函数在原点处有一个极点。

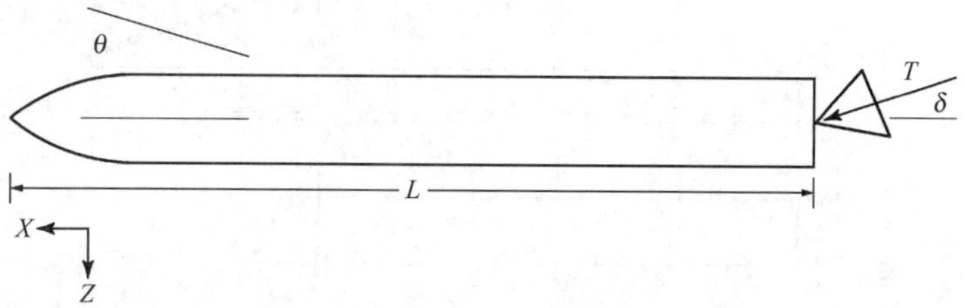


图 12.77　柔性导弹原理图

令机身一阶弯曲振动模式由下列模态方程描述：

$$\ddot{\eta}+2\zeta\omega\dot{\eta}+\omega^2\eta=\frac{T\nu(L)}{\mathcal{M}}\delta \tag{12.83}$$

式中：$\mathcal{M}$为广义质量；$\zeta$ 为弹性模态阻尼，$w$ 为振动频率。同时，令振型由下列方程表示：

$$\nu(x)=\sin(\pi x/L)-0.5 \tag{12.84}$$

得出广义质量为 0.27。假定角速度陀螺仪位于飞行器机头，用作俯仰阻尼器的传感器。如果 $\zeta=0.02$，且 $w=1\text{rad/s}$，展示如何运用高频率滚离与陷波滤波器以确保这个弹性模式不会使俯仰阻尼器不稳定。

**解**

这个飞行器的状态变量模型可表示为

$$\boldsymbol{x}^{\mathrm{T}}=\begin{bmatrix}\dot{\theta} & \eta & \dot{\eta}\end{bmatrix}\quad u=\delta$$

$$\boldsymbol{A}=\begin{bmatrix}0 & 0 & 0\\ 0 & 0 & 1\\ 0 & -1 & -0.04\end{bmatrix},\ \boldsymbol{B}=\begin{bmatrix}1\\ 0\\ -0.5/0.27\end{bmatrix} \tag{12.85}$$

要注意在 $x=L$ 时，振型 $Z$ 位移是 $v(L)=-0.5$，而在机头的振型斜率是 $v'(0)=1$。故如果相关的响应为角速度陀螺仪检测到的刚体俯仰角速度与总俯仰角速度，即

$$\boldsymbol{y}^{\mathrm{T}}=\begin{bmatrix}\dot{\theta}_{刚体}(/\mathrm{s}) & \dot{\theta}_{检测到的}(/\mathrm{s})\end{bmatrix} \tag{12.86}$$

矩阵 $\boldsymbol{C}$ 与矩阵 $\boldsymbol{D}$ 为

$$\boldsymbol{C}=\begin{bmatrix}1 & 0 & 0\\ 1 & 0 & 1\end{bmatrix},\ \boldsymbol{D}=\begin{bmatrix}0\\ 0\end{bmatrix} \tag{12.87}$$

两个传递函数为

$$\begin{cases}\dfrac{\dot{\theta}_{刚体}(s)}{\delta(s)}=\dfrac{1}{s}\ /\mathrm{s}\\[2ex] \dfrac{\dot{\theta}_{检测到的}(s)}{\delta(s)}=\dfrac{-0.852(s+1.06)(s-1.107)}{s(s^2+0.04s+1)}\ /\mathrm{s}\end{cases} \tag{12.88}$$

要注意第二个传递函数中潜在具有麻烦的右半部分平面零点位于 1.107/s 处。通过比较图 12.78 中这两个传递函数波特图，弹性模式的影响很明显地显现出来。幅值图中的尖峰与 180°快速相位损失均出现在振动频率处，且十分明显。

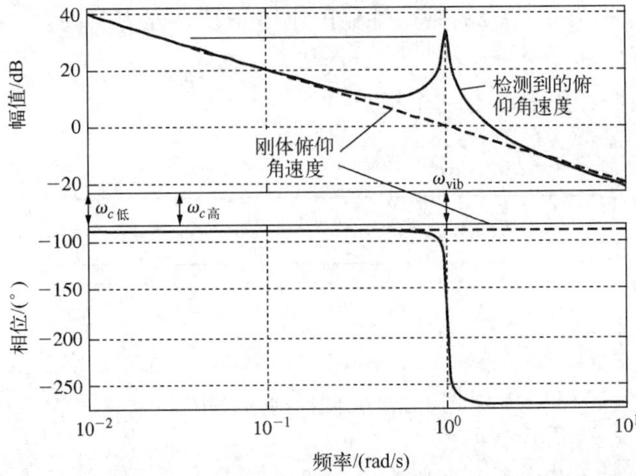


图 12.78 刚体俯仰角速度传递函数与检测到的俯仰角速度传递函数

应使用俯仰阻尼器,且控制律由下列式子给出:

$$\delta = \delta_c - K_q \dot{\theta}_{检测到的} \tag{12.89}$$

由图 12.78 中的波特图(或根轨迹)可知,如果飞行器实际上是刚性的,那么能使用 $K_q$ 的任何值,且不用担心不稳定性。这个(刚体)俯仰角速度反馈回路的奈奎斯特图仅由一条沿着复平面虚轴的直线组成,其不可能沿临界负一点旋转。故可选择一个-30dB(0.032s)的俯仰角速度反馈增益 $K_q$ 把增益穿越频率设置为约 0.04rad/s(并假定飞行器是刚性飞行器)。

不巧的是,虽然选择的增益穿越频率远低于弹性模模态频率,带角速度反馈增益的实际柔性飞行器奈奎斯特图如图 12.79 所示。很明显,这个反馈系统是不稳定的(临界点被顺时针包围两周),且不稳定性是由于弹性模式的存在。角速度反馈增益为-30dB 时,带俯仰阻尼器的导弹闭环本征值是

$$-0.0319\ /\mathrm{s}$$
$$0.0096 \pm \mathrm{j}1.001\ \mathrm{rad/s}$$

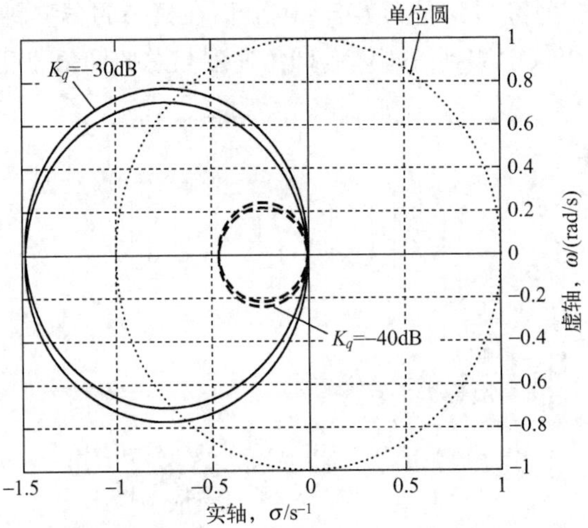


图 12.79 俯仰阻尼器奈奎斯特图($K_q$=-30 与-40dB,弹性飞行器)

现令俯仰阻尼器增益 $K_q$ 减小到-40dB(0.01s)。使用这个减小后增益的俯仰阻尼器奈奎斯特图也如图 12.79 所示,由图可知系统现是稳定的。两个回路的奈奎斯特图都在单位圆之内,且并未包围-1 处的临界点。

刚呈现了如果假定飞行器是刚性,增益穿越频率可能被设得过高,从而产生了不稳定性。这里要注意高频率滚离的重要影响。把俯仰阻尼器增益从-30dB 降低到-40dB 后,图 12.78 表明俯仰阻尼器的增益穿越频率从大约 0.04rad/s 下降到 0.01rad/s。由同一幅图可知,增益穿越频率为 0.01rad/s 时,由柔性模式引起的尖峰从来不会大于 1(0dB)。因此,奈奎斯特图不会包围-1 处的临界点。

接下来考虑下列陷波滤波器:

$$N(s)=\frac{(s^2+0.04s+1.0)}{(s^2+1.2s+1.0)}=\frac{\dot{\theta}_{滤波的1}(s)}{\dot{\theta}_{检测到的1}(s)} \tag{12.90}$$

要注意两个零点的位置与弹性模式极点的位置是相同的,正如方程(12.88)所示。如果在角速度陀螺仪的输出处插入此陷波滤波器,那么滤波器的输出将在俯仰阻尼器中反馈,则俯仰阻尼器控制律变成

$$\delta=\delta_c-K_q\dot{\theta}_{滤波的}$$

所得的有陷波滤波器俯仰阻尼器的开环波特图在图 12.80 中标记为"有陷波滤波器"。现在,使用-30dB 的更高增益,不仅使有陷波滤波器的系统保持稳定,且角速度反馈增益甚至能进一步增加,同时系统保持稳定。

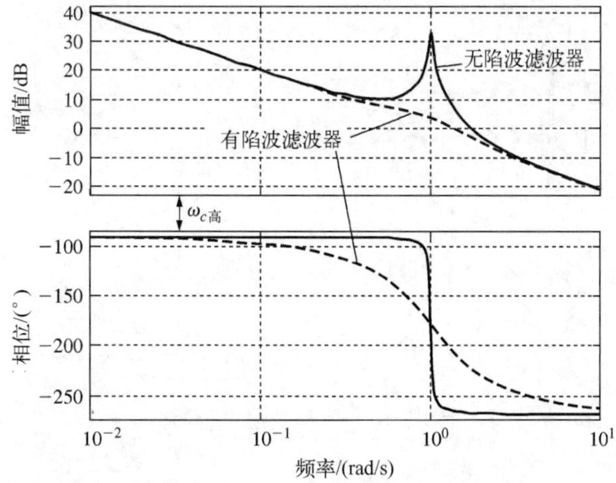

图 12.80 有与无陷波滤波器时检测到的俯仰角速度 $\dot{\theta}_{检测到的}(s)/\delta(s)$ 波特图

要不是运用陷波滤波器有困难,这看起来是显而易见的解决方案。上述定义的滤波器是"完美滤波器";其被完美地调至弹性模态参数。它将两个零点准确地放在与弹性模式相关联的两个复极点之上。现实中,不会准确地知道振动阻尼与频率。以模型为基础的预测与地面振动试验只能估算这些参数。而且,因为战斗机上的燃油与乘员载重及机外挂载等因素,弹性模态频率会变化。如果滤波器零点没放置正确的话,仍可能出现不稳定性,因而使用陷波滤波器存在一些风险。

---

处理弹性效应的最后一种方法就是主动控制它们,而不是试图不将它们反馈至控制系统。主动结构模式控制的缺点在于其增强的复杂性。但如果因为某种原因必须修改弹性模式,比

如要增加它们的阻尼,那么主动控制是实现此目标的一种方法。在下列案例研究中将展示主动结构模式控制。

## 例 12.7　案例研究——结构模式控制

为展示结构模式控制中的关键概念,再次考虑在 7.9 节案例研究中所讨论的大型高速飞行器,额外数据在附录 B 中给出。飞行器略图如图 12.81 所示。要注意在驾驶舱各边上安装的小操纵片。飞行器上的这些操纵片是专门为结构模式控制而安装的,因为飞行员所受的加速度明显降低了他们驾驶飞行器的能力。这些操纵片比水平尾翼小很多,其尺寸调整到能有效为控制结构模式提供有用的力,但不会对飞行器上的总升力或俯仰力矩产生重要影响。这在两个控制输入(操纵片与升降舵)间提供了一些解耦。

从表 7.1 提取的飞行器描述性数据如表 12.2 所示,数值分析中使用的飞行条件涉及在 6000ft 高度以马赫数 0.6 飞行。前四种对称振动模式将包括在要使用的模型中。表 12.2 所示的是这些振动模式的振动频率与广义质量。

振型略图如图 12.82 所示。要注意所有振型都进行了标准化以使在机头处的位移为 1。在开始任何数值分析前,要注意第二种模式基本上是对称机翼弯曲模式,而其余三种是机身弯曲模式。鉴于第二种模式的性质与第四种模式的极大广义质量,这两种模式将不会在驾驶舱加速度方面发挥较大作用(为什么?)。但是,可将它们保留在模型中以便展示可出现的振动模式类型。

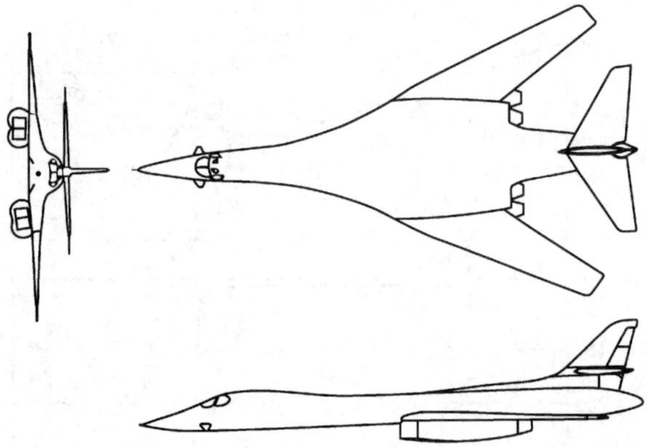

图 12.81　大型高速飞行器

表 12.2　大型高速飞行器数据

| | | | |
|---|---|---|---|
| 机翼几何形状 | $S_W=1950\text{ft}^2$ | 惯量 | $I_{xx}=9.5\times10^5\text{sl-ft}^2$ |
| | $\bar{c}_W=15.3\text{ft}$ | | $I_{yy}=6.4\times10^6\text{sl-ft}^2$ |
| | $b_W=70\text{ft}$ | | $I_{zz}=7.1\times10^6\text{sl-ft}^2$ |
| | $\Lambda_{LE}=65°$ | | $I_{xz}=-52700\text{sl-ft}^2$ |
| 重量 | 288000lbs | 飞行器长度 | 143ft |
| 模态广义质量 | $\mathcal{M}_1=184\text{sl-ft}^2$ | 模态频率 | $\omega_1=12.6\text{rad/s}$ |
| | $\mathcal{M}_2=9587\text{sl-ft}^2$ | | $\omega_2=14.1\text{rad/s}$ |
| | $\mathcal{M}_3=1334\text{sl-ft}^2$ | | $\omega_3=21.2\text{rad/s}$ |
| | $\mathcal{M}_4=436000\text{sl-ft}^2$ | | $\omega_4=22.1\text{rad/s}$ |

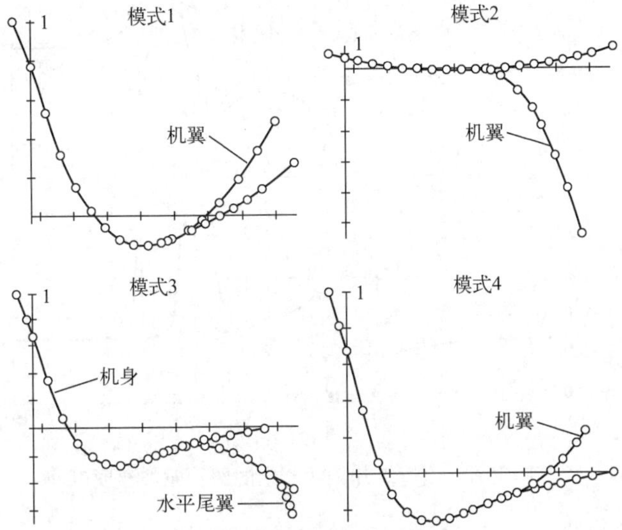

图 12.82 振型略图

对驾驶舱加速度产生影响的弹性模态激励有两个来源——升降舵偏转与大气湍流。这里只谈论升降舵偏转。图 12.83 所示的是因升降舵偏转产生在驾驶舱的垂直加速度 $a_Z(x_{cp})$ 频率响应(波特图)。在讨论中,升降舵传动机构忽略不计以强调升降舵偏转的影响。但事实上,实际存在的传动机构(极点位于-10/s 处)会限制升降舵激励频率远大于 10rad/s 的弹性模式的能力。

与这两种弹性模式(模式 1 与模式 3)相关的加速度响应相当明显,这表明这些模式可对驾驶舱的垂直加速度产生显著影响。因此,结构模式控制(SMC)系统的设计目标是减小与这些弹性模式相关的此类加速度。

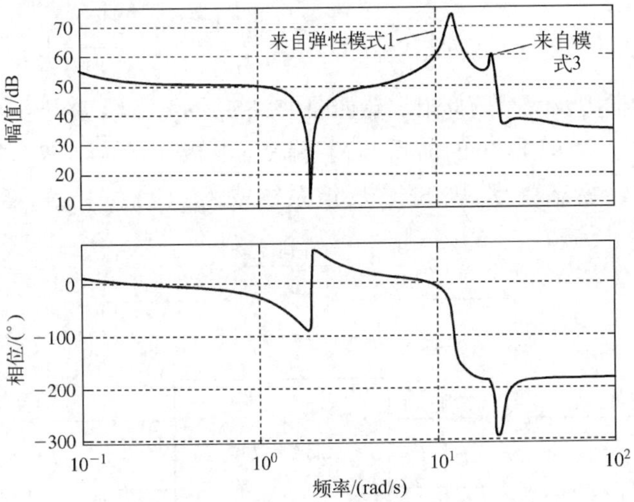

图 12.83 频率响应——因升降舵偏转产生的驾驶舱加速度(ft/(s² · rad))——无升降舵传动机构

因操纵片偏转产生的驾驶舱加速度 $a_Z(x_{cp})$ 波特图如图 12.84 所示。在弹性模态频率下的加速度响应与因升降舵偏转产生的响应相似,而且很明显操纵片也能激励这两种弹性模式。然而,由于操纵片的尺寸较小,因操纵片偏转产生的驾驶舱加速度幅值要小于因升降舵偏转(见图 12.83)产生的加速度幅值。

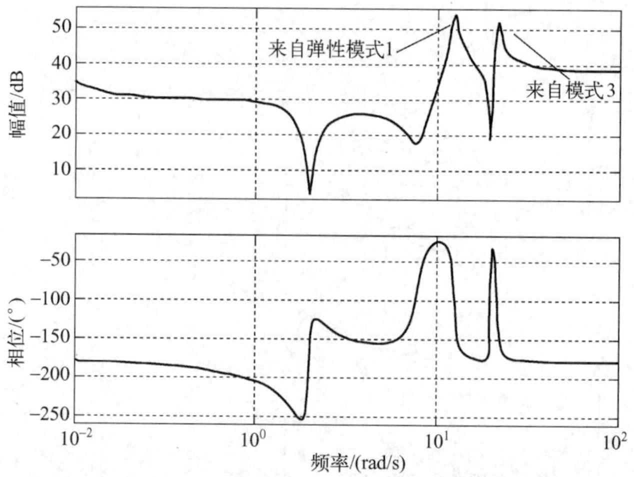


图 12.84　频率响应——因操纵片偏转产生的驾驶舱加速度(ft/($s^2$ · rad))

下面谈论要考虑的控制方案。1968 年,约翰 · 威克斯(John Wykes)(参考文献 6)介绍了"位于同一处的加速度与受力",即 ILAF。后来这个概念变为人们所知的同地协作的传动机构和传感器。这方法的推理基于下述几点:①如果物体的受力与物体的速度成比例,且该受力与物体速度的方向相反,那么结果是增强了运动中的阻尼。②如果受力与测得的速度位于柔性结构的同一位置上,那么将总是存在恰当的相位校正。恰当的相位校正是指受力不会影响弹性系统的稳定性。

为粗略估计速度测量,可在加速计输出上使用一个低通滤波器或滞后。大于滞后转角频率,滤波测量仅为加速度的积分或速度。滞后可代替积分器使用,因为它执行更方便。另外,因为不想影响低频率垂直加速度,将插入一个高通滤波器到 SMC 控制回路。因此,结构模式控制律为以下形式:

$$-\delta_{cv}(s) = -k_{smc}(s)a_{Z_{wo}}(x_{cp}) = -\left(K_{smc}\frac{1}{T_L s + 1}\right)\left(\frac{T_{wo}s}{T_{wo}s + 1}\right)a_Z(x_{cp}) \tag{12.91}$$

此 SMC 系统的框图及一个俯仰阻尼器如图 12.85 所示。以下将进一步探讨俯仰阻尼器。

如果 SMC(方程(12.91))中的滞后与高通滤波电极 $1/T_L$ 与 $1/T_{wo}$ 都选定为 1,远低于 12.6rad/s 的最低弹性模态频率,则 SMC 反馈系统或 $k_{smc}(s)(a_{Z_{cp}}(s)/\delta_{cv}(s))$ 的根轨迹如

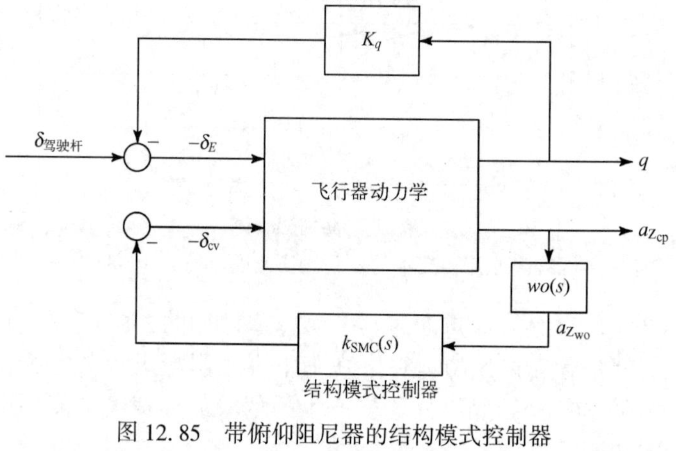


图 12.85　带俯仰阻尼器的结构模式控制器

图 12.86所示。要注意正如 12.4.1 节讨论的有俯仰姿态控制器的情况,正向操纵片偏转的符号法则现已发生变化以获得这个图及其后的图,并使其与反馈系统中使用的常规符号相一致。

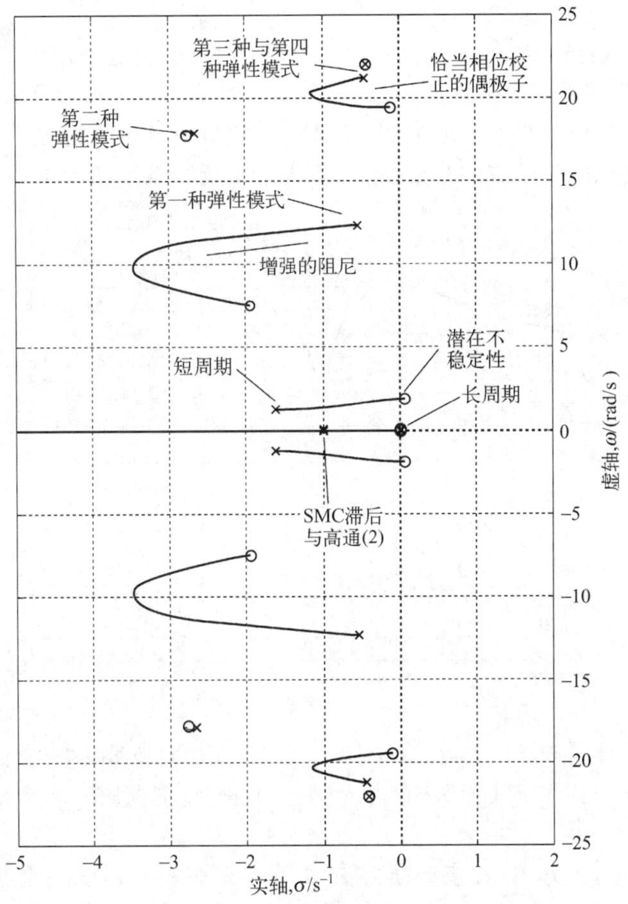


图 12.86 俯仰阻尼器(刚性俯仰角速度) $K_q = 0.4$ 时在 1/s 处带滞后与高通滤波器的 $a_{Z_{cp}}(s)/-\delta_{ev}(s)$ 根轨迹

这个根轨迹中有四点值得注意。第一,SMC 反馈回路能显著增强第一种弹性模式的阻尼,也能提高第三种弹性模式的阻尼。这种理想特征得益于附近零点有吸引力的位置,即零点比极点更靠近原点,且根轨迹分支向左循环更靠近左半部分平面。这就是威克斯所指的"恰当的相位校正"。当极零点对(或者说,偶极子)中的零点比极点离原点更远时,不恰当的相位校正会导致根轨迹分支向右循环更靠近右半平面。

从根轨迹观察到的第二点是与第二种和第四种弹性模式相关的极零点偶极子有效地进行了极点零点对消,且根据我们对频率响应的预期,极零点偶极子在此不起作用。

观察到的第三点是如果 SMC 增益太高,短周期模式将不稳定。但通过并入来自飞行器纵向稳定性增强系统的俯仰阻尼器可增强短周期模式阻尼(见附录 B)。$K_q = 0.4\text{rad}/(\text{rad}\cdot\text{s})$ 的俯仰阻尼器反馈增益用于产生图 12.86 所示的根轨迹,而(无 SMC)短周期阻尼是 0.8。假设用于俯仰阻尼器的角速度陀螺仪位于第一种与第三种弹性模式的振型斜率节点附近,这样的话,刚体俯仰角速度基本上在俯仰阻尼器中可被反馈。

最后,观察到的第四点是因为绘图中使用的尺度的缘故,极低频率长周期模式与上述根轨迹中的两个相关零点都位于原点处。在此，我们对这种模式不感兴趣，因为这种模式能轻松地通过飞行员或自动驾驶仪的常规姿态控制功能实现稳定，正如 12.4.1 节研究俯仰姿态控制时所述。

SMC 控制增益 $K_{SMC}=1\mathrm{rad}/(\mathrm{ft}\cdot \mathrm{s}^2)$ 时，相对应的 $k_{smc}(s)(a_{Z_{cp}}(s)/-\delta_{cv}(s))$ 开环波特图，或者说回路形状波特图如图 12.87 所示。要注意我们不是在寻求有该控制系统的传统回路形状，比如有 $K/s$ 特征的回路形状。举个例子来说，设计目标是增强稳定性（增强阻尼），而不是指令跟踪。然而波特图（与相应的奈奎斯特图）揭示了反馈系统所有重要的稳定裕度。

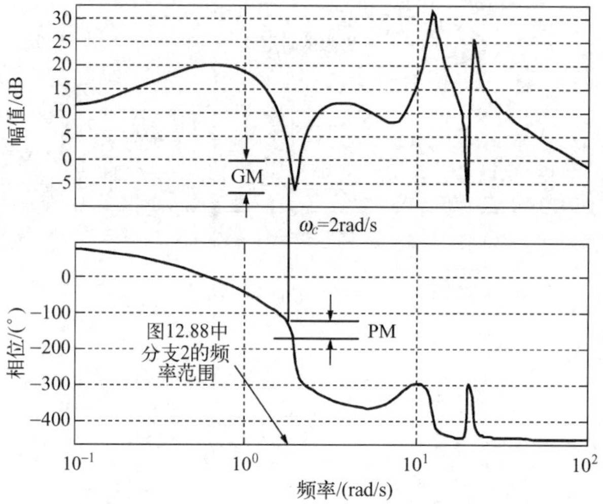


图 12.87 $K_{SMC}=1\mathrm{rad}/(\mathrm{ft}\cdot \mathrm{s}^2)$ 时带滞后、高通滤波器与俯仰阻尼器的 $k_{smc}(s)a_{cp}(s)/-\delta_{cv}(s)$ 波特图

通过考虑图 12.88 所示 SMC 奈奎斯特图，最容易理解稳定裕度。原点附近区域在第二个图中被放大了以显示增益 $K_{smc}=1\mathrm{rad}/(\mathrm{ft}/\mathrm{s}^2)$ 时，SMC 的相位与增益裕度。标记为“1”、“2”与“3”的分支与正频率 $\omega>0$ 相关，其也与图 12.87 中的波特图相对应。图 12.87 与图 12.88 中均标明了正增益与相位裕度。

奈奎斯特图有八大回路，这些回路都靠近原点的右边，未包围−1 处的临界点。（有八大回路是因为四个与正频率相对应，四个与负频率相对应。回顾奈奎斯特图的定义。）奈奎斯特图表明系统是不稳定的，因为它未（逆时针）包围临界点，同时，虽然前面没有提过，开环系统有一个不稳定的长周期模式。但通过考虑根轨迹（图 12.86）与波特图和奈奎斯特图（图 12.87 与图 12.88）可知，这里的增益与相位裕度表明短周期模式离不稳定性有多近。而且，如果俯仰阻尼器增益增加（将图 12.86 中的开环短周期极点进一步向左移动），或者，如果 SMC 增益降低（将图 12.88 中分支 2 移动至更靠近原点），那么这些裕度将增加。掌握这些知识后，能轻松地调整 SMC 增益以得出第三种弹性模式上的最大阻尼，并使第一种弹性模式的阻尼大增。−38dB（0.15rad/(ft · s²)）的增益 $K_{smc}$ 似乎会得出理想结果，下面会对其进行讨论。

为评估这个候选的 SMC，首先考虑图 12.89 中的波特图。这些波特图再次对应因升降舵偏转产生的驾驶舱加速度频率响应。图中有一组标记为“有 SMC”，通过将其与标记为“无 SMC”的另一组图进行比较，显然，因升降舵偏转产生的加速度水平被结构模式控制器明显降

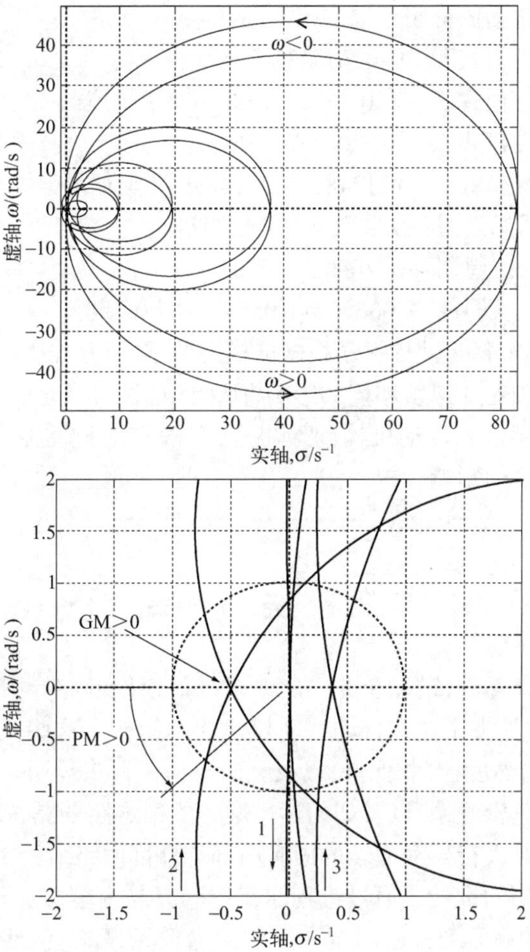


图 12.88　带滞后、高通滤波器与俯仰阻尼器的 $a_{cp}(s)/-\delta_{cv}(s)$ 奈奎斯特图

低。尤其是,与弹性模式相关的峰值加速度几乎被消除了,导致峰值加速度减小了约 15dB 或 8 倍。

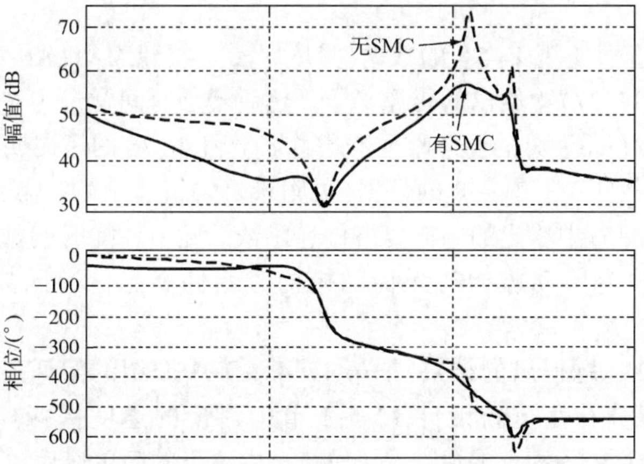


图 12.89　有 SMC 与无 SMC 的 $a_{cp}(s)/-\delta_E(s)$ 波特图

最后,闭环本征值,包括俯仰阻尼器与 SMC 的影响:

弹性模式 4:−0.4267±j22.045/s

弹性模式 3:−1.16±j20.37rad/s(阻尼增强 3 倍)

弹性模式 2:−2.7304±j17.969/s

弹性模式 1:−3.1248±j11.214rad/s(阻尼增强 3 倍)

滞后与高通滤波器:−9.879/s,−0.1734/s

短周期:−0.4096±j1.7102/s

长周期:0.00616±j0.05743/s(不稳定)

总的来说,通过恰当解释与使用振动模式的模态数据,可首先确定在分析中哪种模式是非常重要的。根据其对驾驶舱加速度环境的影响,所展示的两种特定弹性模式十分重要,通过运用 ILAF 这一概念,即传感器和传动机构同地协作,有确定的弹性模式的阻尼大增,导致这些弹性模式对驾驶舱加速度的影响大减。

## 12.8 总结

本章主要探讨了自动驾驶仪,以及此类反馈系统如何控制与导引飞行器。本章介绍了自动驾驶仪的各种模式,并呈现了这些自动驾驶仪模式的结构。这些模式包括姿态控制/保持,航向、速度(马赫)控制与高度控制/保持,以及纵向与横向波束导引。展示了这些结构如何与飞行器动力学与运动学紧密联系,以及如何运用增强的稳定性来提高反馈控制系统特性。

重复利用回路成形与飞行器动力学的固有内部与外部回路结构来为所考虑的自动驾驶仪模式开发简单、稳健、实用的设计。通过将具体案例研究与内容叙述相结合,以深化探讨。两个此类示例/案例研究展示了飞行控制中弹性效应的关键概念,包括主动结构模式控制。最后,应指出本章所合成的控制律并未实现最优化。确切地说,其目的在于展示方法与确定分析中所涉及的重要权衡。

## 12.9 作业题

12.1 使用飞行条件 1 下 F-5A 的数据(见附录 B),组建 MATLAB 中纵向动力学状态变量模型,并证明方程(12.37)中给出的传递函数。然后增加时间常量为 $T_a=0.05$s 的升降舵传动机构,证明 0.15rad/(rad·s)的俯仰阻尼器增益 $K_q$ 产生 0.76 的短周期阻尼。

12.2 使用飞行条件 3 下 DC-8 的数据(见附录 B),组建 MATLAB 中纵向动力学状态变量模型,证明方程(12.30)中给出的俯仰姿态传递函数。然后增加时间常量为 $T_a=0.05$s 的升降舵传动机构,并生成有传动机构与无传动机构时俯仰姿态传递函数的波特图。将其与图 12.20进行比较。

12.3 运用第 12.2 题得出的结果,把第 12.4.1 节中介绍的俯仰姿态控制器并入模型。然后通过增加比例积分补偿重新设计 12.5.1 节中讨论的速度保持控制律。当试图保持 0.2rad/s 的相同增益穿越频率时,使用方程(12.57)中给出的简单滞后模型,选定 PI 补偿器的零点以满足 60°最小相位裕度的要求。接下来,使用全阶飞行器模型,确定增益与相位裕度,绘制阶跃响应。将以上结果与第 12.5.1 节中所得结果相比较。

12.4 使用飞行条件 3 下 DC-8 的数据(见附录 B),组建 MATLAB 中横向动力学状态变量模型,证明方程(12.41)中给出的倾斜角传递函数。然后增加时间常量为 $T_a = 0.05$s 的副翼传动机构,并重新绘制有传动机构的倾斜角传递函数波特图,如图 12.36 所示。

12.5 运用第 12.4 题得出的结果,将 12.4.3 节中介绍的倾斜角控制器并入模型。然后通过增加比例积分补偿重新设计 12.5.3 节中讨论的航向保持控制器。当试图保持 0.4rad/s 的相同增益穿越频率时,选定 PI 补偿器的零点以实现 50°的最小相位裕度。接下来,确定增益裕度,绘制阶跃响应。将以上结果与 12.5.3 节中所得结果相比较。

12.6 运用例 12.6 中的柔性导弹模型,使用根轨迹来解释陷波滤波器对带俯仰阻尼器的飞行器闭环本征值的影响。如果陷波滤波器的分子变为($s^2+0.036s+0.81$),或变为($s^2+0.044s+1.21$),确定根轨迹会如何变化。就在不能准确知道弹性模态频率时调整陷波滤波器这个角度来说,这意味着什么?

## 参考文献


1. D'Azzo, J. J. and C. H. Houpis: *Feedback Control System Analysis and Synthesis*, 2nd ed., McGraw-Hill, New York, 1966.
2. Churchill, R. V.: *Complex Variables and Applications*, McGraw-Hill, New York, 1960.
3. Maciejowski, J. M.: *Multivariable Feedback Design*, Addison-Wesley, Reading, MA, 1989.
4. Blakelock, J. H.: *Automatic Control of Aircraft and Missiles*, 2nd ed., Wiley, New York, 1991.
5. McRuer, D., I. Ashkenas, and D. Graham: *Aircraft Dynamics and Automatic Control*, Princeton University Press, Princeton, NJ, 1973.
6. Wykes, J. H.: "Structural Dynamic Stability Augmentation and Gust Alleviation of Flexible Aircraft," AIAA Paper 68-1067, AIAA Annual Meeting, October 1968.
7. McRuer, D. T. and D. E. Johnston: *Flight Control Systems Properties and Problems Vols. I and II*, NASA Contractor Report CR-2500, prepared by Systems Technology, Inc., Feb. 1975.
8. Schmidt, D. K. and G. Hartmann: "A Short Course on Aircraft Flight Control" (bound notes), presented at the National Cheng Kung University, Tainan, Taiwan, January 1984.

# 第十三章 手动驾驶控制特性

**章节路线图**：虽然将本章包括在飞行动力学的首门课程里会非常有用，但是花一个学期的时间来学习还不够。

本章总结关于飞行器反馈控制的讨论，将重点转移到通过手动驾驶实现的控制功能。通过理解手动驾驶控制特性，能更好地理解对飞行器动力学操纵品质的要求。第二次世界大战前，柯本（Koppen）说过，"由于飞行器的受控运动是飞行器与飞行员特性的结合，要想设计出令人满意的飞行器，就有必要了解飞行器与飞行员特性。"（参考文献 1）

在讨论飞行员控制特性的过程中，将充分利用反馈系统回路成形概念、波特图与奈奎斯特稳定性标准。因为已在第十二章详细地讨论与使用过这些概念，现假定读者对其非常熟悉。

## 13.1 背　　景

精确反馈控制任务中手动操纵特性研究，可以追溯到塔斯廷（Tustin）于第二次世界大战期间在英国进行的早期研究（参考文献 2,3）。他引入了描述函数与残余特性的课题（稍后讨论），并将其用于手动控制行为的实验性研究中。同一时期，独立于塔斯廷的研究，麻省理工学院林肯实验室与美国陆军阿伯丁试验场的研究也开发了弹道跟踪中手动操纵的准线性模型概念（参考文献 4,5）。

手动控制建模的研究持续进行了多年，收集了大量实验数据。这些研究工作把手动控制模型分为三大基本类。第一大类是最简单且运用最广的——交叉模型（参考文献 4,5）。本章将专门讨论该模型。第二大类作为控制器中对人体动力学特性的最详细描述之一，是同构模型。这种模型是交叉模型的延伸，其尝试说明手动控制器的多个子系统方面及其输入-输出特性（参考文献 6）。另一个相关模型也称为结构模型，其建模细节与复杂性介于基本交叉模型与同构模型之间，且该模型有多种应用（参考文献 7,8）。第三大类手动操纵模型是算法模型或最优控制模型（参考文献 9,10）。然而，因为交叉模型经过最广泛的验证，其手动控制描述最好理解，其他类模型预测到的特性必须"减少"至交叉模型。因此，作为必要的限制情况，越精细的模型必须越与交叉模型的基本方面保持一致。

## 13.2 交叉模型

单轴控制任务中手动操纵交叉模型的基本图表、符号与关键方面如图 13.1 所示。受控单元表示为 $Y_C(s)$（或 $Y_C(jw)$），手动控制模型由虚线框表示，其包括手动操纵模型 $Y_P(j\omega)$。所示的框图也与用来测量手动驾驶控制特性的试验设置相对应。无需详细叙述，重要的是要了解将要讨论的模型在实验室与飞行中都已通过验证。运用的基本测量方法是指导人类主体主动跟踪由几种特定频率内的正弦信号所驱动的随机视觉显示。当然,已知受控单元,且记录了手动驾驶的控制响应 $c(t)$ 与系统响应 $m(t)$。接着,从这些测量中提取手动驾驶的描述函数与残余。

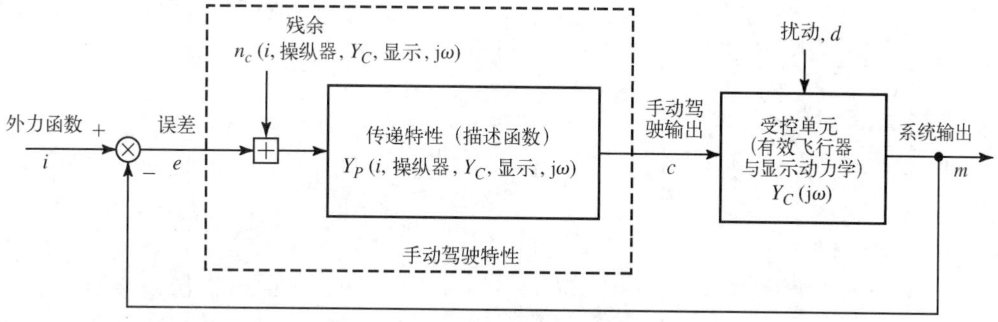


图 13.1 手动驾驶控制模型图表

当给定频率输入 $\omega_{in}$ 激活非线性动力学系统时,系统的响应包括一个仅为输入频率函数主要分量 $g(j\omega_{in})$ 及附加分量,这些分量为输入频率之外其他频率的函数,称为高次谐波或残余。主要分量 $g(j\omega_{in})$ 为依赖频率的复变函数,是系统的描述函数或系统的准线性描述。当系统确实为线性时,在响应中不存在高次谐波,且 $g(j\omega_{in})$ 是系统的频率响应。而残余由不与输入呈线性相关的非线性系统响应分量组成,线性相关意味着它仅是输入频率的函数。如果系统是线性的,就不存在这样的残余。所以,这个残余分量是判断系统线性的标准。(但要注意,手动操纵的残余部分也能归因于时变特性与噪声注入,这两种都是线性现象。)

以这种方式获得的三类常规受控单元 $Y_C$—$K$、$K/s$ 与 $K/s^2$ 的数据示例如图 13.2(参考文献 4)所示。要注意这些图的格式与波特图,或幅值、相位与频率的关系图一样。且它们以与波特图相同的方式使用。闭环系统的增益与相位裕度及增益穿越频率等能确定。图中虚线仅与线性受控单元动力学波特图相对应,(带拟合实线的)数据点是适用于含飞行员的开环系统动力学的被测描述函数,即图 13.1 中使用符号的 $Y_PY_C(j\omega)$。增益穿越频率 $\omega_c$ 也在各示例中标明。

首先只关注这些图的幅值部分,值得关注的最重要特性是在所有三个示例中,$Y_PY_C(j\omega)$ 幅值在增益穿越区域内近似于 $K/s$,即各示例中的手动控制器执行控制功能,使得闭环系统的特性与设计良好的反馈系统特性相对应(回顾第十二章中介绍的回路成形图表)。这便引出了知名的 *McRuer* 交叉定律(以手动控制建模的先驱之一杜安·麦克鲁尔(Duane McRuer)的名字命名)。

对于所考虑的任务而言,受人体局限,手动控制操作者调整自己的控制策略以使开环传递函数近似于增益穿越区域附近的 $K/s$。

因此,参考图 13.2,对于加速度($K/s^2$)受控单元而言,飞行员必须引入超前补偿使 $Y_PY_C(j\omega)$ 接近 $K/s$,因为幅值曲线的斜率必然因单独受控单元的斜率而增加。对纯增益($K$)受控单元而言,飞行员必须引入滞后补偿使 $Y_PY_C(j\omega)$ 接近 $K/s$。对于速度($K/s$)受控单元而言,飞行员既不需要引入超前也不需要引入滞后。

McRuer 定律是手动控制器交叉模型的第一个也是最重要的部件。而且,实验证据表明通常能通过使用简单超前-滞后或滞后-超前补偿来获取模型的该部件。最后,模型的其他几个方面取决于为在增益穿越时获得 $K/s$ 特性,飞行员在控制回路中须提供的超前量。

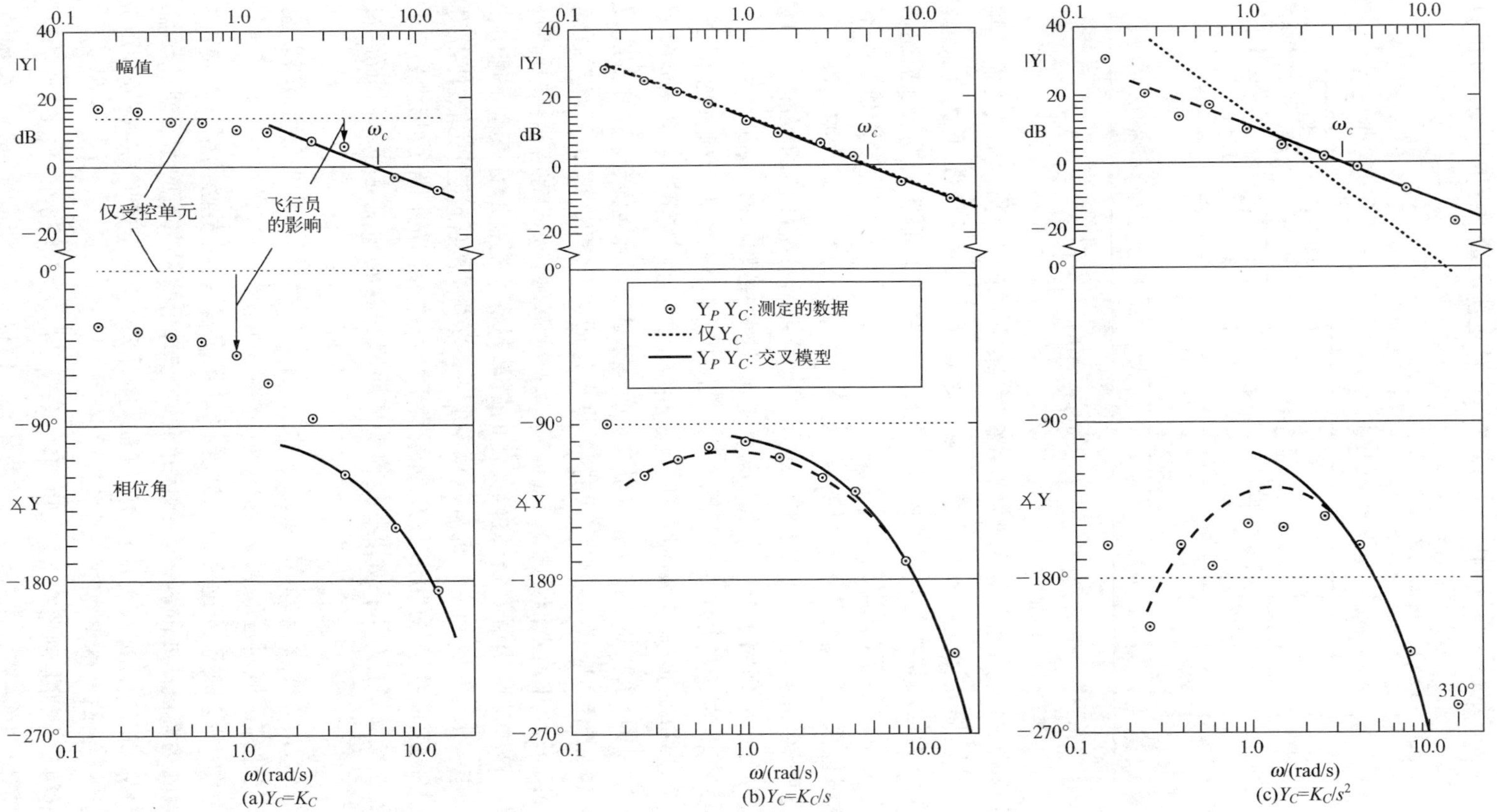


图13.2　跟踪反馈任务中测定的手动操纵特性（参考文献4）

模型的剩余部件涉及 McRuer 定律中提及的重要“人体局限”。这些局限包括飞行员肌肉神经系统的延迟或滞后，以及与信息处理相关的时间延迟。这让我们关注图 13.2 中曲线图的相位部分。再次关注增益穿越附近的关键区域，注意带拟合实线的数据点。尤其要注意第二个图中的这些数据，其与 $K/s$ 受控单元相对应。因为测定的飞行员与受控单元，或 $Y_P Y_C(\mathrm{j}\omega)$ 为 $K/s$，可以得出结论飞行员施加的补偿或 $Y_P$，仅是一个纯增益 $K_p$。然而，该图中测定的相位远远低于与受控单元相关的 180°相位。所以飞行员必须引入额外相位损失到这些数据中。

该相位损失的来源为前面提及的两个因素——肌肉神经延迟或滞后，及信息处理延迟。要注意纯时间延迟 $\tau$ 的拉普拉斯变换为

$$L\{\text{delay } \tau\} = \mathrm{e}^{-\tau s} \tag{13.1}$$

故该延迟对波特图的影响为

$$\mathrm{e}^{-\tau s}\big|_{s=\mathrm{j}\omega} = \mathrm{e}^{\mathrm{j}(-\tau\omega)} \tag{13.2}$$

其只是 $\tau\omega$rad 的一个相位损失。（指数函数的幅值是 1。）因此，可通过以下方式来估算飞行员的有效时间延迟 $\tau_E$，即将函数 $\tau_E\omega$ 适用于增益穿越附近频率区域中的相位数据点。（频率范围内远低于增益穿越的飞行员相位影响在本讨论中不重要，因为在这些频率内环路增益很大。然而，处于低频率时，该“相位下降”通常由幅值图中不明显的低频率整合引起。）

将 McRuer 定律与上述人体局限考虑在内，手动控制器交叉模型的参数形式现可以表述成或相当于：

$$\begin{cases} Y_P(\mathrm{j}\omega) = K_P \dfrac{(T_{\text{lead}}\,\mathrm{j}\omega + 1)}{(T_{\text{lag}}\,\mathrm{j}\omega + 1)} \mathrm{e}^{-\mathrm{j}\tau_E\omega} \\ \\ Y_P(\mathrm{j}\omega) = K_P \dfrac{(T_{\text{lead}}\,\mathrm{j}\omega + 1)}{(T_{\text{lag}}\,\mathrm{j}\omega + 1)(T_{\text{NM}}\,\mathrm{j}\omega + 1)} \mathrm{e}^{-\mathrm{j}\tau_{\text{IP}}\omega} \end{cases} \tag{13.3}$$

在两个表达式中的第一个式子中，信息处理与肌肉神经延迟被综合进总有效延迟 $\tau_E$。在第二个表达式中，肌肉神经系统的影响被建模成一阶滞后，且纯延迟仅包括与信息处理相关的延迟。换言之，$\tau_E = \tau_{\text{IP}}$。这两个模型实际上是等效的，区别仅在于选择如何建模肌肉神经的影响。上述两个模型中第二个的优点在于它恰当地反映了这样一个事实：驾驶仪有一个含高频滚离的有限带宽。

注意处理因时间延迟产生的相位损失时可直接使用波特图。但是要开发一个像 MATLAB 中方程组(13.3)的模型，或使用根轨迹分析中的模型，必须使用指数函数的合理近似值。可使用 Padé 逼近（参考文献 10）推演出此种近似值。举例来说，指数函数的一阶 Padé 近似式是

$$\mathrm{e}^{-\tau_E s} \approx \frac{1 - \dfrac{1}{2}\tau_E s}{1 + \dfrac{1}{2}\tau_E s} \tag{13.4}$$

而一个二阶 Padé 近似式是

$$\mathrm{e}^{-\tau_E s} \approx \frac{1 - \dfrac{1}{2}\tau_E s + \dfrac{1}{8}(\tau_E s)^2}{1 + \dfrac{1}{2}\tau_E s + \dfrac{1}{8}(\tau_E s)^2} \tag{13.5}$$

当使用这些近似值时，注意引入的极点与零点是逼近的伪影。

已求出有效时间延迟 $\tau_E$ 是待跟踪输入信号特性与受控单元动力学特性或相当于飞行员

为实现 $K/s$ 特性接近增益穿越必须施加的相位超前量的函数。这种相关性在图 13.3 中显示出来。注意当飞行员被迫引入更多超前补偿到控制回路时(即受控单元从 $K$ 过渡到 $K/s$ 再过渡到 $K/s^2$),有效时间延迟增大。相反地,当待跟踪的信号带宽(即包含在信号中的最高频率)增大时,或信号变得更难跟踪时,有效延迟减小。时间延迟的减小与飞行员增大增益穿越频率以实现足够跟踪性能的需求相关,可通过增加飞行员的精神注意力(以减小 $\tau_{IP}$)与肌肉神经系统的紧张感(以减少 $\tau_{NM}$)来实现。

最后,由方程(13.3)可知手动控制器调整增益 $K_P$来设置控制回路中的增益穿越频率,即 $\omega_c$。该穿越频率还是受控单元动力学特性(或所需的飞行员超前量)与指令信号带宽的函数。这些变量间的关系如图 13.4 所示。当手动控制器被迫引入更多超前补偿到控制回路时,飞行员减小增益穿越频率。当指令信号带宽增大(即跟踪普通信号变得更加困难)时,手动控制器倾向于稍微增大增益穿越频率。

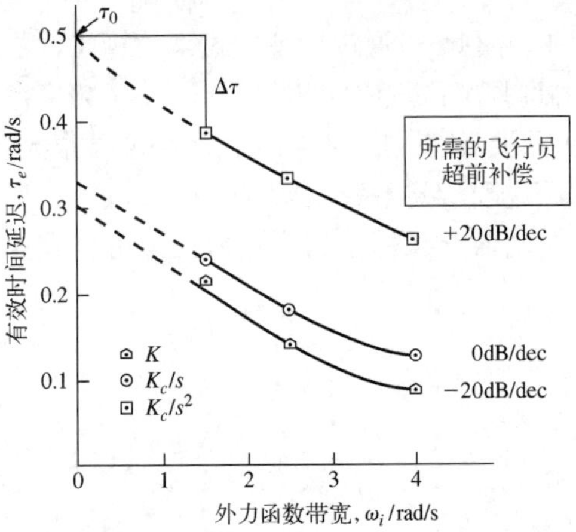


图 13.3 飞行员有效时间延迟随受控单元与指令信号带宽的变化(参考文献 4)

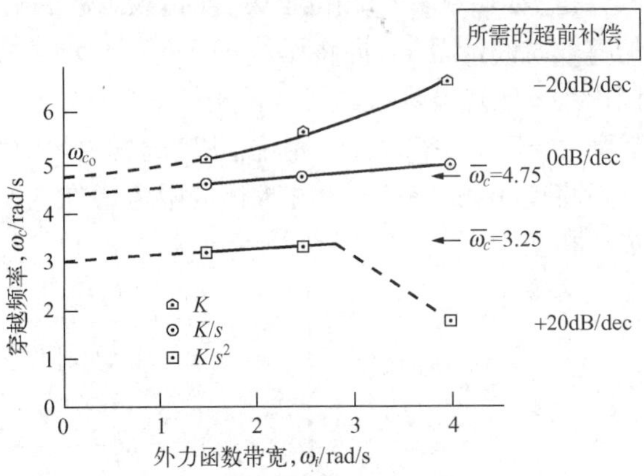


图 13.4 增益穿越频率随受控单元与指令信号带宽的变化(参考文献 4)

基于闭环稳定性的要求,有效时间延迟与增益穿越频率是相关的。如果没有任何时间延迟,交叉模型的相位裕度通常是 90°,因为开环动力学特性为 $Y_P Y_C(jw) \sim K/(jw)$。但是,因时间延迟与肌肉神经滞后引起的任何相位损失必然减小这个相位裕度。若有效时间延迟为 $\tau_E$,相位裕度变成

$$PM = \frac{\pi}{2} - \tau_E \omega_C \tag{13.6}$$

注意对于给定的有效时间延迟 $\tau_E$ 而言,可实现的使闭环系统保持稳定的最大增益穿越频率是

$$\omega_{c_{\max}} = \frac{\pi}{2\tau_E} \tag{13.7}$$

使用交叉模型时选择有效时间延迟的经验技巧可参考图 13.3 中有效延迟的近似表达式:

$$\tau_E \approx \tau_0(Y_C) - \Delta\tau(\omega_i) \tag{13.8}$$

即基本时间延迟 $\tau_0$ 仅是受控单元的函数,而增量时间延迟 $\Delta t$ 可通过使用适用于图 13.3 中数据的直线来估算。方程(13.8)中使用的数据如表 13.1 所示。

在估算当前情况的有效时间延迟之后,可以实现的最大增益穿越频率可用方程(13.7)确定。例如,对于无增量时间延迟的 $K/s$ 受控单元而言,图 13.3 表明有效时间延迟相当于 $\tau_0 = 0.33$s,故最大可实现的增益穿越频率是

$$\omega_{c_{max}} = \frac{\pi}{2(0.33)} = 4.76\ \text{rad/s}$$

这与图 13.2 中第二个图所示经测定的增益穿越频率相一致。上述 4.76rad/s 的穿越频率是基于图 13.3 中的基本延迟 $\tau_0$。但图 13.2 中被测主体显示出更小的延迟，或者说增量延迟为 $-\Delta\tau$，这将产生正相位裕度。

上述处理增益穿越频率的所有结果与以下情况相对应，即飞行员在实验室里执行单轴跟踪任务。当飞行员在执行多轴跟踪任务时，例如，类似于在剧烈的湍流中控制飞行器的纵向与横向轴，一种被称为交叉回归的现象产生了。这仅仅意味着多轴任务中最大可实现增益穿越频率低于单独控制各轴时（即单轴任务）可实现的增益穿越频率。

出现这种情况的原因是飞行员的有效时间延迟在多轴任务中增加了。增加的原因是飞行员信息处理能力有限，故如果处理速度固定且信息量增加（例如，因为需要控制两个轴），所需总处理时间相应增加（参考文献 11）。

因此，一般来说，当考虑驾驶真实飞行器任务与执行单轴实验室跟踪任务之间的对比时，至少 0.1s 的有效时间延迟应增加到由方程（13.8）与表 13.1 中求得的延迟。例如，若考虑一项挑战性飞行任务，在这项任务中，飞行器动力学特性如位于交叉区域里的 $K/s$，最小飞行员有效时间延迟大致是

$$\begin{aligned}\tau_E &\approx \tau_0(Y_C) - \Delta\tau(\omega_i) + 0.1\\ &= 0.36 - 0.065 \times 4 + 0.1 \\ &= 0.2\ \text{s}\end{aligned} \tag{13.9}$$

表 13.1　估算飞行员有效时间延迟的经验数据（仅适用于实验室跟踪任务）

| 受控单元 | 所需飞行员补偿/(dB/dec) | 基本时间延迟，$\tau_0$/s | 增量时间延迟，$\Delta\tau$/s |
|---|---|---|---|
| $K$ | −20 | 0.33 | $0.070\omega_i$ |
| $K/s$ | 0 | 0.36 | $0.065\omega_i$ |
| $K/s^2$ | +20 | 0.50 | $0.065\omega_i$ |

交叉模型需要考虑的最后一个方面是飞行员必须施加的超前补偿量与飞行员对该任务的相关难度或工作量的主观评价。图 13.5 所示的是来自参考文献 4 的经验数据，这些数据表明随着飞行员必须施加的超前量增加以实现 $K/s$ 特性时，难度或工作量主观评价也增大。因此，为使任务变容易，应减小手动控制器须施加的超前量。这对飞行器操纵品质有很重要的启示。

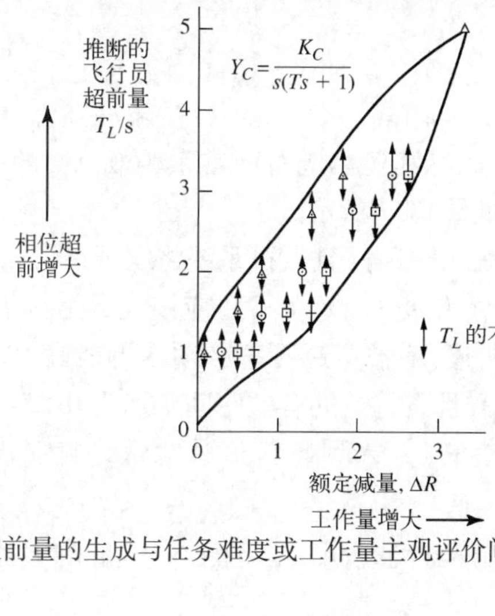


图 13.5　飞行员超前量的生成与任务难度或工作量主观评价间的相互关系（参考文献 4）

## 13.3 手动驾驶控制特性对飞行动力学的启示

13.2 节呈述的内容对飞行器操纵品质的启示可以简洁地总结如下。飞行动力学专家必须:

(1) 提供飞行器动力学特性使飞行员不需要引入超前补偿来稳定与控制飞行器。

(2) 识别手动驾驶固有的带宽限制与时间延迟,并把这些因素纳入飞行器飞行动力学的要求中。此外,若飞行器本身包含时间延迟,它会添加到飞行员的时间延迟,同时,最大可实现增益穿越频率将减小,或稳定裕度将降低。

(3) 将执行复杂、多轴飞行任务的需求最小化。

(例如,为合适的转弯协调或补偿做准备)。

这些启示将通过以下各示例得到强化,在例中还将展示交叉模型是怎么运用的。

注意在以下各例中,选择了固定的有效延迟 $\tau_E = 0.25\text{s}$,最大增益穿越频率受以下要求限制:闭环人机系统必须实现 35°~45°的最小相位裕度与 5~6dB 的最小增益裕度。①

### 例 13.1 滚转阻尼器对飞行器操纵品质的影响

考虑飞行条件 8(附录 B)下的 A-7A 飞行器。证明增加一个增益 $K_p$ 为 0.1rad/(rad · s)的滚转阻尼器提高了飞行员控制倾斜角能力的飞行器处理特性。倾斜角控制任务框图如图 13.6所示。

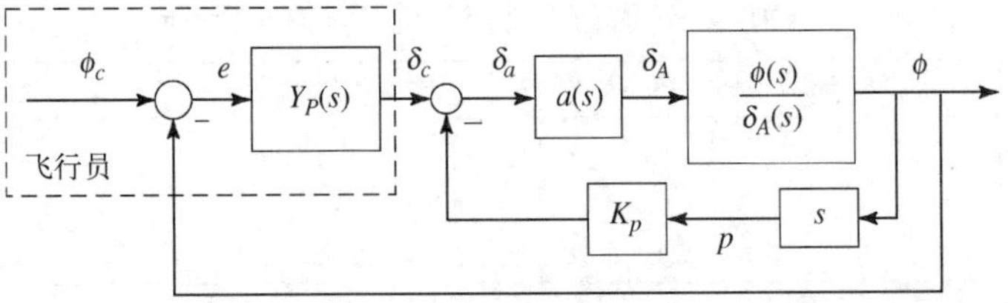


图 13.6 带滚转阻尼器的倾斜角控制任务框图

**解**

使用附录 B 中的数据,及滚转模式近似值,副翼角到倾斜角的传递函数由下式给出:

$$\underset{\text{无滚转阻尼器}}{\frac{\phi(s)}{\delta_A(s)} \approx \frac{8}{s(s+1.4)}\,(^\circ)/(^\circ)}, \qquad \underset{\text{有滚转阻尼器}}{\frac{\phi(s)}{\delta_A(s)} \approx \frac{8}{s(s+2.2)}\,(^\circ)/(^\circ)} \tag{13.10}$$

增加一个副翼传动机构 $a(s)$,将其建模成时间常量为 0.05s 的一阶滞后模型,飞行器倾斜角响应 $\phi(s)/\delta_c(s)$ 的波特图如图 13.7 所示。

现如果无需过度的工作量来执行任务,且人机系统将实现最大闭环性能,则交叉模型意味着有效受控单元动力学特性(此处为 $\phi(\mathrm{j}\omega)/\delta_c(\mathrm{j}\omega)$)应该大致为接近增益穿越处尽可能大的频率范围内的 $K/s$。此外,如前所述,增益穿越频率必须尽可能高,以符合最小相位裕度与增益裕度分别为 35°~45°与 5~6dB,且飞行员的有效时间延迟为 0.25s 的要求。

把这 0.25s 时间延迟(或 $\mathrm{e}^{-\mathrm{j}0.25\omega}$)并入到倾斜角对副翼的响应 $\phi(\mathrm{j}\omega)/\delta_c(\mathrm{j}\omega)$,波特图如

---

① 感谢加利福尼亚大学戴维斯分校的罗恩·赫斯(Ron Hess)教授为这些示例提供了有益建议。

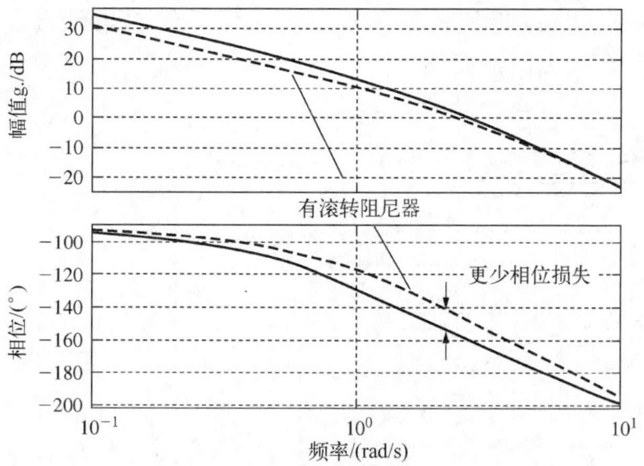


图 13.7　$\phi(s)/\delta_c(s)$波特图(含传动机构)

图 13.8所示。(事实上,一阶 Padé 近似式用来进行时间延迟建模。)注意,没有任何飞行员补偿,且受制于相位裕度要求,最大增益穿越频率 $w_c$ 在每种情况中都是小于 2rad/s。因此,选择一个大约 1.5rad/s 的穿越频率作进一步分析。

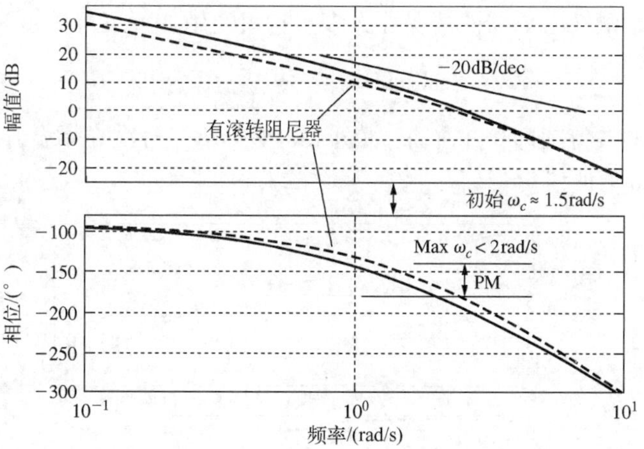


图 13.8　有效时间延迟 $\tau_E$ 为 0.25s 的倾斜角响应 $\phi(s)/\delta_c(s)$ 波特图

为实现接近该频率的所需 $K/s$ 特性,飞行员必须引入一些超前量。首先,考虑没有滚转阻尼器的情况。增加如下飞行员超前补偿:

$$\text{Lead}(s) = \frac{s + 0.55}{s + 2.2} \tag{13.11}$$

开环人机系统的波特图,即 $Y_P Y_C(j\omega)$ 如图 13.9 所示。在增益穿越处幅值曲线的斜率现是理想的-20dB/dec。

对该波特图而言,飞行员增益 $K_P$ 为 1,且可知选择-2.5dB(0.75(°)/(°))的飞行员增益将使增益穿越频率设置约为 1.5rad/s。获得的相位裕度与增益裕度分别为~50°与 6dB。因此,这种情况下,飞行员交叉模型为

$$Y_P(s) = 0.75\left(\frac{s + 0.55}{s + 2.2}\right)e^{-0.25s}\ (°)/(°) \tag{13.12}$$

使用该模型(及一阶 Padé 近似式),闭环人机系统的倾斜角阶跃响应如图 13.10 所示。该响应充分实现阻尼,存在零稳态误差。

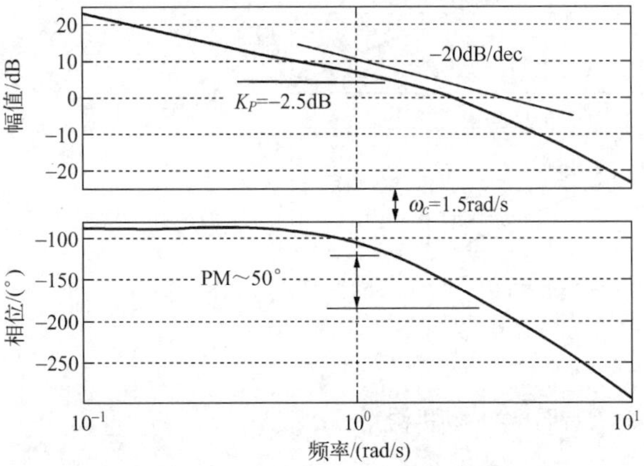


图 13.9　带超前量的 $Y_P Y_C$ 波特图(无滚转阻尼)

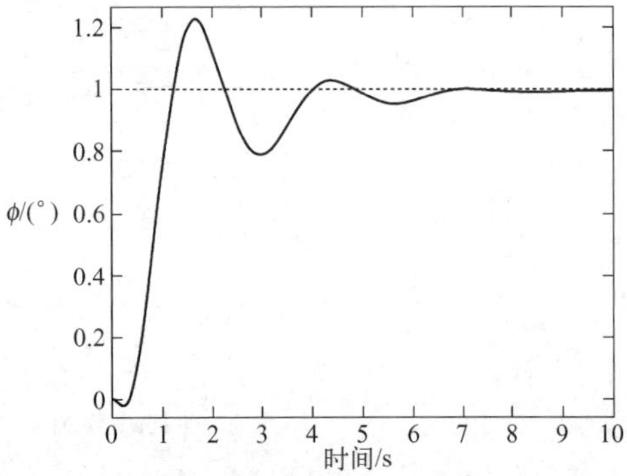


图 13.10　人机系统倾斜角阶跃响应(无滚转阻尼器)

接下来,将考虑有滚转阻尼器的情况。参考图 13.8,注意飞行员必须在选定增益频率为 1.5rad/s 附近引入超前量,

但是不如在不含滚转阻尼器的情况那么多。这里使用如下飞行员超前补偿:

$$\text{Lead}(s) = \frac{s + 0.7}{s + 1.75} \tag{13.13}$$

开环人机系统的波特图即 $Y_P Y_C(\mathrm{j}\omega)$ 如图 13.11 所示。再次在增益穿越处得到了所需斜率为−20dB/dec 的幅值曲线。

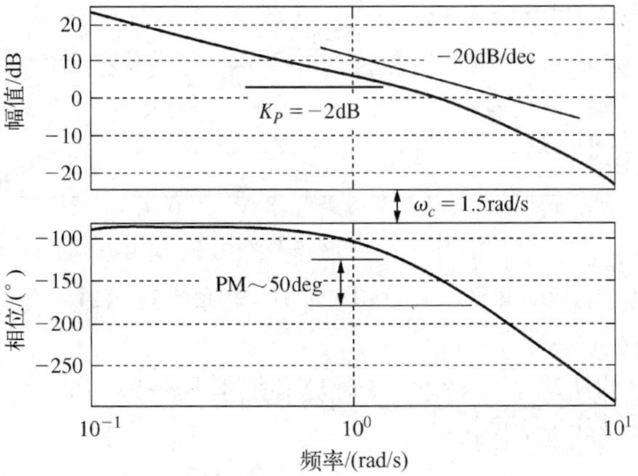


图 13.11　带超前量的 $Y_P Y_C$ 波特图(含滚转阻尼)

对于该波特图而言,飞行员增益 $K_P$ 等于 1,且可知选择一个−2dB(0.79(°)/(°))的飞行员增益 $K_P$ 又将把增益穿越频率设置为约 1.5rad/s。实现的相位裕度与增益裕度分别约为 50°与 6dB。因此,在这种情况下,飞行员交叉模型是

$$Y_P(s) = 0.79\left(\frac{s + 0.7}{s + 1.75}\right)e^{-0.25s}\ (°)/(°) \tag{13.14}$$

使用该模型,闭环人机系统的倾斜角阶跃响应本质上与图 13.10 所示的一样。因此,不管是有还是没有滚转阻尼,人机系统的性能在本质上是相同的,稳定裕度在本质上也是相同的。

然而，飞行员必须引入的超前量在每种情况下并不相同。没有滚转阻尼器时，飞行员必须引入方程(13.11)所示的超前补偿。但当有滚转阻尼时，所需的飞行员超前补偿如方程(13.13)所示。这两种飞行员补偿的波特图如图13.12所示。故没有滚转阻尼时，飞行员必须在增益穿越处再引入12°相位超前，参考图13.5，这与飞行员工作量更大的主观评价相对应。因此，可以得出结论，滚转阻尼器允许飞行员以更少的工作量实现滚转控制，从而产生更好的操纵品质。

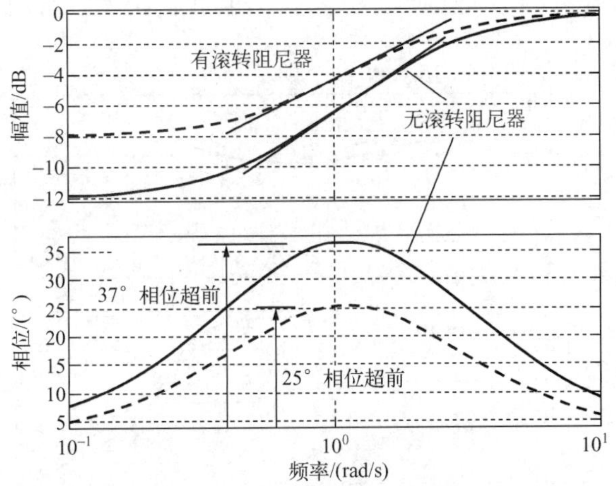


图 13.12　所需飞行员超前补偿对照

## 例 13.2　俯仰阻尼器对飞行器操纵品质的影响

现考虑飞行条件7(附录B)下的F-5A战斗机。证明增加一个增益 $K_q$ 为0.1rad/(rad·s)的俯仰阻尼器将提高俯仰控制任务中飞行器的处理特性。俯仰控制任务框图如图13.13所示。

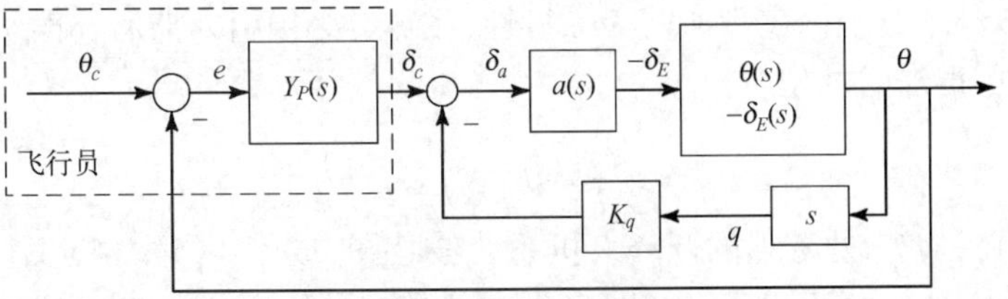


图 13.13　带俯仰阻尼器的俯仰控制任务框图

**解**

使用附录B中的数据，增加一个升降舵传动机构，将其建模成间常量为0.05s的一阶滞后模型，俯仰姿态传递函数由下式给出：

$$\frac{\theta(s)}{\delta_a(s)}=\frac{290(s+0.01584)(s+0.4749)}{(s^2+0.01685s+0.003019)(s^2+1.034s+7.032)(s+20)}\text{rad/rad} \tag{13.15}$$

短周期自然频率与阻尼比分别是2.65rad/s与0.195。有俯仰阻尼器时，同一个传递函数变成

$$\frac{\theta(s)}{\delta_c(s)}=\frac{290(s+0.01584)(s+0.4749)}{(s^2+0.01629s+0.002749)(s^2+2.625s+8.388)(s+18.4)}\text{rad/rad} \tag{13.16}$$

且短周期频率与阻尼现分别是2.9rad/s与0.453。

正如前例所示,如果无需过度的工作量来执行任务,且人机系统将实现最大闭环性能,那么交叉模型意味着有效受控单元动力学特性应大致为接近增益穿越处尽可能大的频率范围内的 $K/s$。此外,增益穿越频率将尽可能高,符合最小相位裕度与增益裕度分别为 35°~45°内与 5~6dB,且飞行员的有效时间延迟为 0.25s 的要求。

把 0.25s 时间延迟并入俯仰姿态对升降舵指令的响应,含传动机构,波特图如图 13.14 所示。(在此,一阶 Padé 近似式又被用来建模该延迟。)注意没有任何飞行员补偿,且受制于相位裕度要求,最大增益穿越频率大致是 3rad/s。然而,我们可发现人机增益穿越频率将明显更小。

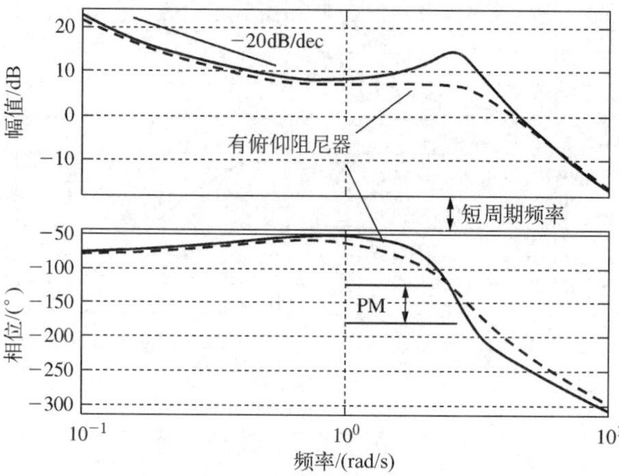


图 13.14 有效时间延迟 $\tau_E$ 为 0.25s 的俯仰姿态响应 $\theta(s)/\delta_c(s)$ 波特图

首先考虑有俯仰阻尼器的情况。注意在频率低于约 0.5rad/s 时,波特图反映了所需的 $K/s$ 特性。但为实现最大性能,飞行员需要将增益穿越频率设置为大于该值。大于 0.5rad/s 与小于 2.9rad/s 的短周期频率时,波特图反映的控制单元动力学特性更像是带时间延迟的纯增益。因此,为在该频率范围内实现所需 $K/s$ 特性,飞行员必须引入滞后补偿。

增加以下飞行员滞后补偿:

$$\mathrm{Lag}(s)=\frac{1}{2s+1} \tag{13.17}$$

其大致消掉在$-1/T_{\theta 2}$处零点的开环人机系统波特图,或带 1(°)/(°) 飞行员增益 $K_P$ 的 $Y_P Y_C(\mathrm{j}w)$ 波特图如图 13.15 所示。从该图可知为实现 40°的相位增益,穿越频率不能高于约 1.2rad/s,这就远低于最开始提到的 3rad/s。最大穿越频率的减小是由飞行员补偿引入的额外滞后与相位裕度要求引起的。然而,在求得一些人机阶跃响应后,可确定 40°相位裕度可能太低,且增益穿越频率减小到 1rad/s。因而得出 50°的相位与 6dB 的增益裕度。那么,这种情况下最终的飞行员交叉模型为

$$Y_P(s)=\left(\frac{1}{2s+1}\right)\mathrm{e}^{-0.25s}\,(°)/(°) \tag{13.18}$$

观察没有俯仰阻尼器的情况。从图 13.14 中该飞行器的波特图可知,为实现大于 0.5rad/s 的增益穿越频率,必须再次引入飞行员滞后,将使用方程(13.17)所示的滞后。故使用方程(13.18)给出的交叉模型,$Y_P Y_C(\mathrm{j}\omega)$ 波特图现如图 13.16 所示。

再次注意要获得不少于 40°的相位裕度,增益穿越频率必须小于 2rad/s。故,将再次考虑

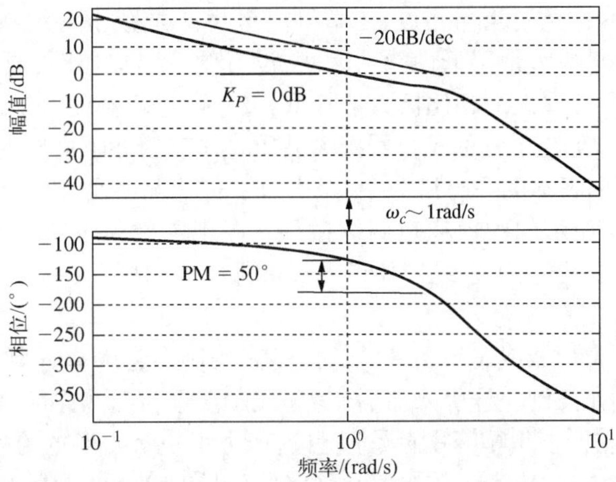


图 13.15　带俯仰阻尼器的 $Y_P Y_C(j\omega)$ 波特图

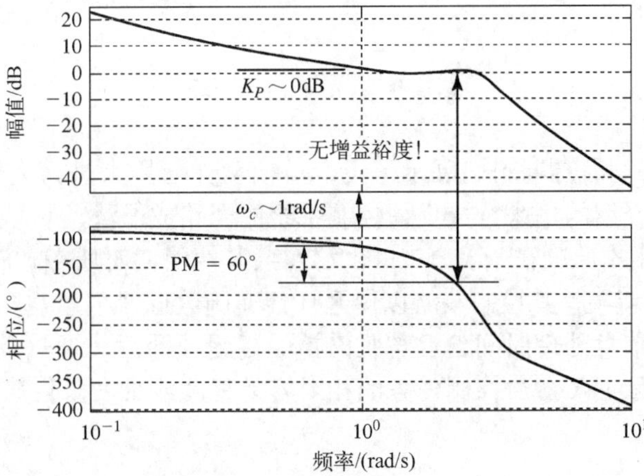


图 13.16　无俯仰阻尼器的 $Y_P Y_C(j\omega)$ 波特图

1rad/s 的穿越频率。然而结果却是不甚如意。任何接近 1rad/s 增益穿越频率的增益裕度本质上为零。不管有无俯仰阻尼器，俯仰姿态为 5°时，指令变化的驾驶阶跃响应如图 13.17 所示。可见，没有俯仰阻尼器时，闭环人机系统只是临界稳定。

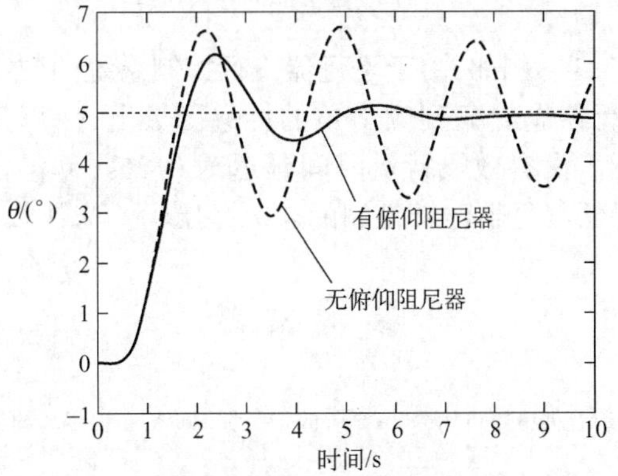


图 13.17　俯仰阻尼器对驾驶阶跃响应的影响

为获得不少于 6dB 的可行增益裕度,增益穿越频率必须减小到约 0.6rad/s。而与有俯仰阻尼器的情况相比,这将极大地降低性能。因此,没有俯仰阻尼器时,或者是闭环人机系统性能与有俯仰阻尼器时可实现性能相比极大地降低,或者是稳定裕度大幅减小。

在任一情况下,无俯仰阻尼器的飞行器操纵品质将比有俯仰阻尼器的差。事实上,在 T-38(与 F-5 十分相似)早期版本的飞行试验中,至少有一种情况涉及飞行员实际关闭俯仰阻尼器并承受类似于图 13.17 所示的中性稳定俯仰振荡。此现象称为飞行员诱导振荡(PIO),其极度危险。PIO 的产生取决于人机系统。如果飞行员释放控制杆,从而打开飞行员的反馈回路,振荡将消失。

最后要注意,其他飞行器或飞行条件的俯仰姿态控制穿越频率通常高于该例中获得的频率,尤其当飞行员不必如该例一样引入滞后(参考文献 7)。需要该滞后是因为飞行器的 $1/T_{\theta2}$(该例中约为 0.5/s)比短周期频率明显要小,且这产生了一个相当宽的频率范围,在这该频率范围内升降舵到俯仰姿态的传递函数幅值是平缓的(见图 13.14)。当 $1/T_{\theta2}$ 更大时,这个频率范围内的幅值将更像 $K/s$,且将不需要飞行员滞后。因此,飞行员相位损失将更少,产生更高可实现增益穿越频率。

## 13.4 总　　结

本章介绍了手动驾驶控制特性,展示了飞行员模型如何用来进行人机分析。所述的材料直接遵循第十二章中介绍的用来合成反馈控制系统的回路成形法。

手动控制建模的根本原则在于 McRuer 交叉定律,其声明:"对所考虑的任务而言,受人体局限限制,手动控制操作者调整其控制策略以使开环传递函数近似于增益穿越区域附近的 $K/s$。"主要的人体局限包括信息处理时间延迟与肌肉神经延迟或滞后。通过运用介绍的建模概念,飞行器的动力特性可依据飞行员控制任务的相对容易程度或难度来估算。两个示例展示了该过程。

## 13.5 作　业　题

13.1　再次考虑例 13.2 中探讨的单轴俯仰控制任务。在分析中使用短周期近似模型,而不是完整的俯仰姿态传递函数,设有效飞行员时间延迟为 0.25s,再次估算执行该任务时,最大增益穿越频率、飞行员补偿及有阻尼器与无俯仰阻尼器的相对操纵品质。所得的结果与例题中求得的结果明显不同吗?

13.2　再次考虑例 13.1。例如,由于飞行器飞行控制系统的数字效应,若一个 0.05s 的时间延迟($e^{-0.05s}$)增加到飞行器副翼角到倾斜角的传递函数上,估算其对最大可实现增益穿越频率与飞行员补偿的影响。设有效飞行员时间延迟为 0.25s,且包含示例中使用的滚转阻尼器。增加该时间延迟会降低飞行器滚转控制的操纵品质吗?为什么?

## 参 考 文 献

1. Koppen, O. C.: "Airplane Stability and Control from a Designer's Point of View," *Journal of the Aeronautical Sciences*, vol. 7, no. 4, Feb. 1940, pp. 135-140.

2. Tustin, A.: "The Effects of Backlash and of Speed-Dependent Friction on the Stability of Closed-Cycle Control Systems," *Journal of the IEE*, vol. 94, part IIA, no. 1, May 1947.

3. Tustin, A. : "The Nature of the Operator's Response in Manual Control and Its Implications for Controller Design," *Journal of the IEE, vol.* 94, *part IIA*, no. 2, 1947, 190–207.
4. McRuer, D. T. and H. R. Jex: "A Review of Quasi-Linear Pilot Models." STI Paper 63, Systems Control Technology, Inc., 13766 S. Hawthorne Blvd. Hawthorne, CA, 90250. (Also published in *IEEE Transactions on Human Factors in Electronics*, vol. HFE 8, no. 3, pp. 231–249) 1967.
5. McRuer, D. T. and E. S. Krendel: "Mathematical Models of Human Pilot Behavior," STI Paper 146, Systems Control Technology, Inc., 13766 S. Hawthorne Blvd. Hawthorne, CA, 90250. (Also published as ARARDograph 188, Advisory Group on Aeronautics R &D, NATO) Jan. 1974.
6. McRuer, D. T. : "Pilot Modeling," AGARD Lecture Series 157, Advisory Group on Aeronautics R &D, NATO, 1988.
7. Hess, R. : "Structural Model of the Adaptive Human Pilot," *Journal of Guidance and Control*, vol. 3, no. 5, Sept. –Oct. 1980, pp. 416–423.
8. Hess, R. : "Unified Theory for Aircraft Handling Qualities and Adverse Aircraft–Pilot Coupling," *Journal of Guidance, Control and Dynamics*, vol. 20, no. 6, Nov. –Dec. 1997, pp. 1141–1148.
9. Kleinman, D. L., S. Barron, and W. H. Levison: "An Optimal Control Model of Human Response," Parts 1 and 2, *Automatica*, vol. 6., May 1970, pp. 357–383.
10. Davidson, J. B. and D. K. Schmidt: *Modified Optimal Control Pilot Model for Computer–Aided Design and Analysis*, NASA Technical Memorandum 4384, Oct. 1992.
11. McRuer, D. T. and D. K. Schmidt: "Pilot–Vehicle Analysis of the Multi–Axis Task," *Journal of Guidance, Control, and Dynamics*, vol. 13, no. 2, Mar. –Apr. 1990, pp. 348–355.

# 附录 A
# 大气特性

根据 1962 年《标准大气》(参见参考文献 1)定义的大气模型,气温随地面以上的高度呈线性变化。此变化,或称之为温度直减率 $l$,参见表 A.1,该值为常数,根据列出的相邻高度至给定的下一个更高高度确定。例如:当海拔为 0~36089ft 时,温度直减率为 $-3.5662\times10^{-3}$°R/ft。

此外,假定空气静止以满足下列两个方程。

$$\begin{cases} \text{空气静压方程:} & \mathrm{d}p = -\rho g \mathrm{d}h \\ \text{此状态下的理想气体方程:} & p = \rho RT \end{cases} \tag{A.1}$$

式中:$p$ 为压力;$\rho$ 为密度;$T$ 为大气的绝对温度;$h$ 为高度;$g$ 为重力加速度(假定常数 = 32.174ft/s²);$R$ 为空气的通用气体常数(= 1716.5ft²/s²-°$R$)。最后,空气 $a$ 中的声速可表示为绝对温度(°R),或

$$a = \sqrt{kRT} = 49.021\sqrt{T} \tag{A.2}$$

式中:$k$ 为空气的比热率,取 1.4;$a$ 的单位为 fps。

表 A.1 大气常数

| 海拔 $h^*$/ft | 大气层 | 温度直减率 $l$/°R/ft | 温度 $T^*$/°R | 压力 $p^*$/psf | 密度 $\rho^*$/(sl/ft³) |
|---|---|---|---|---|---|
| 0 | 对流层 | $-3.5662\times10^{-3}$ | 518.69 | 2116.2 | $2.3769\times10^{-3}$ |
| 36089 | 平流层一 | 0 | 389.99 | 472.68 | $7.0613\times10^{-4}$ |
| 65617 | 平流层二 | $5.4864\times10^{-4}$ | 389.99 | 114.35 | $1.7083\times10^{-4}$ |
| 104990 | | | 411.59 | 18.13 | $2.5661\times10^{-5}$ |

根据方程(A.1)和表 A.1 所列数据,可通过三层具有固定温度直减率的大气导出以下方程。当高度 $h$=0~36089 英尺时:

$$\begin{cases} T = T^* + l(h - h^*) = 518.69 - (3.5662\times10^{-3})h\,{}^\circ\mathrm{R} \\ p = (1.1376\times10^{-11})T^{5.256}\ \mathrm{psf} \\ \rho = (6.6277\times10^{-15})T^{4.256}\ \mathrm{sl/ft^3} \end{cases} \tag{A.3}$$

当高度 $h$=36090~65617 英尺时:

$$\begin{cases} T = T^* + l(h - h^*) = 389.99\,{}^\circ\mathrm{R} \\ p = (2678.4)\mathrm{e}^{(-4.8063\times10^{-5})h}\ \mathrm{psf} \\ \rho = (1.4939\times10^{-6})p\ \mathrm{sl/ft^3} \end{cases} \tag{A.4}$$

当高度 $h$=65618~104090 英尺时:

$$\begin{cases} T = T^* + l(h - h^*) = 389.99 + 5.4864 \times 10^{-4}(h - 65{,}617)\,^\circ\mathrm{R} \\ p = (3.7930 \times 10^{90})T^{-34.164}\ \mathrm{psf} \\ \rho = (2.2099 \times 10^{87})T^{-35.164}\ \mathrm{sl/ft^3} \end{cases} \tag{A.5}$$

上述表达式和方程(A.2)用于产生表 A.2 给出的大气特性。方程本身可用于模拟汽车动力学。例如:有时需要一个简单的近似解析表达式计算大气密度,以下为常用指数方程。

$$\begin{cases} \text{对流层:} & \rho = (2.3769 \times 10^{-3})e^{(-h/29730)}\ \mathrm{sl/ft^3} \\ \text{平流层一:} & \rho = (7.0613 \times 10^{-4})e^{(-(h-36089)/20806)}\ \mathrm{sl/ft^3} \\ \text{平流层二:} & \rho = (1.7083 \times 10^{-4})e^{(-(h-65617)/20770)}\ \mathrm{sl/ft^3} \end{cases} \tag{A.6}$$

表 A.2　大气特性

| $h$/ft | $T$/°R | $p$/psf | $\rho$/(sl/ft³) | $a$/fps |
|---|---|---|---|---|
| 0 | 518.69 | 2116.1 | 0.0023769 | 1116.4 |
| 1000 | 515.12 | 2040.8 | 0.0023081 | 1112.6 |
| 2000 | 511.56 | 1967.6 | 0.0022409 | 1108.7 |
| 3000 | 507.99 | 1896.6 | 0.0021751 | 1104.9 |
| 4000 | 504.43 | 1827.6 | 0.0021109 | 1101.0 |
| 5000 | 500.86 | 1760.7 | 0.0020481 | 1097.1 |
| 6000 | 497.29 | 1695.8 | 0.0019868 | 1093.2 |
| 7000 | 493.73 | 1632.9 | 0.0019268 | 1089.2 |
| 8000 | 490.16 | 1571.8 | 0.0018683 | 1085.3 |
| 9000 | 486.59 | 1512.7 | 0.0018111 | 1081.3 |
| 10000 | 483.03 | 1455.3 | 0.0017553 | 1077.4 |
| 11000 | 479.46 | 1399.7 | 0.0017008 | 1073.4 |
| 12000 | 475.90 | 1345.8 | 0.0016476 | 1069.4 |
| 13000 | 472.33 | 1293.7 | 0.0015957 | 1065.4 |
| 14000 | 468.76 | 1243.1 | 0.0015450 | 1061.4 |
| 15000 | 465.20 | 1194.2 | 0.0014956 | 1057.3 |
| 16000 | 461.63 | 1146.9 | 0.0014474 | 1053.2 |
| 17000 | 458.06 | 1101.1 | 0.0014004 | 1049.2 |
| 18000 | 454.50 | 1056.8 | 0.0013546 | 1045.1 |
| 19000 | 450.93 | 1013.9 | 0.0013100 | 1041.0 |
| 20000 | 447.37 | 972.47 | 0.0012664 | 1036.8 |
| 21000 | 443.80 | 932.41 | 0.0012240 | 1032.7 |
| 22000 | 440.23 | 893.69 | 0.0011827 | 1028.5 |
| 23000 | 436.67 | 856.29 | 0.0011425 | 1024.4 |
| 24000 | 433.10 | 820.17 | 0.0011033 | 1020.2 |
| 25000 | 429.54 | 785.29 | 0.0010651 | 1016.0 |
| 26000 | 425.97 | 751.62 | 0.0010280 | 1011.7 |
| 27000 | 422.40 | 719.13 | 0.00099187 | 1007.5 |
| 28000 | 418.84 | 687.79 | 0.00095672 | 1003.2 |

（续）

| $h$/ft | $T$/°R | $p$/psf | $\rho$/(sl/ft$^3$) | $a$/fps |
|---|---|---|---|---|
| 29000 | 415.27 | 657.56 | 0.00092253 | 998.96 |
| 30000 | 411.70 | 628.42 | 0.00088928 | 994.66 |
| 31000 | 408.14 | 600.33 | 0.00085695 | 990.34 |
| 32000 | 404.57 | 573.27 | 0.00082553 | 986.01 |
| 33000 | 401.01 | 547.20 | 0.00079501 | 981.65 |
| 34000 | 397.44 | 522.10 | 0.00076535 | 977.28 |
| 35000 | 393.87 | 497.95 | 0.00073654 | 972.88 |
| 36000 | 390.31 | 474.70 | 0.00070858 | 968.47 |
| 37000 | 389.99 | 452.43 | 0.00067589 | 968.07 |
| 38000 | 389.99 | 431.20 | 0.00064418 | 968.07 |
| 39000 | 389.99 | 410.97 | 0.00061395 | 968.07 |
| 40000 | 389.99 | 391.68 | 0.00058514 | 968.07 |
| 41000 | 389.99 | 373.30 | 0.00055768 | 968.07 |
| 42000 | 389.99 | 355.79 | 0.00053151 | 968.07 |
| 43000 | 389.99 | 339.09 | 0.00050657 | 968.07 |
| 44000 | 389.99 | 323.18 | 0.00048280 | 968.07 |
| 45000 | 389.99 | 308.01 | 0.00046014 | 968.07 |
| 46000 | 389.99 | 293.56 | 0.00043855 | 968.07 |
| 47000 | 389.99 | 279.78 | 0.00041797 | 968.07 |
| 48000 | 389.99 | 266.65 | 0.00039835 | 968.07 |
| 49000 | 389.99 | 254.14 | 0.00037966 | 968.07 |
| 50000 | 389.99 | 242.21 | 0.00036184 | 968.07 |
| 51000 | 389.99 | 230.85 | 0.00034486 | 968.07 |
| 52000 | 389.99 | 220.02 | 0.00032868 | 968.07 |
| 53000 | 389.99 | 209.69 | 0.00031326 | 968.07 |
| 54000 | 389.99 | 199.85 | 0.00029856 | 968.07 |
| 55000 | 389.99 | 190.47 | 0.00028455 | 968.07 |
| 56000 | 389.99 | 181.53 | 0.00027119 | 968.07 |
| 57000 | 389.99 | 173.02 | 0.00025847 | 968.07 |
| 58000 | 389.99 | 164.90 | 0.00024634 | 968.07 |
| 59000 | 389.99 | 157.16 | 0.00023478 | 968.07 |
| 60000 | 389.99 | 149.78 | 0.00022376 | 968.07 |
| 61000 | 389.99 | 142.76 | 0.00021326 | 968.07 |
| 62000 | 389.99 | 136.06 | 0.00020325 | 968.07 |
| 63000 | 389.99 | 129.67 | 0.00019372 | 968.07 |
| 64000 | 389.99 | 123.59 | 0.00018463 | 968.07 |
| 65000 | 389.99 | 117.79 | 0.00017596 | 968.07 |
| 66000 | 390.20 | 112.26 | 0.00016763 | 968.34 |
| 67000 | 390.75 | 107.00 | 0.00015955 | 969.02 |
| 68000 | 391.30 | 101.99 | 0.00015186 | 969.70 |
| 69000 | 391.85 | 97.227 | 0.00014456 | 970.38 |

(续)

| $h$/ft | $T$/°R | $p$/psf | $\rho$/(sl/ft$^3$) | $a$/fps |
|---|---|---|---|---|
| 70000 | 392.39 | 92.689 | 0.00013762 | 971.05 |
| 71000 | 392.94 | 88.368 | 0.00013103 | 971.73 |
| 72000 | 393.49 | 84.255 | 0.00012475 | 972.41 |
| 73000 | 394.04 | 80.338 | 0.00011879 | 973.09 |
| 74000 | 394.59 | 76.608 | 0.00011312 | 973.77 |
| 75000 | 395.14 | 73.057 | 0.00010772 | 974.44 |
| 76000 | 395.69 | 69.675 | 0.00010259 | 975.12 |
| 77000 | 396.24 | 66.453 | 9.7713e-05 | 975.80 |
| 78000 | 396.78 | 63.385 | 9.3073e-05 | 976.47 |
| 79000 | 397.33 | 60.462 | 8.8658e-05 | 977.15 |
| 80000 | 397.88 | 57.678 | 8.4459e-05 | 977.82 |

# 参考文献


1. Anon.: *U. S. Standard Atmosphere*, 1962, U. S. Government Printing Office, Washington, D. C., Dec. 1962.

# 附录 B
# 多架飞行器的数据

飞行器

1. A-7A
2. A-4D
3. F-5A
4. 纳维昂
5. DC-8
6. 大型高速可变翼飞行器
7. 吸气式高超声速飞行器
8. 将有量纲导数从稳定性坐标轴系转换为机身参考系坐标轴系

**注**:对参考文献 1 的某些数据进行了修改,以确保本附录所列数据与本书前面的术语给出的稳定性导数的符号与定义一致。

表 B.1 A-7A 飞行条件

| | 飞行条件 | | | | 飞行条件 | | |
|---|---|---|---|---|---|---|---|
| | 3 | 4 | 8 | | 3 | 4 | 8 |
| $h$,ft | 0 | 15000 | 35000 | $\alpha_0/(°)$ | 2.1 | 13.3 | 7.5 |
| $M_\infty$ | 0.9 | 0.3 | 0.6 | $U_0$/fps | 1004 | 309 | 579 |
| $a$/fps | 1117 | 1058 | 973.3 | $W_0$/fps | 36.8 | 72.9 | 76.2 |
| $\rho_\omega$/(sl/ft$^3$) | $2.378\times10^{-3}$ | $1.496\times10^{-3}$ | $7.36\times10^{-4}$ | $\delta_{E_0}/(°)$ | -3.8 | -8.8 | -5.4 |
| $V_v$/fps | 1005 | 317 | 584 | $\gamma_0/(°)$ | 0 | 0 | 0 |
| $q_\infty$/psf | 1200 | 75.3 | 126 | | | | |
| 注:所有数据来自洁净可变翼飞行器的机身参考坐标轴系 | | | | | | | |

表 B.2 A-7A 纵向有量纲导数

| | 飞行条件 | | | | 飞行条件 | | |
|---|---|---|---|---|---|---|---|
| | 3 | 4 | 8 | | 3 | 4 | 8 |
| $h$,ft | 0 | 15000 | 35000 | $Z_{\delta_E}$ | -318 | -23.8 | -43.2 |
| $M_\infty$ | 0.9 | 0.3 | 0.6 | $M_u+M_{pu}$ | 0.00118 | 0.00183 | 0.000873 |
| $X_u+X_{pu}$ | -0.0732 | 0.00501 | 0.00337 | $M_a$ | -40.401 | -2.463 | -4.152 |
| $X_a$ | -28.542 | 1.457 | 8.526 | $M_{\dot{a}}$ | -0.372 | -0.056 | -0.065 |
| $X_{\delta_E}$ | 11.6 | 5.63 | 5.70 | $M_q$ | -1.57 | -0.340 | -0.330 |
| $Z_u+Z_{pu}$ | 0.0184 | -0.0857 | -0.0392 | $M_{\delta_E}$ | -58.6 | -4.52 | -8.19 |
| $Z_a$ | -3417 | -172.77 | -323.54 | | | | |
| 注:所有数据来自洁净可变翼飞行器的机身参考坐标轴系 | | | | | | | |

## A-7A

标准巡航构型
洁净飞行器
60%燃油
W = 21889lbs
30% MGC时的CG
$I_x = 13{,}635\text{slug-ft}^2$
$I_y = 58{,}966\text{slug-ft}^2$
$I_z = 67{,}560\text{slug-ft}^2$
$I_{xz} = 2{,}933\text{slug-ft}^2$
} 机身参考坐标轴系

参考几何

$S = 375\text{ft}^2$
$c = 10.8\text{ft}$
$b = 38.7\text{ft}$

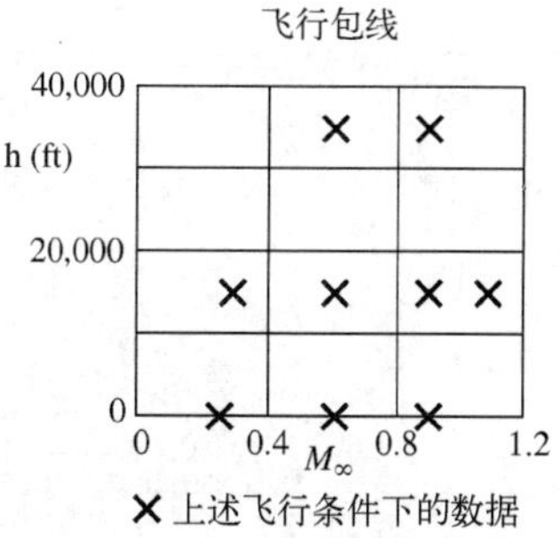


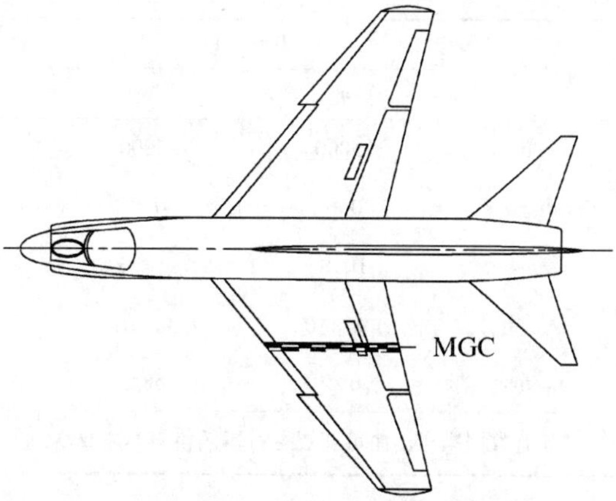


参考文献


[1] LTV Vought Aeronautics Div. Rept. No. 2-53310/5R-1981, "A-7A Aerodynamics Data Report", 21 May 1965 (U).
[2] LTV Vought Aeronautics Div. Rept. No. 2-53310/5R-5121, Rev. I, "A-7A Estimated Flying Qualities", 20 August 1965(C).
[3] LTV Vought Aeronautics Div., "Updated A-7A Aircraft Lateral-Directional Cruise Device Configuration Data, 25 August 1967.

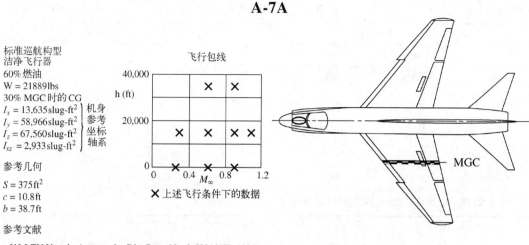

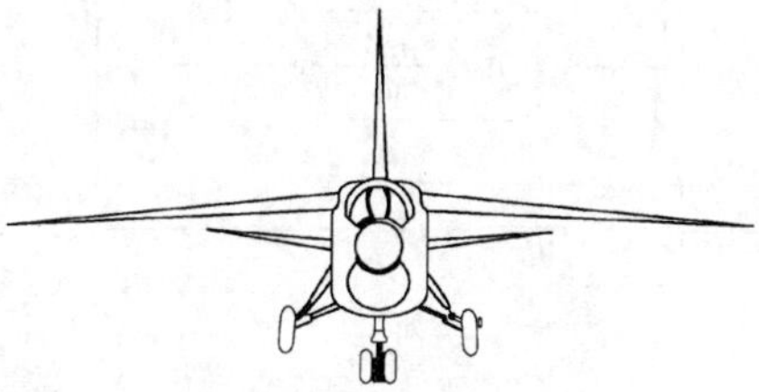

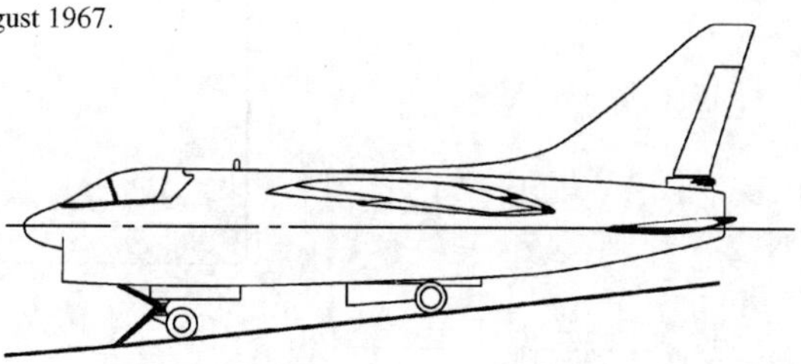

基本数据源
风洞试验与估算
飞行试验后调整的某些横向导数

图 B.1　A-7A 飞行器构型与数据

表 B.3　A-7A 横向有量纲导数

| | 飞行条件 | | | | 飞行条件 | | |
|---|---|---|---|---|---|---|---|
| | 3 | 4 | 8 | | 3 | 4 | 8 |
| $h$, ft | 0 | 15000 | 35000 | $L'_{\delta_A}$ | 25.2 | 3.75 | 7.96 |
| $M_\infty$ | 0.9 | 0.3 | 0.6 | $L'_{\delta_E}$ | 13.2 | 1.82 | 3.09 |
| $Y_\beta$ | −516.57 | −38.674 | −49.465 | $N'_\beta$ | 17.2 | 0.948 | 1.38 |
| $Y_{\delta_A}$ | −8.613 | −0.4755 | −1.5593 | $N'_p$ | −0.319 | −0.031 | −0.0799 |
| $Y_{\delta_E}$ | 62.913 | 9.732 | 15.593 | $N'_r$ | −1.54 | −0.271 | −0.247 |
| $L'_\beta$ | −98.0 | −8.79 | −14.9 | $N'_{\delta_A}$ | 1.56 | 0.280 | 0.652 |
| $L'_p$ | −9.75 | −1.38 | −1.40 | $N'_{\delta_E}$ | −11.1 | −1.56 | −2.54 |
| $L'_r$ | 1.38 | 0.857 | 0.599 | | | | |

注:所有数据来自洁净可变翼飞行器的机身参考坐标轴系

表 B.4　A-4D 飞行条件

| | 飞行条件 | | | 飞行条件 | |
|---|---|---|---|---|---|
| | 4 | 7 | | 4 | 7 |
| $h$/ft | 15000 | 35000 | $q_\infty$/psf | 301 | 126 |
| $M_\infty$ | 0.6 | 0.6 | $\alpha_0$/(°) | 3.4 | 8.8 |
| $a$/fps | 1058 | 973.3 | $U_0$/fps | 634 | 577 |
| $\rho_\infty$/(sl/ft$^3$) | $1.496\times10^{-3}$ | $7.36\times10^{-4}$ | $W_0$/fps | 37.7 | 89.3 |
| $V_V$/fps | 635 | 584 | $\gamma_0$/(°) | 0 | 0 |

注:所有数据来自洁净可变翼飞行器的机身参考坐标轴系

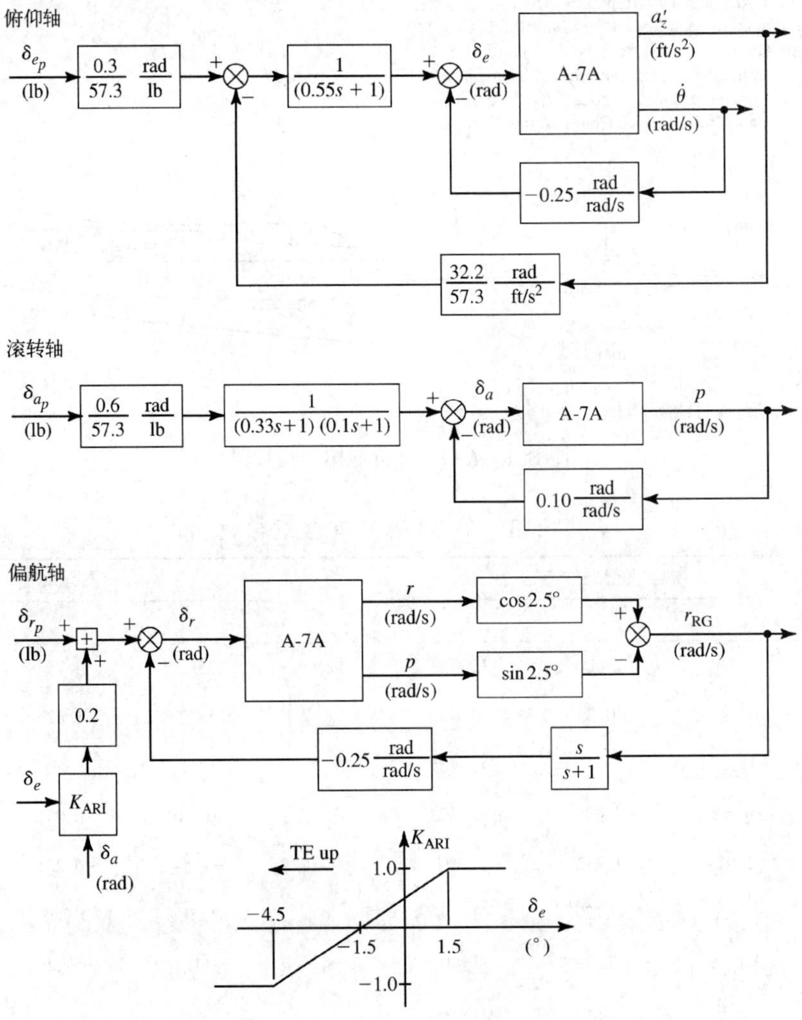


图 B.2　A-7A 增稳系统

# A-4D

标准巡航构型
洁净飞行器
$W = 17{,}578\text{lbs}$
25% MGC 时的CG
$I_x = 8{,}090\text{slug-ft}^2$
$I_y = 25{,}900\text{slug-ft}^2$
$I_z = 29{,}200\text{slug-ft}^2$
$I_{xz} = 1{,}300\text{slug-ft}^2$
机身参照系坐标轴系

参考几何

$S = 260\text{ft}^2$
$c = 10.8\text{ft}$
$b = 27.5\text{ft}$

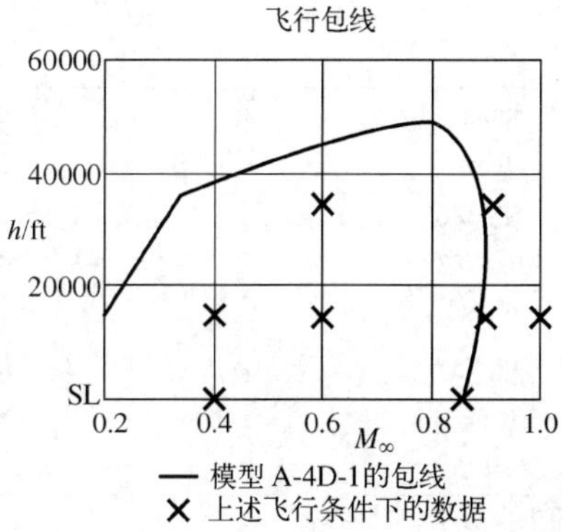


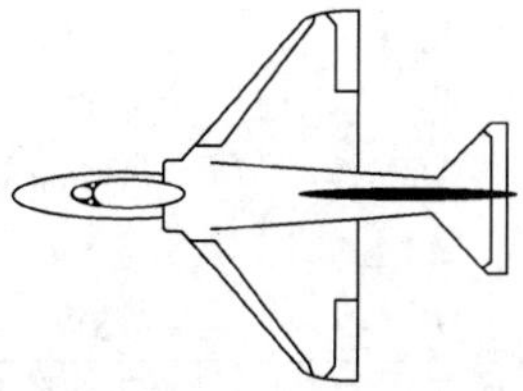

参考文献


[1] Abzug, M. J. and R. L. Faith, "Aerodynamic Data for Model A4D-1 Operational Flight Trainer", Douglas Aircraft Co. Report ES-26104, November 1, 1955.
[2] Johnston, D. E. and D. H. Weir, "Study of Pilot-Vehicle-Controller Integration for a Minimum Complexity AFCS", Systems Technology, Inc. Technical Report No.127-1, July 1964.


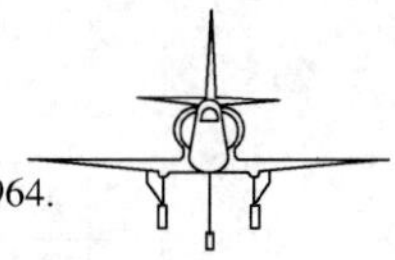

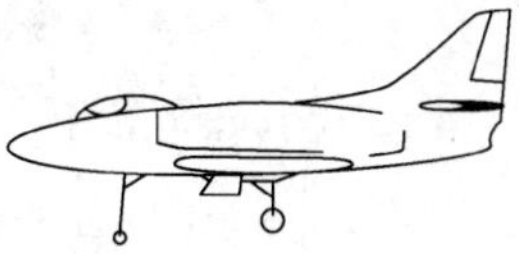

基本数据源
风洞试验

图 B.3　A-4D 构型与数据

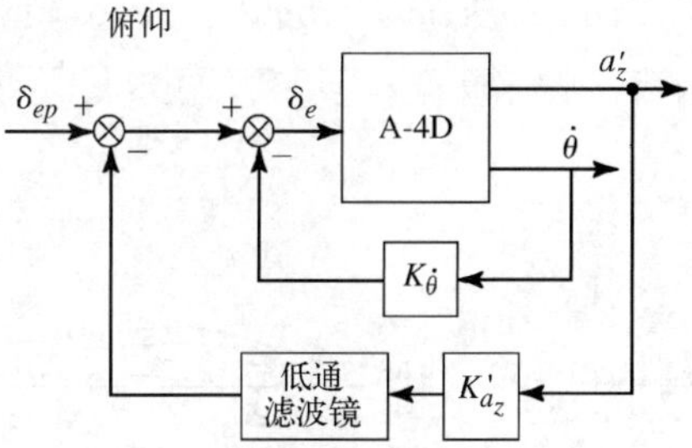


$K_{\dot\theta}, K'_{a_z}$: 指示空速的预定值

注：仅用于A4D-2B模型的系统。所示为操纵杆转向模式。

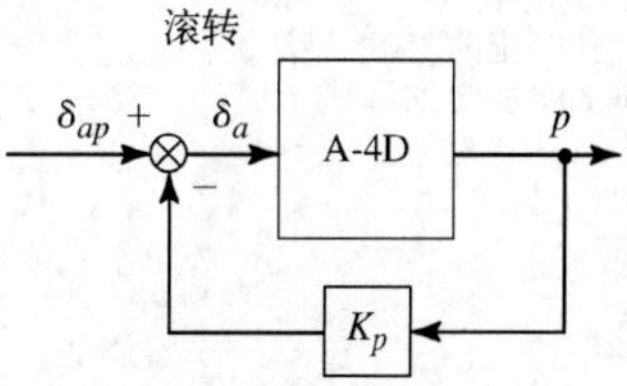


$K_p$: 增益值(deg/(deg·s))，指示空速的预定值

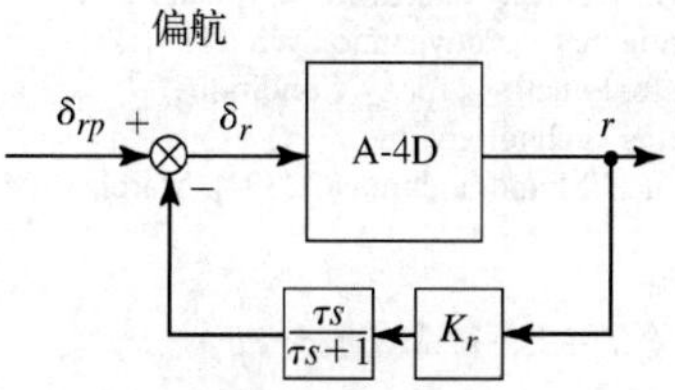


$K_r$: 增益值(deg/(deg·s))，指示空速的预定值

图 B.4　A-4D 增稳系统

表 B.5　A-4D 纵向有量纲导数

| | 飞行条件 | | | 飞行条件 | |
|---|---|---|---|---|---|
| | 4 | 7 | | 4 | 7 |
| $h$/ft | 15000 | 35000 | $Z'_{\delta_E}$ | −56.68 | −23.037 |
| $M_\infty$ | 0.6 | 0.6 | $M_u+M_{Pu}$ | 0.00162 | 0.001824 |
| $X_u+X_{Pu}$ | −0.00938 | 0.000806 | $M_\alpha$ | −12.954 | −5.303 |
| $X_\alpha$ | 26.797 | 13.257 | $M_{\dot\alpha}$ | −0.3524 | −0.1577 |
| $X_{\delta_E}$ | 7.396 | 6.288 | $M_q$ | 21.071 | −0.484 |
| $Z_u+Z_{Pu}$ | −0.0533 | −0.0525 | $M_{\delta_E}$ | −19.456 | −8.096 |
| $Z_\alpha$ | −521.97 | −226.242 | | | |
| 注:所有数据来自洁净可变翼飞行器的机身参考坐标轴系 | | | | | |

表 B.6 A-4D 横向有量纲导数

| | 飞行条件 | | | 飞行条件 | |
|---|---|---|---|---|---|
| | 4 | 7 | | 4 | 7 |
| $h$/ft | 15000 | 35000 | $L'_{\delta_A}$ | 21. 203 | 8. 170 |
| $M_\infty$ | 0. 6 | 0. 6 | $L'_{\delta_R}$ | 10. 398 | 4. 168 |
| $Y_\beta$ | -144. 78 | -60. 386 | $N'_\beta$ | 16. 629 | 6. 352 |
| $Y_{\delta_A}$ | -2. 413 | -0. 4783 | $N'_p$ | -0. 02173 | -0. 02513 |
| $Y_{\delta_R}$ | 25. 133 | 10. 459 | $N'_r$ | -0. 5144 | -0. 2468 |
| $L'_\beta$ | -35. 95 | -17. 557 | $N'_{\delta A}$ | 1. 769 | 0. 5703 |
| $L'_p$ | -1. 566 | -0. 761 | $N'_{\delta_R}$ | -7. 78 | -3. 16 |
| $L'_r$ | 0. 812 | 0. 475 | | | |
| 注:所有数据来自洁净可变翼飞行器的机身参考坐标轴系 | | | | | |

## F-5A

构型

翼尖上的GAR-8-GAR-8

1.中线燃油箱

W.S.85 上的150gal.燃油箱

W.S.114.5 上的750lb.燃油罐

50gal.的翼尖燃油箱

I-A—充当I，含50%的燃油

II—2000lb的中线燃油罐

W.S. 85 上的1000lb 燃油罐

W.S. 114.5 上的750lb 燃油罐

50gal.的翼尖燃油箱

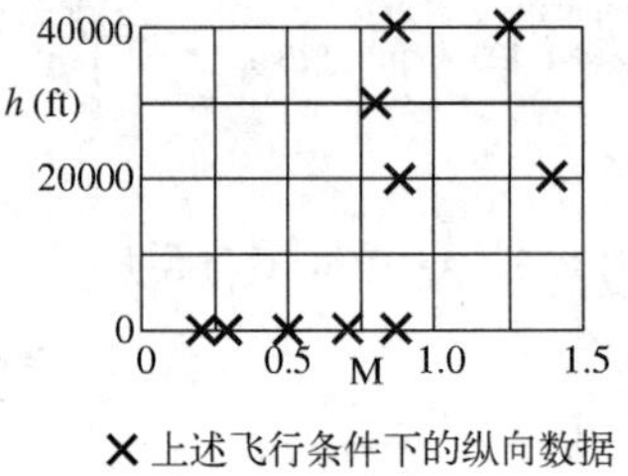


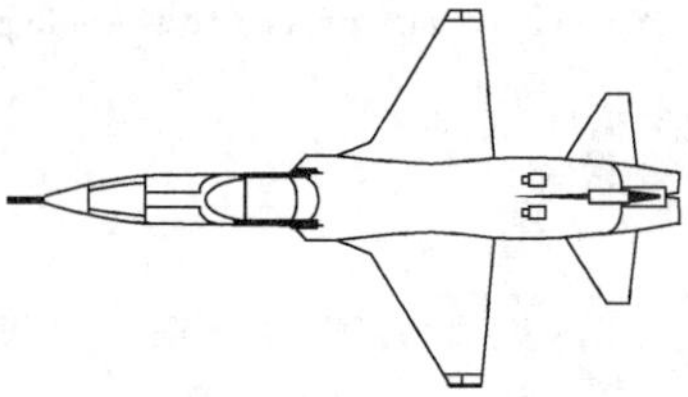

参考几何

$S = 170\text{ft}^2$

$b = 25.25\text{ft}$

$c = 7.75\text{ft}$

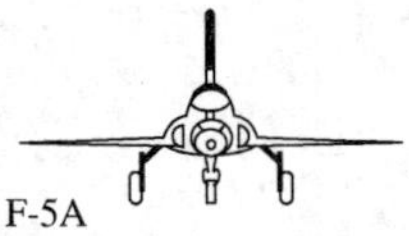

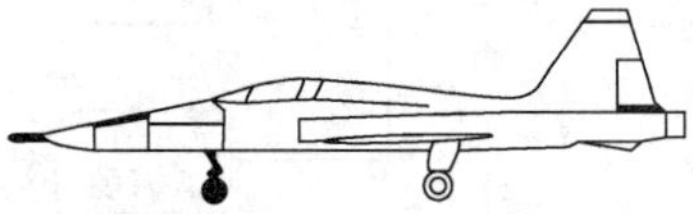

参考文献


[1] Jex, H. R. and J. Nakagawa, "Typical F-5A Longitudinal Aerodynamic Data and Transfer Functions for 14 Conditions", Systems Technology, Inc., Technical Memorandum No.239-4, March 1964.


基本数据源

风洞试验和每次飞行试验进行修正

图 B.5 F-54 构型与数据

表 B.7 F-5A 飞行条件

| | 飞行条件 | | | | 飞行条件 | | |
|---|---|---|---|---|---|---|---|
| | 1(GAR-8) | 2(GAR-8) | 7(I) | | 1(GAR-8) | 2(GAR-8) | 7(I) |
| $h$/ft | 40000 | 40000 | 30000 | $U_0$/fps | 850 | 1210 | 796 |
| $M_\infty$ | 0. 875 | 1. 25 | 0. 8 | $W_0$/fps | 0 | 0 | 0 |
| $a$/fps | 971. 4 | 971. 4 | 995 | $\delta_{E_0}$/(°) | -1. 15 | -1. 80 | -2. 57 |
| $\rho_\infty$/(sl/ft$^3$) | $5.813\times10^{-4}$ | $5.813\times10^{-4}$ | $8.901\times10^{4}$ | $\gamma_0$/(°) | 0 | 0 | 0 |
| $V_V$/fps | 850 | 1210 | 796 | $\bar{x}_{cg}$ | 0. 22 | 0. 22 | 0. 12 |
| $q_\omega$/psf | 210 | 428 | 282 | $I_{yy}$/sl-ft$^2$ | 30000 | 30000 | 34600 |
| $\alpha_0$/(°) | 3. 2 | 1. 0 | 9. 0 | | | $\phi_T = 0.5°$ | |
| 注:所有数据用于稳定性坐标轴系 | | | | | | | |

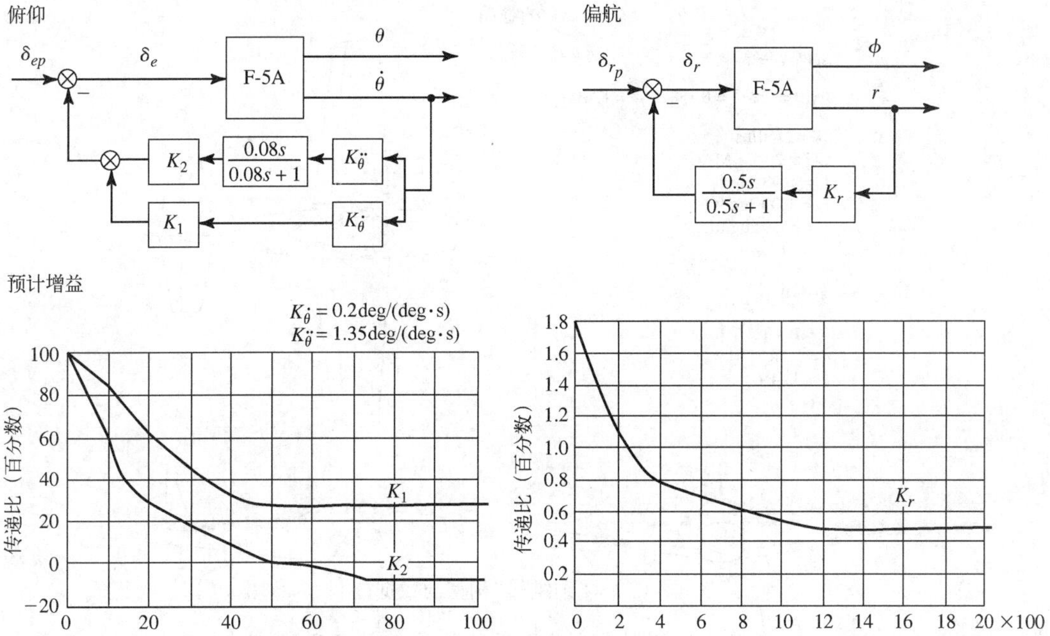


图 B.6 F-5A 增稳系统

## 表 B.8 F-5A 纵向有效度系数

| | 飞行条件 | | | | 飞行条件 | | |
|---|---|---|---|---|---|---|---|
| | 1 | 2 | 7 | | 1 | 2 | 7 |
| $h$/ft | 40000 | 40000 | 30000 | $C_{DM}$ | 0.045 | 0 | 0.100 |
| $M_\infty$ | 0.876 | 1.25 | 0.8 | $C D_{\delta_E}$ | 0 | 0 | 0 |
| $C_L$ Trim | 0.280 | 0.132 | 0.355 | $C M_0$ | 0.000902 | 0.00146 | 0.001695 |
| $C_D$ Trim | 0.0279 | 0.0451 | 0.0422 | $C_{M_\alpha}$/rad | −0.367 | −1.46 | −0.691 |
| $C_{L_\alpha}$/rad | 5.38 | 5.38 | 4.58 | $C_{M_{\dot{\alpha}}}$/s | −0.00546 | 0.0096 | −0.00243 |
| $C_{L_q}$/s | 0.0355 | 0.0176 | 0.0257 | $C_{M_q}$/s | −0.04638 | −0.0288 | −0.04613 |
| $C_{L_M}$ | 0.40 | −0.70 | −0.25 | $C_{M_M}$ | −0.050 | −0.100 | 0.020 |
| $C_{L_{\delta_E}}$/rad | 1.03 | 0.745 | 0.888 | $C_{M_{\delta_E}}$/rad | −1.55 | −1.29 | −1.39 |
| $C_{D_\alpha}$/rad | 0.339 | 1.97 | 0.352 | $\frac{\partial T}{\partial M_\infty}$/lbs | 600 | 3500 | 1400 |
| $C_{D_q}$/s | 0 | 0 | 0 | | | | |
| 注:所有数据用于稳定性坐标轴系 | | | | | | | |

## 表 B.9 F-5A 纵向有量纲导数

| | 飞行条件 | | | | 飞行条件 | | |
|---|---|---|---|---|---|---|---|
| | 1(GAR−8) | 2(GAR−8) | 7(I) | | 1(GAR−8) | 2(GAR−8) | 7(I) |
| $h$/ft | 40000 | 40000 | 30000 | $Z_{\delta_E}$ | −119 | −175 | −78.6 |
| $M_\infty$ | 0.875 | 1.25 | 0.8 | $M_u+M_{P_u}$ | −0.000462 | −0.00193 | 0.000325 |
| $X_u+X_{P_u}$ | −0.0109 | −0.00589 | −0.0158 | $M_\alpha$ | −3.392 | −27.467 | −6.782 |
| $X_\alpha$ | −6.826 | −15.246 | 0.269 | $M_{\dot{\alpha}}$ | −0.0506 | 0.180 | −0.0260 |
| $X_{\delta_E}$ | 0 | 0 | 0 | $M_q$ | −0.429 | −0.540 | −0.488 |
| $Z_u+Z_{P_u}$ | −0.124 | 0.118 | −0.0575 | $M_{\delta_E}$ | −14.3 | −24.3 | −14.5 |
| $Z_\alpha$ | −623.9 | −1271 | −414.7 | | | | |
| 注:所有数据用于稳定性坐标轴系 | | | | | | | |

**纳维昂**

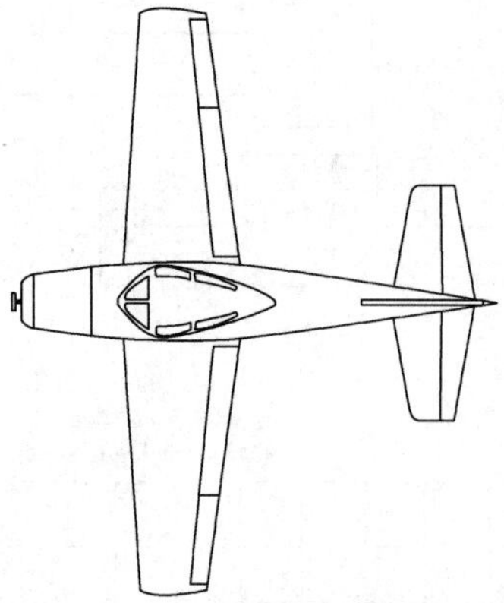

标准飞行条件

$h$ (ft) = 0; $M_\infty$ = 0.158; $V_{T_0}$ = 176ft/s

$W$ = 2750lbs
CG at 29.5% MAC
$I_x$ = 1048slug ft$^2$
$I_y$ = 3000slug ft$^2$
$I_z$ = 3530slug ft$^2$
$I_{xz}$ = 0

参考几何

$S$ = 184ft$^2$
$c$ = 5.7ft
$b$ = 33.4ft

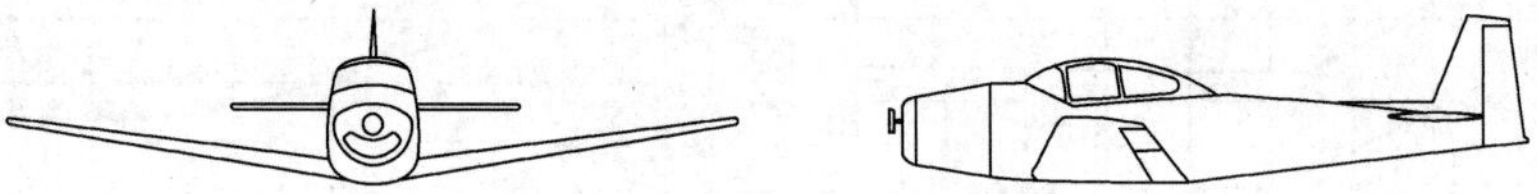

图 B.7 “纳维昂”构型与数据

表 B.10 “纳维昂”飞行条件与有效度系数

| | | | | | |
|---|---|---|---|---|---|
| $S_W$/ft$^2$ | 184 | $C_L$ Trim | 0.41 | $C_{S_\delta}$/rad | −0.564 |
| $b$, ft | 33.4 | $C_D$ Trim | 0.05 | $C_{S_{\delta_A}}$/rad | 0 |
| $\bar{c}_w$/ft | 5.7 | $C_{L_\alpha}$/rad | 4.44 | $C_{S_{\delta_R}}$/rad | 0.157 |
| $h$/ft | 0 | $C_{L_{\dot{\alpha}}}$/s | 0 | $C_{L_\beta}$/rad | −0.074 |
| $M_\infty$ | 0.158 | $C_{L_M}$ | 0 | $C_{L_p}$/s | −0.0389 |
| $a$/fps | 1,117 | $C_{L_{\delta_E}}$/rad | 0.355 | $C_{L_r}$/s | 0.0102 |
| $\rho_\infty$/(sl/ft$^3$) | 0.002378 | $C_{D_\alpha}$/rad | 0.330 | $C_{L_{\delta_A}}$/rad | 0.1342 |
| $V_V$/fps | 176 | $C_{D_M}$ | 0 | $C_{L_{\delta_R}}$/rad | 0.0118 |
| $q_\infty$/psf | 36.8psf | $C_{D_{\delta_E}}$ | 0 | $C_{N_\beta}$/rad | 0.0701 |
| $\alpha_0$/(°) | 0.6 | $C_{M_\alpha}$/rad | −0.683 | $C_{N_p}$/s | −0.0055 |
| $U_0$/fps | 176 | $C_{M_{\dot{\alpha}}}$/s | −0.0706 | $C_{N_r}$/s | −0.0119 |
| $W_0$/fps | 0 | $C_{M_q}$/s | −0.161 | $C_{N_{\delta_A}}$/rad | −0.00346 |
| $\gamma_0$/(°) | 0 | $C_{M_M}$ | 0 | $C_{N_{\delta_R}}$/rad | −0.0717 |
| $\Phi_0$(°) | 0 | $C_{M_{\delta_E}}$/rad | −0.87 | | |

注:所有数据用于稳定性坐标轴系

表 B.11 “纳维昂”有量纲导数

| | | | |
|---|---|---|---|
| $X_u+X_{P_u}$ | −0.0451 | $Y_\beta$ | −44.757 |
| $X_\alpha$ | 6.348 | $Y_{\delta_A}$ | 0 |
| $X_{\delta_E}$ | 0 | $Y_{\delta_R}$ | 12.461 |
| $Z_u+Z_{P_u}$ | −0.3697 | $L'_\beta$ | −15.982 |
| $Z_\alpha$ | −356.29 | $L'_p$ | −8.402 |
| $Z_{\delta_E}$ | −28.17 | $L'_r$ | 2.193 |
| $M_u+M_{P_u}$ | 0 | $L'_{\delta_A}$ | 28.984 |
| $M_\alpha$ | −8.795 | $L'_{\delta_R}$ | 2.548 |
| $M_{\dot{\alpha}}$ | −0.9090 | $N'_\beta$ | 4.495 |
| $M_q$ | −2.0767 | $N'_p$ | −0.3498 |
| $M_{\delta_E}$ | −11.189 | $N'_r$ | −0.7605 |
| | | $N'_{\delta_A}$ | −0.2218 |
| | | $N'_{\delta_R}$ | −4.597 |

注:所有数据用于稳定性坐标轴系

# DC-8

飞行条件

| 飞行条件 | 进场 | 等待 | 巡航 | $V_{NE}$ |
|---|---|---|---|---|
| $h$ (ft) | 0 | 15000 | 33000 | 33000 |
| $M_\infty$ | 0.219 | 0.443 | 0.84 | 0.88 |
| $W$ (lbs) | 190000 | 190000 | 230000 | 230000 |
| $I_x$ (slug-ft$^2$) | $3.09\times10^6$ | $3.11\times10^6$ | $3.77\times10^6$ | $3.77\times10^6$ |
| $I_y$ (slug-ft$^2$) | $2.94\times10^6$ | $2.94\times10^6$ | $3.56\times10^6$ | $3.56\times10^6$ |
| $I_z$ (slug-ft$^2$) | $5.58\times10^6$ | $5.88\times10^6$ | $7.13\times10^6$ | $7.13\times10^6$ |
| $I_{xz}$ (slug-ft$^2$) | $28\times10^3$ | $-64.5\times10^3$ | $45\times10^3$ | $53.7\times10^3$ |
| $X_{cg}/c$ | 0.15 | 0.15 | 0.15 | 0.15 |

（$I_x$、$I_y$、$I_z$、$I_{xz}$：稳定性坐标轴系）

参考几何

$S = 2600\text{ft}^2$
$b = 142.3\text{ft}$
$c = 23\text{ft}$

参考文献

未公布数据

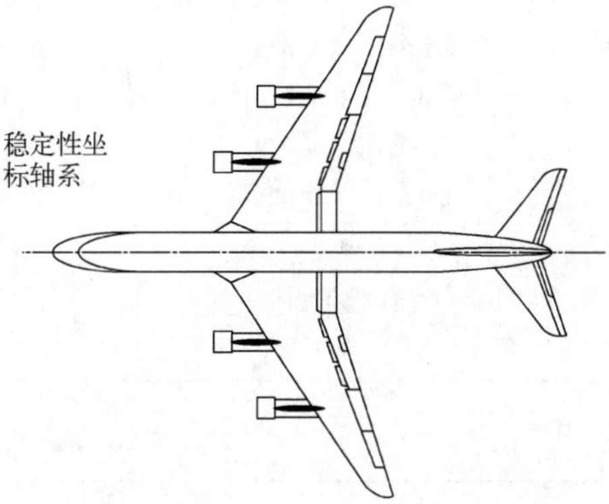

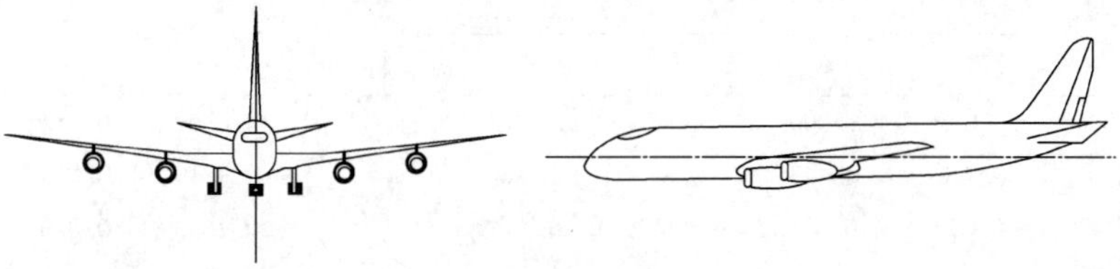

图 B.8　DC-8 构型与数据

表 B.12　DC-8 飞行条件

| | 飞行条件 | | | |
|---|---|---|---|---|
| | 1<br>进场 | 2<br>保持 | 3<br>巡航 | 4<br>$V_{NE}$ |
| $h$/ft | 0 | 15000 | 33000 | 33000 |
| $M_\infty$ | 0.218 | 0.443 | 0.84 | 0.88 |
| $a$/fps | 1117 | 1058 | 982 | 982 |
| $\rho_\infty$/(sl/ft$^3$) | $2.378\times10^{-3}$ | $1.496\times10^{-3}$ | $7.95\times10^4$ | $7.95\times10^4$ |
| $V_V$/fps | 243.5 | 468.2 | 824.2 | 863.46 |
| $q_\infty$/psf | 71.02 | 163.97 | 270 | 296.36 |
| $U_0$/fps | 243.5 | 468.2 | 824.2 | 863.46 |
| $W_0$/fps | 0 | 0 | 0 | 0 |
| $\gamma_0$/(°) | 0 | 0 | 0 | 0 |
| $\delta_F$(°) | 35 | 0 | 0 | 0 |

注：所有数据用于稳定性坐标轴系

表 B.13　DC-8 纵向有效度系数

| | 飞行条件 | | | | | 飞行条件 | | | |
|---|---|---|---|---|---|---|---|---|---|
| | 1 | 2 | 3 | 4 | | 1 | 2 | 3 | 4 |
| $h$/ft | 0 | 15000 | 33000 | 33000 | $C_{D_\alpha}$/rad | 0.487 | 0.212 | 0.272 | 0.486 |
| $M_\infty$ | 0.218 | 0.443 | 0.84 | 0.88 | $C_{D_M}$ | 0.0202 | 0.0021 | 0.1005 | 0.3653 |
| $C_L$ Trim | 0.98 | 0.42 | 0.308 | 0.279 | $C_{D_{\delta_E}}$ | 0 | 0[1] | 0 | 0 |

（续）

| | 飞行条件 | | | | | 飞行条件 | | | |
|---|---|---|---|---|---|---|---|---|---|
| | 1 | 2 | 3 | 4 | | 1 | 2 | 3 | 4 |
| $C_D$ Trim | 0.1095 | 0.0224 | 0.0188 | 0.0276 | $C_{M_\alpha}$/rad | −1.478 | −1.501 | −2.017 | −2.413 |
| $C_{L_\alpha}$/rad | 4.810 | 4.876 | 6.744 | 6.899 | $C_{M_{\dot\alpha}}$/s | −0.1814 | −0.1007 | −0.0924 | −0.0910 |
| $C_{L_{\dot\alpha}}$/s | 0 | 0 | 0 | 0 | $C_{M_q}$/s$^2$ | −0.5485 | −0.2971 | −0.2037 | −0.2025 |
| $C_{L_M}$ | 0.02 | 0.048 | 0 | −1.2 | $C_{M_M}$ | −0.006 | −0.020 | −0.170 | −0.500 |
| $C_{L_{\delta_E}}$/rad | 0.328 | 0.328 | 0.352 | 0.358 | $C_{M_{\delta_E}}$/rad$^2$ | −0.9354 | −0.9715 | −1.0120 | −1.0285 |

注：所有数据用于稳定性坐标轴系

① 在原始报告中错列为−0.9712；

② 分别来自 $M_q$ 和 $M_{\delta_E}$

## 表 B.14　DC-8 横向有效度系数

| | 飞行条件 | | | | | 飞行条件 | | | |
|---|---|---|---|---|---|---|---|---|---|
| | 1 | 2 | 3 | 4 | | 1 | 2 | 3 | 4 |
| $h$/ft | 0 | 15000 | 33000 | 33000 | $C_{L_{\delta_A}}$/rad | 0.0860 | 0.0831 | 0.0797 | 0.0791 |
| $M_\infty$ | 0.218 | 0.443 | 0.84 | 0.88 | $C_{L_{\delta_R}}$/rad | 0.0219 | 0.0192 | 0.0211 | 0.0217 |
| $C_{S_\beta}$/rad | −0.8727 | −0.6532 | −0.7277 | −0.7449 | $C_{N_\beta}$/rad | 0.1633 | 0.1232 | 0.1547 | 0.1604 |
| $C_{S_{\delta_A}}$/rad | 0 | 0 | 0 | 0 | $C_{N_p}$/s | −0.0255 | −0.0047 | −0.0009 | −0.0005 |
| $C_{S_{\delta_R}}$/rad | 0.1865 | 0.1865 | 0.1865 | 0.1865 | $C_{N_r}$/s | −0.0573 | −0.0245 | −0.0164 | −0.0164 |
| $C_{L_\beta}$/rad | −0.1582 | −0.1375 | −0.1673 | −0.1736 | $C_{N_{\delta_A}}$/rad | −0.0106 | −0.0035 | −0.0037 | −0.0040 |
| $C_{L_p}$/s | −0.1125 | −0.0632 | −0.0445 | −0.0443 | $C_{N_{\delta_R}}$/rad | −0.0834 | −0.0834 | −0.0834 | −0.0834 |
| $C_{L_r}$/s | 0.0725 | 0.0201 | 0.0127 | 0.0120 | | | | | |

注：所有数据用于稳定性坐标轴系

## 表 B.15　DC-8 纵向有量纲导数

| | 飞行条件 | | | |
|---|---|---|---|---|
| | 1 | 2 | 3 | 4 |
| $h$/ft | 0 | 15000 | 33000 | 33000 |
| $M_\infty$ | 0.218 | 0.443 | 0.84 | 0.88 |
| $X_u+X_{P_u}$ | −0.0291 | −0.00714 | −0.014 | −0.0463 |
| $X_\alpha$ | 15.316 | 15.029 | 3.544 | 22.364 |
| $X_{\delta_E}$ | 0 | 0 | 0 | 0 |
| $Z_u+Z_{P_u}$ | −0.2506 | −0.1329 | −0.0735 | 0.0622 |
| $Z_\alpha$ | −152.845 | −353.959 | −664.305 | −746.893 |
| $Z_{\dot\alpha}$ | 0 | 0 | 0 | 0 |
| $Z_{\delta_E}$ | −10.19 | −23.7 | −34.6 | −38.6 |
| $M_u+M_{P_u}$ | −0.0000077 | −0.000063 | −0.000786 | −0.00254 |
| $M_\alpha$ | −2.1185 | −5.0097 | −9.1486 | −12.0021 |
| $M_{\dot\alpha}$ | −0.2601 | −0.3371 | −0.4203 | −0.4490 |
| $M_q$ | −0.7924 | −0.991 | −0.924 | −1.008 |
| $M_{\delta_E}$ | −1.35 | −3.24 | −4.59 | −5.12 |

注：所有数据用于稳定性坐标轴系

表 B.16 DC-8 横向有量纲导数

| | 飞行条件 | | | | | 飞行条件 | | | |
|---|---|---|---|---|---|---|---|---|---|
| | 1 | 2 | 3 | 4 | | 1 | 2 | 3 | 4 |
| $h$/ft | 0 | 15000 | 33000 | 33000 | $L'_{\delta_A}$① | 0.726 | 1.62 | 2.11 | 2.3 |
| $M_\infty$ | 0.218 | 0.443 | 0.84 | 0.88 | $L'_{\delta_R}$ | 0.1813 | 0.392 | 0.549 | 0.612 |
| $Y_\beta$ | -27.102 | -47.195 | -71.541 | -80.388 | $N'_\beta$ | 0.757 | 1.301 | 2.14 | 2.43 |
| $Y_{\beta_A}$ | 0 | 0 | 0 | 0 | $N'_p$ | -0.124 | -0.0346 | -0.0204 | -0.0172 |
| $Y_{\delta_R}$ | 5.795 | 13.484 | 18.297 | 20.119 | $N'_r$ | -0.265 | -0.257 | -0.228 | -0.25 |
| $L'_\beta$ | -1.328 | -2.71 | -4.41 | -5.02 | $N'_{\delta_A}$ | -0.0532 | -0.0188② | -0.0652 | -0.0788 |
| $L'_p$ | -0.951 | -1.232 | -1.181 | -1.29 | $N'_{\delta_R}$ | -0.389 | -0.864 | -1.164③ | -1.277 |
| $L'_r$ | 0.609 | 0.397 | 0.334 | 0.346 | | | | | |

注:所有数据用于稳定性坐标轴系。
① 所有值在参考文献 1 中均为负值;
② 该值太小,应约为-0.06;
③ 在参考文献 1 中列为-0.01164

# 大型高速可变翼飞行器

(参见 7.9 节,示例 12.7 和参考文献 2,3)

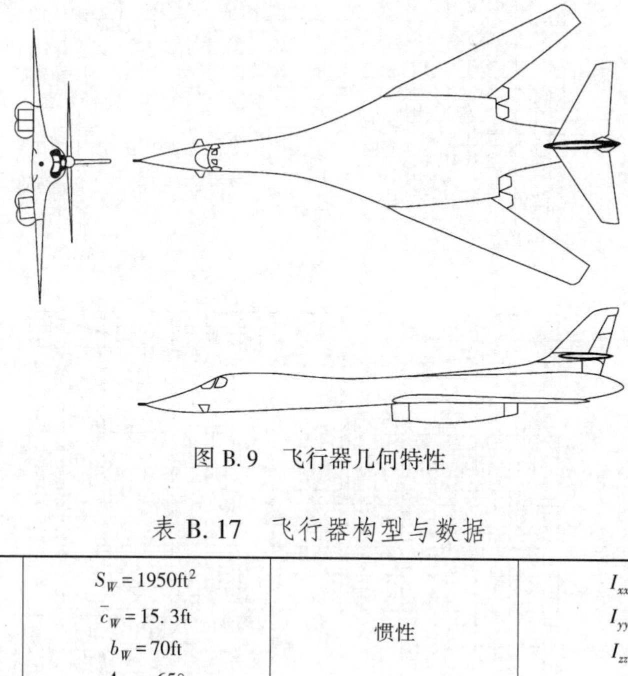

图 B.9 飞行器几何特性

表 B.17 飞行器构型与数据

| | | | |
|---|---|---|---|
| 机翼几何特性 | $S_W=1950\text{ft}^2$<br>$\bar{c}_W=15.3\text{ft}$<br>$b_W=70\text{ft}$<br>$\Lambda_{LE}=65°$ | 惯性 | $I_{xx}=9.5\times10^5\text{sl-ft}^2$<br>$I_{yy}=6.4\times10^6\text{sl-ft}^2$<br>$I_{zz}=7.1\times10^6\text{sl-ft}^2$<br>$I_{xz}=-52700\text{sl-ft}^2$ |
| 重量 | $W=288000\text{lb}$<br>($m=8944\text{sl}$) | 飞行器长度和中心 | $L=143\text{ft}$<br>c.g. $=0.25\bar{c}_W$<br>(机身站位 1061) |
| 模态广义质量 | $\mathcal{M}_1=184\text{sl-ft}^2$<br>$\mathcal{M}_2=9587\text{sl-ft}^2$<br>$\mathcal{M}_3=1334\text{sl-ft}^2$<br>$\mathcal{M}_4=436000\text{sl-ft}^2$ | 模态频率 | $\omega_1=12.6\text{rad/s}$<br>$\omega_2=14.1\text{rad/s}$<br>$\omega_3=21.2\text{rad/s}$<br>$\omega_4=22.1\text{rad/s}$ |

(续)

| | | | |
|---|---|---|---|
| 座舱内的振型位移 | $\nu_{Z_1}(x_{cp})=0.32\text{ft}$<br>$\nu_{Z_2}(x_{cp})=0.40\text{ft}$<br>$\nu_{Z_3}(x_{cp})=0.18\text{ft}$<br>$\nu_{Z_4}(x_{cp})=0.14\text{ft}$ | 座舱内的振型斜率 | $\nu'_1(x_{cp})=0.027\text{rad}$<br>$\nu'_2(x_{cp})=0.027\text{rad}$<br>$\nu'_3(x_{cp})=0.032\text{rad}$<br>$\nu'_4(x_{cp})=0.032\text{rad}$ |

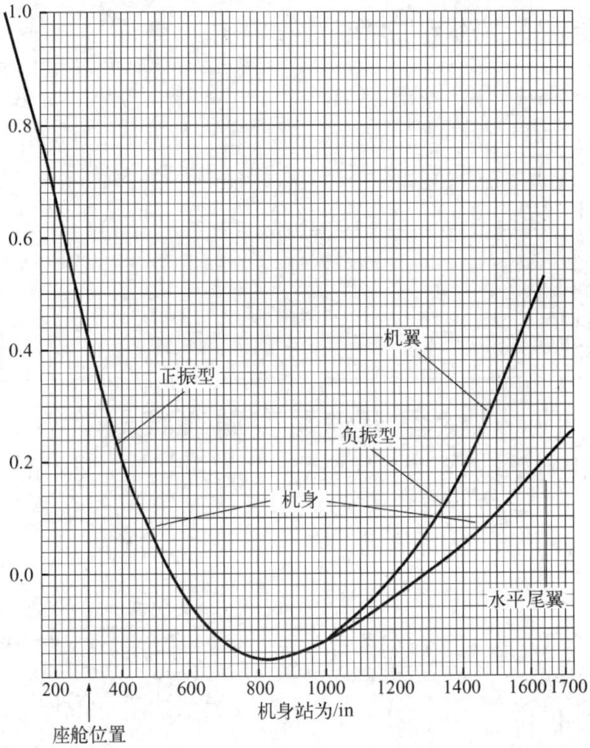


(a) 振型 1

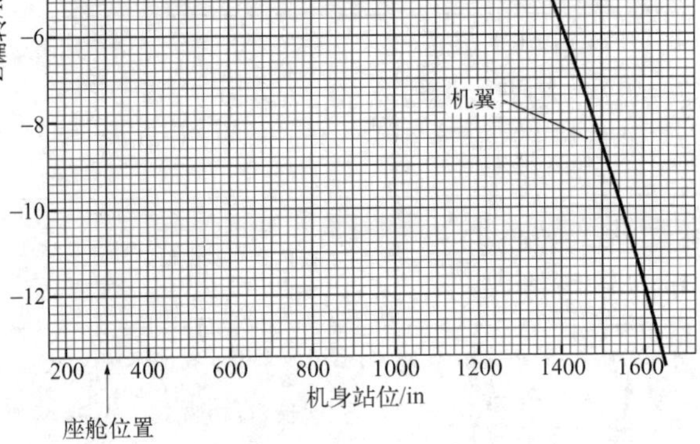

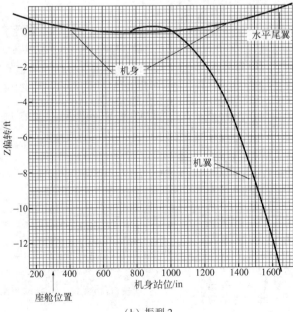

(b) 振型 2

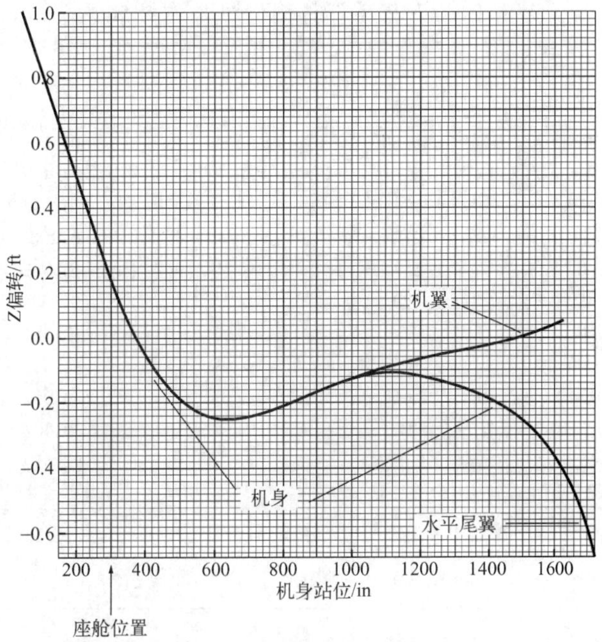


(c) 振型 3

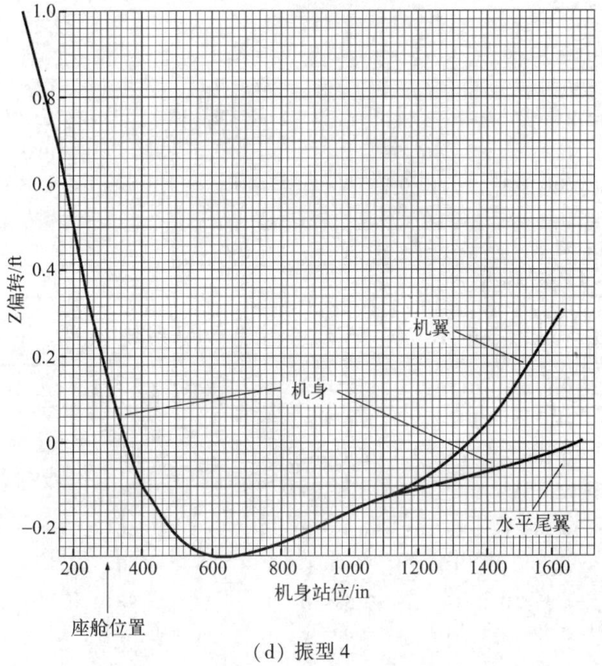


(d) 振型 4

图 B. 10　振型 1～4

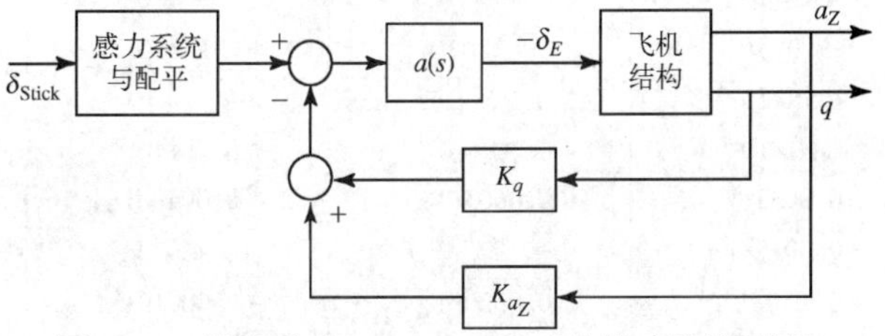


图 B. 11　增稳系统（$a(s)=10/s$ 时的传动机构西极）

表 B.18 飞行条件与刚性机身有效度系数

| | 飞行条件 | | | 飞行条件 | |
|---|---|---|---|---|---|
| | 1 | 2 | | 1 | 2 |
| $h$/ft | 5000 | 35000 | $C_{Z_q}$/s | 0.171 | −0.280 |
| $M_\infty$ | 0.6 | 0.8 | $C_{Z_{\delta_E}}$/rad | −0.435 | −0.277 |
| $V_V$/fps | 659 | 778 | $C_{X_0}$ | −0.028 | 0.027 |
| $q_\infty$/psf | 434 | 223 | $C_{X_\alpha}$/rad | 0.200 | 0.229 |
| $\alpha_0$/(°) | 0 | 6.3 | $C_{X_q}$/s | −0.020 | 0.026 |
| $U_0$/fps | 659 | 773 | $C_{X_{\delta_E}}$/rad | 0.153 | 0.115 |
| $W_0$/fps | 0 | 85 | $C_{M_0}$ | −0.252 | −0.374 |
| $\gamma_0$ | 0 | 0 | $C_{M_\alpha}$/rad | −1.662 | 0 |
| $C_L$ Trim | 0.340 | 0.662 | $C_{M_{\dot\alpha}}$/s | −0.050 | −0.054 |
| $C_D$ Trim | 0.028 | 0.043 | $C_{M_q}$/s | −0.404 | −0.342 |
| $C_{Z_0}$ | −0.34 | −0.636 | $C_{M_{\delta_E}}$/rad | −2.579 | −2.636 |
| $C_{Z_\alpha}$/rad | −2.92 | −1.38 | | | |
| 注：所有数据用于机身参考坐标轴系 | | | | | |

表 B.19 刚性机身有量纲导数

| | 飞行条件 | | | 飞行条件 | |
|---|---|---|---|---|---|
| | 1 | 2 | | 1 | 2 |
| $X_u+X_{P_u}$ | 0 | 0 | $Z_{\delta_E}$ | −42.22 | −13.46 |
| $X_\alpha$ | 19.45 | 11.13 | $Z_{\delta_{cv}}$ | −2.11 | −0.673 |
| $X_q$ | −1.913 | 1.264 | $M_u+M_{P_u}$ | 0 | 0 |
| $X_{\delta_E}$ | 14.83 | 5.589 | $M_\alpha+M_{P_\alpha}$ | −3.445 | 0 |
| $X_{\delta_{cv}}$ | 0.742 | 0.279 | $M_{\dot\alpha}$ | −0.1035 | −0.0561 |
| $Z_u+Z_{P_u}$ | −0.1001 | −0.0425 | $M_q$ | −0.8363 | −0.3554 |
| $Z_\alpha$ | −283.3 | 67.07 | $M_{\delta_E}$ | −5.346 | −2.739 |
| $Z_q$ | 16.55 | −13.61 | $M_{\delta_{cv}}$ | 0.376 | 0.193 |
| 注：所有数据用于机身参考坐标轴系中 | | | | | |

表 B.20 气动弹性有效度系数

| 系数 | 模式 1 | 模式 2 | 模式 3 | 模式 4 |
|---|---|---|---|---|
| $C_{Z_{\eta_i}}$ | −0.029 | 0.306 | 0.015 | −0.014 |
| $C_{Z_{\dot\eta_i}}$/s | $-0.658/V_\infty$ | $7.896/V_\infty$ | $0.461/V_\infty$ | $-0.132/V_\infty$ |
| $C_{M_{\eta_i}}$ | −0.032 | −0.025 | 0.041 | −0.018 |
| $C_{M_{\dot\eta_i}}$/s | $-1.184/V_\infty$ | $9.409/V_\infty$ | $1.316/V_\infty$ | $-0.395/V_\infty$ |
| $C_{Q_{i_0}}$ | 0 | 0 | 0 | 0 |
| $C_{Q_{i_\alpha}}$ | $-1.49\times10^{-2}$ | $2.58\times10^{-2}$ | $1.49\times10^{-2}$ | $3.35\times10^{-5}$ |
| $C_{Q_{i_q}}$/s | $-0.726/V_\infty$ | $0.089/V_\infty$ | $0.304/V_\infty$ | ~0 |
| $C_{Q_{i_{\delta_E}}}$ | $-1.28\times10^{-2}$ | $-6.42\times10^{-2}$ | $2.56\times10^{-2}$ | $1.50\times10^{-4}$ |
| $C_{Q_{i_{\eta_1}}}$ | $5.85\times10^{-5}$ | $4.21\times10^{-3}$ | $2.91\times10^{-4}$ | $2.21\times10^{-5}$ |
| $C_{Q_{i_{\eta_2}}}$ | $-9.0\times10^{-5}$ | $-9.22\times10^{-2}$ | $1.44\times10^{-3}$ | $-1.32\times10^{-4}$ |
| $C_{Q_{i_{\eta_3}}}$ | $3.55\times10^{-4}$ | $1.97\times10^{-3}$ | $-3.46\times10^{-4}$ | $9.68\times10^{-6}$ |
| $C_{Q_{i_{\eta_4}}}$ | $1.20\times10^{-4}$ | $3.37\times10^{-3}$ | $1.44\times10^{-4}$ | $1.77\times10^{-3}$ |
| $C_{Q_{i_{\dot\eta_1}}}$/s | $-0.0032/V_\infty$ | $0.0665/V_\infty$ | $-0.0048/V_\infty$ | $-0.0004/V_\infty$ |
| $C_{Q_{i_{\dot\eta_2}}}$/s | $-0.0015/V_\infty$ | $-2.277/V_\infty$ | $0.1494/V_\infty$ | $0.0031/V_\infty$ |
| $C_{Q_{i_{\dot\eta_3}}}$/s | $0.0050/V_\infty$ | $0.0320/V_\infty$ | $-0.0001/V_\infty$ | $-0.0004/V_\infty$ |
| $C_{Q_{i_{\dot\eta_4}}}$/s | $-0.0011/V_\infty$ | $0.0317/V_\infty$ | $-0.0100/V_\infty$ | $0.6112/V_\infty$ |

表 B. 21　气动弹性有量纲导数

| | 飞行条件 | | | 飞行条件 | | | 飞行条件 | | | 飞行条件 | |
|---|---|---|---|---|---|---|---|---|---|---|---|
| | 1 | 2 | | 1 | 2 | | 1 | 2 | | 1 | 2 |
| $Z_{\eta_1}$ | -2. 812 | -1. 409 | $\Xi_{1_\alpha}$ | -1,075 | -538. 5 | $\Xi_{2_{\eta_3}}$ | 1. 993 | 0. 9989 | $\Xi_{3_{\dot\eta_3}}$ | -1. 51e-3 | -6. 45e-4 |
| $Z_{\eta_2}$ | 29. 67 | 14. 87 | $\Xi_{1_q}$ | -79. 44 | -33. 94 | $\Xi_{2_{\eta_4}}$ | -0. 1826 | -0. 0915 | $\Xi_{3_{\dot\eta_4}}$ | -6. 04e-3 | -2. 58e-3 |
| $Z_{\eta_3}$ | 1. 454 | 0. 7280 | $\Xi_{1_{\eta_1}}$ | 4. 219 | 2. 114 | $\Xi_{2_{\dot\eta}}$ | -3. 15e-3 | -1. 35e-3 | $\Xi_{3_{\delta_E}}$ | 254. 6 | 127. 6 |
| $Z_{\eta_4}$ | -1. 357 | -0. 6804 | $\Xi_{1_{\eta_2}}$ | 303. 6 | 152. 2 | $\Xi_{2_{\dot\eta_2}}$ | -4. 782 | -2. 043 | $\Xi_{3_{\delta_c}}$ | -114. 6 | -57. 43 |
| $Z_{\dot\eta_1}$ | -0. 0968 | -0. 0414 | $\Xi_{1_{\eta_3}}$ | 20. 98 | 10. 52 | $\Xi_{2_{\dot\eta_3}}$ | 0. 3137 | 0. 1340 | $\Xi_{4_\alpha}$ | 1. 02e-3 | 5. 11e-4 |
| $Z_{\dot\eta_2}$ | 1. 162 | 0. 4963 | $\Xi_{1_{\eta_4}}$ | 1. 594 | 0. 7988 | $\Xi_{2_{\dot\eta_4}}$ | 6. 51e-3 | 2. 78e-3 | $\Xi_{4_q}$ | 0 | 0 |
| $Z_{\dot\eta_3}$ | 0. 0678 | 0. 0290 | $\Xi_{1_{\dot\eta_1}}$ | -0. 3502 | -0. 1496 | $\Xi_{2_{\delta_E}}$ | -88. 85 | -44. 53 | $\Xi_{4_{\eta_1}}$ | 3. 65e-3 | 1. 83e-3 |
| $Z_{\dot\eta_4}$ | -0. 0194 | -8. 30e-3 | $\Xi_{1_{\dot\eta_2}}$ | 7. 277 | 3. 108 | $\Xi_{2_{\delta_{cv}}}$ | -1. 777 | -0. 8907 | $\Xi_{4_{\eta_2}}$ | 0. 1026 | 0. 0514 |
| $M_{\eta_1}$ | -0. 0663 | -0. 0333 | $\Xi_{1_{\dot\eta_3}}$ | -0. 5252 | -0. 2244 | $\Xi_{3_\alpha}$ | 148. 2 | 74. 28 | $\Xi_{4_{\eta_3}}$ | 4. 38e-3 | 2. 20e-3 |
| $M_{\eta_2}$ | -0. 0518 | -0. 0260 | $\Xi_{1_{\dot\eta_4}}$ | -0. 0438 | -0. 0187 | $\Xi_{3_q}$ | 4. 588 | 1. 960 | $\Xi_{4_{\eta_4}}$ | 0. 0539 | 0. 0270 |
| $M_{\eta_3}$ | 0. 0850 | 0. 0426 | $\Xi_{1_{\delta_E}}$ | -923. 0 | -462. 6 | $\Xi_{3_{\eta_1}}$ | 3. 531 | 1. 770 | $\Xi_{4_{\dot\eta_1}}$ | -5. 08e-5 | -2. 17e-05 |
| $M_{\eta_4}$ | -0. 0373 | -0. 0187 | $\Xi_{1_{\delta_{cv}}}$ | -89. 53 | -44. 87 | $\Xi_{3_{\eta_2}}$ | 19. 59 | 9. 821 | $\Xi_{4_{\dot\eta_2}}$ | 1. 46e-3 | 6. 25e-4 |
| $M_{\dot\eta_1}$ | -3. 72e-3 | -1. 59e-3 | $\Xi_{2_\alpha}$ | 35. 71 | 17. 90 | $\Xi_{3_{\eta_3}}$ | -3. 441 | -1. 725 | $\Xi_{4_{\dot\eta_3}}$ | -4. 62e-4 | -1. 97e-4 |
| $M_{\dot\eta_2}$ | 0. 0296 | 1. 26e-3 | $\Xi_{2_q}$ | 0. 1869 | 0. 0798 | $\Xi_{3_{\eta_4}}$ | 0. 0963 | 0. 0483 | $\Xi_{4_{\dot\eta_4}}$ | 0. 0282 | 0. 0121 |
| $M_{\dot\eta_3}$ | 4. 14e-3 | 1. 77e-3 | $\Xi_{2_{\eta_1}}$ | -0. 1246 | -0. 0624 | $\Xi_{3_{\dot\eta_1}}$ | 0. 0755 | 0. 0322 | $\Xi_{4_{\delta_E}}$ | 4. 56e-3 | 2. 29e-3 |
| $M_{\dot\eta_4}$ | -1. 24e-3 | -5. 31e-4 | $\Xi_{2_{\eta_2}}$ | -127. 6 | -63. 96 | $\Xi_{3_{\dot\eta_2}}$ | 0. 4830 | 0. 2063 | $\Xi_{4_{\delta_{cv}}}$ | -1. 14e-3 | -5. 72e-4 |

**线性力和力矩模型**

$$(f_{A_X}+f_{P_X})/m=\overline{X}_u u+X_\alpha \alpha+X_q q+X_{\delta_E}\delta_E+X_{\delta_{cv}}\delta_{cv}$$

$$(f_{A_Z}+f_{P_Z})/m=\overline{Z}_u u+Z_\alpha \alpha+Z_q q+Z_{\delta_E}\delta_E+Z_{\delta_{cv}}\delta_{cv}+\sum_{i=1}^{4}(Z_{\eta_i}\eta_i+Z_{\dot{\eta}_i}\dot{\eta}_i)$$

$$(m_A+m_P)/I_{yy}=\overline{M}_u u+M_\alpha \alpha+M_q q+M_{\dot{\alpha}}\dot{\alpha}+M_{\delta_E}\delta_E+M_{\delta_{cv}}\delta_{cv}+\sum_{j=1}^{4}(\Xi_{i_{\eta_j}}+\Xi_{i_{\dot{\eta}_j}}\dot{\eta}_j)$$

$$\ddot{\eta}_i+2\zeta_i\omega_i\dot{\eta}_i+\omega_i^2\eta_i=Q_i/\mathscr{M}_i$$

$$\overline{X}_u\triangleq X_u+X_{P_u}\quad \overline{M}_u\triangleq M_u+M_{P_u}$$
$$\overline{Z}_u\triangleq Z_u+Z_{P_u}\quad \overline{M}_\alpha\triangleq M_\alpha+M_{P_\alpha}$$

$a_{Z_{cp}}=\dot{w}-V_V q-l_{cp}\ddot{\theta}+\sum_{i=1}^{4}v_{Z_i}(x_{cp})\ddot{\eta}_i$,其中 $l_{cp}=(1061-300)/12=63.4\text{ft}$

**吸气式高超声速飞行器(参见例 10.3 和例 10.5,11.3.3 节和参考文献 4)**

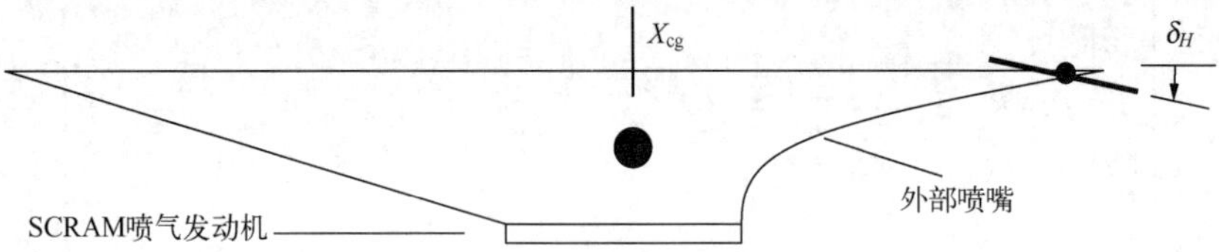


图 B.12　高超声速飞行器

表 B.22　飞行器构型与飞行条件

| | | | |
|---|---|---|---|
| 长度,$L$ | 150ft | 广义质量,$m$ | 200sl |
| 质量 | 80000lb | 振动频率 $w$ 与衰减 $\zeta$ | 18rad/s,0.02 |
| $I_{yy}$ | $5.0\times10^6$sl-ft$^2$ | 机头的弹性模态斜率 $v'(0)$ | 1° |
| $X_{cg}$ | 90ft aft | 高度 $h$ | 80000ft |
| $V_V(U_0)$ | 7770fps | 马赫数 $M_\infty$ | 8 |
| $W_0$ | 0 | 声速 $a$ | 970.8fps |
| $\gamma_0$ | 0 | 密度 $\rho_\infty$ | $8.45\times10^{-5}$sl/ft$^3$ |

**可变状态模型($X_{\dot{\alpha}}=Z_{\dot{\alpha}}=Z_q=M_{\dot{\alpha}}=\Xi_{\dot{\alpha}}=0$)**

$$\boldsymbol{x}^{\mathrm{T}}=\boldsymbol{y}^{\mathrm{T}}=[u(\text{fps})\quad \alpha(\text{rad})\quad \theta(\text{rad})\quad \dot{\theta}(\text{rad/s})\quad \eta(-)\quad \dot{\eta}(/\text{s})],\quad u=\delta_H(\text{rad})$$

$$\boldsymbol{A}=\begin{bmatrix} X_u+X_{P_u} & X_\alpha+X_{P_\alpha} & -g & X_q+X_{P_q} & X_\eta+X_{P_\eta} & X_{\dot{\eta}}+X_{P_{\dot{\eta}}} \\ \dfrac{Z_u+Z_{P_u}}{U_0} & \dfrac{Z_\alpha+Z_{P_\alpha}}{U_0} & 0 & 1 & \dfrac{Z_\eta+Z_{P_\eta}}{U_0} & \dfrac{Z_{\dot{\eta}}+Z_{P_{\dot{\eta}}}}{U_0} \\ M_u+M_{P_u} & M_\alpha+M_{P_\alpha} & 0 & M_q+M_{P_q} & M_\eta+M_{P_\eta} & M_{\dot{\eta}}+M_{P_{\dot{\eta}}} \\ 0 & 0 & 0 & 0 & 0 & 1 \\ \Xi_u+\Xi_{P_u} & \Xi_\alpha+\Xi_{P_\alpha} & 0 & \Xi_q+\Xi_{P_q} & (\Xi_\eta+\Xi_{P_\eta})-\omega^2 & (\Xi_{\dot{\eta}}\Xi_{P_{\dot{\eta}}})-2\zeta\omega \end{bmatrix}$$

$$\boldsymbol{B}=\begin{bmatrix} X_{\delta_H} \\ \dfrac{X_{\delta_H}}{U_0} \\ 0 \\ X_{\delta_H} \\ 0 \\ \Xi_{\delta_H} \end{bmatrix},\boldsymbol{C}=\boldsymbol{I},\boldsymbol{D}=\boldsymbol{0}_6$$

表 B.23　刚性机身与气动弹性有量纲导数

| | | | |
|---|---|---|---|
| $X_u+X_{P_u}$ | -1.936e-3 | $X_\eta+X_{P_\eta}$ | -0.2525 |
| $X_\alpha+X_{P_\alpha}$ | 24.284 | $X_{\dot\eta}+X_{P_{\dot\eta}}$ | 0.0118 |
| $X_q+X_{P_q}$ | 0.6168 | $Z_\eta+Z_{P_\eta}$ | -8.006 |
| $X_\delta$ | -0.5562 | $Z_{\dot\eta}+Z_{P_{\dot\eta}}$ | 0.0457 |
| $Z_u+Z_{P_u}$ | -0.0162 | $M_\eta+M_{P_\eta}$ | 0.1901 |
| $Z_\alpha+Z_{P_\alpha}$ | -490.3 | $M_{\dot\eta}+M_{P_{\dot\eta}}$ | -1.40e-3 |
| $Z_q+Z_{P_q}$ | 2.331 | $\Xi_u+\Xi_{P_u}$ | 0.1523 |
| $Z_\delta$ | -21.46 | $\Xi_\alpha+\Xi_{P_\alpha}$ | 4731 |
| $M_u+M_{P_u}$ | 3.385e-4 | $\Xi_q+\Xi_{P_q}$ | -37.06 |
| $M_\alpha+M_{P_\alpha}$ | 11.023 | $\Xi_\eta+\Xi_{P_\eta}$ | 82.57 |
| $M_q+M_{P_q}$ | -0.0816 | $\Xi_{\dot\eta}+\Xi_{P_{\dot\eta}}$ | -0.2682 |
| $M_\delta$ | -0.4794 | $\Xi_\delta$ | 245.6 |

注:所有有量纲导数具有重要的气动与推进影响;
所有数据来自机身参照系坐标轴系

**将有量纲导数从稳定性坐标轴系转换为机身参考坐标轴系**

将有量纲稳定性导数从稳定性坐标轴系转换为机身参考坐标轴系既包括力与力矩的分解,也涉及运动与惯性改变所带来的扰动。在转换后,下列表达式展示了从稳定性坐标轴系(无下标)和机身参考坐标轴系(参见参考文献 5)导出的惯性导数与有量纲导数的相互关系。

惯性:

$$I_{xx}|_F=I_{xx}\cos^2\alpha_0+2I_{xz}\cos\alpha_0\sin\alpha_0+I_{zz}\sin^2\alpha_0$$

$$I_{yy}|_F=I_{yy}$$

$$I_{zz}|_F=I_{zz}\cos^2\alpha_0-2I_{xz}\cos\alpha_0+I_{xx}\sin^2\alpha_0$$

$$I_{xz}|_F=(I_{zz}-I_{xx})\cos\alpha_0\sin\alpha_0+I_{xz}(\cos^2\alpha_0-\sin^2\alpha_0)$$

纵向有量纲导数:

$$X_u|_F=X_u\cos^2\alpha_0-(X_w+Z_u)\cos\alpha_0\sin\alpha_0+Z_w\sin^2\alpha_0$$

$$X_w|_F=X_w\cos^2\alpha_0+(X_u+Z_w)\cos\alpha_0\sin\alpha_0+Z_u\sin^2\alpha_0$$

$$X_{\dot w}|_F=X_{\dot w}\cos^2\alpha_0-Z_{\dot w}\cos\alpha_0\sin\alpha_0$$

$$X_{q或\delta}|_F=X_{q\ or\ \delta}\cos\alpha_0-Z_{q\ or\ \delta}\sin\alpha_0$$

$$Z_u|_F=X_u\cos\alpha_0-(Z_w-X_u)\cos\alpha_0\sin\alpha_0-X_w\sin^2\alpha_0$$

$$Z_w|_F=Z_w\cos\alpha_0-(Z_u+X_w)\cos\alpha_0\sin\alpha_0-X_u\sin^2\alpha_0$$

$$Z_{\dot w}|_F=Z_{\dot w}\cos^2\alpha_0+X_{\dot w}\cos\alpha_0\sin\alpha_0$$

$$Z_{q或\delta}|_F=Z_{q\ or\ \delta}\cos^2\alpha_+X_{q\ or\ \delta}\sin\alpha_0$$

$$M_u|_F=M_u\cos\alpha-M_w\sin\alpha_0$$

$$M_w|_F=M_w\cos\alpha+M_u\sin\alpha_0$$

$$M_{\dot w}|_F=M_{\dot w}|\cos\alpha_0$$

$$M_{q或\delta}|_F=M_{q或\delta}$$

横向有量纲导数:

$$Y_{v或\delta或\dot v}|_F=Y_{v或\delta或\dot v}$$

$$Y_p|_F=Y_p\cos\alpha_0+Y_r\cos\alpha_0$$

$$Y_r|_F=Y_r\cos\alpha_0+Y_p\cos\alpha_0$$

$$L'_{v\text{或}\delta\text{或}\dot{v}}\big|_F = L'_{v\text{或}\delta\text{或}\dot{v}}\cos\alpha_0 - N'_{v\text{或}\delta\text{或}\dot{v}}\sin\alpha_0$$

$$L'_p\big|_F = L'_p\cos^2\alpha_0 - (L'_r + N'_p)\sin\alpha_0\cos\alpha_0 + N'_r\sin^2\alpha_0$$

$$L'_r\big|_F = L'_r\cos^2\alpha_0 - (N'_r + L'_p)\sin\alpha_0\cos\alpha_0 + N'_r\sin^2\alpha_0$$

$$N'_{v\text{或}\delta\text{或}\dot{v}}\big|_F = N'_{v\text{或}\delta\text{或}\dot{v}}\cos\alpha_0 - L'_{v\text{或}\delta\text{或}\dot{v}}\sin\alpha_0$$

$$N'_p\big|_F = N'_p\cos^2\alpha_0 - (N'_r + N'_p)\sin\alpha_0\cos\alpha_0 + N'_r\sin^2\alpha_0$$

$$N'_r\big|_F = N'_r\cos^2\alpha_0 - (L'_r + N'_p)\sin\alpha_0\cos\alpha_0 + L'_p\sin^2\alpha_0$$

最后应注意,无撇号的横向导数的转换与带撇号的横向导数完全一样。

## 参 考 文 献


1. Teper, G. L. : "Aircraft Stability and Control Data," STI Technical Report 176-1, Systems Technology, Inc., Hawthorne, CA, prepared for NASA Ames Research Center, April 1969.
2. Waszak, M. R. and D. K. Schmidt: "Flight Dynamics of Aeroelastic Vehicles," Journal of Aircraft, vol. 25, no. 6, June 1988, pp. 563-571.
3. Waszak, M. R., J. D. Davidson, and D. K. Schmidt: "A Simulation Study of the Flight Dynamics of Elastic Aircraft," vols. I and II, NASA Contractor Report 4102, December 1987.
4. Chavez, F. R. and D. K. Schmidt: "An Analytical Model and Dynamic Analysis of an Aeropropulsive/Aeroelastic Hypersonic Vehicle," Journal of Guidance, Control, and Dynamics, vol. 17, no. 6, Nov.-Dec. 1994.
5. McRuer, D., I. Ashkenas, and D. Graham: "Aircraft Dynamics and Automatic Control," Princeton University Press, Princeton, N. J., 1973.

# 附录 C
# 大气湍流模型

本章首先概述德莱登阵风模型。在结论汇总说明之后的 C.2 节中，描述了关于功率谱和随机过程统计变量的相关理论发展情况。

## C.1 德莱登阵风模型(见参考文献 1-3)

阵风模型中包含阵风平移速度 $u_g$、$v_g$ 和 $w_g$。下面将说明德莱登模型中每一阵风速度所对应的功率谱或阵风频率范围的表示方法。请注意这些功率谱为参考飞行速度 $U_0$ 和特征长度 $L$ 的函数。

$$
\begin{aligned}
\Phi_{u_g}(\omega) &= \sigma_u^2 \frac{2L_u}{\pi U_0} \frac{1}{\left(1+\left(L_u\omega/U_0\right)^2\right)} \\
\Phi_{v_g}(\omega) &= \sigma_v^2 \frac{L_v}{\pi U_0} \frac{1+3\left(L_v\omega/U_0\right)^2}{\left(1+\left(L_v\omega/U_0\right)^2\right)^2} \\
\Phi_{w_g}(\omega) &= \sigma_w^2 \frac{L_w}{\pi U_0} \frac{1+3\left(L_w\omega/U_0\right)^2}{\left(1+\left(L_w\omega/U_0\right)^2\right)^2}
\end{aligned}
\tag{C.1}
$$

海拔 $h < 1750\text{ft}, L_w = h, L_u = L_v = 145h^{1/3}\text{ft}$

海拔 $h > 1750\text{ft}, L_w = L_u = L_v = 1750\text{ft}$

根据式(C.1)所示的类似数据，我们可以得出阵风 $\sigma$ 的标准偏差或阵风的均方根速度。这些数据可以用来定义方程(C.1)中的 $\sigma_u$、$\sigma_v$ 或 $\sigma_w$。湍流水平被划分为“轻度”、“中度”和“严重”三个等级，并说明了对应这些等级的区域。

超越概率对应于在给定海拔上，阵风超过规定均方根速度或强度的可能性。例如，在“严重”湍流($P_{超}=10^{-5}$)情况下，30000ft 高空对应的阵风的均方根速度约为 18～19fps。所以，阵风的均方根速度超过该值的概率为 $10^{-5}$。

虽然，上述阵风功率谱可用于频率范围，但是，经常需要使用时间范围的方法来表示大气湍流。这种表示方法可以在模拟计算中使用，例如，用于其他的时间范围分析。为了获得时间范围表示，注意如 C.2 节所示的内容，可以根据白噪声引发的线性方程组对随机过程进行建模。(一个白噪声随机过程的功率谱在整个频率范围内保持恒定)。将该线性方程组的传递函数记为 $g(s)$，从传递函数的定义，可以得到

$$y(s) = g(s)n(s)$$

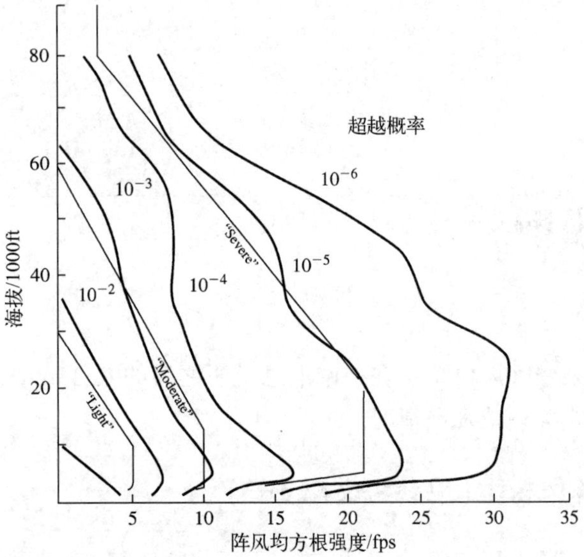


图 C.1　阵风均方根速度(见参考文献 4)

式中:$y$ 是线性方程组的响应函数(即阵风速度);$n$ 为白噪声扰动。对于此类方程组,响应函数的功率谱可以表示为

$$\Phi_y(\omega)=|g(\mathrm{j}\omega)|^2\Phi_n(\omega)=g(\mathrm{j}\omega)g(-\mathrm{j}\omega)\Phi_n \tag{C.2}$$

式中:$\Phi_n$是白噪声扰动的功率谱(常数)。

现在,将介绍方程组(C.1)中的阵风功率谱,$\Phi_n=1$,可以写成

$$\begin{cases}\Phi_{u_g}(\omega)=\sigma_u^2\dfrac{2L_u}{\pi U_0}\dfrac{1}{(1+\mathrm{j}\omega L_u/U_0)(1-\mathrm{j}\omega L_u/U_0)}\triangleq g_{u_g}(\mathrm{j}\omega)g_{u_g}(-\mathrm{j}\omega)(1)\\[2ex]\Phi_{v_g}(\omega)=\sigma_v^2\dfrac{L_v}{\pi U_0}\dfrac{(1+\mathrm{j}\omega\sqrt{3}L_v/U_0)(1-\mathrm{j}\omega\sqrt{3}L_v/U_0)}{\left((1+\mathrm{j}\omega L_v/U_0)(1-\mathrm{j}\omega L_v/U_0)\right)^2}\triangleq g_{v_g}(\mathrm{j}\omega)g_{v_g}(-\mathrm{j}\omega)(1)\\[2ex]\Phi_{w_g}(\omega)=\sigma_w^2\dfrac{L_w}{\pi U_0}\dfrac{(1+\mathrm{j}\omega\sqrt{3}L_w/U_0)(1-\mathrm{j}\omega\sqrt{3}L_w/U_0)}{\left((1+\mathrm{j}\omega L_w/U_0)(1-\mathrm{j}\omega L_w/U_0)\right)^2}\triangleq g_{w_g}(\mathrm{j}\omega)g_{w_g}(-\mathrm{j}\omega)(1)\end{cases} \tag{C.3}$$

然后,可以定义

$$\begin{cases}g_{u_g}(\mathrm{j}\omega)\triangleq\sigma_u\sqrt{\dfrac{2L_u}{\pi U_0}}\dfrac{1}{(1+\mathrm{j}\omega L_u/U_0)}\\[2ex]g_{v_g}(\mathrm{j}\omega)\triangleq\sigma_v\sqrt{\dfrac{L_v}{\pi U_0}}\dfrac{(1+\mathrm{j}\omega\sqrt{3}L_v/U_0)}{(1+\mathrm{j}\omega L_v/U_0)^2}\\[2ex]g_{w_g}(\mathrm{j}\omega)\triangleq\sigma_w\sqrt{\dfrac{L_w}{\pi U_0}}\dfrac{(1+\mathrm{j}\omega\sqrt{3}L_w/U_0)}{(1+\mathrm{j}\omega L_w/U_0)^2}\end{cases} \tag{C.4}$$

或三个线性方程组:

$$
\begin{cases}
g_{u_g}(s) \triangleq \sigma_u \sqrt{\dfrac{2L_u}{\pi U_0}} \dfrac{1}{(1 + sL_u/U_0)} \\
g_{v_g}(s) \triangleq \sigma_v \sqrt{\dfrac{L_v}{\pi U_0}} \dfrac{(1 + s\sqrt{3}L_v/U_0)}{(1 + sL_v/U_0)^2} \\
g_{w_g}(s) \triangleq \sigma_w \sqrt{\dfrac{L_w}{\pi U_0}} \dfrac{(1 + s\sqrt{3}L_w/U_0)}{(1 + sL_w/U_0)^2}
\end{cases}
\tag{C.5}
$$

使用上述传递函数，则阵风速度的时间范围表示方法为

$$
\begin{aligned}
\dot{u}_g(t) &= -\frac{U_0}{L_u}u_g(t) + \sigma_u\left(\frac{2U_0}{\pi L_u}\right)^{1/2} n(t) \\
\dot{v}_g(t) &= -\frac{U_0}{L_v}v_g(t) + \sigma_v(1 - \sqrt{3})\left(\frac{U_0}{L_v}\right)^{3/2} v_{g_1}(t) + \sigma_v\left(\frac{3U_0}{L_v}\right)^{1/2} n(t) \\
\dot{v}_{g_1}(t) &= -\frac{U_0}{L_v}v_{g_1}(t) + n(t) \\
\dot{w}_g(t) &= -\frac{U_0}{L_w}w_g(t) + \sigma_w(1 - \sqrt{3})\left(\frac{U_0}{L_w}\right)^{3/2} w_{g_1}(t) + \sigma_w\left(\frac{3U_0}{L_w}\right)^{1/2} n(t) \\
\dot{w}_{g_1}(t) &= -\frac{U_0}{L_w}w_{g_1}(t) + n(t)
\end{aligned}
\tag{C.6}
$$

请注意，这些都为带有常系数的线性方程组，并且强制函数 $n(t)$ 为零均值、高斯“白噪声”单位强度的随机过程。因此，$n$ 的自协方差可以表示成脉冲函数，或

$$
E\{n(t)n(t-\tau)\} = \delta(\tau) \tag{C.7}
$$

为了进行模拟，可以对方程组(C.6)进行数值求积分，以便模拟飞行器对湍流的响应。在这种模拟中，连续强制函数 $n(t)$ 在每个积分步长 $\Delta t$ 上保持恒定。也就是说，强制函数 $n(t)$ 被一个随机数序列 $n$，即高斯函数所替换，高斯函数具有零均值和方差 $1/\Delta t$。

图 C.2 中所绘的曲线为在阵风 $U_0 = 824\text{fps}$、$L_u = L_w = 1750\text{ft}$(翼展)并且 $\sigma = 1\text{fps}$ 时，$u_g$ 和 $w_g$ ($v_g$ 与 $w_g$ 相同)的阵风功率谱的形状。参照阵风功率谱方程(方程组(C.1))，可以看到，功率谱范围的方差为 $\sigma_2$。因此，可以通过直接对这些图进行调整，获得其他均方根阵风强度 $\sigma$。

在第 12 章中，我们注意到，反馈控制方程组的设计可以拒绝外部扰动，并且设计人员必须知道这些扰动的频率成分。在图 C.3 中所示的框图中，此类扰动表示为 $D$。阵风功率谱中上述图也称为功率谱密度，用于说明阵风的频率成分。功率谱幅度较大的频率范围内，扰动的功率最大，因此，阵风主要包括该频率范围内的谐波函数。现在，阵风功率谱可以用来估计相关扰动 $D$ 的频率成分，下文将进行说明。

考虑一架 DC-8 正在 33000ft 的高空中以马赫数 0.84 的速度巡航飞行(附录 B 中飞行条件 3)，并假设飞行器在适当的湍流($\sigma_{w_g} = 6\text{fps}$)中飞行。对于大气湍流的俯仰姿态响应 $\theta$(为简单起见，仅表示为 $w_g$)可以按照下式进行计算：

$$
\theta_g(s)|_{s=\mathrm{j}\omega} = \theta_g(\mathrm{j}\omega) = \frac{\theta(\mathrm{j}\omega)}{n(\mathrm{j}\omega)}n(\mathrm{j}\omega) = \frac{\theta(\mathrm{j}\omega)}{w_g(\mathrm{j}\omega)}\frac{w_g(\mathrm{j}\omega)}{n(\mathrm{j}\omega)}n(\mathrm{j}\omega)
$$

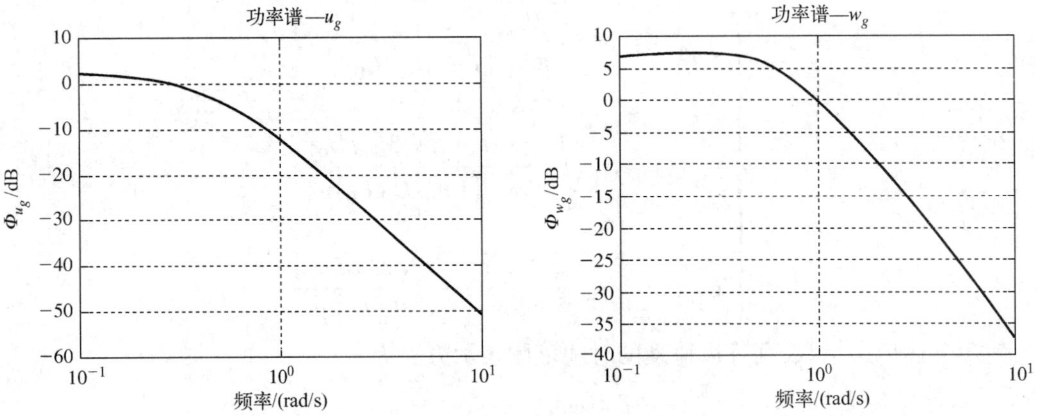


图 C.2 $u_g$和 $w_g$的功率谱

俯仰姿态扰动的频谱为

$$
\begin{aligned}
|\theta_g(\omega)|^2 \triangleq \theta_g(\mathrm{j}\omega)\theta_g(-\mathrm{j}\omega) &= \left(\frac{\theta(\mathrm{j}\omega)}{w_g(\mathrm{j}\omega)}\frac{\theta(-\mathrm{j}\omega)}{w_g(-\mathrm{j}\omega)}\right)\left(\frac{w_g(\mathrm{j}\omega)}{n(\mathrm{j}\omega)}\frac{w_g(-\mathrm{j}\omega)}{n(-\mathrm{j}\omega)}n(\mathrm{j}\omega)n(-\mathrm{j}\omega)\right) \\
&= \left|\frac{\theta(\omega)}{w_g(\omega)}\right|^2 \Phi_{w_g}(\omega)
\end{aligned}
\tag{C.8}
$$

注意,根据定义,$\Phi_n(\omega)=1$。

现在,可以从图 C.4 中绘制的功率谱中获得俯仰姿态扰动(°)的频率成分。需要注意的是,当频率高于 0.47rad/s 时,俯仰扰动功率谱的幅度开始减小。这是由于阵风功率谱本身的形状,此处 $U_0/L_w=0.47/\mathrm{s}$。然后,幅度的急剧滚降大于 3.2rad/s,这是短周期的频率。可以清楚地看到,大气湍流的俯仰姿态扰动的频率成分升高至 0.47rad/s,一些额外的频率成分为 3.2rad/s。当大于上述频率时,俯仰扰动的功率迅速减小。因此,当试图控制俯仰姿态并拒绝阵风的俯仰姿态扰动时,增益交越频率应该在 0.47rad/s 以上,接近或高于短周期频率(如果可能)。

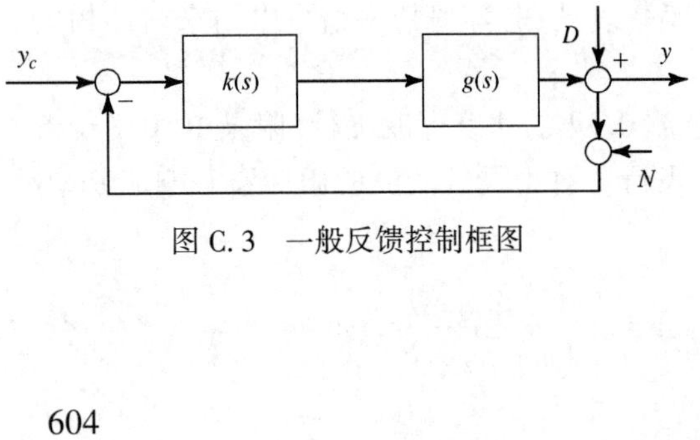


图 C.3 一般反馈控制框图

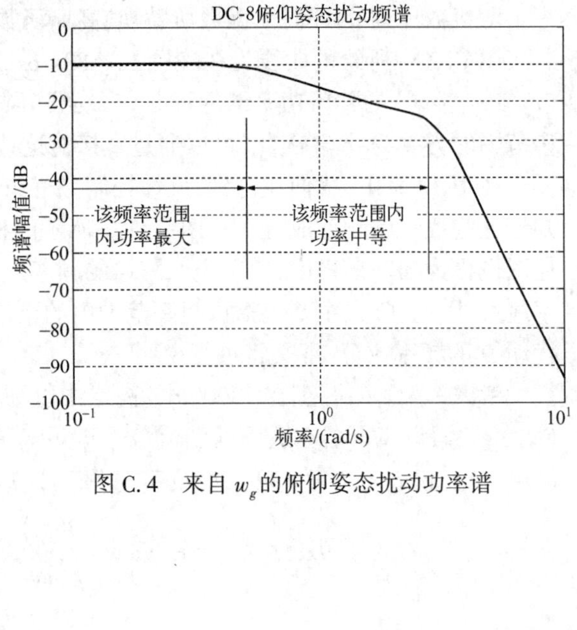


图 C.4 来自 $w_g$的俯仰姿态扰动功率谱

## C.2 随机理论

下面介绍通过随机过程理论处理湍流建模的理论背景。考虑一个随机过程 $r(t)$，如在地面以上某些点测得的风速。在图上描绘该过程或这些测量结果的时间历史曲线，如图 C.5 所示。请注意，每次或每段时间 $t$ 内，$r$ 具有概率分布，记为 $p(r,t)$，其与该过程有关联。

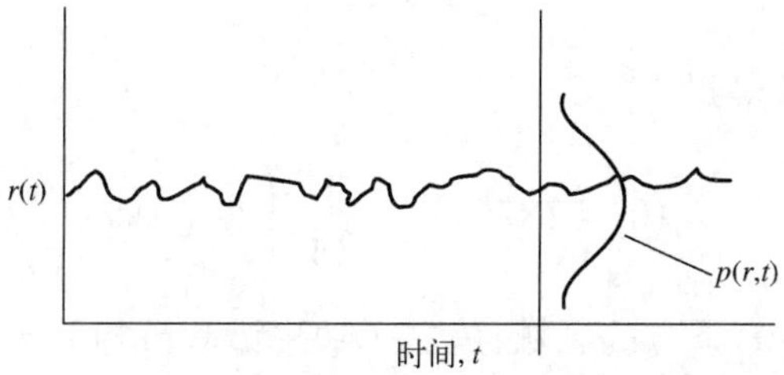


图 C.5　随机过程 $r$ 和概率分布 $p$

可以定义过程 $r$ 中一些重要的统计变量。

平均值：

$$\bar{r}(t) \triangleq E\{r(t)\} = \int_{-\infty}^{\infty} rp(r,t)\mathrm{d}r \tag{C.9}$$

自相关系数：

$$R_r(t_1,t_2) \triangleq E\{r(t_1)r(t_2)\} = \iint_{-\infty}^{\infty} r(t_1)r(t_2)p(r(t_1), r(t_2), t_1,t_2)\mathrm{d}r(t_1)\mathrm{d}r(t_2) \tag{C.10}$$

自协方差：

$$C_r(t_1,t_2) \triangleq E\{(r(t_1) - \bar{r}(t_1))(r(t_2) - \bar{r}(t_2))\} = R_r(t_1,t_2) - \bar{r}(t_1)\bar{r}(t_2) \tag{C.11}$$

方差：

$$\sigma_r^2(t) \triangleq C_r(t,t) = R_r(t,t) - \bar{r}^2(t),\ t_1 = t_2 = t \tag{C.12}$$

按照预期值计算 $E$，定义这些统计变量，$E$ 在每次相应的积分表达式中给出。

根据定义，如果均值和自相关系数与时间 $t$ 独立，则该过程称为静态过程。也就是说，

$$\bar{r}(t) = \bar{r}\ \text{常数}$$

并且

$$R_r(t_1,t_2) = R_r(\tau),\ \tau = t_2 - t_1$$

或自相关系数只是 $t_2$ 和 $t_1$ 之间时间差的函数。此外，如果该过程是一个实际过程（如物理），则自相关系数是实际并且均匀的，或

$$R_r(\tau) = R_r(-\tau)$$

最后，该过程为一个白噪声过程，如果自相关系数是一个脉冲函数，或

$$R_r(\tau) = \delta(\tau)$$

这意味着，从时间 $t$ 开始，在 $t+\Delta t$ 内，该过程本身是不相关的。

该过程的功率谱或功率谱密度是其自相关函数的傅里叶变换，或

$$\Phi_r(\omega) \triangleq \int_{-\infty}^{\infty} R_r(\tau)\mathrm{e}^{-\mathrm{j}\omega\tau}\mathrm{d}\tau \tag{C.13}$$

从傅里叶变换方程可以得到

$$R_r(\tau) = \frac{1}{2\pi}\int_{-\infty}^{\infty} \Phi_r(\omega)\mathrm{e}^{\mathrm{j}\omega\tau}\mathrm{d}\omega \tag{C.14}$$

因此，当 $\tau=0$ 时，可以得到

$$R_r(0) \triangleq E\{r^2(t)\} = \frac{1}{2\pi}\int_{-\infty}^{\infty} \Phi_r(\omega)\mathrm{d}\omega \tag{C.15}$$

因此，功率谱等于 $R_r(0)$ 下方的区域，建立了功率谱和自相关函数之间的关系。此外，当过程均值也为零($\bar{r}=0$)时，则 $R_r(0)=\sigma_r^2$，功率谱以下的区域等于过程 $r(t)$ 的方差。因此，功率谱不仅是过程频率成分的指标，也是根据零均值过程方差测量的功率指标。

在飞行动力学中的一个重要的应用是研究被一个实际随机过程(大气湍流)驱动的物理方程组的行为(飞行器)。考虑一些包含脉冲响应函数 $g(t)$ 的线性方程组，式中，如果 $t<0$，$g(t)=0$，则方程组的传递函数为 $g(s)$，其中

$$g(s) = \int_{0}^{\infty} g(t)\mathrm{e}^{-st}\mathrm{d}t = \int_{-\infty}^{\infty} g(t)\mathrm{e}^{-st}\mathrm{d}t,\ g(t)=0,\ t<0 \tag{C.16}$$

请注意，$g(t)$ 的傅里叶变换也可以根据下式进行计算

$$g(\mathrm{j}\omega) = g(s)|_{s=\mathrm{j}\omega} = \int_{-\infty}^{\infty} g(t)\mathrm{e}^{-st}\mathrm{d}t|_{s=\mathrm{j}\omega} \tag{C.17}$$

现在，让一些随机过程 $r(t)$ 来驱动方程组，并将方程组的响应函数表示为 $y(t)$。将任何随时间变化的变量输入线性方程组，从输入 $r(t)$ 的卷积和方程组的脉冲响应函数 $g(t)$ 中可以找到方程组的响应函数 $y(t)$，即

$$y(t) = \int_{-\infty}^{\infty} r(t-\alpha)g(\alpha)\mathrm{d}\alpha \triangleq r(t)*g(t) \tag{C.18}$$

式中：卷积运算由星号表示。如果过程 $r(t)$ 为实际过程，并且 $g(t)$ 表示一个实际的方程组(如物理)，则过程 $y(t)$ 为真。

现在解决过程 $y(t)$ 的统计变量。首先，其均值通常通过下式计算

$$\bar{y} \triangleq E\{y(t)\} = \int_{-\infty}^{\infty} E\{r(t-\alpha)\}g(\alpha)\mathrm{d}\alpha \tag{C.19}$$

但是，如果输入过程 $r(t)$ 为静态过程，则响应函数的平均值可以表示为输入的平均值和方程组 $g$ 频率响应函数的 DC 值(或零频率处的值)的函数，或

$$\bar{y} \triangleq \bar{r}\int_{-\infty}^{\infty} g(\alpha)\mathrm{d}\alpha = \bar{r}g(\mathrm{j}\omega)|_{\omega=0} \tag{C.20}$$

现在，定义输入函数和响应函数之间的交叉相关，或 $R_{yr}(\tau)$ 表示为

$$R_{yr}(\tau) \triangleq E\{y(t)r(t-\tau)\} = E\{y(t+\tau)r(t)\} \tag{C.21}$$

根据预期值的运算以及 $y(t)$ 表达式(方程(C.18)),可以得到以下交叉相关:

$$R_{yr}(\tau) = E\{y(t)r(t-\tau)\} = \int_{-\infty}^{\infty} E\{r(t-\alpha)r(t-\tau)\}g(\alpha)\mathrm{d}\alpha \tag{C.22}$$

但是,由于 $r$ 为固定值:

$$E\{r(t-\alpha)r(t-\tau)\} = R_r(\tau-\alpha)$$

则

$$R_{yr}(\tau) = \int_{-\infty}^{\infty} R_r(\tau-\alpha)g(\alpha)\mathrm{d}\alpha = R_r(\tau)*g(\tau) \tag{C.23}$$

最后,过程 $y(t)$ 或者 $R_y(\tau)$ 的自相关被定义为

$$R_y(\tau) = E\{y(t+\tau)y(t)\} = \int_{-\infty}^{\infty} E\{y(t+\tau)r(t-\alpha)\}g(\alpha)\mathrm{d}\alpha \tag{C.24}$$

但是,由于 $y$ 也是固定的,即

$$E\{y(t+\tau)r(t-\alpha)\} = R_{yr}(\tau+\alpha)$$

并且

$$R_y(\tau) = \int_{-\infty}^{\infty} R_{yr}(\tau+\alpha)g(\alpha)\mathrm{d}\alpha = R_{yr}(\tau)*g(-\tau) \tag{C.25}$$

其也可以类似地表示为 $R_y(\tau)=R_{ry}(\tau)*g(\tau)$

现在,定义交叉功率谱 $\Phi_{yr}(\omega)$ 为

$$\Phi_{yr}(\omega) \triangleq \int_{-\infty}^{\infty} R_{yr}(\tau)\mathrm{e}^{-\mathrm{j}\omega\tau}\mathrm{d}\tau \tag{C.26}$$

或者傅里叶变换 $R_{yr}(\tau)$。注意该功率谱和方程(C.13)中所给功率谱之间的相似性。还应注意两个卷积时间函数的傅里叶变换或拉普拉斯变换为两个时间函数变换的结果。以下将进行说明,因为

$$R_{yr}(\tau) = R_r(\tau)*g(\tau)$$

则输入–输出交叉功率谱为

$$\Phi_{yr}(\omega) = \Phi_r(\omega)g(\mathrm{j}\omega) \tag{C.27}$$

式中:$\Phi_{yr}(\omega)$是 $R_{yr}(\tau)$的变换(方程(C.26));$\Phi_r(\omega)$是 $R_r(\tau)$的变换(方程(C.13));$g(\mathrm{j})\omega$ 是 $g(\tau)$的变换(方程(C.17))。

同样,我们也做类似说明,因为

$$R_y(\tau) = R_{yr}(\tau)*g(-\tau)$$

则输出的功率谱为

$$\Phi_y(\omega) = \Phi_{yr}(\omega)g^*(\mathrm{j}\omega) \tag{C.28}$$

式中:$\Phi_v(\omega)$是 $R_y(\tau)$的变换;$\Phi_{yr}(\omega)$是 $R_{yr}(\tau)$的变换(方程(C.26));$g^*(\mathrm{j}\omega)$是 $g(\mathrm{j}\omega)=$

$g(-\mathrm{j}\omega)$的共轭，也等于 $g(-\tau)$ 的变换。

直接从方程(C.27)和方程(C.28)，我们注意到，输出功率谱与输入功率谱通过方程组的频率响应函数相关，或者

$$\Phi_y(\omega)=\Phi_r(\omega)|g(\mathrm{j}\omega)|^2 \tag{C.29}$$

我们还发现，该方程组的频率响应可表示为输入输出交叉功率谱与输入功率谱的函数(这两者都可以进行试验测定)，或

$$g(\mathrm{j}\omega)=\Phi_{yr}(\omega)/\Phi_r(\omega) \tag{C.30}$$

方程(C.29)基本上是为 DC-8 编写方程(C.8)时衍生的，但严谨度较低。方程(C.30)是操作人员所述函数测量的关键方程，例如第 13 章中讨论的内容。因此，这两个表达式都具有重要的实际用途。

为了证明方程(C.27)，注意由下式给出的交叉相关：

$$R_{yr}(\tau)=\int_{-\infty}^{\infty}R_r(\tau-\alpha)g(\alpha)\mathrm{d}\alpha$$

因此，从方程(C.26)中定义的交叉功率谱 $\Phi_{yr}(\omega)$，可以得到

$$\Phi_{yr}(\omega)\triangleq\int_{-\infty}^{\infty}R_{yr}(\tau)\mathrm{e}^{-\mathrm{j}\omega\tau}\mathrm{d}\tau=\int_{-\infty}^{\infty}\mathrm{e}^{-\mathrm{j}\omega\tau}\left(\int_{-\infty}^{\infty}R_r(\tau-\alpha)g(\alpha)\mathrm{d}\alpha\right)\mathrm{d}\tau=\int_{-\infty}^{\infty}g(\alpha)\left(\int_{-\infty}^{\infty}R_r(\tau-\alpha)\mathrm{e}^{-\mathrm{j}\omega\tau}\mathrm{d}\tau\right)\mathrm{d}\alpha \tag{C.31}$$

交换积分的顺序。但内侧积分为

$$\int_{-\infty}^{\infty}R_r(\tau-\alpha)\mathrm{e}^{-\mathrm{j}\omega\tau}\mathrm{d}\tau=\mathrm{e}^{-\mathrm{j}\omega\alpha}\Phi_r(\omega) \tag{C.32}$$

从功率谱(方程(C.13))的定义及 $\alpha$ 时间延迟的变换属性，那么

$$\Phi_{yr}(\omega)=\left(\int_{-\infty}^{\infty}g(\alpha)\mathrm{e}^{-\mathrm{j}\omega\alpha}\mathrm{d}\alpha\right)\Phi_r(\omega)=g(\mathrm{j}\omega)\Phi_r(\omega) \tag{C.33}$$

其为方程(C.27)。

同样，从方程(C.25)，可以得到

$$R_y(\tau)=\int_{-\infty}^{\infty}R_{yr}(\tau+\alpha)g(\alpha)\mathrm{d}\alpha$$

按照上述方法，从功率谱(方程(C.13))的定义，可以得到

$$\Phi_y(\omega)=\int_{-\infty}^{\infty}\mathrm{e}^{-\mathrm{j}\omega\tau}\left(\int_{-\infty}^{\infty}R_{yr}(\tau+\alpha)g(\alpha)\mathrm{d}\alpha\right)\mathrm{d}\tau=\int_{-\infty}^{\infty}g(\alpha)\left(\int_{-\infty}^{\infty}R_{yr}(\tau+\alpha)\mathrm{e}^{-\mathrm{j}\omega\tau}\mathrm{d}\tau\right)\mathrm{d}\alpha \tag{C.34}$$

但内侧积分类似：

$$\int_{-\infty}^{\infty}R_{yr}(\tau+\alpha)\mathrm{e}^{-\mathrm{j}\omega\tau}\mathrm{d}\tau=\mathrm{e}^{+\mathrm{j}\omega\alpha}\Phi_{yr}(\omega) \tag{C.35}$$

并且，响应的功率谱可以表示为

$$\Phi_y(\omega) = \left( \int_{-\infty}^{\infty} g(\alpha) \mathrm{e}^{+\mathrm{j}\omega\tau} \mathrm{d}\alpha \right) \Phi_{yr}(\omega) \tag{C.36}$$

但是

$$\int_{-\infty}^{\infty} g(\alpha) \mathrm{e}^{+\mathrm{j}\omega\tau} \mathrm{d}\alpha = g(-\mathrm{j}\omega) = g^*(\mathrm{j}\omega), \text{ 与 } g(\mathrm{j}\omega) \text{ 共轭} \tag{C.37}$$

因此,输出功率谱可以表示为

$$\Phi_y(\omega) = g^*(\mathrm{j}\omega) \Phi_{yr}(\omega) \tag{C.38}$$

其证明了方程(C.28)。

## 参考文献


1. Press, H., M. T. Meadows, and I. Hadlock: "Estimates of Probability Distributions of Root-Mean-Square Gust Velocity of Atmospheric Turbulence from Operational Gust-Load Data by Random-Process Theory," NACA TN 3362, 1955.
2. Press, H. and M. T. Meadows: "A Re-evaluation of Gust-Load Statistics for Applications in Spectral Calculations," NACA TN 3540, 1955.
3. Tolefson, H. B.: "Summary of Derived Gust Velocities Obtained from Measurements Within Thunderstorms," NACA Report 1285, 1956.
4. (U. S.) "Military Specification-Flying Qualities of Piloted Airplanes," MIL-F-8785C, November 1980.
5. Moorhouse, D. and R. Woodcock: "Background Information and User Guide for MIL-F-8785C, Military Specification—Flying Qualities of Piloted Airplanes," Air Force Wright Aeronautical Labs Report AFWAL-TR-81-3109, Wright Patterson AFB, OH, 45433, July 1982.
6. Papoulis, A.: Probability, Random Variables, and Stochastic Processes, McGraw-Hill, New York, 1965.

# 附录 D
# 解联立方程组的克莱姆法则

给定一组 $n$ 个线性联立方程,包含 $n$ 个未知数 $U_i$,其中 $i=1,2,\cdots,n$,方程也可以使用以下矩阵形式表示:

$$\begin{bmatrix} C_{1,1} & \cdots & C_{1,n} \\ C_{2,1} & \cdots & C_{2,n} \\ C_{n,1} & \cdots & C_{n,n} \end{bmatrix} \begin{Bmatrix} U_1 \\ \vdots \\ U_n \end{Bmatrix} = \begin{Bmatrix} D_1 \\ \vdots \\ D_n \end{Bmatrix} \text{或} \boldsymbol{C}\boldsymbol{u} = \boldsymbol{d} \tag{D.1}$$

式中:$C_{i,j}$为系数;$D_i$ 为方程组右端,其独立于未知数。或者,如果是 $\boldsymbol{C}$ 为 $n$ 元矩阵中的列向量,记为 $C_i$,也可以写成如下方程:

$$[\boldsymbol{c}_1 \quad \cdots \quad \boldsymbol{c}_n]\boldsymbol{u} = \boldsymbol{d} \tag{D.2}$$

克莱姆法则规定,第 $i$ 个未知数 $U_i$ 的解可以写成两个矩阵行列式的比率,或

$$U_i = \frac{\det \boldsymbol{M}_i}{\det \boldsymbol{C}} \tag{D.3}$$

式中:矩阵 $\boldsymbol{M}_i$ 为

$$\boldsymbol{M}_i \triangleq [\boldsymbol{c}_1 \quad \cdots \quad \boldsymbol{c}_i \Rightarrow \boldsymbol{d} \quad \cdots \quad \boldsymbol{c}_n] \tag{D.4}$$

即 $\boldsymbol{C}$ 的第 $i$ 列被替换为向量 $d$。因此,联立方程组的解可以简化为求一组行列式。

例如,考虑二元方程组的情况:

$$\begin{bmatrix} C_{1,1} & C_{1,2} \\ C_{2,1} & C_{2,2} \end{bmatrix} \begin{Bmatrix} U_1 \\ U_2 \end{Bmatrix} = \begin{Bmatrix} D_1 \\ D_2 \end{Bmatrix} \text{或} \quad [\boldsymbol{c}_1 \quad \boldsymbol{c}_2]\boldsymbol{u} = \boldsymbol{d} \tag{D.5}$$

$$\boldsymbol{M}_1 = [\boldsymbol{d} \quad \boldsymbol{c}_2]$$

及

$$\boldsymbol{M}_2 = [\boldsymbol{c}_1 \quad \boldsymbol{d}]$$

因此,根据克莱姆法则,有

$$\begin{cases} U_1 = \dfrac{D_1 C_{2,2} - C_{1,2} D_2}{C_{1,1} C_{2,2} - C_{1,2} C_{2,1}} \\ U_2 = \dfrac{D_2 C_{1,1} - C_{2,1} D_1}{C_{1,1} C_{2,2} - C_{1,2} C_{2,1}} \end{cases} \tag{D.6}$$

最后,注意超过二元的矩阵行列式可以表示成单行或单列与各自辅助因子的形式。因此,可以反复运用该原理获得大矩阵的行列式。例如,考虑三元矩阵的情况:

$$\boldsymbol{C} = \begin{bmatrix} C_{1,1} & C_{1,2} & C_{1,3} \\ C_{2,1} & C_{2,2} & C_{2,3} \\ C_{3,1} & C_{3,2} & C_{3,3} \end{bmatrix} \tag{D.7}$$

通过扩大第一行的元素的辅助因子,得到

$$\det \boldsymbol{C} = C_{1,1} \det\begin{bmatrix} C_{2,2} & C_{2,3} \\ C_{3,2} & C_{3,3} \end{bmatrix} - C_{1,2} \det\begin{bmatrix} C_{2,1} & C_{2,3} \\ C_{3,1} & C_{3,3} \end{bmatrix} + C_{1,3} \det\begin{bmatrix} C_{2,1} & C_{2,2} \\ C_{3,1} & C_{3,2} \end{bmatrix}$$

$$= C_{1,1}(C_{2,2}C_{3,3} - C_{2,3}C_{3,2}) - C_{1,2}(C_{2,1}C_{3,3} - C_{2,3}C_{3,1}) + C_{1,3}(C_{2,1}C_{3,2} - C_{2,2}C_{3,1}) \tag{D.8}$$

如果需要得到四元矩阵行列式,那么,可以将其写成三元辅助因子的行列式,反过来也可以写成二元辅助因子的形式。

# 术语表


A

A-4D 飞行器
A-7A 飞行器
副翼方向舵交联(ARI)
数据综述
有量纲稳定性导数
滚转阻尼器效应
相对于惯性坐标系的加速度
加速度,牛顿第二定律
相对于惯性坐标系的加速度
加速计
主动结构模式控制
案例研究
缺点
反向偏航
气动力中心
翼型
位置
垂直尾翼
机翼俯仰力矩
机翼空气动力特性,参见机翼
分量叠加法估算
确定方法
带襟翼亚声速翼型
襟翼与副翼对机翼的影响
空气动力稳定性与控制,xv
空气动力学静态稳定性概念
标准俯仰
定义为
横向位移变量
纵向位移变量
气动弹性 2-D 翼型原理图
气动弹性变形实例,激励性
空气静压方程
副翼偏转,定常转弯飞行
机翼副翼的滚转力矩有效度
副翼方向舵交联(ARI)
副翼
机翼副翼偏航力矩有效度
空气静止
飞行器,还可以参见“纳维昂”飞行器
A-4D
A-7A
A-7A 副翼方向舵交联
“比奇富豪”飞机
C-130(NASA)
DC-8
F-5A
KESTRAL VTOL 飞行器(NASA)
直线飞行运动方程
单引擎、上单翼的通用航空飞行器特征
X-29(NASA)
X-43A 高超声速研究机(NASA)
X-43 极速 X 研究机
大型高速飞行器
案例研究
静态弹性修正
导航飞行器
纳维昂数据概述
横向动力学,案例研究
线性仿真
纵向动力学,案例研究
非线性仿真
定常转弯飞行
飞行器构型设计
重力中心位置和机尾尺寸
从历史的角度而言

螺旋稳定性与荷兰滚稳定性
飞行器结构
翼型弯度
翼型
气动弹性 2-D 翼型原理图
横截面几何形状
横截面参数
高超声速气流
压力分布
超声速飞行
翼型,亚声速飞行
气动中心
翼弦线
临界特性
可行数据
襟翼,气动力特性
襟翼影响
几何特性
升力与阻力
俯仰力矩
翼型剖面,2-D
升力与阻力
NACA 数据
俯仰力矩
高度与大气
姿态保持自动驾驶仪
气动攻角,定义
阻力系数曲线
襟翼和升力曲线
升力系数
升力矢量
纵向配平分析
俯仰角速度
准定常飞行改出俯冲
变化率,小扰动
定常直线飞行
定常转弯飞行
垂直阵风的影响
翼根弦
零升力
攻角阻力有效度
攻角升力有效度
攻角俯仰力矩有效度
攻角角速度小扰动
攻角俯仰力矩效度
攻角稳定性增强系统
攻角传递函数
角动量的 MATLAB 计算
角速度小扰动力和力矩
俯仰角速度
滚转角速度
偏航角速度
角速度矢量
不对称推力状态,发动机排放
空气,特性
大气约束
大气湍流
德莱登阵风模型
对力和力矩的影响
线性仿真模型
非线性仿真建模
随机理论
姿态倾斜角控制
基本
弹性模型,影响
俯仰姿态控制
角速度控制/姿态控制系统
转弯协调与补偿
姿态反馈
自动导引与控制(自动驾驶仪),还可以参见反馈控制系统
倾斜角控制
控制结构
弹性变形影响,控制
横向航迹导引
纵向航迹导引
俯仰姿态控制
响应保持
自动油门下滑道接收机耦合器
纵向航迹导引
俯仰姿态控制
坐标轴系
机身参考系
等分
稳定性
飞行器固定
风
交叉耦合

**B**

带宽
倾斜角
升力矢量
倾斜角
符号
定常转弯飞行
倾斜角控制
“比奇富豪”飞机
梁振动问题
悬臂梁
无约束梁模型分析
无约束梁
框图
副翼方向舵交联(ARI)
自动驾驶仪姿态保持
攻角增强稳定性系统
姿态控制
自动驾驶仪控制结构,典型
自动油门
倾斜角控制器
倾斜角控制系统
基础
飞行控制系统示例
常规反馈系统
下滑道接收机耦合器
航向保持自动驾驶仪
内部/外部回路结构
横向波束导引
横向控制
纵向控制
俯仰姿态控制器
俯仰姿态控制回路
俯仰姿态反馈控制律
带俯仰阻尼器的俯俯仰姿态任务
俯仰阻尼器
滚转阻尼器
速度(马赫)保持
波特增益
波特图
姿态保持外部回路动力学,补偿效应
姿态保持外部回路动力学,PI 影响
倾斜角控制器
倾斜角回应
PI 补偿对俯仰响应的影响
PI 补偿对带俯仰阻尼器开环的影响
带俯仰阻尼器的升降舵至俯仰姿态
下滑道接收机耦合器,开环
下滑道接收机耦合器,外环动力学
航向保持外环动力学
概述
线性系统分析
MATLAB 示例
开环倾斜角控制动力学
开环倾斜角控制器补偿
开环跟踪波束
开环跟踪波束(进场状态)
俯仰姿态
俯仰姿态回应
俯仰姿态传递函数
评论
检测到的俯仰角速度
单摆
推力指令速度回应
传递函数示例
机身固定飞行器。参见飞行器固定坐标系
转接器控制单元

**C**

C-130 飞行器(NASA)
弯度等分线
悬臂梁
力和力矩
理想化集中质量
模型分析
案例研究
主动结构模式控制
飞行器,大型高速
力和力矩弹性变形效应
高速,大型飞行器
高超声速飞行器模型分析
横向动力学,纳维昂
纵向动力学,纳维昂
非线性仿真
结构模型控制
质心,还可以参见惯性速度
分量

惯性速度
压力中心
旋转中心
重力中心位置和尾翼尺寸
链式法则表达式
翼弦线
闭环系统分析
姿态控制
特性方程
闭环传递函数
同地协作的传动机构和传感器
补偿器
部件叠加法
可压缩
受约束质量矩阵
受约束刚度矩阵
控制,还可以参见增强反馈的稳定性系统;特定控制面
偏转
俯仰姿态
首先对……的响应
固定/自由驾驶杆
配平攻角计算
控制串扰
非线性控制单元
数值转换为状态变量形式
驾驶仪控制
控制力
定常直线飞行
定常转弯飞行
控制律,还可以参见反馈控制律动态基础
导引系统研发
线性
俯仰姿态,框图
增强稳定性
结构模态
控制力
控制速度,最小
操纵片偏转
协调转弯
坐标系
所举的
惯性
中介
类型
矢量
飞行器固定
转角频率
耦合分子
克莱姆法则
交叉耦合
交叉相关
穿越频率分离
手动操纵交叉模型
交叉回归
矢量积矩阵/操作

**D**

阻尼器
俯仰阻尼器
滚转阻尼器
抗偏器
阻尼
荷兰滚模式
喷射阻尼效应
短期阻尼
抗偏器有效度
抗偏系数
DC-8 飞行器
倾斜角控制器
数据概述
俯仰姿态控制
自由弹性度
刚体
旋转
平移
描述函数
设计,飞行器。还可以参见飞行系统反馈
尾翼尺寸与重力中心位置
历史性
螺旋稳定性与荷兰滚稳定性
飞行器结构
上反角
上反效应
有量纲稳定性导数
偶极子
方向余弦矩阵定义
重力矢量决定

正交性
矢量
抗干扰
双翼缝襟翼
下洗流
作用于机身
概述
下洗角
下洗梯度
机翼后部
定义
阻力
气动力和力矩
翼型,亚声速飞行
阻力—续
特性
定义为
襟翼偏转
高超声速升力机身
诱发
寄生
偏导数
机翼和机尾
机翼
零升力
阻力系数方程
马赫数影响
偏导数
阻力系数曲线
德莱登阵风模型
荷兰滚近似法
荷兰滚阻尼
荷兰滚激励,减少
荷兰滚模式
荷兰滚稳定性
动态矩阵
动力学基于控制律
动态稳定性 vs 空气动力学静态稳定性


**E**


地面,旋转球形
运动方程,刚性飞行器
旋转方程
平移方程
本征函数
本征值
开环
本征矢量
受约束/变换
广义
振型解释
弹性变形
运动方程控制
欧拉角
增强反馈的稳定性效应
力和力矩,影响
惯性速度
升力
俯仰力矩
参考系与小扰动方程设定
评论
滚转力矩
侧向力
偏航力
弹性变形
主动结构模式控制
主动结构模式控制案例研究
传感器配置
结构滤波器
弹性自由度
弹性位移
弹性力和力矩影响
弹性高超声速飞行器
弹性应变能
弹性飞行器运动方程
合理使用
飞行器固定坐标系,平均轴系
柔性导弹例
无约束梁模型力运动
广义坐标系的选择
动能与势能
拉格朗日求导
利用自有振动模式的模态展开法
参考系与小扰动方程
约束/弹性约束动能
弹性飞行器
飞行动力学
力运动和虚功

高速,大型飞行器研究案例
线性仿真
特殊点的运动
非线性仿真
弹性翼扭转
升降舵攻角有效度
升降舵控制力
升降舵控制力
升降舵偏转
铰链力矩
纵向配平分析
准定常飞行改出俯仰动作
定常直线飞行
定常转弯飞行
配平角度计算
配平攻角
升降舵阻力有效度
升降舵升力有效度
每克升降舵偏角辐射点
升降舵俯仰力矩有效度
升降舵原理图
发动机排放影响
方程
欧拉角
几何位置
惯性速度矢量
运动学方程
动能
拉格朗日方程
牛顿第二定律
质点性能
质点性能方程
运动方程,还可以参见旋转运动;
小扰动运动梁
地球参考平移速度
弹性变形
弹性效应积分
欧拉角率
不受约束梁力运动
力和力矩积分
基础的
惯性旋转速度
横向
线性仿真建模
纵向
集中质量系统
摆锤
几何位置变化率
直线飞行
参考系与小扰动方程设定
小扰动理论
直线水平飞行
振动机体
运动方程,弹性飞行器
合理使用
飞行器固定坐标系,平均轴系
柔性导弹范例
不受约束梁模型力运动
广义坐标系的选择
动能与势能
拉格朗日求导
自由振动模式的模态展开法
参考系与小扰动方程
约束/弹性约束动能
运动方程,刚性飞行器惯性定位
质点性能方程
参考系与小扰动方程设定
旋转质量效应
旋转球形地面效应
对称飞行器旋转
标量方程
仿真建模
总结
变质量效应
矢量方程
运动方程,旋转速度线性模型
牛顿第二定律
非线性
刚体
旋转,球形地面
旋转机械
变质量
运动方程,平移速度线性模型
牛顿第二定律
非线性
刚体
旋转,球形地面
旋转机械

变质量
风轴
平衡
平衡飞行
条件标准定义
非线性系统
准定常飞行改出俯冲
定常直线飞行
定常转弯飞行
平衡基准条件
平衡解
欧拉角率
欧拉角
协调系统
DCM 定义
弹性变形
方程控制
广义力
小扰动
点质量方程性能
势能
有关角速度
刚体旋转
平移运动标量方程
3-2-1 旋转
风轴
欧拉积分
欧拉定理
均匀过程
超过的可能性

**F**

F-5A 飞行器
数据概述
俯仰阻尼器效应
反馈结构
反馈控制率实施
纵向稳定性增强
仿真建模
稳定性增强
反馈稳定性增强系统框图
荷兰滚,降低副翼激励
荷兰滚阻尼
弹性效应
内部/外部回路
横向
纵向动力学加强
MIMO 系统和耦合分子
长周期模式稳定
滚转模式时间常量
根轨迹图
短周期阻尼改进
短周期改进
短周期模式稳定
传感器
偏航阻尼效应
常规反馈系统
常规扰动和传感器噪声
历史性
反馈系统设计波特图
闭环稳定性要求
飞行动力学频率范围
内部/外部回路
回路成形法
奈奎斯特稳定性理论
目标
滤波器
襟翼
翼型,影响
阻力有效度
解释
升力效力
俯仰力矩有效度
类型
机翼气动力,影响
地平说
参考系与小扰动方程设定
标量运动方程
矢量运动方程
柔性导弹姿态控制,弹性模式影响
运动方程
局部俯仰角速度,方程控制
原理图
飞行,直线水平,线性方程
飞行动力学坐标系
方向余弦矩阵和矢量
现代演变
术语

综述
驾驶控制特性启示
小扰动分析
尾翼表面
矢量
莱特兄弟
飞行动力学线性
交叉耦合
状态变量格式解耦模型
直线飞行解耦运动方程
柔性飞行器
横向传递函数和模态分析
纵向传递函数与模态分析
小扰动方程
飞行动力学频率范围
飞行包线
A-4D 飞行器
A-7A 飞行器
定义
航迹角
飞行仿真,类型。还可以参见非线性仿真颤振分析
分力
固定驾驶杆/自由驾驶杆
力和力矩模型
气动力与力矩
气动弹性影响
角速度小扰动
大气湍流影响
有量纲导数与无量纲导数
弹性系数
弹性效应案例研究
弹性影响
运动方程,综合
线性模型
小扰动
俯仰角速度小扰动
升降速度小扰动
推进力
基准条件
基准值
滚转角速度小扰动
静态弹性变形效应
纵移速度小扰动
平移速度小扰动
飞行器固定坐标系
机翼阻力
偏航角速度小扰动
力和力矩,气动力
部件叠加法评估
阻力
建模框架
升力
估算方法
俯仰力矩
滚转力矩
侧力
泰勒级数展开
偏航力矩
4、5、6 位数翼型系列(NACA)
花型襟翼
自由流速度
与自由流速度矢量垂直的分力
转角频率
穿越频率分离
飞行动力学频率范围
增益穿越
相位穿越
短周期
摩擦阻力系数
机身
机身段数据
上洗流和下洗流
机身产生的零升力俯仰力矩
机身俯仰力矩有效度
机身参考坐标系

**G**

增益
非线性
增益穿越频率
增益裕度
增益调参
广义坐标系
广义本征值/本征矢量
广义力系数
广义力
广义质量矩阵
广义刚度矩阵

方程控制
几何方程变化率
下滑道接收机耦合器
下滑道接收机耦合器和自动油门
重力势能
重力矢量
重力矢量分量
大气湍流阵风模型
阵风动力范围

**H**

航向角
航向角自动驾驶仪
航向模式
较高谐波
高速,大型飞行器案例研究
静态弹性修正
铰链力矩
水平尾翼
手动驾驶员背景
交叉模型
有效时间延迟估算
飞行动力学的启示
超前补偿
高超声速升力机身阻力
升力
俯仰力矩
高超声速飞行器
气动特性
吸气式,数据
弹性,纵向模态分析
升力机身
纵向模态分析,案例研究
牛顿正弦平方定律
急速 X 研究机

**I**

ILS(仪器降落系统)
定位器导引
纵向航迹导引
原理图
诱导阻力
惯性坐标系
加速度
定义为
惯性旋转
惯性平移
惯性平移速度
惯性速度
弹性变形
实例
使用范例
质量元
牛顿第二定律
刚体运动方程
惯性速度矢量
定义为
方程定义
无限维问题
初始值问题
内环控制系统
内部回路/外部回路
仪器降落系统(ILS)
定位器导引
纵向航迹导引
原理图
中介坐标系
i'th 广义质量
i'th 广义刚度

**J**

"喷射阻尼"效应

**K**

KESTRAL VTOL 飞行器(NASA)
旋转运动
方程
定常转弯飞行
平移
动能
动能方程
O. C. 柯本

**L**

滞后补偿
拉格朗日方程
费雷德里克 · W. 兰切斯特
横向动力学

A-4D 飞行器
A-7A 飞行器
DC-8 飞行器
荷兰滚模式近似模型
“纳维昂”飞行器,案例研究
滚转模式近似模型
螺旋模式近似模型
传递函数与模态分析
横向运动方程
横向航迹导引
横向参考方程
增强横向稳定性
荷兰滚,降低副翼激励
荷兰滚阻尼,增强
综述
滚转模式时间常量
偏航阻尼效应
横向配平分析,定常转弯飞行
横向静态稳定性
升力
气动力与力矩
翼型,亚声速飞行
特性
定义为
弹性系数
弹性变形对……的影响
襟翼偏转
高超声速升力机身
最大可行,配平解
模态位移效应
模态速度
偏导数
机翼与尾翼
升力系数
攻角
最大可行
现代战斗机
配平
飞行器
升力有效度
升力面,还可以参见翼型下洗流
水平尾翼
机翼平面形状特性
限幅器控制单元
直线飞行动力学
分析
交叉耦合
状态变量格式解耦模型
直线飞行的运动方程
解耦
运动方程
柔性飞行器
横向传递函数与模态分析
纵向传递函数与模态分析
小扰动方程
线性仿真
定义
柔性飞行器
“纳维昂”飞行器实例
刚性飞行器
线性仿真建模
大气湍流应用
运动方程解耦
运动方程
反馈控制律
力与力矩
数字化技术
状态变量格式
直线飞行系统分析
波特图
概述
模态分析
多项式矩阵格式
余数
状态变量格式
传递函数
负载因子
局部垂直水平坐标系
纵向动力学
A-4D 飞行器
A-7A 飞行器
中心位置与机尾尺寸
传统飞行器,案例研究
DC-8 飞行器
柔性高超声速飞行器
F-5A 飞行器
高超声速飞行器模态分析,案例研究
长周期近似模型

短周期逼近模型
传递函数与模态分析
纵向本征值,静态稳定裕度与机尾尺寸影响
纵向运动方程
纵向航迹导引
自动油门
带自动油门的下滑道接收机耦合器
概述
纵向参考方程
增强纵向稳定性
综述
长周期模式稳定化
增强短周期阻尼
增强短周期频率
短周期模式稳定化
静态纵向稳定性
纵向配平分析
准定常飞行改出俯仰动作
定常直线飞行
定常转弯飞行
推力
回路增益
回路成形法
集中质量近似模型
集中质量振动问题
双向运动
悬臂梁范例
解释
正交性

## M

MAC(机翼平均气动弦)
马赫保持自动驾驶仪
马赫数
临界
对阻力系数的影响
根据表面摩擦系数
机动点
质量,中心。还可以参见惯性速度分量
惯性速度
质量矩阵
矩阵实验室实例
角动量
双向运动
波特图
求刚体振型
四阶龙格-库塔积分例行程序
纳维昂纵向动力学仿真
用 lsim 仿真纳维昂飞机的纵向动力学
纳维昂纵向方程,非线性仿真
控制单元数值转换为状态变量形式
用数值法求定常水平飞行条件
使用参考系的刚体公式化
矩阵小扰动方程
杜安 · 麦克鲁尔
McRuer 交叉模型
平均气动翼弦(MAC)
平均轴系,机身固定坐标系
平均轴向约束
MIMO(多输入/多输出)系统
导弹,柔性
弹性模式对姿态控制的影响
运动方程
控制局部俯仰角速度的方程
原理图
导弹系统
模态坐标
模态位移
升力
俯仰力矩
滚转力矩
侧力
模态矩阵
模态正交性
模态状态矢量
模态速度
升力
俯仰力矩
滚转力矩
侧力
振型
力矩,参见力与力矩
力矩系数
零升力处
力矩矢量分量
多输入/多输出(MIMO)系统
Munk 表观质量项
相互正交模式

## N

NACA(国家航空咨询委员会)
试验得出的低速翼型剖面数据
4 位数、5 位数与 6 位数翼型系列
NASA(美国国家航空航天局)
C-130 飞行器
KESTRAL VTOL 飞行器
斜翼研究飞行器
X-29 飞行器
X-43A 高超声速研究飞行器
XV-15 倾转旋翼式飞行器
“纳维昂”飞行器
数据综述
横向动力学,案例研究
线性仿真
纵向动力学,案例研究
非线性仿真
定常转弯飞行
中性点
牛顿第二定律
方程
旋转形式
平移形式
牛顿正弦平方定律
非线性仿真
案例研究
定义
“纳维昂”飞行器实例
非线性仿真建模
大气湍流应用
运动方程
反馈控制律应用
柔性飞行器
力与力矩
数学模型组合
数字化技术
非线性系统小扰动分析
非实时飞行仿真
法向力系数
正常负载因子
正常模式
陷波滤波器
分子根轨迹
数字仿真技术
线性仿真
非线性仿真
数值积分
龙格-库塔法
奈奎斯特图
奈奎斯特稳定性理论

## O

斜翼研究飞行器(NASA)
Omni 空中交通管制导航无线电台
开环本征值
开环俯仰角速度
开环系统
正交性
方向余弦矩阵
刚体模式
振动模式
外环控制系统

## P

Padé 近似式
并联的单元
寄生阻力
寄生阻力系数
偏导数
有量纲与无量纲
力与力矩
航迹导引系统
横向
纵向
摆锤
分析
运动方程
动态特性小扰动分析
静态稳定性
此状态下的理想气体方程
小扰动力与力矩
小扰动运动学
线性
旋转
摄动旋转速度矢量
小扰动
攻角率

攻角变化率
角速度
欧拉角
俯仰角速度
升沉速度
滚转角速度
侧滑速度
纵移速度
偏航角速度
小扰动方程组
求导
柔性飞行器变形
地平说
函数
直线飞行动力学
刚体坐标系
旋转运动
旋转速度
平移速度
小扰动平移-速度矢量分量
相位-穿越频率
相位裕度
矢量图
长周期近似模型
长周期振动模式
长周期模式稳定化
驾驶控制特性
背景
交叉模型
有效时间延迟估算
飞行动力学的启示
超前补偿
飞行员诱导振荡(PIO)
人机系统
俯仰角
俯仰姿态控制
带自动油门
穿越频率
直接
间接
俯仰姿态传递函数,短周期
近似模型
俯仰阻尼器
俯仰力矩
气动
气动,攻角
翼型
俯仰力矩—续
弹性系数
弹性变形对……的影响
襟翼偏转
高超声速升力机身
模态位移效应
偏导数
推进
飞行器
机翼气动力中心
俯仰力矩分析
俯仰力矩系数
俯仰力矩有效度
俯仰角速度
攻角
定义为
柔性导弹实例
开环
准定常飞行改出俯冲
定常转弯飞行
俯仰角速度反馈
俯仰角速度小扰动
俯仰稳定性
增强短周期阻尼
静态
简单翼型
简单襟翼解释
剖面升力有效度
简单襟翼偏转
简单襟翼剖面升力有效度
平面机翼
升沉速度小扰动
质点性能方程
极点零点对消
多项式矩阵说明
势能
欧拉角
重力的
飞行器
功率谱密度
功率谱

实际平均轴向约束
路德维格·普朗特
普朗特-格劳厄特亚声速可压缩因子
普朗特-格劳厄特可压缩因子
普朗特-格劳厄特压缩性规则
普朗特-格劳厄特亚声速可压缩因子
普朗特-格劳厄特超声速可压缩因子
优选长周期近似模型
压力,中心
压力推力
幅角定理
超过的可能性
螺旋桨角动量
尖端速度惯性速度
恰当的相位校正
推动力与力矩
有量纲导数与无量纲导数
偏导数
飞行器上
推力


**Q**


准定常飞行改出俯仰动作


**R**


角速度控制/姿态控制系统
实际过程
实时飞行仿真
直线飞行,定常
分析假说
控制力
标准定义
发动机排放影响
平衡飞行条件
纵向配平分析
参考方程
直线飞行运动方程
基准条件,力与力矩
参考方程组
小扰动假设
柔性飞行器变形
地平说
改出俯仰动作
刚体坐标系
旋转运动
旋转速度
定常直线飞行
定常转弯飞行
平移速度
调节器
残余
剩余化
响应保持
高度保持
航向保持
速度(马赫)保持
雷诺数
根据表面摩擦系数
刚体自由度
刚体运动方程
使用参考系的刚体公式化,矩阵实验室实例,
刚体振型
求得的约束动态矩阵
刚体振型正交性
刚体旋转,飞行器固定坐标系
刚体仿真建模
刚体平移
刚体平移方程
刚性机翼扭角
火箭,变质效应
滚转阻尼器
滚转力矩
气动
分析
由副翼偏转
弹性变形对……的影响
模态位移效应
模态速度效应
偏导数
推进
侧滑
飞行器
机翼
滚转模式近似模型
滚转模式时间常量
滚转角速度
滚转角速度
滚转角速度小扰动

滚转螺旋模式
滚转下沉模式
根轨迹图
倾斜角控制器
旋转发动机质量范例
旋转机械
旋转方程
平移方程
转动质量效应
刚性飞行器运动方程
实例
旋转,中心
旋转自由度
旋转运动学方程
旋转运动方程
线性模型
牛顿第二定律
非线性
刚体
旋转,球形地面
旋转机械
变质量
旋转速度
惯性,方程组
牛顿第二定律
小扰动方程组
参考方程组
刚体,控制……的运动方程
刚体,欧拉角
转动质量效应
旋转球体-地球效应
标量方程
劳斯-赫维茨稳定性判据
方向舵偏转
侧滑
定常转弯飞行
偏航角速度
升降舵阻力有效度
方向舵滚转力矩有效度
方向舵,莱特兄弟
方向舵侧滑有效度
方向舵偏航力矩的有效度
龙格-库塔法
矩阵实验室实例

## S

运动标量方程
地平
转动质量效应
平移运动标量方程
变量分离
激波膨胀理论
短周期近似模型
短周期阻尼
短周期频率
短周期振动方式
短周期模式稳定
侧力
气动力与力矩
分析
侧力—续
定义为
弹性变形对……影响
实例
模态位移效应
模态速度效应
偏导数
侧滑
耦合
实例
解释
普朗特-格劳厄特压缩性规则
滚转力矩
方向舵偏转
后掠翼
有和无
求侧滑角确定
侧滑阻力有效度
侧滑滚转力矩有效度
侧滑侧力有效度
侧滑推力
侧滑速度小扰动
侧滑偏航力矩有效度
仿真建模,非线性
大气湍流应用
运动方程
反馈控制律应用
柔性飞行器

力与力矩
数学模型组合
MATLAB 实例
数字化技术
单缝襟翼
表面摩擦系数
小扰动分析
非线性系统
摆锤
小扰动假设
范围
速度(马赫)保持自动驾驶仪
速度稳定性
螺旋模式近似模型
螺旋模式
螺旋滚转稳定性
分裂式襟翼
稳定性,还可以参见控制;增强反馈的稳定性系统
荷兰滚
动力学 vs 空气动力学
充要条件
俯仰
速度
螺旋滚转
风向标
莱特兄弟
增强稳定性
增强稳定性控制律
增强稳定性系统
A-4D 飞行器
A-7A 飞行器
定义为
F-5A 飞行器
稳定性坐标轴系
稳定性标准,劳斯-赫维茨
稳定性导数
稳定性图
稳定性理论
状态变量模型
高速,大型飞行器
线性系统
短周期近似模型
静态弹性约束
静态弹性变形
定义为静态稳定裕度
纵向本征值,影响
综述
机尾尺寸与中心位置
静态俯仰稳定性
静态稳定性,还可以参见“纳维昂”飞行器
横向
纵向
单摆
静态过程
定常直线飞行
分析假设
控制力
标准定义
发动机排放影响
平衡飞行条件
纵向配平分析
参考方程
定常转弯飞行分析
控制力与梯度
标准定义
升降舵偏角梯度
解释
配平的运动学分析
横向配平分析
纵向配平分析
固定驾驶杆中性点
每克驾驶杆力
每海里驾驶杆力
驾驶杆力
刚度矩阵
随机理论
锥形直翼,平面与几何特性
直线水平飞行运动方程
应变能
平流层 1 和 2
结构滤波器
结构模式控制法
结构振动悬臂梁
求导运动方程
广义本征解,模态分析
理想化集中质量与拉格朗日方程
模态分析
振型

多向运动
正交性质
参考系与相关运动
刚体自由度
无约束模型
亚声速飞行,三维机翼升力
亚声速飞行,气动中心翼型
翼弦线
关键特性
数据可以在
带襟翼,气动特征
襟翼效应在
几何特性
拉力与阻力
俯仰力矩
超声速飞行,翼型特征
纵移速度小扰动
系统极

**T**

尾翼,水平
尾翼攻角
尾翼倾角
尾翼倾角阻力有效度
尾翼倾角升力有效度
尾翼倾角俯仰力矩有效度
尾翼尺寸
尾翼表面
尾翼体积系数
力与力矩的泰勒级数展开
温度与大气
温度直减率
薄翼理论
3-2-1 角。见欧拉角推力纵向配平分析
推力
准定常飞行改出俯仰动作
在定常直线飞行
在定常转弯飞行
翼尖涡
跟踪控制器
尾曳涡旋系统
传感器
传递函数矩阵
传递函数攻角
闭环
线性系统
模态分析与
俯仰姿态
平移自由度
平移运动方程
平移运动方程线性模型
牛顿第二定律
非线性
刚体
旋转,球形地面
旋转机械
变质量
风轴
平移速度
地球参考
地球参考,微分方程
平衡或稳定的飞行条件
牛顿第二定律
小扰动方程组
小扰动在
质点性能方程
平移速度—续
参考方程组
旋转质量效应
旋转球形地面效应
标量方程
配平升降舵偏转角计算
升降舵梯度
可获得的最大升力系数的对策与限值
纵向配平分析
稳定性图
准定常飞行改出俯仰动作攻角配平
定常直线飞行
配平阻力系数
升降舵配平速度梯度
配平升力系数
配平调整片
对流层
截断误差
机架,双向的,还可以参见梁的振动问题
转弯倾斜仪
转弯补偿
转弯协调

转弯飞行,稳定分析
控制力与梯度
标准定义
升降舵梯度
显示
配平的运动学分析
横向配平分析
纵向配平分析
扭角
长周期动力学的二自由度模型

U

不能控模式
不能观模式
无约束梁解释
振型
机身上的气流上洗行动
上洗角
气流上洗梯度界定
机翼前部

V

变质量
方程式
平移方程
变质量效应
刚性飞行器的运动方程
范例
在火箭上
变质量系统原理图
矢量记法
矢量坐标系
定义
微分法
方向余弦矩阵
运动方程
显示
牛顿第二定律
运动示例的摆型方程
实例
变化率
飞行器攻角
飞行器坐标系
飞行器固定轴
飞行器固定坐标系
飞行器固定坐标系
基本要素
定义
定义必要矢量的方程式
柔性飞行器的运动方程
刚体飞行器的运动方程
力与力矩
重力矢量
显示
惯性与位置矢量
惯性速度矢量
质量元速度
平均轴系
相对于惯性坐标系
刚体运动方程
刚体旋转方程
刚体平移方程
刚性飞行器
旋转质量
典型的
变质量
飞行器随航
航向角
飞行器升力
飞行器基准面积
速度,惯性
弹性变形
举例
使用范例
质量单元
牛顿第二定律
速度,旋转
惯性,方程式
牛顿第二定律
小扰动方程组
参考方程组
刚体,运动控制方程
刚体,欧拉角
旋转质量效应
旋转球形地面效应
标量方程
速度,平移地球参考
地球参考,方程式

平衡或定常飞行条件
牛顿第二定律
小扰动方程组
小扰动
质点性能方程
参考方程组
旋转质量效应
旋转球形地面效应
标量方程
速度倾斜角
速度航向角
垂直尾翼,气动中心
振型弹性机身
广义本征解
高速,大型飞机
正交性特性
刚体
振动问题
双向,MATLAB 范例
双向运动
集中质量
无约束梁
虚功
V-n 图表
全(多)向导航台(VOR)归航
涡流层

**W**

高通滤波器
风向标稳定性
风轴
欧拉角
显示
质点性能方程
旋转方程
平移方程
机翼气动中心
轴向位置
机翼空气动力学,襟翼效应
机翼攻角定义
零升力
机翼阻力
机翼升力,亚声速三维
机翼升力曲线斜率
机翼平面形状特性
机翼,还可以参见升力上反角
几何特性
俯仰力矩与气动中心
刚性与变形
滚转力矩
超声速,法向力系数
机翼气动学分析
襟翼与副翼效应
翼尖惯性速度
机翼扭转
弹性
刚性
机翼零升力攻角
赖特,奥维尔,赖特十四,威尔伯,怀克斯十四,约翰

**X**

X-29 飞行器(NASA)
X-43A 高超声速研究飞行器(NASA)
X-43HyperX 飞行器
XV-15 倾转旋翼式飞行器

**Y**

抗偏
抗偏系数
偏航力矩
气动力
分析
由于副翼偏转
弹性效应
偏导数
推进力
定常直线飞行
飞行器
偏航力矩系数
偏航率
偏航率反馈
偏航率小扰动

**Z**

零升力攻角
零升力阻力
零升力力矩系数